爱上天文

天文迷的夜空导游图（修订版）

[美] Robert Bruce Thompson
Barbara Fritchman Thompson 著
魏晓凡 译

人 民 邮 电 出 版 社
北 京

图书在版编目（CIP）数据

天文迷的夜空导游图 ：天文观测必备手册 / (美)汤普森 (Thompson, R. B.)，(美) 汤普森 (Thompson, B. F.) 著 ；魏晓凡译. -- 修订本. -- 北京 ：人民邮电出版社, 2015.6 (2023.4重印)
(爱上天文)
ISBN 978-7-115-39137-7

Ⅰ. ①天… Ⅱ. ①汤… ②汤… ③魏… Ⅲ. ①天文观测—普及读物 Ⅳ. ①P12-49

中国版本图书馆CIP数据核字(2015)第087871号

◆ 著　　[美] Robert Bruce Thompson　Barbara Fritchman Thompson
译　　魏晓凡
责任编辑　宁　茜
责任印制　周昇亮
◆ 人民邮电出版社出版发行　北京市丰台区成寿寺路 11 号
邮编　100164　电子邮件　315@ptpress.com.cn
网址　http://www.ptpress.com.cn
北京虎彩文化传播有限公司印刷
◆ 开本：880×1230　1/20
印张：25.4　　2015 年 6 月第 2 版
字数：1 525 千字　　2023 年 4 月北京第 4 次印刷
著作权合同登记号　图字：01-2012-2206 号

定价：159.80 元

读者服务热线：(010)81055493　印装质量热线：(010)81055316
反盗版热线：(010)81055315

版权声明

Illustrated Guide to Astronomical Wonders,1st Edition by Robert Bruce Thompson, Barbara Fritchman Thompson.

ISBN: 978-0-596-52685-6

内容提要

随着经济与社会的发展，那些品质优良、功能强大的天文望远镜，其价格不再令人仰止；某些只卖一两千元的天文望远镜已经足以让天文爱好者畅享宇宙之美，并进行适合自己的科学观测和天文摄影活动。如果您有意加入天文望远镜一族，进行夜空“探宝”，本书就一定会成为您的得力助手。本书的两位作者都是资深的天文爱好者，他们从选购、组装器材的各种预备知识和注意事项，到夜空中几百个最经典、最美丽的天体目标，都为您作了通俗而详细的介绍。还等什么？这些充满魅力的星团、星云、星系、双星，都藏在被一般人所忽视的夜空中，快开始你的望远镜深空之旅吧！

本书教给您：

- 天文观测的一些基础概念和术语
- 如何选购和使用最适合您的观测设备
- 如何依靠星图在夜空中抓到观测目标
- 在一年里的不同季节可以观测到哪些经典天体
- 北半球常见的50个星座各含有哪些“天空景点”，它们是什么样子，如何自己找到它们

本书献给各位喜欢天文的学生、天文兴趣课教师、业余天文学家，以及任何准备投身这项令人称羡的业余爱好的人。不论是入门者，还是已经玩了一段时间望远镜的人，本书都能提供很重要的信息。本书不但可以供日常阅读，同样还适合带到观测现场进行参考，让您知道该看什么、能看什么。

谨以此书献给John Dobson，

他的创造力和工学技巧使得大量望远镜的价格不再令人仰止，并得以普及。

——Robert Bruce Thompson，Barbara Fritchman Thompson

前言 Preface

多年前，当笔者开始进行天文观测时，就盼着有人能写这么一部书。当然，那时没有这类书，因此笔者当时也和很多天文“菜鸟”一样，面临两大问题：有哪些天体可看？如何找到它们？

当然，也有很多现成的观测目标列表，其中一些列表很适合初学观测者和中级观测者使用。“天文联盟”（www.astroleague.org）的众多列表中有少量几个适合初学者（其他更多的都是给高级观测者们预备的），“加拿大皇家天文协会”（www.rasc.ca）则为中级观测者推出了一个不错的观测目标列表。尽管如此，当笔者开始观测时，最想要的还是一个这样的列表：它按星座编列，广泛收录各类用双筒镜和单筒镜可观测的天体。如今，出于这种想法，笔者把这些著名的观测目标列表里的内容，与自己“按星座划分并广泛收录”的理念结合起来，编成此书，献给各位初学者和中级水平的天文观测者。

当然，我们首先要收录梅西耶列表，它包括110个相对明亮或著名的深空天体，在世界各地都被作为深空天文观测初学者的最佳“入门列表”。除此之外，本书还引入了加拿大皇家天文协会的“最佳NGC”目标列表，它包含了110个未被梅西耶收录的易找、易看的深空天体。为了服务双筒镜观测者，我们还引入了天文联盟的“双筒镜梅西耶”列表和“双筒镜深空天体”列表，它们收录了所有在北半球中纬度地区能用双筒镜看到的最棒的深空天体。考虑到很多爱好者通常在城市的严重光污染中进行观测，我们还引入了天文联盟的“城市观测”列表，既包括深空天体，也包括一些聚星。最后，我们也引入了天文联盟的“双星”列表，它包括了夜空中许多最值得观看的双星及聚星。除去彼此重复的天体，这6个列表总共包含将近400个天体目标，它们组成了夜空中的最佳风景线。

解决了天体列表的问题，下一个问题就是如何找到这些天体。在笔者第一次观测的时候，就是简单直接地用笔记本电脑上运行的天象软件结合纸质星图，一个一个地寻找这些天体。当时我们就想，如果有一本书能直接按星座列出它们，并给出每个天体的寻找技巧，以及在望远镜中可能看到的效果的相关描述，不是更好吗？而且这本书还应该为每个天体画出大比例尺的寻星指导图，用详细的星图来明示这个天体与周边恒星的相对位置关系，并告诉我们如何移动寻星镜才能把这个天体放到视野的中央。另外，作为我们心目中的理想观测指导书，还应该含有这些天体的照片才好。

在笔者开始观测的时候，虽然已经有了一些郊野观测的指导资料，但没有哪一种能满足笔者的全部要求。绝大多数初学者观测指导书包含的天体目标数量都太少了（比如只有梅西耶天体加上少得可怜的几个其他著名天体），一旦你观测完了那些天体，那本书也就闲置了。而我们的这本书则涵盖了更多的天体，即使是一些经常出去观测的狂热爱好者，也能用上很长一段时间。即使你的观测地点夜空环境总是很好（这意味着很容易找到目标），这本书里介绍的天体也够你玩上一年；而如果观测环境一般的话，估计两三年内你是用不完这本书的。

当你读完这本书时，你就已经走过了从“菜鸟”到中级专家的路。届时，你就不再是一个处处向别人求教的新人，而是一个能在天文俱乐部里帮助新人的有经验的老手了。同时，你也已经不知不觉地完成了加拿大皇家天文协会的最佳NGC目标列表，以及天文联盟的10个专题俱乐部天体目标列表中的5个——梅西耶俱乐部目标列表、双筒梅西耶俱乐部目标列表、深空双筒镜俱乐部目标列表、城市观测俱乐部目标列表和双星俱乐部目标列表。向他们提交观测记录，经过审核后就可以获得相应的证书。如果再接再厉的话，只要再完成天文联盟的另外5个俱乐部目标列表，就可以获得令众多爱好者羡慕不已的“天文联盟观测大师”证书了。

别急着跳过第i章

如果你想取得加拿大皇家天文协会或天文联盟的观测资历证书的话，请不要忙着直接去读作为本书主体的分星座介绍部分，而是先读读第i章吧。发证机构对于完成不同的目标列表有着不同的限制和规则，对天体的观测及其日志记录都有一定的要求，这些都在第i章里有相关介绍。

本书的组织结构

本书首先满足了读者郊野观测的需要。最初，笔者只是想把前文所述的各个目标列表中的天体都按星座写出来。但后来有人建议笔者还应该对相关的基础天文知识和观测设备做个简介，笔者因此又补充了两个专门的阐述章节，放在分星座介绍的前面。

第i章，深空天体观测导论。讲述进行深空天体（DSO）观测所需的预备知识，没有使用过望远镜的读者尤其应该读一读。

第ii章，关于观测设备。对观测DSO所需的各种装备做了博览式的介绍，例如双筒镜、单筒镜、目镜、纸质星图、天象软件及其他附件等。

本书的主体部分当然还是分星座的介绍，每个星座一章，共50章，按星座名称的英文字母顺序排列。（全天星座共88个，本书未介绍另外38个星座是由于它们在天球上的位置太靠南了，导致北半球中纬度的观测者几乎不可能看到它们。也正因如此，前文所述的那些目标列表里，也没有收录位于这些星座里的天体。）在每一章里，首先都有一个总表格来列出一些天体，这些天体都位于该章要介绍的星座的天区之内，而且都值得一看。在此之后，你会看到一幅该星座的概览星图，展示该星座内的概况，以及该星座与邻近星座的相对位置关系。在这些内容的后面，会继续对每个天体进行详细介绍，给出关于寻找这个天体的技巧和建议，以及对这个天体在望远镜中观测效果的经验性描述。本书还为每个天体配备了一幅专门的寻星指导图，以便读者准确地找到这个天体。另外，本书给绝大多数深空天体配了数字巡天工程为其拍下的照片。

致谢

笔者创作这本书的决心源于一次会议，会议的召集人就是出版本书的O’Reilly出版社的策划和编辑马克·布罗克灵（Mark Brokering）、布里安·耶普森（Brian Jepson）。当时我们刚刚在这个出版社出版了自己的第一本天文图书《天文改装专家》（Astronomy Hacks），那本书写了很多观测技巧和提示，但没有针对郊野观测的指导。在编辑过那本书之后，马克和布里安都对天文产生了兴趣。当时布里安刚买了一台8英寸（1英寸=2.54厘米）口径的猎户牌道布森式望远镜，他说他在确定观测目标和寻找天体方面很需要提示和指导，马克说：“所以我们要再出一本关于这些问题的书。”于是，这本书就诞生了。

我们要感谢马克·布罗克灵、布里安·耶普森，以及本书版权页上列出的O’Reilly出版社的各位工作人员。此外，还要感谢为本书做技术审阅的基恩·巴拉夫、史蒂夫·柴尔德斯、吉姆·埃利奥特、苏·弗兰驰、吉奥夫·戛尔蒂、保罗·琼斯，他们的观测经验加起来已经超过了100年，而且都清楚地记得初学者们会遭遇哪些困难。我们请他们审阅原稿，把他们的经验和建议加进书中，并请他们尝试用初学者的眼光去审视这些内容。他们为本书的定稿做了卓越的贡献，提出了许多很好的建议，提升了本书的品质。本书中若仍有讹误，均应归咎于笔者自己。

本书中的所有星图都是用MegaStar天象软件制作的，该软件由Willmann-Bell公司推出（www.willbell.com）。在我们决定使用这款软件之前，我们试用了十余种其他的免费软件和商业软件，但没有一种能像MegaStar这样好地满足我们为本书制作插图的操作需求。如果你想买一款顶级的天象软件，那么就选MegaStar吧，相信你会和我们一样喜欢上它的。

最后，还要最郑重地感谢太空望远镜研究所（STScl）的布里安·麦克林、林恩·科兹洛斯基为本书中绝大部分天体提供了数字巡天照片。

如何联系我们

笔者尽了最大努力来检查本书中提供的信息，以确保其准确，但您仍然可能发现书中的某些信息已经变化了（甚或是我们弄错了）。作为本书的读者，您的反馈可以帮助我们提升本书未来版本的质量。如果您在本书中发现了任何错讹、缺漏、混淆、不严谨之处，或者编辑排版的失误，敬请通知我们。

Maker Media
1005 Gravenstein Hwy N.
Sebastopol, CA 95472
(800) 998-9938 (in the U.S. or Canada)
(707) 829-0515 (international/local)
(707) 829-0104 (fax)

了解更多Maker Media信息，请访问：
MAKE: www.makezine.com
CRAFT: www.craftzine.com
Maker Faire: www.makerfaire.com
Hacks: www.hackszine.com

对本书发表评论请发邮件至：
bookquestions@oreilly.com

有关本书勘误及未来出版计划，请访问：
www.makezine.com/go/astrowonders

有关本书或其他书的更多信息，请访问：O'Reilly网站：
www.oreilly.com

联系作者请发邮件至：
barbara@astro-tourist.net
robert@astro-tourist.net

我们会阅读每一封读者来信，但限于时间，不可能给每封信都回复。但我们仍然非常欢迎和感谢读者的反馈。

感谢您

感谢您购买此书。

衷心希望您读得乐在其中，一如我们写得乐在其中。

作者简介 About Author

罗伯特·布鲁斯·汤普森（Robert Bruce Thompson）是计算机、自然科学、技术类图书与网络教程的作者或合著者。他从十几岁起成为天文爱好者，1966年用自己磨制的镜片和从Edmund Scientific购买的材料制作了自己的第一台望远镜（6英寸口径牛顿式反射镜）。他也是Winston-Salem天文联盟（www.wsal.org）的联合创始人和主席，目前正在为获得天文联盟的“观测大师”证书而努力。

芭芭拉·弗瑞驰曼·汤普森（Barbara Fritchman Thompson）是几本计算机和技术类书籍的合著者。她2001年初进入业余天文观测领域，已经完成了数百个天体的定位观测和记录。她也是Winston-Salem天文联盟的联合创始人和财务主管，目前也正在为获得天文联盟的“观测大师”证书而努力。

目录 Contents

第i章 深空天体观测导论

直到 20 世纪 70 年代，天文爱好者的观测目标绝大多数都是太阳系之内的天体，比如月球、大行星、彗星。而当今，虽然这些天体依然属于常见的观测对象，但越来越多的天文爱好者已经花大量时间来对“深空天体”（DSO，Deep-Sky Objects 或 Deep-Space Objects）进行观察了。同时，对“聚星”（multiple star）的观测也逐渐热门起来。（由于聚星远处于太阳系之外，因此，从技术角度上完全可以说它们也属于 DSO。但是，大多数专业天文学家还是把 DSO 这个称谓留给了那些往往比聚星们还要遥远得多的天体。）本章的主要内容就是告诉大家：要想成功地观测聚星和深空天体，要准备好哪些知识。

聚星

如果 2 颗或多颗恒星在位置上彼此紧密依靠在一起，那么就叫做一个聚星（MS，multiple star）。如果只是 2 颗恒星紧紧依偎，那么这种聚星有一个更常用的名字：双星（double star 或 binary star）；如果聚星有 3 颗成员星，那么可以叫做三重星或三合星（triple star 或 trinary star）；如果成员多于 3 颗，那么叫做聚星系统。

即使是在大望远镜中，也有很多聚星由于离我们太远而看起来汇聚得难解难分。至于那些确实能够使用单筒或双筒望远镜区分出各颗成员星的聚星，又分为两类（用望远镜去区分聚星的成员星，这一行为有个术语叫“分解”）：

物理聚星（physical multiple star）——这种聚星的各个成员星在宇宙中确实彼此离得很近，而且互相绕转。专业天文学家们经常要依靠长达几年甚至几十年的一系列观测，通过精确测量成员星的相对位置来确认一个聚星。不同的聚星，其成员星的质量和相互距离都相差很大，所以聚星的成员星互相绕转的周期也是异如天渊，从每几十秒互转一周到每数百万年互转一周的都有。（不过，聚星的成员星互转周期越短，往往意味着成员星彼此距离越近，也就越难通过望远镜用视觉区分出成员星来。）

光学聚星（optical multiple star）——这种聚星的“成员星”其实不算真正的成员星，它们之间的距离很远，只是由于空间相对位置的巧合，让我们从地球上看来它们正好快要重叠到一起而已。这种聚星极易通过常年观测来辨认，因为它的各个“成员星”的移动是彼此独立的，呈现不出相互联系。

度、角分和角秒

天文学家们用角度来表示天体在我们眼中的大小，以及天上的两个点之间在我们眼中的距离。角度的主单位是“度”（degree），360度就是一个圆周。例如，从地平线上的任意一点，到我们头顶正上方天空的那一点，距离是90度（这里的“距离”，吹毛求疵地说，应该叫“角距离”，即angular distance——译者注），也就是1/4个圆周。

虽然1度的角看起来已经很小了，但天文学家经常要观测天空中更小范围内的事物，所以就需要更为精细的角度划分。（透过一般的业余天文望远镜的目镜，我们所看到的那片圆形的天空，在实际的天空中往往只对应于直径大约1度甚至不到1度的一小片圆形天区。）所以天文学家们把每1度划分为60个“角分”（arcminute或minute，可用单引号的小撇表示），而每1角分又划分为60个“角秒”（arcsecond或second，可用双引号的两个小撇表示）。（在不引起误会的前提下，角分和角秒在汉语中也可以直接说成“分”和“秒”——译者注）

例如，一轮圆月的直径大概是0.5度（或者写成0.5°），也可以被表示为30角分（即30'），还可以表示为1 800角秒（即1 800''）。当然，用角秒来表示满月的直径就有点啰嗦了，就好像你对别人说“我每天早上跑步200 000cm”一样，与说跑步2 km是同一个意思。

度、角分、角秒经常连用。例如某两个天体相距1.25°，那么也可以写成1°15'，或者75'。这几种不同的写法，精确度都是一样的。

爱好者们的兴趣开始向 DSO 转移，其原因很容易理解。我从 20 世纪 60 年代中期开始进行天文观测，当时天文爱好者的典型装备只是 60 mm 口径折射镜，或者 6 英寸口径的牛顿式反射镜。望远镜的第一道透镜（或第一道反射面）的口径对观测能力而言非常重要，而这类口径即使观测较为明亮的 DSO 也不足以呈现出太多的细节。在 20 世纪 70 年代，约翰•道布森（John Dobson）发明了“道布森式”望远镜支架，这给天文爱好者带来了一次飞跃式的进步——各种特大口径的业余望远镜终于有办法牢靠地架设起来了。很快，在天文爱好者们的聚会上出现的 8 英寸、10 英寸甚至 12 英寸口径的望远镜已经不算什么新鲜事了，有些爱好者甚至购置或制作了 18 英寸、24 英寸、30 英寸，甚至更大口径的巨镜。使用它们观看黯淡的模糊状深空天体，仿佛近在眼前。DSO 观测的时代就这样到来了。

——罗伯特•布鲁斯•汤普森

寻找北极星，分解它，然后描绘它

北极星离北天极只有 0.74°，因此每 24 小时（即地球自转一周的时间），北极星在天球上的运动轨迹就画出一个直径仅 1.48° 的小圆圈。为简便起见，我们可以粗略地说：北极星在一年之内的任何一晚，以及一晚之内的任何时刻，都悬挂在天球上的同一个位置。随着地球的自转，其他所有恒星看起来都围绕着北极星在转。由于描述星星的位置经常使用赤道坐标，而赤道坐标系以北天极为基准点，而北极星又离北天极如此地近，所以，学会正确地找到北极星是非常重要的。

北极星的高度角与你所在地点的纬度是一样的。例如你站在赤道上（纬度 0°），北极星也就正好躺在北方的地平线上（高度角 0°）——顶多是在地平线以上或以下 0.74°。如果你来到北极点（北纬 90°），那么北极星就会出现在你头顶正上方，高度角自然是 90°。如果是在北纬 45° 的任何地方，那么北极星的高度角也是 45°，与从地平线到天顶的距离相比，正好一半。而北京位于北纬 40°，所以在北京看到的北极星离地平线也是 40°，相当于从地平线到天顶的距离的 4/9。

如果北斗七星（即“大勺子”，英国朋友则叫它“犁”）正好悬挂在天空中，那么找北极星就很容易了。北斗七星中俗名叫 Dubhe 和 Merak 的那两颗星（中国古代称“天枢”和“天璇”——译者注）位于“大勺子”的勺头上，它俩相距约 5.4°，被合称为“指极星”。只要假想从 Merak 向 Dubhe 引一条线，线条经过 Dhube 后继续延长到二者距离的 5 倍长度，就可以明显地找到一颗星，它正是北极星。如果你知道正北方向，也知道自己所在地点的大概纬度，那么只要从地平线的正北点开始，将目光垂直向上移动到相当于纬度度数的那个高度角，也可以找到北极星。

用手来测量角度

向着天空伸直手臂，张开手掌，也可以估算天体之间的角距离。手臂伸直，意味着你的手指离眼睛是“一臂距离”；在这个距离上，你的小指前端的宽度就大约对应着天空中的1°，而大拇指前端大约对应着2°，从大拇指尖端到大拇指第一关节的距离大约对应着3°，食指、中指、无名指三者并拢的宽度大约对应着5°。同样，在一臂距离上，拳头的宽度大约对应着10°，而自然地伸开手掌后，从大拇指指尖到小指指尖的距离大约对应着15°。不用太担心男女老少的肢体尺寸差异，只管伸出你的手臂和手掌吧，这些窍门基本都是准确的——因为那些手更大的人往往胳膊也更长，所以两方面的因素差不多互相抵消了。

另外还有一种以手量天的方式，但与上面的方式不同，这种方式的换算方法是因人而异的：将你的五指尽量努力地完全分散张开，同时还要保持手与眼的“一臂距离”，这时从你的大拇指指尖到小指指尖对应的距离应该会在18°～25°之间。你可以自测一下你这样做时具体对应着多少度。

你想自测，却不知道拿什么做参照物吗？上文里说过，北斗七星的“天枢”和“天璇”相距5.4°。另外，从位于“勺柄”末端的Alkaid星（中文古名“摇光”——译者注）到“天枢”或“天璇”星都是25.6°；从勺柄中那颗有一颗暗星紧紧相伴的Alcor星（“开阳”——译者注）到“天枢”几乎是20°；而从勺头后端的Phad星（“天玑”——译者注）到“摇光”大约是18°。下次遇到北斗七星出现在夜空里的时候别忘了试试哦（关于北斗七星的英文名，可参看后文关于大熊座的详细星图——译者注）。

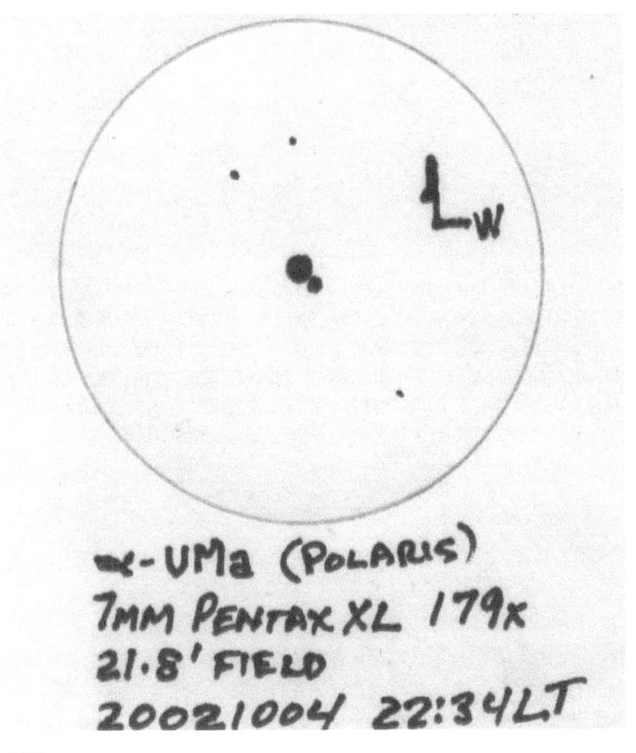

影像 i-1

本书作者描绘的北极星（它是双星）

一旦找到了北极星，你就应该好好观察它一番。用肉眼直接观察或使用小双筒望远镜观察时，北极星只是一颗明亮的、发出暖白色光芒的恒星，除此以外似乎没什么特别的。（它的亮度为 2 等，关于用“星等”描述恒星亮度的定义和方法，请参看后文解释。）但在较高的放大率下，它可就不这么普通了。试着把北极星调整到你的天文望远镜视野中心，然后换上高倍的目镜（即焦距更短的目镜），仔细对好焦，这时看到的北极星已经比用肉眼直接看到的金星还亮了，而且，在它旁边极近的地方能看到一颗很暗淡的、似乎发淡黄色光芒的“伴星”（这是一个术语，取“贴身伴侣”之意——译者注），它的亮度是 8.5 等。北极星是颗双星，我们把亮的那颗叫做“北极星 A”，这颗伴星叫“北极星 B”。由于后者实在比前者暗太多了，所以不仔细看是很难注意到它的。它离北极星 A 只有 18.4″，相对北极星 A 的方位角为 218°（“方位角”稍后解释）。

恭喜你！你已经通过自己的努力看到一颗双星了！对北极星的成功分解，是“天文联盟双星俱乐部”给出的基本任务列表中的一项。该俱乐部对成员有一个要求，就是在每次分解双星后将自己所看到的情景绘制出来。不要怕自己“没有艺术天分”，如实去画就好。作者同样也不是艺术家，而且从上幼儿园起图画课就经常不及格。但就是凭这种画技照样画出了符合双星俱乐部要求的图，见影像 i-1。

画图的第一步是在纸上画一个圆圈，直径为 2 ～ 2.5 英寸。这个圆圈一定要画得标准，可以用几何作图板比着画（其实我经常拿一个易拉罐比着画）。然后在圆圈中心点一个圆点，表示聚星系统中的主星（即最亮的成员星）。圆点的直径越大，表示这颗星越亮。接下来，在这个大圆点旁边正确的方位上画一个小圆点，表示伴星。如果是双星就只有一个伴星，如果是三合星就有两颗伴星。另外，出现在目镜里的其他星星也要用适当大小的圆点画出来。接着，在圆圈里找一个合适的空地，画一个箭头指出北（N）的方向，并在箭头底端画一条垂线，表示东或者西（用字母 E 或 W 标明）。（根据所用的天文望远镜的类型不同，你在目镜中看到的景象，与实际的方向可能是上下颠倒的，或左右相反的，或是上下颠倒兼左右相反的。这些小困难在你多次练习后可以自然克服。）最后在圆圈外写上你的观测对象的名称、目镜种类、放大率、本图视野直径、观测的日期和时间。（关于日期和时间，有人习惯写本地的，有人习惯按国际标准时间来写，哪种都可以，自己习惯就好。）（但最好标明是哪一种，可冠以 LT 表示本地时间，UT 表示国际标准时间，例如 UT 2011-12-31 2000 是国际标准时间 2011 年最后一天的晚 8 点，对应到北京的 LT 是 2012-1-1 0400 即 2012 年元旦凌晨 4 点。对于向国际组织提供的报告，如果使用了 LT，最好标明它与 UT 的时差，例如北京时间比 UT 快 8 个小时，可以用“UT+8”作为补充注解——译者注）就这样，聚星观测的手绘图就完成了。

当然，还可以给聚星的成员星标上字母。一般来说，最亮的就是 A 星，次亮的是 B 星，其他伴星依次为 C 星、D 星，依此类推。但有一个例外，那就是四合星“猎户座四边形”（参看后文对猎户座的专门介绍——译者注），其 4 颗成员星的 A、B、C、D 是按从西向东的顺序编列的。关于聚星，除了成员星的亮度之外，还有“角距”和“方位角”两个重要参数，下面就来介绍。

英尺与角分，英寸与角秒

出于历史原因，天文学家经常把公制单位和英制单位混合使用，不管你乐意不乐意，这种混用已经是铁打的事实了。比如我们在描述一个望远镜的主镜筒时，经常说这样的话：它的口径是8英寸（这里是英制）而焦距是2 032 mm（这里却是公制）。在描述目镜时也是如此，例如一个目镜的直径是2英寸而焦距是27 mm。这种混用是如此地司空见惯，以至于约定俗成。

但是天文学家在表述天体之间看起来的距离时，经常使用角度单位，也就是度、角分、角秒，前文已经说过了。但这就造成了一个发生混淆的隐患，因为角分和英尺都可以简写成一小撇（'），而角秒与英寸都可以简写成两小撇（''）。避免误读这两类单位有一个简单的窍门：当你在说天上的事物时，单撇和双撇就是角分和角秒；当你在说地上的事物（例如望远镜）时，单撇和双撇就是英尺和英寸。

但还有特殊情况。例如你要记录天象事件的发生时刻或持续时间，那么双撇可以表示“秒”（注意这个“秒”是时间意义上的，而不是角度意义上的那个“角秒”）。此外，天体在天球上的赤道坐标也使用度、角分和角秒。幸运的是，为避免进一步的混淆，天文学上一般都把赤道坐标中的赤经坐标换算成时间意义上的时、分、秒来表示，否则真要把我们搞晕了。

星等

一颗恒星在我们眼中有多亮，主要取决于两个因素：它本身有多亮，以及它离我们有多远。我们眼中的恒星的亮度，称为“视亮度”。由于天体的亮度可以用“星等”（magnitude）表示，所以就有了“视星等”（apparent visual magnitude）这个概念（下面为叙述简便起见，一般略去这两个术语里的“视”字——译者注）。恒星越亮，其星等数值越低。天文学规定，两颗恒星的亮度如果相差100倍，那么它们的星等就相差5等。例如，一颗1等星（英文可记为m1，请注意这里是小写的m，不能大写。如果大写成M 1则表示梅西耶天体编号。关于梅西耶天体后文会详细讲述）看起来就要比6等星亮100倍。因此，星等相差1等，亮度相差2.51倍，例如2等星比3等星亮2.51倍，9等星的亮度2.51倍于10等星。夜空中最亮的恒星一般称为0等星，而在最深暗的夜空中能被视力最好的人用肉眼勉强看到的暗星大约是6～7等星。

本书中标出的天体星等都是视星等，在天文学的其他一些工作中，还有其他一些种类的星等数值。例如，某些恒星在不同的波段下，照相照出来的亮度也是不同的，所以“照相星等”（photographic magnitude）也是一个科学概念，但它对于目视观测来说基本用不上。还有一些天文学领域会用到“绝对星等”（absolute magnitude）这个概念，它是用来描述恒星本身的真实亮度的。一颗本身很亮（绝对星等低）的恒星，可能由于离我们太远从而看起来很暗（视星等高）；而本身比较暗的星，也可能由于离地球比较近而看起来比较亮。所以，视星等和绝对星等这两个数值之间没有直接的联系。

在星图中，代表星星的圆点有大有小，这是根据星星们的视星等的差异绘制的，一颗星用的圆点越大，就表示这颗星越亮。本书中的星图也不例外。（通过望远镜的目镜观星时，看到的每颗星星其实都是一样细小的亮点，只不过亮度有高有低。）星图都会附有一个关于星等的“图例”，通过它我们可以查出不同直径的圆点表示的是几等星。例如，在一幅低倍率的星图上（这种星图覆盖的天区面积很大），最大的圆点往往表示0等星或1等星；而在望远镜寻星时用的高倍率星图上（这种星图只覆盖很小的一片天区），最大的圆点就只表示这片天区中最亮的星，在某些详细的小区域星图中，最亮的星可能只有5等，甚至暗于5等。

角距——角距（separation）用来表示双星的两个成员星之间看起来相距多少，单位一般用角秒。你可能会问：对于那些我们可以用望远镜成功分解的双星来说，其成员星之间的角距最小要达到多少呢？这不仅取决于望远镜的口径、放大率、焦距，还与观测时的大气的“视宁度”（seeing，简单地说就是大气层的稳定程度）有关。一般地，口径越大、放大率越高的望远镜，越容易成功分解角距更小的双星。另外，主星和伴星的亮度差也会对分解的成功率有影响：如果一对双星的两颗成员星亮度相仿，就比较容易分解；如果两颗成员星亮度相差太大，就难分解得多。事实上，有很多双星的角距足够大，用双筒望远镜就可以轻易分解。极少数的双星用肉眼即可分解，例如北斗七星里的“开阳”星（它其实拥有多颗成员星，属于典型的聚星系统，但用肉眼只能分解成两颗——译者注）。

大气的稳定性，即视宁度，决定了我们能分解的双星的角距下限。即使用再大的望远镜、再高的放大率，也不可能成功分解那些角距不足这个特定下限的双星。（因为大气的扰动使图像被随机地扭曲和模糊，透过大气层看星星，就好比从游泳池底部透过水波去读水面以上的报纸一样。）在地球上那些大气条件最好的观测点，大气扰动造成的畸变会在1'' 以下。但大多数地点，大气视宁度都不会小于1～2''。这就意味着有很多角距很小的聚星必须用像“哈勃”那样的太空望远镜（它位于太空中，不在大气层内）才能成功分解。

目视聚星（visual multiples）

聚星的成员星互相绕转，会造成它们的角距和方位角发生变化。有些聚星的成员星绕转运动速度比较快，可以用目视方式（当然也要借助望远镜——译者注）看出来，这种聚星可称为目视聚星，我们有时叫它们“速动聚星”，例如室女座γ星（英文俗称Porrima）就是这样。为了便于推算这些聚星的角距和方位角变化，很多聚星目录都提供了它们在特定日期里的角距数值和方位角数值。

完美的分解和勉强的分解

从技术角度来说，完美分解一颗双星，意味着你能清晰地将它看成两个独立的亮点，且两个亮点之间明显有深暗的天空背景将其分隔。对于角距小的双星，完美分解一般不可能。另外，大气宁度太差、光学器件质量不高或太脏、望远镜口径不够、放大率不够，都可能导致无法完美分解双星。但即便如此，也可以分解出双星——我们可能看到双星的星点呈扁圆形，或呈彼此粘连的两个圆斑形，这种分解可以称为勉强的分解。

赤纬坐标和赤经坐标

地球表面的坐标系统有经度和纬度的概念，且二者都可以用度、分、秒来计量。天空上的坐标系也沿用了这些概念，但是天空上的纬度叫做“赤纬”（declination），天空上的经度则要叫做“赤经”（right ascension）。

赤纬坐标是地球纬度坐标的一个模仿，也用度、分、秒来计量。就像地球赤道上任意一点的纬度都是0° 0' 0''一样，“天赤道”上任意一点的赤纬也全是0° 0' 0''。地面的纬度数值和天上的赤纬数值之间，最主要的不同就是：前者分北纬和南纬，后者却以正、负的符号来区分。例如北天极处的赤纬是+90° 0' 0''，南天极处的赤纬是-90° 0' 0''。

赤经也是模仿地球上的经度，但是赤经的书写格式却跟地球的“东经（西经）某度”很不一样。其实，用度、分、秒来表示赤经也是可以的，但尽管如此，天文领域一般用时间意义上的时（h）、分（m）、秒（s）来表示赤经，而且还经常用到“1/10秒”这个单位（即“秒”的数值要保留一位小数）。于是赤经的数值范围就是从0h 0m 0.0s到23h 59m 59.9s。（就像钟表上没有真正的24时0分一样，赤经数值也没有24h 0m 0.0s这一说。）之所以借用时间单位而不是度数单位来表示赤经，是因为使用时间单位更便于直接对应和换算出特定天体升起和落下的时刻。

方位角——方位角（position angle，可简写为PA）这个概念用在双星上时，意思是：如果从主星向伴星引出一条线，那么这条线指向哪个方向。注意，这里的方向不是指我们周围的东西南北，而是以赤道坐标系上的方向为基准的。假如某颗伴星按赤道坐标来算，位于主星的正东方，那么PA就是90°；类似地，如果伴星是在主星正南，PA就是180°；正西则是270°；正北表示为0°。专业天文学家们有专门的设备来精确测定方位角，而业余爱好者们一般只是主观估计方位角，以5°为单位给出一个大概的方位角数值就行了。

前面说过，聚星不仅包括双星，也包括有3颗或更多颗成员星的情况。对于三合星以及有更多成员星的聚星系统而言，角距和方位角这两个概念就没有唯一的数值了，而是要根据其特定的某两个成员星组成的一个对子（pair）来表述。我们假设在某个聚星目录中有这样的信息：某三聚星的“A-BC对”（有时候也写成“A（BC）对”）的角距是42''，方位角是45°，而其“BC对”的角距是4''，方位角是315°。那么我们就应该明白，B、C星二者连线的中心点位于A星东北方向42''处，而C星位于B星西北方向4''处。

对于绝大多数的聚星系统来说，其角距和方位角变化都很慢，在人的一生中也不会有多大改变，但并不是没有例外。例如前文提到的室女座γ星，在天文联盟双星俱乐部1994年提供的数据里，角距是3.6''，PA是293°。但到了2005年，其成员星绕转到其轨道的一个端点时（轨道周期为168.68年），角距就缩到了最小值0.3''，PA则变成了160°。到2006年初，其角距又回升到接近1''，PA为85°。到2089年，其角距将到达最大值，超过6''，PA大约是325°，此时成员星的绕转正好是到达了轨道的另一个端点。

很多聚星虽然身为聚星却丝毫不起眼。它们的成员星光芒太暗弱，所以不足以呈现出明显的颜色。但也有很多例外，比如天鹅座β星（英文俗名Albireo）就很著名，这颗肉眼很容易看到的亮星如果在望远镜中看，几乎就是最抢眼的双星。它的主星3.1等，发金色光芒，与5.1等且发蓝色光芒的伴星形成了鲜明的对比。很多双星的颜色也是五花八门，从深红、橘黄到鲜黄、亮蓝，甚至紫罗兰色的都有。

世上已经有很多种聚星目录，几乎每种都用自己的格式和方式来给聚星们编号命名。可能常用的有埃特肯双星目录（Aitken Double Star Catalog，简称ADS）、奥托•斯特鲁维双星目录（Otto Struve Double Star Catalog，简称OΣ）、奥托•斯特鲁维双星目录增补（Otto Struve Double Star Catalog Supplement，简称OΣΣ）、维尔亥姆•斯特鲁维双星目录（Wilhelm Struve Double Star Catalog，简称STF，或干脆简称Σ）、温切斯特双星目录（Winchester Double Star Catalog，简称WDS）等。一些著名的双星往往被多个目录同时收录并赋予编号。例如前面刚刚提到的天鹅座β星，被许多观测者认为是最美丽的双星，它被维尔亥姆•斯特鲁维编为STF 43（或写作Σ43），又被埃特肯编为ADS 12540。

有必要去找一份这样的聚星目录，然后打印出来使用吗？没有必要。很多公开出版的星图已经标注出了那些最有趣的聚星，另外，很多常用的天象软件也能为你标示出成百上千颗的聚星。

天象软件

如果你有便携计算机或者PDA（掌上电脑），可以给它们安装上一些天象软件，配合你的望远镜一起使用。天象软件不仅能实时显示出星图，还可以让你随意放大或缩小观看星图，允许你在星图上画出对应于寻星镜视野大小或目镜视野大小的圆圈，查看指定天体的连续数据等。（当然，最好在显示器上覆盖一张红宝石色的塑料胶片，红光可以保障你的瞳孔在黑暗场所中见到它时不会缩小，以便维持最佳的观星状态。）

不论是Windows、Linux操作系统，还是苹果操作系统或Palm掌机操作系统，都有很多天象软件可选。我们已经测试了很多这类软件，对其做了比较全面的评价和排序。我们觉得很值得推荐的是由瑞士天文学家Patrick Chevalley创作的软件——Cartes du Ciel（适用于Windows、Linux以及苹果OS X11版），其功能很全面，很强大，而且可以免费下载。建议大家试一试，也许你用过之后就不想用其他的了。

在那些收费的商业天象软件中，Starry Night（适用于Windows和苹果操作系统）是比较流行的一款，它既有很便宜的基础版，也有贵至250美元的“超级专业版”。由于苹果机上可选的软件相对少些，所以Starry Night的苹果版在苹果机用户中人气很高。另外，那些追求比Cartes du Ciel更强大的软件的用户很多也推崇Starry Night。另一个比较流行的商业天象软件是The Sky 6（适用于Windows和苹果操作系统），它在业余观测者中有很多的追随者。The Sky 6有个“学生版”，售价49美元，但功能比较有限，恐怕不能满足那些狂热的观测者的要求；而它的“资深爱好者版”售价129美元，功能覆盖面相当大，特性比较近似于Starry Night那150美元档次的“专业版”。The Sky 6还有一个卖279美元的“专家版”，加入了更加丰富有趣的功能，其中一些非常实用，达到了能与Starry Night的那个250美元的“超级专业版”比肩的程度。

这些软件我们都实际测试过，但我们认为它们都不足以堪称最强大、最灵活的天象软件。击败它们的是售价129美元的Megastar（只有Windows版），这款软件足以满足狂热爱好者的需求。它乍看上去比别的收费天象软件简单粗糙得多，但只要试用一会儿就能感觉到，它是一款由天文专家编写给其他天文专家用的软件。在测试其他天象软件时，我们都发现有某些我们想要的功能在软件里没有实现，而在测试Megastar时没有发生这种事。

想更多地了解关于这些天象软件的事情，可参看astro.nineplanets.org/astrosoftware.html。其中的第2章详细讨论了天象软件。

认识希腊文

对于天文爱好者来说，认识希腊字母是相当重要的，因为在星图和其他很多天文参考资料中，希腊字母的出现频率都很高。比如，你知道天琴座里最亮的那颗星俗名叫做“织女”（Vega），但它在星图和参考资料中却经常被称为“天琴座 α”或“天琴座 alpha”，这种命名方式叫做“巴耶（Bayer）命名法”。能够理解巴耶命名法下的星名，对于称呼那些为数更多的、没有俗名的星星是很有用的。很多恒星目录都把巴耶命名法作为首选命名方式，或唯一命名方式。

在天文中，希腊字母的小写形式更为常用。尽管如此，大写形式的希腊字母在某些情况下也经常出现。例如维尔亥姆•斯特鲁维编纂的双星星表，其双星编号除了以 STF 标示之外，也可以用大写希腊字母 Σ 标示，因为在希腊文中，字母 Σ 的作用类似于英文的字母 S，而 S 正是“斯特鲁维”这个姓氏的首字母。而维尔亥姆•斯特鲁维的儿子奥托•斯特鲁维编纂的双星列表，则以 STT 打头给双星编号，或可以用 O Σ 来标示（加 O 表示“奥托”的首字母）。而他以后编订的增补列表，标示则为 STS 或 O Σ Σ，这里的第 2 个 Σ（即 S）表示“增补”（supplement）。

小写	大写	名称	汉语近似发音
α	A	alpha	阿尔法
β	B	beta	贝塔
γ	Γ	gamma	伽马
δ	Δ	delta	德尔塔
ε	E	epsilon	伊普西龙
ζ	Z	zeta	截塔
η	H	eta	艾塔
θ	Θ	theta	西塔
ι	I	iota	约塔
κ	K	kappa	卡帕
λ	Λ	lambda	兰布达
μ	M	mu	缪
ν	N	nu	纽
ξ	Ξ	xi	克西
ο	O	omicron	奥密克戎
π	Π	pi	派
e	P	rho	肉
σ	Σ	sigma	西格马
τ	T	tau	套
υ	Y	upsilon	宇普西龙
ϕ	Φ	phi	佛爱
χ	X	chi	西
ψ	Ψ	psi	普西
ω	Ω	omega	欧米伽

弗拉姆斯蒂德编号以及其他恒星命名法

如果一颗星星的俗名广为人知，那么天文爱好者也喜欢直接称呼它的俗名。如果此星当年被巴耶赋予了名字，那么其次的称呼往往是它的巴耶命名。当然，有俗名和有巴耶命名的恒星，其亮度都达到了肉眼可见的水平（但不是所有肉眼可见的恒星都有俗名或巴耶命名）。当一颗肉眼可见的恒星既没有通用的俗名，又没有巴耶命名时，我们还有一种常见的方式来称呼它，这就是弗拉姆斯蒂德（Flamsteed）编号。

弗拉姆斯蒂德编号几乎覆盖了各个星座里所有肉眼可见的恒星，在每个星座内按从西向东的顺序（即赤经坐标增加的顺序）来编排。每个星座区域内最靠西的一颗肉眼可见的恒星，按弗拉姆斯蒂德编号就是这个星座的 1 号星。由此向东，该星座内所有肉眼可见的恒星不论亮暗，也不论赤纬坐标是靠南还是靠北，都依次用自然数排出弗拉姆斯蒂德编号。拥有最高弗拉姆斯蒂德编号的星座是金牛座，这个星座内一直编到金牛座 139 号星。

除了极少数的恒星（例如著名的天鹅座 61 号星）以外，一般的天文爱好者并不记得多少恒星的弗拉姆斯蒂德编号。例如几乎每个天文爱好者都知道猎户座的 Rigel 星，也知道它的巴耶命名是“猎户座 β”，但很少有人知道它的弗拉姆斯蒂德命名——猎户座 19 号星。尽管如此，如前所言，当一颗肉眼可见的恒星没有俗名和巴耶命名时，弗拉姆斯蒂德编号仍是非常有用的。

那么，如果一颗恒星既没有俗名，也没有巴耶命名和弗拉姆斯蒂德命名，那又如何称呼它呢？这样的星一般都是暗到肉眼看不到的星，我们只能用其赤道坐标的数值来称呼它，或者用恒星目录里的编号去称呼它。很多恒星目录包含了成千上万的肉眼看不到的较暗恒星。尽管有这么多种恒星目录，但在天象软件和印刷出版的星图中，最常见的还是亨利·德拉伯目录（Henry Draper Catalog，简称 HD）和史密松森天体物理台恒星目录（Smithsonian Astrophysical Observatory Star Catalog， 简 称 SAO）。HD 包 含 了 30 多万颗恒星的信息，广泛收录暗星至 9 等星，还收录了一部分 10 等星。SAO 则收录了暗至 9 等的恒星约 25 万颗的信息。这意味着任何一颗不暗于 9 等的恒星都拥有自己的 HD 编号和 SAO 编号。每一个这种编号都能准确地对应于唯一的一颗恒星。

以上这些事实说明，一颗恒星除了可能拥有不止一种目录编号以外，还可以拥有多种其他名称。例如天鹅座 β 星就有以下其他称呼：Albireo、天鹅座 6 号星、HD 183912、SAO 87301。当然，对于像它这种亮星，大家还是喜欢用俗名和巴耶命名，但如果要你来称呼它西边 21.6' 处的那颗聚星呢？它没有巴耶命名，也没什么俗名，甚至连弗拉姆斯蒂德编号也没有。好在它有 SAO 编号 87268 和 HD 编号 183560，因此你才可以顺利地在天象软件中检索到它。

深空天体的大小

深空天体在我们眼中的大小用度（°）、分（'）、秒（''）来表示，1°是60'，1'是60''。例如满月的尺度大约是0.5°，也可以写为30'或1800''。看起来最大的深空天体要数M 31，它跨过了好几度，而看起来最小的深空天体大概要数一些行星状星云，它们仅跨了几个角秒。

除去极少的例外，深空天体的尺度都习惯统一用“角分”这个单位来表述。假设某个星云的大小是2°×1.5°，我们一般写成120×90角分。类似地，假设一个行星状星云的大小是48''×36''，我们一般写成0.8'×0.6'。

业余爱好者的望远镜在较低的放大率下，视野直径从不足1°的（例如一些较大的施密特-卡塞格林式折反射镜）到5°的（例如一些小型的宽视野折射镜）都有。双筒镜和寻星镜的视野直径较小的有2.5°（例如一些放大率较高的大双筒镜），较大的有6°～8°（例如普通的标准双筒镜）。在最大的实际可用放大率下，典型的业余天文望远镜有效视野直径大约是0.2°（12'）或更小。因此，很大的深空天体并不适合在这种高放大率的视野中进行观看，与此同时，很小的深空天体即使通过这么高的放大率来看也仍然像一颗普通的星星。

深空天体目录编号

有很多种目录编号被用于称呼深空天体。本书介绍的深空天体中大约有1/3是梅西耶目录里的，这个目录是18世纪的查尔斯·梅西耶编订的，它包括110个天体。梅西耶大致地按照发现日期顺序，给这些天体赋予了从M 1到M 110的编号。本书中的其余深空天体绝大多数也都是被“星云星团新总表”（New General Catalog，简称NGC）以及它的一个增补目录（叫做Index Catalog，简称IC）所收录的。这两个目录包括数千个深空天体，是19世纪到20世纪早期陆续编成的。

梅西耶目录、NGC目录和IC目录都属于“通用深空天体目录”，意思是说，它们都收录了多种类型的深空天体——疏散星团、球状星团、星系，以及多种类型的星云和其他一些天体。除它们之外，还有一些专门类型的目录，例如，只收录疏散星团的目录，还有只编列行星状星云的目录。

一个深空天体可能被多个目录收录。例如梅西耶将御夫座内的一个疏散星团编为M 38，这个疏散星团后来又被NGC目录编为NGC 1912，被科林德（Collinder）疏散星团表编为Cr 67。梅西耶的编号是大家最喜欢使用的，如果一个天体既被梅西耶目录收录，又被其他目录收录，那么大家一般会称呼它的梅西耶编号。其次就是NGC或IC编号，如果一个梅西耶目录以外的天体在NGC或IC中有编号，同时也在其他的专门目录里有编号，那么大家一般还是称呼它的NGC编号或IC编号。只有那些既不见于梅西耶目录，也不见于NGC和IC目录的天体，才会被以它的专门目录编号来称呼，例如Markarian 6（缩写为Mrk 6，指马卡良疏散星团和星系表第6号天体），因为实在没有其他更合适的名字可用了。

深空天体的类型

下文各部分要介绍一些深空天体的类型。一个深空天体可能被天文学家划归于其中的一类或多类。当你读完关于这些类型的知识后，建议你找一个能显示天体实景照片的天象软件去实际地看看各类深空天体的样子，每类至少记住一个典型。推荐的软件有 Stellarium（网站 www.stellarium.org）、Google Sky（网站 earth.google.com/sky）等。虽然你在屏幕上看到的图片要比从望远镜中看到的大得多，细节也丰富得多，但这种看图活动也能加深你对不同类型深空天体的区分能力。

疏散星团

疏散星团（open cluster，缩写为 OC），在一些陈年的资料中也被称为“银河状星团”（galactic cluster），是指一群恒星因万有引力作用松散地彼此靠近成一团。成员较少的疏散星团可能只有十来颗恒星，成员多的可以达到数千颗。在我们的银河系中，光是已知的疏散星团就超过 1 100 个。有学者估计银河系中应该有大约 10 万个疏散星团，只是它们当中的绝大部分我们都看不见，有的是因为离我们太远而显得太暗淡了，还有的是被星系内部的尘埃、云气或者密集的星系核区域给遮挡住了。

天文学上认为，多数疏散星团都是由比较年轻的恒星组成的，相应地，它们成团的历史也不太久。有些特别年轻的疏散星团，例如“猎户座四边形”及其周边区域，其中的恒星还处在诞生的过程之中。疏散星团的平均年龄范围是几千万年到几亿年，虽然最老的疏散星团也已有几十亿年的历史，快跟比较年轻的球状星团的年龄一样大了（见后文），但这毕竟是很罕见的情况。很多疏散星团根本存在不了这么长时间，它的成员星会逐渐地离开，最终使星团解体。

疏散星团的成员星之间的引力作用是比较薄弱的，在疏散星团穿行于宇宙空间的过程中，外来的一些引力作用会不可阻挡地破坏这些原有的引力作用。疏散星团最终会变成一群运行方向大致一样的恒星，但这些恒星之间不会再有明显的引力联结。这时它应该被称为“星协”（stellar association）或“移动星群”（moving group）。最著名的一个移动星群，恐怕就是大熊座内的北斗七星和其他一些邻近恒星组成的星群了。

关于深空天体亮度的方方面面

离我们非常遥远的恒星，仅仅是一些暗淡的小光点。但星团、星云、星系这些 DSO 可不是这样，它们看来有一个固定尺寸的发光面，或者叫“尺度”（extent）。当我们看到资料说某个 DSO 的亮度是多少个“星等”时，要注意这里的“星等”其实应该是指“累积星等”（integrated magnitude），它是指：假如把这个 DSO 在其全部视面积上发出的光都汇聚到一个无限小的点上，变成一颗“星”，那么这颗星的亮度是多少个星等。实际上的 DSO 都有一个发光的面，并不是一个点，所以这个星等所对应的光的强度其实是被分摊到了这个发光面上的。

因此，一个 DSO 可能其实并不太亮，却拥有一个看来很亮的星等数值。下面举个例子。我们假设有三个 DSO，资料显示它们的亮度都是 9 等。但其中一个是个很小的行星状星云，直径大约 1'，另一个是星系，直径大约 2.5'，还有一个是发射星云，直径大约 6.25'。

哪怕望远镜口径比较小，那个很小的行星状星云也应该很容易看到，因为这相当于 9 等星亮度的光芒聚集在了一块很小的区域内。而那个星系，由于直径是那个行星状星云的 2.5 倍，所以发光面积就是后者的 6.25 倍。同样多的光，散布在 6.25 倍的面积上，在单位面积上的亮度等于就减弱了 6.25 倍，也就是暗了约 2 个星等。同样道理，那个星云由于视直径是星系的 2.5 倍，所以看起来又比那个星系暗了约 2 个星等，比那个小的行星状星云暗了多达 4 个星等。

针对这种由尺度增大造成的单位面积发光减弱的现象，我们可以为这些面状天体定义一个概念，叫做“面亮度”（surface brightness）。上面假设的那个行星状星云，由于面积尺寸很小，所以它的面亮度基本等同于它的累积星等 9 等。而上面说的那个 9 等星系的面亮度自然就应该是大约 11 等了，至于那个 9 等发射星云，面亮度仅会有大约 13 等。（事实上，累积星等和面亮度是两个很复杂的概念，还有许多其他因素影响着它们的计算，这里不再介绍。我们需要明白的是以下这个事实：不能单单依据一个 DSO 在资料上标出的星等数值来判断它是否容易看到。星等数值很高的 DSO 也不一定非要特大的望远镜才能看到，星等数值低的 DSO 也不一定能够轻易搞定。）

为了验证 DSO 的星等数值有多大的迷惑性，可以在秋天找一个晴朗无月的夜晚，尝试用肉眼去观察一下“仙女座大星云”（即 M 31，这里再次强调，大写 M 表示梅西耶编号，小写 m 表示星等）。如果你的观测环境足够黑暗，你的眼睛对这个暗环境适应得又很好，那么可能会隐约看到 M 31，它呈现为一个暗淡的模糊光斑。如果看不到也丝毫不必奇怪。但新手们经常有这样的疑惑：M 31 在很多资料上都被标为 4 等左右，我们知道即使在不完全深暗的天空中，4 等的恒星都可以被轻易看到，为什么此时我们却看不到 M 31 呢?

关键就在于，恒星是一个很小的点，其面积可以忽略，所以 4 等恒星的面亮度基本也是 4 等。与之迥异的是，同为 4 等的 M 31 在天空中铺展开了一个很大的面积，它的面亮度其实只有 12.9 等，比 4 等恒星暗数千倍，所以我们看它时相当于在看一群 12.9 等的星，因此总体感觉就只有一点微光，或干脆没有了。

疏散星团的外观彼此差异很大。最稀松的那类疏散星团只有几颗成员星散布在天幕中，以至于很难把成员星和周围其他恒星区分开来；而最紧密的那类疏散星团看起来已经像比较松散的那类球状星团了。

最亮的一些疏散星团可以用肉眼直接看到，因此自古以来便广为人知。其中的一些，例如英仙座的双重星团（见影像 i-2）、昴星团（M 45，又名“七姐妹星团”）、蜂巢星团（M44，又名“鬼星团”），还成了古代神话传说的主题。

疏散星团有一种分级法叫做“特朗普勒分级”（Trumpler Classification），它以密集度、成员星亮度差异程度、成员星数 3 个方面来做分级的依据。具体分级方法如下：

密集度

第Ⅰ级：强烈集中向特定的中心
第Ⅱ级：略为集中向特定的中心
第Ⅲ级：没有向特定的中心集中的样子
第Ⅳ级：不能很好地与周围的其他恒星区分开来

亮度差异程度

第 1 级：成员星几乎都一样亮
第 2 级：成员星亮度有些差异
第 3 级：成员星亮度差异极大

成员星数

p 级：少（不足 50 颗）
m 级：中等（50 ～ 100 颗）
r 级：多（100 颗以上）

如影像 i-2 所示，英仙座双重星团就属于Ⅰ 3 r 级，因为它的成员星有明显的集中，各个成员星彼此之间亮度差异可以很大，且成员星多于 100 颗。

与之不同，如影像 i-3 所示的疏散星团 M 38 就属于Ⅱ 2 r 级（有些资料将其归为Ⅱ 2 m 级）。它之所以被归为Ⅱ级，是因为它的成员星虽然有向特定中心集中的样子，但中心位置及其附近的星点密度不太高且比较一致。而“2 级”这项说明它的成员星之间亮度有明显的差异，但差异程度不太高。它的成员星数在 100 颗上下，所以有的资料将其归为 r 级，有的则归为 m 级。

影像 i-4 所示的是 M 45。像很多疏散星团一样，它最初也是一团尘埃和云气，这些物质是现在它的成员星赖以生成的材料。在宇宙中游移着度过了这么多岁月之后，残余的尘埃和云气已经散佚殆尽了。在一些年轻的疏散星团中，这类尘埃和云气还有残存，它们微微反射着成员星发出的光芒。而其他的一些疏散星团，包括 M 45 在内，只是因为运动到了宇宙空间中某些有尘埃和云气的地方，才显现出一些能反射星光的云气。还有其他一些疏散星团本身就存在于发射星云或暗星云之内，特朗普勒分级为这些疏散星团在分级信息结尾加上字母 n，说明这些星团与云气“成协”（即共存一处且相互作用）。尽管这类云气很难在观测时看到，但在照片上还是经常能够确认它们的存在的。

疏散星团的分级并不是绝对的，它带有很强的主观性。M 45 就是个很典型的例子。根据它的照片和前面对密集度的解释，你应该会把它分为第Ⅲ级或第Ⅱ级（不向中心聚集，或聚集不紧密）。事实上，上述分级法的创始人特朗普勒自己把 M 45 归为Ⅱ 3 r 级（他忽略了云气，没有给分级结果加上 n），但当代的很多资料，包括 Sky Catalog 2000 这样的权威资料，把 M 45 归到了Ⅰ 3 r n 级。

本书将介绍的大部分疏散星团都已被 NGC 或 IC 收录了。但还有一些，甚至是比较明显的疏散星团，却没有被这两个通用的 DSO 目录收录，但它们都被一个或多个专门的疏散星团目录收录了，这些目录包括科林德疏散星团表（编号开头 Cr）、甘波（Kemble）目录、马卡良疏散星团和星系表（Mrk）、梅洛蒂疏散星团表（Mel）、斯托克疏散星团表（St）以及特朗普勒目录（Tr）。是否熟悉这些目录，其实并不重要，我们只需记住：有很多疏散星团并没有被 NGC 和 IC 收录，只能在一个或多个这类专门的补充目录里找到它们。

疏散星团的云气

对于与云气共存的疏散星团，特朗普勒分级法要在分级字串的结尾加n来表示。云气在视觉上是一团亮度均匀的薄雾，不同云气的亮度相差很大，有的十分明亮，有的暗到难以发觉。云气可能确实是一团散布于疏散星团的成员星之间的尘埃和气体，被这些恒星的光所照亮；也可能是一群暗到无法用肉眼分解的恒星，它们的光芒合起来，在视觉上造成一种类似于暗淡云气的景象。

绿星？

双星的两颗成员星之间的颜色对比，有时会让其中一颗显得发绿，但其实那并不是绿星。温度较低的恒星几乎不会发出绿色、蓝色、紫色这些在可见光光谱上偏于高频一端的光，在我们眼中它们一般呈红色、橙色或黄色（很别扭的一件事是：红、橙、黄经常被我们称为“暖色”）；温度较高的恒星主要发出蓝色、紫色这些波长较短的光，因此看起来是蓝色的或青紫的。而那些温度适中的恒星确实会发出绿光，但是它们在发出绿光的同时，也发出很多在光谱上位于绿色两侧的其他颜色的光，因此看起来基本呈白色，不会明显发绿。

关于本书的图片

很多天文画册里的天文图片色彩缤纷，细节丰富，但那种深空效果是一般的地面望远镜达不到的。我们为本章选择的这些图片，比较符合在大气透明度良好的暗夜环境里，通过中等偏大口径的望远镜看到的真实效果。我们要感谢我们的观测伙伴史蒂夫•柴尔德斯（Steve Childers）提供这些图片。

影像 i-2

双重星团 NGC 869（左）和 NGC 884（感谢史蒂夫•柴尔德斯供图）

影像 i-3

疏散星团 M 38（感谢史蒂夫•柴尔德斯供图）

影像 i-4

疏散星团 M 45，即昴星团（Pleiades）（感谢史蒂夫•柴尔德斯供图）

球状星团

球状星团（globular clusters，简称 GC）是一种古老的天体。最近最可靠的研究显示，最老的球状星团已有超过 130 亿年的历史，快跟宇宙本身的年龄一样大了。事实上，根据过去的其他一些理论，经常可以得出“球状星团的年龄比宇宙本身的年龄还大”的奇怪结论，这种结论曾使人们困惑了很长时间。直到今天，我们也不过认为球状星团的年龄仅比宇宙年龄小几亿年而已。

球状星团的成员星数很多，较少的也有 1 万颗左右，多的可达数百万颗。（在成员星数量和总质量方面，那些最大的球状星团已经接近了“矮星系”即较小的星系的水平。）由于如此多的物质聚集在一个相对狭小的范围里（典型的情况是直径 10 ～ 30 光年的空间），球状星团的成员星彼此之间都已被万有引力紧紧地绑定在一起，难以散开了。

除了极少数的例外，球状星团的成员星都是一些很老的恒星，而且它们单个的质量不大，一般不超过太阳质量的 2 倍。质量比这更大的恒星要么已经经历了膨胀阶段成了超新星（supernovae），要么已度过了新星（nova）的阶段，成了白矮星（这里说的新星和超新星不是指“新诞生”的意思，而是指达到一定质量的恒星因衰老而产生的爆发、爆炸和毁灭——译者注）。球状星团也包含少量年轻的恒星，它们被称为“蓝色游民”（blue stragglers），我们认为它们是球状星团核心部位极端致密区域发生的星体碰撞的产物。

球状星团的数量比较少，至少在我们的银河系之内是如此。银河系内已知的球状星团约有 200 个，大多位于靠近银心的区域。业余爱好者只要使用很基本的设备，就能在一些夏季星座（例如人马座、天蝎座、蛇夫座）中轻松地看到很多球状星团，因为当观察这些星座时，我们的视线其实是指向银河系核心的。而那些少量的远离银心的球状星团（例如天兔座的 M 79），基本都被认为是星系之间的“移民团”——这些星团很可能是从别的星系流浪出来的，到了银河系附近，被银河系的引力俘获了。

球状星团都是紧密的、或大或小地呈球形的恒星聚集区，因此它们看起来不如疏散星团那样姿态各异。但各个球状星团其实也有自己的特征，只不过比疏散星团之间的区别要微妙得多。影像 i-5 所示的是 M 13（NGC 6205），这是个适合在北半球中纬度地区观看的且令人难忘的球状星团。

球状星团也有一个分级法，这就是“沙普利－索伊尔密集度分级”（Shapley-Sawyer Concentration Class）。它将球状星团的成员星密集程度分为12个等级，第Ⅰ级为最密集，第Ⅻ级为最稀松。被分在第Ⅰ级和第Ⅱ级的著名星团以人马座的M 75（NGC 6864）为代表；被分在第Ⅺ级和第Ⅻ级的星团以天鹰座的NGC 6749为代表，这个星团的样子与其说像球状星团，不如说更像一个疏散星团。

到南边去

对于观察球状星团而言，生活在北半球的我们确实不如南半球的居民幸运。诚然，M 13也很壮观，但与南半球天空中惊艳的半人马“欧米伽”（NGC 5139）和杜鹃座47（NGC 104）相比，它就会黯然失色。当然，我们在北半球也不是不能看到NGC 5139，但它的赤纬是-47°29'，因此即使是在中国的长江地区，它出现在南端低空的时候，最高也不过离地平线十几度，这么低的高度只够我们看到它的大致样子，不足以领略它的全部风韵。而NGC 104的赤纬是-72°05'，我们根本不可能看到它。要想好好地欣赏它，还是到南半球去吧。

影像 i-5

位于武仙座的壮观的球状星团M 13，按沙普利—索伊尔分级属于第Ⅴ级（感谢史蒂夫·柴尔德斯供图）

亮星云

亮星云（bright nebula，简称 BN）是指宇宙中那些反射着星光的或自己发光的成团尘埃和云气。亮星云分为好几类，下面分别进行介绍。

反射星云

反射星云（reflection nebula，简称 RN）自身不会发光，如果我们能看到它，只是因为它在反射它附近恒星的光。它的成分是一些冷的、致密的尘埃云雾，其中掺杂了一些氢气分子（而非电离的氢原子）。除了极少数的例外（如与 M 45 混杂在一起的云气，见影像 i-4），纯粹的反射星云都很小，表面亮度也很低，适合用大望远镜在中低放大率下观看。

发射星云

发射星云（emission nebula，简称 EN）自身可以发光。所有发射星云都是由电离的原子气体组成的，这些气体围绕在某些极高温的恒星周围，或是聚集在这些热恒星附近。这些恒星发出大量的高能紫外辐射。云气中的气体分子吸收了这些辐射后，其电子暂时跃迁到较高的能级上，而当这些电子落回到较低的能级时，其释放出的能量就以特定波长的光子的形式发射出来。大部分的发射星云其实兼有发射星云和反射星云两种成分，因为只有那些离作为能量来源的恒星较近的气体云可以受到激发而辐射出光子，而那些比较边缘的、温度较低的云气没有被电离，所以只能反射附近恒星的光。

绝大多数发射星云都现身在红光波段的照片上，这是因为它们的光基本来自位于 656nm 波长（H-α 谱线）上的激发态的氢，这种光在光谱上处于暗红色的位置，人眼对它并不敏感。好在大部分发射星云除了氢气还包含其他气体，为我们目视观察发射星云提供了方便。这些气体主要是双重电离的氧原子，辐射波长是 496nm 和 501nm（称为 O-Ⅲ波长）。巧合的是，这两种辐射在光谱上位置靠得很近，所以肉眼只要适应了夜空的黑暗，对这个波长左右的光就特别敏感了。

为什么蓝绿色看起来像灰色？

在大多数情况下，O-Ⅲ波段的这些蓝绿色光很难使视网膜上的锥状细胞发生兴奋，所以我们看到这种光时，主要依靠的是负责感受灰度的杆状视觉细胞。当然也有例外，某些发射星云（尤其是M 42，见影像i-6）发出的O-Ⅲ波长的光比较充足，通过中型或大型望远镜已经足够让我们的锥状视觉细胞发生兴奋，因此使我们看到一团带有绿光的灰色云气。年轻人的眼睛往往更为敏锐，因此年轻的观测者经常说自己看到的M 42是绿色的或蓝色的，甚至是略带点红色的。

行星状星云

行星状星云（planetary nebula，简称 PN）是发射星云的一个特殊类型。每个行星状星云其实都是一个"遗骸"——老的红巨星会爆炸，然后经过短暂的"新星"（此术语不指新生的恒星——译者注）阶段，最终缩小为一颗高温的白矮星，而喷散出的气体在它周围形成一个壳层。"行星状星云"这个名字是 18 世纪的天文学家威廉姆•赫歇尔（William Herschel）起的，因为他觉得很多较小的这类天体的外观都像我们太阳系内的木星、土星或天王星。

从宇宙的角度上来说，行星状星云的寿命是很短的，可能只有几千年。这种短寿是由两种原因注定的：第一，在行星状星云的中心照亮了它的那颗白矮星缺乏可持续的能量来源，最终将会燃尽。它所赖以发光的只是一点点余热，而且很快就要散尽了。（很多行星状星云的中心星已经衰弱得非常暗，即使用大望远镜也看不见它们了。）第二，行星状星云的气体壳层也会继续扩散，变得越来越稀薄，离中心星的距离也越来越远，它们能接收到的从中心星发出的能量也就更少了，最终会使它们不足以被激发，也就不能发光了。

我们看到的各个行星状星云的尺寸也相差很大，这取决于它们自身的实际大小，以及它与我们的距离。最小的行星状星云，其视觉尺寸要以角秒来计量，以至于看上去像一颗恒星，即使是采用大望远镜，拿很高的放大率来看，其圆面也不明显。而最大的行星状星云，例如位于宝瓶座的 Helix 星云（NGC 7293），看起来与中等大小的疏散星团差不多大。

大多数行星状星云的表面亮度相对都比较低，因此不适合使用太大的放大率来观看。当然也有例外，像狐狸座的哑铃星云（Dumbbell Nebula，M 27，NGC 6853），如影像 i–7 所示。它的尺寸不小，达到了 6 ～ 7 角分，但表面亮度并不弱，很适合用较高的放大率来观看。另外，也有些尺寸很小的行星状星云拥有较高的表面亮度，有的还非常显眼，它们也适合用高放大率观察。行星状星云的视星等和照相星等经常相差得比较大，相对而言，它们看起来往往更亮一些，而相机照出来却暗得多。

行星状星云的外形变化范围也很广，一方面是由于它们本身的外形就不拘一格；另一方面是因为它们朝向我们的角度也各不相同。虽然我们总是设想从“新星”抛射出的气体壳都应该呈标准的球形，但像哑铃星云 M 27 和位于英仙座的“小哑铃星云”（M 76）这样的天体，都已被证实是沙漏一样的双向结构，见影像 i–7。另外，天琴座的环状星云（M 57，如影像 i–8 所示）看上去像个飘渺的圆形烟圈，但天文学家认为它的气体壳的实际形状是圆柱形，我们只是正好位于这个圆柱形顶端的角度上而已。

大多数行星状星云发出的可见光都在蓝绿色的 O- Ⅲ波段上。事实上，一些行星状星云的表面亮度比较高，已经足以刺激我们的锥状细胞，让我们产生色觉，看到蓝绿色的光芒。这一点在中等以上口径的，特别是大口径的望远镜中经常能够实现。

影像 i-6

壮观的发射星云“猎户座大星云”M 42，它上方的小星云是 M 43（感谢史蒂夫·柴尔德斯供图）

影像 i-7

行星状星云“哑铃星云”M 27（感谢史蒂夫·柴尔德斯供图）

影像 i-8

行星状星云“环状星云”M 57（感谢史蒂夫·柴尔德斯供图）

超新星遗迹

超新星爆发是一种难以想象的极为巨大的爆炸。超新星爆发的强度，与新星爆发比起来，就好像是用氢弹爆炸与鞭炮爆炸相比。当一颗恒星爆发为超新星的时候，它短时间内放出的光芒会超过它所在的星系内的其他数十亿颗恒星光芒的总和。而超新星遗迹（supernova remnant，简称 SN、SR 或 SNR）就是这种天崩地裂的大灾变留下的残骸。最著名的超新星遗迹要算是位于金牛座的蟹状星云（Crab Nebula、M 1、NGC 1952）了，见影像 i-9。

从超新星爆发中抛射出的巨大能量，决定了超新星遗迹的发光过程与行星状星云截然不同。行星状星云发出的光，波长比较单一，在光谱上呈亮线；而超新星遗迹发出的光，其包含的频段非常宽广，不仅覆盖和跨越了可见光光谱，在射电波段和 X 射线波段也都有存在。

影像 i-9

超新星遗迹 M 1（感谢史蒂夫•柴尔德斯供图）

星系

对于我们来说，宇宙是无比广大和寂寥的，而星系（galaxy，缩写为 Gx）就像茫茫宇宙中的“岛屿”。最小的星系可被称为“矮星系”（dwarf galaxy），只包含数百万个“太阳”，其总质量仅比最大的球状星团大一点。而最大的星系，会占据宽阔达几十万光年的宇宙空间，包含数万亿颗恒星。

我们所在的银河系（也叫“牛奶路”，即 Milky Way）在实际大小和总质量方面都高于各个星系的平均值，属于偏大的星系，这个规模和与我们邻近的被称为我们的孪生姊妹星系的“仙女座大星系”M 31 差不多。（仙女座大星系也可以叫“仙女座大星云”。从科学角度上说，它是个星系，而不是星云。过去叫它星云，是因为那时候人们对深空天体的实质的认识不如今天。但这个不严谨的叫法遗留到今天，也算约定俗成了，没什么必要去硬改——译者注）这个星系是离银河系最近的大星系，与我们的距离大约 290 万光年。这意味着我们现在看到的它的光芒，是它在 290 万年之前发出的。所以，当我们望向遥远的宇宙时，实际上是在观看“遥远的过去”。

从影像 i-10 中可以看到 M 31 和它的两个“伴系”M 32 和 M 110，这两个小星系在围绕 M 31 运转。M 32（NGC 221）看上去像是 M 31 右下方的一颗毛茸茸的亮星，M 110（NGC 205）则出现在这幅图片的顶部中央偏右的位置上，像一条狭长的薄雾。这三个星系和我们的银河系都属于“本星系团”（Local Galaxy Group）。

影像 i-10

仙女座大星系 M 31（感谢史蒂夫•柴尔德斯供图）

策划你的观测活动

为了充分地利用好你的观测时间，认真地设计和策划你的观测流程是很重要的。否则，等你来到夜空下就会觉得能做的事情不多——除了观察那些早已熟悉的目标，就是漫无目的地移动望远镜，希望碰到点什么有意思的天体。制定观测计划的最佳技巧，就是认真、系统地列出你能看的天体的清单，然后在清单上给已经看过的天体做上记号。

那么，到底哪些天体是你能看和应该看的呢？要注意，像 NGC 和 IC 这样全面而且通用的天体目录里列出的数千个天体，很多都无法用初级的天文望远镜看到。不过，你也没必要自己苦苦地从中进行筛选，因为天文联盟（www.astroleague.org）和加拿大皇家天文协会（www.rasc.ca）已经编好了一些适合初级和中级观测者使用的天体列表。

天文联盟和加拿大皇家天文协会的观测列表

天文联盟赞助多家天文观测俱乐部，这些俱乐部每一家都专注于某一特定类型的天文观测。每个俱乐部都发布了一个天体列表，表中的几乎所有天体都被这些俱乐部观测并记录过，这也是这些俱乐部的活动定位所在。有些俱乐部的定位非常特殊，例如有为天体画素描的，有只准使用双筒镜的，有专门在城市的光害中努力观测的。天文联盟或其旗下的加盟俱乐部的每个会员，只要完成了某一俱乐部的列表，都会被授予表彰奖励，有时是获得证书，有时是得到一个领徽。

在各个俱乐部的天体列表之间，有很多天体都是重复出现的，所以观测这种天体能帮你以双倍甚至多倍的速度来积攒获奖所需的资历。例如，御夫座的球状星团 M 38 就同时出现在梅西耶俱乐部、双筒镜梅西耶俱乐部、城市观测俱乐部的天体列表中。

- 梅西耶俱乐部认可在任何地点以任何方式对 M 38 进行的成功观察。
- 双筒镜梅西耶俱乐部只认可使用双筒镜对 M 38 做的成功观察。
- 城市观测俱乐部要求你必须在城市的光害中观察到 M 38。

所以，如果你在城市的光害之下，用双筒镜看到了 M 38，那么一次就可以得到这 3 个俱乐部的观测资历计数，但这种“一箭三雕”的观察方式却并不是鉴赏 M 38 的最佳方式。在饱受光害困扰的城市夜幕里，通过双筒镜看到的 M 38 只是一个暗淡的小斑点。而如果使用单筒的天文望远镜，哪怕是在你家后院的暗环境里，也至少可以在一定程度上领略 M 38 的真正魅力。而当你真正来到郊外适合观测的深暗环境时，再次看看 M 38 吧，此时哪怕只用双筒镜看，它也是个美丽的疏散星团，而不是城里看到的那个灰溜溜的东西，而如果这时用单筒天文望远镜观测，M 38 就更为壮观了。

本书包含了以下这些俱乐部的观测目标列表：

梅西耶俱乐部

我们认为，对于 DSO 观测新手来说，梅西耶俱乐部是个最好的起点。大多数梅西耶天体都比较明亮而且容易找到（尽管其中的某些看起来暗得厉害，而且对于第一次找天体的新手来说还是有点难找）。梅西耶的目录包括 110 个天体，你可以使用单筒镜、双筒镜、肉眼等多种方式，在各个不同的观测地点逐渐积累观测资历，向着俱乐部的奖励标准稳步前进。当你成功观察过 70 个梅西耶天体后，就可以得到该俱乐部的标准证书。而当你完成了全部 110 个梅西耶天体后，就可以得到该俱乐部的荣誉证书，并获得它的领徽。

双筒镜梅西耶俱乐部

观测新手要想提升自己的双筒镜使用水平，那么努力去完成双筒镜梅西耶俱乐部的天体列表是个再好不过的方法了。有很多初学者在努力用单筒镜完成梅西耶俱乐部标准列表的同时，也在用双筒镜努力完成双筒镜梅西耶俱乐部的列表。

其实这个俱乐部有两个不同的列表，一个对应常见的 35 mm 或 50 mm 口径的双筒镜，另一个对应口径 70 mm 甚至更大的巨型双筒镜。每个列表中的天体都按不同的难度分了组。小口径的那个列表有 76 个天体，包含 42 个“容易”的、18 个“稍难”的、16 个“特难”的观测目标。大口径的那个列表规模更大，有 102 个天体，包含 58 个“容易”的、23 个“稍难”的、21 个“特难”的观测目标。要想得到这个俱乐部的证书和领徽，你至少必须成功观测过这些天体中的任意 50 个。

城市观测俱乐部

天文联盟曾经把城市观测俱乐部归为入门级的俱乐部，但现在已经把这个称呼转移到它们的“望远镜小组”头上去了。我们认为这是一个明智的决定，因为在有着严重光害的城市夜空中寻找深空天体其实很难，对于初学者来说就更难了。

城市观测俱乐部也有两个目标列表，一个包括 87 个深空天体，另一个的内容是 12 颗聚星和 1 颗变星，这颗变星也是我们这本书要介绍的唯一的变星。要想得到这个俱乐部的证书，你要在有足够的光害的城市环境中观察这两个列表中的全部 100 个天体并做记录，而且你的观测环境必须符合俱乐部对“足够的光害”的定义，即用肉眼不可能直接观察到银河。绝大多数俱乐部在颁发证书的考评标准中，都严格禁止使用带数码跟踪和自动寻星功能的观测设备，但也有很少的几个俱乐部不做此限制，比如城市观测俱乐部就是其中一个，这并不难理解。

手动寻找目标

除了极少数的例外，天文联盟旗下的俱乐部都要求你自己手动地去找天体目标，不许借助计算机来寻星，也不许使用带有数码跟踪和自动寻星功能的望远镜。（所有的俱乐部都允许使用在便携式计算机或PDA上安装的天象软件，只要望远镜不由它们来控制就可以。）当然，你仍然可以购买并使用带有这些自动功能的望远镜，但在观测俱乐部目标列表要求的天体时，一定要记得把这些智能化的模块关掉，自己手动来寻找它们。

三思而记

在做观测记录时，不仅要记下你当前正在完成的列表所属的那个俱乐部要求你提交的信息，还应该争取记录尽可能多的其他信息，以便于你将来向其他俱乐部的列表发起“冲击”。天文联盟旗下的一些高级俱乐部的列表里，包括很多本书也收录了的彼此很相像的天体，他们要求你的记录必须提供更多信息。例如，球状星团俱乐部要求你给你观察过的每个球状星团估计出一个沙普利-索伊尔分级，疏散星团俱乐部要求你给每个疏散星团赋予一个特朗普勒分级结果，并且至少给列表中的任意25个疏散星团画出素描。如果你有雄心去争取完成更多的目标列表，那么从现在起在记录时养成充分捕捉信息的习惯就是个很好的开端。你也可以去访问天文联盟的网站，查看一下这些高级俱乐部各自都要求观测者提供哪些方面的信息。

容易、稍难和特难

本书列出了双筒镜梅西耶俱乐部大口径列表的全部102个目标，但没有区分它们的难度。所以，如果你想去完成这个列表就要注意：根据你每次观测的周边环境和所用的双筒镜的情况，选择那些亮度足够的目标。

两位作者在此还想多说一句，在中等深暗的夜空和良好的大气透明度下，使用50 mm口径的双筒镜去完成那个小口径双筒镜目标列表中的42个“容易”级目标，确实非常容易。而那些“稍难”级的，比起“容易”级中较暗的那些目标，我们也没觉得困难多少，或者可以说觉得一样容易。但“特难”级的那些，除了一两个例外的，其他都不可能在中等深暗的天空中用小双筒镜看到，在更暗一点的天空中也是非常困难，即便大气透明度非常好也是如此。对于那些特别困难的目标，你会发现如果把双筒镜安装在一个三脚架上，成功率会比手持双筒镜时高得多。

双筒镜深空观测俱乐部

双筒镜深空观测俱乐部的目标列表，可以为那些完成了双筒镜梅西耶俱乐部目标列表的人指引下一步前进的方向。这个进阶层次的列表包含 60 个适合双筒镜观看的深空天体，其中因比较明亮而容易找到的有双重星团、毕星团（Hyades，Mel 25）、英仙座 α 星协（Mel 20）等。其他的一些可想而知会有一些难度，只有在夜空很深暗而且大气透明度足够好的时候才可能清晰地看到。找齐这个列表里的 60 个目标并按规定做好观测记录，就可以得到这个俱乐部的证书和领徽。

双星俱乐部

双星俱乐部引导新手们去夜空中逐一寻找最适合观测的 100 个双星或聚星。对一些新手来说，双星会成为第一次观测活动的主题，并留下终生难忘的印象。纵然我们是骨灰级的 DSO 观察者，偶尔也会享受观察双星的乐趣，尤其是在夜空环境不够澄澈以致不适合观察那些宛如晦暗毛团的 DSO 的时候。

加拿大皇家天文协会最佳 NGC 列表

加拿大皇家天文协会的最佳 NGC 列表包含 110 个深空天体，但没有任何一个是与梅西耶目录里重复的。资深的 DSO 观察家们认为，这个列表是那些已经完成了梅西耶列表的初学者们最佳的后续任务。总体来说，这个列表上的目标比梅西耶天体更加暗淡一些，有时候颇有一点难度，但也不是没有例外。（这个列表里最亮最容易的目标，肯定比梅西耶列表中最暗最难的目标更亮、更容易。）加拿大皇家天文协会会为任何一个完成这个列表的人颁发证书。

给你未来的观测目标排顺序

为自己将来要观测的目标排顺序时，一般有 3 种依据：按列表、按星座、按目标类型。每种都有自己的优点和缺点。

很多新手都愿意从特定的目标列表开始自己的观测生涯。例如，新手们经常下决心从梅西耶列表和双筒梅西耶俱乐部的列表开始。这种做法的一个优点就是你很可能比较快地取得相应的资历和荣誉（事实上，每年 3 月底或 4 月初，几乎总有一个位于农历月初的周末，适合举行“梅西耶马拉松”，参加者可以力争在一夜之内看遍 110 个梅西耶天体），另一个优点就是梅西耶天体大多相对明亮，易于找到，可以让新手尽快享受到成就感，更重要的是，还为将来寻找和观察难度更大的目标储备了技术水平基础。

但是，每次只按照一两个列表展开搜寻的做法也有一个缺点：在你的观测目标周围很近的天区里，有很多其他目标可能会被你错过。比方说，你在仙后座天区里为你的梅西耶列表而奋斗，然后你找到并记录了 M 52 和 M 103，你就会把视线从仙后座离开，转移到其他星座去继续寻找了。但是仙后座其实还包含了其他很多有意思的天体，它们是被别的俱乐部的目标列表所收录的，结果都被你跳过去了。这种方式的另一个缺点是：当晚能找的目标可能很快就都找完了，没有别的事可做。

与此形成对比的是，很多有经验的爱好者喜欢“按星座来观测”，也就是专注于把特定的一个星座里的所有有趣目标都找到，根本不管每个目标被哪些列表收录了。这种“单一星座大扫荡”的方式是我们特别想推荐给新手们的，也正是本书后面主要部分的写作思路。这种方式的最大优点是你每次只在天空中一块相对有限的小区域中观测，这样会使你很快地对这个星座内的情况非常熟悉，从而能更容易地找到一些比较暗淡的深空天体。按星座观测的另一大好处，是你可以在观测条件不佳时继续观测。比如说，仙后座天区被云遮住了，你就可以转移到天龙座去。这种扫荡式方法唯一的真正缺点是：完成任何一个俱乐部的列表的耗时都会比较久，所以它不适合那些喜欢立竿见影地取得证书和荣誉的人。

第 3 种方式是按天体的类型开展观测。这种方式有时被一些高级爱好者采用。例如我们的观测伙伴保罗•琼斯（Paul Jones），这位资深观察家就经常用这种方式给自己“找乐儿”。面对一大堆可观测的目标，他会只观测行星状星云，或者只观测球状星团。这种方式的优点在于：观察者对同类天体之间的差异会如数家珍。而这种方式的缺点就是：你很快就不得不强迫自己去连续找寻一大堆特别暗淡的天体。

各个季节适合观看的星座

星座名	星座名原文	午夜上中天
大犬座	Canis Major	1月1日
双子座	Gemini	1月4日
麒麟座	Monoceros	1月5日
船尾座	Puppis	1月9日
天猫座	Lynx	1月20日
巨蟹座	Cancer	1月30日
长蛇座	Hydra	2月9日
六分仪座	Sextans	2月21日
小狮座	Leo Minor	2月24日
狮子座	Leo	3月1日
大熊座	Ursa Major	3月11日
乌鸦座	Corvus	3月28日
后发座	Coma Berenices	4月2日
猎犬座	Canes Venatici	4月7日
室女座	Virgo	4月12日
牧夫座	Bootes	4月30日
天秤座	Libra	5月9日
北冕座	Corona Borealis	5月19日
天龙座	Draco	5月24日
巨蛇座	Serpens	6月3日
天蝎座	Scorpius	6月3日
蛇夫座	Ophiuchus	6月11日
武仙座	Hercules	6月13日
天鹅座	Cygnus	6月29日
盾牌座	Scutum	7月1日

星座名	星座名原文	午夜上中天
天琴座	Lyra	7月2日
人马座	Sagittarius	7月5日
天鹰座	Aquila	7月12日
天箭座	Sagitta	7月17日
狐狸座	Vulpecula	7月26日
海豚座	Delphinus	7月31日
摩羯座	Capricornus	8月5日
宝瓶座	Aquarius	8月26日
蝎虎座	Lacerta	8月28日
飞马座	Pegasus	9月1日
双鱼座	Pisces	9月27日
玉夫座	Sculptor	9月27日
仙王座	Cepheus	9月29日
仙女座	Andromeda	9月30日
仙后座	Cassiopeia	10月9日
波江座	Eridanus	10月14日
鲸鱼座	Cetus	10月15日
白羊座	Aries	10月20日
三角座	Triangulum	10月23日
英仙座	Perseus	11月7日
金牛座	Taurus	11月30日
御夫座	Auriga	12月9日
猎户座	Orion	12月13日
天兔座	Lepus	12月13日
鹿豹座	Camelopardalis	12月23日

暗环境中的视力

“暗环境适应”是指你的眼睛在黑暗环境中为了看清更多东西而做的自动调整。在暗环境中待的时间久了，眼睛的夜视能力就会逐渐提升。但是一旦接触到强光，瞳孔就会迅速缩小，夜视能力立刻下降，只有红色的光基本不会导致瞳孔缩小。

本书关于各章星座的写作架构

本书在关于各个星座的50章中，提到的每一个天体都位于这50个星座中某一个星座的天区之内。每个星座我们都单写一章，而每章的写作架构都是基本相同的。每章的开头都列出一些关于该星座的重要信息，作为概括性介绍。这些信息包括该星座天区内的主要深空天体、与该星座相邻的星座、该星座每年"上中天"的日期和时间段（天体上中天，意味着它离地平线最高，最有利于观测；而如果是在午夜时上中天，就意味着几乎整夜都适合对该天体进行观测）等。以仙女座为例，我们列出的概述信息如下。

星座名：仙女座（Andromeda）
适合观看的季节：秋
上中天：11月下旬晚9点
缩写：And
所有格形式：Andromedae
相邻星座：白羊、仙后、蝎虎、飞马、英仙、双鱼
所含的适合双筒镜观看的深空天体有：
NGC 205（M 110）、NGC 221（M 32）……
所含的适合在城市中观看的深空天体有：
NGC 221（M 32）、NGC 224（M 31）、NGC……

接下来是对这个星座的一段简明介绍文字，并配有大幅的该星座全景星图，以展示每个要在该章提到的天体的大体位置。每章中（即每个星座中）所有要专门讲述的天体都会被归纳为两个表格，一个收纳DSO天体，另一个收纳聚星。举个例子，表i-1就是仙女座内要讲述的DSO的汇总表格。

关于表格中的每一列所对应的信息，我们解释如下：

天体名称

这一栏是我们要介绍的天体在天体目录中获得的编号。对于大部分天体，我们都使用NGC或IC这种通用天体目录给它的编号。对于未被NGC和IC收录的天体，我们采用它在那些专门目录里被赋予的编号。

类型

表示天体的类型：发射星云（EN）、球状星团（GC）、星系（Gx）、疏散星团（OC）、行星状星云（PN）、反射星云（RN）、超新星遗迹（SR）。对于同时属于不只一种类型的天体，我们用并列格式写出，例如"发射星云/反射星云"，或"发射星云/疏散星团"。

视亮度

表示天体看上去的亮度，以"星等"为单位。有些天体的视亮度数据，在不同的资料里记载得不一样，还有些天体的视亮度至今没有准确测定过，对于这样的天体，我们尽量选择更可靠的或拥有更多赞同意见的数据，如果实在无法确定的，就一律标为99.9（表示姑且认为极暗）。

视尺寸

表示深空天体看上去的大小。除非有特别的标明，原则上都是以角分（'）为默认单位的。对于某些看起来特别小的深空天体，例如一些行星状星云和一些星系，我们采用角秒（''）为单位，这种情况下都会清楚地标明的。但是，这些尺寸数据都只能是大概的，因为我们眼睛所看到的一个深空天体的大小会受到多方面因素的影响，有时影响还很大，例如望远镜的性能、观测点的光线环境、眼睛对暗环境的适应程度等都可能影响到天体的视尺寸。一般来说，通过普通的天文望远镜看到的这些天体的尺寸，都会比我们列出的尺寸小些，因为我们用的数据来自照相观测。为了便于大家对比，可以告诉大家：满月的直径大约是30角分。

赤经和赤纬

表示天体的赤经坐标和赤纬坐标，采用历元J2000.0。赤经数据用时、分、1/10分来表示，例如00 40.4表示00h40m24s（因为0.4分等于24秒）。赤纬数据用带正负号的度、分来表示，例如+41 41表示天球上的北纬41° 41′，南半天球的赤纬数值则改用负号。

表i-1 | 仙女座内值得一看的星云、星团和星系

天体名称	类型	视亮度	视尺寸	赤经	赤纬	梅	双	城	深	加	备注
NGC 205	Gx	8.9	21.9 x 10.9	00 40.4	+41 41	◉	◉				M 110; Class E5 pec; SB 13.2
NGC 221	Gx	9.0	8.7 x 6.4	00 42.7	+40 52	◉	◉	◉			M 32; Class cE2; SB 10.1
NGC 224	Gx	4.4	192.4 x 62.2	00 42.7	+41 16	◉	◉	◉			M 31; Class SA(s)b; SB 12.9
NGC 752	OC	5.7	49.0	01 57.8	+37 51			◉	◉		Cr 23; Mel 12; Class II 2 r
NGC 891	Gx	10.8	14.3 x 2.4	02 22.6	+42 21					◉	Class SA(S)b? sp; SB 14.6
NGC 7662	PN	9.2	37.0"	23 25.9	+42 32			◉		◉	Blue Snowball Nebula; Class 4+3

历元J2000.0，什么意思？

我们一般都认为，恒星和其他深空天体在天球上彼此之间的位置关系是恒定不变的，但其实不然。恒星无论是相对于我们，还是相对于其他天体，每时每刻都在运动着。由于恒星离我们太远了，所以这种运动引起的位置变化很慢，不是我们在一朝一夕之间能看出来的，甚至在几年之内也看不出来。但如果是几十年甚至几百年，星体之间的这种相对位移就不能再忽略了。

因此天文学家们使用了“儒略历元”（Julian epoch）这一概念，以便精确地推算特定的天体在特定的时间处于天球上的哪个位置。由于编印星图的材料成本很高，而且在过去的年代里精确地计算恒星的位置也是非常耗时的工作，所以星图都是按一个特定的“历元”（epoch）即时间基准点来绘制的。在19世纪晚期到1925年之间出版的星图，历元都是J1900.0，也就是说星图上的天体位置是精确对应于它们在1900年1月1日0点时的位置的。1925—1975年之间出版的星图，历元都用J1950.0；而1975年以后出版的星图，历元都用J2000.0。

天象软件为天文爱好者们带来了一个新概念“当前历元”（current epoch）。很多优秀的软件都能计算出恒星和其他天体在当前时刻的位置，它们依据的是J2000.0的天体位置信息，以及我们已知的它们的移动速度。随便举个例子，你在2010年11月12日北京时间晚上8点18分28秒使用天象软件查看当时的星图，你所看到的天体位置就是计算机按照上述算法，结合你的使用时间，精确到秒地实时推算出来的。

M、B、U、D、R（梅、双、城、深、加）

这 5 栏表示的是天体被哪些观测目标列表所收录。一个列表收录了该天体，就会在相应的栏内把字母印得大些，否则字母稍小。梅即梅西耶目标列表，双即双筒镜梅西耶目标列表，城即城市观测俱乐部目标列表，深即深空双筒镜俱乐部目标列表，加即加拿大皇家天文学会目标列表。

备注

这一栏可能会写有天体的俗名，以及在其他目录中被赋予的编号，还有表面亮度（以缩写 SB 标出）数据。

表 i-2 是以仙女座为例的聚星概述表。

聚星表格的各栏分别表示以下信息：

天体名称

聚星的目录名称，通常使用弗拉姆斯蒂德命名方式或巴耶命名方式，或二者并列（由于本书的列表都是分星座的，所以命名方式中的星座名部分就可以省略了——译者注）。

星对

星对（pair）指这一行表示的是聚星里的哪一对成员星关系，通常使用 STF（即前文提到的斯特鲁维的目录，也可缩写为 Σ）里的编号。如果一个聚星的成员星不只两颗，而且多出的成员星之间组成的“星对”也作为一个聚星在别的目录里被另行收录，那么本书就会为这样多出的“星对”单列一行。例如，仙女座 57 号星中的 B 和 C 两颗成员星所组成的对子，如果在本书采用的别的聚星列表里也被列为一颗聚星，那么我们就单列一行 STF 205BC，而且这单列的一行将认为 B 是主星，C 是伴星，提供它们的亮度、角距和方位角等信息。而在表 i-2 中 STF 205 A-BC 的这一行里，我们是把 B 和 C 合起来看作 A 的一颗伴星的。

星等 1 和星等 2

前者是主星的视亮度，后者是伴星的视亮度。

角距

我们看到的主星和伴星之间的角距离，默认单位是角秒（''）。

方位角

表示伴星在主星的哪个方向，前文已有详细解释。

年份

表示这一行中的数据来自哪个年份的观测。对于少数聚星来说，方位角和角距可能在较短的几年中就发生比较显著的变化。

赤经和赤纬

参看前文即可。

UO、DS（城观、双星）

表示该双星是否被天文联盟的城市观测俱乐部（这里缩写成 UO）的目标列表收录，或是否被双星俱乐部（这里缩写成 DS）的目标列表收录。对应的栏内有记号即为收录。

备注

该栏标注星体的俗名，以及关于该星的其他有趣的信息。

表 i-2 | 仙女座内值得一看的聚星

天体名称	星对	星等1	星等2	角距	方位角	年份	赤经	赤纬	城观	双星	备注
57-γ	STF 205A-BC	2.3	5.0	9.7	63	2004	02 03.9	+42 20	◉	◉	Almach

在关于星座的各章中，还会对每个值得一看的天体做一段阐述。而每段这样的阐述都会以一个单独的小表格开头，如表 i-3 所示，这是对仙女座中的 NGC 7662 做的阐述的开头。

小表格的第一行包括如下信息：

天体在目录中的编号

相当于我们对天体的识别码，一般使用梅西耶编号、NGC 编号或 IC 编号。如果天体还有已知的其他命名，会标示在括号内。

可观度评分

这是一个主观评价项目，表示该天体值得观看的程度。得分越高的天体，越具有更多的细节和有趣的特征；得分低的天体往往只能看到一个灰暗的斑点。评分结果基于在足够深暗的夜空下得到的观测结果。对于适合双筒镜的天体，我们用的是 7×50 或 10×50 的双筒镜；对于适合单筒镜的天体，用的是口径 8 ～ 10 英寸的单筒镜（在必要时还加了窄带滤镜或 O- Ⅲ滤镜）。评分依次分为 4 个等级。

★★★★——天空中的经典
★★★——有相当多的细节和 / 或有趣的特征
★★——较为平凡，细节或特征比较有限
★——即使有最好的环境和设备，看起来也不会留下什么印象

寻找难度评分

这也是一个主观评价项目，表示该天体是否容易被找到。得分高的天体往往邻近有明亮的恒星或其他明显的标志物，从这些标志物出发，就很容易找得到它们。得分低的天体则要被迫利用较暗的星作为参考星才能找到，或需通过从一个参考天体到另一个参考天体的“多次跳跃”才能找到。注意，寻找天体的难度与观测经验水平密切相关。某些初学者可能会觉得：即使是“容易”的天体也很难找到，而“难”的天体就根本不可能找到。我们也是用 4 个等级来给这个难度评分。

⊕⊕⊕⊕——容易找到
⊕⊕⊕——稍加努力即可找到
⊕⊕——不太容易找到
⊕——很难找到

天体类型

可能有：发射星云（EN）、球状星团（GC）、星系（Gx）、聚星（MS）、疏散星团（OC）、行星状星云（PN）、反射星云（RN）、超新星遗迹（SR）。对于同时属于不只一种类型的天体，用并列格式写出，例如“发射星云 / 反射星云”，或“发射星云 / 疏散星团”。

目标列表所属情况

表明该目标被哪些观测目标列表所收录。“梅双城深加”五字的含义见前文对表 i-2 的解释。较大的字体表示有收录，例如“MBUDR”表示天体被城市观测俱乐部目标列表和加拿大皇家天文学会目标列表所收录，而未被另外三个列表所收录。

小表格的第二行包括如下信息：

该天体对应的详细星图的编号

关于天体目标位置的信息，每个星座的那张整体星图上虽已有标示，但对于某些较为难找的天体来说，可能仍有细节不足之处，所以我们为这些天体提供了更为详尽的“寻星图”，即星座中局部天区的放大详图。读者可以结合详图和整体图，对深空天体进行更好的定位。所有的详图都是上北下南的，但要注意左右方向上是“左东右西”而非通常地图上的左西右东，因为天球上的东、西与地上是相反的。每幅图的图注中都会标明该图的宽度和高度对应于多大的视野角度。大部分详图上还画有代表 5° 视野直径的“寻星镜视野圈”和代表 1° 直径的“目镜视野圈”，方便读者估计自己将在寻星镜里和目镜里看到的天区大小。即使你的寻星镜视野和目镜视野与 5° 和 1° 略有差异，也很容易依据这两种圆圈在图上进行估计。

该天体对应的实景影像编号

本书介绍的大部分天体都已被数字巡天（DSS）拍摄了影像，这些照片都基于 POSS 1 数据库的信息而拍摄，每张对应的天区都是 1 平方度。在深红色的波段上，这些照片上的可见细节程度全都相当于资深观测者在极端深暗的夜空下使用大望远镜看到的效果。（换句话说，不要指望在一个被光害困扰的观测点用一台入门级的业余望远镜就能看到这样的效果。）

表 i-3 | 单个天体的概述表格

NGC 7662	★★★	⊕⊕⊕	PN	MBUDR
见星图 01-6	见影像 01-4	m9.2, 37.0"	23h 25.9m	+42°32'

单个天体概述表格的信息格式

天体编号	可观度评分	寻找难度评分	天体类型	目标列表所属情况
对应的详细星图编号	对应的实景影像编号	星等和视尺寸	赤经	赤纬

星等和视尺寸

表示该天体的星等和看上去的大小。后者如无特别标注，默认单位为角分。

赤经坐标和赤纬坐标

即该天体的赤经坐标和赤纬坐标，历元为 J2000.0。

在每个天体的介绍部分的最后，还会有一段话语式的描述，向大家介绍寻找该天体的窍门和经验，并描述观察该天体的主观感受。这些信息都是根据本书作者的观测日志或其他观测者提交上来的报告编写的。例如，以下是本书第一作者罗伯特对 NGC 7662 的观测报告。

> NGC 7662 又叫“蓝雪球星云”，是个很规则的行星状星云。要寻找它的话，先把 4 等的仙女座 κ（19 号星）定位在寻星镜视场的东北边缘上，此时同样是 4 等的仙女座 ι（17 号星）很明显处于 19 号星的南西南方向 1.1°的位置上，而 17 号星西边 2°的仙女座 13 号星（亮度 6 等）应该在接近视野正中心的位置上。
>
> 在较低放大率下，NGC 7662 看上去像一颗有茸毛的暗星，位于 13 号星南西南方向 25'。在 10 英寸望远镜中使用 180 倍和 250 倍放大率观察，NGC 7662 就呈现出一些确切的细节，它有一个明亮的、圆形微扁的淡蓝色轮盘，边缘处明显亮于接近中心处。明亮的内环虽然在东北和西南方向上被拉长，但是是完整的；暗淡的外环则不连续，而且要用余光才能瞥见，正视时是看不到的。O- Ⅲ滤镜是观看这个天体时的最佳选择，但窄带滤镜也能很好地增强其视觉效果。另外，尽管资料显示它的中心星亮度有 13.2 等，但我们的口径达 10 英寸的望远镜却没有看到中心星。

对于本书中的大多数天体，这种观测报告都来自中等深暗的观测环境下 10 英寸口径望远镜的观测经验。如果你的望远镜比较小，或你的观测环境里光害更严重，或是你从暗天体中分辨细节的经验不够多，你能看到的信息就会比我们描述的要少。反之，更大的望远镜和更深暗的观测环境，会让你看到的比本书描述的要更多。

请记住，你能看到的细节的多少，取决于很多方面的因素。特别地，当你观察星系这类普遍较暗的深空天体时，大气的透明度是个很关键的因素。例如，在大气特别透明洁净的夜里，哪怕是用双筒镜观测 M 31 的效果，也会比大气透明度不佳时用 10 英寸反射镜得到的效果好。大气透明度变化无常，也许这个小时与下个小时的观测效果都会很不一样。而且同一片天空中的不同区域的大气透明度也可能不一样，可能这一方向就很适合观测，而另一方向观测起来却比较困难。

另外请务必记住，我们对天体的描述，是基于我们获得最佳观测结果的观测报告而撰写的。我们对很多天体都做了不下十几次的观测，每次观测能看到的细节的数量大不相同。因此，如果你的望远镜和观测环境条件与我们差不多，却没有看到我们描述的那么多细节，不妨过一会儿或改日再回来看看同一个天体。坚持不懈是最重要的。

数字巡天数据库

数字巡天（Digitized Sky Survey，简称DSS）是全天照相星图的数字化版本，是根据几组不同来源的照片资源精心检查并数字化完成的。数字巡天照片对天文爱好者的最大价值在于，它每一张照片对应的天区面积都是相等的，而且极限星等也都是相等的。很多天象软件都集成了RealSky照片数据，而RealSky其实就是数字巡天原始照片数据的一个高压缩版本。本书采用的都是原始照片数据，都是高分辨率的图片。

关于数字巡天的更多信息，可访问www-gsss.stsci.edu/SkySurveys/Surveys.htm。

ii

第 ii 章 关于观测设备

古人观天，肉眼是他们唯一的“设备”。诚然，你也可以效法先贤，但你若能熟练操作各种适合于你的设备，无疑会乐趣倍增。本书的这一部分就来谈谈你可能需要的各类装备。

双筒望远镜

很多初学者都认为，没有单筒天文望远镜的话，双筒望远镜就是观测时的必备。差不多确实如此。而且如果你去那些有经验的天文爱好者们的星空聚会上看一看，就会发现他们绝大多数都是双筒镜不离手，还经常运用双筒镜来定位目标天体（我们观测时的顺序通常是：星图→肉眼→双筒镜→ Telrad 一倍寻星镜→单筒镜的寻星镜→单筒镜的目镜）。

即使你只用一个廉价的双筒镜，也比完全没有望远镜要强得多。沃尔玛超市里的 7×35 双筒镜，虽然光学品质和机械品质都不够好，但只要你付得起 35 美元来买它，它也完全可以在观测时帮助你。如果你还没有双筒镜，并且想选购一款更适合于天文观测的双筒镜的话，我们建议你在如下这些问题上进行认真的考虑：

放大率和口径

所有双筒镜都用两个彼此“相乘”的数来命名，例如 7×35 或 10×50 之类。乘号前面的数字就是这个双筒镜的放大率（magnification），乘号后面的是它物镜的口径（aperture），单位是毫米。如果你想手持双筒镜来做观测，那么放大率 7× 或 10× 通常就是最佳选择了。（双筒镜当然还有更高放大率的，例如 12×、25× 甚至更高的。但那些放大率高于 10× 的，或者说高于 12× 的双筒镜，就需要三脚架来固定，以防止因抖动而导致看不清。）物镜的口径则决定了望远镜能够收集到多少光，所收集到的光子的数量与口径数值的平方成正比。例如，50mm 口径的望远镜和 25mm 口径的望远镜，前者口径只是后者的 2 倍，但收集星光的能力却是后者的 4 倍（2 的平方是 4）。天文观测中手持的双筒镜，口径一般在 35 ～ 63mm，当然，50mm 口径的是最常见的。

出瞳

双筒镜的口径除以它的放大率，得到的数值叫做它的出瞳（exit pupil）。例如，7×35 和 10×50 的两种双筒镜，出瞳都是 5mm（因为 35÷7 和 50÷10 都等于 5），而 8×56 双筒镜的出瞳就是 7mm（即 56÷8）。那么理想的出瞳数值是多少呢？它取决于你的瞳孔直径在完全适应了最深暗的环境时能扩张到多大。在暗夜里，年轻人的瞳孔直径可以扩张到 7mm 甚至略微大于 7mm，中年人可能最多只能达到 6mm 左右，更老的人也许只有 5mm。要想让双筒镜带给你尽可能明亮的成像，你选择的双筒镜的出瞳就应该至少不小于你瞳孔的最大可能直径。

让光线充分照进瞳孔

如果双筒镜的出瞳数值比你瞳孔实际能达到的最大直径更大，就等于是把双筒镜的一部分能力给浪费掉了。举例来说，假如你的瞳孔充分扩张以后直径是5mm，而使用的是7×50的双筒镜（出瞳为7.1mm），那你的眼睛其实就把双筒镜所成的像的外沿都阻挡掉了，只留下中央区域直径5mm的那部分，此时这部7×50的双筒镜就只能等效于一部7×35的双筒镜了。当然，如果你一定想用50mm口径的，那么可以换成10×50的双筒镜，这样更能匹配你的瞳孔。尽管如此，也不要因为觉得哪部双筒镜的出瞳“太大”而彻底不考虑买它，就拿本书作者之一罗伯特来说，他的瞳孔直径极限是6.5mm，但他经常使用的双筒镜就是一部7×50规格的。

苏·弗兰驰（Sue French）的建议

关于比较双筒镜的性能，我读到过这样一个经验方法：放大率乘以口径，得数越大双筒镜越能看到更多的星星。对于曾经用这种方式来宣传过自己产品的那些迷你双筒镜来说，我觉得这种评估方式还是相当准确的。而我的丈夫阿兰告诉我，还有一种流行的评估方法，那就是用口径的平方根去乘以放大率。至于出瞳，只要大于4mm，视觉的灵敏度就会显著下降，因此，由出瞳不够造成的视觉信息损失其实并不算太多。

视距

双筒镜的视距（eye relief）是指为了看到最佳的成像，你的瞳孔应该与目镜的外表面相距多大的距离。标准的双筒镜的视距一般从几毫米到20mm不等，也有更大的。如果你戴眼镜，那么视距较长的双筒镜（17～20mm）要更加合适。如果你不戴眼镜，并且习惯把眼睛贴近目镜去观测，那么应该选择短视距的双筒镜。

视场

通过双筒镜看到的视野的直径以角度来表示的话，就是视场（field of view，可缩写为FoV）。FoV的数值与双筒镜的光学设计有关，目镜类型和焦距都是决定FoV的重要因素。在天文观测上，宽视场（即FoV较大）的双筒镜是很好的，用它你可以一次看到更广阔的天区——但如果是超宽视场（即FoV特大）的话，就有问题了。因为，为了达到超宽视场的效果，光学设计师们不得不在光学器件的几何形态上做一些折中。也就是说，器件的某些性能无法兼顾，有所取也必须有所弃。结果视野虽然达到了预想的宽度，但视野边缘的景物不可避免地会发生变形、模糊，以及使视距变得很短等许多问题。对于放大率7～8倍的双筒镜来说，视场在6.5°～8.5°之间比较合适；对于10倍放大率，视场比较合适的范围是5.0°～7.0°；对于12倍的，则4.5°～6.0°比较合适。在假设其他因素都相同的前提下，双筒镜的FoV越接近上述合适范围的下限，则视野边缘处的成像质量可能越好（指成像清晰，细节锐利），视距也会更合适。而一些高端的双筒镜，为了在保持成像质量和视距不下降的前提下还能尽最大力量提供更宽的视野，就采用了更为复杂的目镜设计，当然价格也就高多了。

瞳间距

你的双眼瞳孔之间的距离就叫做瞳间距（interpupilary distance）。一般双筒镜的瞳间距都是可调的，典型的可调范围为60～75mm。对于很多人来说这个可调范围足够使用了，但很多孩子和一部分成年女性的瞳间距还是太小，够不上这个范围。对于这种情况，唯一的解决方案就是改用折叠式的小双筒镜了，但不幸的是，这种小双筒镜的物镜焦距一般都比较小，所以并不很适合天文观测。

棱镜的类型

双筒镜为了保证成像清晰精准且不会左右颠倒，在其光学系统中使用了棱镜（prism）。在这里，常见的棱镜有两种：porro棱镜（有人译为“普罗棱镜”）和roof棱镜。其中roof棱镜成本更高一些，且人们普遍承认采用roof棱镜的双筒镜更适合日常使用，但是对于天文观测而言，porro棱镜的双筒镜反而更好，因为porro棱镜的透光率比roof棱镜要高（别让本来就微弱不堪的那点星光被你双筒镜的棱镜给吞噬了哦！——译者注）。

镀膜

星光本来就相对微弱，而在光学器件之间又不可避免地要发生反射，这会进一步降低双筒镜的光线通过率，使成像的对比度更低。为了削弱这种不利影响，双筒镜的透镜和棱镜上就增加了“防反射镀膜”（anti-reflection coatings）。最简单廉价的镀膜就是单层镀膜（single-layer coatings），但即使只是单层镀膜，效果也比完全不镀膜要明显强得多。而多层镀膜（multicoating）自然会进一步减少光线的反射。但是，好的镀膜会增加成本，而好的多层镀膜更是大大地增加成本。为了保持平价，很多

玻璃的材质

制作porro棱镜可使用的玻璃有两种。比较便宜的porro棱镜用的是较为低劣的BK-7硼硅燧石玻璃，而比较贵的porro棱镜用的是较为高档的BaK-4钡冕玻璃。所有使用了钡冕玻璃的双筒镜几乎都会把“钡冕玻璃”这一点在广告宣传中说明，尽管如此，我们还是要介绍一个简便易行的鉴别窍门。举起双筒镜，将物镜指向白昼的天空，或其他均匀的面状光源（但别指向太阳！——译者注），然后让目镜离眼睛若干英寸，这样远远地观察前文提到的“出瞳”的图像。如果透镜真的是BaK-4钡冕玻璃做的，那么那个小小的图像应该是圆的，而且亮度均匀；如果透镜是BK-7硼硅燧石玻璃的，那么你会看到圆圈中有个小方块，方块里面的区域更亮，而圆圈内方块外的光线会相对暗些。

而如果是roof棱镜，出于其设计原理的保证，即使使用了BK-7硼硅燧石玻璃，也不会像使用了BK-7硼硅燧石玻璃的porro棱镜那样造成上述的“边缘昏暗”现象。

生产商只给光学系统中的一部分光学表面镀膜（每个表面可能是单层镀，也可能是多层镀）。对于双筒镜和其他光学设备的镀膜方式，有以下一系列术语用于描述：

镀膜 指仅在一部分光学表面上有单层的镀膜，通常是只在物镜和目镜的外表面上有镀膜。这种镀膜一般只出现在最低档次的双筒镜上，我们称之为“玩具双筒镜”。

全镀膜 指在光路中的所有光学表面上都有单层的镀膜。对于严肃的天文观测而言，“全镀膜”是对双筒镜镀膜档次的最低要求。在沃尔玛或类似的大型零售超市里见到的那些比较便宜的双筒镜，几乎都属于这个档次。

多层镀膜 指一部分光学表面上做过多层的镀膜，通常是在物镜和目镜的外表面上有多层的镀膜。同时，在其他的光学表面上一般也应该有单层的镀膜。这种做法经常被描述为“全镀膜加多层镀膜”，大多数适用于天文观测的不太贵的双筒镜都属于这个档次。

全多层镀膜 指不但在光路中的所有光学表面上都有镀膜，而且每个表面上的镀膜都是多层镀膜。这个档次的双筒镜是天文观测双筒镜的最佳选择，不过一般比较昂贵。最便宜的全多层镀膜双筒镜，例如 Orion 牌（“猎户牌”）的 UltraViews，价格最低也要 150 美元。

关于双筒镜，尽管还有很多其他的参数（有的值得介绍，有的不值得介绍），但它们大多已经被彼此竞争的诸多品牌之间的价格差异反映出来了。双筒镜的价格，从便宜到昂贵，差距极大。为了便于掌握，我们把普通大小的双筒镜按价格分为 4 类：便宜（75 美元以下）、适中（75 ～ 250 美元）、昂贵（250 ～ 500 美元）和奢侈（500 美元以上）。正如你所设想的那样，只要愿意在昂贵类甚至奢侈类内挑选，买到一个好的双筒镜并不难。不过，即使是价位适中类的双筒镜，一般来说用着也不错啦。

在低于 250 美元的价格范围内，付出两倍的价格，一般就可以得到光学品质和机械品质的明显提升，但其他方面不会有什么变化。例如，卖 100 美元的 7 × 50 双筒镜和只卖 50 美元的 7 × 50 双筒镜，前者会比后者更加坚固耐用并提供明显更加清晰的像质，但此外就没什么区别了。如果是 200 美元和 100 美元的两只 7 × 50 双筒镜相比，基本也是如此。而如果从 300 美元以上来看，那么“性价比”即使不说是直线下滑，也是一落千丈了——价格翻倍带来的实际品质提升很不明显。例如，两台 10 × 50 的双筒镜，一台 300 美元，另一台 600 美元，如果隐去它们的品牌型号信息，要求你仅通过使用感受的对比来确认哪一台是 600 美元的，那么绝大多数人都会很难断定。

- 如果你经济紧张，那么买个便宜的双筒镜吧，聊胜于无。不用去管什么“瞬间对焦”、“红膜”之类的细节了，买台使用 BaK-4 玻璃棱镜的就可以，但至少应该是全镀膜的（有多层镀膜更好）。7 × 35 就是个很好的选择，事实上，它在相同价位上比 7 × 50 或 10 × 50 都好。（请特别注意，这仅是在相同价位上而言——译者注）。
- 在 75 ～ 250 美元的价格范围内，有不少型号可供选择，例如博士伦（Bausch & Lomb）、星特朗（Celestron）、美能达（Minolta）、尼康（Nikon）、奥林巴斯（Olympus）、猎户（Orion）、宾得（Pentax）、Pro Optic、Swift 等。在这个价格段的低端，我们认为猎户牌的 7 × 50 或 10 × 50 Scenix 型是不错的选择；而在这个价格段的高端，猎户牌 Vista 系列的 7 × 50、8 × 42、10 × 50 虽然稍显昂贵，但其表现不亚于星特朗的 Ultima 系列，后者的价格可是高出这个价格段的。
- 在 250 ～ 500 美元的价格范围内，可选的双筒镜也不少。在该段的低端，是相当不错的星特朗的 Ultima 系列，而在该段的中部和高端，以下品牌也有很多合适的型号可选：Alderblick、星特朗、富士能（Fujinon）、尼康、宾得、Steiner 等。
- 在贵于 500 美元的奢侈级双筒镜层次上，“不差钱”者可以对各种使用 porro 棱镜并支持与三脚架接驳的双筒镜型号随意地挑选。这个价格档次的双筒镜堪称世界顶级厂牌的聚会：徕卡（Leitz，也译“徕兹”）、富士能、施华洛世奇（Swarovski）、蔡司（Zeiss），而尼康、宾得、Steiner 等公司在这个档次也有产品。双筒镜买到这个档次，基本也就到头了。

物镜口径大于 56mm 的双筒镜属于大型双筒镜。就像普通双筒镜一样，那些大型和超大型的双筒镜，其参数和价格的变化范围也都很广。尽管我们不建议新手们第一次买双筒镜就选大型双筒镜，但大型双筒镜确实不乏其用

五花八门的多层镀膜

镀膜的质量固然有好坏之分，我们也有必要去区分，但绝不是像大众风传的那样“依靠镜片镀膜后反射出的光的颜色就能区分”。顶级的镀膜非常费钱。完美地给透镜完成顶级的镀膜工序，其成本可能比制造透镜本身还要高。同时，如果一家制造商只顾着拿“我们的双筒镜全都是多层镀膜”来做宣传，而不愿意提其他的事情，那么它的镀膜也很可能是以某些比较“山寨”的方式草草完成的。一流制造商的双筒镜，例如蔡司、尼康、富士能的双筒镜，以及宾得的一部分双筒镜，都拥有真正优秀的多层镀膜。而一些二流的制造商，例如日本的威信（Vixen），也有很不错的多层镀膜，但总归比一流品牌差一点。更加便宜的多层镀膜双筒镜一般来自中国的制造商，诚然，他们确实也做了多层镀膜，不过在镀膜品质方面大家还是各抒己见吧。我们只要记住对那些用了所谓什么“红宝石镀膜”或其他某些奇怪镀膜的双筒镜多加小心就是了。

便宜不等于没好货

有时候，很多便宜的双筒镜却惊人地物超所值。多年以前，本书作者芭芭拉开始对天文观测感兴趣时，另一作者罗伯特只给她买了一个90美元的猎户牌 Scenix 7 × 50双筒镜。这样，即使芭芭拉将来“移情别恋”不再喜欢天文，损失也不至于太大。罗伯特自己的观测史，则因读书、工作、生活事务而有过长达20年的中断。当他决定回到天文的怀抱时，本来是打算买一个蔡司、徕卡或施华洛世奇的高端双筒镜的，但他看到芭芭拉拿着猎户牌Scenix得心应手，于是干脆自己也买了一个猎户牌Scenix的双筒镜。这当然不是说Scenix的品质比那些高端品牌更好，只是说它的价格虽然仅有高端双筒镜的1/5甚至1/10，性价比却高得令人称奇。

一种观点

佳能的“稳像双筒镜”已经不再卖原来的那个“天价”了。尽管稳像望远镜画质不错，而且在一些爱好者群体里也非常流行，但我们认为它其实不太适合天文观测。它的口径比较小，出瞳也小，并且依旧价格不菲。同时，很多人也已发现它的电子稳像功能带来的视觉体验有些古怪。综上所述，如果你追求成像的稳定性，还是去买个能接驳三脚架的普通双筒镜好些。

反对以上观点的观点

当然，我们说的也不一定对。苏·弗兰驰对于稳像双筒镜就有与作者相左的观点：

“完全反对。我最早是在某年的冬季星空大会（星空大会是指大量天文观测爱好者相约聚集在一起共同观星的一种活动——译者注）上看到有人使用佳能的稳像双筒镜的，于是我也很快就找机会买了一台15×45的稳像双筒镜。目前我除了它已经不用别的双筒镜了。用了它，我不费吹灰之力就能分解出很多双星，还可以轻松数出一些星团中的可见恒星数量。我已经不用三脚架了，甚至出去观测时根本都不带三脚架了。用它观看深空的效果比用配了三脚架的7×50双筒镜要好得多。我丈夫阿兰本来是高端双筒镜的拥趸，但试用了我的这台15×45稳像双筒镜后，他大为震惊。后来我又给他买了一个12×36的稳像双筒镜，现在他使用稳像镜的时间已经比使用那些高端双筒镜长得多了，他说用稳像镜能看到更多的细节。我们俩甚至又买了一台稳像镜送给我爸爸。有些人抱怨通过稳像镜看到的图像总是在慢慢地旋转（阿兰也曾是这种人之一），其实这个问题很好解决——坐下再看就行了，当然，躺下看就更好了。观测天顶附近的话，最好躺卧在一张躺椅上，手持稳像镜，非常舒适。而如果你用普通双筒镜加上三脚架，就要一直仰着酸疼的脖子。现在，我爸爸的普通双筒镜已经开始积灰了。”

武之地。事实上，很多天文观测爱好者完全不用单筒镜，他们全部的观测都是用一台配置了三脚架的大型双筒镜完成的。

我们按照价格，把大型双筒镜也分为 4 个级别：便宜（250 美元以下）、适中（250 ～ 1 000 美元）、昂贵（1 000 ～ 5 000 美元）、奢侈（5 000 美元以上）。有些便宜的大型双筒镜，其性价比绝对超乎你的想象。虽然不能因此把它们和昂贵的大型双筒镜等同起来，但它们确实很合用。它们的成像在视野中心是极为清晰锐利的，而在靠近视野边缘 15% ～ 30% 的部分内会有微弱的模糊。在观看很亮的天体，例如太阳和月亮时，大型双筒镜的“色差”（即颜色失真）会比较明显，但这么大的双筒镜显然不是为了看太阳和月亮这种天体而设计的。还是用它去看银河里的星场和疏散星团吧，那才是它们设计时的主要宗旨所在，而你也将真正体会到它有多棒。如果你能负担得起价钱是它两倍的双筒镜，那么还会体验到机械质量和成像效果上的大幅度提升。相对于普通大小的双筒镜，大型和超大型双筒镜确实只是为那些买得起它们的人预备的。富士能、徕卡、高桥（Takahashi）、蔡司的一些巨型双筒镜可以卖到 10 000 美元甚至更高。

- 如果你很想买大型双筒镜却囊中羞涩，那么中国制造的星特朗 SkyMaster 系列是个不错的选择，目前它有 15×70、20×80、25×100 这 3 种规格，3 种都使用 BaK-4 玻璃的 porro 棱镜，多层镀膜。视距也比较合适，15×70 的视距是 18mm，其余两种更大的都是 15mm。15×70 的售价有时不到 100 美元，而 25×100 的有时也能以低于 250 美元的价格买到。所有的型号都支持接驳三脚架，因为对于这么大的双筒镜来说，三脚架是必需的。在防水方面，15×70 的那款是耐水设计，而更大的两款是纯粹的防水设计。这几款双筒镜的成像质量都很平庸（特别是在视野边缘处），但性价比之高绝对令人瞩目。我们相信，对于那些尚未下决心成为骨灰级观测者的人来说，在 SkyMaster 系列内挑选双筒镜是很合算的。
- 如果想买那种不太贵而且相对较小的大型双筒镜，那么我们比较推荐的是猎户牌（Orion）的“小巨人”（Mini-Giant）系列，产自日本，全多层镀膜，目前有 8×56、9×63、12×63、15×63 几种规格，价格在 159 ～ 219 美元之间。视野方面，8 倍放大的那款是 5.8°，15 倍放大的那款是 3.6°。视距 17.5 ～ 26mm 之间，效果也很出众。该系列中较小的款式可以手持使用，但无论大小，全都支持接驳三脚架。其成像质量即使比不上那些高端大品牌，也足以让绝大部分人表示满意了。

关于大型双筒镜，我们的经验也比较有限，因此写到这里也就该停笔了。但是我们可以肯定，富士能的几款大型双筒镜在爱好者圈子中很流行，而且几乎得到了一致的好评。如果我们打算购买大型或超大型双筒镜的话，富士能也将是首先考虑的品牌。

本书介绍的所有天体，几乎都可以用口径 6 英寸的单筒望远镜在深暗的观测环境中看到，其中还有不少可以只用 4 英寸口径甚至 2.4 英寸（60mm）口径的望远镜就能看到，还有一部分可以直接用肉眼看到。但这并不是说一台小望远镜就够了，毕竟望远镜越大，看到的效果也越好。

如果你已经有了天文望远镜，不要管它是什么规格、什么型号，先跳过这部分，试着用它去找找本书后面介绍的众多深空天体吧。你的望远镜到底是否够大，是否合适，你会在实践观测的过程中很明显地感觉到的。当你清楚了目前你手上这台望远镜的能力极限之后，你挑选起下一台望远镜来也会有主意得多。（在爱好者圈子里有一种流行病，可以称之为“口径狂热症”，其症状就是盲目追求更大的望远镜。其实，即使只是一台 6 英寸口径的望远镜，也很少有人能在日常观测中充分地发挥它的潜力。）

如果你还没有单筒望远镜，那么别着急，在掏钱购买之前先认真做点功课：关于选购望远镜有很多优秀的资料，例如美国 Jossey-Bass 出版社出版的菲尔•哈灵顿（Phil Harrington）的《观星装备》（Star Ware），以及美国 O'Reilly 出版社的由我们撰写的《天文改装专家》（Astronomy Hacks）。先读读它们，再结合你的财政状况和个人喜好，来决定买哪一款单筒望远镜。买了望远镜之后，可以访问本地的天文俱乐部，或者加入网上的天文观测组织，来取得一些关于新手如何使用各类望远镜的指导信息。（在 skyandtelescope.com/resources/organizations 可以搜索世界各地的天文俱乐部。）

抛开这些不说，大部分爱好者都会选择 8 ～ 12 英寸口径的道布森式反射镜（缩写为 Dob）或施密特 - 卡塞格林式折反射镜（缩写为 SCT）作为自己的第一台单筒望远镜。这两种望远镜各有优劣。

道布森式的最大优点就是性价比高。不论在哪个价格档次，道布森式都意味着用同样的钱可以买到比其他类型望远镜更大的口径。6 英寸口径的道布森式镜价格一般为 250 ～ 350 美元，是一种很基本也很流行的道布森式镜。当然，近年来 6 英寸的道布森式镜有逐渐被 8 英寸口径的道布森式镜取代的趋势，后者只比前者贵 50 ～ 100 美元，重量和整体大小上也差不太多。也有人认为，入门者的主流望远镜是 10 英寸或 12 英寸口径的道布森式镜，它们的价格分别是 450 ～ 750 美元和 800 ～ 1 200 美元。影像 ii-1 所示的是一台典型的 10 英寸口径“经济型道布森望远镜”，也是我们自己首选的常用望远镜。

影像 ii-1

一台旧款式的猎户牌 XT-10 型 10 英寸道布森式反射望远镜

道布森式镜的优点

除了价格低廉，道布森式镜还有许多其他优点，这使其成为很多爱好者的首选。

- 道布森式望远镜支架的设计特点决定了它有极强的稳定性。一般三脚架在使用时可能有烦人的微小抖动，道布森式不存在这种问题。
- 道布森式的支架属于“地平坐标”装置，也就是说，它所指向的方位是按照“方位角”（左 / 右）和“高度角”（俯 / 仰）来调整的。对于新手和初学者来说，这种方式比采用“赤道坐标”的装置更加直观。而道布森式之外的其他类型望远镜大多都采用赤道坐标。
- 绝大多数道布森式镜的焦距较短，焦比较小，使它们具有了相对较大的视场。例如，在使用 2 英寸目镜时，我们的 10 英寸口径、焦比 f/5 的道布森镜最大的真实视场可达 2.25°，而同样的目镜用在具有同样口径、焦比 f/10 的施密特 - 卡塞格林式折反射镜上，最大可能的真实视场只有大约 1.10°。虽然从数字上看来差距似乎不大，但实际上这意味着：在拥有相同口径和相同目镜的前提下，道布森镜的视野面积是施密特 - 卡塞格林镜的 4 倍。
- 道布森式望远镜虽然看上去个头很大，但并不算重，而且也比较方便运输。很多人都只用经济型私家车就可以把自己 10 ～ 12 英寸口径的道布森式望远镜带出去观测。
- 望远镜镜筒内外的温度越一致，越有利于成像质量。道布森式望远镜是反

口径问题

望远镜的物镜口径可以用多种单位表示，例如英寸、毫米、厘米，但不论用哪种单位，望远镜的口径越大，就决定着它能收集到的光越多。例如，8英寸口径收集到的光大约是6英寸口径的1.78倍（因为8的平方是64，6的平方是36，而64÷36=1.78），而10英寸口径的集光能力则是6英寸口径的近3倍（因为10的平方是100）。也就是说，10英寸口径能看到的最暗星，到比6英寸口径能看到的最暗星还要暗1个多星等。

自己动手去找星

带有go-to或DSC等自动寻星功能的望远镜相当流行，因为它们能够自动找到你想看的天体，为你节省出很多时间去欣赏这些天体。然而，天文联盟下属的大部分俱乐部都要求那些想要完成目标列表获取奖励的人：禁止使用自动寻星功能。但这并不是说你不可以使用带有这些功能望远镜，使用这些望远镜去完成观测目标列表时，只要把所有的自动类功能都关掉，你的成绩就仍然是有效的。

射镜，镜筒口是敞开的，这样几乎不需要什么时间就能让筒内气温与外界气温一致。而折反射望远镜镜筒不敞开，所以就需要较长的时间。当然，镜筒内外温差对像质的影响主要体现在高放大率的观测中（例如观测月球和大行星），对于深空天体的观测，这个温差的影响相对较小。

- 道布森式望远镜的装设和拆卸都很容易，往往不到 1 分钟就可以完成。你只需要摆好底座，然后把镜筒装在上面就行了。观测结束后，拆卸过程也一样快捷、省心。

道布森式镜的缺点

当然，相比于施密特 - 卡塞格林式折反射镜，道布森式反射望远镜也有一些缺点：

- 道布森式装置从设计之初就是手动的、地平坐标系的，对同一天体的长时间跟踪稍有点麻烦（因为星空是按赤道坐标系旋转的）。如果你一定要让它自动跟踪目标，就要配备道布森式的专用驱动机械，以及符合赤道坐标系的转换平台，而这些都需要再花不少的钱。
- 由于很难进行机械跟踪，所以道布森式镜并不适合天文摄影。很多道布森式镜的调焦筒都比较短，所以即使是接驳 CCD 摄影机进行主焦（prime-focus）摄影也够不到焦距。这种缺点也会导致接驳 35mm 相机或数码 SLR 相机后，很难以主焦方式拍到非常清晰的照片。
- 为了让镜筒长度可以调整，道布森式镜的“焦比”都比较小（焦比即 focal ratio，指望远镜焦距除以口径得到的比值）。典型的 8 英寸口径道布森式镜的焦距是 48 英寸，焦比为 f/6；而 10 英寸或 12 英寸口径的道布森式镜，焦比往往是 f/5 甚至更小。焦比越小，对目镜的要求就越苛刻，特别是对于一些价格较低的大视场道布森镜而言。圈子内有句俗话说得好，“买道布森式望远镜省下的钱，全都花到买目镜上了”。如果你希望整个视场中看到的像都是清晰的，就要下决心去买那些窄视场的普罗索式目镜（PL）或其他廉价却视场狭窄的目镜。而如果又想要宽大的视场，就不得不去买那些更贵的目镜。（近几年，这种状况有所改善，一批高品质、大视场、中低价格的目镜已经出现了，例如猎户牌的 Stratus 目镜。）
- 道布森式镜的小焦比虽然使得它拥有了更宽的视野，但也让它在用高放大率进行观测时变得困难不断。例如一台典型的焦距为 1 200mm 的道布森式反射镜，如果想用 300 倍放大率来观星，就要使用 4mm 目镜。这么短焦的目镜，如果档次不够高的话，镜片会非常小，视距也短得接近了零，用肉眼凑上去观察时是很不舒服的。改良的方案有：把长焦的目镜加上高集光力的巴罗增倍镜来使用，或者去买那些高级的短焦目镜，它们的镜片大些，视距也长些，但是会非常昂贵。
- 道布森式镜的主镜筒其实仍然是个牛顿式反射镜，既然如此，像所有的反射镜一样，它也需要光轴的校准，校准不到位就没有清晰的成像。校准光轴在技术上的目标是：让主镜和副镜的光轴重合，并且让这条共享的光轴与目镜的光轴也重合。虽然这听起来很难，但其实没有那么难。道布森镜的初始光轴校准一般需要你花 5 ～ 10 分钟，当你第一次把望远镜架设好后，或者做了诸如重新安装调焦筒等重大调整后，都需要进行校准光轴的操作。而常规的光轴校准更简单，只需要花 1 ～ 2 分钟，不过，每次把望远镜架设出来时都需要做一次。

施密特-卡塞格林式镜的优点

在口径相同的前提下，施密特 - 卡塞格林式折反射望远镜（可简称“施卡式望远镜”，即 SCT）比道布森式望远镜要贵得多。一款中档的入门级 8 英寸施卡式望远镜可能会卖到 1 100 美元，更高档一些的 12 英寸施卡式望远镜可能至少要卖 4 000 美元。但在价格高昂的同时，施卡式望远镜也有很多优点：

- 除了极低端的型号外，施卡式望远镜都带有电动跟踪装置，这样你就可以专注于观察你的目标天体，而不用每隔一两分钟就手动调节一下望远镜以使天体保持在视野中心附近。尤其是对于想给天体画素描的观测者来说，电动跟踪的施卡式望远镜就太合适了。
- 很多施卡式望远镜都有自动寻星功能（称为 go-to），你只需在手持的控制面板上输入想看的天体名称，镜筒就会自动对准那个天体。（但也要小心一些过于便宜的自动寻星装置，它们容易存在一些物理上的缺陷，从而导致机械故障，或是缺乏准确性——镜筒停下来后，通过目镜却看不到你想看的天体。）
- 施卡式望远镜很适合天文摄影（但只有那些很贵很高档的型号才适合进行长时间曝光的主焦摄影，因为那意味着主镜或物端透镜把图像直接投射在胶片或感光元件上）。如果是用 CCD 或数字 SLR 进行曝光时间较短的休闲天文摄影，那么几乎所有施卡式望远镜都可以满足要求。对于标准的 35mm 数码 SLR 胶片而言，施卡式望远镜提供了足够长的后焦（back-focus）。
- 由于光路是折叠往返的，所以施卡式望远镜的镜筒长度明显短于牛顿式反射镜（当然也包括道布森式的牛顿式反射镜）。例如，典型的 8 英寸口径施卡式望远镜的有效焦距长达 80 英寸，但其实际的镜筒长度却只有 18 英寸。镜筒的短小，使得施卡式望远镜更容易储存和携带。但是请注意，在你得利于这种短小尺寸的同时，也要知道施卡式望远镜的重量比较大，搬起来可不太轻松。
- 施卡式望远镜的焦比比较大，常见的是 f/10。这就意味着即使只用廉价的大视场目镜也能轻松得到充满整个视场的清晰成像。
- 施卡式望远镜的长焦距，让我们即使使用中等焦距的目镜也可以轻易达到很高的放大率。中等焦距的目镜比短焦目镜有更大的镜片和更长、更舒服的视距。而如果是在道布森式镜上，要想达到高放大率，就必须使用短焦目镜。
- 像其他望远镜一样，要让施卡式望远镜取得最佳的成像质量，也需要为它校准光轴。不过，施卡式望远镜的焦比使得它对轻微的光轴偏差不像道布森式那样敏感。一般来说，施卡式望远镜每年校准一次光轴差不多就够了。

施密特-卡塞格林式镜的缺点

相比于包括道布森式在内的各种牛顿式反射望远镜，施卡式望远镜虽然价高，但也有一些独特的缺点：

- 较便宜的施卡式望远镜的稳定性都比较差。哪怕只是轻轻碰一下调焦筒上的调焦旋钮，都会让视野里的星像发生明显的抖动，而且这种抖动通常要过 5 秒以上才能消失。虽然这个问题在经常使用高放大率去观测月球和大行星的用户那里反映得比较明显，而在经常使用较低的放大率来观看深空天体的用户那里没有引发这么多怨言，但这个问题毕竟是客观存在着的。
- 施卡式望远镜中，使用赤道坐标系统的占多数，使用地平坐标系统的只是少数。诚然，按赤道坐标系来定位的望远镜有不少优点，例如只需要一个电机或慢速微动控制器就可以自动跟踪天体的运动，但还是有很多初学者觉得赤道坐标系下的望远镜运动方式不如地平坐标系那么直观。
- 施卡式望远镜过长的焦距，明显地限制了它们可能拥有的星空视场的最大面积。这一点在它们与 1.25 英寸目镜接环和天顶镜一起使用的时候尤为明显。（很多施卡式望远镜都附赠这两种小附件：目镜接环可以为天顶镜、摄像头或其他一些附件提供一个牢靠的安装接口，而天顶镜则利用一块平面镜把望远镜的成像调整到与光轴垂直的方向上，让你在观看天顶附近的目标时不用很难受地仰着脖子。）如果改用 2 英寸的目镜接环、天顶镜和目镜，倒是可以获得更宽大的星空视场，但配备了高品质的这些 2 英寸附件的施卡式望远镜，往往要贵出几百美元。
- 虽然施卡式望远镜的镜筒比较短小，易于储存和运输，但一整套典型的施卡式望远镜装备还是很大、很重的，运输起来会麻烦一些。

影像 ii-2

一台旧款式的星特朗牌 8 英寸施卡式折反射望远镜

- 由于镜筒的腔体相对封闭，所以要让施卡式望远镜镜筒内的温度趋同于外界的温度，需要的时间比较长。10 英寸口径的道布森式镜在 45 分钟内即可达到镜筒内外温度一致，而同样口径的施卡式望远镜则需要 2 小时甚至更久。（但对于从较热的室内搬到较冷的室外的情况，这两种望远镜的镜筒温度适应过程都可以借助附加的风扇装置来加快。）
- 施卡式望远镜的装设和拆除都比道布森式要慢，特别是当你还要为一台使用赤道坐标系的施卡式望远镜对准极轴的时候。（如果只想目视观测，那么可以只靠肉眼观察，粗略地对一下极轴就行了；但如果是要做长时间曝光的天文摄影，那么对极轴的精度要求就很严格了，往往光是这个环节就要仔细地拧上十多分钟。）

影像 ii-2 所示的是一台典型的施卡式望远镜。这台望远镜是我们的观测伙伴保罗•琼斯（Paul Jones）的，主镜是 1983 年产的星特朗牌 C8，直接支撑主镜的是一台高品质的日本威信 Super Polaris 赤道仪。

我们强烈建议读者在购买望远镜前多多了解相关知识和信息。但如果您迫不及待地想开始观测，而不想再花太多时间去研究这些东西的话，笔者相信下面这几款望远镜应该是您乐意使用的：

猎户牌天文望远镜

与其他品牌不同的是，猎户（Orion）不仅是制造商，也是零售商。他们提供两个道布森式望远镜系列，都分别含有 6 英寸、8 英寸、10 英寸、12 英寸的规格。这些望远镜实际上是由中国的信达（Synta）代工制造的。其中 XT 系列是传统类型的道布森式望远镜，IntelliScope 系列则都是可由数码电路控制（DSC，即 digital setting circles）的望远镜，可以在计算机的帮助下定位特定天体。但这个系列并没有电动的机械控制功能，也就是说，它并不能自动地把镜筒对准你要看的天体。“对准镜筒”这个动作仍然是由使用者手动完成的，但数字化的手动控制器会指导你准确地完成天体定位。相比于 go-to（自动寻星），我们把这种模式称为协助寻星（push-to）。因为具有了这种功能，在口径相同的前提下，IntelliScope 系列内的款式要比 XT 系列的贵 250 美元左右。猎户牌也提供口径 8 英寸、9.25 英寸、11 英寸的施卡式望远镜及很多辅助装备。总之，它们的道布森式和施卡式望远镜都是不错的选择（www.telescope.com）。

星特朗

星特朗牌以他们的施卡式望远镜而知名，口径包括 8 英寸、9.25 英寸、11 英寸甚至更大口径，辅助装备也有多种。而在传统的道布森式镜方面，星特朗也有 StarHopper 系列，规格有 6 英寸、8 英寸、10 英寸、12 英寸。有许多零售商销售星特朗的望远镜，其中也包括上面提到的“猎户牌天文望远镜”。星特朗的道布森式和施卡式望远镜也都值得推荐（www.celestron.com）。

米德（Meade）

与星特朗类似，米德牌也以其施卡式望远镜而知名。他们提供的规格有 8 英寸、10 英寸、12 英寸以及更大口径，还有多种配件。2005 年，米德推出了名为 LightBridge 的新系列，都是道布森式镜，规格有 8 英寸、10 英寸、12 英寸。与一些使用整体化镜筒的便宜的道布森式镜不同的是，这个系列使用轻质的铝材在镜筒的中部将镜筒捆绑起来。这种困扎式设计与整体化的镜筒一样坚固，而在储藏时能节省很多空间。与口径相同但使用整体化镜筒的道布森式镜相比，LightBridge 系列的望远镜要贵 100 多美元。米德的道布森式和施卡式望远镜值得你考虑（www.meade.com）。

说说折射镜

我们很喜欢折射式望远镜那富于传统感的像质，也承认折射式望远镜适用于天文摄影，而且也用自己的90mm（3.5”）口径折射镜观看过本书中介绍的很多天体。但是，即使是折射镜的资深支持者也不得不承认，这种望远镜并不是观看那些暗弱的模糊天体的最佳设备（“暗弱的模糊天体”即DSO——深空天体，之所以这样形容，是因为它们看上去仅仅像个绒团，除非用哈勃太空望远镜才能看到更多的细节）。问题的关键就在于，普通人的金钱实际能负担得起的折射镜，口径往往不超过4英寸，对于本书中介绍的很多暗弱天体而言，这个口径能带来的效果并不很好。虽然也有6英寸口径的折射镜出售，但它们巨大、沉重、不易搬动，而且非常昂贵——况且与施卡式和反射式相比，6英寸口径也不算很大。

作为历史的一种标志和纪念，我们永远不会放弃我们的折射镜，但用它来观测暗弱深空天体，无疑就像用螺丝刀来钉钉子——条件所限时不是不能这么做，但除此之外显然有更好的方式。

重要附件

为了让观测活动更有成效，更有意思，在单筒镜和双筒镜之外，还可以配备许多重要的附件。下面就来谈谈一些你必须拥有或最好能拥有的附件。

红色照明灯

天文学家和爱好者们在夜间观测时用红色照明灯来提供必要的照明，这种灯不会像普通照明器具那样影响夜间视力。当然，如果观察的是月球或大行星这些比较明亮的天体，对眼睛适应暗环境的要求就不是很高，所以用白色照明灯也无妨，但以其他天体为观测对象时，就有必要改用红色照明灯了。

你可以买一个普通的白色照明灯，为其覆盖上红色胶片，改装成红色照明灯；也可以购买一些带有红色滤镜的照明灯制作套件，自制一个红色照明灯。但这些方案不是最佳的，因为即使是最棒的红色滤镜也会让很多白光（即红色波段之外的光波）穿透过去，从而在提供夜间照明时让你的瞳孔缩小，减弱夜视能力。

因此，最好还是买一个专为天文观测制造的红色 LED（发光二极管）照明灯。我们之所以推荐这种灯，是因为没有别的灯能发出比它更纯粹的红色光了，因此它对你的夜视状态损害最小。而且，对于不影响瞳孔大小而言，某些发橙红色光的灯要比发暗红色光的好（单色的 LED 灯只在很窄的波段内发光，天文观测中最适宜的是发光波长为 660nm 的 LED）。

星特朗、Rigel、猎户以及很多其他厂商都生产红色照明灯，在天文商店和网络销售商那里都很容易买到。我们曾经用过很多红色照明灯，但没能对哪一款完全满意。一些便宜的红色照明灯很容易碎，或是切换按钮不好使；而那些昂贵的虽然耐久性好，但在野外使用又不太方便。直到我们初次买到了 Astrolite Ⅱ（见影像 ii-3），才感觉这是一款比较适用的红色照明灯。（与这个型号相似的还有 Astrolite Ⅲ，它用 7 号电池，而Ⅱ型用的是 5 号电池。）它拥有橡胶防滑手柄，可 180° 旋转的灯头，凹陷设计的开关（防误碰），以及一个可以夹住开关按钮的夹子（手不用长按也可以长时间照明）。它的透镜设计也保证了它所发的光比一般的 LED 照明灯更集中、更明亮。现在，我们用这款照明灯已经 3 年了，没有打算过换其他款式，而它的售价还不到 20 美元（www.astrolite-led.com）。

影像 ii-3

Astrolite II 红色 LED 照明灯

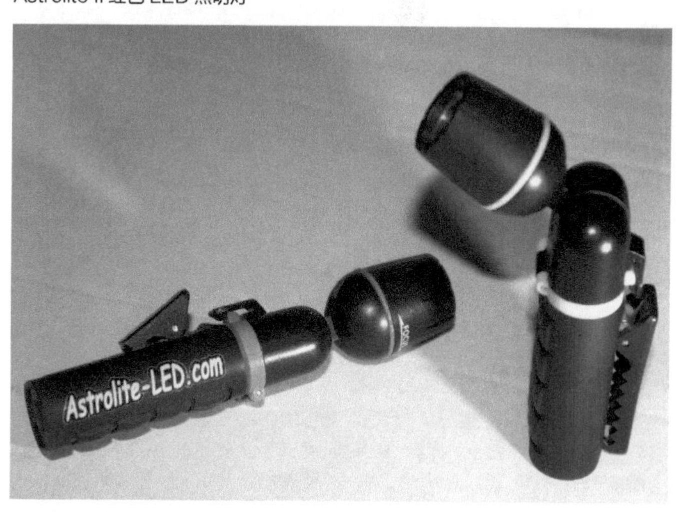

活动星图

活动星图（见影像 ii-4）通常会被误认为是很“菜鸟”的一种工具，但其实很多天文观测高手也依然在用它。活动星图可以显示特定地区在任何一天的任何时刻的星空情况，而日期和时间都只要拨动它的转盘就能设定。这里的“特定地区”是指纬度相差不太大的地区范围，例如一个活动星图是为北纬 40° 地区设计的，那么在北纬 30° ～ 50° 的范围内它也基本适用。你只要选购一个纬度与你所在地点尽量接近的活动星图就可以了。

很多公司都出版活动星图，例如望远镜制造商猎户公司，还有天空（Sky）出版社等。根据材质和尺寸的不同，活动星图的售价一般在 5 ～ 20 美元之间。最低档的活动星图仅用卡片纸制成，沾多了夜间的露水后基本就废了。高档一点的活动星图一般用多层卡片重叠制成，或直接用塑料制造，耐久性就好得多。我们最喜欢的一款活动星图是“大卫•列维星空指导”（David H. Levy's Guide to Stars），这是一个 16 英寸的全塑料制巨型活动星图（呵呵，恐怕不太容易携带吧——译者注）。

影像 ii-4

一款活动星图

巴罗镜（增倍镜）

巴罗镜（Barlow lens）是与目镜相配合的一类很重要的附件。它可以安装在望远镜的调焦筒和目镜之间使用，能够增加目镜的放大倍数。巴罗镜的最主要参数就是放大系数（amplification factor），用数字加乘号表示，从 1.5× 到 5× 的都有，偶尔也有更大的。以常见的 2× 巴罗镜为例，它能把目镜的放大率提高到原来的 2 倍。（此外还有一些“变倍巴罗镜”，其放大系数是可调的，但这种巴罗镜的质量通常不是很好。）

加了巴罗镜之后，被目镜收集到的光线，其焦距等于增加了 1 倍，这也就等于目镜的焦距降为原来的一半。例如，加 2 倍巴罗镜时，25mm 和 10mm 的目镜就分别等效于 12.5mm 和 5mm 的目镜了。由于上等的巴罗镜的价格也不会超过一个中档的目镜，所以购买巴罗镜是提升可用放大率的一个好办法。

1.25'' 规格的巴罗镜可配 1.25" 的目镜，并适用于 1.25" 和 2" 两种调焦筒；2" 规格的巴罗镜只适用于 2" 的调焦筒，但可配 2" 和 1.25" 两类目镜。不过 1.25" 规格的巴罗镜还是比 2" 的要常见得多，因为对很多观测者而言，几乎所有 1.25" 目镜（不分放大率大小）都能配合巴罗镜来使用，来取得所需的高放大率，以便观看月球、大行星及尺寸较小的深空天体等。

影像 ii-5 所示的是一组高品质的 1.25" 规格的巴罗镜。从左至右依次是 Tele Vue 3×、猎户 Ultrascopic 2×、Tele Vue Powermate 2.5×。

如果往深一步讲，巴罗镜还可以分为这样两个类型：

所谓“高消色差巴罗镜”

别听某些商家胡说。其实，巴罗镜由2片透镜还是3片透镜组成并不重要，而所谓的“高消色差（apochromatic）巴罗镜”只是某些商家为了炒作而硬给3片式巴罗镜起的名字。巴罗镜的品质主要在于其透镜的形状和抛光的水平，以及镀膜质量和机械质量。一些著名的优秀巴罗镜（包括Tele Vue这样的品牌）都只有2片透镜，而那些3片透镜的巴罗镜中也有一些劣品。

- 第一类是标准巴罗镜，影像 ii-5 所示的左边和中间的两款，长度都是 5 ～ 6 英寸，主要用在牛顿式反射镜（包括道布森式镜）上。当然，标准的巴罗镜同样可以用在折射镜和施卡式折反射镜上。另外，有天顶镜时也可以使用巴罗镜，巴罗镜一般接在主镜筒与天顶镜之间，也可以接在天顶镜与目镜之间。但使用后一种接法时要小心，因为巴罗镜太长，有可能捅坏天顶镜的镜面，使天顶镜报废。
- 第二类是短巴罗镜，长度只有标准巴罗镜的一半。它可以应用于各种望远镜，特别适用于某些调焦通筒比较短的牛顿式反射望远镜，因为标准巴罗镜在此可能会因为太长而破坏望远镜的光路。

Tele Vue 有一系列巴罗镜类的产品，名叫 Powermates。这种巴罗镜实际上是一只 2 片式巴罗镜加上一对附加透镜，以尽可能减小光晕，增大视距，这对于使用长焦目镜是很有帮助的。在 1.25" 规格上，Powermates 有 2× 和 5× 的（190 美元）；在 2" 规格上有 2× 和 4× 的（295 美元）。我们并不怀疑 Powermates 是出色的产品，但也讲不出 Powermates 与高品质标准巴罗镜之间在像质方面有什么具体的区别。

在价格相仿的前提下，标准巴罗镜和短巴罗镜在品质上没有太大区别，但二者在光学原理的上的差异还是很明显的。短巴罗镜为了能达到和标准巴罗镜一样的放大能力，就必须含有一片强力的“负透镜”（negative lens），而这也带来 3 个缺点：

像质较差

尽管顶级的巴罗镜表现也很不错，但客观的光学原理决定了这样的事实——它的像质还是不如使用同档次光学元件的标准巴罗镜。这种缺陷主要表现为“横向析色差”（lateral color），即所成的像中出现不同颜色的重影。这种偏差在视场边缘表现得尤为明显。

光晕

与标准巴罗镜相比，光线在短巴罗镜里必然被弯折得更厉害，所以就会使成像出现晕状模糊。这种缺陷在目镜焦距较长时表现得比较明显。

视距过长

尽管所有巴罗镜都能拉长各类目镜的视距，但短巴罗镜中使用的负透镜可能使这种拉长的效果过度地显著了。例如，我们用猎户牌 Ultrascopic 30mm 目镜配合同系列的 2× 巴罗镜或 Tele Vue 的 3× 巴罗镜使用，都没有问题；但如果换了短巴罗镜，视距就太长了，导致眼睛很难稳定保持在一个合适的出瞳上。

也许您已经猜到了，我们并不是短巴罗镜的拥趸。没错，其实我们手里甚至都没有一个短巴罗镜。我们在给望远镜（包括折射望远镜）加巴罗镜时，都是加标准长度的巴罗镜。但我们也必须承认，很多资深爱好者都使用并向大家推荐一些短巴罗镜，例如猎户牌的 Shorty plus（“超级短”）短巴罗镜和星特朗的 Ultima（“无敌短”）短巴罗镜，后者光是听名字也很值得期待了。

市场上也有很多廉价的巴罗镜，不过我们并不推荐它们。巴罗镜并不属于耗材，一个巴罗镜可以用很久，中档和高档巴罗镜的价格差距也不很大，所以没太大必要在这里省钱。买标准巴罗镜的话，我们推荐猎户牌的 Ultrascopic 2× 巴罗镜，售价为 85 美元（有时只卖 75 美元）。Tele Vue 的 3× 巴罗镜也不错，价格是 105 美元。（Tele Vue 也有一款很出色的 2× 巴罗镜，但比猎户牌 Ultrascopic 的 2× 巴罗镜要贵 20 ～ 30 美元，而且我们可以肯定二者在像质上没什么差别。）如果想买短巴罗镜，上面说的星特朗 Ultima（80 美元）和猎户座 Shorty plus（70 美元，有时只卖 60 美元）都不错。

挑选巴罗镜的放大系数时，要结合自己已有的目镜的参数综合考虑。尽量避免被巴罗镜等效以后的目镜焦距数值出现重复。举个例子可能说得更清楚，假如你手里有 32mm 和 16mm 的两个目镜，那么买 2× 巴罗镜就不太合适，因为 2× 巴罗镜与 32mm 目镜配合后，等效成了一个 16mm 目镜，与你已有的 16mm 目镜就重复了。这种情况下买个 3× 巴罗镜就更好一些，因为它与两个目镜配合之后，等于给你增加了两只虚拟的新目镜，焦距分别是 10.7mm 和 5.3mm，这对你的望远镜设备来说无疑是很好的补充。而 2× 巴罗镜也并非没有用武之地，因为很多中低档望远镜原配的两只目镜分别是 25mm 和 10mm 的，此时只需一个 2× 巴罗镜，就等效出了两只焦距分别为 12.5mm 和 5mm 的虚拟新目镜，给你的观测方式增加了两种选择。

影像 ii-5

三款巴罗镜：Tele Vue 3×、猎户 Ultrascopic 2×、Tele Vue Powermate 2.5×

自选目镜

很多价格不高的中等口径单筒望远镜在购买时都附赠 1 ~ 2 个目镜，一般是 25mm 或 26mm 的普罗索目镜一个，或许还有 9mm 或 10mm 的另一个普罗索目镜。对于初级使用者而言，这一两个目镜基本够用了，但它们的品质其实只能说是不好不坏（特别是短焦距的那个目镜）。因此，很多有更高要求的新手都自选一些新的目镜，来补充或者替换这些原配的目镜。我们建议，在购买自选目镜时，应注意以下的一些要点：

- 最先应该考虑的是购买一只高品质的巴罗镜，用它来让你的目镜放大率增倍是非常划算的。
- 买 2 ~ 3 个品质出众的自选目镜，胜过买十几个廉价的目镜。
- 目镜可以使用很久。在未来的岁月里，即使你用的望远镜已经换了一只又一只，你可能仍然在使用你最初买下的那些好目镜。
- 对于观测质量而言，好的目镜与好的望远镜主镜筒一样重要。即使是一只廉价的主镜筒，只要配上了好目镜，观测质量也会明显提高。
- 别在买目镜的时候太心疼钱。在你财力允许的范围内，要尽量去买更好的目镜。
- 对于高放大率（短焦距）目镜来说，品质尤其重要。所以如果你真的想节约钞票，还是节约在那些低放大率（长焦距）的目镜上吧。

下面我们介绍目镜的几个重要参数指标，以此为那些想自己选购更多目镜的读者提供一些建议。

影像 ii-6

Tele Vue 的两款目镜：1.25 英寸 Radian（左）和 2 英寸 Panoptic（右）

目镜的参数

目镜有两个最基本的参数：镜筒直径（barrel size）、焦距（focal length）。

镜筒直径

大多数目镜的镜筒直径都是 1.25 英寸，但也有少数目镜（特别是低放大率、大视场的目镜）镜筒直径是 2 英寸。1.25 英寸直径的目镜当然适合直接安装在 1.25 英寸规格的调焦筒上，而如果接一个转接环（或者说适配器，adapter）的话，也可以安装到 2 英寸直径的调焦筒上。2 英寸调焦筒的唯一优点就是：它自身直径的宽大，使得目镜能够照顾到更宽大的视场。所以，一般也都是低放大率、大视场的目镜才接到 2 英寸规格的调焦筒上。影像 ii-6 中左侧的那款目镜是 1.25 英寸直径的，而右侧的那款就是 2 英寸直径的。

焦距

目镜的焦距数值，一般用毫米做单位。对于特定的望远镜而言，目镜焦距的短或长，直接决定着成像放大率的高或低。放大率的计算公式很简单，就是物镜焦距除以目镜焦距。例如，某主镜的焦距是 1 200mm，而所加的目镜焦距为 25mm，则得到的放大率是 48 倍（因为 25 的 48 倍即是 1 200）。

下面再介绍关于目镜性能的几项表述。高档的目镜往往符合这些表述的每一项，或至少符合其中的大部分；中档的目镜也会符合其中一部分表述；廉价目镜则几乎完全没法符合这些表述。

目镜的固有视场和真实视场

如果不接望远镜，目镜自身有一个视场，这就是固有视场（apparent field of view）；而接到拥有特定焦距的望远镜上之后，目镜的视场就可以经过放大率换算成为一个真实视场（true filed of view），即你通过它和望远镜主镜所看到的星空的直径。换算公式是：固有视场除以放大率等于真实视场。例如我们的10英寸口径（焦比f/5）道布森式望远镜，焦距为1 255mm，使用一个焦距为27mm的Panoptic目镜。用1 255除以27，得到的放大率为46倍。厂商会标明这款目镜的固有视场直径是68°，所以用68除以46，此时得到的真实视场直径大约是1.46°。

更宽大的固有视场

固有视场（可缩写为 AFoV）是指通过目镜本身看到的圆形视场的直径，以角度单位表示。在同等放大率下，固有视场越宽的目镜，看到的天区范围也越大。假如我们有两只焦距相同但固有视场不同的目镜，将其分别加在同一架望远镜上观看 M 42（猎户座大星云），那么得到的视觉效果会如影像 ii-7 所示（影像系根据实际情况制作的模拟效果）。由于两只目镜的焦距相同，所以 M 42 本体在两只目镜中呈现出的绝对大小是相同的，但固有视场为 82° 的那只目镜能够看到的周边天区（影像左下侧），要明显多于固有视场为 50° 的那只看到的（影像右上侧）。

影像 ii-7

用固有视场 82°（左）和 50° 的目镜分别看到的猎户座大星云（M 42）

更长的视距

前文说过，视距的含义就是：若要目镜完全实现其出瞳的数值，则要求观测者的瞳孔与目镜镜片的外表面有多远的距离。因此，对于视距很短的目镜而言，你要想通过它进行观测，就需要把眼睛与它的镜片挨得很近才行。相反，视距较长的目镜就允许你让眼睛与目镜镜片保持一段距离。如果你需要戴着眼镜观测，或者你觉得眼睛与目镜保持适当的距离更舒服的话，就应该选择视距在 20mm 左右的长视距目镜。如果你不戴眼镜，可以选择视距在 12mm 左右的目镜。

更高的机械品质和光学品质

不同品牌的目镜之间，机械品质水平相差很大。一般来说，日本制造的目镜以及中国台湾地区制造的目镜，机械质量都不错。另外，那些名牌目镜，不论生产商是哪国的，机械质量一般也都很出色。一些比较廉价的目镜，例如中国大陆制造的目镜，机械品质就明显要差些。机械品质低的目镜，其商标一般都是单纯印上去的，而没有镌刻过的痕迹，其机械部件的误差也较大，透镜边缘缺乏明显的发暗现象，镜筒内的遮挡板很差甚至干脆没有。

光学品质比机械品质更重要。名牌目镜之所以比杂牌目镜要贵那么多，主要就在于名牌目镜对诸如透镜抛光、镀膜等技术细节的高度关注，不是杂牌目镜可比的。越贵的目镜往往有着越高品质的镜片抛光和镀膜，这就保证了成像更加清晰锐利，图像对比度也更高，同时减少了重影和芒刺等畸变现象的发生。

用在小焦比望远镜上时，视场边缘的像质

望远镜收集到的光线会形成一个光锥，汇聚在一起去成像。在焦比越小的望远镜中，这个光锥就越短，也就是说，光线汇聚得越快。越是这样，光线就越是以彼此明显不同的方向汇聚到目镜处，而这种方向的角度差异越明显，就越容易产生明显可见的“像差”（aberration）。像差在视场中心最不明显，而在越靠近视场边缘处越显著，因为光线在视场边缘处被透镜弯折得更厉害。这种像差在视场宽大的目镜上表现得更加明显。

例如，在焦比 f/10 以及更大的望远镜中，任何制造良好的宽大视场目镜都能提供令人愉悦的清晰成像，不论是视场中心还是视场边缘。而如果是 f/5 的望远镜，则只有那些代表了当代光学设计技术的顶级目镜才能提供全视场的清晰成像——例如宾得、Nagler、Radian 和 Panoptic 等目镜。

如果你的望远镜是大焦比的，那么即使使用旧款的宽大视场目镜（如 Erfle 和 Königs）效果也会不错，当然，如果用当代的高品质目镜，效果会更好。但如果你的望远镜是小焦比的，那么你就面临着如下的选择：（1）花钱去买比较高端的宽大视场目镜；（2）甘心使用普罗索或类似的老款式目镜，它们可以在小焦比望远镜上给你锐利清晰的成像，但视场肯定比较狭小；（3）买个廉价的宽大视场目镜，然后忍受视场边缘的糟糕像质。

挑选目镜

要想挑选一组合适的目镜，需要考虑多方面的因素，例如你的财力、望远镜的焦比、观测打算主要的天体类型等。我们推荐过使用巴罗镜来减少开支的办法，如果你打算买巴罗镜的话，那么目镜买 2 ～ 3 个合适的就可以了。但如果你不想用巴罗镜，那么可能就需要 5 ～ 6 个甚至更多的目镜才能满足实际使用的需要。

表 ii–1 是我们按放大率给目镜做的分类。需要注意的是，目镜焦距数值与这个放大率分类之间没有必然联系。一个目镜属于哪一类，还要看它具体使用在什么焦比的望远镜上。例如一个 25mm 焦距的目镜，当用在 10 英寸口径 f/5 的道布森式镜上时，其出瞳是 5mm，放大率是 50 倍，查表属于低倍目镜。但如果把这个目镜安装到 f/10 的同样口径的施卡式望远镜上，那么出瞳就变成了 2.5mm，放大率是 100 倍，属于中倍到高倍目镜了。

大焦比的施卡式望远镜，无论配哪款主流目镜，都很难实现低倍率和特低倍率。例如，尽管有像 Tele Vue 的 56mm 普罗索式目镜这样的例外，主流目镜中焦距最长的一般还是只在 40 ～ 42mm。这种焦距的目镜用到 f/10 的望远镜上，只能勉强算是探入了低倍目镜的范围。（当然，低放大率本身并不是目标，我们需要的往往是低放大率下的宽大视场。）与之相反，小焦比的望远镜（道布森式基本都属于这类）使用主流的各款目镜都很难达到很高的放大率，此时若想提升放大率，只能依靠加装巴罗镜来凑合。

我们提醒大家，挑选目镜的时候，还应该多多注意以下这些问题：

- 多数人在目镜出瞳 2 ～ 3mm 的范围内可以达到自己视觉的最佳灵敏度。如果出瞳不足 1mm，则视觉灵敏度就会下降得很厉害。当出瞳不足 0.7mm 时，视觉灵敏度就很差了，很多人在这种情况下看到的东西就“花”了，有很多杂斑干扰。
- 如果你是近视眼或远视眼，在不戴眼镜（或隐形眼镜）的情况下，可以通过调节调焦筒来改善视觉效果。如果你有散光或其他视觉畸变类的障碍，则合适的出瞳是 2.5mm 甚至更小，因此可以考虑高倍的目镜，在你不戴眼镜（或隐形眼镜）的情况下很适合使用它们。
- 在大多数观测地点，大气的视宁度（即大气的稳定程度）会让 300 倍以上的放大率失去实际意义。或者确切地说，在很多地方，还不到 300 倍的放大率就已经被大气的扰动搅得失去实际意义了。这种问题的发生与望远镜口径无关，再大的望远镜也不能避免。所以在挑选目镜时可以稍微考虑一下大气扰动对放大率极限的限制。毕竟，如果你真的有幸遇到了大气极为宁静的夜晚，也可以借巴罗镜来实现更高的放大率嘛。
- 某些较大的深空天体，例如发射 / 反射星云、疏散星团以及一部分星系，适合用中、低放大率来观看。
- 更多的深空天体适合用中、高放大率来观看。
- 很多球状星团和行星状星云适合用高放大率，甚至极高放大率来观看，就像月球和大行星所适合的一样。

好了，那到底该买些什么目镜呢？我们建议你按照以下的介绍来具体考虑：

寻星目镜

不论你的望远镜属于哪类，也不论你的观测习惯是怎样的，你都需要一个低放大率、大视场的目镜，作为“寻星目镜”（finder eyepiece）。顾名思义，我们要定位一个天体时，首先要使用这个目镜。当然，它也可以用来对某些尺寸较大的深空天体和恒星星场做直接观察。请不要小看寻星目镜的重要性，事实上，它在你的望远镜调焦筒上停留的时间，很可能要比任何一个其他目镜都长。在选购目镜时，我们通常关注放大率高的目镜，而低放大率的目镜往往更容易被忘掉。因此，一个好消息是，你可以选一个合适的寻星目镜，兼作低放大率的目镜使用，这样就不用另行购买低放大率目镜了，能省下一笔钱。如果你是一个新手，那么望远镜附带的 25mm 或 26mm 的普罗索式目镜就可以作为寻星目镜使用，当然，如果以后你的兴趣程度升级了，可以再买更好的目镜。如果你手里还没有适合做寻星目镜的目镜，我们建议你根据调焦筒的类型，按如下提示去选购：

1.25 英寸调焦筒

如果想省点钱，那么不用管望远镜是哪类的了，买一个廉价的 32mm 普罗索式目镜就可以，例如猎户牌的 Sirius 32mm 目镜（约 40 美元）。如果你愿意花 120 美元左右，可以考虑猎户牌 Ultrascopic 系列的 30mm 或 35mm 目镜。如果你“不差钱”，那么售价 310 美元的 Tele Vue 牌 Panoptic 24mm 目镜是个不错的考虑。

2 英寸调焦筒

如果你预算有限，而且你的望远镜焦比大于 f/6，那么可以考虑中国台湾地区的“冠升”牌 Superview 42mm 目镜，对于 2 英寸调焦筒而言，它是拥有最宽大视场的目镜了，售价为 65 美元。如果你能花得起 225 美元左右的价格，可以考虑 University 光学公司的 40mm MK-80 目镜，或更贵一点的宾得 40mm XL 目镜。对于手头更宽裕的人来说，可选的优秀目镜就更多了，而且都是一分钱一分货：Tele Vue 27mm Panoptic（345 美元）、威信 42mm Lanthanum SuperWide（360 美元）、Tele Vue 35mm

表 ii-1　按出瞳划分的目镜放大率等级

放大率等级	出瞳	4英寸	6英寸	8英寸	10英寸	12英寸
很低	7.0 – 5.5mm	14X – 18X	21X – 27X	28X – 36X	36X – 45X	43X – 55X
低	5.5 – 4.0mm	18X – 25X	27X – 38X	36X – 50X	45X – 63X	55X – 75X
中等	4.0 – 2.5mm	25X – 40X	38X – 60X	50X – 80X	63X – 100X	75X – 120X
高	2.5 – 1.0mm	40X – 100X	60X – 150X	80X – 200X	100X – 250X	120X – 300X
很高	1.0 – 0.7mm	100X – 143X	150X – 215X	200X – 286X	250X – 357X	300X – 429X

目镜焦距数值的覆盖范围及其断档

望远镜的焦比太大，口径太小，都会让可用的目镜的焦距范围缩小。例如，在8英寸口径f/10的施卡式望远镜上，出瞳2～3mm是观测中主要的可用范围，将其粗略地对应到目镜上，则是焦距20～32mm的目镜（放大率为100～64倍，焦距越长倍率越低）。如果这台望远镜的调焦筒是1.25英寸的，那么32mm焦距的主力工作目镜也可以兼作寻星目镜使用了；而这台望远镜在通常意义下允许使用的最短焦距目镜则大概是7mm目镜，放大率约290倍。也就是说，该望远镜可用的目镜焦距范围是32:7，化简得4.6:1。而即使有2英寸调焦筒，也顶多可以用到40～42mm的目镜，不过是将上述范围扩展到6:1而已。与之形成鲜明对比的是f/5的小焦比望远镜，可使用的目镜焦距范围从35mm到3.5mm，达到了10:1的范围。

而口径太小对于可用目镜焦距范围的削减效应，主要体现为“去中段”，也就是说，不适合使用那些焦距位于可用范围中间段的目镜。或者说，我们在考虑如何从高到低列出自己需要的目镜放大率序列时，要注意：极高放大率的目镜在小口径望远镜上其实基本等效于中等放大率的目镜。例如我们的90mm口径f/11折射望远镜（有着1.25英寸的调焦筒），配备了30mm的Ultrascopic目镜（放大率33倍，真实视场1.6°）作为寻星目镜，而对于比这个放大率更高一级的目镜，我们直接就选配到了宾得的10mm目镜（放大率100倍，出瞳0.9mm），因为用它已经进入了适合观看大部分深空天体的焦距范围。而如果观测月球或大行星，我们会用7mm（放大率140倍，出瞳0.6mm）或5mm（放大率200倍，出瞳0.5mm）目镜，特别是后者，确实能够挖掘出90mm望远镜的潜力。注意上面这个案例，虽然我们可用的焦距范围是从30mm到5mm，即6:1，但这个范围的中间段我们并没有配备对应的目镜。

Panoptic（380美元）、Tele Vue 41mm Panoptic（510美元）、宾得30mm或40mm的XW（500美元）、Tele Vue 31mm Nagler（640美元）等。

对于焦比小于f/6的望远镜，我们认为最佳的经济选择是65美元的冠升牌30mm SuperView目镜。在更高的价格段上，我们的推荐与上一自然段中基本相同，但请注意根据目镜的焦距和望远镜的焦距来算一下放大倍率，然后求一下出瞳数值，如果出瞳数值大于6.5～7mm这个范围，就不要买了。

主力工作目镜

所谓主力工作目镜，应该是除了寻星目镜之外，使用机会最多的目镜。你应该选择一个出瞳为2～3mm的目镜来当主力工作目镜。在望远镜上单独使用这个目镜时，它能够提供中等或中等偏高的放大率，适合你观测大部分深空天体；在与2倍巴罗镜联合使用时，这个目镜能够提供1.0～1.5mm的出瞳和很高的放大率，以便观测那些更小的深空天体。

很多人会在这个出瞳范围内选购两只目镜，二者的出瞳数值分别位于数值范围的两端。我们就是如此，我们的第一主力工作目镜是宾得的14mm目镜（出瞳2.7mm，在焦比为f/5的望远镜上放大率为90倍），第二主力工作目镜是同样来自宾得的10mm目镜（出瞳2mm，放大率125倍）。

月球/大行星目镜

为了更好地观测月球、大行星、大多数行星状星云、球状星团和其他较小的深空天体，你需要配备一只或几只极高放大率的目镜。当然，既可以直接去买这样的极高放大率的目镜，也可以用巴罗镜加上你的主力工作目镜去达到这样的放大率。例如，我们在自己的10英寸口径f/5道布森式望远镜上，通常使用7mm（放大率180倍）和5mm（放大率250倍）焦距的目镜来作此用，但有时也用宾得的14mm或10mm目镜加上2倍巴罗镜来实现这样的放大率。

主力工作目镜和月球/大行星目镜的“最佳选择”到底是什么，很大程度上依赖于个人的财力水平。很多爱好者使用普通的普罗索式目镜或University光学公司的Orthos目镜（售价在40～60美元）就满足了，还有很多人喜欢Tele Vue的普罗索式目镜或猎户牌的Ultrascopic系列（有时也用“天蝎”（Antares）和Parks Gold的商标来卖），它们的价格在75～120美元之间。所有这些目镜的像质都很不错，但其性能也都受限于它们自身较短的视距（特别是对短焦目镜而言）和较小的固有视场。如果你想要更宽大的视场、更长的视距，那么以下这些目镜值得考虑：

威信 Lanthanum LV

这个系列的目镜，每只售价基本都在130美元左右，而且被认为属于那种无论焦距长短，视距都在20mm的普罗索式目镜。在1.25英寸直径的规格中，有2.5、4、5、6、7、9、10、12、15、18、20、25和40mm焦距可选；在2英寸直径的规格中则有30mm（这款要200美元）和50mm焦距可选。这个系列的目镜固有视场基本都在50°，焦距特别短的款式则会降到大约45°，而2英寸的30mm焦距这款则达到了60°视场。该系列的成像清晰度和对比度都很好，但也有不少用户报告说，这个系列的目镜的透光率似乎不如其他大部分目镜。该目镜的像质在f/5的小焦比下最佳。

猎户牌 Epic ED-2

这个系列其实可以算是中国制造商对威信Lanthanum LV系列的一套仿造品，每只售价都在70美元左右。该系列目镜直径都是1.25英寸，焦距有3.7、5.1、7.5、9.5、12.3、14、18、22和25mm可选，固有视场为55°，视距为20mm。这个系列的目镜在镀膜等方面的做工精良程度上都不如威信Lanthanum LV系列。当有较明亮的天体位于视场内或位于视场外比较接近视场的地方时，该系列目镜的成像可能会出现一些重影或芒刺，而其对比度也比不上堪称普罗索式目镜典范的Lanthanum LV系列。焦比较大时，该系列目镜在视场边缘的像质还不错，焦比降到f/6时也还可以，但如果是在f/5或更小的焦比下，边缘像质就会有点模糊。总之，如果你想省点钱并且需要较长的视距的话，这个系列还是不错的选择。

Burgess/TMB 行星目镜系列

该系列均为1.25英寸直径，每只售价99美元，可选焦距有2.5、3.2、4、5、7、8和9mm，固有视场60°，视距10～14mm不等。在同等焦距下，该系列目镜的视距要比普罗索式目镜或阿贝无畸变目镜长得多了。虽然价格属于中等，但很多人认为该系列目镜属于高档品，其光学品质达到了（或至少接近了）单只价格250美元的Tele Vue Radian系列。虽然我们尚未有机会亲自试用这个系列的目镜，但根据一些很值得信任的观测者的使用报告来看，我们认为该系列确属上佳之选，特别是对于f/5这类的小焦比望远镜而言。

威信 Lanthanum LVW SuperWide 系列

该系列目镜每只的价格在250美元左右，在1.25英寸规格上有3.5、5、8、13、17和22mm焦距可选，而在2英寸规格上还有42mm焦距的（价格360美元）。除了42mm款的固有视场为72°之外，其余各款的固有视场均为65°。所有款式的视距均为20mm。这个系列的目镜属于世界顶级，在焦比不小于f/5的望远镜上表现都非常好。

猎户牌 Stratus 系列

这个于2005年推出的目镜系列拥有宽大的视场（68°）和足够长的视距（20mm），规格为1.25英寸，焦距有3.5、5、8、13、17和21mm可选，售价一般为每只130美元，但有时也有机会以不足100美元的价格买到。这个系列其实属于中国制造商基于威信 Lanthanum LVW SuperWide 的一组仿造品。虽然仍然够不上日本的标准，但该系列的适用性和加工精度还是相当不错的。这个系列的目镜在镀膜和透镜抛光上也颇具水准，仅次于威信、Tele Vue、宾得等厂商的世界一流目镜。可以说，Stratus 在价格只有威信 LVW 系列50% 的前提下，有着相当于后者80% ～ 90% 的品质表现，而且在焦比不小于f/5的望远镜上都很适用。如果你觉得那些顶级系列目镜确实有点贵的话，那么应该会很乐意接受猎户牌 Stratus 这个中等价位的系列目镜。

宾得 XW 系列

我们和许多观测者一样，都认为宾得 XW 系列目镜是目前能买到的最棒的目镜。在1.25英寸规格上，3.5、5、7、10、14和20mm焦距的各款目镜都是310美元；而2英寸规格上的30mm和40mm焦距都是500美元。所有各款的固有视场均为70°，视距均为20mm，抛光、镀膜和其他各方面的做工都无懈可击。即使在焦比小到f/4的望远镜上也表现出众，更不用说焦比大于f/4的望远镜了。

Tele Vue 牌 Radian 系列

Radian 系列的每只目镜售价约250美元，被认为是中高放大率和极高放大率的目镜中的顶级品。我们虽然更喜欢宾得 XW 系列的宽大视场和舒适使用感受，但也对那些更喜欢 Radian 系列的人不持任何异议。这个系列的规格是1.25英寸，焦距有3、4、5、6、8、10、12、14和18mm可选，各款的视场都是60°，视距都是20mm。该系列和宾得XW系列一样，在抛光、镀膜和其他各方面的做工都很棒，在焦比不小于f/4的望远镜上都能表现卓越。

Tele Vue 牌 Nagler 系列

这个系列被很多人称为极品中的极品。它在1.25英寸规格上有2.5、3.5、5、7、9、11、12、13和16mm焦距可选，在2英寸规格上还有17、20、22、26和31mm焦距可选。各款价格从190 ～ 640美元不等。视距方面，各款从8 ～ 19mm不等，固有视场则均为82°。抛光、镀膜和其他各方面的做工都是顶级的，而且同样是在焦比不小于f/4的望远镜上都能有完美表现。

星云滤镜

星云滤镜（nebula filter）的作用是：把发射星云或行星状星云的发出的光按特定波长进行过滤，只留下特定波长的光，挡住其他波长的光。由于这些星云的光谱并不连续（即各种特定波长的光都是彼此独立地同时发出的），所以星云滤镜能充分地透过某一波长的光，且很好地过滤掉其他波长的光。在深暗的天空中，有效地过滤掉其他波长的光的干扰，可以让星云在特定波段上显示出更大的对比度和更多的可见细节。不要小看这种光波过滤，很多星云如果不用这种专门的滤镜而只用大口径的望远镜去看，也只是一个暗弱的模糊光斑，而如果不用望远镜，仅用肉眼加上这种星云滤镜，竟然可以直接看到它。因此，如果是望远镜加上了星云滤镜，那么对星云的目视效果绝对是一个很大的提升。关于星云滤镜的更多技术细节，可参看格雷格•佩里（Greg A. Perry）博士的《挑选星云滤镜》（网址：members.cox.net/greg-perry/filters.html）。

业余天文爱好者常用的星云滤镜有3类：

窄带滤镜

窄带滤镜（narrowband filter）是最常见的一类星云滤镜。对于绝大多数发射星云来说，窄带滤镜都可以使成像的对比度有相当的提升，甚至极大的提升，另外它对于很多行星状星云的观测也很有帮助。窄带滤镜允许通过的光线主要是蓝色的氢-β线（即H-β线，波长486nm）和蓝绿色的双重电离氧线（即O-Ⅲ线，波长为496nm和501nm），同时也允许通过蓝绿色的氰线（即CN线，波长511nm和514nm）以及红色的氢-α线（即H-α线，波长656nm）。在所有的云雾状天体中，适宜用窄带滤镜来观测的，要多于适宜用其他任何一种滤镜来观测的。对于任何行星状星云和发射星云，窄带滤镜都有助于成像品质的提高，而不会妨碍成像。

不是星云就不必用星云滤镜

尽管在观看发射星云和行星状星云时，星云滤镜有时候是重要的甚至不可或缺的，但在观看其他类型天体时，它也可能起反作用。例如，在观看星团和星系时，星云滤镜非但不能增强成像的对比度，反而还会让影像变得更暗。其中原因在于，恒星发的光在光谱上是连续的，而星团和星系主要由恒星组成，因此很多星光反而会被星云滤镜过滤掉。另外，反射星云也不适合使用星云滤镜观看，因为它自己不发光，而是反射恒星发出的光。

星云滤镜的规格

星云滤镜有多种尺寸。常见的有可以通过螺纹接驳在1.25英寸或2英寸的目镜上的，也有可以通过转接环（visual back）接在施卡式望远镜上的。而美德和Questar这两种品牌则各有自己独特的非标准的螺纹接口用于接驳目镜与星云滤镜。还有少量星云滤镜是匹配于0.96英寸规格目镜的，不过一般只能在日本的某些老式望远镜上使用，比较罕见。通用性最强的星云滤镜当然还是1.25英寸规格的，而2英寸规格的滤镜可用范围就窄些，适合于施卡式望远镜目镜转接环的滤镜就更专用一些。

如果你既有1.25英寸的目镜，也有2英寸的目镜，那么可以只买2英寸规格的滤镜。虽然2英寸的滤镜无法直接安在1.25英寸的目镜上，但依靠某些周边配件就可以解决这个问题。第一，例如1.25/2英寸调焦筒适配器，它提供了适合于2英寸滤镜的螺纹接口，并且可以同时与任何1.25英寸的调焦筒相接驳。第二，例如反射式望远镜用户值得考虑的“滤镜插槽”（filter slide），这种配件可以安装在牛顿式反射镜（包括道布森式镜）主镜筒内部，位于调焦筒根部和副镜之间的位置。安了这种插槽，你加上和拆下各种滤镜的过程就更加快捷简便了。第三，例如可以与调焦筒连为一体的外置式滤镜插槽适配器。当然，还有一种显而易见的方法，就是手持2英寸规格的滤镜隔在眼睛和目镜之间，不过这种方法只适合那些有足够长的视距的目镜。手持滤镜时，还有一种叫做“闪视”（blinking）的技巧，就是不断地把滤镜隔进来，再拿开，再隔进来，再拿开——在这种有滤镜和没有滤镜的图像对比的过程中，你可能会看到一些难以引人注意的暗弱天体。如果不用闪视比较法，也许你根本注意不到它们。

小望远镜上的星云滤镜

有人说，对于口径小于6英寸（或8英寸）的望远镜来说，星云滤镜起不到实际作用，因为那些天体在这么小的望远镜里太暗弱了。但我们不这么认为。有一次，我们试图用80mm口径的短筒折射望远镜观察著名的“北美洲星云”（NGC 7000——译者注），发现如果不加滤镜就根本看不到目标，而只要加了O-Ⅲ滤镜，就可以勉强看到它了。虽然视觉效果非常有限，但我们证实了星云滤镜在80mm口径的小望远镜上并非全无作用。

最有名的星云滤镜要算是猎户牌的Ultrablock和Lumicon牌的UHC（意思是超高对比度），当然星特朗、Tele Vue、千橡（Thousand Oaks）、Astronomiks等很多其他品牌也提供类似的滤镜。如果你预算有限，只能买一只星云滤镜，那么就来一只窄带滤镜吧。虽然各个品牌的窄带滤镜间不能说全无差异，但区别确实不大，所以只要价钱合适就不妨买下。我们使用的是猎户牌的Ultrablock。

O-Ⅲ（双重电离氧）滤镜

双重电离氧滤镜通常叫做O-Ⅲ滤镜，它比窄带滤镜具有更好的波段过滤特性，只通过496nm和501nm波长的O-Ⅲ光线，同时相当严格地将其他波段的光挡掉。这种滤镜对于观看一些发射星云很有帮助（事实上，对于某些发射星云而言甚至是最好的观测手段），但它更大的用武之地在于绝大多数行星状星云。当然，也不是所有的行星状星云都最适合用O-Ⅲ滤镜观看，很少数的行星状星云其实更适合用窄带滤镜。

猎户牌和Lumicon牌的O-Ⅲ滤镜相当流行，但其他品牌的O-Ⅲ滤镜也颇值得一用。如果你已经拥有了窄带滤镜，同时还有闲钱愿意继续花在滤镜上，那么O-Ⅲ滤镜应当是你下一个选择。各品牌的O-Ⅲ滤镜虽有微小差异，但性能基本都差不多，价钱合适就可以买。我们的O-Ⅲ滤镜是千橡牌的。

H-β（氢-β）滤镜

H-β滤镜有时候也被半开玩笑地称作“马头星云滤镜”。这是一种非常专用的滤镜，它只能通过波长为486nm的H-β光线，只在观测屈指可数的若干个天体时有用，其中最有名的一个天体就是马头星云，因此这款滤镜才有了“马头星云滤镜”的别名。但也正是在这仅有的若干个天体的范围内，H-β滤镜展现出的强大威力是无可匹敌的。不夸张地说，不用H-β滤镜的话，马头星云用什么望远镜都几乎没法看到，但用了H-β滤镜后，马头星云就是可见的天体了（尽管仍有难度）。在深暗的夜空和观测环境中，使用8～12英寸口径的望远镜加H-β滤镜就可以找到马头星云，如果望远镜口径更大，就更加容易了。我们手里并没有H-β滤镜，但我们建议大家需要时可以想办法找人借一个用用。

一倍寻星镜

如果你喜欢手动寻找深空天体，又只能为望远镜加装一个附件的话，那么加装一只“一倍寻星镜”（unit-power finder，常被讹称为“零倍寻星镜”）就是最佳的设备升级方案了。一倍寻星镜并不能对星空进行放大，但你通过它张望星空时，它可以在星空上叠加一组暗红色的圆圈，以这些圆圈和恒星之间的相对位置为参照，你就很容易确定深空天体的相对位置了。而如果只用一个普通的光学寻星镜，定位深空天体所费的时间反倒可能比这样做要长得多。影像 ii-8 所示的是 Telrad 牌一倍寻星镜，这是一款很流行的一倍寻星镜。

是的，一倍寻星镜就是如此简单，不但没有什么玄妙的光学透镜，更没有什么数码运算模块，仅仅就是这么一组暗红色的发光圆圈。影像 ii-9 所示的是用一倍寻星镜来协助望远镜定位猎户座大星云 M 42 时的视觉效果模拟图。

最流行的两款一倍寻星镜分别是 Rigel 牌的 QuikFinder（www.rigelsys.com）和 Telrad（无网站），价格都不到 40 美元。这两款产品在天文爱好者圈子里都拥有相当数量的追随者，所以网络上任何关于二者孰优孰劣的讨论都很快会演变成一场派别之争。

我们属于 Telrad 派，因为它比 QuikFinder 多一个圆圈（它有直径分别为 4°、2°、0.5°的三个圈，而 QuikFinder 没有 4°那个圈）。另外它的视差更小（这里的所谓视差，是指由于视线进入寻星镜的角度不同而造成的恒星与圆圈间的相对位置的误差）。很多 QuikFinder 派则认为更小更轻是 QuikFinder 的最大优势。抛开这些争论，其实买哪一款都是不错的选择，因为只有当你用过之后，才会知道一倍寻星镜给你定位天体带来的方便是多么大。

红点寻星镜的劣势

与一倍寻星镜用圆圈来做参照物不同，红点寻星镜（red-dot finder）只用一个单独的红点来进行指示。红点寻星镜无疑可以帮你快速且精确地知道望远镜的镜筒指向了哪里，但它的优势也仅在于此。没有圆圈做尺度参照，要想在恒星之间定位某个看不见的深空天体，自然困难得多。

影像 ii-8

Telrad 一倍寻星镜

影像 ii-9

用 Telrad 一倍寻星镜将 M 42 定位在目镜中时的效果模拟图

观测椅

每次看到很多爱好者站在望远镜前进行观测，我们就觉得很奇怪：不论望远镜的口径和形制如何，如果你舒服地坐下观测，肯定能更多更好地观看目标。我们认为，坐着观测对观测效果的提升程度，几乎等于让你的望远镜口径升了一个型号。例如，舒服地坐着用 8 英寸口径望远镜观测，能看到的细节会和苦苦地站着用 10 英寸口径望远镜看到的一样多。

我们见过的观测椅涵盖了各种档次，真是五花八门。简单的有一个倒扣过来的 5 加仑（1 加仑 =3.785 升）塑料水桶，高级一点的有木凳、折叠草坪椅，更高级的有专门为天文观测设计的可调节观测椅（见影像 ii-10），当然价格也贵些。怎样的观测椅算是合适的呢？这取决于很多因素，例如你的财力、你的望远镜的类型、你的观测场所特点等。最重要的是，保证你坐下后能有一个合适的高度，不用太伸脖子或弯腰就能让视平线对准目镜。

很多爱好者认为，最合适的观测椅其实就是摇滚乐队里鼓手坐的那个凳子，在很多乐器店里就可以买到。有些便宜的鼓手凳售价还不到25美元，但这个档次的凳子比较容易坏，而且不太好调节。好一点的鼓手凳售价在50～75美元，会更加坚固，并且可以通过一个能松开和扣紧的机械装置来调节高度并锁定高度。

拥有观测椅不仅有助于使用单筒望远镜，还有助于使用双筒镜。手持双筒镜观测时如果能坐着，可以有效地减少手部的抖动，并减缓疲劳过程。我们在使用双筒镜时，坐的是一张可折叠的草坪椅；还有一些爱好者喜欢躺在那种充气的便携式儿童游泳池里进行观测，柔软的池边凸起正好用来支撑手臂。另外，如果有观测桌的话，可以配备第二把观测椅，用来更舒适地查看星图，做观测记录。

影像 ii-10

一把可调节高度的观测椅

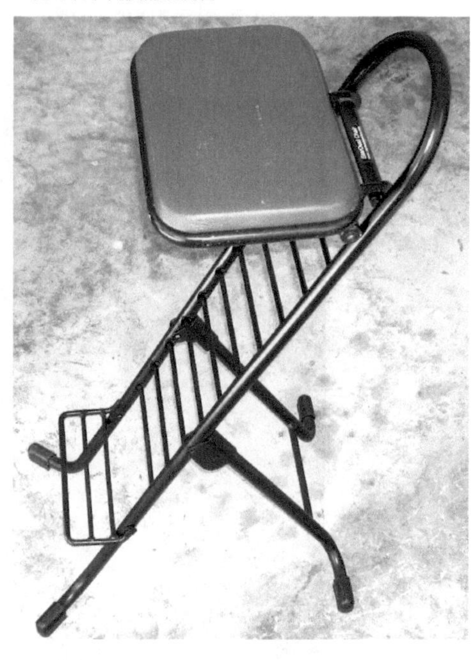

天象软件

天象软件是传统星图的一个必不可少的补充。传统星图都是印刷在纸上的，而天象软件可以提供特定观测地点的实时天象图，当然也可以提供任意指定日期和时间的天象图。在观测前，天象软件可以帮我们在家里制定好观测计划；而到了观测场地，它可以实时模拟该地当前的天象变化，随时告知我们待观测目标的各种细节数据。

天象软件提供的电子星图，相比于传统星图有一个最大的优势：灵活。传统星图印在纸上（就像本书中的星图），你看到什么，知道的也就是什么；而天象软件可以让你设定各种不同大小的视场、极限星等，各类细节的多少和有无、各种天体的显示或隐藏等许多要求。你可以把星图任意缩放、旋转，还可以把它倒转过来以适合你在寻星镜或目镜中看到的实际影像。另外，如果觉得哪一张星图很重要，也能轻松地打印出来。

无论是Windows系统还是苹果OS X系统、Linux系统，都有不少天象软件可用。其中很多软件（甚至包括一些最棒的软件）都是免费的，其余的则是收费的。为了比较各种天象软件的特点，我们试用了十多种软件，觉得其中最棒的还是要数MegaStar（见影像ii-11，网站www.willbell.com）。虽然它是收费软件，价格要130美元，但它强大的功能和高度的易用性确实胜过了我们试用过的其他各款软件，包括一些价格是它两倍的软件。事实上，本书中的星图就是用MegaStar制作的。

如果你只想用免费软件，我们非常推荐Cartes du Ciel（又名Sky Charts）2.76版。这款由瑞士天文学家帕特里克•切瓦利（Patrick Chevalley）编写的免费软件在性能方面达到了MegaStar的80%，强大、灵活、易用。该软件的完整版也只有15MB，可在www.stargazing.net/astropc下载。它的数据库包括了一些最重要的恒星和星云目录，以及大行星、小行星、彗星，并可以进行数据的在线更新。它也允许你很方便地安装多种补充的天体目录，很多目录都有索引，并可以利用关键字来检索。影像ii-12所示的是这款软件加载了梅西耶天体目录后显示的南天夏夜星空的一部分。在本书写作时，该软件的3.0版正在开发过程中，这个新版本将支持Windows和Linux两种操作系统。

观测计划软件

很多天象软件在制定观测计划方面的功能都比较薄弱，即使是MegaStar和Cartes du Ciel也不例外。例如，在观测时，你可能很想有一张包含有特定类型天体的目标列表，以及把这些目标根据各自的适合观测的日期划分出来的分组列表。但在这方面，天象软件提供的工具，其能力一般比较有限。

幸好还是有专门的观测计划软件来满足这种需求，例如售价40美元的Deepsky Astronomy Software（意为“深空天文软件”，www.deepskysoftware.net）和售价100美元的SkyTools 2（www.skyhound.com/skytools.html）。它们虽然也有其他方面的功能，但首要的设计功能就是让用户能自主定制并生成所需的观测目标列表，它们在这一功能上也确实表现优异。很多严肃认真的观测者至少使用二者中的一款，而两款兼用的也不乏其人。

6等星图

6 等星图也叫做肉眼星图，只标出亮于 6.5 等的星。每个天文爱好者其实都离不开这种星图。在你用肉眼或小双筒镜做即兴观察的时候，或者你不知为何就是不愿意从那些密密麻麻的高级星图中找星了的时候，6 等星图都将是你的好伴侣。

6 等星图只标出几百个最亮的深空天体，包括全部的梅西耶天体和较亮的非梅西耶天体，诸如著名的双重星团和一些主要的双星。这种星图的比例尺也很小，一般只用十来张甚至更少的图就把整个天球画遍了。这种小比例尺就决定了不可能标出太多的天体，也限制了有关天体细节的标注程度。

影像 ii-13 所示的《猎户牌深空图 600》局部，绘制的是猎户座“腰带”和“佩剑”部分那片很热闹的天区。这份著名的 6 等星图在此只标出了亮恒星和深空天体，狭小的画面使得标注文字很密集，几乎无法确认哪个标注对应的是哪个天体了。当然这并不是贬低这份星图，要知道《猎户牌深空图 600》还是一份相当不错的 6 等星图呢。

如果你只需要肉眼可见的恒星位置信息，以及较亮深空天体的位置，对详细信息和天体密集的天区不太在意的话，那么来份 6 等星图正合适。出于这种需要，我们也经常手持 6 等星图。下面推荐几种 6 等星图：

《猎户牌深空图 600》（Orion DeepMap 600）

这份星图由猎户牌望远镜和双筒镜中心制作，售价 15 美元。它使用的图像来自天才的绘图员、卓越的星图专家 Wil Tirion，在各种星图中卓尔不群。与许多散页星图或螺扣装订的活页星图不同，这份星图就像城市交通图那样，是可以折叠起来的一个大整张。它印刷在一种塑料基质的纸上，防水、抗撕，经久耐用。它的一面是涵盖了赤纬 -60° ～ +70° 天区的大图，另一面是北天极周边天区的一张圆形图（南天极附近未画，因为我们在北半球根本看不到）。《猎户牌深空图 600》标注了 500 个以上的较亮深空天体，包括梅西耶天体，以及大约 100 个较亮和较有趣的双星和变星。它的便携性和耐用性使它成为随身天文装备的一个上佳之选。用一副双筒镜和一张《猎户牌深空图 600》，你就可以随时享受即兴观星的乐趣了。

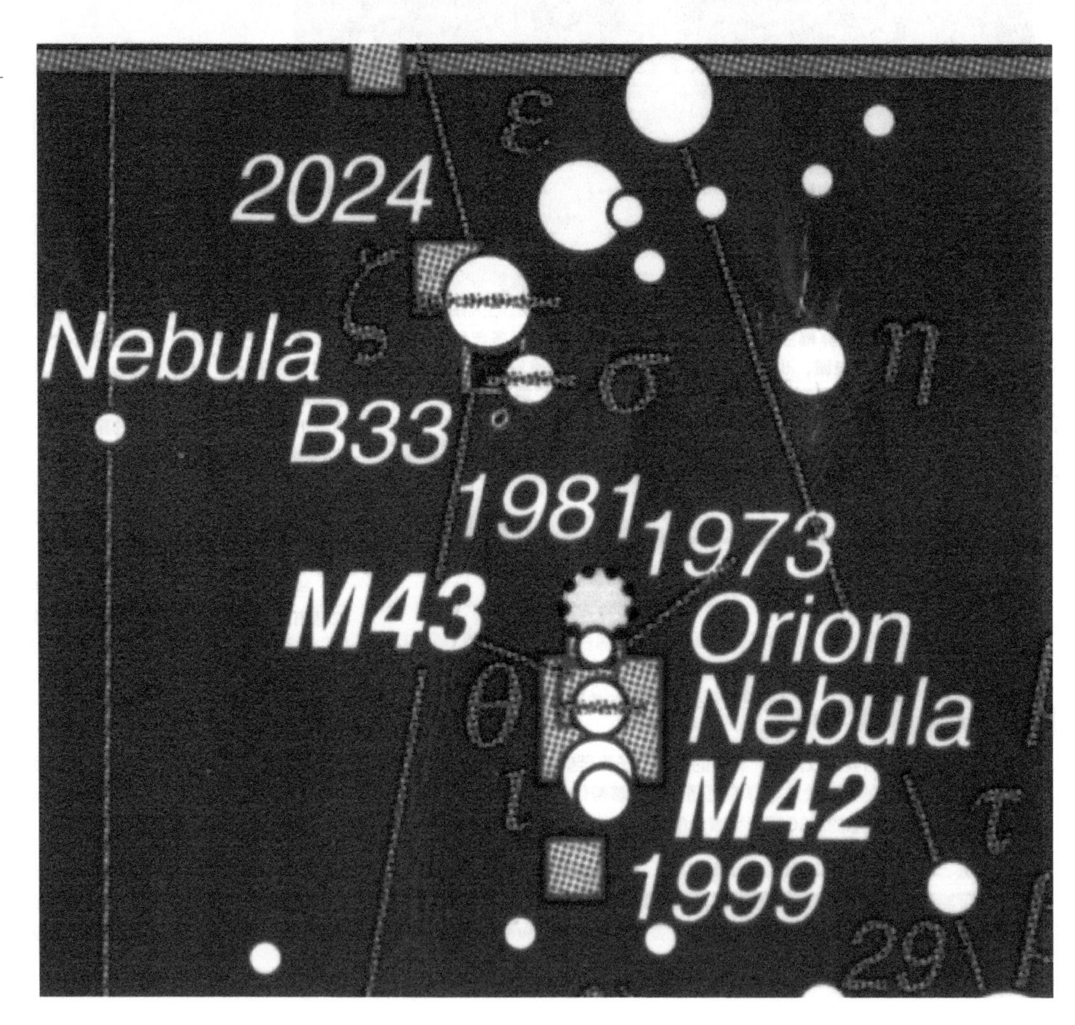

影像 ii-13

《猎户牌深空图 600》中绘制的猎户座“腰带”和“佩剑”部分的天区

《亮恒星星图》（Bright Star Atlas）

《亮恒星星图》售价10美元，由Willmann-Bell出版社在2001年出版，国际标准书号0943396271。它所收录的天体由著名天文学家Brian Skiff遴选，同样由誉满星图界的Wil Tirion绘制。这份星图将全天分为10张大图，绘出了亮于6.5等的恒星、亮于7等的疏散星团和球状星团、亮于10等的星系，以及小望远镜中可见的双星和星云。对应于每张大图都有一张大表，列出了该张大图中标出的天体的详细参数。作为一本只有32页的图册，《亮恒星星图》不收录那些厚本星图里的大量补充信息，它的出版定位只是一份轻便扼要且包括列表式基本信息的6等星图。因此，这份星图是野外肉眼观测、双筒镜观测和小单筒镜观测的最佳伴侣。

《诺顿星图》（Norton's Star Atlas）

《诺顿星图》售价30美元，由"π出版社"（Pi Press）于2003年出版，国际标准书号0131451642。它由著名天文学者Lan Ridpath编订，大概是最流行的一种以图书形式出现的6等星图了。它将赤纬−60°～+60°的天区范围绘制在7张大图上，每张图都占2页的幅面；将北天极和南天极附近（赤纬数值分别为正负60°～90°）的圆形天区也各绘成一张2页幅面的大图。这种星图的天体覆盖面与《亮恒星星图》差不多，而且也附有表格形式的天体参数。但它超过200页的总篇幅，说明它还比《亮恒星星图》多出不少内容——这就是占它篇幅大半的，关于天体的大量普通信息，业余爱好者对这些普通信息很有需求。相比前面两种6等星图，这种6等星图不那么便于携带，但无疑是一种很棒的案头参考书。

口袋星图

如果你需要比6等星图收录天体更多的星图，同时又需要星图很便于携带，那么考虑一下Roger W. Sinnott的《口袋星图》（Pocket Sky Atlas）吧。该书由美国天空出版社（Sky Publishing）于2006年推出，国际标准书号978-1931559317。它的开本大小是6英寸×9英寸，对于一般的衣服口袋而言确实是大了点，但足够装进手套匣子或目镜箱子里了。这种星图把天空分为按螺旋顺序彼此相接的80个小块，每块一图，在不便于使用那种整张大图的时候，这种设计就大显身手了。《口袋星图》收录了亮于7.6等的近31 000颗恒星，对于标准的寻星镜而言，这已经足够了。在此基础上，该星图收录了大约1 500个深空天体，其中包括675个星系（最暗至11.5等），以及天文联盟Herschel 400目标列表和Caldwell列表里的全部天体。该星图绘出了星座之间的界限，以及星座形态的连线，使得依照星图去定位天体更加容易。对于某些天体密集的天区，该星图均专门描绘，例如昴星团、猎户座"佩剑"区域、室女座星系团，以及为南半球的观测者准备的大麦哲伦云区。影像ii-14所示的是这种星图对于猎户座"腰带"和"佩剑"区域的描绘。

我们发现，自己在观测活动中用得最多的星图就是这本《口袋星图》。它足够大的比例尺和足够多的细节描绘，帮助我们手动完成了另一个Herschel 400天体目标列表的全部观测，收获了相应的荣誉。当然，我们偶尔会需要更多的详细信息，而《口袋星图》在这种时候也会不够用，此时我们就要求助于自己手头的另一种星图《星图2000.0》了，或者还可能去向朋友借《测天图》，下面简要地介绍一下这两种星图。

星图2000.0

《星图2000.0》（Sky Atlas 2000.0，简称为SA2K）由天空出版社于1999年首次出版，因版式众多而有多个国际标准书号，这里不再列举。它是比《口袋星图》更高一级的星图，被很多业余天文爱好者看作是最标准的专业星图。这本星图用26张图覆盖了全部天空，绘制者是……大概你已经猜到了，没错，还是Wil Tirion。这本星图收录了亮于8.5等的81 312颗单星、聚星和变星，这个规模大约是6等星图的9倍。此外，它还收录了大约2 700个深空天体，其中涵盖了Herschel 2500天体列表中的绝大部分。《星图2000.0》还为北天极附近天区、室女座－后发座星系团区以及其他天体密集的天区单独绘制了详图。同时，这份星图也把坐标网格覆盖在图上，为估算寻星镜、一倍寻星镜和目镜的视场提供了方便。

SA2K提供的细节比口袋星图和6等星图多得多。例如影像ii-15所示是SA2K描绘的猎户座"腰带"和"佩剑"区域，与先前几幅影像给出的其他星图对同一天区的描绘相比，可以看出SA2K不仅比例尺大，而且绘出了更多的天体，标注信息也更为详细。

SA2K上绘出的很多天体是双筒镜或小单筒镜看不到的，即使在深暗的观测环境中也是如此。虽然我们听说有的熟练观测者能在非常深暗的环境中用4英寸口径的望远镜观测到SA2K上的全部天体，但要知道一般的观测地点不可能有那么好的深暗环境。（又或许我们的观测技能还没有修炼到那个水平吧。）我们认为，《星图2000.0》最适合的典型用户是：正在向高端业余天文学家迈进的，拥有6～10英寸口径望远镜且在深暗环境中有过观测经验的人。

如果你就是这样的人，那么下一个问题就是决定使用《星图2000.0》的哪一个版本。这种星图目前有6个版本：

- 郊野版，13.5英寸×18.5英寸，黑底白星，散页，30美元。
- 厚纸郊野版，13.5英寸×18.5英寸，黑底白星，螺扣活页装订，70美元。
- 案头版，13.5英寸×18.5英寸，白底黑星，散页，30美元。
- 厚纸案头版，13.5英寸×18.5英寸，白底黑星，螺扣活页装订，70美元。
- 豪华版，16英寸×21英寸，白底黑星，各类特征用彩色标示，散页，50美元。
- 厚纸豪华版，16英寸×21英寸，白底黑星，各类特征用彩色标示，螺扣活页装订，120美元。

其中两个郊野版都采用黑色为底色，白色用来印星点，不但是为了模仿实际观测的视觉效果，而且是出于保护眼睛的夜间视力之考虑。在深暗的观测环境中，白光进入眼睛越少，瞳孔才越容易保持在放大的状态。当然，如果你观看星图时只用红色照明灯来照明，那么黑底白星还是白底黑星都无所

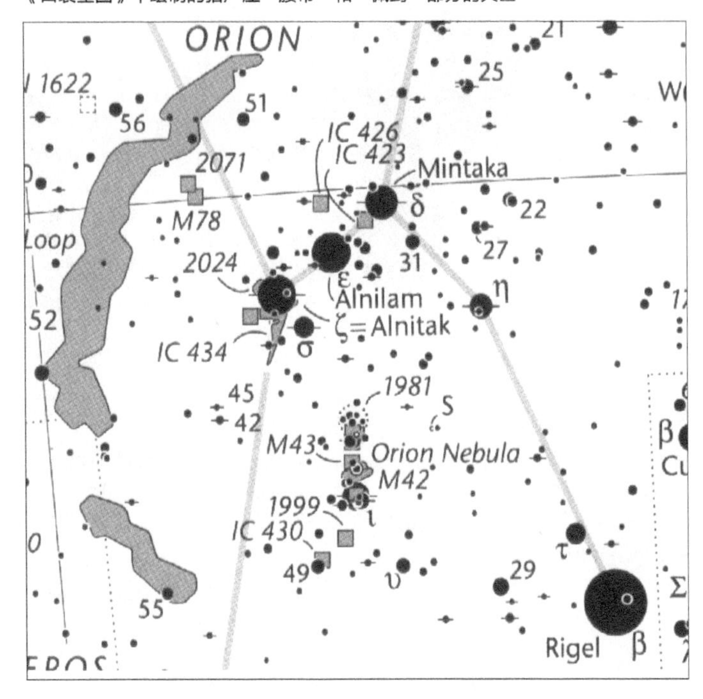

影像 ii-14

《口袋星图》中绘制的猎户座“腰带”和“佩剑”部分的天区

谓。黑底白星的郊野版有个最大的缺点，那就是你自己无法在星图上补写注释文字或补画辅助连线；而案头版除了换成白底黑星之外，图的内容与郊野版是一样的，同时还能允许你自己往上写字，因此我们更喜欢案头版。

郊野版和案头版的价格是一致的，散页形式的都是 30 美元，加厚纸张印刷且用螺扣活页装订起来的都是 70 美元。虽然后者贵出不少，但很多爱好者还是会购买，因为加厚版的星图可以防止野外夜间的露水的侵蚀。如果是便宜的普通纸，很可能会遭到露水的迅速摧残。但我们不喜欢加厚的版本，因为它们太僵硬了。我们更喜欢购买普通的版本，然后自己为它们加一些防露保护工序。最简单的防露做法就是：不用星图的时候就立刻收起来。可以用毛巾包裹星图，毛巾足以在最恶劣的结露环境下保护纸张不受侵害。另外，《天空和望远镜》杂志（美国著名的业余天文杂志——译者注）还专门为 SA2K 量身定制了一种星图保护夹，售价 28 美元。这种夹子的塑料封套可以把单张的星图保护起来，用了它，你尽管随意翻阅哪一页也不用担心露水打湿纸张了。

郊野版和案头版的尺寸都是 13.5 英寸 ×18.5 英寸，且都是黑白印刷。与之相比，豪华版是全彩色印刷，而且尺寸达到了 16 英寸 ×21 英寸。我们觉得，全彩色不仅让星图变得更可爱，而且也确实增加了星图的实用性。（而且，即使是在单纯的红光或白光下，全彩色星图也同样可读。）售价 50 美元的豪华版用螺扣活页订成（但前文提到这个版本时却说它是散页的，原文如此——译者注），每页默认对折一次，形成 12 英寸 ×16 英寸的册子。而 120 美元的厚纸豪华版虽然同样用螺扣活页装订，但每页都没有折过，是一个完整的 16 英寸 ×21 英寸的大册子。不过必须承认，这么大的册子要带到郊野观测地点去，确实不方便。

综合权衡之后，我们认为不加厚的 50 美元豪华版是适合最大多数人的《星图 2000.0》版本。我们自己的豪华版《星图 2000.0》尽管多次在野外使用过，但由于保护得力，未被露水侵蚀，至今仍完好如新。

《星图 2000.0》的唯一缺点就是它没有给自己收录的天体提供一个查询索引。这个缺陷要由 Robert A. Strong 和 Roger W. Sinnott 合编的《星图 2000.0 伴侣》一书来弥补了。此书价格 30 美元，由天空出版社在 2000 年出版，国际标准书号 0933346956。这本书近 300 页的篇幅给我们提供了 SA2K 中收录的 2 700 个深空天体的详细描述，并给出了图号和天体之间的相互参考索引信息。我们并未使用过这本书，因为我们通常按照 Herschel 400 天体目录来观测，依照这个目录提供的赤经和赤纬数据，很容易在 SA2K 上定位相应的天体。但如果你想仅靠 NGC 编号就在 SA2K 中快捷地找到对应天体，并欲查看其详细描述，那么用《星图 2000.0 伴侣》作为索引就非常合适了。

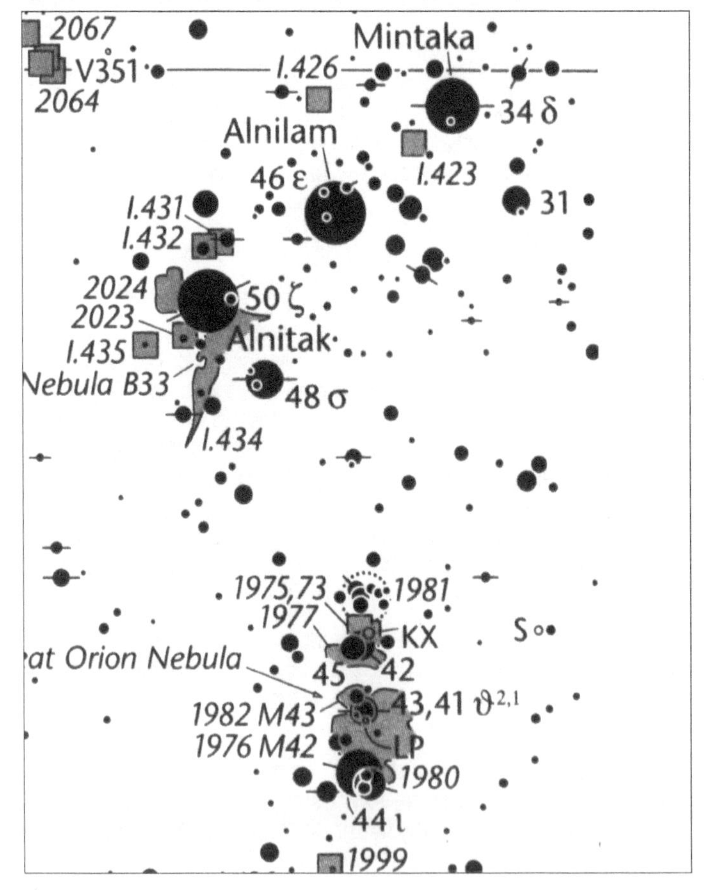

影像 ii-15

《星图 2000.0》中绘制的猎户座“腰带”和“佩剑”部分的天区

如果说SA2K是严谨的高端星图的“黄金标准”，那么下面要介绍的《测天图2000.0》（Uranometria 2000.0，简称U2K）就要算“超白金标准”了。SA2K虽然很实用，但对于某些更加发烧的观测者，特别是那些要在极深暗的郊野环境中使用巨镜进行观测的人来说，SA2K提供的天体信息就不够多了。在一个有相当深暗度的观测点，只要你的望远镜口径有8～10英寸，就可以用它看到很多在SA2K中没有标出的天体。下面，欢迎你进入真正严肃、高端的深空天体（DSO）观测世界！

骨灰级的DSO观测迷们都把U2K视为“星图圣经”，因为它标出了亮于9.75等的超过280 000颗恒星，以及超过30 000个深空天体。这个规模是SA2K收录恒星数量的3倍多，深空天体数量的10倍以上。在一片天区里，如果SA2K标出了2个或3个星系，则U2K可能标出了20～30个。U2K还为26个天体密集区域单独提供了详图，这些局部详图的极限星等可达11等。

除了原价达150美元且已经绝版数年的3卷简装本《千年星图》（Millennium Star Atlas，简称为MSA）外，U2K算是当前可用的主流纸质星图中收录天体最多最全的了。MSA在收录恒星方面确实比U2K更全，但在收录深空天体方面又不如U2K。对U2K来说，唯一有实质威胁的竞争对手就是“Herald-Bobroff星图”（简称HBA，网址www.heraldbobroff.com）。很多观测者，包括我们非常尊敬的一些资深玩家，都更喜欢HBA。但我们觉得HBA由于收录天体太多，所以在郊野观测中使用起来容易让人眼睛发花。或许，到底喜欢U2K还是HBA，仅仅是件取决于个人兴趣偏好的事情。

影像ii-16所示的是U2K对猎户座“腰带”和“佩剑”区域的描绘，大家可以与前面SA2K在相同天区的例图比较一下。乍看上去，二者的详细程度似乎是一样的，但仔细看看就会发现U2K提供的细节要多出不少。例如，在Alnitak和Alnilam两颗星之间，U2K标出的恒星明显要多得多。再细看猎户座大星云的区域，U2K版的星图也明显绘出了更多的丰富细节。

U2K由Wil Tirion、Barry Rappaport和Will Remaklus编制，目前以3卷精装本的形式出现，3卷均由Willmann-Bell出版社在2001年推出。第1卷涵盖了整个北半天球，赤经从+90°到−6°，售价50美元（国际标准书号0943396719）。第2卷是南半天球，赤经从+6°到−90°，售价也是50美元（国际标准书号0943396727）。如果想买，前两卷是必须要买的，因为它们已经涵盖了全天的星图。至于第3卷，则是《测天图2000.0郊野观测指导》，由Murray Cragin和Emil Bonanno编写，售价60美元（国际标准书号0943396735）。第3卷含有全书深空天体的索引，根据索引可以查到书中收录的每个深空天体在前两卷中对应的星图编号。从星图编号也可以反查天体名单。前两卷共220幅对开星图中的每一幅，在第3卷中都有相应的数据表格作为观测指导，表格项目不仅包括坐标数值、视尺寸、归类，还包括为每个天体专门加的注释。这样的3卷书全都由上等纸张印成，虽然并不防水，但只要在养护上稍加注意（例如在不用的时候把书合好，包裹妥当），一套U2K也可以在郊野观测中完完整整地用上许多年。

影像 ii-16

《测天图2000.0》中绘制的猎户座“腰带”和“佩剑”部分的天区

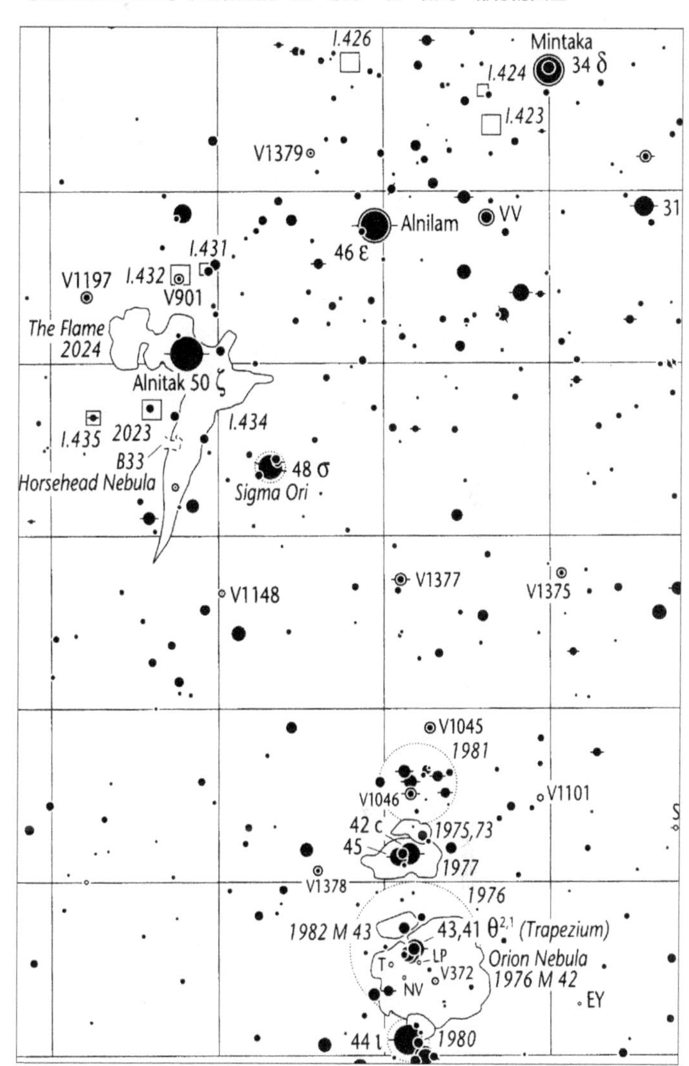

挑选星图

在选购纸质星图的事情上，真正的决心不在于决心要买哪种星图，而是在于决心不再买更多的星图。在深暗的旷野里用大望远镜能看到的所有天体，是任何一种现有的纸质星图都不能完全收录的。所以很多骨灰级观测者最终发现他们还是得求助于电子软件，毕竟软件在数据收录方面可以无限扩充。

对于大多数观测者而言，我们认为《口袋星图》和《星图 2000.0》在收录天体数量、价格、易用性三者之间达到了较好的平衡，是最佳的选择。我们的观测一般是在相当深暗的环境中使用 10 英寸口径望远镜进行的，通过这些观测，我们感到 SA2K 在天体位置和易见性方面提供的信息非常合适我们的观测设备和观测环境。但如果我们偶然去更深暗的环境，用更大的望远镜观测，就会带上笔记本电脑，用天象软件来确认那些极暗的云雾状天体，或者向观测伙伴借来他的《测天图 2000.0》用一下。

如果你经常要在深暗环境中用口径 8 英寸以上的望远镜观测极暗的深空天体，同时又舍不得把笔记本电脑带到野外去，那么建议你的纸质星图还是别买 SA2K 了，改买 U2K 肯定会让你的观测更加顺利。

杂项附件

前面介绍了几类主要的观测附件。除此之外，还有不少五花八门的附件，可能会对观测活动大有帮助。简单列举如下：

- 能拨打紧急求助号码的手机。在郊野观测万一遇到危难情况时可以帮大忙。
- 急救箱、驱虫剂以及类似的其他设备，保障你的安全和舒适。
- 在寒冷天气出去观测时，带好足够的保暖衣物、毛毯、“暖宝宝”（依靠化学反应生热的暖手袋）、丙烷制热器等。
- 清洁透镜用的物品、工具包以及核心配件的备用件。
- 给手机、一倍寻星镜、照明灯、驱动电机准备好充足的备用电池。
- 折叠草坪椅，带小桌的更好。
- 折叠桌，可以用来更好地看星图。
- 校准用的目镜或激光校准器（用于给反射望远镜校准光轴）。
- 黑色“海盗眼罩”，用来保护夜间视力（防止瞳孔缩小）。
- 素描本或记录纸，以及足够的墨水笔或铅笔。
- 画好观测日志表格的纸质记录本，或者用于记录观测过程的数字录音器材。
- 腕表或小钟表，用于提示各个观测项目应开始的时间。
- 白色照明灯，只用于所有观测结束以后在收拾场地时照明。在观测过程中不要使用。
- 垃圾袋。带走所有废弃物。
- 小冰箱，用于储存零食和饮料。

我们有一辆 SUV 专门用于郊野观测，各种装备只要能一直装在车上的，都一直装在车上，这样随时可以出发。如果你没有专门用于观测的车辆，可以把各种附件收纳在盒子里或露营用的结实袋子里，保持它们的清洁和有序。最好列出一个物品清单以便每次对照检查，如果到了观测地点才发现忘带了什么重要装备，那就懊恼了。

目镜/附件收纳箱

作为天文爱好者，各种装备会逐渐积累起来，数量繁多。目镜、巴罗镜、滤镜、照明灯、天顶镜、校准工具、转接环、备用电池、透镜清洁工具……这个清单会越来越长。当你的观测装备开始这样繁杂起来时，就要考虑一下怎样妥善、有序地管理它们了。最好的办法就是购买或制作收纳箱。有时候需要不止一只收纳箱，例如我们就有两只。

很多爱好者的附件收纳箱都是用各式各样的箱子改造而成的，例如钓鱼工具箱、饮料冷藏箱、五金工具箱等，这些箱子内部都有隔断或各种形状的凹槽，可以相对稳妥地放置不同大小的杂项物品。但我们更推荐那种内部有海绵泡沫的铝箱。这种箱子在很多家居用品店有售，价格大约 20 美元。一只这样的铝箱足以保护七八只目镜，以及一两只巴罗镜、校准目镜、激光校准器、一倍寻星镜、多只滤镜和其他很多小附件。影像 ii-17 所示的是我们的两只附件铝箱中的一只，装满了目镜和其他天文杂货。

把泡沫冻一下

有的爱好者不喜欢用这种海绵泡沫来当附件箱里的填料，而喜欢那种可以自由裁切出各种形状凹槽的标准泡沫。但有一个问题是，标准泡沫很难裁切得足够精准，以符合附件的具体形状。不过，我们的一位读者推荐了一个很简便的小技巧：把泡沫放在冰箱里冻几个小时，冻硬了之后，再用锋利的小刀或打洞锯来裁切，就很容易切得精准了。

影像 ii-17

我们的一只目镜 / 附件收纳铝箱

设备该在哪里买，以及不该在哪里买

购买天文装备的最佳地点，是那些天文专卖商店和网络上的天文设备销售店。如果通过这两个渠道来买天文设备，通常可以少花钱并且买到好货。下面，我们根据自己的经验，向各位读者推荐我们认为可以信赖的一些网络天文销售商。当然，我们毕竟无权对销售商做正式的认证，所以，如果你从这些销售商那里买了天文装备，然后你家养的金鱼死了，请不要把责任归于我们哦。

- Anacortes Telescope and Wild Bird (www.buytelescopes.com)
- Apogee, Inc. (www.apogeeinc.com)
- Astronomics (www.astronomics.com)
- Eagle Optics (www.eagleoptics.com)
- Hands-On Optics (www.handsonoptics.com)
- Helix Observing Accessories (www.helix-mfg.com)
- High Point Scientific (highpointscientific.com)
- Island Eyepiece and Telescope Ltd. (www.islandeyepiece.com)
- Kendrick Astro Instruments (www.kendrick-ai.com)
- Oceanside Photo and Telescope (www.optcorp.com)
- O' Neil Photo and Optical (www.oneilphoto.on.ca)
- Orion Telescope and Binocular Center (www.telescope.com)
- ScopeStuff.com (www.scopestuff.com)
- ScopeTronix Astronomy Products (www.scopetronix.com)
- University Optics (www.universityoptics.com)

有些摄影商店也以很优惠的价格出售天文器材，不过，如果在这些商店买的话，你需要非常明确地知道你需要的是什么。不要指望这些商店的销售人员能从天文观测的角度给你什么有用的建议。这些商店的运费可能也比较贵，所以，下订单之前最好弄清楚总价（而非器材本身的价格）到底是多少。我们更喜欢找一些专门的天文零售商去买设备，虽然可能要多掏一点钱给他们，但由于他们常年穿梭于全国的天文爱好者之间，所以他们的建议都是很专业的，对得起你多花的那一点小钱。如果你没有打定主意要买些什么，就特别值得咨询他们了。

布里安·耶普森（Brian Jepson）有话要说

一些本地的实体商店，特别是兼营观鸟设备的商店，也代销猎户牌的天文产品。我的望远镜就是在这种商店买的，这种店的好处是：退换货很方便。当初我的望远镜到货的时候就已经损坏了，但商店会替我去联系退换，省了我很多力气。

进一步了解天文设备信息

想了解关于天文观测设备的更多信息，最好的途径之一就是加入当地的天文俱乐部。从俱乐部的老会员那里，你可以得到很多不带偏见的、确凿实用的关于天文设备的知识与经验。另外，我们也推荐下列纸质出版物和网上资源作为初学者的优秀参考资料：

- 我们的另一部书《天文改装专家》（Astronomy Hacks），O' Reilly 出版社 2005 年版，国际标准书号 978-0596100605。这本书讲了很多关于天文设备选购、保养、维护的知识，涉及双筒镜、单筒镜、目镜以及其他众多附件，并就如何尽可能地发挥设备的长处给出了一些建议。
- 菲尔·哈灵顿（Phil Harrington）的《观星装备》（Star Ware），Jossey-Bass 出版社 2007 年版，国际标准书号 978-0471750635。
- 《天空和望远镜》（Sky & Telescope）杂志、《天文学》（Astronomy）杂志
- 菲尔·哈灵顿的“聊望远镜”论坛，groups.yahoo.com/group/telescopes
- 菲尔·哈灵顿的“聊 StarryNight 软件”论坛，groups.yahoo.com/group/starrynights
- 基恩·巴拉夫的“Skyquest 望远镜”论坛，groups.yahoo.com/group/skyquest-telescopes
- 罗德·莫利塞的“施卡式望远镜用户”论坛，groups.yahoo.com/group/sct-user

01

仙女座，公主

星座名：仙女座（Andromeda）

适合观看的季节：秋

上中天：11 月下旬晚 9 点

缩写：And

所有格形式：Andromedae

相邻星座：白羊、仙后、蝎虎、飞马、英仙、双鱼

所含的适合双筒镜观看的天体：NGC 205 (M 110), NGC 221 (M 32), NGC 224 (M 31), NGC 752

所含的适合在城市中观看的天体： NGC 221 (M 32), NGC 224, (M 31), NGC 752, NGC 7662, 57-γ (STF 205)

仙女座面积很大，达到 722 平方度，占到天球的 1.8%，在全天 88 个星座中排第 19 位。很久以前人们就划定了这个星座。在希腊神话中，仙女座的主人公是安德洛莫达（Andromeda）公主，她是埃塞俄比亚国王赛非厄斯（Cepheus）和王后卡希欧菲娅（Cassiopeia）的女儿。卡希欧菲娅非常自负，她公开吹嘘说自己比涅锐伊得斯（Nereids）还要漂亮，而后者正是因美貌而闻名的海中女神。这种狂言使涅锐伊得斯很生气，她告到了海神波塞冬（Poseidon）那里，海神就用洪水和海中怪兽巨鲸（Cetus）去袭击埃塞俄比亚的国土和人民，给他们带来浩劫，作为报复。

国王赛非厄斯在绝望中去祭拜阿蒙神（Ammon，古埃及的太阳神），请求其给予指示。神谕说，唯一的办法就是把公主安德洛莫达献祭给巨鲸。无奈之下，国王用铁链把公主锁在海边的岩石上等待巨鲸，公主也只能认命等死。幸运的是，大英雄珀耳修斯（Perseus）杀死妖女美杜莎后，在航海回家的路上正好看到巨鲸在接近被锁住的美貌公主。可想而知，大英雄战胜了巨鲸，解救了公主并娶了她。对珀耳修斯来说，两次降妖伏怪居然仅仅是一天之内的事。

安德洛莫达公主随珀耳修斯回了家。后来他们生育了 6 个儿子和 1 个女儿，并创建了迈锡尼王国和珀耳修斯王朝。公主死后，雅典娜女神将她升为星座，而她的旁边，丈夫珀耳修斯、父亲赛非厄斯、母亲卡希欧菲娅也都以星座的形式相伴。

仙女座很适合在北半球中纬度地区观看。而在我们的银河系中，组成这

表 01-1

仙女座中有代表性的星团、星云和星系

天体名称	类型	视亮度	视尺寸	赤经	赤纬	梅	双	城	深	加	备注
NGC 205	Gx	8.9	21.9 x 10.9	00 40.4	+41 41	◉	◉				M 110; Class E5 pec; SB 13.2
NGC 221	Gx	9.0	8.7 x 6.4	00 42.7	+40 52	◉	◉	◉			M 32; Class cE2; SB 10.1
NGC 224	Gx	4.4	192.4 x 62.2	00 42.7	+41 16	◉	◉	◉			M 31; Class SA(s)b; SB 12.9
NGC 752	OC	5.7	49.0	01 57.8	+37 51			◉	◉		Cr 23; Mel 12; Class II 2 r
NGC 891	Gx	10.8	14.3 x 2.4	02 22.6	+42 21					◉	Class SA(S)b? sp; SB 14.6
NGC 7662	PN	9.2	37.0"	23 25.9	+42 32			◉		◉	Blue Snowball Nebula; Class 4+3

表 01-2

仙女座中有代表性的双星或聚星

天体名称	星对	星等1	星等2	角距	方位角	年份	赤经	赤纬	城观	双星	备注
57-γ	STF 205A-BC	2.3	5.0	9.7	63	2004	02 03.9	+42 20	◉	◉	Almach

个星座的恒星都位于远离银道平面(银盘)的地方。当我们仰望仙女座的时候，会看到我们银河系中恒星相对比较稀疏的一个区域，我们的视线穿过这个区域，其实就望向了银河系之外的“星系际空间”（注意不只是星际空间——译者注）。因此，在仙女座里没有什么亮星云和球状星团，因为这两类天体一般都密集在银道平面附近。在这个星座的方向上可以看到一些其他的星系，本书要介绍其中 4 个（表 01-1 中标有 Gx 的 4 个），包括著名的仙女座大星系 M 31。另外，我们还要介绍这个星座里的疏散星团 NGC 752 和美丽的蓝色行星状星云 NGC 7662。

仙女座是很好找的，它的北边是仙后座（即她自负的妈妈）那个著名的“W”形恒星排列，它的西南边是飞马座著名的“大方块”。仙女座内最亮的一些恒星组成了一个狭长细瘦的“V”字形，它的最亮星（即仙女座 α）即在 V 字的底尖上，同时也是飞马座“大方块”的东北角。对北半球中纬度地区的观测者来说，适合观察仙女座的季节从夏末开始，夏末的天黑后，仙女座就开始升起。直到隆冬时节，仙女座还能在每天天黑后挂在天幕上大约两个小时。在每年的 11 月下旬，仙女座在每晚 9 点左右经过天顶附近，高度达到最大。

星图 01-1

仙女座星图（视场宽 50°）

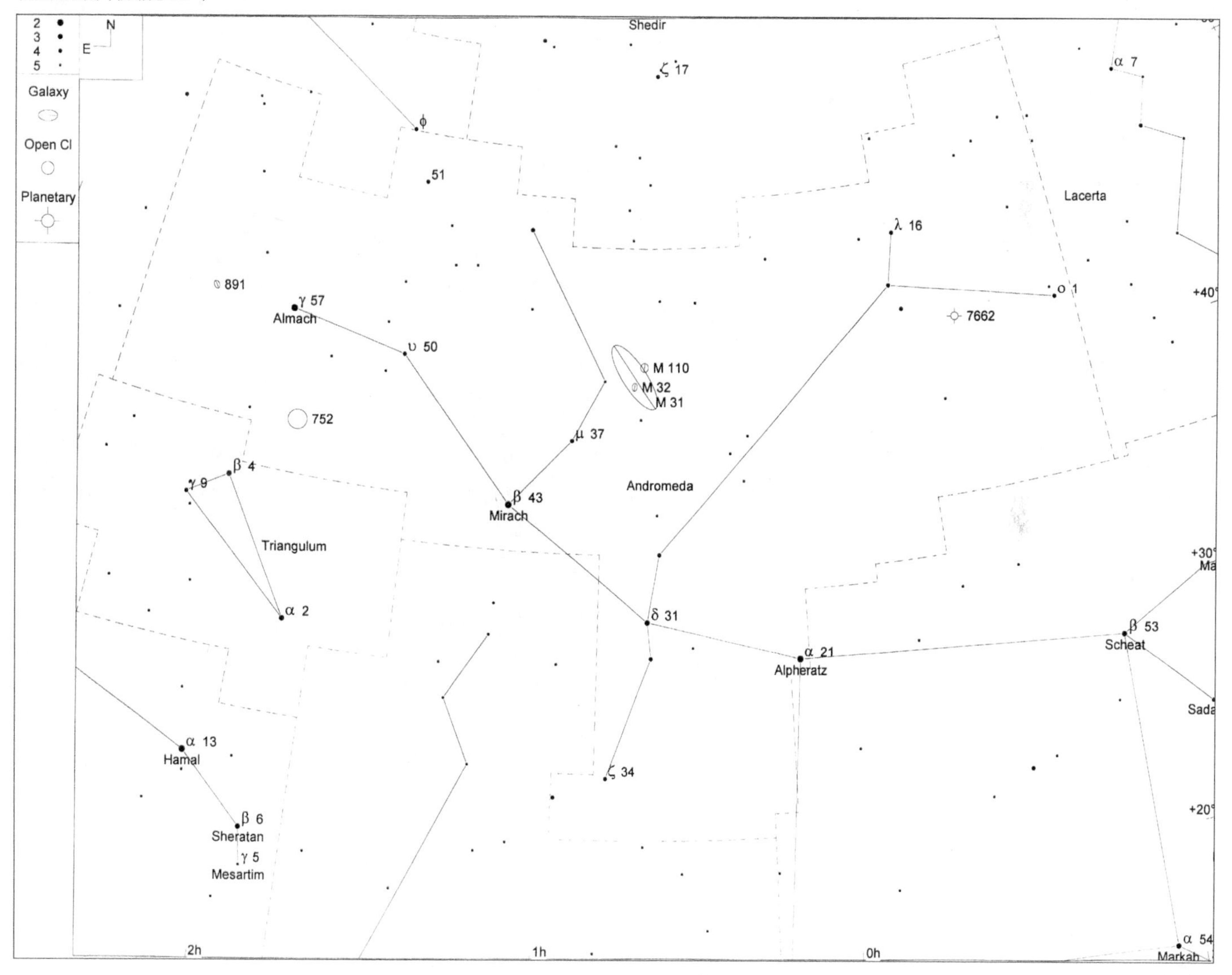

M 31 (NGC 224)	★★★★	◐◐◐	GX	MBUDR
见星图 01-2	见影像 01-1	m4.4, 192.4' x 62.2'	00h 42.7m	+41°16'

M 32 (NGC 221)	★★	◐◐◐	GX	MBUDR
见星图 01-2	见影像 01-1	m9.0, 8.7' x 6.4'	00h 42.7m	+40°52'

M 110 (NGC 205)	★★	◐◐◐	GX	MBUDR
见星图 01-2	见影像 01-1	m8.9, 21.9' x 10.9'	00h 40.4m	+41°41'

M 31、M 32 和 M 110 与我们的银河系同为“本星系团”（Local Group）的成员星系。M 31（仙女座大星系）是离银河系最近的大型星系，在很多方面都算得上是银河系的姊妹星系。最近几年的研究数据显示，M 31 在物理尺度上要比银河系大，但恒星的密度则不如银河系，总质量则大约是银河系的一半。它离我们 290 万光年，因此成了我们在地球上不借助光学设备仅凭肉眼可能看见的最远的天体。

在中等深暗的环境中，肉眼就可以隐约看到 M 31。而只要用小型的望远镜，即使是在城市光害的环境中也很容易把 M 31 看得清清楚楚。而 M 32 如果想用双筒镜看见就难一些，但它 10.1 等的表面亮度使得它可以用口径 50mm 以上的双筒镜在深暗环境中被看到，其效果像是在 M 31 最亮的核心处以南 25' 的一颗毛绒绒的恒星。M 110 则在 M 31 核心处向西北 37' 的地方，表面亮度仅 13.2 等，极难用双筒镜看到，但如果你的双筒镜口径在 60mm 以上并配有三脚架，观测地点又极为深暗，那么应该可以看到它。

在单筒镜方面，只要口径达到 3.5 英寸，M 31 就开始呈现出一些细节，而如果用爱好者的典型装备即 6 英寸、8 英寸、10 英寸口径的望远镜，则微妙的细节就会更加丰富。这 3 个星系可以被同时囊括在直径 1° 的目镜视场里，尽管 M 32 和 M 110 在这种放大率下显示不出什么细节。M 31 则会显示出其亮度的不均匀变化，其亮盘内的两条暗带清晰可见。在 90 ~ 125 倍放大率下，M 31 可以呈现出类似于球状星团的一些纹理，但这些纹理尚不能被分解为一颗颗的恒星。此时的 M 32 直接看上去是一个圆形的模糊物体，越靠近中心处越亮，中心处仿佛是一颗亮星。它依靠在 M 31 的南侧，被 M 31 边缘部分的光芒包裹起来。M 110 此时则是 M 31 西北边的一个椭圆形的暗弱的云雾状物体，在 M 31 的视觉边缘附近，并与 M 32 正好相对。

影像 01-1

M31、M32（底部中央）和 M110（右上），视场宽 1°

本照片承蒙帕洛马天文台和太空望远镜科学研究院惠允翻拍自数字巡天工程成果

仙女座大星系很好找。首先找到飞马座“大方快”东北角的那颗2等星，它是仙女座α（仙女座21号星），然后向东北东方向6.9°，找到仙女座δ即31号星，再向东北7.9°，找到仙女座β即43号星（俗名Mirach）。确认仙女座β的另一种方法是用仙后座W形五颗星中靠西的3颗，这3颗星组成了一个三角形，这个三角形仿佛一个路标箭头，通过其中亮度为2等的仙后座α（俗名Shedir，也是仙后座的最亮星）直接指向仙女座β，仙女座β在仙后座α的南东南方向21.4°（大约伸直胳膊后的两拳宽度）。

确认了仙女座β后，将望远镜向西北方向移动，让仙女座β位于寻星镜视场的边缘，这时亮度4等的仙女座μ即37号星就跃然出现在寻星镜中。继续沿此方向移动寻星镜，让仙女座μ也穿过视场，到达视场的边缘，M 31就出现在寻星镜中了，它东边1.5°处还有亮度5等的仙女座ν即35号星。

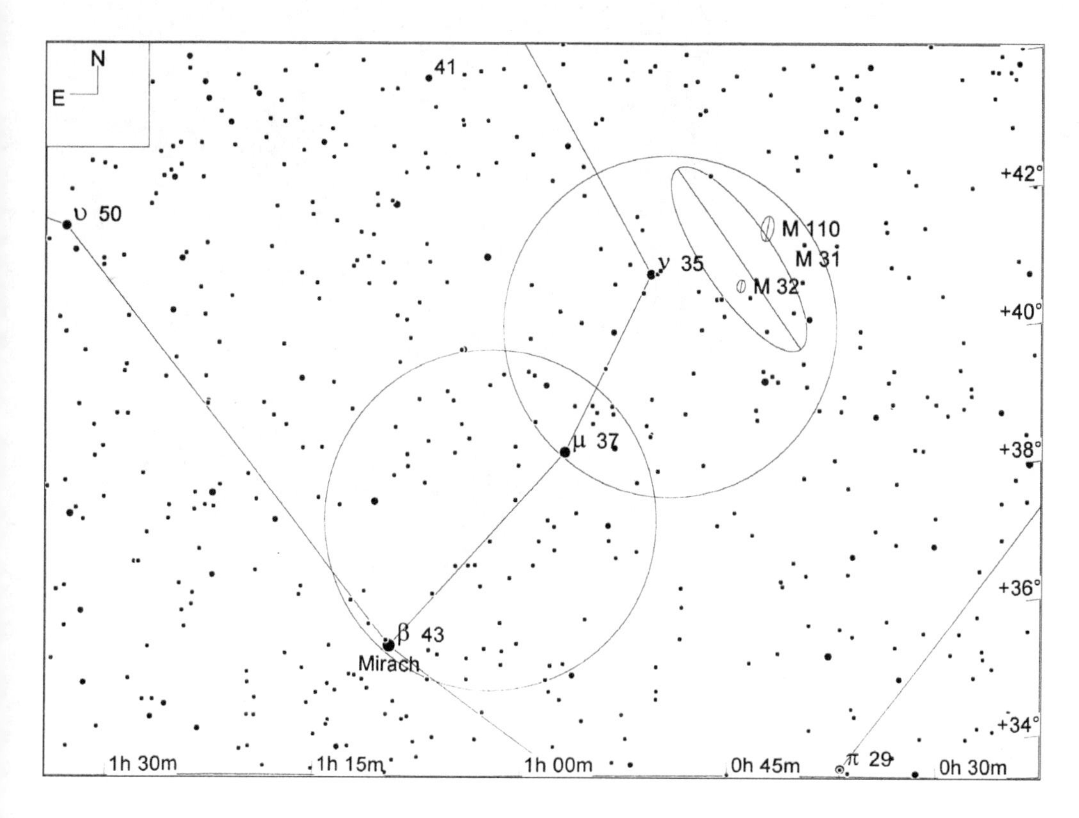

星图 01-2

M 31、M 32和M 110（视场宽15°，寻星镜视场圈直径5°，极限星等9.0等）

NGC 752	★★★	⚈⚈⚈	OC	MBUDR
见星图 01-3	见影像 01-2	m5.7, 49.0'	01h 57.8m	+37°51'

NGC 752 是一个恒星数中等偏多但相当松散的疏散星团，用大口径的双筒镜，或用单筒镜在较低放大率下适合观看它。用 50mm 口径的寻星镜或双筒镜很容易定位它：首先找到 4 等的仙女座 υ（50 号星）。这颗星与 NGC 752 和仙女座 γ（57 号星，俗名 Almach）组成了一个边长约 5° 的等边三角形。NGC 752 东边 2.1° 是 5 等的仙女座 58 号星，西南边 40' 有一对约 6 等的双星。在 50mm 口径的双筒镜或寻星镜中，NGC 752 由一群大约 9 等的星组成，并且还有一些云雾状的光，这种光其实是由星团中一群更暗的星发出的，只是由于它们太暗了，所以无法用肉眼分解出来。用我们的 10 英寸口径望远镜在 42 倍放大率下观看它，可以分辨出 60 多颗恒星，大多数是 10 等和 11 等星。

影像 01-2

NGC 752（视场宽 1°）

本照片承蒙帕洛马天文台和太空望远镜科学研究院惠允翻拍自数字巡天工程成果

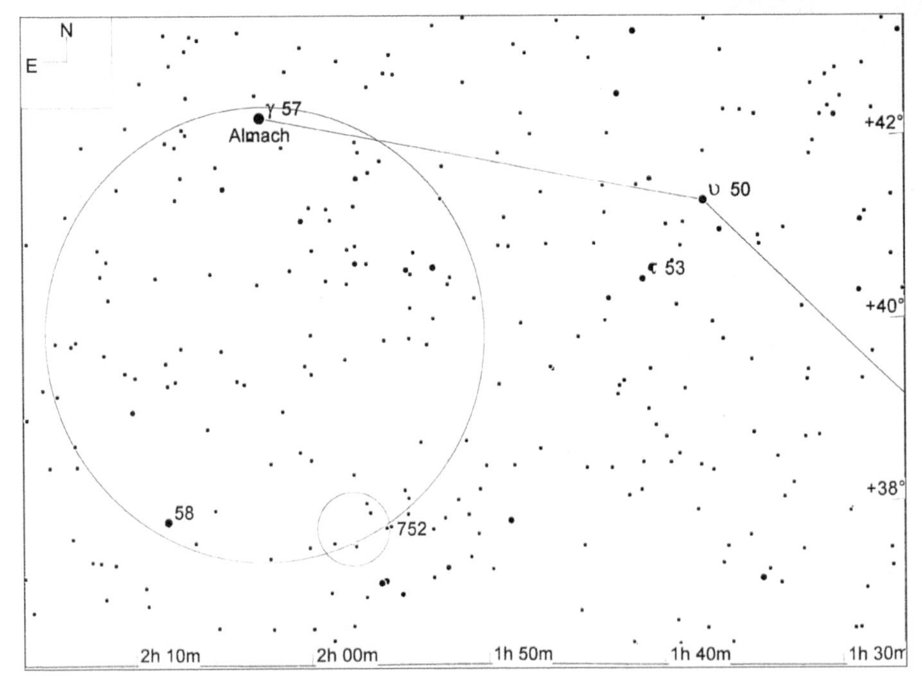

星图 01-3

NGC 752（视场宽 10°，寻星镜视场圈直径 5°，极限星等 9.0 等）

NGC 891	★★	◍◍◍	Gx	MBUDR
见星图 01-4	见影像 01-3	m10.8, 14.3' x 2.4'	02h 22.6m	+42°21'

NGC 891 是个很小的暗淡星系，位于仙女座 γ 正东 3.4°。虽然在 50mm 口径的寻星镜中看不到它，但它在几何上还是很容易定位的。它与仙女座 γ 和仙女座 60 号星组成一个三角形，在它正南 1° 还有一颗 6 等星比较显眼。在它的西北西方向很近的地方，有一群 8 等左右的小星组成了类似仙王座的“甜筒冰激凌”形状。虽然 NGC 891 的亮度数据为 10.8 等，但面亮度仅有 14.6 等，所以看上去远远达不到 10.8 等的亮度。我们用 10 英寸口径望远镜的 125 倍放大率看它时，它是一条狭长的暗淡光带，长度约 6'，延展方向为北东北—南西南。

影像 01-3

NGC 891（视场宽 1°）

本照片承蒙帕洛马天文台和太空望远镜科学研究院惠允翻拍自数字巡天工程成果

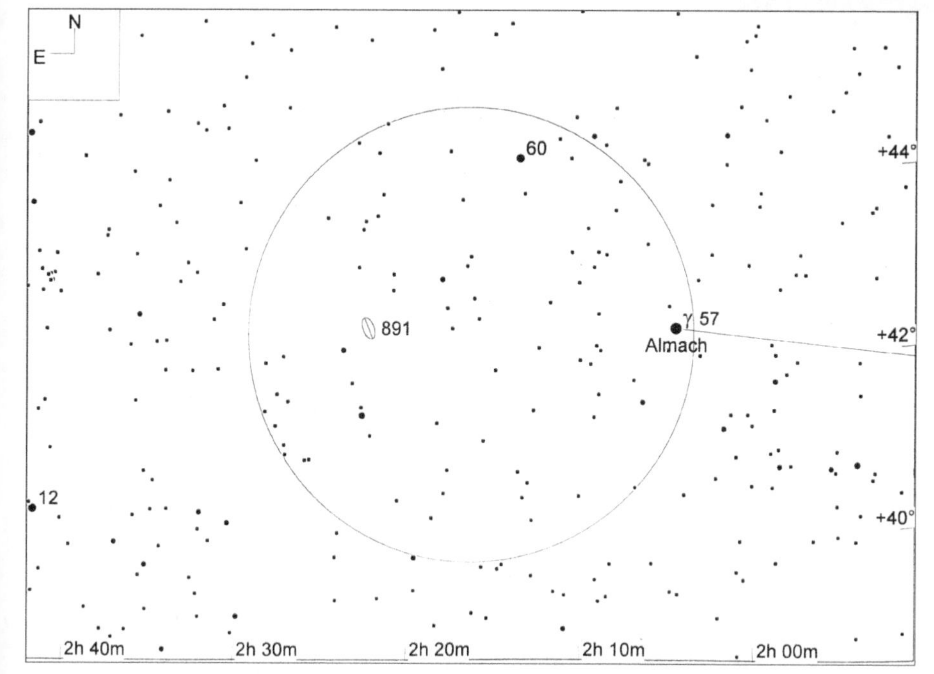

星图 01-4

NGC 891（视场宽 10°，寻星镜视场圈直径 5°，极限星等 9.0 等）

NGC 7662	★★★	⚽⚽⚽	PN	MBUDR
见星图 01-5	见影像 01-4	m9.2, 37.0"	23h 25.9m	+42°32'

NGC 7662 又叫“蓝雪球星云”，是个很规则的行星状星云。要寻找它的话，先把 4 等的仙女座 κ（19 号星）定位在寻星镜视场的东北边缘上，此时同样是 4 等的仙女座 ι（17 号星）很明显处于 19 号星的南西南方向 1.1° 的位置上，而 17 号星西边 2° 的仙女座 13 号星（亮度 6 等）应该在接近视野正中心的位置上。在较低放大率下，NGC 7662 看上去像一颗有茸毛的暗星，位于 13 号星南西南方向 25'。在 10 英寸望远镜中使用 180 倍和 250 倍放大率观察，NGC 7662 就呈现出一些确切的细节，它有一个明亮的，圆形微扁的淡蓝色轮盘，边缘处明显亮于接近中心处。明亮的内环虽然在东北和西南方向上被拉长，但是是完整的；暗淡的外环则不连续，而且要用余光才能瞥见，正视时是看不到的。O-Ⅲ滤镜是观看这个天体时的最佳选择，但窄带滤镜也能很好地增强其视觉效果。另外，尽管资料显示它的中心星亮度有 13.2 等，但我们的口径达 10 英寸的望远镜却没有看到中心星。

影像 01-4

NGC 7662（数字巡天照片，视场宽 1°）

本照片承蒙帕洛马天文台和太空望远镜科学研究院惠允翻拍自数字巡天工程成果

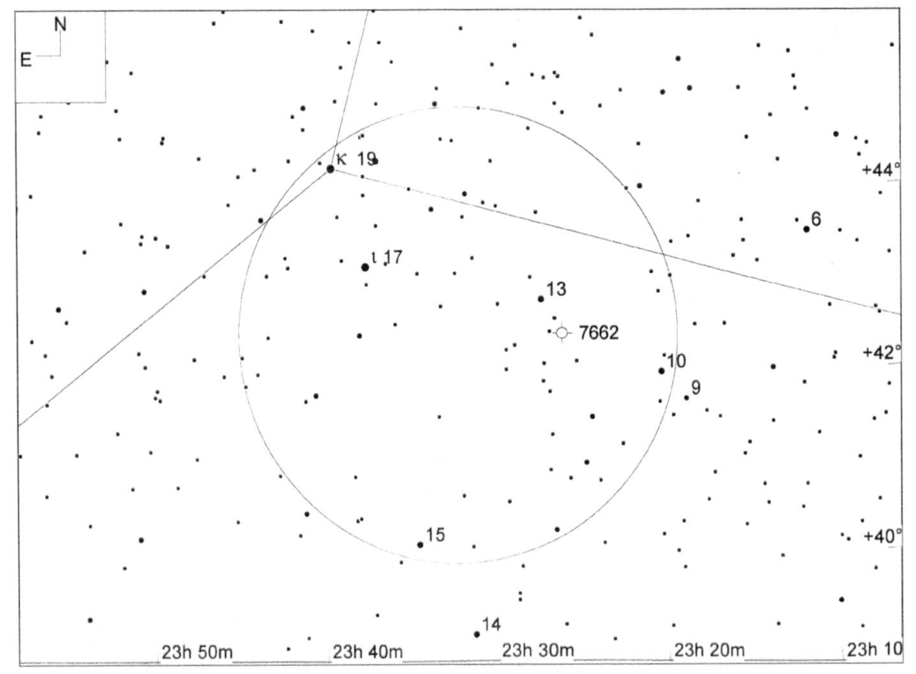

星图 01-5

NGC 7662（视场宽 10°，寻星镜视场圈直径 5°，极限星等 9.0 等）

57-γ (STF 205A-BC)	★★★	⊕⊕⊕⊕	MS	UD
见星图 01-1		m2.3/5.0, 9.7", PA 63° (2004)	02h 03.9m	+42°20'

仙女座 γ（57 号星，俗名 Almach）是一颗美丽的聚星，其主星 2 等，黄色；在其东北东方向 10" 处是亮度 5 等的蓝绿色的副星。这一对星（A-BC）哪怕只用小望远镜也是很容易分解开来的。至于把副星进一步分解成两颗星（BC 对）就困难一些了，这两颗星仅相距 0.5"，亮度分别为 5 等和 6.3 等。我们用自己的 10 英寸望远镜还从来没有成功分解过这对更近的星，即使是在极深暗的环境中用 500 倍放大率也还是失败。只有在视线不直盯它时，才能用余光感觉到这颗星微微有些发扁。

仙女座 γ 是一颗用肉眼也很容易确认的星，它就在三角座（仙女座的邻座）正北 7°。另外，前文也提到过可以利用仙后座来确认仙女座 γ。仙后座 W 形中，靠东边的三颗星形成一个三角形，直接指向仙女座 γ。仙女座 γ 在三角形的南东南方向 19°。

02

宝瓶座，盛水容器

星座名：宝瓶座（Aquarius）
适合观看的季节：夏
上中天：8 月下旬午夜
缩写：Aqr
所有格形式：Aquarii
相邻星座：天鹰、摩羯、鲸鱼、海豚、小马、飞马、南鱼、双鱼、玉夫
所含的适合双筒镜观看的天体：NGC 6981 (M72), NGC 7089 (M2)
所含的适合在城市中观看的天体：NGC 7009, NGC 7089 (M2)

宝瓶座是一个很大的星座，面积 980 平方度，约占整个天球的 2.3%，在全天88 星座中排第 10 位。虽然面积不小，但宝瓶座在夜空中并不特别显眼，它最亮的两颗恒星 α 和 β（弗拉姆斯蒂德编号分别为 34 号和 22 号）也都只有 3 等。宝瓶座的显著特征是它的另外几颗主要恒星构成了一个 Y 形的“小星群”（asterism，指若干颗恒星组成特定的形状，但又并非一个星座，例如北斗七星“大勺子”就是一个小星群，它们不是一个星座，而只是大熊座的一部分），这个小小的 Y 形包括该星座的 γ（48 号）、η（62 号）、π（52 号）和 ζ（55 号）星，其中 ζ 星位于 Y 形的分叉点。至少从古巴比伦文明时期起，人类已经注意到这个特征了，它被称为“水罐”（The Water Jar）。

宝瓶座是黄道十二星座里的第十一个。关于这个星座的传说历史也很久远，其发源不会晚于古巴比伦文明时期。宝瓶座所在的天区自古以来就被与“水”这个意象联系在一起，它周围的星座很多也与水有关，例如双鱼座、南鱼座、摩羯座（是一只海山羊）、海豚座、鲸鱼座。

由于古巴比伦人遭遇过大洪水的浩劫，所以对宝瓶座一直有种恐惧感。而对于生活在干燥气候中的古希腊人、埃及人和阿拉伯人来说，宝瓶座代表着一位慈善的神，在他们的庄稼需要灌溉的时候给他们送水。与此同时，希腊人也把宝瓶座视为一对夫妻——丢卡利翁（Deucalion）和皮拉（Pyrrha），他们在大洪水来临前造了一艘大船，带足了给养物资。大船在洪水中经历了九天九夜和九次沉浮，安全停在帕纳索斯山（Mount Parnassus）上。这个传说与后来《圣经》中的诺亚方舟的故事非常相似。

在当代，宝瓶座从 20 世纪 60 年代后期开始火了起来，因为嬉皮文化宣布人类进入了宝瓶座的纪元的开头，但他们其实宣布得太早了。在占星学的说法中，某个黄道星座的纪元开始，应该以如下事件的来临为标志：在春天的第一天（即太阳经过天球上的春分点时），太阳处于这个星座的天区之内。而至少在从今往后的 600 年之内，太阳在经过春分点时都不会位于宝瓶座之内。

表 02-1

宝瓶座中有代表性的星团、星云和星系

天体名称	类型	视亮度	视尺寸	赤经	赤纬	梅	双	城	深	加	备注
NGC 6981	GC	9.2	6.6	20 53.5	–12 32	◉	◉				M 72; Class IX
NGC 6994	OC	8.9	2.8	20 58.9	–12 38	◉					M 73; Cr 426; Class IV 1 p
NGC 7009	PN	8.3	70.0"	21 04.2	–11 22			◉		◉	Saturn Nebula; Class 4+6
NGC 7089	GC	6.6	16.0	21 33.5	–00 49	◉	◉	◉			M 2; Class II
NGC 7293	PN	7.5	16.0	22 29.6	–20 50					◉	Helix Nebula; Class 4+3

宝瓶座远离银盘平面，所以在它的天区内很少有疏散星团和弥漫的星云。而银河系之外有很多其他星系，在我们看来正好位于宝瓶座方向，但这些星系大都比较暗，如果望远镜不够大的话，不能算是合适的观测目标。宝瓶座天区内有两个属于梅西耶目录的球状星团 M 2 和 M 72，还有两个行星状星云 NGC 7009（“土星星云”）和 NGC 7293（“螺旋星云”）。另外，宝瓶座内还有第三个梅西耶天体，那就是 M 73。这个天体正在与 M 40 争夺“最乏味的梅西耶天体”的称号。M 73 通常被认为是梅西耶当年犯下的几个错误之一，因为它只是四颗恒星组成的小星群，同时也没有云雾状特征。但根据最新的数据，也许梅西耶要翻身笑到最后了——我们已有充足的证据认为 M 73 其实是一个疏散星团，尽管它只是一个很小很暗很没意思的疏散星团。

宝瓶座很好找，它就在南鱼座那颗很显眼的 1 等星的正北侧，是摩羯座的东北邻座。对北半球中纬度的观测者来说，每年初夏季节，宝瓶座就在天黑后升起。直到每年冬天，它还能在天黑后挂在天上一两个小时。

星图 02-1

宝瓶座星图（视场宽 50°）

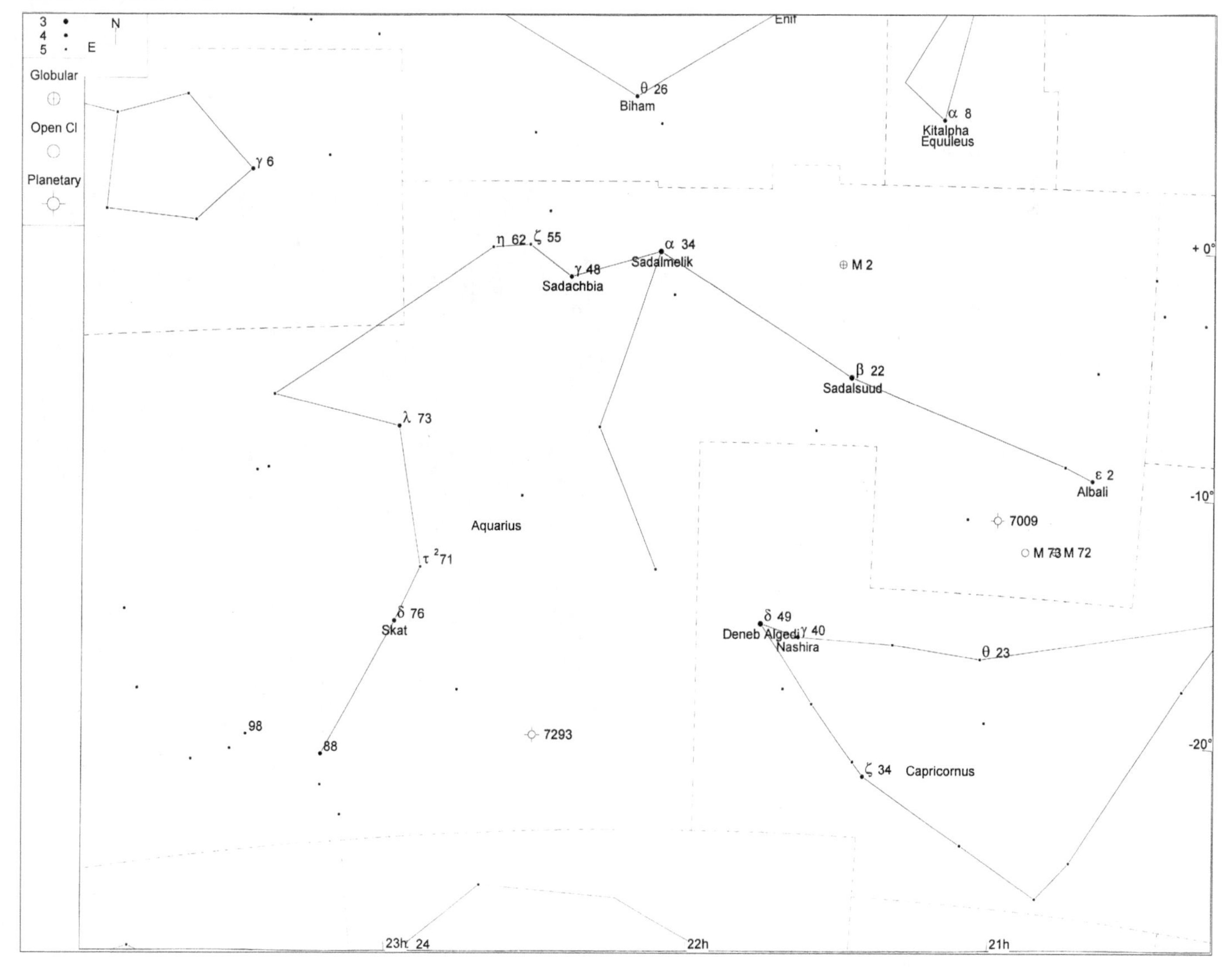

表 02-2

宝瓶座中有代表性的双星或聚星

天体名称	星对	星等1	星等2	角距	方位角	年份	赤经	赤纬	城观	双星	备注
55-zeta	STF 2909	3.7	3.8	2.0	190	1997	22 28.8	-00 01		◉	
94	STF 2998	5.2	5.2	12.4	351	1994	23 19.1	-13 28		◉	

星团、星云和星系

M 72 (NGC 6981)	★★★	⊕⊕⊕	GC	MBUDR
见星图 02-2	见影像 02-1	m9.2, 6.6'	20h 53.5m	-12°32'

在梅西耶目录里的诸多球状星团中，M 72 以遥远、松散、明亮而著名。按前文介绍过的沙普利－索伊尔密集度分类法（共分 12 级），它属于第 9 级。在其他梅西耶球状星团里，比它更松散的只有 M 56（第 10 级）和 M 71（第 10 级或第 11 级）。M 72 离我们 53 000 光年，离银河系中心也很远。在这么远的距离上，如果不是像它这样特别明亮的星团，是不可能用小口径或中等口径的单筒镜轻易看到的。

M 72 在寻星镜或 50mm 双筒镜中看起来像个有绒毛的 9～10 等暗星，用余光扫视比用目光直视更容易感到它的存在。在小的单筒镜或低放大率的大单筒镜中，M 72 有了明显的延展表面，但还是更像一颗小彗星或一个行星状星云。在大口径、高放大率下，它才明显像个球状星团的样子，有着明亮的核心，且亮度即使在边缘处也没有明显减弱。我们用 10 英寸口径和 180 倍放大率观察它时，可以在它的极边缘处分解出少数恒星，但它主体范围内和核心处的恒星就很难分解了，即使换到 350 倍放大率也还是不行。

要定位 M 72，可以首先找到 4 等宝瓶座 ε（2 号星，俗名 Albali），而宝瓶座 ε 则位于摩羯座西北角的那对 3 等星的东北东方向 8°。那对 3 等星也是附近天区里最亮的星了。话题回到宝瓶座 ε，我们将它调整到寻星镜视场的西北边缘，就可以看到在视场西南边缘离它 1/4 圆周的地方有 1 颗 6 等星，M 72 就在这颗 6 等星正东侧 41' 的地方。注意，在寻星镜里用余光已经可能勉强注意到 M 72 的存在了。M 73 在寻星镜中看不到，但在低放大率、大视场的目镜中就能看到这个疏散星团的一群成员星。

影像 02-1

NGC 6981（M 72）（视场宽 1°）

本照片承蒙帕洛马天文台和太空望远镜科学研究院惠允翻拍自数字巡天工程成果

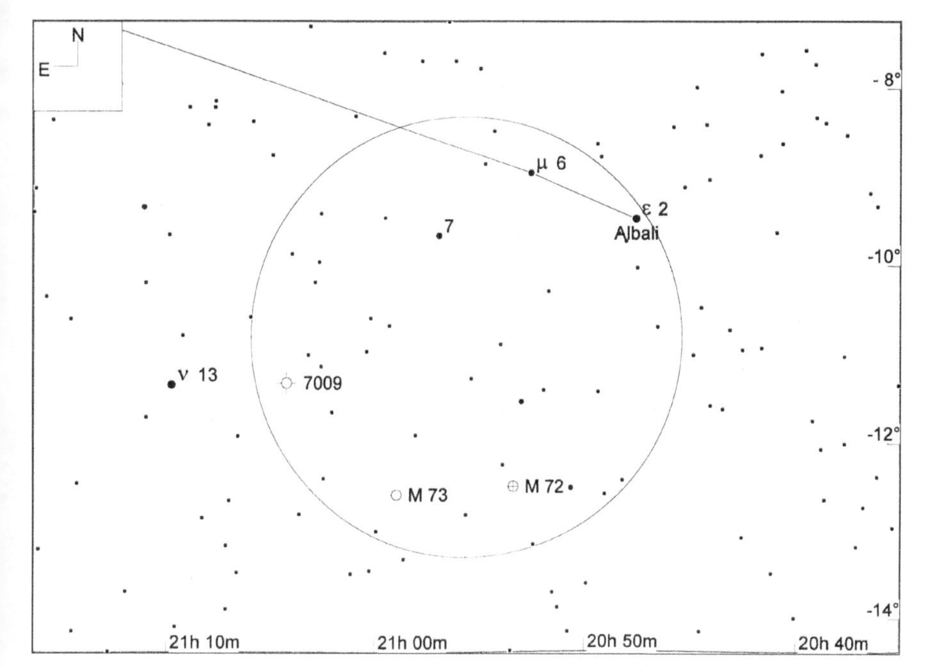

星图 02-2

M 72、M 73和NGC 7009（视场宽10°，寻星镜视场圈直径5°，极限星等9.0等）

M 73 (NGC 6994)	★	⊕⊕⊕	OC	MBUDR
见星图 02-2和星图02-3	见影像 02-2	m8.9, 2.8'	20h 58.9m	-12°38'

M 73（NGC 6994）是个又小又暗的疏散星团，它包括由3颗11～12等的恒星组成的边长为1'的小三角形，以及北西北方向紧挨着的一颗13等星。多年以来，它都被认为是梅西耶犯的一个错误，很多人在引用梅西耶目录列表时都把它跳过去了，大家认为它只是个星群，是几颗恒星偶然地看起来挨得很近而已，这几颗星之间没有直接的相互引力作用。但最近的数据分析显示，“几颗星偶然地凑成这个形状”的概率不足1/4，因此很多天文学家还是倾向于承认M 73是个疏散星团，只不过它是个规模很小，成员很贫乏的疏散星团罢了。

虽然M 73看起来如此乏味，但只要你找到了M 72，那么很容易在它东边1.3°发现M 73，且周围没有比它更亮的恒星干扰，所以不妨顺便识别一下看看。

如果你此时把M 72放到寻星镜视场中央，那么M 73就位于寻星镜视场东部1/4直径的地方，稍偏南一丁点。在东南东边缘还有2颗彼此相距0.5°的6～7等星很显眼，可以作为佐证，沿这两颗星连线，向北西北方向再延伸0.5°，也可以看到M 73。

影像 02-2

NGC 6994（M 73）（视场宽1°）

本照片承蒙帕洛马天文台和太空望远镜科学研究院惠允翻拍自数字巡天工程成果

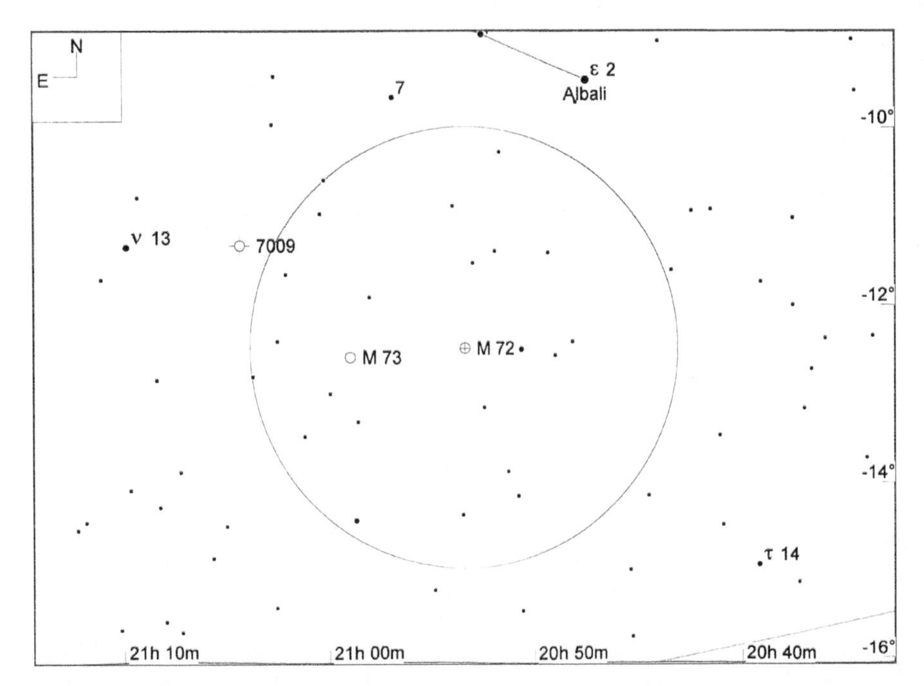

星图 02-3

M 73 位置详图（视场宽 10°，寻星镜视场圈直径 5°，极限星等 8.5 等）

NGC 7009	★★★	◐◐◐	PN	MBUDR
见星图02-2和星图02-4	见影像 02-3	m8.3, 70.0"	21h 04.2m	–11°22'

1782 年，威廉·赫歇尔发现了行星状星云 NGC 7009，并测定和记录了它的准确位置。这也是他发现的众多行星状星云里的第一个。1850 年，罗斯伯爵将其命名为“土星星云”，因为它看上去有一条环带状突起，很像土星。这也说明为什么人们把这类天体称为行星状星云，因为它太像某些大行星了。在不太高的放大率下，它们看起来都像某些巨大的气态大行星，例如天王星和海王星，发出令人难忘的带有蓝绿色的光芒。

我们用 10 英寸口径和 90 倍放大率观察，NGC 7009 是个明亮美丽的行星状星云，表面延展约 25"，在东西方向上稍有拉长，中心部位特别明亮。NGC 7009 适合用窄带滤镜观看，而如果用 O- Ⅲ 滤镜效果还会更好。在 180 倍放大率下用余光扫视它，可以看到在它东侧和西侧边缘上略有几个角秒的突起，构成环带状的视觉效果。某些资料记载其中心恒星亮度为 12.7 等，但我们并未看到。

要定位 NGC 7009，首先用寻星镜在宝瓶座 ε（2 号星）的东南东方向找到 4.5 等的宝瓶座 ν（13 号星），这时它会是寻星镜视场里最亮的天体，非常显眼。NGC 7009 就在它的正西侧 1.3° 处，在低倍大视场的目镜中看上去就像一颗模糊的暗星。必要的话，用前文介绍过的“闪视”法，将窄带滤镜或 O- Ⅲ 滤镜拿在手里，在眼睛和目镜之间反复挡进、移开，会更有利于注意到 NGC 7009 的存在。

影像 02-3

NGC 7009（视场宽 1°）

本照片承蒙帕洛马天文台和太空望远镜科学研究院惠允翻拍自数字巡天工程成果

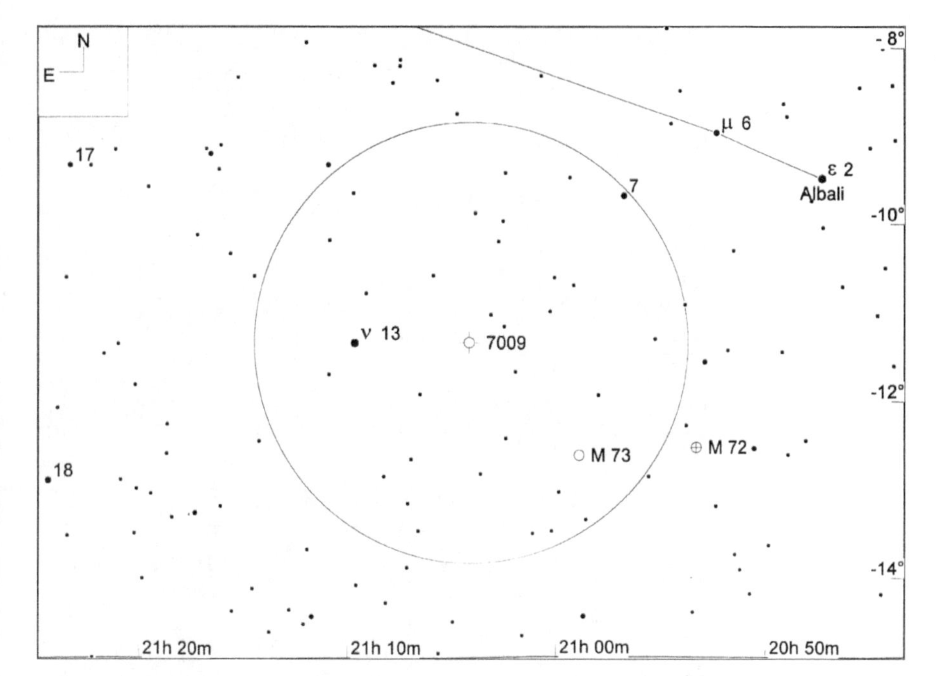

星图 02-4

NGC 7009 位置详图（视场宽 10°，寻星镜视场圈直径 5°，极限星等 9.0 等）

M 2 (NGC 7089)	★★★★	⊕⊕⊕⊕	GC	MBUDR
见星图 02-5	见影像 02-4	m6.6, 16.0	21h 33.5m	−00°49'

球状星团 M 2（NGC 7089）由吉奥瓦尼•多米尼克•马拉尔蒂（G. D. Maraldi）在 1746 年发现。1760 年，梅西耶独立地重新发现了它，并将其编列在他目录的第 2 号。在众多梅西耶球状星团中，M 2 既不是最亮的也不是最大的，但它却是很多爱好者常年热衷的观察目标。

M 2 在沙普利 – 索伊尔密集度分类法里属于第 2 级，因此它也是业余爱好者的望远镜里容易看到的最为紧致的球状星团之一。虽然它有着宽达 16' 的延展面（相当于满月直径的一半），但这个尺度只能在长时间曝光的天文摄影中展现出来。目视观测中，它呈现的直径为 5' ～ 6'，狭小的中心区域照亮了昏暗的边缘区。它的星等是 6.6 等，因此有些爱好者曾经报告说用肉眼就看到了它，当然那必须是在观测环境极深暗，夜空也极晴朗的时候。当然，由于星等数值较低，并且延展面也比较小，所以 M 2 的表面亮度比较高，因此依靠一点简单的光学器材辅助就能很清楚地看见它。

我们用 10 英寸望远镜加 42 倍放大率观察，M 2 位于一片缺少亮星的天区里，是个松散、明亮但无法分解出成员星的云雾状物体。在 125 倍放大率下，其边缘可以分解出一些成员星；在 250 倍时，除了中心的较小区域外，整个星团都可以分解成单颗的恒星。虽然有观测者报告称只用 8 英寸口径的望远镜就完全分解了整个 M 2，但我们必须用口径达到 17.5 英寸的望远镜才能完全分解开这个球状星团。

M 2 找起来也很简单，它位于 2.9 等的宝瓶座 β（22 号星，俗名 Sadalsuud）星的北侧 4.7° 处。我们只要把宝瓶座 β 放在寻星镜视场南端边缘，同时让一对 6 等星（宝瓶座 21、22 号星）位于寻星镜视场西边缘，就可以在视场的北边缘找到 M 2 这个醒目的云雾状天体。

影像 02-4

NGC 7089（M 2）（视场宽 1°）

本照片承蒙帕洛马天文台和太空望远镜科学研究院惠允翻拍自数字巡天工程成果

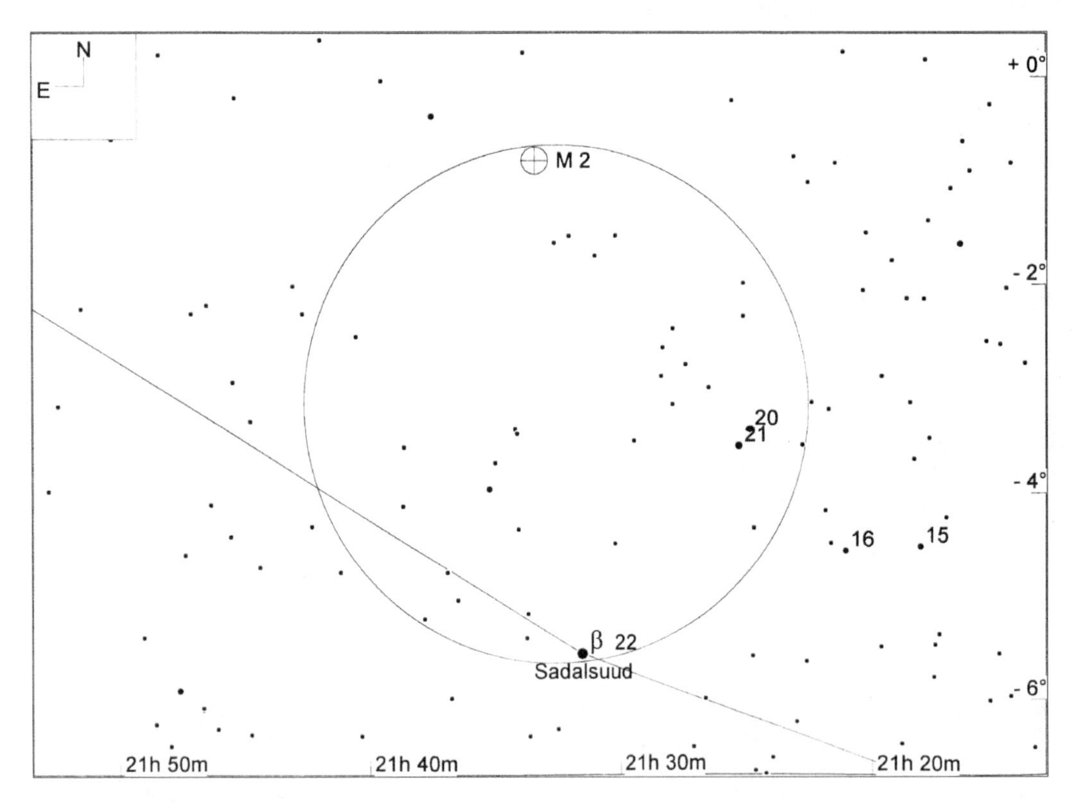

星图 02-5

NGC 7089（M 2）（视场宽 10°，寻星镜视场圈直径 5°，极限星等 9.0 等）

NGC 7293	★★	⚆⚆⚆	PN	MBUDR
见星图 02-6		m7.5, 16.0	22h 29.6m	-20°50'

“螺旋星云”（Helix Nebula）NGC 7293 于 1824 年被卡尔•路德维希•哈丁（K. L. Harding）发现，它可能是离我们最近的一个行星状星云了。它与我们的距离在 85 ~ 600 光年之间，一些最权威的估计值都集中在 400 光年左右。这些估计值主要是根据它那巨大的视尺寸得出的，一般说它的直径有 16'，也就是满月直径的一半。虽然它有着 7.5 等的亮度数值，但考虑到这么大的延展尺度，你应该能推知它的表面亮度很低，因此是个比较难找的天体（“螺旋星云”这个名字所说的“螺旋”特征，是它在长时间曝光的天文照片上表现出来的，目视的话看不到螺旋形状的细节）。

NGC 7293 适合用大双筒镜（特别是口径大于 70mm 的）或低倍率下的单筒镜观看。用窄带滤镜观看它效果会更好，用 O- Ⅲ滤镜则会最好。我们用 10 英寸望远镜、42 倍放大率、O- Ⅲ滤镜，并以余光对它进行观察时，它呈现为暗淡的一绺光，在西南西 – 东北东方向上稍亮一点，圆轮的其他地方都只有更加微弱的光芒填充着。它的核心部分比轮状结构的外缘暗得多，中心恒星在不用滤镜时以余光扫视可以看到。在最佳的观测条件下，NGC 7293 像是著名的天琴座“指环星云”（M 57）的一个放大且减暗的版本。

NGC 7293 并不难找。首先把宝瓶座 δ（76 号星）放在寻星镜视场的东北边缘，这时在西南边缘就可以看到两颗 5 等星，它们是宝瓶座 66 号和 68 号星。移动寻星镜视场，让这两颗 5 等星位于视场的东北东方向的边缘，就可以看到 5 等的宝瓶座 υ（59 号星）进入视场。NGC 7293 就在宝瓶座 υ 西边 1.2° 处。寻星镜中看不见它，但在低倍目镜中就隐约可见了。

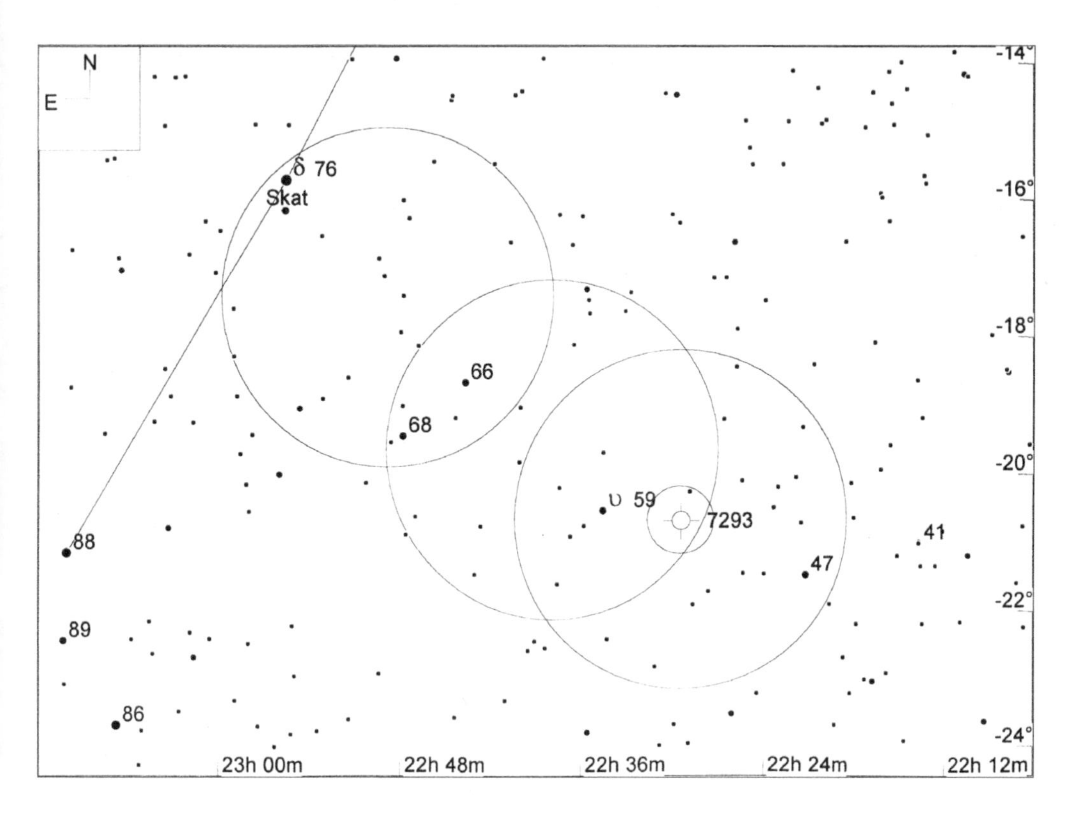

星图 02-6

NGC 7293（视场宽 15°，寻星镜视场圈直径 5°，目镜视场圈直径 1°，极限星等 9.0 等）

55-zeta (STF 2909)	★★★	⊕⊕⊕⊕	MS	uD
见星图 02-7		m3.7/3.8, 2.0", PA 190°	22h 28.8m	-00°01'

用 10 英寸望远镜 180 倍放大率观看，宝瓶座 ζ（55 号星）是一对漂亮且对称的黄颜色的双星（斯特鲁维编号 STF 2909）。但是这对双星用小望远镜不是很容易分解，我们用 90mm 口径的折射望远镜和 200 倍放大率观察它时，它只是一颗显得有点扁长的恒星，无法分解为双星，颜色特征也不明显。当然，这颗星还是很好找的，就是前文提到的“水罐”Y 形分叉点的那颗星。

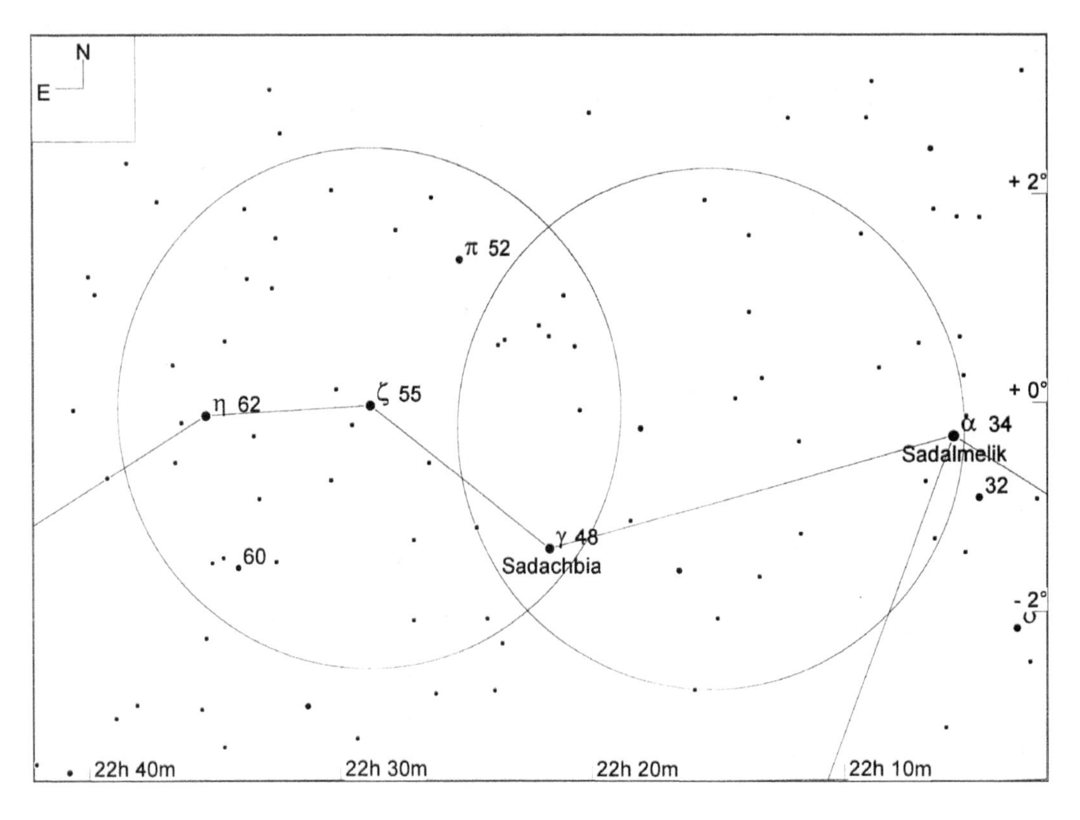

星图 02-7

宝瓶座 ζ（55号星）（STF 2909）（视场宽 10°，寻星镜视场圈直径 5°，极限星等 9.0 等）

94 (STF 2998)	★★★★	◐◐◐	MS	uD
见星图 02-8		m5.2/5.2, 12.4", PA 351°	23h 19.1m	–13°27'

宝瓶座 94 号星是一对漂亮、对称且彼此分离较大的双星，两颗成员星在各种口径的望远镜中都呈现出强烈的颜色对比。我们用 10 英寸望远镜 90 倍放大率观看时，两颗成员星一颗是淡红色，一颗是深绿色。用 90mm 折射望远镜和 100 倍放大率时，此星呈橙黄色和灰绿色。

要定位这对双星，首先要把宝瓶座 φ（90 号星）放在寻星镜视场的北缘，此时在视场内偏南的位置上能看到 3 颗星组成一个小弧，这 3 颗星是 ψ^1、ψ^2 和 ψ^3（91、93 和 95 号星）。将这三颗星移到视场的北缘，就能在视场南缘找到 94 号星了。

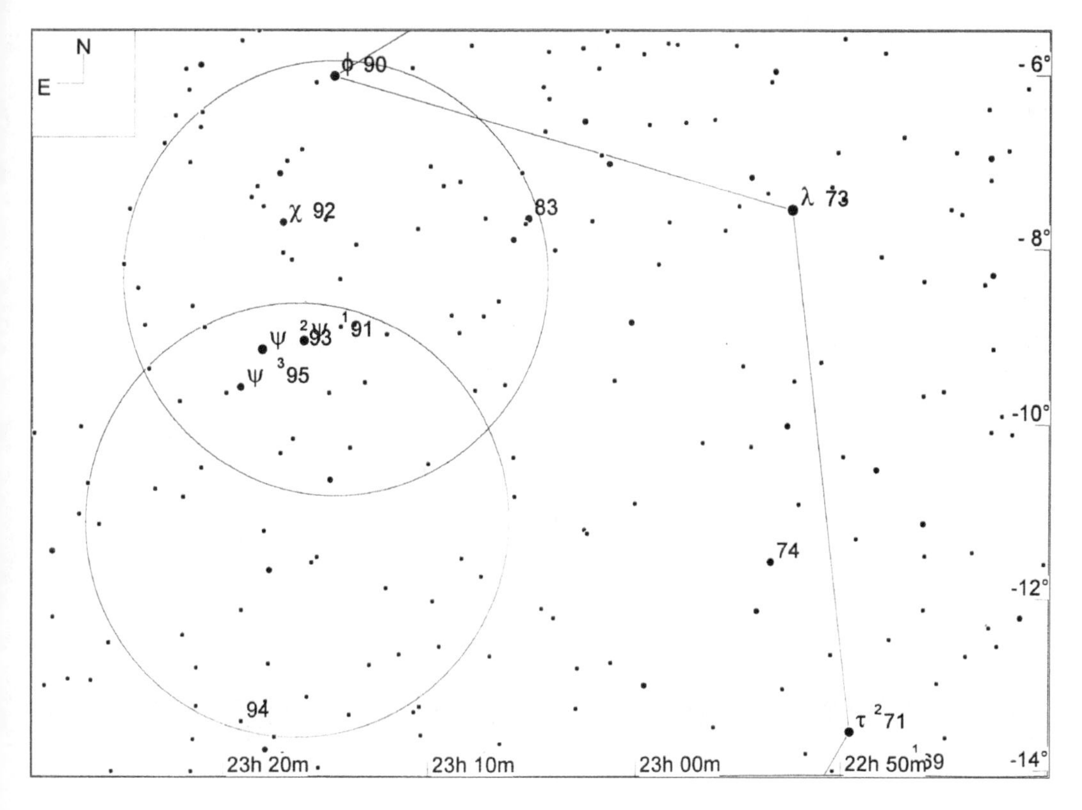

星图 02-8

宝瓶座 94 号星（STF 2998）（视场宽 12°，寻星镜视场圈直径 5°，极限星等 9.0 等）

03

天鹰座，雄鹰

星座名：天鹰座（Aquila）

适合观看的季节：夏

上中天：7 月上中旬午夜

缩写：Aql

所有格形式：Aquilae

相邻星座：宝瓶、摩羯、海豚、武仙、蛇夫、盾牌、巨蛇、天箭、人马

所含的适合双筒镜观看的天体：NGC 6709

所含的适合在城市中观看的天体： NGC 6709

天鹰座的面积是 652 平方度，属于中等，占天球的 1.6%，在全天 88 星座中排第 22 位。希腊荷马史诗里就提到了它，可见这个星座的古老历史。目前认为，从苏美尔人的时代开始，天鹰座就已被人们视为独立的星座，迄今已有 3 000 ～ 5 500 年了。天鹰座的形状被各个时代、各个地区的人们普遍看作一只大的鸟类动物，通常是一只鹰。

在希腊神话中，这只雄鹰是大神宙斯的宠物，也是他的好伙伴。巨人普罗米修斯盗取了天上的火种，送给人类，这一行为惹恼了宙斯，宙斯就把普罗米修斯用铁链锁在一块岩石上，派这只鹰去抓挠和啄食普罗米修斯的身体。但另一位勇士赫拉克勒斯（Hercules）用自己的强弓射死了这只鹰，保护了普罗米修斯。失去心爱宠物的宙斯非常悲痛，于是把这只鹰升为星座，让它能永远翱翔在天穹上。

天鹰座的标志天体当然是 Altair 星，即天鹰座 α（也即我国的牛郎星——译者注）。Altair 这个名字译自阿拉伯语，意思是“飞翔的鹰”。这颗星也是“夏季大三角”的南端顶点。夏季大三角的西北顶点则是天琴座 α（织女星——译者注），东北顶点是天鹅座 α（天津四——译者注）。

天鹰座位于天赤道上，西北侧的一半区域被包含在银河的光带里。尽管如此，它的区内还是缺少银盘内常有的疏散星团和其他类型深空天体。除了醒目的疏散星团 NGC 6709 和显眼的行星状星云 NGC 6781 之外，天鹰座天区内实在没有什么别的深空天体堪称精品了。

天鹰座很好找，沿着夏夜银河的一侧，在天鹅座和天蝎座之间就能看到它。对北半球中纬度观测者来说，初夏时节，天鹰座就在天黑之后升起。而到了晚秋，它也还能在天黑后挂在天幕上一两个小时才落下。

表 03-1

天鹰座中有代表性的星团、星云和星系

天体名称	类型	视亮度	视尺寸	赤经	赤纬	梅	双	城	深	加	备注
NGC 6709	OC	6.7	13.0	18 51.5	+10 20			◉	◉		Cr 392; Mel 214; Class IV 2m
NGC 6781	PN	11.8	1.8	19 18.5	+06 32					◉	Class 3+3

表 03-2

天鹰座中有代表性的双星或聚星

天体名称	星对	星等1	星等2	角距	方位角	年份	赤经	赤纬	城观	双星	备注
57-Aquilae	STF 2594	5.7	6.5	35.6	170	1991	19 54.6	–08 14		◉	
-	STF 2404	6.4	7.4	3.6	181	1991	18 50.8	–10 59		◉	

星图 03-1

天鹰座星图（视场宽 45°）

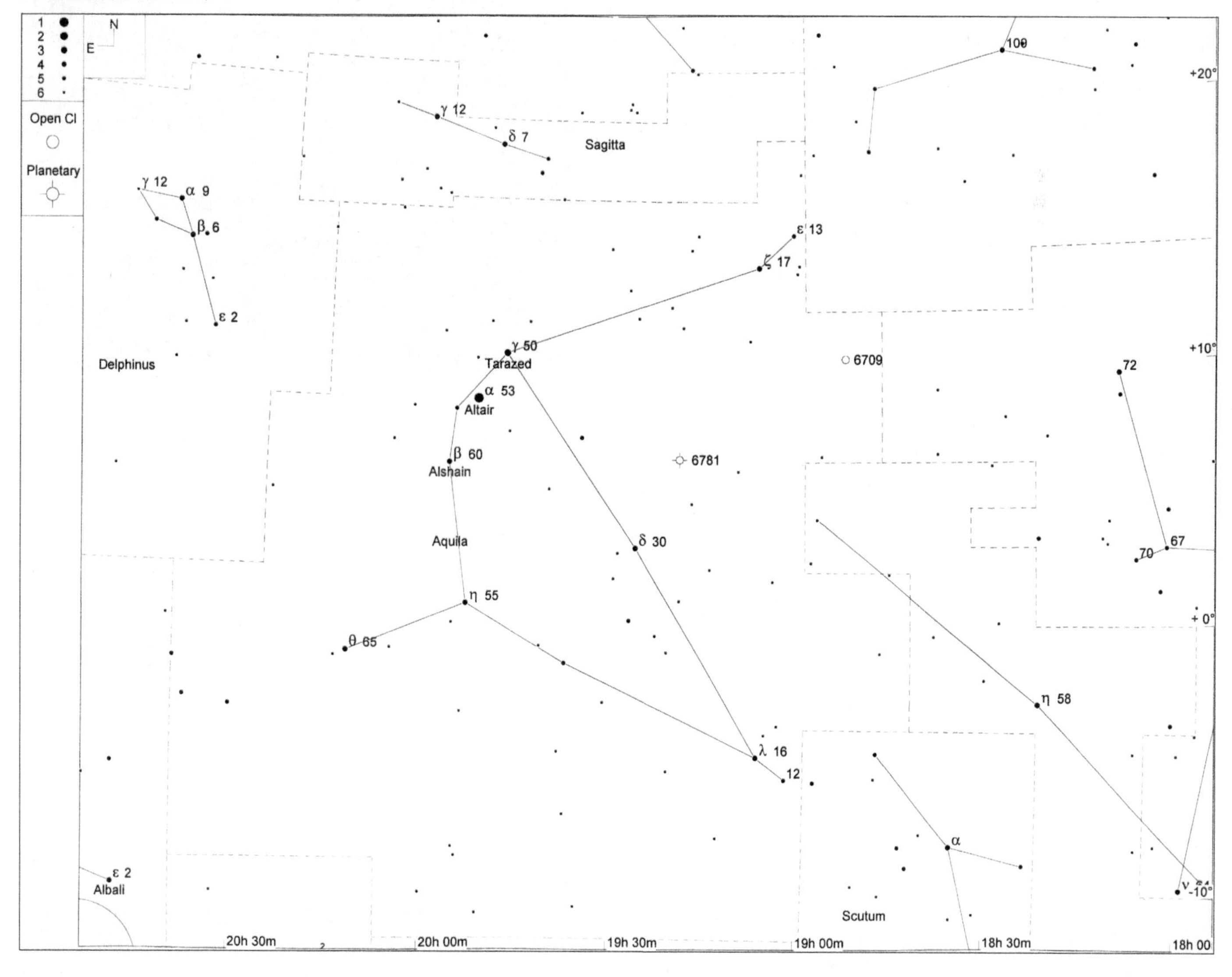

NGC 6709	★★★	⊕⊕⊕⊕	OC	MBUDR
见星图 03-2	见影像 03-1	m6.7, 13.0'	18h 51.5m	+10°20'

在 50mm 口径的寻星镜或双筒镜中，疏散星团 NGC 6709 是一片模糊的光斑，在 4 英寸或更大口径的望远镜中可以分解出一些恒星。在我们的 10 英寸望远镜和 90 倍放大率下，NGC 6709 的最显著特征是它内部靠西侧的地方有一对 9 ～ 10 等的恒星比其他成员星稍亮，一颗是蓝白色，一颗是黄色。在它中心附近有一颗 9 等星，在它内部从西侧到北西北方向还有十来颗 10 ～ 11 等星，此外整个星团还含有不少于 40 颗 11 ～ 13 等星。所有成员星在星团内部都聚集成团块状或链状，团块之间和链与链之间有明显的空带分隔。

NGC 6709 很好找。首先将 3 等的天鹰座 ζ（17 号星）和 4 等的天鹰座 ε（13 号星）放到寻星镜视场的东北边缘。这时，视场内很明显还有一对 5 ～ 6 等的恒星，即天鹰座 10 号和 11 号星彼此依偎。我们假设将这一对星看做一颗星，那么它与 ζ、ε 两星就构成了一个等腰三角形。以 ζ、ε 的连线为底边，向“10–11 号星”的方向（即向南西南方向）作垂线延伸出去约 5°，就可以找到 NGC 6709。如果寻星镜视场直径为 5.5°，那么 NGC 6709 此时就会在视场的南西南方向的边缘上；而我们的寻星镜是 9 × 50 的 RACI 式（角度校正成像式）寻星镜，视场直径是 5°，所以 NGC 6709 此时不在视场里，而在视场边缘外边一点。此时也只要将寻星镜向南西南方向微微挪动一点，就可以找到目标了。

当你通过目镜欣赏 NGC 6709 的时候，别忘了顺便定位并观测一下双星 STF 2404，这个双星我们在本章的结尾介绍。

影像 03-1

NGC 6709（视场宽 1°）

本照片承蒙帕洛马天文台和太空望远镜科学研究院惠允翻拍自数字巡天工程成果

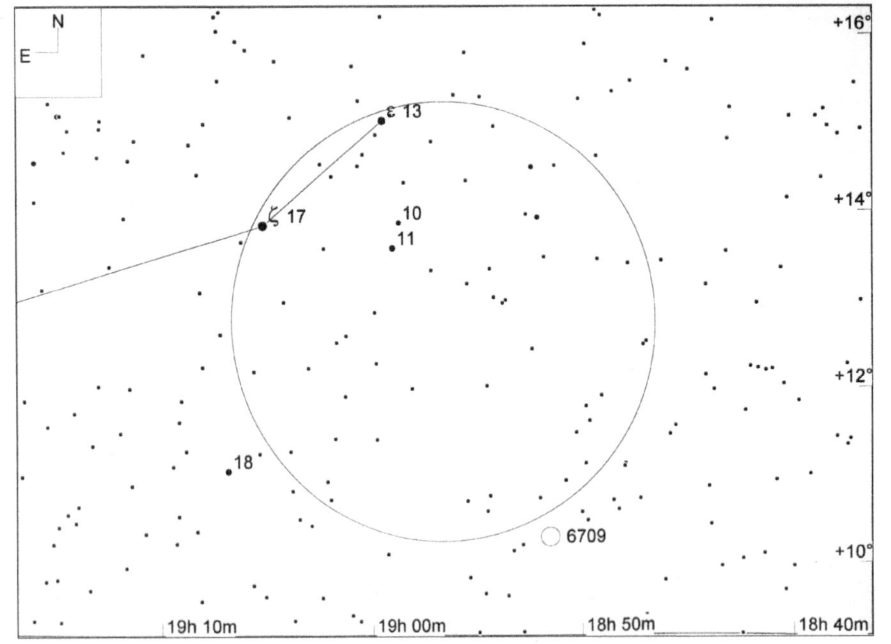

星图 03-2

NGC 6709（视场宽 10°，寻星镜视场圈直径 5°，极限星等 9.0 等）

NGC 6781	★★★	⊕⊕⊕	PN	MBUDR
见星图 03-3	见影像 03-2	m11.8, 1.8'	19h 18.5m	+06°32'

NGC 6781 早已被承认是天鹰座内最亮也最动人的行星状星云，威廉姆•赫歇尔（Williom Herschel）在 1788 年就首次记录了它。我们用 10 英寸望远镜观测时，只需要 42 倍的放大率就能明显看出它不是一颗恒星。如果把放大率升到 125 倍并加上 O-Ⅲ滤镜或窄带滤镜，那么 NGC 6781 就是一个大而圆的显而易见的行星状星云了。用余光扫视它，可以感知到它的环带从西侧经过南侧一直围绕到东侧都很清晰，但在从东北到西北的这一段，环带却暗得几乎看不见。

要想定位 NGC 6781，请让你的寻星镜视场从星图 03-3 所示的位置开始，也就是把天鹰座 μ（38 号星）和 δ（30 号星）放在寻星镜视场的两端。然后，向西南西方向移动寻星镜，直到 δ 星到达视场的东南边缘。此时 6 等的天鹰座 22 号星应该出现在靠近视场中心的地方，而 5 等的 21 号星应该处于视场南西南方向的边缘（注意参看星图 03-3）。此时注意寻星镜视场的北边缘，有一颗 7 等星在周边比它更暗的群星中非常显眼，还有一颗 9 等星与它相伴。这时就要精确定位了，将寻星镜的十字叉丝中心点放在这颗 7 等星上，然后将寻星镜向东移动约 0.5°，此时用低倍目镜去看看吧，NGC 6781 应该已经出现在你的目镜视场中了。不用任何滤镜，也可以看到它属于一个中等偏亮的星云，并且有明显的圆环状结构。

影像 03-2

NGC 6781（视场宽 1°）

本照片承蒙帕洛马天文台和太空望远镜科学研究院惠允翻拍自数字巡天工程成果

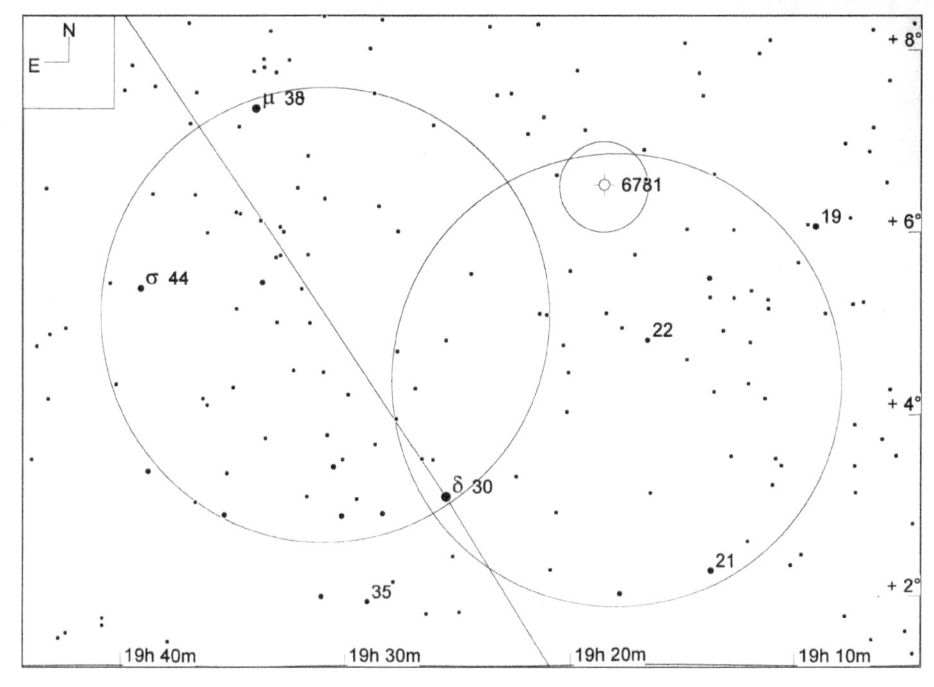

星图 03-3

NGC 6781（视场宽 10°，寻星镜视场圈直径 5°，目镜视场圈直径 1°，极限星等 9.0 等）

57-Aql (STF 2594)	★★	⊕⊕⊕	MS	uD
见星图 03-4		m5.7/6.5, 35.6", PA 170° (1991)	19h 54.6m	–08°14'

天鹰座 57 号星（STF 2594）是一对彼此很相似的白色恒星，其角距足以让我们在低倍下分解它们。在目镜中观察这对双星时，位于其南西南方向 22' 的天鹰座 56 号星也可以被涵盖在同一个视场之内，而这个 56 号星其实也是一对双星。但若想分解 56 号星，则比分解 57 号星难得多。虽然 56 号星的角距达到 46"，要宽于 57 号星的角距，但 56 号星的主星亮度是 5.8 等，伴星亮度只有 12.3 等，彼此相差悬殊，使得伴星经常被主星的光芒淹没，从而让我们注意不到伴星的存在。

STF 2594 虽然属于天鹰座，但是寻找它的最快方法却是从摩羯座的天区开始。首先找到位于摩羯座西北角上的亮星摩羯座 α2（6 号星，俗名 Algedi），将其放到寻星镜视场的东边缘，这时应该会在视场的西南边缘找到 6 等的人马座 63 号星。将视场向西移动，让人马座 63 号星跑到视场的东南边缘，这时视场的西北边缘应该会见到 5 等的天鹰座 51 号星。向北移动视场，让天鹰座 51 号星跑到视场的西南边缘，就可以看到靠近视场中央的位置有一对显眼的恒星，其中更靠北一点的就是我们要找的 STF 2594。

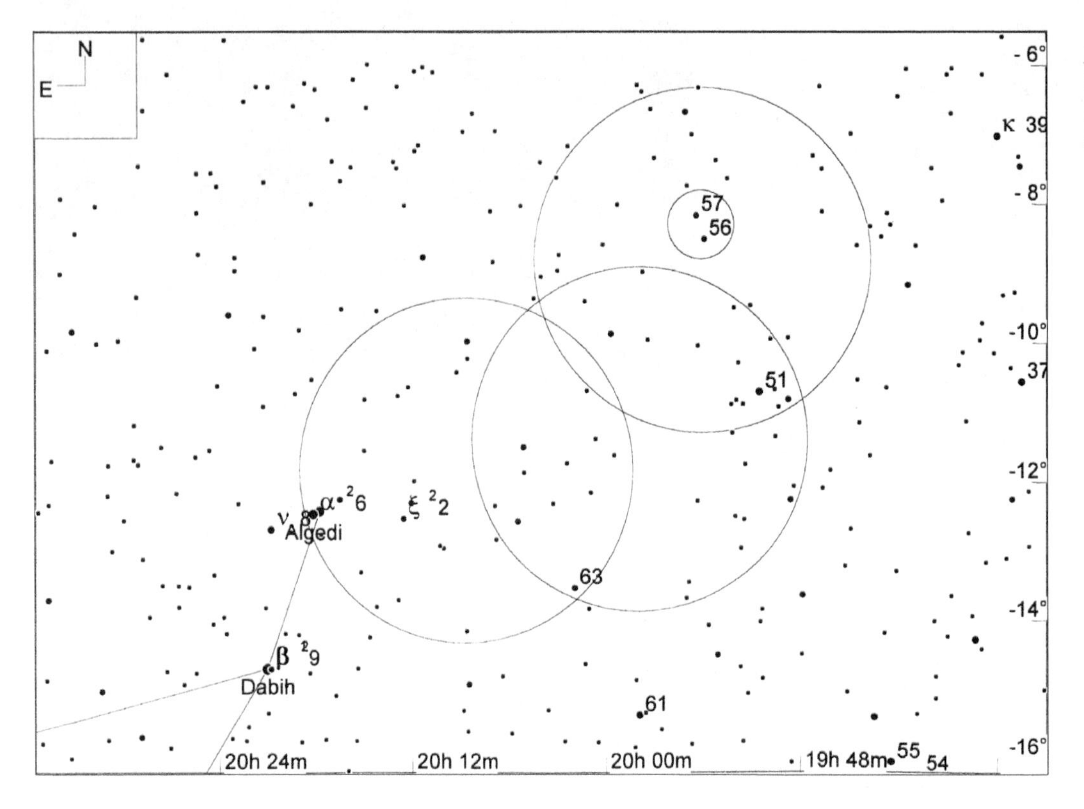

星图 03-4

天鹰座 57 号星（STF 2594）（视场宽 10°，寻星镜视场圈直径 5°，目镜视场圈直径 1°，极限星等 9.0 等）

STF 2404	★	⊕⊕⊕⊕	MS	uD
见星图 03-2和星图03-5		m6.4/7.4, 3.6", PA 181° (1991)	18h 50.8m	+10°59'

STF 2404 是一对比较平凡的双星，位于 NGC 6709 的北边约 40' 处。

虽然貌不惊人，但这对双星很好找，因为它能与 NGC 6709 被涵盖在低倍目镜的同一视场之内。寻找 NGC 6709 的方法前文已经介绍过了（见星图 03–2），因此在找到 NGC 6709 之后，只要盯住低倍目镜，微微调整望远镜，将其放到目镜视场的南边缘，就明显能注意到这对 6 等星出现在目镜视场内的西北方部分，见星图 03–5。然后，将这对双星调整到目镜视场中央，换上高倍目镜（放大率 90 倍或更高），即可尝试分解它们。

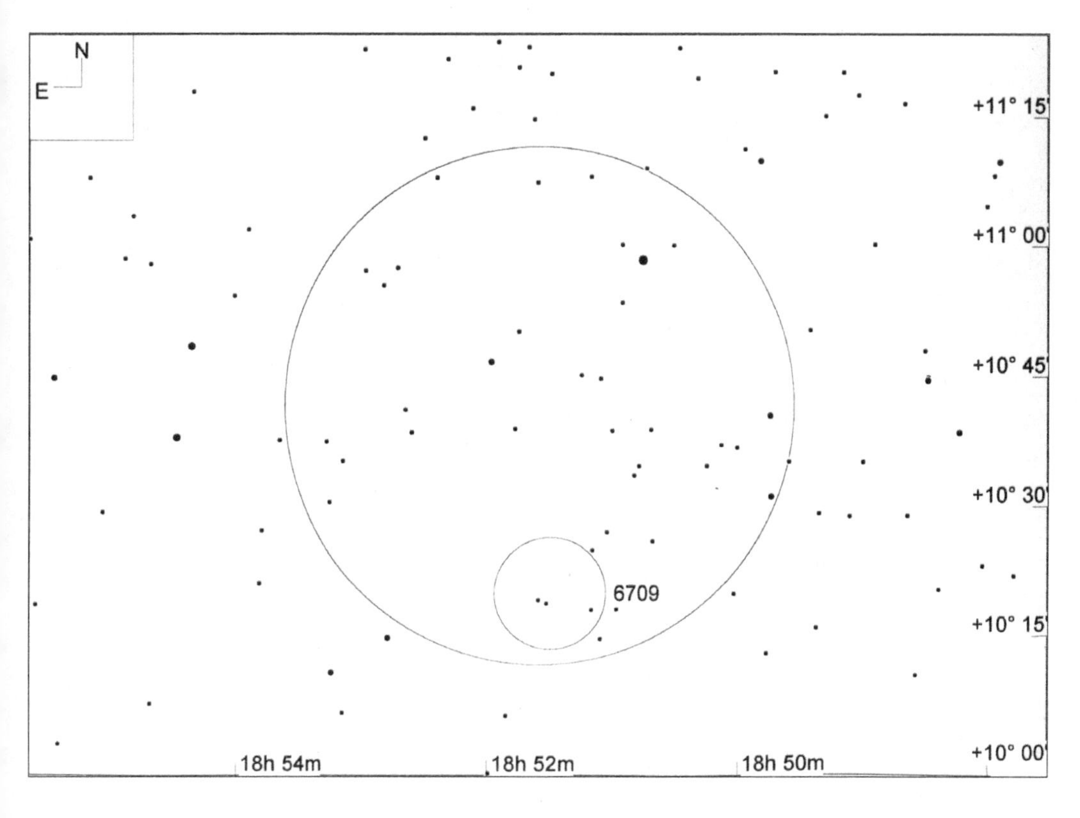

星图 03-5

STF 2404（视场宽 2°，目镜视场圈直径 1°，极限星等 11.0 等）

04

白羊座，公羊

星座名：白羊座（Aries）
适合观看的季节：秋
上中天：10月中下旬午夜
缩写：Ari
所有格形式：Arietis
相邻星座：鲸鱼、英仙、双鱼、金牛、三角
所含的适合双筒镜观看的天体：（无）
所含的适合在城市中观看的天体： 5-gamma (STF 180)

白羊座并不显眼，但很好找到，因为它就在金牛座昴星团的西边，三角座的南边。白羊座的面积为441平方度，约占天球面积的1.1%，属于中等大小的星座，在全天88星座里处于第39位。白羊座被视为星座的历史很久远，早在古希腊和古罗马时期它就已经很知名了。

白羊座位于天球赤道上，所以也是黄道十二星座之一。在古希腊文明的时代，春分点尚且位于白羊座，也就是说，每年春天开始的时候，太阳都位于白羊座，所以从那时起白羊座就被视为“黄道十二星座之首”。但是，数千年来，由于地球的自转轴在宇宙空间中的指向在逐渐缓慢地改变，所以春分点也在不断地退行，如今春分点已经不再位于白羊座，而是向西退到双鱼座的天区里去了。不过，出于习惯，人们还是把白羊座奉为十二个黄道星座里的第一个。

在希腊神话中，白羊座就是被伊阿宋（Jason）乘坐阿格诺号（Argonauts）抢走的金羊毛。故事的缘起是这样的：赛萨利王国（Thessaly）的国王阿塔玛斯（Athemus）原有一位妻子妮佩蕾（Nephele），生有王子普里克斯（Phyrxus）和公主赫蕾（Helle）。后来，国王又娶了一位年轻貌美的妃子伊诺（Ino），伊诺非常嫉妒妮佩蕾及其一双儿女，准备加害他们。她密谋策划了一次粮食歉收（据说是事先把种子炒熟再发给百姓——译者注），国王面对大灾非常焦急，遣使臣去请求神谕。伊诺又收买了使臣，让使臣给国王带回一条“想结束天灾，就必须杀死普里克斯来献祭”的假神谕。

国王听完尽管后悔不已，但还是决定遵守“神谕”，准备杀掉普里克斯。妮佩蕾作为母亲，听到消息后赶忙去向宙斯大神祷告，请他在这危急关头拯救普里克斯和赫蕾的性命。宙斯就派遣了一头飞行的公羊降临到献祭现场，让两兄妹骑着这头飞羊逃离了祖国。但不幸的是，在飞行过程中，公主赫蕾不慎坠下羊背，掉进了位于亚欧之交的海峡里，淹死了。这条海峡此后就叫做赫蕾斯邦（Hellespont）海峡，也就是今天土耳其的达达尼尔海峡。王子普里克斯则平安到达了由埃厄忒斯（Aeetes）统治着的科尔基斯王国（Colchis）。但是，不明真相的普里克斯在脱险之后，居然把这头飞羊杀了给宙斯献祭。而飞羊的金羊毛则被他献给了科尔基斯王国，放在该国的圣林中，由一条凶猛的恶龙来看守，直到伊阿宋攻到此地，将金羊毛掠走。

白羊座中最亮的3颗恒星（α、β、γ，俗名分别为Hamal、Sheratan、Mesarthim）都位于该星座领域的西端，被视为公羊的头部。这个星座中值得本书介绍的深空天体只有一个，是星系NGC 772，另外我们还要介绍白羊座内的两颗双星。虽然目标寥寥，但它们都很好找，所以不妨一看。

表 04-1

白羊座中有代表性的星团、星云和星系

天体名称	类型	视亮度	视尺寸	赤经	赤纬	梅	双	城	深	加	备注
NGC 772	Gx	11.1	7.2 x 4.2	01 59.3	+19 01					◉	Class SA(s)b; SB 13.6

表 04-2

白羊座中有代表性的双星或聚星

天体名称	星对	星等1	星等2	角距	方位角	年份	赤经	赤纬	城观	双星	备注
5-Gamma	STF 180	3.9	3.9	7.8	1	1994	01 53.5	+19 18	◉	◉	Mesartim
9-Lambda	n/a	4.8	7.3	36	50	n/a	01 57.9	+23 36		◉	SAO75051 / 75054

星图 04-1

白羊座星图（视场宽 25°）

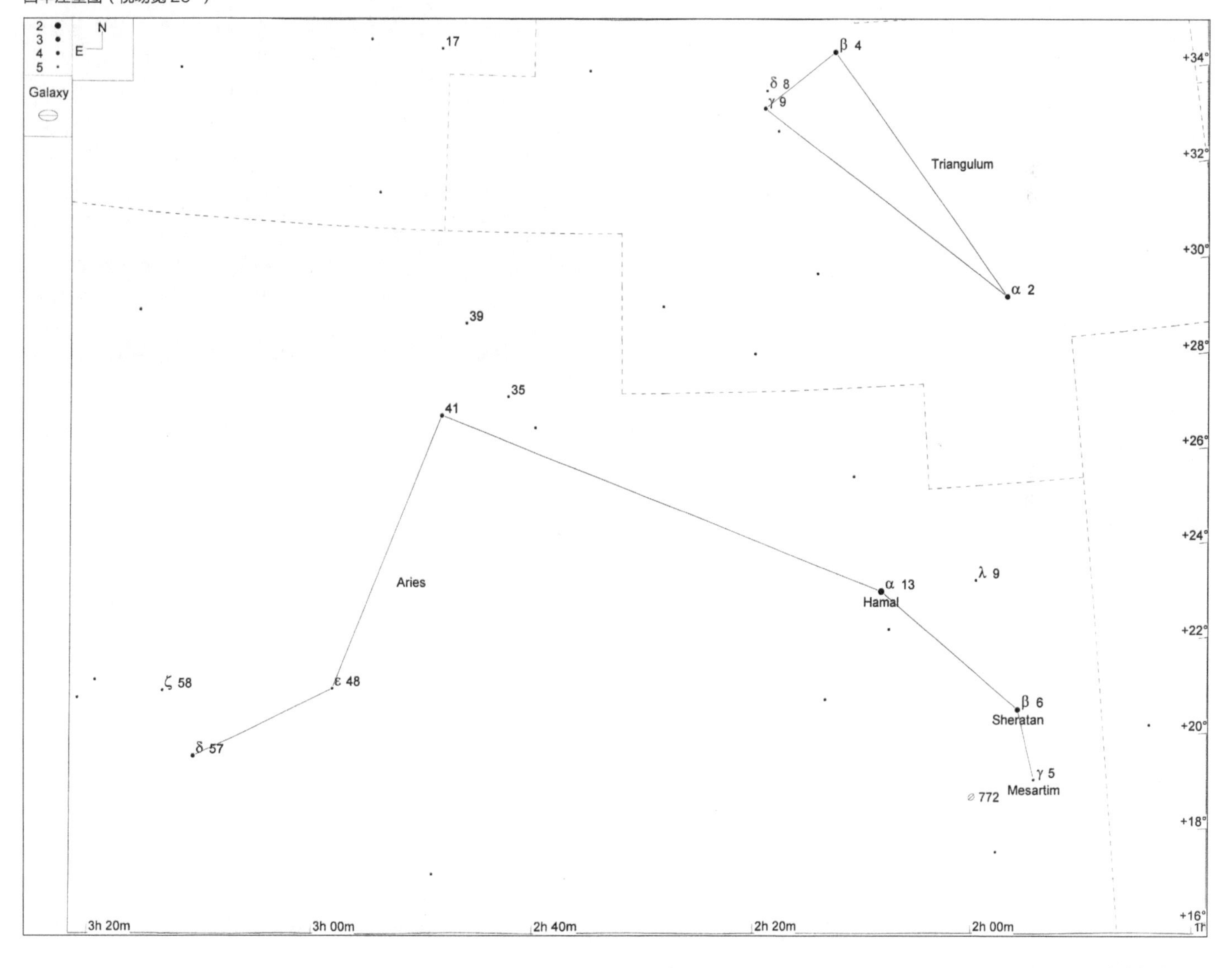

NGC 772	★★	⊖⊖⊖	GX	MBUDR
见星图 04-2	见影像 04-1	m11.1, 7.2' x 4.2'	01h 59.3m	+19°01'

NGC 772 是个很小但相对比较亮的星系。在 10 英寸望远镜中用 42 倍放大率观看，它有一个亮核，并被较暗的绒毛状斑块所包裹。如果把放大率加到 125 倍，并用余光扫视它，似乎能感到其亮核有一些可以分解出恒星的迹象。在这个星系的东南—西北方向上，还能看到暗弱的云雾状边缘中含有一些斑驳的细节，延展尺度为 2"。

想定位NGC 772的话，请按星图 04–2 所示，将 Sheratan 和 Mesarthim（白羊座 β 和 γ）放入你的寻星镜视场，此时 5 等的白羊座 ι（8 号星）明显位于寻星镜视场内西南侧 1/4 直径的位置，而 6 等的白羊座 15 号星出现在寻星镜视场的最东边。这时，将视场向正西偏移约 15"，NGC 772 应该就进入目镜视场里了。

影像 04-1

NGC 772（视场宽 1°）

本照片承蒙帕洛马天文台和太空望远镜科学研究院惠允翻拍自数字巡天工程成果

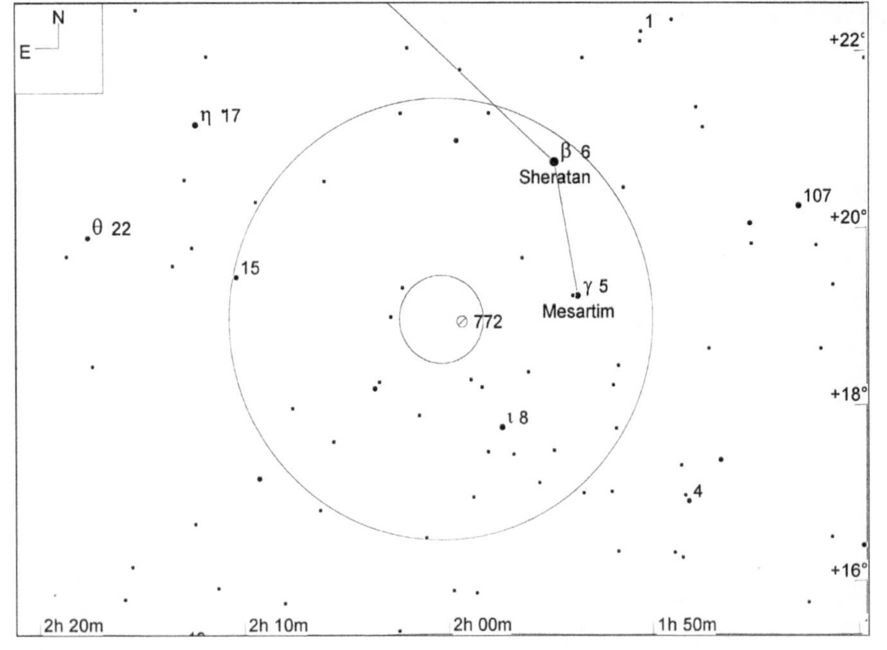

星图 04-2

NGC 772（视场宽 10°，寻星镜视场圈直径 5°，目镜视场圈直径 1°，极限星等 9.0 等）

5-gamma (STF 180)	★★★	⚈⚈⚈⚈	MS	UD
见星图 04-1		m3.9/3.9, 7.8", PA 1° (1994)	01h 53.5m	+19°18'

白羊座 γ（5 号星）不但肉眼可见，而且也是一对亮度均等，紧密相依的蓝白色美丽双星，斯特鲁维编号为 STF 180。我们用 10 英寸望远镜下的 125 倍放大率可以很轻松地分解它，视场内同时还可以看到由一大片 8 ～ 12 等恒星组成的繁华的背景星场。

9-lambda	★★	⚈⚈⚈⚈	MS	UD
见星图 04-3		m4.8/7.3, 36", PA 50°	01h 57.9m	+23°36'

白羊座 λ（9 号星）角距更大，更容易分解，4.8 等的主星是黄色，7.3 等的伴星是蓝色。我们的 10 英寸望远镜用 42 倍放大率即可分解它，在它东边很近的地方还有另一对更暗但角距更大的双星，分别为 9 等和 11 等。

要定位白羊座 λ，请按星图 04-3 所示，将白羊座 α 和 β 分别放在寻星镜视场的相应位置，此时在视场中心稍偏北一点的地方就可以明显看到白羊座 λ 在闪耀了。在它正西侧 30' 处还有亮度为 6 等的白羊座 7 号星可作参照。

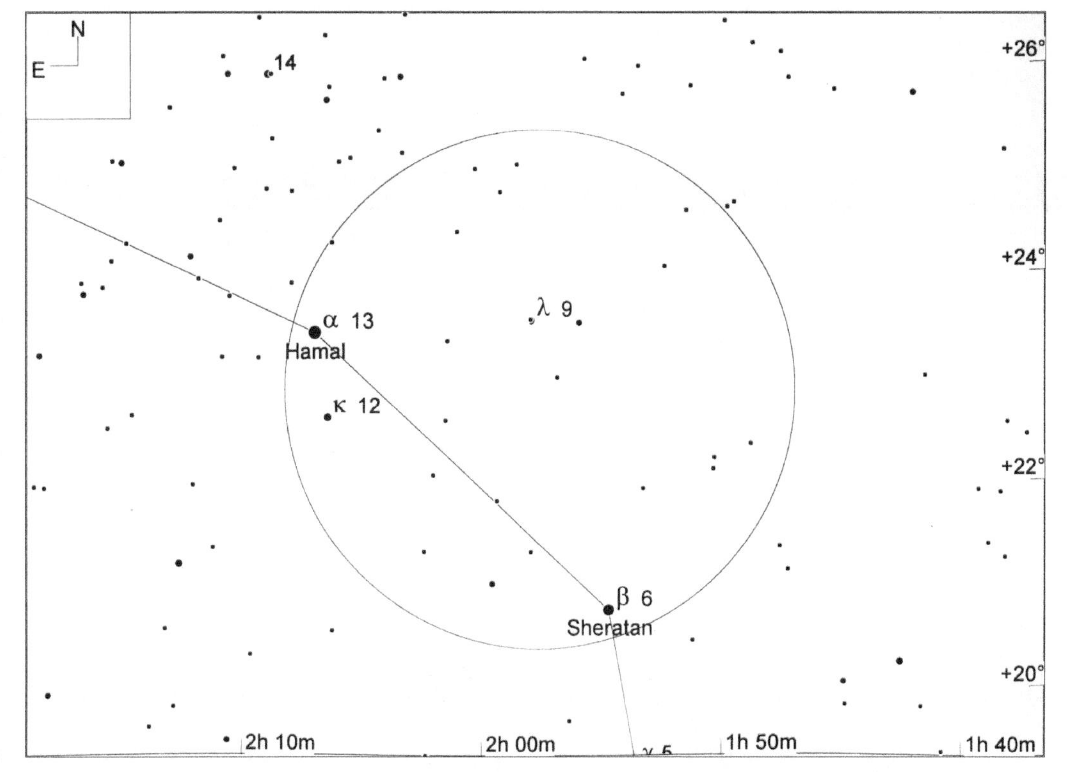

星图 04-3

白羊座 λ（视场宽 10°，寻星镜视场圈直径 5°，极限星等 9.0 等）

05

御夫座，驾驭战车的人

星座名：御夫座（Auriga）
适合观看的季节：深秋
上中天：12 月上中旬午夜
缩写：Aur
所有格形式：Aurigae
相邻星座：鹿豹、双子、天猫、英仙、金牛
所含的适合双筒镜观看的天体：NGC 1893, NGC 1907, NGC 1912 (M 38), NGC 1960 (M 36), NGC 2099 (M 37), NGC 2281
所含的适合在城市中观看的天体： NGC 1912 (M 38), NGC 1960 (M 36), NGC 2099 (M 37), NGC 2281, 37-theta

御夫座面积 657 平方度，占天球的 1.6%，在全天 88 星座中排第 21 位，是个醒目的大星座。人类很早就关注这个星座了，在希腊神话和罗马神话都对它有记载，但都没有把它联想成战车或驾驭战车的人。尽管如此，早在古希腊时代之前，已经有人将这个星座联想为战车驾驭者了，至少我们确定巴比伦文明是这样联想的，或许苏美尔人的时代就已经这么联想了。在古希腊和古罗马人那里，这个星座被认为是个牧羊人，他放牧着一只母羊和这只母羊所生的一群小羊。御夫座 ζ 和 η（8 号星和 10 号星）代表着这些羊。希腊人把御夫座的最亮星称为 Amaltheia，也就是那头母羊的名字，那头母羊曾经给婴儿时期的宙斯喂过奶。这颗星现在被称为 Capella，这个名字是罗马时代开始叫的，在拉丁语里也是“母羊”之意。

御夫座的主要亮星（包括 0 等的 Capella）组成了一个醒目的五边形，因此，尽管它身处繁星锦簇的冬季夜空，但也很容易辨识。五边形中位于最南端，与 Capella 相对的是 2 等的御夫座 γ（俗名 Alnath）。由于历史原因，这颗星有着双重身份，它曾经被划在金牛座，并被称为金牛座 β（金牛座 112 号星）。

表 05-1

御夫座中有代表性的星团、星云和星系

天体名称	类型	视亮度	视尺寸	赤经	赤纬	梅	双	城	深	加	备注
NGC 2099	OC	5.6	23.0	05 52.3	+32 33	◉	◉	◉			M 37; Cr 75; Class II 1 r or I 2 r
NGC 1960	OC	6.0	12.0	05 36.3	+34 08	◉	◉	◉			M 36; Cr 71; Class I 3 r
NGC 1931	OC/RN/EN	10.1	6.0	05 31.4	+34 15					◉	Cr 68; Stock 9; Class I 3 p n
NGC 1912	OC	6.4	21.0	05 28.7	+35 51	◉	◉	◉			M 38; Cr 67; Class II 2 r
NGC 1907	OC	8.2	6.0	05 28.1	+35 20				◉		Cr 66; Mel 35; Class I 1 m n
NGC 1893	OC	7.5	11.0	05 22.8	+33 25				◉		Cr 63; Mel 33; Class II 3 r n
NGC 2281	OC	5.4	14.0	06 48.3	+41 05			◉	◉		Cr 116; Mel 51; Class I 3 m

表 05-2

御夫座中有代表性的双星或聚星

天体名称	星对	星等1	星等2	角距	方位角	年份	赤经	赤纬	城观	双星	备注
37-theta	STF 545	2.7	9.2	130.7	350	1924	05 59.7	+37 13	◉		

御夫座内的亮星不少，且分布比较分散，因此我们在定位御夫座内的深空天体时，就有了一个很好的“路标”（参照星）体系。由于御夫座在冬夜银河中占据了不少的面积，所以它的天区也就富集了很多明亮的疏散星团，其中包括梅西耶目录里的三个著名疏散星团 M 36、M 37 和 M 38。御夫座位于与银河中心相对的位置，也就是说，它与我们同在银盘平面上，但比起我们，它离银心更远。当我们注视御夫座时，实际上是透过它望向了银河系边缘之外的宇宙，因此，在御夫座天区内，我们看不到像天鹅座和人马座天区内那样惊人地繁多的恒星。天鹅座和人马座的主要恒星都位于我们与银心之间。

在双子座那著名的两颗亮星和金牛座的昴星团（M 45）之间连一道线，在线的中点稍向北偏十几度，就可以找到 Capella 即御夫座 α。然后，再确定由它领衔的五边形就很容易了。对于北半球中纬度的观测者而言，从秋季的中段开始，御夫座就会在天黑之后升起，直到来年的春季中段，它仍然能在每天天黑后留在天幕上一两个小时。

星图 05-1

御夫座星图（视场宽 50°）

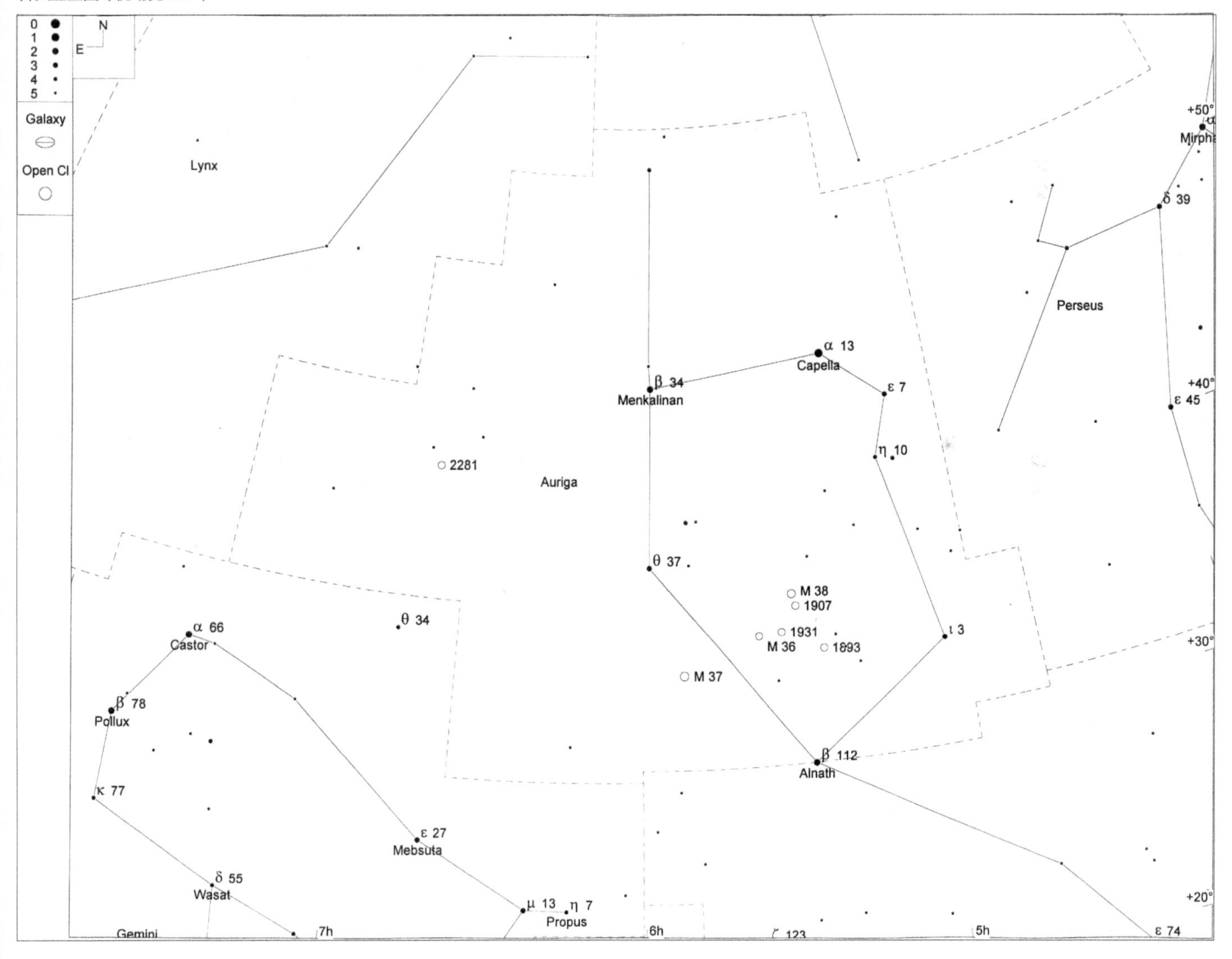

如星图 05–2 所示，我们先来看看御夫座核心部位的“疏散星团六重组”，注意，这个称号只是我们自己编的。除了无可比拟的猎户座“腰带”与“佩剑”天区外，我们认为御夫座的核心区域要算冬夜星空里最好看的单个天区了。M 36、M 37 和 M 38 仅用 50mm 寻星镜都能清楚看到，而且，假如你的寻星镜或双筒镜的视场直径大于 6°，还可以将它们三者囊括在同一个视场之内。

“六重组”中还有另外 3 个相对较暗的疏散星团，其实，其中的两个——NGC 1893 和 NGC 1907 也都比较容易用双筒镜看到，唯独 NGC 1931 的亮度达不到一般双筒镜的下限。但是，这 5 个疏散星团可以被大视场的双筒镜同时观看，并不表明它们只值得用双筒镜来看。只要用一台哪怕很小的单筒天文望远镜，单独观看它们的每一个，都会看到不少细节。

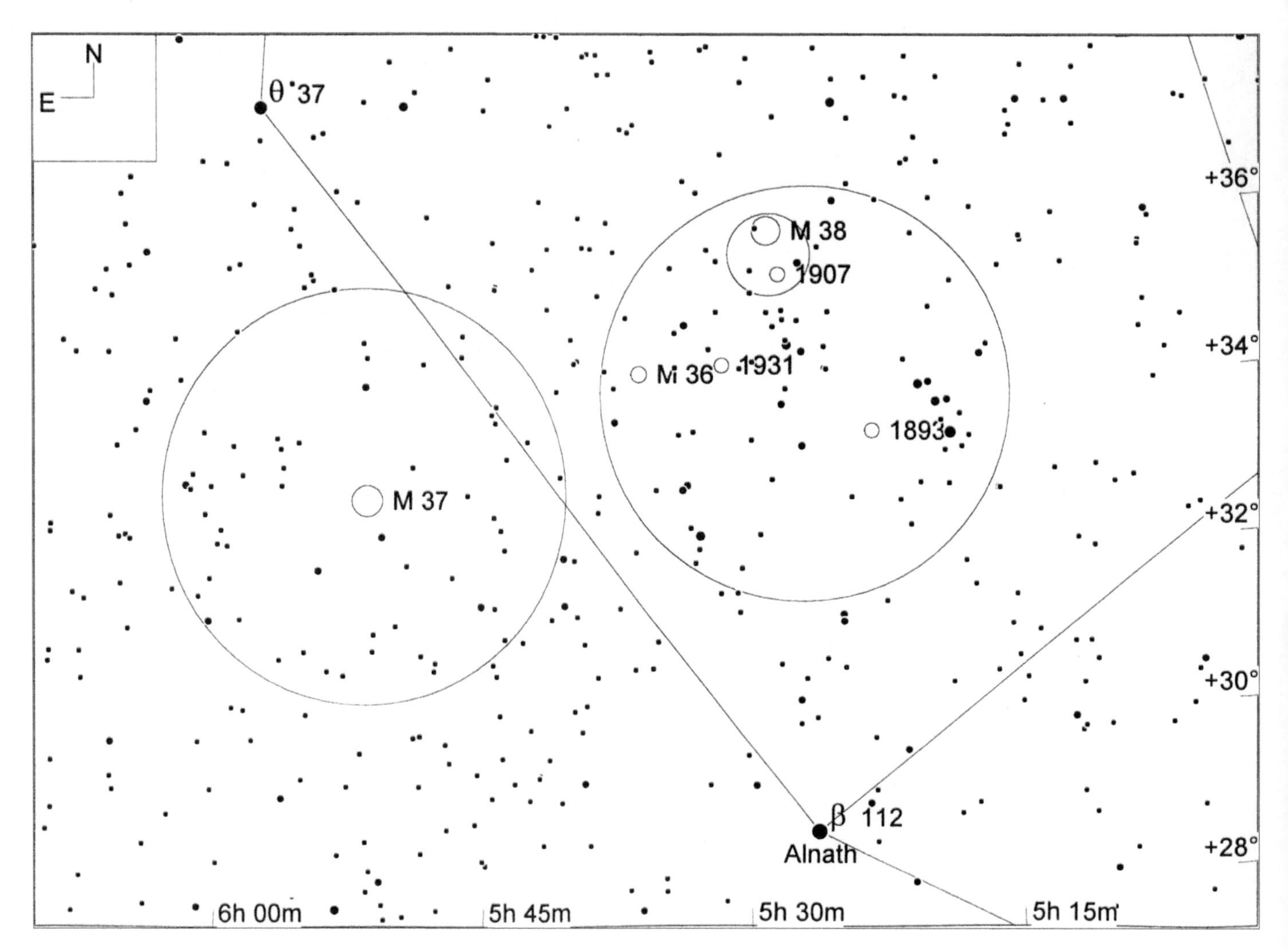

星图 05-2

御夫座核心区域星图（视场宽 15°，寻星镜视场圈直径 5°，目镜视场圈直径 1°，极限星等 9.0 等）

M 37 (NGC 2099)	★★★★	⊕⊕⊕⊕	OC	MBUDR
见星图 05-2	见影像 05-1	m5.6, 23.0'	05h 52.3m	+32°33'

先说 M 37 吧，因为我们觉得 M 37 算是整个天球上最棒的疏散星团了。在 50mm 口径的寻星镜或双筒镜中，M 37 是一团大而明亮的云雾状物体，不能分解为恒星。在特朗普勒分级法中，M 37 被划为第Ⅰ 2 r 级或第Ⅱ 1 r 级（我们觉得后者分得更确切）。在我们的 10 英寸望远镜、42 倍放大率下，M 37 就以其密集的成员星从周围的星场中凸显出来。当放大率增到 90 倍时，它就呈现为一个由 100 颗以上的 9 ～ 13 等恒星组成的壮观、磅礴的星团了。星团中心位置有一对 9 等恒星，还有一条由许多 10 ～ 11 等恒星组成的由西向东的星带，在星团中心东侧逐渐变窄消失。

只要你能认出位于御夫五边形南端的御夫座 β（另一身份是金牛座 112 号星）和五边形西南端的御夫座 θ（御夫座 37 号星），就很容易找到 M 37。方法是：将这两星之间用线连起来，用寻星镜对准此线段中间稍偏向御夫座 θ 一点的位置，然后向东南方向把寻星镜视场偏移约一个视场半径，就能在视场中发现 M 37。将其调整到寻星镜视场中心之后，就可以从目镜去观察了。

影像 05-1

NGC 2099（M 37）（视场宽 1°）

本照片承蒙帕洛马天文台和太空望远镜科学研究院惠允翻拍自数字巡天工程成果

M 36 (NGC 1960)	★★★★	⊕⊕⊕⊕	OC	MBUDR
见星图 05-2	见影像 05-2	m6.0, 12.0'	05h 36.3m	+34°08'

M 36 的尺寸大约是 M 37 的一半，整体亮度稍逊于 M 37，成员星之间的亮度差别也更加悬殊。有些目录将其分为Ⅰ 3 r 级，也有的将其分为Ⅱ 3 m 级，但实际上在比较一般的业余天文望远镜中，它更像是Ⅰ 3 p 级的（记得吗？ p 在此表示成员星较少），只能看到约 40 颗 9 ～ 13 等的成员星。尽管可见的成员星数量不多，但这个星团仍然值得你认真看看，它仍会令你印象深刻。

在 50mm 口径的寻星镜或双筒镜中，M 36 是个中等大小的明亮云雾状天体，直视时，无法分解出成员星。用 10 英寸望远镜的 90 倍放大率观看，M 36 那些稀松聚集着的成员星很容易将它从背景的星空中区别出来。也许是出于它的成员星确实不如 M 37 多的缘故，在我们看来它凝聚程度不高，显得达不到第Ⅰ级。与 M 37 那种比较均匀的分布模式不同，M 36 的成员星更多地聚集成一些不规则的团块。

定位 M 36 也很容易，只需将定位了 M 37 的寻星镜向北西北方向移动约半个视场直径，就可以看到 M 36 进入寻星镜视场了。

影像 05-2

NGC 1960（M 36）（视场宽 1°）

本照片承蒙帕洛马天文台和太空望远镜科学研究院惠允翻拍自数字巡天工程成果

NGC 1931	★★	◕◕◕◕	OC/RN/EN	MBUDR
见星图 05-2	见影像 05-3	m10.1, 6.0'	05h 31.4m	+34°15'

虽然 NGC 1931 被划分为第Ⅰ 3 p 级的疏散星团，但它其实也可以算作一个发射星云或反射星云。用 10 英寸望远镜加 42 倍放大率观察时，它是个中等亮度的云雾状小圆斑。放大率改为 125 倍后，云雾中才能辨认出一个很紧密的星团，大多数成员星很暗，相对亮一点的只有 3 颗。即使再加上窄带滤镜，也看不出云雾状物的尺寸有什么增加，以及它还有什么更多细节了。

NGC 1931 位于 M 36 正西 1°，在低倍目镜中很容易看到，因此很好定位。

影像 05-3

NGC 1931（视场宽 1°）

本照片承蒙帕洛马天文台和太空望远镜科学研究院惠允翻拍自数字巡天工程成果

M 38 (NGC 1912)	★★★★	◕◕◕◕	OC	MBUDR
见星图 05-2	见影像 05-4	m6.4, 21.0'	05h 28.7m	+35°51'

M 38 是御夫座中第二好看的疏散星团，仅次于 M 37。M 38 的特朗普勒分级为Ⅱ 2 r 级或Ⅲ 2 r 级，说明它的成员星向中心聚集的倾向不太明显。在 50mm 的寻星镜和双筒镜中，M 38 是大而明亮的云雾状天体，透过目镜直视时也无法分解为恒星。在 10 英寸望远镜加 90 倍放大率时，M 38 明显分解为多颗 9 ~ 10 等的恒星，以及多于 100 颗的 11 等或更暗的恒星，在周围的星场中十分醒目。

当我们把 M 36 定位在寻星镜视场中央时，在同一视场内的西北部分就可以看到 M 38。

影像 05-4

NGC 1912（M 38）（视场宽 1°）

本照片承蒙帕洛马天文台和太空望远镜科学研究院惠允翻拍自数字巡天工程成果

NGC 1907	★★★	◕◕◕◕	OC	MBUDR
见星图 05-2	见影像 05-5	m8.2, 6.0'	05h 28.1m	+35°20'

NGC 1907 是个典型的较为致密的疏散星团，特朗普勒分级为Ⅰ 1 m n 级。它位于 M 38 南西南方向 30'，在低倍目镜中能与 M 38 被涵盖在同一视场之内。在 50mm 的双筒镜或寻星镜中，NGC 1907 是个中等亮度的云雾状小天体；在 10 英寸望远镜和 42 倍放大率下，NGC 1907 是个云雾状的斑块，从中可以辨识出 10 多颗 9 ～ 10 等的恒星。放大率加到 90 倍时，云雾状的特征依旧，但可分辨出的恒星超过了 25 颗，亮度从 9 ～ 12 等都有。在星团之外的东北侧，有颗很显眼的 9 等背景星；而在星团的南东南方向的边缘上，一对 9.5 等的紧密的双星也很醒目。我们还可以将 M 38 和 NGC 1907 放置在同一目镜视场的两端，对其进行对比，对比的结果相信会令你难忘——M 38 稀疏松散，而 NGC 1907 致密得更像一个球状星团。（如果你喜欢这种在目镜的同一视场内对比两个星团的玩法，那么我们再推荐一对可以这么玩的星团：双子座内的 M 35 和 NGC 2158。）

定位 NGC 1907 的方法不用再单说了吧，它就在 M 38 的南西南方向仅有半度的地方。

影像 05-5

NGC 1907（视场宽 1°）

本照片承蒙帕洛马天文台和太空望远镜科学研究院惠允翻拍自数字巡天工程成果

NGC 1893	★★★	◕◕◕◕	OC	MBUDR
见星图 05-2	见影像 05-6	m7.5, 11.0'	05h 22.8m	+33°25'

NGC 1893 的特朗普勒分级是Ⅱ 3 r 级或Ⅱ 2 m n 级，中等大小，亮度一般的疏散星团，位于银道带繁密的星场之中。在 50mm 的双筒镜或寻星镜中，这个天体仅仅是个又小又暗的模糊斑点。我们用 10 英寸望远镜加 90 倍放大率，可以看到它位于一个由三颗 9 等星组成的边长为 11' 的正三角形处，其东北方向 4' 处还有另一颗 9 等星。能分解出的约 30 颗成员星亮度在 9 ～ 12 等，总体呈椭圆形分布，南北方向为椭圆形的长轴。NGC 1983 被涵盖在一个很暗的发射星云之内（该星云是 IC 410）。在 90 倍放大率下，如果不加滤镜，是没法察觉 IC 410 的存在的；而加了 O- Ⅲ滤镜之后，也必须用余光扫视的方法，才能在 NGC 1893 的西北边缘之外勉强察觉到属于 IC 410 的一些物质。

NGC 1893 很好找。将寻星镜视场从 M 38 开始向南西南方向移动，当 M 38 跑到视场的北东北边缘时（原文作“北西北”，应属笔误——译者注），就能在寻星镜视场内的靠西的位置看到 4 颗 5 等星从东北到西南方向组成了一条长约 1.5° 的链（各星间距不等）。链的几何中心处那颗星是御夫座 16 号星，它正东方 1° 处的暗淡斑点就是 NGC 1893。

影像 05-6

NGC 1893（视场宽 1°）

本照片承蒙帕洛马天文台和太空望远镜科学研究院惠允翻拍自数字巡天工程成果

NGC 2281	★★★	◉◉◉	OC	MBUDR
见星图 05-3	见影像 05-7	m5.4, 14.0'	06h 48.3m	+41°05'

NGC 2281 是个明亮、松散、中等大小的疏散星团，特朗普勒分级是 I 3m 级。在 50mm 的双筒镜或寻星镜中，它是个中等亮度的毛茸茸的斑块，其中心可以辨认出一颗 8 等星。在 10 英寸望远镜加 90 倍放大率时，采用余光扫视它，可以注意到它的 10 多颗 9 ～ 10 等的成员星组成的星链延伸到了它的东侧和东北侧，另外还有 20 多颗 11 ～ 13 等的成员星填充在星团之内。星团里的西侧和南侧极为空旷，在星团的最西端和最南端，各有 1 颗 9 等星孤独地待在那里。

NGC 2281 是个较难定位的天体，不过从另一个角度来说，它的位置也很有特点。它在 50mm 的双筒镜或寻星镜中即可被看到，且周围围绕着多颗 5 等星。这簇 5 等星在巴耶的命名体系中都叫做御夫座 ψ，彼此以不同的上标阿拉伯数字相区别。要定位 NGC 2281，首先将御夫座 β 放在寻星镜视场的最西边，同时保证另一对 6 等星（御夫座 38 号星和 39 号星）位于寻星镜视场西南边缘。这时，将寻星镜视场向东南东方向移动一个直径（即 5°），就能看到 5 等的御夫座 ψ 星群。将 5 等的御夫座 ψ^2（50 号星）放在视场的中央，让同为 5 等的御夫座 ψ^7（58 号星）位于视场的东南边缘上，就能在 ψ^7 的南西南方向 1° 处找到 NGC 2281。注意，在 50mm 的寻星镜中，NGC 2281 并不那么显眼。

影像 05-7

NGC 2281（视场宽 1°）

本照片承蒙帕洛马天文台和太空望远镜科学研究院惠允翻拍自数字巡天工程成果

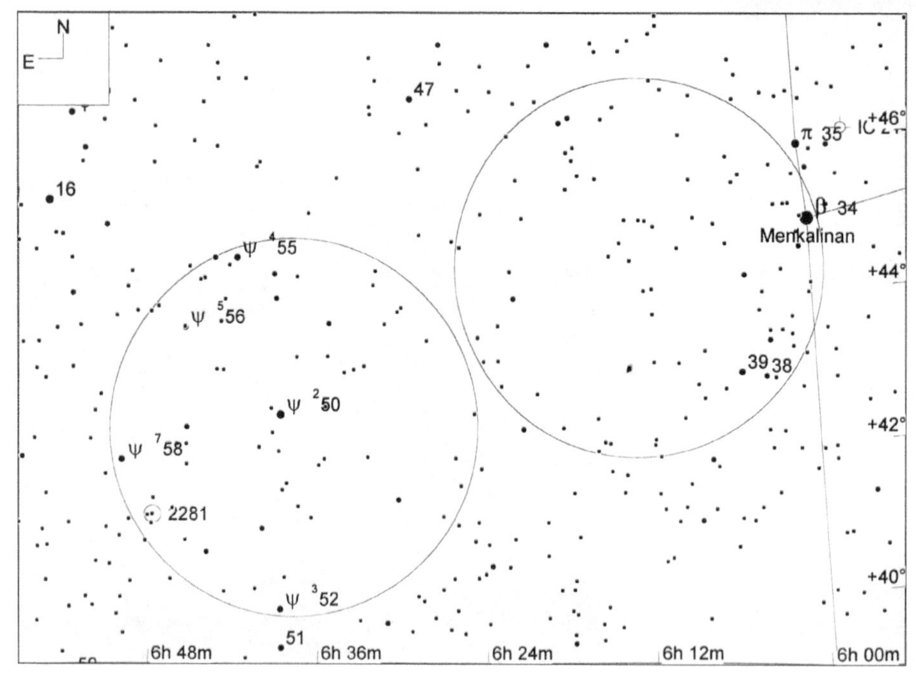

星图 05-3

NGC 2281（视场宽 12°，寻星镜视场圈直径 5°，极限星等 9.0 等）

37-theta (STF 545)	★	⊕⊕⊕⊕	MS	UD
见星图 05-1		m2.7/9.2, 130.7", PA 350°	05h 59.7m	+37° 13'

位于御夫五边形东端的御夫座 θ（37 号星），虽然确实是颗物理双星，但天文联盟城市观测俱乐部的目标列表里并没有收录它。它的主星是 2.7 等，在其西北仅 3.7" 处，有一颗暗得多的伴星。两者之间巨大的亮度差异，使得我们即便用 10 英寸的口径也很难分解它们。在大气极为宁静的晴夜，用 125 倍的放大率可以看到御夫座 θ 在西北方向有一点微微拉长的感觉。至少要在 250 倍的放大率下，才有可能真正分解它们。

但是在城市观测俱乐部的目标列表里，2.7 等的御夫座 θ 和在它北西北方向 130.7" 处的一颗亮度为 9.2 等的伴星被列为一对双星（STF 545）。这对双星即使只用较小的天文望远镜和低倍目镜也能轻松分解了。

06

牧夫座，放牧者

星座名：牧夫座（Bootes）
适合观看的季节：春
上中天：4月底午夜
缩写：Boo
所有格形式：Bootis
相邻星座：北冕、后发、猎犬、天龙、武仙、巨蛇、大熊、室女
所含的适合双筒镜观看的天体：（无）
所含的适合在城市中观看的天体：（无）

牧夫座面积很大，达到907平方度，约占整个天球的2.2%，在全天88星座中排第13位。虽然面积不小，但这个星座却不太显眼。尽管拥有俗名为Arcturus的0等亮星牧夫座α（我国古代称为“大角”——译者注），可亮度超过4等的星在这个星座内仍然屈指可数。

牧夫座是个古老的星座，在古代神话传说中，它以不止一种方式被同大熊座联系起来。希腊神话中，牧夫座的名字意思是“牧养公牛的人”，因为古希腊人把北斗七星看成一部由牛拉动的犁车，而牧夫座就是执缰的那个人。在古罗马人那里，牧夫座的对应人物是乔福（Jove）和嘉丽斯托（Callisto）所生的儿子。古罗马人称小熊座为“大狗熊”，而这位牧夫则追着小熊座满天地跑。

牧夫座离银盘很远，所以不像银盘附近的星座那样有很多的星云和疏散星团。当我们注视牧夫座时，我们的视线穿过它，就到达了遥远开阔的星系际空间，那里有很多暗弱的、独立的河外星系。牧夫座中最有特点的深空天体要数球状星团NGC 5466，在沙普利－索伊尔分类法中，这个星团属于第

表 06-1

牧夫座中有代表性的星团、星云和星系

天体名称	类型	视亮度	视尺寸	赤经	赤纬	梅	双	城	深	加	备注
NGC 5466	GC	9.2	9.0	14 05.4	+28 32					◉	Class XII

表 06-2

牧夫座中有代表性的双星或聚星

天体名称	星对	星等1	星等2	角距	方位角	年份	赤经	赤纬	城观	双星	备注
17-kappa	STF 1821	4.5	6.6	14.0	237	1998	14 13.5	+51 47		◉	
21-iota	STF 26	4.8	12.6	86.7	194	1925	14 16.2	+51 22		◉	
29-pi	STF 1864	4.9	10.4	128.0	163	1995	14 40.7	+16 25		◉	
36-epsilon	STF 1877	2.7	12.0	175.5	256	1988	14 45.0	+27 04		◉	Izar
37-xi	STF 1888	4.7	12.6	282.7	100	1932	14 51.4	+19 06		◉	
49-delta	STF 27	3.5	7.8	103.7	78	1998	15 15.5	+33 19		◉	
51-mu	STF 28	4.3	6.5	109.1	171	1996	15 24.5	+37 23		◉	Alkalurops

12 级，也就是最为松散稀疏的一个级别。它看上去与其说是一个球状星团，不如说更像一个比较紧致的疏散星团。

通过 0 等的大角星很容易辨认牧夫座。要确认大角星，可以顺着北斗七星“大勺子”里的“勺柄”的弧度做一延长线，向南东南方向延伸约 30°（这条虚拟弧线也叫做“通向大角之弧”）。而牧夫座中主要的几颗恒星，在大角星的北西北方向明显地组成了一个风筝的形状。对北半球中纬度的观测者来说，初春的夜晚最适合观看牧夫座，它在这个季节黄昏升起，黎明落下。而到了夏季中期，它仍然可以在天黑后留在西边天空上一两个小时。

星图 06-1

牧夫座星图（视场宽 45°，右方为北）

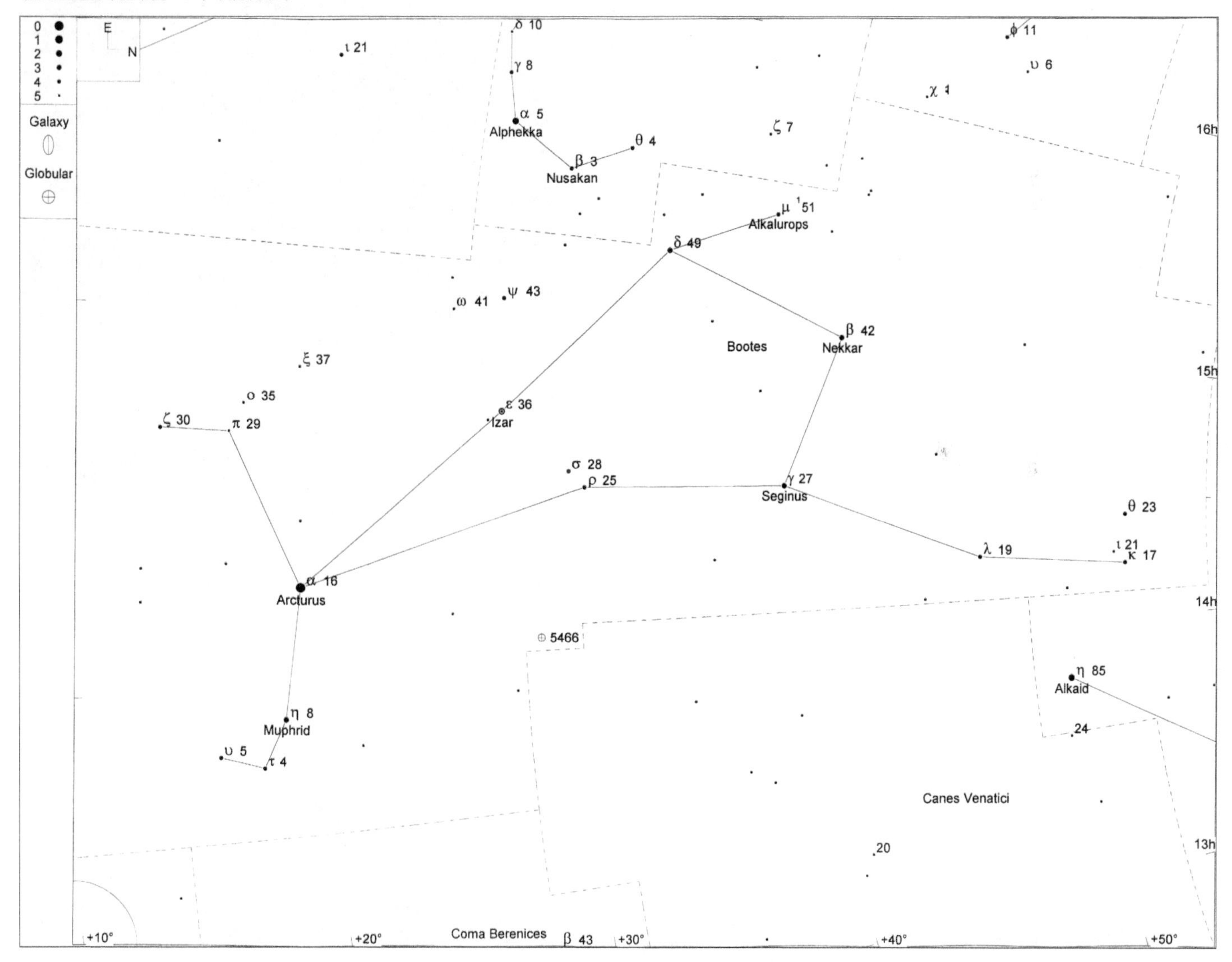

NGC 5466	★★	◕◕◕	GC	MBUDR
见星图 06-2	见影像 06-1	m9.2, 9.0'	14h 05.4m	+28°32'

NGC 5466 是个又大又暗且极为疏松的球状星团。虽然资料中标注它的亮度是 9.2 等，但由于它在夜空中的延展面积太大，所以实际的表面亮度还要更低，因此观测地点的任何一点点光害都会使对它的观察变得非常困难。我们用 10 英寸望远镜加 42 倍放大率尝试看到它，但没有结果，即使是用余光扫视的技巧也看不到。换为 125 倍、180 倍放大率之后，终于看到了这个星团，但也是一副弥散、暗淡、模糊的样子，勉强能分解出它众多成员星中的十来颗。它看上去确实更像一个散淡的疏散星团而非球状星团。

要定位这个天体，首先要将牧夫座 ρ（25 号星）和牧夫座 σ（28 号星）放到寻星镜视场的东北边缘，然后将视场向正西移动一个直径，让亮度为 5 等的牧夫座 9 号星从视场的西南西边缘稍稍进入视场。此时，视场的中心附近应该明显有一颗 7 等星（此星在周围更暗的恒星中显得很醒目），而 NGC 5466 就在这颗 7 等星的西北西方向大约 20' 的地方。

影像 06-1

NGC 5466（视场宽 1°）

本照片承蒙帕洛马天文台和太空望远镜科学研究院惠允翻拍自数字巡天工程成果

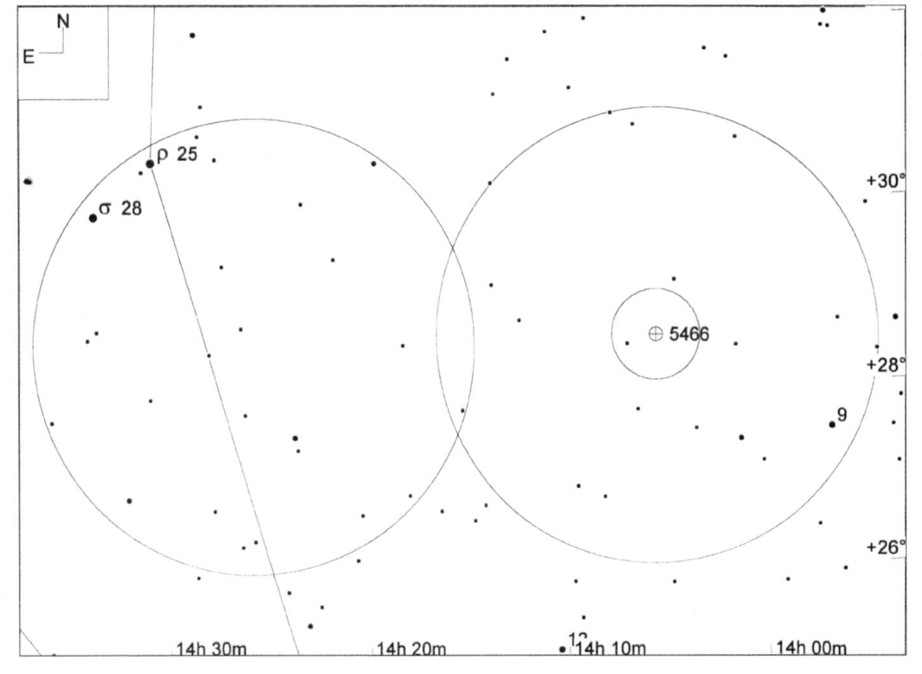

星图 06-2

NGC 5466（视场宽 10°，寻星镜视场圈直径 5°，目镜视场圈直径 1°，极限星等 9.0 等）

聚星

只要观测环境足够深暗，那么牧夫座中所有值得一看的聚星都能用肉眼直接找到，而且很容易确认。

17-kappa (κ) (STF 1821)	★★★	⚈⚈⚈⚈	MS	uD
见星图 06-1		m4.5/6.6, 14", PA 237° (1998)	14h 13.5m	+51°47'

牧夫座 κ（17 号星）的STF 编号是 1821，它在聚星中属于较为明亮的，且用小望远镜的中等放大率就可以轻易分解。它位于“摇光”（北斗七星“勺柄”末端的星）的东北东方向 5°。在我们的 10 英寸望远镜和 90 倍放大率下，其主星呈现温暖的白色，伴星则稍呈青蓝色。

21-iota (ι) (STF 26)	★★	⚈⚈⚈⚈	MS	uD
见星图 06-1		m4.8/12.6, 86.7", PA 194° (1925)	14h 16.2m	+51°22'

牧夫座 ι（21 号星）离牧夫座 κ 很近，二者可以被涵盖在中等放大率的目镜的同一个视场里。牧夫座 ι 是颗三合星，其主星纯白色 4.8 等，一颗 8.6 等的淡黄色伴星位于主星东北边 38.6" 处，还有一颗 12.6 等的伴星位于主星正南 90" 处。这 3 颗成员星中，只有 4.8 等和 12.6 等的那两颗在斯特鲁维的目录里被编列为一对双星——STF 26。我们如果用 50mm 的双筒镜，可以很容易分解出主星和那颗 8.6 等的伴星；但那颗 12.6 等的伴星即使用 90mm 折射镜加 200 倍放大率也看不到，必须用 10 英寸望远镜加 250 倍放大率才可以勉强看到。尽管资料标称这颗暗伴星是 12.6 等，但我们通过自己观察，估计它可能只有 13.5 等。

29-pi (π) (STF 1864)	★★	⚈⚈⚈⚈	MS	uD
见星图 06-1		m4.9/10.4, 128.0", PA 163° (1995)	14h 40.7m	+16° 25'

牧夫座 π（29 号星）也是颗三合星，位于大角星的东南东方向 6.5°。根据我们用 10 英寸望远镜加 90 倍放大率的观察，4.9 等的主星（π^1）是亮白色中略带青蓝色，而 5.8 等的伴星（π^2）颜色与之类似，位于主星的东南东方向 6.1" 处。至于 10.4 等的另一颗伴星，则位于主星南东南方向 128" 处，它和主星一起被斯特鲁维目录编列为一对双星——STF 1864。

36-epsilon (ε) (STF 1877)	★★★	⚈⚈⚈⚈	MS	uD
见星图 06-1		m2.7/12.0, 175.5", PA 256° (1988)	14h 45.0m	+27°04'

牧夫座 ε（36 号星，俗名 Izar）也是三合星。在我们的 10 英寸望远镜加 125 倍放大率下，2.7 等的主星（ε^1）明显呈黄色，一颗 5.1 等的伴星（ε^2）是蓝白色，位于主星北西北方向仅 2.8" 处，另一颗伴星 12 等（我们通过实际观察认为它只有 13 等），位于主星西南西方向 174" 处。主星和 12 等的暗伴星被斯特鲁维目录编列为双星 STF 1877。

37-xi (ξ) (STF 1888)	★★★	⚈⚈⚈⚈	MS	uD
见星图 06-1		m4.7/12.6, 282.7", PA 100° (1932)	14h 51.4m	+19°06'

牧夫座 ξ（37 号星）是个四合星。其 A 星（即主星）4.7 等，黄色；其 B 星 7 等，橙红色，位于主星西北侧 6.5" 处；其 C 星仅有 13.6 等，位于主星北西北方向 60" 处，我们的 10 英寸望远镜加 250 倍放大率也只能勉强看到；其 D 星位于主星东侧 282.7" 处，反而稍亮一点，资料记载为 12.6 等，但我们观察中觉得这个离主星相对较远的位置使它显得远比 12.6 等更亮，也许可以达到 8.5 等。

49-delta (δ) (STF 27)	★★	⊕⊕⊕⊕	MS	uD
见星图 06-1		m3.5/7.8, 103.7", PA 78° (1998)	15h 15.5m	+33°19'

牧夫座 δ（49 号星）是一颗较为明亮且角距很大的双星（STF 27），用 50mm 双筒镜或寻星镜即可轻松分解。主星明显呈黄色，3.5 等；伴星呈温暖的白色，7.8 等，位于主星东北东方向 103.7" 处。

51-mu (μ) (STF 28)	★★★	⊕⊕⊕⊕	MS	uD
见星图 06-1		m4.3/6.5, 109.1", PA 171° (1996)	15h 24.5m	+37°23'

牧夫座 μ（51 号星，俗名 Alkalurops）是颗漂亮的三合星（STF 28）。我们用 10 英寸望远镜加 90 倍放大率观察，其主星（μ^1）4.3 等，黄白色，其伴星（μ^2）6.5 等，也是黄白色，位于主星南侧 109.1" 处。放大率加到 125 倍后，牧夫座 μ^2 会显得有些发扁，这表明它自身又是一对更为致密的双星（STF 1938）。这两颗更致密的成员星角距仅约 2"，颜色相同，亮度也基本相等。我们将放大率加到 250 倍后即可清晰地分解它们。

07

鹿豹座，长颈鹿

星座名：鹿豹座（Camelopardalis）

适合观看的季节：冬

上中天：12 月下旬午夜

缩写：Cam

所有格形式：Camelopardalis

相邻星座：御夫、仙后、仙王、天龙、天猫、英仙、大熊、小熊

所含的适合双筒镜观看的天体：Stock 23, Kemble 1, NGC 2403

所含的适合在城市中观看的天体： Stock 23

鹿豹座位于拱极区（北天极附近的天区），涵盖了一大片缺乏亮星的天区。其面积 757 平方度，约占天球总面积的 1.8%，在全天 88 星座中排第 18 位。尽管面积比较庞大，但鹿豹座却是全天最不显眼的星座之一，它的最亮星鹿豹座 β（10 号星）只有 4.03 等。而算上这颗星在内，整个鹿豹座内亮于 4.5 等的恒星也仅有可怜巴巴的 3 颗。

鹿豹座是一个相当晚近才命名的星座，所以各种神话传说与它都没有什么关系。古希腊人和古罗马人并没有打算把天球的所有区域都纳入他们的神话故事体系，因此干脆忽略了这块星光暗淡的天区。直到 1624 年，这块天区才由德国天文学家雅各布•巴茨（Jakob Bartsch）在自己的书中赋予了“鹿豹座”的名字。

表 07-1

鹿豹座中有代表性的星团、星云和星系

天体名称	类型	视亮度	视尺寸	赤经	赤纬	梅	双	城	深	加	备注
Stock 23	OC	6.2	14.0	03 16.3	+60 02			◉	◉		Class II 3 p n
NGC 1502/ Kemble 1	OC/AST	6.9/4	7.0/180	03 54.0	+63 21				◉		Cr 45; Class I 3 m / Kemble's Cascade
NGC 1501	PN	13.3	52"	04 07.0	+60 55					◉	Oyster Nebula; Camel's Eye Nebula; Class 3
NGC 2403	Gx	8.9	22.1 x 12.4	07 36.9	+65 36				◉	◉	Class Sc; SB 12.8
NGC 2655	Gx	11.0	6.6 x 4.8	08 55.6	+78 13					◉	Class SAB(s)0/a

表 07-2

鹿豹座中有代表性的双星或聚星

天体名称	星对	星等1	星等2	角距	方位角	年份	赤经	赤纬	城观	双星	备注
1	STF 550	5.8	6.9	10.3	308	1991	04 32.0	+53 55		◉	
32	STF 1694	5.4	5.9	21.5	329	1997	12 49.1	+83 25		◉	Laftwet

时至今日，这个名字还存在一定的争议。尽管国际天文学联合会（IAU）在 1933 年正式确定了“鹿豹座”的拼写为 Camelopardalis，但很多天文书籍和文献（甚至包括近期的一些书和文献）都将其拼成 Camelopardis，而且在 1933 年之前也早就有很多人这么拼写了。在业余爱好者圈子里，也是“不正规”的拼法 Camelopardis 更为通用，或许很多人觉得少一个额外的音节更便于发音。但不论您喜欢哪种拼法，“鹿豹座”一词的所有格总归还是 Camelopardalis（好在汉语属于孤立语，没有变格这些麻烦事——译者注）。

很多新手看到 Camelopardalis 这个词的开头，就顾名思义地认为这个星座代表的是一个“骆驼”（camel）的形状。但资深的爱好者会告诉他们，这个星座应该是一种长颈鹿的形象，希腊人则称这种长颈鹿为“豹驼”（leopard camel）。其实，当年巴茨给这个星座命名时，确实是指骆驼，但他并不是泛指骆驼这种动物，而是想指一头特定的骆驼——出现在《圣经•创世纪》第 24 章第 61 节里的那头骆驼，利百加骑着那头骆驼去嫁给了她的新郎以撒。很多旧资料都说这个星座是骆驼的形状，而不是说它表示一头长颈鹿。

虽然没什么亮星，但鹿豹座却包含一些很有趣的天体，例如两个明亮的疏散星团、著名的星链“甘波星瀑”（Kemble's Cascade）、一个美丽的行星状星云、两个明亮的星系等。其中，NGC 2403 这个星系是如此明亮，以至于我们真的不明白为什么梅西耶当年居然无视了它。在梅西耶那个时代的望远镜里，这种亮度的星系看起来会像是一颗彗星，而梅西耶必然应该能判别那不是彗星，从而把这个天体写进他的列表里。

星图 07-1

鹿豹座星图（视场宽 65°）

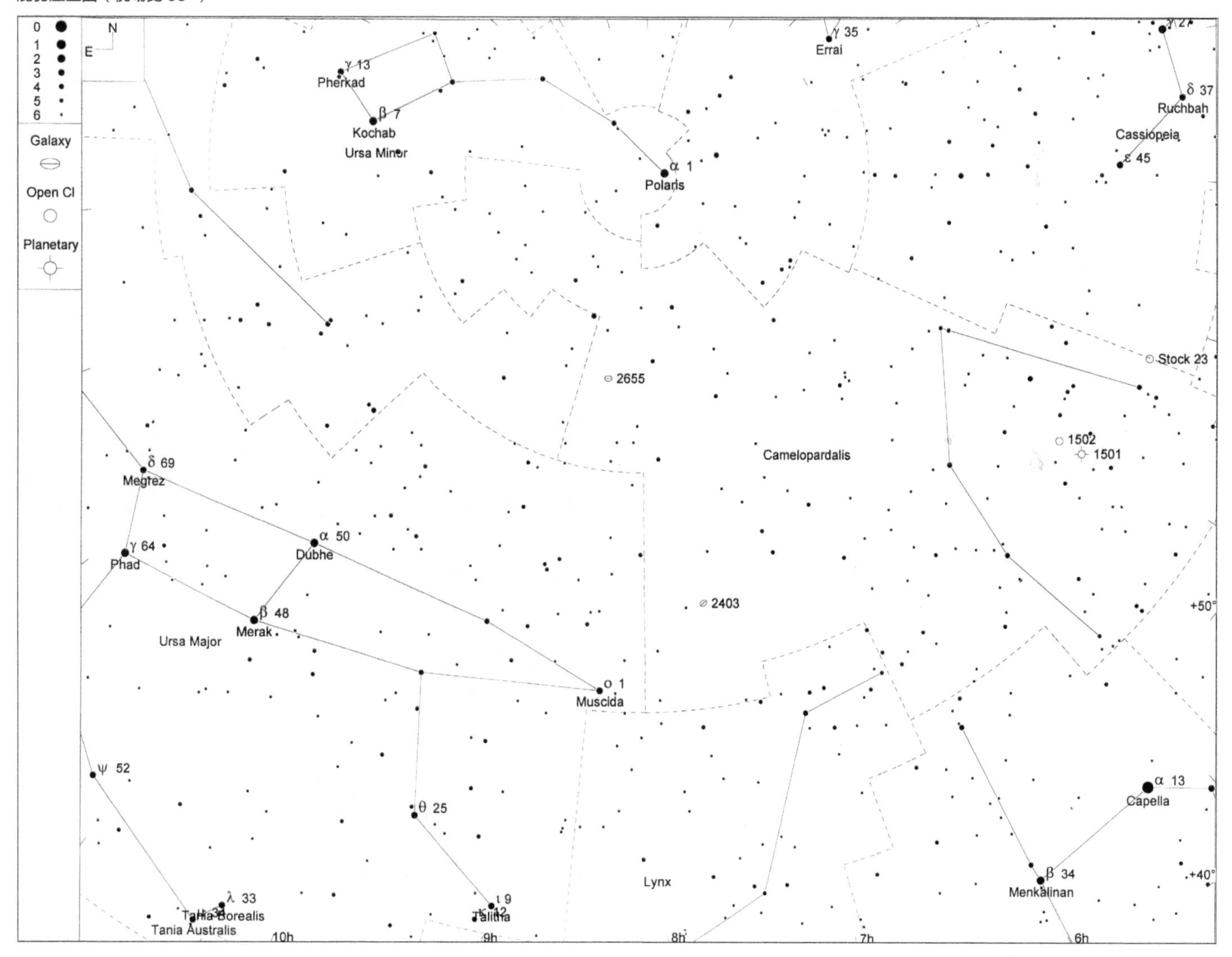

在北半球中纬度进行观测的话，鹿豹座的大部分甚至全部天区都是拱极的，也就是说，至少在鹿豹座内偏北部分的深空天体是不分季节常年可见的。而鹿豹座内位置偏南的天体，至少在初秋到初春的季节段里也是整夜可见的。

星团、星云和星系

Stock 23	★★	◉◉◉	OC	MBUDR
见星图 07-2	见影像 07-1	m6.2, 14.0'	03 16h3m	+60°02'

Stoke 23 是个中等大小、中等亮度的稀松的疏散星团，特朗普勒分级为Ⅱ 3 p n 级。

用 7×50 双筒镜观察，位于暗淡星场之中的 Stock 23 有个显著特征，那就是 4 颗 7 ～ 8 等的恒星组成一个边长约 5' 的不规则四边形，形状很像武仙座里的“楔石”（keystone）四星。其第 5 亮的成员星约 9 等，位于四边形的北端，这五颗星组成了“房子”或“甜筒冰激凌”的形状，尖端指向西北，让人想起仙王座。用余光扫视，还可以看到 3 颗 10 等的成员星。有的爱好者报告在这里看到了云气状物质，但我们没有看到。在这个星团中心位置西南方向 10' 处还能看到一颗 9 等星（其实它还是一对离得很近的双星），但它并不是这个星团的成员星。

我们在城市里用 10 英寸望远镜加 90 倍放大率观看 Stock 23 时，它在周边的背景星场里也显得很醒目。利用余光扫视的技巧，可以分解出大约 25 颗成员星，其中最暗的有 12 等，但看不到任何云气的迹象。在它中央附近的一颗 7 等星旁边，3 颗 10 等星排成一列，向西延伸出去。

Stock 23 位于鹿豹座的边缘，接近仙后座，但定位它的最佳方法是从英仙座 η（15 号星）和英仙座 γ（23 号星）开始，这两颗星用肉眼就很容易找到。见星图 07-2，将英仙座 η 放到寻星镜视场的西边缘，将英仙座 γ 放到南边缘，然后向北东北方向移动寻星镜，直到 4 等的亮恒星 SAO 24054 从东北边缘进入视场（在 SAO 24054 南边约 1.1° 处还有一颗醒目的 5 等星，便于确认）。Stock 23 就在 SAO 24054 正西 1.6° 处，在寻星镜中仔细看就可以辨识出那四颗紧密组成“楔石”形状的特征成员星。

影像 07-1

Stock 23（视场宽 1°）

本照片承蒙帕洛马天文台和太空望远镜科学研究院惠允翻拍自数字巡天工程成果

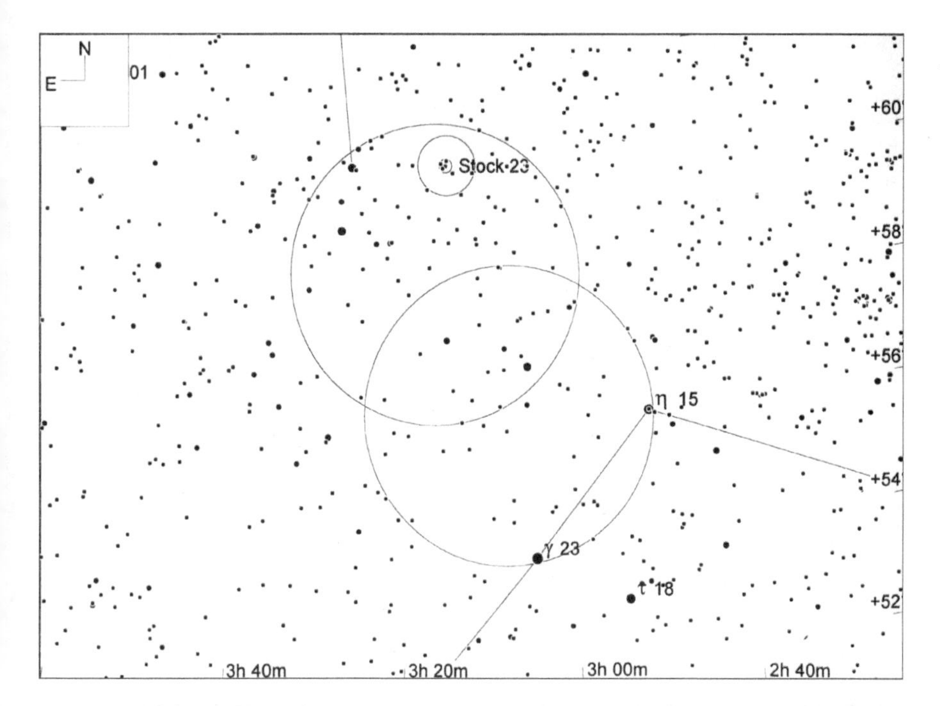

星图 07-2

Stock 23（视场宽 15°，寻星镜视场圈直径 5°，目镜视场圈直径 1°，极限星等 9.0 等）

NGC 1502/Kemble 1	★★★	⚈⚈⚈	OC/AST	MBUDR
见星图 07-3	见影像 07-2	m6.9/4, 7.0'/180'	3h 54.0m	+63°21'

从疏散星团 NGC 1502 开始，朝着西北方向，延伸着一条长达 2.5° 的美丽星链，这就是"甘波星瀑"，它由加拿大的一位神父、业余天文学家卢西安•甘波（Fr. Lucian J. Kemble）发现，后来沃尔特•斯科特•休斯顿（Walter Scott Houston）为了纪念甘波的这一发现，将其正式命名为"甘波星瀑"。与其把甘波星瀑当做一个真正的星团，不如把它看成一个星群，最适合观察它的设备是双筒镜，或者其他大视场的设备。

在我们的 7×50 双筒镜中，甘波星瀑由大约 15 颗 8～9 等的星组成，从亮度为 6 等的 NGC 1502 向西北延展铺开。而 NGC 1502 在双筒镜中看起来更像一颗有绒毛的 6 等星。在星瀑链条接近中间的位置，一颗 5 等星非常显眼；而在链条西北末端中的西侧，3 颗 5～6 等的星排成了一条小弧；链条的东南末端则可以通过位于 NGC 1502 西南 19' 处的一颗 7 等星来确定。

我们用 114mm 口径、焦比 f/4 的反射望远镜加 15 倍放大率（视场直径 3.5°）来观察时，不仅 NGC 1502 可以分解为星，而且甘波星瀑也变得非常壮观。不仅可以从星瀑中辨认出大约 50 颗恒星，而且整个星瀑还被很多 10～11 等的星填充着。从 NGC 1502 往南的部分，是星瀑较亮的一端，在这里星瀑还有一个分支延伸向东南方。

利用上文在讲 Stock 23 时提到过的 4 等恒星 SAO 24054，可以最快地找到甘波星瀑和 NGC 1502。只要将 SAO 24054 放在寻星镜视场的西南缘，就可以在同一视场的东北缘看到甘波星瀑了。

影像 07-2

NGC 1502 和"甘波星瀑"的东南端（视场宽 1°）

本照片承蒙帕洛马天文台和太空望远镜科学研究院惠允翻拍自数字巡天工程成果

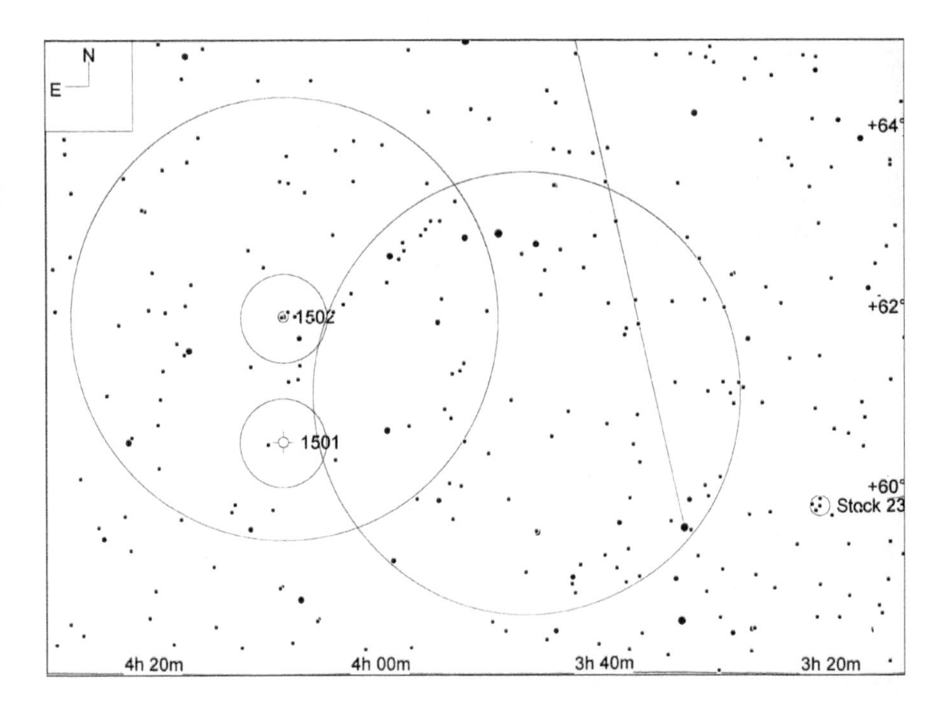

星图 07-3

NGC1502 和“甘波星瀑”（视场宽 10°，寻星镜视场圈直径 5°，目镜视场圈直径 1°，极限星等 9.0 等）

NGC 1501	★★★	⊕⊕⊕	PN	MBUDR
见星图 07-4	见影像 07-3	m13.3, 52"	04h 07.0m	+60°55'

NGC 1501 也叫“骆驼眼星云”或“牡蛎星云”，是个亮度和大小都属中等的行星状星云，1787 年，威廉姆•赫歇尔正式确定并记录了它。NGC 1501 像是天琴座著名的行星状星云 M 57 的一个更小、更暗但也更圆的版本，虽然它的星等数值看上去很暗，但其实表面亮度很高，在望远镜的低倍放大率下用眼睛直视也可以看到。我们用 10 英寸望远镜加 180 倍放大率观察它，看到它像一个小小的蓝绿色烟圈，在东—西方向上稍稍有点拉长，用余光扫视还能看见一点斑驳的细节。换到 180 倍放大率时，其 14.3 等的中心恒星隐约可见；如果换用 250 倍放大率，则这颗中心星就稳定可见了。作为一个行星状星云，这个天体还有一个与其他行星状星云明显不同的地方，那就是它很适于用宽带滤镜或 O- Ⅲ滤镜来观看。虽然即使不用任何星云滤镜也可以清晰地看到它，但透过滤镜可以更令人兴奋地看到它的许多精微的细节。

利用恒星作参照物，在寻找 NGC 1502 的时候，就可以顺便很轻松地看到 NGC 1501（定位 NGC 1502 的方法请见前文）。在大视场目镜中，将 NGC 1502 放在视场北缘，然后如星图 04-7 所示持续向南移动视场，就能看到一颗醒目的 7 等星从视场南缘进入。在该星西侧 10' 处，可以发现一颗略微模糊的“暗星”，那就是 NGC 1501。如果不能确定，可以用闪视法加以证认（手持窄带滤镜或 O- Ⅲ滤镜，反复挡进和移出，对比观察）。

影像 07-3

NGC 1501（视场宽 1°）

本照片承蒙帕洛马天文台和太空望远镜科学研究院惠允翻拍自数字巡天工程成果

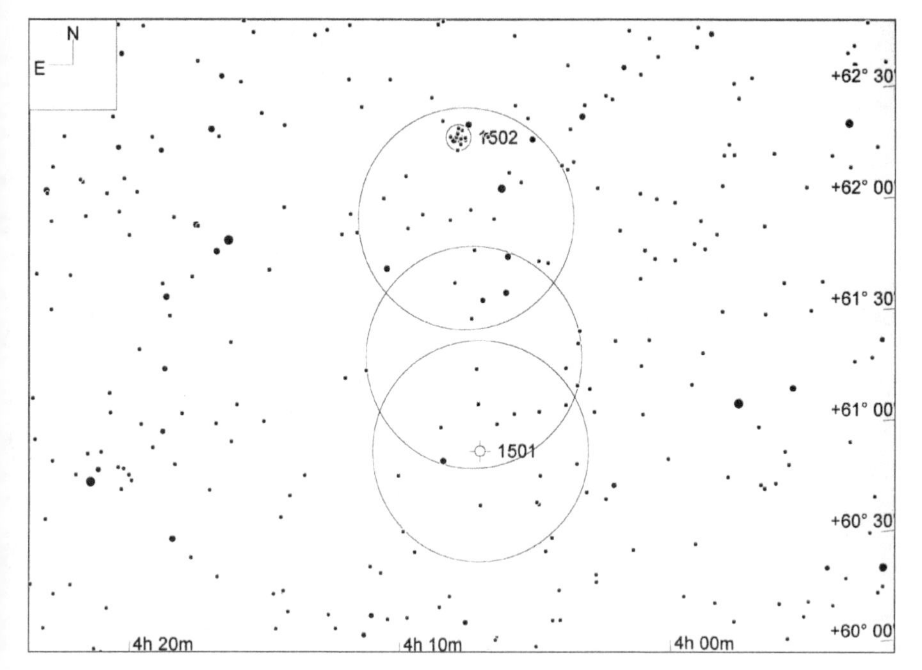

星图 07-4

NGC 1501（视场宽 4°，目镜视场圈直径 1°，极限星等 11.0 等）

NGC 2403	★★	⊕⊕⊕	GX	MBUDR
见星图 07-5和星图07-6	见影像 07-4	m8.9, 22.1' x 12.4'	07h 36.9m	+65°36'

NGC 2403 是个正好面对着我们的旋涡星系，在力学上属于 M81–M82 系统的一个边缘成员。作为一个星系，拥有 8.9 等的亮度数值实在算是很亮了，而它 12.8 等的表面亮度也算是比较高的。在 7×50 双筒镜和 9×50 寻星镜中就可以看到它，此时它是个中等偏小的模糊斑块。此时用余光扫视，可以看到它的更多延展面积，但不会发现什么更多的细节。我们用 10 英寸口径加 90 倍放大率观看时，它呈现出一个 10'×5' 的椭圆形轮廓，中心稍亮，外围有极其暗淡的斑驳特点，无法分辨出明显的星系核。

要定位 NGC 2403，首先找到肉眼可见的 3 等星大熊座 o（1 号星），将其放在寻星镜视场的南东南边缘。此时，视场中心附近和西北边缘附近各有一颗 6 等星。向西北移动寻星镜，直到刚才视场中心附近的那颗星移动到视场的东南边缘，这时应该能看到又有一颗 6 等星从视场的西北边缘进入视场。NGC 2403 就在这颗新进场的恒星西边 1° 处，透过 50mm 寻星镜看到它肯定没问题。

影像 07-4

NGC 2403（视场宽 1°）

本照片承蒙帕洛马天文台和太空望远镜科学研究院惠允翻拍自数字巡天工程成果

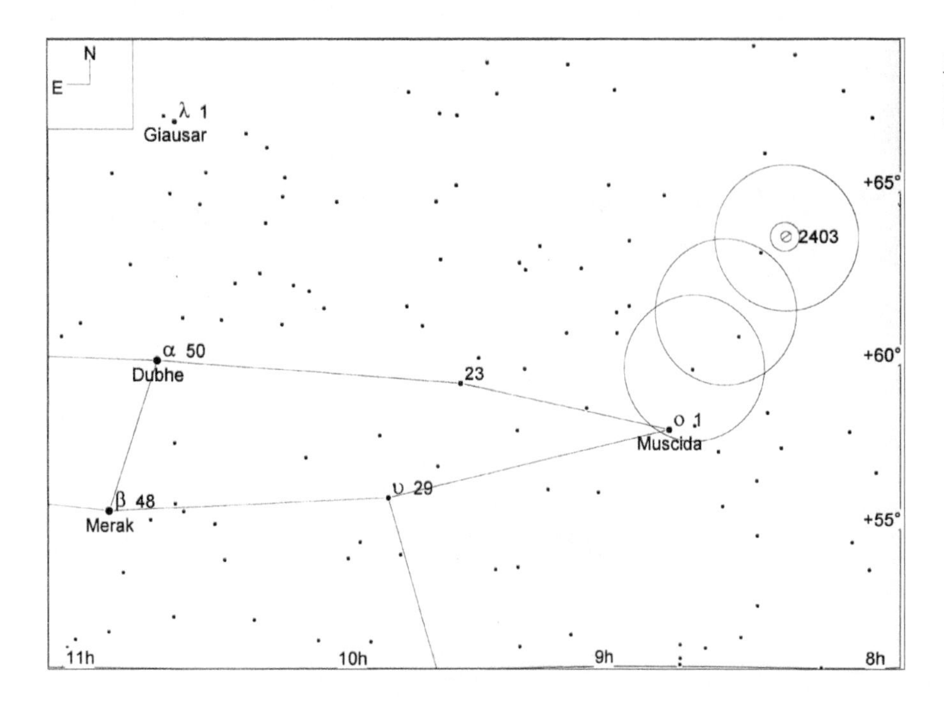

星图 07-5

NGC 2403 概略位置（视场宽 30°，寻星镜视场圈直径 5°）

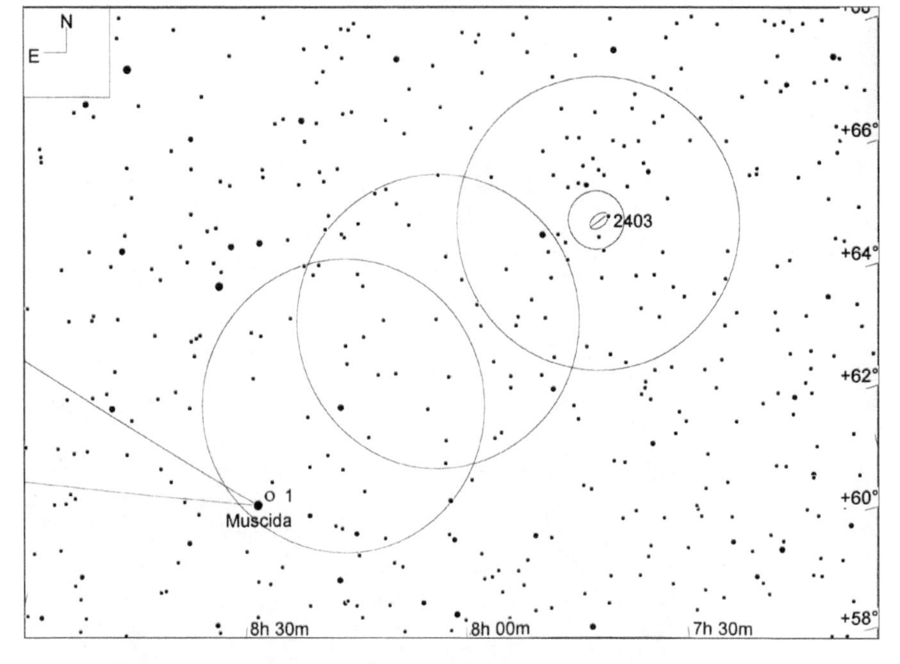

星图 07-6

NGC 2403 确切位置（视场宽 15°，寻星镜视场圈直径 5°，目镜视场圈直径 1°，极限星等 9.0 等）

用闪视法观察行星状星云

那些较小的行星状星云，即使在中高放大率的目镜下看起来也仍然只像一颗普通恒星。这样，在点点繁星中就不太容易确认到底哪个亮点才是行星状星云。此时很管用的一招就是闪视法，也就是手持窄带滤镜或O-Ⅲ滤镜，在目镜和眼睛之间不断挡进和移出。滤镜会把普通恒星的光基本都挡住，但行星状星云的光芒透过这些滤镜后不会减弱。这样，通过手持滤镜反复地挡进和移出，普通恒星就会呈现一亮一灭的闪烁效果，真正的行星状星云就很容易辨认出来了。

NGC 2655	★★	◐◐	GX	MBUDR
见星图 07-7和星图07-8	见影像 07-5	m11.0, 6.6' x 4.8'	08h 55.6m	+78° 13'

NGC 2655 是个尺寸偏小但亮度偏高的星系。在我们的 10 英寸望远镜加 125 倍放大率下，它有着 3' × 2' 的明亮轮廓，在东一西方向上拉长，核心处有一块明显亮于外沿的区域。

NGC 2655 相当难以定位，因为它的位置正好处在一大片缺乏亮星的天区的中心地带。寻找 NGC 2655 的第一步就是找到 4 等恒星 SAO 1551，如星图 07–7 所示，代表 5° 直径的寻星镜视场圆圈标出的就是 SAO 1551。该星确切的亮度是 4.26 等，所以在中等深暗的夜空中，用肉眼就容易直接确定它——假设在天枢星（北斗七星“勺头”的第一颗星）和北极星之间做一条连线，则 SAO 1551 在连线的西侧，偏向北极星这边大约 1/3 的地方。一旦确定了 SAO 1551，就要将其放在寻星镜视场的正中，然后将其移动到视场的东北边缘，此时 NGC 2655 应该位于视场的南缘。在那里有一对彼此距离较远的 7 等星，其中靠东的一颗星的西北侧 9' 处就是 NGC 2655 的位置。

影像 07-5

NGC 2655（视场宽 1°）

本照片承蒙帕洛马天文台和太空望远镜科学研究院惠允翻拍自数字巡天工程成果

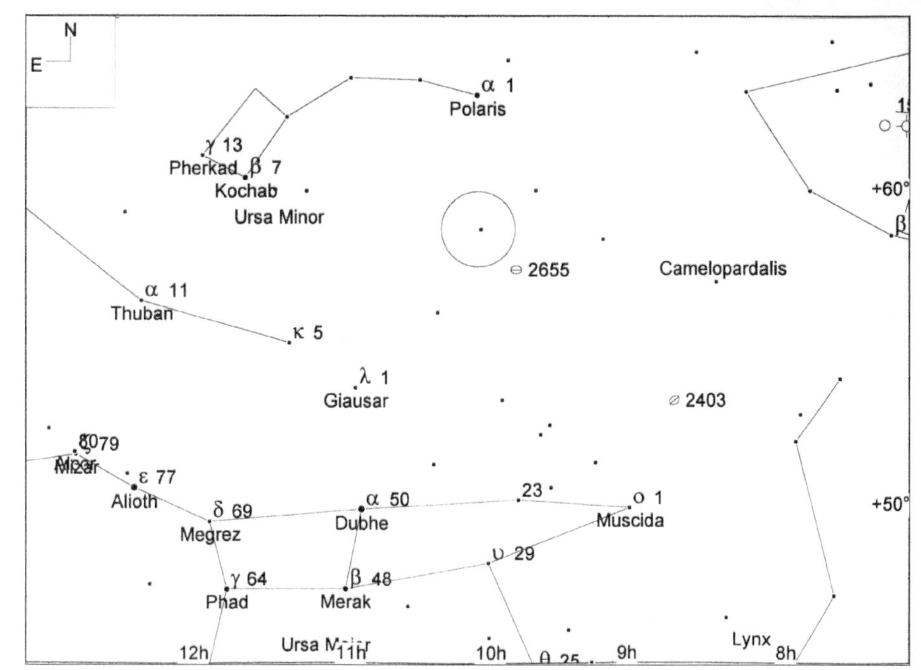

星图 07-7

NGC 2655 概略位置（视场宽 60°，寻星镜视场圈直径 5°，极限星等 5.0 等）

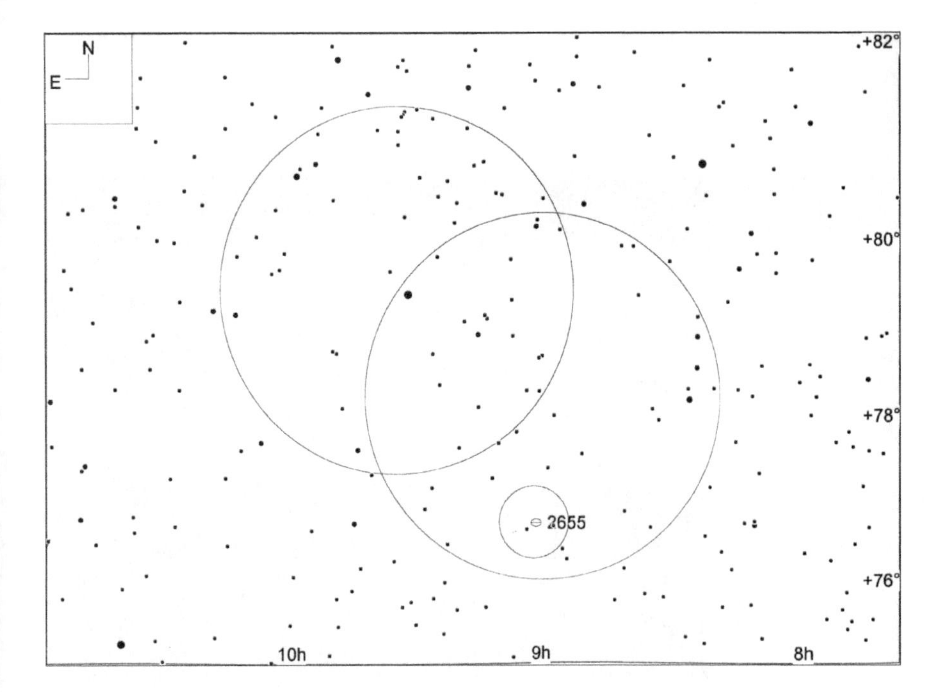

星图 07-8

NGC 2655 确切位置（视场宽 12°，寻星镜视场圈直径 5°，目镜视场圈直径 1°，极限星等 9.0 等）

聚星

1 (STF 550)	★★★	◒◒◒	MS	uD
见星图 07-9		m5.8/6.9, 10.3", PA 308°	04h 32.0m	+53° 55'

鹿豹座 1 号星是一对漂亮的双星（STF 550），即使用小望远镜也可以轻易分解之。在我们的 90mm 折射镜加 100 倍放大率下，其主星为白色，伴星为灰暗的蓝白色。但如果用 10 英寸望远镜加 90 倍放大率，则两颗成员星都呈现纯白色。

虽然该双星位于鹿豹座天区，但寻找它的最简便方法是从英仙座 λ（47 号星）和英仙座 μ（51 号星）开始。首先，将这两颗参考星平均地放置于寻星镜视场的西南边缘上（见星图 07–9），然后向东北方向移动寻星镜，会看到一对 5 等星（鹿豹座 2 号星和 3 号星）进入视场。而亮度为 7 等的 STF 550 就位于这对 5 等星的西北西方向约 1.3° 处，周边没有其他明显的亮星。

32 (STF 1694)	★★★	◒◒◒	MS	uD
见星图 07-10		m5.4/5.9, 21.5", PA 329°	12h 49.1m	+83° 25'

鹿豹座 32 号星是一对美丽的大角距双星（STF 1694），两颗成员星的亮度相仿。尽管有爱好者报告说其主星略带黄色，伴星略带蓝色，但我们始终坚信这两颗星都是纯正的白色，从 50mm 口径的双筒镜到 17.5 英寸口径的“巨炮”，观察结果都是如此。

这颗双星对我们而言有着特别的意义。尽管国际天文学联合会（IAU）拥有着对天体的官方命名权，但罗伯特（本书作者之一——译者注）愿意将此星称为 LAFTWET，用来纪念他已故的父母——Lenore Agnes Fulkerson Thompson 和 William Ewing Thompson，参看 http://www.ttgnet.com/daynotes/2003/2003-34.html#Monday。（在这篇英文日志中，原作者讲到了他挑选这对双星来纪念他父母的理由：这对双星位于拱极区，永不落下，彼此亮度相仿，在深暗的夜空中肉眼可见，且相对方位和角距几乎永不改变——译者注）。

用传统的参考星方法很难定位鹿豹座 32 号星，但利用几何辅助线的方式很容易找到它——它和北极星以及小熊座 ε（小熊座 22 号星）几乎构成了一个完美的等边三角形。只需要用肉眼在天幕中估计出这个等边三角形，再把寻星镜指向属于它的那个顶点就可以了，你应该很容易在寻星镜视场的中心附近看到一颗 5 等星，没错，它就是鹿豹座 32 号星。

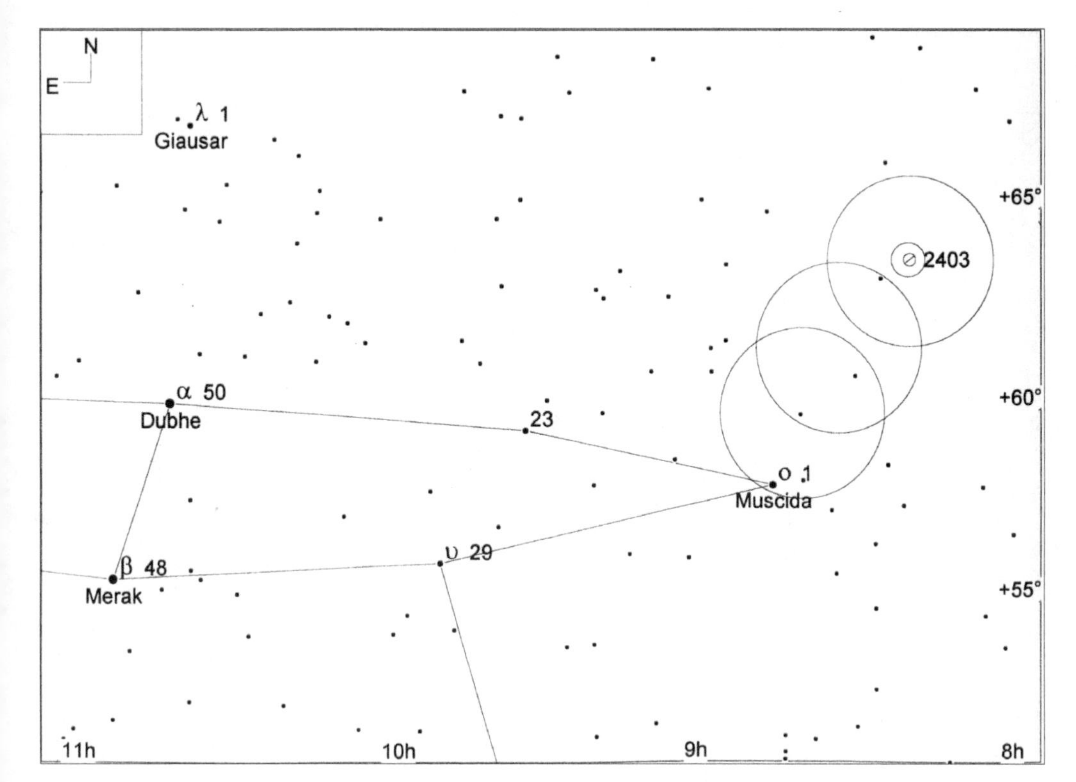

星图 07-9

鹿豹座1号星（STF 550）（视场宽15°，寻星镜视场圈直径5°，目镜视场圈直径1°，极限星等9.0等）

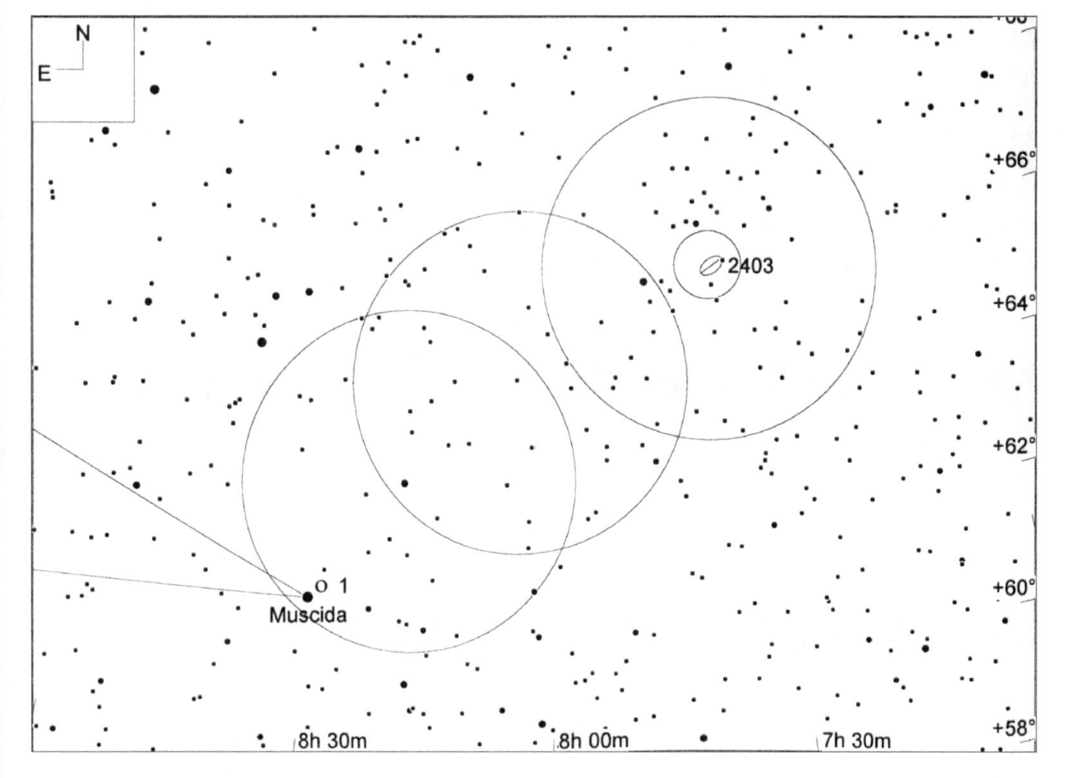

星图 07-10

鹿豹座32号星（STF 1694）（视场宽30°，寻星镜视场圈直径5°，极限星等5.0等）

08

巨蟹座，螃蟹

星座名：巨蟹座（Cancer）
适合观看的季节：冬
上中天：1 月底午夜
缩写：Cnc
所有格形式：Cancri
相邻星座：小犬、双子、长蛇、狮子、天猫
所含的适合双筒镜观看的天体：NGC 2632 (M44), NGC 2682 (M67)
所含的适合在城市中观看的天体： NGC 2632 (M44), NGC 2682 (M67)

巨蟹座是个中等大小的、暗弱的冬季星座，面积 506 平方度，约占天球的 1.2%，在全天 88 星座中排在第 31 位。该星座中，最亮恒星只有 4 等，能用肉眼看到的恒星也是寥寥无几。尽管如此，这个星座却有着悠久的神话传说史。与覆盖了整个天球的现代 88 星座不同，古代的星座神话传说一般只针对那些亮星较多且排列成比较有趣的形状的天区，而缺乏亮星或恒星排列缺少特色的天区往往就被古代的传说家们忽略掉了。但巨蟹座竟然能避免这种被无视的命运，我们认为主要有两个原因。

首先，巨蟹座位于黄道（指太阳每年在天球星空背景上运行划过的轨迹，各大行星的运行轨迹也与此轨迹比较接近）上，所以古人可能觉得有必要给这个相对暗淡的天区赋予一定的人文意义，使其能够配得上一个黄道星座。其次，M 44 这个惊艳的疏散星团（也叫做“鬼星团”、“蜂巢星团”）位于这个星座。在那些乐于盯着深暗星空出神的古人眼中，M 44 是一团明显的云雾状模糊物质，直径可以达到满月直径的 3 倍。

在古希腊神话中，巨蟹座是一只大螃蟹，是剧毒的九头蛇妖海德拉（Hydra）的同伙。大英雄赫拉克勒斯（Herakles）是宙斯与凡间女子所生的孩子，他在雅典娜女神的帮助下，找到了海德拉位于莱尔纳（Lerna）沼泽的藏身之处，大战海德拉。但是每当赫拉克勒斯砍掉海德拉的一个头，海德拉就立刻重新长出一个头，因此双方势均力敌，不分胜负。天后赫拉（宙斯的妻子）总想置赫拉克勒斯于死地，她见海德拉无法获胜，就派下一只螃蟹去夹赫拉克勒斯的脚，以分散他的注意力。结果大英雄很快杀死了螃蟹，又投入了对海德拉的战斗，并最终砍下了海德拉的“第九个头”（也就是最致命的那个头），结束了海德拉的生命。赫拉看到螃蟹虽然不敌赫拉克勒斯，但死得很“壮烈”，于是同情地将其升为巨蟹座，位于长蛇座的旁边，而长蛇座也就是海德拉。

巨蟹座的东边是狮子座的“狮子头”，西北边是双子座的那两颗著名亮星 α 和 β，西南边是小犬座的亮恒星“南河三”。巨蟹座只包含两个比较值得观看的深空天体，但这两个都是很壮丽的疏散星团。从冬季到春季，巨蟹座几乎都适合整夜观看。

表 08-1

巨蟹座中有代表性的星团、星云和星系

天体名称	类型	视亮度	视尺寸	赤经	赤纬	梅	双	城	深	加	备注
NGC 2632	OC	3.1	95.0	08 40.4	+19 40	◉	◉	◉			M 44; Cr 189; Class II 3 m
NGC 2682	OC	6.9	29.0	08 51.4	+11 49	◉	◉	◉			M 67; Cr 204; Class II 3 r

表 08-2

巨蟹座中有代表性的双星或聚星

天体名称	星对	星等1	星等2	角距	方位角	年份	赤经	赤纬	城观	双星	备注
16-zeta*	STF 1196AB-C	5.1	6.2	5.9	70	2006	08 12.2	+17 39		◉	
48-iota	STF 1268	4.1	6.0	30.7	308	2003	08 46.7	+28 45		◉	

星图 08-1

巨蟹座星图（视场宽 40°）

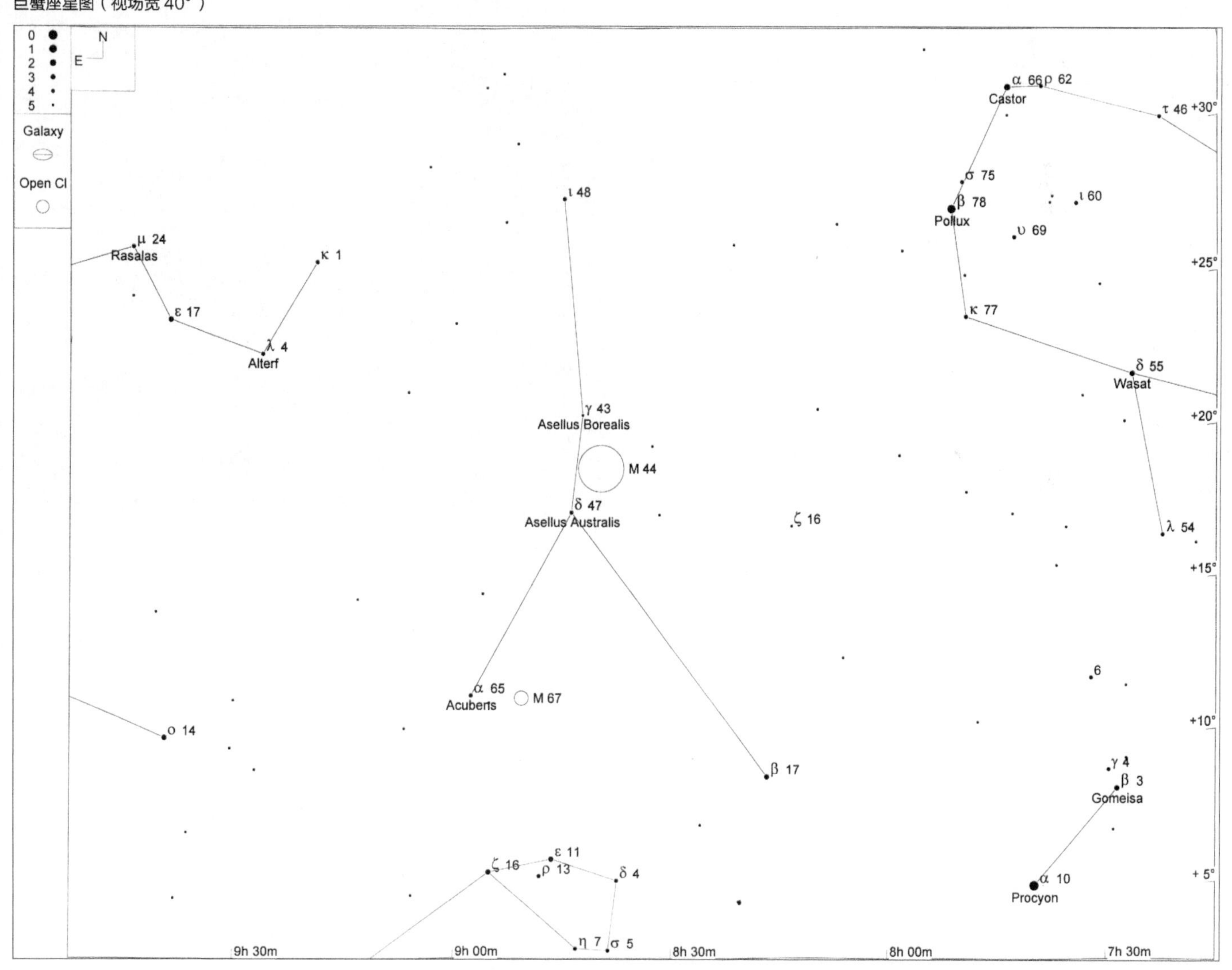

M 44 (NGC 2632)	★★★★	⊕⊕⊕⊕	OC	MBUDR
见星图 08-1	见影像 08-1	m3.1, 95.0'	08h 40.4m	+19°40'

疏散星团 M 44（NGC 2632）在夜空环境好的时候用肉眼即可看到，特朗普勒分级为Ⅱ 3 m 级。M 44 自古就很有名，拥有多个雅称，例如“鬼星团”、“蜂巢星团”（Beehive Cluster），中国古代也称之为“积尸气”。它离我们仅有525光年，因此也是地球上能看到的第3大、第3亮的疏散星团，而第 1、2 名分别是同属金牛座的毕星团和昴星团（M 45）。M 44 是在 7.5 亿年前形成的，这个年龄是昴星团的 10 倍，因此我们说 M 44 是个很古老的疏散星团。

由于 M 44 覆盖了超过 1.5° 直径的天区（3 倍于满月直径），所以很适合用双筒镜或短焦距的望远镜加特低倍放大率来观看。用 50mm 口径的双筒镜，就可以看到它三四十颗 6 ～ 9 等的成员星，在星团的中心部分，有 3 颗 6 等星构成一个边长约 8' 的等边三角形，堪称这个星团的标志。星团中无法分解出来的更暗的众多成员星则呈现为一股模糊的云气。

我们用 10 英寸望远镜加 31 倍放大率观察（真实视场 2.2°）时，M 44 尚不足以形成占满整个视场的星团图景，而是在视场边缘有明显的空缺区域；换到 42 倍放大率（真实视场 1.7°）时，M 44 呈现为漫布整个视场的一大群明亮恒星，看不出向核心部分汇聚的倾向，也没有更多的不均匀结构细节。大约 80 颗成员星最暗可达 14 等，很多都是双星、三合星，还有很多成员星组成了星链。接近中心的位置上有一组 6 ～ 7 等的三合星非常醒目。

由于肉眼就可能看到，所以定位 M 44 很容易。将双子座的两颗亮星 α 和 β 视为一个点，将南河三视为一个点，将狮子座 α（轩辕十四——译者注）视为一个点，这 3 个点就组成了一个三角形。在中等深暗的夜空下，你很快就能在这个三角形的中心处用肉眼发现 M 44，甚至在有一定光害的远郊或城郊夜空里也可以做到。直视看不到 M 44 的话，可以试试用余光扫视，也许能注意到这个暗淡的模糊斑块。当然，只要借助望远镜，哪怕是个小双筒镜，M 44 也会立刻变得壮观起来。

影像 08-1

NGC 2632（M 44）（视场宽 1°）

本照片承蒙帕洛马天文台和太空望远镜科学研究院惠允翻拍自数字巡天工程成果

M 67 (NGC 2682)	★★★★	⚽⚽⚽⚽	OC	MBUDR
见星图 08-2	见影像 08-2	m6.9, 29.0'	08h 51.4m	+11°49'

M 67（NGC 2682）虽然在个头和亮度上都不如 M 44，但它Ⅱ 3 r 的特朗普勒分级告诉我们，它的成员星非常多。尽管在这个分级中它被标为第Ⅱ级，但只要自己一看便知，它的成员星有着很明显的往核心区域汇聚的倾向。

在 50mm 的双筒镜中，M 67 是个中等亮度的云雾状斑块，用余光扫视法可以勉强分解出少量的成员星。而我们用 10 英寸望远镜加 42 倍放大率观察它，看到了 100 颗以上 7 ～ 14 等的成员星，其中一颗位于东北区域的 7 等星和一颗位于南西南方向的 8 等星处于领军地位。有不少 10 等星群集在星团中心区域，更多的 11 ～ 14 等星则充实起了整个星团。在 125 倍放大率下，可以看到更暗的众多成员星组成了一些团块和链条，这些团块和链条之间则是几乎没有天体的黑暗区域。

要定位 M 67，只须从 M 44 开始，将寻星镜向南东南方向移动大约 8°（见星图 08-2）。当 M 44 出现在寻星镜视场里时，你会看到它正东 1.7° 处就是 5 等的巨蟹座 α（65 号星，俗名 Acubens）。

影像 08-2

NGC 2682（M 67）（视场宽 1°）

本照片承蒙帕洛马天文台和太空望远镜科学研究院惠允翻拍自数字巡天工程成果

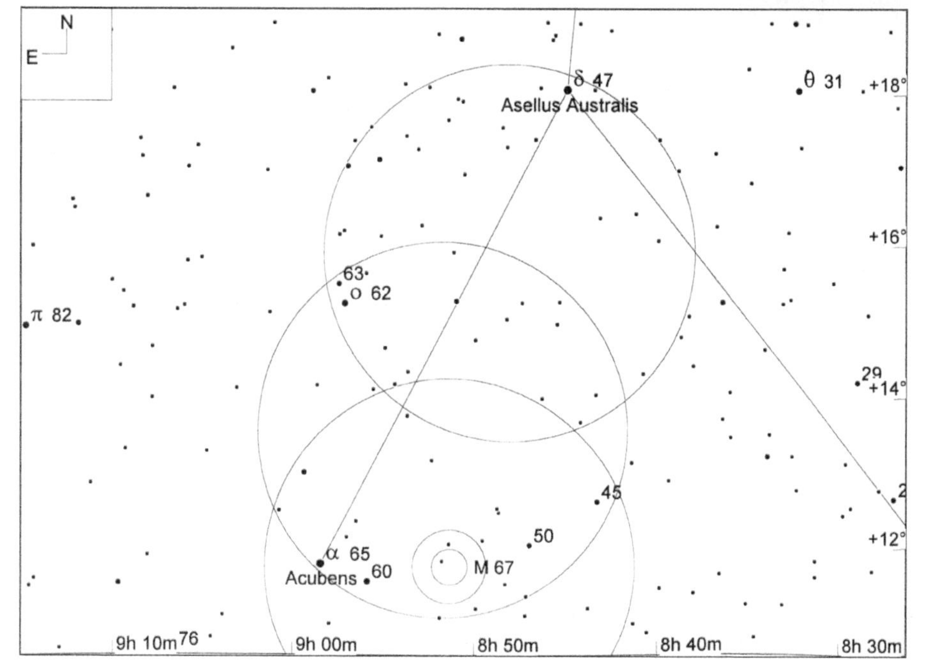

星图 08-2

NGC 2682（M 67）（视场宽 12°，寻星镜视场圈直径 5°，目镜视场圈直径 1°，极限星等 9.0 等）

16-zeta (ζ) (STF 1196AB-C)	★★★	⊕⊕⊕	MS	uD
见星图 08-3		m5.1/6.2, 5.9", PA 70° (2006)	08h 12.2m	+17°39'

巨蟹座 ζ（16 号星）是颗“快跑星”（fast mover），也就是目视聚星，它一般被认为是一对美丽的双星，但其实是三合星（STF 1196AB-C）。在 2006 年早期，其 AB-C 对的角距是 5.9"，亮度分别为 5.1 等和 6.2 等，伴星方位角为 70°。AB 两成员星呈现稻草黄色，C 星则是暖白色。我们用 10 英寸望远镜加 90 倍放大率很容易分解开其 AB-C 对，但 A、B 两颗就完全无法分解开。放大率加到 180 倍后，可以感觉 AB 星对微微有点发扁；利用 250 倍放大率则能进一步确认这种发扁的样子，但还是无法完全分解 A 星和 B 星。

要定位巨蟹座 ζ，首先将 M 44 放在寻星镜视场的东缘，然后向正西移动寻星镜，直到 5 等的巨蟹座 μ（10 号星）从视场的西北边缘进入视场时，同为 5 等的巨蟹座 ζ 也就会出现在视场的南边缘了。还有一种更简单的方法，那就是从 M 44 直接往西南西方向移动寻星镜，只要方向估计得准，同样能找准巨蟹座 ζ。在巨蟹座 ζ 周围几度的范围内，没有比它更亮的恒星。

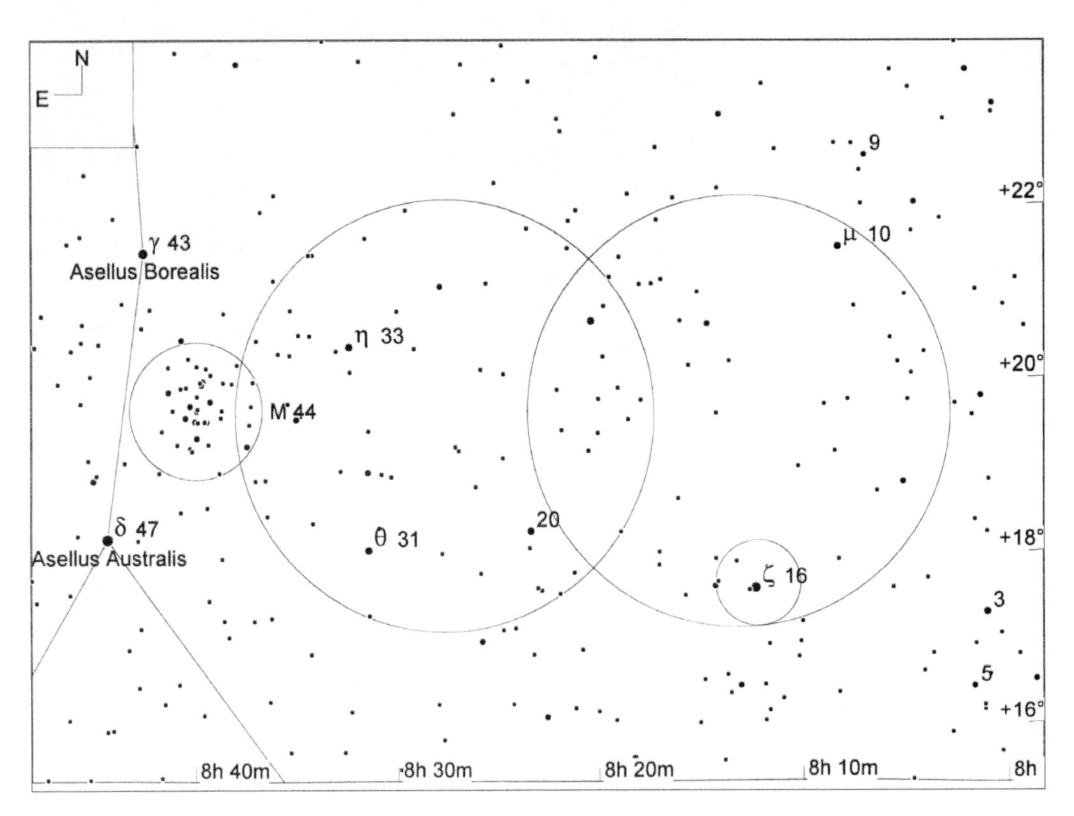

星图 08-3

巨蟹座ζ（16 号星）（视场宽 12°，寻星镜视场圈直径 5°，目镜视场圈直径 1°，极限星等 9.0 等）

48-iota (ι) (STF 1268)	★★★★	⊕⊕⊕⊕	MS	uD
见星图 08-1		m4.1/6.0, 30.7", PA 308° (2003)	08h 46.7m	+28°45'

巨蟹座 ι（48 号星）是个很棒的双星（STF 1268），有“冬季的天鹅座 β”之称，说明它像天鹅座 β（Albiero）双星那样值得一看。我们用小口径望远镜和低放大率就可以轻松将巨蟹座 ι 分解。其 4.1 等的主星呈明亮的金黄色，6 等的伴星明显是蓝色，但也带一点淡绿色。这颗星 4 等的总亮度使得我们用肉眼就能找到它，它位于 M 44 以北 9° 处。

09

猎犬座， 猎狗

星座名：猎犬座（Canes Venatici）

适合观看的季节：春

上中天：4 月上旬午夜

缩写：CVn

所有格形式：Canum Venaticorum

相邻星座：牧夫、后发、大熊

所含的适合双筒镜观看的天体：NGC 4258 (M106), NGC 4736 (M94), NGC 5055 (M63), NGC 5194 (M51), NGC 5272 (M3)

所含的适合在城市中观看的天体：（无）

猎犬座是个中等大小的暗淡的春季星座，其面积为 465 平方度，约占天球的 1.1%，在全天 88 星座中排在第 38 位。猎犬座的最亮恒星为 3 等，其他能用肉眼看到的恒星也不多。猎犬座位于北斗七星“大勺子”的“勺柄”南侧，北边是大熊座的西部，西边是牧夫座，南边是后发座。

表 09-1

猎犬座中有代表性的星团、星云和星系

天体名称	类型	视亮度	视尺寸	赤经	赤纬	梅	双	城	深	加	备注
NGC 5194	Gx	9.0	10.3 x 8.1	13 29.9	+47 12	◉	◉				M 51; Class SA(s)bc pec; SB 12.5
NGC 5005	Gx	10.6	6.5 x 2.7	13 11.0	+37 03					◉	Class SAB(rs)bc; SB 11.9
NGC 5033	Gx	10.8	12.4 x 5.0	13 13.5	+36 36					◉	Class SA(s)c; SB 13.4
NGC 5055	Gx	9.3	13.7 x 7.3	13 15.8	+42 02	◉	◉				M 63; Sunflower Galaxy; Class SA(rs)bc; SB 12.5
NGC 4736	Gx	9.0	14.3 x 12.1	12 50.9	+41 07	◉	◉	◉			M 94; Class (R)SA(r)ab; SB 10.0
NGC 4490	Gx	10.2	6.3 x 2.7	12 30.6	+41 39					◉	Cocoon Galaxy; Class SB(s)d pec; SB 12.0
NGC 4449	Gx	10.0	6.1 x 4.3	12 28.2	+44 06					◉	Class Ibm; SB 11.5
NGC 4111	Gx	11.6	5.2 x 1.2	12 07.0	+43 04					◉	Class SA(r)0+: sp
NGC 4244	Gx	10.3	17.7 x 1.9	12 17.5	+37 48					◉	Class SA(s)cd: sp; SB 13.8
NGC 4214	Gx	10.2	7.4 x 6.5	12 15.7	+36 20					◉	Class IAB(s)m
NGC 4631	Gx	9.8	15.4 x 2.6	12 42.1	+32 32					◉	Class SB(s)d sp; SB 13.3
NGC 4656	Gx	11.0	9.1 x 1.7	12 44.0	+32 10					◉	Class SB(s)m pec; SB 13.9
NGC 5272	Gx	6.3	18.0	13 42.2	+28 23	◉	◉	◉			M 3; Class Ⅵ
NGC 4258	Gx	9.1	18.8 x 7.3	12 19.0	+47 19	◉	◉				M 106; Class Sb; SB 12.6

猎犬座、大犬座、小犬座是全天星座中3个以狗的形象命名的星座。但大犬座和小犬座都有着很古远的传说，而猎犬座则是比较晚近才确定的。1690年，约翰•赫维留斯（Johannes Hevelius）在《赫维留斯星图》（原书名《Firmamentum Sobiescianum》）中首次划出了这个星座。尽管猎犬座一般被描述为牧夫座那位放牧者的两只猎狗（名字分别是Asterion和Chara），而且在为放牧者追捕着大狗熊（大熊座），但由于猎犬座的确定实在比较晚，所以没有什么与猎犬座相关的古代神话传说。

尽管星光暗淡，猎犬座却富有一大堆深空天体。单是梅西耶目录里的较亮星系，猎犬座内就有4个，其中包括著名的螺旋星系M 51（其俗名就叫“旋涡”）。另外，明亮的球状星团M 3也是深空最佳目标之一。对北半球中纬度的观测者来说，春夏之际的夜里，猎犬座几乎整夜可见。

星图 09-1

猎犬座星图（视场宽45°）

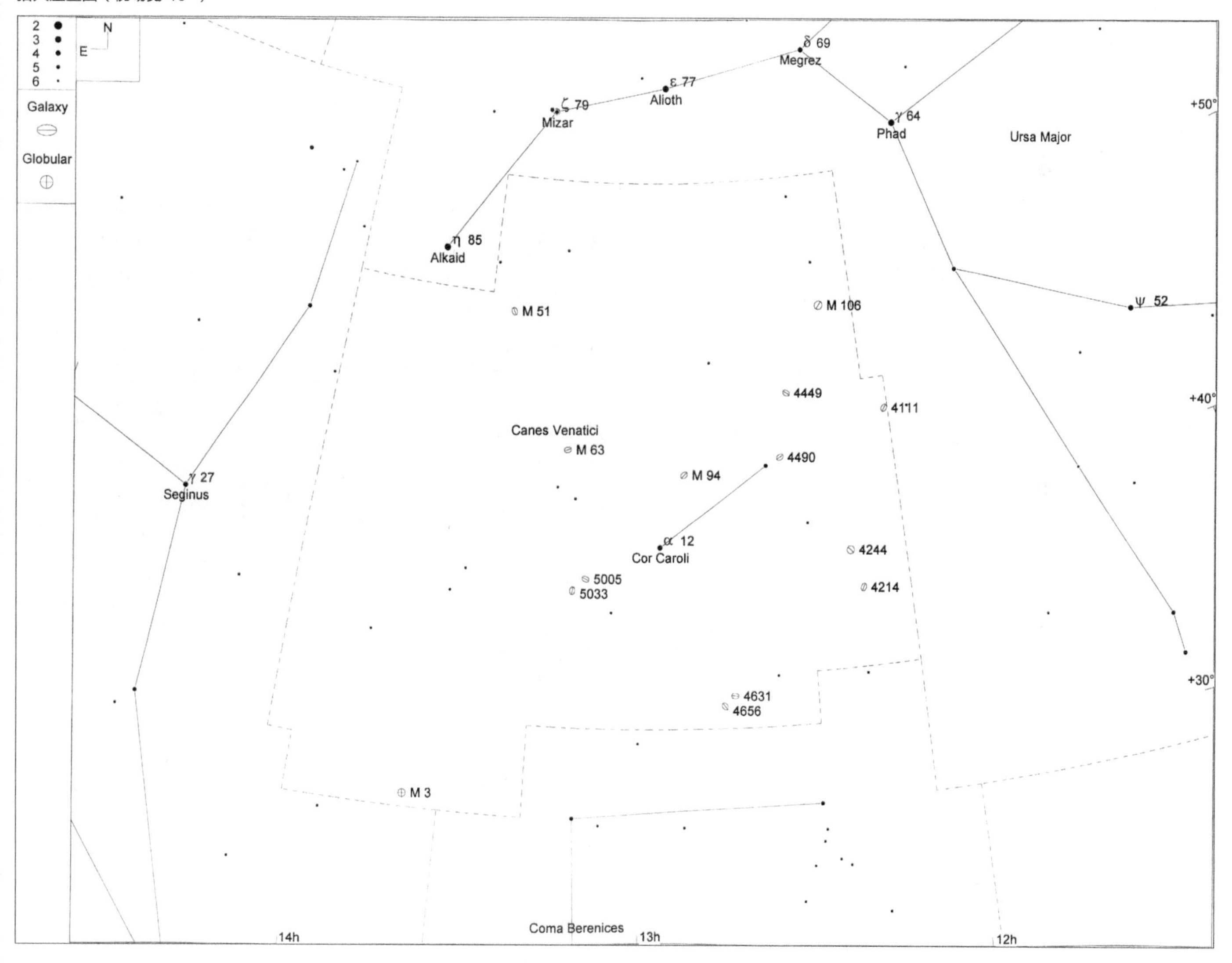

表 09-2

猎犬座中有代表性的双星或聚星

天体名称	星对	星等1	星等2	角距	方位角	年份	赤经	赤纬	城观	双星	备注
12-alpha	STF 1692	2.9	5.5	19.3	229	2004	12 56.0	+38 19		◉	Cor Caroli

星团、星云和星系

M 51 (NGC 5194)	★★★★	⚾⚾⚾⚾	GX	MBUDR
见星图 09-2	见影像 09-1	m9.0, 10.3' x 8.1'	13h 29.9m	+47° 12'

被称为“旋涡星系”的 M 51（NGC 5194）是个正对着我们的、明亮且壮丽的螺旋星系。M 51 的质量和实际大小都和仙女座大星系 M 31 相仿，但 M 51 离我们有 3 500 万光年，这个距离是 M 31 与我们的距离的十多倍。像 M 31 一样，M 51 也有自己的“伴系”（satellite galaxy），那就是 NGC 5195。M 51 与 NGC 5195 离得很近，以至于它们之间有了明显的引力联系和物质交换。通过 10 英寸口径的望远镜，在极好的观测环境下用余光扫视它们，甚至可以看到它们二者之间的物质桥。如果是 16 英寸或更大口径的巨镜，则这道物质桥就呈现得更加明显了。

即使只用 50mm 的双筒镜看，M 51 也有着足够的表面亮度。因此，对于中等口径以上的业余天文望远镜而言，M 51 是个极其好看的天体目标。我们用 50mm 双筒镜观察 M 51 时，觉得它像一颗有绒毛的 9 等星；而换到 10 英寸望远镜加 125 倍放大率时，M 51 就显现出了很多细节，例如细小的斑块、尘埃盘，以及伴系 NGC 5195。该星系的边缘部分都很明亮和清晰，即使在更为明亮的星系中心部分和星系核的映衬下也毫不逊色。相比之下，伴系 NGC 5195 就明显小得多，也暗得多，除了靠近核心的部分稍显明亮外，看不出更多的细节。

M 51 的定位也比较简单，它和北斗七星“勺柄”末端的 2 颗亮星（“开阳”和“摇光”——译者注）构成了一个直角三角形。使用望远镜的寻星镜时，可以先把勺柄最末端的大熊座 η（85 号星，即“摇光”星）放置在寻星镜视场的东边缘处，此时 5 等的猎犬座 24 号星就会出现在视场的中心附近，而 M 51 应该会在视场的西南边缘附近。在 50mm 口径的寻星镜中用余光扫视，能感到那里似乎有颗长着绒毛的暗星，那就是 M 51。

影像 09-1

NGC 5194（M 51）（视场宽 1°）

本照片承蒙帕洛马天文台和太空望远镜科学研究院惠允翻拍自数字巡天工程成果

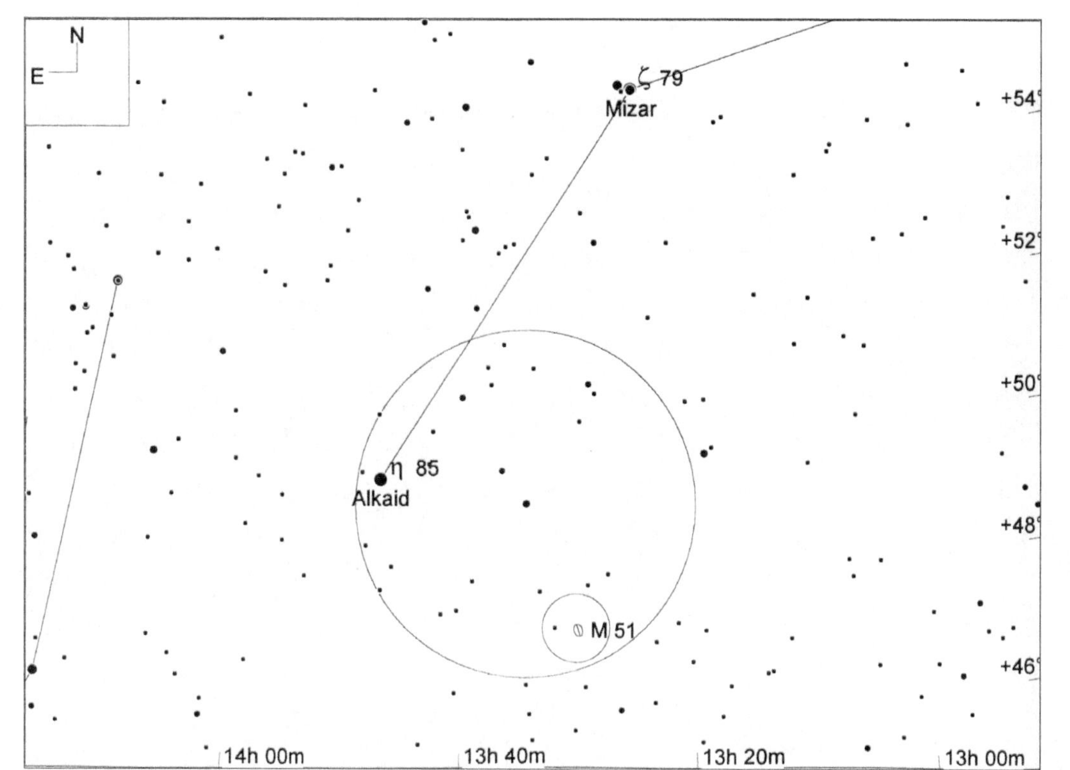

星图 09-2

NGC 5194（M 51）（视场宽 15°，寻星镜视场圈直径 5°，目镜视场圈直径 1°，极限星等 9.0 等）

NGC 5005	★★	⊕⊕⊕	GX	MBUDR
见星图 09-3	见影像 09-2	m10.6, 6.5' x 2.7'	13h 11.0m	+37°03'

NGC 5033	★★	⊕⊕⊕	GX	MBUDR
见星图 09-3	见影像 09-3	m10.8, 12.4' x 5.0'	13h 13.5m	+36°36'

NGC 5005 和 NGC 5033 是一对双重星系，位于猎犬座 α 东南东方向约 3.5° 处。用真实视场 1° 的目镜配置，可以把这两个星系放在同一视场里，但要想看清更多细节，还是要换成更高放大率（视场更小）的目镜。两者之中，NGC 5005 的表面亮度更高一些，在 10 英寸望远镜加 125 倍放大率时，它呈现出沿西南西—东北东方向延伸着的，大小约 2' × 0.5' 的明亮的椭圆形中心区，并有明显的核球区。整个星系的轮廓大约 5' × 2'，越靠边缘越暗，两端明显收窄。比起 NGC 5005 来，NGC 5033 无疑更小（虽然它的 NGC 号码比 5005 要大，但这种号码与大小的顺序无关）。NGC 5033 的轮廓沿着南—北方向展开，尺度约 2' × 0.5'，有一个小小的、高度凝聚的中等亮度核球区。

要定位这一对星系，首先可以将猎犬座 α 放在寻星镜视场的西边缘，将 5 等的猎犬座 14 号星放在南西南方向的边缘，此时视场中心附近可以看到紧密依偎着的猎犬座 15、16、17 号星（它们 3 个也是一组三合星），亮度为 6 ～ 7 等。此时看视场的东南部分 1/4 处，那里有颗引人注目的 6.5 等恒星 SAO 63414。以此恒星为准，NGC 5033 在其正南 17' 处，NGC 5005 在其西北西方向 34' 处。另外，如果你能确认附近的一颗 6 等星 SAO 63372 的话，也可以从它向东南找 26'，同样可以找到 NGC 5005。

影像 09-2

NGC 5005（视场宽 1°）

本照片承蒙帕洛马天文台和太空望远镜科学研究院惠允翻拍自数字巡天工程成果

影像 09-3

NGC 5033（视场宽 1°）

本照片承蒙帕洛马天文台和太空望远镜科学研究院惠允翻拍自数字巡天工程成果

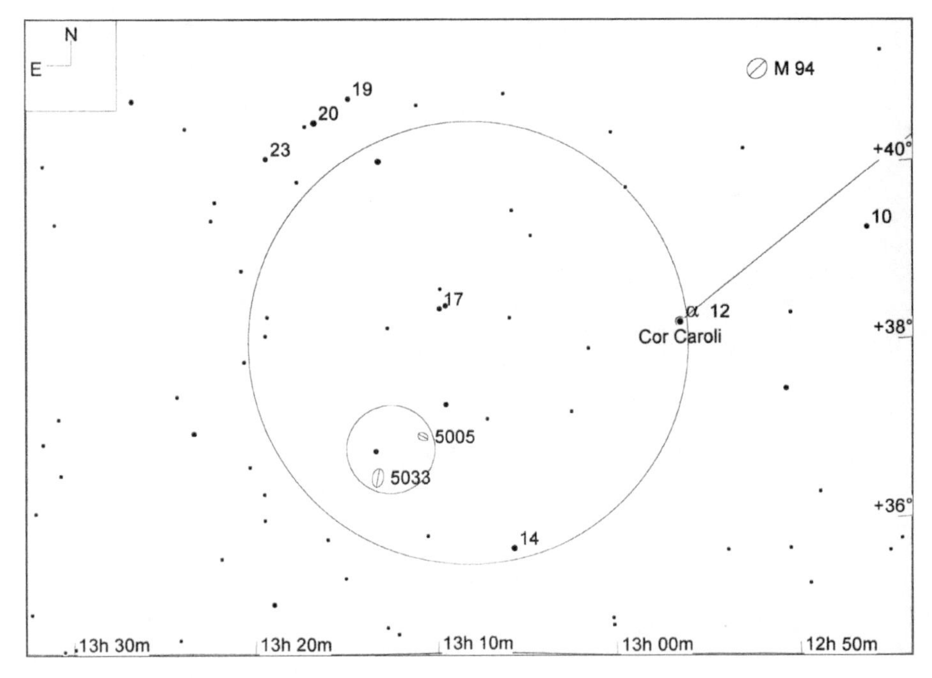

星图 09-3

NGC 5005 和 NGC5033（视场宽 10°，寻星镜视场圈直径 5°，目镜视场圈直径 1°，极限星等 9.0 等）

M 63 (NGC 5055)	★★★	⊕⊕⊕	GX	MBUDR
见星图 09-4	见影像 09-4	m9.3, 13.7' x 7.3'	13h 15.8m	+42°02'

M 63（NGC 5055）被昵称为“向日葵星系”，因为这个螺旋星系的旋臂很像花朵的花瓣。我们用 10 英寸望远镜加 125 倍放大率观察，M 63 有着东西向的巨大而明亮的中心区，并且能看到一个恒星状的小核球。整个星系的轮廓则是西北西—东南东走向，尺寸为 3.5' × 1.5'。我们在这个星系的轮廓内可以观察到一些斑驳的细节，但无法确切地看出旋臂。旋臂只在天文照片上能看见。

要定位 M 63，首先把猎犬座 α 放在寻星镜视场的西南西边缘，这样就能在视场的东北边缘看到排成一列的 3 颗亮星：猎犬座 19 号、20 号、23 号星（这 3 颗星加上它们西边的猎犬座 18 号星，共同构成了两条猎狗中的一条，即 Asterion 的形象）。M 63 就位于猎犬座 19 号星正北方 1.1°，在口径达到 50mm 的寻星镜中可以直接依稀看到。

影像 09-4

NGC 5055（M 63）（视场宽 1°）

本照片承蒙帕洛马天文台和太空望远镜科学研究院惠允翻拍自数字巡天工程成果

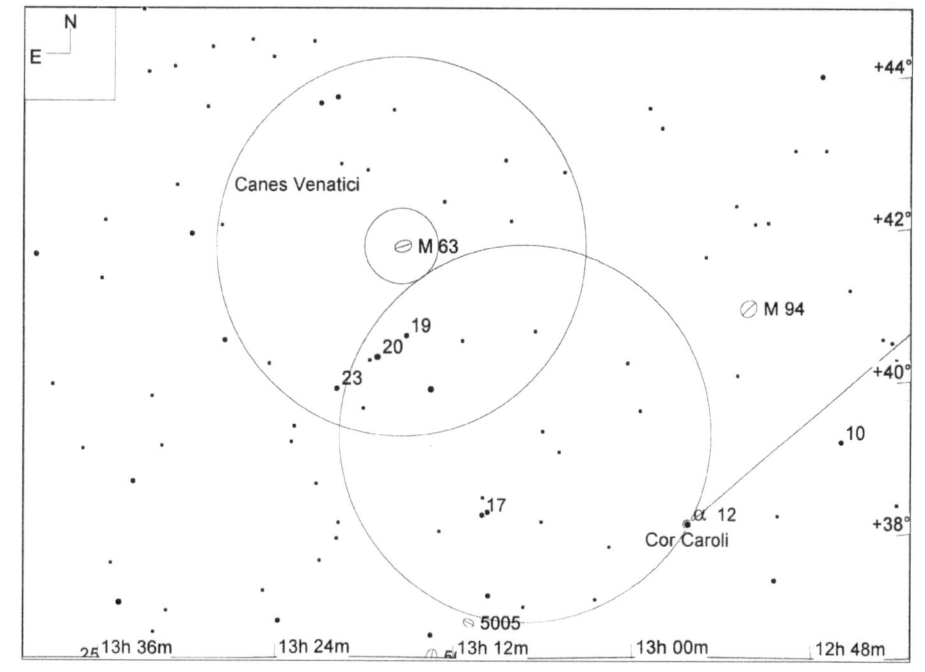

星图 09-4

NGC 5055（M 63）（视场宽 12°，寻星镜视场圈直径 5°，目镜视场圈直径 1°，极限星等 9.0 等）

M 94 (NGC 4736)	★★	⊕⊕⊕	GX	MBUDR
见星图 09-5	见影像 09-5	m9.0, 14.3' x 12.1'	12h 50.9m	+41°07'

M 94（NGC 4736）是个大而明亮的星系，但是在业余爱好者的望远镜里一般看不出太多的细节。我们用 10 英寸望远镜加 90 倍放大率观察它时，第一眼就觉得它更像个又大又亮的，分解不出成员星的球状星团，而不像个星系。该星系的中心区不仅巨大，而且几乎呈圆形，亮度直到中心区的边缘也减弱得不明显，因此核球区边界也不明显。中心区周围有很暗弱的椭圆形边缘区，沿西北—东南方向伸展。

要定位 M 94，只要把猎犬座 α 放在寻星镜视场的南东南边缘，然后直接在视场中心或中心偏北的地方寻找就可以了。通过 50mm 口径的寻星镜，使用余光扫视法，可以隐约看到 M 94，它像一颗有绒毛的暗星，周围还包裹着更加稀薄暗弱的云气。

影像 09-5

NGC 4736（M 94）（视场宽 1°）

本照片承蒙帕洛马天文台和太空望远镜科学研究院惠允翻拍自数字巡天工程成果

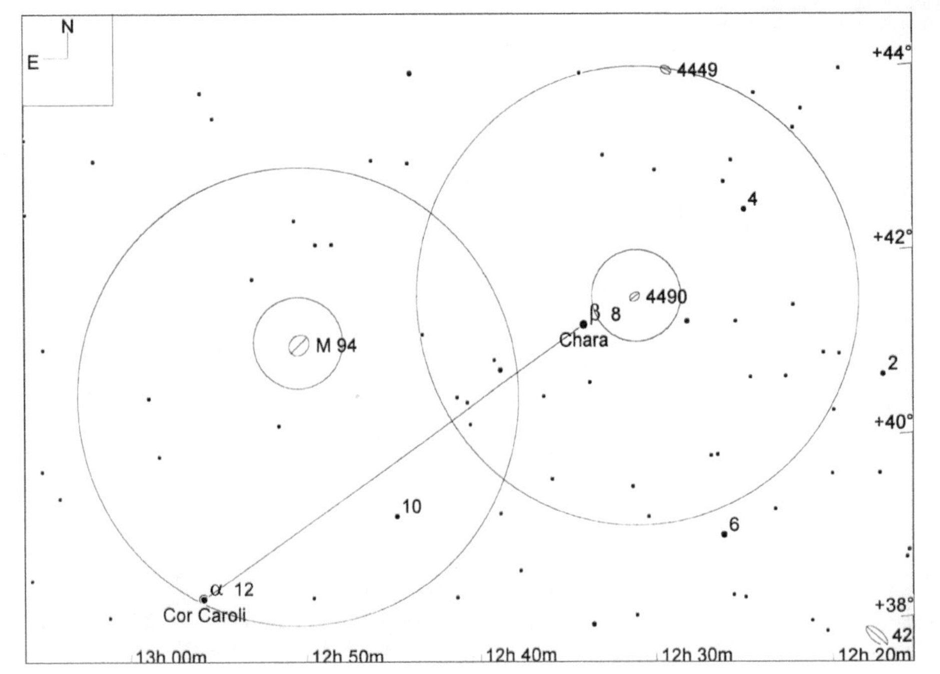

星图 09-5

NGC 4736（M 94）和 NGC 4490（视场宽 10°，寻星镜视场圈直径 5°，目镜视场圈直径 1°，极限星等 9.0 等）

NGC 4490	★★	⊛⊛⊛⊛	GX	MBUDR
见星图 09-5	见影像 09-6	m10.2, 6.3' x 2.7'	12h 30.6m	+41°39'

NGC 4490 被称为“蚕茧星系”（Cocoon Galaxy），是猎犬座内又一个明亮得很容易找到的星系，不过也看不出更多细节。在我们的 10 英寸望远镜加 125 倍放大率下，NGC 4490 是个中等亮度的瘦削的光斑，沿西北—东南方向延伸，尺寸约 5'×1.5'。星系的中心部分稍微亮些，但看不出明显的核球。这个星系还有一个伴系 NGC 4485，二者之间有物质交换。NGC 4485 位于其主星系北边仅 3' 处，所以即使是高倍放大率下，二者也足以被囊括在同一视场里。NGC 4485 明显更小更暗，我们看它就是一个中等偏暗的小圆点，边缘稍有模糊，缺乏更多细节。

要定位 NGC 4490 非常简单，它位于猎犬座 β（8 号星，俗称 Chara）西北西方向仅 39' 处，所以只需在目镜中找到猎犬座 β，就不难在同一视场中引入 NGC 4490 了。

影像 09-6

NGC 4490（视场宽 1°）

本照片承蒙帕洛马天文台和太空望远镜科学研究院惠允翻拍自数字巡天工程成果

NGC 4449	★★	⊛⊛⊛	GX	MBUDR
见星图 09-6	见影像 09-7	m10.0, 6.1' x 4.3'	12h 28.2m	+44°06'

NGC 4449 是个小的中等偏亮的星系。我们透过 10 英寸望远镜加 125 倍放大率观察，看到它的轮廓尺寸有 3'×1.5'，沿东北—西南方向延伸，中心部分比边缘仅稍微亮一点点，在边缘上能看出某些斑驳的细节，也能分辨出它的核球。

NGC 4449 的定位也比较容易。首先把猎犬座 β（8 号星）放在寻星镜视场的南东南边缘，此时能看到视场的偏北部分有 3 颗 7 等星组成了一个直角三角形。注意这个直角三角形中偏南的 2 颗星，因为它俩与 NGC 4449 组成了另一个直角三角形。在这第 2 个直角三角形中，两颗恒星分别是三角形的北端顶点和东端顶点，离 NGC 4449 分别是 0.75°和 1°。

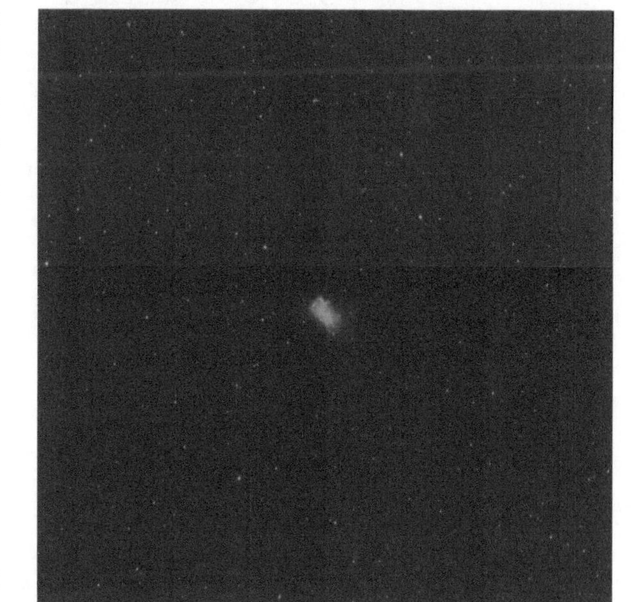

影像 09-7

NGC 4449（视场宽 1°）

本照片承蒙帕洛马天文台和太空望远镜科学研究院惠允翻拍自数字巡天工程成果

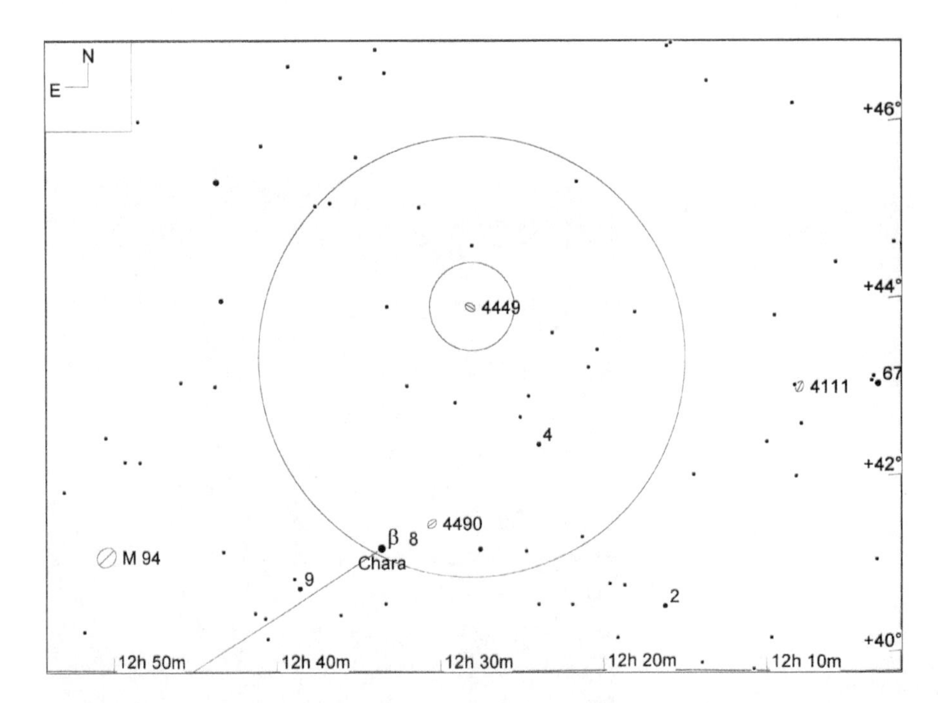

星图 09-6

NGC 4449（视场宽 10°，寻星镜视场圈直径 5°，目镜视场圈直径 1°，极限星等 9.0 等）

NGC 4111	★★★	⊖⊖⊖	GX	MBUDR
见星图 09-7	见影像 09-8	m11.6, 5.2' x 1.2'	12h 07.0m	+43°04'

NGC 4111 是个表面亮度比较高的小星系。在 10 英寸望远镜加 125 倍放大率下，NGC 4111 呈现出极为明亮坚实的中心区、星系核，以及亮度中等偏弱的一个在北西北—南东南方向延伸着的 3' × 0.5' 的外沿轮廓。

要定位 NGC 4111，首先把猎犬座 β（8 号星）放在寻星镜视场东缘，此时在视场里能明显注意到 6 等的猎犬座 2 号星和 4 号星。移动寻星镜视场，使 2 号星位于视场东缘，使 4 号星位于东南缘，就会看到 5 等的大熊座 67 号星出现在视场内的西侧（原文作“东侧”，应属笔误——译者注），如星图 09-7 所示，NGC 4111 就位于大熊座 67 号星正东 54' 处。在 NGC 4111 的东北东方向 4' 处有颗 8 等星，在其正南方 25' 处有另一颗 8 等星。

影像 09-8

NGC 4111（视场宽 1°）

本照片承蒙帕洛马天文台和太空望远镜科学研究院惠允翻拍自数字巡天工程成果

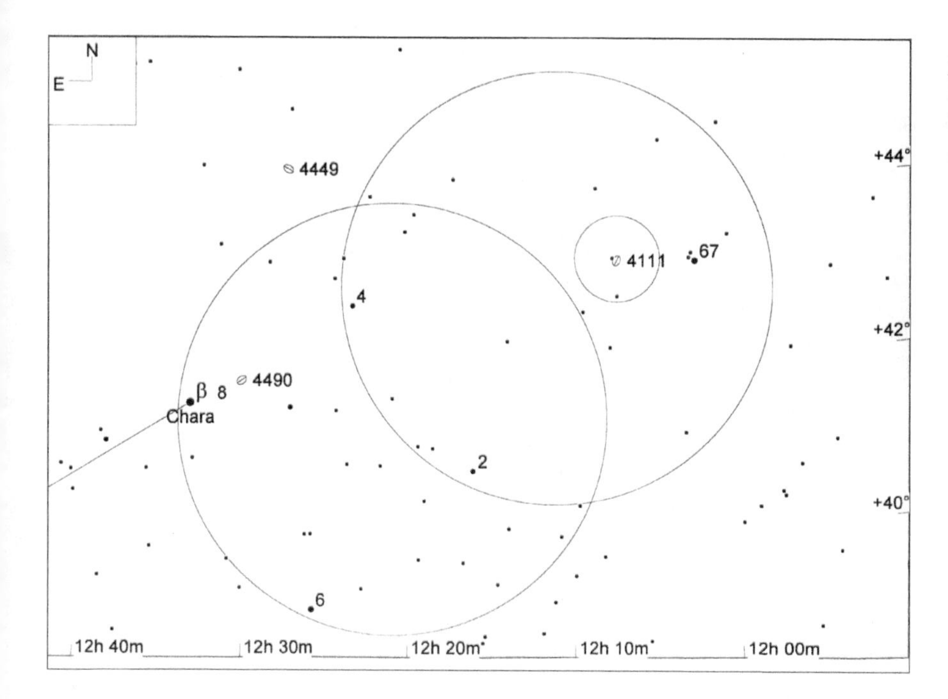

星图 09-7

NGC 4111（视场宽 10°，寻星镜视场圈直径 5°，目镜视场圈直径 1°，极限星等 9.0 等）

NGC 4244	★★★	◕◕◕	GX	MBUDR
见星图 09-8	见影像 09-9	m10.3, 17.7' x 1.9'	12h 17.5m	+37°48'

NGC 4244 是个靓丽的纺锤形星系，表面亮度也属中等偏高。在 10 英寸望远镜加 125 倍放大率下，NGC 4244 有着引人注目地延展开的中心区，但看不到明显的星系核。其轮廓是个 15' × 1' 的狭长光带，沿东北—西南方向延伸，亮度比较高。

要定位 NGC 4244，首先把猎犬座 β（8 号星）放在寻星镜视场东北边缘上，然后在视场中心附近找到 5 等的猎犬座 6 号星，它在猎犬座 β 的西南边。从猎犬座 β 到猎犬座 6 号星做一辅助线并延长，可以在 6 号星西南大约 1.5° 处找到一对角距较大的 7 等星。我们要找的 NGC 4244 就在这对 7 等星西边半度。如果用低放大率的目镜观看，可以将这对恒星与 NGC 4244 涵盖在同一视场之内。

影像 09-9

NGC 4244（视场宽 1°）

本照片承蒙帕洛马天文台和太空望远镜科学研究院惠允翻拍自数字巡天工程成果

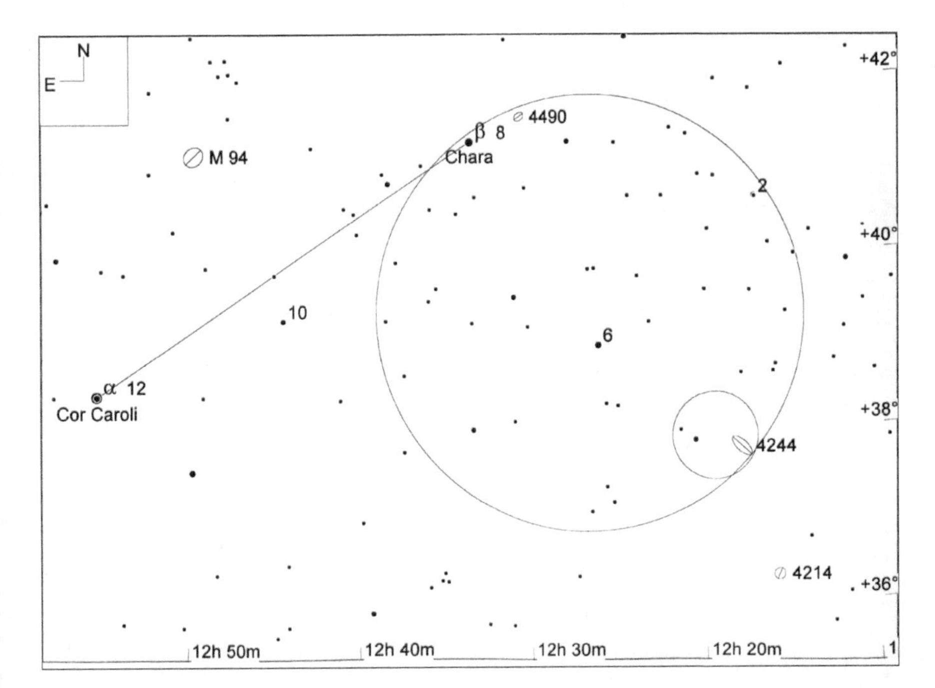

星图 09-8

NGC 4244（视场宽 10°，寻星镜视场圈直径 5°，目镜视场圈直径 1°，极限星等 9.0 等）

NGC 4214	★★	◐◐	GX	MBUDR
见星图 09-8和星图09-9	见影像 09-10	m10.2, 7.4' x 6.5'	12h 15.7m	+36°20'

NGC 4214 是个表面亮度比较高的小星系。在 10 英寸望远镜加 125 倍放大率下，它的轮廓接近正圆形（约 3'×2.5'），沿西北—东南方向略有延长，亮度中等，中心区域相当明亮。

寻找 NGC 4214 的最佳办法是在找到 NGC 4244 之后用目镜直接转往 NGC 4214，见星图 09-9。在直径 1°的目镜视场中，将 NGC 4244 放在稍靠北的位置，就能在视场南部看到一组 9 ～ 10 等的星。将这几颗星移到视场北部，就看到南部又出现了 3 颗 10 等星排成弧形。再将这 3 颗星移到视场北部，就能在视场南部边缘看到 NGC 4214。

影像 09-10

NGC 4214（视场宽 1°）

本照片承蒙帕洛马天文台和太空望远镜科学研究院惠允翻拍自数字巡天工程成果

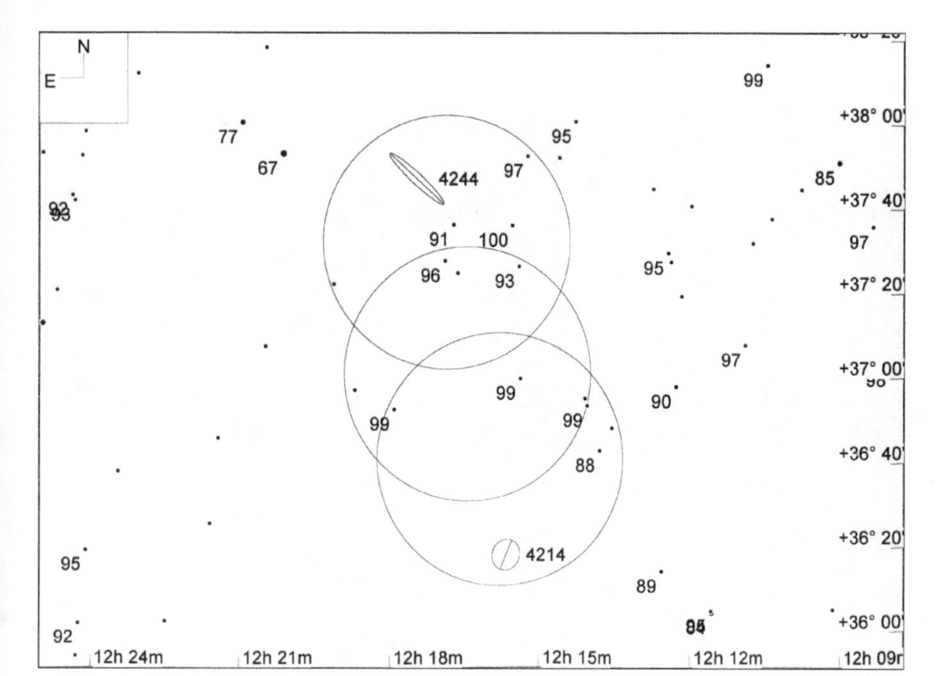

星图 09-9

NGC 4214 确切位置（视场宽 3.5°，目镜视场圈直径 1°，极限星等 11.0 等）

NGC 4631	★★★	⛒⛒	GX	MBUDR
见星图 09-10	见影像 09-11	m9.8, 15.4' x 2.6'	12h 42.1m	+32°32'

NGC 4656	★★	⛒⛒	GX	MBUDR
见星图 09-10	见影像 09-12	m11.0, 9.1' x 1.7'	12h 44.0m	+32°10'

NGC 4631 和 NGC 4656 这对星系能够形成有趣的鲜明对比。我们用 10 英寸望远镜加 90 倍放大率观察时，这两个星系可以放在同一个目镜视场中。两者之中，NGC 4631 显然更具风采，它是个侧面对着我们的螺旋星系，看起来像一把犀利的匕首。其轮廓形状狭长，约 15' × 1.5'，沿东一西方向延伸，其中西侧比东侧更为狭窄和细长，因此更像匕首的锋刃，而东侧则像匕首的手柄。星系的中心区延展开来，明亮异常，但看不到核球的区域。NGC 4656 则小得多，相应地也暗得多，它呈现为一道细长而不太规则的条纹，延伸方向为东北一西南，大小约 6' × 1'，西南端比东北端亮得多。它的中部特别暗，所以必须用余光扫视的技巧才可能勉强看到。

这两个星座都位于猎犬座天区的南部边缘，而定位它们的最佳办法则是依靠后发座北部边缘的恒星（后发座是猎犬座的南邻）。首先用肉眼找到 4 等的后发座 β（43 号星）和后发座 γ（15 号星），在它俩之间连一线段，在线段中点附近用寻星镜找到一对 5 ～ 6 等的恒星，即后发座 30 号星和 31 号星。然后，将 30、31 号星移到寻星镜视场的南边缘，就可以看到 5 等的后发座 37 号星从视场东北边缘进入。我们的寻星镜视场直径为 5°，因此，要找的这对星系此时位于视场西北边界之外一点点的地方。在寻星镜中很难看到这两个星系，所以此时不仅应该向西北方移动视场，还要坚持移动到一对 5 ～ 6 等的星（猎户座 54 号星）从视场的西北西边缘进入视场为止。这时，可以说要找的这对星系估计应该位于寻星镜视场的中心了，可以到低放大率的目镜里去轻松找到 NGC 4631，定位成功后再去找更暗的 NGC 4656。

影像 09-11

NGC 4631（视场宽 1°）

本照片承蒙帕洛马天文台和太空望远镜科学研究院惠允翻拍自数字巡天工程成果

影像 09-12

NGC 4656（视场宽 1°）

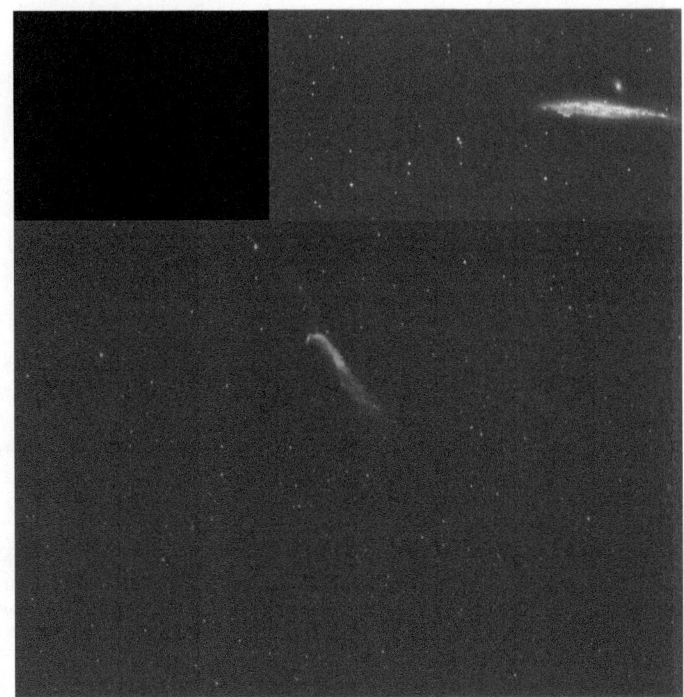

本照片承蒙帕洛马天文台和太空望远镜科学研究院惠允翻拍自数字巡天工程成果

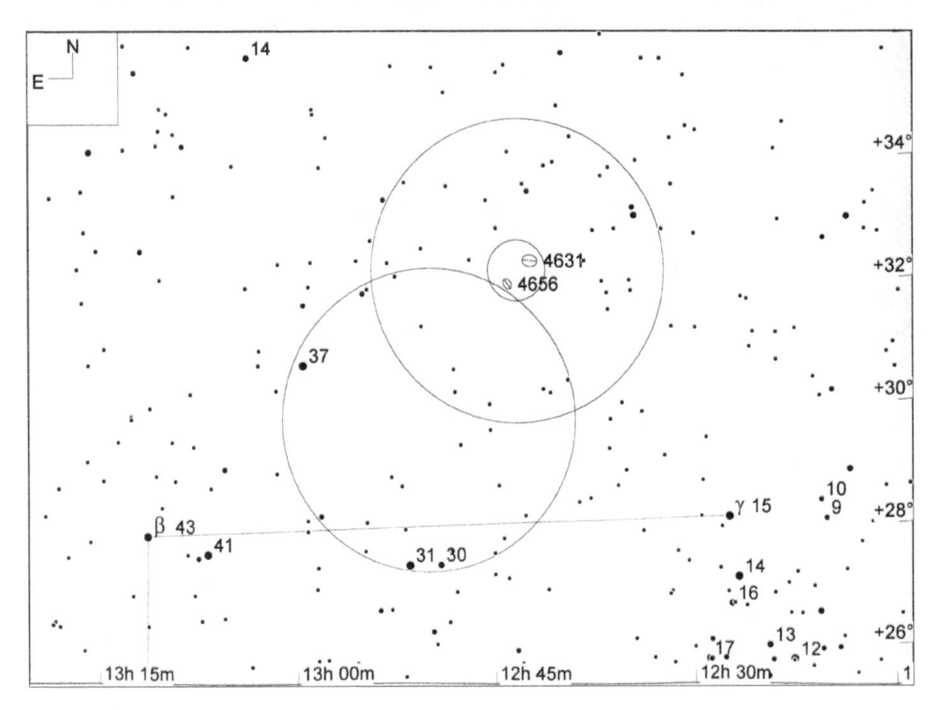

星图 09-10

NGC 4631 和 NGC 4656（视场宽 15°，寻星镜视场圈直径 5°，目镜视场圈直径 1°，极限星等 9.0 等）

M 3 (NGC 5272)	★★★★	◐◐◐	GX	MBUDR
见星图 09-11	见影像 09-13	m6.3, 18.0'	13h 42.2m	+28°23'

我们和很多观测者都认为，M 3（NGC 5272）是北半球观测者能看到的第二好的球状星团了，能超过它而位列榜首的只有无比壮丽的武仙座球状星团 M 13。在我们的 10 英寸望远镜加 125 倍放大率下，M 3 的样子令人震撼。它有着致密而明亮的直径 6' 的核心区，外面包裹着直径 12' 的发光轮廓，成员星的分布密度从中心到边缘呈均匀的下降之势。尽管 M 3 的沙普利 – 索伊尔分级为第 6 级，即"中等紧致"，但使用 10 英寸口径的望远镜就可以分解出许多成员星，甚至有不少接近中心区域的成员星。

利用恒星作参照物来寻找 M 3 有一定的难度，但我们可以用几何方法轻松定位它。在牧夫座 α（大角星）和猎犬座 α 之间连接一条线段，M 3 就在线段中点附近，稍偏向大角星一点的位置上。因此，直接把寻星镜指向按这个方法所估计的那一片区域吧，你应该能直接在寻星镜里看到 M 3。万一看不到，可以试着把寻星镜视场偏移一点，在周边天区转着圈寻找一下模糊状的天体，相信不难找到。

影像 09-13

NGC 5272（M3）（视场宽 1°）

本照片承蒙帕洛马天文台和太空望远镜科学研究院惠允翻拍自数字巡天工程成果

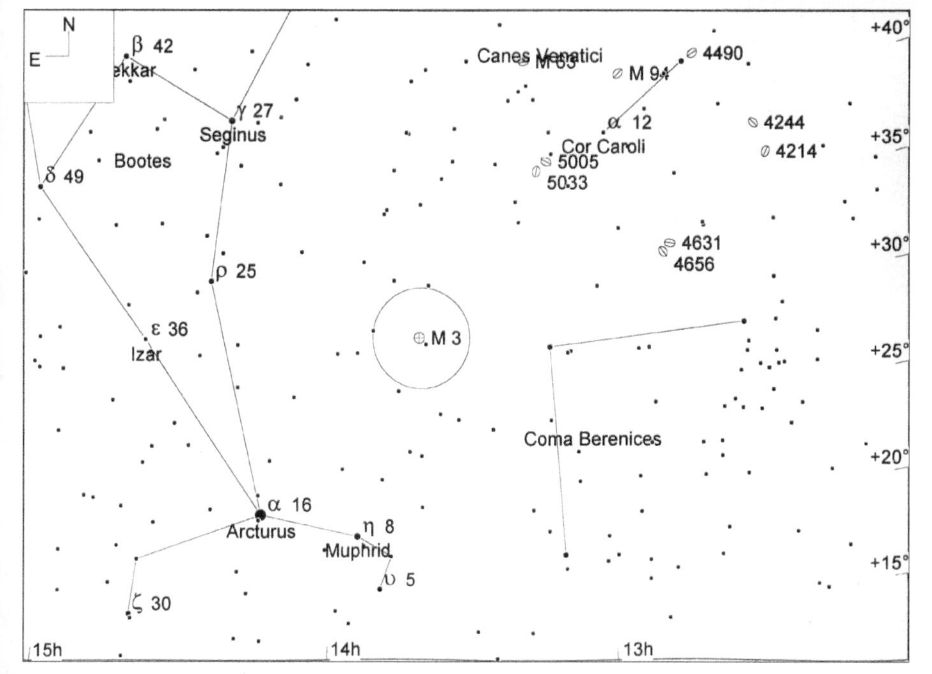

星图 09-11

NGC 5272（M 3）（视场宽 45°，寻星镜视场圈直径 5°，极限星等 6.0 等）

M 106 (NGC 4258)	★★★	⊕⊕⊕	GX	MBUDR
见星图 09-12	见影像 09-14	m9.1, 18.8' x 7.3'	12h 19.0m	+47°19'

M 106（NGC 4258）是个很大的星系，表面亮度也足够高，因此在业余爱好者的望远镜里也足以看到很多细节。通过 10 英寸望远镜加 90 倍放大率观察，M 106 的样子是令人难忘的。整个星系从里到外分 3 个层次：直径 1' 的很明亮的中心区，但看不到核球区；大小 5' × 3' 的内晕；大小 14' × 4' 并且散淡模糊得多的外晕，沿北西北—南东南方向延伸。

虽然 M 106 位于猎犬座天区内，但定位它的最佳方法是从大熊座内的北斗七星开始。首先，将大熊座 γ（64 号星，也就是"天玑"星）放到寻星镜视场的西北西边缘上，此时能看到视场的东南东边缘出现了 5 等的猎犬座 5 号星。将该星改放到视场的最北端，就能在视场的中心附近看到同为 5 等的猎犬座 3 号星，而靠近南端的地方还有一颗 6 等的 SAO 44141 比较醒目。M 106 就在 SAO 44141 正西 30' 处。即使在 50mm 口径的寻星镜中用余光扫视法观察，也能隐约感觉到它的存在。

影像 09-14

NGC 4258（M 106）（视场宽 1°）

本照片承蒙帕洛马天文台和太空望远镜科学研究院惠允翻拍自数字巡天工程成果

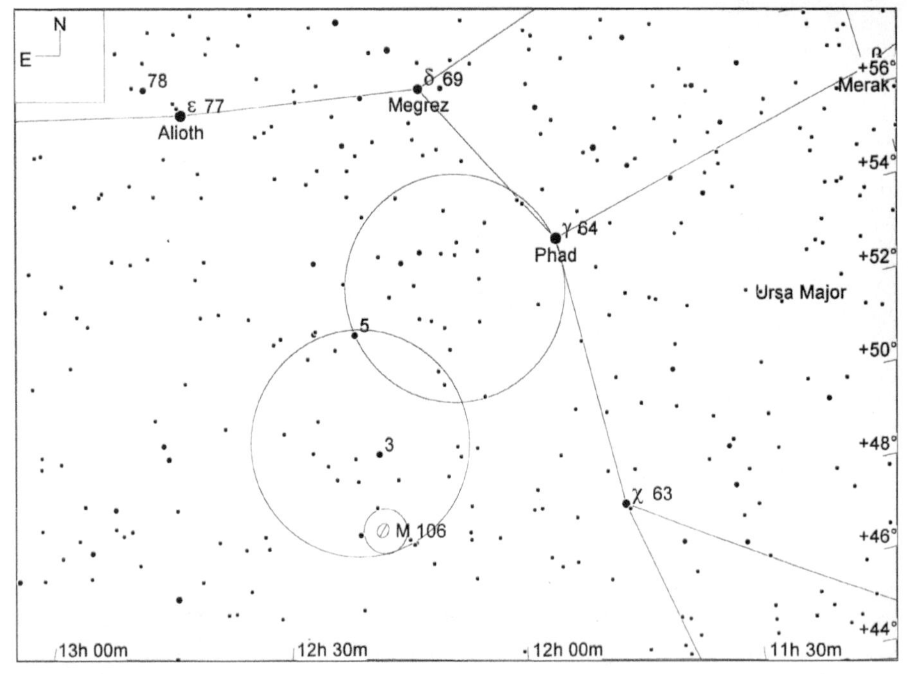

星图 09-12

NGC 4258（M 106）（视场宽 20°，寻星镜视场圈直径 5°，目镜视场圈直径 1°，极限星等 9.0 等）

Cor Caroli (STF 1692)	★★★	⊕⊕⊕⊕	MS	uD
见星图 09-1		m2.9/5.5, 19.3", PA 229° (2004)	12h 56.0m	+38°19'

猎犬座 α 既是该座的最亮恒星，也是一颗角距较大的美丽双星，用小望远镜即可轻松分解之。我们用 90mm 口径折射镜加 100 倍放大率观察，看到其 2 颗成员星都是淡黄色。换到 10 英寸望远镜和 90 倍放大率后，2 颗成员星都呈浅紫色。也有其他爱好者报告说，自己看到这两颗星或其中一颗发绿或发蓝。

10

大犬座，大狗

星座名：大犬座（Canis Major）

适合观看的季节：冬

上中天：元旦前后的午夜

缩写：CMa

所有格形式：Canis Majoris

相邻星座：天鸽、天兔、麒麟、船尾

所含的适合双筒镜观看的天体：NGC 2287 (M41), NGC 2360

所含的适合在城市中观看的天体：（无）

大犬座面积为 380 平方度，约占天球的 0.9%，在全天 88 星座中排在第 43 位，属于中等大小的星座。在神话中，大犬座是猎人奥利翁（即猎户座）的两条猎狗中比较大的那一条。它跟随在猎人的脚下，随时准备向作为猎物的野兔（即天兔座）发起攻击。

这条大猎狗的眼睛就是“天狼星”，它是夜空中最亮的恒星，也被叫做“狗星”（Dog Star）。其标准的俗称 Sirius 来自希腊文，意思是“烧灼”或“闪耀”。这颗星如此地亮，既是因为它本身确实就很亮，也是因为它离太阳系很近，确实属于太阳的一位近邻。同时，离我们很近，也就意味着它的“自行”很大（“自行”是天文术语，“自行很大”即是说它相对于那些遥远的背景恒星而言，在天球上移动得很快）。在 200 万年前的地球上看来，这颗星还位于天猫座，而且亮度很低，用肉眼仅能勉强看到，而到了 9 万年之前（这对于宇宙来说只是弹指一挥间），它就移动到了小犬座 α 附近，但其亮度仍处于刚能引人注意的水平。距今只有 8 万年时，它就亮得多了，已经接近了当今全天第二亮的 0 等星——老人星（Canopus），而且已经向南西南方向移动了近 40°，到达了绘架座。

还有很多原因使得天狼星如此有趣。例如，它与小犬座 α（南河三）、猎户座 α（参宿四）共同构成了“冬季大三角”——这也是冬季的璀璨夜空中最为惹眼的亮恒星组合。有的天文学家认为天狼星属于“大熊座移动星群”的成员，著名的北斗七星中，除了位于首尾两端的“天枢”星和“摇光”星，其余五颗也都属于这个移动星群。

天狼星也是双星，它的伴星只有 8.5 等，是颗有着碳质核心的白矮星，俗名也叫 Pup。这颗星的直径小到只有地球直径的 92%，且围绕着主星转动。主星与伴星的平均距离只有 19.8 个天文单位，差不多仅等于从太阳到天王星的距离。

表 10-1

大犬座中有代表性的星团、星云和星系

天体名称	类型	视亮度	视尺寸	赤经	赤纬	梅	双	城	深	加	备注
NGC 2287	OC	4.5	38.0	06 46.0	−20 45	●	●	●			M 41; Cr 118; Class I 3 r
NGC 2360	OC	7.2	12.0	07 17.7	−15 39				●		Cr 134; Mel 64; Class I 3 r
NGC 2359	EN	99.9	13.0 x 11.0	07 18.5	−13 14					●	

表 10-2

大犬座中有代表性的双星或聚星

天体名称	星对	星等1	星等2	角距	方位角	年份	赤经	赤纬	城观	双星	备注
21-epsilon	CPO 7	1.5	7.5	7.0	161	2000	06 58.6	−28 58		●	Adhara

在 2006 年，天狼星及其伴星之间的角距只有约 7"，但这个数字目前在持续增大，到 2022 年将达到一个极大值 11.3"。当然，也许你觉得 7" 的角距已经足以让我们很容易地通过望远镜分解它们了，但事实不然，而且远非如此简单。虽然 Pup 本身并不算暗，但主星要比它亮 8 400 倍之多。这种巨大的亮度反差使我们用望远镜分解这对双星变得相当困难，因为天狼伴星的光完全被主星的光给淹没了。2001 年，有技巧高超的爱好者报告说利用品质极佳的 4 英寸口径望远镜在大气视宁度极好的夜晚里成功分解出了天狼伴星。但对于其余爱好者来说，即使是 10 英寸甚至更大口径的望远镜，想分解天狼星也依旧难如登天。

另外还有一件关于天狼星的匪夷所思的事。古埃及人熟知天狼星，每当到了天狼星在黎明升起的时节，尼罗河水就要开始例行的泛滥，而古埃及社会生活中每年都要进行的一系列大事都要以河水泛滥为参照而确定日期。我们的眼睛和当代的天文学都告诉我们，天狼星发出的是明亮的蓝白色光芒，我们可以推断，在距今 3000 ～ 5000 年的古埃及时代，它也是这个颜色的。然而，当年的古埃及人留下的记录几乎无一例外地说天狼星是“红色”的，甚至“血红色”的。有人认为，天狼星发红是一种大气现象，当天狼星升起的高度离地平线很近时，它的光要到达人类的眼睛就需要穿过更厚的大气层，大气层吸收了更多的蓝光，使它显得发红。但我们认为这种解释不能彻底消

星图 10-1

大犬座星图（视场宽 30°）

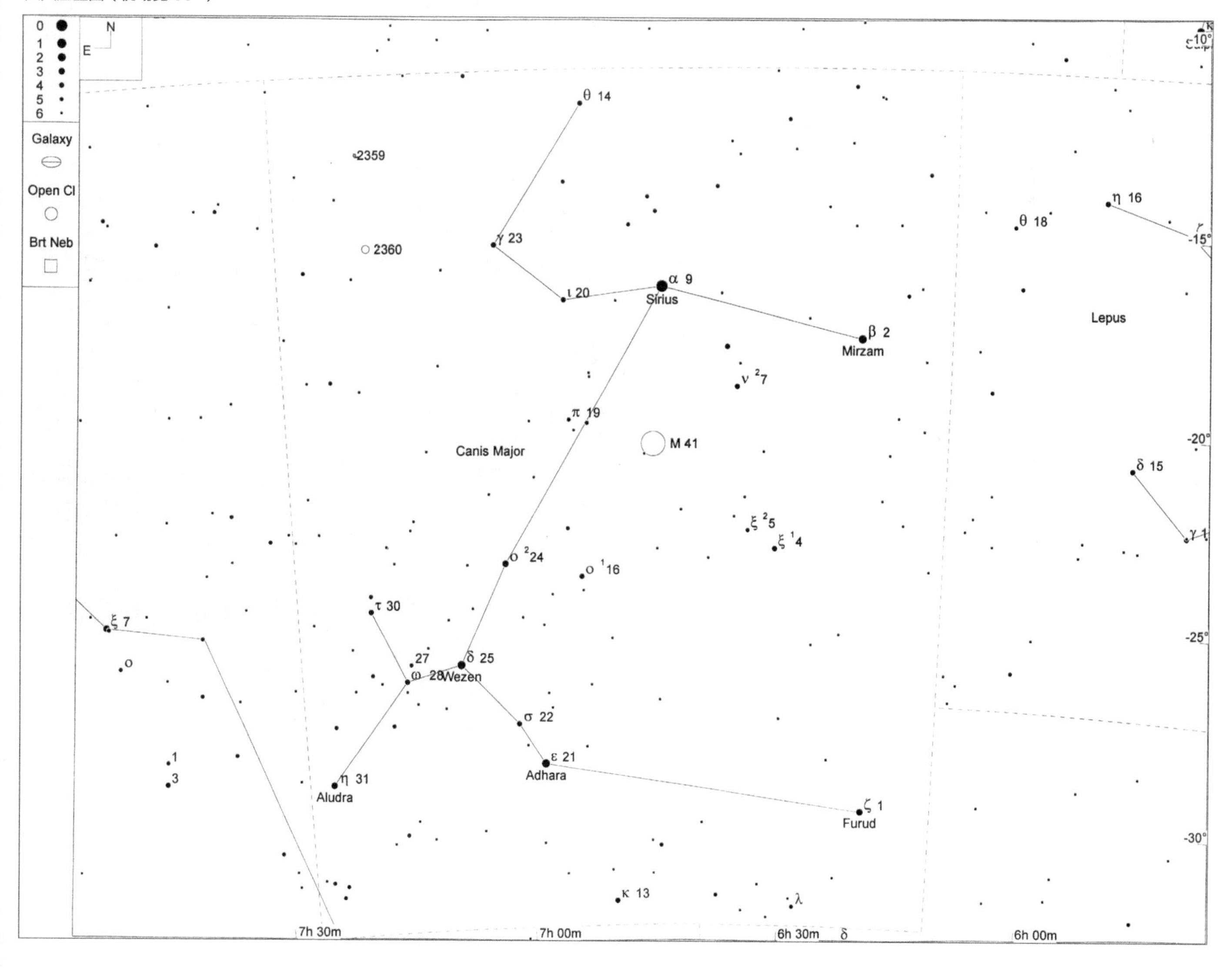

除疑问。古埃及人既然如此熟知天狼星的出没规律，也就肯定见到过它高悬天空发出蓝白色光芒时的样子，为什么还要描述它发红呢？这还是一桩悬案。

大犬座的天区位于冬季银河之内，因此含有很多疏散星团，本书介绍其中的代表——M 41 和 NGC 2360。另外，大犬座内也有少量的发射 / 反射星云，NGC 2359 是其中颇值得观看的一个。大犬座内的聚星也很多，本书限于篇幅仅介绍很有代表性的大犬座 ε（21 号星）。对北半球中纬度的观测者而言，初冬是观察大犬座的最好时期，它在入夜后一两小时升起，然后整夜可见。直到早春时节，每天天黑后仍有一两个小时可观察到大犬座。

星团、星云和星系

M 41 (NGC 2287)	★★★★	⊕⊕⊕⊕	OC	MBUDR
见星图 10-2	见影像 10-1	m4.5, 38.0'	06h 46.0m	–20° 45'

著名的疏散星团 M 41（NGC 2287）又大又亮，特朗普勒分级是 I 3 r 级。这个星团很早便为人类所知，因为在足够深暗的夜空里，肉眼就可以直接看到它，它在肉眼中呈现为一个满月那么大的云雾状光斑。用 50mm 的双筒镜看它就更漂亮了，可以从中分解出不少于 15 颗 7 ～ 9.5 等的成员星。换到 10 英寸望远镜加 42 倍放大率时，M 41 更为壮观，可以分解出 100 余颗 7 ～ 12 等的成员星，它们彼此组成很多星链、星弧和星块。星团的东南边缘闪耀着一颗 6 等星，但该星并不是 M 41 的成员星。

M 41 位于天狼星正南方 4°，因此很容易定位，在 30mm 口径的寻星镜中已经很容易看到。将天狼星放在 5° 寻星镜视场的北缘，将大犬座 ν2（7 号星）和大犬座 ν3（8 号星）这一对 4 等星分别放在视场的西边缘和西北西边缘，就能在视场的南端很清楚地发现 M 41。

影像 10-1

NGC 2287（M 41）（视场宽 1°）

本照片承蒙帕洛马天文台和太空望远镜科学研究院惠允翻拍自数字巡天工程成果

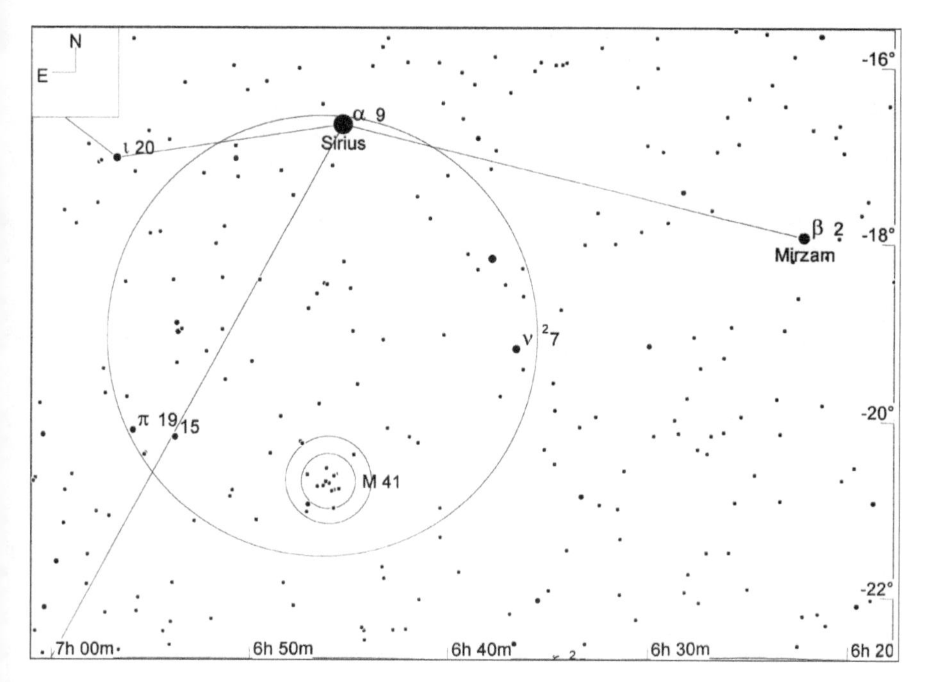

星图 10-2

NGC 2287（M 41）（视场宽 10°，寻星镜视场圈直径 5°，目镜视场圈直径 1°，极限星等 9.0 等）

NGC 2360	★★★	◉◉◉◉	OC	MBUDR
见星图 10-3	见影像 10-2	m7.2, 12.0'	07h 17.7m	-15°39'

NGC 2360 是个美丽的疏散星团，只用小双筒镜也能看见，特朗普勒分级是Ⅰ 3 r 级。这个星团位于 M 41 的东北方向仅约 9°，很奇怪为什么当年梅西耶在观察 M 41 附近的天区时没有记录到它。

在 7×50 的双筒镜中，NGC 2360 是个亮度均匀的小小的云雾状斑块，位于大犬座 γ（23 号星）正东约 3°半。透过双筒镜用目光直视的话，无法从这个星团中分解出成员星，但换用余光瞥视的话，能在星团的中心附近分辨出一对 10 等星，另外在靠近其东边的地方分解出一颗 9 等星。用 10 英寸望远镜加 90 倍放大率观察，NGC 2360 与一颗 5.5 等的较亮恒星可以同在一个视场之内，位于该恒星东边约 20' 处。NGC 2360 成员星众多且有强烈的向中心聚拢的倾向，除了中心附近的 10 等成员星外，还有大约 50 颗 11 ～ 14 等的成员星充满了整个星团，且彼此间结成不规则的团块和星链。星团东缘的那颗 9 等星则是 SAO 152691。

由于 NGC 2630 位于大犬座 γ 正东 3.4°，因此只要先将大犬座 γ 放置在寻星镜视场的中心，然后向东略微偏移视场，就可以见到 NGC 2360 从东边缘（原文作“西边缘”，应属笔误——译者注）进入视场了。在 50mm 口径的寻星镜中就可以看到它，它呈现为亮度中等的模糊斑点，西边一点点有颗 5 等星。

影像 10-2

NGC 2360（数字巡天影像，视场宽 1°）

本照片承蒙帕洛马天文台和太空望远镜科学研究院惠允翻拍自数字巡天工程成果

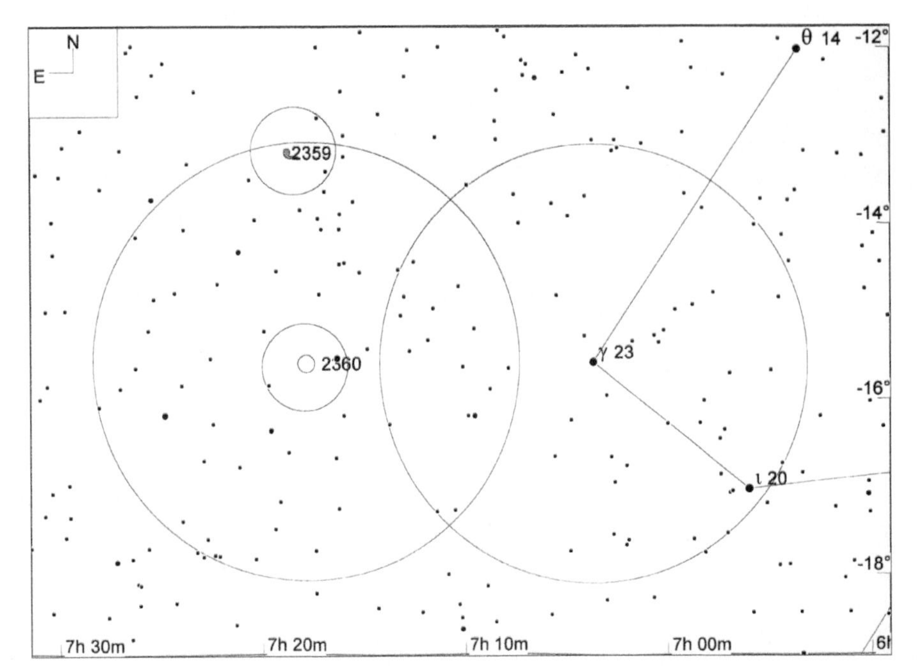

星图 10-3

NGC 2360 和 NGC 2359（视场宽 10°，寻星镜视场圈直径 5°，目镜视场圈直径 1°，极限星等 9.0 等）

NGC 2359	★★	◐◐◐	EN	MBUDR
见星图 10-3, 10-4	见影像 10-3	m99.9, 13.0' x 11.0'	07h 18.5m	–13°14'

NGC 2359 是个大而暗弱的发射星云，亮度分布均匀，也叫做“鸭嘴兽星云”（Duck Bill Nebula），我们觉得它的形状更像个逗号。用 10 英寸望远镜、90 倍放大率加窄带滤镜观察，它又大又暗，整体沿东北—西南方向呈椭圆形展开，北半部分尤其弥散，南半部分虽然狭窄但相对致密和明亮一些，这个部分沿东—西方向延伸，其东端（即整个星云的东南端）有一颗 10 等星。

要定位 NGC 2359，可以从上文刚刚介绍的 NGC 2360 开始。将 NGC 2360 放在寻星镜视场的中心时，NGC 2359 位于视场的北边缘上，在其西南 30' 有 2 颗很醒目的 7 等背景恒星，在西南西南方向差不多的距离上也有一颗 7 等星（其在视场南缘呈现为另一个小的星团，见星图 10-4）。

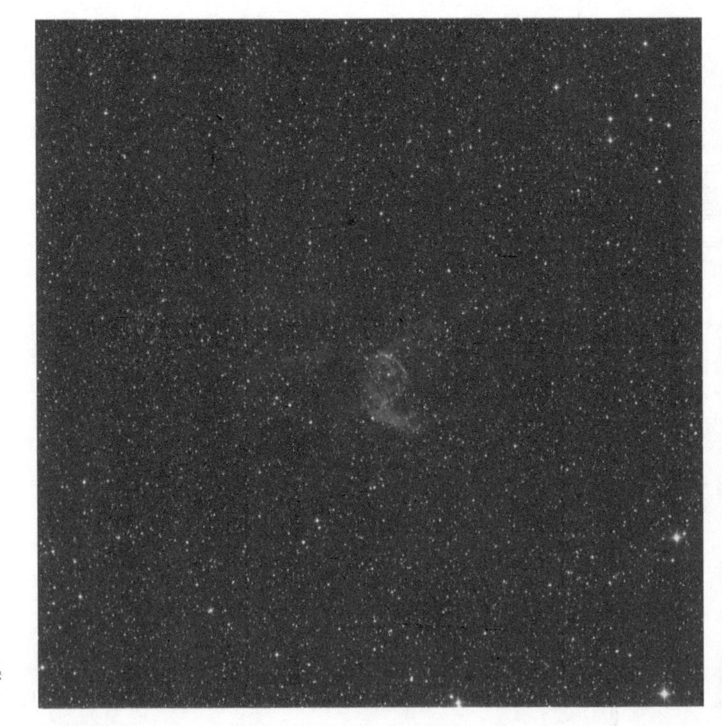

影像 10-3

NGC 2359（视场宽 1°）

本照片承蒙帕洛马天文台和太空望远镜科学研究院惠允翻拍自数字巡天工程成果

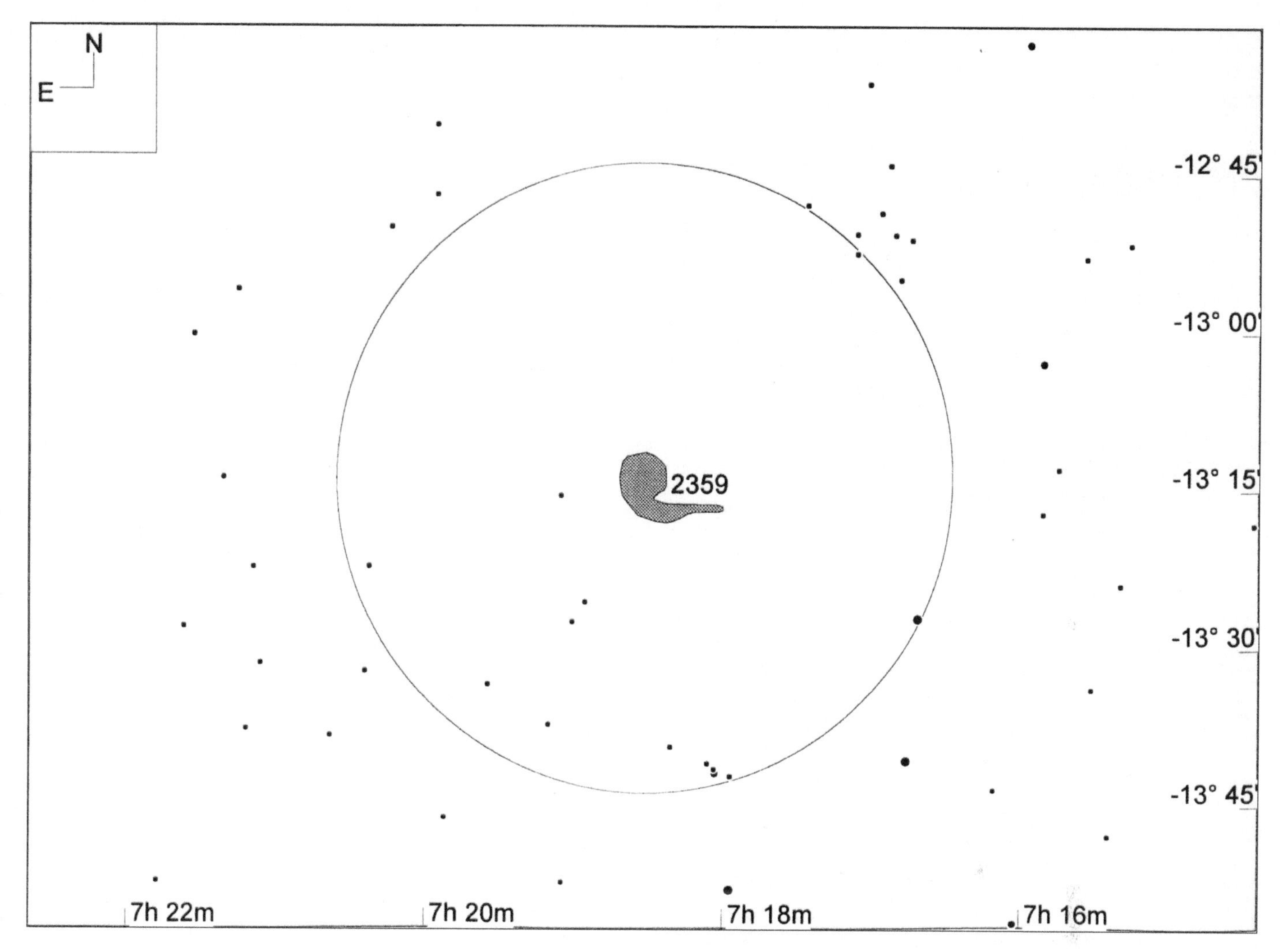

星图 10-4

NGC 2359 确切位置（视场宽 2°，目镜视场圈直径 1°，极限星等 11.0 等）

聚星

21-epsilon（ε）	★★	⚈⚈⚈⚈	MS	uD
见星图 10-1		m1.5/7.5, 7.0", PA 161°	06h 58.6m	–28°58'

大犬座 ε（21 号星）这颗双星的角距虽然不小，但分解起来却很困难。用 10 英寸望远镜加 90 倍放大率观察，只能感到大犬座 ε 有点发扁，或是感到它表面似乎有个突起的“肿块”。放大率 180 倍时，该星可以分解，但分解得不够清晰利落，这主要是因为主星的光芒几乎把暗弱的伴星给掩盖了。要想完全清晰地分解这对双星，需要精良的设备、极佳的大气视宁度以及很高的放大率。

11

摩羯座，海山羊

星座名：摩羯座（Capricornus）
适合观看的季节：夏
上中天：8 月上旬午夜
缩写：Cap
所有格形式：Capricorni
相邻星座：天鹰、宝瓶、显微镜、南鱼、人马
所含的适合双筒镜观看的天体：NGC 7099 (M30)
所含的适合在城市中观看的天体：（无）

摩羯座是个中等大小的、比较暗弱的夏季星座，其面积 414 平方度，约占天球的 1%，在全天 88 星座中排第 40 位。摩羯座的主要恒星都是 3 ～ 4 等星，这使得它成为了第 2 暗淡的黄道星座（黄道十二星座中最暗淡的是巨蟹座）。尽管缺少亮星，有关这个星座的传说却很久远，古苏美尔人、古巴比伦人、古埃及人都将其视为一个羊首鱼身的吐火怪物的形象。

摩羯座西边的邻居是人马座，那是一个深空天体多得惊人的星座，然而摩羯座天区内的深空天体则比较稀少，适合初级和中级爱好者观察的目标就更少。摩羯座中最值得爱好者一看的深空天体就是 M 30（NGC 7099），这个天体之所以著名，是因为它在“梅西耶马拉松”活动中属于必须在天亮的时候才能尝试寻找的当夜最后一个梅西耶天体。但是，摩羯座中的双星和聚星不少，该星座西北角的摩羯座 α 和 β 的区域有大量聚星，且均适合用肉眼、双筒镜或小单筒镜分解。实际上，我们在用 4.5 英寸口径的反射镜加低倍率目镜进行大视场观测时，觉得这个区域整体上就仿佛一个巨大而松散的疏散星团。对北半球中纬度的观测者而言，整个秋季的夜间都很适合观察摩羯座。

表 11-1

摩羯座中有代表性的星团、星云和星系

天体名称	类型	视亮度	视尺寸	赤经	赤纬	梅	双	城	深	加	备注
NGC 7099	GC	6.9	12.0	21 40.4	–23 11	◉	◉				M 30; Class V

表 11-2

摩羯座中有代表性的双星或聚星

天体名称	星对	星等1	星等2	角距	方位角	年份	赤经	赤纬	城观	双星	备注
5-alpha1, 6-alpha2	STFA 51AE	3.7	4.3	381.2	292	2002	20 18.1	–12 33		◉	Algedi
9-beta1, beta2	STFA 52Aa-Ba	3.2	6.1	207.0	267	2001	20 21.0	–14 47		◉	Dabih

星图 11-1

摩羯座星图（视场宽 30°）

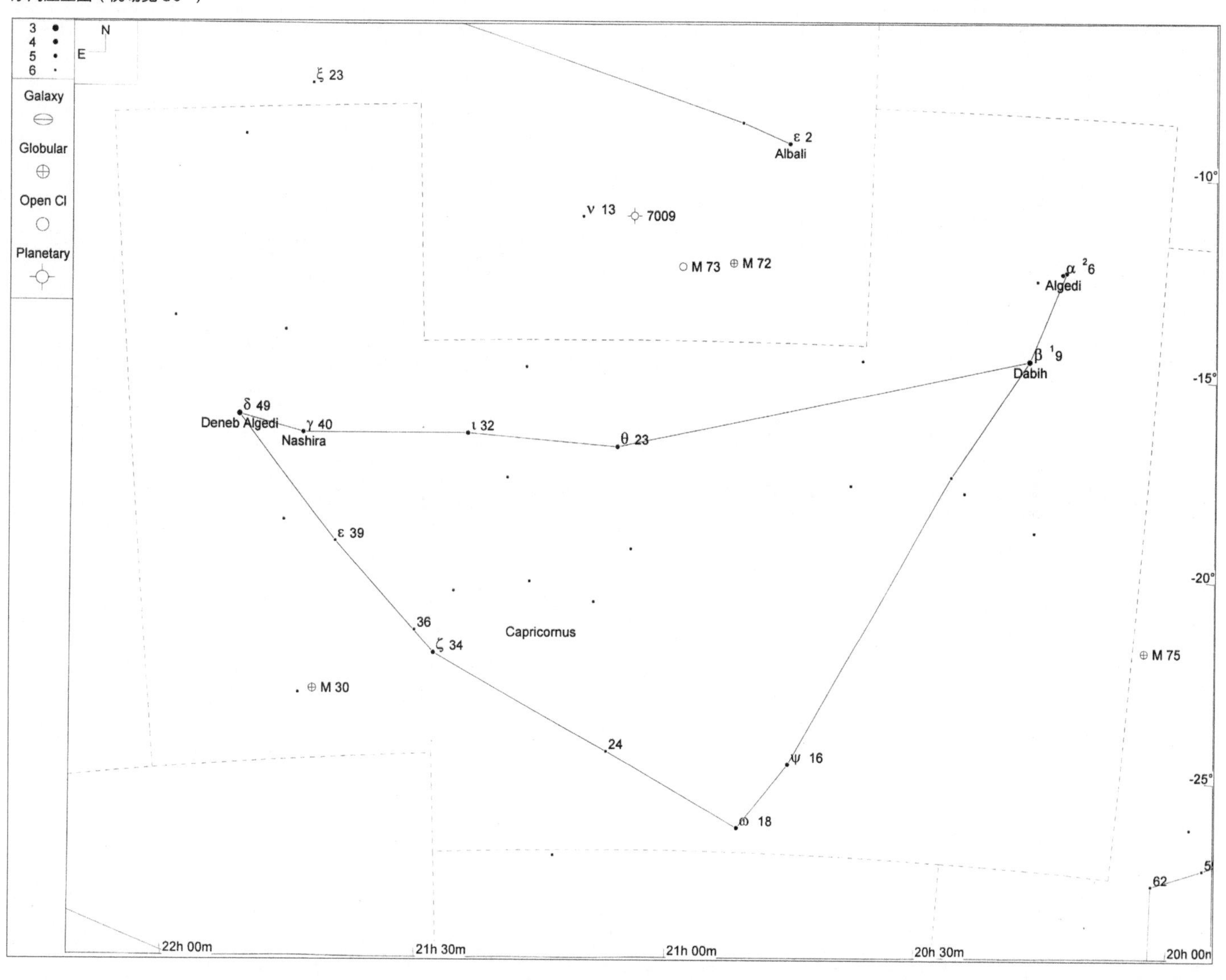

M 30 (NGC 7099)	★★★	◕◕◕	GC	MBUDR
见星图 11-2		m6.9, 12.0'	21h 40.4m	–23°11'

对初学者和中级水平的爱好者来说，摩羯座内仅有的几个主要深空天体也显得那样无趣。当然，M 30 除外。在夜空中从位于摩羯座西端（原文为“东端”，应属笔误——译者注）的 3 等星摩羯座 α（俗称 Algedi）开始，向东南（原文为“西南”，有误——译者注）寻找大约 8°，就能用肉眼明显看到一对寂寞的 4 等星——摩羯座 ζ（34 号星）和摩羯座 36 号星。如星图 11–2 所示，将这两颗星放在寻星镜视场的西北边缘，就能在视场东北部分看到 5 等的摩羯座 41 号星，它在寻星镜中会非常闪亮。M 30 就在这颗星的西侧约 23' 处，在寻星镜中仿佛一颗有绒毛的 7 等暗星。

用 7 × 50 的双筒镜来观察，M 30 也是只像一个 7 等的毛绒绒的小亮点；但在中高放大率下的任何单筒天文望远镜中，M 30 都会呈现出它球状星团的本来面貌，它的成员星向心汇聚的趋势为中等。在我们的 10 英寸道布森镜加 90 倍放大率下，M 30 有一个延展约 3' 的亮核，但无法分解出该区域的成员星，外围则有直径约 5' 的更为松散的区域。9 等恒星 SAO 190531 明显位于星团的西侧，在星团的最外围轮廓的外边一点。这层最外围的轮廓必须用不小于 10 英寸的望远镜口径在深暗的夜空中方可看到。我们在 10 英寸道布森望远镜上将放大率分别加到 125 倍、180 倍和 240 倍，但都无法从 M 30 的中心区域分解出成员星。但是，可以使用更大的口径，我们用 17.5 英寸的大口径加 158 倍放大率就可以轻松地分解 M 30。

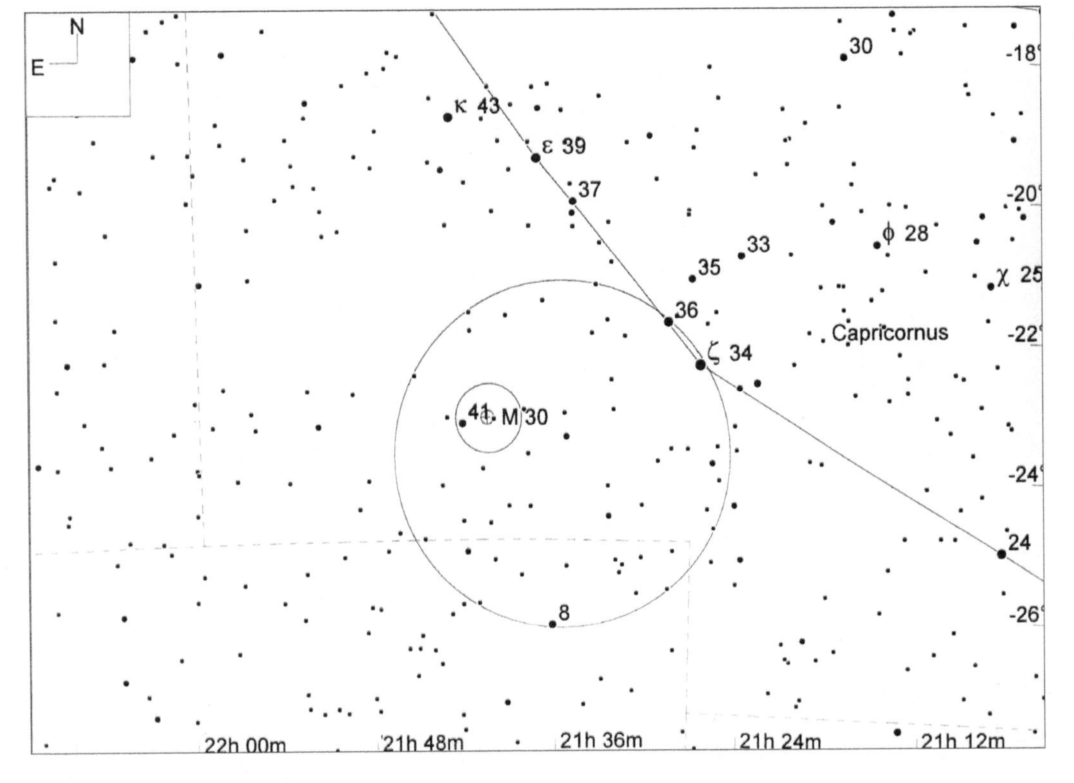

星图 11-2

M 30（视场宽 15°，寻星镜视场圈直径 5°，目镜视场圈直径 1°，极限星等 9.0 等）

5-α¹, 6-α² (STFA 51AE) ★★★

见星图 11-1	m3.7/4.3, 381.2", PA 292°	20h 18.1m	−12°33'

摩羯座西北角的摩羯座 α^1（5 号星）和 α^2（6 号星）角距为 381.2"，这大约相当于满月直径的 1/5。但这对双星仅仅属于光学聚星，其中 3.6 等的摩羯座 α^2 离我们大约 100 光年，而 4.3 等的摩羯座 α^1 离我们的距离大约是前者的 5 倍。我们用 7×50 的双筒镜观察它们，看到二者均呈暖白色；而用 10 英寸望远镜加 90 倍放大率观察时，两星均呈现深金色。

9-β¹, β² (STFA 52Aa-Ba) ★★★

见星图 11-1	m3.2/6.1, 207.0", PA 267°	20h 21.0m	−14°47'

摩羯座 β^1（9 号星）和 β^2 也是双星，它们位于上述的摩羯座 α 双星的南东南方向约 2.4° 处。在我们用 10 英寸望远镜加 90 倍放大率观察它们时，它们呈现出鲜明的颜色对比。主星 β^1 是亮黄色，在它正西 3.5' 处是 6 等的伴星 β^2，呈蓝白色。其实这是一个三合星系统，因为在摩羯座 β^1 的东南侧 3.8' 处还有一颗 9 等的成员星。

12

仙后座，王后

星座名：仙后座（Cassiopeia）

适合观看的季节：秋

上中天：10月上中旬午夜

缩写：Cas

所有格形式：Cassiopeiae

相邻星座：仙女、鹿豹、仙王、蝎虎、英仙

所含的适合双筒镜观看的天体：NGC 129, NGC 457, NGC 581 (M 103), NGC 663, Cr 463, St 2, Mrk 6, Mel 15, Tr 3, NGC 7654 (M 52), NGC 7789

所含的适合在城市中观看的天体： NGC 129, NGC 457, NGC 663, Cr 463, St 2, Tr 3, NGC 7789, 24-eta (STF 60)

仙后座是个中等大小的、明亮的秋季拱极星座，其面积是598平方度，约占天球的1.4%，在全天88星座里排在第25位。仙后座中主要的恒星排列成字母M或者字母W状，具体是哪个字母要依季节不同而定。但总之这种形状使它很容易被识别，即使是漫不经心地扫视夜空也很快会注意到它。以北天极为中心，仙后座与大熊座在位置上几乎是对称的，因此，当仙后座高悬时，大熊座（包括北斗七星）的地平高度就很低，反之亦然。

人类从上古起就将仙后座天区视为独立的星座了。在希腊神话中，这个星座代表的是埃塞俄比亚的王后卡希欧菲娅，也就是赛非厄斯国王的妻子，安德洛莫达公主的母亲（参看仙女座一章的介绍）。这位王后的张狂自负和信口开河触怒了海中女神涅锐伊得斯，招致后者请海神波塞冬对埃塞俄比亚施加报复，用海中的鲸鱼怪来祸害该国的人民。国王夫妻俩请求了神谕，被神告知必须把公主作为祭品献给鲸鱼怪，方可消弭灾祸。于是，公主被绑缚在海边岩石上等着被鲸鱼吃掉。所幸，当凶残的巨鲸接近公主时，大英雄珀耳修斯正好路过。珀耳修斯杀死鲸鱼，救下公主并娶她为妻。涅锐伊得斯恼羞成怒，让海神将卡希欧菲娅连同她坐的椅子一起升为星座，永远不得下来，并且总有一半的时间要忍受“大头朝下”的痛苦。

仙后座位于秋季银河的旁边，与仙王座、仙女座、英仙座为邻。它所含的疏散星团之多，超过了很多正好位于银河之中的星座。当然，仙后座的不少疏散星团尺寸比较小，很难从银盘附近繁密的星场中辨认出来，但也有一些疏散星团很突出，进入了夜空中最适合观看的疏散星团之列。仙后座中也含有少量行星状星云和发射星云，一些聚星和一个很有趣的星系。对北半球中纬度的观测者来说，晚秋和初冬的夜晚非常适合观看仙后座。

表 12-1

仙后座中有代表性的星团、星云和星系

天体名称	类型	视亮度	视尺寸	赤经	赤纬	梅	双	城	深	加	备注
NGC 7654	OC	6.9	12.0	23 24.8	+61 36	◉	◉				M 52; Cr 455; Class II 2 r
NGC 7635	EN	99.9	16.0 x 6.0	23 20.7	+61 12					◉	Bubble Nebula
NGC 7789	OC	6.7	15.0	23 57.4	+56 43			◉	◉	◉	Cr 460; Mel 245; Class II 2 r
NGC 129	OC	6.5	21.0	00 29.9	+60 13			◉	◉		Cr 2; Class III 2 m
NGC 281	OC/EN	99.9	28.0 x 21.0	00 53.0	+56 38					◉	
NGC 457	OC	6.4	13.0	01 19.6	+58 17			◉	◉	◉	Cr 12; Mel 7; Class II 3 r
NGC 581	OC	7.4	6.0	01 33.4	+60 40	◉	◉				M 103; Cr 14; Class II 2 m
NGC 663	OC	7.1	16.0	01 46.3	+61 13			◉	◉	◉	Cr 20; Mel 12; Class II 3 r
St 2	OC	4.4	60.0	02 15.6	+59 32			◉	◉		Class I 2 m
Mrk 6	OC	7.1	4.5	02 29.6	+60 39				◉		Class IV 2 p
Cr 26	OC	6.5	21.0	02 32.7	+61 27				◉		Mel 15; Class II 3 m n
Cr 36	OC	7.0	23.0	03 12.0	+63 12			◉	◉		Tr 3; Harvard 1; Class III 2 m
IC 0289	PN	12.3	0.6	03 10.3	+61 19					◉	Hubble 1; PK 138+2.1; PNG 138.8+2.8
NGC 185	Gx	10.1	12.9 x 10.1	00 39.0	+48 20					◉	Class E3 pec
Cr 463	OC	5.7	36.0	01 47.6	+71 46			◉	◉		Class III 2 m

表 12-2

仙后座中有代表性的双星或聚星

天体名称	星对	星等1	星等2	角距	方位角	年份	赤经	赤纬	城观	双星	备注
24-eta*	STF 60AB	3.5	7.4	13.0	320	2006	00 49.1	+57 49	◉	◉	
8-sigma	STF 3049AB	5.0	7.2	3.2	327	2004	23 59.0	+55 45		◉	

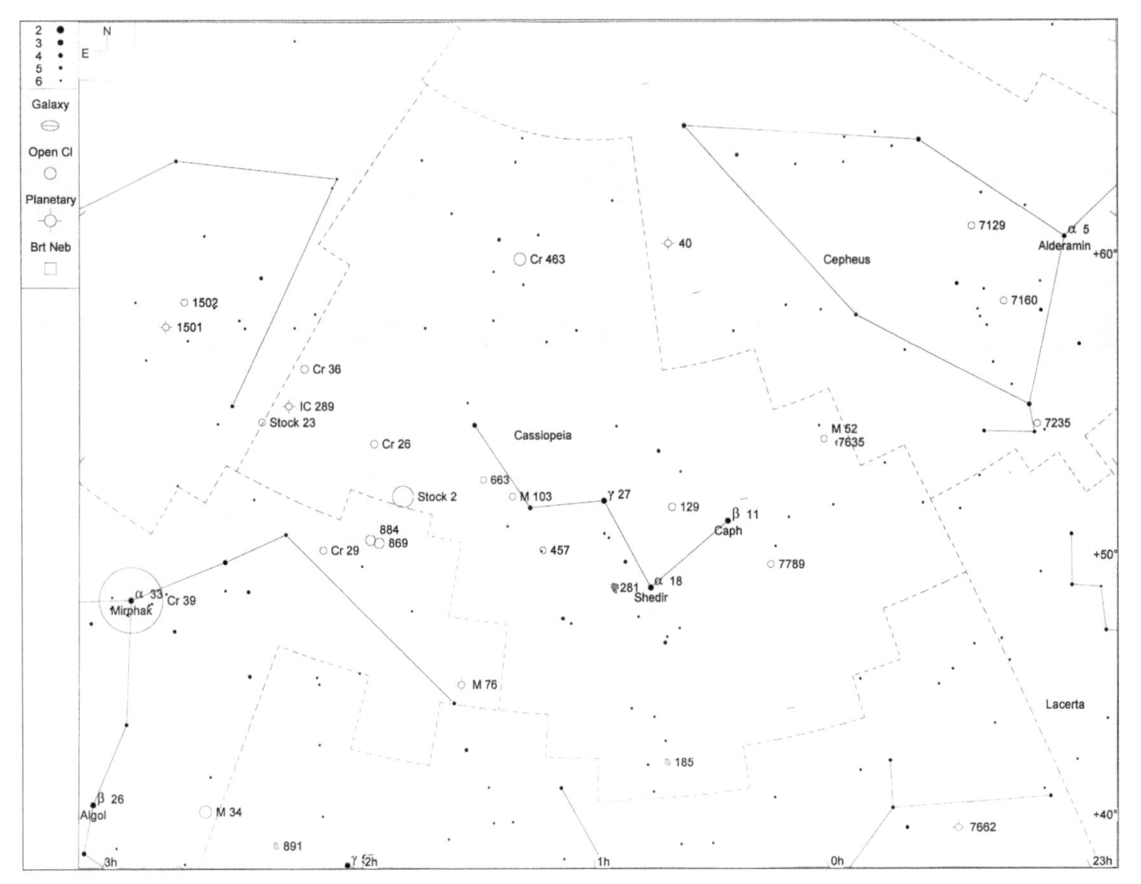

星图 12-1

仙后座星图（视场宽 50°）

星团、星云和星系

M 52 (NGC 7654)	★★★	◐◐◐◐	OC	MBUDR
见星图 12-2	见影像 12-1	m6.9, 12'	23h 24.8m	+61°36'

M 52（NGC 7654）位于仙后座天区的极西端，与仙王座的边界很接近。梅西耶在 1774 年 9 月 7 日的晚上发现了 M 52，而当时他之所以用望远镜扫视这片天区，是因为有其他观测者报告说在这片天区发现了彗星。

M 52 也是最容易定位的梅西耶天体之一。如星图 12-2 所示，我们只要把寻星镜或双筒镜沿着仙后座 α 移向仙后座 β，再在延长线上继续移动大约一个寻星镜视场直径（约 6°），就能看到 5 等的仙后座 4 号星，该星在其邻近的几度天区内非常显眼，而 M 52 就在它正南约 40' 处。

透过 50mm 口径的寻星镜或双筒镜直视 M 52 时，它呈现为一个中等明亮的云雾状斑块，在接近其西边缘处还有一颗显著的 8 等星。换用余光扫视，可以在其边缘部分分解出一些更暗弱的成员星，但整个星团大体上仍然是不可分解的模糊一团。在我们的 10 英寸望远镜加 42 倍或 90 倍放大率时，就能看出 M 52 是个亮度相当高、成员星相当多且很密集的疏散星团，在众多背景星中很容易区分出来。在能够分解出的大约 75 颗成员星中，大多数为白色或蓝白色，但也有少量黄色星与之相映成趣，其中包括星团西缘的那颗 8 等星。而更多无法分解出来的暗弱成员星则共同呈现为充斥在整个星团中的一大片模糊雾气。

M 52 与我们的距离目前还没有很好地确定，各种资料标出的距离值从 3 000 ～ 7 000 光年不等，大部分资料估计它的距离在 5 000 光年上下。如果它真的离我们 5 000 光年，那么它 13' 的视直径就意味着它的真实物理直径达 19 光年。此外，或许正如你现在所想的，蓝色的成员星在星团内占据数量优势，表明 M 52 是个比较年轻的疏散星团，其年龄只有 0.35 ～ 0.5 亿年，大约相当于昴星团（M 45）年龄的一半。

影像 12-1

NGC 7654（M 52）（左上）与 NGC 7635（右下）的合影（视场宽 1°）

本照片承蒙帕洛马天文台和太空望远镜科学研究院惠允翻拍自数字巡天工程成果

NGC 7635	★	⊕⊕⊕⊕	EN	MBUDR
见星图 12-2	见影像 12-1	m99.9, 16.0' × 6.0'	23h 20.7m	+61° 12'

NGC 7635 也叫做“泡泡星云”（Bubble Nebula），它很容易定位，却极难真正看到。说句实话，我们认为这个天体大概是本书介绍的所有深空天体中最难看到的。虽然有观测高手报告说自己在极好的夜空情况下仅用 4 英寸口径的望远镜就看到了这个星云，但大多数骨灰级观测爱好者都认为，即使拿 10 英寸或 12 英寸口径的望远镜在极为通透的暗夜中去看这个星云，难度也极高，甚至对更大口径的望远镜而言，NGC 7635 也算是个不小的挑战。

我们这些年来曾经在多次观测活动中试图观察这个星云，使用的望远镜口径从 10 ～ 17.5 英寸，目镜放大率从低到高都有，还尝试过加过各种滤镜。但是，即使我们确凿地知道镜筒已经精确对准了这个星云所在的位置，我们还是没能看到它的哪怕一丝朦胧的身影。最终，我们在 2006 年的一个晴朗的秋夜我们意外地成功了，当时是在一个常去的郊外观测地点，所用望远镜是一位朋友的 17.5 英寸巨炮。这次成功的前提条件有：巨大的口径、清洁的高品质光学器件、窄带滤镜、极为通透的晴朗夜空、月亮不在天幕上，以及没有任何人工光害污染的观测地点，真是缺一不可。而且即使是在这样难得的条件下，我们也仅仅是用余光扫视的技巧，才在目镜中瞥见了一点点最为浅淡的云雾状踪迹。不过，这样的观测已经可以算数了！所以当时我们怀着激动的心情为它做了观测日志，正式攻下了这个天体。

要定位 NGC 7635 还是很容易的，只要先在寻星镜或大视场目镜中找到 7 等恒星 SAO 20562 就差不多了，该星位于 M 52 西南 45' 处，周围邻近区域内没有其他容易与之混淆的恒星。在它东北方向约 6' 处是 9 等的恒星 SAO 20575，这颗星就位于 NGC 7635 的云雾状物质的中间。但不幸的是，9 等星的亮度已经足以掩盖泡泡星云那纤细飘渺的微光了，除非你的光学器件品质上乘，透光率极佳。为了减弱 SAO 20575 的影响，我们建议您换用高倍目镜，减小视场，以便将该恒星移到视场外边去。

这样做了之后，不论看没看到泡泡星云，都不值得奇怪。虽然资料上标注着该星云的尺寸是 16' × 6'，但这个数据是根据照相底片上的成像得出的。在目视观察中，这个星云实在显得小了不少，它那稀薄隐逸的光芒仅仅是在 SAO 20575 的周围沿着北西北—南东南的方向延展了大约 3' × 1'。

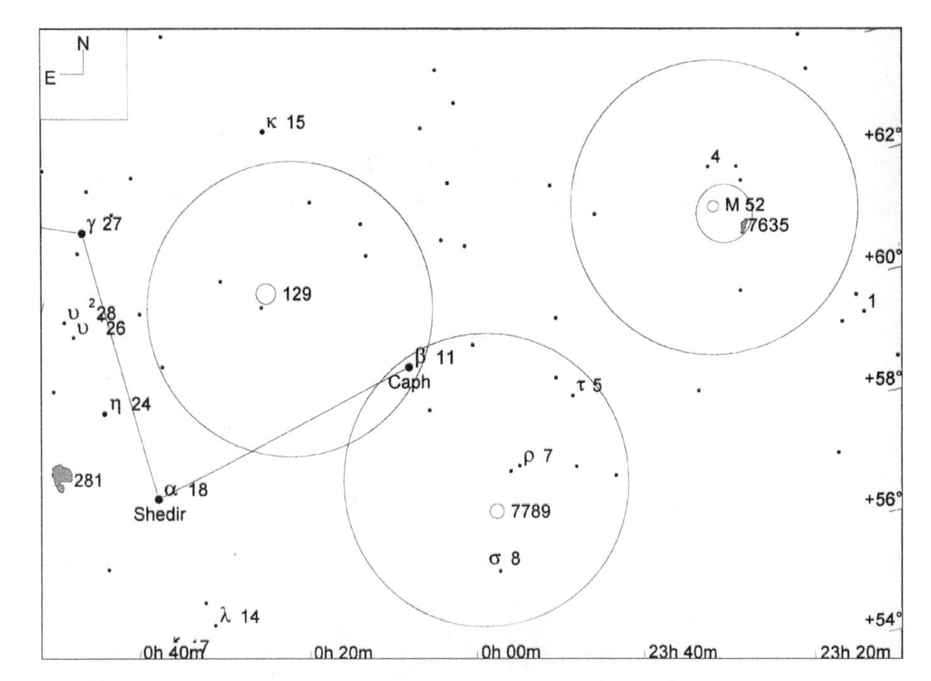

星图 12-2

NGC 7654（M 52）、NGC 7635、NGC 7789、NGC 129（视场宽 15°，寻星镜视场圈直径 5°，目镜视场圈直径 1°，极限星等 9.0 等）

NGC 7789	★★★	⚈⚈⚈⚈	OC	MBUDR
见星图 12-2	见影像 12-2	m6.7, 15.0'	23h 57.4m	+56° 43'

实在不明白为什么梅西耶当年漏掉了 NGC 7789 这个疏散星团。尽管我们从来没用肉眼直接看到过这个星团，但很多爱好者报告说他们在极为深暗的夜空中用肉眼看到了它，它呈现为一个模糊的小点。NGC 7789 是卡洛琳•赫歇尔（Caroline Herschol）（天王星发现者威廉姆•赫歇尔的妹妹）在 1783 年发现的，这也是她的为数不多的几个原创发现之一。威廉姆•赫歇尔用“H Ⅵ . 30”来标识这个天体。目前认为这个星团的年龄有 20 亿年了，是已知历史最长的疏散星团之一。它的距离目前也没有很好地确定，估计约 6 000 光年。如果它真的是在这个距离上的话，那么从它的视直径可以推知它的实际直径达到了 45 ～ 50 光年。

要定位 NGC 7789，如星图 12–2 所示，把仙后座 β 放在寻星镜视场的东北边缘上，然后在同一视场内找到沿北西北—南东南方向延伸的由 3 颗 5 等星组成的星链：仙后座 τ（5 号星）、仙后座 ρ（7 号星）、仙后座 σ（8 号星）。NGC 7789 就在 7 号星和 8 号星之间正好一半的位置上，透过 50mm 口径的设备看上去，它是一个明亮的模糊斑块，分解不出成员星。换到 10 英寸望远镜加 90 倍放大率后，NGC 7789 会显得更加震撼，它的成员星极多且分布极其紧致，可以分解出 100 颗以上 11 ～ 13 等的成员星，这些星被包裹在由更暗的几百颗无法分解的成员星所呈现出的云雾状光芒之中。这个星团有个 5' 大小的中心区域，以及形状不规则的外缘部分，四周有很多松散聚集着的星带和星块，被缺少恒星的黑暗带分割得七零八落。将这个星团与御夫座的 M 37 比较一下，能够获得更多有趣的观察经验（当你通过目镜观察 NGC 7789 时，可以在其南边 1° 处找一下仙后座 σ，因为它是一颗聚星，本章末尾将介绍它）。

影像 12-2

NGC 7789（视场宽 1°）

本照片承蒙帕洛马天文台和太空望远镜科学研究院惠允翻拍自数字巡天工程成果

NGC 129	★★	⊕⊕⊕⊕	OC	MBUDR
见星图 12-2	见影像 12-3	m6.5, 21.0'	00h 29.9m	+60°13'

NGC 129 是个容易定位的大且亮的疏散星团，它大约处于 2.3 等的仙后座 β 和 2.2 等的仙后座 γ（27 号星）之间正好一半的位置上。星团中心的南边 15' 有颗显著的 6 等背景恒星。NGC 129 非常松散稀疏，没有任何显著的向中心汇聚的倾向，因此，若想从背景星场中辨认出这个星团的成员星来，还是有一定难度的。

通过 7×50 的双筒镜，借助余光瞥视来观察它，可以看到它的一群无法分解的暗弱成员星呈现出的云气，其中包裹着约摸六七颗 9 ～ 12 等的可分解的成员星。星团的东边缘有一对角距约 1.5' 的 9 等星，但并非该星团的成员星。我们用 10 英寸反射镜加 42 倍放大率观察，可以看到星团中心区域的一条暗带隔离出了一个延展约 15' 长的楔形区域，该区域内能分解出大约 50 颗 9 ～ 13 等的成员星。星团中心有三颗 9 等星组成了一个明显的三角形，靠近星团东北边缘处还有另一颗 9 等星。

影像 12-3

NGC 129（视场宽 1°）

本照片承蒙帕洛马天文台和太空望远镜科学研究院惠允翻拍自数字巡天工程成果

NGC 281	★★	⊕⊕⊕⊕	OC/EN	MBUDR
见星图 12-3	见影像 12-4	m99.9, 28.0' x 21.0'	00h 53.0m	+56°38'

NGC 281 是个非常暗的发射星云，被包裹在一个颇为平常的疏散星团之内，所以这个天体既是个星云也是个星团。要定位这个天体，首先将 2.3 等的仙后座 α 定位在靠近寻星镜视场西边缘的地方，并在其东北方向约 1.7° 处找到 3.5 等的仙后座 η（24 号星）。这两颗恒星与 NGC 281 构成一个等腰三角形，仙后座 α 是顶点，而 NGC 281 与仙后座 η 分别是底边的两端。但是，我们在 9×50 的寻星镜内没有找到 NGC 281 的踪迹，而仅是在相应的天区内找到一些更暗的背景恒星。

当我们换用 10 英寸反射镜加 42 倍放大率观察时，NGC 281 的疏散星团部分就呈现得比较明确了，但这个星团确实非常寥落、稀松：在 7 ～ 10 等范围内的成员星可以看到 8 颗，而 10 ～ 13 等的成员星还能看到另外 15 颗。这个星团没有向中心汇聚的趋势，且它的成员星很难与其他背景恒星区别开来。如果不加滤镜，那么无论是直视还是瞥视，都看不到 NGC 281 的发射星云部分。加了窄带滤镜或 O- Ⅲ滤镜后，可以在星团的西北部分靠近边缘处找到一些暗淡的云雾状斑块的踪迹（观察 NGC 281 时，最好顺便看看它北西北方向仅约 1.3° 的聚星，也就是刚才说的仙后座 η。本章结尾将介绍该星的详情）。

影像 12-4

NGC 281（视场宽 1°）

本照片承蒙帕洛马天文台和太空望远镜科学研究院惠允翻拍自数字巡天工程成果

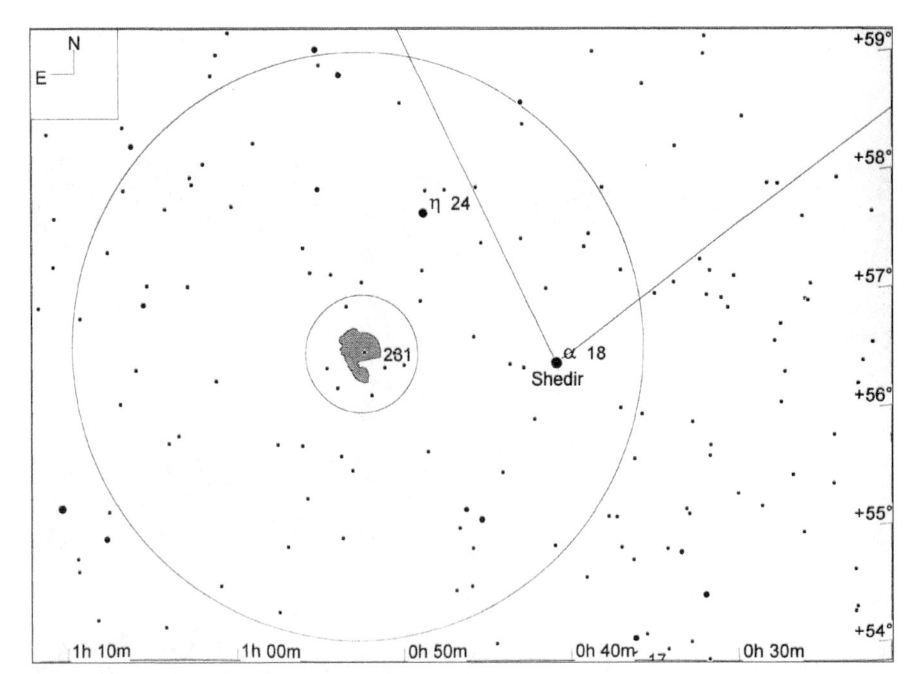

星图 12-3

NGC 281（视场宽 7.5°，寻星镜视场圈直径 5°，目镜视场圈直径 1°，极限星等 9.0 等）

NGC 457	★★★	⊕⊕⊕⊕	OC	MBUDR
见星图 12-4	见影像 12-5	m6.4, 13.0'	01h 19.6m	+58° 17'

NGC 457 是我们最为钟爱的疏散星团之一，位于 2.7 等的仙后座 δ（37 号星）南西南方向 2.1° 处。要定位它，首先将仙后座 δ 放到寻星镜视场中央，然后在视场的南西南方向边缘找到一对可爱的 5 等双星仙后座 ϕ（34 号星，两成员星分别为黄色和蓝色），在这对双星周围能找到一个云雾状的发光物体，那就是 NGC 457。

通过 7×50 的双筒镜用余光瞥视法观察之，可以看到该星团在仙后座 ϕ 及其伴星的西北方向散落铺展开来，能够分辨出大约 10 多颗 8 ～ 12 等的较亮成员星。通过 10 英寸反射镜加 90 倍放大率观察，该星团更加美丽灿烂，可以看到三四十颗 9 ～ 13 等的成员星，它们呈现带状，先从仙后座 ϕ 向西北延伸，然后折向正北，最终完结于靠东边的一颗 9 等星。本书作者芭芭拉描述该星团时，说它像一片撒开的小钻石，其中还有一颗明亮的大钻石。

影像 12-5

NGC 457（视场宽 1°）

本照片承蒙帕洛马天文台和太空望远镜科学研究院惠允翻拍自数字巡天工程成果

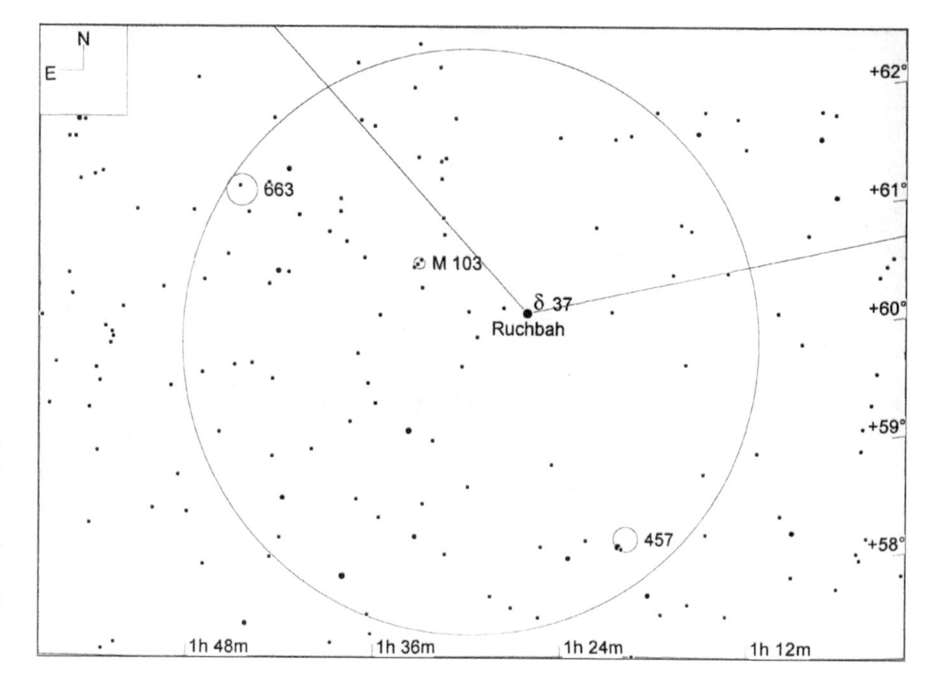

星图 12-4

NGC 581（M 103）、NGC 457、NGC 663（视场宽 7.5°，寻星镜视场圈直径 5°，极限星等 9.0 等）

M 103 (NGC 581)	★★★	◕◕◕◕	OC	MBUDR
见星图 12-4	见影像 12-6	m7.4, 6.0'	01h 33.4m	+60° 40'

疏散星团M 103（NGC 581）最早由皮埃尔•梅襄（Pierre M é chain）在 1871 年初记录下来，此后被梅西耶正式编列为 M 103。（梅西耶列表中的 M 104 至 M 110 则是在他死后被别人增补进来的。）作为疏散星团，M 103 在人类眼中的“身世”并不简单，因为直到 20 世纪 30 年代，天文学界还在争论它到底是否仅是一群背景恒星形成的视觉巧合。直到人类最终测定了它的成员星们自身的运动速度之后，才确认这些成员星之间有着重力联系，因此知道 M 103 确实是个疏散星团。不过，直到今天，M 103 的成员星总数仍然是个问题，不同的资料在这项数值上彼此差距极大，少到有说 25 颗的，多到有说 172 颗的。

定位 M 103 还是很容易的，它在 2.7 等的仙后座 δ（37 号星）的东北东方向 1° 处，在 50mm 口径的双筒镜或寻星镜中，即可以看到它呈现为一个明显的模糊斑块。初学者有时候会把 M 103 和 NGC 663 弄混了，因为 NGC 663 在寻星镜或双筒镜中看起来更显眼，并且同样处于仙后座 δ 的东北东方向。但辨别二者其实不难，因为 NGC 663 离仙后座 δ 有 2.7° 之多。

我们用 7 × 50 的双筒镜观察 M 103 时，看到它呈现为一个三角形或桨叶形的中等亮度的模糊斑块，无法从背景星场中确定地分解出它的成员星。即使换到 10 英寸反射镜加 90 倍放大率，也很难将这个星团与背景的恒星完全区分开来，因为它所在天区的背景恒星实在太繁多了，也许这就叫“只见树木，不见森林”吧！要识别出这个星团，可以找到它西北端的一颗 7.3 等星，该星与其东南侧的两颗 8 等星连成了一道 5' 长的小链。那颗 7.3 等星正好位于 M 103 的西北边界上，而最东南的那颗 8 等星位于 M 103 的边界外边一点。

影像 12-6

NGC 581（M 103）（视场宽 1°）

本照片承蒙帕洛马天文台和太空望远镜科学研究院惠允翻拍自数字巡天工程成果

NGC 663	★★★	⊕⊕⊕⊕	OC	MBUDR
见星图 12-4	见影像 12-7	m7.1, 16.0'	01h 46.3m	+61°13'

就像前文提到我们想不通为什么梅西耶漏掉了 NGC 7789 一样，我们也不明白梅西耶为什么漏掉了又大又亮的疏散星团 NGC 663。这个星团不仅比 M 103 更大更亮，有更多的成员星，而且也能更明显地与背景恒星区分开来。它位于 M 103 的东北东方向 1.7° 处，在双筒镜或寻星镜中，足以与 M 103 一起被涵盖在同一视场内。（其实，即使是用 10 英寸反射镜加 40mm 的宾得 XL 目镜，我们也还能把 M 103 和 NGC 663 放在目镜的同一视场内。）

当把仙后座 δ 放在双筒镜或寻星镜视场中央时，NGC 663 就是该星东北东方向邻近天区内比 M 103 更为醒目的一个很大的云雾状天体。使用 7×50 的双筒镜，我们可以分辨出它的 3 颗 8 等成员星和 8 颗 9 ～ 10 等成员星。使用 10 英寸反射镜加 90 倍放大率，则可以分辨出最暗至 13 等的成员星约 50 颗。这个星团内也包括不少漂亮的双星，例如星团中心偏西位置上有两对 9 等的双星 STF 151 和 STF 152，在星团核心部分的东北边缘上还有 STF 153。

影像 12-7

NGC 663（数字巡天影像，视场宽 1°）

本照片承蒙帕洛马天文台和太空望远镜科学研究院惠允翻拍自数字巡天工程成果

Stock 2	★★	⊕⊕⊕	OC	MBUDR
见星图 12-5	见影像 12-8	m4.4, 60.0'	02h 15.6m	+59°32'

Stock 2 是个庞大、明亮、稀松、成员星比较多的疏散星团，非常适合用双筒镜或低放大率下的单筒镜来观察。当然，尽管它的亮度数值标为 4.4 等，但由于这些来自其成员星的光芒散布在整整 1° 的天区之内，所以该星团实际的表面亮度可能要比事先想象的更低一些。

Stock 2 的定位，要比本章中已经讲过的其他天体的定位困难一些，因为它周围缺乏比较亮的恒星来作参照。比较好的一个办法是利用 Stock 2 位于仙后座 δ 东边 6° 这个位置关系，先将仙后座 δ 放在寻星镜或双筒镜视场的西边缘，然后向东移动视场约半个直径，让 Stock 2 进入视场。另一个办法是，如果你能定位英仙座的“双重星团”（可参看英仙座一章），那么可以先把双重星团放在寻星镜或双筒镜视场的中央，然后在视场的北西北边缘寻找 Stock 2 的踪迹。

在 7×50 的双筒镜中，可以分辨出 10 多颗 8 ～ 9 等的成员星，主要散布在星团的中心区域和南部区域，另外还有 20 余颗暗至 10 等的成员星漫布在整个星团之中。通过我们的 10 英寸反射镜加 42 倍放大率，可以看出约 50 颗最暗至 12 等的成员星，彼此构成链状或团块状，团块或星链之间则有深暗的无星区相隔。

影像 12-8

Stock 2（视场宽 1°）

本照片承蒙帕洛马天文台和太空望远镜科学研究院惠允翻拍自数字巡天工程成果

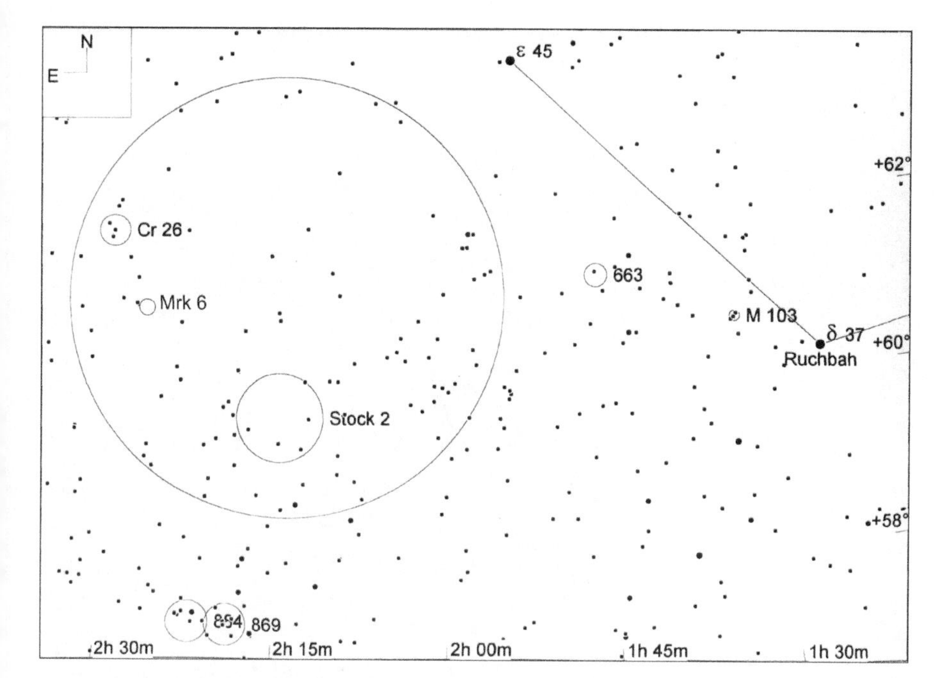

星图 12-5

Stock 2、Mrk 6 和 Cr 26（视场宽 10°，寻星镜视场圈直径 5°，极限星等 9.0 等）

Markarian 6	★	◐◐◐	OC	MBUDR
见星图 12-5	见影像 12-9	m7.1, 4.5'	02h 29.6m	+60°39'

Markarian 6 是一串由 5 颗恒星组成的星链，呈南—北向展开，长度 4.5'，其中最南边的两颗都是双星，使链条末端呈向西弯折状。Markarian 6 位于 Stock 2 的东北方 2°、Collinder 26 的南西南方向 1°。定位 Markarian 6 最便捷的方法是将 Stock 2 放在双筒镜或寻星镜视场的南侧，然后在视场东端寻找它。它会呈现为一个南北向的 8 ~ 9 等星组成的链条，见不到云雾状特征，从它往北东北方向到 Collinder 26 只有 1°。其实我们很奇怪这处星链为什么被赋予了编号，毕竟它只是几颗不起眼的恒星基本排成一列而已。在我们使用的 MegaStar 软件中，Markarian 6 的成员星们甚至由于太暗而未被软件的数据库收录，否则我们也不会对 Markarian 6 是否值得单独命名表示怀疑。

影像 12-9

Markarian 6（视场宽 1°）

本照片承蒙帕洛马天文台和太空望远镜科学研究院惠允翻拍自数字巡天工程成果

Collinder 26	★★	⊕⊕⊕	OC	MBUDR
见星图 12-5	见影像 12-10	m6.5, 21.0'	02h 32.7m	+61°27'

Collinder 26（可简写为 Cr 26）是个较大也较亮的疏散星团，也是天文联盟深空双筒镜俱乐部目标列表里的天体。在我们的 7×50 双筒镜中，Cr 26 是个相当显眼的、中等大小的云雾状天体，且可以分解出三四颗 8～9 等的成员星。图片 12-10 的数字巡天照片中展示了 Cr 26 是个伴随着模糊云气的疏散星团，但我们认为双筒镜中看到的“云气”不太可能是图片中展示的云气，而只是在双筒镜中无法分解出的大约 40 颗 10 等以下的更暗成员星发出的光芒。

只要把 Stock 2 放在双筒镜或寻星镜视场的南侧，就不难在视场东侧找到 Cr 26。另外，我们只在完成深空双筒镜俱乐部目标列表的过程中，用自己的双筒镜观察过 Cr 26，并未用单筒镜观察过它。

影像 12-10

Collinder 26（视场宽 1°）

本照片承蒙帕洛马天文台和太空望远镜科学研究院惠允翻拍自数字巡天工程成果

Collinder 36	★★	⊕⊕⊕	OC	MBUDR
见星图 12-6	见影像 12-11	m7.0, 23.0'	03h 12.0m	+63°12'

Collinder 36（可简写成 Cr 36）与 Cr 26 基本相似，但比 Cr 26 更大一点，亮度上却稍逊于 Cr 26。我们用 50mm 口径的双筒镜或寻星镜观察它时，看到它是个中等偏大的云雾状暗弱斑块，无法分辨出任何成员星。而如果使用 10 英寸反射镜加 90 倍放大率，就可以分辨出 20 多颗 10～11 等的成员星，它们松散地分布在该星团 23' 的尺度之内。

要定位 Cr 36，我们的方法是先把 3.4 等的仙后座 ε（45 号星）放在双筒镜或寻星镜视场的西边缘上，然后向正东移动视场 9°（大约略小于 2 个视场直径）。另一种方法是，如果你已经定位了 Cr 26，可以将其放在寻星镜或双筒镜视场的西南西边缘上，然后在视场的东北东边缘附近寻找 Cr 36 呈现的云雾状外观，二者相距约 4.9°。

影像 12-11

Collinder 36（视场宽 1°）

本照片承蒙帕洛马天文台和太空望远镜科学研究院惠允翻拍自数字巡天工程成果

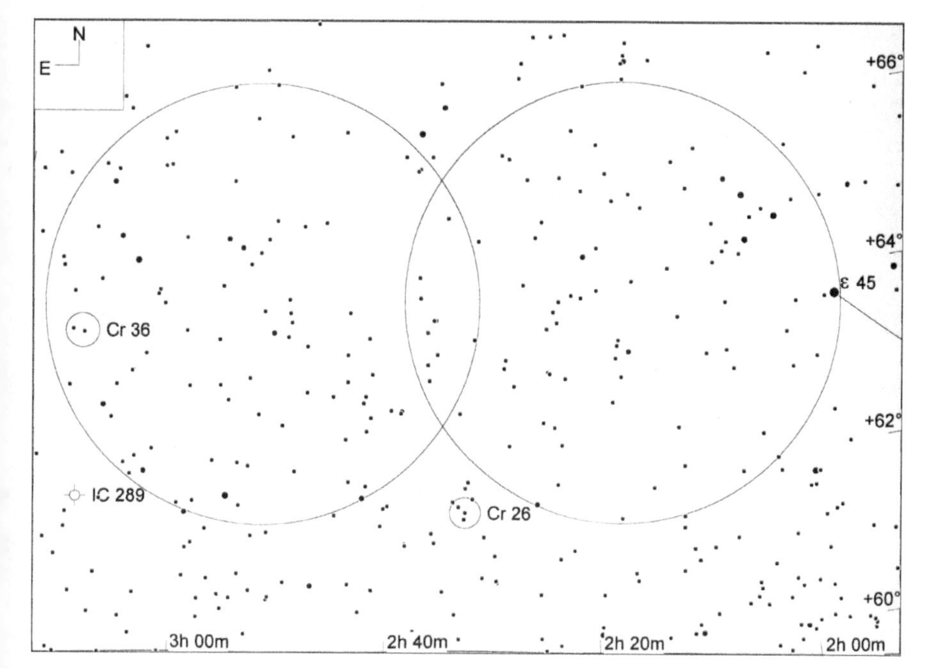

星图 12-6

Cr 36（视场宽 10°，寻星镜视场圈直径 5°，极限星等 9.0 等）

IC 289	★	◐◐	PN	MBUDR
见星图 12-7	见影像 12-12	m12.3, 0.6'	03h 10.3m	+61°19'

IC 289 是个不太起眼的行星状星云，位于 Cr 36 南边 1.9° 处。要定位 IC 289，可以将 Cr 36 放在寻星镜或双筒镜视场的中央，然后如星图 12–7 所示，在靠近视场南端处找到三颗 8 等星组成的小弧。其中最西边那颗星的北侧约 23' 处就是 IC 289。虽然在寻星镜中看不到它，但只要将它的位置调整到视场的中心，然后换上低倍目镜对其进行观察即可。我们用 10 英寸反射镜加 42 倍放大率观察 IC 289 时，看到它就像一颗恒星，隐隐地比普通恒星多一点模糊和延展的感觉。（可以用“闪视”比较法来确定到底哪个亮点是IC 289，将窄带滤镜或O-Ⅲ滤镜在目镜与眼睛之间不断移进和撤出即可。）在 125 倍放大率加窄带滤镜时，能感到这个天体明显不同于普通恒星，但看不到更多细节，用余光瞥视法也不行。我们还尝试将放大率加到 240 倍，但在这么大的倍数下，IC 289 的光芒就被分散得完全看不见了。

影像 12-12

IC 289（视场宽 1°）

本照片承蒙帕洛马天文台和太空望远镜科学研究院惠允翻拍自数字巡天工程成果

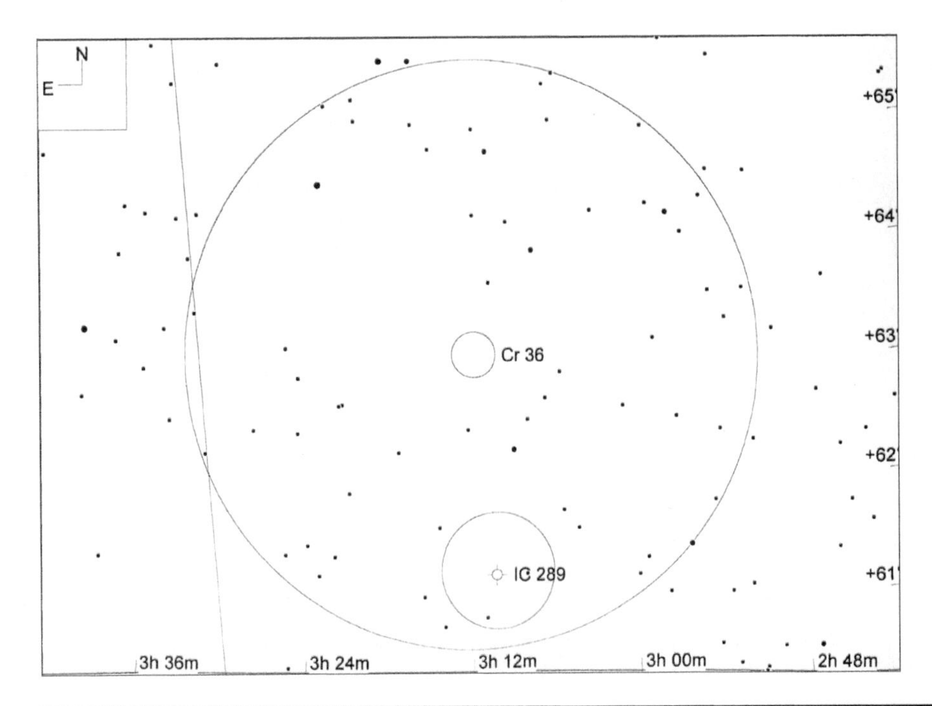

星图 12-7

IC 289（视场宽 7.5°，寻星镜视场圈直径 5°，目镜视场圈直径 1°，极限星等 9.0 等）

NGC 185	★★	◐◐◐	GX	MBUDR
见星图12-8和星图12-9	见影像 12-13	m10.1, 12.9' x 10.1'	00h 39.0m	+48°20'

NGC 185 是个位于仙后座天区边缘且接近仙女座天区的又小又暗弱的星系。虽然其星等数值标为 10.1 等，貌似应该有一定的亮度，但其实它的表面亮度仅为 13.7 等，因此对于口径比较小的望远镜来说，想看到它确实有点困难。在照相底片上，该天体延展出 12.9' × 10.1' 的尺寸；但肉眼能观察到的尺度肯定要比这个数值小得多。我们用 10 英寸反射镜加 90 倍放大率看到的 NGC 185 尺寸只有 2.5' × 1'，是个很暗的椭圆形天体，长轴在东北一西南方向上，两边约 10' 距离处各有一颗 8 ～ 9 等恒星。靠近该星系核心的部分亮度稍高，但除此之外看不到任何诸如斑驳感之类的表面细节，即使将放大率加到 125 倍和 180 倍也同样无用。

要定位 NGC 185，首先可以将仙后座 α 定位在寻星镜视场的北边缘上，如星图 12-8 所示，在寻星镜视场中心附近找到 3.7 等的仙后座 ζ（17 号星）。然后，将仙后座 ζ 改放到视场北缘，在新视场的偏东南部分找到 2 颗 5 等星——仙后座 ν（25 号星）和仙后座 ξ（19 号星）。由此继续向南移动视场，当仙后座 ν 和 ξ 到达视场边缘时，又能看到另外两颗 5 等星进入视场，它们是仙后座 o（22 号星）和仙后座 π（20 号星）。虽然在寻星镜内无法看到 NGC 185，但我们要知道它就在仙后座 o 的正西边 1° 处，而在 NGC 185 西边 12' 处还有一颗 8 等星，这颗 8 等星在寻星镜内不难看到。

如果你能定位 4.3 等的仙女座 φ（仙女座 42 号星，注意不是仙后座），那么还有一种更简便地定位 NGC 185 的办法。将仙女座 φ 放在寻星镜视场的东缘，就能在同一视场的西缘找到前面提到的仙后座 o 和仙后座 π。按照上一自然段最后所述的信息，从这两颗 5 等星找到 NGC 185 就很容易了。

影像 12-13

NGC 185（视场宽 1°）

本照片承蒙帕洛马天文台和太空望远镜科学研究院惠允翻拍自数字巡天工程成果

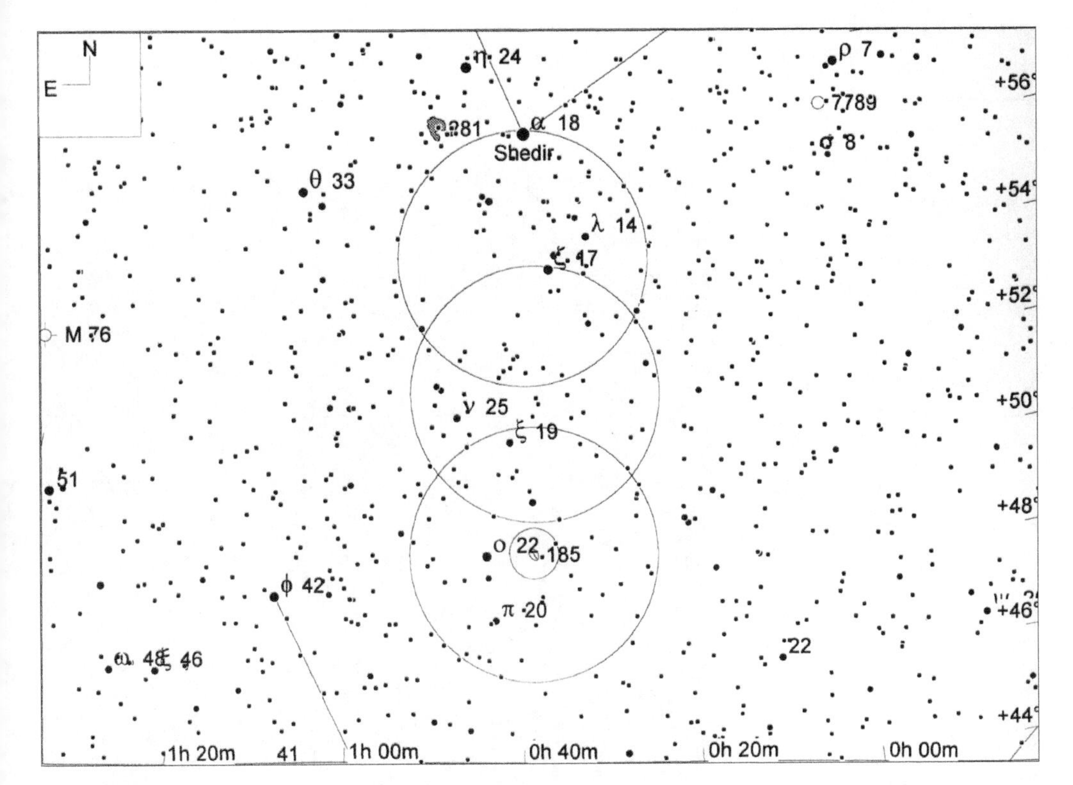

星图 12-8

从仙后座 α 找 NGC 185（视场宽 20°，寻星镜视场圈直径 5°，目镜视场圈直径 1°，极限星等 9.0 等）

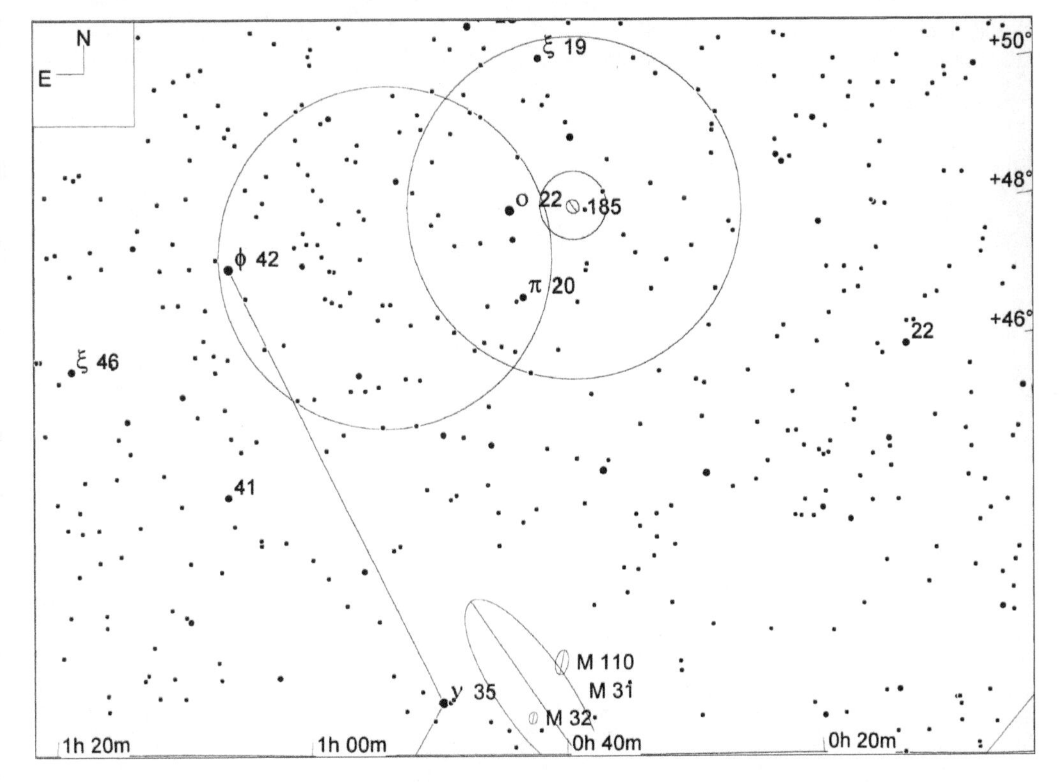

星图 12-9

从仙女座 42 号星找 NGC 185（视场宽 15°，寻星镜视场圈直径 5°，目镜视场圈直径 1°，极限星等 9.0 等）

Collinder 463	★★	◔◔◔	OC	MBUDR
见星图 12-10	见影像 12-14	m5.7, 36.0'	01h 47.6m	+71°46'

Collinder 463（可简写为 Cr 463）是个松散、明亮的大号疏散星团，位于仙后座天区的北边缘处，邻近仙王座。像许多其他疏散星团一样，Cr 463 也适合用双筒镜或用加了低倍放大率的单筒镜观察。与这个深空天体最近的亮星主要有它南边 8.1° 的仙后座 ε（45 号星），亮度 3.4 等，另外还有呈弧形围着它的四颗 4～5 等的星——仙后座 ψ（36 号星）、ω（46 号星）、48 号星、50 号星。要定位 Cr 463，可以先把仙后座 ε 放在双筒镜或寻星镜视场的最南边，然后向北移动一个视场直径，看到仙后座 46、48、50 号星大致呈一条南北向连线出现在视场中。其中偏北的两颗星是仙后座 48 和 50 号星，Cr 463 与这两颗星组成了一个等边三角形，在 50mm 口径的双筒镜或寻星镜中就可能看到。

在 50mm 口径下，可以看到 Cr 463 的 2 颗 8 等成员星和 10 多颗 9～10 等成员星散布在直径大约 30' 的天区内，而此时无法分解的更暗的成员星们所发出的光，可以构成暗弱的云气效果。用 10 英寸反射镜加 90 倍放大率，可以分解出三四十颗 8～13 等的成员星，各个星等上的成员星数量都比较均衡。在星团西南部约 1/4 直径处，几颗 9～10 等的成员星组成了一条星链，在星团内偏西的部分还有些成员星组成了几个小的团块。由于这个星团非常稀松，所以在目镜中很难将其成员星和周围的背景恒星较好地区分开来。星团中央偏西一点有颗 8 等星，星团西北边缘向内一点也有一颗 8 等星，星团东南边缘向内一点还有一颗比较醒目的 9 等星。

影像 12-14

Collinder 463（视场宽 1°）

本照片承蒙帕洛马天文台和太空望远镜科学研究院惠允翻拍自数字巡天工程成果

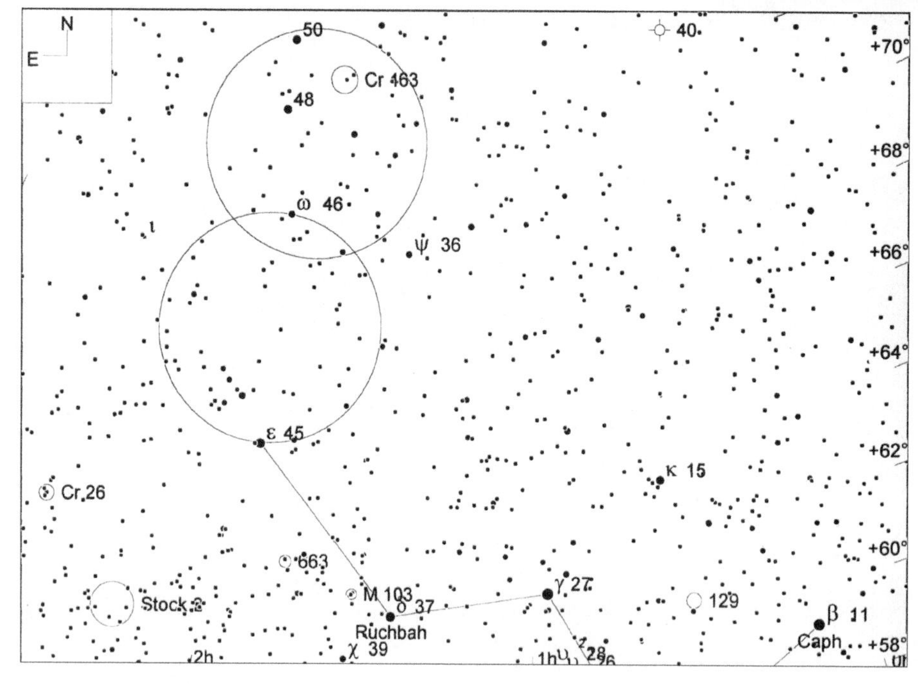

星图 12-10

Cr 463（视场宽 20°，寻星镜视场圈直径 5°，极限星等 9.0 等）

24-eta (STF 60AB)	★★★	⊕⊕⊕⊕	MS	UD
见星图 12-3		m3.5/7.4, 13.0", PA 320° (2006)	00h 49.1m	+57°49'

仙后座 η（24 号星）亮度 3.5 等，是个很好看的双星，位于仙后座 α 东北方 1.7° 处。威廉姆·赫歇尔在 1779 年首次正式记录了它。我们用 10 英寸反射镜加 125 倍放大率很容易地分解了它，其主星是金黄色，伴星是紫红色，二者呈现出鲜明的颜色对比。仙后座 η 像巨蟹座 ζ 一样也是颗“快跑星”，这颗目视双星的绕转周期是 500 年，在每个周期中，其角距在地球上看来会在 5" ～ 16" 之间变化。我们很喜欢这颗双星，觉得它比天鹅座 β 和有“冬季的天鹅座 β”之称的大犬座 145 号星更漂亮（大犬座没有 145 号星，当为原作者笔误！但作者在讲到巨蟹座时，提到了巨蟹座 ι 双星有“冬季的天鹅座 β”之美称——译者注）。

8-sigma (STF 3049AB)	★★★	⊕⊕⊕⊕	MS	UD
见星图 12-2		m5.0/7.2, 3.2", PA 327° (2004)	23h 59.0m	+55°45'

5 等的双星仙后座 σ 位于仙后座 β 南西南方向 3.7° 处，或者说位于显眼的疏散星团 NGC 7789 南侧 1° 处，因此不难定位。我们用 10 英寸望远镜加 42 倍放大率观察它时，只能感到它的形状发扁，不能分解。放大率改到 125 倍时，该星即可清晰分解，且呈现出鲜明的颜色对比。主星 5 等，蓝白色；伴星 7 等，柠檬黄色。该星所在的天区内背景恒星极多，看上去几乎像个疏散星团。

13

仙王座，国王

星座名：仙王座（Cepheus）

适合观看的季节：秋

上中天：9月底午夜

缩写：Cep

所有格形式：Cephei

相邻星座：鹿豹、仙后、天鹅、天龙、蝎虎、小熊

所含的适合双筒镜观看的天体：NGC 7160, NGC 7235

所含的适合在城市中观看的天体： NGC 7160, 27-delta (STFA 58)

仙王座是个相对来说没那么耀眼的拱极星座，其588平方度的面积只能算是中等，约占天球的1.4%，在全天88星座中排名第27位。虽然该星座中的最亮恒星也只是2.5等，但这个星座并不难识别，因为它的5颗主要恒星组成了一个甜筒冰激凌的形状，或者说像个儿童画里的房子的形状。

仙王座有着悠久的传说史，它被认为是埃塞俄比亚国王赛菲厄斯的化身，即卡希欧菲娅（仙后座）的丈夫、安德洛莫达公主（仙女座）的父亲。本书在仙后座一章的开头部分已经详细介绍了有关这几个星座的神话，这里不再重复。

仙王座里有趣的聚星不多，值得一看的深空天体也比较少，但是仙王座δ（27号星）却是赫赫有名，它是“仙王型变星”（Cepheid variable）的代表，也是人类发现并仔细测量过的第一颗仙王型变星。注意，尽管这类变星以仙王座为名，却并不意味着它们都位于仙王座。实际上这类变星的踪迹遍布天球的各个区域。（还要注意的是，仙王座 δ 这颗星在中国古代星名体系中叫做“造父一”，所以，在中国天文学界，以它为代表的这类变星被称为“造父变星”而非“仙王型变星”。因此，译者在以下的译文里遵从中国的用词习惯——译者注）在宇宙学领域，造父变星的伟大意义非同一般，因为每颗这种变星的变光周期及其自身的真实亮度之间都存在着一种对应关系。这就意味着，只要我们通过观察，测量出某颗造父变星的变光周期，就可以推知其真实的亮度。然后，只要将其在我们眼中呈现的亮度与其真实亮度做一对比，就能相当精确地推知它离我们的距离。由于造父变星的亮度相对其他恒星而言一般都比较高，所以，通过在遥远的星团和星系中发现造父变星，并测量其变光周期，就能相当准确地算出这些星团甚至星系与我们的距离！造父变星由此也获得了“量天尺”的美誉。

仙王座每年11月底的午夜前后上中天，因此对北半球中纬度的观测者来说，从深秋到初冬，整夜都有着观测仙王座的优良条件。

表 13-1

仙王座中有代表性的星团、星云和星系

天体名称	类型	视亮度	视尺寸	赤经	赤纬	梅	双	城	深	加	备注
NGC 0040	PN	10.7	1.1 x 1.0	00 13.0	+72 31					◉	Class 3b+2; central star m11.5
NGC 6939	OC	7.8	7.0	20 31.5	+60 39					◉	Cr 423; Mel 231; Class II 1 r
NGC 6946	GX	9.6	11.6 x 9.8	20 34.9	+60 09					◉	Class SAB(rs)cd; SB 14.0
NGC 7129	OC	11.5	8.0	21 42.0	+66 05					◉	Cr 441; Class IV 2 p n; listed as EN
NGC 7160	OC	6.1	7.0	21 53.8	+62 36			◉	◉		Cr 443; Class I 3 p
NGC 7235	OC	7.7	4.0	22 12.6	+57 17				◉		Cr 447; Class II 3 m

表 13-2

仙王座中有代表性的双星或聚星

天体名称	星对	星等1	星等2	角距	方位角	年份	赤经	赤纬	城观	双星	备注
8-beta	STF 2806Aa-B	3.2	8.6	13.2	248	1999	21 28.7	+70 34		◉	Alfirk
HD 206267	STF 2816AD	5.7	8.1	19.7	339	2003	21 39.0	+57 29		◉	
HD 206267	STF 2816AC	5.7	8.1	11.7	120	2003	21 39.0	+57 29		◉	
17-xi*	STF 2863Aa-B	4.4	6.5	8.3	274	2006	22 03.8	+64 38		◉	
27-delta	STFA 58AC	4.1	6.1	40.6	191	2004	22 29.2	+58 25	◉	◉	

星图 13-1

仙王座主要部分（南部）星图（视场宽 35°）

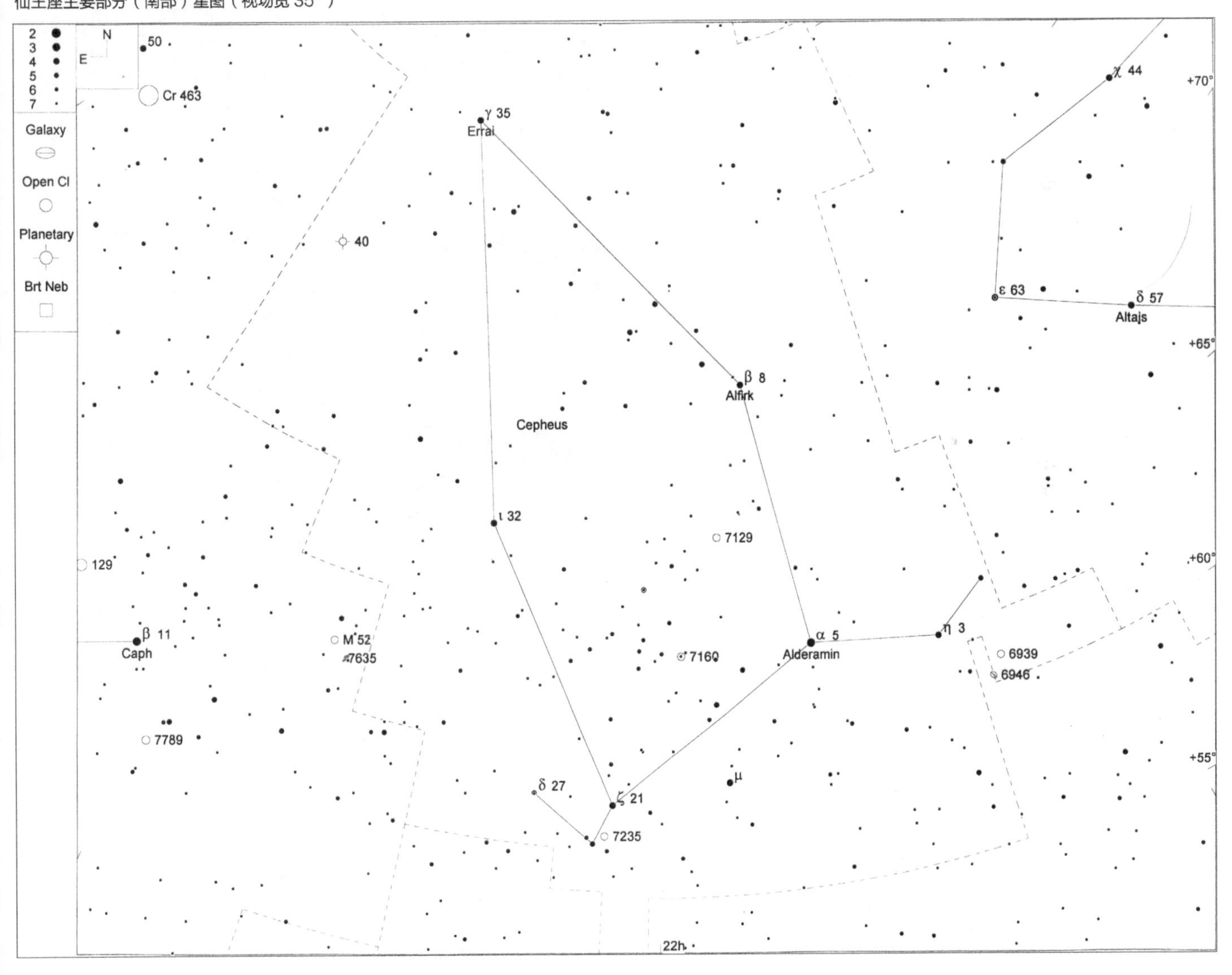

NGC 40	★★	◐◐	PN	MBUDR
见星图 13-2	见影像 13-1	m10.7, 1.1' x 1.0'	00h 13.0m	+72°31'

NGC 40 是个大而明亮的行星状星云，位于 3.2 等的仙王座 γ（35 号星，俗名 Errai）旁边。仙王座 γ 就是“甜筒冰激凌”尖角上的那颗星。要定位 NGC 40，可以首先把仙王座 γ 放在寻星镜视场的西北边缘上，此时在视场的东南边缘能够看到 5 等和 6 等的一对恒星——仙王座 21 号星和 23 号星。一旦你看到这两颗星出现在视场边缘，那么就要向南移动视场，很快在视场的东边缘上就会出现一颗 5.9 等星 SAO 4229（HD 4440）。NGC 40 就在该星西侧 2.6° 处（约半个视场直径），一个南北向的由 7 ～ 8 等星组成的小星链的南端。虽然在寻星镜中不可能看到 NGC 40，但只要将所估位置放在寻星镜视场的中心，然后用你手头最低倍的目镜去观察就可以了，观察时还需要用窄带滤镜或 O- Ⅲ 滤镜进行“闪视”，对比成像的变化，以便确认哪个才是行星状星云（即手持滤镜镜片在眼睛和目镜间反复挡进和移出）。

我们用 10 英寸反射镜加 42 倍放大率，看到 NGC 40 像个略有茸毛的 10 ～ 11 等星，它的东北东方向约 4' 处有一颗 9 等星，西南方向约 4' 处还有另一颗 9 等星。它与这两颗星组成了一个很扁的等腰钝角三角形。我们在用 Ultrablock 窄带滤镜通过“闪视”法确认了 NGC 40 后，就立刻换目镜，增高放大率。在 125 倍时，NGC 40 是个扁平且缺乏其他特征的盘状物，在东北—西南方向上有所伸长。放大率增至 240 倍后，亦无法看到更多细节。在 125 倍放大率加 Ultrablock 窄带滤镜时，盘状物各处的亮度看似是均匀的，但在同样的滤镜加 240 倍放大率时，可以发现这个天体的东西两侧边缘处的亮度更高。另外，虽然资料显示这个行星状星云的中心恒星亮度为 11.5 等，但我们用 10 英寸望远镜并未看到中心恒星的踪迹，可能是因为当时的大气视宁度太一般了。我们后来借用朋友的 17.5 英寸巨镜，成功看到了它的中心恒星。也有爱好者报告说仅用 8 英寸口径就看到了它的中心恒星。

影像 13-1

NGC 40（视场宽 1°）

本照片承蒙帕洛马天文台和太空望远镜科学研究院惠允翻拍自数字巡天工程成果

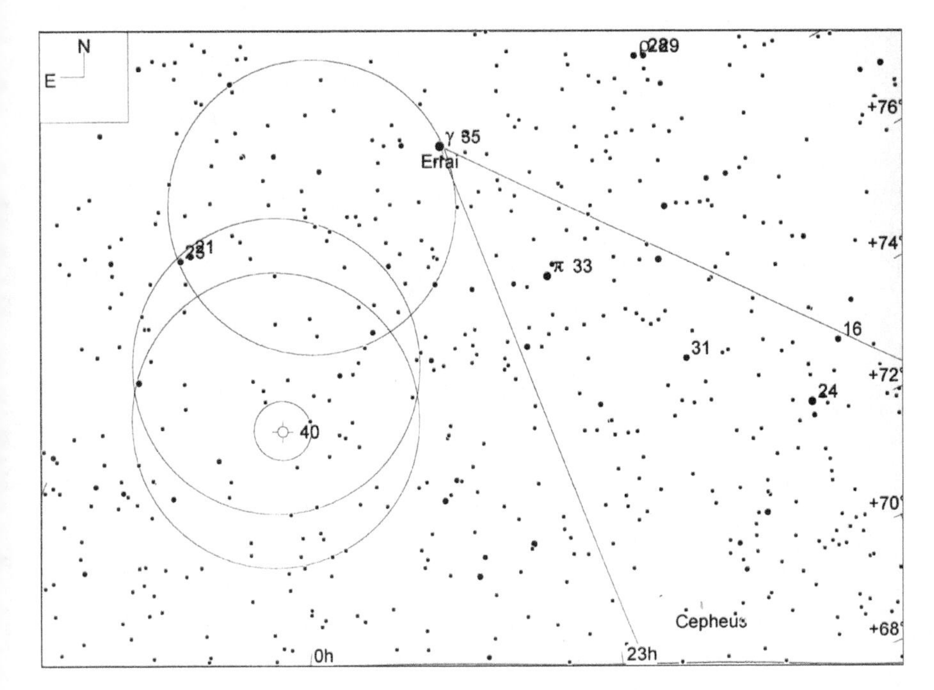

星图 13-2

NGC 40（视场宽 15°，寻星镜视场圈直径 5°，目镜视场圈直径 1°，极限星等 9.0 等）

NGC 6939	★★	◐◐◐◐	OC	MBUDR
见星图13-3和星图13-4	见影像 13-2	m7.8, 7.0'	20h 31.5m	+60° 39'

NGC 6939 是个中等大小、相对较亮也比较紧致的疏散星团。其成员星亮度比较一致，有较为明显的向核心部分汇聚的趋势，因此很容易将其与背景恒星区分开来。要定位 NGC 6939，首先用肉眼找到 2.5 等的仙王座 α，然后在其西侧 5° 左右找到 3.4 等的仙王座 η（3 号星）和 4.2 等的仙王座 θ（2 号星）。将仙王座 η 放在寻星镜视场的东北边缘，同时让仙王座 θ 处于寻星镜视场的正北边缘，则 NGC 6939 就基本处于寻星镜视场中心了。此时可以使用尽量低倍数的目镜去寻找它。如果目镜的真实视场直径大于 40'，那么还可以将 NGC 6939 和 NGC 6946 囊括在同一目镜视场之内（关于 NGC 6946，稍后介绍）。

我们用 10 英寸反射镜加 42 倍放大率观察，NGC 6939 呈一个带颗粒纹理的云雾状斑块，其中能分解出 10 多颗 11 等的成员星。用 125 倍放大率则可以分解出超过 50 颗成员星，大部分都是 12 等或更暗的，它们彼此组成团块或链状，块和链之间有深暗的条状区域相隔。对于那些在暗夜中使用 8 英寸或更大口径望远镜观测的人来说，NGC 6939 的光虽然有些微弱，但它依旧是个奇美的天体。

影像 13-2

NGC 6939（右上）和 NGC 6946（左下）的合影（视场宽 1°）

本照片承蒙帕洛马天文台和太空望远镜科学研究院惠允翻拍自数字巡天工程成果

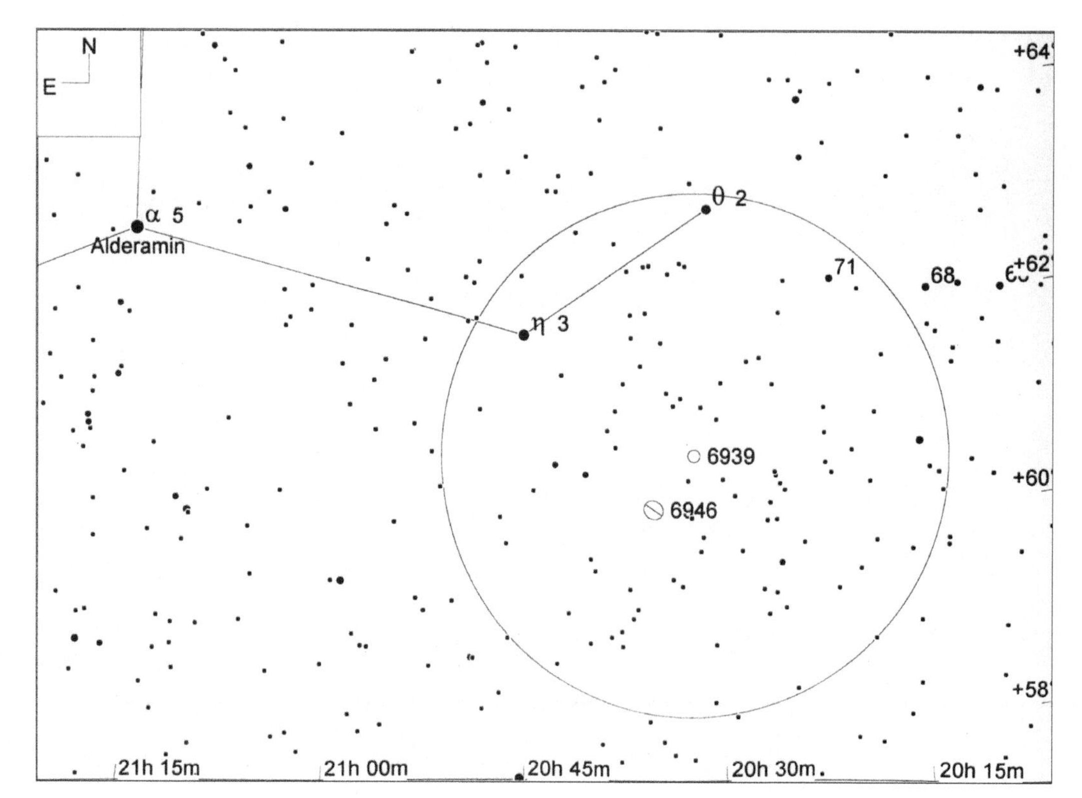

星图 13-3

NGC 6939（视场宽 10°，寻星镜视场圈直径 5°，极限星等 9.0 等）

NGC 6946	★★	⊕⊕⊕⊕	GX	MBUDR
见星图 13-4和星图13-3	见影像 13-2	m9.6, 11.6' x 9.8'	20h 34.9m	+60°09'

NGC 6946 是个大且暗的星系。虽然它的星等值标为 9.6 等，照相尺寸标为 11.6'×9.8'，但对于目视观测而言，这些数据都太过乐观了。这个天体的表面亮度仅为 14 等，这意味着它几乎无法引起注意。我们在首次观测 NGC 6939 的时候，NGC 6946 其实就已经在低倍目镜的同一视场中出现了，但我们根本没有注意到它，直到查了星图之后才意识到它的存在。

这个天体很好定位，它就在 NGC 6939 东南约 40' 处（参看上文对 NGC 6939 的介绍）。在我们的 10 英寸望远镜加 42 倍放大率下，用余光瞥视的技巧，可以看到 NGC 6946，但它只呈现为一个极小且极暗的模糊斑点，中心部位略微亮于周边。放大率增到 125 倍时，才能更好地看出这个星系的端倪，它呈 2.5'×1' 的椭圆形，长轴在东北—西南方向，靠近其核球的部位明显亮于边缘部分。但是它的旋臂，以及盘面内任何斑驳的细节，通过望远镜都是看不到的。

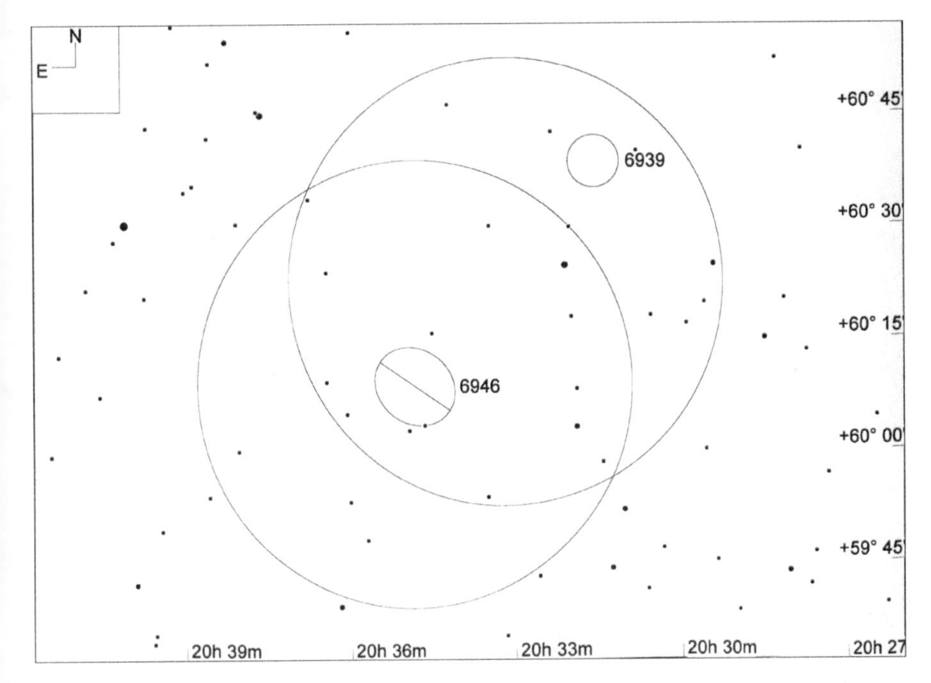

星图 13-4

NGC 6946（视场宽 2°，目镜视场圈直径 1°，极限星等 11.0 等）

NGC 7129	★		OC	MBUDR
见星图 13-5	见影像 13-3	m11.5, 8.0'	21h 42.0m	+66° 05'

NGC 7129 绝对是个相貌平平的疏散星团，并且很难从背景星场里辨认出来，因为它看起来只有五六颗聚集在一起的成员星，而周围的背景恒星中亮度相仿的恒星还有很多。NGC 7129 离主要亮星都比较远，它在 2.5 等的仙王座 α 东北 4.3° 处，4.4 等的仙王座 ξ（17 号星）西北 2.7° 处，3.2 等的仙王座 β 的南东南方向 4.6° 处。该星团实际含有 10 颗成员星，其中较亮的 6 颗（9 ～ 11 等）组成的图形能让人联想起北斗七星。不过，由于这个图形实在太小太暗，在 50mm 口径的寻星镜中是无法清晰看到的。所以，要定位它还需要别的方法。

我们可以首先把 4.4 等的仙王座 ξ 放在寻星镜视场的东南边缘，然后在靠近视场西北边缘处找到也较为醒目的 5.4 等的仙王座 7 号星。NGC 7129 就在这两颗星之间的连线上，略偏向仙王座 7 号星约半度。将这个估计的位置放在寻星镜视场的十字叉丝正中心，然后即可用低倍的目镜尝试观察它。通过目镜，我们能毫无疑问地确定那个“小北斗七星”的图形。观察它并做记录，你就又完成了加拿大皇家天文协会（RASC）目标列表中的一个天体，除此之外，这个天体也没什么值得留恋的了。

影像 13-3

NGC 7129（视场宽 1°）

本照片承蒙帕洛马天文台和太空望远镜科学研究院惠允翻拍自数字巡天工程成果

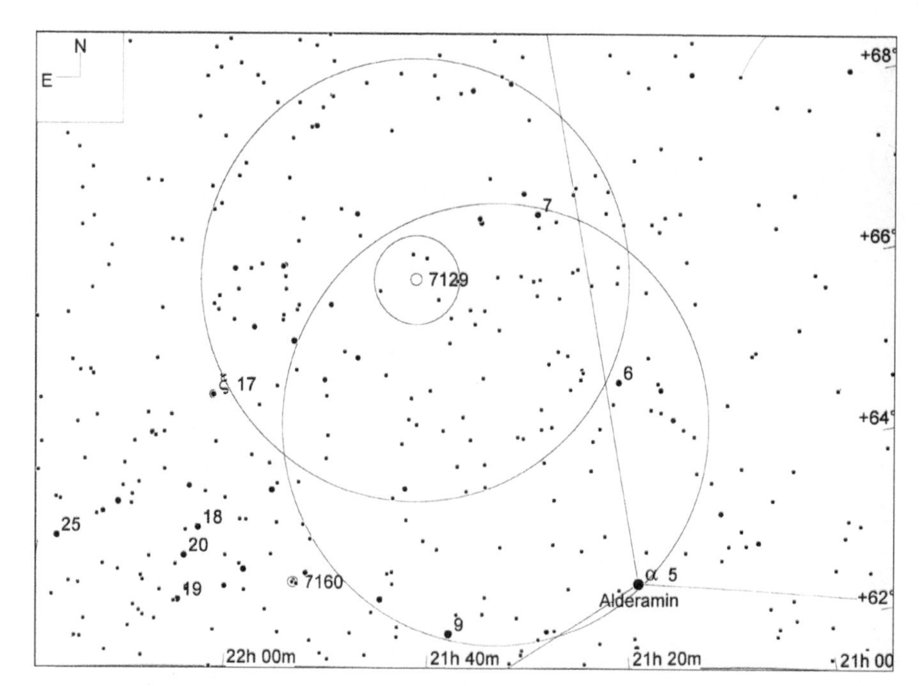

星图 13-5

NGC 7129（视场宽 10°，寻星镜视场圈直径 5°，目镜视场圈直径 1°，极限星等 9.0 等）

NGC 7160	★★		OC	MBUDR
见星图 13-6	见影像 13-4	m6.1, 7.0'	21h 53.8m	+62°36'

NGC 7160 是个小而紧致的疏散星团，亮度却不低，所含的 10 多颗成员星彼此间亮度差别也很大，所以很容易从背景恒星中区别出来。要定位 NGC 7160，首先把 4.3 等的仙王座 ν（10 号星）和 4.8 等的仙王座 9 号星放在双筒镜或寻星镜视场内比较靠近西南边的位置上，然后在视场的北西北边缘附近找到 4.4 等的仙王座 ξ（17 号星）。NGC 7160 就在从仙王座 ν 到仙王座 ξ 的连线上大约一半路程的位置。在 50mm 口径的寻星镜或双筒镜内，NGC 7160 可以呈现为一个暗淡的小斑点。

在 50mm 双筒镜中，除了看到 NGC 7160 是个云雾状的小块之外，还可以分解出 5 颗成员星，其中最亮的是一颗 7 等星和一颗 8 等星，两者组成一对，位于靠近星团中心的地方。（星团西北边约 10' 处还有一颗醒目的 6 等星，但那颗星并非成员星。）在星团的西边缘，用余光瞥视可以隐约看出 3 颗 10 等的成员星组成一个小弧。换用 10 英寸反射镜加 90 倍放大率后，云雾状的视觉感受消失了，取而代之的是更多的成员星被分解出来，大概多出 10 多颗，亮度在 11 等甚至更暗，用余光瞥视可以更好地注意到它们。

影像 13-4

NGC 7160（视场宽 1°）

本照片承蒙帕洛马天文台和太空望远镜科学研究院惠允翻拍自数字巡天工程成果

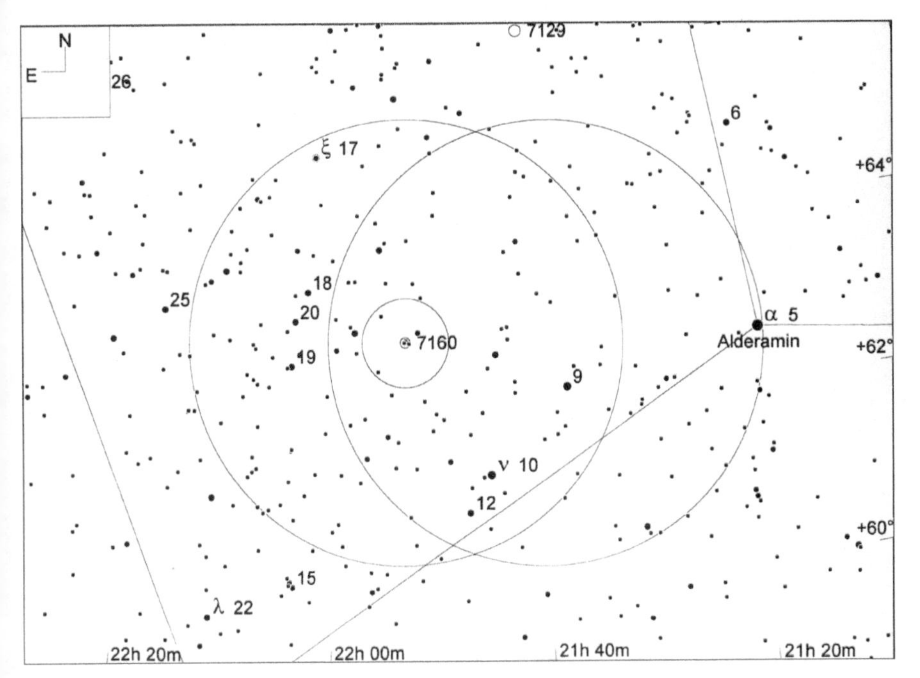

星图 13-6

NGC 7160（视场宽 10°，寻星镜视场圈直径 5°，目镜视场圈直径 1°，极限星等 9.0 等）

NGC 7235	★★	◑◑◑◑	OC	MBUDR
见星图 13-7	见影像 13-5	m7.7, 4.0'	22h 12.6m	+57°17'

NGC 7235 是个较小但较亮的疏散星团，其成员星分布较为松散，向中心汇聚的趋势不明显。它位于肉眼可见的恒星仙王座 ε（23 号星）的西北方仅 25' 处，因此极容易找到，用 50mm 双筒镜或寻星镜即可发现。

当然，在 50mm 双筒镜中，NGC 7235 还不像个星团，而是个较亮的模糊斑块，用余光扫视的技巧也仅能分辨出一两颗 9 ～ 10 等的成员星。用 10 英寸反射镜、90 倍放大率，加上余光扫视的技巧，可以进一步分解出 10 多颗 10 ～ 12 等的成员星。

影像 13-5

NGC 7235，在影像左上边缘还可以看到行星状星云 Minkowski 2-51（视场宽 1°）

本照片承蒙帕洛马天文台和太空望远镜科学研究院惠允翻拍自数字巡天工程成果

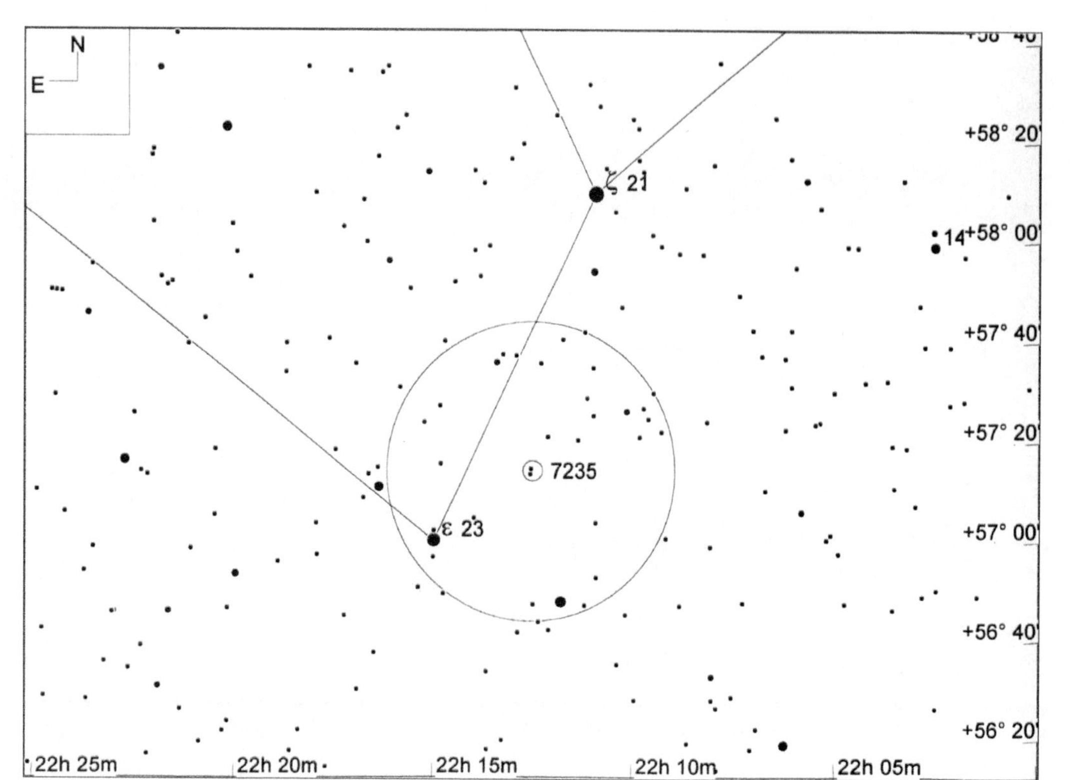

星图 13-7

NGC 7235（视场宽 3.5°，目镜视场圈直径 1°，极限星等 11.0 等）

8-beta (STF 2806Aa-B)	★★	◐◐◐◐	MS	uD
见星图 13-1		m3.2/8.6, 13.2", PA 248° (1999)	21h 28.7m	+70°34'

仙王座 β（8 号星，俗名 Alfirk）位于“甜筒冰激凌”的西侧。用 10 英寸反射镜加 90 倍放大率观察，可以看到它的主星呈纯白色，光芒四溢，而伴星就暗得多，仿佛是主星在水波纹下的一个隐约的重影。

HD 206267 (STF 2816AD)	★★	◐◐◐	MS	uD
见星图 13-8		m5.7/8.1, 19.7", PA 339° (2003)	21h 39.0m	+57°29'

HD 206267 (STF 2816AC)	★★	◐◐◐	MS	uD
见星图 13-8		m5.7/8.1, 11.7", PA 120° (2003)	21h 39.0m	+57°29'

要定位 HD 206267，首先将 4.2 等的仙王座 ε（23 号星）放在寻星镜视场的东端，此时在视场的西北边缘附近能找到 4 等的仙王座 μ 星。向西移动视场约半个直径，就能看到仙王座 μ 的南西南方向约 1.4°明显有颗 5.7 等星。该星就是 HD 206267，它实际上是个三合星。在 10 英寸反射镜加 90 倍放大率下，其主星是暖白色，两颗暗伴星也呈现出冷色调，可以说略微发蓝。

顺便说一下，作为寻找聚星 HD 206267 的“路标”，恒星仙王座 μ 的声誉要比 HD 206267 好得多。仙王座 μ 是颗有着奇特颜色的长周期变星。我们用 10 英寸口径加 90 倍放大率观察它时，看到它呈现一种饱满的橘黄色。我们对此很惊讶，因为这颗星被赫歇尔描述为“深红色星”（Herschel's Garnet Star），并因此而著名，但我们看到的它却确实是橘黄色的。后来，当我们改用小口径望远镜观察它时，才看到它确实显现出少见的那种绯红色，这正是赫歇尔和许多后来的观测者所报告的那种颜色。原来，我们的 10 英寸反射镜收集的星光太多了，导致眼睛对成像的颜色发生了偏差。如果一定要给所谓“大口径望远镜的缺点”寻找例证，此事能算个例子吧。

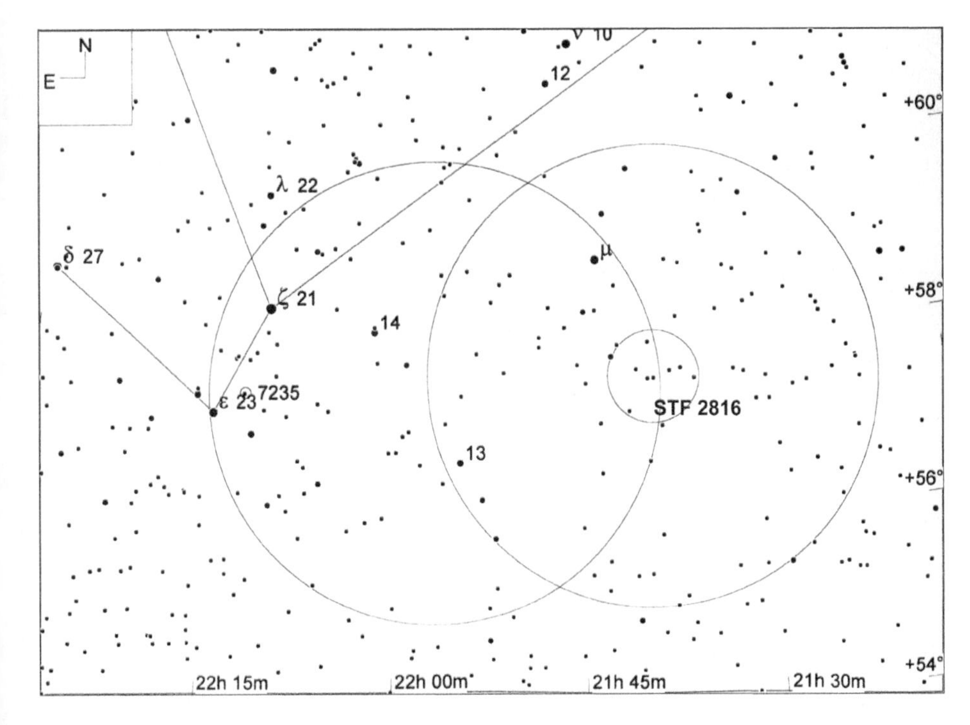

星图 13-8

STF 2816（视场宽 10°，寻星镜视场圈直径 5°，目镜视场圈直径 1°，极限星等 9.0 等）

17-xi (STF 2863Aa-B)	★★		MS	UD
见星图 13-9		m4.4/6.5, 8.3", PA 274° (2006)	22h 03.8m	+64°38'

仙王座 ξ（17 号星）是个美丽的双星，由于肉眼可见，所以极易定位。我们用 10 英寸望远镜加 90 倍放大率可轻松分解之，其主星泛黄，伴星则是明显的橘红色。

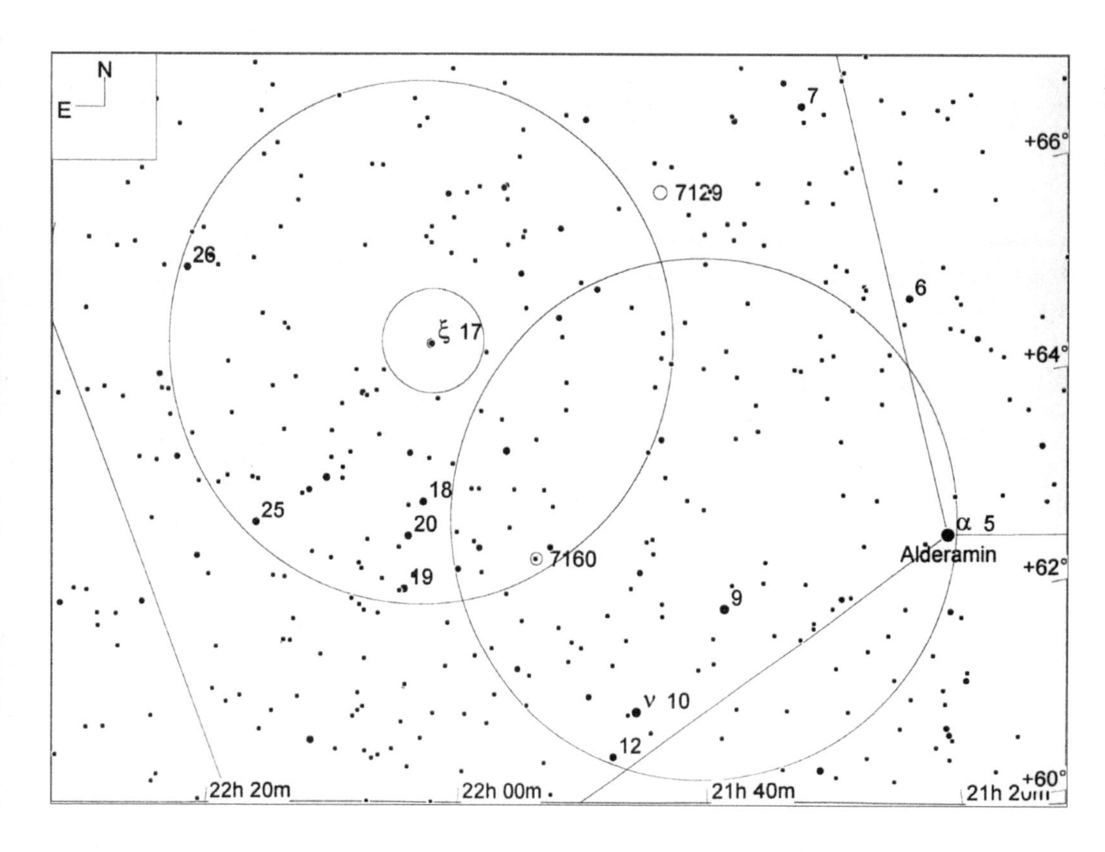

星图 13-9

仙王座 ξ（17 号星）（视场宽 10°，寻星镜视场圈直径 5°，目镜视场圈直径 1°，极限星等 9.0 等）

27-delta (STFA 58AC)	★★★		MS	UD
见星图 13-1		m4.1/6.1, 40.6", PA 191° (2004)	22h 29.2m	+58°25'

仙王座 δ（27 号星）位于“甜筒冰激凌”图形的东南角外边一点，它也是颗用肉眼即可定位的双星。虽然我们这里标注其主星亮度为 4.1 等，但其实它的主星亮度是在 3.48 ～ 4.37 等之间变化的，周期为 5.4 天。主星的颜色是暖白色，伴星则是蓝白色。

14

鲸鱼座，海怪

星座名：鲸鱼座（Cetus）
适合观看的季节：秋
上中天：10 月中旬午夜
缩写：Cet
所有格形式：Ceti
相邻星座：宝瓶、白羊、波江、天炉、双鱼、玉夫、金牛
所含的适合双筒镜观看的天体：NGC 1068 (M 77)
所含的适合在城市中观看的天体： NGC 1068 (M 77)

鲸鱼座是天赤道附近的一个巨大但比较暗淡的星座，其面积达 1 231 平方度，约占天球的 3%，在全天 88 星座中名列第 4 位。虽然缺少很亮的星，但鲸鱼座并不难用肉眼识别，因为它的几颗主要恒星构成了肉眼可见的一个五边形，而在这个五边形邻近的天区中没有其他容易混淆的亮恒星。

本书在仙后座的章节里已经讲过关于埃塞俄比亚国王赛非厄斯、王后卡希欧菲娅和公主安德洛莫达的神话传说，而鲸鱼座就是那个传说中的海洋怪物。得到神谕的国王把自己的公主拴在海边的岩石上，就是要将她献祭给这头海怪。当海怪接近公主时，公主吓得尖叫，叫喊声被航行到附近的大英雄珀耳修斯听到，珀耳修斯把自己挡在海怪和公主之间，并举起他自己砍下的魔女美杜莎的脑袋给海怪看。于是，美杜莎有魔力的目光把这头鲸鱼怪变成了石头。接着，珀耳修斯就享受了神话中的英雄们惯有的权利：他解救了公主并娶她回家，两人白头偕老。

鲸鱼座内有趣的深空天体和聚星都不算多，但这个星座中有一颗非常著名的星——Mira（鲸鱼座 o，即鲸鱼座 68 号星），意思是“魔星”。它是一颗变星，也是所有的“Mira 型变星”的首席代表。（该星在中国的古称是“蒭藁增二”，所以由它所领衔的这类变星，在汉语天文名词中被称为“蒭藁增二型变星”。译者在以下的译文里将遵从中国的用词习惯——译者注）这类变星都是红巨星，变光周期比较长，从 80 天到 1 000 天的都有。（鲸鱼座 o 自己的变光周期平均是 332 天，每个周期的具体长度还会有轻微的出入。）鲸鱼座 o 作为人类发现的第一颗蒭藁增二型变星，其亮度的变化范围惊人地大，而且每个变光周期内的最大亮度和最小亮度也相差不少，显得颇为不规律。它每个周期中的亮度最大值在 2.0 等（与北极星一样亮）和 4.9 等之间，亮度最小值则可能在 8.6 等和 10.1 等之间，10.1 等这个数值意味着用 50mm 口径的寻星镜或双筒镜都很难看得到它。

每年十月中旬的午夜前后，鲸鱼座上中天。对北半球中纬度的观测者来说，从晚秋到初冬的季节里，整夜都很适合观察鲸鱼座。

表 14-1

鲸鱼座中有代表性的星团、星云和星系

天体名称	类型	视亮度	视尺寸	赤经	赤纬	梅	双	城	深	加	备注
NGC 246	PN	8.0	4.1	00 47.1	−11 52					◉	Class 3b
NGC 936	Gx	11.1	4.7 x 4.0	02 27.6	−01 09					◉	Class SB(rs)0+; SB 12.4
NGC 1068	Gx	9.6	7.1 x 6.0	02 42.7	−00 01	◉	◉	◉			M 77; Class (R)SA(rs)b; SB 10.6

表 14-2

鲸鱼座中有代表性的双星或聚星

天体名称	星对	星等1	星等2	角距	方位角	年份	赤经	赤纬	城观	双星	备注
86-gamma	STF 299AB	3.6	6.2	2.3	299	2002	02 43.3	+03 14		◉	

星图 14-1

鲸鱼座星图（视场宽 60°）

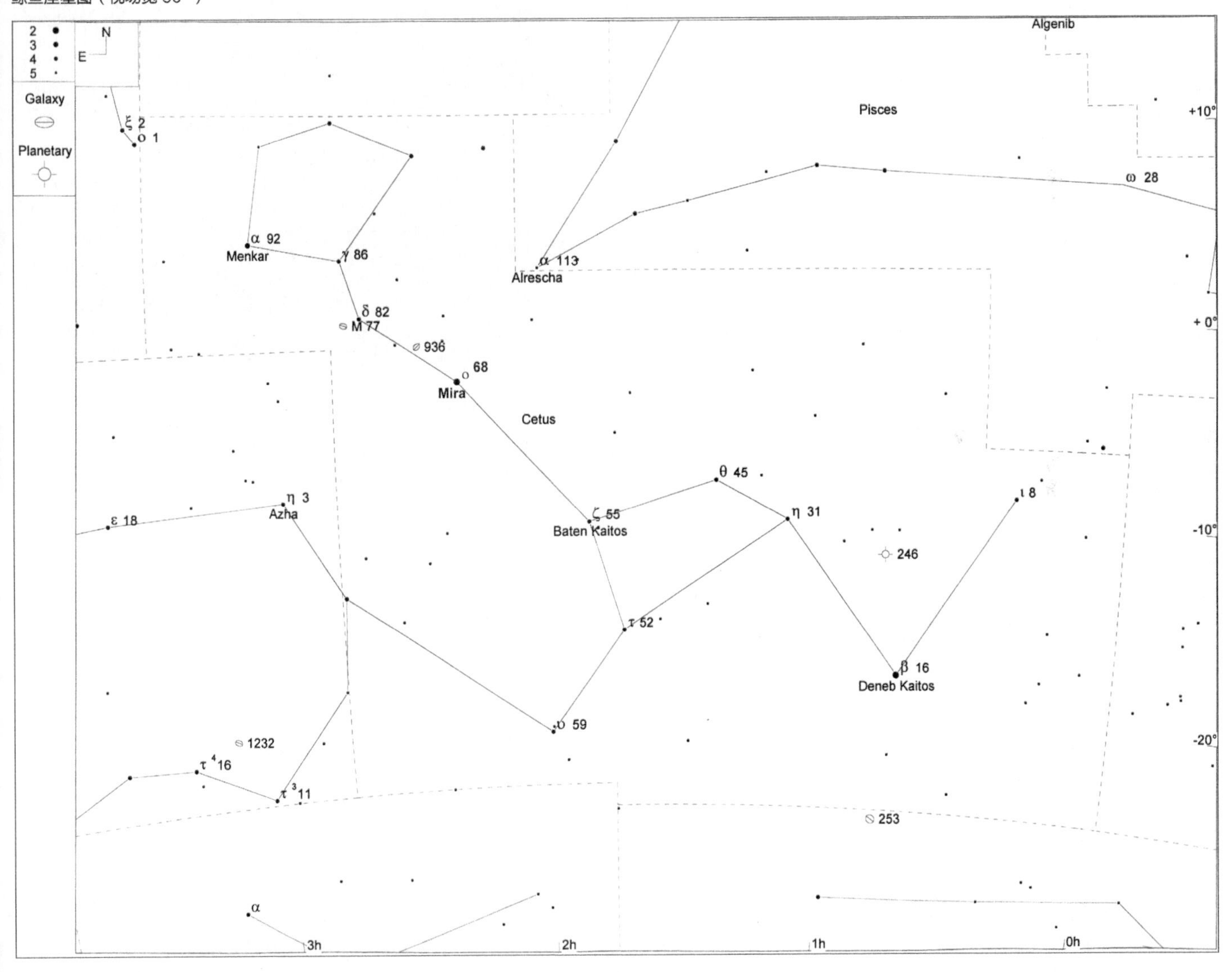

NGC 246	★★★	●●●	PN	MBUDR
见星图 14-2	见影像 14-1	m8.0, 4.1'	00h 47.1m	-11°52'

NGC 246 是个大且亮的行星状星云。虽然在照片上看起来它是圆的，但在我们的 10 英寸反射镜加 125 倍放大率下，它更像个东南角被咬缺了一块的苹果。我们加了 Ultrablock 的窄带滤镜之后，才看到了它完整的圆形轮廓，不过东南部分的边缘还是相对有点暗，而且盘面内靠东南的部分太暗，还是看不到。圆盘本体内可以看出两颗 13 等星，还有一颗 12 等星位于圆盘西北边缘外侧很近的地方，圆盘西南侧和南侧的边缘之外还有另外 2 颗 13 等星。

NGC 246 的定位也较为简便。首先将 3.5 等的鲸鱼座 η（31 号星）放在寻星镜视场的东边缘上，然后循着一条由几颗 5 等星组成的星链向西移动视场，它们分别是鲸鱼座 ϕ^4（23 号星）、ϕ^3（22 号星）、ϕ^2（19 号星）和 ϕ^1（17 号星）。NGC 246 与鲸鱼座 ϕ^2 和 ϕ^1 组成了一个正三角形，NGC 246 是该三角形的南端顶点。虽然在 50mm 寻星镜中无法直接看到 NGC 246，但完全可以据此线索将其摆放到视场中央。

影像 14-1

NGC 246，在影像左上部还能看到 NGC 255（视场宽 1°）

本照片承蒙帕洛马天文台和太空望远镜科学研究院惠允翻拍自数字巡天工程成果

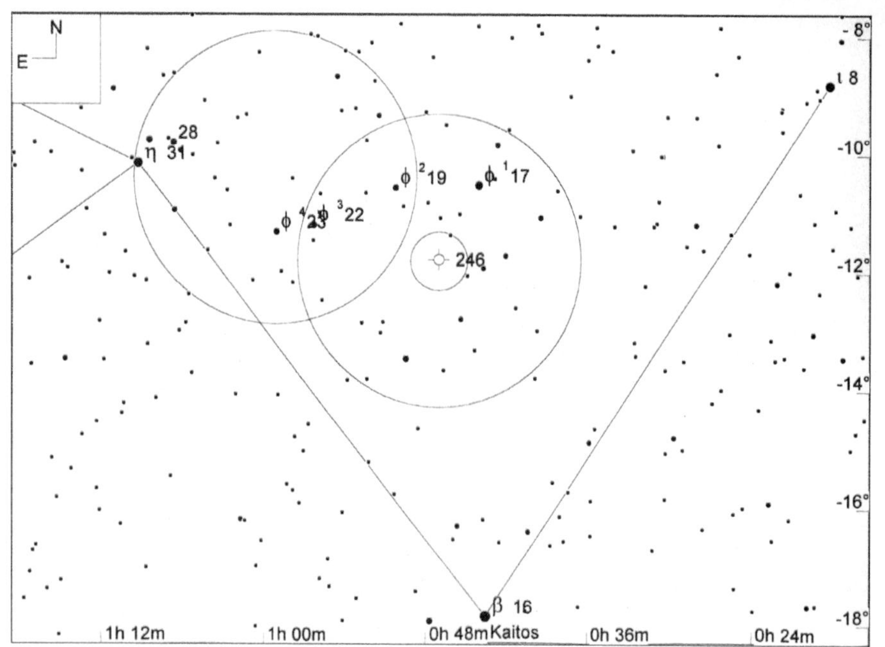

星图 14-2

NGC 246（视场宽 15°，寻星镜视场圈直径 5°，目镜视场圈直径 1°，极限星等 9.0 等）

NGC 936	★★	◔◔◔	GX	MBUDR
见星图 14-3	见影像 14-2	m11.1, 4.7' x 4.0'	02h 27.6m	–01°09'

NGC 936 是个中等偏大的较亮星系，资料显示其表面亮度有 12.4 等。尽管从数值上看它不算特别暗，但我们通过实践发现，想在目镜中确认这个星系还是颇费工夫的。用 10 英寸望远镜加 125 倍放大率，能够看到它呈一个大约 2.5' × 1.5' 的东—西向暗弱椭圆形轮廓，中心部分稍亮但看不出核球，也看不到诸如斑驳感之类的其他细节。

要定位这个天体，首先将 4.1 等的鲸鱼座 δ（82 号星）放在寻星镜视场的东北边缘上，然后能在视场中心附近找到一颗醒目的 5.4 等星，它是鲸鱼座 75 号星。此时向西移动视场，会看到另外 2 颗 5 等星进入视场，它们是鲸鱼座 69 号星和 70 号星。NGC 936 就在鲸鱼座 75 号星的西侧，位于 75 号星和 70 号星的连线上几乎正中心的位置。在低倍放大率的目镜中，用余光扫视的技巧即可感到它的存在。

影像 14-2

NGC 936，在其左侧是 NGC 941，影像左下方还能看到 UGC 1945（视场宽 1°）

本照片承蒙帕洛马天文台和太空望远镜科学研究院惠允翻拍自数字巡天工程成果

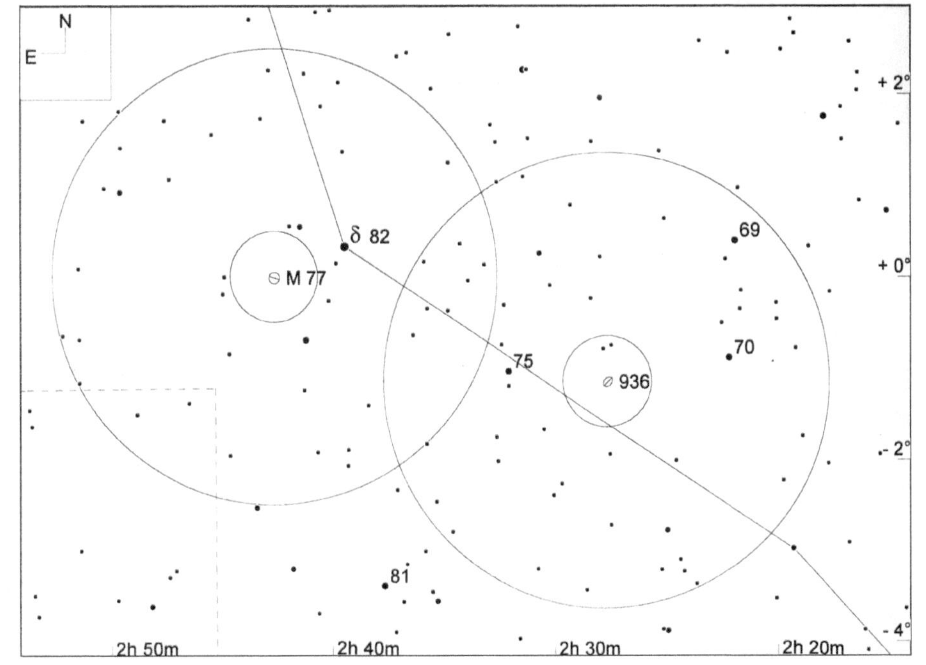

星图 14-3

NGC 936 和 NGC 1068（M 77）（视场宽 10°，寻星镜视场圈直径 5°，目镜视场圈直径 1°，极限星等 9.0 等）

M 77 (NGC 1068)	★★★	⊕⊕⊕⊕	GX	MBUDR
见星图 14-3	见影像 14-3	m9.6, 7.1' x 6.0'	02h 42.7m	–00°01'

M 77（NGC 1068）是个大而明亮的星系，表面亮度达到了 10.6 等。该星系由皮埃尔·梅襄（Pierre Méchain）在 1780 年 10 月 29 日发现。同年 12 月，梅西耶将这个天体编列进自己那个著名的目录，排在第 77 号。这个星系很容易定位，它就在 4.1 等的鲸鱼座 δ（82 号星）的东南东方向 52' 处，用低倍的目镜可以将其和鲸鱼座 δ 涵盖在同一视场内。我们用 10 英寸反射镜加 125 倍放大率观察，看到 M 77 的外围轮廓呈圆形，直径 3'，亮度较高，而其中心部分更亮，面积超过整个圆盘的一半。照片中可以看到它还有旋臂和尘埃带，不过这些细节太暗了，在 10 英寸口径中无法看到。

尽管天文联盟将 M 77 列为双筒镜目标，但只是将其归为 11 × 80 的大双筒镜的高难度挑战目标，并未要求用 35mm 或 50mm 口径双筒镜观察到它。我们曾有几次尝试用 50mm 双筒镜观察 M 77，但即使夜空情况再好也从未成功过。

影像 14-3

NGC 1068（M 77）（视场宽 1°）

本照片承蒙帕洛马天文台和太空望远镜科学研究院惠允翻拍自数字巡天工程成果

86-gamma (STF 299AB)	★★	⊕⊕⊕⊕	MS	uD
见星图 14-1		m3.6/6.2, 2.3", PA 299° (2002)	02h 43.3m	+03° 14'

鲸鱼座 γ（86 号星）是颗聚星，其成员星在物理上确有联系。其主星纯白色，伴星淡黄色。其实它还有第 3 颗成员星，是一颗亮度 10.1 等的红矮星，位于主星西偏北方向 13.9' 处。定位鲸鱼座 γ 也很简单，它就是“鲸鱼”的头部那个五边形中最靠南的那颗星。

15

后发座，贝蕾妮丝的头发

星座名：后发座（Coma Berenices）

适合观看的季节：春

上中天：4 月初午夜

缩写：Com

所有格形式：Comae Berenices

相邻星座：牧夫、猎犬、狮子、大熊、室女

所含的适合双筒镜观看的天体：NGC 4254 (M 99), NGC 4321 (M 100), Mel 111, NGC 4382 (M 85), NGC 4501 (M 88), NGC 4826 (M 64), NGC 5024 (M 53)

所含的适合在城市中观看的天体： Mel 111, NGC 4826 (M 64)

后发座面积中等，貌不惊人。它的面积是 386 平方度，约占天球的 0.9%，在全天 88 星座中排名第 42 位。这个星座的名字拼写是 Coma Berenices，所以很多天文学家在聊天时去掉 Berenices 一词，仅以 Coma 简称之（但该星座的中文名称仅“后发”两字，所以在汉语中无须另编简称——译者注）。如果我们把 0 等的牧夫座 α、3 等的猎犬座 α、2 等的狮子座 β 和 3 等的室女座 ε 这四颗星连成一个四边形“盒子”，则后发座正好被盛放在“盒子”里。后发座自己的最亮星仅有 4 等，所以肉眼中的后发座天区是稀疏乏味的。不过，“星座不可貌相”，后发座内的深空天体可是极为丰富的。

尽管星光暗淡，但后发座也有着悠久的命名史，至少在一个方面，它是独一无二的：与很多星座都以神话人物命名不同，后发座是用一位真实的历史人物命名的，这就是埃及皇后贝蕾妮丝（Berenice），即托勒密三世（Ptolemy Ⅲ）的夫人。托勒密家族是埃及的王族，当丈夫御驾亲征时，贝蕾妮丝请求维纳斯神保佑他能够平安归来，并向神许诺，愿以自己的一头秀发作为祭品来交换。当托勒密三世真的平安返回后，贝蕾妮丝也真的实践了诺言，剪下头发为祭。据说朱庇特神因为很赞赏贝蕾妮丝的诚实守信，就把她献祭的长发升入天空，散落在群星之间，这就是我们今天在暗夜中看到的飘渺朦胧的后发座。

后发座天区堪称星系的王国，光是适合业余爱好者的望远镜观看的星系就有 10 多个，其中有一些是梅西耶天体。另外还有 M 53 这样的明亮的球状星团，以及一个又大又亮的疏散星团，后发座的名字就来自这个疏散星团。

在后发座内，我们既可以以恒星为参照，通过寻星镜来找天体，也可以以星系为参照，直接通过目镜来找其他的星系。在许多其他星座中，难题往往是在一片缺乏较亮恒星做参照的天区中找到某个孤单的暗弱深空天体，但在后发座内，情况大不相同——在后发座里找到深空天体一点也不难，因为后发座里至少有十来个较亮的星系只用小望远镜都可能看到，这里的真正难题是，如何确认视场中的某个深空天体究竟是哪一个深空天体。

要想在后发座内认出特定的深空天体，使用一个放大率很低的目镜（可称为“寻星目镜”）至关重要，有些深空天体在 50mm 口径的寻星镜中也能看到。博览后发座内密布着的深空天体时，经常要直接通过目镜，从一个天体找向邻近的另一个天体，所以如果目镜的视场宽大一些（即放大率低一些）会使这个过程容易很多。

后发座每年 4 月 2 日的午夜上中天。对于北半球中纬度的观测者而言，从冬末到夏季的夜里，都适合观察后发座。

表 15-1

后发座中有代表性的星团、星云和星系

天体名称	类型	视亮度	视尺寸	赤经	赤纬	梅	双	城	深	加	备注
Mel 111	OC	1.8	275	12 25.1	+26 07			◉	◉		Class III 3 r
NGC 4559	Gx	10.5	10.8 x 4.3	12 36.0	+27 58					◉	Class SAB(rs)cd; SB 13.3
NGC 4494	Gx	9.8	4.8 x 3.6	12 31.4	+25 47					◉	Class E1-2; SB 12.3
NGC 4565	Gx	10.4	15.9 x 1.8	12 36.3	+25 59					◉	Class SA(s)b? sp; SB 13.1
NGC 4274	Gx	11.3	6.8 x 2.5	12 19.8	+29 37					◉	Class (R)SB(r)ab; SB 12.7
NGC 4414	Gx	11.0	4.3 x 3.1	12 26.4	+31 13					◉	Class SA(rs)c?; SB 11.3
NGC 4725	Gx	10.1	10.7 x 8.0	12 50.4	+25 30					◉	Class SAB(r)ab pec; SB 13.2
NGC 4826	Gx	9.4	10.1 x 5.4	12 56.7	+21 41	◉	◉	◉			M 64; Class (R)SA(rs)ab; SB 11.8
NGC 5024	GC	7.7	13.0	13 12.9	+18 10	◉	◉				M 53
NGC 4192	Gx	11.0	9.8 x 2.7	12 13.8	+14 54	◉					M 98; Class SAB(s)ab; SB 13.8
NGC 4254	Gx	10.4	5.4 x 4.7	12 18.8	+14 25	◉	◉				M 99; Class SA(s)c; SB 12.6
NGC 4321	Gx	10.1	7.5 x 6.3	12 22.9	+15 49	◉	◉				M 100; Class SAB(s)bc; SB 13.3
NGC 4382	Gx	9.1	7.1 x 5.5	12 25.4	+18 12	◉	◉				M 85; Class SA(s)0+ pec; SB 11.9
NGC 4501	Gx	10.4	7.0 x 3.7	12 32.0	+14 25	◉	◉				M 88; Class SA(rs)b; SB 12.7
NGC 4548	Gx	11.0	5.4 x 4.2	12 35.4	+14 30	◉					M 91; Class SB(rs)b; SB 13.4

表 15-2

后发座中有代表性的双星或聚星

天体名称	星对	星等1	星等2	角距	方位角	年份	赤经	赤纬	城观	双星	备注
24	STF 1657	5.1	6.3	20.1	270	2004	12 35.1	+18 22		◉	

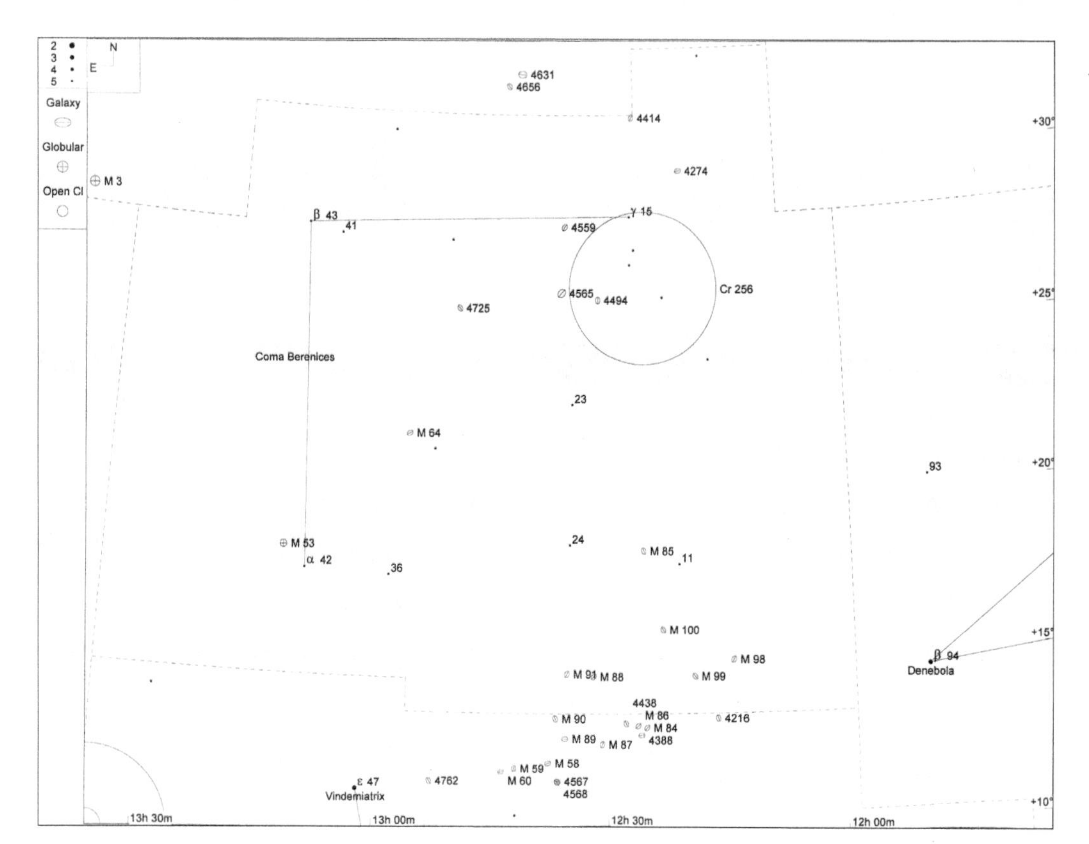

星图 15-1

后发座星图（视场宽 35°）

星团、星云和星系

Cr 256 (Melotte 111)	★★★	⊕⊕⊕⊕	OC	MBUDR
见星图 15-1		m1.8, 275'	12h 25.1m	+26°07'

巨大的疏散星团 Melotte 111（缩写为 Mel 111，在另一目录中编号为 Cr 256）是后发座内最明亮的天体，也是后发座名字的由来所在。它宛如散落在黑丝绒上的一堆钻石一样美丽，使得古人将其联想成贝蕾妮丝的那一头秀发。该星团的特朗普勒分级为Ⅲ 3 r 级，分布在直径超过 275'（即约 4.5°）的天区内，成员星的累积亮度达 1.8 等。不过请注意，这个数字并不说明 Mel 111 的单颗成员星也有这么亮，毕竟它是由在较大的一块天区里分散着的诸多成员星所构成的。尽管如此，在夜空足够深暗时，肉眼仍然可以隐约看到它。

要定位 Mel 111，只需在猎犬座 α 和狮子座 β 之间连起一条线段。Mel 111 就在这条线段的中点上，离两端的参考星各有 14° 的距离。在条件良好的深夜里，肉眼直视也可以感到 Mel 111 的存在，当然，如果用余光瞥视就会看得更清楚：它呈现为一团暗弱的云气，其中仿佛还包裹着几点微茫的星光。观察 Mel 111 的最佳方式还是要靠双筒镜。因为如果你用单筒镜，即使加的是最低倍的放大率，视场也会显得狭窄，无法将整个 Mel 111 囊括进来。

在 7×50 的双筒镜中观察 Mel 111 绝对是美好的享受。10 多颗 5 ～ 6 等的成员星清晰地呈现在视场中，它们从星团的北端到南端组成了一条曲折的星链，在链条中部还扭结有一个东西向的支链。20 多颗更暗的成员星（7 ～ 9 等）则主要填充在星团内的西半部分。虽然星团的尺寸太大让成员星之间显得比较稀疏，但整个星团的总体外观仍是美不胜收。如果用单筒镜，哪怕是低倍目镜，也会破坏这个天体作为一个星团的整体美感，而只看到它的一部分散乱的成员星。

在 Mel 111 的边缘附近，还有三个很有观测价值的天体，其中一个就是被包括在它内部的 NGC 4494。另外，4 等的后发座 γ（15 号星）很靠近 Mel 111 的北边缘，肉眼明显可见。以该星为基准点，我们可以将视场正确地移向后发座北部的众多深空天体。

NGC 4559	★★★	⚆⚆⚆⚆	GX	MBUDR
见星图 15-2	见影像 15-1	m10.5, 10.8' x 4.3'	12h 36.0m	+27°58'

NGC 4559 的亮度标称为 10.5 等，其实它的表面亮度只有 13.3 等。尽管如此，它却是个非常有趣的星系。要定位 NGC 4559，首先把上文提到的后发座 γ（15 号星）放到寻星镜视场的西边缘，这样就可以在视场的西南部分看到三颗 5 等星组成的星链（后发座 14、16、17 号星），如星图 15-2 所示。（注意！该星图中偏下方的那个大圆并非表示寻星镜视场，而是表示 Mel 111 的界限。偏上方的大圆才是 5° 直径的寻星镜视场。）此时，NGC 4559 就在视场的中心附近，通过低倍目镜去看，应该可以看到。我们的 10 英寸道布森镜加 42 倍放大率下，NGC 4559 是个沿西北—东南方向延展开的椭圆形暗斑，看不出更多的表面细节。当放大率加到 90 倍和 125 倍时，用余光瞥视技巧观看，可以看到一个有着表面斑驳特征的 6' × 2' 轮廓，光芒从中间到边缘逐渐减弱，但看不出核球区域。轮廓的东南端尽头处有 3 颗星组成一个小弧，正好将这一端围护住。3 颗星里正中的那颗稍暗，为 13 等，两端的两颗均为 12 等。

影像 15-1

NGC 4559（视场宽 1°）

本照片承蒙帕洛马天文台和太空望远镜科学研究院惠允翻拍自数字巡天工程成果

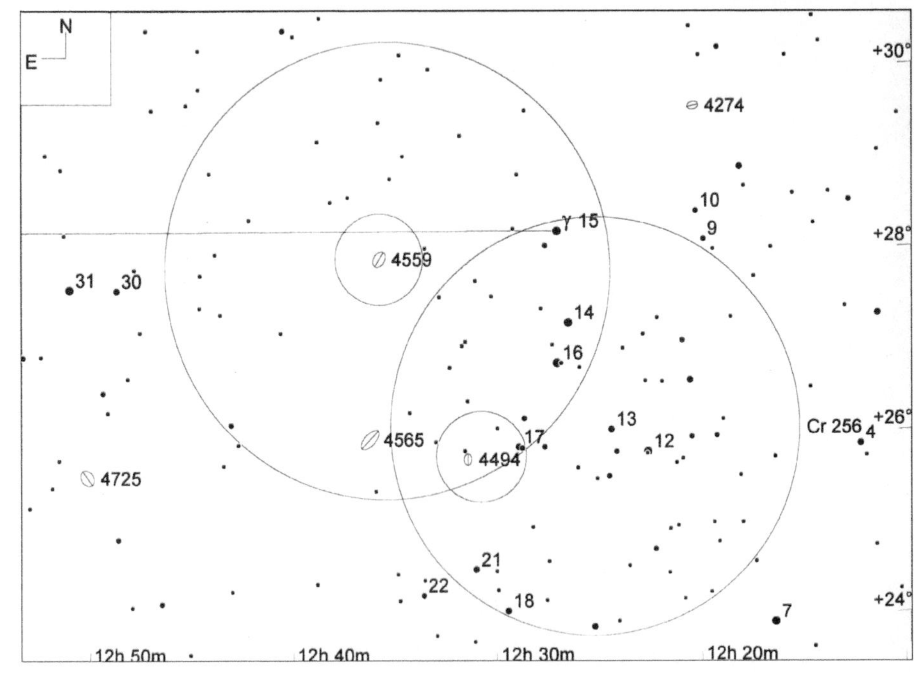

星图 15-2

NGC 4559 和 NGC 4494（视场宽 10°，寻星镜视场圈直径 5°，目镜视场圈直径 1°，极限星等 9.0 等）

NGC 4494	★★	◐◐◐	GX	MBUDR
见星图 15-2和星图15-3	见影像 15-2	m9.8, 4.8' x 3.6'	12h 31.4m	+25°47'

NGC 4494 表面亮度为 12.3 等，是个明亮的星系，见星图 15-2，位于 3 颗 5 等星（后发座 14、16、17 号）星组成的星链的东南端。要定位 NGC 4494，可以先将后发座 17 号星放在寻星镜视场的中央（顺便提一下，后发座 17 号星本身是一对漂亮的双星，2 颗成员星紧密相依，分别为 5.3 等和 6.6 等，在寻星镜中可以分解），而 NGC 4494 就在该星东侧 35' 处，其北东北方向 6' 处还有一颗 7.9 等星 SAO 82354，在寻星镜中也不难看到。

我们在 10 英寸反射镜加 42 倍放大率下直视 NGC 4494，看到它明亮的中心部分呈南北向的椭圆形，但非常接近圆形，轮廓边缘部分则极为暗弱。无论用直视还是瞥视，都看不出其他的什么表面细节。换用更高的放大率也无法增加细节。第一次看到这个星系时，很容易误以为它是个无法分解的小型球状星团。

影像 15-2

NGC 4494（视场宽 1°）

本照片承蒙帕洛马天文台和太空望远镜科学研究院惠允翻拍自数字巡天工程成果

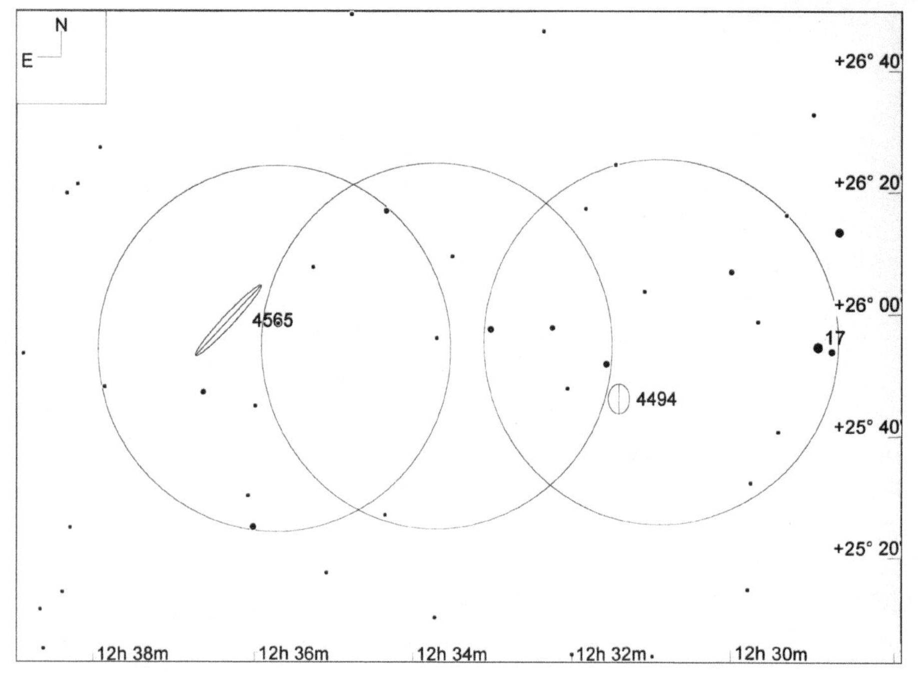

星图 15-3

NGC4494、4565 确切位置（视场宽 2.5°，目镜视场圈直径 1°，极限星等 11.0 等）

NGC 4565

★★★ | GX | MBUDR

见星图 15-2和星图15-3 | 见影像 15-3 | m10.4, 15.9' x 1.8' | 12h 36.3m | +25°59'

在夜空中，有很多星系是以侧面对着我们的，NGC 4565 就是这类星系中最美的星系之一。它也是最美的非梅西耶天体之一，很多爱好者甚至认为可以把“之一”也去掉。本书作者芭芭拉称它为“墨西哥小草帽”，很像位于室女座的著名星系 M 104。NGC 4565 的亮度完全配得上资料所记载的 10.4 等，至于资料还说其表面亮度仅有 13.1 等，这种说法真是太保守了。

定位 NGC 4565 也比较容易。它就在后发座 17 号星的正东边 1.7° 处，因此可以直接用目镜来寻找。将后发座 17 号星定位在目镜视场的西边缘后，直接向东移动一个目镜视场直径，就可以看到 NGC 4565 进入视场。

我们在 10 英寸反射镜加 42 倍放大率下直视 NGC 4565，可以看到它明显凸起的中心部分，大小为 3'×2'，很明亮。用余光瞥视，能够发现它暗淡的外部轮廓沿着西北—东南方向展开，形状狭长，为 10'×1.5'。放大率加到 125 倍后，能够看到更多的细节。例如显而易见的尘埃盘（无需瞥视也可以看到），以及一些不均匀的斑块状（尤其是中心区域的东南边）。NGC 4565 虽然不在梅西耶目录之列，其观赏价值却毫不亚于梅西耶天体。

影像 15-3

NGC 4565（视场宽 1°）

本照片承蒙帕洛马天文台和太空望远镜科学研究院惠允翻拍自数字巡天工程成果

NGC 4274

★★ | GX | MBUDR

见星图 15-4 | 见影像 15-4 | m11.3, 6.8' x 2.5' | 12h 19.8m | +29°37'

NGC 4274（原文为 4574，当属笔误——译者注）是个明亮而美丽的星系，表面亮度 12.7 等，其显著程度完全能与室女座—后发座一带的大多数梅西耶星系比肩。定位 NGC 4274 也很容易，它在肉眼可见的后发座 γ（15 号星）西北方 2° 处，所以只要把后发座 γ 放在寻星镜视场的东南边缘，就可以保证 NGC 4274 处于视场的中心附近。寻星镜中还可以明显看到一对 6 等和 7 等的星——后发座 9 号星和 10 号星，这两颗星就在 NGC 4274 南侧 1° 处。该星系的西南边大约 50' 处还有一颗 5.7 等星 SAO 82219。

用 10 英寸牛顿式望远镜加 90 倍放大率直视 NGC 4274，可以看到它是个中等亮度的东—西向光带，尺寸约 1'×4'。而如果用余光瞥视法，更可以看到一些令人惊讶的细节：其中心部分为椭圆形，外面是一个 2'×5' 的暗弱轮廓，亦沿东—西向展开。

影像 15-4

NGC 4274，其上方是 IC 779，右上方有 NGC 4253，右边缘上是 NGC 4245，在影像下部从左到右则有 NGC 4286、4283、4278 三个星系排成一行（视场宽 1°）

本照片承蒙帕洛马天文台和太空望远镜科学研究院惠允翻拍自数字巡天工程成果

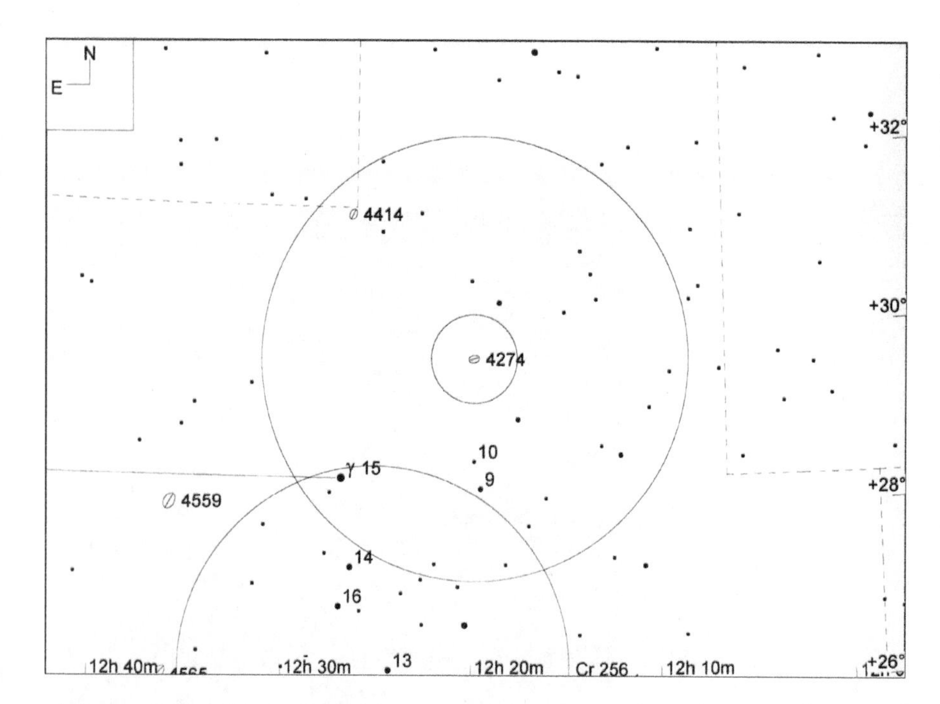

星图 15-4

NGC 4274（视场宽 10°，寻星镜视场圈直径 5°，目镜视场圈直径 1°，极限星等 9.0 等）

NGC 4414	★★	⚈⚈⚈⚈	GX	MBUDR
见星图 15-5	见影像 15-5	m11.0, 4.3' x 3.1'	12h 26.4m	+31°13'

NGC 4414是个很小但很明亮(表面亮度11.3等)的星系，而且极易定位：它在后发座 γ（15 号星）正北 3° 处。只要先将后发座 γ 放在寻星镜视场的南边缘上，就能在视场的中心附近看到一颗 7 等星 SAO 62988，由于该星附近没有其他更亮的星，所以很容易确认。SAO 62988 的北东北方向仅 24' 处就是 NGC 4414。

用 10 英寸的道布森式望远镜，在 42 倍放大率下直视 NGC 4414，它是个云雾状的小亮斑，没有什么表面细节。换用 125 倍放大率并用余光瞥视法观察，可以看到其明亮的中心部分呈椭圆形，长轴在西北—东南方向，尺寸为 0.75' × 1'，其外部轮廓则暗得多，尺寸约 1' × 3'。

影像 15-5

NGC 4414（视场宽 1°）

本照片承蒙帕洛马天文台和太空望远镜科学研究院惠允翻拍自数字巡天工程成果

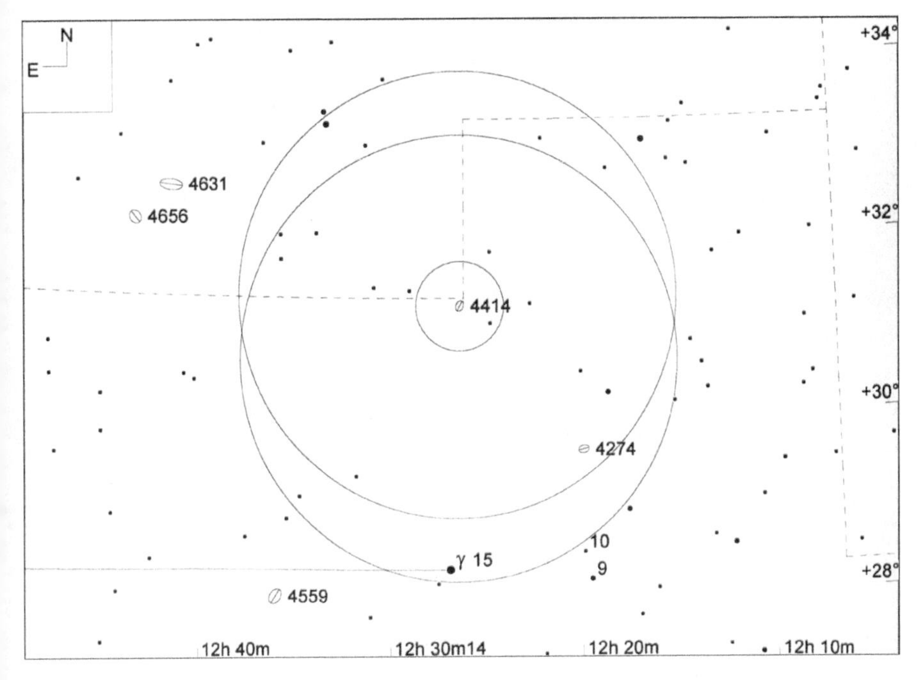

星图 15-5

NGC 4414（视场宽 10°，寻星镜视场圈直径 5°，目镜视场圈直径 1°，极限星等 9.0 等）

NGC 4725	★★	⊕⊕⊕	GX	MBUDR
见星图 15-6	见影像 15-6	m10.1, 10.7' x 8.0'	12h 50.4m	+25°30'

NGC 4725 是个亮度和大小都属中等的星系。要定位这个星系，首先要将后发座 β（43 号星）放在寻星镜视场的东边缘上，然后在视场的西边缘附近找到后发座 30 号和 31 号星（亮度为 5 等和 6 等）。找到之后，将这两颗星改放到视场的北边缘，则 NGC 4725 应该就处于视场的中心附近了。该星系的南西南方向大约 45' 处还有一颗 6.3 等星 SAO 82511 比较显眼，可作佐证。

在我们的 10 英寸道布森镜加 90 倍放大率下，使用余光瞥视可以看到 NGC 4725（原文作 4414，应属笔误——译者注）。它呈椭圆形，长轴在东北—西南方向，尺寸 5'×3'，从边缘到中心渐次增亮。另外，在其中心部位的东北和西南侧，还能隐约看出星系旋臂的一点迹象。

影像 15-6

NGC 4725（视场宽 1°）

本照片承蒙帕洛马天文台和太空望远镜科学研究院惠允翻拍自数字巡天工程成果

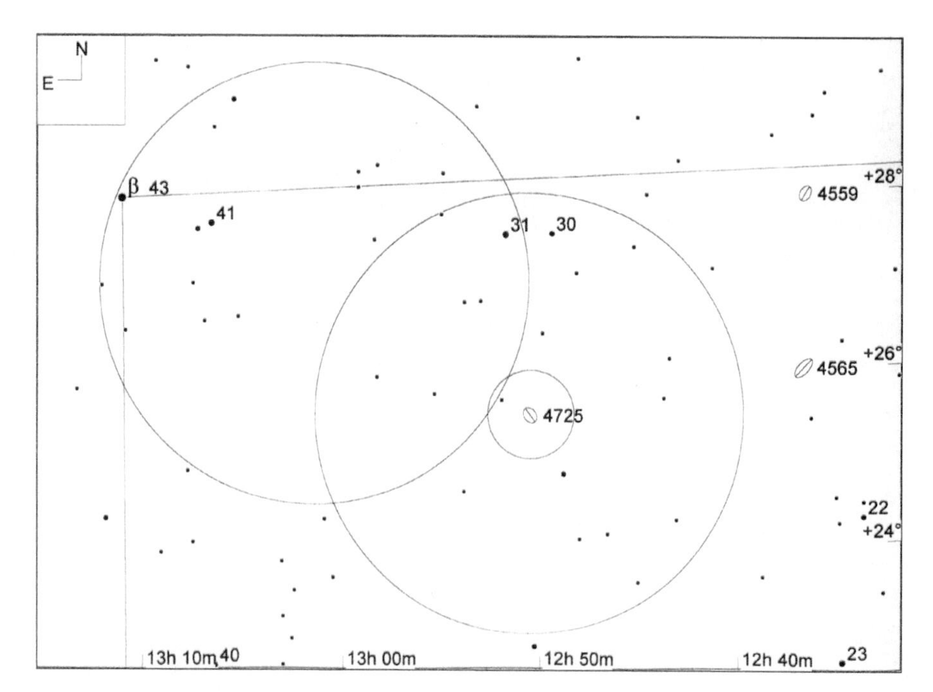

星图 15-6

NGC 4725（视场宽 10°，寻星镜视场圈直径 5°，目镜视场圈直径 1°，极限星等 9.0 等）

M 64 (NGC 4826)	★★★	◕◕◕	GX	MBUDR
见星图 15-7	见影像 15-7	m9.4, 10.1' x 5.4'	12h 56.7m	+21°41'

M 64（NGC 4826）也叫“黑眼睛星系”（Black Eye Galaxy），是个明亮、美丽、庞大的星系。相对于其整体亮度 9.4 等而言，考虑到其较大的尺寸，则其表面亮度 11.8 等真的不能算低。多年以来，很多资料都记载这个星系是 1779 年 4 月 4 日由约翰•埃勒特•波德（Johann Elert Bode）发现的，但直到 2002 年人们才确知，其实在 1779 年 3 月 23 日，爱德华•皮戈特（Edward Pigott）已经独立地发现并记录了这个天体。至于梅西耶，当时完全不知道这两个人已经都发现了这个天体，他自己直到 1780 年 3 月 1 日的晚上才独立地又发现了它，这就是 M 64。

定位 M 64 比较容易，它位于 4.3 等的后发座 α（42 号星）西北 5.2° 处，同时也是 4.9 等的后发座 35 号星东北东方向 55' 处。因此，先将后发座 α 放在寻星镜视场的东南边缘，然后向西北移动视场，就可以看到后发座 35 号星进入视场，根据后发座 35 号星，就可以估计出 M 64 的位置。甚至在大气透明度极佳的夜里，50mm 口径的寻星镜中都可能隐约看到 M 64 呈现为一个极暗的斑点。即使你没在寻星镜中找到 M 64 也没关系，将星图 15-7 中标出的后发座 39 号星（6 等）和后发座 40 号星（5.5 等）放在寻星镜视场的东边缘，就有助于让 M 64 到达视场中心。

对于 35mm、50mm、80mm 口径的双筒镜而言，天文联盟的双筒镜梅

影像 15-7

NGC 4826（视场宽 1°）

本照片承蒙帕洛马天文台和太空望远镜科学研究院惠允翻拍自数字巡天工程成果

西耶俱乐部把 M 64 归为“稍难”级（即 3 个等级中的第 2 级）目标，我们认为这个归类还是很合理的。在我们的 50mm 双筒镜中用余光瞥视，M 64 是个有绒毛的小暗斑，它的西南西方向很近处就是 4.9 等的后发座 35 号星，在它的东侧和北侧还有一串 7 等星，沿东南—西北—正西的方向铺展开来。用 10 英寸道布森镜加 42 倍放大率，直视即可明显看到 M 64，但换用更高的放大率并使用余光瞥视技巧能看到更多的细节。在 125 倍放大率下，该星系的椭圆形圆斑呈西北西—东南东方向，大小为 6' × 3'，中心部分明亮醒目，且有点偏向于整体轮廓中的西南侧。使这个星系得名“黑眼睛”的是它中心区域里靠东北边位置上的一个显著的暗斑，不过这个细节只有在大气透明度极佳时才可以看到。

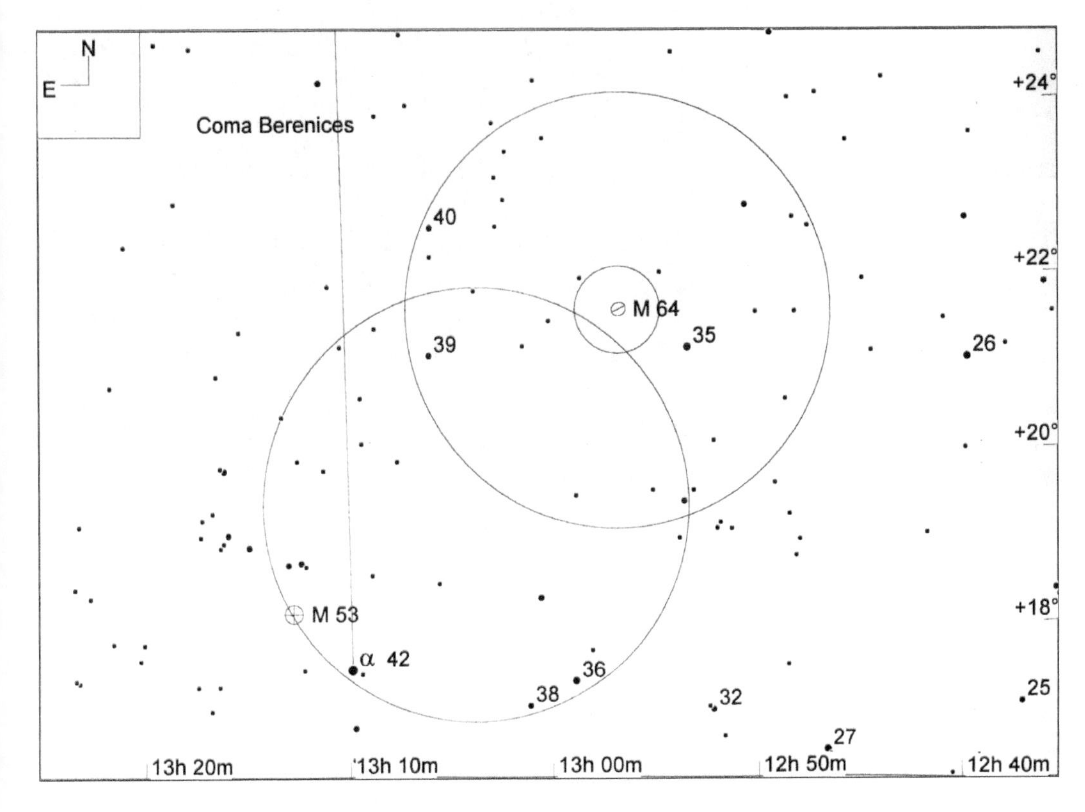

星图 15-7

NGC 4826（M 64）（视场宽 12°，寻星镜视场圈直径 5°，目镜视场圈直径 1°，极限星等 9.0 等）

M 53 (NGC 5024)	★★★	⊕⊕⊕⊕	GC	MBUDR
见星图 15-8	见影像 15-8	m7.7, 13.0'	13h 12.9m	+18°10'

在诸多梅西耶球状星团中，M 53（NGC 5024）并不是最能给人以深刻印象的，但绝对是美丽的。约翰•埃勒特•波德在 1775 年 2 月 3 日发现了它，而梅西耶并不知道此事，于是在 1777 年 2 月 26 日独立地再次发现了它。波德和梅西耶都将这个天体描述为一团又大又圆的云雾，分解不出成员星。后来直到威廉姆•赫歇尔用更大口径的望远镜观察 M 53 时才分解出了它的成员星。梅西耶后来又发现了 M 79，他觉得 M 53 与 M 79 很相似；赫歇尔则觉得 M 53 最像 M 10。我们说，他俩说的都不错，因此这三个球状星团彼此都很像。

M 53 极易定位，它就位于肉眼可见的后发座 α 星的东北边 1° 处。用低倍放大率的目镜加大多数天文望远镜，都可以将 M 53 和后发座 α 涵盖在同一视场内。在天文联盟的双筒镜梅西耶俱乐部的目标列表中，M 53 对于 35mm 和 50mm 的双筒镜而言是“稍难”级，对于 80mm 的双筒镜来说则降为“容易”级。但我们觉得用 50mm 的双筒镜也很容易看到 M 53，只要用余光瞥视的技巧，就能透过 50mm 望远镜看到这个星团呈现为后发座 α 东北边的一个斑点，虽然暗弱但绝对清晰。

因此，在 50mm 的寻星镜中，M 53 也是可以看到的。于是我们可以先把后发座 α 放在寻星镜视场中央，然后向东北偏移 1°，就将 M 53 定位到寻星镜视场的中央了。我们透过 10 英寸道布森镜加 42 倍放大率直视 M 53，看到的影像相当清晰，但只能分解出一颗单个的星（但也许这只是一颗叠加在前景上的普通恒星，并非其成员星），位于其中心部分。换用 90 倍放大率，用余光扫视，该星团的中心部分就会呈现出颗粒状的质感，在直径 5' 的轮廓之内可以分解出很多成员星。

本照片承蒙帕洛马天文台和太空望远镜科学研究院惠允翻拍自数字巡天工程成果

影像 15-8

NGC 5024（M 53）（视场宽 1°）

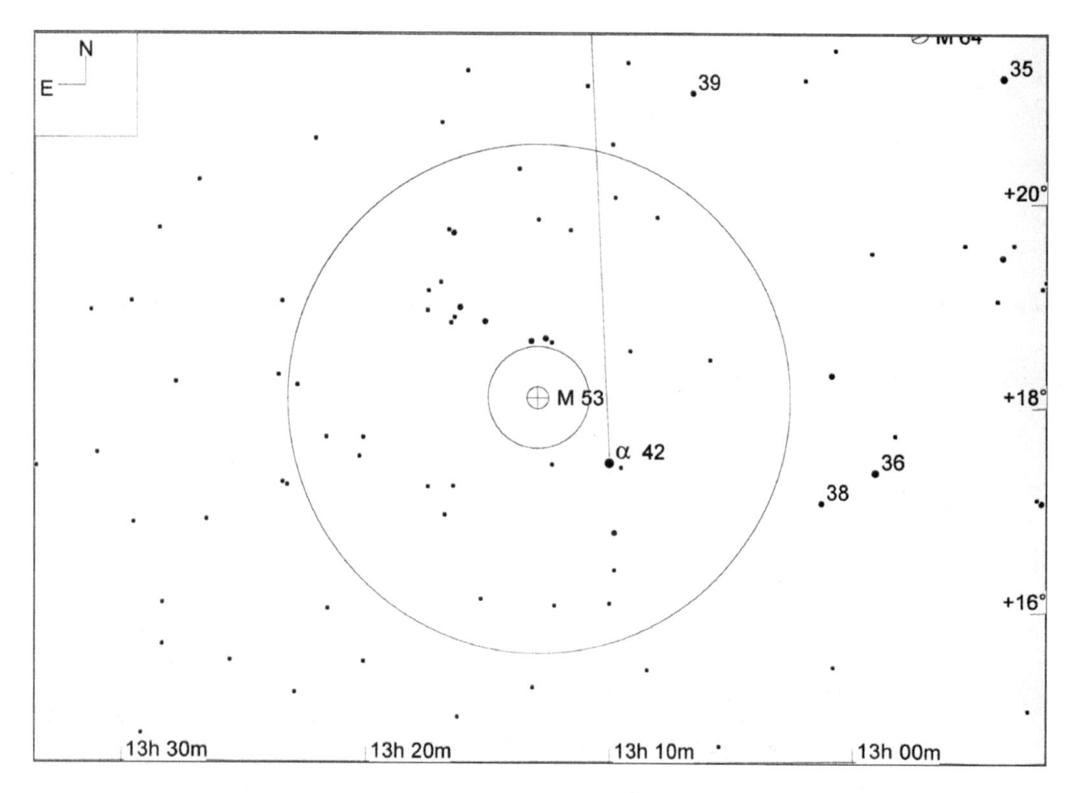

星图 15-8

NGC 5024（M 53）（视场宽 10°，寻星镜视场圈直径 5°，目镜视场圈直径 1°，极限星等 9.0 等）

后发座 - 室女座星系团

见星图 15-9，很多梅西耶天体和其他深空天体拥挤地聚集在很小的一块天区内，这就是令天文爱好者们有些望而生畏的“后发座 – 室女座星系团”。星图 15-9 的比例尺很小（很宏观），可以帮您更好地在寻星镜中定位和识别这些深空天体。

星图 15-9

后发座 – 室女座星系团（视场宽 25°，寻星镜视场圈直径 5°，极限星等 9.0 等）

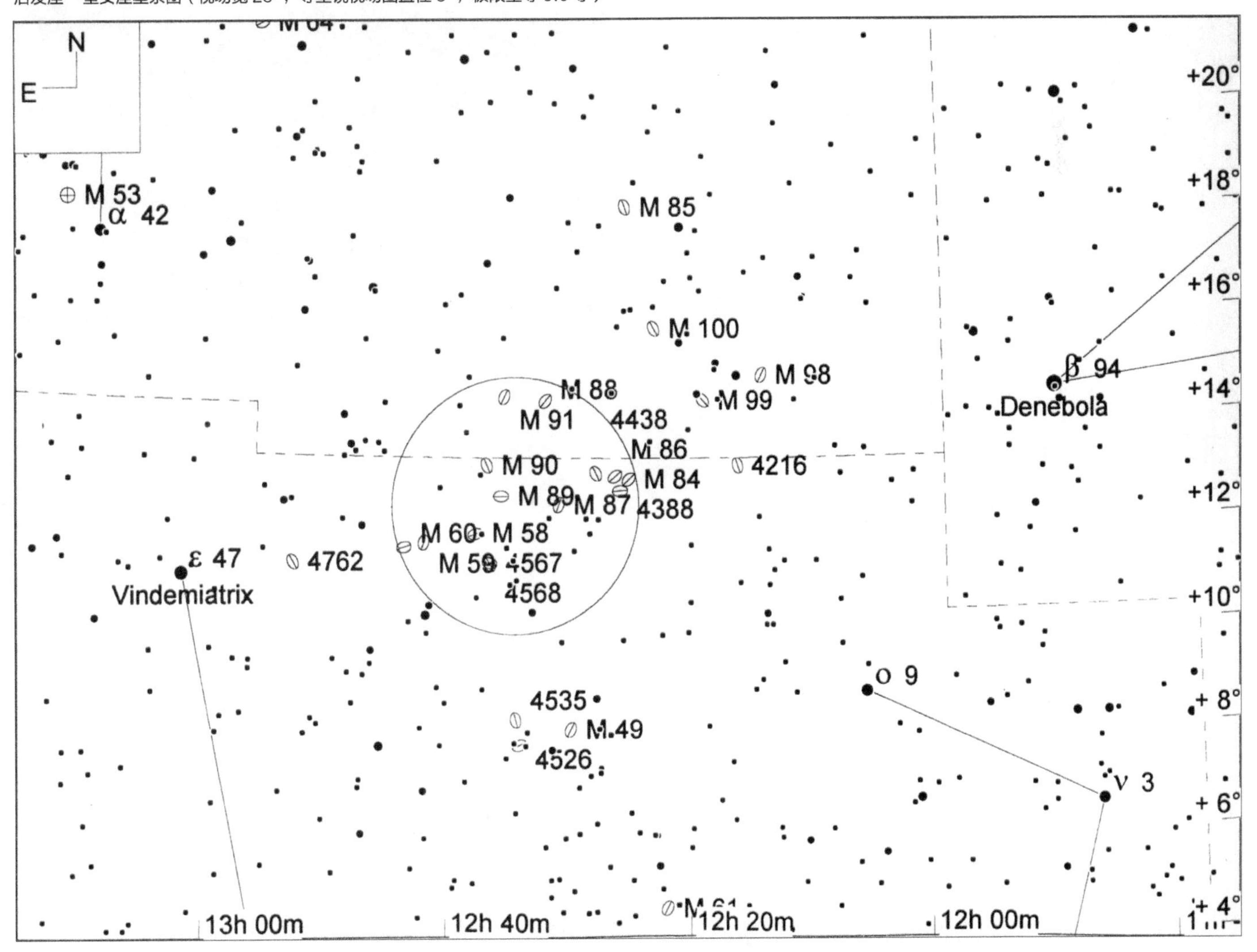

M 98 (NGC 4192)	★★★	⊕⊕⊕	GX	MBUDR
见星图 15-10和星图15-11	见影像 15-9	m11.0, 9.8' x 2.7'	12h 13.8m	+14°54'

星系 M 98（NGC 4192）是个较暗的梅西耶天体，不过仍然很有趣。它的发现者是皮埃尔•梅襄（附近的 M 99 和 M 100 也是梅襄发现的，三者的发现日期都是 1781 年 3 月 15 日）。梅西耶则在 1781 年 4 月 13 日确认了梅襄的发现，将 M 98 ～ M 100 加入了最终出版的目录之中。

M 98 的定位比较容易，它在狮子座 β（俗名 Denebola）的正东 6°处。因此，如果你是个慢性子，可以架好赤道仪，把狮子座 β 放到目镜视场内，然后等待大约 25 分钟，M 98 就自动移进视场里了。当然我们没这么好的耐性，所以会先把狮子座 β 放在寻星镜视场的西边缘，然后向东移动大约半个视场直径，看到 5.1 等的后发座 6 号星。该星在邻近区域内最亮，很容易准确识别。M 98 就在这颗星的西边正好半度的地方，在低倍目镜中，M 98 与该星能够放到同一视场之内。

用 10 英寸道布森镜加 42 倍放大率直视，M 98 是个亮度中等的光带，长轴在北西北—南东南方向上，尺寸约 5' × 1.5'。换到更高的放大率，使用余光瞥视，可以看到更多细节。在 125 倍放大率下，M 98 的可见尺寸增加到 6' × 2'，可以看出斑驳的、形状不规则的中心区域以及核球，这些区域在这个放大率下显著了不少。

影像 15-9

NGC 4192（M 98）（视场宽 1°）

本照片承蒙帕洛马天文台和太空望远镜科学研究院惠允翻拍自数字巡天工程成果

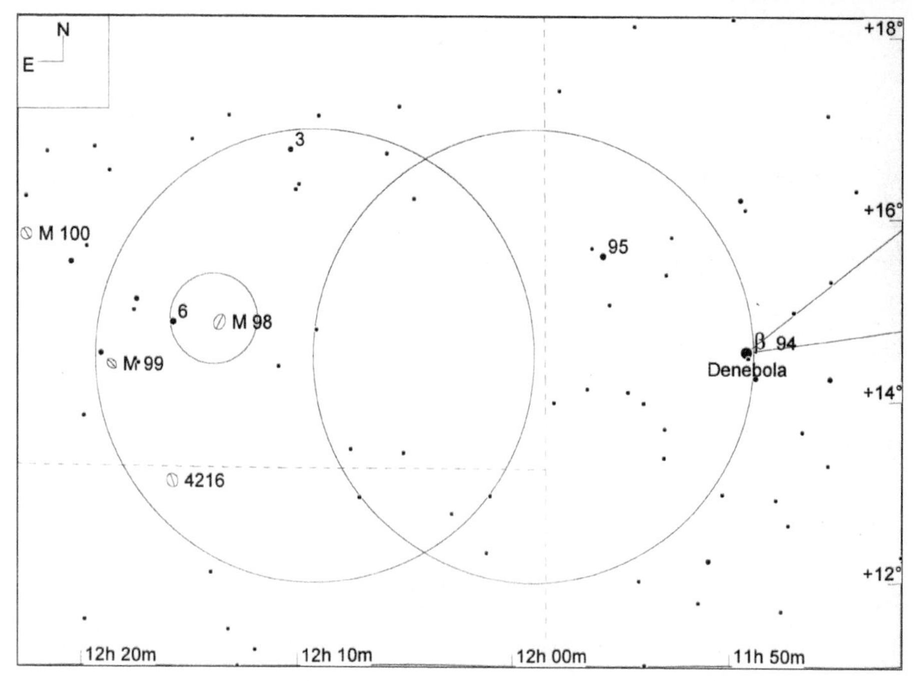

星图 15-10

NGC 4192（M 98）（视场宽 10°，寻星镜视场圈直径 5°，目镜视场圈直径 1°，极限星等 9.0 等）

M 99 (NGC 4254)	★★★	⊕⊕	GX	MBUDR
见星图 15-11	见影像 15-10	m10.4, 5.4' x 4.7'	12h 18.8m	+14°25'

M 99（NGC 4254）无疑比 M 98 要亮。与 M 98 一样，M 99 也是皮埃尔•梅襄在 1781 年 3 月 15 日发现的，梅西耶则在 1781 年 4 月 13 日确认了这个发现，赶在出版商的截稿日期之前，将这个天体加入了梅西耶目录。

定位 M 99 的最佳方式是：在看完 M 98 之后直接调整目镜，转向 M 99。见星图 15-11，M 98、M 99 和 5.1 等的后发座 6 号星，三者组成了一个很扁的不等边三角形。M 98 是这个三角形最西边的顶点，而后发座 6 号星在其正东仅 32' 处，M 99 则在后发座 6 号星的东南 50' 处。因此，在低倍率目镜中，只要把 M 98 放到视场西缘，后发座 6 号星就会出现在视场内，具有 1° 或更大视场直径的目镜可以进而将该星与 M 99 涵盖在同一视场内。即使有的望远镜加低倍目镜后真实视场仍达不到 1°（这是较少见的情况），根据星图 15-11 找到 M 99 也不会太难。

在 10 英寸反射镜加 42 倍放大率下直视 M 99，可以看到它呈现为一个明亮的椭圆形斑点，靠近中心处更亮。在 125 倍放大率下，其轮廓扩大到 4' × 3'，东西向。使用余光瞥视，还能隐约看到这个星系有旋臂伸向西南方和北方。

影像 15-10

NGC 4254（M 99）（视场宽 1°）

本照片承蒙帕洛马天文台和太空望远镜科学研究院惠允翻拍自数字巡天工程成果

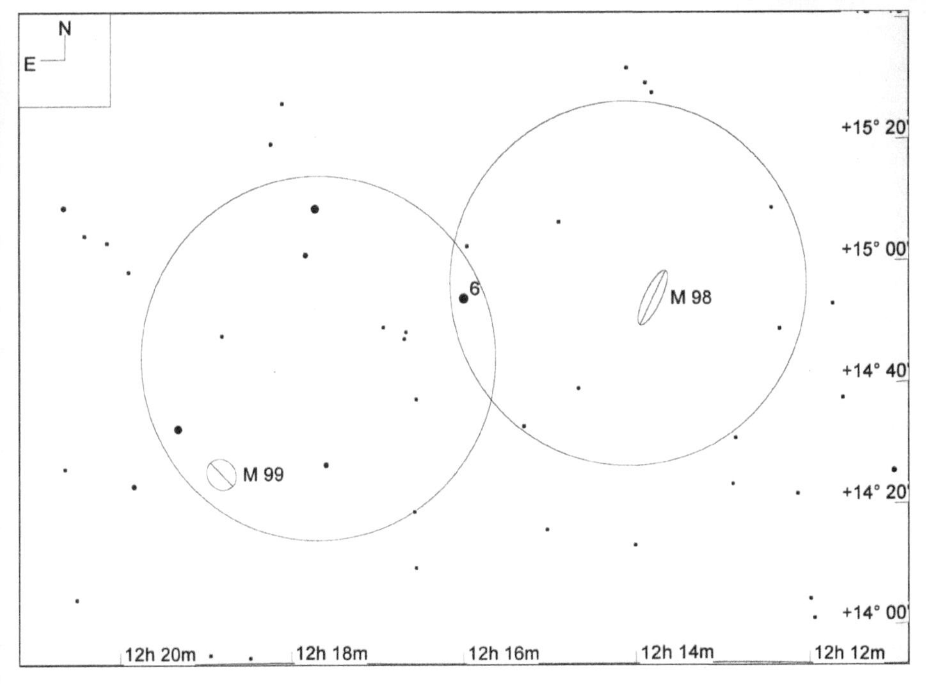

星图 15-11

NGC 4254（M 99）确切位置（视场宽 2.5°，目镜视场圈直径 1°，极限星等 11.0 等）

M 100 (NGC 4321)	★★★	⊕⊕	GX	MBUDR
见星图 15-12	见影像 15-11	m10.1, 7.5' x 6.3'	12h 22.9m	+15°49'

M 100（NGC 4321）的亮度介于 M 98 和 M 99 之间。与 M 98 和 M 99 一样，M 100 也是皮埃尔·梅襄在 1781 年 3 月 15 日发现的，并由梅西耶在 1781 年 4 月 13 日加入他的目录。

定位 M 100 的最简便方法就是找到它与两颗恒星构成的一个等腰三角形。这两颗恒星是 5.1 等的后发座 6 号星和 4.7 等的后发座 11 号星，在寻星镜中都显得非常明亮。两星之间距离 3°，构成了等腰三角形的底边，M 100 则是等腰三角形的顶点，位于东南侧，距离两颗恒星各有 2°。在寻星镜视场中，仅凭这种几何关系也可以准确地将 M 100 放到视场中心。

天文联盟双筒镜梅西耶俱乐部没有把 M 100 作为 50mm 或更小的双筒镜的目标，对于 80mm 双筒镜则把 M 100 列进了“特难”级（难度最高之等级）。我们用 50mm 双筒镜试图观测 M 100，从未成功，因此这个分级看来颇有道理。用 10 英寸反射镜加 42 倍放大率直视 M 100，可以看到它是个亮度中等的接近正圆形的斑点，并且中心部分无疑亮于边缘部分。放大率换到 125 倍后，星系的轮廓呈现得更加完整，达到 4'×3'，长轴在东南东一西北西方向，中心部分很亮。即使用余光瞥视也看不出旋臂，但隐约可以看到轮廓内靠近中心的部分有少许斑驳的细节。

影像 15-11

NGC 4231（M 100）（视场宽 1°）

本照片承蒙帕洛马天文台和太空望远镜科学研究院惠允翻拍自数字巡天工程成果

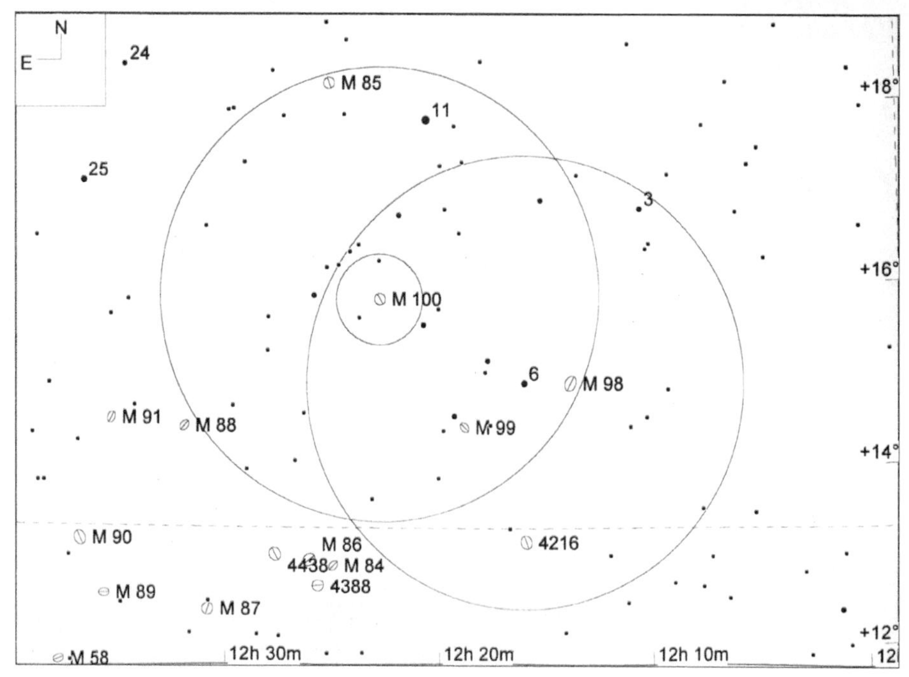

星图 15-12

NGC 4321（M 100）（视场宽 10°，寻星镜视场圈直径 5°，目镜视场圈直径 1°，极限星等 9.0 等）

M 85 (NGC 4382)	★★★	◐◐	GX	MBUDR
见星图 15-12和星图15-13　见影像 15-12		m9.1, 7.1' x 5.5'	12h 25.4m	+18° 12'

亮星系 M 85（NGC 4382）由皮埃尔·梅襄在 1781 年 3 月 4 日发现并报告给梅西耶。梅西耶获知后立刻开始关注这一天区，并于 18 日确认后将这个天体编列在他的目录的第 85 号。在观察和确认这个天体的过程中，梅西耶也巡视了它周围的天区，并发现 7 个新天体，全都加入了梅西耶目录。

定位 M 85 的最佳方法是从 M 100 开始的。见星图 15-12，M 100 与后发座 6 号星和 11 号星这两颗 5 等星可以被囊括在寻星镜的同一视场内。现在，再看星图 15-13，向东北移动寻星镜视场，可以看到 5 等的后发座 24 号星出现在视场的东边缘上。假设在后发座 11 号星和 24 号星之间作一连线，则 M 85 就位于该线上 1/3 处稍偏北一点的位置，更靠近后发座 11 号星。用低倍放大率的目镜即可看到它（在观察这个区域时，最好顺便看看后发座 24 号星，因为它是一颗很有特点的聚星。本章的最后将单独介绍它）。

天文联盟的双筒镜梅西耶俱乐部没有把 M 85 作为 50mm 或更小的双筒镜的目标，对于 80mm 双筒镜则把 M 85 列进了“特难”级（难度最高之等级），这种划分的是否合理，我们正准备进行观测证实。而在我们的 10 英寸牛顿式反射镜加 42 倍放大率下，可以直接看到 M 85 有个明亮的椭圆形中心区，从此往外光芒渐次变暗，直到暗至无法看到。换用 125 倍放大率并使用余光瞥视的技巧，可以看到椭圆形轮廓的大小增为 6' × 4'，呈南北向放置，但看不出任何细致的内部结构。一颗 10 等星位于轮廓东南方边缘之外很近的地方。从影像 15-12 中还能看到，M 85 的左侧约 7' 处还有一个暗得多的伴系 NGC 4394，二者可以被涵盖在同一目镜视场内。

影像 15-12

NGC 4382（M 85），它左侧是 NGC 4394，右侧稍显绒毛感的“恒星”则是 IC 3292（视场宽 1°）

本照片承蒙帕洛马天文台和太空望远镜科学研究院惠允翻拍自数字巡天工程成果

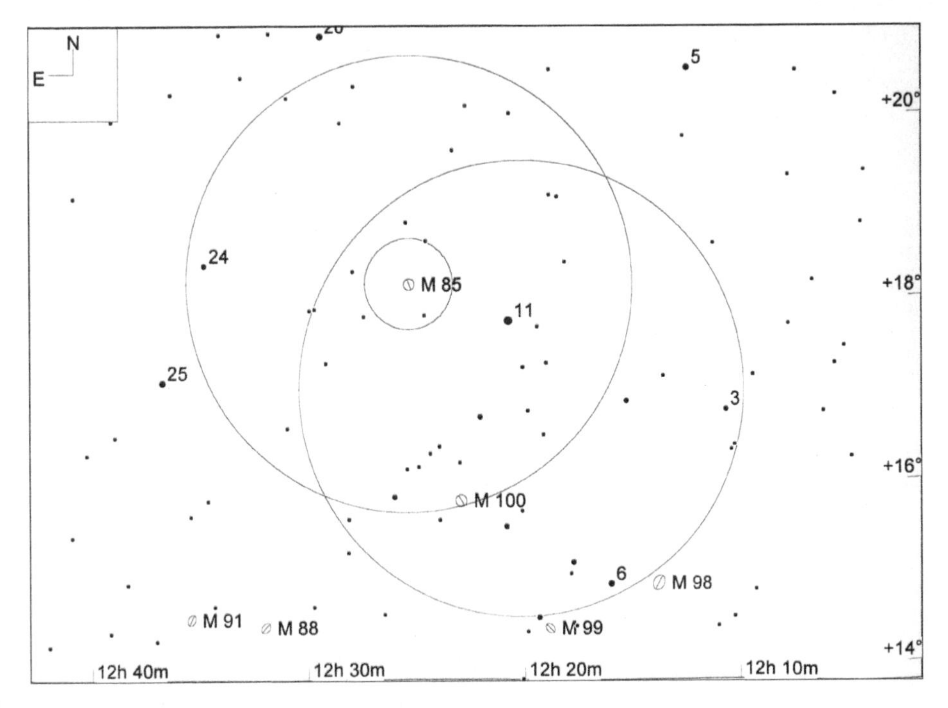

星图 15-13

NGC 4382（M 85）（视场宽 10°，寻星镜视场圈直径 5°，目镜视场圈直径 1°，极限星等 9.0 等）

M 88 (NGC 4501)	★★★	⊕⊕	GX	MBUDR
见星图 15-14和星图15-15　见影像 15-13		m10.4, 7.0' x 3.7'	12h 32.0m	+14°25'

M 88（NGC 4501）是梅西耶在1781年3月18日，也就是他的那个“超级夜晚”里发现的7个星系之一。梅西耶将M 88描述为“无星的云气”，认为M 88很像他先前发现的M 58。

M 88的周边没有什么相对较亮的恒星，因此比较难以寻找。我们的方法见星图15-14，将5等的后发座6号星和11号星放在寻星镜视场边缘的相应位置，就会让M 88处于视场的东南边缘。M 88的西北西方向约35'处是7等恒星SAO 100127，此时该星在寻星镜视场的东南部分是首屈一指的亮星，因此可作为定位M 88的一个佐证。将该星放到寻星镜视场中心后，向东南东方向偏移寻星镜约半度，即可让M 88处于视场中心，再加低倍目镜即可观测。

天文联盟的双筒镜梅西耶俱乐部没有把M 85作为50mm或更小的双筒镜的目标，对于80mm双筒镜则把M 85列进了“特难”级（难度最高之等级）。我们尝试用50mm双筒镜观察它，果然未能成功。在10英寸反射镜加42倍放大率的情况下，直视看到的M 88有一个明亮的椭圆形中心区，外面包裹着一个同样形状但暗的多的边缘。在125倍放大率下用余光瞥视，可以看到5'×2'的西北—东南向的星系轮廓及其不规则的结构，很多人说它是个“泪滴形”，东南端尖锐，西北端较钝。幸运的话，还可能看到轮廓之内极为暗淡的斑驳状细节。在该星系南边缘之南仅3'处，还有一对美丽的11等双星。

影像 15-13

NGC 4501（M 88，在图右侧）和NGC 4548（M 91，在图左侧）（视场宽1°）

本照片承蒙帕洛马天文台和太空望远镜科学研究院惠允翻拍自数字巡天工程成果

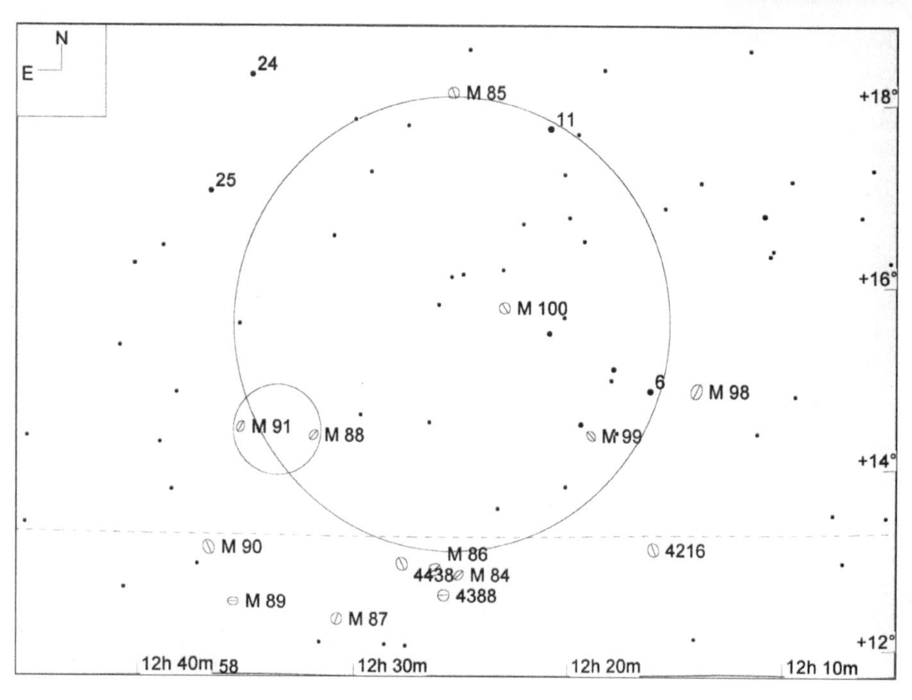

星图 15-14

NGC 4501（M 88）和NGC 4548（M 91）（视场宽10°，寻星镜视场圈直径5°，目镜视场圈直径1°，极限星等9.0等）

M 91 (NGC 4548)	★★	⊕⊕	GX	MBUDR
见星图 15-14和星图15-15	见影像 15-13	m11.0, 5.4' x 4.2'	12h 35.4m	+14°30'

M 91（NGC 4548）是梅西耶在 1781 年 3 月 18 日夜晚发现的 7 个星系中的最后一个。当时他这样描述 M 91："无星的云气，比 M 90 要暗。"在此后的多年内，很多人发现在梅西耶当年所记录的那个位置上，根本找不到什么云雾状天体，M 91 因此也就成了"失踪的梅西耶天体"之一。直到今年，还有人怀疑 NGC 4548 到底是不是当年梅西耶的那个 M 91。这类的猜测还有很多，例如，有人觉得梅西耶当年根本就是弄错了，他可能重复观测了 M 58 两次，第二次时错将 M 58 当成了新发现的天体，并记为 M 91；还有人认为当年的梅西耶其实是发现了一颗彗星，但却将其误认成了非彗星的云雾状天体。

无论如何，"NGC 4548 就是 M 91"这一说法目前得到了相对最广泛的认可。M 91 是梅西耶星系中最暗弱也最难以留下视觉印象的一个，很多观测者（包括本书作者）都认为它是整个梅西耶列表中最难观察到的天体之一。M 91 不但样子平庸，而且不好定位。它和 M 88 类似，在周围的天区中都缺少可作参照的亮星。定位 M 91 的最佳策略只能是从 M 88 将视场移动过去（M 88 的定位方式参看前面介绍）。M 91 在 M 88 的东边 50' 处，用 1° 视场的目镜配置可以将二者囊括在同一视场之内。

用 10 英寸反射镜加 42 倍放大率直视观察，M 91 亮度中等，几乎可以辨认出核球，外围轮廓又小又暗且略微呈扁长状。在 125 倍放大率下用余光瞥视，可以看到的轮廓尺寸为 2' × 1.5'，长轴在北西北—南东南方向，看不出任何诸如斑驳感等细节。

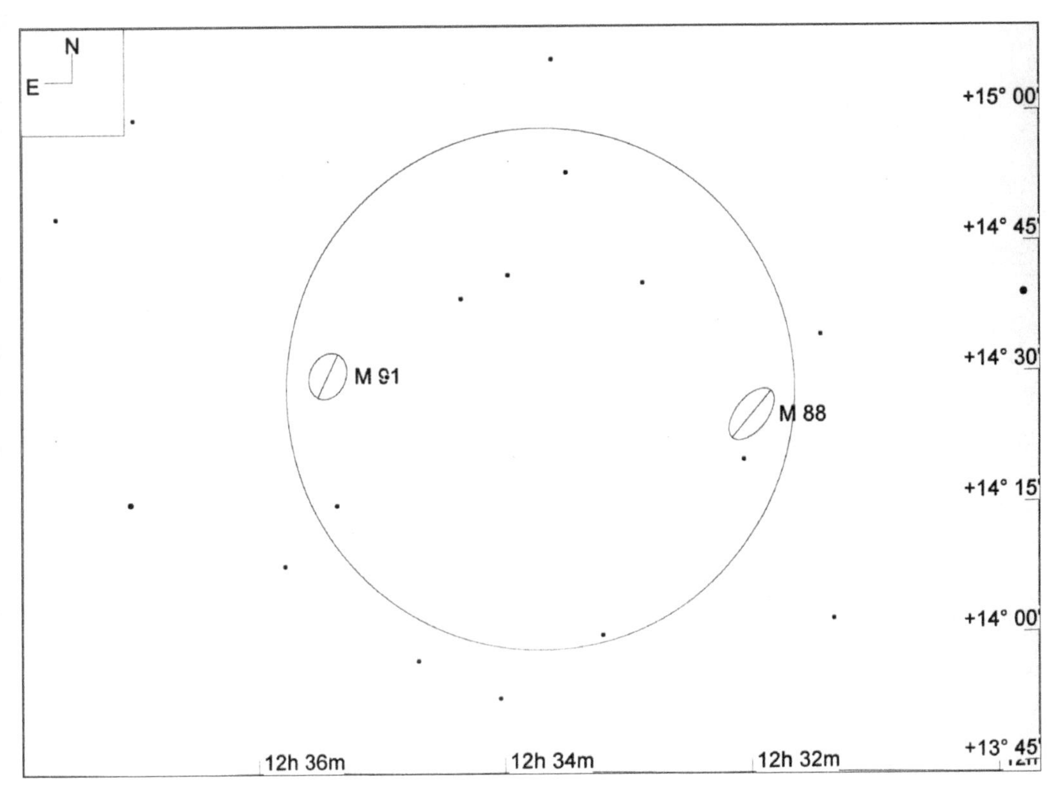

星图 15-15

NGC 4501（M 88）和 NGC 4548（M 91）确切位置（视场宽 2°，目镜视场圈直径 1°，极限星等 11.0 等）

24-Com (STF 1657)	★★★	◐◐◐	MS	uD
见星图 15-16		m5.1/6.3, 20.1", PA 270° (2004)	12h 35.1m	+18°22'

后发座 24 号星邻近 M 85，在看完 M 85 后可以顺便观看它。另外，也可见星图 15–16，以肉眼可见的 4.2 等星后发座 α（42 号星）为起点来定位后发座 24 号星。首先将后发座 α 放在寻星镜视场的东边缘，此时在靠近视场西边缘处可以看到一对 6 ~ 7 等的双星——后发座 32、33 号星。将这两颗星改放到视场东边缘，就可以在视场接近西北边缘处很明显地看到后发座 24 号星。

我们通过 10 英寸反射镜加 125 倍放大率看到，后发座 24 号星是一对美丽的双星，主星黄白色，伴星蓝白色。我们又改用 90mm 口径折射镜观看它，感到它的影像更美，主星呈橘黄色，伴星的蓝色也显得更饱满。在观测双星时经常会有这种现象：口径太大的望远镜收集到了更多的来自双星的光，结果反而冲淡了双星的色彩。稍小一点的口径往往让双星成像的彩色感觉更浓烈。

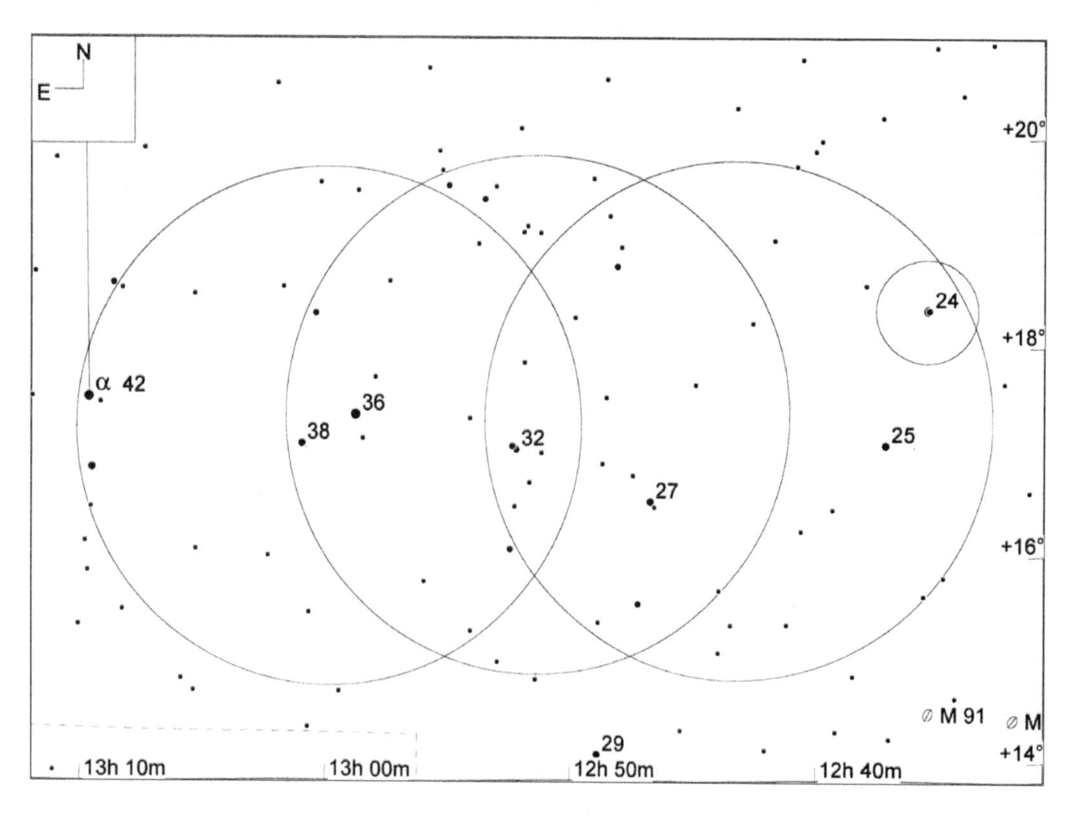

星图 15-16

后发座 24 号星（视场宽 10°，寻星镜视场圈直径 5°，目镜视场圈直径 1°，极限星等 9.0 等）

16

北冕座，北天的王冠

星座名：北冕座（Corona Borealis）

适合观看的季节：春

上中天：5月中下旬午夜

缩写：CrB

所有格形式：Coronae Borealis

相邻星座：牧夫、武仙、巨蛇

所含的适合双筒镜观看的天体：（无）

所含的适合在城市中观看的天体：（无）

北冕座是位于北半天球中部的一个不甚起眼的小星座，面积179平方度，约占天球的0.4%，在全天88星座中排在第73位。它被武仙座的“四方块”和牧夫座的“风筝形”夹在正中间，座内的最亮星北冕座α（5号星）为2.2等，俗名Alphekka。除了这颗星，北冕座内所有其他恒星都是4等或更暗的星。虽然缺少亮星，但北冕座所在天区的邻近区域也比较空旷，因此在晴夜里很容易看到北冕座α和该座内的6颗4等星组成的半圆弧，其中北冕座α位于弧的西南侧。

北冕座有着悠久的历史，但直到公元2世纪，天文学家托勒密还把它称为“冠冕座”（Corona或Crown），而“北冕座”的“北”字（Borealis），是欧洲天文学家在南半球的天空中划定了“南冕座”之后，为了表示区别才加上去的。这里的“冕”，不是指君主头上戴的镶有珠宝的金冠，而是指用月桂树枝编成的圆圈形头饰（即“桂冠”），是戴在奥林匹克竞赛优胜者或罗马大将军们的头上的。在星座神话中，这顶桂冠是英雄忒修斯（Theseus）在与阿里阿德涅（Ariadne，米诺斯王国的公主）结婚时送给她的。

与很多远离银河系盘面的星座一样，北冕座内的深空天体也主要是星系，其他类型的深空天体很少。不过北冕座内的星系也都很暗，即使其中最亮的，也不可能用业余爱好者的望远镜看到，口径再大也很难。因此我们在这个星座内只选了两个聚星进行介绍，这两个聚星都是完成天文联盟双星俱乐部的目标列表所要求的。

北冕座每年5月19日的午夜上中天。对于北半球中纬度的观测者来说，从早春到晚秋的夜间都可以观察北冕座。

表16-1

北冕座中有代表性的双星或聚星

天体名称	星对	星等1	星等2	角距	方位角	年份	赤经	赤纬	城观	双星	备注
7-zeta	STF 1965	5.0	5.9	6.3	306	2003	15 39.4	+36 38		◉	
17-sigma*	STF 2032AB	5.6	6.5	7.1	237	2006	16 14.7	+33 52		◉	

星图 16-1

北冕座星图（视场宽 25°）

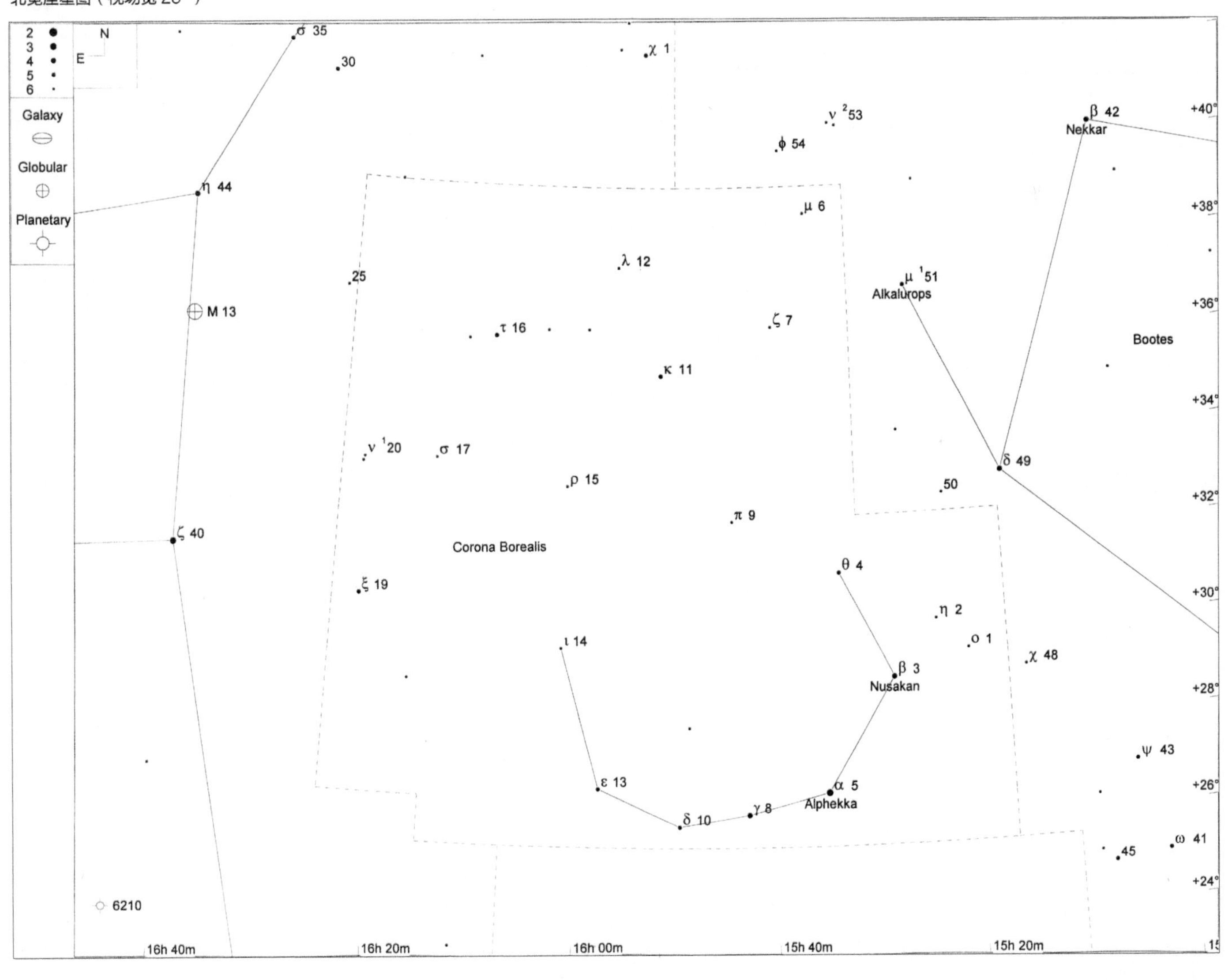

星团、星云和星系

关于北冕座，本书不推荐任何星团、星云、星系。

聚星

7-zeta (STF 1965)	★★	⊕⊕⊕	MS	uD
见星图 16-2		m5.0/5.9, 6.3", PA 306° (2003)	15h 39.4m	+36°38'

北冕座 ζ（7 号星）亮度 5 等，是个有些平常的双星。要定位它，先将 4.3 等的牧夫座 μ1（牧夫座 51 号星）放在寻星镜视场的西边缘，如星图 16–2 所示，此时 5.1 等的北冕座 μ（6 号星）就会出现在靠近视场北缘的地方。我们要找的北冕座 ζ 则与北冕座 μ、牧夫座 μ1 构成了一个等腰三角形，北冕座 ζ 是这个三角形东侧的底角。使用 10 英寸反射镜加 125 倍放大率很容易就能将北冕座 ζ 分解，其两颗成员星都是冰冷的白色。

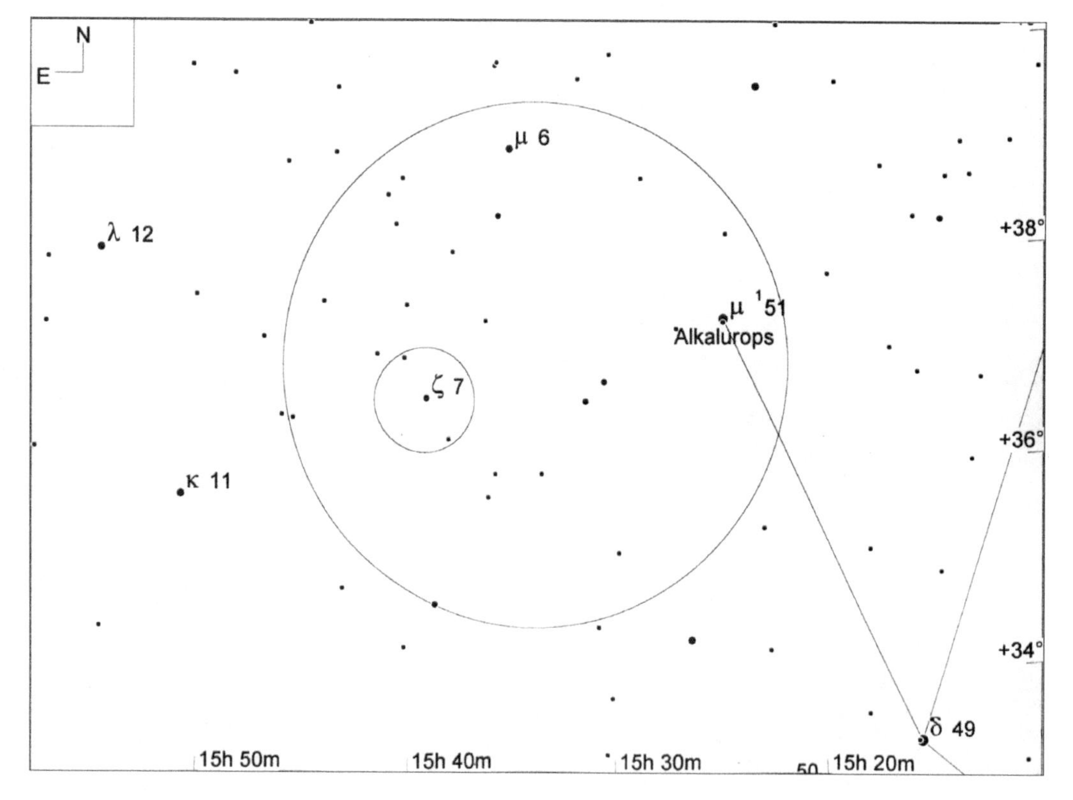

星图 16-2

北冕座ζ（7 号星）（STF 1965）（视场宽 10°，寻星镜视场圈直径 5°，目镜视场圈直径 1°，极限星等 9.0 等）

17-sigma (STF 2032AB)	★★	◐◐◐	MS	uD
见星图 16-3		m5.6/6.5, 7.1", PA 237° (2006)	16h 14.7m	+33°52'

北冕座 σ（17 号星）也是一颗平凡的双星。要定位它，可以先找到北冕座“半圆形”里最东北边的那颗星，即 5 等的北冕座 ι（14 号星），将其放在寻星镜视场的西南边缘上。此时在视场的东北边缘处就能找到 5.6 等的北冕座 σ 了。如果想确认没有找错，可以再将寻星镜的视场向西北方偏移一点，因为在北冕座 σ 的正东 1.6° 处还有一对更加醒目的 5 等双星——北冕座 ν（20 号星），如果它能进入视场，则北冕座 σ 就确定无疑了。使用 10 英寸反射镜加 125 倍放大率很容易就能将北冕座 σ 分解，其两颗成员星都是略带淡黄色的白色星。

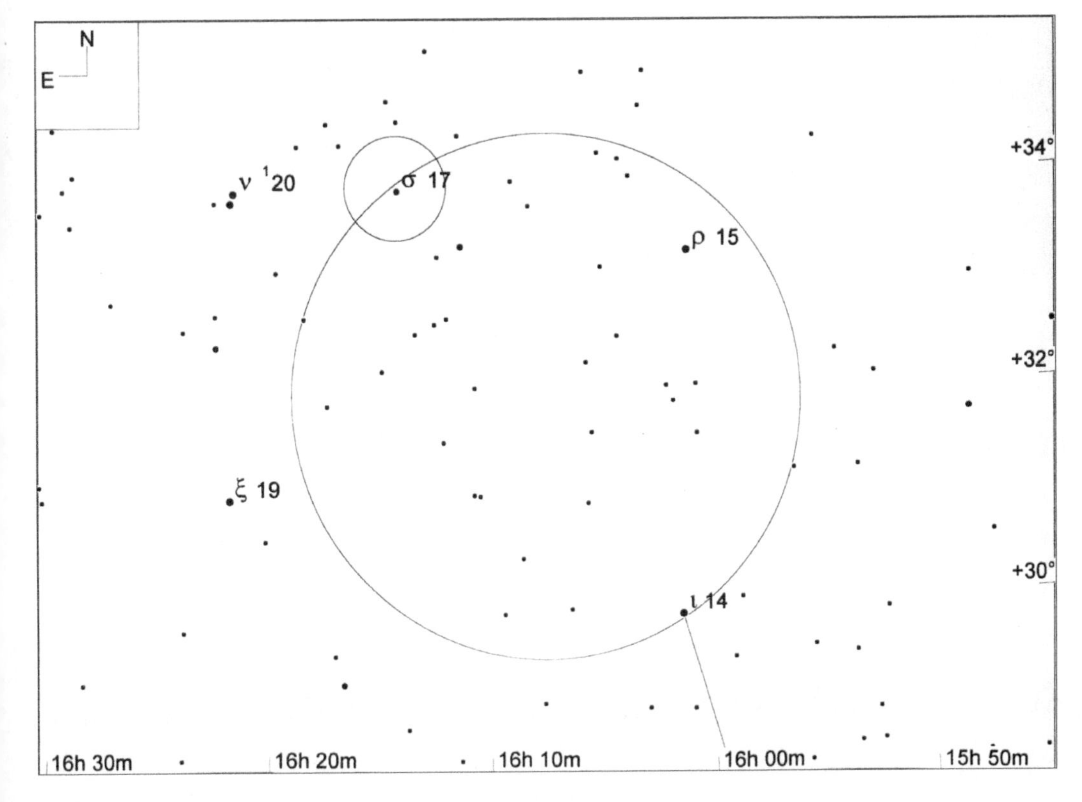

星图 16-3

北冕座 σ（17 号星）（STF 2032AB）（视场宽 10°，寻星镜视场圈直径 5°，目镜视场圈直径 1°，极限星等 9.0 等）

17

乌鸦座，小渡鸦

星座名：乌鸦座（Corvus）
适合观看的季节：初春
上中天：3 月底午夜
缩写：Crv
所有格形式：Corvi
相邻星座：巨爵、长蛇、室女
所含的适合双筒镜观看的天体：（无）
所含的适合在城市中观看的天体：（无）

乌鸦座是位于天球中南部的小星座，面积 184 平方度，约占天球的 0.5%，在全天 88 星座里排第 70 位。乌鸦座尽管面积不大，也没有那种亮得引人瞩目的恒星，但由于处在室女座南边的那块星光寥落的天区里，所以还是很容易看出来的。在晴夜里，亮星室女座 α（中文古名“角宿一”——译者注）熠熠生辉，在它的西南西方向，不难看到乌鸦座的四颗主要恒星（都是 3 等星）所组成的那个不规则四边形。

乌鸦座是个古老的星座，至少在古巴比伦人和亚述人那里已经将其视为一个独立的星座了。但将这个星座的形象视为乌鸦的，则是古希腊人。这种联想是他们从更早期的美索不达米亚文明那里传承下来的：这只小小的渡鸦正在啄长蛇（即长蛇座）的尾巴。

虽然远离银河系盘面，面积又小，但乌鸦座内的深空天体却出奇得多。遗憾的是，这些深空天体大部分都太暗，不适合业余爱好者用望远镜观测。但也有例外，包括明亮的行星状星云 NGC 4361，以及一对离得很近并彼此作用着的星系 NGC 4038 和 4039，这两个星系被人们合称为“浣熊星系”。

乌鸦座每年 3 月 28 日午夜上中天。对于北半球中纬度的观察者来说，从残冬到初春的夜里最适合观看乌鸦座。

表 17-1

乌鸦座中有代表性的星团、星云和星系

天体名称	类型	视亮度	视尺寸	赤经	赤纬	梅	双	城	深	加	备注
NGC 4361	PN	10.3	118"	12 24.5	−18 47					◉	Class 3a+
NGC 4038	Gx	10.9	3.7' x 1.7'	12 01.9	−18 52					◉	Class SB(s)m pec

表 17-2

乌鸦座中有代表性的双星或聚星

天体名称	星对	星等1	星等2	角距	方位角	年份	赤经	赤纬	城观	双星	备注
7-delta	SHJ 145	3.0	8.5	24.9	217	2003	12 29.9	−16 31		◉	Algorab

星图 17-1

乌鸦座星图（视场宽 25°）

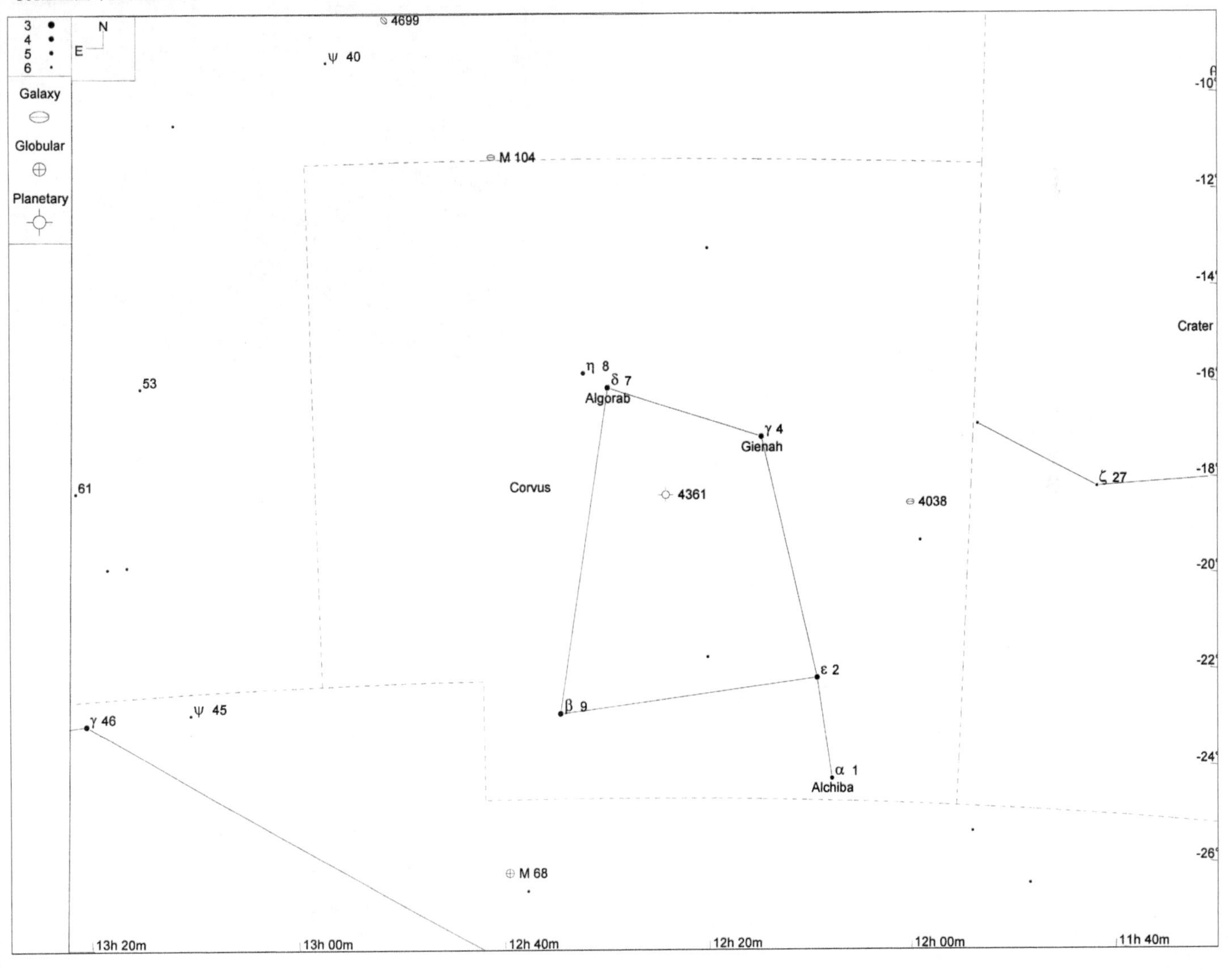

NGC 4361	★★	◐◐◐◐	PN	MBUDR
见星图 17-2	见影像 17-1	m10.3, 118"	12h 24.5m	−18°47'

NGC 4361 是个比较大也比较亮的行星状星云，位于乌鸦座的“四边形”之内。这个天体与乌鸦座 δ（7 号星）和乌鸦座 γ（4 号星）之间几乎构成了一个直角三角形，因此很容易定位。如果你的寻星镜是那种标准的 5° 或 5.5° 视场的，那么只需要找到“四边形”中靠北的两颗星（即乌鸦座 δ 和 γ），将其如星图 17−2 所示的那样放在寻星镜视场的边缘，就可以相当准确地保证 NGC 4361 位于视场中央。此时即可通过低倍放大率的目镜去观看了。

我们用 10 英寸反射镜加 42 倍放大率直视 NGC 4361，看到它呈现为一个又小又亮的圆斑，边缘略有模糊，像颗毛茸茸的恒星。放大率加到 125 倍后，可以看到其 13 等的中心恒星，中心恒星外面包裹的光晕呈圆形，直径 0.5'，亮度比较均匀。加上 Ultrablock 的窄带滤镜后，中心恒星就看不到了，但能看出该天体还有一层更暗淡的外围轮廓，直径几乎接近 1'。

影像 17-1

NGC 4361（视场宽 1°）

本照片承蒙帕洛马天文台和太空望远镜科学研究院惠允翻拍自数字巡天工程成果

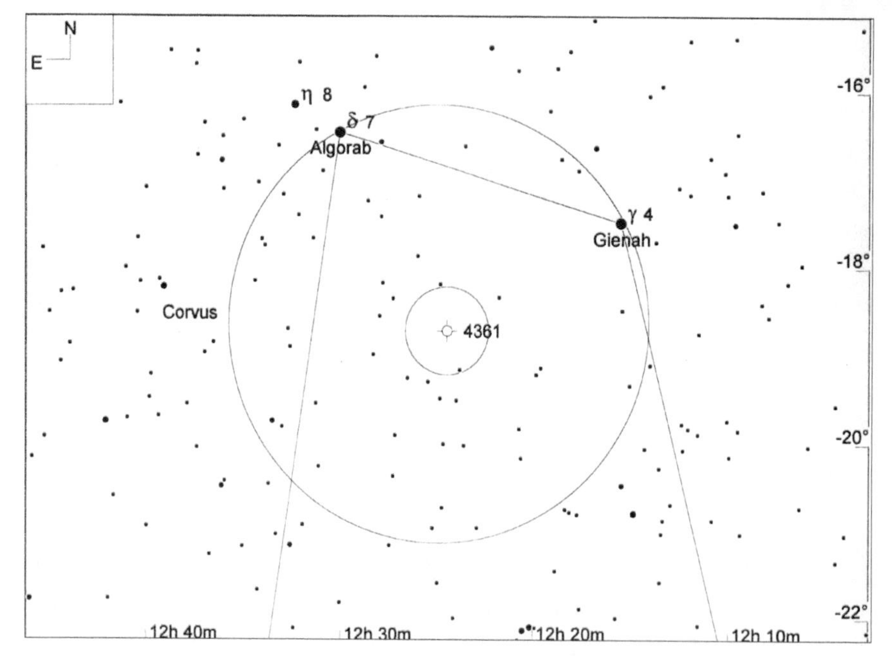

星图 17-2

NGC 4361（视场宽 10°，寻星镜视场圈直径 5°，目镜视场圈直径 1°，极限星等 9.0 等）

NGC 4038	★	⚽⚽⚽	GX	MBUDR
见星图 17-3	见影像 17-2	m10.9, 3.7' x 1.7'	12h 01.9m	−18° 52'

NGC 4038 是彼此作用的双重星系 NGC 4038 / 4039 中的一个。这两个星系被合称为“浣熊星系”（Ring Tail Galaxy）。但是，加拿大皇家天文协会的目标列表里只收录了 NGC 4038，尽管它其实是这对双重星系中比较暗的一个。

要定位 NGC 4038，首先要把 2.6 等的乌鸦座 γ 星和巨爵座 η（30 号星）分别放置在寻星镜视场的两端，见星图 17-3。此时在靠近视场西南边缘处有一颗 5.3 等星乌鸦座 TY。将乌鸦座 TY 调整到寻星镜视场中心，然后用低倍目镜观察到它。接着，将乌鸦座 TY 调整到目镜视场的西南边缘，此时即可在目镜视场的北东北方向找到 NGC 4038。目镜中有颗明显的 9 等星，NGC 4038 就在它的南东南方向仅 5' 处。

通过 10 英寸反射镜加 125 倍放大率，用余光瞥视观看，NGC 4038 / 4039 相对较亮，呈不太规则的圆形云雾状斑点，大小 2'，偏西处有一条暗带。见影像 17-2，这个天体还带有一条毛绒状的“尾巴”，这也是它得名“浣熊”的原因。但我们在自己的观测中并未看到这条“尾巴”的踪迹。

影像 17-2

NGC 4038（视场宽 1°）

本照片承蒙帕洛马天文台和太空望远镜科学研究院惠允翻拍自数字巡天工程成果

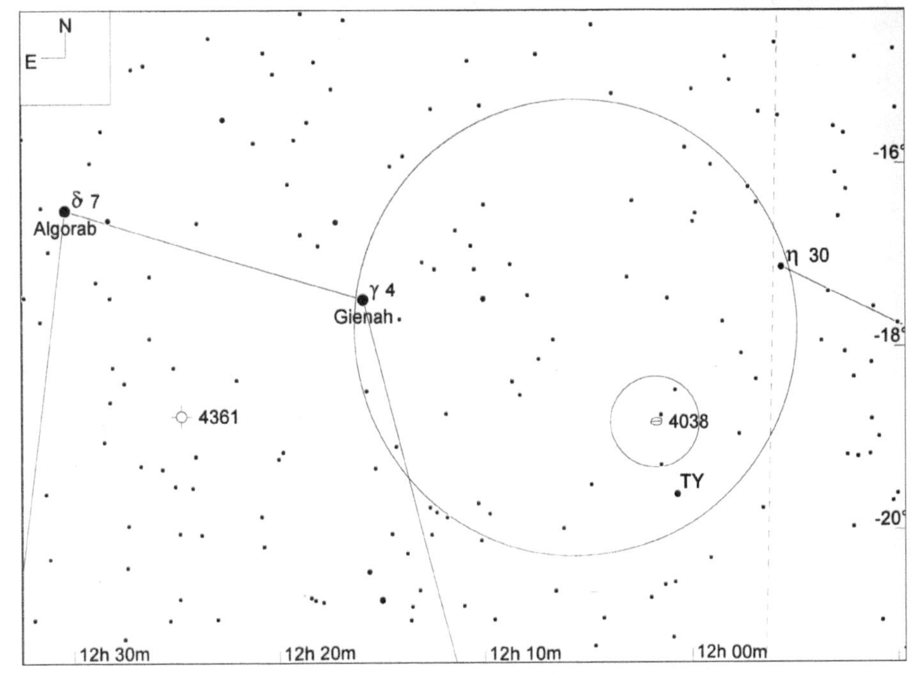

星图 17-3

NGC 4038（视场宽 10°，寻星镜视场圈直径 5°，目镜视场圈直径 1°，极限星等 9.0 等）

7-delta (SHJ 145)	★★	◉◉◉◉	MS	uD
见星图 17-1		m3.0/8.5, 24.9", PA 217° (2003)	12h 29.9m	–16°31'

乌鸦座“四边形”中东北角的那颗星是乌鸦座 δ（7 号星），它是一颗颇为平常的双星。我们用 10 英寸反射镜加 125 倍放大率观看，看到其主星呈亮白色，伴星暗得多，呈黄白色。

18

天鹅座，鸿鹄

星座名：天鹅座（Cygnus）

适合观看的季节：夏

上中天：6 月底午夜

缩写：Cyg

所有格形式：Cygni

相邻星座：仙王、天龙、蝎虎、天琴、飞马、狐狸

所含的适合双筒镜观看的天体：NGC 6819, NGC 6910, NGC 6913 (M 29), NGC 7063, NGC 7092 (M 39)

所含的适合在城市中观看的天体： NGC 6826, NGC 6910, NGC 7092 (M 39), 6-beta (STFA 43)

天鹅座是北半天球中部一个相当醒目的大型星座，其面积有 804 平方度，约占天球的 1.9%，排在全天 88 星座的第 16 位。

天鹅座的传说也是源远流长的。在古希腊神话中，天鹅座的天鹅形象是大神宙斯变身出来的。宙斯看上了斯巴达（Spatra）国王廷达瑞厄斯（Tyndareus）的王后——勒妲（Leda），想亲近她，所以化为天鹅与之相拥。结果，勒妲受孕而产下一个天鹅蛋，蛋中孵化了两男一女。其中一个男孩是肉体凡胎，即廷达瑞厄斯的儿子——卡斯特尔（Castor）；另一个男孩是长生不老的神仙之体，即宙斯的儿子——波吕丢克斯（Polydeuces，罗马拼法是 Pollux）；女孩则是海伦（Helen），就是后来引发特洛伊战争的那位“特洛伊的海伦”。

天鹅座也被称为“北天大十字”。 由于正好处在夏夜银河之中，所以天鹅座内的深空天体多得出奇，但唯独缺少球状星团。除此以外，天鹅座富含疏散星团、行星状星云、反射或发射星云，还有超新星遗迹。事实上，如果用双筒镜或大视场下的双筒镜在天鹅座天区巡视，甚至很难找到一个完全不包含深空天体的单独视场。当然，置身夏夜银河也给天鹅座的观测带来了一点麻烦：背景恒星太密集，导致很难把疏散星团从星场中分辨出来，这就像在大森林中找出特定的几棵树一样。

天鹅座每年 6 月 29 日午夜上中天。对于北半球中纬度地区的观测者而言，从初夏到仲秋季节的夜间，都比较适合观测天鹅座。

表 18-1

天鹅座中有代表性的星团、星云和星系

天体名称	类型	视亮度	视尺寸	赤经	赤纬	梅	双	城	深	加	备注
NGC 6910	OC	7.4	7.0	20 23.1	+40 47			●	●		Cr 420; Class I 3 m n
NGC 6913	OC	6.6	6.0	20 24.0	+38 30	●	●				M 29; Cr 422; Class II 3 m n
NGC 6888	BN	99.9	18.0 x 8.0	20 12.0	+38 23					●	Crescent Nebula; Class E
NGC 7000	BN	99.9	120.0 x 100.0	20 58.0	+44 20					●	North America Nebula; Class E
NGC 7027	PN	10.4	1.0	21 07.0	+42 14					●	Class 3a
NGC 7092	OC	4.6	31.0	21 32.2	+48 27	●	●	●			M 39; Cr 438; Class III 2 m
NGC 6992/6995	SR/EN	99.9	80.0 x 26.0	20 57.0	+31 30					●	Veil Nebula (eastern half); Class E
NGC 6960	SR/EN	99.9	60.0 x 9.0	20 45.9	+30 43					●	Veil Nebula (western half); Class E
NGC 7063	OC	7.0	7.0	21 24.5	+36 30				●		Cr 435; Class III 1 p
NGC 6819	OC	7.3	5.0	19 41.3	+40 12				●	●	Cr 403; Mel 223; Class I 1 r
NGC 6826	PN	9.8	0.6	19 44.8	+50 32			●		●	Blinking Planetary Nebula; Class 3a+2

表 18-2

天鹅座中有代表性的双星或聚星

天体名称	星对	星等1	星等2	角距	方位角	年份	赤经	赤纬	城观	双星	备注
6-beta	STFA 43Aa-B	3.4	4.7	34.7	55	2003	19 30.7	+27 57	◉	◉	Albireo
31-omicron1, 30	STFA 50Aa-C	3.9	7.0	107.1	173	2000	20 13.6	+46 44		◉	
31-omicron1, 30	STFA 50Aa-D	3.9	4.8	330.7	324	1998	20 13.6	+46 44		◉	
61*	STF 2758AB	5.4	6.1	31.1	151	2006	21 06.9	+38 45		◉	Piazzi' s Flying Star

星图 18-1

天鹅座核心区域星图（视场宽 40°）

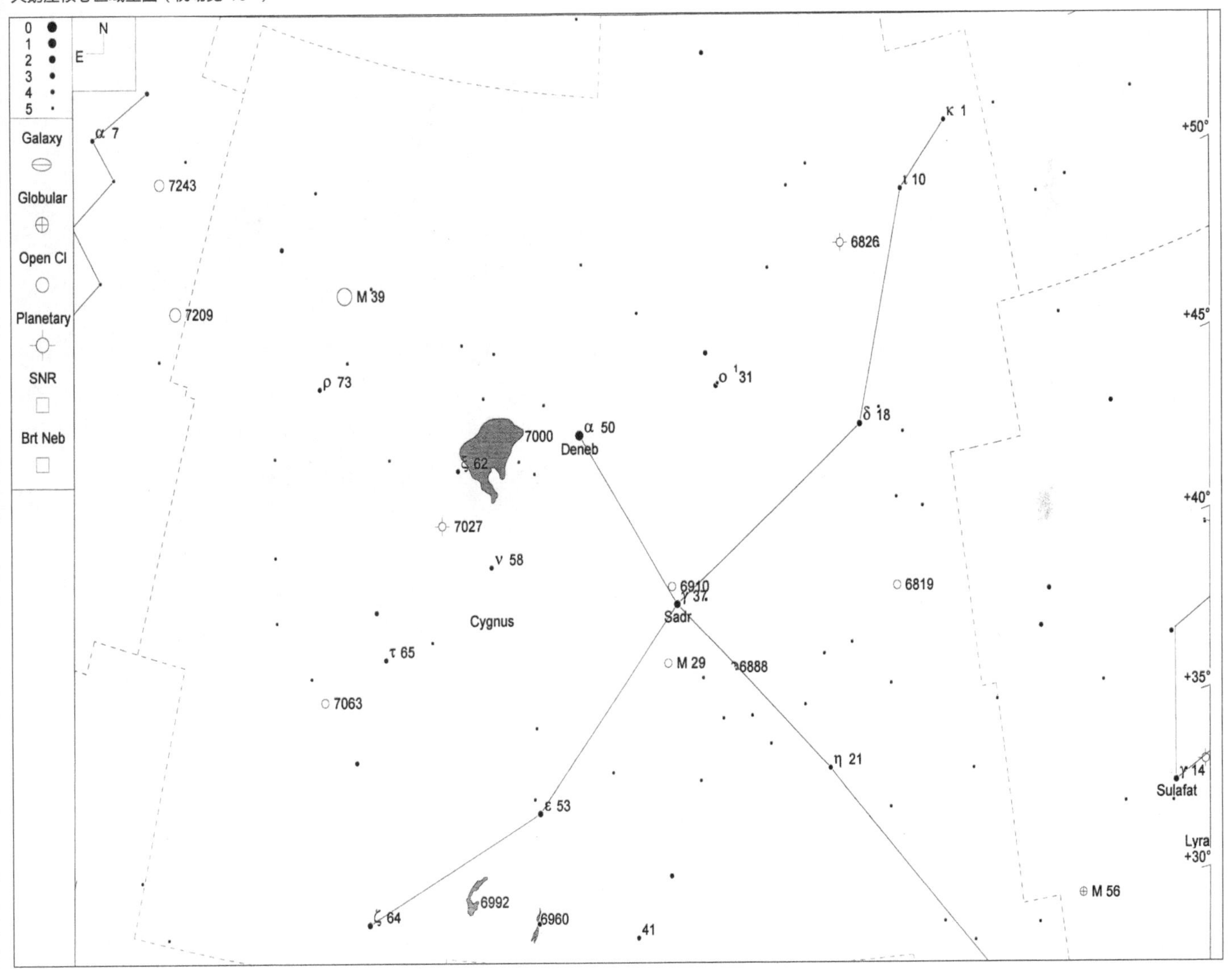

NGC 6910	★★	◐◐◐◐	OC	MBUDR
见星图 18-2	见影像 18-1	m7.4, 7.0'	20h 23.1m	+40°47'

NGC 6910 是个中等大小的明亮疏散星团，它的南西南方向仅半度处就是 2.2 等的天鹅座 γ（俗名 Sadr），即“天鹅十字架”中心交叉点的那颗星。虽然 NGC 6910 自身亮度不低，但如果它与天鹅座 γ 被放在同在一个视场内的话，则天鹅座 γ 闪耀的光芒会使它显得有些黯然失色。

在 50mm 口径的寻星镜或双筒镜中，用余光瞥视可以看到 NGC 6910，它呈现为一个明显的模糊斑点，其中包裹着 2 颗 6 ~ 7 等星，云雾状的光芒更多地集中在这两颗星的西侧和西南侧。在主要的云雾状光芒区域的外边一点，还有 2 颗 8 等星，它俩分别位于云气的北面和西南面。

我们用 10 英寸反射镜加 90 倍放大率观察，可以分解出 NGC 6910 的 20 余颗成员星，最暗的有 13 等。其中最显眼的是位于星团中心偏北的一颗 6 等星，以及位于星团东南边缘的一颗 7 等星，星团中心附近还有一颗 8 等星。从那颗 7 等星西边 3.5' 处起，直到星团的东南边缘，还有一条由 4 颗 9 ~ 10 等星组成的不太整齐的星链。难以分解出的那些更暗的成员星（也可能真的只是云气而非恒星）则分别在 2 颗最亮成员星的西边和南边发出弥漫的云雾状微光。

影像 18-1

NGC 6910，影像底部边缘的亮星是天鹅座 γ，俗名 Sadr（视场宽 1°）

本照片承蒙帕洛马天文台和太空望远镜科学研究院惠允翻拍自数字巡天工程成果

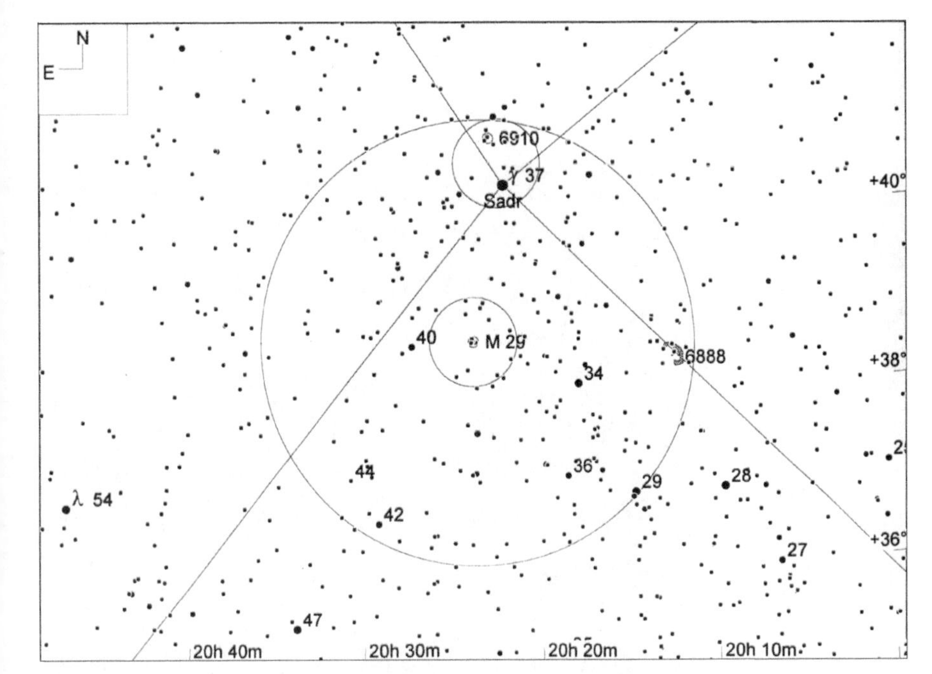

星图 18-2

NGC 6910和NGC 6913（M 29）（视场宽 10°，寻星镜视场圈直径 5°，目镜视场圈直径 1°，极限星等 9.0 等）

M 29 (NGC 6913)	★★★	●●●●	OC	MBUDR
见星图 18-2	见影像 18-2	m6.6, 6.0'	20h 24.0m	+38° 30'

M 29（NGC 6913）是个比较小且有些纷乱的、明亮的疏散星团，成员星向心聚集的程度中等，位于天鹅座 γ 几乎正南侧 1.8° 处。在 50mm 口径寻星镜或双筒镜中直视，即可看到它呈现为一个明亮的云雾状斑点。1764 年 7 月 29 日，梅西耶发现并记录了它。当时梅西耶使用的望远镜是 90mm 口径，焦比 f/12 的折射镜，所做的记录内容中描述 M 29 是一个"由很多 7 ～ 8 等小（暗）星组成的团，在天鹅座 γ 南边，有人曾用质量低劣的 3.5 英寸望远镜看到它呈现为一团云雾"。

在 50mm 双筒镜中采用余光瞥视，可以更清楚地看到 NGC 6910 的实际情况。它确实有一团明显的云气，包裹着 7 颗 9 等星。星团中靠南的 4 颗较亮星几乎组成了一个标准的矩形，最亮的两颗成员星一个在北端，一个在西端。我们用 10 英寸反射镜加 90 倍放大率观察，可以分辨出另外至少 15 颗成员星，最暗的达 13 等。云雾状光芒则呈现出颗粒状，因为它们是由那些暗到无法分解的成员星所组成的。

影像 18-2

NGC 6913（M 29）（视场宽 1°）

本照片承蒙帕洛马天文台和太空望远镜科学研究院惠允翻拍自数字巡天工程成果

NGC 6888	★	⚆⚆	BN	MBUDR
见星图 18-3	见影像 18-3	m99.9, 18.0' x 8.0'	20h 12.0m	+38° 23'

NGC 6888 也被称为“新月星云”（Crescent Nebula），是个极暗的发射星云。观察到这个星云的难度，可能要超过本书中其他任何一个深空天体（当然，仙后座的“泡泡星云”NGC 7635 除外）。我们在最佳的夜空环境下多次尝试观察 NGC 6888，但在 10 英寸口径的反射镜中从来没有成功过。

我们对这个天体的观测和记录，最终是在 2006 年秋天通过借用一个朋友的 17.5 英寸道布森镜来完成的。尽管此镜的极限星等比我们的 10 英寸望远镜整整高出 1 等，但我们如果不加滤镜，仍然看不到 NGC 6888，各种放大倍率都不行。最终，我们是在窄带滤镜的帮助下，以 27mm Panoptic 目镜在该望远镜上取得 83 倍放大率，才看到了 NGC 6888 那虽然暗淡但很确凿的新月形轮廓。

NGC 6888 不但难以看出，而且也很难找。它附近唯一的较亮恒星是它东南东方向 1.2° 处的天鹅座 34 号星，亮度 4.8 等。要定位 NGC 6888，可以先把天鹅座 γ 放在寻星镜视场的东北边缘，然后在沿着视场南部边缘的地方找到三颗 5 等星：天鹅座 28、29、36 号星。这三颗星与天鹅座 34 号星共同构成一个弧形，34 号星在 36 号星北侧 1° 处。此时，我们将 34 号星

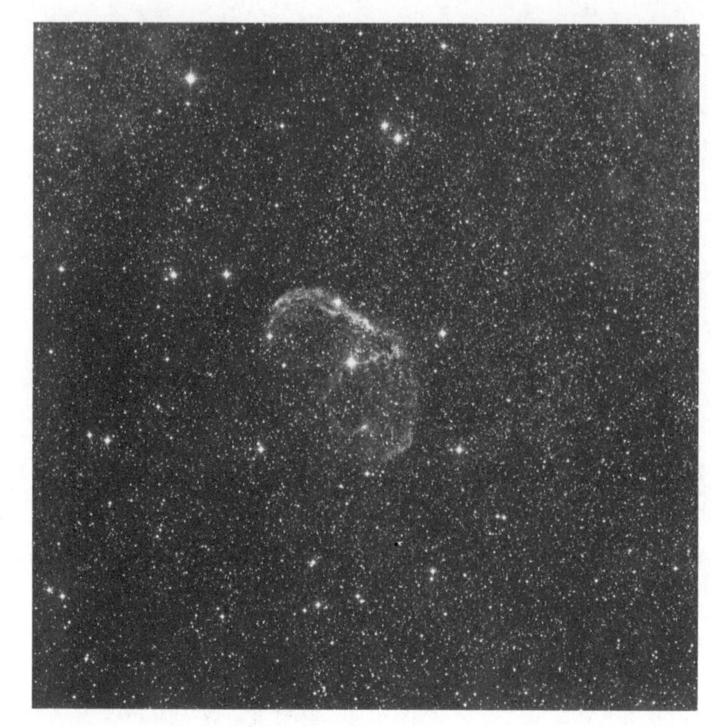

影像 18-3

NGC 6888（视场宽 1°）

本照片承蒙帕洛马天文台和太空望远镜科学研究院惠允翻拍自数字巡天工程成果

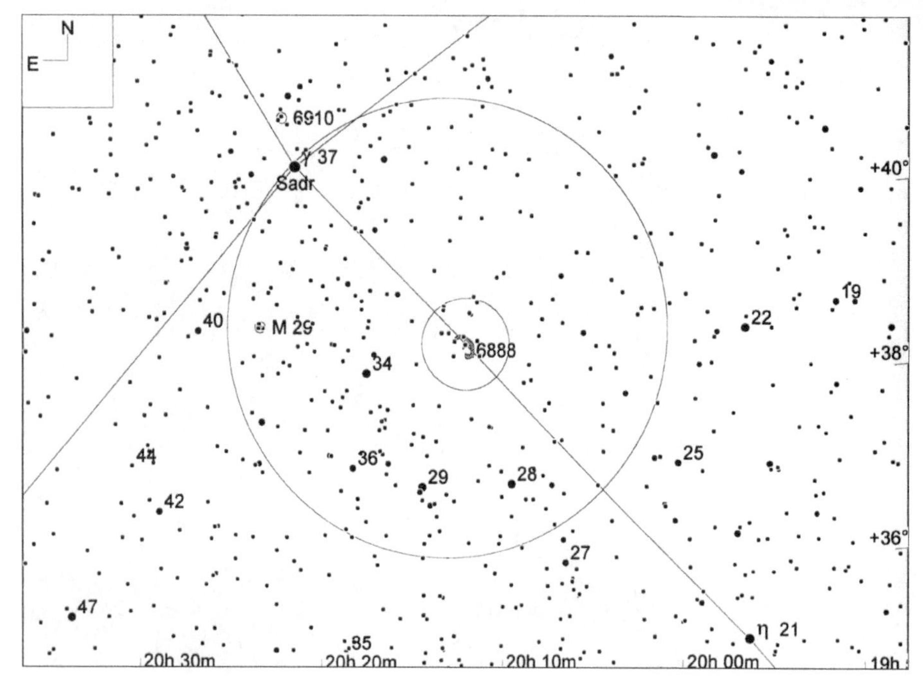

星图 18-3

NGC 6888（视场宽 10°，寻星镜视场圈直径 5°，目镜视场圈直径 1°，极限星等 9.0 等）

暂时放置在寻星镜视场的中心（当然同时也是目镜视场的中心），然后在目镜中将其逐渐移动到目镜视场的东南东方向边缘上。然后，将目镜视场向西北西方向移动一个视场直径，就会看到有 4 颗 7 ～ 8 等星组成一个平行四边形，见影像 18-3，这也就是环绕在 NGC 6888 的顶端的四颗星。从这个时候起，要做的就是让这 4 颗星一直保持在目镜视场中，然后加上窄带滤镜，并用余光瞥视法尝试去观察 NGC 6888。

经过以上的这些步骤，我们的结论是：除非你一定想要完成加拿大皇家天文协会的目标列表，否则真的没什么必要花时间去寻找这个天体。

NGC 7000	★★	◐◐◐◐	BN	MBUDR
见星图 18-4	见影像 18-4	m99.9, 120.0' x 100.0'	20h 58.0m	+44°20'

NGC 7000 也被称为“北美洲星云”（North America Nebula），是个巨大而暗弱的发射星云。星云的北半部分位于天鹅座 α 东侧 2.0° ～ 4.2° 的区域，南半部分则是由此向南延展开来的。

NGC 7000 也属于那种没有特定的滤镜就不爱露面的星云。不加滤镜的话，即使是最大的望远镜中，这个星云也只是处于看得见与看不见的边缘。而如果用上窄带滤镜（最好是用 O- Ⅲ滤镜），即使是小型的望远镜也不难看到它。有一次，在一个极佳的晴夜里，罗伯特的观测伙伴保罗•琼斯试用了他新买的一套装备：O- Ⅲ滤镜、猎户牌 80mm 口径短筒折射镜和 32mm 的 Tele Vue 普罗索式目镜。当他将镜筒对准天鹅座后，请我们来看：“看看有什么？”我们凑上去之后，简直难以置信：“哇噻！北美洲星云！”（呃，其实我们当时没说那个“噻”字……）关于 O- Ⅲ滤镜有个传统的看法，说它们在小口径望远镜上没什么用，但这个看法显然是片面的。

定位 NGC 7000 还是很容易的。请使用低倍率大视场的目镜，并加上窄带滤镜或 O- Ⅲ滤镜。将寻星镜中心对准天鹅座 α，然后直接把目镜视场向东移动，很快就能在目镜中看到 NGC 7000 的卷须状特征出现了。我们在自己的 10 英寸道布森镜上观察它时，使用的是 2 英寸规格的 40mm 宾得目镜，形成的真实视场直径为 2.1°。由于这个星云形似北美洲，所以可以用北美洲地理来指称它的各个部分。它的“佛罗里达州”和“墨西哥湾”部分是比较亮的（见影像 18-4），但即使是没有那么亮的“美国中部”和“东海岸”地区，我们也能看到。

影像 18-4

NGC 7000（视场宽 1°）

本照片承蒙帕洛马天文台和太空望远镜科学研究院惠允翻拍自数字巡天工程成果

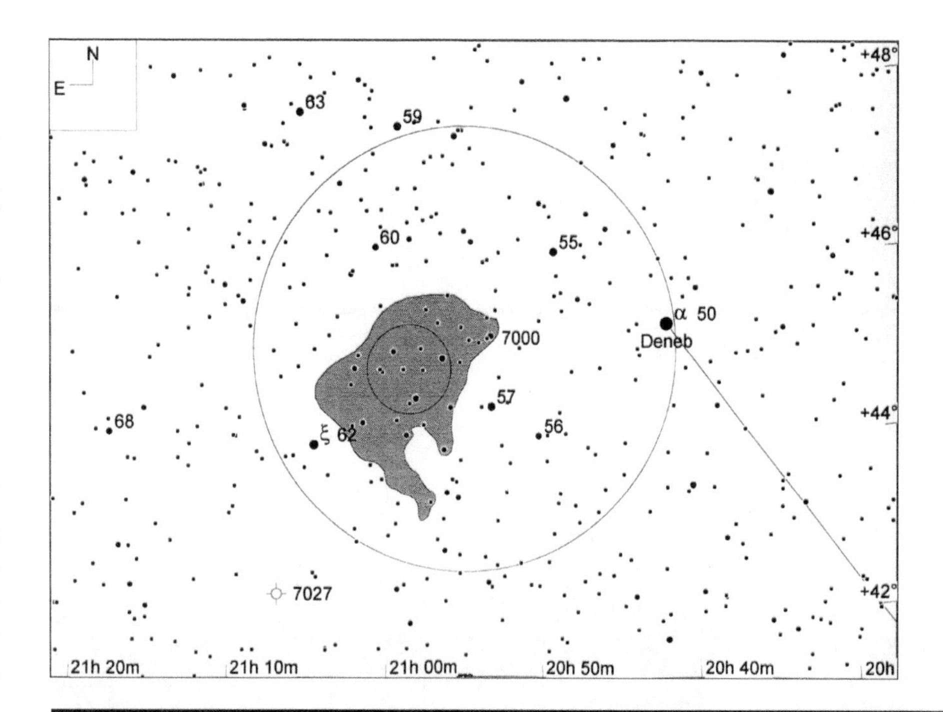

星图 18-4

NGC 7000（北美洲星云）（视场宽 10°，寻星镜视场圈直径 5°，目镜视场圈直径 1°，极限星等 9.0 等）

NGC 7027	★★	⊕⊕⊕	PN	MBUDR
见星图 18-5	见影像 18-5	m10.4, 1.0'	21h 07.0m	+42° 14'

NGC 7027 是个十分平凡的行星状星云，尺寸很小，但表面亮度比较高。要定位它，可以首先将天鹅座 α 放到寻星镜视场的西北边缘，然后在寻星镜视场的东边缘和南东南边缘附近各找到一颗 4 等星天鹅座 ξ（62 号星）和天鹅座 ν（58 号星）。如星图 18-5 所示那样，调整这两颗星相对于寻星镜视场的位置关系，让 5.1 等的天鹅座 68 号星出现在寻星镜视场的东北边缘。此时 NGC 7027 基本就位于视场的中央了，这样用低倍目镜也就可以看到了。

在我们的 10 英寸反射镜加 42 倍放大率下，NGC 7027 就像一颗恒星，看不出任何延展和云雾状的特征。但我们只要用 Ultrablock 的窄带滤镜进行“闪视”观察（手持滤镜，不断在眼睛和目镜之间挡进和移出），就可以确定它的身份，因为背景恒星的光都会被滤镜挡掉，而它的光基本不会。在确认了究竟哪个亮点是 NGC 7027 之后，就可以将其移动到低倍目镜视场的中央，然后换上 10mm 目镜以将放大率增至 125 倍，再将 Ultrablock 窄带滤镜安装在目镜上。此时再观察，NGC 7027 行星状星云的本色就完全显现了。用余光瞥视，可以看到它呈一个较为暗弱的 8' × 4' 的椭圆形光斑，微微发青蓝色，看不到其他表面细节。

影像 18-5

NGC 7027（视场宽 1°）

本照片承蒙帕洛马天文台和太空望远镜科学研究院惠允翻拍自数字巡天工程成果

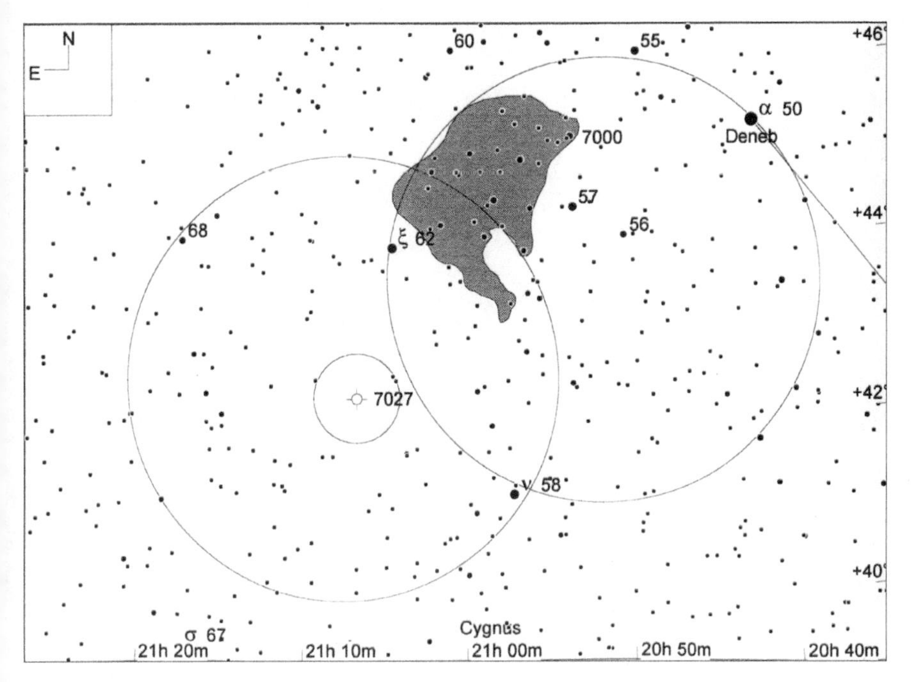

星图 18-5

NGC 7027（视场宽 10°，寻星镜视场圈直径 5°，目镜视场圈直径 1°，极限星等 9.0 等）

M 39 (NGC 7092)	★★★	◕◕◕	OC	MBUDR
见星图 18-6	见影像 18-6	m4.6, 31.0'	21h 32.2m	+48° 27'

M 39（NGC 7092）是个明亮、巨大、松散的疏散星团，成员星比较多。在天气极好的深暗晴夜里，用肉眼瞥视都可能直接感到它的存在。亚里士多德在公元前 325 年曾经在它的位置上记录过一个天体，目前认为那一定就是它。如果确实如此，那么梅西耶在 1764 年 10 月 24 日对它的观测和记录只能算是独立的重新发现了。

M 39 的定位比较容易，因为它位于天鹅座 α 的东北东方向约 9° 处。具体地，首先将天鹅座 α 放在寻星镜视场内，然后向正东移动寻星镜，直到 4 等星天鹅座 ρ（73 号星）进入视场。这颗 4 等星在邻近天区内算是亮度首屈一指的了，所以很容易辨识。M 39 就位于天鹅座 ρ 正北 2.9° 处，在 50mm 口径的寻星镜或双筒镜内即可看到。

像很多大而松散的疏散星团一样，M 39 更适合用双筒镜或低倍放大下的单筒镜来观测，而不适合用较高的放大率来观测。我们通过 50mm 双筒镜用余光瞥视观察它时，看到在靠近星团的东南和西北边缘处各有一颗 7 等星，另有 20 余颗 8 ～ 20 等的成员星填充在星团中，彼此组成团块和链状。M 39 真实的成员星只有大约 30 颗，我们在这个明亮的疏散星团周围能看到的那些暗弱的云雾状发光物质，是由许多暗到无法分辨的前景恒星和背景恒星组成的，它们不是 M 39 的真正成员。

以上是双筒镜的观察效果。我们换用 10 英寸反射镜加 42 倍放大率后，就感到 M 39 失去了疏散星团的特征，变得像一片杂乱无章的星场。如果用更高的放大率，这个星团就完全失去了视觉完整性。

影像 18-6

NGC 7092（M 39）（视场宽 1°）

本照片承蒙帕洛马天文台和太空望远镜科学研究院惠允翻拍自数字巡天工程成果

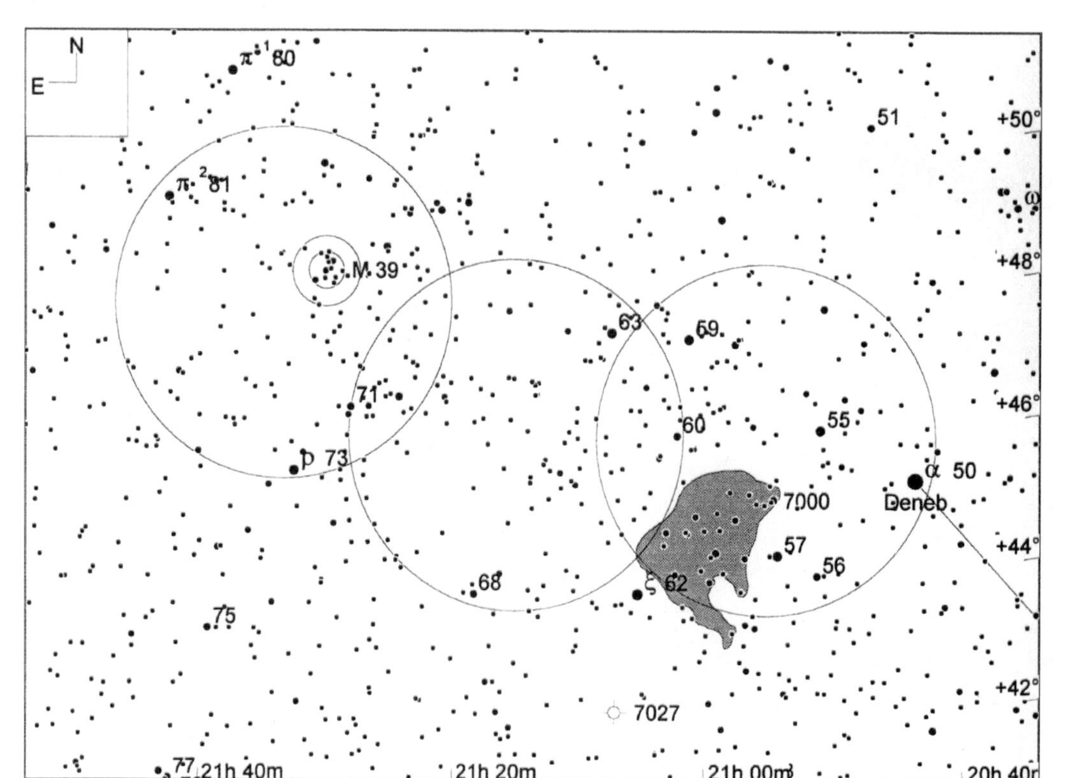

星图 18-6

NGC 7092（M 39）（视场宽 15°，寻星镜视场圈直径 5°，目镜视场圈直径 1°，极限星等 9.0 等）

NGC 6992/6995	★★★	⊕⊕⊕⊕	SR/EN	MBUDR
见星图 18-7	见影像 18-7和影像18-8	m99.9, 80.0' x 26.0'	20h 57.0m	+31°30'

NGC 6960	★★★	⊕⊕⊕⊕	SR/EN	MBUDR
见星图 18-7	见影像 18-9	m99.9, 60.0' x 9.0'	20h 45.9m	+30°43'

NGC 6992、NGC 6995、NGC 6960 属于同一个超新星遗迹。这三个天体拥有好几个别名，有的是三者合称的，有的则是专指其中某个。NGC 6992 和 NGC 6995（有时候仅用 NGC 6992 来作为这两个天体的合称）有时被称为“网状星云”（Network Nebula），而 NGC 6960 被称作“丝缕星云”（Filamentary Nebula），这两个称呼有时还会被互相颠倒过来用，或者用于代指这三个天体的总和。这三个天体的其他合称还有“婚纱星云”（Bridal Veil Nebula）和“触须星云”（Cirrus Nebula）等。不过，这三者最通用的名称还是“丝网星云”（Veil Nebula）。由于三者分为东、西两个主要部分，因此分别称为“东丝网星云”和“西丝网星云”。

不论你心目中的“丝网星云”究竟是一个、两个还是三个天体，它们都很容易定位。“东丝网星云”与 3.2 等的天鹅座 ζ（64 号星）和 2.5 等的天鹅座 ε（53 号星）组成了一个很扁的钝角等腰三角形，两颗恒星之间的连线是底边，星云是钝角的顶点，位于底边的西南侧。“西丝网星云”则与上述的两颗恒星组成了一个直角三角形，星云是直角的顶点，也位于底边的西南侧，而且几乎与肉眼可见的 4.2 等的天鹅座 52 号星重叠在了一起。由于存在这样的特殊位置关系，定位这两个星云已经无须在寻星镜视场中利用参考星来作偏移，而只要将寻星镜或者一倍寻星镜直接按几何关系对准目标即可。对好后，可以先用低倍目镜去观察。

丝网星云也是一个极其需要窄带滤镜（当然最好是 O- Ⅲ滤镜）才能看得舒服的天体。有些爱好者报告说，在极好的夜空条件下，他们手持着 O- Ⅲ滤镜挡在肉眼前面，然后不借助任何望远镜就直接看到了东丝网星云。虽然我们没这么试过，但这种报告值得参考。我们用不加滤镜的 50mm 双筒镜观察，可以隐约看到东丝网星云，它云雾状的光芒呈钓鱼钩形状，钩柄一端直指天鹅座 ε 的方向。至于西丝网星云，在 50mm 双筒镜中，我们从未看到过，很可能是因为天鹅座 52 号星的光芒将星云那薄雾般的微光掩盖住了。

使用更大口径的望远镜自然可以揭示出丝网星云的更多细节，不过请记住，配置目镜时，要尽可能配出尽量低的放大倍率、尽量大的视场，因为丝网星云的整体尺寸太大了。我们用 10 英寸道布森式望远镜加 42 倍放大率（使用 40mm 宾得目镜）和 O- Ⅲ滤镜，可以看到东丝网星云呈现为一袭美丽的云雾状长带，南—北方向延伸达 1.25°，两端均向西弯曲。星云中可以看出的细节非常之多，有的地方似波浪起伏或绳索扭结，有的地方则让人联想起精美的纺织花边。影像 18-8 所示的两个很明显的向西的分岔细节，我们也几乎可以看到。

西丝网星云（即 NGC 6960）比东丝网星云暗得多，但用了 O- Ⅲ滤镜之后看起来仍然很壮观（如果不用滤镜，西云比东云就逊色多了）。若以天鹅座 52 号星为界将西丝网星云分为南北两部分，则北半部分长度约 20'，在其狭长的轮廓中可以看到不少斑块状和扭结状的细节，而南半部分不用滤镜就看不见。加了 O- Ⅲ滤镜后，可以看到南半部分的云气要松散很多，也暗得多，更富于颗粒状观感，而且有一些彼此缠绕的细丝状结构。见影像 18-9，它的南边有两个大的分岔。这两个分岔，我们在 10 英寸望远镜中是看不到的，用 17.5 英寸的望远镜则勉强可以看到隐约的一点迹象。

影像 18-7

NGC 6992（这个编号代表"丝网星云"的东半段、北半部分）（视场宽 1°）

本照片承蒙帕洛马天文台和太空望远镜科学研究院惠允翻拍自数字巡天工程成果

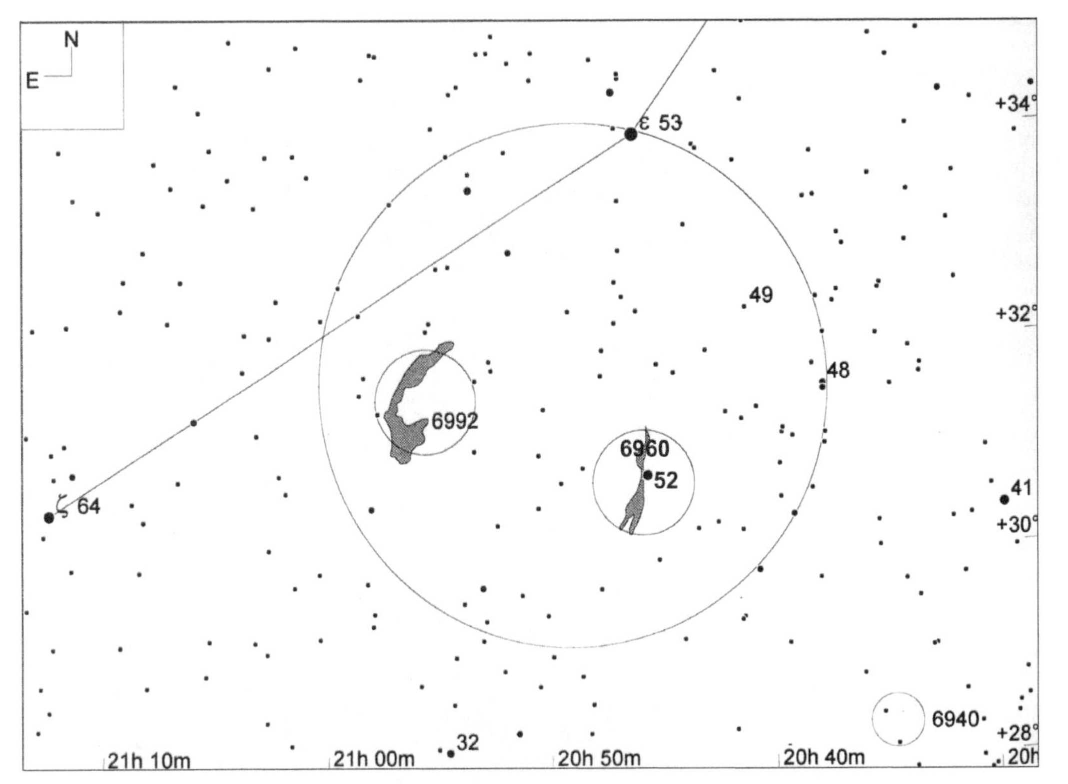

星图 18-7

NGC 6992/6995（丝网星云东半部分）和 NGC 6960（丝网星云西半部分）（视场宽 10°，寻星镜视场圈直径 5°，目镜视场圈直径 1°，极限星等 9.0 等）

影像 18-8

NGC 6995（这个编号代表“丝网星云”的东半段、南半部分）（视场宽 1°）

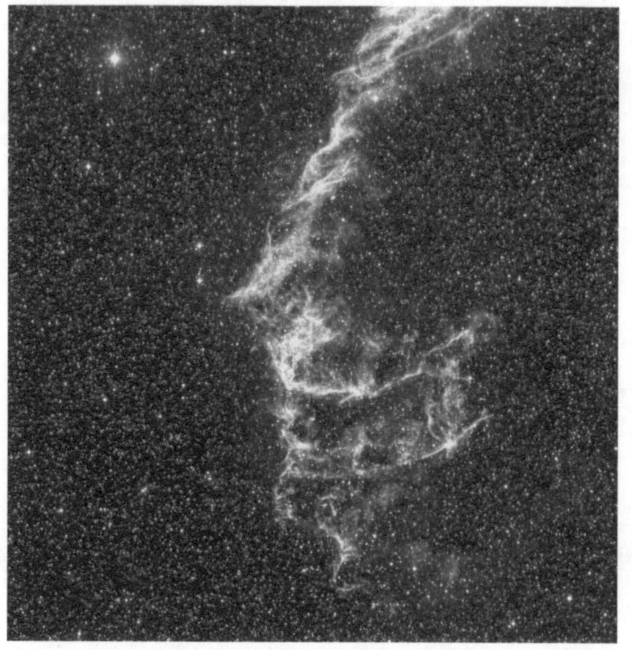

本照片承蒙帕洛马天文台和太空望远镜科学研究院惠允翻拍自数字巡天工程成果

影像 18-9

NGC 6960（这个编号代表“丝网星云”的西半段）（视场宽 1°）

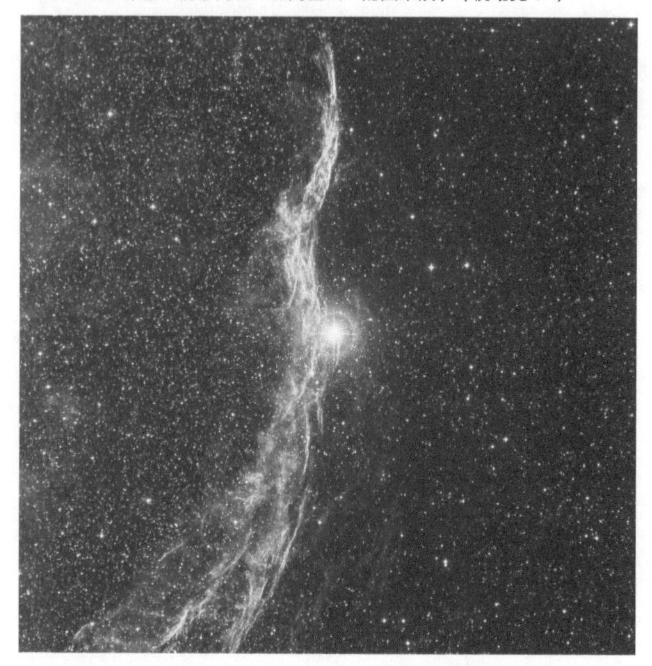

本照片承蒙帕洛马天文台和太空望远镜科学研究院惠允翻拍自数字巡天工程成果

NGC 7063	★★	◐◐◐	OC	MBUDR
见星图 18-8	见影像 18-10	m7.0, 7.0'	21h 24.5m	+36°30'

NGC 7063 是个亮度和尺寸都属中等的疏散星团。它既是天文联盟深空双筒镜俱乐部的目标列表里的一个目标，也是十分值得用单筒镜来观赏的一个天体。要定位它，首先可以将 3.2 等的天鹅座 ζ（64 号星）放在寻星镜视场的南边缘上，然后在视场北边缘附近找到 4.4 等的天鹅座 υ（66 号星），该星很醒目，不难辨认。接着，向北西北方向移动视场，让天鹅座 υ 移动到视场的西南边缘，就可以在视场中心附近看到两颗很醒目的星，它们是 5.3 等的天鹅座 70 号星和 5.9 等的天鹅座 69 号星。NGC 7063 就位于天鹅座 69 号星西南侧仅 18' 处。用余光瞥视的技巧，可以看到它呈现为一个云雾状的稍亮的小斑点。

我们透过 5mm 双筒镜用余光瞥视，不仅可以看到 NGC 7063 比较亮的云雾状斑块部分，还可以看到其中包含的五六颗 9 等或 10 等星。换用 10 英寸道布森镜加 90 倍放大率后，云雾状感觉消失不见，取而代之的是另外五六颗更暗的成员星。

影像 18-10

NGC 7063（视场宽 1°）

本照片承蒙帕洛马天文台和太空望远镜科学研究院惠允翻拍自数字巡天工程成果

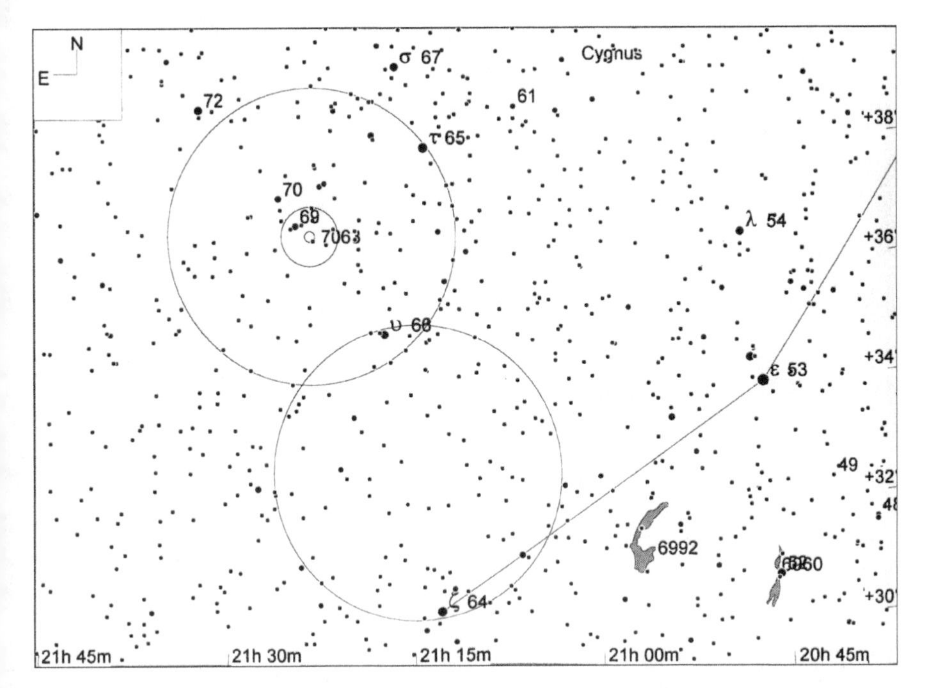

星图 18-8

NGC 7063（视场宽 15°，寻星镜视场圈直径 5°，目镜视场圈直径 1°，极限星等 9.0 等）

NGC 6819	★★★	◕◕◕	OC	MBUDR
见星图 18-9	见影像 18-11	m7.3, 5.0'	19h 41.3m	+40°12'

疏散星团 NGC 6819 虽然在尺寸和亮度上都与 NGC 7063 相似，但是它的具体样貌却与 NGC 7063 截然不同，代表着疏散星团的另一类外观。对于双筒镜和单筒镜来说都是如此。

要定位 NGC 6819，首先要将 3.9 等的天鹅座 η（21 号星）放在双筒镜或寻星镜视场的东南边缘上，就可以沿着视场东北边缘找到 3 颗 5 等星组成的弧形：天鹅座 19、22、25 号星。三者中最西侧的是天鹅座 19 号星，这颗星很好辨认，因为在它西边大约 13' 的地方有一颗 6.1 等的伴星。将天鹅座 19 号星放在视场的东南边缘，就可以让 NGC 6819 处于视场的中心附近了。

透过 50mm 双筒镜采用余光瞥视，可以看到 NGC 6819 呈现为一个中等亮度的云雾状模糊斑点，其间能分辨出 2 颗 8 ～ 9 等的成员星。换用 10 英寸道布森镜加 90 倍放大率，还可以看到 30 颗以上的成员星，最暗的有 13 等。此外，还有很多因为更暗而无法分解的成员星组成了暗弱的云雾状光芒，包裹着这些恒星。

影像 18-11

NGC 6819（视场宽 1°）

本照片承蒙帕洛马天文台和太空望远镜科学研究院惠允翻拍自数字巡天工程成果

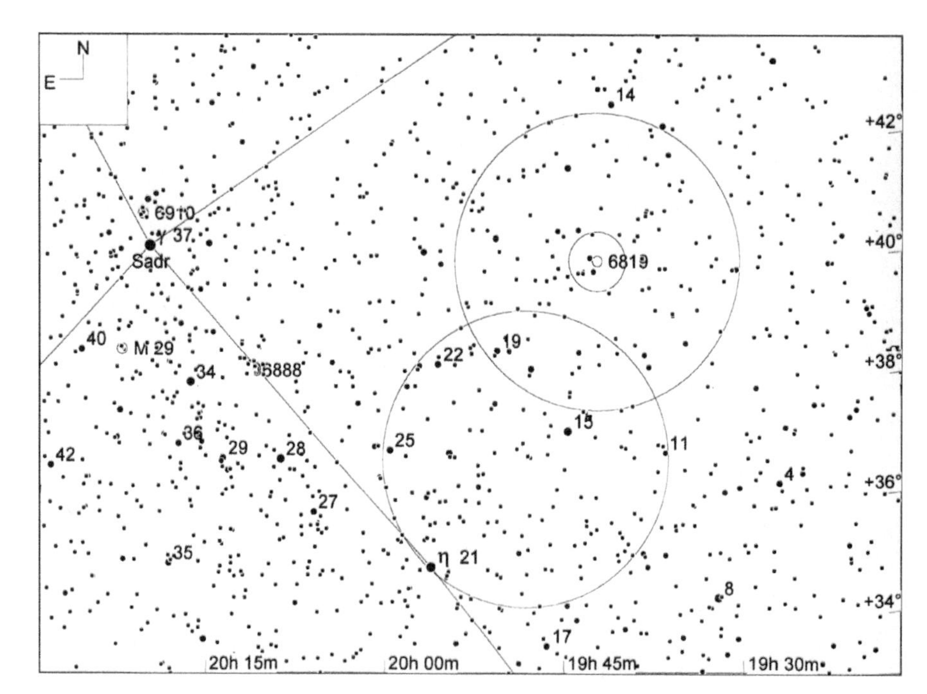

星图 18-9

NGC 6819（视场宽 15°，寻星镜视场圈直径 5°，目镜视场圈直径 1°，极限星等 9.0 等）

NGC 6826	★★★		PN	MBUDR
见星图 18-10	见影像 18-12	m9.8, 0.6'	19h 44.8m	+50°32'

行星状星云 NGC 6826 的别名叫做“闪烁（Blinking）行星状星云”，它非常美丽，位于天鹅座的西北角。它的中心恒星亮度为 10.6 等，哪怕只用中等口径的望远镜都能看到，这比起其他行星状星云的中心星来，算是异乎寻常得明亮了。

要定位 NGC 6826，首先从 3.8 等的天鹅座 κ（1 号星）到同为 3.8 等的天鹅座 ι（10 号星）作一连线，并继续将其延长，在寻星镜中找到 4.5 等的天鹅座 θ（13 号星）。在它的东北东方向 55' 处，可以清楚地认出 6.2 等的恒星 SAO 31899。NGC 6826 就在 SAO 31899 的正东 28' 处，乍看上去像是一颗 10 等恒星。

这颗“10 等恒星”既可能是行星状星云本身，也可能只是它的中心恒星。具体是什么，取决于你是如何看它的（这话听起来有点怪，但确实有必要这么说）。如果你想分清它的云气和中心恒星，那么可以换上高倍放大率的目镜，然后在该天体邻近处找一颗恒星，让视线在该天体和这颗恒星之间轮流地跳跃。当你直视该星云的中心星时，其云气极暗甚至根本看不见；而当你直视这个星云近傍的其他亮恒星时，如果同时用余光扫向这个星云，它的云气就会跃然成像在你的视网膜上。此时如果你将视线的焦点移回这个星云，则云气又会消失不见。正因如此，这个行星状星云才得到了“闪烁”这样的昵称。

当然，如果用 10 英寸的道布森镜加 125 倍放大率，即使是直视也可以清楚地看到它。此时它呈现为一个明亮而略带蓝绿色的，缺乏表面特征的小圆盘，直径约 20"。

影像 18-12

NGC 6826，影像右边缘的亮星是天鹅座 16 号星（视场宽 1°）

本照片承蒙帕洛马天文台和太空望远镜科学研究院惠允翻拍自数字巡天工程成果

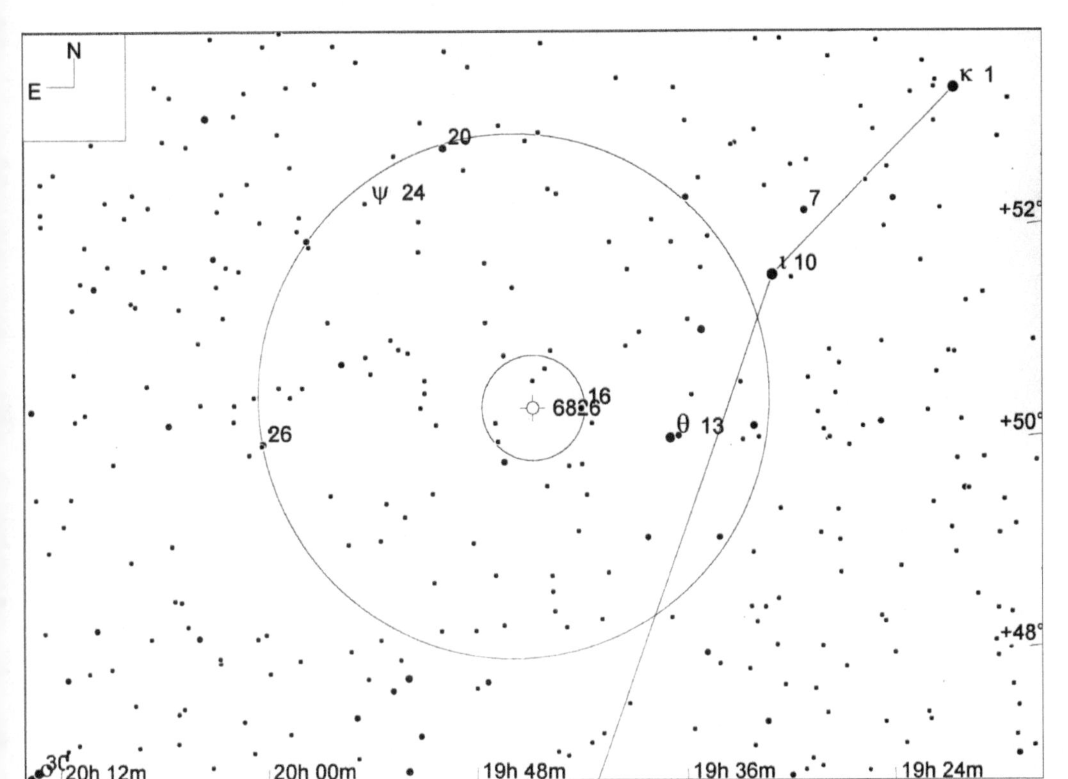

星图 18-10

NGC 6826（视场宽 10°，寻星镜视场圈直径 5°，目镜视场圈直径 1°，极限星等 9.0 等）

聚星

6-beta (STFA 43Aa-B)	★★★★	◐◐◐◐	MS	UD
见星图 18-1 (off S edge)		m3.4/4.7, 34.7", PA 55° (2003)	19h 30.7m	+27°57'

天鹅座 β（6 号星，俗名 Albireo）位于天鹅座大十字最长分岔的末端，也就是“天鹅”的头部，堪称夜空中最令人难忘的双星。我们用 90mm 折射镜加 70 倍放大率观察它时，看到它的主星呈壮丽的金黄色，伴星则是美丽的天蓝色。恐怕没有比这再好看的双星颜色组合了。

尽管很多双星都有着饱满的彩色，但如果望远镜的口径太大，这种彩色效果反而可能会打折扣，因为过量的光线可以使眼睛的色彩感减弱。例如，还是这颗双星，我们用 10 英寸口径的道布森镜加 90 倍放大率来看时，就只能看到淡黄色的主星和略微发蓝的伴星，这种效果比起在 90mm 折射镜中看到的“浓墨重彩”来，可就相形见绌了。

31-omicron1, 30 (STFA 50Aa-C)	★★★	◐◐◐◐	MS	UD
见星图 18-11		m3.9/7.0, 107.1", PA 173° (2000)	20h 13.6m	+46°44'

31-omicron1, 30 (STFA 50Aa-D)	★★★	◐◐◐◐	MS	UD
见星图 18-11		m3.9/4.8, 330.7", PA 324° (1998)	20h 13.6m	+46°44'

天鹅座 o^1（31 号星）和 30 号星是一个典型的三合星系统。要定位它们，可以把天鹅座 α 先放在寻星镜视场的东边缘，然后就可以在视场的西北边缘外边一点找到这对星了，它们的亮度分别是 3.9 等和 4.8 等。我们用 90mm 折射镜加 70 倍放大率观察它们，看到主星（天鹅座 o^1）是暖白色，伴星（天鹅座 30 号星）则是引人注意的冷白色。比它俩暗得多的另一颗成员星则是明显的蓝白色。

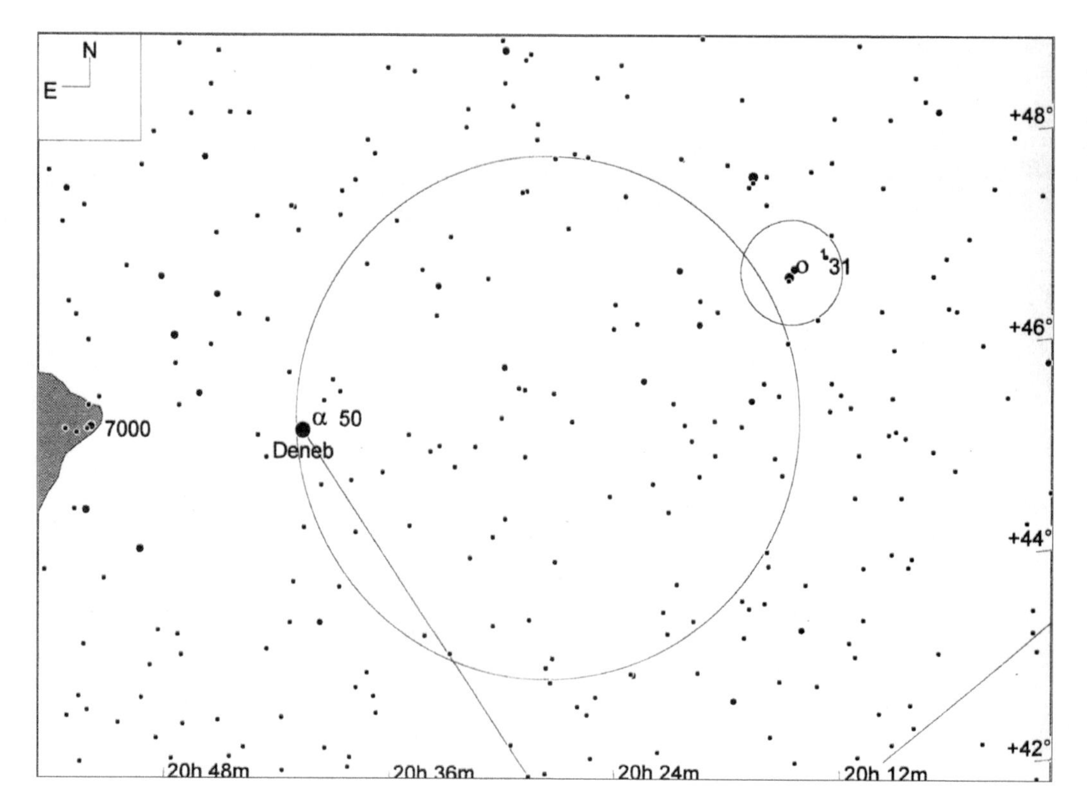

星图 18-11

天鹅座 ο1（31 号星）（视场宽 10°，寻星镜视场圈直径 5°，目镜视场圈直径 1°，极限星等 9.0 等）

61 (STF 2758AB)	★★	◐◐	MS	uD
见星图 18-12		m5.4/6.1, 31.1", PA 151° (2006)	21h 06.9m	+38° 45'

天鹅座 61 号星是对非常平凡的双星。我们用 90mm 折射镜加 70 倍放大率观察，看到它的两颗成员星都是暖白色，伴星比主星暗不少，位于主星东南方向约 0.5' 处。

天鹅座 61 号星之所以著名，是因为它的另一个特点——它的“自行”速度（即其位置相对于遥远背景恒星的变化速度）在所有肉眼可见的恒星中是最快的。它的这个速度快到了可以在 150 年之内移动 30'（即一个满月直径）的程度。对于宇宙的节奏来说，这相当于一眨眼的工夫就跳出老远。这颗恒星的特高自行速度是由意大利天文学家朱塞佩•皮亚齐（Giuseppe Piazzi）在 1792 年首先认定并报告的，随后，该星就被大家有些不假思索地命名为“朱塞佩•皮亚齐星”。

天鹅座 61 号星的高自行速度主要来自三方面原因。第一，它的移动相对于地球来说确实很快。第二，它的移动方向几乎与我们看它的视线方向呈垂直关系。第三，它离我们很近。其中，第三个原因尤为重要，它也使得天鹅座 61 号星成了除太阳之外第一个被我们精确测定了距离的恒星。

1838 年，弗雷德里希•威廉•贝塞尔（Friedrich Wilhelm Bessel）第一次测定了天鹅座 61 号星的距离，他用的是三角视差法，得到的数值与当今所用的精确值（11.4 光年）非常接近。他首先精确地测量出了这颗星与背景恒星之间的角距，然后过了几个月，等地球在公转轨道上绕行到另一侧附近时，再次精确测量这颗星与那些背景恒星之间的角距。在接近半年的时间里，地球在太阳系中移动的距离给三角测量法提供了一条巨大的基线，而基线足够的长度让天鹅座 61 号星相对于背景恒星的位移较为明显，这就为测量结果的精确性提供了坚实的保证——将地球在这两个时间内的位置作为三角形的两个顶点，将天鹅座 61 号星作为另一个顶点，利用三角函数就推算出了它的距离。

天鹅座 61 号星位于天鹅座 α 的东南边 8°，天鹅座 γ 的东边 8.7°，或者说 2.5 等的天鹅座 ε（53 号星）东北边 6.3°。您既可以按星图 18-12 所示的恒星位置关系去定位它，也可以直接把肉眼同样可见的 3.7 等星天鹅座 τ（65 号星）放在寻星镜视场中央，然后在它的西北西方向 1.7° 找到天鹅座 61 号星，它在靠近寻星镜视场边缘的天区中会非常显眼。

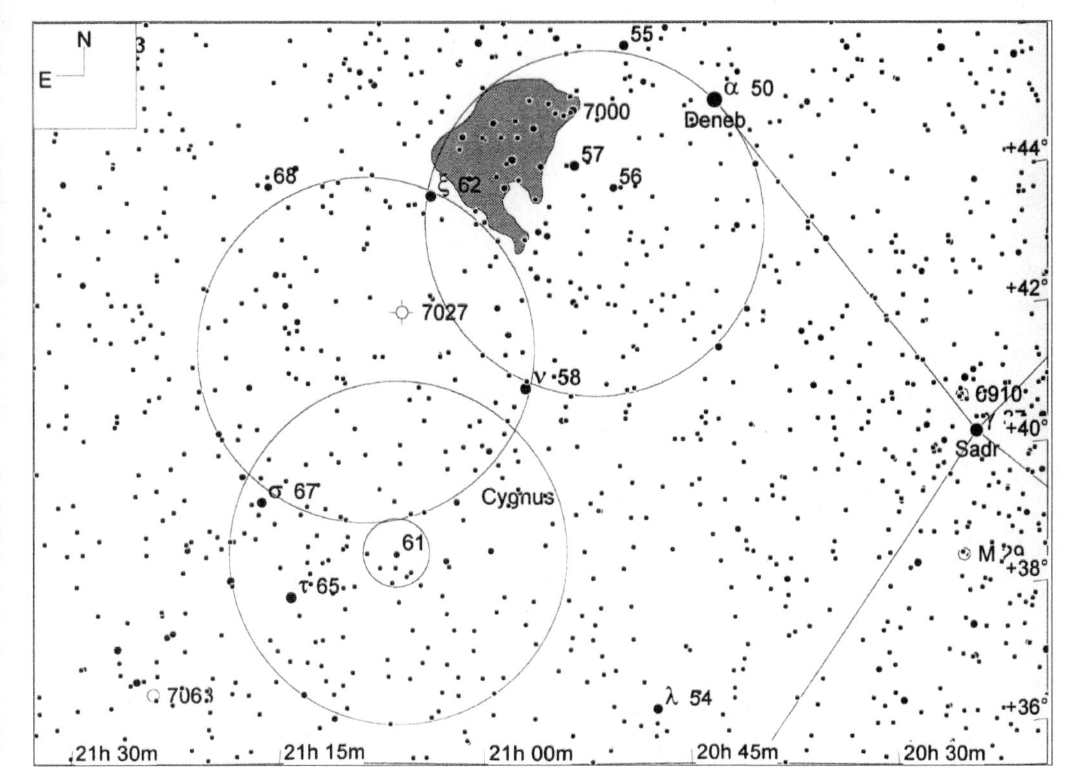

星图 18-12

天鹅座 61 号星（视场宽 15°，寻星镜视场圈直径 5°，目镜视场圈直径 1°，极限星等 9.0 等）

19

海豚座，小海豚

星座名：海豚座（Delphinus）
适合观看的季节：夏
上中天：7 月底午夜
缩写：Del
所有格形式：Delphini
相邻星座：天鹰、宝瓶、小马、飞马、天箭、狐狸
所含的适合双筒镜观看的天体：NGC 6934
所含的适合在城市中观看的天体：NGC 6934, 12-gamma (STF 2727)

海豚座是天赤道附近的一个小星座，面积 189 平方度，仅占天球的大约 0.5%，在全天 88 星座中排在第 69 位。虽然这个星座的最亮星只有 4 等，但由于所在的天区周围缺少亮星，因此它还是十分醒目的。

海豚座的传说历史悠久。在希腊神话里，它所代表的那只海豚曾经救起了著名的诗人兼歌手——莱斯波斯（Lesbos）岛的阿利翁（Arion）。阿利翁从塔兰托（Tarentum）乘船，准备返回家乡科林斯（Corinth），途中遭遇了船员们的哗变。船员们要杀死阿利翁，阿利翁请求船员们让他在死前再唱一首歌，船员们准许了这个请求。阿利翁知道自己的诗词和歌声能够吸引海中的动物们，于是就趁唱歌的机会跳进了大海。他没有想错，他刚一落入水中，一头海豚就救起了他，并将他平安送抵岸边。宙斯为了褒奖这头海豚，就将其升为星座，这就是海豚座。

尽管位于银盘的边缘，但海豚座内却不像其他银盘附近的星座那样拥有较多的疏散星团和发射星云。在深空天体方面，海豚座只拥有一个平庸的球状星团和不多的几个行星状星云。另外，它的天区内也有少量的几个星系，但不如那些远离银盘的星座中的星系那么多。

海豚座每年 7 月 31 日的午夜上中天。对于北半球中纬度地区的观察者而言，从初夏直到秋季中段的夜间，都是观察海豚座的好机会。

表 19-1

海豚座中有代表性的星团、星云和星系

天体名称	类型	视亮度	视尺寸	赤经	赤纬	梅	双	城	深	加	备注
NGC 6934	GC	8.9	7.1	20 34.2	+07 24			◉	◉		

表 19-2

海豚座中有代表性的双星或聚星

天体名称	星对	星等1	星等2	角距	方位角	年份	赤经	赤纬	城观	双星	备注
12-gamma*	STF 2727	4.4	5.0	9.2	266	2006	20 46.7	+16 07	◉	◉	

星图 19-1

海豚座星图（视场宽 30°）

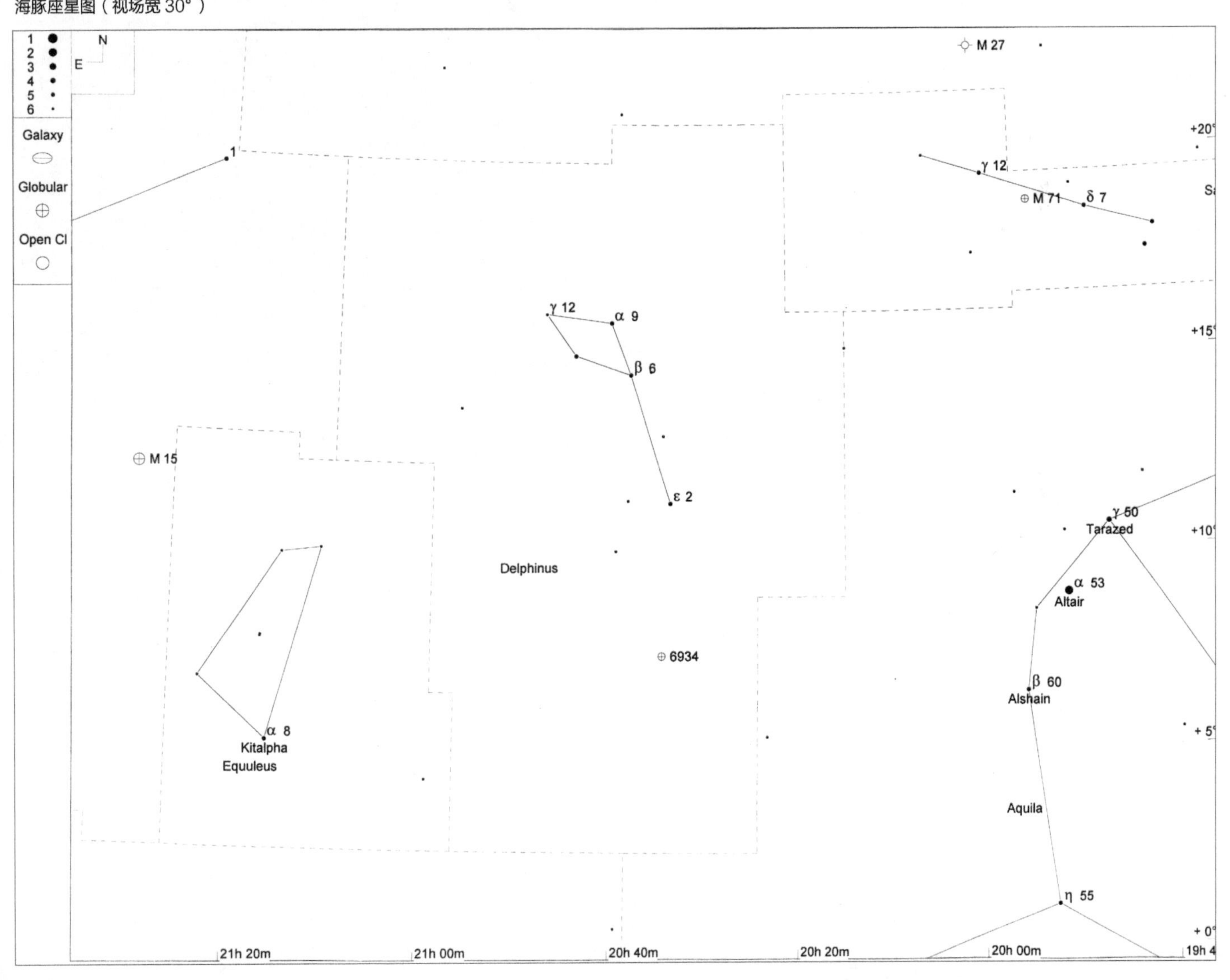

NGC 6934	★★	◐◐◐◐	GC	MBUDR
见星图 19-2	见影像 19-1	m8.9, 7.1'	20h 34.2m	+07°24'

NGC 6934 是个中等尺寸的、明亮的球状星团。位于肉眼可见的 4 等星海豚座 ε（2 号星）南边 3.9° 处。海豚座 ε 也就是“海豚”的尾巴。这个星团在 50mm 双筒镜内就可以看到，因此非常容易定位。只要把海豚座 ε 放在寻星镜视场的北边缘，就可以在靠近南边缘，离它 3.9° 处找到一个模糊的暗斑，这就是 NGC 6934。

我们透过 50mm 双筒镜用余光瞥视，可以看到 NGC 6934 是个又小又暗但明显呈圆形的绒球，在其东南方大约半度处有一颗很显眼的 6 等星。透过加 125 倍放大率的 10 英寸反射镜，可以看到其外部轮廓直径 3'，可以分辨出约 30 颗成员星，核心部分仍无法分解。此外，星团轮廓的西侧有一对 9 等星，其中一颗紧贴星团的边缘，另一颗距星团约 10'。在星团核心的东南东方向 24' 处有一颗醒目的 8 等星，而核心的东北方向类似距离处还有一颗 9 等星。

影像 19-1

NGC 6934（视场宽 1°）

本照片承蒙帕洛马天文台和太空望远镜科学研究院惠允翻拍自数字巡天工程成果

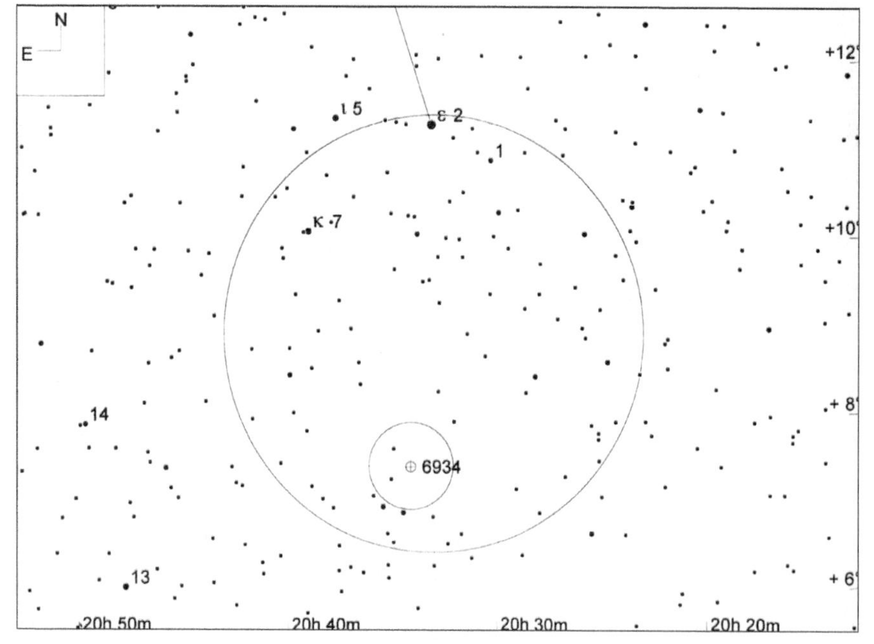

星图 19-2

NGC 6934（视场宽 10°，寻星镜视场圈直径 5°，目镜视场圈直径 1°，极限星等 9.0 等）

12-gamma (STF 2727)	★★★	◐◐◐◐	MS	UD
见星图 19-1		m4.4/5.0, 9.2", PA 266° (2006)	20h 46.7m	+16°07'

海豚座 γ（12 号星）是“海豚”的鼻子尖，也是一对美丽的双星。用 10 英寸反射镜加 125 倍放大率观察，可以看到其主星呈黄白色，伴星为冷白色。换用 90mm 口径折射镜加 100 倍放大率后，主星的黄颜色显得更为饱满，而伴星则显现出蓝绿色，与主星形成惊艳的对比。

20

天龙座，巨龙

星座名：天龙座（Draco）
适合观看的季节：春
上中天：5 月下旬午夜
缩写：Dra
所有格形式：Draconis
相邻星座：牧夫、鹿豹、仙王、天鹅、武仙、天琴、大熊、小熊
所含的适合双筒镜观看的天体：NGC 5866 (M 102)
所含的适合在城市中观看的天体：（无）

天龙座是个巨大但比较暗淡的拱极星座，其面积达到 1 083 平方度，约占天球的 2.6%，在全天 88 星座里排在第 8 位。天龙座内虽然拥有一颗 2 等星、5 颗 3 等星和 10 颗 4 等星，但这些主要的较亮恒星都蔓延散布在各个不同的方向，“阵线”之长超过了 100°的天区。

尽管我们已经知道，约翰•巴耶（Johann Bayer）当年在用希腊字母为各个星座里的主要恒星命名的时候，没有始终严格地按照亮度的顺序来使用希腊字母的顺序，但他的这种不严格性在天龙座里却达到了“登峰造极”的程度。天龙座的最亮星（俗名 Etamin）仅被巴耶赋名为“天龙座 β”，而“天龙座 α”的桂冠则给了 Thuban 星，它只是天龙座的第 8 亮星。不过，巴耶偏爱 Thuban 星可能也并非全无道理，这颗星在 5 000 年前，也就是埃及法老修建第一座金字塔的时候，正处于北天极的位置，是那时的“北极星”。

天龙座的历史悠久。远在苏美尔人、亚述人、古埃及人那里，它就被看成一条巨龙，此后的希腊文明和罗马文明也继承了类似的看法。关于天龙座的神话故事也很多，仅仅在古希腊人那里，就至少有 3 个版本。第一个，天龙座是被大英雄卡德摩斯（Cadmus）杀死的那头龙，卡德摩斯就是后来底比斯城（Thebes）的建立者。第二个，天龙座就是看守金羊毛的那条恶龙，后来被伊阿宋击败了（参看本书白羊座的介绍——译者注）。第三个版本可能也是最知名的版本了，天龙座是一只有着 100 个脑袋的龙，协助四位“赫斯珀里得斯”（Hesperides，即夜神的四个女儿）守卫着金苹果。大英雄赫拉克勒斯（Heracles）用毒箭杀死了怪龙，取走了金苹果，这也是他 12 件大功中的第 11 件。

天龙座远离银河的盘面，所以不像银盘附近的星座那样有很多疏散星团和发射星云。但也正因如此，天龙座天区内的星系很多，本章将介绍其中有代表性的 3 个。另外，天龙座内还有一个很亮的行星状星云——猫眼星云。天龙座内的聚星也很多，其中 5 个是被天文联盟的双星俱乐部目标列表所收录的，本章也将对其进行逐一介绍。

天龙座每年 5 月 24 日午夜上中天。对于北半球中纬度地区的观测者来说，从初春到仲秋季节的夜间都适合观察天龙座。

表 20-1

天龙座中有代表性的星团、星云和星系

天体名称	类型	视亮度	视尺寸	赤经	赤纬	梅	双	城	深	加	备注
NGC 5866	Gx	10.7	6.4 x 2.8	15 06.5	+55 46	◉	◉				M 102; Class SA0+ sp; SB 11.9
NGC 5907	Gx	11.1	12.9 x 1.3	15 15.9	+56 20					◉	Class SA(s)c: sp; SB 14.6
NGC 6503	Gx	10.9	7.1 x 2.4	17 49.5	+70 09					◉	Class SA(s)cd; SB 12.2
NGC 6543	PN	8.8	20"	17 58.6	+66 38					◉	Cat’s Eye Nebula; Class 3a+2

表 20-2

天龙座中有代表性的双星或聚星

天体名称	星对	星等1	星等2	角距	方位角	年份	赤经	赤纬	城观	双星	备注
24-nu1, 25-nu2	STFA 35	4.9	4.9	63.4	311	2003	17 32.2	+55 10		◉	
21-mu*	STF 2130AB	5.7	5.7	2.3	11	2006	17 05.3	+54 28		◉	Alrakis
16/17	STF 2078AB	5.4	6.4	3.0	107	2003	16 36.2	+52 55		◉	
16/17	STFA 30AC	5.4	5.5	89.8	196	2003	16 36.2	+52 55		◉	
31-psi*	STF 2241AB	4.6	5.6	30.0	16	2006	17 41.9	+72 09		◉	
41/40	STF 2308AB	5.7	6.0	18.6	232	2003	18 00.1	+80 00		◉	

星图 20-1

天龙座核心区域星图（视场宽 45°）

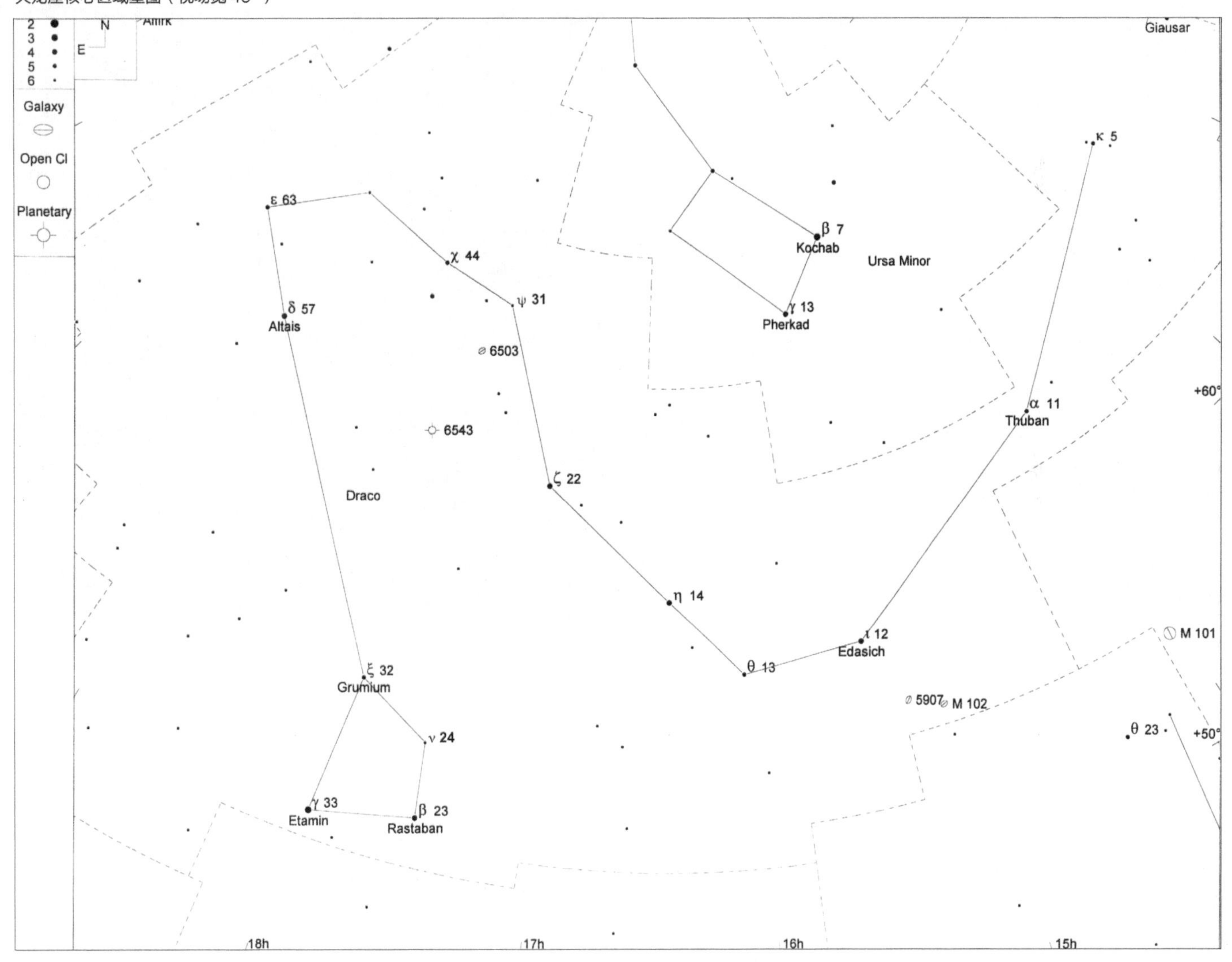

M 102 (NGC 5866)	★★	◐◐◐	GX	MBUDR
见星图 20-2	见影像 20-1	m10.7, 6.4' x 2.8'	15h 06.5m	+55°46'

NGC 5866 虽然在梅西耶目录中也有编号——M 102，但事实上梅西耶可能没有真正看过它一眼。1781 年春天，梅西耶的云雾状天体目录的交稿期限快到了，他正在努力赶工观测和编写（很值得同情……）。到 4 月中旬，他已经通过观测确认并记录了 100 个云雾状天体，其中大多数是他自己首先发现的，还有一些是他根据别人送来的观测报告上的位置信息，重新观测确认的。给他送报告的人正是他的朋友、疯狂的彗星爱好者皮埃尔•梅襄。随着交稿最后期限的快速追近，梅西耶往目录中又加进 3 个天体，即 M 101 到 M 103，这 3 个天体都是梅襄报告给他的，但他已经没有合适的夜晚去观测确认了（不过也不能说梅西耶不诚实，因为他已把这个情况在目录中做了注解）。

后来的观测者们很快就通过观测证实了 M 101、M 103 的身份和具体位置，但是，没人证实 M 102。梅襄后来表示，他报告给梅西耶并被编列为 M 102 的天体，可能只是他对 M 101 的一次错误的重复观测罢了。尽管这种解释不无可能性，但当今大部分梅西耶天体爱好者都认为梅襄看到的其实是 NGC 5866（包括梅西耶后来也观测了它），它位于 M 101 东边 9.1° 处。无论真相如何，反正今天我们普遍认为 NGC 5866 就是 M 102 了。

M 102 也比较容易定位。见星图 20–2，将 3.3 等的天龙座 ι（12 号星，俗名 Edasich）放在寻星镜视场的东北边缘，就可以在视场西南边缘处看到有 3 颗 7 等星组成了一个不等边三角形。M 102 就在这个三角形最东边的一颗星的东北边 10' 处，在低倍目镜里即可被清晰地看到。

天文联盟的双筒镜梅西耶俱乐部的目标列表没有把 M 102 列为 35mm 或 50mm 双筒镜的目标，对于 80mm 双筒镜则将 M 102 列为“稍难”级（三级中的第二级）目标。我们在 50mm 双筒镜中从未看见过 M 102，更大的双筒镜则还没有尝试过。我们用 10 英寸反射镜加 125 倍放大率观察，看到 M 102 呈大小为 1' × 2.5' 的椭圆形亮斑，长轴在西北西—东南东方向，从边缘到中心平滑增亮，看不出核球。

影像 20-1

NGC 5866（M 102）（视场宽 1°）

本照片承蒙帕洛马天文台和太空望远镜科学研究院惠允翻拍自数字巡天工程成果

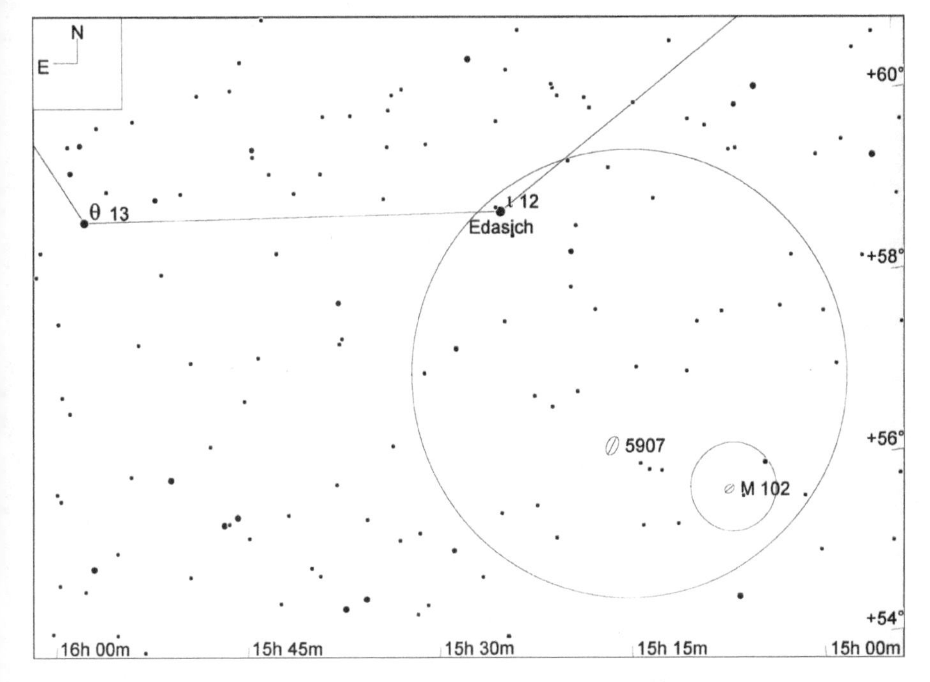

星图 20-2

NGC 5866（M 102）（视场宽10°，寻星镜视场圈直径 5°，目镜视场圈直径 1°，极限星等 9.0 等）

NGC 5907	★★	◐◐◐	GX	MBUDR
见星图 20-2和星图20-3	见影像 20-2	m11.1, 12.9' x 1.3'	15h 15.9m	+56°20'

NGC 5907 是个相当暗弱的星系，位于 M 102 的东北东方向 1.4° 处。如果你刚观测过 M 102，可以在目镜中利用参考星做个很简单的视场偏移，从而找到 NGC 5907，见星图 20–3。另外，还有一种更简单的定位 NGC 5907 的方法，那就是把 3.3 等的天龙座 ι（12 号星）放在寻星镜视场的东北边缘，找到 3 颗 8 等星组成的东—西向星链（见星图 20–2 中标示的“5907”的下方）。这个星链的东端微向北拐，直接指向 NGC 5907，最东端的那颗星离 NGC 5907 仅有 23'。在低倍目镜中即可隐约看到 NGC 5907。

我们用 10 英寸反射镜加 125 倍放大率观测，看到 NGC 5907 是个中等偏暗的狭长光带，尺寸约 0.5' × 7'，沿北西北—南东南方向铺开。光带中间大约 2' 的段落比其他部分稍微亮一点，光带的两端则逐渐减暗，直到不可见。

影像 20-2

NGC 5907（视场宽 1°）

本照片承蒙帕洛马天文台和太空望远镜科学研究院惠允翻拍自数字巡天工程成果

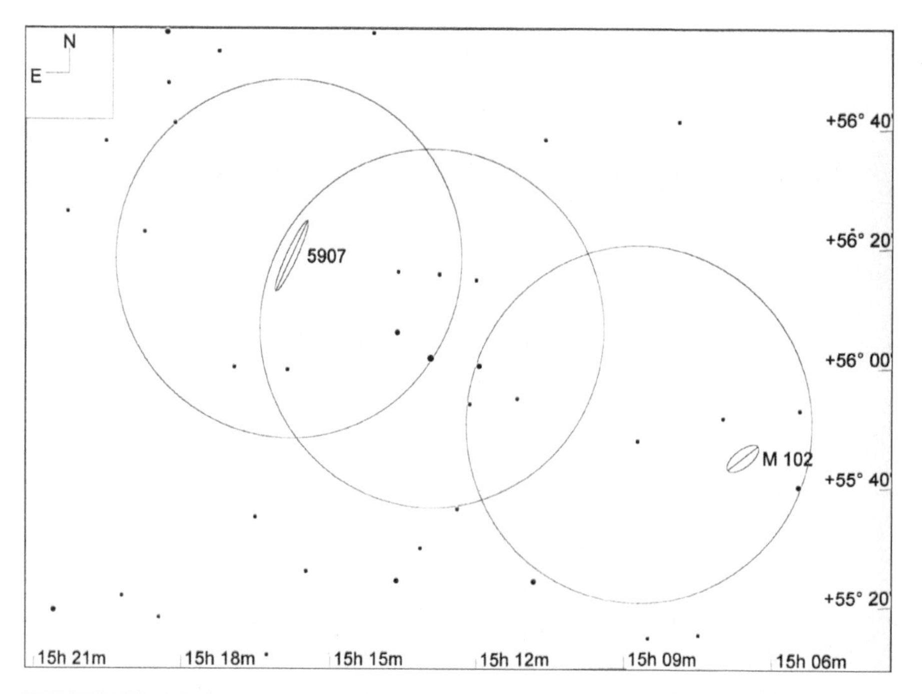

星图 20-3

NGC 5907（视场宽 2.5°，目镜视场圈直径 1°，极限星等 11.0 等）

NGC 6503	★★	⊕⊕	GX	MBUDR
见星图 20-4	见影像 20-3	m10.9, 7.1' x 2.4'	17h 49.5m	+70°09'

NGC 6503 是个尺寸较大、亮度中等的星系，定位这个星系的最佳办法需要你先用肉眼找几颗恒星。首先循着天龙座 η（14 号星）、天龙座 ζ（22 号星）的延长线的方向，找到天龙座 χ（44 号星），这几颗星都比较亮，从西南到东北拉开了一条 16° 长的线，线的东北端就是天龙座 χ。确认了天龙座 χ 之后，根据它就可以认定一颗较暗（但肉眼仍可见）的星——天龙座 ψ（31 号星），将其放在寻星镜视场的北西北边缘，然后见星图 20-4，找到另外几颗较为醒目的星组成的特殊形状：天龙座 27、28、37、34 号星。根据这一位置关系，不难估计出 NGC 6503 的位置，将所估位置摆到视场中央。

我们在 10 英寸反射镜加 90 倍放大率下用余光瞥视法观察，看到 NGC 6503 呈现为 1'×4' 的椭圆形轮廓，长轴在西北一东南方向，中心部分略有增亮，但中心部分与边缘部分却比较难以区分。

影像 20-3

NGC 6503（视场宽 1°）

本照片承蒙帕洛马天文台和太空望远镜科学研究院惠允翻拍自数字巡天工程成果

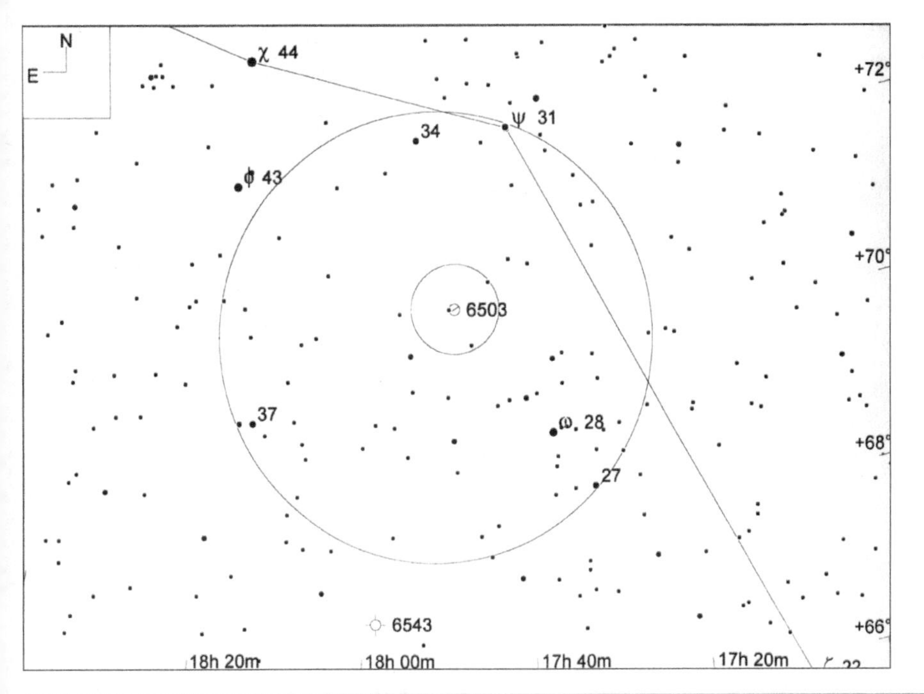

星图 20-4

NGC 6503（视场宽 10°，寻星镜视场圈直径 5°，目镜视场圈直径 1°，极限星等 9.0 等）

NGC 6543	★★★	⊕⊕⊕	PN	MBUDR
见星图 20-5	见影像 20-4	m8.8, 20"	17h 58.6m	+66°38'

NGC 6543 是个很小但很漂亮的行星状星云，也被称为“猫眼星云”（Cat's Eye Nebula），是天龙座中首屈一指的美丽深空天体。它位于 3.2 等的天龙座 ζ（22 号星）东边稍偏北一点的方向 5.1° 处，因此可以利用参考星很快定位。将天龙座 ζ 放在寻星镜视场的西南西边缘后，可以在靠近视场北缘的地方看到 5 等的天龙座 27、28 号星，见星图 20–5。此时将视场向东移动约半个视场直径，就可以将猫眼星云放到视场中心。在寻星镜中已经可以看到猫眼星云，只不过此时它看起来与普通恒星没什么两样。在我们的寻星镜里，如果向东偏移视场时看到另外两颗 5 等星天龙座 36、42 号星进入了视场，就可以知道偏移得太多了。如果你的寻星镜视场大于 5°，那么就还可以通过天龙座 36、42 号星来辅助确定猫眼星云的位置。

在我们的 10 英寸反射镜加 125 倍放大率下，猫眼星云是个带蓝绿色的明亮小圆盘。其中心恒星亮度为 11 等，在放大率更低时看不到，但在 125 倍下可以看得很清楚。用余光瞥视，隐约还能看见圆盘外边有极暗弱的壳层。加上 Ultrablock 窄带滤镜之后，可以看到壳层中有卷须状结构，整个星云成像的对比度也极大地提高了，但是中心的亮盘内仍然看不出更多细节。

影像 20-4

NGC 6543（视场宽 1°）

本照片承蒙帕洛马天文台和太空望远镜科学研究院惠允翻拍自数字巡天工程成果

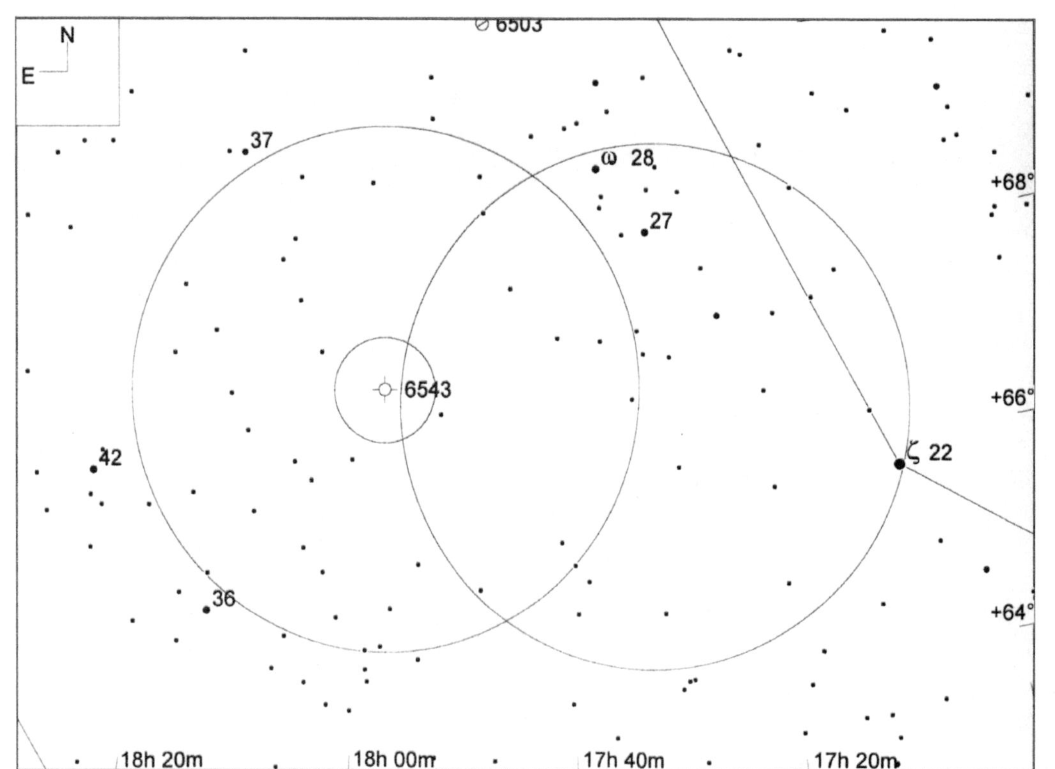

星图 20-5

NGC 6543（视场宽 10°，寻星镜视场圈直径 5°，目镜视场圈直径 1°，极限星等 9.0 等）

聚星

24-nu^1, 25-nu^2 (STFA 35)	★★		MS	uD
见星图 20-1		m4.9/4.9, 63.4", PA 311° (2003)	17h 32.2m	+55°10'

天龙座 ν^1、ν^2（24、25 号星）是一对大角距的美丽双星，编号 STFA 35。这对双星位于亮星天龙座 β（俗名 Rastaban）北边 2.9°处，因此很容易定位。这对双星本身的亮度也处于肉眼可见的范围。不论是用 90mm 折射镜加 100 倍放大率看，还是用 10 英寸反射镜加 90 倍放大率看，这对双星都像是最纯正的孪生兄弟。二者的颜色都是纯白色，亮度也几乎一样。

21-mu* (STF 2130AB)	★★		MS	uD
见星图 20-6		m5.7/5.7, 2.3", PA 11° (2006)	17h 05.3m	+54°28'

像上述的天龙座 ν^1、ν^2 一样，天龙座 μ（21 号星，俗名 Alrakis）也是一对纯白色、亮度相似的双星，编号 STF 2130AB。不过，它的两星角距要比前者小得多。它的定位很容易，只要将上面说到的天龙座 β 放在寻星镜视场的东南边缘，将天龙座 ν^2 放到同一视场的东北边缘，就可以在视场西边缘找到它了。它比它周围邻近的恒星亮得多，很容易确定。

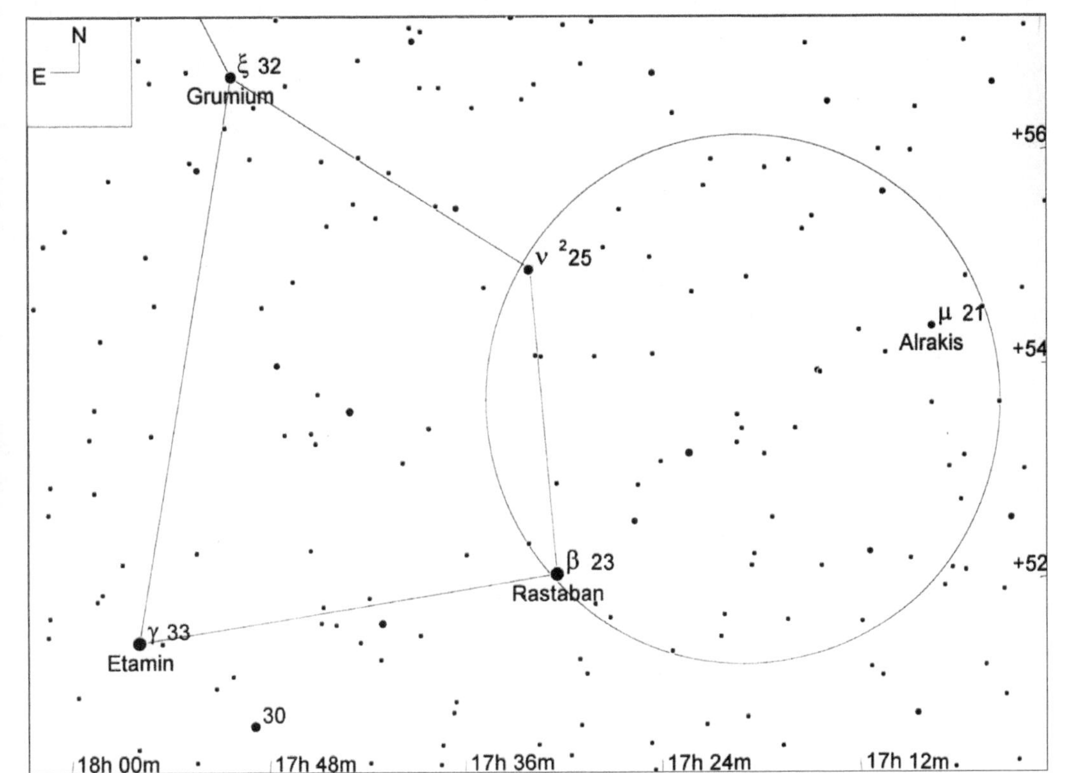

星图 20-6

天龙座 μ（21 号星）（STF 2130AB）（视场宽 10°，寻星镜视场圈直径 5°，极限星等 9.0 等）

16/17 (STF 2078AB)	★★	⊕⊕⊕	MS	uD
见星图 20-7		m5.4/6.4, 3.0", PA 107° (2003)	16h 36.2m	+52°55'

16/17 (STFA 30AC)	★★	⊕⊕⊕	MS	uD
见星图 20-7		m5.4/5.5, 89.8", PA 196° (2003)	16h 36.2m	+52° 55'

天龙座 16、17 号星是个典型的三合星系统。除了分别为 5.4 等和 6.4 等的主星和第一伴星之外，还有一颗 5.5 等的第二伴星位于离前两颗星较远的地方。要定位天龙座 16、17 号星，可以把前文刚刚介绍过的天龙座 μ（21 号星）放在寻星镜视场的东边缘，然后在同一视场的西南西边缘找到天龙座 16、17 号星。它们比邻近的其他恒星要亮不少。

我们用 10 英寸反射镜加 70 倍放大率观看天龙座 16、17 号星，发现它俩分解得不甚清晰。换到 125 倍放大率后，分解就很清晰了，3 颗成员星都是明亮的纯白色。

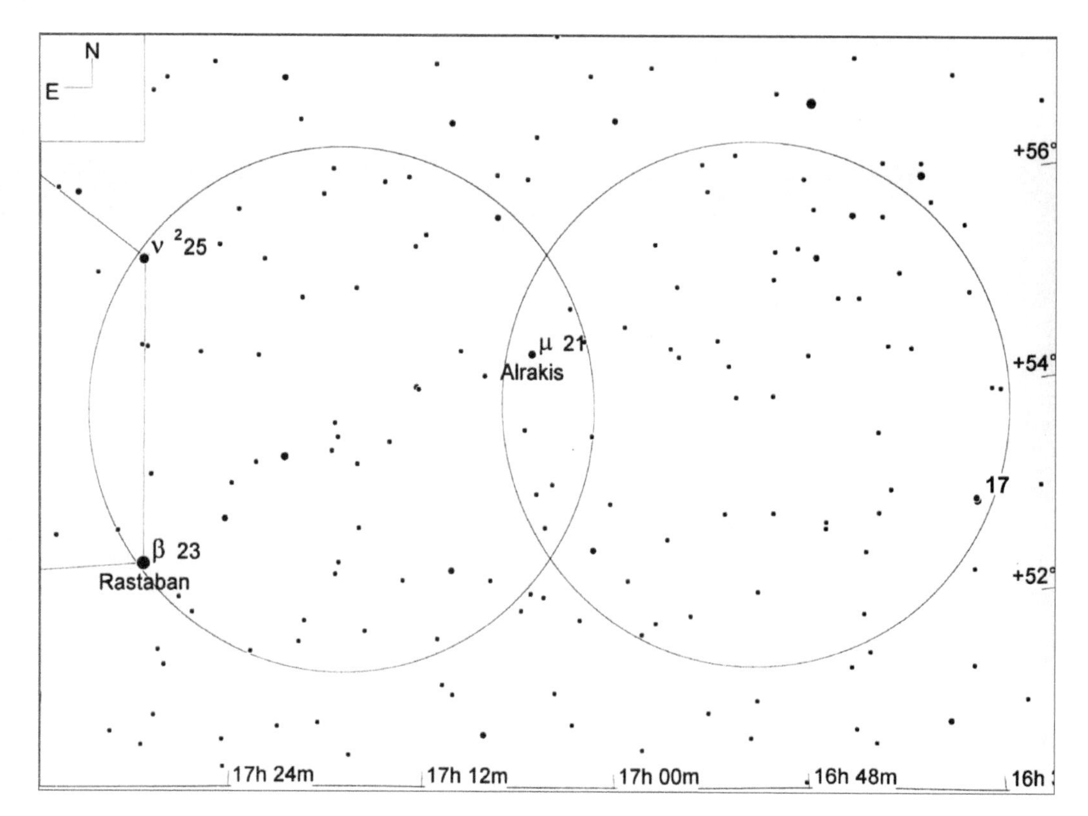

星图 20-7

天龙座 16、17 号星（STF 2078AB 和 STF A30AC）（视场宽 10°，寻星镜视场圈直径 5°，极限星等 9.0 等）

31-psi* (STF 2241AB)	★★	⚈⚈⚈	MS	UD
见星图 20-1		m4.6/5.6, 30.0", PA 16° (2006)	17h 41.9m	+72°09'

天龙座 ψ（31 号星）是颗很平凡的双星，编号 STF 2241AB。定位它的最简便方法，其实在前文介绍 NGC 6503 的定位法时已经提到了：沿着天龙座 η（14 号星）、天龙座 ζ（22 号星）的延长线方向，从西南到东北，跨过 16°，找到天龙座 χ（44 号星）。一旦确定了天龙座 χ，那么在它正西 3° 处找到肉眼勉强可见的天龙座 ψ 也就不难了。

我们使用 10 英寸口径反射镜加 90 倍放大率观察它时，看到主星呈暖白色，伴星呈黄白色。

41/40 (STF 2308AB)	★★	⚈⚈	MS	UD
见星图 20-8		m5.7/6.0, 18.6", PA 232° (2003)	18h 00.1m	+80°00'

天龙座 40、41 号星（编号 STF 2308AB）也是一对平凡的双星。要定位它，请参考星图 20-8 所示，将天龙座 χ（44 号星）放在寻星镜视场的南缘，并在寻星镜视场的西北边缘和东北东边缘分别找到相当醒目的天龙座 35 号星和 50 号星。将视场向这两颗星的方向移动，如果能看到天龙座 59 号星进入视场，就说明你已经正确地找到了 35 号星和 50 号星。此时，按星图所示，将 35 号星放到寻星镜视场的南西南边缘，则天龙座 40、41 号星就出现在视场中心偏北的位置上了。将其调整到视场中心，用目镜观测即可。

我们用 10 英寸反射镜，在 90 倍放大率下观察，看到主星和伴星亮度相仿，都呈暖白色。

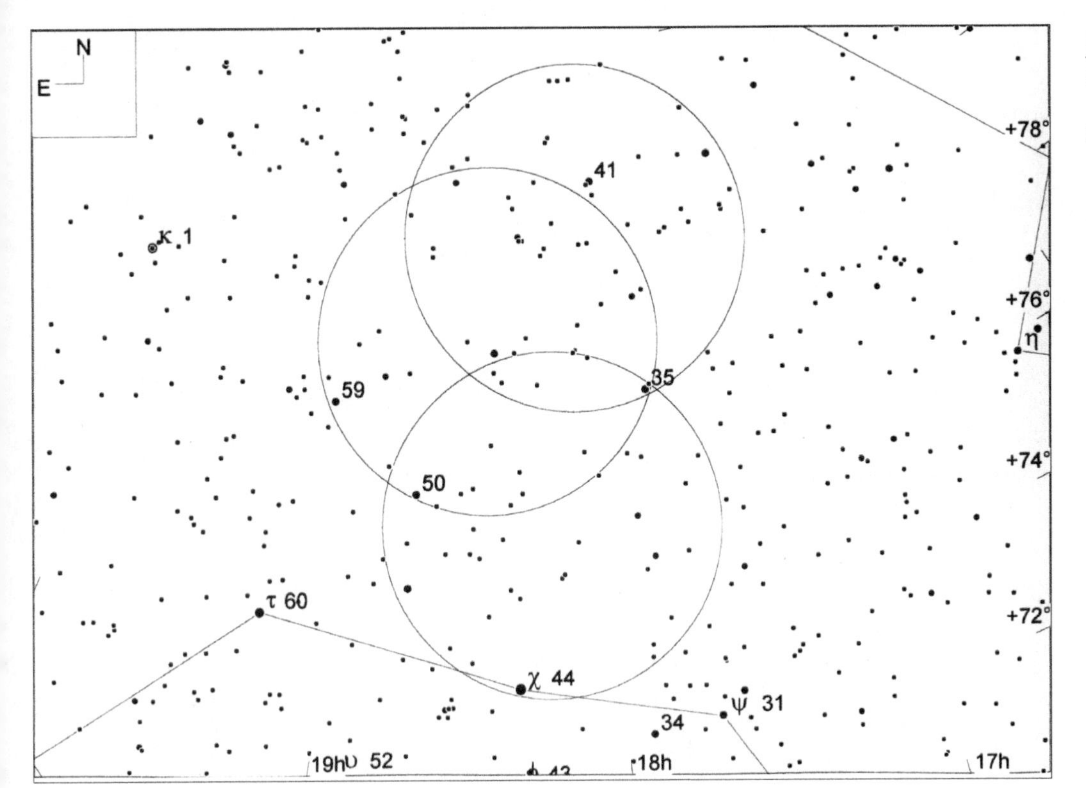

星图 20-8

天龙座 40、41 号星（STF 2308AB）（视场宽 15°，寻星镜视场圈直径 5°，极限星等 9.0 等）

21

波江座，长河

星座名：波江座（Eridanus）
适合观看的季节：秋
上中天：11 月上中旬午夜
缩写：Eri
所有格形式：Eridani
相邻星座：雕具、鲸鱼、天炉、时钟、水蛇、天兔、猎户、凤凰、金牛
所含的适合双筒镜观看的天体：（无）
所含的适合在城市中观看的天体：（无）

波江座位于天球的南半部，它巨大、暗淡且延拓甚广。它的面积达 1 138 平方度，约占天球的 2.8%，在全天 88 星座里排在第 6 位。从猎户座脚下、靠近天赤道处开始，这条“大江”波滔滔浪滚滚一路往西南方向倾泻而下，最终收尾在赤纬 –57° 的一颗 0 等亮星处。这颗 0 等星的俗名是 Achernar，意思就是“长河终结之处”（该星中文古名为“水委一”——译者注）。对于北半球中纬度的地区而言，波江座的南半部分，包括最南端的 0 等星，终年都不会升到地平线以上。

波江座的传说历史悠久。在希腊神话中，太阳神赫利厄斯（Helios）的儿子法厄顿（Phaŏton）驾驶着他父亲的战车，冲进了埃里达纳斯河（Eridanus），因此“埃里达纳斯”也就成了波江座的英文名字。年轻气盛的法厄顿刚刚学会驾驶战车，就自负地认为自己的驾驶水平已经超过了前辈的高手。可惜他的技术和力量其实都远未成熟，结果战车不慎失控，穿越了整个天庭，坠向人间。战车接近地球时，带来了太多的灼热，从此大地上有了沙漠；当战车向远离大地的方向侧翻时，又给大地留下了严寒的极地冰原。宙斯眼看着闹剧无法收场，不得已用天雷击死了法厄顿，法厄顿就这样结束了他失败的驾驶行动，他烧焦的尸体则跌进了埃里达纳斯河的波涛中。

波江座内深空天体稀少，不过仍有一个很有趣的星系、一个颇具代表性的行星状星云和一对有意思的双星。每年 11 月 10 日午夜，波江座上中天。对于北半球中纬度的观测者来说，从 11 月到次年 1 月的夜间最适合观察波江座。

表 21-1

波江座中有代表性的星团、星云和星系

天体名称	类型	视亮度	视尺寸	赤经	赤纬	梅	双	城	深	加	备注
NGC 1232	Gx	10.5	7.4 x 6.4	03 09.8	–20 35					◉	Class SAB(rs)c; SB 13.7
NGC 1535	PN	9.6	1.0	04 14.3	–12 44					◉	Class 4+2c

表 21-2

波江座中有代表性的双星或聚星

天体名称	星对	星等1	星等2	角距	方位角	年份	赤经	赤纬	城观	双星	备注
32	STF 470AB	4.8	5.9	6.8	348	2004	03 54.3	–02 57		◉	
55	STF 590	6.7	6.8	9.2	318	2004	04 43.6	–08 47		◉	

星图 21-1

波江座北半部分星图（视场宽 40°）

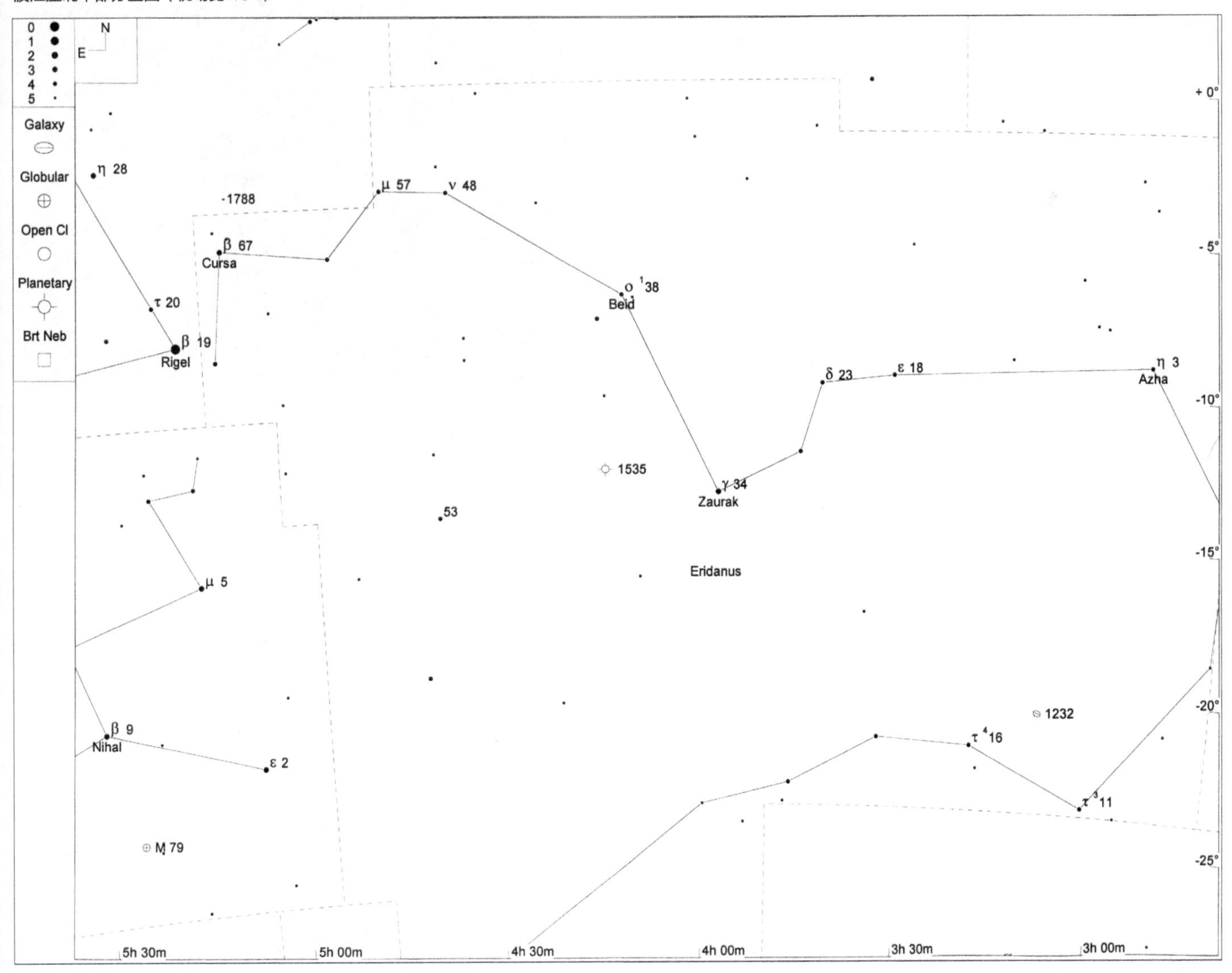

NGC 1232	★★	◐◐	GX	MBUDR
见星图 21-2	见影像 21-1	m10.5, 7.4' x 6.4'	03h 09.8m	-20°35'

NGC 1232 是个中等大小且正好面对着我们的美丽的螺旋星系。虽然它的星等数值标为 10.5 等，但其表面亮度只有 13.7 等，所以如果望远镜的口径小于 8 英寸或 10 英寸，是很难成功看到这个星系的。

NGC 1232 的定位也很难。要定位它，首先要找到位于猎户座 β 星西南西方向 19.5° 处的 3 等星波江座 γ（34 号星，俗名 Zaurak）。这颗星是 NGC 1232 周围邻近天区里最亮的星了。从该星开始，向西南 12.3°，可以找到 3.7 等的波江座 τ^4（16 号星）。它是一条 10° 长的东—西向星链中的第 3 颗也是相对最亮的一颗星，该星链内的其他星都在 4 等左右。在波江座 τ^4 的西南西方向 4.4° 处，是 4.1 等的波江座 τ^3（11 号星）。找到了这颗星，就可以进入寻星镜定位了。将 τ^4 放在寻星镜视场的东缘，而将 τ^3 放在西南边缘，就可以在视场的东北部分找到一条非常醒目的、由 3 颗 7 等星组成的 1° 长的小弧形。NGC 1232 就在这个弧形的正西 35' 处，低倍放大率的目镜可以将它与这个弧形囊括在同一视场内，它的东侧仅 7' 处还有一颗 10 等星。

我们用 10 英寸道布森式镜加 125 倍放大率，以余光瞥视法观察，看到 NGC 1232 呈现出一个比较暗弱的东—西向轮廓，尺寸约 3.5'，其中心区呈椭圆形，相对稍亮一点，尺寸约 1'。在中心区域，似乎勉强可以辨认出一些斑驳状的细节特征。

影像 21-1

NGC 1232（视场宽 1°）

本照片承蒙帕洛马天文台和太空望远镜科学研究院惠允翻拍自数字巡天工程成果

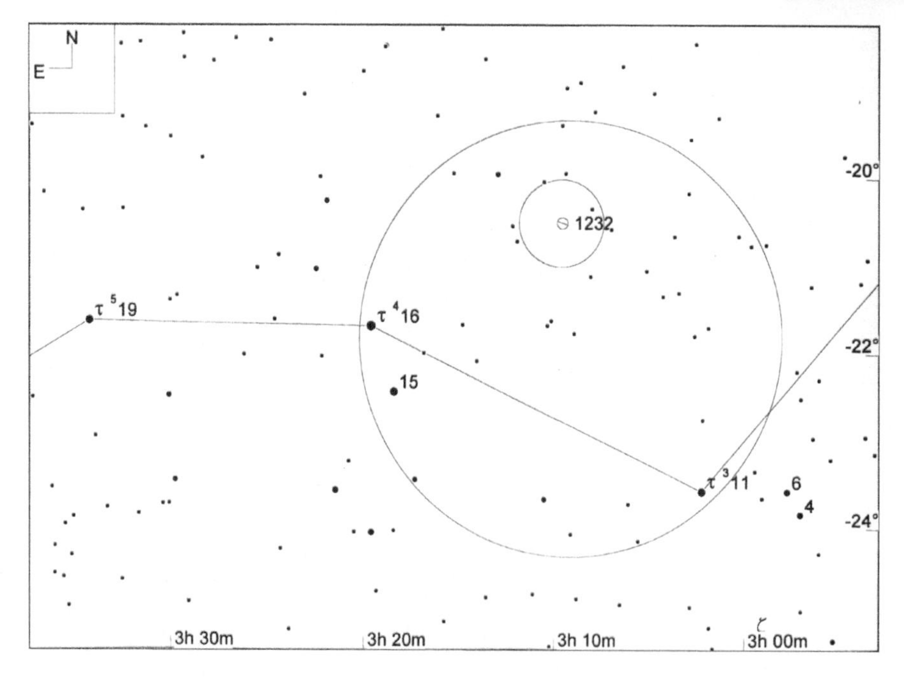

星图 21-2

NGC 1232（视场宽 10°，寻星镜视场圈直径 5°，目镜视场圈直径 1°，极限星等 9.0 等）

NGC 1535	★★★	◐◐◐	PN	MBUDR
见星图 21-3	见影像 21-2	m9.6, 1.0'	04h 14.3m	-12°44'

NGC 1535 是个明亮且美丽的行星状星云。对于北半球中纬度地区的观测者能看到的这部分波江座天区而言，NGC 1535 堪称波江座内最棒的深空天体了。要定位它，首先把 3 等星波江座 γ（34 号星）放在寻星镜视场的西南边缘，然后把视场朝东北方向极轻微地偏移一点，就可以看到 4.9 等的波江座 39 号星出现在视场的东北边缘。确定了波江座 39 号星后，将其改放到寻星镜视场的正北边缘，由于 NGC 1535 在它正南 2.5°（约等于寻星镜视场的半径），所以此时寻星镜视场的中央差不多就是 NGC 1535 的所在了。

我们用 10 英寸道布森式镜加 125 倍放大率直视观察，看到 NGC 1535 是个明亮的发蓝色的圆盘，有很强的向中心凝聚的紧致效果。换用余光扫视之，还可以很容易地看到它的中心恒星，以及十分朦胧浅淡的外围轮廓。

影像 21-2

NGC 1535（视场宽 1°）

本照片承蒙帕洛马天文台和太空望远镜科学研究院惠允翻拍自数字巡天工程成果

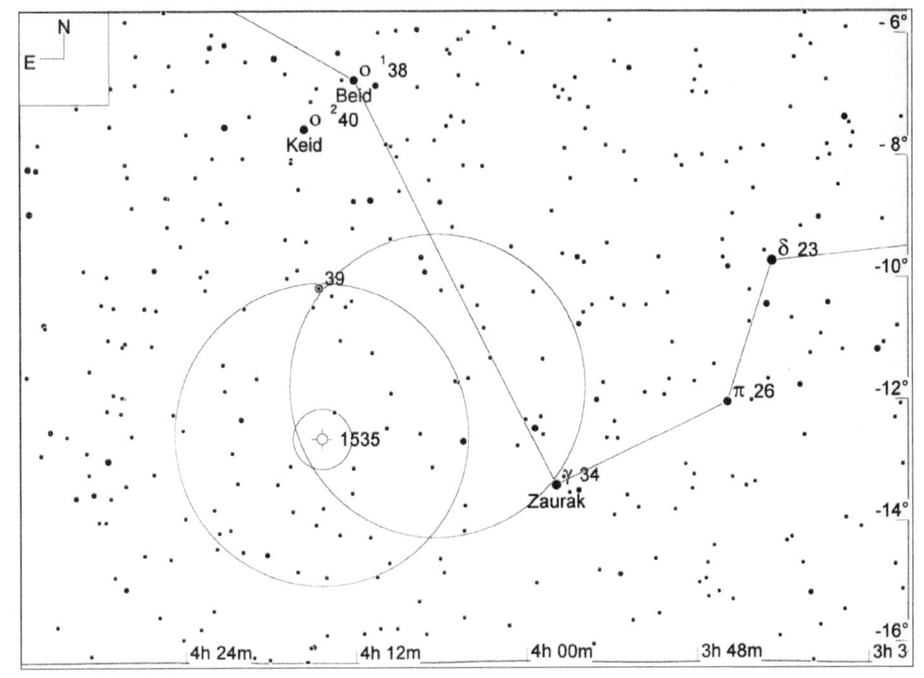

星图 21-3

NGC 1535（视场宽 15°，寻星镜视场圈直径 5°，目镜视场圈直径 1°，极限星等 9.0 等）

32 (STF 470AB)	★★	⚆⚆	MS	uD
见星图 21-4		m4.8/5.9, 6.8", PA 348° (2004)	03h 54.3m	−02°57'

波江座 32 号星是颗十分平常的双星。要定位它，首先要从前文说到的 3 等星波江座 γ 向北东北方向寻找 7.5°，找到一对 4 等星——波江座 ο¹ 和 ο²（俗名分别为 Beid 和 Keid）。将波江座 ο¹ 放在寻星镜视场的东南东边缘，就能在同一视场的西北西边缘附近找到 5 等的波江座 30 号星，它在那一小片天区内还是很醒目的。然后，将波江座 30 号星改放到寻星镜视场的南边缘上，则可以在此时视场的东北边缘看到同为 5 等的波江座 35 号星，而此时视场的中心附近那颗 5 等星就是波江座 32 号星了。

我们用 10 英寸反射镜加 90 倍放大率观察，看到其主星是金黄色，伴星是冷白色（有的爱好者报告说这颗伴星的颜色是白里透绿，不过我们没看出来过）。

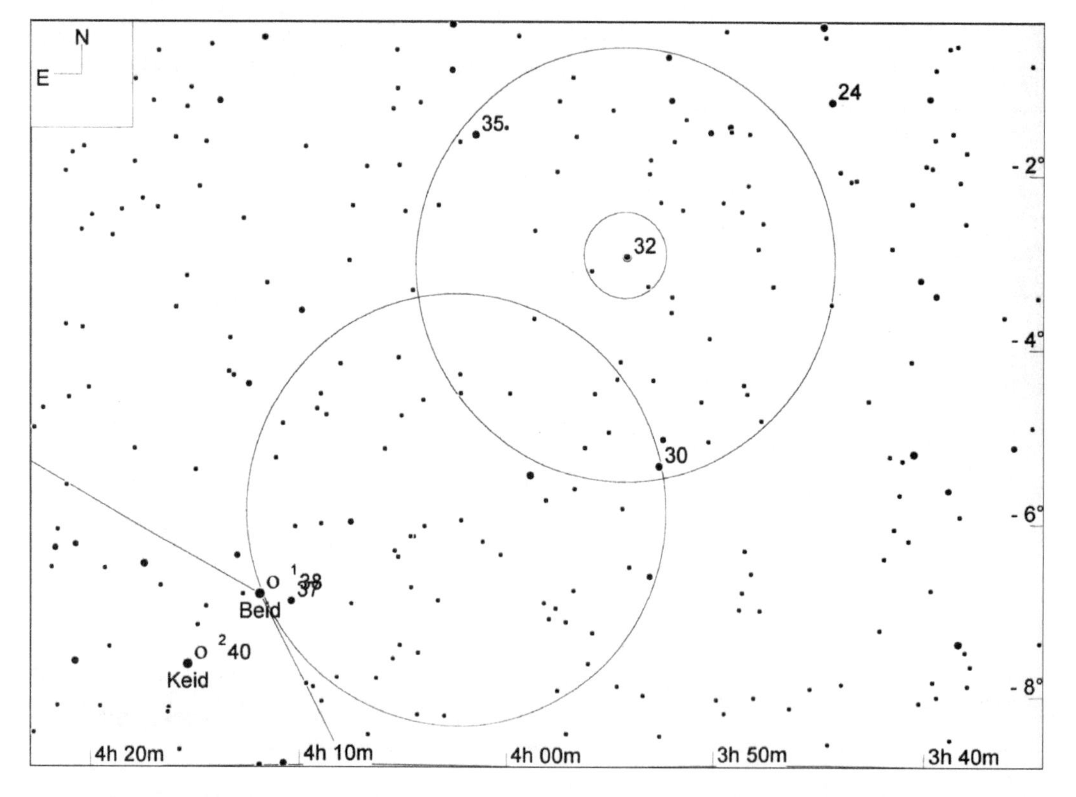

星图 21-4

波江座 32 号星（STF 470AB）（视场宽 12°，寻星镜视场圈直径 5°，目镜视场圈直径 1°，极限星等 9.0 等）

55 (STF 590)	★★	⊕⊕⊕	GC	uD
见星图 21-5		m6.7/6.8, 9.2", PA 318° (2004)	04h 43.6m	–08°47'

波江座 55 号星是另一颗比较平常的双星。要定位它，首先将 2.8 等的波江座 β（67 号星，俗名 Cursa）放在寻星镜视场的东北边缘。此时，4.4 等的波江座 ω（61 号星）会出现在寻星镜视场的西北边缘，而 4.8 等的波江座 ψ（65 号星）则出现在视场的中心附近。移动视场，让波江座 ω 到达视场北边缘，让波江座 ψ 处于视场的东边缘，就可以看到视场的西南边缘处明显出现了一对 6 ～ 7 等星，其中靠南且稍暗一点的那颗就是波江座 55 号星。

我们用 10 英寸反射镜加 90 倍放大率观察，看到其主星呈黄白色，伴星呈暖白色。

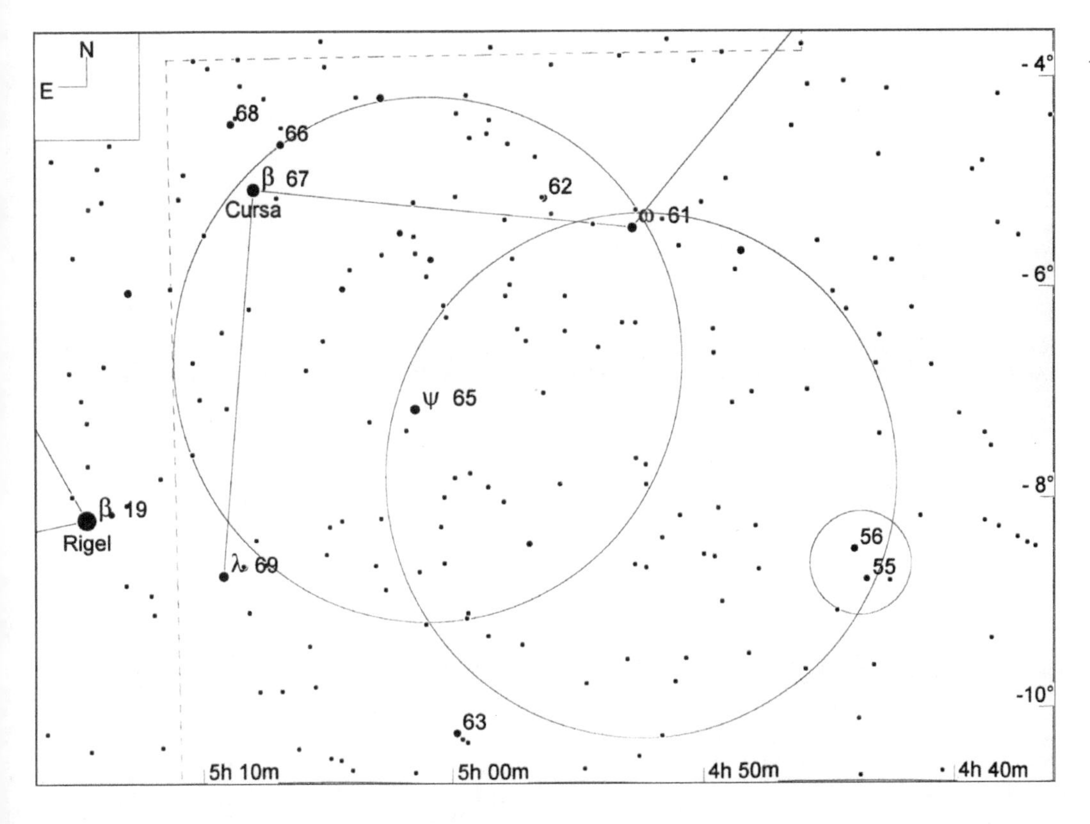

星图 21-5

波江座 55 号星（STF 590）（视场宽 10°，寻星镜视场圈直径 5°，目镜视场圈直径 1°，极限星等 9.0 等）

22

双子座，孪生兄弟

星座名：双子座（Gemini）
适合观看的季节：冬
上中天：1月上旬午夜
缩写：Gem
所有格形式：Geminorum
相邻星座：御夫、小犬、巨蟹、天猫、麒麟、猎户、金牛
所含的适合双筒镜观看的天体：NGC 2168 (M 35)
所含的适合在城市中观看的天体：NGC 2168 (M 35), NGC 2392

双子座位于北半天球中部，是个中等大小的很醒目的星座。其面积为514平方度，约占天球的1.2%，在全天88星座里排行第30位。

双子座的传说历史悠远，且一直被与孪生子联系在一起。最著名的传说版本还是来自希腊神话，双子座代表的是孪生兄弟卡斯特尔和波吕丢克斯，他们是斯巴达王后勒妲在与化作天鹅前来寻欢的大神宙斯亲昵之后所生，出生时是从一个蛋中出来的，一起出来的还有一个妹妹海伦，也就是后来“特洛伊的海伦”（详情参看本书对天鹅座的神话介绍——译者注）。

双子座的天区南半部分处于银河盘面之内，因此含有一些有趣的疏散星团。而双子座的北半部分则以“孪生兄弟”的头部——双子座 α 和 β（俗名当然分别是Castor和Pollux）——这两颗亮星为标志，且位于银盘之外。这半部分含有一些星系，但其中绝大多数因为太远而太暗，不适合一般的业余望远镜观测。

双子座每年1月4日午夜上中天。对于北半球中纬度的观测者而言，从晚秋到次年早春的季节里，夜间都很适合观察双子座。

表 22-1

双子座中有代表性的星团、星云和星系

天体名称	类型	视亮度	视尺寸	赤经	赤纬	梅	双	城	深	加	备注
NGC 2168	OC	5.1	28.0	06 09.0	+24 21	◉	◉	◉			M 35; Mel 41; Class III 3 r
NGC 2371/2372	PN	13.0	55.0"	07 25.6	+29 29					◉	Class 3a+2
NGC 2392	PN	9.9	50.0"	07 29.2	+20 55			◉		◉	Class 3b+3b

表 22-2

双子座中有代表性的双星或聚星

天体名称	星对	星等1	星等2	角距	方位角	年份	赤经	赤纬	城观	双星	备注
55-delta*	STF 1066	3.6	8.2	5.7	226	2006	07 20.1	+21 59		◉	Wasat
66-alpha*	STF 1110AB	1.9	3.0	4.3	60	2006	07 34.6	+31 53		◉	Castor

星图 22-1

双子座星图（视场宽 40°）

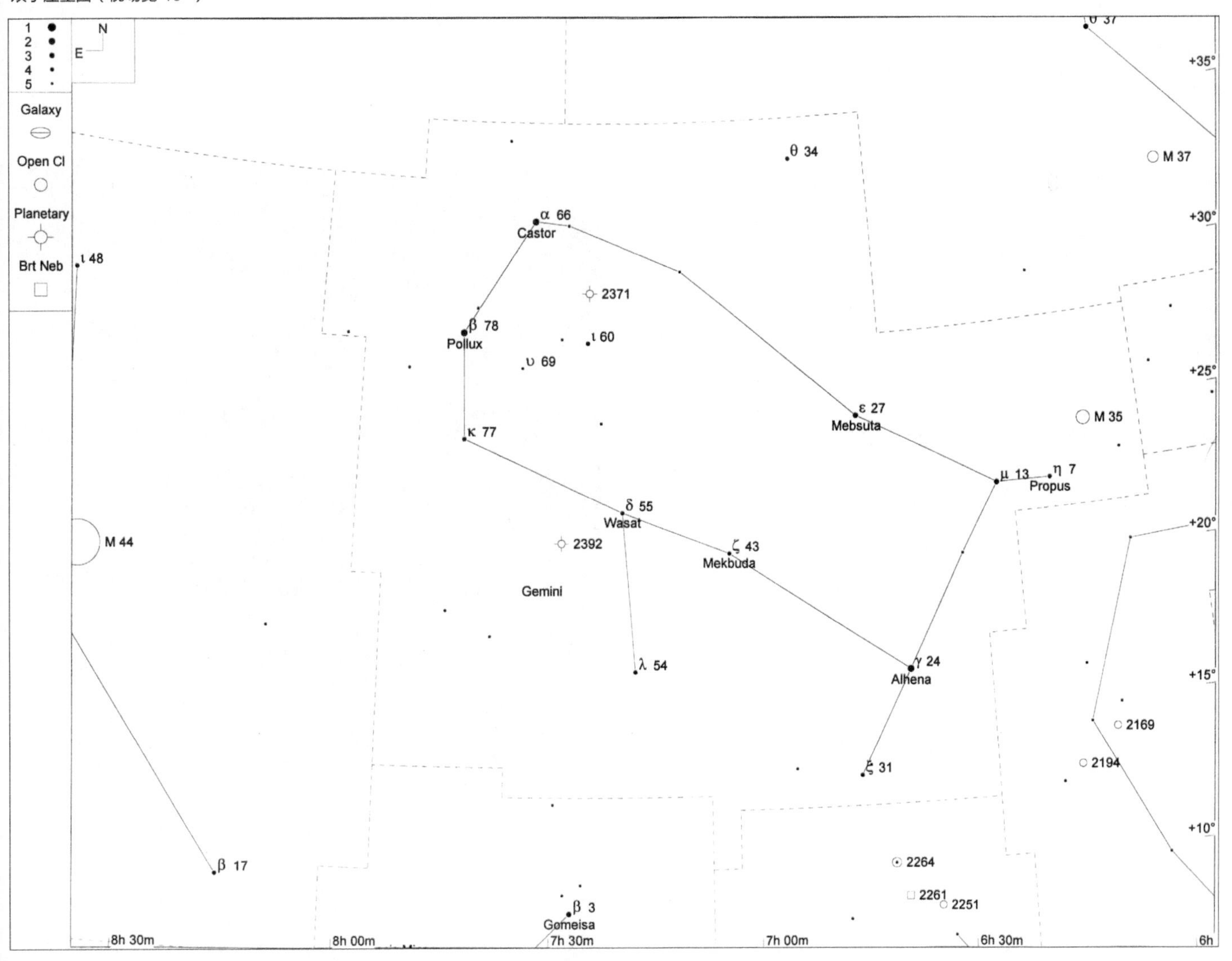

M 35 (NGC 2168)	★★★	⚆⚆⚆	OC	MBUDR
见星图 22-2	见影像 22-1	m5.1, 28.0'	06h 09.0m	+24°21'

M 35（NGC 2168）是个明亮的疏散星团，尺寸几乎与满月一样大。在非常深暗的夜空环境下，仅用肉眼瞥视其位置，都可以感受到它的存在。

这个天体在 1745 年或 1746 年被夏西亚科斯（Philippe Loys de Chéseaux）发现过，后来英国天文学家约翰•贝维斯（John Bevis）又独立地重新发现了它，发现的时间也不晚于 1750 年，即他出版自己的《不列颠星图》（Uranographia Britannica）的年份。（顺便提一句，有谣传说贝维斯还有个德国助手 Arschkopf，或称 Butthead，但估计不是真的。）而梅西耶通过 1764 年 8 月 30 日的观测，证实了约翰•贝维斯的发现，并记录道："这是个由很多小星组成的星团，位置在双子座 α（Castor）的脚下，离双子座 μ 和 η 不远。"

梅西耶的这段记录也为我们提供了定位 M 35 的最佳指南。在双子座的西北角，肉眼就可以找到 2.9 等的双子座 μ（13 号星）和 3.3 等的双子座 η（7 号星），这两颗星组成了很明显的一个东—西向的对子，角距 1.9°。M 35 就位于双子座 η 的西北边 2.2° 处，在 50mm 口径的双筒镜或寻星镜中就可以看到。

我们通过 50mm 双筒镜观察，看到 M 35 呈现为一个较亮的模糊斑块，其中可以辨认出若干颗成员星，约有五六颗 7 ~ 8 等星，以及十余颗暗至 10 等的星。用 10 英寸牛顿式反射镜加 42 倍放大率看到的 M 35 更为壮观，在直径约半度的圆形天区内可以看出一百颗以上的成员星，最暗的有 13 等。不过，我们很难明确地辨认出这个星团的边界何在，因为这块天区处于银盘的繁密背景星场之中，亮度类似于 M 35 成员星的恒星在周围也有很多。

在观测 M 35 时，不妨顺便看看它旁边一个更暗的疏散星团 NGC 2158，该星团在 M 35 西南边大约半度的地方。在影像 22-1 中，NGC 2158 位于 M 35 的右下边。NGC 2158 的距离大概是 M 35 的 6 倍。假设它离我们能与 M 35 离我们一样近，那么必将成为地球夜空中最为壮观的疏散星团。我们用低倍放大率下的 10 英寸望远镜观察 NGC 2158 时，它只是个暗淡的发光物；当放大率增到 125 倍时，它才显示出很多的暗弱成员星，整个星团可见的尺寸为 4'。我们认为，NGC 2158 像是御夫座球状星团 M 37 的一个更小也更暗的版本。

影像 22-1

NGC 2168（M 35）（视场宽 1°）

本照片承蒙帕洛马天文台和太空望远镜科学研究院惠允翻拍自数字巡天工程成果

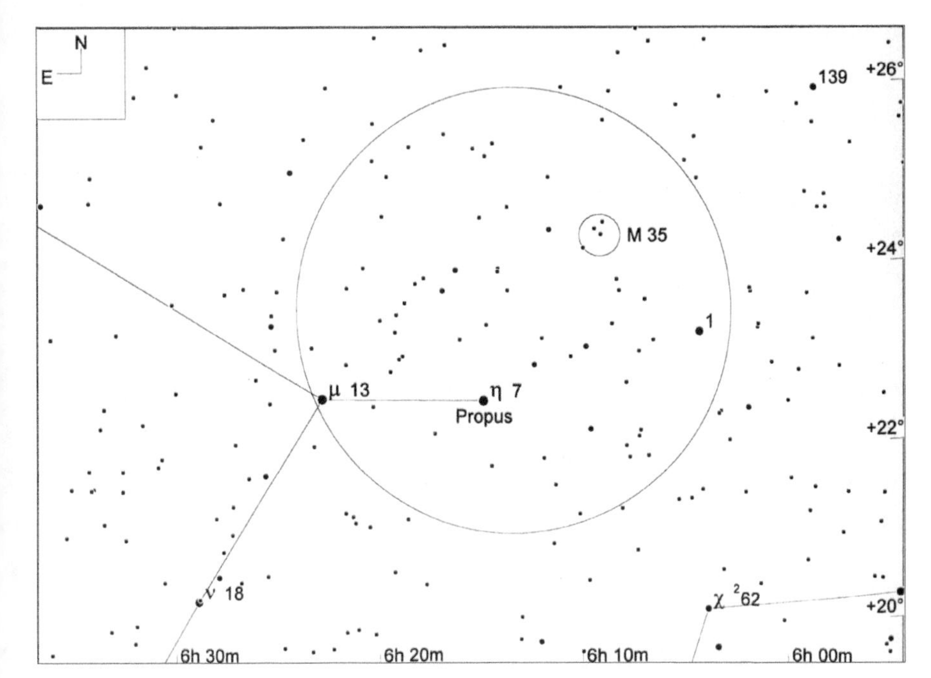

星图 22-2

NGC 2168（M 35）（视场宽 10°，寻星镜视场圈直径 5°，极限星等 9.0 等）

NGC 2371/2372	★	◕	PN	MBUDR
见星图 22-3	见影像 22-2	m13.0, 55.0"	07h 25.6m	+29°29'

NGC 2371/2372 是个十分朴素的行星状星云。它之所以被分配了两个 NGC 号码，是因为从照片上看，它明显分为西北和东南两个部分。

要定位这个 NGC 2371/2372，可见星图 22-3，先把双子座 α 和 β 两颗亮星分别置于寻星镜视场的北边缘和东南边缘，然后把视场向正西移动约半个直径，以出现在视场内的双子座 60、62、64、65 号星这四颗星的相对位置为参考，将 NGC 2371/2372 放在视场的中央附近。

这个天体还是比较难找的，我们当年就费了不少力气才找到它。其实，找到它所在的天区是很容易的，真正的难点在于如何确认哪个亮点才是它。至少我们自己根据实践经验认为难点在这里。

我们用自己的 10 英寸道布森镜加 42 倍放大率观察，看到这个行星状星云与一颗普通的暗恒星没什么区别。我们自然想到用 Ultrablock 的窄带滤镜以“闪视法”来确认这个天体（即手持滤镜在眼睛和目镜之间不断挡进和移出），但由于这个行星状星云实在太暗了，所以会与周围的背景恒星一起隐没在滤镜背后，因此还是不行。不过，换到更高放大率的目镜后，就可以看出它不是一颗普通恒星了。例如，在 125 倍放大率下，它比一颗普通暗星多出了很多绒毛状的观感；在 240 倍放大率下用余光瞥视的技巧观察，最终还是能辨认出它那相当暗弱的盘面，不过无法看出其他的表面细节。

影像 22-2

NGC 2371 / 2372（视场宽 1°）

本照片承蒙帕洛马天文台和太空望远镜科学研究院惠允翻拍自数字巡天工程成果

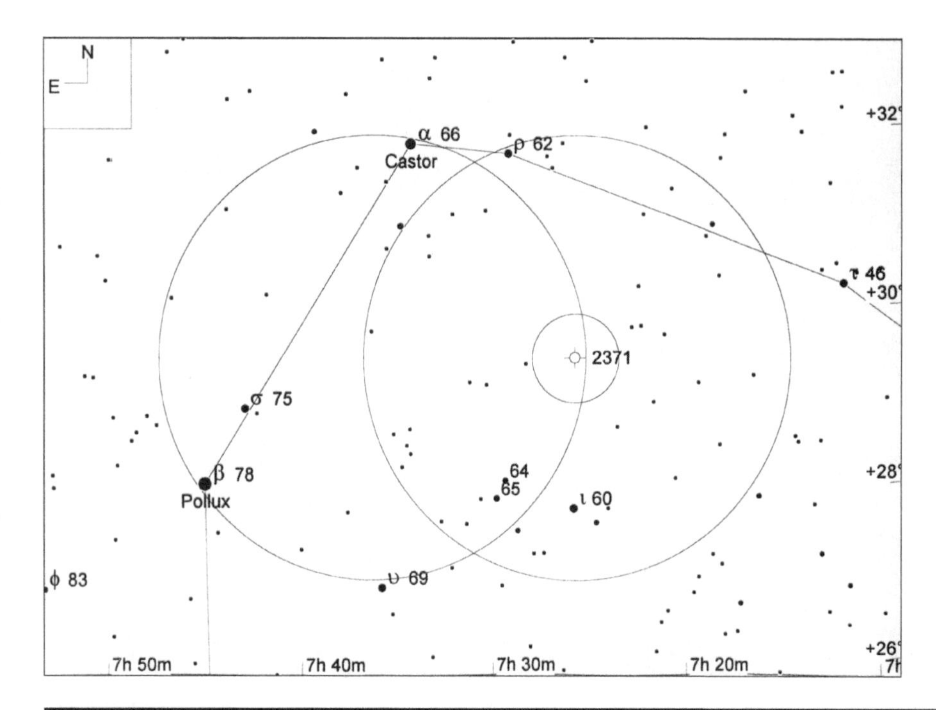

星图 22-3

NGC 2371/2372（视场宽 10°，寻星镜视场圈直径 5°，目镜视场圈直径 1°，极限星等 9.0 等）

NGC 2392	★★★	⊕⊕⊕⊕	PN	MBUDR
见星图 22-4	见影像 22-3	m9.9, 50.0"	07h 29.2m	+20°55'

NGC 2392 是夜空中最棒的行星状星云之一，也被称为“爱斯基摩星云”（Eskimo Nebula）或“小丑面具星云”（Clown Face Nebula）。要定位它，可以将 3.5 等的双子座 δ（55 号星，俗名 Wasat）放在寻星镜视场的西北西方向的边缘上，此时可以在视场中心附近很明显地看到双子座 61 号星和 63 号星。见星图 22-4，NGC 2392 与这两颗星构成了一个小三角形，可以根据这一位置关系将其放在视场中央。其实，在 50mm 寻星镜的视场中，我们通过余光瞥视已经能看到 NGC 2392 了，尽管它此时呈现出的样子很像一颗普通的暗恒星。

用 10 英寸道布森镜加 42 倍放大率观察，NGC 2392 看上去像颗有绒毛的星星。将放大率加到 240 倍并使用余光瞥视，可以很明确地看见很多细节。该行星状星云的圆盘界限明确，盘面呈一种美丽的淡蓝紫色，这与其他大多数较亮的行星状星云呈蓝绿色是不同的。NGC 2392 的中心恒星也可以轻易看到。该天体也可以用肉眼的闪视法观察：直接盯住它的中心恒星，其圆盘的形象会在视野里逐渐消失；而一旦视线的焦点挪到旁边，其圆盘就又会在余光的范围内跃然而出。

影像 22-3

NGC 2392（视场宽 1°）

本照片承蒙帕洛马天文台和太空望远镜科学研究院惠允翻拍自数字巡天工程成果

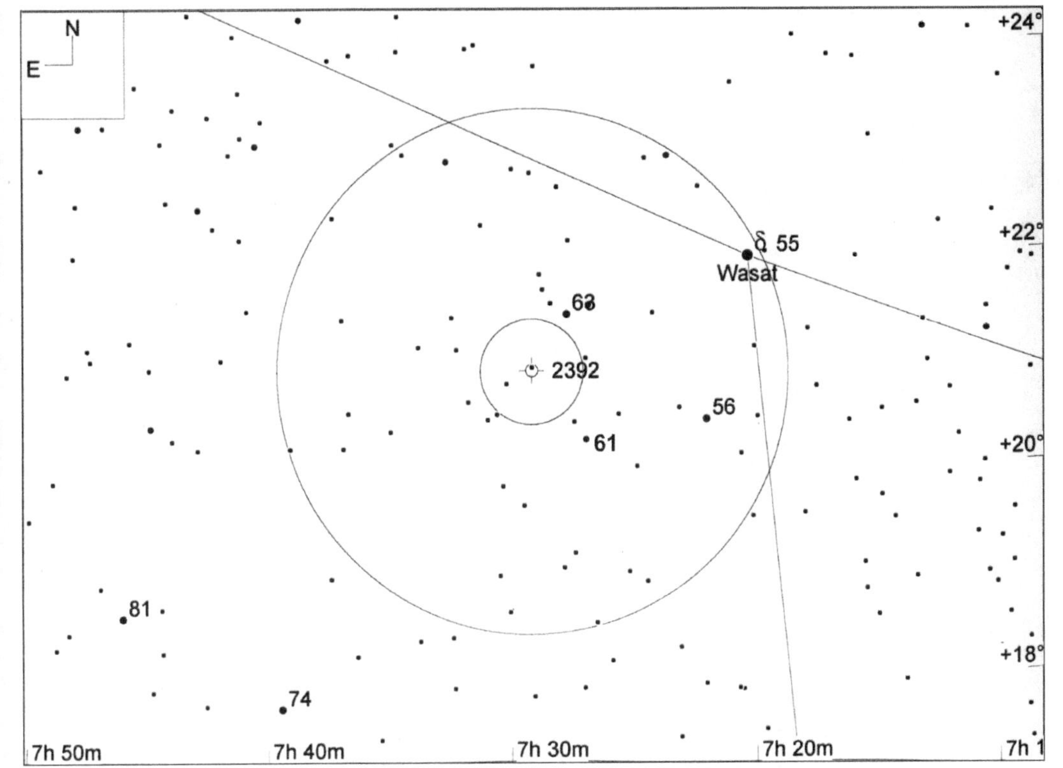

星图 22-4

NGC 2392（视场宽 10°，寻星镜视场圈直径 5°，目镜视场圈直径 1°，极限星等 9.0 等）

聚星

55-delta* (STF 1066)	★★★	⊕⊕⊕⊕	MS	UD
见星图 22-1		m3.6/8.2, 5.7", PA 226° (2006)	07h 20.1m	+21°59'

双子座 δ（55 号星）是颗美丽的双星。它用肉眼就很容易看见，因此它的定位没有难度可言。通过 10 英寸反射镜加 125 倍放大率观察，其主星是明亮的黄白色，伴星则是淡淡的蓝白色。

66-alpha* (STF 1110AB)	★★	⊕⊕⊕⊕	MS	UD
见星图 22-1		m1.9/3.0, 4.3", PA 60° (2006)	07h 34.6m	+31°53'

双子座 α（66 号星，即 Castor）也是颗很好看的双星。通过 10 英寸反射镜加 125 倍放大率观察，其主星和伴星都是辉煌耀眼的亮白色。

23

武仙座，大英雄

星座名：武仙座（Hercules）
适合观看的季节：初夏
上中天：6月中旬午夜
缩写：Her
所有格形式：Herculis
相邻星座：天鹰、牧夫、北冕、天龙、天琴、蛇夫、巨蛇、天箭、狐狸
所含的适合双筒镜观看的天体：NGC 6205 (M 13), NGC 6341 (M 92)
所含的适合在城市中观看的天体： NGC 6205 (M 13), NGC 6210, NGC 6341 (M 92)

武仙座位于天球北半部分的中间纬度的地带，是个明亮巨大的星座，面积达到1 225平方度，约占天球的3%，在全天88星座面积排行中名列第5位。

赫拉克勒斯（原名Herakles，而Hercules是罗马拼法）是希腊神话中最伟大的英雄。他是大神宙斯和凡间妇女阿尔克墨涅（Alcmena）所生的儿子，所以自然引起了吃醋大王、宙斯的正宫娘娘——天后赫拉（Hera）的无比嫉恨。当赫拉克勒斯还在摇篮里的时候，赫拉就派了两条毒蛇想去咬死他。不过显然赫拉又失败了，她看到的结果是赫拉克勒斯好好地活在摇篮中，两条毒蛇被他一左一右捏死在双手中。

后来，赫拉克勒斯长大成人，娶妻生子，这使赫拉心中的怨恨之火再次烧到了顶点。她使赫拉克勒斯发疯，并让他在神志迷乱的状态下亲手杀死了自己的妻子和孩子。恢复清醒后，伤心欲绝的赫拉克勒斯孤独地隐居在荒野之中。不过，在他的表兄忒修斯（Theseus）的感召和劝导下，赫拉克勒斯最终振作起来，去德尔菲（Delphi）的神庙请求了神谕。神谕分配给他12件任务，他只要完成就可以赎清自己杀死妻儿的罪过。尽管这些任务的难度是空前的，但最终都被他完成了，这也就是赫拉克勒斯的12件大功。赫拉克勒斯的功绩让人类世界得以安宁平静，他也当仁不让地被誉为希腊神话中的第一大英雄。

武仙座天区内颇有一些有趣的聚星，还有一个很棒的行星状星云（NGC 6210）以及两个对于北半球中纬度地区的观测者来说声名赫赫的球状星团——M 13和M 92。武仙座每年6月13日午夜上中天，对于北半球中纬度地区的观测者而言，从春季中段到初秋的夜晚都很适合观察武仙座。

表 23-1

武仙座中有代表性的星团、星云和星系

天体名称	类型	视亮度	视尺寸	赤经	赤纬	梅	双	城	深	加	备注
NGC 6205	GC	5.8	20.0	16 41.7	+36 28	◉	◉	◉			M 13
NGC 6341	GC	6.5	14.0	17 17.1	+43 08	◉	◉	◉			M 92
NGC 6210	PN	9.3	30.0"	16 44.5	+23 48			◉		◉	Class 2+3b

表 23-2

武仙座中有代表性的双星或聚星

天体名称	星对	星等1	星等2	角距	方位角	年份	赤经	赤纬	城观	双星	备注
7-kappa	STF 2010AB	5.1	6.2	27.4	13	2003	16 08.1	+17 02		◉	
64-alpha*	STF 2140Aa-B	3.5	5.4	4.6	104	2006	17 14.6	+14 23		◉	Rasalgethi
65-delta	STF 3127Aa-B	3.1	8.3	11.0	282	2001	17 15.0	+24 50		◉	
75-rho	STF 2161Aa-B	4.5	5.4	4.1	319	2004	17 23.7	+37 08		◉	
95	STF 2264	4.9	5.2	6.3	257	2003	18 01.5	+21 35		◉	

星图 23-1

武仙座星图（视场宽 50°）

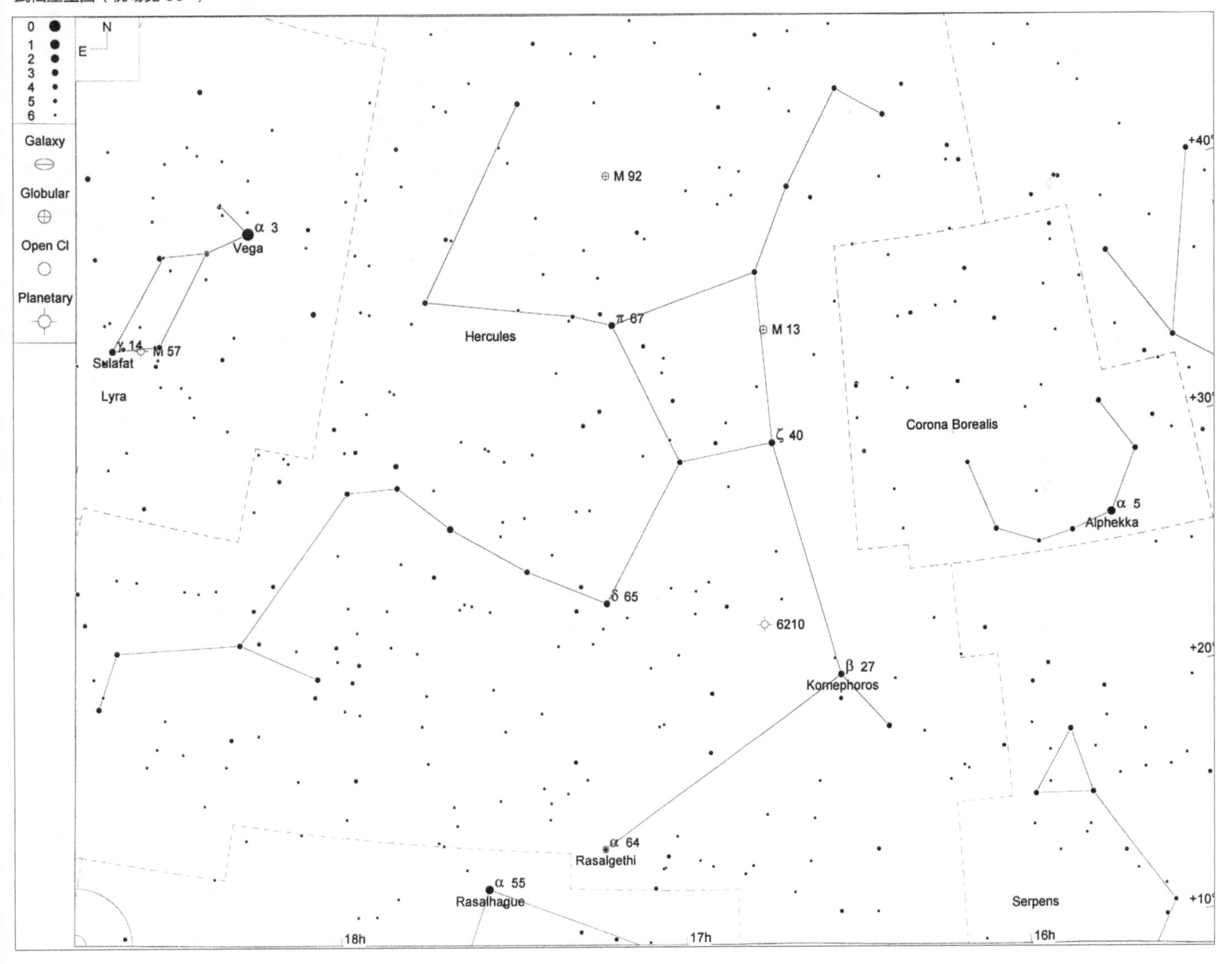

M 13 (NGC 6205)	★★★★	◕◕◕◕	GC	MBUDR
见星图 23-2	见影像 23-1	m5.8, 20.0'	16h 41.7m	+36°28'

M 13（NGC 6205）也被称为“武仙座大星团”（Great Hercules Cluster），是我们北半球中纬度地区的观测者能看到的最壮观的球状星团。哪怕是用很初级的光学装备，甚至是看戏用的双筒镜中，M 13 都是个很明显的深空天体。如果夜空深暗晴朗，而武仙座又位于天顶附近时，只用肉眼的余光瞥视，也可以在 M 13 的位置上看到它呈现为一个非常暗弱的模糊圆斑。

第一个对 M 13 做出观察报告的人其实应该是埃德蒙德•哈雷（Edmond Halley，“哈雷彗星”就是为纪念他而命名的），因为他在 1714 年仅用肉眼就观测了 M 13。梅西耶则是在 1764 年 6 月 1 日的晚上完成了他自己对这个天体的首次观测，并将其编入自己的云雾状天体目录，列为第 13 号。

M 13 的定位相当容易。它就在 3.5 等的武仙座 η（44 号星）正南 2.5° 处。武仙座 η 也就是著名的武仙座“楔石（keystone）四星”中西北角的那颗，而 M 13 在 50mm 口径的双筒镜或寻星镜中就完全可以确认。

我们用 50mm 双筒镜观察，看到 M 13 是个非常明亮的云雾状圆斑，直径 10'，但分解不出任何成员星。换用 10 英寸口径的牛顿式反射镜加 90 倍放大率后，M 13 呈现出一个闪亮、紧致的圆形中心区（直径 6'）和一个不太规则地延展开的外围发光包层（直径 12'），在包层各个方向的边缘上有很多呈链状排列的恒星延展出来。放大率增到 180 倍后，该星团从边缘到中心都可以分解，可数的成员星达数百颗。在星团的东面和南西南方向，各有一颗 6～7 等恒星拱卫它。

影像 23-1

NGC 6205（M 13）（视场宽 1°）

本照片承蒙帕洛马天文台和太空望远镜科学研究院惠允翻拍自数字巡天工程成果

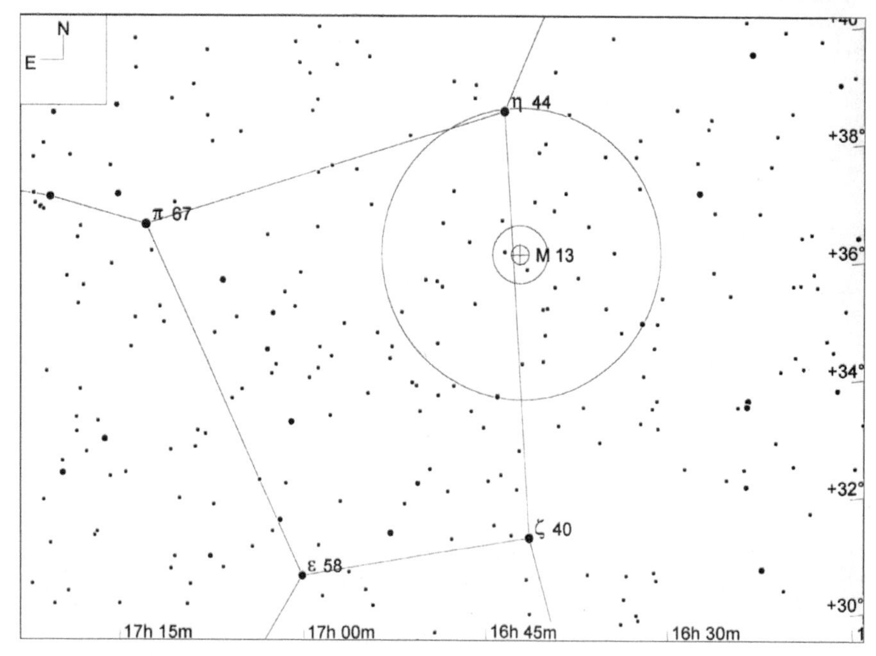

星图 23-2

NGC 6205（M 13）（视场宽 15°，寻星镜视场圈直径 5°，目镜视场圈直径 1°，极限星等 9.0 等）

M 92 (NGC 6341)	★★★★	⚽⚽⚽	GC	MBUDR
见星图 23-3	见影像 23-2	m9.6, 1.0'	17h 17.1m	+43°08'

假如没有 M 13，那么 M 92 必然会成为北半球中纬度地区观测者眼中最为壮观的球状星团。但实际情况是，由于 M 13 的存在，M 92 经常被大家“无视”。平心而论，M 92 是很漂亮的，真不应该被这样忽略掉。

M 92 是约翰•埃勒特•波德在 1777 年 12 月 27 日晚上发现的，但他当时并没有大力宣传自己的发现。梅西耶则在自己那个“超级夜晚”（1781 年 3 月 18 日）里独立地重新发现了这个天体，在那一夜，他还在室女座和后发座发现了至少 9 个深空天体。

M 92 经常被“无视”的另一个原因可能是它不如 M 13 那么好找，但其实定位 M 92 也绝非那么困难。要定位 M 92，可以把 3.1 等的武仙座 π（67 号星）放在寻星镜视场的南端，然后向北移动视场，大约移动半个直径后，M 92 就会进入视场。在 50mm 口径的双筒镜或寻星镜中，M 92 就像是 M 13 的一个稍小也稍暗的版本，不过这也仅仅是相对而言。M 92 自身仍然呈现为一个较大较亮的云雾状圆斑，分解不出成员星。

我们用 10 英寸牛顿式反射镜加 125 倍放大率观察，看到 M 92 是个明亮的、致密地向心凝聚的圆球形星团，核心直径约 3'，稍暗的外围部分直径大约 8'，再向外则稍显不规则。很多成员星组成的星链一直从核心区延伸到星团的最外沿。

影像 23-2

NGC 6341（M 92）（视场宽 1°）

本照片承蒙帕洛马天文台和太空望远镜科学研究院惠允翻拍自数字巡天工程成果

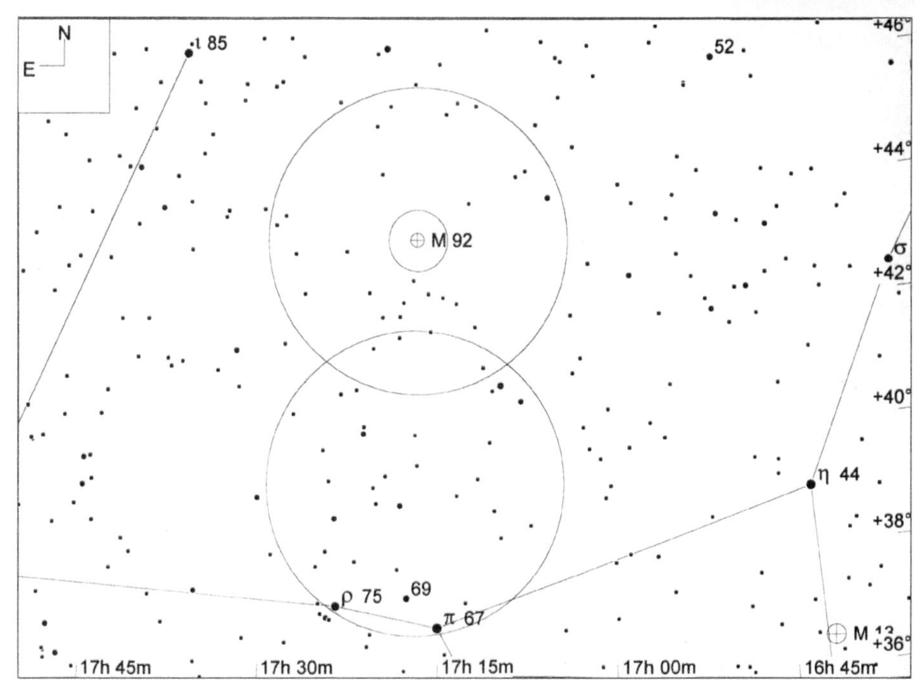

星图 23-3

NGC 6341（M 92）（视场宽 15°，寻星镜视场圈直径 5°，目镜视场圈直径 1°，极限星等 9.0 等）

NGC 6210	★★	⚆⚆⚆	PN	MBUDR
见星图 23-4	见影像 23-3	m9.3, 30.0"	16h 44.5m	+23°48'

NGC 6210 是位于武仙座南部的一个行星状星云，其外观相对平庸，但非常容易定位。它在 2.8 等的武仙座 β（27 号星）东北边 3.8° 处。

具体地，要定位 NGC 6210，可以先把武仙座 β 放在寻星镜视场的西南边缘，然后向东北移动视场，会看到 5 等的武仙座 51 号星进入视场。NGC 6210 正好处于从武仙座 51 号星到武仙座 β 星的连线 1/3 的位置上，更靠近武仙座 51 号星这一边。我们在 50mm 寻星镜中看不到 NGC 6210，但它与 2 颗 7 等星组成了一个腰长 16' 的等腰三角形，它自己位于该三角形的一个底角，也是三角形中的最北角。这两颗 7 等星在寻星镜中都是明显可见的，请参看影像 23-3。

通过我们的 10 英寸道布森镜加 42 倍放大率观察，NGC 6210 看上去像颗有茸毛感的 9 等恒星。在 90 倍放大率下，该天体开始呈现出蓝色，且明显不再像一颗恒星，但仍看不到表面细节。放大率增到 180 倍后，它呈现为 20" × 12" 的东—西向的蓝色椭圆盘面，但看不到中心恒星，且仍然缺少细节。加了窄带滤镜或 O- Ⅲ滤镜后，成像的对比度增加，但细节的揭示程度没有什么提高。

影像 23-3

NGC 6210（视场宽 1°）

本照片承蒙帕洛马天文台和太空望远镜科学研究院惠允翻拍自数字巡天工程成果

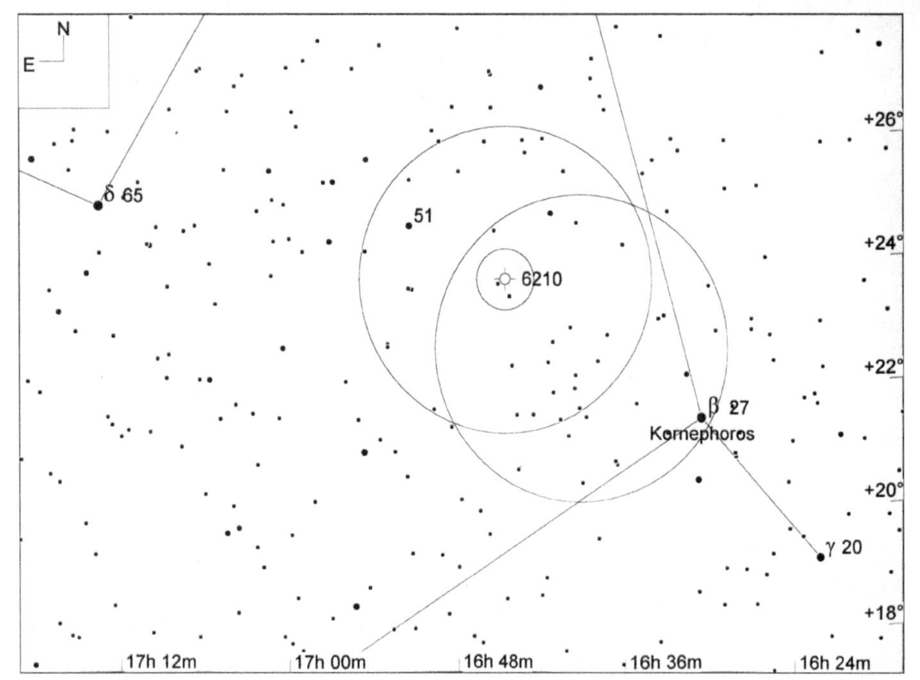

星图 23-4

NGC 6210（视场宽 15°，寻星镜视场圈直径 5°，目镜视场圈直径 1°，极限星等 9.0 等）

7-kappa (STF 2010AB)	★★	◕◕◕	MS	uD
见星图 23-5		m5.1/6.2, 27.4", PA 13° (2003)	16h 08.1m	+17°02'

要定位武仙座 κ（7 号星），首先把 2.8 等的武仙座 β（27 号星）放在寻星镜视场的东北边缘，然后在视场中心偏向西南边的位置上找到 3.7 等的武仙座 γ（20 号星）和 5.7 等的武仙座 16 号星。确认之后，将武仙座 γ 改放到视场的东北边缘，此时就能在视场的靠西南处明显看到两颗比较明亮的星，其中相对更亮一点的就是 5 等的武仙座 κ 星。

我们用 10 英寸反射镜加 90 倍放大率观察，看到该星的主星和伴星均为黄白色。

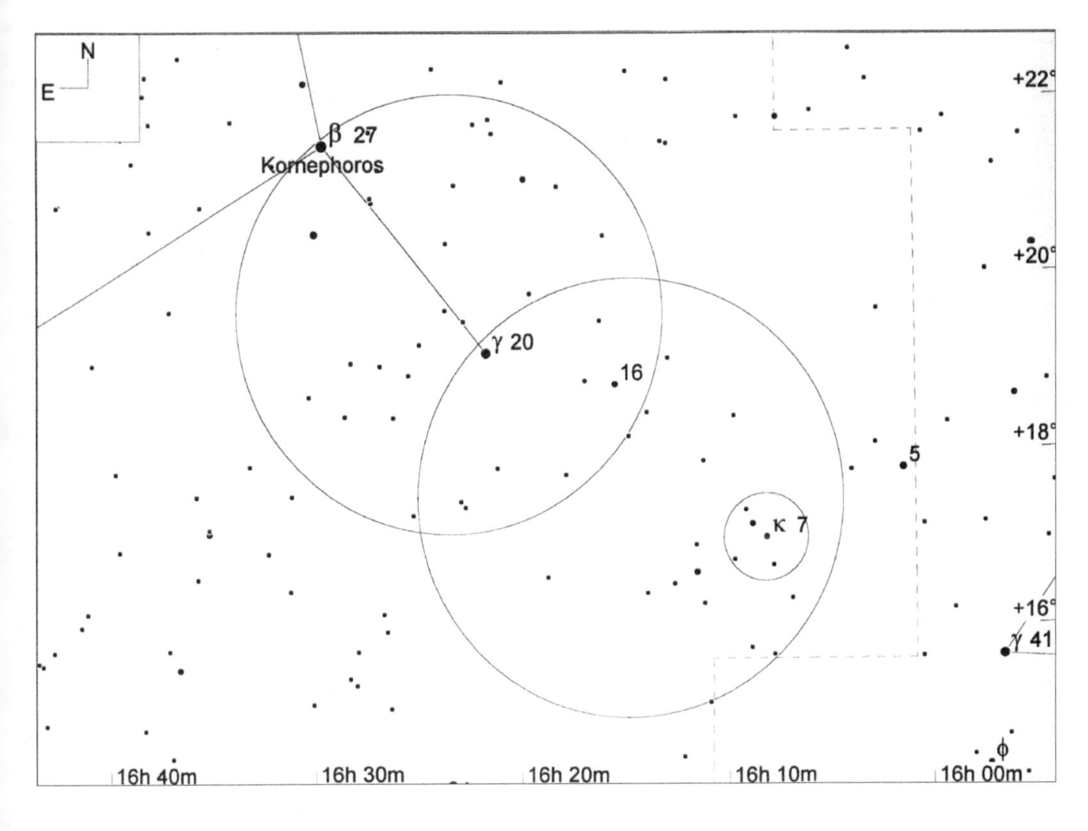

星图 23-5

武仙座 κ（7 号星）（STF 2010AB）（视场宽 12°，寻星镜视场圈直径 5°，目镜视场圈直径 1°，极限星等 9.0 等）

64-alpha* (STF 2140Aa-B)	★★	◕◕◕◕	MS	uD
见星图 23-1		m3.5/5.4, 4.6", PA 104° (2006)	17h 14.6m	+14°23'

武仙座 α（64 号星，俗名 Rasalgethi）明亮可见，位于该星座的南端，与蛇夫座天区接壤处。2 等亮星蛇夫座 α（蛇夫座 55 号星）就在其东南东方向仅 5.3° 处。这 2 颗亮星在肉眼看来也仿佛明显的一对。我们用 10 英寸反射镜加 125 倍放大率观察，看到其主星是黄色而伴星是冷白色。

65-delta (STF 3127Aa-B)	★★	◐◐◐◐	MS	UD
见星图 23-1		m3.1/8.3, 11", PA 282° (2001)	17h 15.0m	+24°50'

武仙座 δ（65 号星）是一颗明亮的双星，当然也是肉眼可见，位于武仙座“楔石四星”的南东南方向 7° 处。我们用 10 英寸反射镜加 125 倍放大率观察，看到其主星是亮丽的白色，伴星则呈蓝白色。

75-rho (STF 2161Aa-B)	★★	◐◐◐◐	MS	UD
见星图 23-6		m4.5/5.4, 4.1", PA 319° (2004)	17h 23.7m	+37°08'

武仙座 ρ（75 号星）位于“楔石四星”东北角的武仙座 π（67 号星）的东北东方向仅 1.8° 处。我们用加 125 倍放大率的 10 英寸反射镜观察，看到其主星和伴星都是明亮纯净的白色。

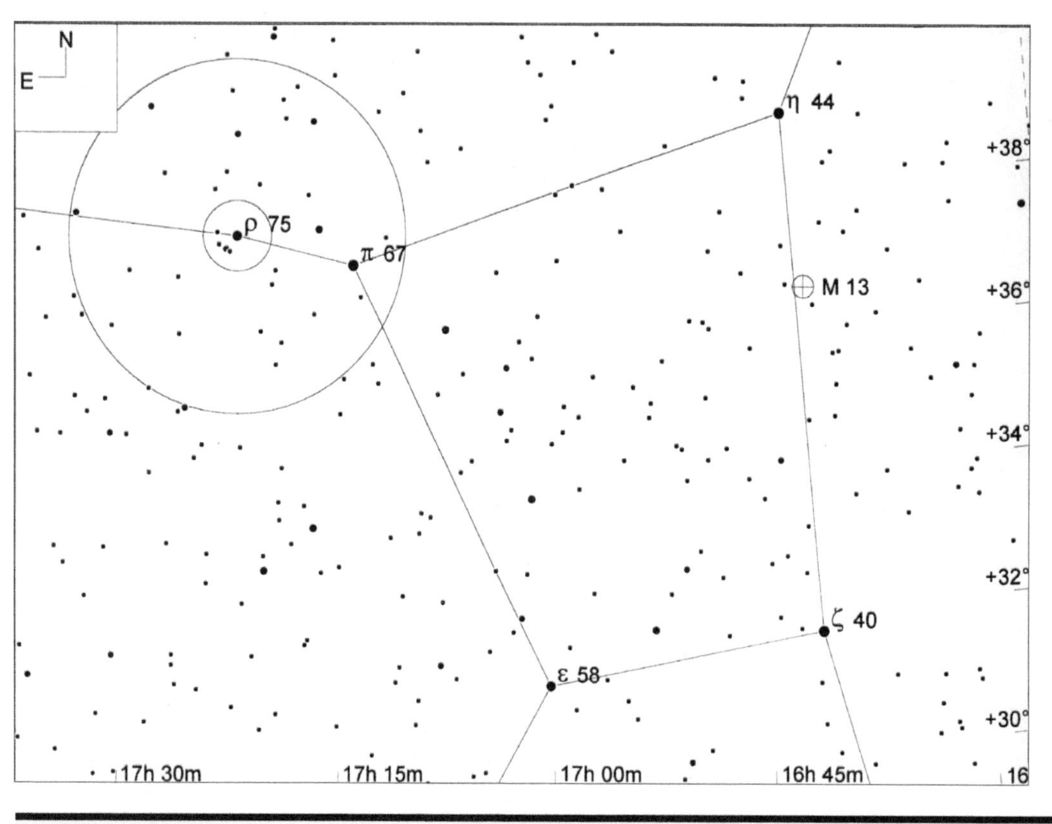

星图 23-6

武仙座 ρ（75 号星）（STF 2161Aa-B）（视场宽 15°，寻星镜视场圈直径 5°，目镜视场圈直径 1°，极限星等 9.0 等）

95 (STF 2264)	★★	◐◐	MS	UD
见星图 23-7和星图 23-8		m4.9/5.2, 6.3", PA 257° (2003)	18h 01.5m	+21°35'

武仙座 95 号星也是双星。定位它的最佳方法是从 3.1 等的武仙座 δ 开始，沿着数颗 3～4 等星组成的链条，向东寻找 12.5°，认出 3.8 等的武仙座 o（103 号星）。然后再从武仙座 o 向东南 10°，可以找到另外四颗 4 等星组成的一道长度约 10° 的东—西向弧形——从东到西依次是武仙座 111、110、109、102 号星。见星图 23–8，将武仙座 102 号星放在寻星镜视场的东南东边缘，就能在寻星镜中看到它与另外 3 颗星组成了另一道很明显的弧形星链（依次是武仙座 97、98、102、101 号星）。在该弧的西侧，即靠近寻星镜视场中心的地方，就可以找到武仙座 95 和 96 号星。我们用 10 英寸反射镜加 125 倍放大率观察武仙座 95 号星，看到其主星和伴星都是暖白色。

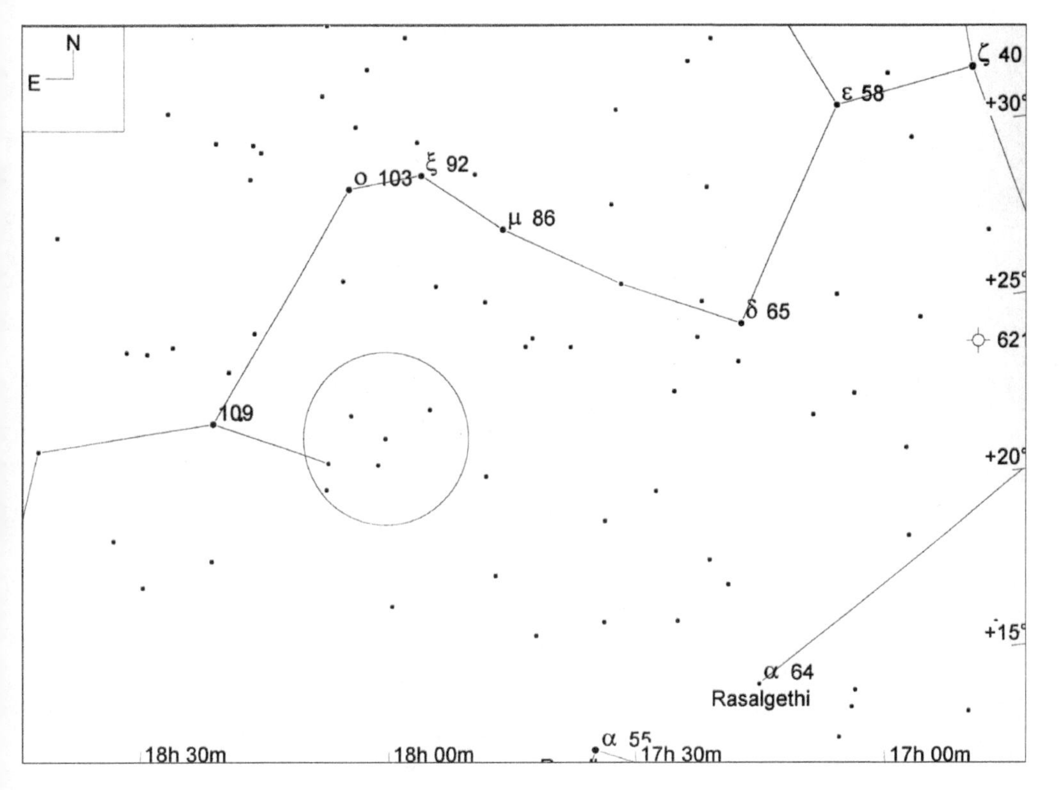

星图 23-7

武仙座 95 号星（STF 2264）概略位置（视场宽 30°，寻星镜视场圈直径 5°，极限星等 6.0 等）

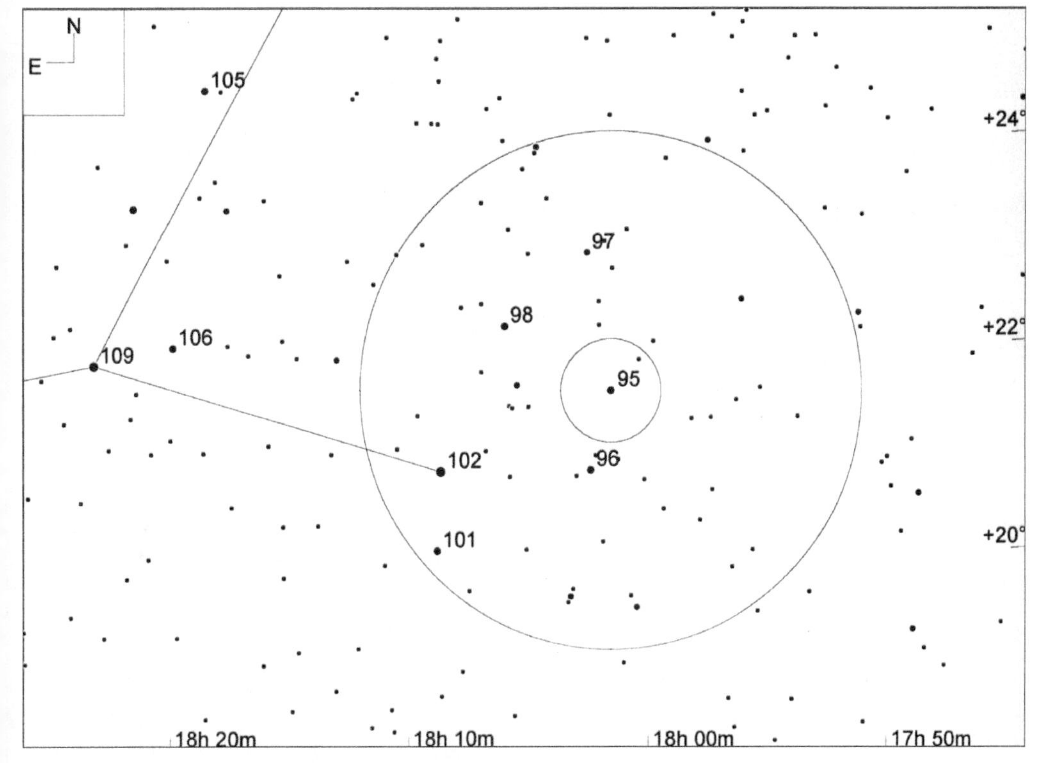

星图 23-8

武仙座 95 号星（STF 2264）确切位置（视场宽 10°，寻星镜视场圈直径 5°，目镜视场圈直径 1°，极限星等 9.0 等）

24
长蛇座，长长的水蛇

星座名：长蛇座（Hydra）
适合观看的季节：冬
上中天：2 月上中旬午夜
缩写：Hya
所有格形式：Hydrae
相邻星座：唧筒、半人马、小犬、巨蟹、巨爵、乌鸦、狮子、天秤、豺狼、麒麟、船尾、罗盘、六分仪、室女
所含的适合双筒镜观看的天体：NGC 2548 (M 48), NGC 4590 (M 68), NGC 5236 (M 83)
所含的适合在城市中观看的天体：NGC 2548 (M 48), NGC 3242

长蛇座是全天面积最大的星座，达到 1 303 平方度，约占天球的 3.2%，比排在第二位的室女座还大了一点点。不过，长蛇座内的亮星却比较稀少，其最亮星是长蛇座 α（30 号星，俗名 Alphard），为 1.99 等。长蛇座还有区区六颗 3 等星，散布在其辽阔的天区内。除这些星之外，长蛇座内的恒星都是 4 等或更暗的星。

在希腊神话中，长蛇座被看作一条“水蛇”（南半天球还有一个“水蛇座”，拼写为 Hydrus，与长蛇座即 Hydra 不是一回事——译者注）。在神话故事里，大神宙斯派它的一个仆人——一只渡鸦（即乌鸦座）去给杯子（即巨爵座）里盛水。小渡鸦却没有打水，带着空杯子回来，还衔来一条水蛇给宙斯看，以向宙斯证明它去过河边了。宙斯很生气，将渡鸦、水蛇、杯子一起都扔到天幕上，变成了星座，所以今天我们看到的这三个星座也还彼此相邻着。在另一个版本的希腊神话中，这条长蛇是被大英雄赫拉克勒斯杀掉的，这也是赫拉克勒斯的 12 件大功之一。当时，赫拉克勒斯每砍掉这条长蛇的一个头，它就会在原位长出两颗新的头，总是不死。不过大英雄最后用一个很聪明的方式解决了战斗：他用火烧灼蛇头被砍掉后的伤口，这样新的蛇头就长不出来了，长蛇所有的头最终被砍光。

也许你会觉得像长蛇座这么大面积的星座会含有很多有趣的深空天体，但事实是，长蛇座所含的深空天体与它的亮星一样稀少。虽然远离银盘，长蛇座天区内有很多星系，但这些星系绝大多数都很暗，用业余望远镜很难看到，或即使用较大口径的望远镜看到了，呈现的样貌也极其平庸。不过长蛇座内还是有几个很值得一看的深空天体的：比如明亮的疏散星团 M 48、球状星团 M 68、星系 M 83。另外，NGC 3242 也是个不错的行星状星云。

长蛇座在天球赤经中横跨 7 个时区（即其经度跨度达天球经度的 7/24），因此不能简单地说哪个季节适合观察它。你要观察的深空天体位于长蛇座的东部还是西部，会决定最佳观测季节的不同。例如，位于长蛇座西边缘的 M 48，每年 1 月底的午夜上中天，而 M 83 比它靠东 5 个时区，因此它午夜上中天的季节要等到 5 月初。

表 24-1

长蛇座中有代表性的星团、星云和星系

天体名称	类型	视亮度	视尺寸	赤经	赤纬	梅	双	城	深	加	备注
NGC 2548	OC	5.8	54.0	08 13.7	−05 45	◉	◉	◉			M 48; Class I 3 r
NGC 3242	PN	8.6	75"	10 24.7	−18 39			◉		◉	Ghost of Jupiter; Class 4+3b
NGC 4590	GC	7.3	11.0	12 39.5	−26 45	◉	◉				M 68; Class X
NGC 5236	Gx	8.2	12.8 x 11.4	13 37.1	−29 52	◉	◉				M 83; Class SAB(s)c; SB (high) ???

表 24-2

长蛇座中有代表性的双星或聚星

天体名称	星对	星等1	星等2	角距	方位角	年份	赤经	赤纬	城观	双星	备注
N	H 96	5.6	5.7	9.4	210	2003	11 32.3	−29 15		◉	

星图 24-1

长蛇座星图（视场宽 90°）

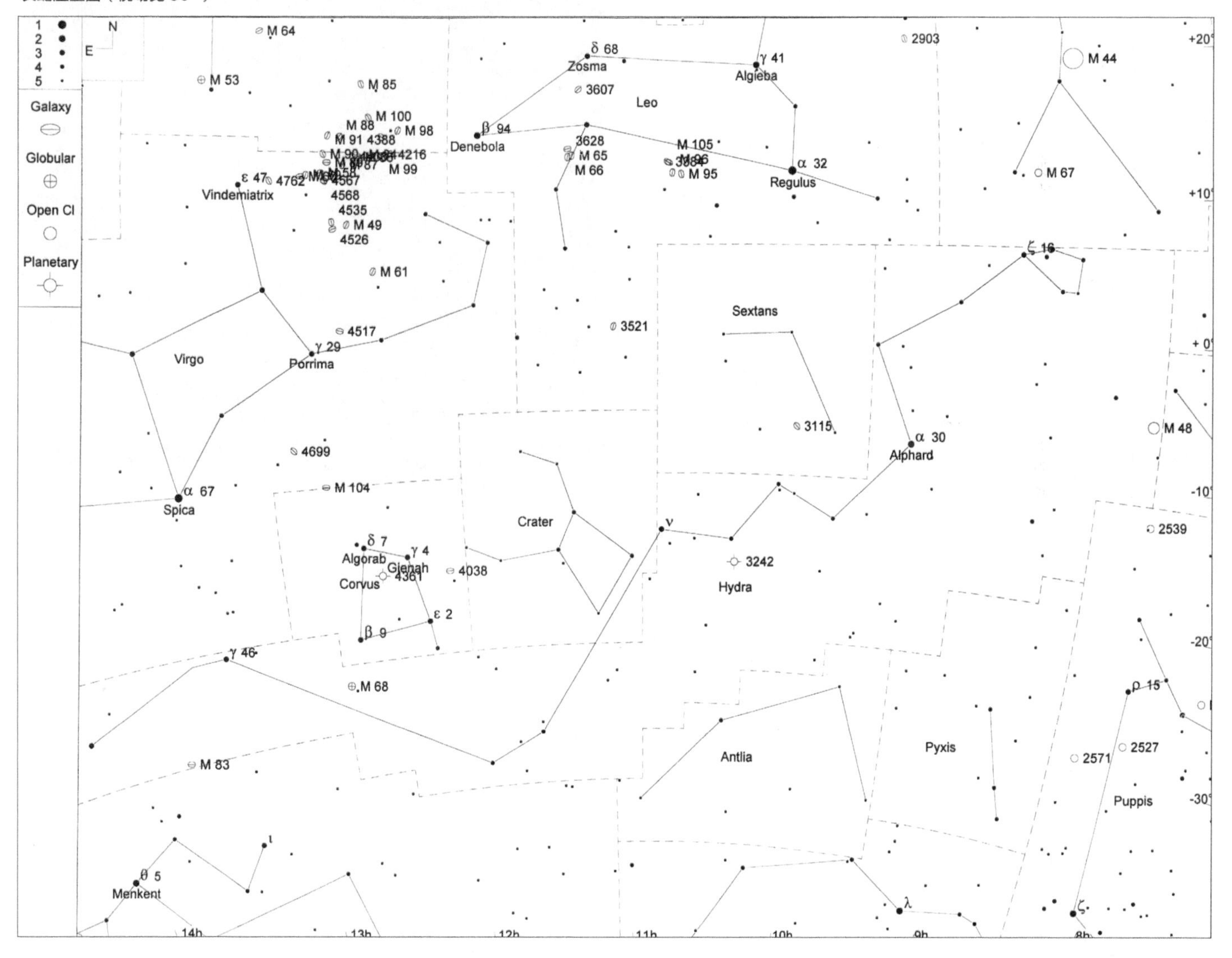

M 48 (NGC 2548)	★★★	⊕⊕⊕	OC	MBUDR
见星图 24-2	见影像 24-1	m5.8, 54.0'	08h 13.7m	-05°45'

M 48（NGC 2548）是个大而明亮的疏散星团。梅西耶在 1771 年 2 月 19 日晚发现了它，但记录它的位置时却把相关信息记错了，导致它在此后超过 150 年的时间里成了一个“失踪的梅西耶天体”。约翰•埃勒特•波德也独立地重新发现过这个星团，发现的时间不晚于 1783 年；而令人尊敬的观测家卡洛琳•赫歇尔（即威廉姆•赫歇尔的妹妹）在 1783 年也独立地发现过它。

星图 24-2 介绍了定位 M 48 的一种方法，即从小犬座 α 和小犬座 ζ（13 号星）开始，在寻星镜视场中依次利用它们和麒麟座 28、29 号星为参照，将视野逐步对向 M 48。不过，用肉眼直接估计 M 48 的位置或许更简单：找准小犬座 β 和小犬座 α 这 2 颗亮星之间的连线（西北—东南方向，长度 4°），将其向东南再延伸出 11°，找到 4.4 等的麒麟座 ζ（29 号星）。由于 4.4 等的亮度仍属肉眼可见，所以就能直接用双筒镜或寻星镜找到这颗星，并将其置于视场的西北边缘，然后就可以在其南东南方向 2.9° 处透过双筒镜或寻星镜看到 M 48 了。在 50mm 的口径下，M 48 相当显眼。

有些爱好者曾经报告说在极晴朗极深暗的夜空中用肉眼就看到了 M 48。这确实是个很亮的深空天体，平时我们在小望远镜甚至看戏用的“玩具望远镜”帮助下看到它也不足为奇。我们在 50mm 双筒镜中以目光直视 M 48，看到它呈现为一个直径 30' 的明亮的云雾状斑块，能看到十余颗 8 等成员星；如果用余光瞥视的技巧，更可以看到不少于 15 颗更暗的成员星。换到加 42 倍放大率的 10 英寸反射镜中，M 48 就更加壮观了，仅在其致密的中心区域（直径约 30'）内就可以分解出大约 40 颗 8 等或更暗的成员星，在中心区外还散布着另外至少 20 颗成员星。中心区内较亮的成员星大多在 8 ～ 10 等，彼此聚集成链状或团块状。星团中心附近有一条由 8 ～ 9 等星组成的南—北向星链特别引人注目。我们用 10 英寸道布森镜加 14mm 宾得目镜取得 90 倍放大率来观察 M 48 时，视场内只能涵盖该星团中心附近直径 45' 的部分，但可以分辨出更多的暗弱成员星，数量几乎是此前的 2 倍。较亮的成员星光芒耀眼，使得较暗的成员星看上去产生了离我们更远的错觉，这让 M 48 在望远镜中显得三维立体感十足。

影像 24-1

NGC 2548（M 48）（视场宽 1°）

本照片承蒙帕洛马天文台和太空望远镜科学研究院惠允翻拍自数字巡天工程成果

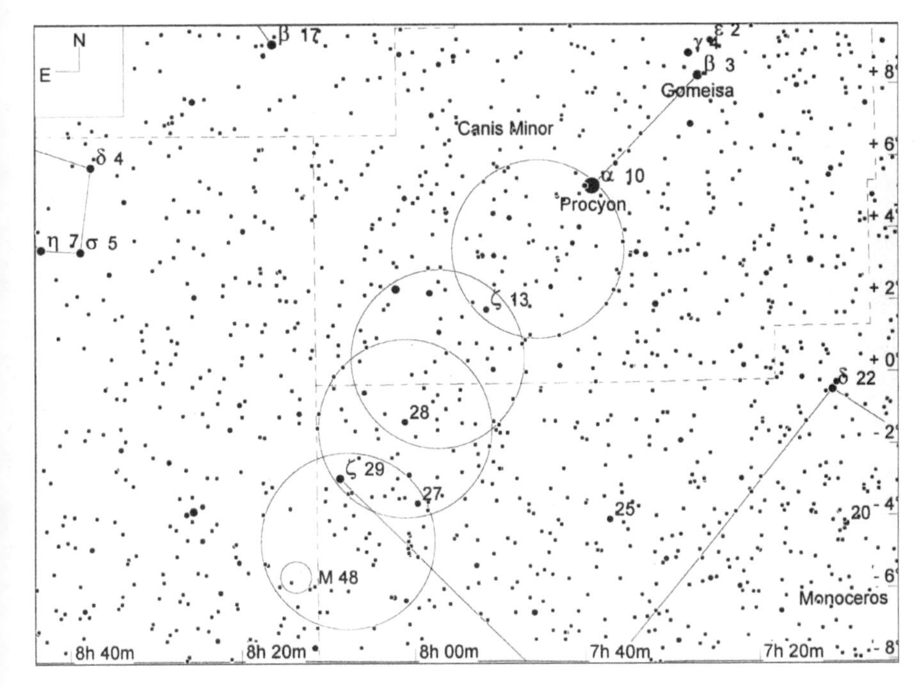

星图 24-2

NGC 2548（M 48）（视场宽 25°，寻星镜视场圈直径 5°，极限星等 9.0 等）

NGC 3242	★★★	◔◔	PN	MBUDR
见星图 24-3和星图 24-4	见影像 24-2	m8.6, 75"	10h 24.7m	–18°39'

NGC 3242 由威廉姆•赫歇尔在 1785 年发现，是个美丽的行星状星云，也被称为“木星的鬼魂”（Ghost of Jupiter）——这是由于它在望远镜中的成像效果与木星非常相似。事实上，正是因为有这个很像木星的天体，以及与它类似的一个被赫歇尔称为“土星星云”（Saturn Nebula）的天体，这类天体才被统称为“行星状星云”。

要定位 NGC 3242，可以从 2 等亮星长蛇座 α（30 号星）开始，该星俗名为 Alphard（中文古名“星宿一”——译者注）。从长蛇座 α 向东南 8.5° 处，是 4.1 等的长蛇座 υ^1（39 号星），由长蛇座 υ^1 向东南东方向再找 8.5°，则是 3.8 等的长蛇座 μ（42 号星）。将长蛇座 μ 放在寻星镜视场的靠近北边缘处，就会在视场的西南部分找到一颗很醒目的 6 等星。假想在这颗 6 等星和长蛇座 μ 之间连一条线，将该线的中点放在寻星镜视场的中央，然后去看低倍目镜，应该就会看到 NGC 3242。

我们用 10 英寸口径反射镜加 42 倍放大率观察，看到的 NGC 3242 像一颗稍有绒毛感的 9 等恒星。我们用 Ultrablock 的窄带滤镜进行“闪视”（手持滤镜在眼睛和目镜之间不断挡进和移出），可以确定它就是这个行星状星云：因为普通恒星的光几乎无法通过滤镜镜片，而行星状星云的光可以透过滤镜进入眼帘。在 125 倍放大率下，NGC 3242 是个明亮且泛蓝的小圆盘，直径约 0.5'，东—西向上微微拉长，12 等的中心恒星也很醒目。放大率加到 240 倍并加窄带滤镜后，能够看到一些清晰确凿的细节。此时，成像对比度明显增强，可以看到其非常暗淡的最外部壳层，以及相对明亮的双层内壳结构。暗淡的外壳层与明亮的内壳层轮廓之间距离大约为几个角秒。

影像 24-2

NGC 3242（视场宽 1°）

本照片承蒙帕洛马天文台和太空望远镜科学研究院惠允翻拍自数字巡天工程成果

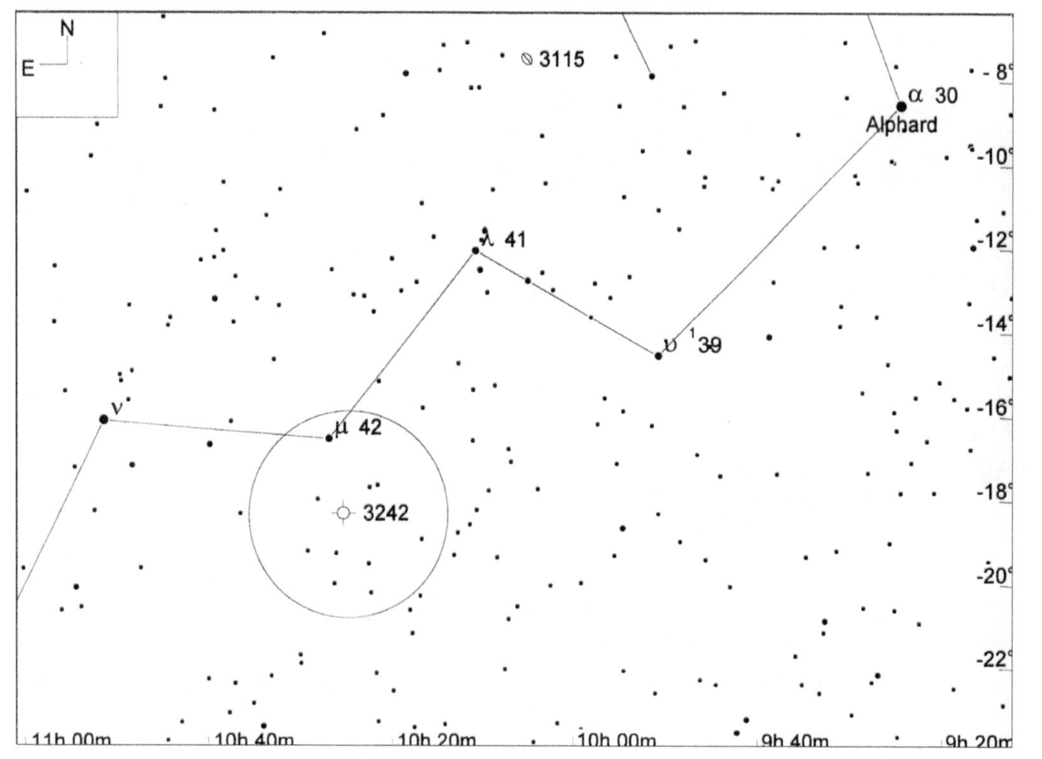

星图 24-3

NGC 3242（木星的鬼魂）概略位置（视场宽 25°，寻星镜视场圈直径 5°，极限星等 7.0 等）

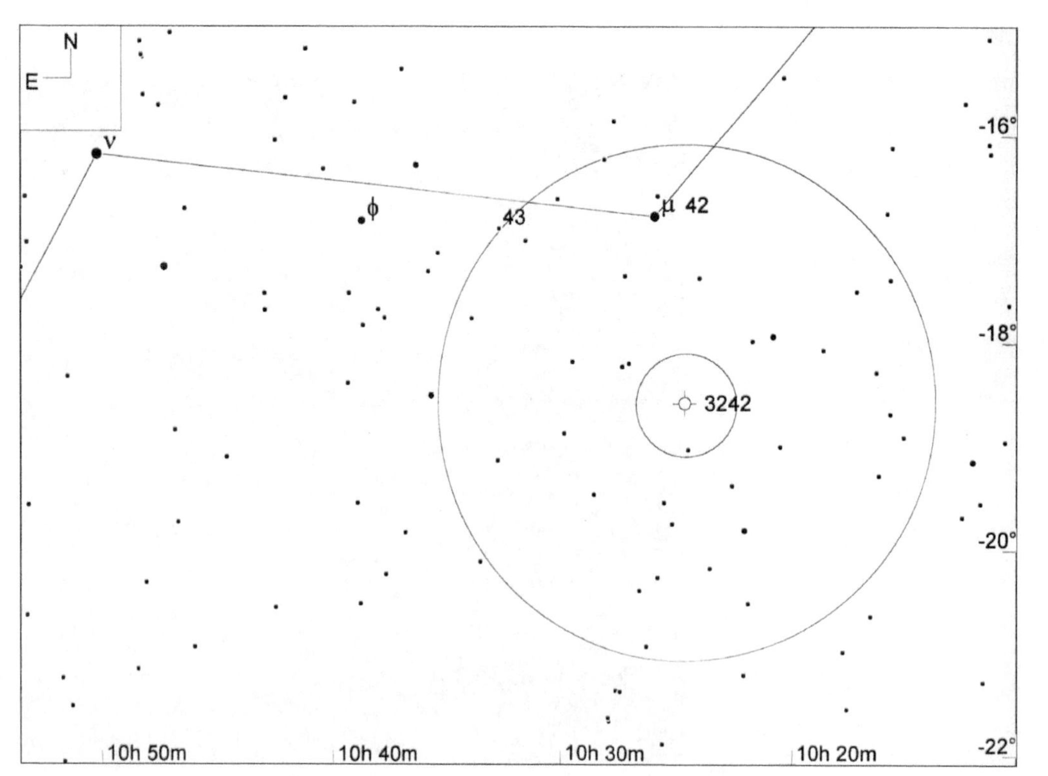

星图 24-4

NGC 3242（木星的鬼魂）确切位置（视场宽 10°，寻星镜视场圈直径 5°，目镜视场圈直径 1°，极限星等 9.0 等）

M 68 (NGC 4590)	★★★	⚽⚽⚽⚽	GC	MBUDR
见星图 24-5	见影像 24-3	m7.3, 11.0'	12h 39.5m	-26°45'

M 68（NGC 4590）是个漂亮的球状星团。梅西耶在 1780 年 4 月 9 日晚间发现了它。

定位 M 68 非常容易。它就在 2.7 等的乌鸦座 β（9 号星）南东南方向 2.7° 处，乌鸦座 β 即乌鸦座那个四边形的东南角。（原文系“西南角”，应属笔误——译者注）。将乌鸦座 β 放在寻星镜视场的西北边缘，就可以在靠近视场南边缘的地方明显地找到一颗 5.4 等星，而 M 68 就在这颗 5.4 等星的东北方向半度处。如果夜空环境很好的话，用余光瞥视的技巧，透过 50mm 的双筒镜或寻星镜也是可能直接看到 M 68 的。

我们用 10 英寸反射镜加 125 倍放大率对其进行正式观察。此时 M 68 呈现出一个直径 2.5' 的紧致的中心部分，其中可见亮度不均匀等细节，但无法分解出成员星。而其外缘部分就松散得多，直径达到 10'，而且亮度也不算低，可以分解出许多成员星。

影像 24-3

NGC 4590（M 68）（视场宽 1°）

本照片承蒙帕洛马天文台和太空望远镜科学研究院惠允翻拍自数字巡天工程成果

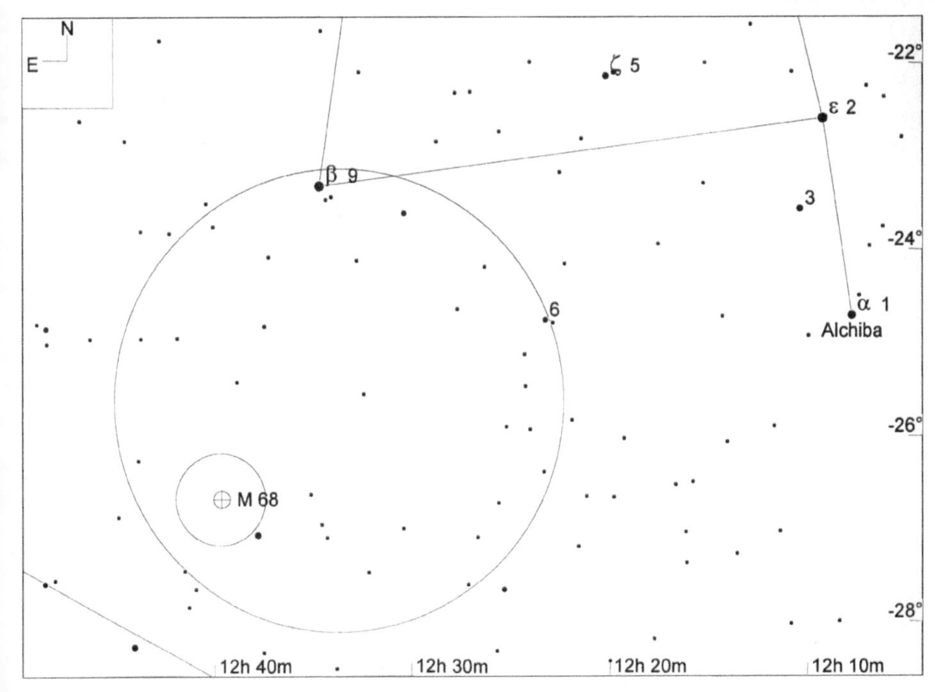

星图 24-5

NGC 6210（视场宽 15°，寻星镜视场圈直径 5°，目镜视场圈直径 1°，极限星等 9.0 等）

M 83 (NGC 5236)	★★★	⊕⊕⊕	GX	MBUDR
见星图 24-6		m8.2, 12.8' x 11.4'	13h 37.1m	−29° 52'

M 83（NGC 5236）是个明亮且正好面对着我们的螺旋状星系，它也被称为“南风车星系”（Southern Pinwheel Galaxy），以与三角座的螺旋星系 M 33 相区别。1752 年 2 月 23 日，德拉卡伊（Nicolas Louis de Lacaille）首次观测到了 M 83，而不知此事的梅西耶在 1781 年 2 月 17 日的晚上独立地再次发现了这个天体。

在梅西耶的原始记录中，M 83 被形容为“若不费很大力气就很难看到”。其实 M 83 本身并不那么难以看到，实在只能怪梅西耶的观测地点不利。他身居巴黎（北纬 49°），而 M 83 的赤纬是 −29° 52'，这就意味着这个天体在巴黎的南方地平线上出现时，高度最高也只有大约 11°。M 83 也是梅西耶列表中最靠南的一个星系类天体。至于整个梅西耶列表中最靠南的天体，则是疏散星团 M 7，而 M 83 仅比 M 7 靠北 5°。比 M 83 更靠南的梅西耶天体有 8 个，全部属于疏散星团或较明亮的球状星团。

要定位 M 83，首先要找到 2.1 等的半人马座 θ（5 号星，俗名 Menkent）。将该星放在双筒镜或寻星镜视场的东南边缘，就可以在其西北西方向 4° 处找到 4.3 等的半人马座 2 号星。由此将视场稍向北移，就可以看到 3 颗 4 ～ 5 等星进入视场，它们是半人马座的 1、3、4 号星。将它们放在视场的东南边缘，就可以在视场西北边缘找到 M 83。在 M 83 的东北边大约半度处还有一颗比较醒目的 5.8 等星可作为参照。在 50mm 口径的双筒镜或寻星镜中，使用余光瞥视，是有可能隐约感到 M 83 的存在的。

我们用 10 英寸道布森镜加 90 倍放大率观察，可以看到 M 83 风姿绰约。其暗弱的外部轮廓直径约 15'，中间有个较亮的棒状结构，呈东北—西南向延展，长度 3'。棒状结构中还包含一个特小但很亮的球形核心。使用余光瞥视，还可以看到两条呈螺旋状展开的旋臂。其中稍宽的一条旋臂始自棒状结构的西南端，经西侧绕向北侧，其中明显可见某些斑驳的细节；稍窄的那条旋臂则始自棒状结构的东北端，一直绕到星系的西南端才消失。在整个星系的整体轮廓内，不论是棒状结构与旋臂之间，还是旋臂之外，都隐约可见一些非常暗弱的恒星。

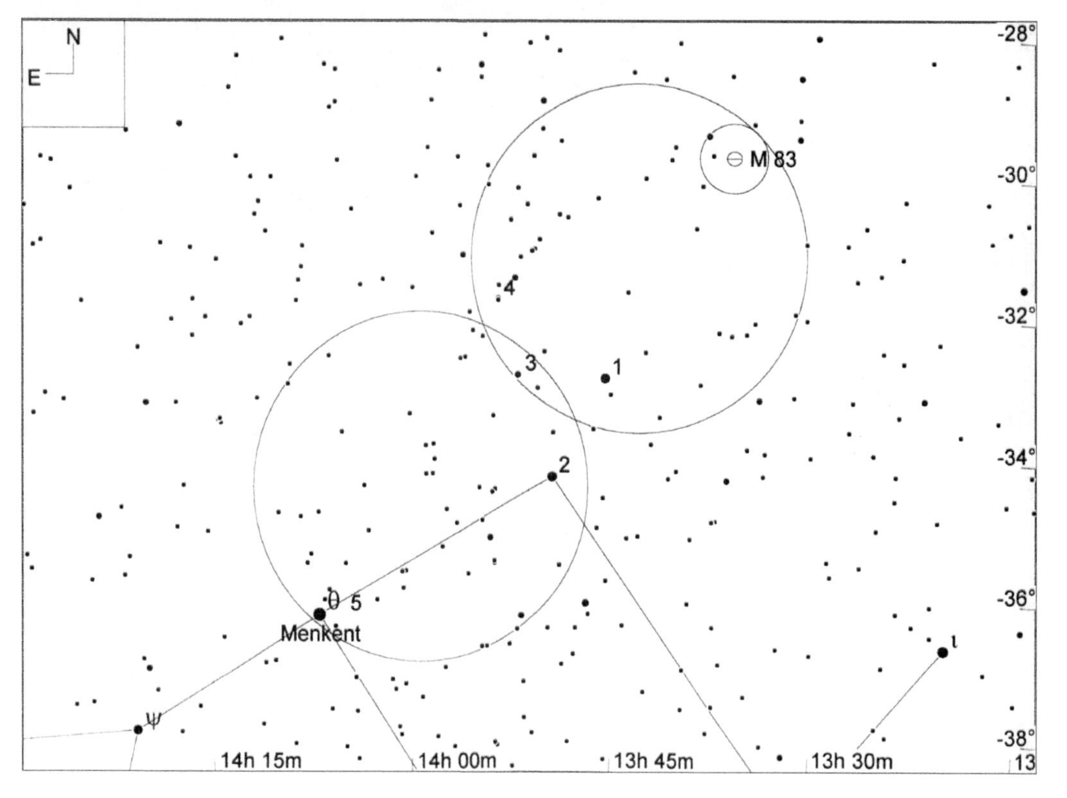

星图 24-6

NGC 5236（M 83）（视场宽 15°，寻星镜视场圈直径 5°，目镜视场圈直径 1°，极限星等 9.0 等）

N (H 96)	★★	⊕⊕	MS	uD
见星图 24-7，24-8		m5.6/5.7，9.4"，PA 210°（2003）	11h 32.3m	−29°15'

要定位长蛇座 N，可以首先沿着乌鸦座四边形的西侧那条边，往南西南方向作一延长线，大约 10° 后即可找到 4.3 等的长蛇座 β 星。从长蛇座 β 往西北西方向找 4.6°，即可看到 3.5 等的长蛇座 ξ 星。将长蛇座 ξ 放在寻星镜视场的南边缘，就可以在视场中心附近明显看到一颗 5.6 等星，那就是长蛇座 N。

我们用 10 英寸道布森镜加 125 倍放大率观察该双星，发现仍然很难将主星和伴星完全分解开。两星亮度非常接近，颜色也都是很浅淡的黄色。

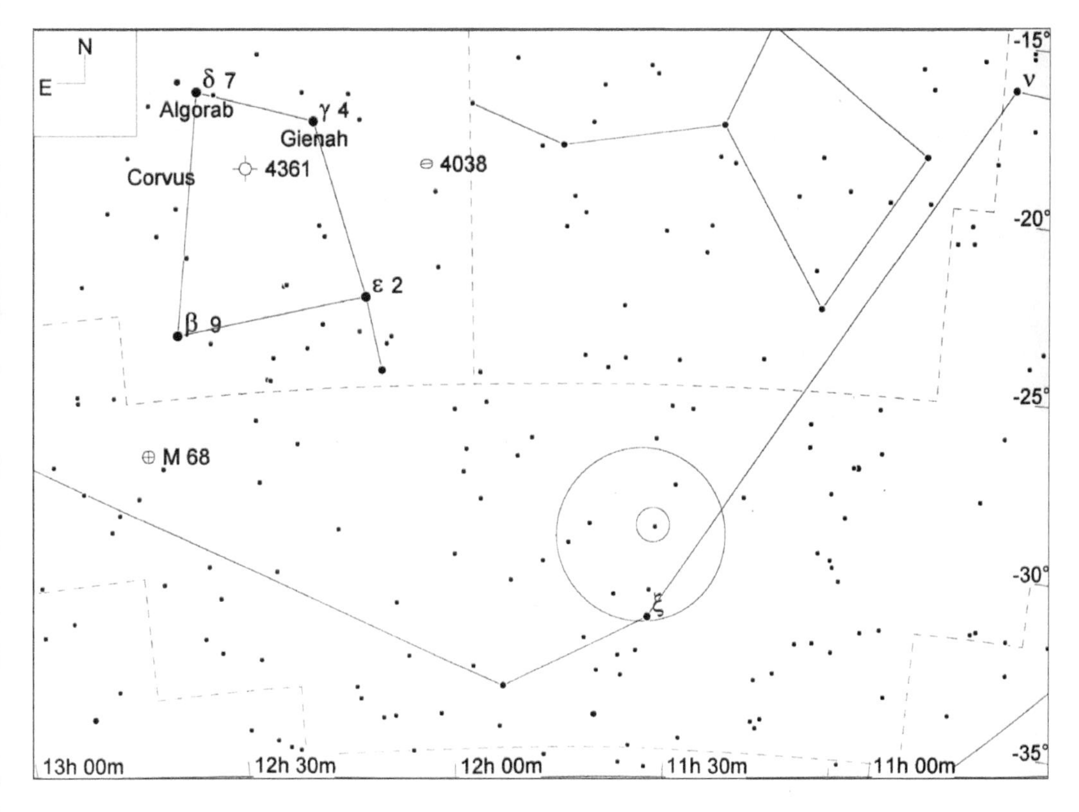

星图 24-7

长蛇座 N 概略位置（视场宽 30°，寻星镜视场圈直径 5°，目镜视场圈直径 1°，极限星等 7.0 等）

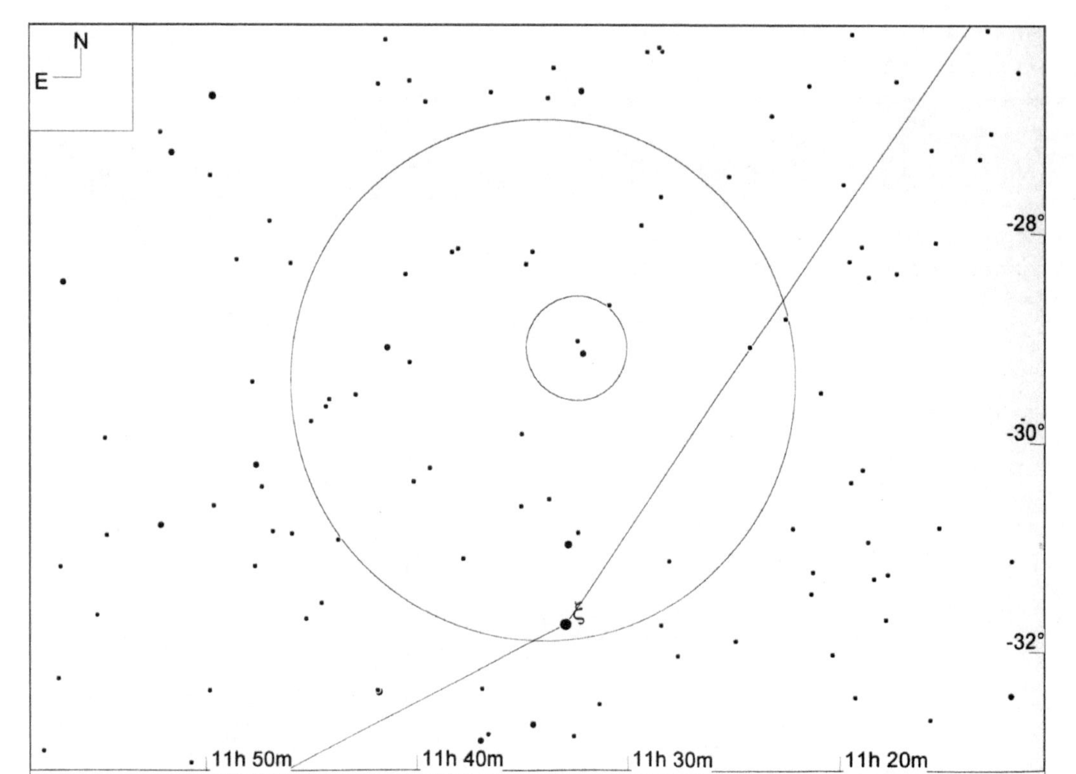

星图 24-8

长蛇座 N 确切位置（视场宽 10°，寻星镜视场圈直径 5°，目镜视场圈直径 1°，极限星等 9.0 等）

25

蝎虎座，蜥蜴

星座名： 蝎虎座（Lacerta）

适合观看的季节： 夏

上中天： 8 月底午夜

缩写： Lac

所有格形式： Lacertae

相邻星座： 仙女、仙后、仙王、天鹅、飞马

所含的适合双筒镜观看的天体： NGC 7209, NGC 7243

所含的适合在城市中观看的天体： NGC 7209, NGC 7243

蝎虎座是个位于北半天球中纬度的小星座，没有什么亮星，貌不惊人，且被很多耀眼的大星座包围着，例如仙女座、仙王座、仙后座、天鹅座、飞马座。它的面积也只有 201 平方度，约占天球的 0.5%，在全天 88 个星座中排在第 68 位。虽然蝎虎座的最亮星仅有 4 等，但它的几颗主要恒星排成了一个很有特点的形状——犬牙交错式的折线，所以一旦你知道了这个星座大概的位置，就很容易找到它。这道“折线”有点像仙后座著名的 W 形，但要小得多也暗得多。蝎虎座的命名历史很短，是个“现代”的星座，它的名字是 17 世纪由约翰 • 赫维留斯拟定的。因此，关于蝎虎座并没有什么星座神话。

蝎虎座实在有点可怜巴巴。它没有星座神话，没有耀眼的亮星，而且你可能也猜到了，它也没有很多有趣的深空天体。蝎虎座内最佳的“景点”只有两个平常的疏散星团 NGC 7209 和 NGC 7243，另外还有一对十分平淡的双星。

蝎虎座每年 8 月 28 日午夜上中天。对于北半球中纬度的观测者而言，从初夏到初冬的夜里都适合观察蝎虎座。

表 25-1

蝎虎座中有代表性的星团、星云和星系

天体名称	类型	视亮度	视尺寸	赤经	赤纬	梅	双	城	深	加	备注
NGC 7243	OC	6.4	21.0	22 15.3	+49 53			◉	◉		Cr 448; Mel 240; Class II 2 m
NGC 7209	OC	7.7	24.0	22 05.2	+46 30			◉	◉		Cr 444; Mel 238; Class III 1 m

表 25-2

蝎虎座中有代表性的双星或聚星

天体名称	星对	星等1	星等2	角距	方位角	年份	赤经	赤纬	城观	双星	备注
8	STF 2922Aa-B	5.7	6.3	22.2	185	2004	22 35.9	+39 38		◉	

星图 25-1

蝎虎座星图（视场宽 35°，右方为北）

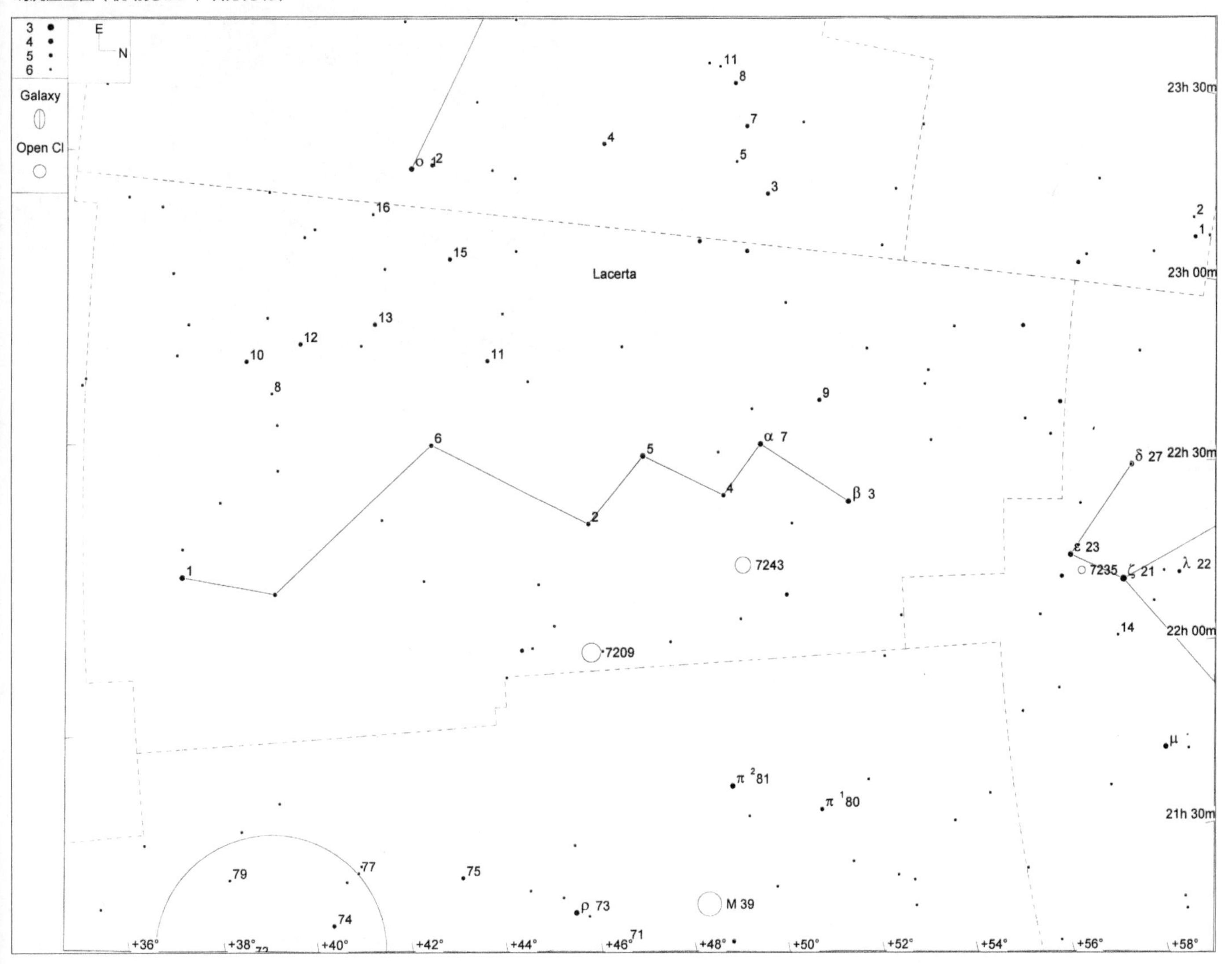

NGC 7243	★★	◕◕◕	OC	MBUDR
见星图 25-2和星图 25-3	见影像 25-1	m6.4, 21.0'	22h 15.3m	+49°53'

疏散星团 NGC 7243 大而明亮，但成员星数量比较贫乏。如星图 25-2 所示，要定位它，可以从邻近的仙王座的“甜筒冰激凌”的西南角开始，向南移动寻星镜视场，进入“折线”的区域。找到蝎虎座 β（3 号星）和蝎虎座 α（7 号星）之后，将其分别放在寻星镜或双筒镜视场的北东北边缘和东边缘，就可以让 NGC 7243 处于同一视场的中心附近。在 50mm 口径的寻星镜或双筒镜中，NGC 7243 是可以直接看到的。

我们透过 50mm 双筒镜用余光瞥视，看到 NGC 7243 呈现为比较明亮的云雾状斑块，其中可以分辨出 3 颗 8 ～ 9 等的成员星。用 10 英寸道布森镜加 90 倍放大率观察，该星团呈现出明亮、松散、不规则的特点，可以分辨出的成员星有 30 余颗，它们彼此之间组成一些链状和团块状结构。另外，虽然 NGC 7243 的成员星分布松散且不够规则，却很容易将它们与四周的普通背景恒星区别开来。

影像 25-1

NGC 7243（视场宽 1°）

本照片承蒙帕洛马天文台和太空望远镜科学研究院惠允翻拍自数字巡天工程成果

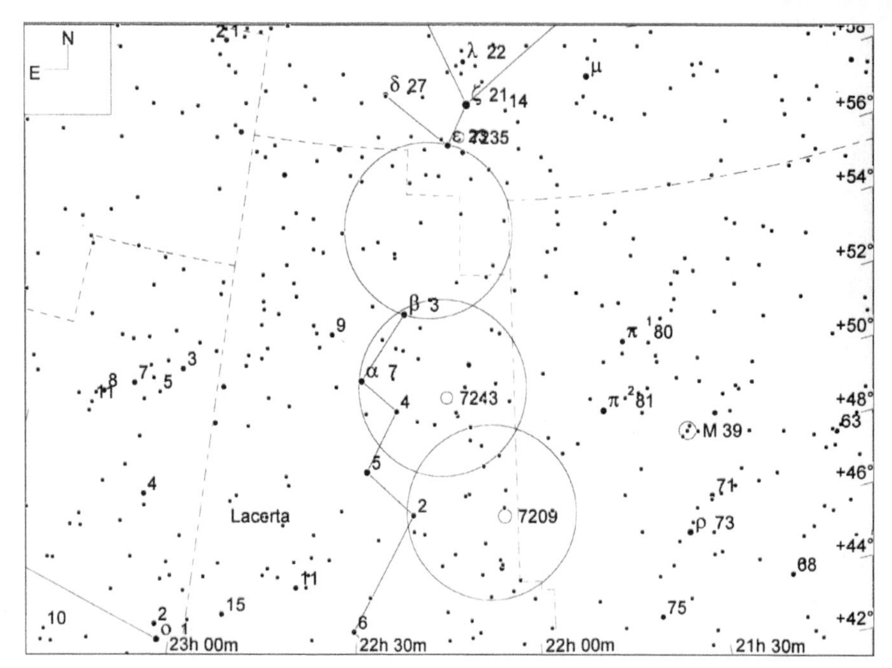

星图 25-2

NGC7243 和 NGC 7209 概略位置（视场宽 25°，寻星镜视场圈直径 5°，极限星等 7.0 等）

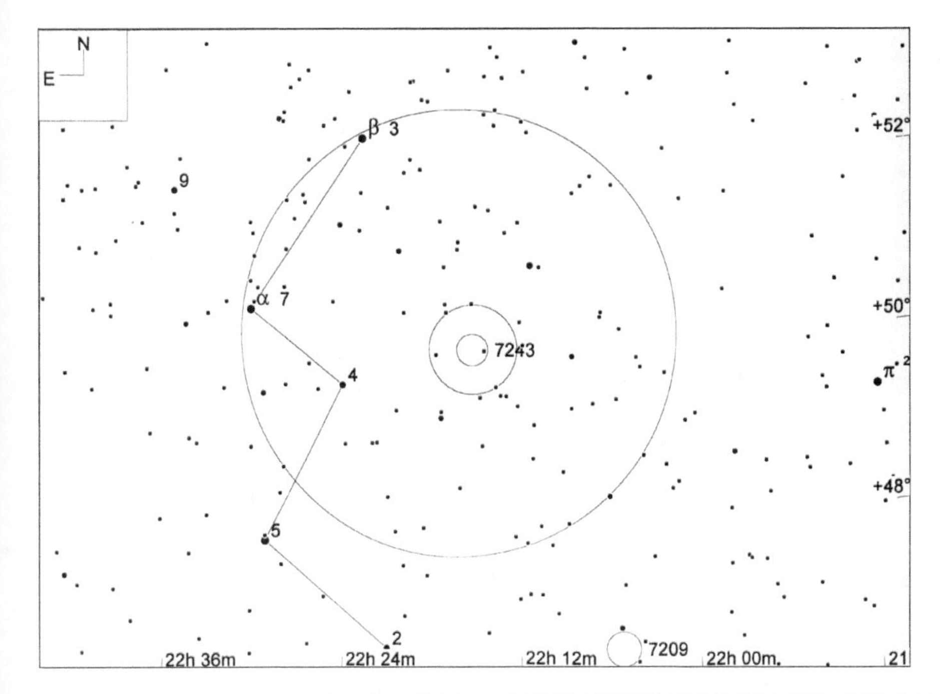

星图 25-3

NGC 7243（视场宽 10°，寻星镜视场圈直径 5°，目镜视场圈直径 1°，极限星等 9.0 等）

NGC 7209	★★★★★	⚶⚶⚶⚶⚶	OC	MBUDR
见星图 25-2和星图 25-4	见影像 25-2	m7.7, 24.0'	22h 05.2m	+46°30'

NGC 7209 也是一个大而松散的疏散星团，尺寸与 NGC 7243 差不多，但亮度明显不如后者。要定位 NGC 7209，最好的办法是在看完 NGC 7243 后把寻星镜继续沿着蝎虎座的折线形状向南移动，见星图 25-2，会找到 4.6 等的蝎虎座 2 号星。将该星放在寻星镜或双筒镜视场的最东边，就可以将 NGC 7209 放到视场中心附近了。该星团位于一颗 6 等恒星的南边一点，透过寻星镜使用余光瞥视的话能隐约看到。

我们用 50mm 双筒镜观察 NGC 7209，在余光瞥视下，看到它呈现为相当大也相当暗弱的一个模糊斑块。可以明确认出的成员星有 3 颗，亮度 8 ～ 9 等，另外还有 10 多颗更暗的成员星介于看得到与看不到之间。用加 90 倍放大率的 10 英寸道布森镜，可以看到这个星团散漫地分布在直径 25' 的天区里，能辨别出的成员星超过 70 颗，亮度在 9 ～ 12 等之间。

影像 25-2

NGC 7209（视场宽 1°）

本照片承蒙帕洛马天文台和太空望远镜科学研究院惠允翻拍自数字巡天工程成果

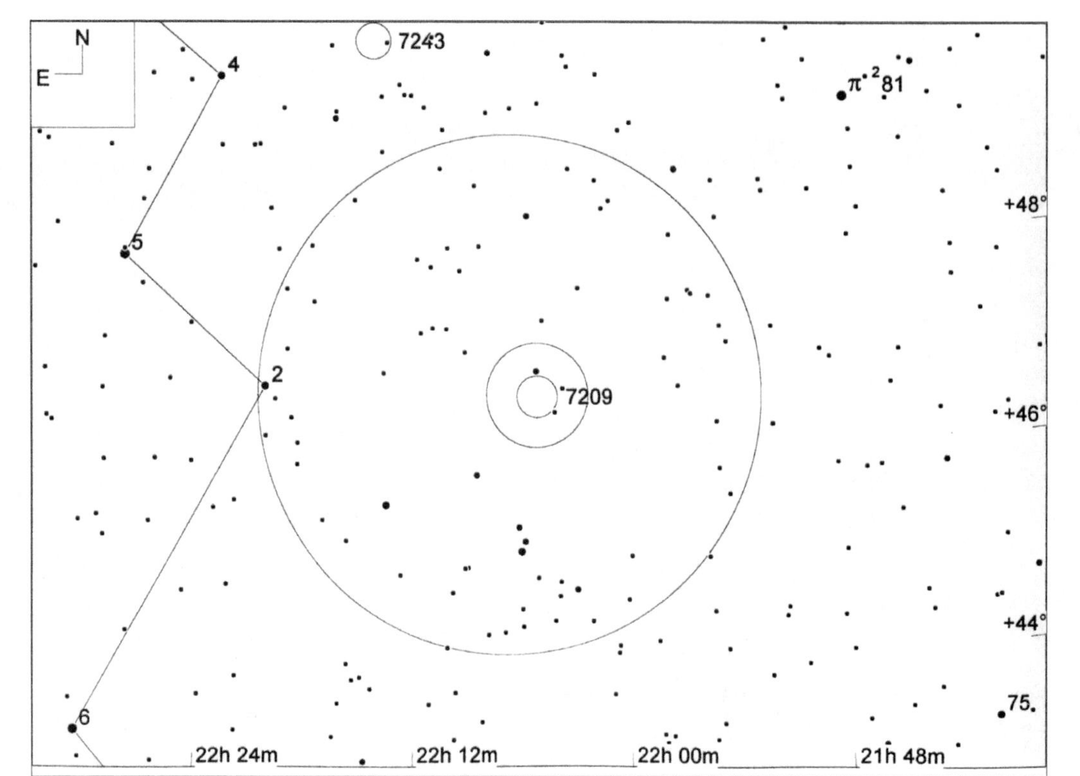

星图 25-4

NGC 7209（视场宽 10°，寻星镜视场圈直径 5°，目镜视场圈直径 1°，极限星等 9.0 等）

8 (STF 2922Aa-B)	★★	⊕⊕	MS	uD
见星图 25-5		m5.7/6.3, 22.2", PA 185° (2004)	22h 35.9m	+39°38'

要定位蝎虎座 8 号星这颗双星，请见星图 25-1 和 25-2，从仙王座开始循着蝎虎座的折线形状一直往南，先找到 4.5 等的蝎虎座 6 号星。将该星放在寻星镜视场的北缘，就可以在同一视场内的东侧明显看到三颗 5 等星组成了一条南北向的星链：蝎虎座 13、12、10 号星，见星图 25-5。而我们要找的蝎虎座 8 号星就处于 10 号星西北边大约 1° 的地方，很容易找。

观察蝎虎座 8 号星时的一个主要问题是：确认究竟哪两颗星才是双星的成员星。蝎虎座 8 号星周围比较亮的星有不少，这使得这块区域看起来仿佛像一个小小的疏散星团，而不是简单的一对双星。双星编号 STF 2922 真正所指的是其中大约 6 等且彼此距离极近的那两颗星。我们用 125 倍放大率下的 10 英寸反射镜观察，看到其主星和伴星都是有些耀目的蓝白色。

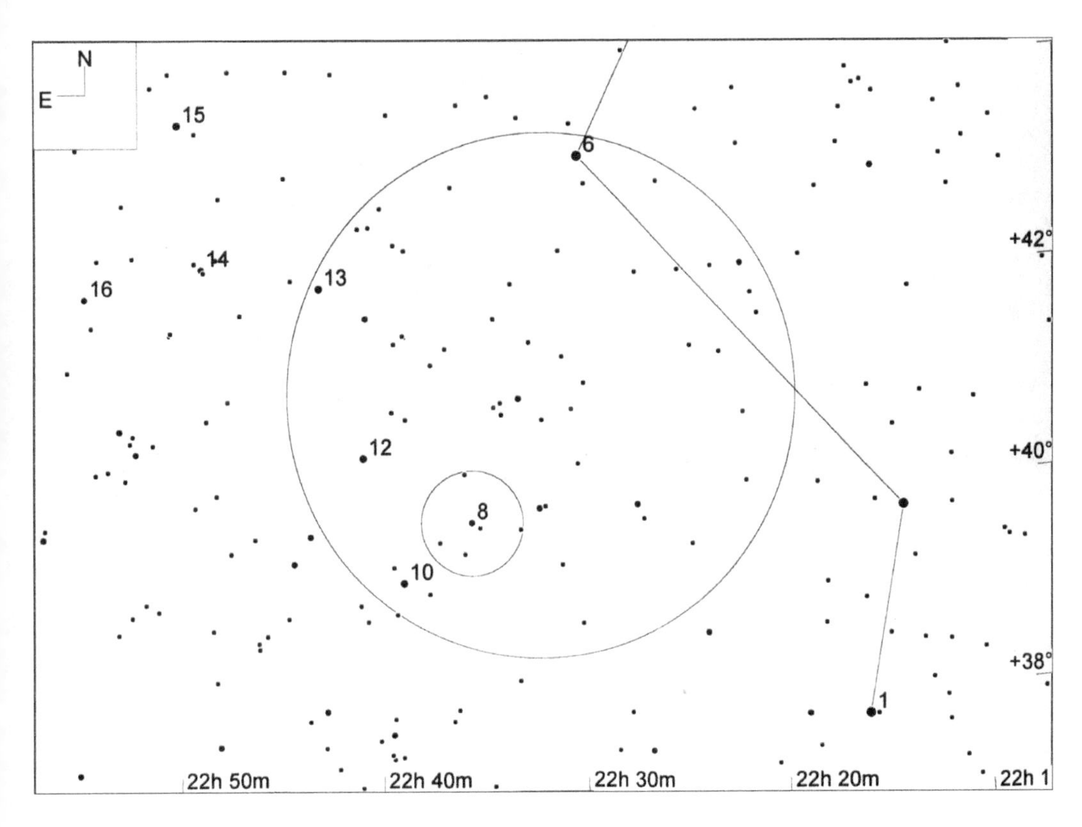

星图 25-5

蝎虎座 8 号星（STF 2922Aa-B）（视场宽 10°，寻星镜视场圈直径 5°，目镜视场圈直径 1°，极限星等 9.0 等）

26

狮子座， 雄狮

星座名：狮子座（Leo）
适合观看的季节：冬
上中天：3 月初午夜
缩写：Leo
所有格形式：Leonis
相邻星座：巨蟹、后发、巨爵、长蛇、小狮、天猫、六分仪、大熊、室女
所含的适合双筒镜观看的天体：NGC 3351 (M 95), NGC 3368 (M 96), NGC 3379 (M 105), NGC 3623 (M 65), NGC 3627 (M 66)
所含的适合在城市中观看的天体： 41-gamma (STF 1424)

狮子座庞大、明亮，是黄道十二星座之一。狮子座的面积为 947 平方度，约占天球的 2.3%，在全天 88 星座里排名第 12 位。

在希腊神话中，狮子座代表的是“涅莫亚雄狮”（Nemean Lion）的形象。这头狮子是被大英雄赫拉克勒斯杀死的，而杀死它也是赫拉克勒斯的 12 件大功之一。在夜空中辨认狮子座的诀窍就是找到那组构成镰刀形状的星星，它代表雄狮的头和鬃。这几颗星中最亮的是狮子座 α（俗名 Regulus）和狮子座 γ（俗名 Algieba）。另一颗亮星狮子座 β（俗名 Denebola）则表示雄狮的尾巴。值得一提的是，古代的狮子座其实比今天的大得多，今天的后发座在托勒密的时代（公元 2 世纪——译者注）就属于狮子座的一部分，后发座中的那一小撮星当时被视为狮子的尾巴。

就像它周围的一些主要星座（例如大熊座、室女座、后发座）一样，狮子座天区内也有很多星系。而且，狮子座所含的星系很多都适合业余爱好者观察：至少有五个比较明亮的梅西耶星系，另外还有一些足够明亮的其他星系，有的甚至在双筒镜中利用余光瞥视的技巧就能看到。狮子座中的部分亮星系彼此距离很近，因此可以在低倍放大率下将其囊括在目镜的同一视场之内。

狮子座每年 3 月 1 日午夜上中天，对于北半球中纬度的观测者来说，从隆冬到春末的晚间都适合观察狮子座。

表 26-1

狮子座中有代表性的星团、星云和星系

天体名称	类型	视亮度	视尺寸	赤经	赤纬	梅	双	城	深	加	备注
NGC 2903	Gx	9.7	12.6 x 6.0	09 32.2	+21 30					◉	Class SAB(rs)bc; SB 12.4
NGC 3351	Gx	10.5	7.5 x 5.0	10 44.0	+11 42	◉	◉				M 95; Class SB(r)b; SB 12.7
NGC 3368	Gx	10.1	7.6 x 5.2	10 46.8	+11 49	◉	◉				M 96; Class SAB(rs)ab; SB 12.5
NGC 3379	Gx	10.2	5.4 x 4.8	10 47.8	+12 35	◉	◉				M 105; Class E1; SB 11.3
NGC 3384	Gx	10.9	5.5 x 2.5	10 48.3	+12 38					◉	Class SB(s)0-:; SB 11.0
NGC 3521	Gx	9.8	11.0 x 7.1	11 05.8	+00 02					◉	Class SAB(rs)bc; SB 11.8
NGC 3607	Gx	9.9	5.5 x 5.0	11 16.9	+18 03					◉	Class SA(s)0^:; SB 11.0 (???)
NGC 3623	Gx	10.3	9.8 x 2.8	11 18.9	+13 06	◉	◉				M 65; Class SAB(rs)a; SB 12.8
NGC 3627	Gx	9.7	9.1 x 4.1	11 20.3	+12 59	◉	◉				M 66; Class SAB(s)b; SB 11.9
NGC 3628	Gx	10.3	14.8 x 2.9	11 20.3	+13 35					◉	Class Sb pec sp; SB 12.4 (???)

表 26-2

狮子座中有代表性的双星或聚星

天体名称	星对	星等1	星等2	角距	方位角	年份	赤经	赤纬	城观	双星	备注
32-alpha	STF 6AB	1.4	8.2	176.0	308	2000	10 08.4	+11 58		◉	Regulus
41-gamma*	STF 1424AB	2.4	3.6	4.4	125	2006	10 20.0	+19 50	◉	◉	Algieba
54	STF 1487	4.5	6.3	6.6	111	2003	10 55.6	+24 44		◉	

星图 26-1

狮子座星图（视场宽 60°）

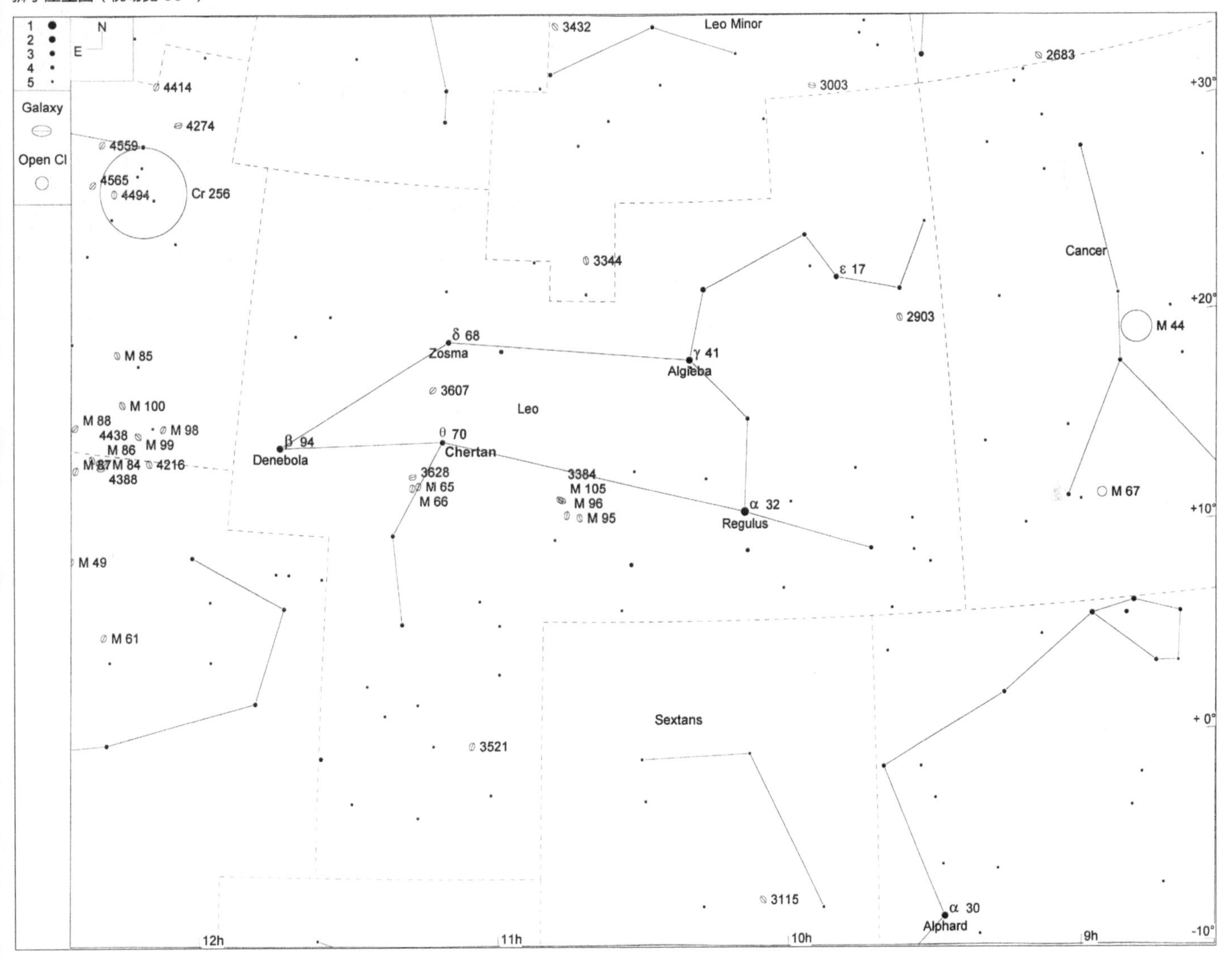

NGC 2903	★★★	❂❂❂❂	GX	MBUDR
见星图 26-2	见影像 26-1	m9.7, 12.6' x 6.0'	09h 32.2m	+21°30'

NGC 2903 是个美丽、明亮的螺旋星系，其盘面几乎也是正对着我们。虽然它不是梅西耶天体，但可观测程度却不亚于很多梅西耶列表之内的星系，甚至要优于很多梅西耶星系，是拥有最佳外观的非梅西耶星系之一。至于当初梅西耶为什么没有把它排进目录，我们只能猜测是因为梅西耶根本没有检视过这片天区。

定位 NGC 2903 也很简单。首先在“狮子”头部的“镰刀”形状中认出 3 等星狮子座 ε（17 号星），然后在它西南西 3.3° 处找到 4.3 等的狮子座 λ（4 号星）。把狮子座 λ 放在寻星镜视场偏北的部分，就可以保证 NGC 2903 在视场中心附近。见星图 26–1，该星系与两颗 7 等星构成了一个明显的小三角形，所以在寻星镜中可以利用这两颗 7 等星来协助推测该星系的位置。

我们用 10 英寸反射镜加 125 倍放大率观察，可以看到 NGC 2903 有个很大的中心区域，核球区更是明显要亮。星系的外部轮廓亮度中等，尺寸 8' × 4'，长轴在北东北—南西南方向，含有较明显的斑驳和块状细节。这真是一个漂亮的星系。

影像 26-1

NGC 2903（视场宽 1°）

本照片承蒙帕洛马天文台和太空望远镜科学研究院惠允翻拍自数字巡天工程成果

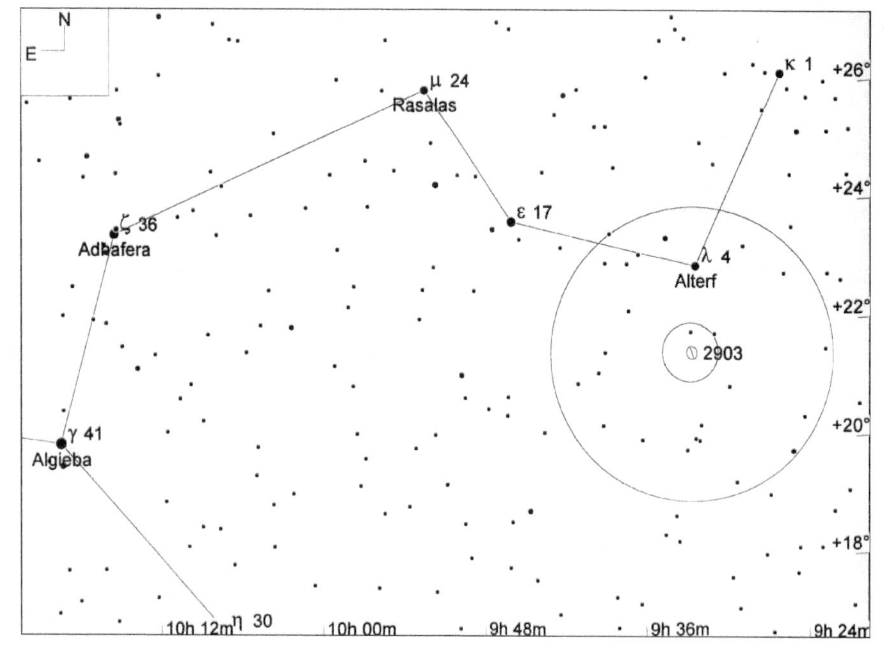

星图 26-2

NGC 2903（视场宽 15°，寻星镜视场圈直径 5°，目镜视场圈直径 1°，极限星等 9.0 等）

M 95 (NGC 3351)	★★★	⚆⚆⚆	GX	MBUDR
见星图 26-3	见影像 26-2	m10.5, 7.5' x 5.0'	10h 44.0m	+11°42'

M 96 (NGC 3368)	★★★	⚆⚆⚆	GX	MBUDR
见星图 26-3	见影像 26-2	m10.1, 7.6' x 5.2'	10h 46.8m	+11°49'

M 95（NGC 3351）和 M 96（NGC 3368）都是明亮的螺旋星系，且基本都是以盘面面对我们的。1781 年 3 月 20 日，皮埃尔•梅襄发现了这两个星系，他将此消息报告给了他的朋友兼搭档查尔斯•梅西耶。梅西耶在四天之后，即 3 月 24 日观测验证了梅襄的报告，于是就将这两个天体加入了他的目录。

M 95 和 M 96 离较亮的恒星都比较远，因此，想在寻星镜视场内通过参考星的方式找到它们，是不太容易的。好在我们可以利用肉眼直接观察恒星的几何位置关系来定位这两个星系。首先要找准 1.4 等的狮子座 α（中文名“轩辕十四”——译者注）和 3.3 等的狮子座 θ（70 号星）。在这两星之间连线，在线上不到中点的位置上（偏向狮子座 θ 一边），有一颗 5.5 等星，即狮子座 52 号星。在上佳的夜空环境下，用肉眼看到这颗星不成问题；但即使夜空没有这么好也不要紧，你可以用寻星镜直接指向你所估计的狮子座 52 号星的位置，然后在寻星镜中稍微找找即可，因为在寻星镜中看到的 5.5 等星还是非常明亮醒目的。找准这颗星后，将其放到寻星镜视场偏向北边缘的位置上，然后就可以直接用低倍放大率的目镜去试着找找 M 95 和 M 96 了。这两个星系完全可以在目镜中看到，如果没有，只要在相邻的视场区域稍微游移一下也会找到的。

天文联盟双筒镜梅西耶俱乐部的目标列表将 M 95 和 M 96 列为 80mm 口径双筒镜的“特难”级（即最高难度）。我们的经验验证了这一点：我们从未在 50mm 口径的双筒镜或寻星镜中看到过 M 95 和 M 96。在加 90 倍放大率的 10 英寸道布森镜中，M 95 和 M 96 可以被我们的 14mm 宾得目镜涵盖在同一视场内，其中 M 95 稍微暗一点。M 95 呈现的轮廓基本是圆形，尺寸 3'，其中心区内能辨认出核球区，从星系中心到边缘，亮度均匀降低，整个星系看不出斑驳状或其他细节。M 96 亮度中等，轮廓呈 3'×5' 的椭圆形，长轴在西北西—东南东方向，中心区域明亮，同样也可以辨认出核球区域。

影像 26-2

NGC 3351（M 95）和 NGC 3368（M 96）（视场宽 1°）

本照片承蒙帕洛马天文台和太空望远镜科学研究院惠允翻拍自数字巡天工程成果

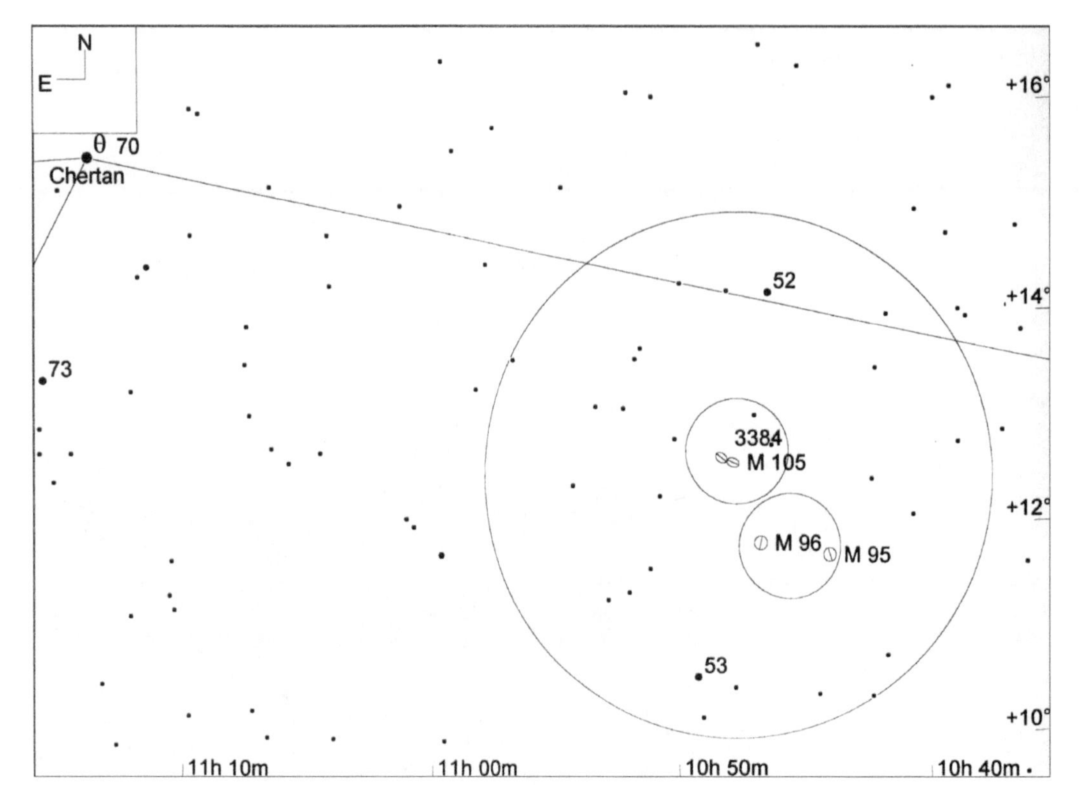

星图 26-3

NGC 3351（M 95）、NGC 3368（M 96）、NGC 3379（M 105）和 NGC 3384（视场宽 10°，寻星镜视场圈直径 5°，目镜视场圈直径 1°，极限星等 9.0 等）

M 105 (NGC 3379)	★★★	◐◐◐	GX	MBUDR
见星图 26-3	见影像 26-3	m10.2, 5.4' x 4.8'	10h 47.8m	+12°35'

NGC 3384	★★	◐◐◐	GX	MBUDR
见星图 26-3	见影像 26-3	m10.9, 5.5' x 2.5'	10h 48.3m	+12°38'

M 105（NGC 3379）和 NGC 3384 是一对离得很近的明亮星系，有点像 M 95 和 M 96，也可以被囊括在同一个目镜视场之内。M 105 是皮埃尔•梅襄在 1781 年 3 月 24 日发现的。至于 NGC 3384，虽然位于 M 105 的东北东方向仅 7' 处，但梅襄那天并未发现。这是由于那个夜晚属于一个典型的大气不稳定的夜晚，不利于望远镜（特别是当时技术条件下的望远镜）对星光进行收集。NGC 3384 是后来由威廉姆•赫歇尔发现的，他用的望远镜口径更大。

不知道什么原因，梅西耶当初出版的那版目录里并没有 M 105。今天我们所说的梅西耶天体有 109 个或 110 个，当时的版本里只有其中靠前的 103 个。M 105 与其他五六个天体是被后人补充进梅西耶目录的，因为有充分证据表明梅西耶确实曾经观测过这些天体，但出于种种缘由而没有将它们列入第一版的目录。

如果你刚观察完 M 95 和 M 96，那么定位 M 105 和 NGC 3384 这对星系就很容易了。这对星系位于 M 96 的北东北方向大约 50' 处，也就是说，我们刚好可以将 M 105、NGC 3384 和 M 96 放在同一个目镜视场之内。

天文联盟双筒镜梅西耶俱乐部的目标列表将 M 105 列为 80mm 口径双筒镜的“特难”级目标（即最高难度）。我们也确实从未用 50mm 双筒镜看到过 M 105 和 NGC 3384。我们也没有尝试过用 80mm 双筒镜观察这两个天体，但在口径同样为 80mm 的短筒折射镜中，我们曾经非常勉强地看到了 M 105，而 NGC 3384 则看不到。

我们用 10 英寸牛顿反射镜加 90 倍放大率观察，可以将这两个天体囊括于 14mm 宾得目镜的同一视场之内。M 105 的轮廓呈圆形，直径 2.5'，整体亮度不错，且从边缘到中心逐渐均匀增亮，核心区形状也很规则。NGC 3384 则明显暗一些，轮廓呈长形，1' × 3'，沿东北—西南方向伸展。从边缘到核心的增亮很突兀，圆形的核球区清晰可见。

影像 26-3

NGC 3379（M 105， 右 ）、NGC 3384，以及暗弱的 NGC 3389（左下）（视场宽 1°）

本照片承蒙帕洛马天文台和太空望远镜科学研究院惠允翻拍自数字巡天工程成果

NGC 3521	★★★	◐◐	GX	MBUDR
见星图 26-4	见影像 26-4	m9.8, 11.0' x 7.1'	11h 05.8m	+00°02'

NGC 3521 是个明亮美丽的星系，但位置有点“离群索居”。要定位它，可以从靠近“狮子”尾部的 3.3 等的狮子座 θ（70 号星）开始，向南东南方向寻找 5.4°，见到 4 等的狮子座 ι（78 号星），然后由此向南 4.5°，找到 4 等的狮子座 σ（77 号星）。将狮子座 σ 放在寻星镜视场的北边缘，此时在视场南边缘附近明显可见 2 颗 5 等星，即狮子座 75 号星和 79 号星。将狮子座 79 号星改放在视场的东边缘，就可以找到狮子座 65 号星和 69 号星，见星图 26-4。以狮子座 65 号星和 69 号星之间的连线为底边（长度为 2.5°），向西南做一个腰边长度为 2° 的等腰三角形，则 NGC 3521 基本就处于该三角形的顶角上。在这个虚拟的顶角旁边很近的地方还有一颗 5.9 等星，即狮子座 62 号星，在寻星镜中很醒目。NGC 3521 就在狮子座 62 号星正东 33' 处。

我们用 10 英寸反射镜加 125 倍放大率观察，看到 NGC 3521 有着明亮的椭圆形中心区，其中的核球也很明亮。星系的外部轮廓则暗淡得多，尺寸为 5'×2'，长轴在北西北—南东南方向。相对于轮廓来说，核球不在几何中心的位置上，而是稍微偏西一点。星系的中心区内可见一些斑驳状的细节；而靠近中心区的暗区内，有些稍亮的部分也勉强隐约可见一些细节。

影像 26-4

NGC 3521（视场宽 1°）

本照片承蒙帕洛马天文台和太空望远镜科学研究院惠允翻拍自数字巡天工程成果

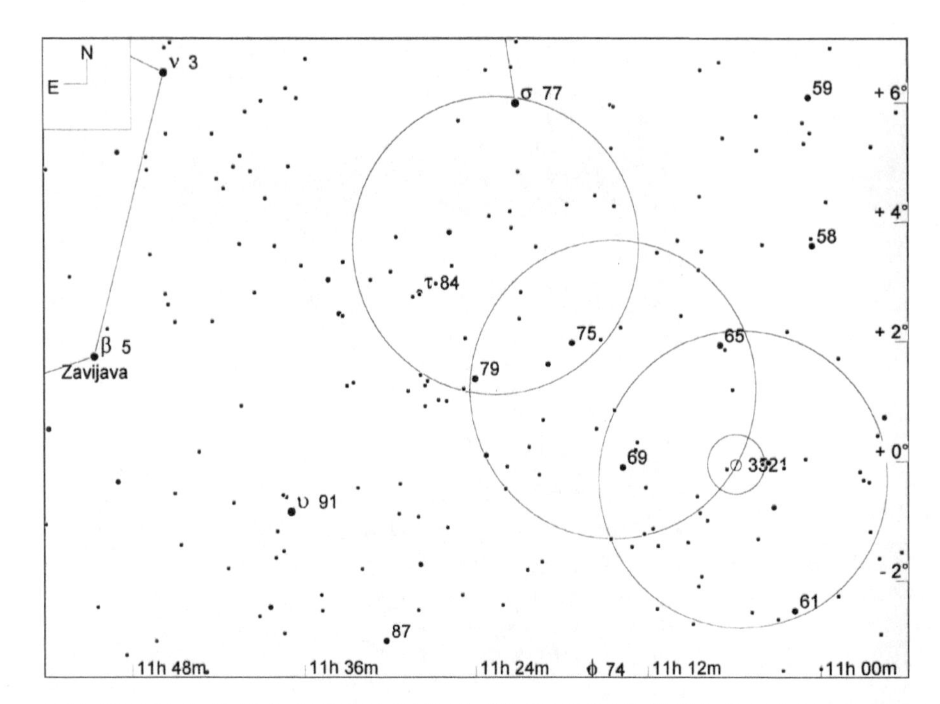

星图 26-4

NGC 3521（视场宽 15°，寻星镜视场圈直径 5°，目镜视场圈直径 1°，极限星等 9.0 等）

NGC 3607	★★	◕◕◕	GX	MBUDR
见星图 26-5	见影像 26-5	m9.9, 5.5' x 5.0'	11h 16.9m	+18°03'

星系 NGC 3607 的外观十分平庸，不过它十分好找，因此值得一看。狮子座 δ（68 号星）亮度 2.6 等，狮子座 θ（70 号星）亮度 3.3 等，都很容易认出。将前者放在寻星镜视场北缘，后者放在寻星镜视场南缘，再向东稍微移动视场（移动不到 1°）就可以了，因为 NGC 3607 位于这两颗亮星之间连线的中点偏东 40' 处。

我们用 10 英寸反射镜加 125 倍放大率观察，NGC 3607 呈现出一个有核球的明亮圆形中心区，以及包裹在其外面的一层暗弱轮廓，直径约 1'。整个星系的各个部分均看不出更多细节。

影像 26-5

NGC 3607，其右下是 NGC 3605，上方是 NGC 3608，靠近右边缘处是 NGC 3599（视场宽 1°）

本照片承蒙帕洛马天文台和太空望远镜科学研究院惠允翻拍自数字巡天工程成果

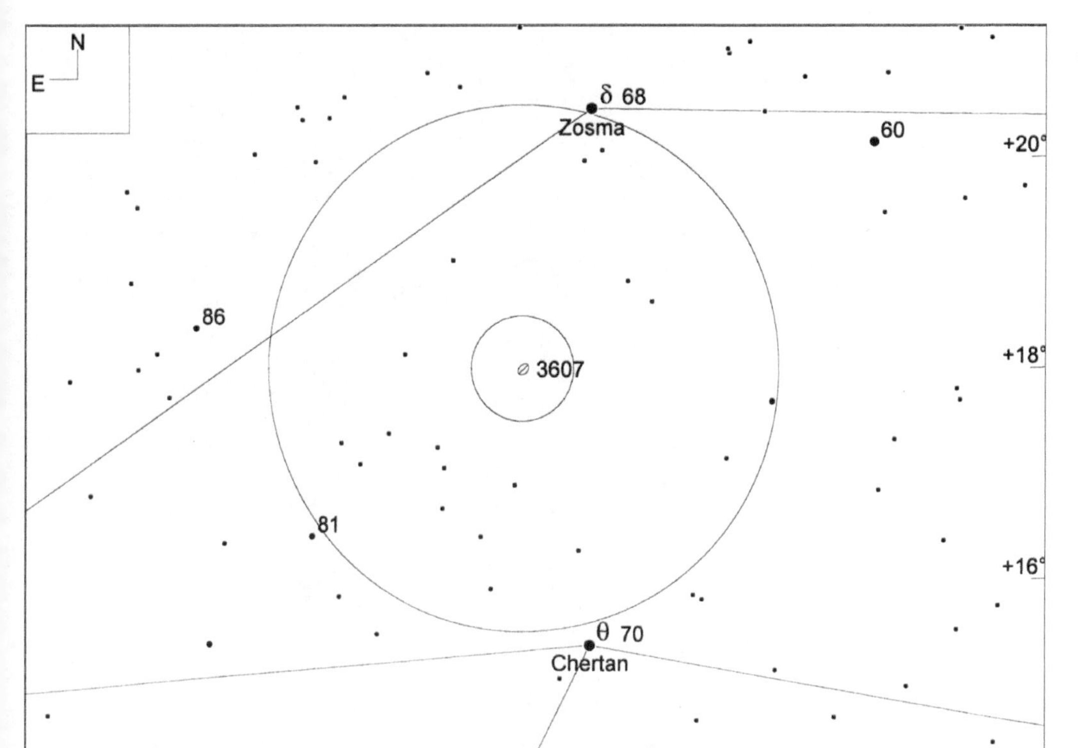

星图 26-5

NGC 3607（视场宽 10°，寻星镜视场圈直径 5°，目镜视场圈直径 1°，极限星等 9.0 等）

M 65 (NGC 3623)	★★★	⊕⊕⊕	GX	MBUDR
见星图 26-6	见影像 26-6	m10.3, 9.8' x 2.8'	11h 18.9m	+13°06'

M 66 (NGC 3627)	★★★	⊕⊕⊕	GX	MBUDR
见星图 26-6	见影像 26-6	m9.7, 9.1' x 4.1'	11h 20.3m	+12°59'

NGC 3628	★★	⊕⊕⊕	GX	MBUDR
见星图 26-6	见影像 26-6	m10.3, 14.8' x 2.9'	11h 20.3m	+13°35'

狮子座有个著名的景观叫做“三重星系”，即 M 65（NGC 3623）、M 66（NGC 3627）和 NGC 3628。诚然，在室女座和后发座的那些星系密集的区域，十来个甚至更多的星系聚集在一起，以至于能被囊括在目镜的同一视场中的情况并不少见，但是，在整个天球上，能像狮子座“三重星系”这样，将三个如此明亮的星系囊括在目镜的同一视场中的情况，可以说是绝无仅有。

梅西耶在 1780 年 3 月 1 日晚上发现了 M 65 和 M 66。梅西耶为这两个星系写的注释说，他 1773 年 11 月 1 日和 2 日的晚上曾经检视过这片天区，但没有注意到这两个天体。当时他在观测一颗彗星，彗星的位置正好在 M 65 和 M 66 之间。或许是这颗彗星太美了，完全吸引了梅西耶的注意力，又或许是彗星太亮了，其光芒掩盖了 M 65 和 M 66，总之，梅西耶 1773 年没发现这两个云雾状的天体。当今有些资料认为，M 65 和 M 66 的发现者应该是梅西耶的朋友兼工作搭档皮埃尔•梅襄，但我们觉得这种说法值得商榷。虽然确实有很多天体都是梅襄先发现，然后由梅西耶确认的，但梅西耶在目录中都已注明这些天体的发现权属于梅襄。但关于 M 65 和 M 66，梅西耶并没有注明是由梅襄发现的，因此我们猜测这两个天体应该是梅西耶自己发现的，或者至少是未经梅襄提示，由梅西耶自己独立地再次发现的。

要定位三重星系，只要将 3.3 等的狮子座 θ（70 号星）放在寻星镜视场的西北边缘就可以了，此时三重星系应该就在寻星镜视场的中心附近。在三者西侧约 1° 有颗明显的 5 等星（原文为 2.7°，应属笔误——译者注），寻星镜视场中心还能看到一颗7等星，该星的位置是介于这3个星系之间的。

对于M 65和66，天文联盟双筒镜梅西耶俱乐部将其列为35mm和50mm双筒镜的“特难”级（最高难度）目标，以及80mm双筒镜的“稍难”级（中间级难度）目标。我们用50mm双筒镜试图观测M 65和M 66从未成功过，但发现用80mm口径的短式单筒折射镜看到这两个星系还是很容易的。

在10英寸反射镜加42倍放大率下，这3个星系可以放在同一个目镜视场内，且无需余光瞥视就都能看到。其中M 66最亮，M 65稍暗些，NGC 3628最暗。在125倍放大率下，M 65呈现出一个非常明亮的不规则中心区，尺寸为2'×3'，沿南—北向展开，其中有一个明亮但边界模糊的核球，整个星系的外部轮廓也不太光滑，长轴也在南—北向，长度7'。星系内部特别是北半部分可以看到明显的斑驳状细节。M 66则呈现出又大又亮的核心区，其整体轮廓稍显不规则和不均匀，长轴在南—北向，尺寸约2'×5'。NGC 3268则比两个梅西耶星系暗得多，它在125倍放大率下呈现为一条亮度中等的狭长光带，轮廓尺寸有点“极端”，为1'×10'，在东—西向上延展。其中心区域如绣花针一般细瘦，长度3'，看不出核球部分。整个星系也看不出更多的斑驳状或其他形状的细部结构。

影像 26-6

NGC 3623（M 65，右下）、NGC 3627（M 66，左下）和NGC 3628（视场宽1°）

本照片承蒙帕洛马天文台和太空望远镜科学研究院惠允翻拍自数字巡天工程成果

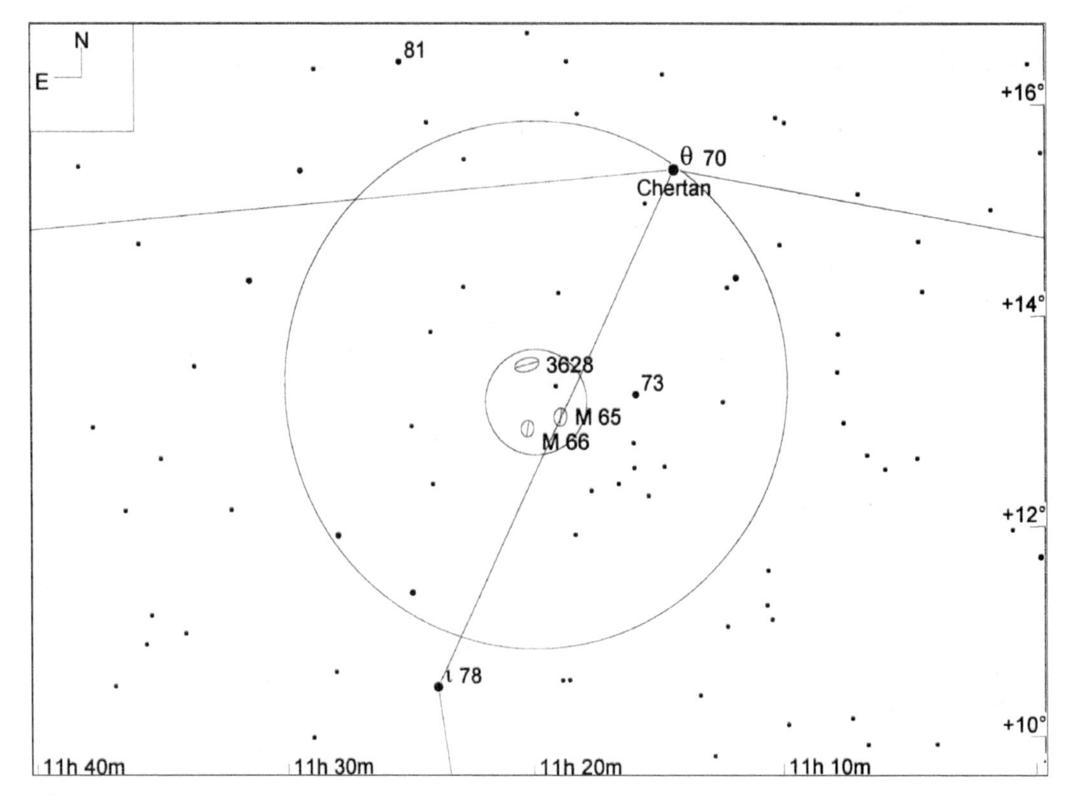

星图 26-6

NGC 3623（M 65）、NGC 3627（M 66）和NGC 3628（视场宽10°，寻星镜视场圈直径5°，目镜视场圈直径1°，极限星等9.0等）

32-alpha (STF 6AB)	★★	◐◐◐◐	MS	uD
见星图 26-1		m1.4/8.2, 176.0", PA 308° (2000)	10h 08.4m	+11°58'

著名的狮子座 α（32 号星）本身既是狮子座的最亮星，也是一颗双星。我们用 10 英寸反射镜加 125 倍放大率观察，可以看到其主星光芒耀眼，呈亮白色，而伴星则比主星暗很多，呈暖白色。

41-gamma (STF 1424AB)	★★	◐◐◐◐	MS	uD
见星图 26-1		m2.4/3.6, 4.4", PA 125° (2006)	10h 20.0m	+19°50'

狮子座 γ（41 号星）位于狮子座西端的“镰刀形”的中间，也是双星。我们用 10 英寸反射镜加 125 倍放大率观察，看到其主星为黄白色，伴星是非常浅淡的黄色。

54 (STF 1487)	★★★	◐◐◐	MS	uD
见星图 26-7		m4.5/6.3, 6.6", PA 111° (2003)	10h 55.6m	+24°44'

狮子座 54 号星是颗非常美丽的双星，因为它的两颗成员星的颜色有一定的对比。要定位它，首先找到 2.6 等的狮子座 δ（68 号星，俗名 Zosma）。由狮子座 δ 向西 2.8°，可以看到 4.4 等的狮子座 60 号星。将狮子座 60 号星放在寻星镜视场的南边缘上，即可在同一视场的西北边缘附近很明显地看到狮子座 54 号星，因为它位于狮子座 60 号星北西北方向 4.8° 处。我们用 10 英寸反射镜加 125 倍放大率观察，看到其主星是黄白色，而伴星则在冷白色中渗透着一种明显的蓝色调。

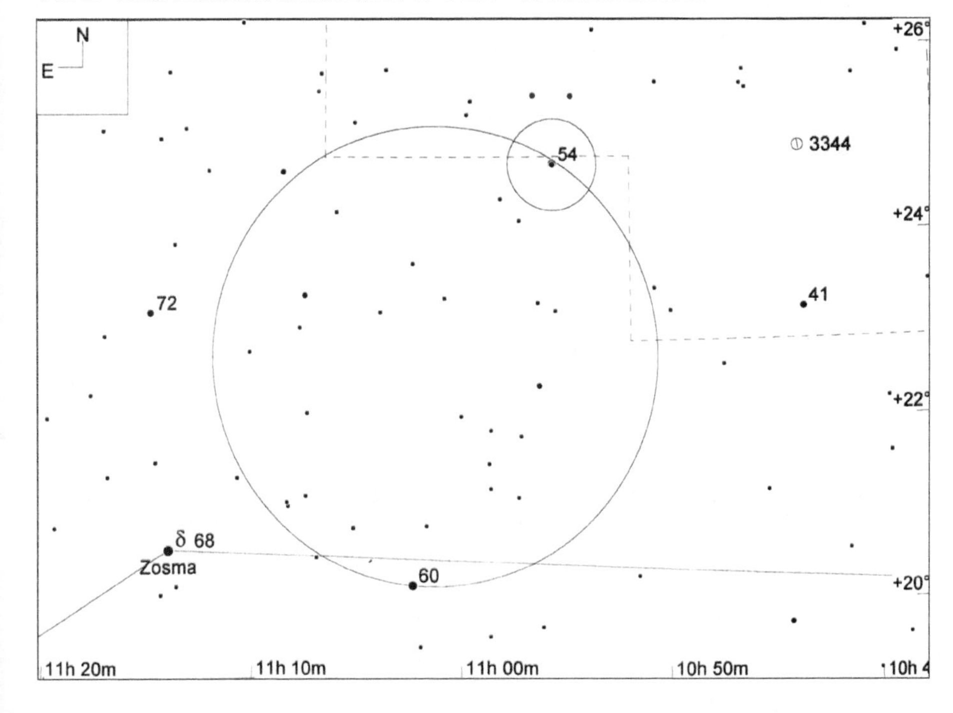

星图 26-7

狮子座 54 号星（STF 1487）（视场宽 10°，寻星镜视场圈直径 5°，目镜视场圈直径 1°，极限星等 9.0 等）

27

小狮座，幼狮

星座名：小狮座（Leo Minor）
适合观看的季节：冬
上中天：2 月下旬午夜
缩写：LMi
所有格形式：Leonis Minoris
相邻星座：巨蟹、狮子、天猫、大熊
所含的适合双筒镜观看的天体：（无）
所含的适合在城市中观看的天体：（无）

小狮座位于北半天球中部，是个又小又暗的星座。其面积为 232 平方度，约占天球的 0.6%，在全天 88 星座里排名第 64 位。小狮座的北边是大熊座，南边是狮子座，它自身正好是这两个辉煌的大星座之间所夹的那个星光暗淡的区域。小狮座的最亮星仅有 4 等，该星和其他两颗较亮的暗星组成了一个扁扁的三角形，而这个暗弱的三角形，也就是我们在暗夜中用肉眼观察小狮座天区能获得的主要印象了。

小狮座是个比较“现代”的星座，因为约翰•赫维留斯直到 1687 年才定义了它。在此前的古人眼中，这块天区仅仅是个暗区罢了，与周边的星座产生不了什么联想，因此也就没有关于小狮座天区的任何神话传说。当然，近现代乃至当代的天文学家对这个星座其实也没有什么联想，甚至可以说，如果不是因为小狮座天区内有三个相貌平庸的星系被收入了加拿大皇家天文协会（RASC）的目标列表，本书都不打算介绍这个星座了。

小狮座每年 2 月 24 日午夜上中天。对于北半球中纬度的观测者而言，从隆冬到初夏的夜晚都有合适的观察小狮座的机会。

表 27-1

小狮座中有代表性的星团、星云和星系

天体名称	类型	视亮度	视尺寸	赤经	赤纬	梅	双	城	深	加	备注
NGC 3344	Gx	10.5	7.3 x 6.4	10 43.5	+24 55					◉	Class (R)SAB(r)bc; SB 13.3
NGC 3003	Gx	12.3	5.9 x 1.3	09 48.6	+33 25					◉	Class Sbc?; SB 13.7
NGC 3432	Gx	12.3	6.8 x 1.4	10 52.5	+36 37					◉	Class SB(s)m sp; SB 13.7

星图 27-1

小狮座星图（视场宽 30°）

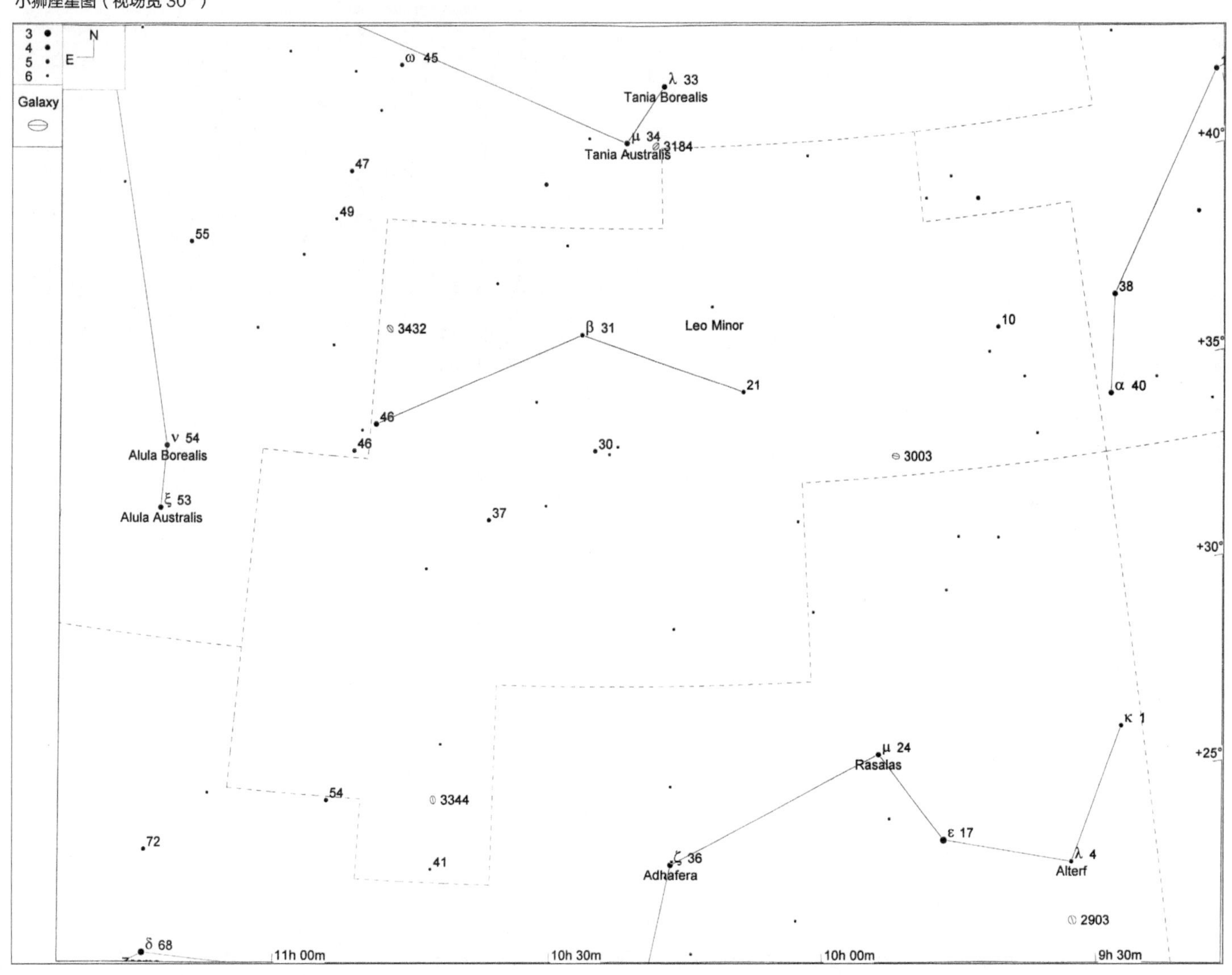

NGC 3344	★★	◐◐◐	GX	MBUDR
见星图 26-7和星图 27-2	见影像 27-1	m10.5, 7.3' x 6.4'	10h 43.5m	+24°55'

NGC 3344 是个亮度中等的螺旋星系，其盘面几乎是完全正对着我们的。要定位它，可以从旁边的狮子座开始，首先找到 2.6 等的狮子座 δ（68 号星），然后在其西侧 2.8°处找到 4.4 等的狮子座 60 号星。将狮子座 60 号星放在寻星镜视场的南边缘上，即可在同一视场的西北边缘附近明显找到狮子座 54 号星，因为它在 60 号星的北西北方向 4.8°处。将狮子座 54 号星改放在寻星镜视场的东边缘，就可以在视场内明显发现 5.5 等的小狮座 40 号星和 5.1 等的小狮座 41 号星，见星图 27-2。NGC 3344 就在这两颗星之间连线的中点上，极轻微地偏向 40 号星一点。

我们用加 125 倍放大率的 10 英寸反射镜观察，NGC 3344（原文作 3607，笔误——译者注）呈现出一个直径 4' 的散淡的轮廓，其中心区比较紧致，能看到核球结构。星系的亮度从中心到边缘依次减弱，但中心区内看不到其他细节。

影像 27-1

NGC 3344（视场宽 1°）

本照片承蒙帕洛马天文台和太空望远镜科学研究院惠允翻拍自数字巡天工程成果

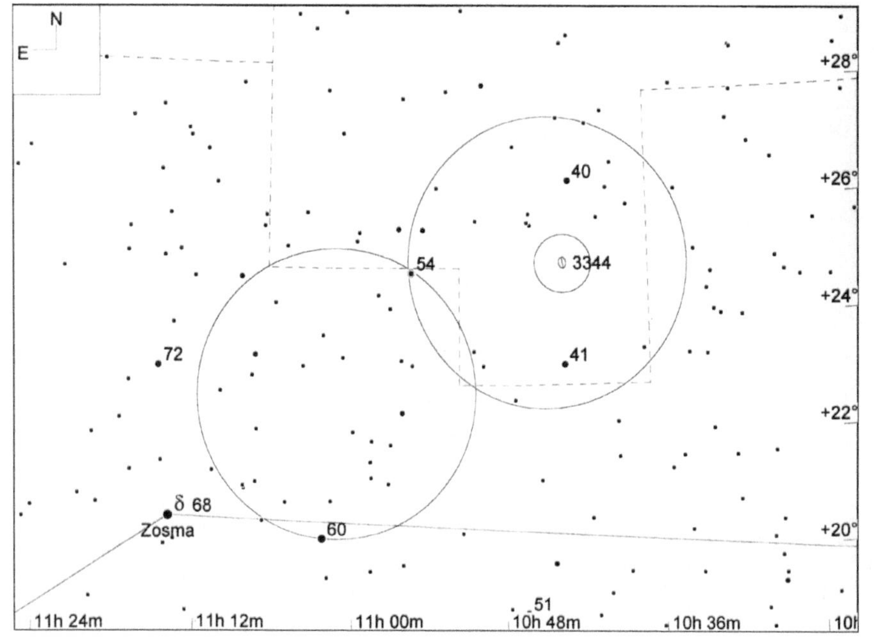

星图 27-2

NGC 3344（视场宽 15°，寻星镜视场圈直径 5°，目镜视场圈直径 1°，极限星等 9.0 等）

NGC 3003	★	⊕⊕	GX	MBUDR
见星图 27-3、星图 27-4和星图 27-5	见影像 27-2	m12.3, 5.9' x 1.3'	09h 48.6m	+33°25'

NGC 3003 是个又小又暗的星系，侧面对着我们。要定位它，首先要找到小狮座 21 号星，也就是小狮座“三角形”基本结构里最西侧的那颗。将其放在寻星镜视场的东北边缘，即可在视场南边缘附近看到一颗明显的 5.4 等星，即小狮座 20 号星。而此时 NGC 3003 应该在视场的西南西边缘附近，它周围还有 3 颗排成弧状的 7 ～ 8 等星。见星图 27-5。

我们用 10 英寸口径的反射镜加 125 倍放大率观察，看到 NGC 3003 呈现为一个比较暗弱的光带，尺寸为 0.5'×3'，在西北西—东南东方向上延展。沿着光带内部还夹有一条更窄的亮带，这是该星系较亮的中心区，相比之下，外围的光度就很低了。除此以外看不出其他细节。

影像 27-2

NGC 3003（视场宽 1°）

本照片承蒙帕洛马天文台和太空望远镜科学研究院惠允翻拍自数字巡天工程成果

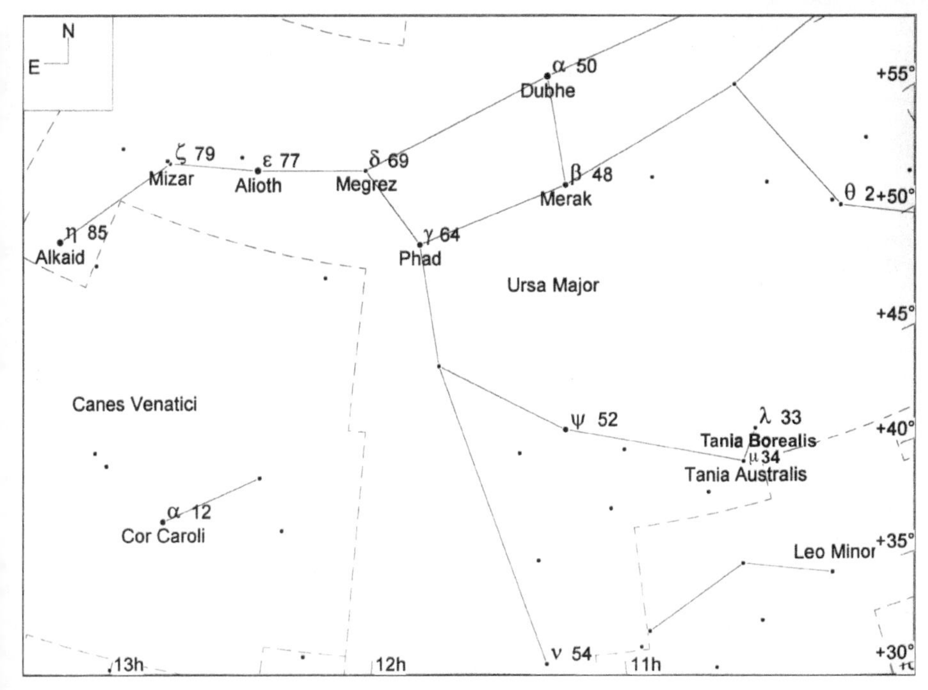

星图 27-3

寻找小狮座的一种方法（视场宽 45°，极限星等 5.0 等）

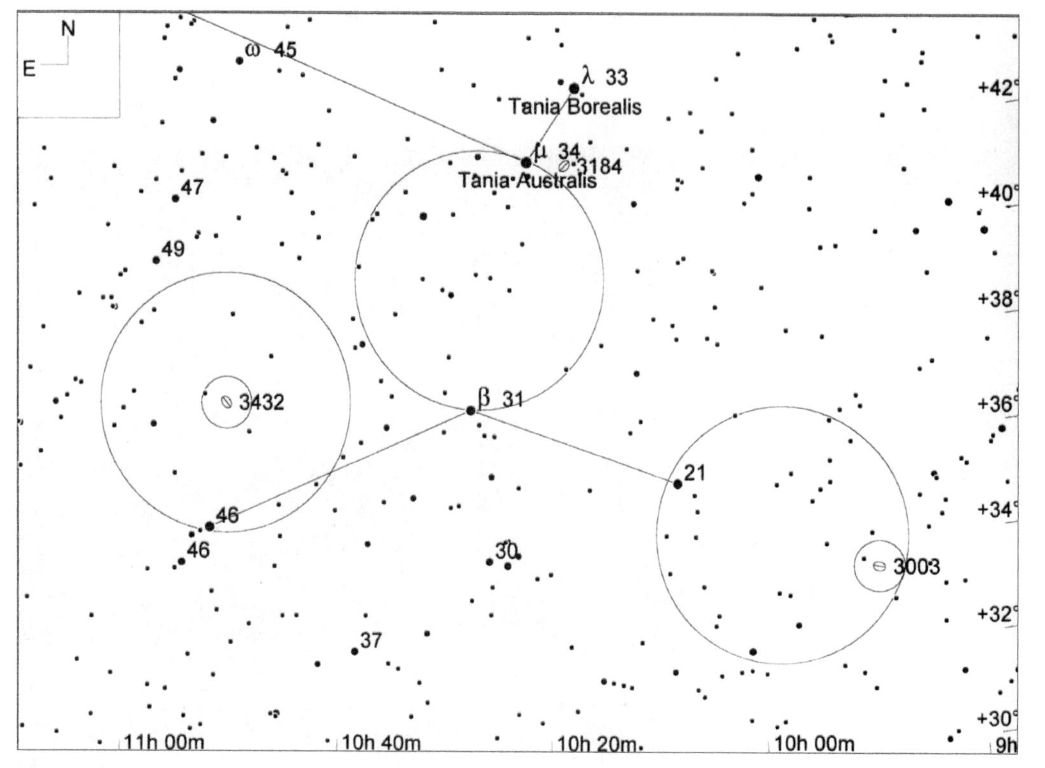

星图 27-4

NGC 3003 和 NGC 3432 的概略位置（视场宽 20°，寻星镜视场圈直径 5°，目镜视场圈直径 1°，极限星等 9.0 等）

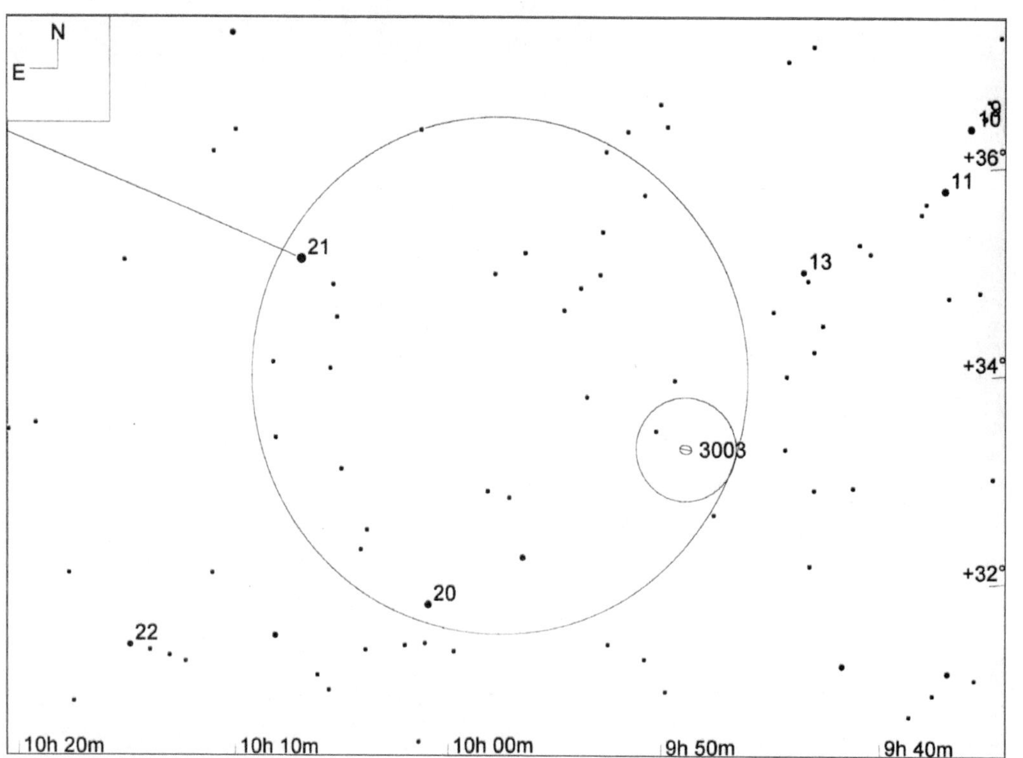

星图 27-5

NGC 3003（视场宽 10°，寻星镜视场圈直径 5°，目镜视场圈直径 1°，极限星等 9.0 等）

NGC 3432	★★	◐◐◐	GC	MBUDR
见星图 27-4和星图 27-6	见影像 27-3	m11.7, 6.8' x 1.4'	10h 52.5m	+36°37'

NGC 3432 也是一个小且暗的星系，侧面对着我们。要定位它，可以首先找到小狮座 46 号星，也就是小狮座“三角形”中最东边那颗星。将该星放在寻星镜视场南边缘上，NGC 3432 就应该位于视场中心了。

我们用 10 英寸口径的反射镜加 125 倍放大率观察，看到 NGC 3432 的整体轮廓为 1'×4'，且不十分对称。其中心区比较明亮，像针一样狭长，长度约 2'，在东北一西南方向上。不论是外部发光区还是中心区域，都看不出更多细节。

影像 27-3

NGC 3432（视场宽 1°）

本照片承蒙帕洛马天文台和太空望远镜科学研究院惠允翻拍自数字巡天工程成果

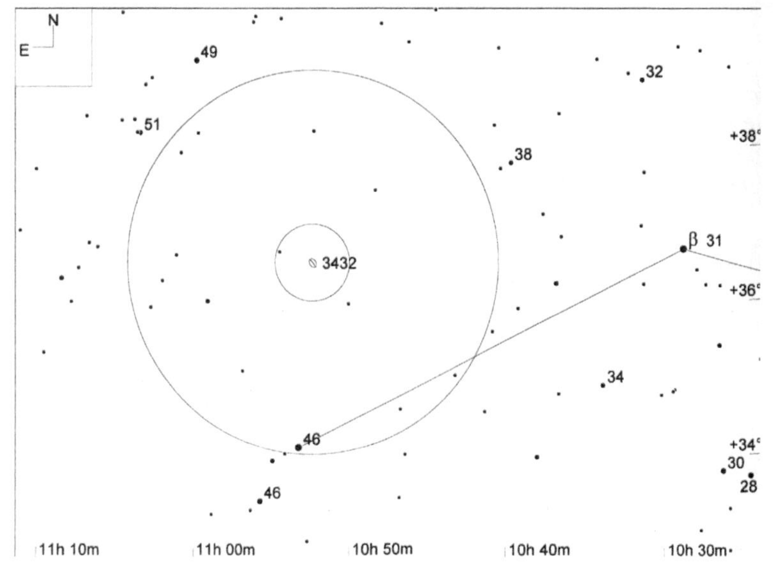

星图 27-6

NGC 3432（视场宽 10°，寻星镜视场圈直径 5°，目镜视场圈直径 1°，极限星等 9.0 等）

聚星

关于小狮座，本书不推荐任何聚星。

28

天兔座，野兔

星座名：天兔座（Lepus）
适合观看的季节：初冬
上中天：12 月中旬午夜
缩写：Lep
所有格形式：Leporis
相邻星座：雕具、大犬、天鸽、波江、麒麟、猎户
所含的适合双筒镜观看的天体：NGC 1904 (M 79)
所含的适合在城市中观看的天体：（无）

天兔座位于天球的南半部分，但离天赤道也不远。它的面积是 290 平方度，属于中等大小，约占天球的 0.7%，在全天 88 星座中排在第 51 位。天兔座位于猎户座“猎人”的脚下、大犬座（“猎户的猎狗”）的西侧。夹在这两个明亮的星座之间，使得天兔座这个本来不算太暗淡的星座经常被我们忽视。

天兔座的历史久远，但相关的传说却很少。在古希腊和古罗马人眼里，天兔座就是被猎人奥利翁猎获的一只野兔，奥利翁的两只猎狗（大犬座和小犬座）吠叫着追逐这只野兔，吓得野兔胆怯地畏缩在了猎人脚下。

除了梅西耶目录内的球状星团 M 79，天兔座内几乎就没有什么适合业余爱好者观测的深空天体了。虽然天兔座天区内有数百个星系，但它们都太暗弱了，其中最亮的可能也只是勉强达到（甚至达不到）大口径业余天文望远镜的光力极限，不具业余观测价值。

天兔座每年 12 月 13 日午夜上中天，对于北半球中纬度地区的观测者而言，从晚秋到冬末的夜间都适合观察它。

表 28-1

天兔座中有代表性的星团、星云和星系

天体名称	类型	视亮度	视尺寸	赤经	赤纬	梅	双	城	深	加	备注
NGC 1904	GC	7.7	9.6	05 24.2	–24 31	◉	◉				M 79; Class V

表 28-2

天兔座中有代表性的双星或聚星

天体名称	星对	星等1	星等2	角距	方位角	年份	赤经	赤纬	城观	双星	备注
13-gamma	H 40AB	3.6	6.3	96.9	350	1999	05 44.4	–22 26		◉	

星图 28-1

天兔座星图（视场宽 30°）

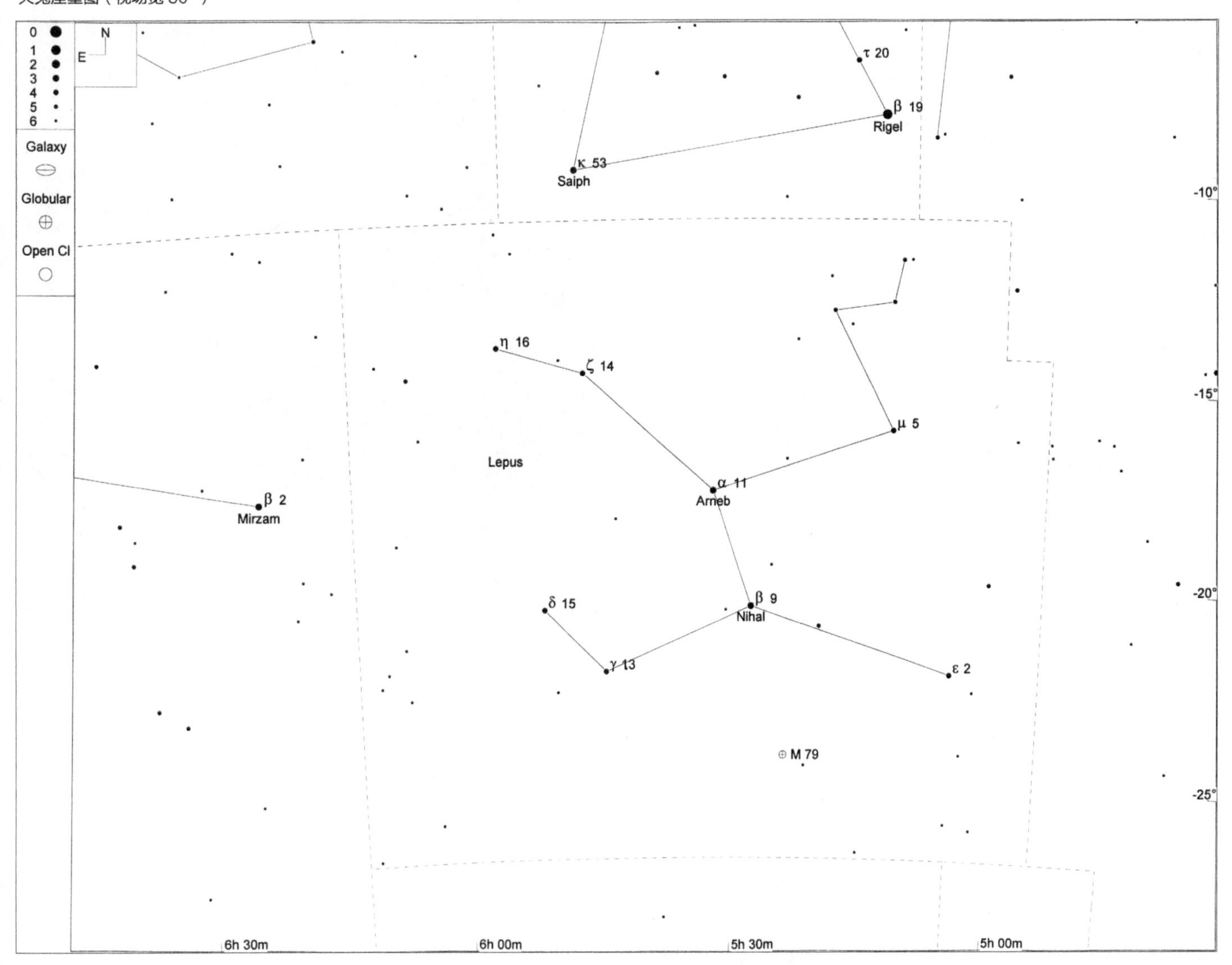

M79 (NGC 1904)	★★	⚽⚽⚽	GC	MBUDR
见星图 28-2	见影像 28-1	m7.7, 9.6'	05h 24.2m	−24°31'

球状星团 M 79（NGC 1904）由皮埃尔•梅襄于 1780 年 10 月 26 日发现并报告给了梅西耶。梅西耶在同年 12 月 17 日晚上观测确认了这个天体，然后将其编入梅西耶目录。值得一提的是，M 79 是个位置奇特的球状星团。

我们所知的绝大部分球状星团都位于夏季星座的天区里，也就是说，它们的位置都处在我们和银河系核心之间。M 79 却很有个性地出现在天兔座这个冬季星座里，与其他球状星团的位置正好相反。它离银心的距离是我们离银心的 3 倍，达到大约 6 万光年。多年以来，对于 M 79 的奇特位置，天文学家们一直有些困惑。直到 2003 年，我们才为这个问题找到一个比较可靠的解答：M 79 可能是星系之间的“移民”，它看上去应该属于大犬座矮星系，但在银河系的引力作用下，正在逐渐被银河系俘获过来。在 NGC 列表中，还有三个球状星团的位置和情况与 M 79 类似，它们是 NGC 1851、NGC 2298 和 NGC 2808，“原籍”也都是大犬座矮星系。

在定位 M 79 时，使用借助参考星来移动寻星镜的方法未尝不可，但将会比较烦琐，还是用肉眼几何判断的方式更简单一些。首先找到 3.6 等的天兔座 γ（13 号星）和 3.2 等的天兔座 ε（2 号星），这两颗星与天兔座 β 构成了该星座南部的一个显著的三角形。假想一条辅助线将天兔座 γ 和天兔座 ε 连起来，找到这条线的中点，再从中点稍微偏向天兔座 ε 一边，设定一个虚拟的点。将寻星镜视场的北边缘对准这个虚拟的点，M 79 应该就处于寻星镜视场的中心附近了。

在 50mm 口径的双筒镜或寻星镜中，利用余光瞥视的技巧，可以隐约看到 M 79，此时它像颗有绒毛的暗星。在加了 125 倍放大率的 10 英寸反射镜中，M 79 显得大而且亮，其中心区凝聚得很致密，外围轮廓则暗得多，直径为 4'。星团的中心区域内无法分解出成员星。

影像 28-1

NGC 1904（M 78）（视场宽 1°）

本照片承蒙帕洛马天文台和太空望远镜科学研究院惠允翻拍自数字巡天工程成果

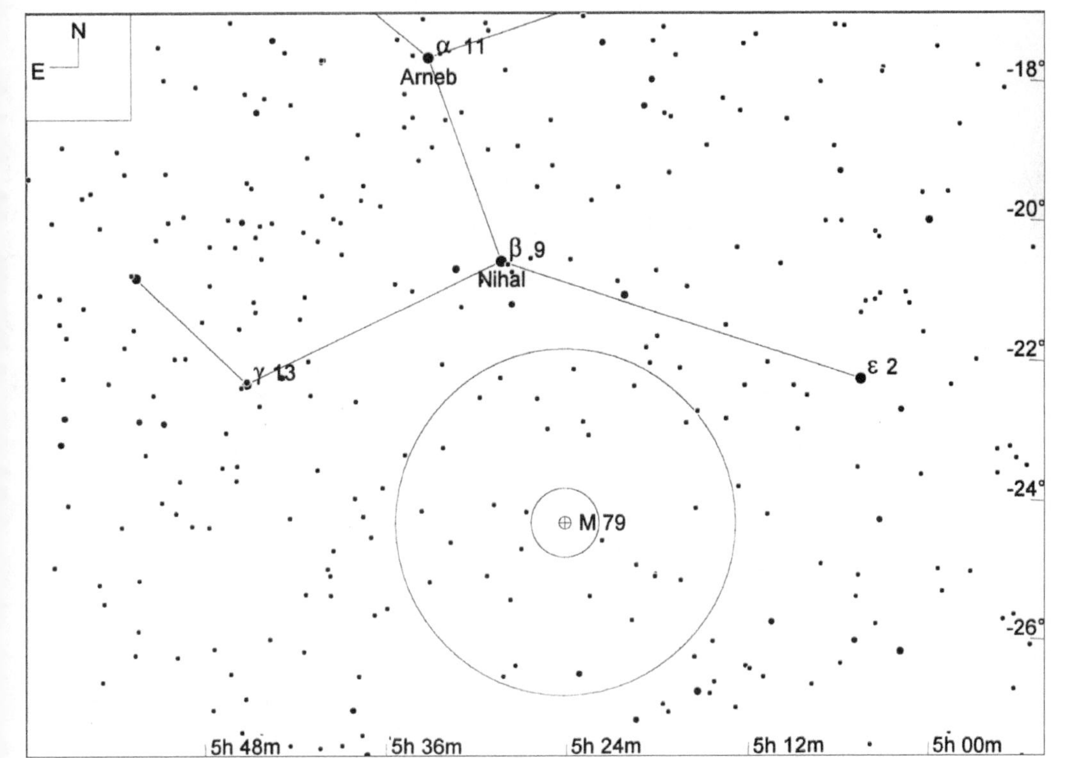

星图 28-2

NGC 1904（M 79）（视场宽 15°，寻星镜视场圈直径 5°，目镜视场圈直径 1°，极限星等 9.0 等）

聚星

13-gamma (H 40AB)	★★	⚈⚈⚈⚈	MS	uD
见星图 28-2		m3.6/6.3, 96.9", PA 350° (1999)	05h 44.4m	–22°26'

见星图 28–2，天兔座 γ（13 号星）是天兔座的特征三角形的东南角。用 10 英寸反射镜加 90 倍放大率观察这颗双星，可以看到其主星是黄白色，伴星则是饱满得多的黄色。

29

天秤座，天平仪

星座名：天秤座（Libra）
适合观看的季节：春
上中天：5月上中旬午夜
缩写：Lib
所有格形式：Librae
相邻星座：半人马、长蛇、豺狼、蛇夫、天蝎、巨蛇、室女
所含的适合双筒镜观看的天体：（无）
所含的适合在城市中观看的天体：（无）

天秤座位于天赤道南边，是个中等大小的暗淡星座，其面积528平方度，约占天球的1.3%，在全天88星座里排在第29位。天秤座的最亮星仅有3等，不过它的主要恒星所组成的形状还是很好辨认的，因为天秤座的位置在天蝎座和室女座之间，该天区的亮星并不多。

在早期的星座神话中，天秤座仅是“蝎子”（即天蝎座）伸向东南方的毒螯的一部分。到了后来的希腊神话中，天秤座才被看作是一台天平，其主人就是室女座的那位少女——正义女神爱斯翠娅（Astraea）。

天秤座每年5月9日午夜上中天，对于北半球中纬度地区的观测者而言，从春末开始直到整个夏季的晚间都适合观察它。

表 29-1

天秤座中有代表性的双星或聚星

天体名称	星对	星等1	星等2	角距	方位角	年份	赤经	赤纬	城观	双星	备注
9-alpha2, 8-alpha1	SHJ 186AB	2.7	5.2	231.1	315	2002	14 50.9	–16 02		◉	Zubenelgenubi

星团、星云和星系

关于天秤座，本书不推荐任何星团、星云、星系。

聚星

9-alpha2, 8-alpha1 (SHJ 186AB)	★★	⚆⚆⚆⚆	MS	UD
见星图 29-1		m2.7/5.2, 231.1", PA 315° (2002)	14h 50.9m	–16°02'

天秤座著名双星“Zubenelgenubi”——天秤座 α^1（8号星）和 α^2（9号星）角距很大，用50mm双筒镜就可以轻松分解，其主星是白色，伴星是黄色。但如果用10英寸反射镜加90倍放大率观察，则两星都呈纯白色。

星图 29-1

天秤座星图（视场宽 45°）

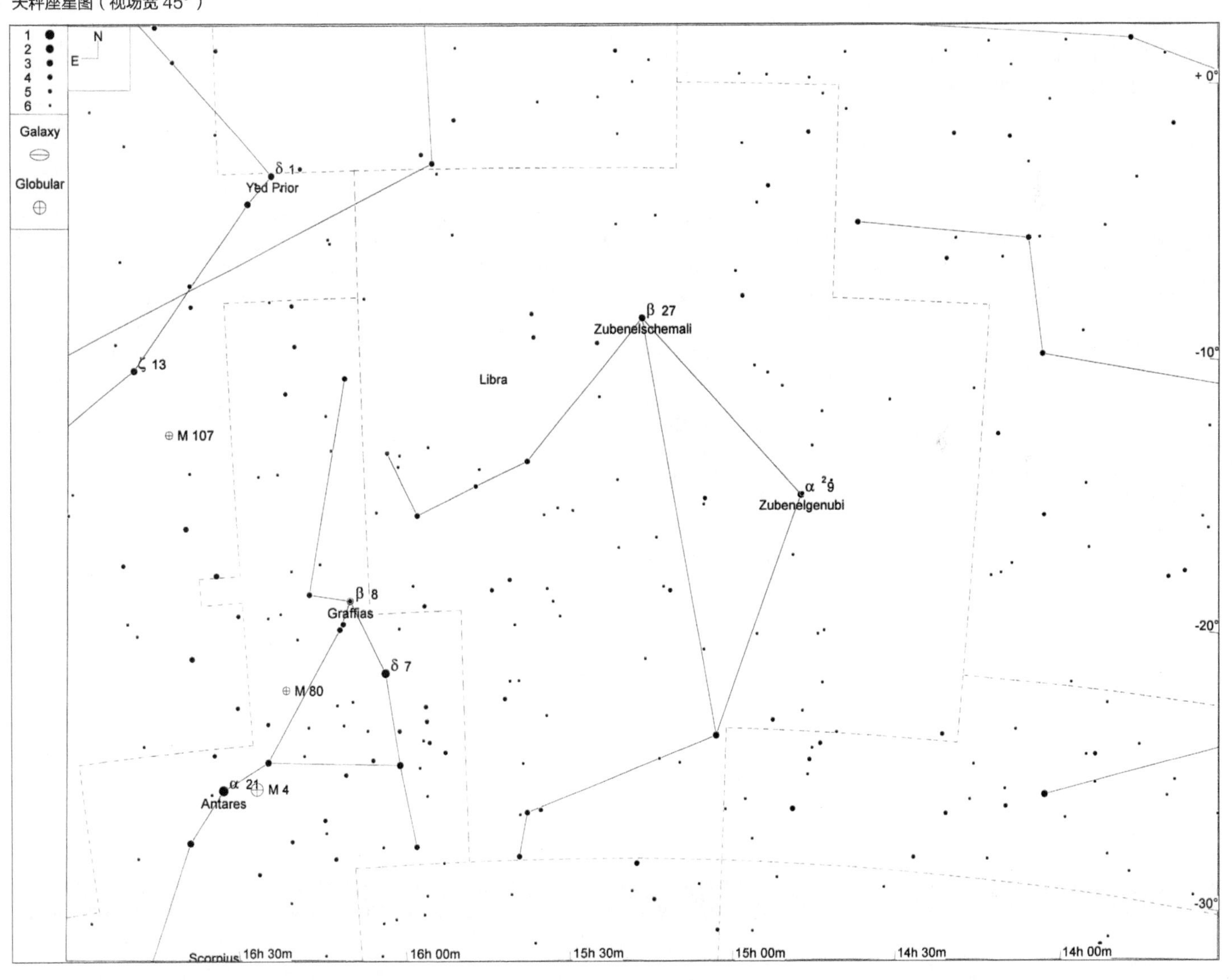

30

天猫座，山猫

星座名：天猫座（Lynx）
适合观看的季节：冬
上中天：1月中下旬午夜
缩写：Lyn
所有格形式：Lyncis
相邻星座：御夫、鹿豹、巨蟹、双子、狮子、小狮、大熊
所含的适合双筒镜观看的天体：（无）
所含的适合在城市中观看的天体：（无）

天猫座位于北半天球中部，是个中等大小但非常暗弱的星座，其面积为545平方度，约占天球的1.3%，在全天88星座中排在第28位。天猫座的东北边是大熊座，西南边是御夫座，它自身的位置是夹在这两个明亮星座中间的暗淡天区。天猫座的主要恒星仅有一颗3等星和五颗4等星。

天猫座是约翰•赫维留斯在1687年划定的，因此是个很晚才出现的星座，自然没有什么相关的神话故事。在古人眼里，这块天区只是一块暗区罢了，所以古人也没有把它与周围的亮星座联系起来的愿望。赫维留斯之所以定义出这个星座，也只不过是想要填补一下大熊座和御夫座之间的“星座真空地带”而已。那么，为什么把这个星座定义成山猫的形象呢？赫维留斯的理由是：这个星座几乎都是暗星，需要山猫一样锐利的眼睛才能看清楚些。在适合观星的深暗晴夜里，肉眼隐约可见天猫座的主要恒星组成一条折线，蔓延在天幕之中，线的西北端几乎抵达了鹿豹座，而东南端马上要进入狮子座了。

天猫座每年1月20日午夜上中天。对于北半球中纬度的观测者而言，从初冬到初夏的夜间都比较适合观察天猫座。

见星图30-1，如果你的眼神够敏锐的话，是否注意到天猫座10号星的位置了？弗拉姆斯蒂德在给星座的主要恒星编号时，一般是按照从西向东的顺序编的，可是在天猫座，这颗10号星成了例外。这是因为这颗星最初是属于大熊座的，按照弗拉姆斯蒂德的规则，它被编为大熊座10号星。而当20世纪30年代国际天文学界重新修订和确认星座天区界限的时候，该星所在的天区被划到了天猫座，而且出于某些原因，这颗10号星并没有被正式地重新编号。因此，从技术原则上说，尽管这颗星目前在天猫座范围之内，但仍应被称作大熊座10号星。可是，目前大多数星图都已经把它叫做天猫座10号星了。（而且，如果你在天猫座内靠西的部分去寻找，也根本找不到另一颗“正宗”的天猫座10号星。）更有趣的是，在大熊座把自己的10号星“让”给了天猫座的同时，正统的天猫座41号星被划在了大熊座的天区界限之内。两个星座各“送”一颗星给对方，也算“礼尚往来”。

表30-1

天猫座中有代表性的星团、星云和星系

天体名称	类型	视亮度	视尺寸	赤经	赤纬	梅	双	城	深	加	备注
NGC 2683	Gx	10.6	10.5 x 2.5	08 52.7	+33 25					◉	Class SA(rs)b; SB 12.4

表 30-2

天猫座中有代表性的双星或聚星

天体名称	星对	星等1	星等2	角距	方位角	年份	赤经	赤纬	城观	双星	备注
12	STF 948AC	5.4	7.1	8.7	309	2004	06 46.2	+59 26		◉	
19	STF 1062AB	5.8	6.7	14.8	315	2004	07 22.9	+55 16		◉	
38	STF 1334A-Bb	3.9	6.1	2.6	226	2004	09 18.8	+36 48		◉	

星图 30-1

天猫座星图（视场宽 45°）

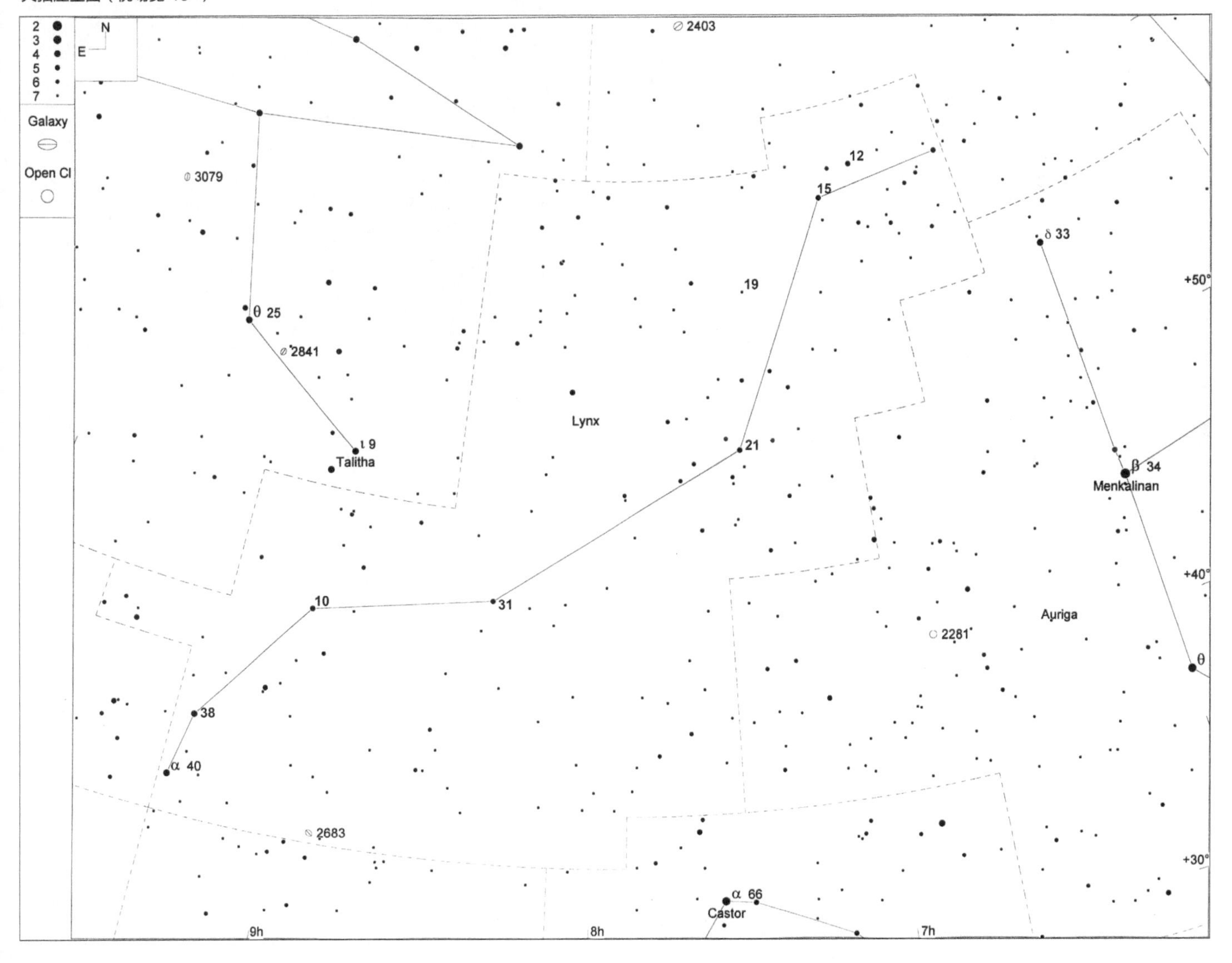

NGC 2683	★★	◐◐◐	OC	MBUDR
见星图 30-2和星图 30-3	见影像 30-1	m10.6, 10.5' x 2.5'	08h 52.7m	+33°25'

NGC 2683 无疑是天猫座内最棒的深空天体。不过，要定位这个亮度中等、侧面对着我们的星系，可能要稍微花点工夫。好在它离 3.1 等的天猫座 α（40 号星）不远，这颗恒星不但是天猫座的最亮星，而且不难用肉眼准确辨认出来。它位于狮子座里那个“镰刀”形状的北东北方向 15° 处，周围邻近天区内没有更亮的星，因此很好认。确认了它之后，将其放在寻星镜视场的中心，就能在视场的北边缘找到 3.9 等的天猫座 38 号星。将 40 号星和 38 号星都改放在寻星镜视场靠东边缘的位置，然后将视场向西南西方向移动，就会看到一个由 5 ～ 6 等星组成的弧形链条进入视场，见星图 30–1，而视场中心附近还有一颗显眼的 6 等星，NGC 2683 就在该星的东北东方向约半度处。

我们用 10 英寸反射镜加 125 倍放大率观察，看到 NGC 2683 亮度中等，轮廓尺寸为 1.5'×6'，在东北—西南方向上延展，其中含有一个稍亮的、细瘦紧致的中心区。用余光瞥视的技巧，可以在星系的轮廓之内、中心区之外，勉强看到某些极微弱的斑驳状细节。

影像 30-1

NGC 2683（视场宽 1°）

本照片承蒙帕洛马天文台和太空望远镜科学研究院惠允翻拍自数字巡天工程成果

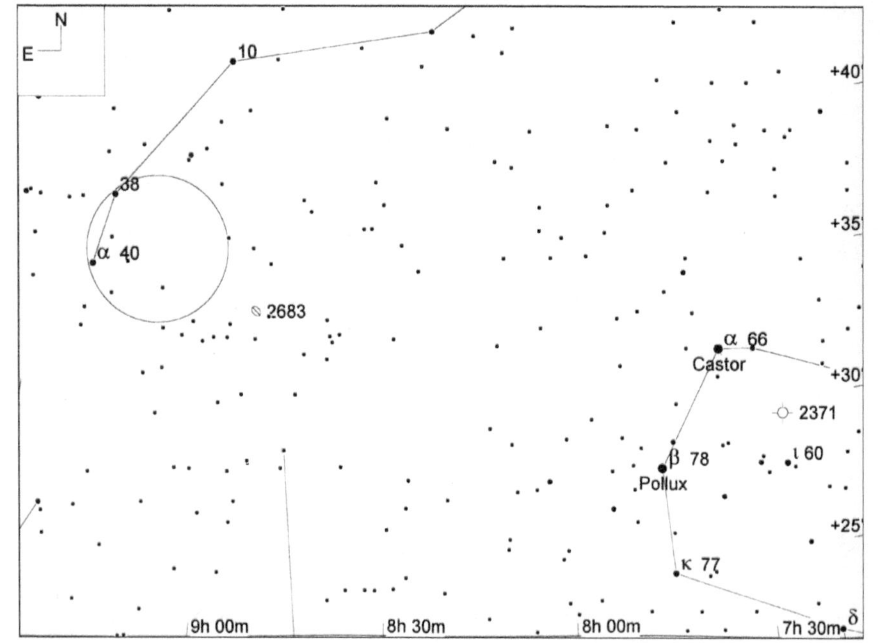

星图 30-2

NGC 2683 概略位置（视场宽 30°，寻星镜视场圈直径 5°，极限星等 7.0 等）

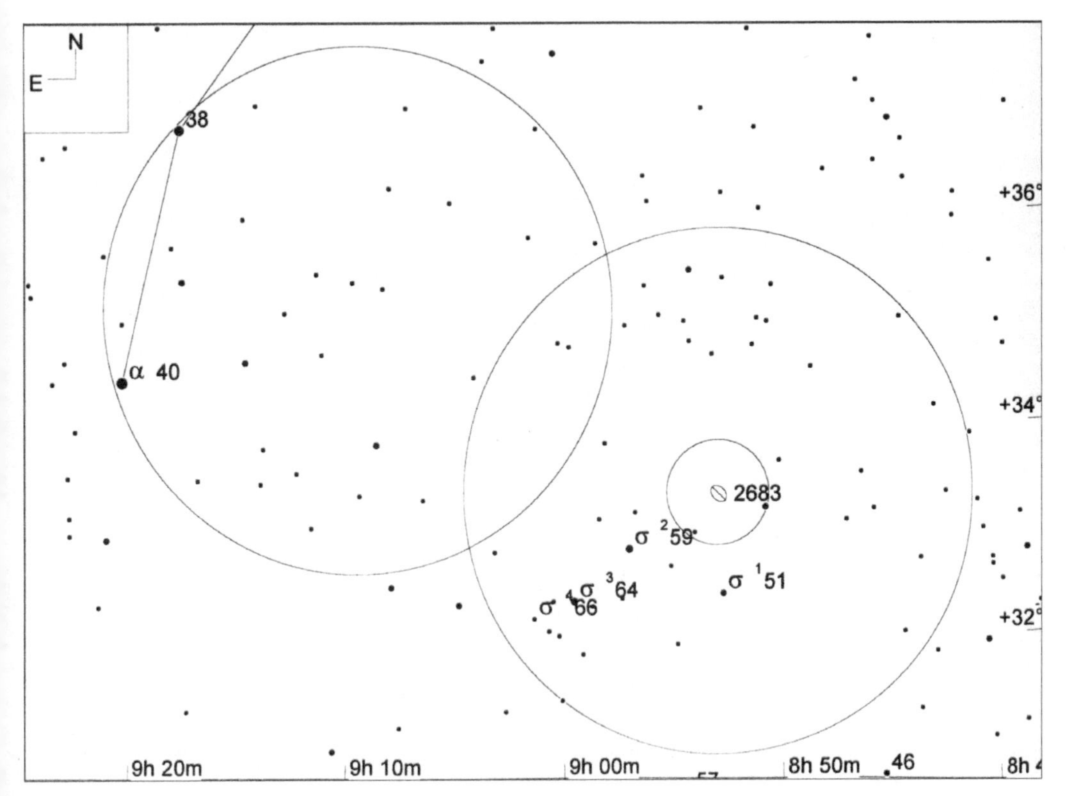

星图 30-3

NGC 2683 确切位置（视场宽 10°，寻星镜视场圈直径 5°，目镜视场圈直径 1°，极限星等 9.0 等）

聚星

12 (STF 948AC)	★★	⊕⊕	MS	UD
见星图 30-4		m5.4/7.1, 8.7", PA 309° (2004)	06h 46.2m	+59°26'

尽管天猫座 12 号星必然位于天猫座天区内，但定位这颗双星的最佳方式是从御夫座开始。3.7 等的御夫座 δ（33 号星）可以作为寻找该星的起点参考星，详细步骤见星图 30-4。我们用 10 英寸反射镜加 125 倍放大率观察之，看到其主星呈纯白色，伴星则是一种美丽的麦黄色。

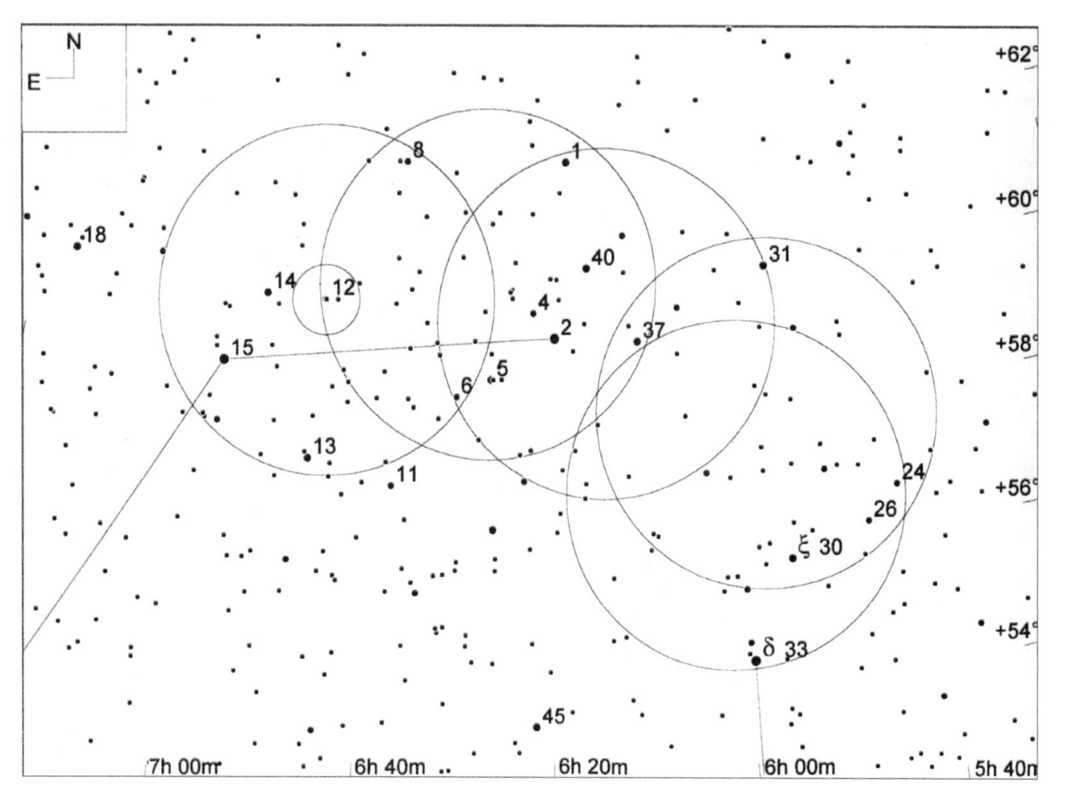

星图 30-4

天猫座 12 号星（视场宽 15°，寻星镜视场圈直径 5°，目镜视场圈直径 1°，极限星等 9.0 等）

19 (STF 1062AB)	★	◐◐	MS	UD
见星图 30-5		m5.8/6.7, 14.8", PA 315° (2004)	07h 22.9m	+55°16'

天猫座 19 号星是颗不引人注意的双星，要定位它，可以依照星图 30–5 所示，利用 15 号星为参照物。我们用 10 英寸反射镜加 125 倍放大率观察它时，看到主星及其稍暗的伴星都是冷白色的。

38 (STF 1334A-Bb)	★★	◐◐◐	MS	UD
见星图 30-2和星图 30-3		m3.9/6.1, 2.6", PA 226° (2004)	09h 18.8m	+36°48'

天猫座 38 号星是颗美丽的双星，在前文讲到定位 NGC 2683 的时候，我们曾经用它作为参考星之一，所以定位它的方法请参看前文有关 NGC 2683 的段落。用 10 英寸反射镜加 125 倍放大率观察它，可以看到其主星是耀眼的冷白色，伴星虽然暗一些，但其橘黄色也非常醒目。

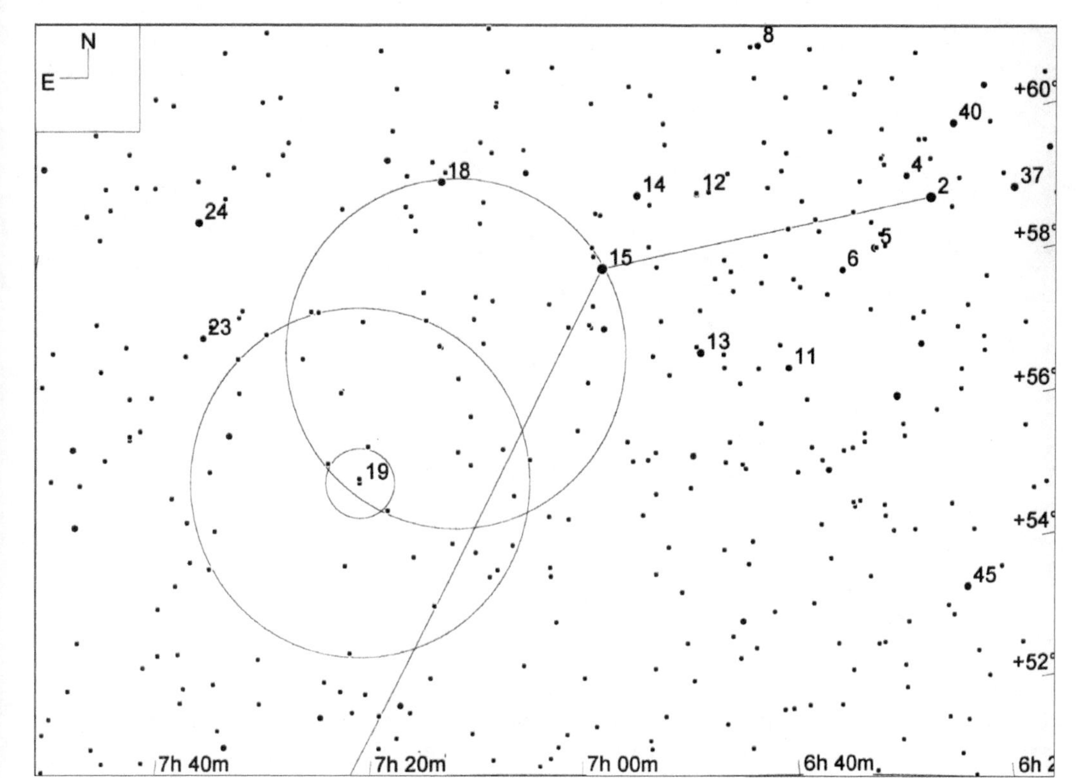

星图 30-5

天猫座 19 号星（视场宽 15°，寻星镜视场圈直径 5°，目镜视场圈直径 1°，极限星等 9.0 等）

31

天琴座，竖琴

星座名：天琴座（Lyra）
适合观看的季节：夏
上中天：7 月上旬午夜
缩写：**Lyr**
所有格形式：Lyrae
相邻星座：天鹅、天龙、武仙、狐狸
所含的适合双筒镜观看的天体：NGC 6779 (M 56)
所含的适合在城市中观看的天体：NGC 6720 (M 57)

天琴座是个位于北半天球中部的中等大小的星座，面积 286 平方度，约占天球的 0.7%，这个面积在全天 88 星座中排名第 52 位。天琴座 α 星（即织女星——译者注）亮度达 0 等，与其他星座的另外两颗亮星天鹅座 α、天鹰座 α 构成了“夏季大三角”，天琴座 α 占据了该三角形的西北角。虽然天琴座只有这么一颗很亮的星，但它并不难认，因为在它的西南侧，有几颗 3 ～ 4 等星构成了一个明显的平行四边形。

早在巴比伦文明和亚述文明的时代，天琴座就被看作是一个独立的星座了。在早期希腊神话中，天琴座的形象被看作是秃鹰，即“斯廷法利斯湖的怪鸟”（Stymphalian Birds），被赫拉克勒斯射死，是这位大英雄的 12 件大功之一。在后期的希腊神话中，这个星座才被看作是竖琴的形象，而竖琴被认为是由年轻的神祇赫耳墨斯（Hermes）发明的。

天琴座内有趣的深空天体很少，但它有两个明亮的梅西耶天体——球状

表 31-1

天琴座中有代表性的星团、星云和星系

天体名称	类型	视亮度	视尺寸	赤经	赤纬	梅	双	城	深	加	备注
NGC 6720	PN	8.8	1.8 x 1.4	18 53.6	+33 02	◉		◉			M 57; Class 4+3
NGC 6779	GC	8.4	8.8	19 16.6	+30 11	◉	◉				M 56; Class X

表 31-2

天琴座中有代表性的双星或聚星

天体名称	星对	星等1	星等2	角距	方位角	年份	赤经	赤纬	城观	双星	备注
5-epsilon2*	STF 2383Cc-D	5.3	5.4	2.4	80	2006	18 44.3	+39 40		◉	Double
4-epsilon1*	STF 2382AB	5.0	6.1	2.4	349	2006	18 44.3	+39 40		◉	Double
4-epsilon1, 5-epsilon2	STFA 37AB-CD	5.0	5.3	210.5	174	1998	18 44.3	+39 40		◉	Double Double
6-zeta1, 7-zeta2	STFA 38AD	4.3	5.6	43.8	150	2003	18 44.8	+37 36		◉	
10-beta	STFA 39AB	3.6	6.7	46.0	150	2002	18 50.1	+33 21		◉	Sheliak
“Otto Struve 525”	SHJ 282AC	6.1	7.6	45.1	349	2004	18 54.9	+33 58		◉	

星团 M 56 和行星状星云 M 57。其中 M 56 堪称那种很松散的球状星团的代表（其分级为第 10 级），而 M 57 更被认为是夜空中最美丽的行星状星云。天琴座内还有一组著名的“双重双星”，即天琴座 ε，它不但是一对大角距的双星，其两颗成员星也各自都是双星。

天琴座每年 7 月 2 日午夜上中天。对于北半球中纬度的观测者而言，从春季中段到秋季的中段，夜间都有合适的观测天琴座的机会。

星图 31-1

天琴座星图（视场宽 15°）

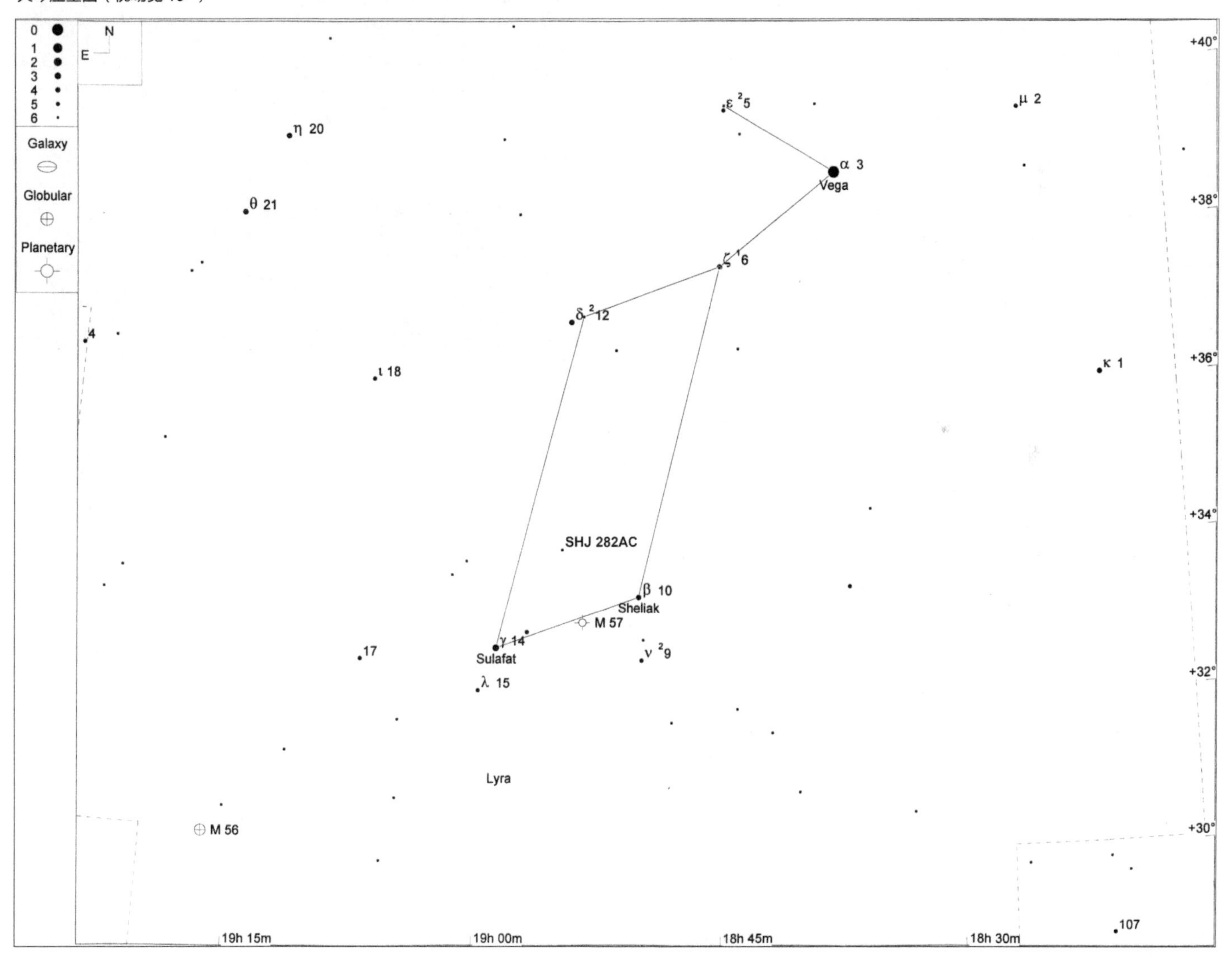

M 57 (NGC 6720)	★★★	⚈⚈⚈⚈	PN	MBUDR
见星图 31-1和星图 31-2	见影像 31-1	m8.8, 1.8' x 1.4'	18h 53.6m	+33° 02'

M 57（NGC 6720）以“环状星云”（Ring Nebula）的昵称而著名，也被很多天文爱好者认为是行星状星云的典型标本。1779 年。德佩雷波（Antoine Darquier de Pellepoix）在观测当年的那颗彗星时发现了这个天体，而梅西耶则在 1779 年 1 月 31 日独立地重新发现了这个天体，当时梅西耶也是在观测彗星。

在承认德佩雷波首先发现了 M 57 的同时，梅西耶记录道：该天体是个“位于天琴座 β 与 γ 星之间的发光团状物，在寻找 1779 年彗星时被发现，该彗星从离该光团很近的地方经过。这个光团，或说光斑看起来是圆形的，并应该是由很多很小的星星组成的，但由于用最大的望远镜也无法分辨出是否有这些小星星，所以此问题只能存疑。梅西耶在 1779 年彗星的星空位置图中标示出了这个光斑”。

M 57 的定位很容易。在相距 1.9° 的天琴座 β（10 号星）与天琴座 γ（14 号星）之间做一条虚拟连线（也就是平行四边形的南边线），则 M 57 就在离这条线的中点很近的地方。我们用 10 英寸道布森镜加 42 倍放大率观察，能看到 M 57 就像天幕上的一个细致精巧的小烟圈。放大率加到 180 倍后，M 57 呈现为一个细致且明亮的蓝绿色圆盘，直径接近 1'，在东北东—西南西方向上稍有拉长。圆盘的外缘是个相对明亮的环，而圆盘的中心区虽然不是全黑，但明显比外缘暗了不少。

此时，M 57 的中心恒星仍然不可见。在这个圆环东边紧邻着一颗 13 等星，但那只是普通的背景恒星。在极好的夜空环境和足够大的口径下，用余光瞥视的技巧可以勉强看到 M 57 的中心恒星，我们也是看到过的，不过只是在使用 17.5 英寸甚至 20 英寸口径的巨镜的时候。

影像 31-1

NGC 6720（M 57）（视场宽 1°）

本照片承蒙帕洛马天文台和太空望远镜科学研究院惠允翻拍自数字巡天工程成果

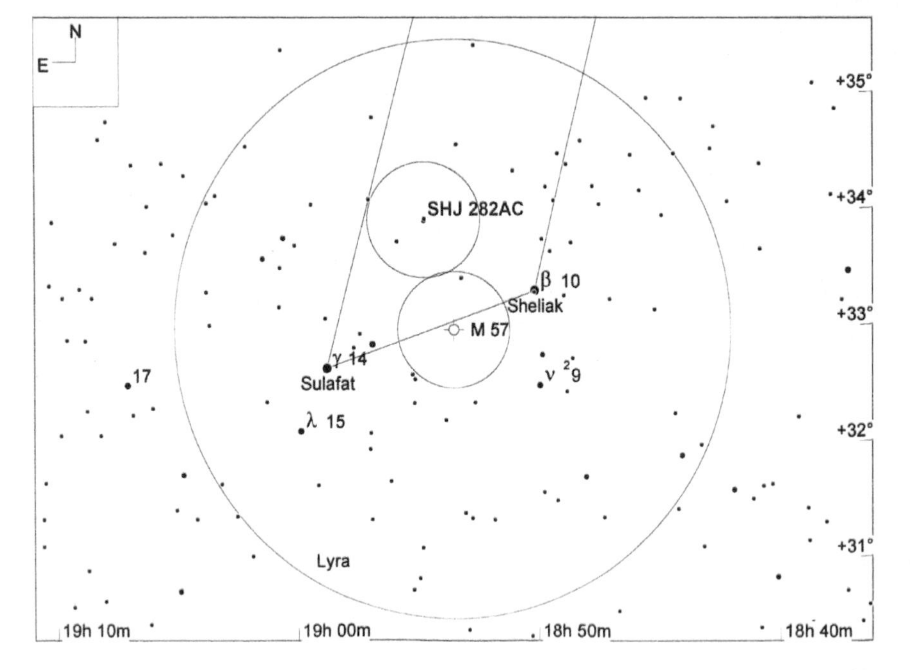

星图 31-2

NGC 6720（M 57）和双星 SHJ 282AC（视场宽 7.5°，寻星镜视场圈直径 5°，目镜视场圈直径 1°，极限星等 9.0 等）

M 56 (NGC 6779)	★★	◐◐◐	GC	MBUDR
见星图 31-3	见影像 31-2	m8.4, 8.8'	19h 16.6m	+30° 11'

M 56（NGC 6779）是个比较小的，暗淡且松散的球状星团。梅西耶在1779 年 1 月 19 日晚上发现了它，在同一夜里他还发现了 1779 年彗星。

M 56 的定位也是比较容易的。粗略地说，它处于天琴座 γ（14 号星）和天鹅座 β（6 号星）这两颗亮星之间连线的中点附近。要定位它，可以把天鹅座 β 即 Albireo 星放在寻星镜或双筒镜视场的东南边缘，此时在接近视场中心的地方明显有一颗 5 等星，即天鹅座 2 号星，而在视场的西北部分也有一颗醒目的 6 等星，M 56 就在这颗 6 等星的东南边 25' 处。

天文联盟的双筒镜梅西耶俱乐部的目标列表中，把 M 56 列为 35mm 或 50mm 双筒镜的“特难”级目标（最高难度级别）、80mm 双筒镜的“稍难”级目标（中等难度级别）。我们曾经用自己的 50mm 双筒镜成功定位过 M 56，但只能看到它呈现为一个略有些模糊状的“暗星”。如果不是事先知道它是星团，肯定会以为它是颗普通暗星。

我们用 10 英寸道布森镜加 125 倍放大率观察，看到 M 56 呈现出一个明亮但非常松散的中心区（直径 2'）和一个很容易分解为成员星的外部边缘区。中心区的模糊光团中，也可以分解出五六颗成员星。在梅西耶目录内的所有球状星团中，M 56 算是成员星很少的一个。

影像 31-2

NGC 6779（M 56）（视场宽 1°）

本照片承蒙帕洛马天文台和太空望远镜科学研究院惠允翻拍自数字巡天工程成果

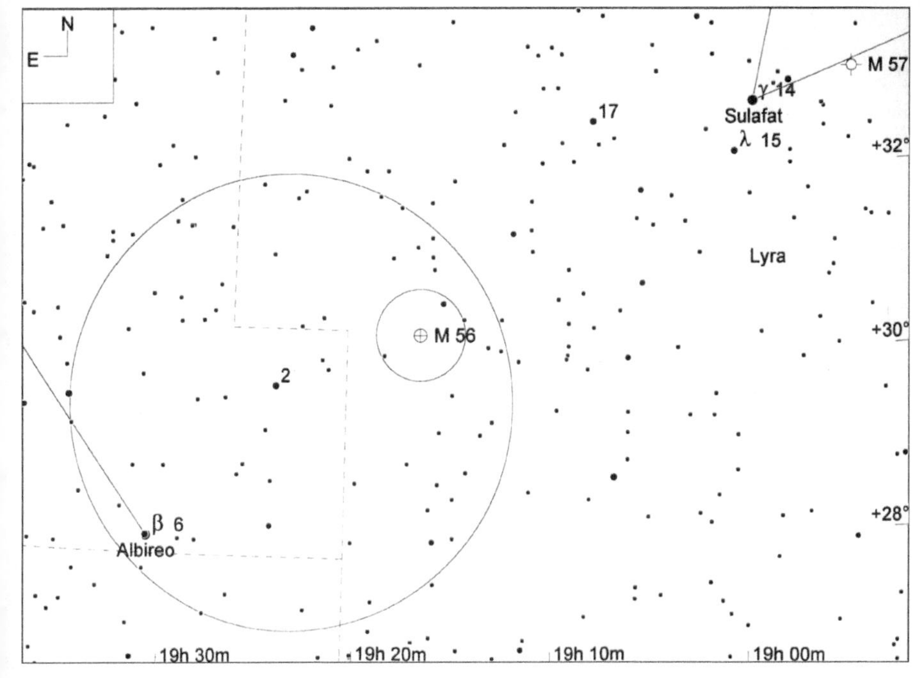

星图 31-3

NGC 6779（M 56）（视场宽 10°，寻星镜视场圈直径 5°，目镜视场圈直径 1°，极限星等 9.0 等）

5-epsilon2 (STF 2383Cc-D)	★★★★	◐◐◐◐	MS	uD
见星图 31-1和星图 31-4		m5.3/5.4, 2.4", PA 80° (2006)	18h 44.3m	+39°40'

4-epsilon1 (STF 2382AB)	★★★★	◐◐◐◐	MS	uD
见星图 31-1和星图 31-4		m5.0/6.1, 2.4", PA 349° (2006)	18h 44.3m	+39°40'

4-epsilon1, 5-epsilon2 (STFA 37AB-CD)	★★★★	◐◐◐◐	MS	uD
见星图 31-1和星图 31-4		m5.0/5.3, 210.5", PA 174° (1998)	18h 44.3m	+39°40'

天琴座 ε 是我们除了天鹅座 β 之外最喜欢的聚星系统。天琴座 ε 的成员星们自身倒是没什么特别的，在我们的 10 英寸道布森镜加 125 倍放大率下，这几颗星都是纯白色或轻微的暖白色，但它们的特殊之处在于它们之间的位置关系。4 颗成员星之间，AB-CD 首先是角距很大的一对，即使用最低等的光学设备，例如只有 30mm 口径的寻星镜都能成功将其分解开来。然而，A-B 对（即 $ε^1$ 自身是一对），以及 C-D 对（即 $ε^2$ 的那对）的角距就非常小了，需要中等到很高的放大率才能分解。另外，$ε^1$ 的 2 颗成员星的相对方位，与 $ε^2$ 的 2 颗成员星的相对方位呈垂直关系。

要定位天琴座 ε 也很简单，只要将织女星放到寻星镜视场内，然后向其东北东方向找 2.2°（接近于寻星镜视场半径）即可。

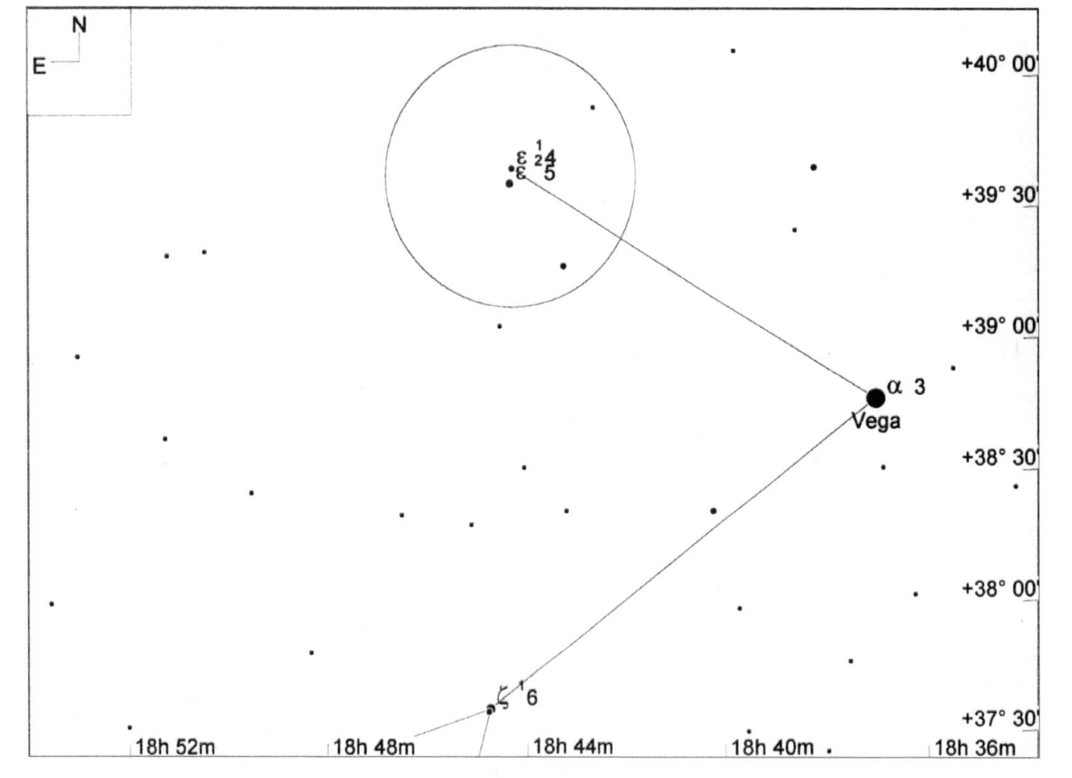

星图 31-4

天琴座 ε 双星（视场宽 4°，目镜视场圈直径 1°，极限星等 9.0 等）

6-zeta1, 7-zeta2 (STFA 38AD)	★★	⊕⊕⊕⊕	MS	uD
见星图 31-1		m4.3/5.6, 43.8", PA 150° (2003)	18h 44.8m	+37°36'

天琴座 ζ1（6 号星）和 ζ2（7 号星）是一对比较平常的双星。它相当好找，因为它就是天琴座“平行四边形”的西北角。我们用 10 英寸道布森镜加 125 倍放大率观察，看到其主星和伴星都是冷白色。

10-beta (STFA 39AB)	★★	⊕⊕⊕⊕	MS	uD
见星图 31-1		m3.6/6.7, 46.0", PA 150° (2002)	18h 50.1m	+33°21'

天琴座 β（10 号星，俗名 Sheliak）也是一颗相当平淡无奇的双星。它的定位也很容易，因为它就是天琴座“平行四边形”的西南角。在我们加 125 倍放大率的 10 英寸道布森镜中，它的主星和伴星都是蓝白色的。

SHJ 282AC	★★★	⊕⊕⊕⊕	MS	uD
见星图 31-1和星图 31-2		m6.1/7.6, 45.1", PA 349° (2004)	18h 54.9m	+33°58'

说到 SHJ 282AC 这个聚星系统，就涉及天文联盟双星俱乐部的目标列表里的一个错误。这个列表中含有一个目标“STT 525”（这是奥托•斯特鲁维的双星目录里的编号），但根据列表中实际给出的数据，可以断定其本来想要求大家观测的是 SAO 67566 和 SAO 67565，而这两颗恒星就是双星 SHJ 282AC。至于真正的 STT 525 那对双星，其角距要小得多（不足 2"），伴星 9.1 等，在 6.1 等的主星的东南方。

话题回到 SHJ 282AC，这对双星还是很好找的，如果把天琴座 β 和 γ 看作一个底边，则 SHJ 282AC 在其北侧构成了三角形的一个顶点。SHJ 282AC 周围邻近天区内没有其他亮星，因此很好确定。我们用 10 英寸道布森镜加 125 倍放大率观察，看到其主星是黄白色，伴星呈蓝白色。

32

麒麟座，独角兽

星座名：麒麟座（Monoceros）
适合观看的季节：冬
上中天：1 月上旬午夜
缩写：Mon
所有格形式：Monocerotis
相邻星座：大犬、小犬、双子、长蛇、天兔、猎户、船尾
所含的适合双筒镜观看的天体：NGC 2232, NGC 2244, NGC 2251, NGC 2264, NGC 2301, NGC 2323 (M 50), NGC 2343
所含的适合在城市中观看的天体： NGC 2232, NGC 2244, NGC 2264, NGC 2301, NGC 2323 (M 50), 11-beta (STF 919)

麒麟座位于天赤道上，是个中等大小的暗弱星座。其面积为 482 平方度，约占天球的 1.2%，在全天 88 星座里排名第 35 位。麒麟座也是整个天球中最暗弱的星座之一，不仅其最亮星仅有 4 等，而且与猎户、双子、大犬、小犬这些明亮星座相邻使得它更显暗淡。麒麟座的这块天区在古人眼中只是一块没意思的深暗天区而已，因此古代的星座神话根本没有它的份儿。

所以，麒麟座显然是相对晚近的时候才被定义出来的。荷兰天文学家皮特鲁斯·普兰修斯（Petrus Plancius）于 1613 年建议将此天区定为星座，并为其赋予“Monoceros”这个名称。1624 年，德国天文学家雅各布·巴茨（Jakob Bartsch）绘制了这个星座的星图，不过他当时为其标的名称还是“独角兽座”（Unicornus）。

虽然这个星座不起眼，但它天区内有趣的深空天体倒是相当多，其中大多数是疏散星团（以 M 50 为代表），另外也有美丽的发射星云“玫瑰星云”（Rosette Nebula）。

麒麟座每年 1 月 5 日的午夜上中天，对于北半球中纬度的观测者而言，从初冬到春季中段的夜里都有适合观测麒麟座的机会。

表 32-1

麒麟座中有代表性的星团、星云和星系

天体名称	类型	视亮度	视尺寸	赤经	赤纬	梅	双	城	深	加	备注
NGC 2244	OC	4.8	23.0	06 32.3	+04 51			◉	◉		Mel 47; Class II 3 r n
NGC 2237	EN	99.9	80.0 x 60.0	06 31.7	+05 04					◉	Rosette Nebula; Class E
NGC 2251	OC	7.3	10.0	06 34.7	+08 22				◉		Cr 101; Class III 2 m
NGC 2261	EN/RN	var	2.0 x 1.7	06 39.2	+08 45					◉	Hubble's Variable Nebula; Class E+R
NGC 2264	OC/EN	4.1	20.0	06 41.0	+09 54			◉	◉		Cr 112; Mel 49; Class III 3 m n
NGC 2301	OC	6.0	12.0	06 51.8	+00 28			◉	◉		Cr 119; Mel 54; Class I 3 r
NGC 2323	OC	5.9	16.0	07 02.8	−08 23	◉	◉	◉			M 50; Cr 124; Class II 3 r
NGC 2343	OC	6.7	6.0	07 08.1	−10 37				◉		Cr 128; Class II 2 p n
NGC 2232	OC	4.2	29.0	06 28.0	−04 51			◉	◉		Cr 93; Class III 2 p

表 32-2

麒麟座中有代表性的双星或聚星

天体名称	星对	星等1	星等2	角距	方位角	年份	赤经	赤纬	城观	双星	备注
8-epsilon	STF 900AB	4.4	6.6	12.1	29	2004	06 23.8	+04 35		◉	
11-beta	STF 919AB	4.6	5.0	7.1	133	2002	06 28.8	–07 01	◉	◉	

星图 32-1

麒麟座星图（视场宽 35°）

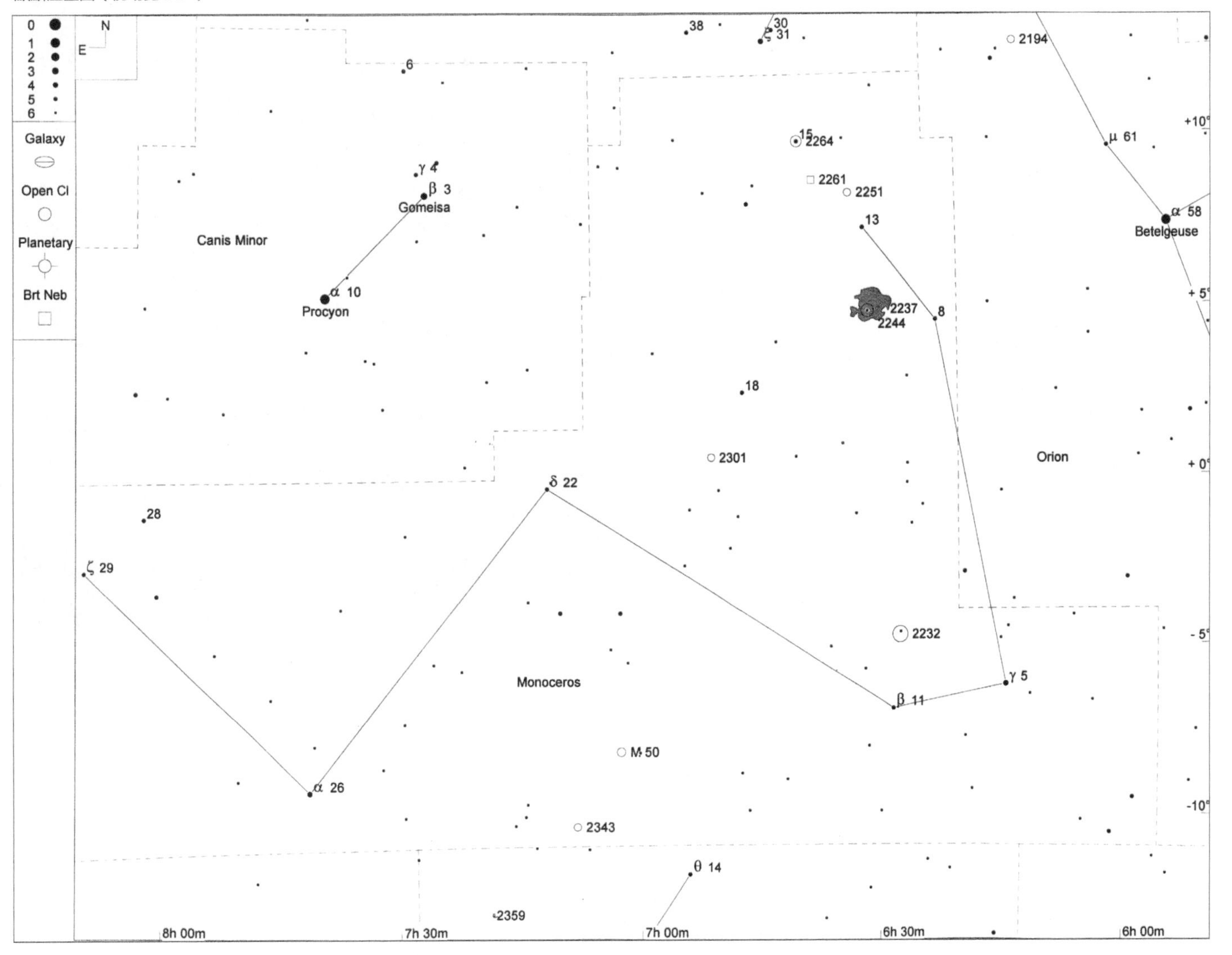

NGC 2244	★★	◐◐◐	OC	MBUDR
见星图 32-2和星图 32-3	见影像 32-1	m4.8, 23.0'	06h 32.3m	+04°51'

NGC 2237	★★★	◐◐◐	EN	MBUDR
见星图 32-2和星图 32-3	见影像 32-1	m99.9, 80.0' x 60.0'	06h 31.7m	+05°04'

我们把疏散星团 NGC 2244 和发射星云 NGC 2237 放在一起介绍，因为前者是被包裹在后者之中的，后者也就是著名的“玫瑰星云”。当年威廉姆·赫歇尔发现这个星云时，把其中较亮的一部分单独看作是一些彼此不相连接的天体，并因此为它们赋予了一系列单独的“赫歇尔编号”。后来NGC（全名意为“星云星团新总表”）编订时，玫瑰星云里的这些部分也被分别赋予编号 NGC 2237、2238、2239 和 2246。后来人们才把这些云气看作是完整的一个天体，并用 NGC 2237 来代表这个天体，另外的 3 个 NGC 号码就废弃不用了。

定位 NGC 2244 和 NGC 2237 可以从猎户座开始。首先把猎户座 α 放在寻星镜视场的西北西边缘，然后循着“猎户座 λ →猎户座 α”的延长线方向，将寻星镜视场向东南东方向移动 7.6°，就可以看到 4.4 等的麒麟座 ε（8 号星）进入视场。麒麟座 ε 的邻近天区内没有比它亮的星，因此还是很好确认的。将麒麟座 ε 摆放到寻星镜视场的西边缘，则 NGC 2244 和 NGC 2237 就到达视场中心了。

在我们的 50mm 双筒镜中，NGC 2244 呈现为一个又小又暗的模糊斑块，其东南端有颗颜色发黄的 6 等星，即麒麟座 12 号星。另外其东北边缘也有颗 6 等星，星团内部还能看出五六颗 7 ～ 9 等星。换用 10 英寸反射镜加 90 倍放大率观察，NGC 2244 成了一个明亮且松散的星团，有着 30 多颗 6 ～ 12 等的成员星，四周漫布着更暗的、卷须状的云气。使用 Ultrablock 的窄带滤镜可以把较暗的成员星光芒挡住，并极大地削弱较亮成员星的亮度，但能够明显提升云雾状发光物质的成像对比度，从而揭示出云气之中的更多细节。

玫瑰星云的直径大约 1°，延展面积约是满月圆面的 4 倍，算是个很大的天体了。尽管其表面亮度低得比较可怜，但仍有爱好者报告说仅用肉眼加一块窄带滤镜或 O- Ⅲ滤镜就直接看到了这个星云。我们虽然还没有如此威武的业绩，但也用 50mm 口径的双筒镜加 Ultrablock 的窄带滤镜看到过玫瑰星云。观察时，将滤镜放在眼睛与双筒镜的目镜之间即可。

我们用 10 英寸反射镜加 42 倍放大率，并安装上 Ultrablock 的滤镜来观察玫瑰星云，看到它给人一种不规则的油炸面圈的感觉。东、西两侧更亮一些，而“面圈”圆洞的南、北两侧能看到更多的一些暗弱的卷须状细节。如果换成高倍率的目镜，来观察这个星云的局部，则可能看到更多令人兴奋的细节。在高倍放大率下，玫瑰星云就像是猎户座大星云 M 42（参看专门章节——译者注）的一个更暗的版本，在细节的精巧和微妙方面丝毫不输 M 42。

影像 32-1

NGC 2244 和 NGC 2237（视场宽 1°）

本照片承蒙帕洛马天文台和太空望远镜科学研究院惠允翻拍自数字巡天工程成果

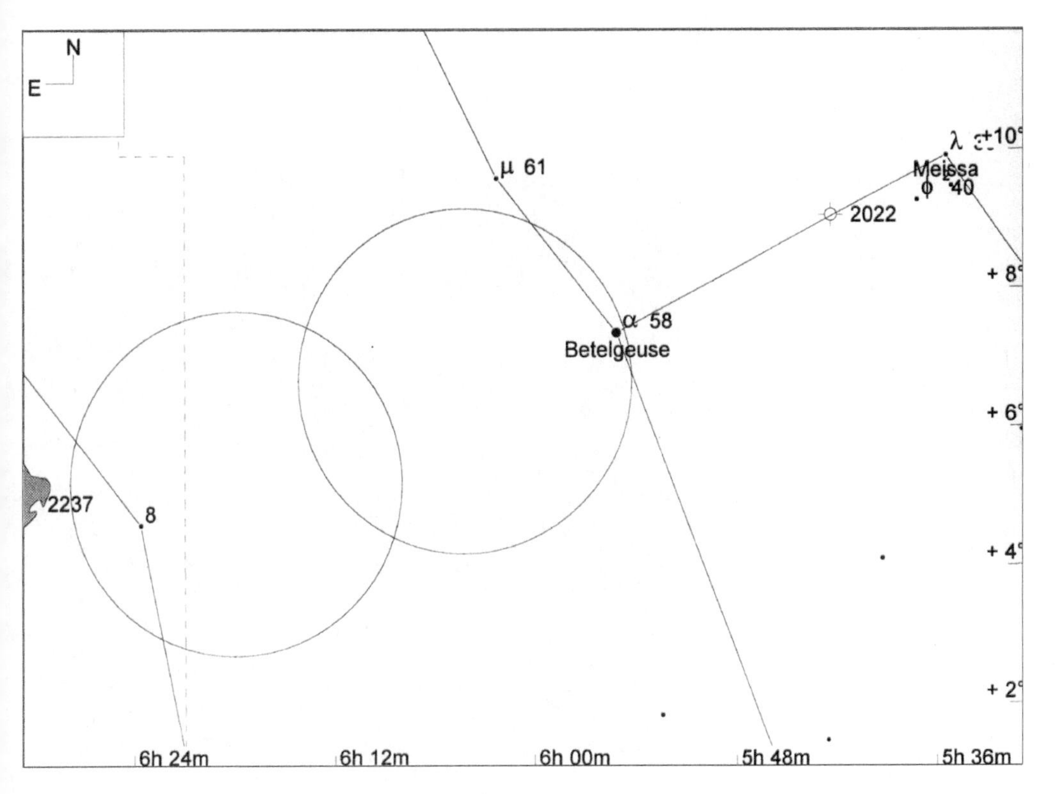

星图 32-2

麒麟座 8 号星的一种寻找方式（视场宽 15°，寻星镜视场圈直径 5°，极限星等 5.0 等）

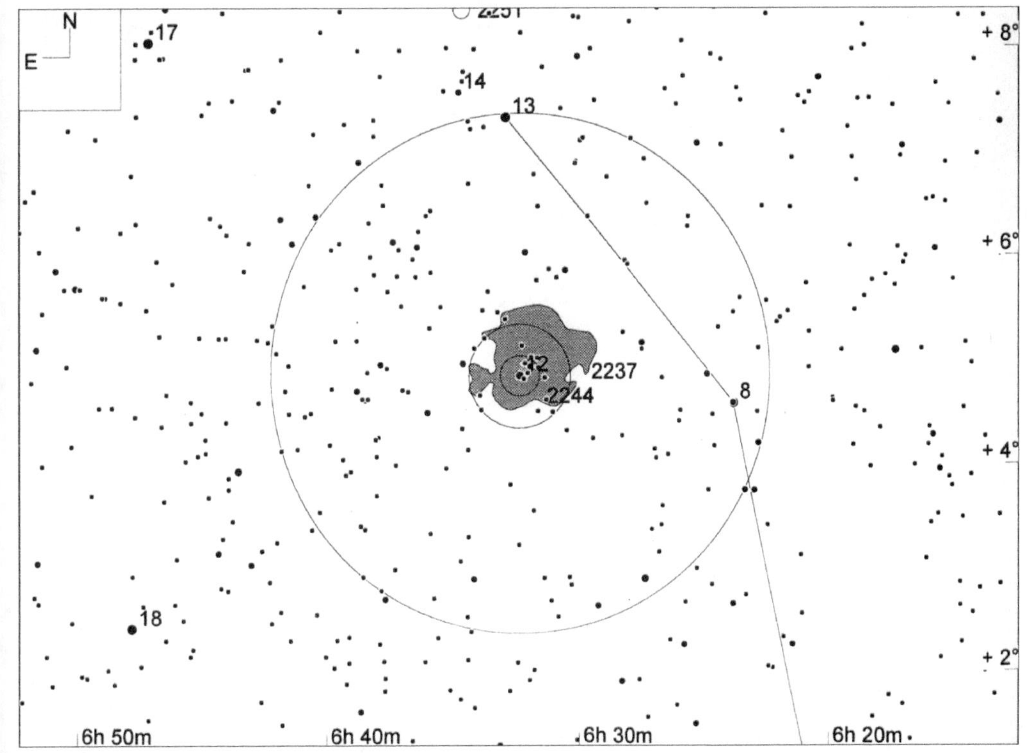

星图 32-3

NGC 2244 和“玫瑰星云”NGC 2237（视场宽 10°，寻星镜视场圈直径 5°，目镜视场圈直径 1°，极限星等 9.0 等）

NGC 2251	★★	⚆⚆⚆	OC	MBUDR
见星图 32-4	见影像 32-2	m7.3, 10.0'	06h 34.7m	+08°22'

NGC 2251 是个比较平庸的疏散星团，但为了完成天文联盟的深空双筒镜俱乐部目标列表，还是必须要观察它一下。要定位它，首先要把 4.4 等的麒麟座 ε（8 号星）放在寻星镜视场的西南边缘上，然后往东北方向移动视场 3.5°，找到 4.5 等的麒麟座 13 号星。NGC 2251 就在麒麟座 13 号星的北东北方向 1.2° 处。在 50mm 口径的双筒镜或寻星镜中可以直接看到 NGC 2251，此时它呈现为一个亮度中等的云雾状的模糊小斑块。

我们用 10 英寸反射镜加 90 倍放大率观察，看到 NGC 2251 是个中等亮度的、出奇地松散的疏散星团。一般疏散星团的轮廓都会粗略地呈圆形，但这个星团却明显像是由散布在 10'×5' 的天区中的 3 组恒星组成，整个星团的轮廓接近椭圆形，呈西北—东南方向展开。在星团的北端和西边端，有三颗 10 等星组成了长度 5' 的东—西向弧形；星团的中心部分有一对 9 ～ 10 等的成员星；星团东南边缘还有另一对 10 等星。另外还有 20 余颗更暗的成员星散布在整个星团里。

影像 32-2

NGC 2251（视场宽 1°）

本照片承蒙帕洛马天文台和太空望远镜科学研究院惠允翻拍自数字巡天工程成果

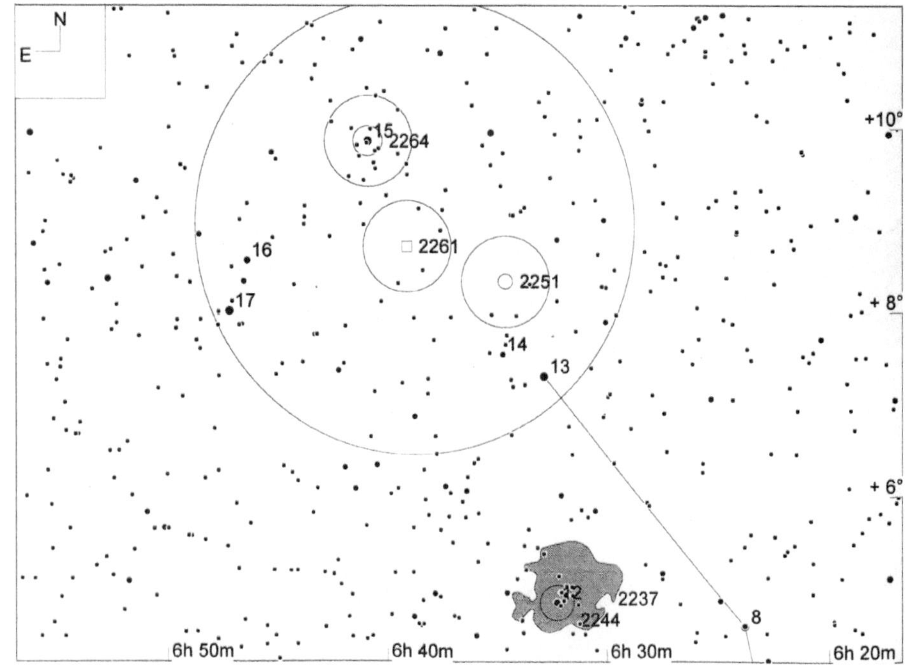

星图 32-4

NGC 2251、NGC 2264 和“哈勃变光星云”NGC 2261（视场宽 10°，寻星镜视场圈直径 5°，目镜视场圈直径 1°，极限星等 9.0 等）

NGC 2261	★★★	⚆⚆	EN/RN	MBUDR
见星图 32-4	见影像 32-3	m (variable), 2.0' x 1.7'	06h 39.2m	+08° 45'

NGC 2261 也叫“哈勃变光星云”（Hubble's Variable Nebula），它与本书前面介绍过的其他所有天体都迥然相异，因为它的样子特别像彗星。梅西耶这位著名的彗星猎手当年发现这个天体时，就确信自己发现了一颗新彗星，直到他后来注意到这颗“彗星”相对于背景恒星从来不会移动，才意识到自己犯了个错误。当然，今天的彗星猎手已经都知道这个“假彗星”了。这个星云的亮度会变化，是因为在它南端有一颗变星麒麟座 R 在照耀它，随着变星的亮度变化，星云反射出的光也就时强时弱。

NGC 2261 就在 NGC 2251 的东北东方向 1.2° 处，所以我们即使不用寻星镜，在观察 NGC 2251 之后也能依靠目镜视场直接找到 NGC 2261。把 NGC 2251 放在低倍的目镜视场中的西南西边缘，然后向东北东方向移动视场，即可看到 NGC 2261 进入我们的视野（在我们的 10 英寸道布森镜中，低倍目镜可以取得直径 2° 的真实视场，所以可以将这两个天体囊括在同一视场之内）。

用 10 英寸反射镜加 125 倍放大率观察，NGC 2261 与彗星的相似程度，实在令人惊讶。麒麟座 R 星是这个“彗星”的“彗核”，云气部分则是“彗尾”。云气从麒麟座 R 向北延伸出 1.5'，然后在末端折向西侧，仿佛一个逗号。使用 Ultrablock 窄带滤镜可以增强星云成像的对比度，但可见的星云延展范围不会增大。将 Ultrablock 滤镜固定安装起来，可以在云气中隐约看出某些极为暗淡的细节，但要想真正清楚地看到更多细节，还是需要更大口径的望远镜和更高的放大率。我们只观察过这个天体一次，但有别的爱好者多次观察了它，并报告说每次看到的云气细节结构都不完全一样。

影像 32-3

NGC 2261（视场宽 1°）

本照片承蒙帕洛马天文台和太空望远镜科学研究院惠允翻拍自数字巡天工程成果

NGC 2264	★★★	⚆⚆⚆	OC/EN	MBUDR
见星图 32-4	见影像 32-4	m4.1, 20.0'	06h 41.0m	+09° 54'

NGC 2264 也叫“圣诞树星团”（Christmas Tree Cluster），是梅西耶列表之外的最好看的疏散星团之一。它就位于麒麟座 13 号星的东北边 3.2° 处，所以很容易定位。事实上，如果夜空深暗，观测环境也深暗，大气透明度又很好的话，在高原上的观测者甚至可以利用余光瞥视的方法直接用肉眼看到这个星团。而哪怕只是借助很小的望远镜，都能很容易地在一般的夜空环境下看到它。

我们用 50mm 双筒镜观察，NGC 2264 已经呈现为一个很大很亮的疏散星团了，能看到十多颗比较亮的成员星和二十多颗较暗的成员星。星团北端（原文作南端，应属笔误——译者注），4.7 等的麒麟座 15 号星仿佛圣诞树的根基，因此在双筒镜或正像的寻星镜内，这棵“圣诞树”是倒置的。在我们的 10 英寸反射镜加 90 倍放大率下，“圣诞树”由于反射镜的原理而正了过来，可以看到“树尖”上是颗 6 等星，而整个“树冠”的轮廓都是由 8～9 等星勾勒而成的。轮廓之内，还散布着数十颗更暗的成员星。在麒麟座 15 号星的西南侧，还有一小块呈现出极为暗弱的云气状的区域。加上 Ultrablock 窄带滤镜后，这个区域的对比度得到提升，云气的可见尺寸也更大了，但基本看不出更多的细节。NGC 2264 作为疏散星团确实相当璀璨辉煌，但不管怎么说，它所含的这块发射星云就相形见绌了。

影像 32-4

NGC 2264（视场宽 1°）

本照片承蒙帕洛马天文台和太空望远镜科学研究院惠允翻拍自数字巡天工程成果

NGC 2301	★★★	◐◐◐	OC	MBUDR
见星图 32-5	见影像 32-5	m6.0, 12.0'	06h 51.8m	+00°28'

NGC 2301 是个明亮而美丽的疏散星团，定位它的方法也不难。首先把麒麟座 8 号星和 13 号星分别放在双筒镜或寻星镜视场的西端和北端，然后把视场向东南平稳移动约一个直径再多一点，就能让 NGC 2301 进入视场。NGC 2301 的位置也可以表述为麒麟座 18 号星的南东南方向 2.2°，该恒星亮度 4.5 等，在寻星镜中也会非常醒目。

在 50mm 的双筒镜中，我们看到的 NGC 2301 是个中等亮度的模糊小斑块，中心有颗 7 等星，另外还有五六颗较暗的成员星，最暗的到 10 等。换到 10 英寸牛顿式反射镜加 90 倍放大率下，则可以看出 50 颗以上的 9～11 等成员星，它们紧密聚集在直径 8' 的中心区内，另外星团南部还伸出一条由 4 颗 8～9 等恒星组成的弧形星链，星链长度 7'，末端拐向西南，这也是这个星团的西南边缘。

影像 32-5

NGC 2301（视场宽 1°）

本照片承蒙帕洛马天文台和太空望远镜科学研究院惠允翻拍自数字巡天工程成果

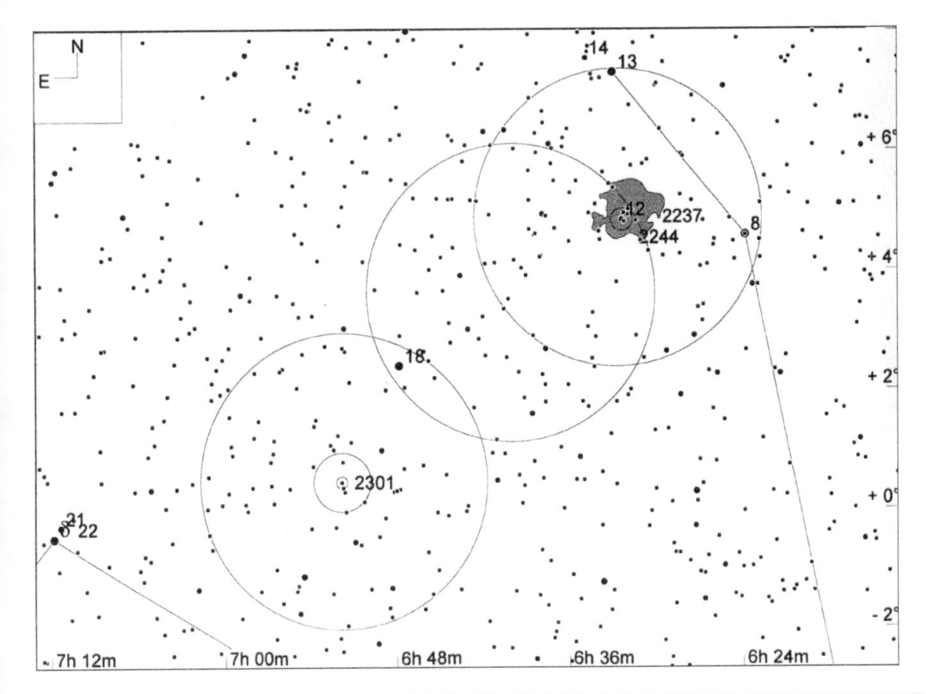

星图 32-5

NGC 2301（视场宽 15°，寻星镜视场圈直径 5°，目镜视场圈直径 1°，极限星等 9.0 等）

M 50 (NGC 2323)	★★★	◐◐◐	OC	MBUDR
见星图 32-6	见影像 32-6	m5.9, 16.0'	07h 02.8m	-08°23'

M 50（NGC 2323）是麒麟座内最好看的疏散星团。它最早是由吉奥瓦尼•卡西尼（Giovanni Cassini）发现的，具体年份不详，但不晚于 1711 年。后来到了 1772 年 4 月 5 日晚上，梅西耶又独立地重新发现了这个星团。梅西耶这样描述他的 M 50："这是个由许多小星组成的星团，或多或少还算明亮，在麒麟座'独角兽'腰部右侧的上方，也在大犬座的'狗耳朵'即大犬座 θ 星的上方，旁边有颗 7 等星。我在观测 1772 年彗星的时候发现了它。"

如果你刚刚观测完前面介绍的 NGC 2301，那么可以见星图 32-6，移动寻星镜来直接转往 M 50。或者，还有一种从大犬座开始来定位 M 50 的方法更简单。首先找到 4.1 等的大犬座 θ（14 号星），它就在大犬座 α（天狼星）北东北方向 5.1° 处，肉眼还是比较容易发现的。将大犬座 θ 放在寻星镜或双筒镜视场的西南边缘，然后应该可以在视场的北边缘附近比较明显地发现 M 50 的踪迹。

在我们的 50mm 双筒镜中，M 50 呈现为一大块明亮的云雾状物质，其中可以看到 10 多颗 8 ～ 10 等的成员星。我们换用 10 英寸反射镜加 90 倍放大率观察，可以看到这 10 多颗 8 ～ 10 等星被衬托在不下五十颗更暗的成员星的背景中，这些暗成员星有的可达 12 等。有不少爱好者报告说，觉得这个星团致密的中心区域像个桃心形，或者是稍钝的箭头形，但是我们还没有过这种观感。在我们看来，M 50 成员星密集的中心区域更像个扇形，其收窄的那个端点在北边。

影像 32-6

NGC 2323（视场宽 1°）

本照片承蒙帕洛马天文台和太空望远镜科学研究院惠允翻拍自数字巡天工程成果

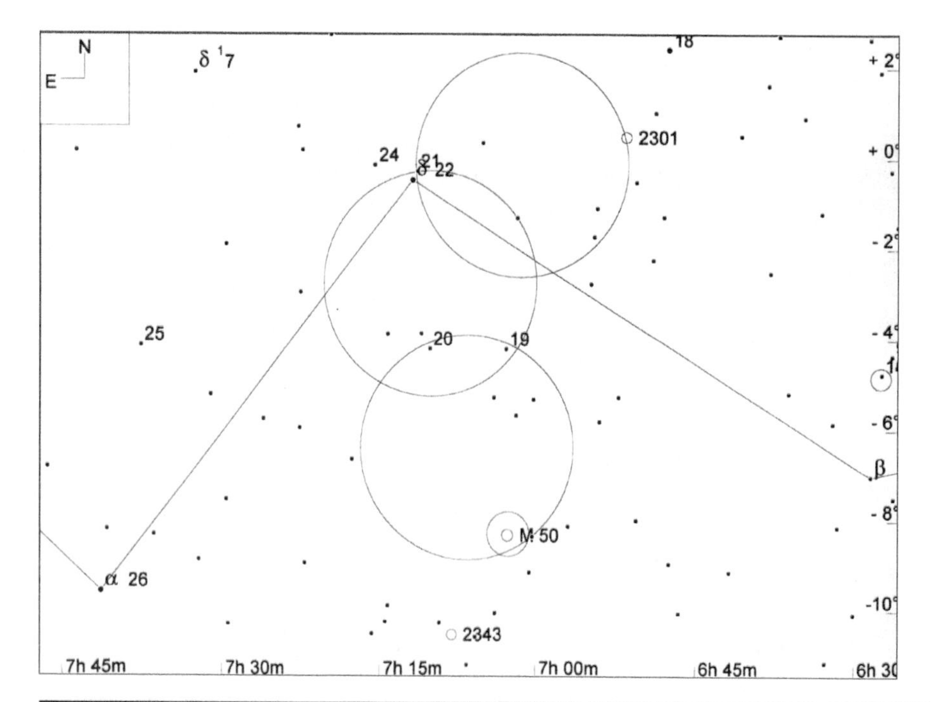

星图 32-6

NGC 2323（M 50）（视场宽 20°，寻星镜视场圈直径 5°，目镜视场圈直径 1°，极限星等 7.0 等）

NGC 2343	★★	◐◐◐	OC	MBUDR
见星图 32-7	见影像 32-7	m6.7, 6.0'	07h 08.1m	–10°37'

NGC 2343 是个很平凡的疏散星团。如果你观测完了 M 50，可以按照星图 32–7 所示，在寻星镜里顺便找到它看看。另外，还有一个更简单的方法来定位 NGC 2343：还是从著名的天狼星北东北方向 5.1° 处的大犬座 θ（14 号星）开始，这颗 4.1 等星肉眼应该清晰可见。将大犬座 θ 放在寻星镜或双筒镜视场的西南边缘，然后就可以在靠近视场东边缘的地方看到 NGC 2343，它会呈现为一个比较亮的云雾状小斑块。

我们用 50mm 双筒镜观察 NGC 2343，看到它的东端有颗 9.4 等的橘黄色恒星，而整个星团是从该星开始向西边和西北边铺展开去的，云雾状影像的尺寸为 5'。换用余光瞥视，似乎隐约可见五六颗或者更多的成员星在出没。改用 10 英寸口径的道布森镜加 125 倍放大率，可以辨认出星团中散布着的大约 20 颗 9 ～ 13 等的成员星。

影像 32-7

NGC 2343（视场宽 1°）

本照片承蒙帕洛马天文台和太空望远镜科学研究院惠允翻拍自数字巡天工程成果

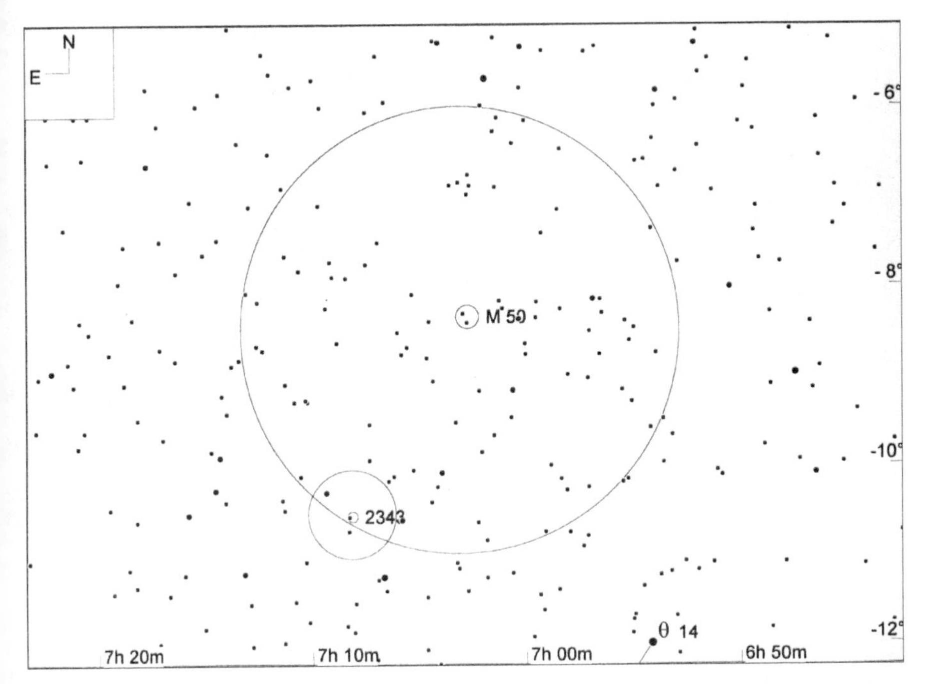

星图 32-7

NGC 2343（视场宽 10°，寻星镜视场圈直径 5°，目镜视场圈直径 1°，极限星等 9.0 等）

NGC 2232	★★	⚈⚈⚈	OC	MBUDR
见星图 32-8	见影像 32-8	m4.2, 29.0'	06h 28.0m	-04°51'

NGC 2232 是个非常巨大、明亮、松散的疏散星团，它以 5.1 等的麒麟座 10 号星为中心。如果你刚刚看了 NGC 2343 的话，可以按照星图 32-8 所示来转移寻星镜视场，顺便找到 NGC 2232。或者还有一种更简单的定位方法：首先顺着猎户座“腰带”三颗星的延长线方向，往东南东方向寻找 9.5°，找到 4 等的麒麟座 γ（5 号星），它虽然不很亮，但在四周的邻近天区内已经比较醒目了。将这颗星放在双筒镜或寻星镜视场的西边缘，就可以在同一视场的东北部分明显地看到 NGC 2232 了。

在我们的 50mm 双筒镜中，NGC 2232 已经呈现出 10 多颗 5 ~ 10 等的成员星，它们被包裹在一块巨大而明亮的云气当中。换用 10 英寸反射镜加 90 倍放大率，可以在直径半度的天区内看到它的 30 ~ 40 颗成员星，最暗者达 13 等，而麒麟座 10 号星自然坐镇在星团的中央。星团的东北边缘还有一颗 8 等星，南边缘有颗 7 等星。在星团南侧和西南侧还围绕有一条长度 35° 的很醒目的弧形星链，其成员多为 7 等星，还有 6.5 等的麒麟座 9 号星，但应注意这条星链里的恒星并非 NGC 2232 的成员星。

影像 32-8

NGC 2232（视场宽 1°）

本照片承蒙帕洛马天文台和太空望远镜科学研究院惠允翻拍自数字巡天工程成果

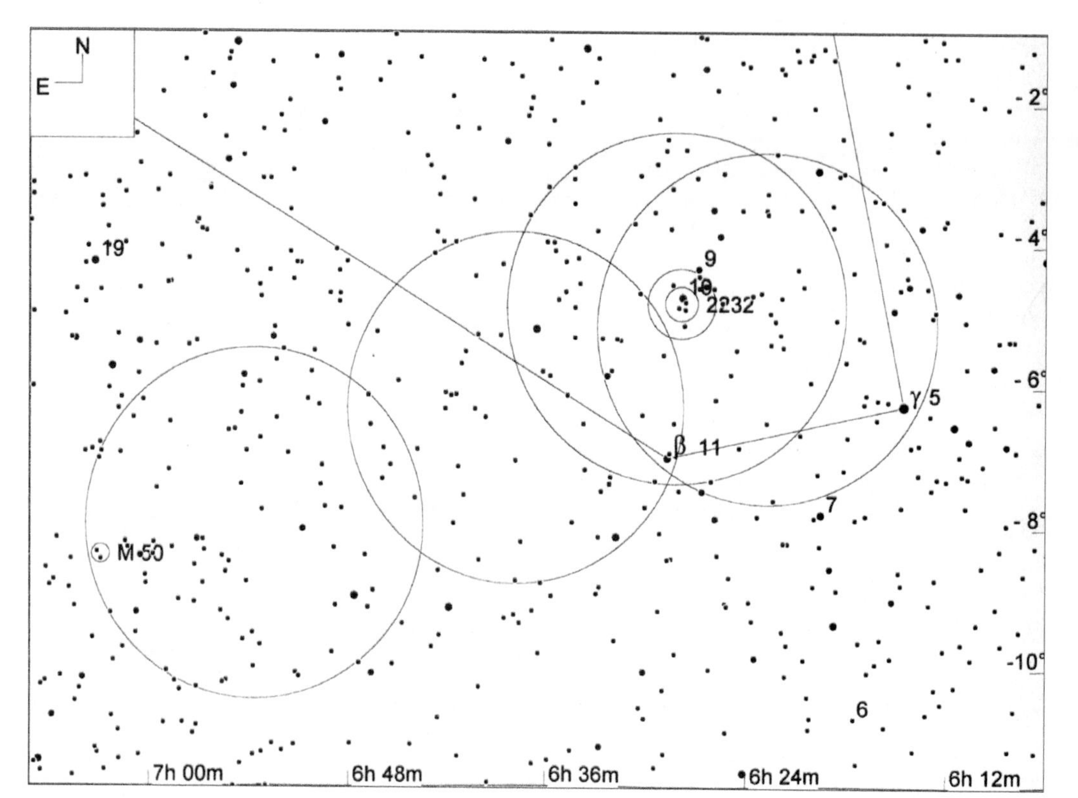

星图 32-8

NGC 2232（视场宽 15°，寻星镜视场圈直径 5°，目镜视场圈直径 1°，极限星等 9.0 等）

8-epsilon (STF 900AB)	★★	◐◐◐	MS	uD
见星图 32-1和星图 32-2		m4.4/6.6, 12.1", PA 29° (2004)	06h 23.8m	+04°35'

麒麟座 ε（8号星）是位于密集的银河星场中的一对美丽双星。要定位它，只需将寻星镜循着从猎户座 λ 到猎户座 α 方向的延长线往东南东方向移动 7.6° 即可。麒麟座 ε 亮度为 4.4 等，在寻星镜中会显得很明亮，它本身也比邻近天区内的其他背景恒星亮得多。我们用 10 英寸道布森镜加 125 倍放大率观察，看到其主星和伴星都是黄白色。

11-beta (STF 919AB)	★★★	◐◐◐	MS	uD
见星图 32-1和星图 32-8		m4.6/5.0, 7.1", PA 133° (2002)	06h 28.8m	-07°01'

麒麟座 β 是最负盛名的聚星之一。虽然我们经常说这颗星很好找，但其实还是要取决于你观测地点的夜空深暗程度。在观测环境很好的地方，麒麟座 β 是颗肉眼可见的暗星，从麒麟座 γ（5 号星）往西北西方向找 3.6° 即可发现。麒麟座 γ 亮度为 4 等，即麒麟座 β（4.6 等）的大约两倍。

在有轻度光害的城市夜空中，麒麟座 β 用肉眼就有点难找了。这种情况下，我们常用以下方法通过寻星镜寻找麒麟座 β：从猎户座 ζ（“腰带”三星中的最东者）开始，将其放在寻星镜视场的西边缘，然后在靠近视场东边缘的地方找到 4.5 等的 SAO 132732。这颗星在其近旁的天区内是最亮的，所以肯定可以正确辨识。接下来，就将 SAO 132732 放在寻星镜视场的西北边缘，此时可以在视场的东南边缘看到 4 等的麒麟座 γ（5 号星），此星在寻星镜中会显得极为耀眼。将此星改放到寻星镜视场的西边缘，然后在西东南东方向 3.6° 处（不超过寻星镜视场的直径）即可找到麒麟座 β。或者，如果刚刚观察完 NGC 2232，那么可以见星图 32–8，很容易将镜筒转向麒麟座 β。

麒麟座 β 作为一颗三合星，其知名度无疑胜过了其他三合星。因为常见的三合星中，往往只有一颗或两颗成员星比较亮，剩下的两颗或一颗则暗得多，但麒麟座 β 的 3 颗成员星却在亮度和颜色上都罕见地相似，三者组成了一个很扁平的三角形。在我们加 125 倍放大率的 10 英寸道布森镜中，三者都呈现出闪亮的蓝白色。（原书数据只提到其中的 A 星和 B 星，未提 C 星。C 星位置应在 B 星旁约 3" 处——译者注）

33

蛇夫座，持蛇者

星座名：蛇夫座（Ophiuchus）
适合观看的季节：初夏
上中天：6月上中旬午夜
缩写：Oph
所有格形式：Ophiuchi
相邻星座：天鹰、武仙、天秤、天蝎、巨蛇、人马
所含的适合双筒镜观看的天体：NGC 6171 (M 107), NGC 6218 (M 12), NGC 6254 (M 10), NGC 6266 (M 62), NGC 6273 (M 19), NGC 6333 (M 9), NGC 6402 (M 14), IC 4665, NGC 6633
所含的适合在城市中观看的天体： NGC 6218 (M 12), NGC 6254 (M 10), NGC 6266 (M 62), IC 4665, NGC 663

蛇夫座是天赤道上一个巨大的星座，面积有948平方度，约占天球的2.3%，在全天88星座中排名第11位。该星座内有2颗2等星、7颗3等星，勉强算一个比较明亮的星座。尽管如此，蛇夫座经常也被人忽视，因为它的东南侧就是有着著名的“茶壶”形状的人马座，而它的南侧则是酷似蝎子形状的天蝎座，与这两个星座比，蛇夫座还不够璀璨。蛇夫座的形象是个手持巨蛇的人，所以那条蛇——也就是巨蛇座——被蛇夫座分成了东、西两个部分，西边那部分是巨蛇的头部，东边的部分则是蛇尾巴。因此巨蛇座是唯一拥有两块天区的星座。

话题回到蛇夫座，它是托勒密的44个星座之一，因此也是个很古老的星座。虽然它的学名是Ophiuchus，但其拉丁文名字Serpentarius可能更广为人知。在早期的希腊神话中，这个星座的形象代表着神祇阿波罗（Apollo）在德尔菲（Delphi）神庙与守护神谕的巨蛇搏斗。在后期的神话中，蛇夫座的传说则有另两个不同版本。一个版本是，蛇夫座代表着特洛伊的祭司拉奥孔（Laocoön），他警告特洛伊人不要把那只木马搬进城内（特洛伊

表 33-1

蛇夫座中有代表性的星团、星云和星系

天体名称	类型	视亮度	视尺寸	赤经	赤纬	梅	双	城	深	加	备注
NGC 6171	GC	7.8	13.0	16 32.5	–13 03	◉	◉				M 107; Class X
NGC 6218	GC	6.1	16.0	16 47.2	–01 57	◉	◉	◉			M 12; Class IX
NGC 6254	GC	6.6	20.0	16 57.1	–04 06	◉	◉	◉			M 10; Class VII
NGC 6273	GC	6.8	17.0	17 02.6	–26 16	◉	◉				M 19; Class VIII
NGC 6266	GC	6.4	15.0	17 01.2	–30 07	◉	◉	◉			M 62; Class IV
NGC 6369	PN	12.9	38"	17 29.3	–23 46					◉	Little Ghost Nebula; Class 4+2
NGC 6333	GC	7.8	12.0	17 19.2	–18 31	◉	◉				M 9; Class VIII
NGC 6402	GC	7.6	11.0	17 37.6	–03 15	◉	◉				M 14; Class VIII
IC 4665	OC	4.2	40.0	17 46.2	+05 43			◉	◉		Cr 349; Mel 179; Class III 2 m
NGC 6572	PN	9.0	11.0"	18 12.1	+06 51					◉	Class 2a
NGC 6633	OC	4.6	27.0	18 27.7	+06 34			◉	◉	◉	Cr 380; Mel 201; Class III 2 m

表 33-2

蛇夫座中有代表性的双星或聚星

天体名称	星对	星等1	星等2	角距	方位角	年份	赤经	赤纬	城观	双星	备注
36*	SHJ 243AB	5.1	5.1	4.9	144	2006	17 15.3	−26 36		◉	
39-omicron	H 25	5.2	6.6	10.0	355	2002	17 18.0	−24 17		◉	
70*	STF 2272AB	4.2	6.2	5.1	137	2006	18 05.5	+02 30		◉	

星图 33-1

蛇夫座星图（视场宽 60°）

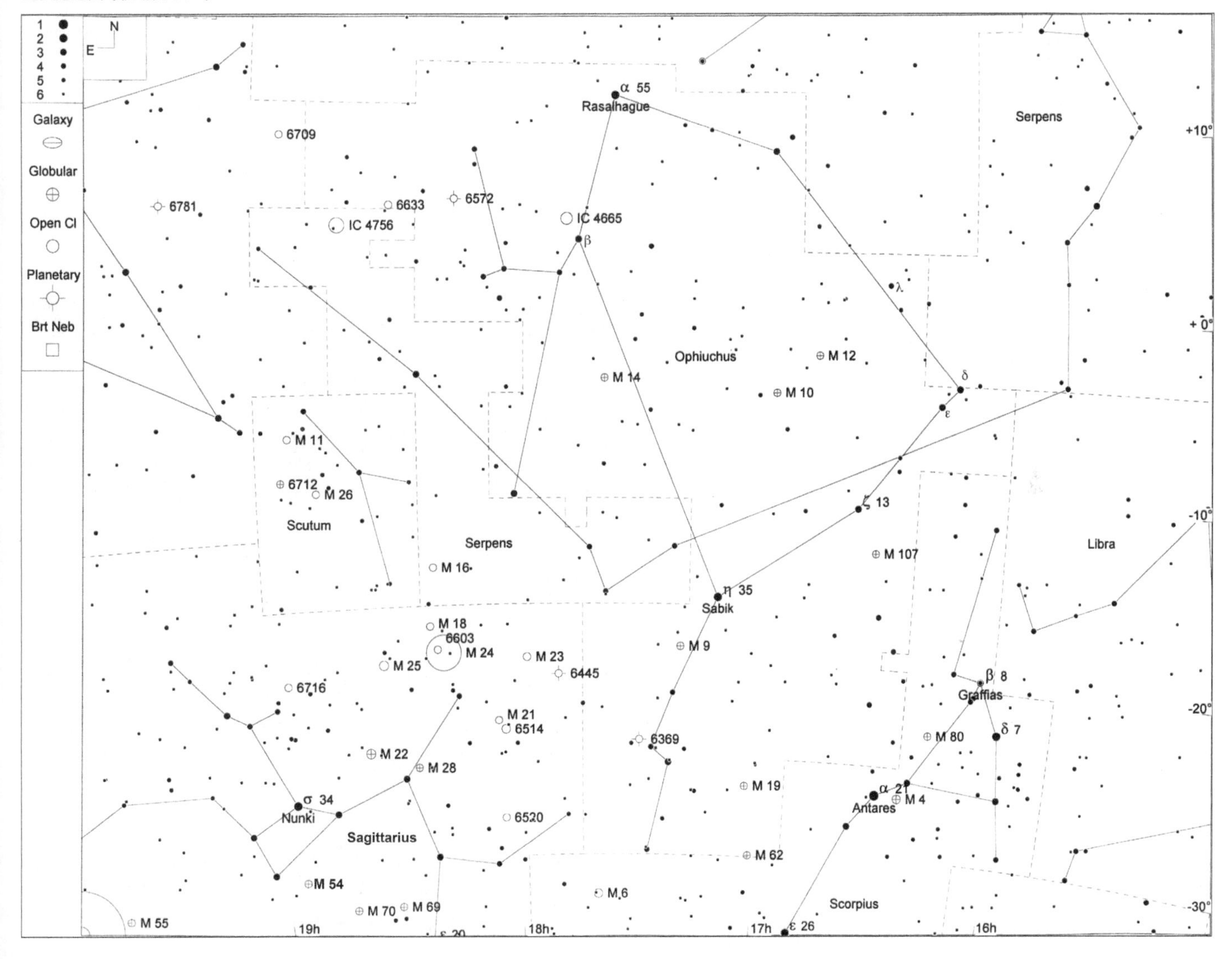

木马计的故事），这等于泄露天机，因此他遭到神的惩罚，被神派来的两只海蛇咬死。另一个版本是，蛇夫座代表着通过观察蛇的自救方法而掌握了不死之术的阿斯克莱庇奥斯（Asclepius），他被宙斯以雷电击死，因为宙斯怕他把起死回生的秘密传播给全人类。

当我们观察蛇夫座时，等于是在把视线从贴着银盘上方的角度投向银河系的中心。正是因此，蛇夫座内有很多球状星团，这种天体在靠近银河盘面的区域内非常多见。仅是梅西耶列表内的球状星团，蛇夫座天区内就有7个，此外蛇夫座还有10多个业余望远镜可见的非梅西耶球状星团。另外，匪夷所思的是，靠近银盘位置的蛇夫座居然还拥有几个很好看的疏散星团，它们大多在蛇夫座东部，也就是位于银河的繁密星场之内。

蛇夫座每年6月11日午夜上中天，对于北半球中纬度地区的观测者来说，从春末到夏末的夜间都很适合观测蛇夫座。

需要指出的是，尽管本章把蛇夫座内的全部7个梅西耶球状星团都列为双筒镜可观察的目标，但它们各自的难度可能相差得比较悬殊。我们知道，天文联盟的双筒镜梅西耶俱乐部把天体目标分为"容易"、"稍难"、"特难"3个等级，且对50mm口径和80mm口径的双筒镜做出了不同的目标分级。在50mm双筒镜的目标列表中，M 10和M 12是"容易"级，M 14、M 19和M 62是"稍难"级，M 9是"特难"级，而M 107干脆就是不可能看到。而如果换到80mm双筒镜的目标列表中，除了M 107是"特难"级，M 9是"稍难"级之外，其他5个球状星团就都成了"容易"级的了。

星团、星云和星系

M 107 (NGC 6171)	★★	◐◐◐◐	GC	MBUDR
见星图 33-2	见影像 33-1	m7.8, 13.0'	16h 32.5m	–13° 03'

M 107（NGC 6171）是最晚被加入梅西耶目录的天体之一（1947年被加入）。说实话，到今天为止也不能完全确定梅西耶是否观测过这个天体。皮埃尔·梅襄在1782年4月发现了这个天体，但目前没有充分证据表明他把这个发现报告给了梅西耶，至于梅西耶看没看过这个天体就更无法确定了。

定位M 107的方法很简单，因为它就在肉眼可见的2.6等亮星蛇夫座ζ（13号星）南西南方向2.7°处。将蛇夫座ζ放在双筒镜或寻星镜视场的北东北边缘上，就可以在其南西南方向大约2.5°处看到一个由7等星组成的边长25'的三角形。M 107的位置就在该三角形的南东南方向大约半度。

我们用10英寸反射镜加125倍放大率观察，看到M 107的明亮中心区直径3'，外围部分非常松散，直径4.5'，而且南侧边缘仿佛被裁切了一下似的，不是很圆。

影像 33-1

NGC 6171（M 107）（视场宽1°）

本照片承蒙帕洛马天文台和太空望远镜科学研究院惠允翻拍自数字巡天工程成果

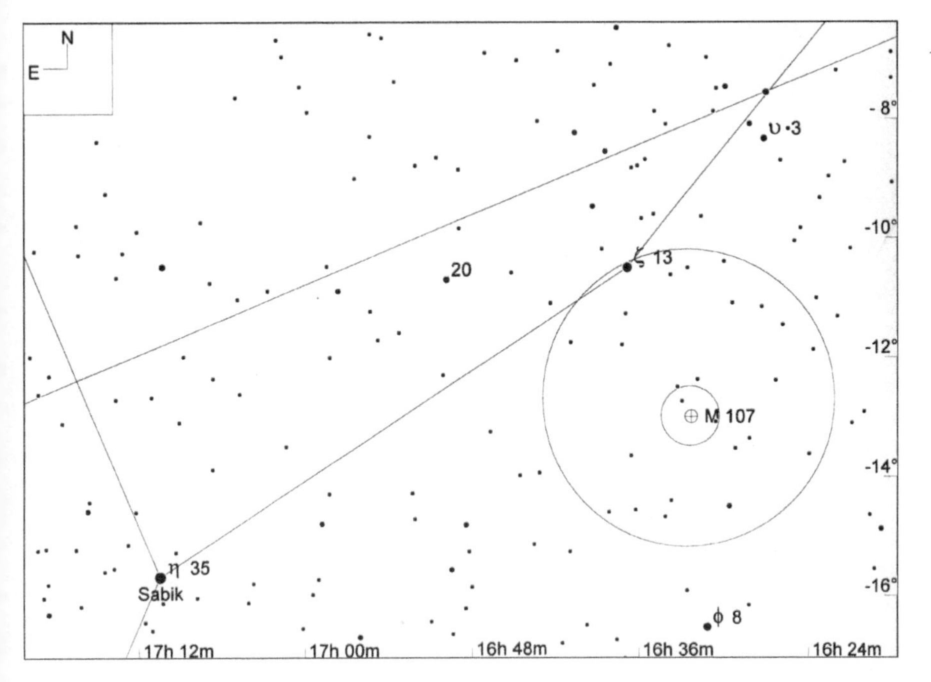

星图 33-2

NGC 6171（M 107）（视场宽 15°，寻星镜视场圈直径 5°，目镜视场圈直径 1°，极限星等 9.0 等）

M 12 (NGC 6218)	★★★	◐◐◐	GC	MBUDR
见星图 33-3	见影像 33-2	m6.1, 16.0'	16h 47.2m	–01°57'

M 12（NGC 6218）是个大且明亮的球状星团。梅西耶在 1764 年 5 月 30 日晚上发现了它，在此前一夜他刚发现了 M 10。在梅西耶的原始记录中，将 M 12 记载为“分解不出恒星的星云”。

M 12 的定位也不太难。首先用肉眼找到一对恒星蛇夫座 δ（1 号星）和蛇夫座 ε（2 号星），在这对星的东北方 7° 处是 3.9 等的蛇夫座 λ（10 号星）。将蛇夫座 λ 放在双筒镜或寻星镜视场的西北边缘，然后往东南方向移动视场，就会看到 M 12，它位于蛇夫座 λ 东南 5.6° 处。

我们用 50mm 双筒镜观察 M 12，看到它呈现为一个中等大小且非常明亮的云雾状斑块，分解不出成员星。换到加 125 倍放大率的 10 英寸道布森镜后，M 12 呈现为一个很美的球状天体，可以分解出上百颗 11 ～ 13 等的成员星，且背景上还有明亮的云气。其松散的中心区域直径 3'，看上去富于颗粒状的质感，而更为松散的外围轮廓直径超过了 10'。

影像 33-2

NGC 6218（M 12）（视场宽 1°）

本照片承蒙帕洛马天文台和太空望远镜科学研究院惠允翻拍自数字巡天工程成果

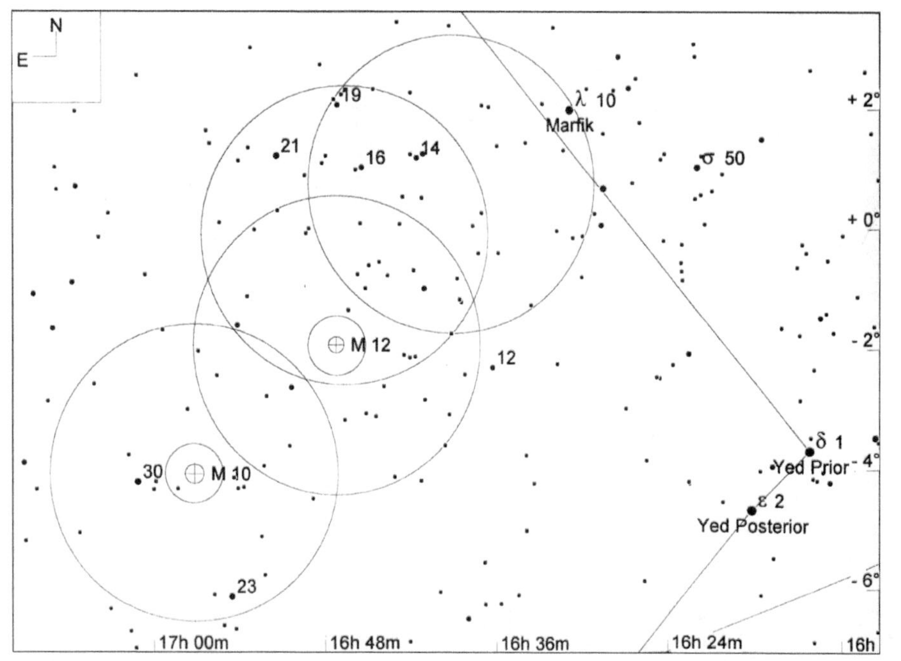

星图 33-3

NGC 6218（M 12）和 NGC 6254（M 10）（视场宽 15°，寻星镜视场圈直径 5°，目镜视场圈直径 1°，极限星等 9.0 等）

M 10 (NGC 6254)	★★★	◐◐◐	GC	MBUDR
见星图 33-3	见影像 33-3	m6.6, 20.0'	16h 57.1m	–04° 06'

M 10（NGC 6254）也是个又大又亮的球状星团，它在 1764 年 5 月 29 日晚上被梅西耶发现，次日晚上梅西耶又发现了 M 12。

如果刚刚观察完 N 12，那么就很容易定位 M 10，因为 M 10 就在 M 12 东南边只有 3.3° 的地方，用 50mm 口径的寻星镜可以将二者涵盖在同一视场内。M 10 的样子看上去就仿佛 M 12 的孪生兄弟，只不过 M 10 稍暗一点罢了。在 50mm 双筒镜中，M 10 是个中等偏大的明亮云雾状圆斑，分辨不出成员星。用加了 125 倍放大率的 10 英寸道布森镜观察，M 10 呈现出一个直径 4' 的明亮中心区，其四周各个方向一共可以分辨出数百颗成员星。中心区外边是个厚实且分布均匀的边缘区，直径超过 10'。

影像 33-3

NGC 6254（M 10）（视场宽 1°）

本照片承蒙帕洛马天文台和太空望远镜科学研究院惠允翻拍自数字巡天工程成果

M 19 (NGC 6273)	★★★	⊕⊕⊕	GC	MBUDR
见星图 33-4	见影像 33-4	m6.8, 17.0'	17h 02.6m	−26°16'

M 19（NGC 6273）是另一个很好看的明亮球状星团。梅西耶从 1764 年 5 月 3 日晚上发现了 M 2 之后，在接下来的一个月中陆续发现了 M 4（5 月 8 日）、M 5（5 月 23 日）、M 9（5 月 28 日）、M 10（5 月 29 日）、M 12（5 月 30 日）、M 13（具体日期不详，6 月 1 日记录）、M 14（6 月 3 日）和 M 15（6 月 1 日），接着，在 6 月 5 日晚上就势如破竹地发现了 M 19。球状星团其实是数量比较少的一类深空天体，但在发现 M 19 的那一夜，梅西耶肯定以为这种天体多如尘埃，特别是他在同一夜又发现了 M 22 之后。

M 19 的定位方式比较容易。从天蝎座的 α 星（我国古名“心宿二”——译者注）开始，向东找 12°，就可以看到 3.3 等的蛇夫座 θ（42 号星），该星肉眼绝对可见，并且在邻近天区内没有更亮的星，很好确认。将该星放在寻星镜或双筒镜视场的东边缘，然后往西南西方向寻找 4.5°，即可看到 M 19。在 M 19 的北东北方向大约 40' 处还有一对 7 等星，它们是蛇夫座的 28 号星和 31 号星。

在我们 50mm 的双筒镜里，余光瞥视下的 M 19 像是一颗中等亮度的模糊恒星。换到加 125 倍放大率的 10 英寸道布森镜中，M 19 就展现出引人注目的椭圆形外观——它的中心区和外部轮廓都是很明显的椭圆形，长轴在北西北—南东南方向，这与其他绝大多数球状星团的正圆形外观是迥然不同的。M 19 的中心区尺寸为 3'×4'，有不均匀的颗粒状质感，用余光瞥视的话，能感到很多暗弱的成员星正在视觉能力的极限程度附近时隐时现。M 19 能看到的外部轮廓尺寸为 5'×7'，其中的成员星也可以部分地分解，不少 12 等或更暗的成员星不均匀地聚集成链状或团块状。

影像 33-4

NGC 6273（M 19）（视场宽 1°）

本照片承蒙帕洛马天文台和空间望远镜科学研究院惠允翻拍自数字巡天工程成果

星图 33-4

NGC 6273（M 19）、NGC 6266（M 62）和“小鬼星云”NGC 6369（视场宽 15°，寻星镜视场圈直径 5°）

M 62 (NGC 6266)　★★★　⊕⊕⊕　GC　MBUDR

见星图 33-4　m6.4, 15.0'　17h 01.2m　−30° 07'

M 62（NGC 6266）也是一个明亮美丽的球状星团。梅西耶在 1771 年 6 月 7 日晚上就发现了它，但迟至将近 8 年后，也就是 1779 年 6 月 4 日才精确测定了它的位置，并最终将其编入梅西耶目录。假如梅西耶在 1771 年刚发现它时就立刻将其编入目录，那么 M 62 就将排在今天的“M 50”了。

从 M 19 出发来定位 M 62 也是比较容易的。只要把 M 19 放在双筒镜或寻星镜视场的顶端，然后在同一视场内向南找 3.9° 即是 M 62。M 62 正北约 25' 处还有一对 8 等星，在寻星镜中也比较容易看到，可为佐证。

我们在 50mm 双筒镜中用余光瞥视观察，看到的 M 62 像颗中等亮度的有绒毛的星星。在 10 英寸道布森镜上加 42 倍放大率观察之，则可以看到 M 62 的“中心区”并不位于整个星团轮廓的正中央，而且这个中心区还呈现出类似彗星的形状，彗星的“头部”稍亮，而伸向西北方的“尾部”要暗一些。放大率增加到 125 倍后，M 62 显得与它的邻居 M 19 很类似，只不过 M 19 的形态更像植物的胚珠而已。

M 62 也有着引人注目的椭圆形外观，它像 M 19 一样有着椭圆的中心区和椭圆的外围轮廓，长轴也在北西北—南东南方向，这与其他大多数球状星团正圆形的外观差别明显。M 62 直径 3' 的中心区也有着斑驳和颗粒状的观感，用余光瞥视还可以分解出其中的许多暗弱的成员星。M 62 外部轮廓尺寸为 7'，某些局部可分解出一些成员星，还有不少 12 等或更暗的成员星以链状队形从星团中心区向西北边延展开去。

NGC 6369　★★　⊕⊕⊕　PN　MBUDR

见星图 33-4　见影像 33-5　m12.9, 38"　17h 29.3m　−23° 46'

NGC 6369 也叫做“小鬼星云”（Little Ghost Nebula），是个十分平凡的行星状星云。要定位它，首先用肉眼从大犬座 α（天狼星）向东找 12°，找到 3.3 等的蛇夫座 θ（42 号星），该星在近傍的天区内是最亮的，因此肉眼可以很肯定地辨认。在蛇夫座 θ 的东北边 1.3° 处，是 4.2 等的蛇夫座 44 号星。从 42 号星到 44 号星做一连线并继续向东北延长约 0.7°，基本就是 NGC 6369 的位置。将寻星镜中的十字叉丝对准那个位置，然后用低倍率的目镜去找找看，NGC 6369 应该已经在目镜的视场里了。

虽然 NGC 6369 的星等数值仅有 12.9 等，但其表面亮度是比较高的。透过加 42 倍放大率的 10 英寸反射镜直接看去，它就像星海中的一颗普通暗星一样。换用余光瞥视，可以感觉它的边缘有点“发毛”，不同于普通恒星。换到 180 倍放大率后，它就呈现为一个几乎没有其他特征的圆盘了。此时再换用余光瞥视的技巧，可以感到圆盘的中心出似乎比外围稍微暗一些，但整个天体仍呈现为圆盘状，不会像天琴座的 M 57 行星状星云那样是明显的环状。给目镜加上 Ultrablock 窄带滤镜后，整个天体的可见轮廓并未增大，但中心部位的减暗程度更加明显了，并且还能发现圆盘的北边缘处比其他部位更亮一点。

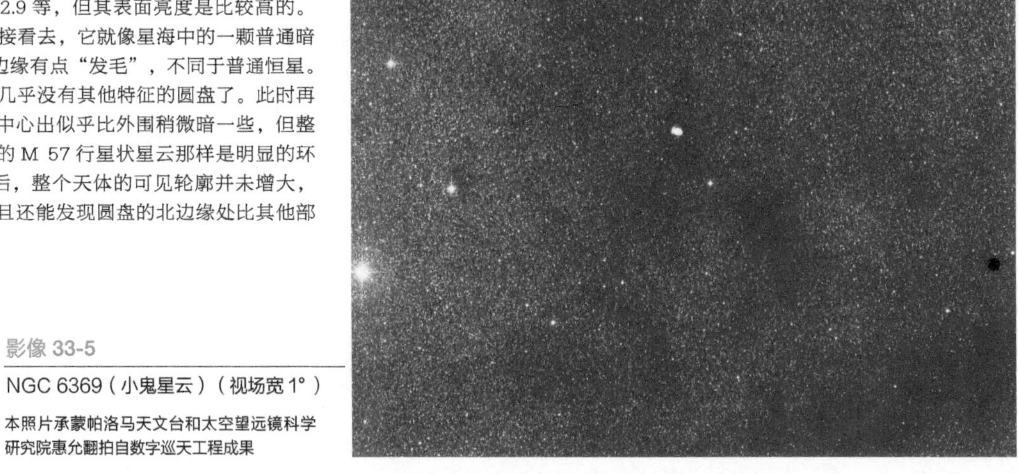

影像 33-5

NGC 6369（小鬼星云）（视场宽 1°）

本照片承蒙帕洛马天文台和太空望远镜科学研究院惠允翻拍自数字巡天工程成果

M 9 (NGC 6333)	★★	◐◐◐	GC	MBUDR
见星图 33-5	见影像 33-6	m7.8, 12.0'	17h 19.2m	−18°31'

M 9（NGC 6333）虽然也是一个球状星团，但比起蛇夫座内的其他球状星团，它明显小得多也暗得多（只有 M 107 比它更小更暗）。梅西耶在 1764 年 5 月 28 日晚上发现并记录了这个天体，这也是他在蛇夫座天区内发现的第一个球状星团。

M 9 的定位也比较容易，因为它位于肉眼可见的 2.4 等亮星蛇夫座 η（35 号星，俗名 Sabik）南东南方向仅 3.5° 处。我们可以把蛇夫座 η 放在双筒镜或寻星镜视场的西北边缘上，然后向南东南方向找三度半即可。M 9 的正北方向和南东南方向上（原文为南西南，笔误——译者注）各约 45' 处，各有一颗在视场里很明显的 6 等星，而它正东 1.3° 处还有一颗 6 等星，这三颗 6 等星几乎构成了一个等边三角形。另外，还有另一种定位 M 9 的方法，但也要先把蛇夫座 η 放置于双筒镜或寻星镜视场的西北边缘，然后向南东南方向移动视场，在距其 5.9° 处找到 4.4 等的蛇夫座 ξ（40 号星）。将蛇夫座 ξ 放在寻星镜视场的南边缘处，则 M 9 基本就在视场的中心附近了。

尽管有不少爱好者报告说用 10×50 的双筒镜看到了 M 9，但我们还从来没尝试过用 50mm 双筒镜或寻星镜来观察这个天体。而在我们的 10 英寸反射镜加 125 倍放大率下，M 9 呈现出一个直径 3.5' 的外围轮廓，以及一个明亮的、直径 2' 的圆形中心区。虽然中心区内分解不出单颗的恒星，但星团的边缘区内可以看出不少 11 ～ 13 等的成员星散布成链状或断断续续的弦状。

影像 33-6

NGC 6333（M 9）（视场宽 1°）

本照片承蒙帕洛马天文台和太空望远镜科学研究院惠允翻拍自数字巡天工程成果

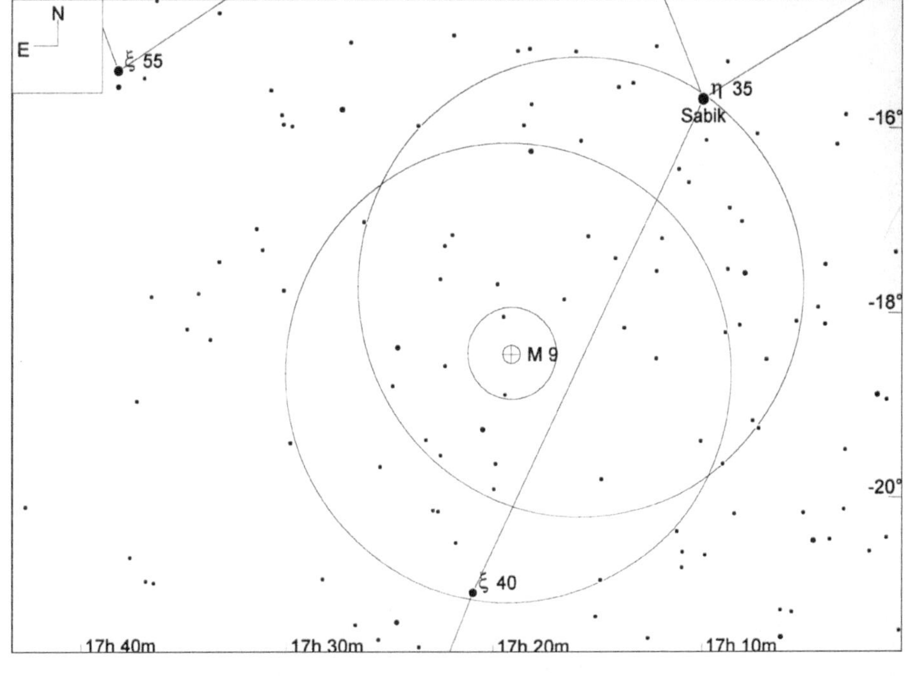

星图 33-5

NGC 6333（M 9）（视场宽 10°，寻星镜视场圈直径 5°，目镜视场圈直径 1°，极限星等 9.0 等）

M 14 (NGC 6402)	★★	⚽⚽	GC	MBUDR
见星图 33-6	见影像 33-7	m7.6, 11.0'	17h 37.6m	–03° 15'

M 14（NGC 6402）是梅西耶在蛇夫座天区内发现的第七个球状星团，发现日期是 1764 年 6 月 1 日。相比于梅西耶在此前一天发现的武仙座球状星团 M 13 来说，M 14 大概有点令人失望，因为它不但是梅西耶目录中最暗的一个球状星团，而且寻找起来也不那么容易。

要定位 M 14，首先要用肉眼找出 2.4 等的蛇夫座 η（35 号星）和 2.8 等的蛇夫座 β（60 号星，俗名 Cebalrai）。后者在前者北东北方向 22° 处。注意两者之间连线的中点处有一颗 4.5 等星，这颗星四周邻近处没有其他亮星，因此比较好认。将该星放在寻星镜视场的西南边缘，就可以明显在视场东北边缘上看到一颗 6.2 等星。M 14 就在这颗 6.2 等星的西南边 1.3° 处。在 M 14 的北边 23' 处还有一颗 7.4 等星在寻星镜中不难看到，可为参照。

透过 50mm 口径的双筒镜用余光扫视，可以看到 M 14，不过此时它仅仅像一颗模糊的恒星。换用 10 英寸道布森镜加 42 倍放大率观察，M 14 似乎更像一个小小的“椭圆星系”，而不是球状星团，因为它的中心区十分致密，而外围区域又过于散淡，而且分辨不出成员星。将放大率增到 125 倍后，M 14 展现出一个直径 2.5' 的明亮且仍无法分解的中心区，该区呈现出轻微的斑驳感和颗粒质感。此时看到的 M 14 的整体轮廓直径约 5'，在边缘区能分解出很少几颗成员星，它们都非常暗淡。

影像 33-7

NGC 6402（M 14）（视场宽 1°）

本照片承蒙帕洛马天文台和太空望远镜科学研究院惠允翻拍自数字巡天工程成果

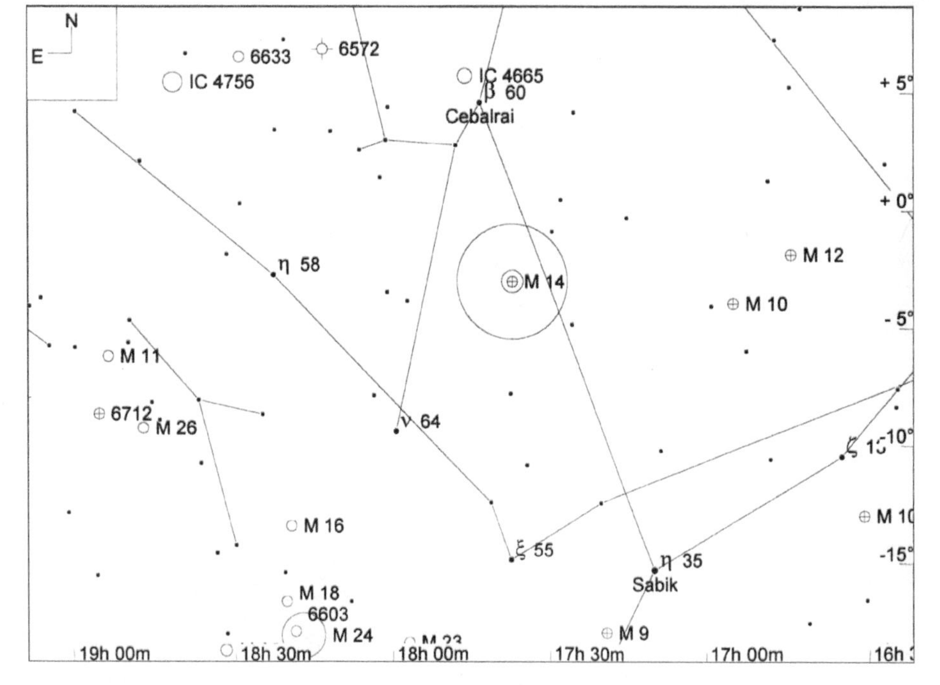

星图 33-6

NGC 6402（M 14）（视场宽 40°，寻星镜视场圈直径 5°，极限星等 6.0 等）

IC 4665	★★	◑◑◑◑	OC	MBUDR
见星图 33-7	见影像 33-8	m4.2, 40.0'	17h 46.2m	+05° 43'

IC 4665 是个非常稀松寥落的疏散星团。它就在肉眼可见的 2.8 等星蛇夫座 β（60 号星）的北东北方向 1.3° 处，因此极易定位。我们通过 50mm 双筒镜，看到 IC 4665 由至少 25 颗亮度彼此相仿的成员星组成，它们散布在直径超过 40' 的天区里。像许多这种庞大而稀松的疏散星团一样，IC 4665 更适合用双筒镜观察，而不是用单筒的天文望远镜。我们用 1 英寸道布森镜加 42 倍放大率观察过它，虽然看到不下 30 颗明亮的恒星散布在整个目镜视场之内，但感觉这更像是在看一个任意的背景天区，而不是在观察一个疏散星团。

影像 33-8

IC 4665（视场宽 1°）

本照片承蒙帕洛马天文台和太空望远镜科学研究院惠允翻拍自数字巡天工程成果

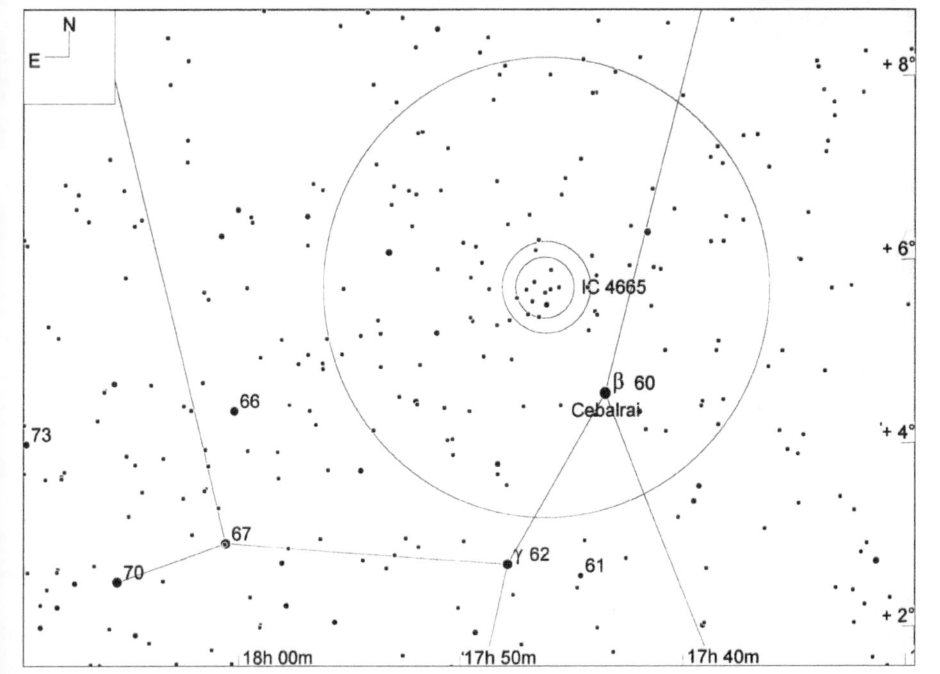

星图 33-7

IC 4665（视场宽 10°，寻星镜视场圈直径 5°，目镜视场圈直径 1°，极限星等 9.0 等）

NGC 6572	★★	⊕⊕⊕	PN	MBUDR
见星图 33-8	见影像 33-9	m9.0, 11.0"	18h 12.1m	+06°51'

NGC 6572 是个很小但很明亮的行星状星云。要定位它，首先要找到下面这个肉眼可见的边长约 8° 的三角形：三个角分别是 2.1 等的蛇夫座 α（55 号星）、2.8 等的蛇夫座 β（60 号星）和 3.7 等的蛇夫座 72 号星。其中，72 号星位于三角形的最东边。将这颗星放到寻星镜视场里，在它南侧大约 1° 处不难看到 4.6 等的蛇夫座 71 号星。现在，将 71 号星放到寻星镜视场的西北边缘，即可让 NGC 6572 位于视场的中心附近，在低倍放大率的目镜中应该就能看见。其实此时在寻星镜中也有可能直接就看到 NGC 6572，不过它只会呈现得像一颗普通恒星。

在 10 英寸道布森式望远镜上加 42 倍放大率，看到的 NGC 6572 仍然只像一颗中等亮度的恒星，颜色略微发蓝，但看不出延展的表面。放大率加到 125 倍后，这个天体看上去似乎成了一个小团，但看不出什么细节。进一步增加放大率到 250 倍，它终于显现为一个小而明亮的蓝绿色圆盘，看不出细节结构，中心也没有增亮的痕迹。加了窄带滤镜后，成像的对比度进一步提高，但仍然未能增加可见的细节。

影像 33-9

NGC 6572（视场宽 1°）

本照片承蒙帕洛马天文台和太空望远镜科学研究院惠允翻拍自数字巡天工程成果

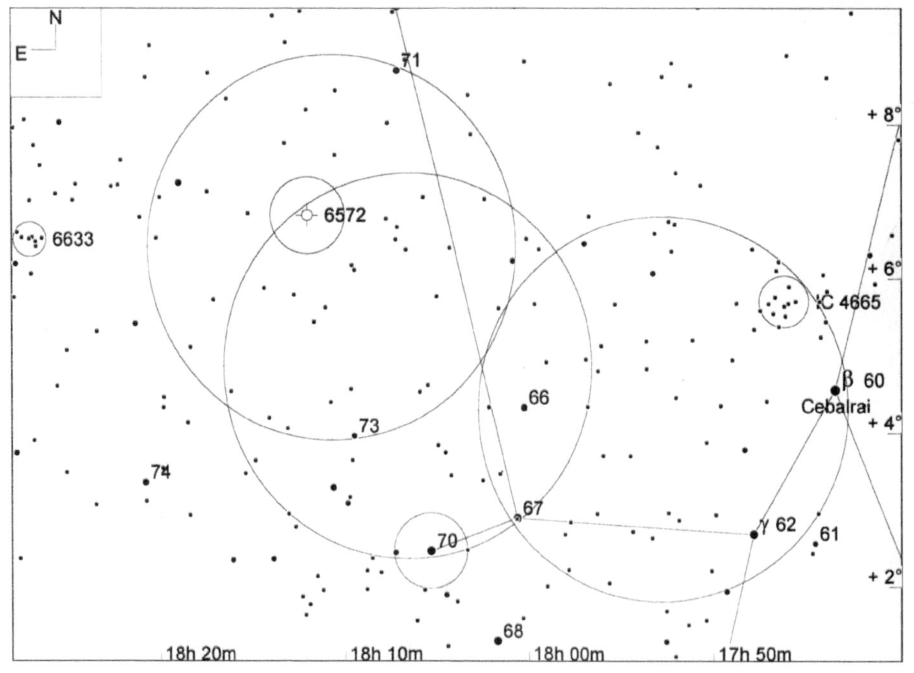

星图 33-8

NGC 6572（视场宽 12°，寻星镜视场圈直径 5°，目镜视场圈直径 1°，极限星等 9.0 等）

NGC 6633	★★	⚆⚆⚆	OC	MBUDR
见星图 33-9	见影像 33-10	m4.6, 27.0'	18h 27.7m	+06°34'

NGC 6633 是个非常明亮而稀松的庞大疏散星团。要定位它，首先按前面关于 NGC 6572 的介绍里的方法，找到蛇夫座 71 号星，然后将该星放在寻星镜视场的西北边缘，向东南东方向找 5.8°，即可直接在寻星镜中发现 NGC 6633（巨蛇座的深空天体 IC 4756 位于 NGC 6633 的东南东方向仅 3.1° 处，因此二者可以被囊括在双筒镜或寻星镜的同一视场里）。

透过 50mm 双筒镜观察 NGC 6633，可以分辨出至少 15 颗 7 ~ 9 等的成员星，用余光瞥视的话还能看到其他 10 多颗最暗至 10 等的成员星。这个星团周围天区的背景恒星也很密集，因此有时难以认定某颗恒星究竟是不是它的成员星。星团中最亮的 3 颗星组成了一个歪扭的三角形，其他成员星则像是从三角形的东北角开始，朝更靠东北的方向铺撒开去的。在星团最密集的中心区的东南侧 20' 处，有颗极醒目的 5.7 等星，但此星不是成员星。我们用 10 英寸道布森镜加 42 倍放大率观察，可以看到数十颗更暗的成员星，最暗的大约 13 等。这时就更难以准确辨认这个星团的边界何在了。

影像 33-10

NGC 6633（视场宽 1°）

本照片承蒙帕洛马天文台和太空望远镜科学研究院惠允翻拍自数字巡天工程成果

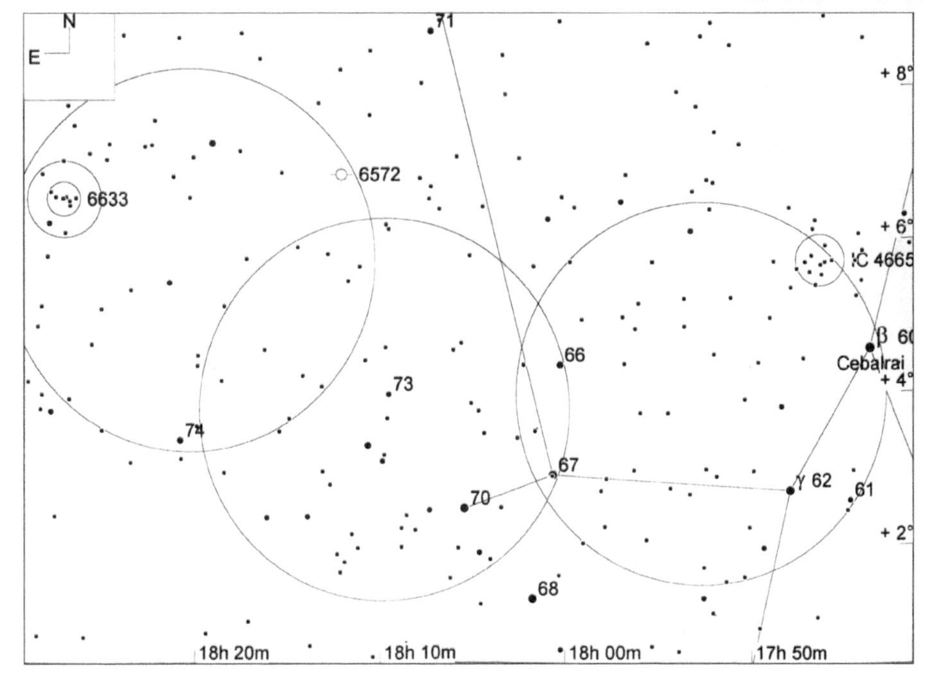

星图 33-9

NGC 6633（视场宽 12°，寻星镜视场圈直径 5°，目镜视场圈直径 1°，极限星等 9.0 等）

36 (SHJ 243AB)	★★★	◐◐◐◐	MS	uD
见星图 33-4		m5.1/5.1, 4.9", PA 144° (2006)	17h 15.3m	-26°36'

蛇夫座 36 号星是颗非常美丽的双星，在小望远镜中就能很明显地看到，而且也能轻松分解。它的定位方法也很难简单，因为它就在肉眼可见的亮星蛇夫座 θ（42 号星）西南 2.2° 处。关于蛇夫座 θ 的位置见星图 33-4。我们用 90mm 折射镜加 100 倍放大率观察它，看到其两颗成员星亮度一致，颜色也都是明显的橙色。

39-omicron (H 25)	★★★	◐◐◐◐	MS	uD
见星图 33-4		m5.2/6.6, 10.0", PA 355° (2002)	17h 18.0m	-24°17'

蛇夫座 39 号星是另一对即使用小望远镜也能轻易分解的美丽双星。它位于蛇夫座 θ（42 号星）西北 1.2° 处，在寻星镜中非常明显（见星图 33-4）。我们用 90mm 折射镜加 100 倍放大率观察它，看到其主星是橘黄色，而暗得多的伴星则是柠檬黄色。

70 (STF 2272AB)	★★★	◐◐◐	MS	uD
见星图 33-8		m4.2/6.2, 5.1", PA 137° (2006)	18h 05.5m	+02°30'

蛇夫座 70 号星既是双星，也属于目视聚星即“快跑星”，其主星和伴星彼此绕转的周期是 88 年，所以两者之间的角距和方位关系变化得比较快。本书给出的它的数据是 2006 年测定的。不过，两者间角距最近一次达到最小值是 1988 年（角距仅 1.5"），因此今后若干年内其角距还会增加，有利于分解。

见星图 33-8，利用参考星来移动视场，还是不难找到蛇夫座 70 号星的。我们用 90mm 折射镜加 100 倍放大率观察它，看到其主星是漂亮的橘黄色，而明显暗得多的伴星则是地道的橙红色。

34

猎户座，猎人

星座名：猎户座（Orion）

适合观看的季节：初冬

上中天：12 月中旬午夜

缩写：Ori

所有格形式：Orionis

相邻星座：波江、双子、天兔、麒麟、金牛

所含的适合双筒镜观看的天体：NGC 1662, NGC 1981, NGC 1976 (M 42), NGC 2068 (M 78), NGC 2169

所含的适合在城市中观看的天体： NGC 1981, NGC 1976 (M 42), NGC 2169

猎户座的面积是 594 平方度，约占整个天球总面积的 1.4%。在天赤道附近的各个星座中，猎户座的大小属于中等。在全天 88 个星座中，它的面积排在第 26 位。它是一个能给观看者留下很深印象的星座，就连很多并非天文爱好者的人也都认识它——它的 7 颗最主要的恒星排成一个大沙漏的形状，对很多人来说，这个形状和大熊座的北斗七星（大勺子）一样赫赫有名。全天最亮的 10 颗恒星中，猎户座拥有 2 颗，分别是它的 α、β 星；而如果把猎户座 γ 也考虑进来，则猎户座拥有全天最亮的 25 颗恒星中的 3 颗。猎户座出现在冬夜的星空之中，在它周围还有不少别的顶级亮星，例如大犬座 α（天狼星）、御夫座 α（五车二）、小犬座 α（南河三）、双子座 α（北河三）等。

猎户座是个历史很久远的星座，亚述人、苏美尔人、古埃及人和古中国人的早期文献记录中都提到了它。在中国古代人的眼中，猎户座的这些恒星位于“四象”中的“西方白虎之象”的中心。而在希腊神话中，猎户座是一位彪悍强壮的猎人，他带着两只猎犬（大犬座和小犬座），站在一条大江（波江座）的岸上。一只野兔（天兔座）成了他们的猎物，蜷缩在猎人的脚下。

表 34-1

猎户座中有代表性的星团、星云和星系

天体名称	类型	视亮度	视尺寸	赤经	赤纬	梅	双	城	深	加	备注
NGC 1973/1975	EN/RN	99.9	29.0 x 20.0	05 35.4	−04 47					◉	
NGC 1981	OC	4.2	24.0	05 35.2	−04 26			◉	◉		Cr 73; Class III 3 p n
NGC 1976	EN/RN	3.0	60.0	05 35.0	−05 25	◉	◉	◉			M 42
NGC 1982	EN/RN	9.0	7.0 x 4.0	05 35.5	−05 17	◉					M 43
NGC 2024	EN	99.9	30.0 x 22.0	05 41.7	−01 48					◉	
NGC 2068	RN	8.3	8.4 x 7.8	05 46.8	+00 04	◉	◉				M 78
NGC 2022	PN	12.4	35.0"	05 42.1	+09 05					◉	Class 4+2
NGC 2169	OC	5.9	6.0	06 08.4	+13 58			◉	◉		Cr 83; Class III 3 m
NGC 2194	OC	8.5	10.0	06 13.8	+12 48					◉	Cr 87; Mel 43; Class II 2 r
NGC 1662	OC	6.4	20.0	04 48.5	+10 56				◉		Cr 55l Class II 3 m
NGC 1788	RN	99.9	5.5 x 3.0	05 06.9	−03 20					◉	

星图 34-1

猎户座星图（视场宽 35°，右方为北）

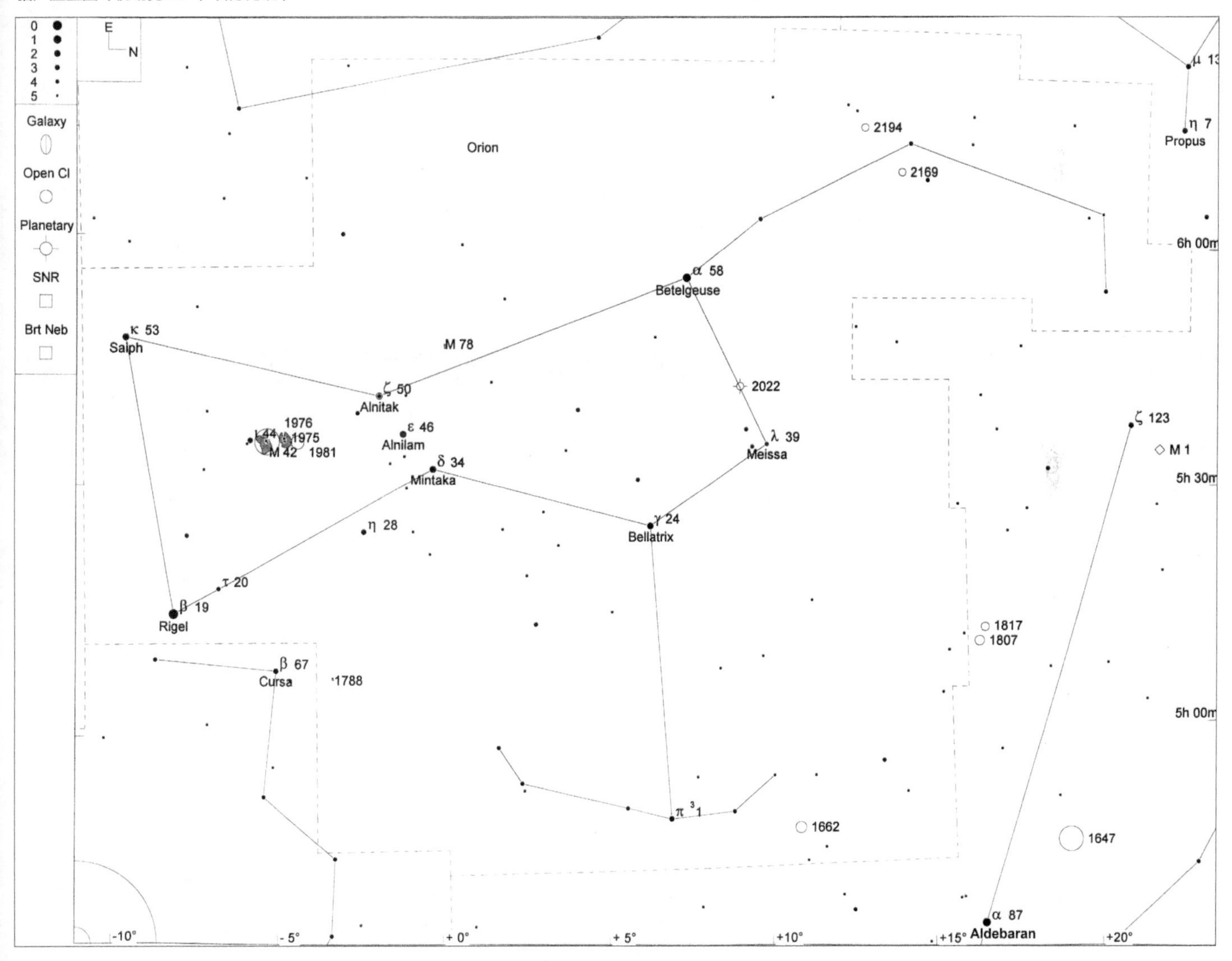

与希腊神话中许多超凡绝伦的人物一样，这位名叫奥利翁（Orion）的猎人也触怒了神界：狩猎女神阿尔忒弥斯（Artemis）迷恋于奥利翁的英俊和勇武，结果忘了自己的“兼职岗位”月亮女神的职责，没有按时去点亮夜空。阿尔忒弥斯的孪生哥哥阿波罗因此非常嫉妒奥利翁，觉得必须杀了他才能彻底解决问题，于是派了一只巨蝎去袭击奥利翁。经过一场激烈的搏斗，奥利翁终于杀死了巨蝎，但自己也被蝎子蛰出了致命伤。阿尔忒弥斯悲伤地去向宙斯请求解救奥利翁，宙斯就把奥利翁的身体升入星空，让他和他的英名以星座的形式永远存在下去。对于宙斯的这种做法，阿波罗非常不满，他要求宙斯也给予那只巨蝎同等的待遇，也升为闪耀的星座。宙斯答应了阿波罗的要求，但他考虑到奥利翁和巨蝎之间的不共戴天之仇，就把巨蝎的星座安排在了离猎户座尽量远的地方，这就是天蝎座。这个故事以神话的方式解释了：为什么天蝎座和猎户座对峙于天球两侧，不可能出现在同一片夜空中。

猎户座天区内的深空天体很少有星系、球状星团和较明亮的行星状星云，但却拥有大量的疏散星团、发射星云和反射星云，它们往往密布得不分彼此，让人眼花缭乱。在“猎人”的“腰带”3 颗星以及他的“佩剑”的区域，这些美丽的天体尤其密集。在猎户座的众多“深空天体资源”中，有堪称最壮观的深空天体“猎户座大星云”（M 42），以及相当难以看清但在较大的业余望远镜中可以一睹真容的“马头星云”，还有由业余爱好者杰伊•麦克尼尔（Jay McNeil）在 2003 年发现的，以他姓氏命名的“麦克尼尔星云”——这让很多未曾注意到它的专业天文学家为之汗颜。“猎户四边形”则是猎户座内一个著名的恒星密集区，关于它到底是个聚星系统还是一个疏散星团，至今仍有争议，但它无疑是一个“恒星产房”，很多新的恒星就在我们观察它的时候从其中诞生。如果你还没有认真观察过猎户座的话，那可以准备一下，花整整一个晚上去看它吧，而且相信那也只是你探索这个壮丽星座的起点而已。很多天文爱好者无数次将自己的目光移回猎户座，你将来很可能也是其中一员。

猎户座在每年 12 月 13 日的午夜上中天，离地平线的高度达到最高。对于北半球中纬度地区的观察者来说，从秋季的中段到早春时节的每个晴夜都是观察猎户座的好时机，只不过它每天“上中天”的时刻在秋季处于后半夜，在早春则处于前半夜。

表 34-2

猎户座中有代表性的双星或聚星

天体名称	星对	星等1	星等2	角距	方位角	年份	赤经	赤纬	城观	双星	备注
19-beta	STF 668A-BC	0.3	6.8	6.8	204	2004	05 14.5	–08 12		◉	Rigel
34-delta	STFA 14Aa-C	2.4	6.8	52.8	0	2003	05 32.0	–00 17		◉	Mintaka
44-iota	STF 752AB	2.9	7.0	11.3	141	2002	05 35.4	–05 55		◉	
SAO 132301	STF 747AB	4.7	5.5	36.0	224	2003	05 35.0	–06 00		◉	
39-lambda	STF 738AB	3.5	5.5	4.3	44	2003	05 35.1	+09 56		◉	Meissa
41-theta1	STF 748Aa-B	6.6	7.5	8.8	31	2004	05 35.3	–05 23		◉	Trapezium
41-theta1	STF 748Aa-C	6.6	5.1	12.7	132	2002	05 35.3	–05 23		◉	Trapezium
41-theta1	STF 748Aa-D	6.6	6.4	21.2	96	2002	05 35.3	–05 23		◉	Trapezium
41-theta2	STFA 16AB	5.0	6.2	52.2	93	2002	05 35.4	–05 24		◉	
48-sigma	STF 762AB-E	3.8	6.3	41.5	62	2003	05 38.7	–02 36		◉	
48-sigma	STF 762AB-D	3.8	6.6	12.7	84	2002	05 38.7	–02 36		◉	
50-zeta*	STF 774Aa-B	1.9	3.7	2.2	165	2006	05 40.7	–01 57		◉	
50-zeta	STF 774Aa-C	1.9	9.6	57.3	10	2003	05 40.8	–01 56		◉	

NGC 1973/1975	★★★	●●●●	EN/RN	MBUDR
见星图 34-2和星图 34-3	见影像 34-1	m99.9, 29.0' x 20.0'	05h 35.4m	−04° 47'

在 NGC 1981（对应于影像 34–1 中的顶部）的正南，NGC 1976（M 42）和 NGC 1982（M 43）的正北，有一个星云的复合体。这个复合体中被单独编号的深空天体有 3 个，分别是 NGC 1973（星图中未写出）和 NGC 1975，以及更暗的 NGC 1977（也未写出）。其中，NGC 1975 最靠北，也最小，NGC 1973 则比它略大一点也更亮一些。NGC 1977 则位于 NGC 1975 西南大约 5' 处，明显大于其他两者。在这 3 个深空天体的正南侧，猎户座 42 号星和 45 号星闪烁在星云的模糊轮廓之中。

在加 90 倍放大率的 10 英寸口径反射望远镜中，NGC 1973 和 1975 呈现为中等亮度的云雾状小斑块。其中 NGC 1973 相当明显地呈椭圆形轮廓，尺度大约 4' × 2'，长轴在东—西方向。稍小也稍暗的 NGC 1975 基本呈圆形，直径约 1.5'。在它俩南侧约 10' 处就是亮度约 5 等的猎户座 42 号星和 45 号星，这两颗星的光芒导致我们比较难以观察 NGC 1973 和 1975 的细节。

通过加上 Ultrablock 窄带滤镜进行观测，不难发现它们是发射星云和反射星云的联合体。用了这种滤镜，星云中属于发射星云的那部分物质，其细节和对比度都得到了极大的提升，这尤其要归功于滤镜明显地削弱了猎户座 42 号星和 45 号星的光芒。同时，属于反射星云的那部分则变得更暗以至不可见，因为反射星云自身不发光，它们只能反射恒星的光，而此时恒星的光基本都被滤镜过滤掉了。通过恰当地选用滤镜，我们能发现两者都有纤细的束状结构；滤镜还帮我们看到了这些星云周围暗弱的卷须状结构，这些卷须不用滤镜是看不见的。窄带滤镜也深入揭示了 NGC 1977 的更多细部结构，而如果不加滤镜的话，NGC 1977 会暗弱到几乎不可见。在窄带滤镜中，NGC 1977 是一个巨大而暗淡的东—西向星云，漫卷到猎户座 42 号星的两侧和南边。

影像 34-1

NGC 1973、NGC 1975、NGC 1981（视场宽 1°）

本照片承蒙帕洛马天文台和太空望远镜科学研究院惠允翻拍自数字巡天工程成果

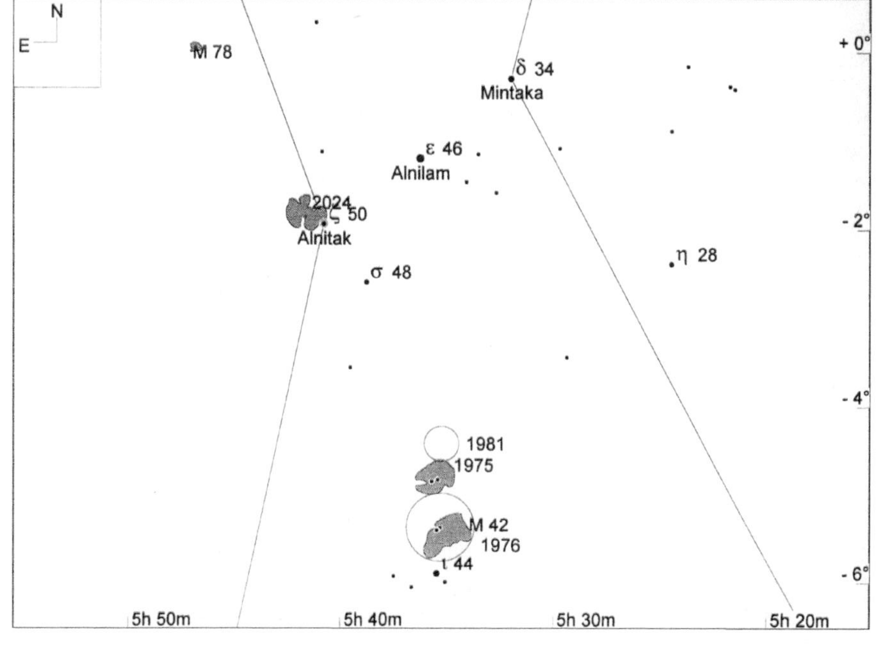

星图 34-2

猎户座“猎人”的“腰带”和“佩剑”区域（视场宽 10°，极限星等 6.0 等）

因为离壮观的 M 42 太近了，所以这组深空天体经常不那么显眼，从而被忽视掉。假如它们位于一块比较普通的天区的话，那么毫无疑问将成为一个更加引人注目的天空景点。

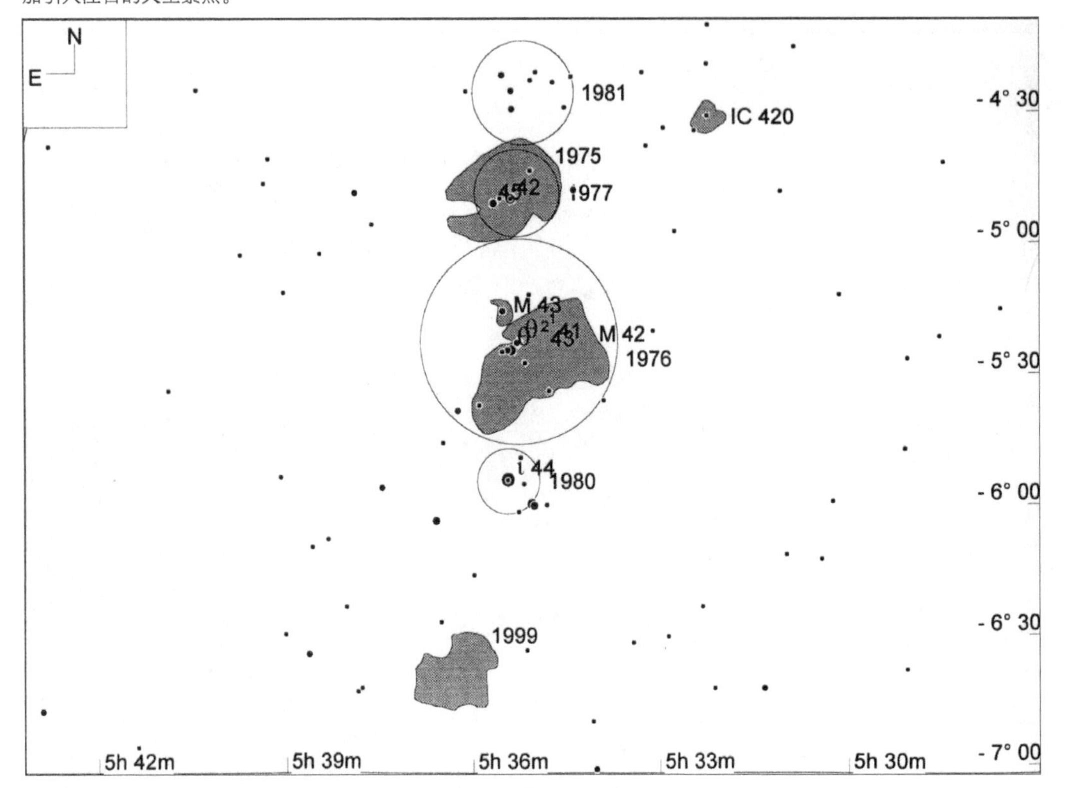

星图 34-3

猎户座“猎人”的“佩剑”（视场宽 4°，极限星等 9.0 等）

NGC 1981	★★	◕◕◕◕	OC	MBUDR
见星图 34-2和星图 34-3	见影像 34-1	m4.2, 24.0'	05h 35.2m	–04°26'

NGC 1981 是个广阔稀松但较为明亮的疏散星团，它在 M 42 正北方 1°处，“疆域”与 NGC 1973、1975 和 1977 有所重叠。在口径 50mm 的双筒镜中，NGC 1981 呈现出 10 多颗 6 ~ 9 等的成员星，在其背景上还隐约可见更多更暗的恒星发出的微光。如果换用 10 英寸口径的道布森式反射镜加 90 倍放大率的话，则可以看到它所包含的大约 20 颗亮于 13 等的成员星。这个星团最显著的视觉特征就是两列由南向东北呈弧形排开的恒星，其中靠东的一列是 3 颗 6 ~ 7 等的恒星，靠西的一列则是 3 颗 7 ~ 8 等的恒星。

M 42 (NGC 1976)	★★★★★	◕◕◕◕	EN/RN	MBUDR
见星图 34-2和星图 34-3	见影像 34-2	m3.0, 60.0'	05h 35.0m	–05°25'

M 43 (NGC 1982)	★★★★★	◕◕◕◕	EN/RN	MBUDR
见星图 34-2和星图 34-3	见影像 34-2	m9.0, 7.0' x 4.0'	05h 35.5m	–05°17'

诚然，本书的评价系统设定最多只到四星级，但我们坚信 M 42 和 M 43 当仁不让地要评定为五星级（其实 M 43 无论从视觉上还是物理上都只是 M 42 的一部分，它能被赋予单独的编号只是出于历史原因，后文会详述）。除了月亮之外，夜空中没有任何天体能像 M 42 这样让我们看到如此丰富的细节。绝大多数观测者，包括我们在内，都认为猎户座大星云 M 42 是最壮观的深空天体。即使我们用肉眼直接看向“猎人奥利翁的剑”的位置时，都能感觉到它的存在；而只要再加一点简单的光学器件辅助，就能领略它的绮丽风采。透过天文望远镜，我们的目光可能被它的丰富细节牢牢吸引住，连

续几个小时都不会“审美疲劳”。

M 42 成为梅西耶天体几乎是出于偶然。梅西耶作为一位彗星搜索者，当年曾经投入了很多个晚上的时间去关注一个很像彗星的模糊的天体。当他后来终于确认那不是彗星的时候（因为那个天体相对于恒星背景没有任何移动），自然非常失望。由此，他才决心编制一个目录，列出那些看似彗星却并非彗星的模糊天体，以便让那些同样在努力寻找彗星的人避免“上当”，节约他们的工作时间。而那个浪费了他很多天的模糊状天体，就被他定为梅西耶 1 号天体（即 M 1）。

梅西耶列出的这些天体，从 1 号到 41 号都是比较暗淡的，都很容易被误认为是彗星。他花费数年时间，耐心地搜寻和观察这些天体，测定并记录它们的位置，把它们添加到他的目录列表里。1769 年 3 月，他的这个目录的交稿期限快要到了，此时，出于某些原因，他做了一个决定：不能让这个目录只有 41 个天体。没有人确切知道他到底为什么这么想，最贴切的一个猜测是，当时他刚刚得知德拉卡伊（Nicolas Louis de Lacaille）在 1755 年已经编订了一个类似的目录，而且包含了 42 个天体。梅西耶大概是想超越这个成果，他决定：45 个可以算是个不错的规模。

于是，1769 年 3 月 4 日晚上，梅西耶开始准备为自己的目录再添加 4 个天体，但局面显然不太乐观——前 41 个天体是他花费多年才编订的，要在一夜之间再发现 4 个简直是大海捞针。于是他退而求其次：选了 4 个已经广为人知的模糊天体，写进了列表。

这 4 个天体中的第一个就是 M 42，它自古便以“猎人之剑里那颗模糊的中心星”闻名，也是望远镜发明以后第一个被做了细节观察的太阳系之外的天体。（尽管伽利略早在 1609 年就已观测了“猎人腰带”和“佩剑”的区域，并且“记录了该区域新发现的 8 颗星”，但却莫名其妙地忽视了 M 42。由于 M 42 用肉眼即可直接看到，在双筒望远镜中即可呈现模糊斑点状，所以伽利略不太可能看不到它，因此我们只能怀疑伽利略把 M 42 的光芒错当成了由粗糙且未加防护的光学器件导致的散射光。）

在梅西耶那个时代的望远镜里，M 42 和 M 43 已呈现为两个彼此间有明确间隔的物体，所以他给了 M 43 一个单独的编号，将其列入目录。搞定了两个，还差两个。梅西耶就把望远镜转向了巨蟹座，在那里他看到了古时即已为人知晓的蜂巢星团（Beehive Cluster）或称“鬼星团”，他把它定为 M 44。此时还差最后一个，梅西耶把他的视野向西移了 70°，聚焦在了一个宏伟、巨大、明亮的疏散星团上，这就是从远古时代就被人注意到的 Pleiades（日本称 Subaru，中国称昴星团——译者注），也叫“七姐妹星团”。这个目标太明显了，是否有必要列出？但时间紧迫，所以梅西耶横下一条心，硬把它编号为 M 45，作为自己的第一版目录的最后一个天体。

为 M 42 撰写详细描述对我们来说是件困难的事，即使用不着另写一本书，也足以为其单独撰写整整一章。影像 34-2 仅能反映 M 42 很有限的一部分特征，但也没有哪张照片能反映 M 42 的全部特征。尽管照相机，特别是配备了大型望远镜之后的照相机，比肉眼能捕捉到更多的细节，但由于这类天体的对比度太大（即其较亮处和较暗处的光度相差太多——译者注），所以照片上能反映出的信息还是很受局限的。如果曝光时间够长，肯定可以揭示更多暗淡处的细节，但同时较亮的部分将会“过曝”，造成影像 34-2 中那些呈纯粹白色亮块的区域；相反地，短时间的曝光可以在较亮部分取得不错的成像效果，但较暗区域的细节就又很难感光成像了。

如果是目视观测，情况就截然不同。尽管在目视看来 M 42 的大小肯定比不上那些照片，但透过目镜看到的细节却会更多，这是因为人眼在图像对比度太大时会自动适应，并将图像主观地调节到合适的对比度范围内，视觉的这种能力真是要比胶片和 CCD 强大得多。通过望远镜来目视观察 M 42，它就像一块充满斑点、团块、卷须和雾气的挂毯。很多观测者认为 M 42 像一只大鸟，M 43 是鸟头，M 42 中较亮的部分是鸟的身躯和两翼。

但是，总归就像盲人摸象一样，你看到的 M 42 是什么样，其实取决于你看它的方式。在放大率较低时，很多望远镜都能把 M 42 的全部或绝大部分可见区域囊括在同一视野之内，此时它看来确实像只大鸟。而如果使用高倍目镜去观察 M 42 的局部，则那些在中低倍率下显现不出来的细节肯定又会使你惊奇一番。如果你拥有窄带滤镜或 O-Ⅲ滤镜，请用它们（不要同时用两个）分别在低、中、高倍率下仔细观察 M 42 的整体或局部吧，你每次都可能会发现新的细节，而且就像我们一样，在 M 42 每次悬挂于晴夜之中时都忍不住要去看它。

影像 34-2

NGC 1976（M 42）和 NGC 1982（M 43）（视场宽 1°）

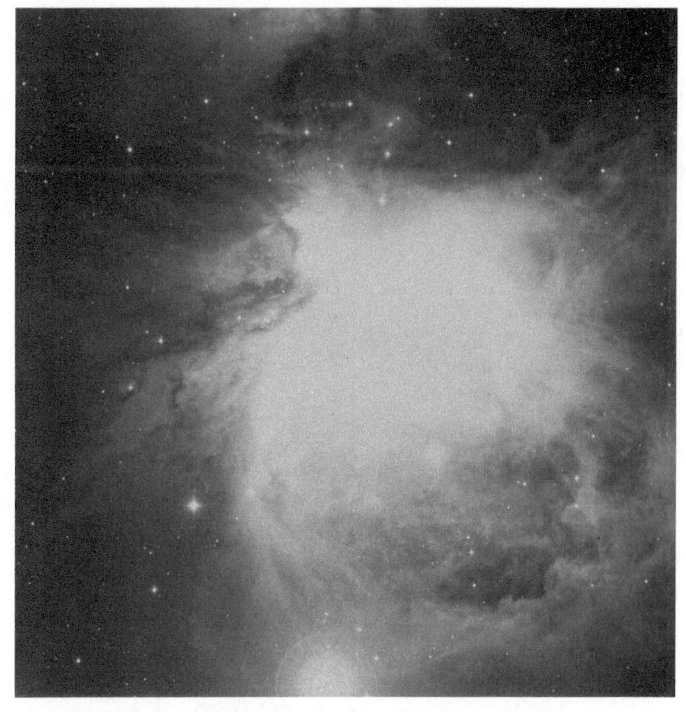

本照片承蒙帕洛马天文台和太空望远镜科学研究院惠允翻拍自数字巡天工程成果

NGC 2024	★★	⚈⚈⚈⚈	EN	MBUDR
见星图 34-4	见影像 34-3	m99.9, 30.0' x 22.0'	05h 41.7m	–01°48'

NGC 2024 也叫“坦克辙星云”（Tank Track Nebula），这块明亮的发射星云位于 1.9 等的猎户座 ζ（50 号星）东边，与之紧紧相邻。不过，正因如此，猎户座 ζ 的强烈光芒使得我们很难看清 NGC 2024 的细节。在 50mm 双筒镜中，这个星云仅仅像是猎户座 ζ 四射的光芒在东北方向上的一点微弱的延伸而已。要想看到这个星云的任何细节，都需要口径比较大的望远镜，还要加上窄带滤镜或 O- Ⅲ滤镜才行。其中 O- Ⅲ滤镜更佳。

我们用 10 英寸反射镜加 90 倍放大率，再加窄带滤镜观察 NGC 2024，看到它呈现为一个 20' 直径的云雾状光斑，在东—西向上微微拉长，而星云中间隐约还可见一道暗带在南—北向穿过，将星云分为几乎对等的两半。放大率加到 125 倍，并换上 O- Ⅲ滤镜后，如果将猎户座 ζ 移出目镜视场，就可以看到那条暗带更加清晰和宽阔，并且看出整个星云其实被划分成了三个部分。其中北边的部分较小也较暗，东边的部分面积最大，而西边的部分最靠近猎户座 ζ，面积和亮度都稍逊于东边那部分。用余光瞥视，还能看出北边那部分与其他两部分之间有一些非常暗弱的卷须状云气相连。

影像 34-3

NGC 2024（视场宽 1°）

本照片承蒙帕洛马天文台和太空望远镜科学研究院惠允翻拍自数字巡天工程成果

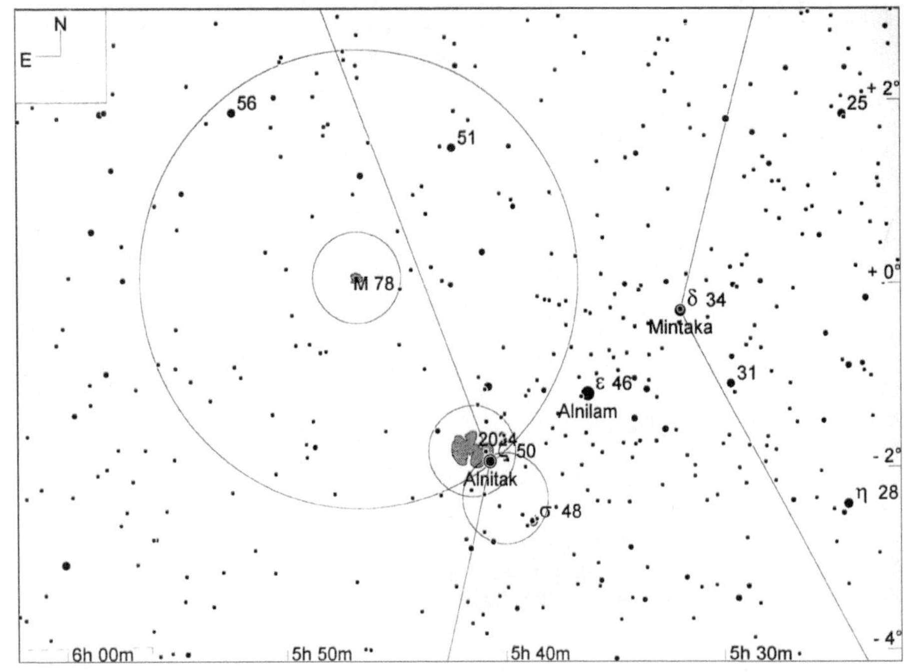

星图 34-4

NGC 2024 和 NGC 2068（M 78）（视场宽 10°，寻星镜视场圈直径 5°，目镜视场圈直径 1°，极限星等 9.0 等）

马头星云（巴纳德33号天体）

很多天文爱好者都见过马头星云的照片，但实际观测过马头星云的就屈指可数了。要想亲自一睹它的真容，以下几项条件可是一个都不能少：深暗的夜空、极佳的大气透明度、氢-β谱线滤镜、尽可能大的望远镜口径，以及猎户座运转到天幕中尽可能高的位置。

有人曾用4英寸口径的望远镜在其他几项苛刻的条件同时具备的情况下，成功看到了马头星云，不过这纯属运气极佳。多数成功观测过马头星云的爱好者使用的望远镜口径都是6英寸或8英寸的。而要想尽情体验马头星云的魅力，口径达到10英寸的望远镜才比较有把握。

M 78 (NGC 2068)	★★★	⊕⊕⊕	RN	MBUDR
见星图 34-4	见影像 34-4	m8.3, 8.4' x 7.8'	05h 46.8m	+00°04'

M 78（NGC 2068）是个大而明亮的反射星云。1780 年初，皮埃尔•梅襄发现了它并报告给了梅西耶，后者于 1780 年 12 月 17 日观测确认之后将其加入了梅西耶目录。

M 78 位于猎户座 ζ（50 号星）东北边 2.5°处，因此容易找到。只要将猎户座 ζ 放在双筒镜或寻星镜视场的西南边缘，就可以让 M 78 处于视场中心附近。在寻星镜或双筒镜中用余光瞥视，可以看到 M 78 呈现为一个比较暗淡的模糊小斑点。

天文联盟双筒镜梅西耶俱乐部的目标列表将 M 78 列为 35mm 或 50mm 双筒镜的“稍难”级目标（三个等级里的中间级别）、80mm 双筒镜的“容易”级目标。在我们的 50mm 双筒镜中，M 78 只是一个小且暗的云雾状斑点；而换到加 90 倍放大率的 10 英寸反射镜中，M 78 就成了贝壳形状的一大片明亮云气，其中北端最亮，往南依次减弱并最终在南边缘消散。星云中包裹着两颗 10 等星，正是它们那如同迎面驶来的汽车大灯一样的星光照亮了这片星云。

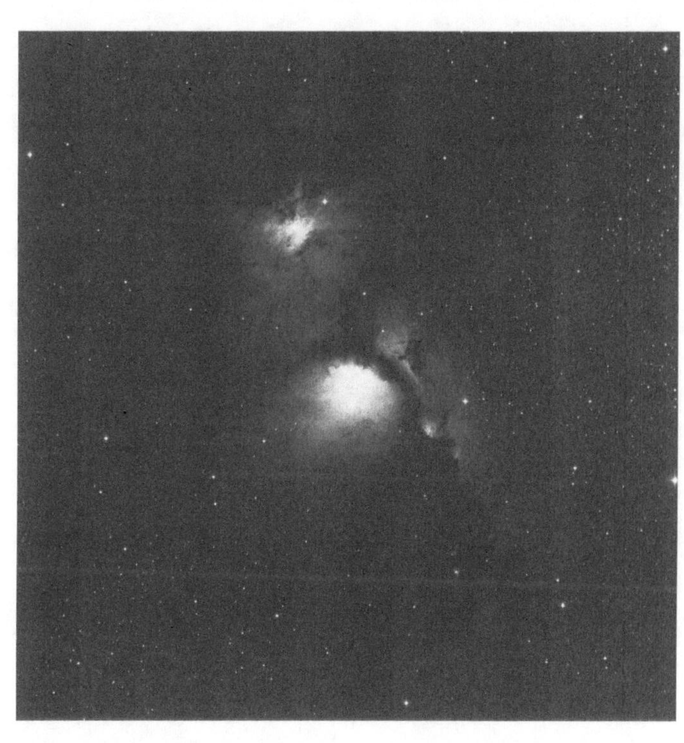

影像 34-4

NGC 2068（M 78）（视场宽 1°）

本照片承蒙帕洛马天文台和太空望远镜科学研究院惠允翻拍自数字巡天工程成果

NGC 2022	★	⊕⊕	PN	MBUDR
见星图 34-5和星图 34-6	见影像 34-5	m12.4, 35.0"	05h 42.1m	+09°05'

NGC 2022 是个很小而且极为暗淡的行星状星云。它正好位于 0.6 等的猎户座 α（58 号星）和 3.6 等的猎户座 λ（39 号星）之间的连线上，离猎户座 λ 有 1.9°，因此非常容易定位。但是，定位之后如何确凿地认出它来，就没这么简单了。

在放大率较低和中等时，NGC 2022 的样子与一颗普通的暗恒星几乎无异。一般的行星状星云可以用窄带滤镜或 O-Ⅲ滤镜通过“闪视”法（本书已多次介绍）来进行认定，但是 NGC 2022 太暗了，所以如果是在中、低倍放大率的情况下，它的光是会被滤镜完全掩蔽掉的，因此闪视法对它行不通。我们判定 NGC 2022 的方法是这样的：见星图 34-6，图中表示目镜视场的小圆圈内有 2 颗 8 等星（它俩在视场中应该是比较醒目的），间距约 22'，从西北西的那颗向东南东的那颗连线，并继续延长同样的间距，就是 NGC 2022 的位置。换句话说，NGC 2022 假如是恒星的话，就与那两颗 8 等星构成了一个等距的三连星，它自己在三连星的东端。

我们用 10 英寸口径的道布森镜，无论加 42 倍还是 90 倍放大率，看到的 NGC 2022 都只是像颗恒星。必须加到 180 倍放大率，并运用余光瞥视的技巧，才能比较明确地看出它确实有个延展开的圆盘面，该盘面又小又暗且有些发灰，看不出更多的内部结构。

影像 34-5

NGC 2022（视场宽 1°）

本照片承蒙帕洛马天文台和太空望远镜科学研究院惠允翻拍自数字巡天工程成果

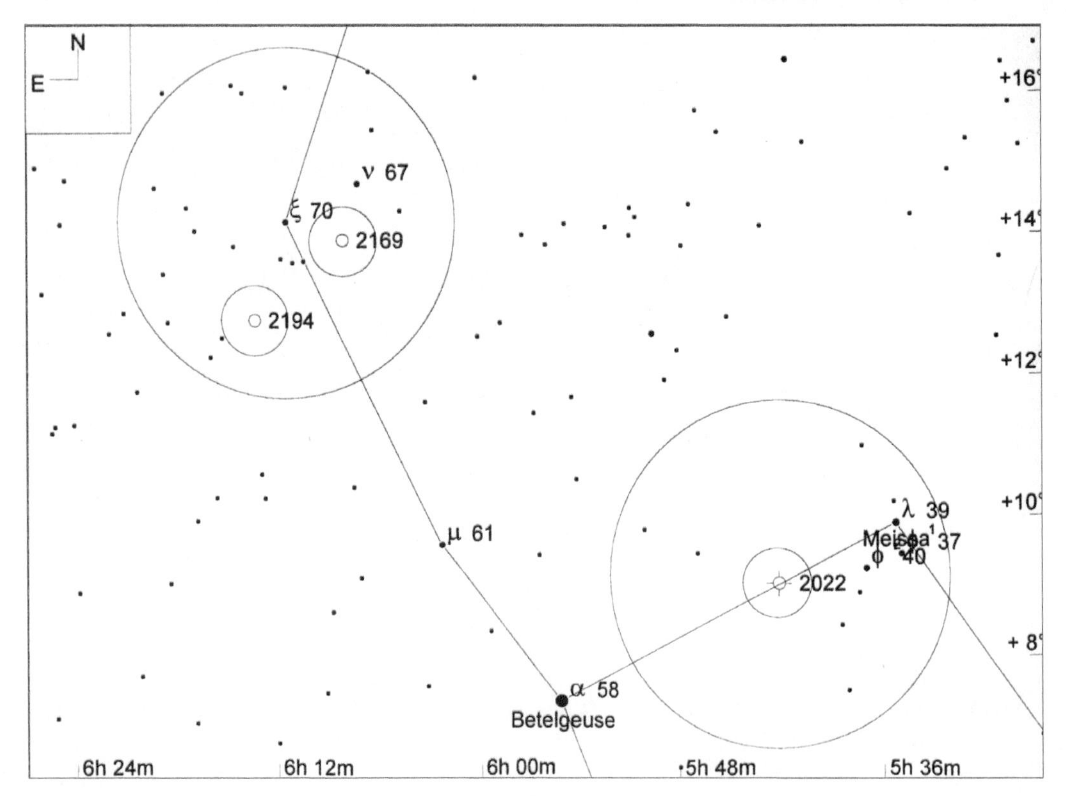

星图 34-5

NGC 2022、NGC 2169 和 NGC 2194（视场宽 15°，寻星镜视场圈直径 5°，目镜视场圈直径 1°，极限星等 7.0 等）

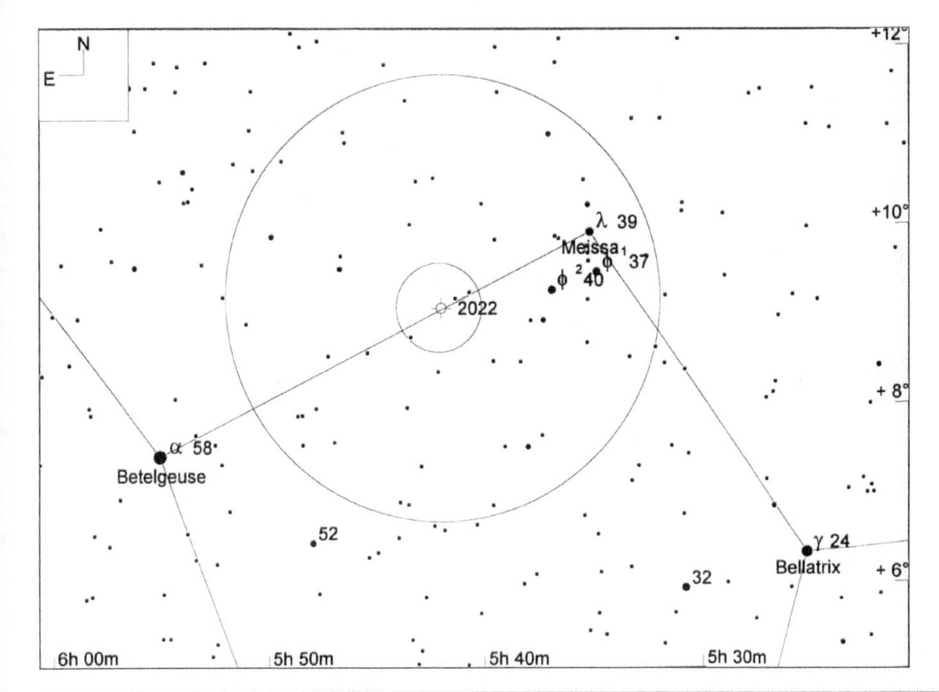

星图 34-6

NGC 2022（视场宽 10°，寻星镜视场圈直径 5°，目镜视场圈直径 1°，极限星等 9.0 等）

NGC 2169	★★★	⊕⊕⊕	OC	MBUDR
见星图 34-5和星图 34-7	见影像 34-6	m5.9, 6.0'	06h 08.4m	+13°58'

NGC 2169 是个小而稀疏，但是颇为明亮的疏散星团。有趣的是，它也被称为“37 星团”（想知道为什么吗？见影像 34-6，并把头稍微往左歪一下。可以看到，该星团东南部分的成员星排成了“3”的形状，而西北部分的成员星排出了一个“7”）。

定位这个“37 星团”也很容易。首先把亮星猎户座 α 放在双筒镜或寻星镜视场内，然后在其东北方 3° 处找到 4.1 等的猎户座 μ（61 号星）。将猎户座 μ 放在双筒镜或寻星镜视场的西南边缘上，然后把视场向北稍微移动一点，就可以找到 4.4 等的猎户座 ν（67 号星）和 4.5 等的猎户座 ξ（70 号星），这两颗星在猎户座 μ 的北东北方向大约 5°，且与 NGC 2169 基本构成了一个等边三角形。NGC 2169 是这个三角形最南端的角，在 50mm 双筒镜或寻星镜里可以直接看到。

我们通过 50mm 双筒镜观察，看到 NGC 2169 是一群分布在略大于 5' 直径的天区里的星星，有 7 颗 7～9 等的成员星很容易看到，另有 3～4 颗成员星需要用余光瞥视才能看到。整个星团中看不出任何有云气的迹象。在加 90 倍放大率的 10 英寸反射镜中，成员星组成的“37”字样非常明显，只可惜是倒置着的。其中，“3”字由 8 颗 7～11 等的位于东南部的成员星组成，而星团西北部另有 6 颗 7～11 等成员星拼成了“7”字。除它们以外，整个星团范围内还散布着五六颗 10 等或更暗的成员星。

影像 34-6

NGC 2169（视场宽 1°）

本照片承蒙帕洛马天文台和太空望远镜科学研究院惠允翻拍自数字巡天工程成果

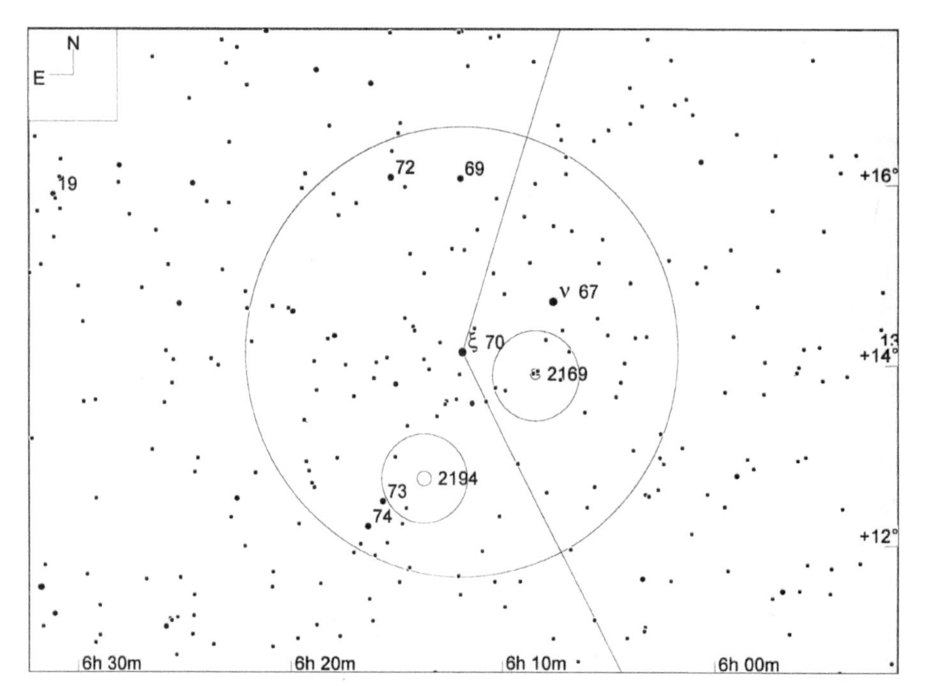

星图 34-7

NGC 2169 和 NGC 2194（视场宽 10°，寻星镜视场圈直径 5°，目镜视场圈直径 1°，极限星等 9.0 等）

NGC 2194	★	◐◐◐	OC	MBUDR
见星图 34-5和星图 34-7	见影像 34-7	m8.5, 10.0'	06h 13.8m	+12°48'

NGC 2194 是猎户座内的又一疏散星团，它位于 NGC 2169 东南边仅 1.7° 处。它的尺寸略大于 NGC 2169，成员星数量和成员星向心汇聚的程度则都明显高于 NGC 2169，但是在亮度方面比 NGC 2169 低得多。

要定位 NGC 2194，可以先把猎户座 ξ（70 号星）放在寻星镜视场的中心，然后在其南东南方向 2° 处可以明显看到一对 5 等星，即猎户座 73 号星和 74 号星。其中，相对较暗的一颗是 73 号星，NGC 2194 就位于它的西北西方向 33' 处。注意，NGC 2194 在 50mm 口径的寻星镜中是看不见的，但是只要通过低倍放大率的目镜就可以看到。在我们的 10 英寸道布森镜加 42 倍放大率下，NGC 2194 呈现出一团直径 5' 的非常暗弱的云雾，其中包裹着许多亮度不高于 10 等的成员星。放大率加到 125 倍后，大约可以看到二三十颗 10 ～ 14 等的成员星。

影像 34-7

NGC 2194（视场宽 1°）

本照片承蒙帕洛马天文台和太空望远镜科学研究院惠允翻拍自数字巡天工程成果

NGC 1662	★	❂❂❂	OC	MBUDR
见星图 34-8	见影像 34-8	m6.4, 20.0'	04h 48.5m	+10°56'

NGC 1662 是个大而明亮但成员星很稀少的疏散星团。如果你想完成天文联盟的深空双筒镜目标列表，就必须要观测它。想定位它时，可以从亮星猎户座 γ（24 号星）开始，向西看大约 9°，看到南—北向的一串 3～5 等星，它们分别是猎户座 π^1 至 π^6。这串星中，猎户座 π^3（1 号星）是当之无愧的最亮者，亮度为 3.2 等，它位于猎户座 γ 的正西 8.8° 处。将猎户座 π^3 放在寻星镜或双筒镜视场的南端，可以在同一视场的中心附近看到另外两颗较亮的星，即 4.4 等的猎户座 π^2（2 号星）和 4.7 等的猎户座 π^1（7 号星）。我们要找的 NGC 1662 与这两颗星几乎组成了一个等腰三角形，它自己位于这个三角形的西北端，构成了一个底角。

在我们的 50mm 双筒镜中，NGC 1662 呈现为一个中等亮度的模糊斑块，其中包裹着四五颗 8～9 等的成员星。在加 90 倍放大率的 10 英寸道布森镜中，大约可以看到它的二三十颗 8～13 等的成员星散布在整个星团范围内。特别地，在星团中心附近，有六七颗较亮的成员星聚集成了一个仅有 3' 的小团块。

影像 34-8

NGC 1662（视场宽 1°）

本照片承蒙帕洛马天文台和太空望远镜科学研究院惠允翻拍自数字巡天工程成果

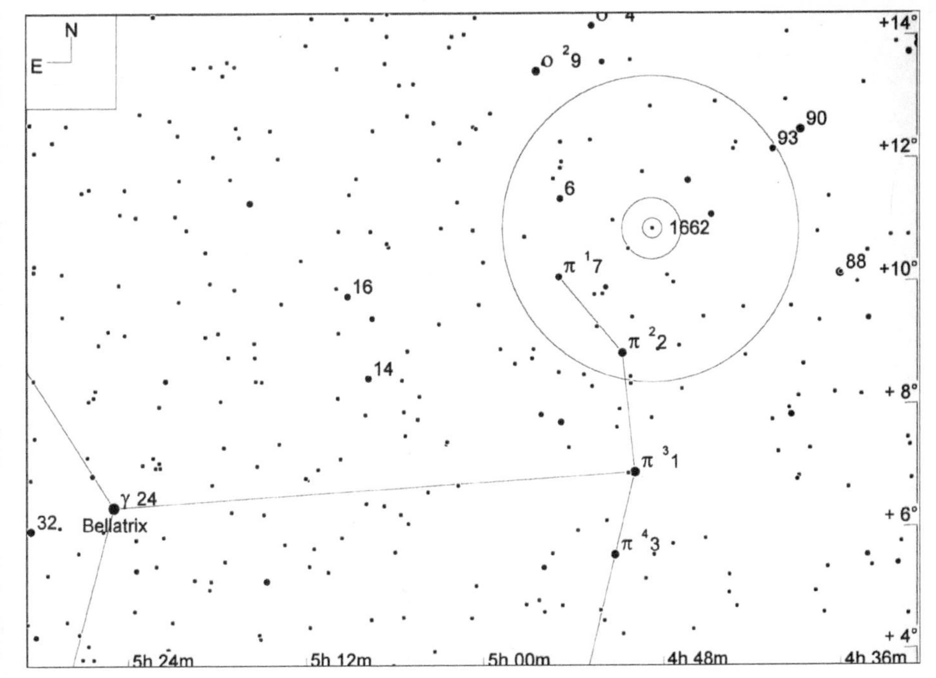

星图 34-8

NGC 1662（视场宽 15°，寻星镜视场圈直径 5°，目镜视场圈直径 1°，极限星等 9.0 等）

NGC 1788	★★	⊕⊕⊕	RN	MBUDR
见星图 34-9	见影像 34-9	m99.9, 5.5' x 3.0'	05h 06.9m	−03°20'

NGC 1788 是个亮度中等的小型反射星云，它的定位方法比较简单。首先，在猎户座 β 这颗亮星的北西北方向 3.5° 处，找到 2.8 等的波江座 β（67 号星，俗名 Cursa）。将波江座 β 放在寻星镜视场的南边缘，就可以在视场中心附近明显看到 4 颗 6 ～ 7 等星组成了一个不太规整的矩形，而 NGC 1788 就紧邻这个矩形的中心的东南侧。用余光瞥视，可以看到 NGC 1788 呈现为中等亮度的云雾状小斑块。

我们用 10 英寸反射镜加 125 倍放大率观察，NGC 1788 这团中等亮度的云气尺寸约 2'，在东—西方向上有轻微拉长，周围有 3 颗 9 ～ 10 等星围绕着它。它的西南有一颗 7 等星，也就是上文提到的矩形的西南角。星云的北部最亮，这是靠其内部一对东—西向的 10 等星照明的结果。用余光瞥视，可以更多地看到星云东北侧延展出去的部分，这个延展部分假如能再延长一倍的话，那么就够到星云东北边的那颗 10 等星了。

影像 34-9

NGC 1788（视场宽 1°）

本照片承蒙帕洛马天文台和太空望远镜科学研究院惠允翻拍自数字巡天工程成果

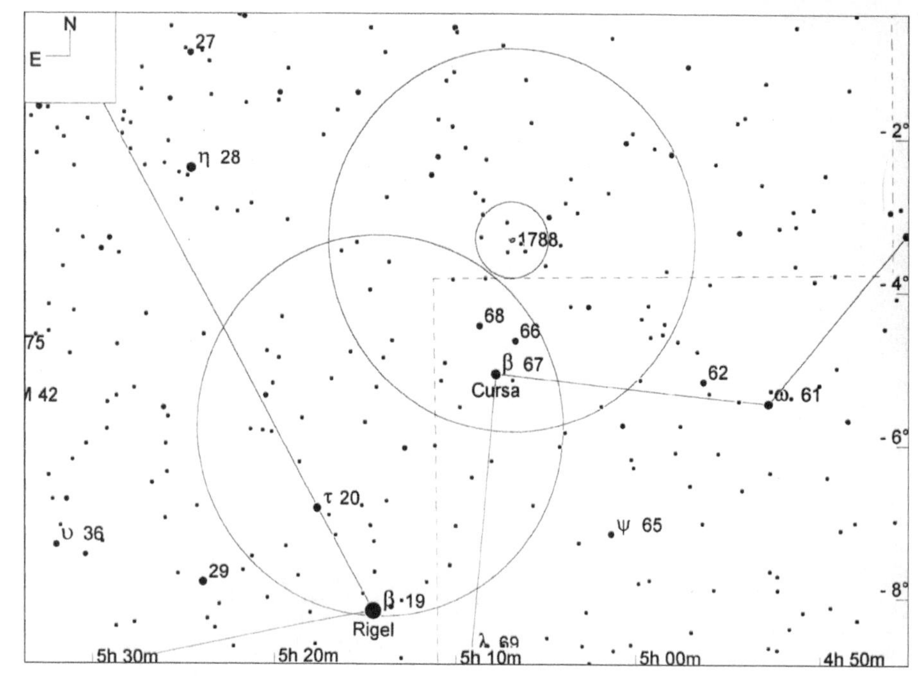

星图 34-9

NGC 1788（视场宽 12°，寻星镜视场圈直径 5°，目镜视场圈直径 1°，极限星等 9.0 等）

19-beta (STF 668A-BC)	★★★	⊕⊕⊕⊕	MS	uD
见星图 34-2和星图 34-3		m0.3/6.8, 6.8", PA 204° (2004)	05h 14.5m	–08°12'

猎户座 β（19 号星，俗名 Rigel）是颗很好找的双星。在 10 英寸道布森镜加 125 倍放大率下，其主星呈现出耀眼的冷白色，其中还略微带一点蓝色调，其伴星则暗得多，是可爱的淡蓝色。

34-delta (STFA 14Aa-C)	★★★	⊕⊕⊕⊕	MS	uD
见星图 34-1和星图 34-2		m2.4/6.8, 52.8", PA 0° (2003)	05h 32.0m	–00°17'

猎户座 δ（34 号星，俗名 Mintaka）是猎户“腰带三星”中西北端的那颗。在加 125 倍放大率的 10 英寸道布森镜中，其主星呈蓝白色，而伴星呈淡蓝色。

44-iota (STF 752AB)	★★★	⊕⊕⊕⊕	MS	uD
见星图 34-2和星图 34-3		m2.9/7.0, 11.3", PA 141° (2002)	05h 35.4m	–05°55'

SAO 132301 (STF 747AB)	★★★	⊕⊕⊕⊕	MS	uD
见星图 34-2和星图 34-3		m4.7/5.5, 36", PA 224° (2003)	05h 35.0m	–06°00'

猎户座 ι（44 号星）是“猎人”的“佩剑”中最南端的那颗星。在加 125 倍放大率的 10 英寸反射镜中，其主星是耀眼的纯白色，暗得多的伴星则微微显现出蓝白色。

猎户座 ι 的西南侧仅 8' 处就是 STF 747，这是一颗三合星。如果使用中高倍的放大率，可以在同一目镜视场内看清这两组聚星。现在单说 STF 747，其 A、B 两颗成员星这一对，是天文联盟双星俱乐部的目标列表所要求的。其 A 星 SAO 132301 为 4.7 等，B 星 SAO 132298 位于 A 星西南边 36" 处，亮度 5.5 等。其第三颗成员星位于 A、B 星之间大约 1/3 处，亮度 6.4 等。在 10 英寸道布森镜加 125 倍放大率下，这三颗成员星都呈现蓝白色。

39-lambda (STF 738AB)	★★	⊕⊕⊕⊕	MS	uD
见星图 34-1		m3.5/5.5, 4.3", PA 44° (2003)	05h 35.1m	+09°56'

猎户座 λ（39 号星，俗名 Meissa）代表着“猎人”的头部。不过，作为双星，它给人的观感比较平淡。在加 125 倍放大率的 10 英寸反射镜中，其主星和伴星离得极近，而且都呈现纯白色。

41-theta1 (STF 748Aa-B)	★★★★	◉◉◉◉	MS	uD
见星图 34-3		m6.6/7.5, 8.8", PA 31° (2004)	05h 35.3m	−05°23'

41-theta1 (STF 748Aa-C)	★★★★	◉◉◉◉	MS	uD
见星图 34-3		m6.6/5.1, 12.7", PA 132° (2002)	05h 35.3m	−05°23'

41-theta1 (STF 748Aa-D)	★★★★	◉◉◉◉	MS	uD
见星图 34-3		m6.6/6.4, 21.2", PA 96° (2002)	05h 35.3m	−05°23'

41-theta2 (STFA 16AB)	★★★★	◉◉◉◉	MS	uD
见星图 34-3		m5.0/6.2, 52.2", PA 93° (2002)	05h 35.4m	−05°24'

猎户座 θ^1（41 号星）是我们能看到的最壮观的聚星系统，也叫“猎户座四边形”（Trapezium）。在一般的聚星系统中，成员星的 A、B、C 等命名顺序都是按照从亮到暗的顺序进行的，但猎户座 θ^1 是个例外，它的四颗成员星是按赤经数值的顺序来依次命名的。至于 A、B、C、D 星的亮度，则分别为 6.6 等、7.5 等、5.1 等、6.4 等。四颗成员星组成一个接近于矩形的形状，所以才得到“四边形”之俗称。在加 125 倍放大率的 10 英寸反射镜中，按亮度顺序来说，C 星是白色，D 星和 A 星是暖白色，B 星是冷白色。

猎户座 θ^2（也属于 41 号星）位于“四边形”东南仅 2' 处，即使是在高倍放大率的目镜配置下，它与 θ^1 也能被囊括在同一视场内。其主星和伴星都属于白色，但主星的那种白色更有寒光凛凛的感觉。

48-sigma (STF 762AB-E)	★★★	◉◉◉◉	MS	uD
见星图 34-2和星图 34-4		m3.8/6.3, 41.5", PA 62° (2003)	05h 38.7m	−02°36'

48-sigma (STF 762AB-D)	★★★	◉◉◉◉	MS	uD
见星图 34-2和星图 34-4		m3.8/6.6, 12.7", PA 84° (2002)	05h 38.7m	−02°36'

猎户座 σ（48 号星）位于猎户座 ζ（即“腰带三星”中最东边的一颗）的西南侧 50' 处，因此也很好找。在 10 英寸反射镜加 125 倍放大率下，可以看到其主星是一种辉煌的纯白色，而两颗伴星都是蓝白色的。

50-zeta (STF 774Aa-B)	★★★	⊕⊕⊕⊕	MS	uD
见星图 34-2和星图 34-4		m1.9/3.7, 2.2", PA 165° (2006)	05h 40.7m	–01°57'

50-zeta (STF 774Aa-C)	★★★	⊕⊕⊕⊕	MS	uD
见星图 34-2和星图 34-4		m1.9/9.6, 57.3", PA 10° (2003)	05h 40.8m	–01°56'

猎户座 ζ（50 号星）是“腰带三星”中最东边的一颗。在 10 英寸反射镜加 125 倍放大率下，其主星呈现耀眼的纯白色，而其 3.7 等的冷白色伴星很容易被主星的光芒淹没，以至于不是很好发现。另外，这是个三合星系统，因此还有成员星 C，但它实在是比另外两颗暗太多了。

35

飞马座，展翼的骏马

星座名：飞马座（Pegasus）
适合观看的季节：夏
上中天：9 月初午夜
缩写：Peg
所有格形式：Pegasi
相邻星座：仙女、宝瓶、天鹅、海豚、小马、蝎虎、双鱼、狐狸
所含的适合双筒镜观看的天体：NGC 7078 (M 15)
所含的适合在城市中观看的天体： NGC 7078 (M 15)

飞马座是个位于天赤道以北的巨大星座，其面积达到 1 121 平方度，约占天球的 2.7%，在全天 88 星座里高居第 7 位。飞马座内较亮的恒星包括 3 颗 2 等星和 3 颗 3 等星，可以说不算很辉煌，但这并不意味着飞马座不醒目。因为，飞马座内最亮的四颗星中的三颗，与 2 等的仙女座 α 星一起，排列成了一个很大的，几乎是标准矩形的样式，这就是“飞马四边形”，或者叫“飞马大方块”（Great Square of Pegasus）。

飞马座历史悠久，在托勒密的 44 个古星座中就有它的位置。在希腊神话中，飞马座的形象是一匹长着翅膀的骏马，而其前身则是“狄俄墨得斯的食人马”（Mares of Diomedes），杀死这匹食人之马的正是大英雄赫拉克勒斯，这也是他的 12 件大功之一。

尽管宏大醒目，但是飞马座内合适业余天文爱好者观赏的深空天体却少得可怜。除了一个非常不错的梅西耶球状星团 M 15 和一个明亮的星系 NGC 7331 之外，恐怕飞马座也没有别的深空目标能引起业余爱好者的兴趣了。

飞马座每年 9 月 1 日午夜上中天，对于北半球中纬度的观察者而言，从仲夏到晚秋的夜间都比较适合观察飞马座。

表 35-1

飞马座中有代表性的星团、星云和星系

天体名称	类型	视亮度	视尺寸	赤经	赤纬	梅	双	城	深	加	备注
NGC 7078	GC	6.3	18.0	21 30.0	+12 10	◉	◉	◉			M 15; Class IV
NGC 7331	Gx	9.4	14.5 x 3.7	22 37.1	+34 25					◉	Class SA(s)b

表 35-2

飞马座中有代表性的双星或聚星

天体名称	星对	星等1	星等2	角距	方位角	年份	赤经	赤纬	城观	双星	备注
8-epsilon	S 798AC	2.5	8.7	144.0	318	2000	21 44.2	+09 52		◉	Enif

星图 35-1

飞马座星图（视场宽 50°）

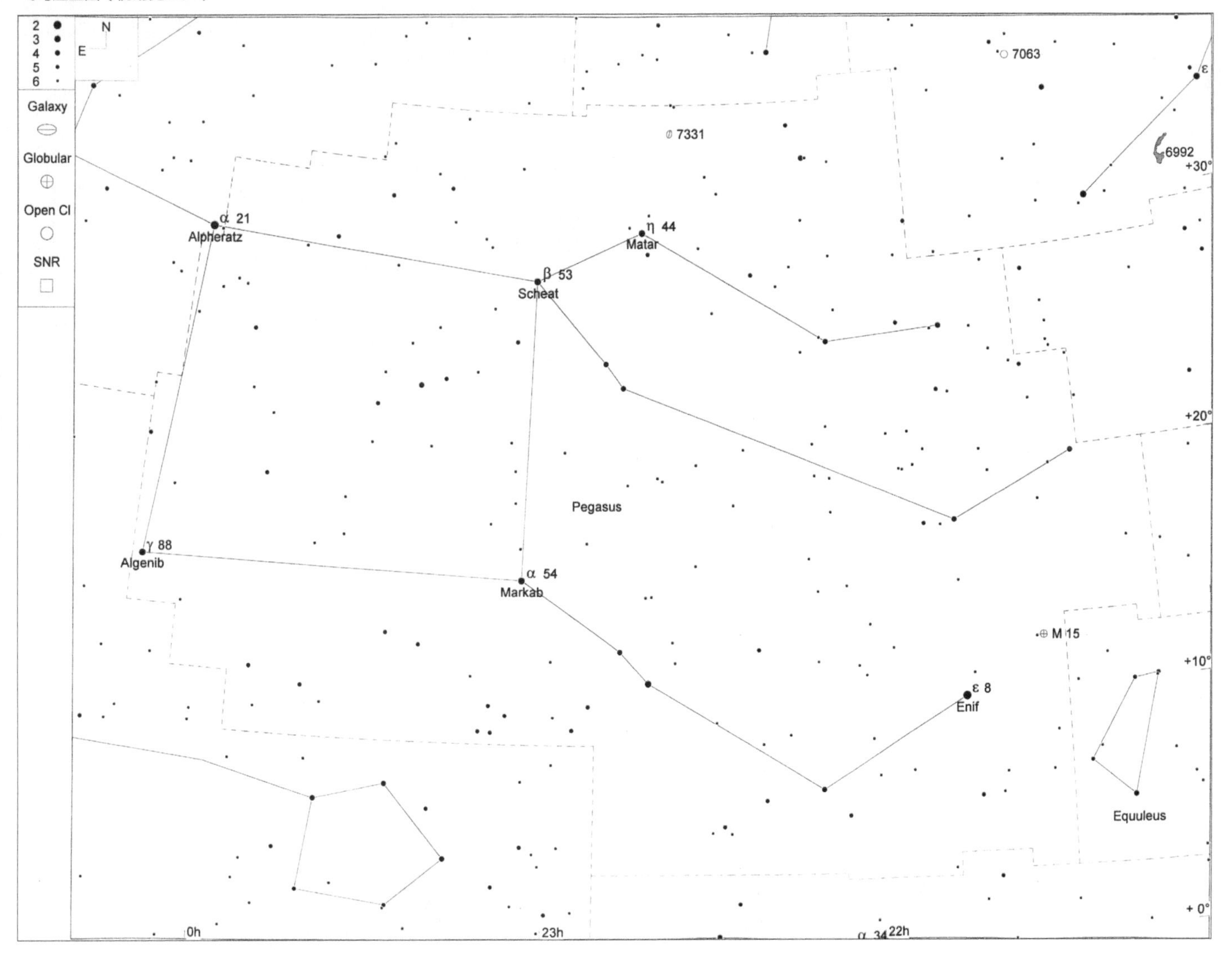

M 15 (NGC 7078)	★★★	⚽⚽⚽⚽	GC	MBUDR
见星图 35-2	见影像 35-1	m6.3, 18.0'	21h 30.0m	+12°10'

M 15（NGC 7078）是个大而明亮的、美不胜收的球状星团。吉奥瓦尼•多米尼克•马拉尔蒂（G. D. Maraldi）于 1746 年 9 月 7 日在观察这个天区以寻找此前发现的一颗彗星时，发现了该星团。梅西耶则在 1764 年 6 月 3 日观察并记录了这个星团。

M 15 很容易寻找，因为它就在 2.4 等的飞马座 ε（8 号星，俗名 Enif）的西北边 4.2° 处。要定位 M 15，可以把飞马座 ε 放在双筒镜或寻星镜视场的东南边缘上，然后注意同一视场的西北边缘（原文为东北，应笔误——译者注）。即使你的双筒镜或寻星镜口径小到只有 30mm，M 15 也会呈现为一团很明显的圆形云雾状光斑。

透过 50mm 双筒镜观察，M 15 的这团云雾直径约 10'，很明亮，但分解不出成员星。在其正东 15' 处有颗 6 等星，在其西南边距离类似处有颗 7 等星，在其北东北方向 8' 处还有另一颗 7 等星。我们用 10 英寸反射镜加 125 倍放大率观察，M 15 不愧是一个美妙的球体，其中心区直径 5'，明亮、致密且不可分解，外围轮廓的范围很大，许多暗弱的成员星组成大量的星弧、星链和星束。放大率加到 180 倍后，星团中心区的颗粒质感更加明显，且用余光瞥视的技巧能勉强分解出少量的中心区成员星，大多数是 13 等左右的。

影像 35-1

NGC 7078（M 15）（视场宽 1°）

本照片承蒙帕洛马天文台和太空望远镜科学研究院惠允翻拍自数字巡天工程成果

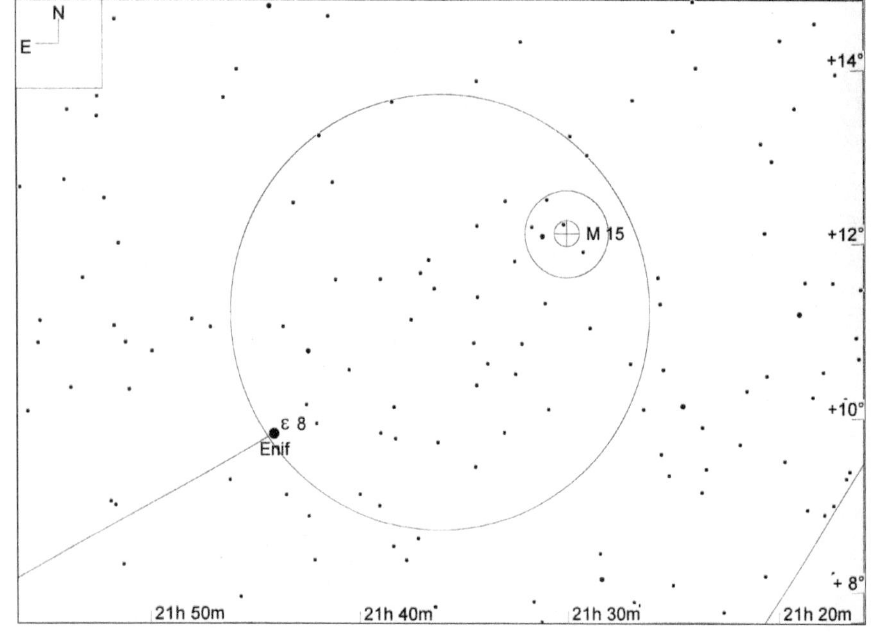

星图 35-2

NGC 7078（M 15）（视场宽 10°，寻星镜视场圈直径 5°，目镜视场圈直径 1°，极限星等 9.0 等）

NGC 7331	★★	⚈⚈⚈	GX	MBUDR
见星图 35-3	见影像 35-2	m9.4, 14.5' x 3.7'	22h 37.1m	+34°25'

NGC 7331 位于飞马座边缘，接近蝎虎座的天区，是个中等大小的明亮星系。要定位它，可以从 2.5 等的飞马座 β（53 号星，俗名 Scheat）开始。从该星往西北西方向找 5°，即是 2.9 等的飞马座 η（44 号星，俗名 Matar）。将飞马座 η 放在寻星镜视场的南东南边缘，在同一视场的西边缘（原文为东边缘，应笔误——译者注）明显可以找到 5.6 等的飞马座 38 号星。再将该星放到视场的西南边缘，此时 NGC 7331 应该处于视场中心附近了，到目镜里去观察，可以很轻松地找到。

我们用 10 英寸反射镜加 125 倍放大率观察 NGC 7331，看到它有个明亮而坚实的中心区，尺寸 0.75' × 3'，长轴在北西北—南东南方向，并且有清晰的核球。星系的整体轮廓则有 2' × 6'，边缘区的亮度中等，逊于中心区。

影像 35-2

NGC 7331（视场宽 1°）

本照片承蒙帕洛马天文台和太空望远镜科学研究院惠允翻拍自数字巡天工程成果

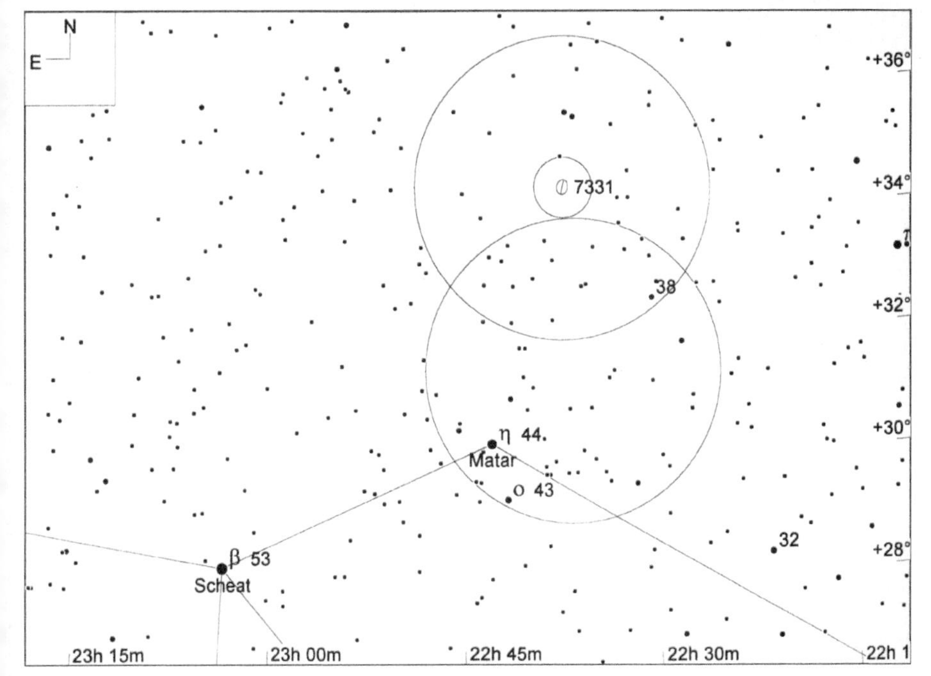

星图 35-3

NGC 7331（视场宽 15°，寻星镜视场圈直径 5°，目镜视场圈直径 1°，极限星等 9.0 等）

8-epsilon (S 798AC)	★	⚽⚽⚽⚽	MS	uD
见星图 35-1		m2.5/8.7, 144.0", PA 318° (2000)	21h 44.2m	+09°52'

基本可以肯定地说，飞马座 ε（8 号星）是这个星座中最容易定位的双星了。从飞马座 α（即“飞马四方块”西南角的那颗星）向西南西找 20°，即可明显地看到 2.5 等的飞马座 ε。它既是飞马座中最亮的恒星，同时也是一对很不起眼的双星。我们用 10 英寸反射镜加 125 倍放大率观察它，看到其主星是耀眼的暖白色，而暗得多的白色伴星（大约 9 等）位于主星西北大约 2.5' 处。

36

英仙座，大英雄

星座名：英仙座（Perseus）
适合观看的季节：秋
上中天：11 月上旬午夜
缩写：Per
所有格形式：Persei
相邻星座：仙女、白羊、御夫、鹿豹、仙后、金牛、三角
所含的适合双筒镜观看的天体：NGC 1039（M 34）
所含的适合在城市中观看的天体： NGC 869/884 (Double Cluster), Tr 2, NGC 1039 (M 34), Mel 20, NGC 1342

英仙座是个中等大小的北天星座，面积 615 平方度，约占天球的 1.5%，在全天 88 星座里排名第 24 位。英仙座有 8 颗亮于 4 等的恒星，属于那种既不最闪亮但也绝不暗淡的星座。寻找英仙座的天区也不难，因为它东边是御夫座，西边是仙女座，西北侧是仙后座，南边是金牛座，这些很醒目的星座把英仙座围在了当中。英仙座内的深空天体也很丰富，例如很多漂亮的疏散星团（其中有壮观的“双重星团”和 M 34）、美妙的行星状星云 M 76，以及一个亮星系和一个发射星云，这些真够让人惊奇的了。

希腊神话中的大英雄珀耳修斯（Perseus）曾经杀死了形貌丑陋能用目光把人变成石像的妖女果尔龚•美杜莎（Gorgon Medusa）。当时珀耳修斯脚上穿着由赫尔墨斯神给他的一双会飞的魔法靴，手里拿着由女神雅典娜给他的一只宝剑和一面光滑如镜的盾牌，与美杜莎搏斗。也许是为了体现“交换场地”的公平竞争原则吧，珀耳修斯用盾牌把美杜莎的影像反射给了她自

表 36-1

英仙座中有代表性的星团、星云和星系

天体名称	类型	视亮度	视尺寸	赤经	赤纬	梅	双	城	深	加	备注
NGC 650	PN	12.2	167.0"	01 42.3	+51 35	◉					M 76; Class 3+6
NGC 869	OC	5.3	29.0	02 19.0	+57 08			◉	◉	◉	Double Cluster; Cr 24; Mel 13; Class I 3 r
NGC 884	OC	6.1	29.0	02 22.3	+57 08			◉	◉	◉	Double Cluster; Cr 25; Mel 14; Class I 3 r
Cr 29	OC	5.9	20.0	02 36.8	+55 55			◉	◉		Tr 2; Class II 2 p
NGC 1023	Gx	10.4	8.7 x 2.3	02 40.4	+39 04					◉	Class SB(rs)0-; SB ???
NGC 1039	OC	5.2	35.0	02 42.1	+42 45	◉	◉				M 34; Cr 31; Class II 3 r
Cr 39	OC	2.3	184.0	03 24.3	+49 52			◉	◉		Alpha Perseii Association; Mel 20; Class III 3 m
NGC 1342	OC	6.7	14.0	03 31.6	+37 23			◉	◉		Cr 40; Mel 21; Class III 2 m
NGC 1491	EN	99.9	21.0	04 03.6	+51 18					◉	
NGC 1528	OC	6.4	23.0	04 15.3	+51 13				◉		Cr 47; Mel 23; Class II 2 m
NGC 1582	OC	7.0	37.0	04 31.7	+43 45				◉		Cr 51; Class IV 2 p

表 36-2

英仙座中有代表性的双星或聚星

天体名称	星对	星等1	星等2	角距	方位角	年份	赤经	赤纬	城观	双星	备注
26-beta	n/a	n/a	n/a	n/a	n/a	n/a	03 08.2	+40 57	◉		Algol – variable, not multiple
15-eta	STF 307AB	3.8	8.5	28.5	301	2002	02 50.7	+55 53		◉	
SAO 23763	STF 331	5.2	6.2	11.9	85	2002	03 00.9	+52 21		◉	

星图 36-1

英仙座星图（视场宽 40°）

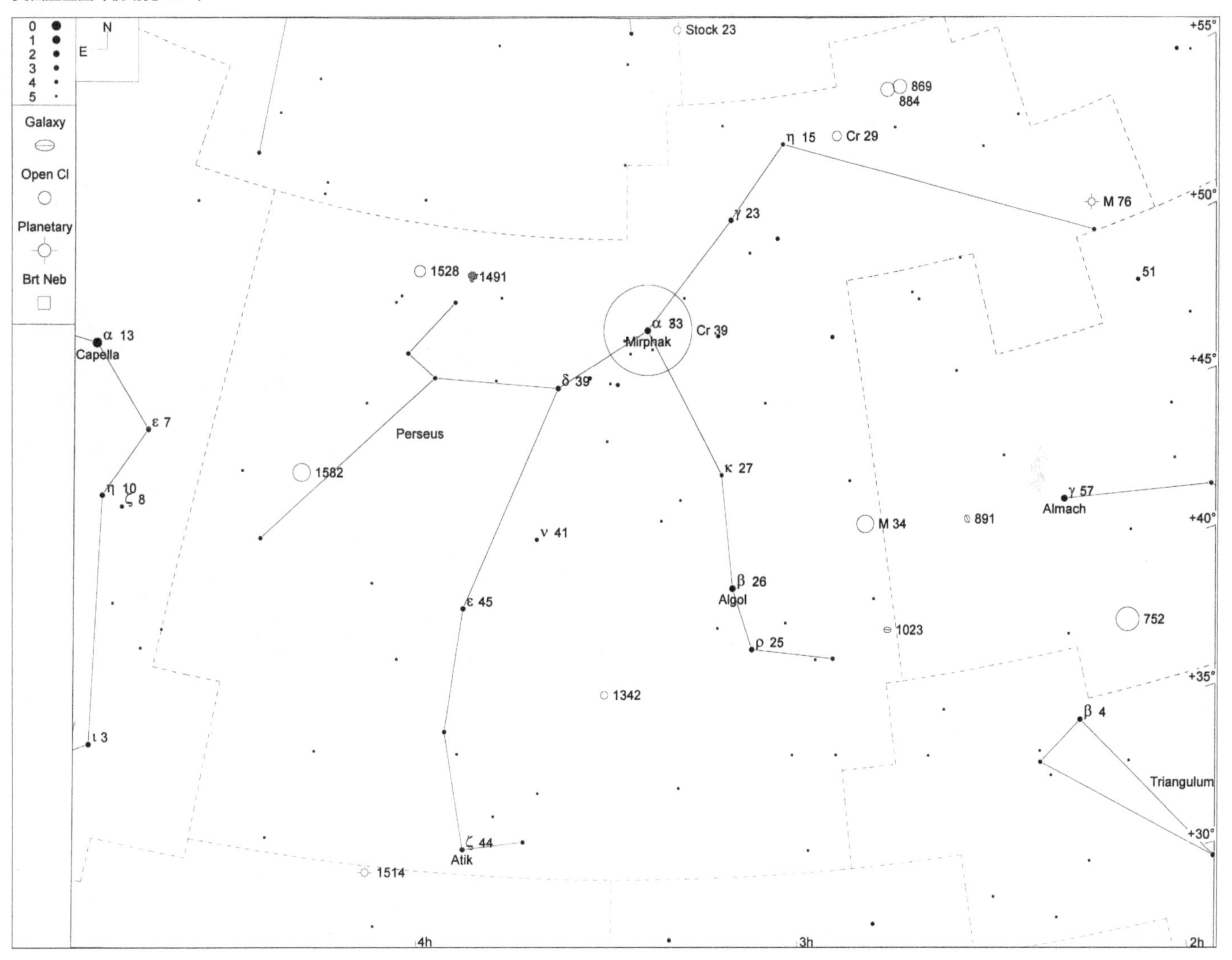

己，这样，美杜莎的目光就把她自己变成了石头。珀耳修斯砍下了美杜莎的头，并乘船返回家乡。

在返程途中，他经过埃塞俄比亚海域，也就是赛非厄斯国王和卡希欧非娅王后的领海。自负的卡希欧非娅吹嘘自己比海中女神涅锐伊得斯还漂亮，所以招致了海神波塞冬的报复。巨鲸怪（即鲸鱼座）被海神派来给埃塞俄比亚王国制造一场浩劫。国王向阿蒙神请求了神谕，神谕说，拯救王国的唯一办法就是把安德洛莫达公主献祭给这头巨鲸。国王无奈，只得将公主用锁链拴在海边的岩石上，等着巨鲸来了让公主去送死。

路过的珀耳修斯当然是“该出手时就出手”，他看到巨鲸正在快速游向公主，就把美杜莎的头颅扔向了巨鲸，把巨鲸变成了石头。最后的结局自然是英雄成功救美，二人共同远航而去并厮守终生。

英仙座每年 11 月 7 日午夜上中天，对于北半球中纬度的观察者来说，从夏末到残冬的夜里都适合观察英仙座。

星团、星云和星系

M 76 (NGC 650)	★★★	◐◐◐	PN	MBUDR
见星图 36-2和星图 36-3	见影像 36-1	m12.2, 167.0"	01h 42.3m	+51°35'

M 76（NGC 650）是个大而明亮的行星状星云，也是夜空中最美的行星状星云之一。皮埃尔•梅襄在 1780 年 9 月 5 日晚上发现了它，随后报告给了梅西耶。梅西耶在同年 10 月 21 日晚上观测验证了这个发现，并将其编入目录，列为第 76 号。

虽然利用参考星的方法，可以一步步找到这个天体，但这个步骤有些冗长。最简单的定位 M 76 的方法则如星图 36–2 所示。首先用肉眼找到 2.2 等的仙女座 γ（57 号星）和 2.3 等的仙后座 α（18 号星），在两星之间虚拟一条长约 19.5° 的连线，在连线长度的 40% 处（离仙女座 γ 更近）可以找到 3.6 等的仙女座 51 号星，该星周边邻近处没有其他更亮的星，所以相当明确。将仙女座 51 号星放在寻星镜视场的南边缘，在同一视场里就可以明显看到 4.0 等的英仙座 ϕ 星，而在英仙座 ϕ 的正北约 50' 处还能清楚地看到一颗 6.7 等星。M 76 就在这颗 6.7 等星的西侧 12' 处（该星可在影像 36–1 中 M 76 的左侧看到）。此时通过低倍目镜，很容易看到 M 76。

M 76 的外观很像狐狸座的 M 27“哑铃星云”，因此也被称为“小哑铃星云”（Little Dumbbell Nebula）。不过，我们觉得在低倍放大率下，它更像一个被拉长了的矩形，而在中高倍放大率下，它应该说像花生、蝴蝶结或数字“8”的形状。用 10 英寸道布森镜加 125 倍放大率，可以明显看到 M 76 的双瓣状结构，其中西南那一瓣明显更亮，并且边缘界线也更清晰。东北的瓣则较暗，且从中间到边缘依次变得更暗，边缘处则是极为暗弱的云雾状的卷须。如果加上窄带滤镜或 O- Ⅲ滤镜，可以明显提升成像的对比度，并且看到的云气面积也会更大一些。

影像 36-1

NGC 650（M 76）（视场宽 1°）

本照片承蒙帕洛马天文台和太空望远镜科学研究院惠允翻拍自数字巡天工程成果

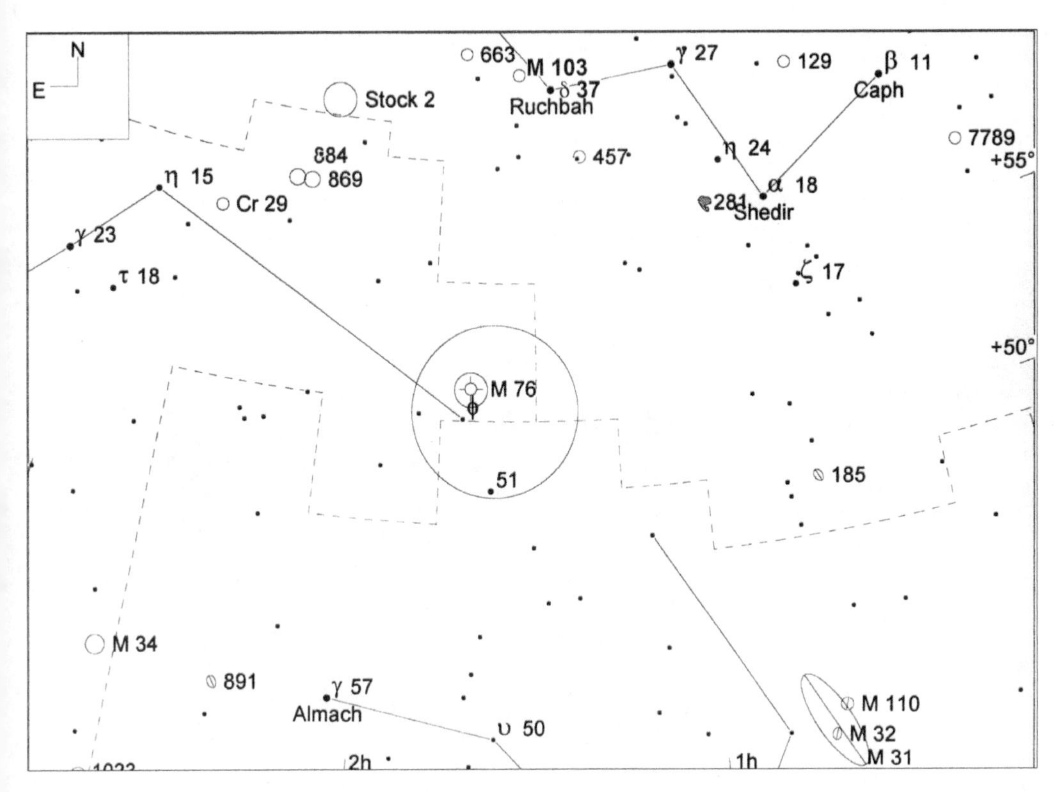

星图 36-2

NGC 650（M 76）概略位置（视场宽 30°，寻星镜视场圈直径 5°，目镜视场圈直径 1°，极限星等 6.0 等）

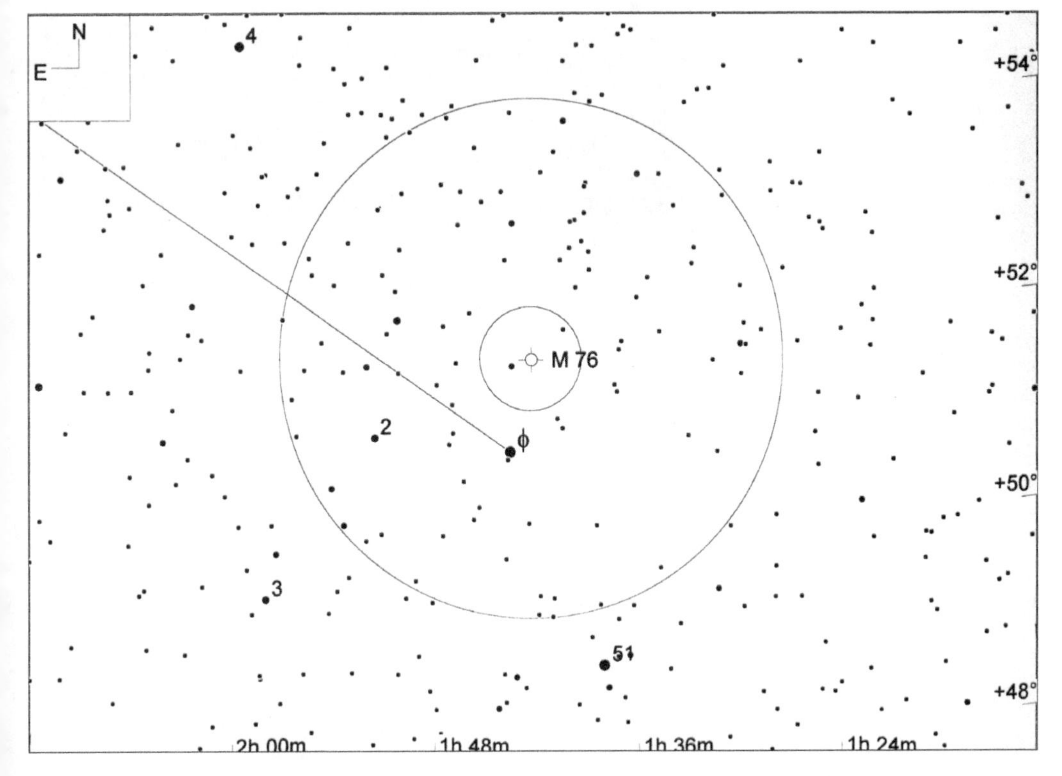

星图 36-3

NGC 650（M 76）确切位置（视场宽 10°，寻星镜视场圈直径 5°，目镜视场圈直径 1°，极限星等 9.0 等）

NGC 869	★★★	◆◆◆	OC	MBUDR
见星图 36-4	见影像 36-2	m5.3, 29.0'	02h 19.0m	+57°08'

NGC 884	★★★	◆◆◆	OC	MBUDR
见星图 36-4	见影像 36-2	m6.1, 29.0'	02h 22.3m	+57°08'

NGC 869 和 NGC 884 是两个庞大、繁密、明亮的疏散星团，二者的中心点相距仅约半度。由于在夜空环境极好的时候用肉眼就可以看到它们，所以至少在古巴比伦的时期，“双重星团”就已被人们所知了。不过，目前无人知道为什么梅西耶没有把这对双重星团列入他的目录——不论是二者整体，还是其中单独的某一个，似乎都是够资格的。在“猎户座”的那一章我们提到过，梅西耶由于出版商的交稿日期迫近，把四个肉眼可见的深空天体填进了尚只有 41 个天体的梅西耶目录，是为 M 42 ～ M 45。梅西耶之所以漏掉了双重星团，或许是因为他觉得这样显而易见的天体如果加得太多了不好意思，或许干脆是因为交稿时间太紧而忘了把这两个星团加进去吧。总之，双重星团还是与梅西耶目录无缘了。

定位双重星团的方法并不难。在英仙座天区的北边缘有一颗 3.8 等星英仙座 η（15 号星），肉眼可见，双重星团就在它的西北西方向大约 4.3° 处。所以，将英仙座 η 放在双筒镜或寻星镜视场的东边缘，就可以在同一视场的西北西边缘附近找到双重星团。

透过 50mm 双筒镜看到的双重星团已经很美了。不仅可以分辨出数十颗 6 ～ 10 等的成员星，而且每个星团内也都有很多更暗的成员星形成了朦胧的背景云气效果。用 10 英寸口径道布森镜加 42 倍放大率（真实视场直径 1.6°），可以在这两个星团中的每一个之内分解出超过 100 颗成员星。两个星团中，NGC 869 更加致密一些，在其中心区域聚集着更多的亮成员星，其他更多的成员星则在中心区的南侧和北侧散布成许多链状和小块状。而 NGC 884 中的亮成员星分布就显得稀松平均一些，主要聚集成两个长条形区域：一个西北西—东南东方向的 3' × 8' 中心区域，以及一个偏于北侧的 4' × 12' 的集中区域。

影像 36-2

双重星团 NGC 869 和 NGC 884（视场宽 1°）

本照片承蒙帕洛马天文台和太空望远镜科学研究院惠允翻拍自数字巡天工程成果

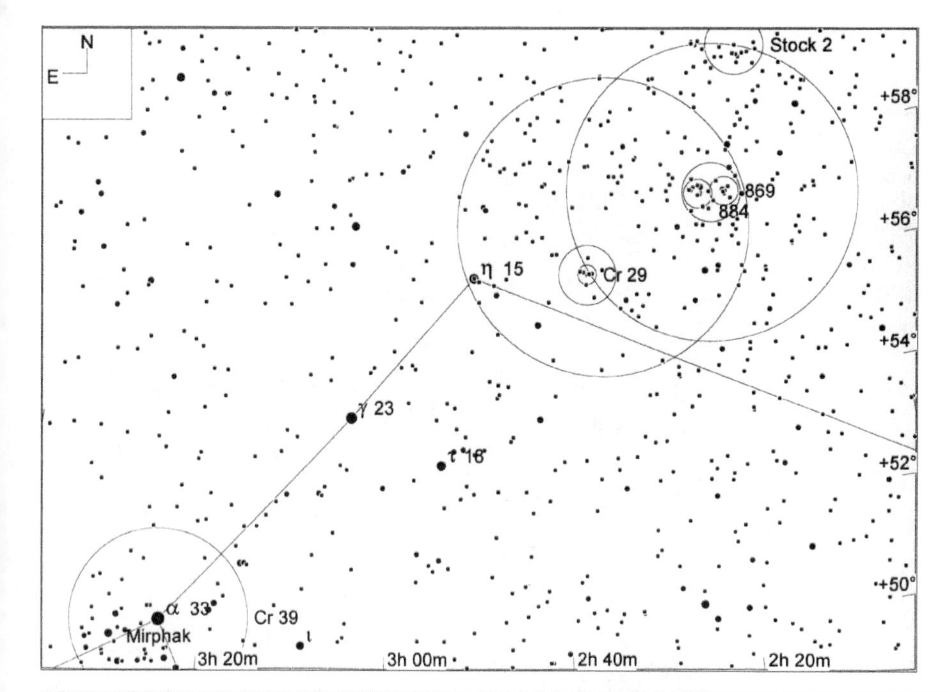

星图 36-4

双重星团 NGC 869 和 NGC 884，以及 Cr 29（视场宽 15°，寻星镜视场圈直径 5°，目镜视场圈直径 1°，极限星等 9.0 等）

Cr 29	★★	◐◐◐	OC	MBUDR
见星图 36-4	见影像 36-3	m5.9, 20.0'	02h 36.8m	+55°55'

Collinder 29 是个大而明亮的疏散星团，可能只是因为离“双重星团”太近了而经常遭到忽视。其实这三个星团（双重星团算两个）用我们的 4.5 英寸口径猎户牌 Starblast 超大视场天文望远镜加低倍目镜是可以放在同一视场里的，至于双筒镜和寻星镜，就更容易将它们囊括在同一视场之内了。不过，双重星团的强大魅力让我们经常忘了去关注就在旁边明摆着的 Cr 29。

定位 Cr 29 也十分简单，它位于英仙座 η（15 号星）这颗 3.8 等星的正西侧 1.9° 处。也就是说，如果从英仙座 η 向“双重星团”引一条连线，则 Cr 29 就在连线靠近英仙座 η 端 1/3 处再稍微靠南一点的地方。我们透过 50mm 双筒镜看到的 Cr 29 呈现出五六颗 7 ~ 9 等的成员星，它们仿佛被包裹在一团暗淡的背景云气之中。用 10 英寸反射镜加 90 倍放大率，则可以看到 20 多颗 7 ~ 12 等的成员星。总之，Cr 29 属于那种稀松、寂寥的疏散星团的代表。

影像 36-3

Cr 29（视场宽 1°）

本照片承蒙帕洛马天文台和太空望远镜科学研究院惠允翻拍自数字巡天工程成果

NGC 1023	★★	◐◐◐	GX	MBUDR
见星图 36-5	见影像 36-4	m10.4, 8.7' x 2.3'	02h 40.4m	+39°04'

NGC 1023 位于英仙座天区边缘，接近仙女座，是个比较明亮的星系。要定位它，首先可以找到亮星英仙座 β（26 号星，俗名 Algol）。这颗星是著名的变星之一，其亮度会在 2.1 ～ 3.4 等之间变化，不过总归还是肉眼可见的。找到了它，就可以依次找到以下的恒星：向南西南方向 2.4° 找到 3.4 等的英仙座 ρ（25 号星），然后向西 2.9° 找到 4.2 等的英仙座 16 号星。将英仙座 16 号星放在寻星镜视场的东边缘，再找它的西北边 2.5° 处，可以看到 4.9 等的英仙座 12 号星。我们要找的 NGC 1023 就在英仙座 12 号星的南西南方向 1.2° 处，在寻星镜里看不见，但在低倍目镜里即可看到。

我们用 10 英寸牛顿式反射镜加 125 倍放大率观察，看到 NGC 1023 呈现出一个 1.5'×5' 大小的东—西向明亮轮廓，仿佛一块透镜片或是一个豆荚。其中还包裹着一个致密的椭圆形中心区，最中间还有核球的结构。

影像 36-4

NGC 1023（视场宽 1°）

本照片承蒙帕洛马天文台和太空望远镜科学研究院惠允翻拍自数字巡天工程成果

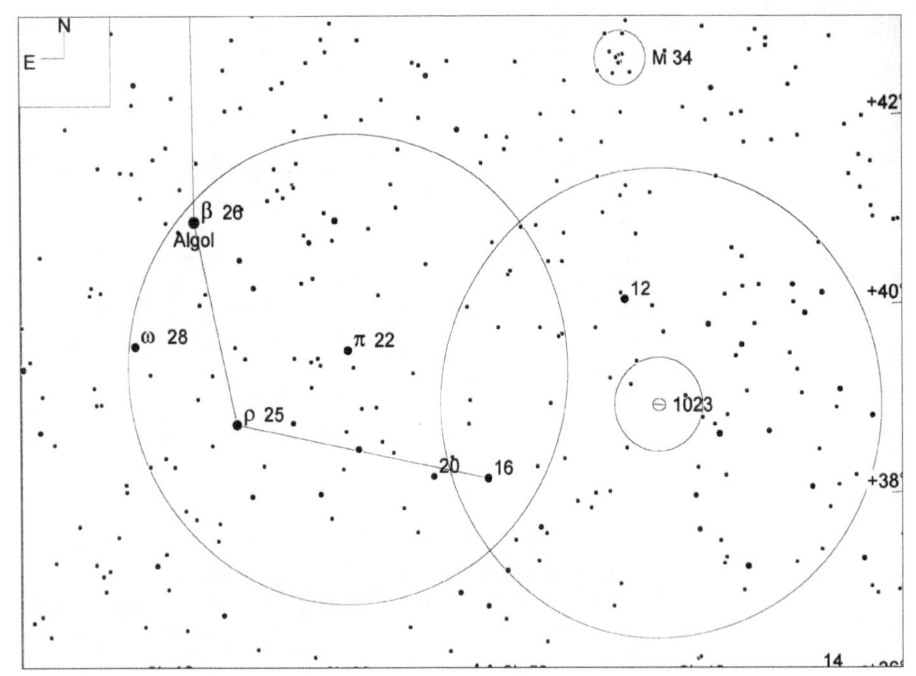

星图 36-5

NGC 1023（视场宽 10°，寻星镜视场圈直径 5°，目镜视场圈直径 1°，极限星等 9.0 等）

M 34 (NGC 1039)	★★★	⚘⚘⚘	OC	MBUDR
见星图 36-6	见影像 36-5	m5.2, 35.0'	02h 42.1m	+42°45'

M 34（NGC 1039）是个尺寸较大且极为明亮的疏散星团。也许古人就已经注意过它，因为在夜空极为晴朗深暗时，用肉眼也可以在它的位置看到一团模糊的微光。不过，梅西耶毕竟独立地重新用望远镜发现了这个天体，并将其编入梅西耶目录，当时是 1764 年 8 月 25 日。

定位 M 34 非常简单。如果在英仙座 β（26 号星）和仙女座 γ（57 号星）这两颗亮星之间做一连线，则 M 34 大致位于线长的 40% 处（略更近英仙座 β）且稍微偏北一点的地方。我们用 50mm 双筒观察，能看到它的 20 颗左右的 8～9 等成员星，以及其他更多暗成员星堆积成的云雾状光芒。换用加 90 倍放大率的 10 英寸反射镜，可以看到不少于 50 颗 8～12 等的成员星，它们散布在与满月直径相仿的天区之内，其中大部分较亮的成员星位于靠近中心的区域（直径为整体直径一半的区域）内。虽然有这种向中心汇聚的倾向，但这个星团给观者的主要印象仍然是稀疏散淡的，因为它的许多成员星都彼此聚集成了小集团状和小链条状，削弱了中心感。

影像 36-5

NGC 1039（M 34）（视场宽 1°）

本照片承蒙帕洛马天文台和太空望远镜科学研究院惠允翻拍自数字巡天工程成果

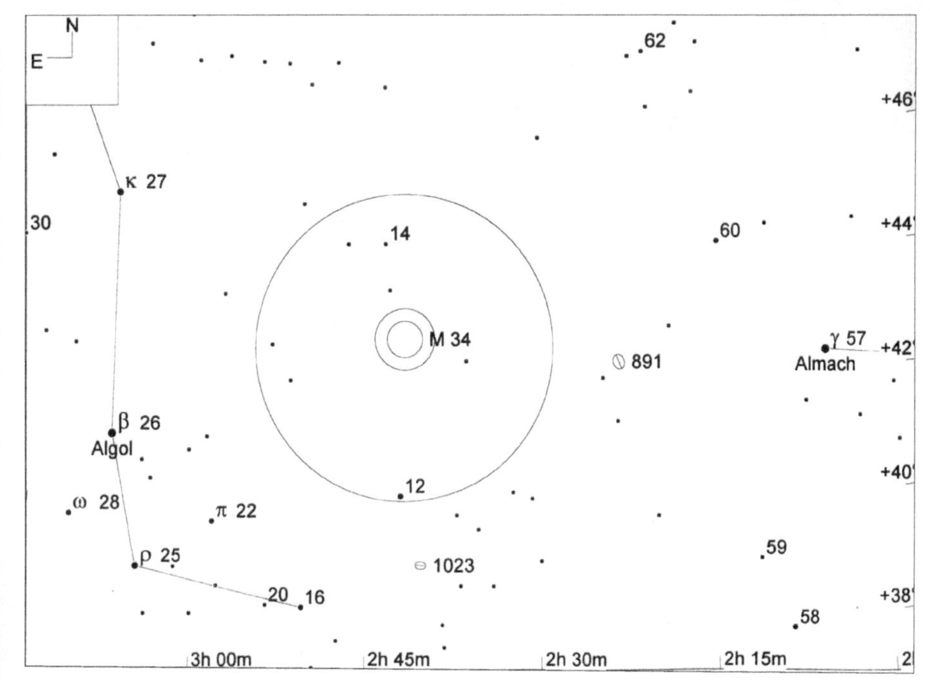

星图 36-6

NGC 1039（M 34）（视场宽 15°，寻星镜视场圈直径 5°，目镜视场圈直径 1°，极限星等 7.0 等）

Cr 39	★★	⚈⚈⚈⚈	OC	MBUDR
见星图 36-1		m2.3, 184.0'	03h 24.3m	+49°52'

Collinder 39（亦称 Melotte 20）是个极为庞大和明亮的疏散星团。由于以英仙座 α（33 号星）为中心，因此也叫做“英仙座 α 星协”。本书没有提供这个星协的照片，因为我们找不到哪张深空照片能涵盖这么大的天区。如果只是按其他照片的视场宽度，那么 Cr 39 看上去只会是一片杂乱无章的自然星场，而体现不出它是个星团。这个星团的直径超过 3°，所以即使是用大视场的双筒镜，也很难明晰地看出它的成团性。另外，请注意这个星团的视星等标称值“2.3 等”，不要据此认为 Cr 39 是个肉眼明显可见的 2.3 等天体。这个数字其实是散布在这片天区中的它的所有成员星的亮度总和（而且不包括亮度达 1.8 等的英仙座 α），因此它的平均表面亮度还是很低的。

我们通过 50mm 的双筒镜，可以看到 Cr 39 的不下 50 颗 5 ～ 10 等的成员星，它们分布稀散，彼此构成许多小的团块和星链，范围涉及整个双筒镜视场的一大半。星团的边界也不太明显，尤其是从东侧经南侧到西侧的这段半圆形的边界。在这一段边界内，成员星的分布越往西越零落。星团的北半部分情况稍好一些，在这一半内，离中心星英仙座 α 超过 1.5° 处的成员星明显就少得多了。用我们的 4.5 英寸口径猎户牌 Starblast 超大视场天文望远镜（真实视场 3.5°）观察 Cr 39 时，那种感觉与其说是在看星团，不如说是在看一片由上百颗背景星组成的热闹星场。

NGC 1342	★★	⚈⚈⚈	OC	MBUDR
见星图 36-7	见影像 36-6	m6.7, 14.0'	03h 31.6m	+37°23'

NGC 1342 是个中等尺寸，明亮而稀松的疏散星团。它离各颗亮星都比较远，因此，如果想利用参考星来步步为营地找到它，可能要花一定的时间。不过，所幸还可以利用几何的方式来定位它。我们找到亮星英仙座 β（26 号星）和 2.8 等的英仙座 ζ（44 号星），在二者之间虚拟一连线，则 NGC 1342 就在该线的接近中点处稍微偏北一点的地方。

通过 50mm 双筒镜观察，NGC 1342 呈现为一个比较大且很醒目的云雾状斑块，斑块中间在东一西向上分布着五六颗 8 ～ 9 等的成员星，此外，在星团中心的东北侧 8' 处，也就是星团云气的边界外一点，还有一对 8 ～ 9 等星。用 10 英寸反射镜加 90 倍放大率，可以看到超过 50 颗 8 等或更暗的成员星，它们松散地散布在直径 15' 的天区中。

影像 36-6

NGC 1342（视场宽 1°）

本照片承蒙帕洛马天文台和太空望远镜科学研究院惠允翻拍自数字巡天工程成果

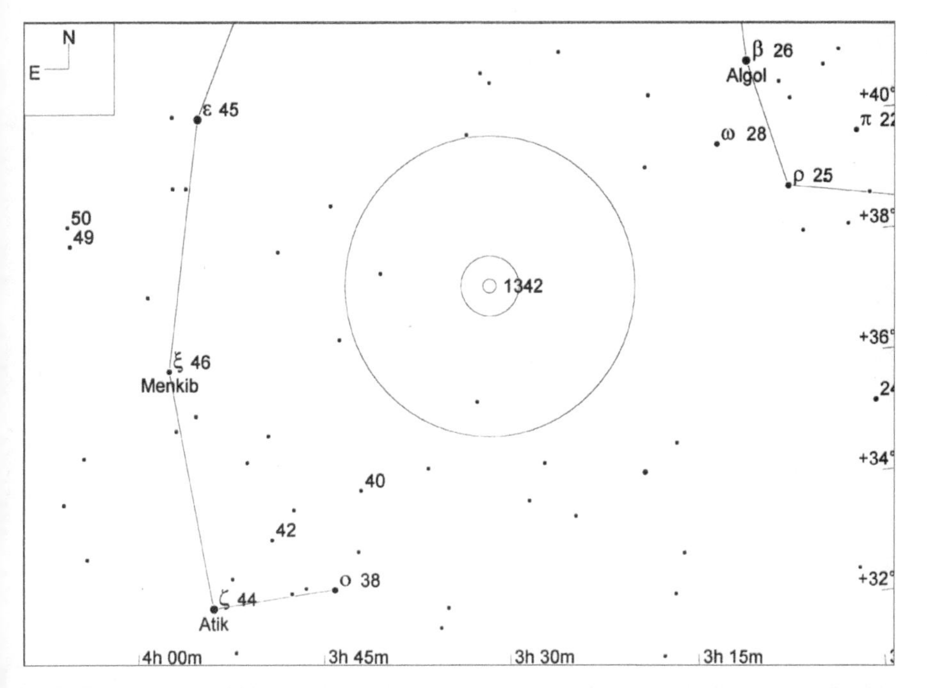

星图 36-7

NGC 1342（视场宽 15°，寻星镜视场圈直径 5°，目镜视场圈直径 1°，极限星等 7.0 等）

NGC 1491	★★	☻☻☻	EN	MBUDR
见星图 36-8	见影像 36-7	m99.9, 21.0'	04h 03.6m	+51°18'

NGC 1491 亮度中等，是一块小的发射星云。虽然资料显示其直径有 21'，不过这是通过摄影曝光显现出来的尺寸。如果目视，看到的尺寸肯定小于这个数字。

定位 NGC 1491 的方法比较简单。首先从亮星英仙座 α（33 号星）开始，将其放入寻星镜视场，然后将视场向正东移动 7°，可以看到三颗 4 等星进入视场：它们是英仙座的 λ（47 号星）、μ（51 号星）和 48 号星。NGC 1491 就在英仙座 λ 的北西北方向 1.2° 处。需要精确定位的话，还可以参考一个三角形——西角是英仙座 43 号星（5.3 等），东角是英仙座 λ，北角是 NGC 1491 本身。

用 10 英寸反射镜加 125 倍放大率观察，NGC 1491 是个比较明亮但边界模糊的三角形星云，边长约 5'，最长边在北东北—南西南方向。南西南方向的那个角最亮，越往北东北方向越体现出云雾状的散漫和暗淡。加上猎户牌的 Ultrablock 窄带滤镜后，成像的对比度可以得到极大的提高，可见的尺寸也增加到 6' 左右。此时再运用余光瞥视的技巧，还可以看到从南西南角向东延伸出的 2' 大小的更为暗弱的云气。要看到这个细节，余光和滤镜缺一不可。

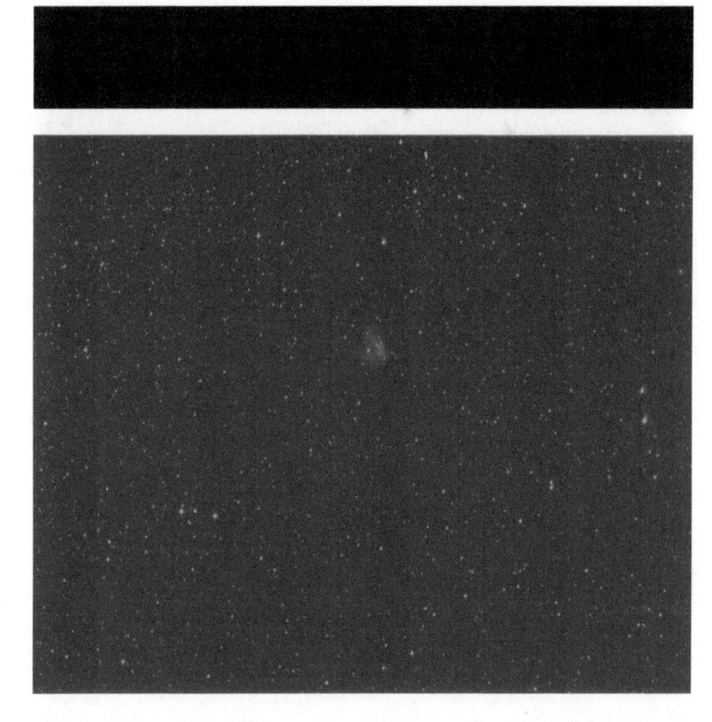

影像 36-7

NGC 1491（视场宽 1°）

本照片承蒙帕洛马天文台和太空望远镜科学研究院惠允翻拍自数字巡天工程成果

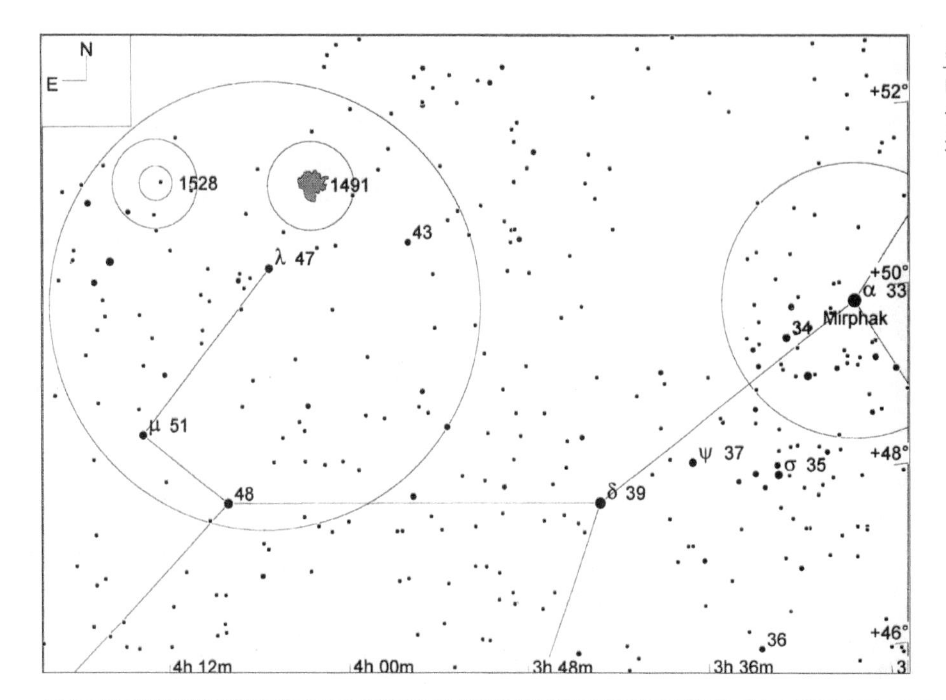

星图 36-8

NGC 1491 和 NGC 1528（视场宽 10°，寻星镜视场圈直径 5°，目镜视场圈直径 1°，极限星等 9.0 等）

NGC 1528	★★	◐◐◐	OC	MBUDR
见星图 36-8	见影像 36-8	m6.4, 23.0'	04h 15.3m	+51°13'

NGC 1528 是个又大又亮且比较致密的疏散星团。它位于英仙座 λ（47 号星）东北边 1.6° 处，因此很容易定位。至于寻找英仙座 λ 的方法，前段已详述，这里不再重复。

透过 50mm 双筒镜，NGC 1528 呈现为一个亮度和尺寸皆属中等的模糊斑块，只在西北半度处有一对 6～7 等的恒星。用余光瞥视，还可以多看到一两颗较暗的成员星，以及另外一两颗更暗的、时隐时现的成员星。用 10 英寸反射镜加 90 倍放大率观察，可以看到这个星团的不下 50 颗成员星，它们散布在超过 20' 的天区中，明显呈现出向心汇聚的形状。在星团内部东侧，可以看到几对密近的 10 等星；另外明显有两条 9～10 等的星链从星团中心延伸出来，分别指向西侧和西南侧。

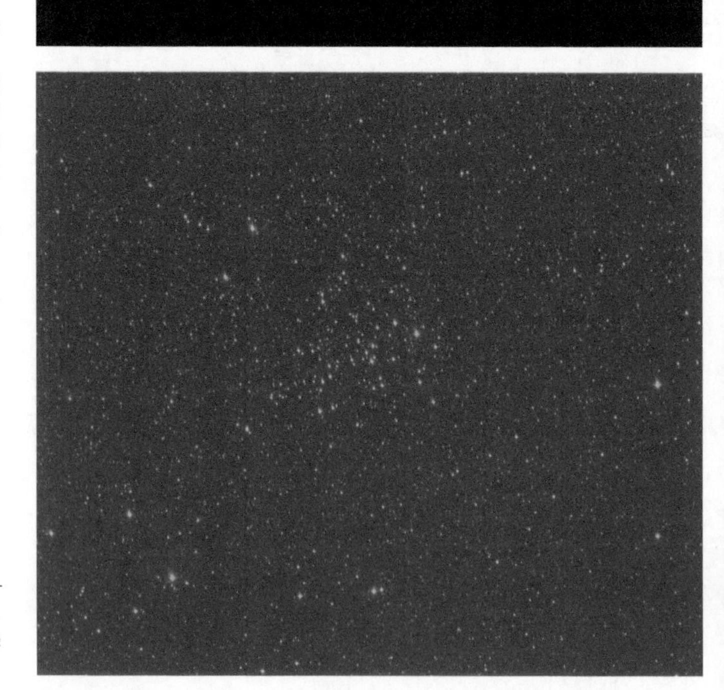

影像 36-8

NGC 1528（视场宽 1°）

本照片承蒙帕洛马天文台和太空望远镜科学研究院惠允翻拍自数字巡天工程成果

NGC 1582	★★	◐◐◐	OC	MBUDR
见星图 36-9	见影像 36-9	m7.0, 37.0'	04h 31.7m	+43°45'

NGC 1582 亮度中等，是个大而散淡的疏散星团。虽然它位于英仙座，不过定位它的最佳方式是从亮星御夫座 α 开始的。将该星放在寻星镜或双筒镜视场的东北边缘，然后在其西南边找到 3.0 等的御夫座 ε（7 号星）和御夫座 η（10 号星）。将这两颗星放在寻星镜视场的东边缘，然后向西移动视场，即可看到一个很明显的三角形进入视场：它们是 6.2 等的英仙座 57 号星、4.3 等的英仙座 58 号星和 5.3 等的英仙座 59 号星。而 NGC 1582 就在 57 号星的北西北方向大约 45' 处。

在 50mm 双筒镜中，NGC 1582 呈现为一个中等偏大且十分暗弱的云雾状天体，中心有 4 颗 8 ～ 9 等星组成了一个平行四边形。用 10 英寸道布森镜加 90 倍放大率观察，可以看到最暗至 11 等的 20 多颗成员星，主要集中在一条从东到西南的较宽的带状区域里。星团的西北边缘有 5 颗 10 ～ 11 等成员星组成了一道星弧，其最西端是一颗 9 等星。在星团南边缘还贯穿着一条东—西向的星带，主要由 9 ～ 11 等的成员星组成。

影像 36-9

NGC 1582（视场宽 1°）

本照片承蒙帕洛马天文台和太空望远镜科学研究院惠允翻拍自数字巡天工程成果

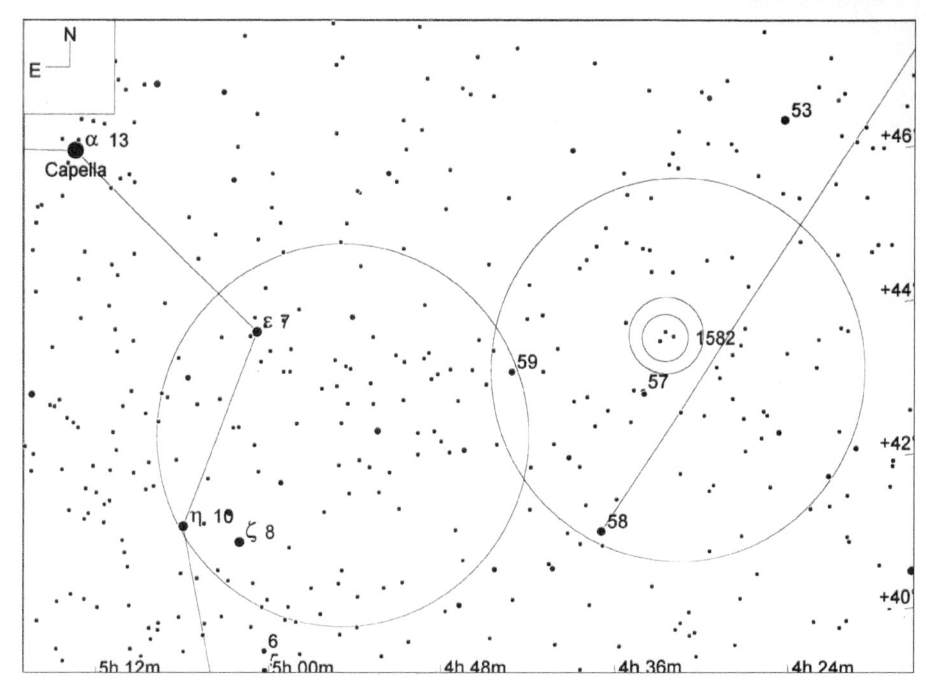

星图 36-9

NGC 1582（视场宽 12°，寻星镜视场圈直径 5°，目镜视场圈直径 1°，极限星等 9.0 等）

26-beta	★★★	◕◕◕◕	variable star	uD
见星图 36-1		n/a	03h 08.2m	+40°57'

英仙座 β（26 号星）不是一颗通常意义上的那种可以借助望远镜而分解的聚星，但它也在天文联盟的双星目标列表之中，因为它是一颗著名的变星，也被叫做“盗尸者星”（Ghoul Star）或“魔鬼星”（Demon Star）。（该星中文古名为“大陵五”——译者注）同时，它几乎肯定是人类最早发现的一颗变星。它是“食变星”的典型例子——它的两颗成员星周期性地彼此绕转，互相掩食，其中那颗暗伴星是我们看不见的，这就让我们看到的它的亮度发生了周期性的变化。也正是这种明显的亮度变化，使得它被天文联盟的双星目标列表所收录。

这颗星的亮度会变，其实自古以来就有人注意到了。不过，首次精确测量它的变光周期并提交科学报告的人是英国天文学家约翰•古德里克（John Goodriche）。1782 年，古德里克观察了该星的亮度变化，直觉告诉他，一定是有一颗暗到看不见的伴星在按一定周期遮掩住主星的光芒。当时，人类对恒星的轨道运行机制尚不完全清楚，但随着古德里克对该星的变光做出了精确的计算解释，这种认识也就逐渐明朗起来了。

每当英仙座 β 的主星被暗伴星正好挡住时，其亮度就会由平时的 2.1 等下降到最小值 3.4 等，并维持 5 个小时左右。这种最小值每 2.8674 天就发生一次，或者说，其周期是 68 小时又 49 分钟。因此，我们经常有机会在观测中看到它的亮度从最亮下降到最暗的过程，或相反的亮度上升的过程；如果赶巧了，还可以在一夜之内看到其亮度“最大→最小→最大”的完全过程。在《天空和望远镜》（Sky & Telescope）和《天文》（Astronomy）杂志及其网站上，都可以查询到最近英仙座 β 亮度变化的具体时刻信息。

15-eta (STF 307AB)	★★★	◕◕◕	MS	uD
见星图 36-1		m3.8/8.5, 28.5", PA 301° (2002)	02h 50.7m	+55°53'

英仙座 η（15 号星）也被叫做 Miram，是除了天鹅座 β 之外，颜色对比最为鲜明的双星之一。用肉眼就可以很方便地定位英仙座 η，因为它就在英仙座 α 的西北边 7.8° 处，也即 2.9 等的英仙座 γ（23 号星）的西北仅 3.1° 处。通过 90mm 折射镜加 100 倍放大率，可以看到这是一对多么美丽的双星：其主星是金黄色，而暗得多的伴星是俏丽的蓝白色。

SAO 23763 (STF 331)	★★	◕◕◕	MS	uD
见星图 36-10		m5.2/6.2, 11.9", PA 85° (2002)	03h 00.9m	+52°21'

双星 STF 331 的主星是 SAO 23763，伴星是 SAO 23765。这对双星与明显可见的英仙座 γ（23 号星）和英仙座 τ（18 号星）组成了一个不太规则的三角形，因此还是比较容易定位的。通过 90mm 折射镜加 100 倍放大率观察这对双星，可以看到主星和伴星的亮度相差不少，但都呈明显的蓝白色。

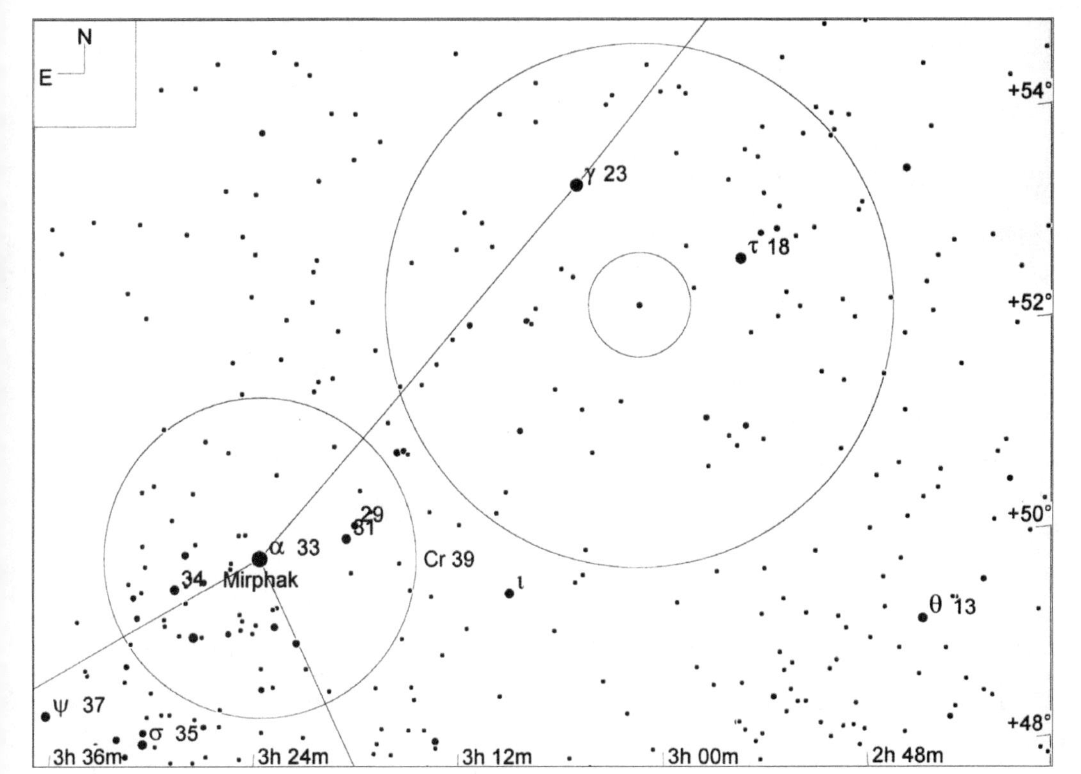

星图 36-10

SAO 23763（STF 331）（视场宽10°，寻星镜视场圈直径5°，目镜视场圈直径1°，极限星等9.0等）

37

双鱼座， 两条鱼

星座名： 双鱼座（Pisces）
适合观看的季节： 秋
上中天： 9 月下旬午夜
缩写： Psc
所有格形式： Piscium
相邻星座： 仙女、宝瓶、白羊、鲸鱼、飞马、三角
所含的适合双筒镜观看的天体：（无）
所含的适合在城市中观看的天体：（无）

双鱼座是天赤道上偏北的一个巨大的星座，但是整体相当暗淡，最亮星仅约 4 等。其面积为 889 平方度，约占整个天球的 2.2%，这个面积在全天 88 星座中位列第 14。虽然没有太亮的星，但如果夜空环境晴朗深暗，还是很容易看出这个星座的，因为它的主要恒星排成了一个大大的 V 字形。

双鱼座的历史也很悠远，它至少在古巴比伦时代就被划分出来，而且几乎总是被联想为鱼和水这类的形象。在希腊神话中，这个星座代表的是女神阿芙洛荻德（Aphrodite）和她的儿子厄洛斯（Eros）。在巨形怪物提丰（Typhon）来袭时，这对母子变成了两条鱼逃命，是为双鱼座。

虽然面积广大，但双鱼座内适合业余爱好者观察的深空天体却比较有限。双鱼座天区里其实有很多的星系，但这些星系大都太暗，不用很大口径的望远镜就很难看到。当然，其中有一个星系例外，这就是 M 74。凡是玩“梅西耶马拉松”的爱好者肯定都对这个星系印象很深。要知道，“梅西耶马拉松”这种挑战活动的最高境界是在一个整夜里把全部 110 个梅西耶天体都观察一遍。不过，这种壮举受到天体位置与太阳位置关系的限制，所以只有在每年 3 月底前后才有可能完成。而在这个季节，M 74 只在日落后的很短时间内能留在天幕上，随后很快也会落下去，因此“马拉松”选手们必须一开始就在落日余晖的严重干扰中争取找到 M 74（这很有难度），否则接下来的一整夜即使再努力也注定拿不到“满分”了。

双鱼座每年 9 月 27 日的午夜上中天，对于北半球中纬度的观测者来说，从初秋到冬季中段的夜间都很适合观察这个星座。

表 37-1

双鱼座中有代表性的星团、星云和星系

天体名称	类型	视亮度	视尺寸	赤经	赤纬	梅	双	城	深	加	备注
NGC 628	Gx	10.0	10.5 x 9.5	01 36.7	+15 47	◉					M 74; Class SA(s)c; SB 13.7

表 37-2

双鱼座中有代表性的双星或聚星

天体名称	星对	星等1	星等2	角距	方位角	年份	赤经	赤纬	城观	双星	备注
65	STF 61	6.3	6.3	4.3	121	2004	00 49.9	+27 42		◉	
74-psi1	STF 88AB	5.3	5.5	30.0	161	2004	01 05.7	+21 28		◉	
86-zeta	STF 100AB	5.2	6.2	22.8	62	2004	01 13.7	+07 34		◉	
113-alpha*	STF 202AB	4.1	5.2	1.8	267	2006	02 02.0	+02 46		◉	Alrescha

星图 37-1

双鱼座星图（视场宽 50°）

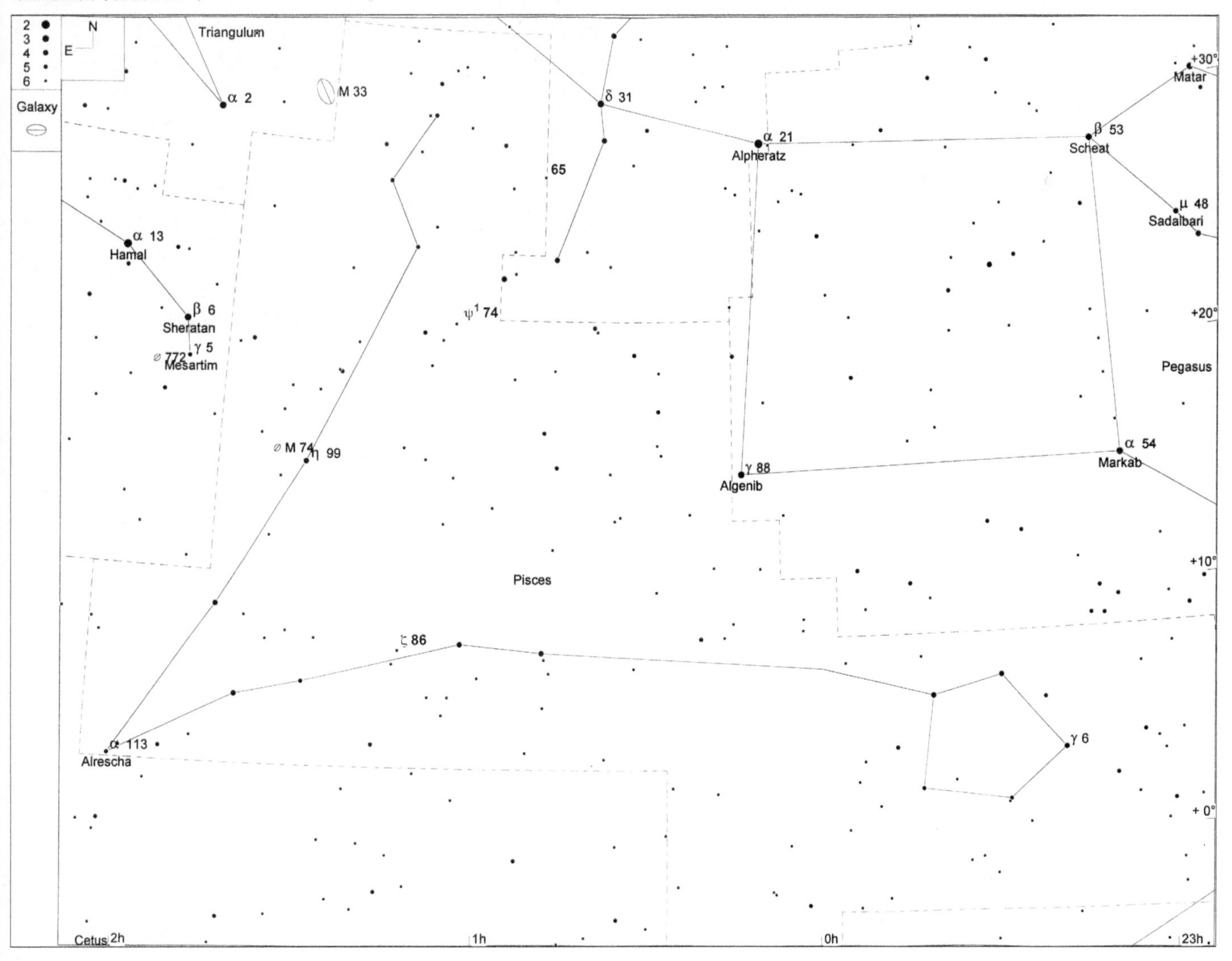

M 74 (NGC 628)	★★	⊕⊕⊕	GX	MBUDR
见星图 37-2	见影像 37-1	m10.0, 10.5' x 9.5'	01h 36.7m	+15°47'

M 74（NGC 628）是个庞大而暗弱的螺旋星系，其盘面几乎正对我们。皮埃尔•梅襄在 1780 年 9 月末期发现了这个天体，并报告给他的好友兼合作伙伴梅西耶。梅西耶在同年 10 月 18 日晚上通过观测验证了这个发现，并将其编入目录，列为第 74 号。

尽管 M 74 位于双鱼座，但定位它的最佳方式要从白羊座开始。我们很容易看到 2.0 等的白羊座 α（13 号星）和 2.7 等的白羊座 β（6 号星），二者相距 3.9°。从前者向后者引一连线并继续向西南延长 7.7°，就可以看到 3.6 等的双鱼座 η（99 号星），该星四周的邻近天区内没有比它更亮的星，因此它显然也是双鱼座的最亮恒星了。M 74 就在双鱼座 η 的东北东方向 1.3° 处，不过在 50mm 双筒镜中是看不见的，而在低倍放大率下的目镜中看去，它更像是一个小而暗的球状星团。

我们用 10 英寸牛顿式反射镜加 42 倍放大率直视 M 74，看到它像一颗有着模糊毛边的暗星，其正东侧约 18' 处和正北侧约 12' 处各有一颗 10 等的普通恒星。在 125 倍放大率下用余光瞥视，可看到一个直径接近 7' 的、边缘参差不齐的圆形轮廓，整体比较暗淡。轮廓内的亮度也比较斑驳不均，中心区域明显更亮，且能看到核球。

影像 37-1

NGC 628（M 74）（视场宽 1°）

本照片承蒙帕洛马天文台和太空望远镜科学研究院惠允翻拍自数字巡天工程成果

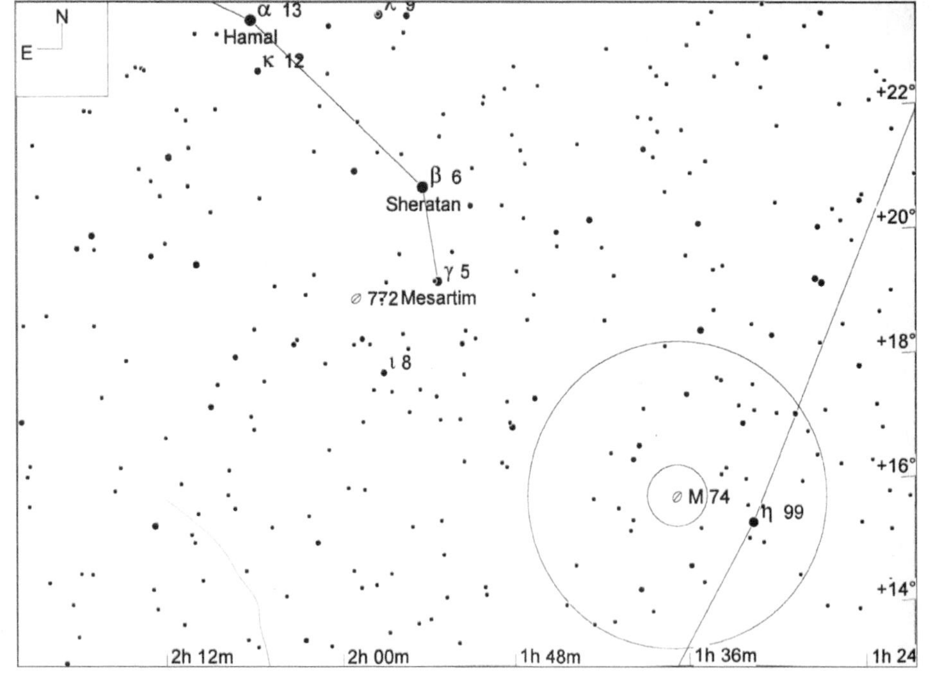

星图 37-2

NGC 628（M 74）（视场 10°，寻星镜视场圈直径 5°，目镜视场圈直径 1°，极限星等 9.0 等）

65 (STF 61)	★★	◕◕◕	MS	UD
见星图 37-3		m6.3/6.3, 4.3", PA 121° (2004)	00h 49.9m	+27°42'

双鱼座 65 号星（STF 61）尽管位于双鱼座，但寻找这对双星的最佳方式要从仙女座开始。仙女座 δ（31 号星）亮度 3.3 等，肉眼显而易见，在它南侧 1.6° 处不难找到 4.4 等的仙女座 ε（30 号星）。见星图 37-3，将仙女座 ε 放在寻星镜视场的西北西边缘，就能在同一视场内明显见到 3 颗稍暗的星组成的三角形：5.4 等的双鱼座 68 号星为北角，6.1 等的双鱼座 67 号星为南角，而我们要找的双鱼座 65 号星亮度为 5.6 等，是这个三角形的西角。

通过 90mm 折射镜加 100 倍放大率观察这颗靓丽的双星，可以看到其两颗成员星亮度相仿，颜色也都是稻谷般的亮黄。

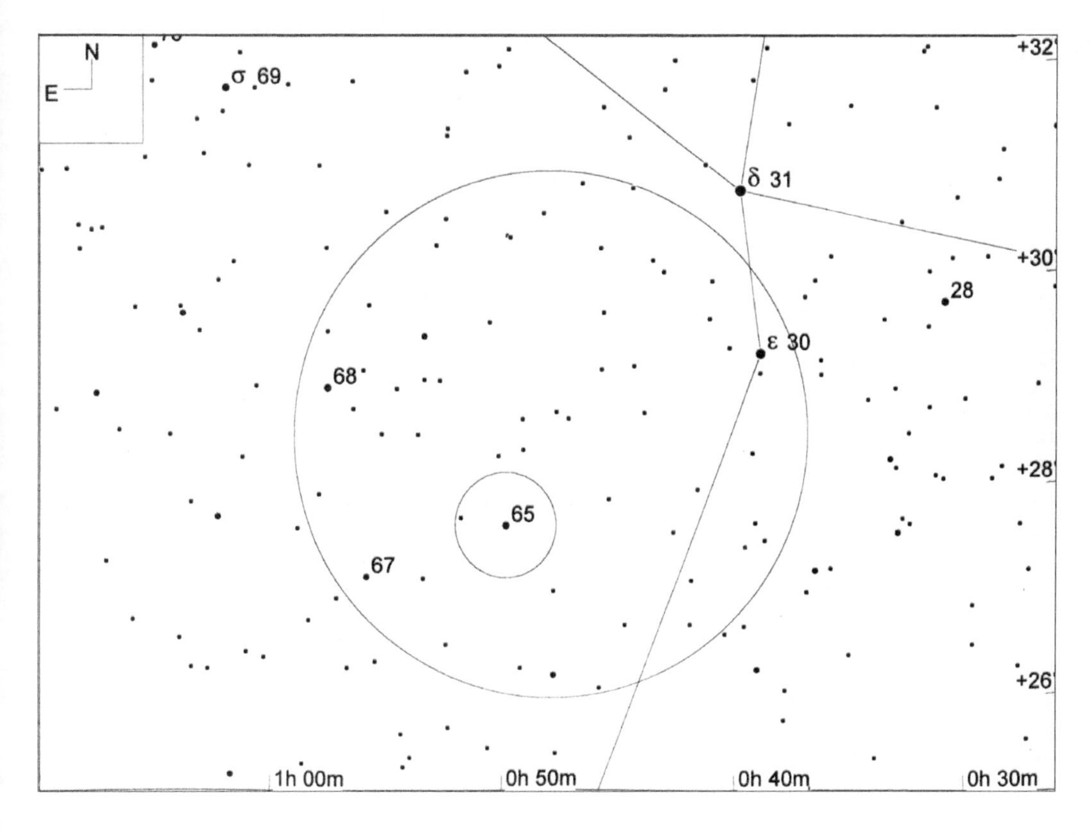

星图 37-3

双鱼座 65 号星（STF 61）（视场宽 10°，寻星镜视场圈直径 5°，目镜视场圈直径 1°，极限星等 9.0 等）

74-psi¹ (STF 88AB)	★★	◕◕◕	MS	UD
见星图 37-4		m5.3/5.5, 30.0", PA 161° (2004)	01h 05.7m	+21°28'

定位双鱼座 ψ^1（74 号星）的最佳方式同样要利用上文刚提到的仙女座 30 号星和 31 号星。从这两颗星开始，将寻星镜视场往南东南方向移动，不久即看到 4.1 等的仙女座 ζ（34 号星）进入视场。从仙女座 ζ 往东南东方向 2.4°，是 4.4 等的仙女座 η（38 号星），这颗星在寻星镜中也是很醒目的。将这颗星放在寻星镜视场的中心，则此时该视场东南侧边缘外边一点就是我们要找的双鱼座 ψ^1 了。

通过 90mm 折射镜加 100 倍放大率观察双鱼座 ψ^1，可以看到其主星和伴星亮度几乎一致，颜色都是蓝白色，还是很美丽的。

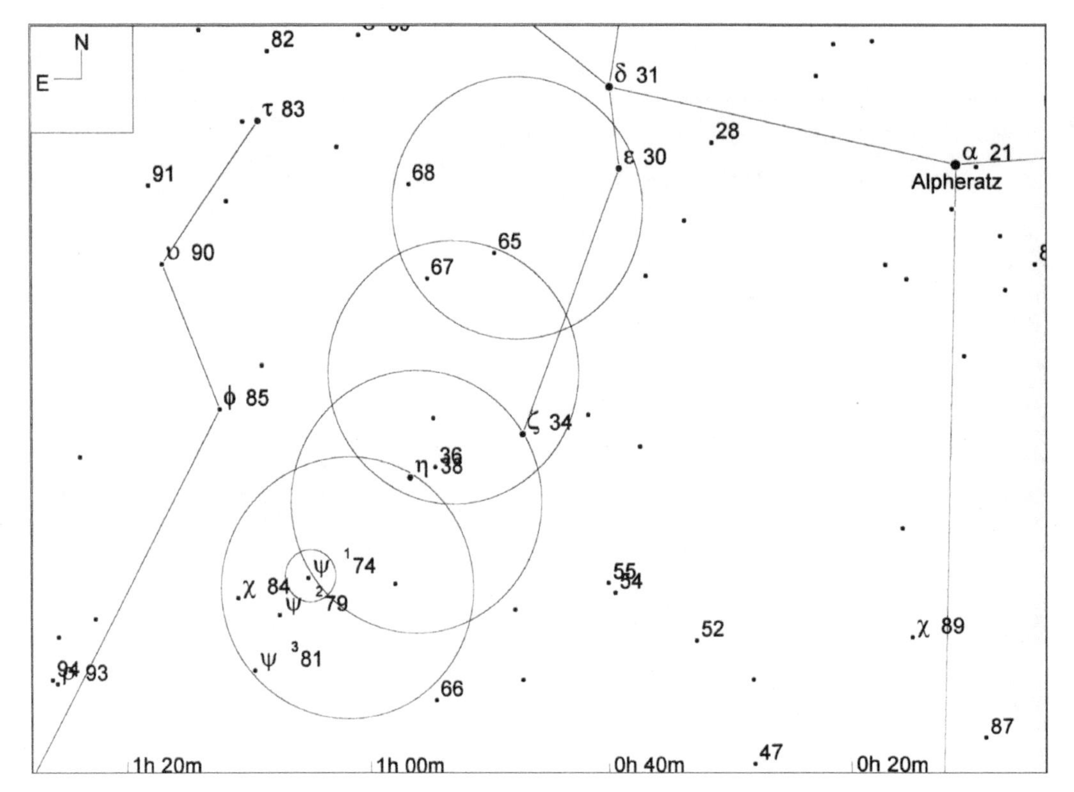

星图 37-4

双鱼座 ψ^1（74 号星）（STF 88AB）（视场宽 20°，寻星镜视场圈直径 5°，目镜视场圈直径 1°，极限星等 7.0 等）

86-zeta (STF 100AB)	★★	◐◐	MS	UD
见星图 37-5		m5.2/6.2, 22.8", PA 62° (2004)	01h 13.7m	+07°34'

双鱼座 ζ（86 号星）是一对十分平凡的双星，而且比其他双星都要难找一些。实际找一次，就会知道难点主要在哪里。定位双鱼座 ζ 的最佳方式要从 3.8 等的双鱼座 α（113 号星）开始，这颗肉眼不难看见的星既是双鱼座 V 字形的分岔点，自身也是一对双星（下文马上介绍）。见星图 37–5，我们把寻星镜视场从双鱼座 α 开始，向西移动，最后会明显看到一个边长为 4° 的等边三角形，它的三个角都是 5 等星，即：双鱼座 μ（98 号星）、双鱼座 89 号星，以及我们要找的双鱼座 ζ——它位于三角形的西北角。（原文作东北角，应为笔误——译者注）

通过加 100 倍放大率的 90mm 折射镜观察，双鱼座 ζ 双星确实很朴素，其主星是纯白色，而明显要暗一点的伴星是黄白色的。

113-alpha (STF 202AB)	★★	◐◐◐◐	MS	UD
见星图 37-1		m4.1/5.2, 1.8", PA 267° (2006)	02h 02.0m	+02°46'

双鱼座 α（113 号星）俗名也叫 Alrescha，是双鱼座 V 字形的“连接点”，也是一对角距很小的双星。我们试图用 90mm 折射镜分解它，但没有成功。即使改用 10 英寸口径的道布森镜，也需要等到大气视宁度极佳的时候才能在高倍放大率下勉强分解它。我们最终清晰分解它是在一个大气视宁度超好的夜里，所用的放大率是 240 倍。它的两颗成员星都是冷白色的。

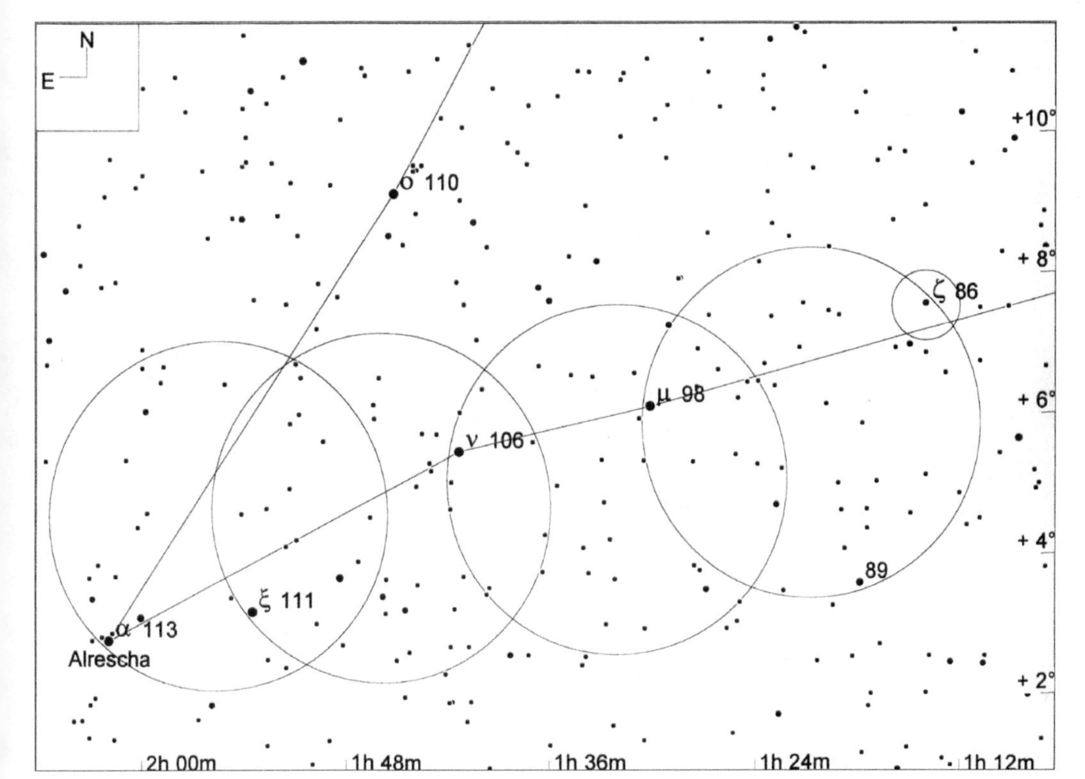

星图 37-5

双鱼座ς（86号星，STF 100AB）（视场宽15°，寻星镜视场圈直径5°，目镜视场圈直径1°，极限星等9.0等）

38

船尾座，船末的甲板

星座名：船尾座（Puppis）
适合观看的季节：冬
上中天：1 月上中旬午夜
缩写：Pup
所有格形式：Puppis
相邻星座：船底、大犬、天鸽、长蛇、麒麟、绘架、罗盘、船帆
所含的适合双筒镜观看的天体：NGC 2422 (M 47), NGC 2437 (M 46), NGC 2447 (M 93), NGC 2527, NGC 2539, NGC 2571
所含的适合在城市中观看的天体：NGC 2539

船尾座位于南半天球，面积不小，但比较暗淡。其面积为 673 平方度，约占天球的 1.6%，这个面积在全天 88 星座中可以排到第 20 位。船尾座中最亮的 3 颗星分别是 2.2 等船尾座 ζ 、2.7 等的船尾座 π 和 2.8 等的船尾座 ρ 。这 3 颗星在亮星大犬座 α（天狼星）的西南边构成了一个大约高 16° 的等腰三角形。其中，船尾座 ρ（15 号星）既是三角形的北角，也是可以定位船尾座内许多深空天体的一个最佳起始参考点。

船尾座可以说是个既古老又年轻的星座。当初托勒密划定的 48 个星座中，最大的叫做南船座（Argo Navis），形象是一艘船。但是这个星座的大半部分都位于天球上相当靠南的区域，所以欧洲中北部的观测者只能看见它的一小半。或许正是出于此种考虑，18 世纪 50 年代的法国天文学家德拉卡伊就把南船座划分成了几个相对较小的星座，其中有船底座、船帆座、船尾座。这就是目前我们用的版本。

德拉卡伊在拆分南船座时，保留了该星座内各个亮星在南船座里拥有的巴耶命名。这样，船底座占有了原先南船座的 α 、β 、ε 、η 、θ 、ι 、υ 和 χ 星，船帆座占有了 γ 、δ 、κ 、λ 、μ 、ο 、φ 和 ψ 星，船尾座则占有了 ζ 、ν 、ξ 、π 、ρ 、σ 和 τ 星。

值得一提的是，当代的南十字座（指南针形状）也是古代南船座的一部分，但是德拉卡伊在把它从南船座划分出来的时候做了另行处理，给南十字座的主要亮星重新分配了巴耶命名。所以，南十字座中所用的希腊字母和船底座、船帆座、船尾座中所用的有可能是重复的。

本章中将要介绍的深空天体都位于船尾座的北半部分，这一部分位于银河"河面"的繁密星场之中，所以与其他很多穿过银河的星座一样，都有不少疏散星团。本章选择其中六个比较值得观察的疏散星团作介绍，这之中包括三个明亮的梅西耶疏散星团。

表 38-1

船尾座中有代表性的星团、星云和星系

天体名称	类型	视亮度	视尺寸	赤经	赤纬	梅	双	城	深	加	备注
NGC 2422	OC	4.4	29.0	07 36.6	–14 29	◉	◉				M 47; Cr 152; Class I 3 m
NGC 2437	OC	6.1	27.0	07 41.8	–14 49	◉	◉				M 46; Cr 159; Class II 2 r
NGC 2440	PN	10.8	70"	07 41.9	–18 13					◉	Class 5+3
NGC 2539	OC	6.5	21.0	08 10.6	–12 49			◉	◉	◉	Cr 176; Mel 83; Class III 2 m
NGC 2447	OC	6.2	22.0	07 44.5	–23 51	◉	◉				M 93; Cr 160; Class I 3 r
NGC 2527	OC	6.5	15.0	08 04.9	–28 08				◉		Cr 174; Class II 2 m
NGC 2571	OC	7.0	13.0	08 19.0	–29 45				◉		Cr 181; Class II 3 m

表 38-2

飞马座中有代表性的双星或聚星

天体名称	星对	星等1	星等2	角距	方位角	年份	赤经	赤纬	城观	双星	备注
kappa	ADS 6255	4.4	4.6	9.8	318	2002	07 38.8	−26 48		◉	H 27AB

另外，银河那繁密的星场，意味着行星状星云也是屡见不鲜的。本章也要介绍船尾座中一个很漂亮、很有代表性的行星状星云。

船尾座每年 1 月 9 日午夜上中天。对于北半球中纬度的观察者来说，整个冬季的夜间都是很适合观察这个星座的。当然，主要是它的北半球部分。

星图 38-1

船尾座北半部分星图（视场宽 30°）

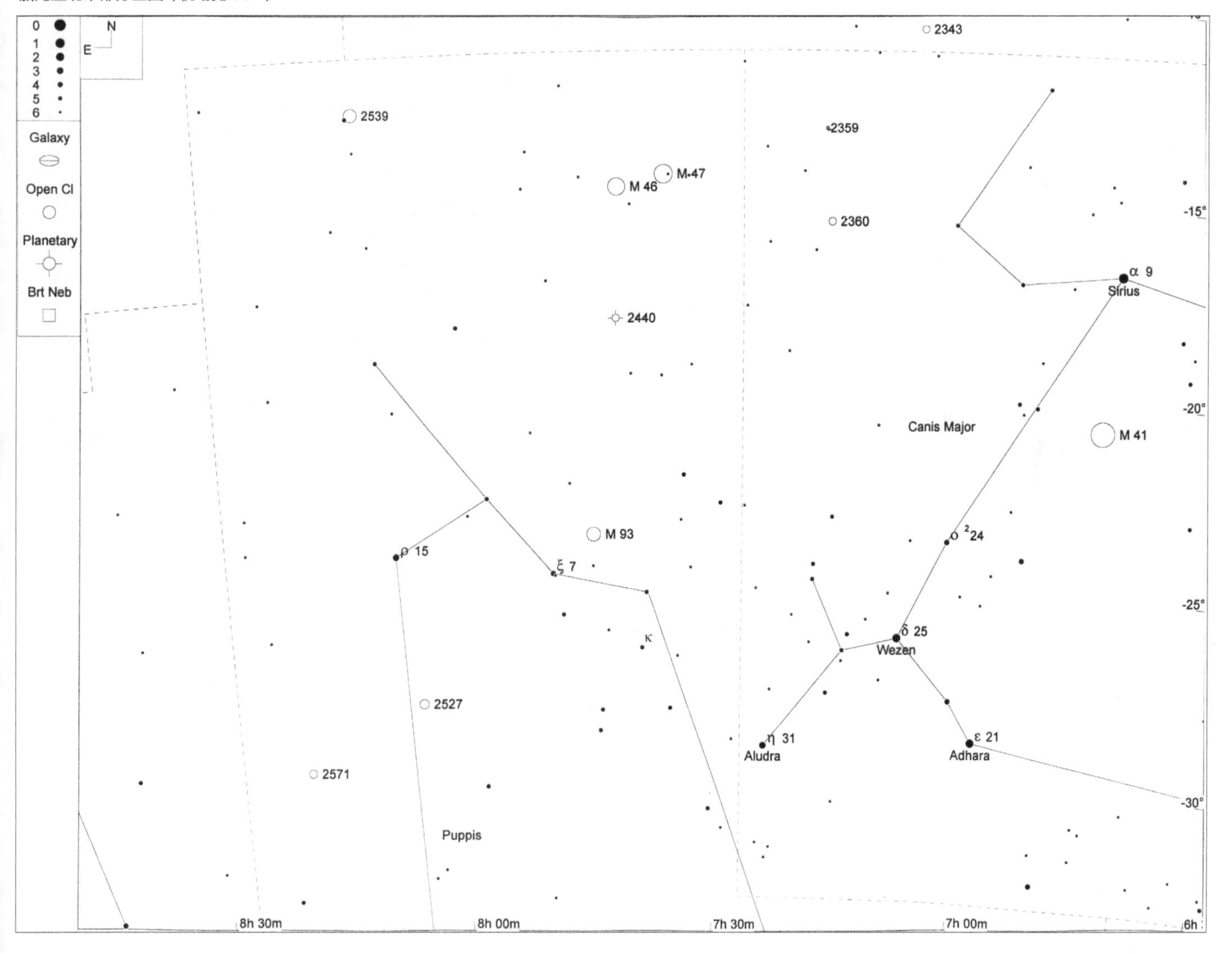

M 47 (NGC 2422)	★★★	◐◐◐	OC	MBUDR
见星图 38-1和星图 38-2	见影像 38-1	m4.4, 29.0'	07h 36.6m	-14°29'

M 47（NGC 2422）是个大而明亮的疏散星团。如果天空完全深暗，观测地点也没有光害的话，其实仅用肉眼直接瞥视也能看到 M 47 呈现为一团暗弱的云气状光芒。所以，肯定有不少古人已经亲眼看过这个天体，其中包括意大利天文学家吉奥瓦尼•巴蒂斯塔•霍迪尔纳（Giovanni Batista Hodierna），他在不晚于 1654 年的时候就记录过这个天体。不过，不知道这些情况的梅西耶还是在1771年2月19日独立地重新发现了这个天体一次，并记述道，它比旁边的 M 46 要亮一些。不幸的是，梅西耶在记录这个天体的位置时把数据给写错了，使得这个 M 47 在此后很长一段时间里成了“失踪的梅西耶天体”。直到 1959 年，这个错误才最终被后人纠正过来。

定位 M 47 时，既可以利用参考星来移动视场，也可以直接用亮星的几何位置进行估计，后一种方法更简单。我们将大犬座 α（天狼星）及其东南 11° 处的 1.8 等星大犬座 δ 视为一条底边，则 M 47 在这条底边的东北侧，与之构成了一个高 13° 的等腰三角形。M 46 作为 M 47 的伴系，也紧邻 M 47。因此只要将双筒镜或寻星镜直接指向那个位置，应该就能在目镜中发现 M 47 了。

天文联盟双筒镜梅西耶俱乐部将 M 47 列为口径 35mm（含）以上的各类双筒镜的“容易”级目标。因此，我们只用 50mm 双筒镜就看到了 M 47 的 15 颗 6 ～ 7 等成员星和明显的云雾状背景光芒。星团正中有颗 7 等星，其东侧约 5' 还有一颗 7 等星，星团的西边缘有颗 6 等星。用加 90 倍放大率的 10 英寸反射镜观察，则可以看到 70 颗以上的成员星，其中最亮的那些成员星（6 ～ 7 等的）都是冷白色的，或蓝白色的。星团整体呈一种不太规则的分布态势，成员星彼此聚成不少小团块，或者星链，星链之间由几乎无亮星的暗带相隔。星团中最亮的两颗成员星都是双星，例如，星团西边缘的那颗全团最亮的成员星就是一颗大角距的双星（STF 1120），其伴星比主星要暗不少。星团中心那颗亮成员星旁边的那颗亮星也是双星（STF 1121），其主星和伴星的角距很小，但亮度相差也不多。

影像 38-1

NGC 2422（M 47）（视场宽 1°）

本照片承蒙帕洛马天文台和太空望远镜科学研究院惠允翻拍自数字巡天工程成果

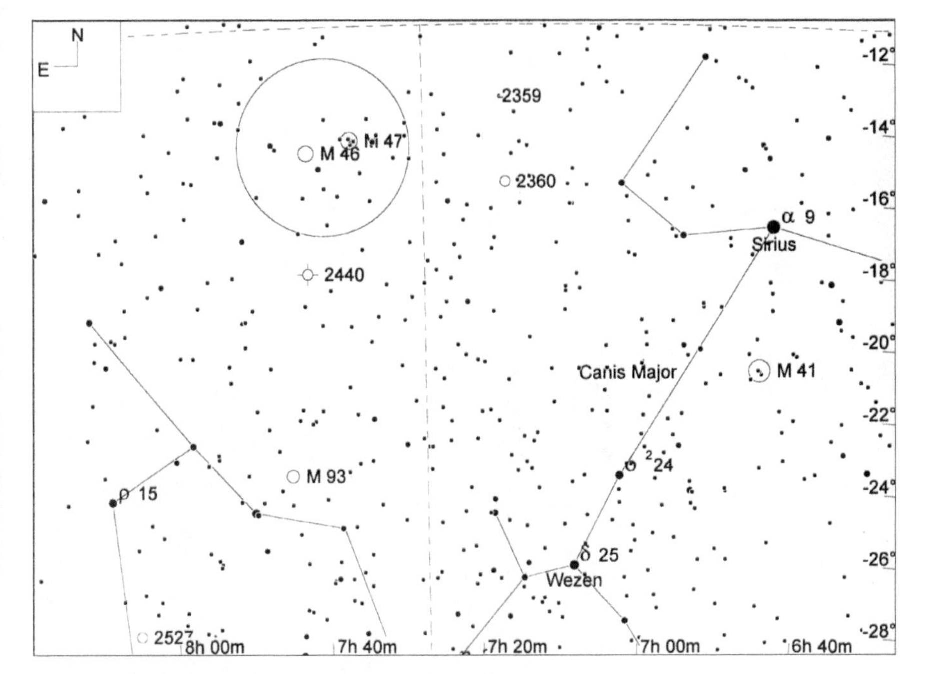

星图 38-2

NGC 2422(M 47)和NGC 2437(M 46)(视场宽 25°，寻星镜视场圈直径 5°，极限星等 7.0 等)

M 46 (NGC 2437)	★★★	⊕⊕⊕	OC	MBUDR
见星图 38-1和星图 38-2	见影像 38-2	m6.1, 27.0'	07h 41.8m	–14° 49'

M 46(NGC 2437)是个又大又亮的疏散星团。梅西耶在 1771 年 2 月 19 日发现了这个天体，同一晚他还重新发现了 M 47。此时，他的第一版云雾状天体目录(包括 45 个目标)已经出版了，所以 M 46 是他在梅西耶目录初次印刷之后发现的第一个新的深空天体。

定位 M 46 时，与其利用参考星来移动视场，不如直接依靠周围亮星的位置进行几何估计。由于它的位置与 M 47 很接近(位于 M 47 的东南东方向约 1.3° 处)，所以可以套用上文介绍的 M 47 的几何定位法，这里不再重复叙述。在双筒镜或寻星镜中，M 46 和 M 47 都可以被囊括在同一视场之内，只不过 M 46 比 M 47 略小也略暗一点。

天文联盟双筒镜梅西耶俱乐部把 M 46 列为口径 35mm(含)以上任何双筒镜的“容易”级目标。我们用 50mm 双筒镜观察它，看到一大团明亮的云雾状光芒，当然，比同一视场内的 M 47 稍微小些，也略微暗些。通过双筒镜用余光瞥视，还可以看到星团的西边缘有颗 9 等成员星，并勉强看到星团的南部和东部各有一颗暗弱的 10 等成员星。

用 10 英寸反射镜加 42 倍放大率，取得直径 1.7° 的真实视场，刚好可以把两个星团囊括在同一视场之内。也许有人会想象这种效果就像英仙座的那对“双重星团”一样，但实际不然，因为英仙座双重星团的那两个星团各

影像 38-2

NGC 2437(M 46)(视场宽 1°)

本照片承蒙帕洛马天文台和太空望远镜科学研究院惠允翻拍自数字巡天工程成果

自都拥有很多的亮成员星，真的仿佛孪生姊妹一般，而 M 46 和 M 47 之中，只有 M 47 达到了这种水平，M 46 跟它的相似之处并不够多。说起来，M 46 更像御夫座的 M 37，也就是亮星不多，但成员星总数很多，有大量的 10 等以及更暗的成员星密密麻麻地铺散着的那种星团。

在 90 倍放大率下观察 M 46，除了能看到不下 75 颗成员星以外，还可以揭开很多别的秘密。例如，在低倍目镜中可以看到一颗位于星团北边缘的“恒星”略显绒毛状，在 90 倍放大率下，就可以看清它的真面目了——它是一个圆盘状的天体，即行星状星云 NGC 2438。尽管 NGC 2438 看似被包裹在 M 46 之中，但其实它离我们的距离只有 M 46 的一半，也就是说它只是一个前景天体，并不属于 M 46 的成员。

NGC 2440	★★	◐◐	PN	MBUDR
见星图 38-3	见影像 38-3	m10.8, 70"	07h 41.9m	−18° 13'

NGC 2440 是个尺寸比较小但表面亮度比较高的行星状星云。见星图 38-3，可以从 M 47 开始来定位它。把 M 47 放在寻星镜视场的西北边缘，就可以在靠近视场东南边缘的地方明显看到亮度为 5 等的船尾座 6 号星。NGC 2440 就在该星的西南西方向 2.1° 处，而在 NGC 2440 的西北西方向大约 37' 处，还有一颗 7.5 等星，在寻星镜里也能看到，可以作为辅助定位的标识。在寻星镜中估计着将NGC 2440 的位置放到中心后，用低倍放大率的目镜配置，再手持窄带滤镜或 O- Ⅲ滤镜作“闪视”观察，就可以确定哪个亮点才是 NGC 2440。

确定目标之后，我们用 10 英寸望远镜加 180 倍放大率，再加猎户牌 Ultrablock 窄带滤镜进行观察。此时运用余光瞥视的技巧，能看出 NGC 2440 的圆盘面直径约 15"，在东北东—西南西方向上略有拉长，在圆盘中心处有一些增亮。

影像 38-3

NGC 2440（视场宽 1°）

本照片承蒙帕洛马天文台和太空望远镜科学研究院惠允翻拍自数字巡天工程成果

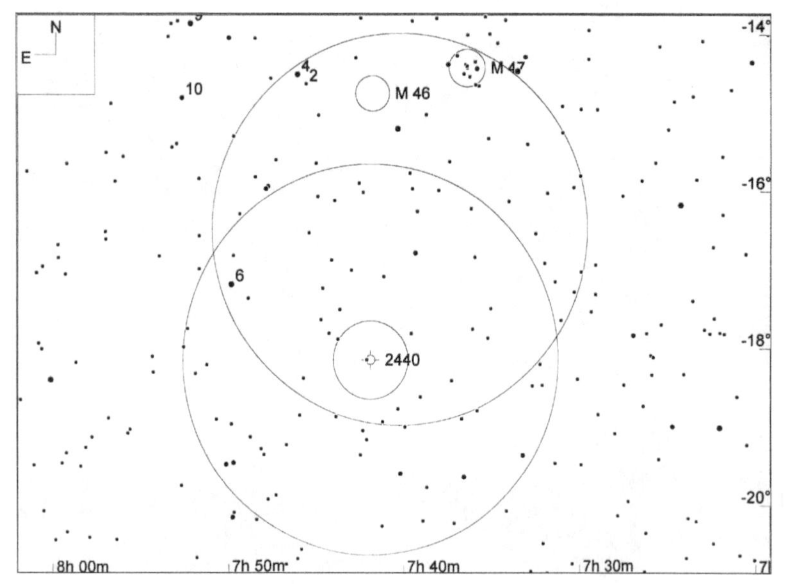

星图 38-3

NGC 2440（视场宽 10°，寻星镜视场圈直径 5°，目镜视场圈直径 1°，极限星等 9.0 等）

NGC 2539	★★★	⊕⊕⊕	OC	MBUDR
见星图 38-4	见影像 38-4	m6.5, 21.0'	08h 10.6m	−12°49'

NGC 2539 是个明亮的疏散星团，也是又一个“不知道为什么竟被梅西耶漏过”的天体。我们猜测，可能是由于 NGC 2539 位于 M 46 和 M 47 的东北东方向大约 7.5° 远，而梅西耶时代的天文望远镜又没有那么宽阔的视场，才导致了这个缺漏。假如梅西耶能手持一只当代的 7×50 双筒镜的话，他肯定会在发现 M 46 和 M 47 的那个夜晚一并发现 NGC 2539 的。

固然，可以依照星图用参考星的方式来步步为营寻找 NGC 2539，不过如果大刀阔斧一些可能反而更简单。用双筒镜或寻星镜对准 M 46 和 M 47，然后直接往东偏北一点点的方向移动视场，NGC 2539 就应该能直接进入视场并被看到。NGC 2539 同时位于 4.7 等的船尾座 19 号星西北边几个角分处、5.5 等的船尾座 18 号星北边 1° 处，这两颗星在寻星镜中也很明显。

我们用 50mm 双筒镜观察，看到 NGC 2539 呈现为一个中等大小的明亮云雾状斑块，而船尾座 19 号星就闪耀在它的东南边缘上。此时还分解不出 NGC 2539 的成员星。换用 10 英寸道布森镜加 90 倍放大率之后，可以看出 NGC 2539 在东—西向长度为 25' 的椭圆形轮廓，以及 100 颗以上 10～13 等的成员星，它们彼此组成很多团块、弧形和链状结构。星团的东南部和北部各有一块深暗的、成员星极少的“缺口”。

影像 38-4

NGC 2539（视场宽 1°）

本照片承蒙帕洛马天文台和太空望远镜科学研究院惠允翻拍自数字巡天工程成果

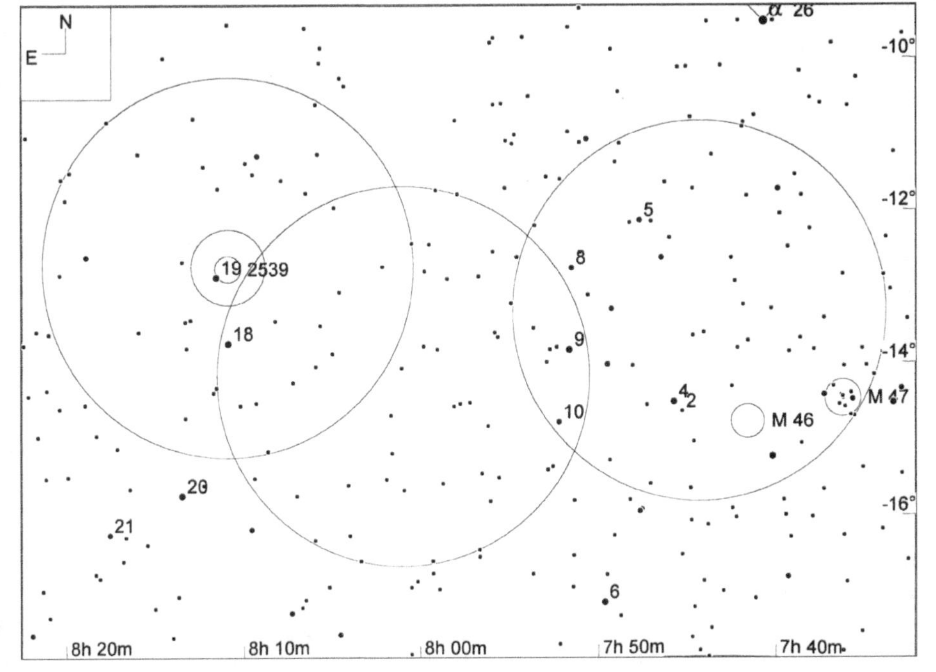

星图 38-4

NGC 2539（视场宽 12°，寻星镜视场圈直径 5°，目镜视场圈直径 1°，极限星等 9.0 等）

M 93 (NGC 2447)	★★★	⊕⊕⊕	OC	MBUDR
见星图 38-5	见影像 38-5	m6.2, 22.0'	07h 44.5m	–23°51'

M 93（NGC 2447）是个中等大小的、明亮的疏散星团，也是梅西耶发现的最后一批深空天体之一。它被发现并被编为梅西耶第 93 号的时间是 1781 年 3 月 20 日。

定位 M 93 的最简单方法是从 1.8 等的大犬座 δ（25 号星）开始。将其放在双筒镜或寻星镜视场中，然后往东偏北一点的方向移动 8.6°，即可看到 M 93 进入视场。

天文联盟双筒镜梅西耶俱乐部把 M 93 列为口径 35mm（含）以上任何双筒镜的“容易”级目标。我们通过 50mm 双筒镜观察它，看到一个明亮的云雾状大斑块，在其东南方 1.5° 还有一颗明亮耀眼的 3.3 等星即船尾座 ξ（7 号星）。此时用余光瞥视，还能看到五六颗 9 ～ 10 等的成员星被包裹在模糊光芒之中。换到 10 英寸反射镜加 90 倍放大率，则可以看到不少于 75 颗 9 ～ 13 等的成员星，整体上组成了一个三角形的轮廓，最亮的一个角指着西南西的方向。在西南西的这个角的尖部，有着该星团最亮的两颗成员星，它们各自又都是大角距的双星。

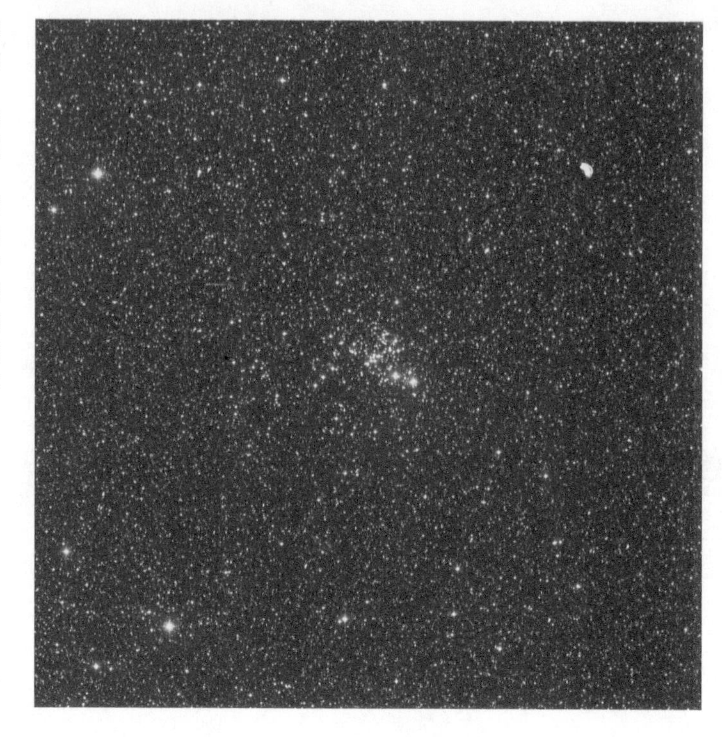

影像 38-5

NGC 2447（M 93）（视场宽 1°）

本照片承蒙帕洛马天文台和太空望远镜科学研究院惠允翻拍自数字巡天工程成果

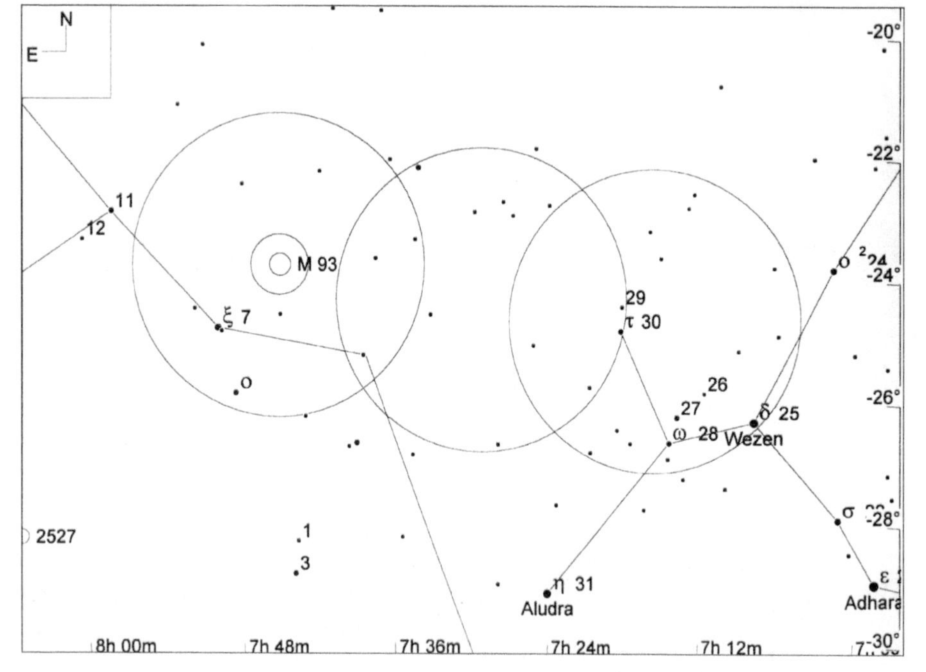

星图 38-5

NGC 2447（M 93）（视场宽 15°，寻星镜视场圈直径 5°，目镜视场圈直径 1°，极限星等 7.0 等）

NGC 2527	★★	◕◕◕	OC	MBUDR
见星图 38-6		m6.5, 15.0'	08h 04.9m	−28°08'

NGC 2527 是个中等偏大且明亮的疏散星团。从 3.3 等的船尾座 ξ（7 号星）开始，很容易定位它。关于如何认出船尾座 ξ，前一段已经说明了。认准船尾座 ξ 后，在其东边 4.2° 处可以看到更为明亮的 2.8 等星船尾座 ρ（15 号星）。将船尾座 ρ 放在双筒镜或寻星镜视场的北边缘，即可在其南侧 3.8° 处看到 NGC 2527。

在我们的 50mm 双筒镜中，NGC 2527 是个明亮的模糊斑块，尺寸中等。此时如果不用余光瞥视，就看不出它的成员星，使用余光瞥视之后可以在视力极限程度上隐约感到五六颗成员星在微弱地闪烁。而用 10 英寸反射镜加 90 倍放大率观察，该星团则呈现出非常松散稀疏的外观，可以看出三四十颗 9 ～ 13 等的成员星。这些成员星的绝大部分都分布在一个直径 10' ～ 15' 的中心区里，但也有些位于整体直径 25' 的星团边缘。由于星团身处繁密的银河背景星场之中，所以很难断定某些星究竟是不是它的成员星，也就不太容易精确划定星团的边界。

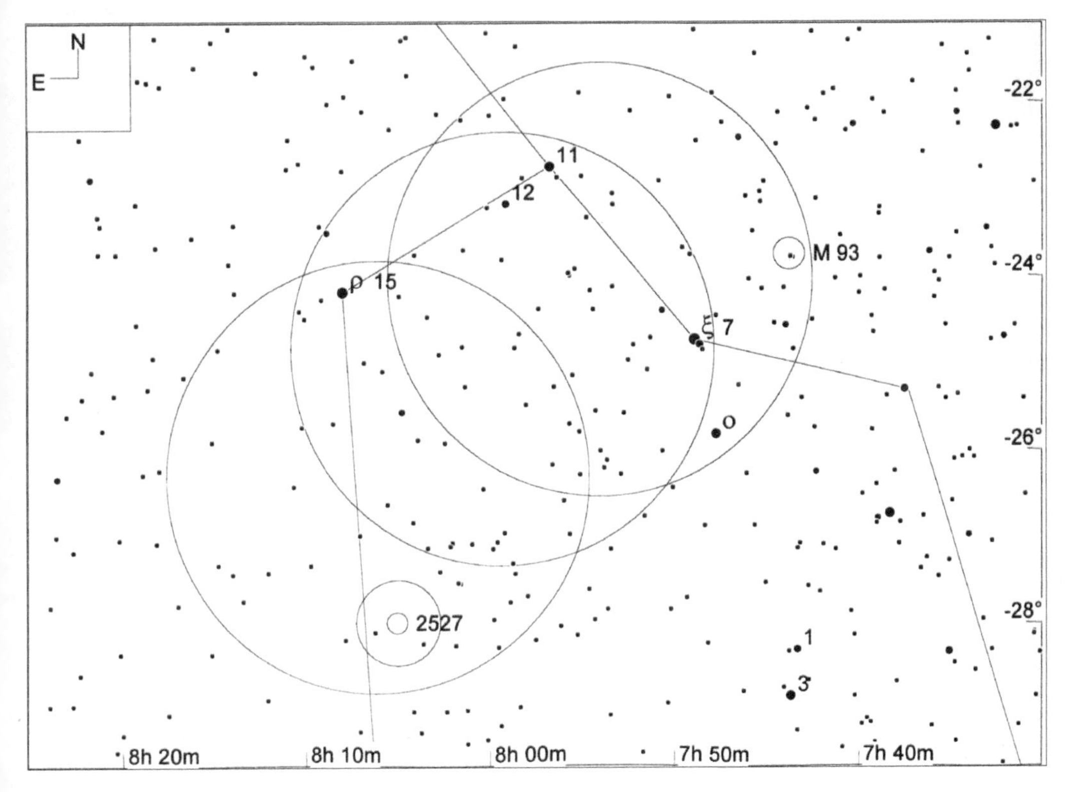

星图 38-6

NGC 2527（视场宽 12°，寻星镜视场圈直径 5°，目镜视场圈直径 1°，极限星等 9.0 等）

NGC 2571	★★	◕◕◕	OC	MBUDR
见星图 38-7		m7.0, 13.0'	08h 19.0m	−29°45'

疏散星团 NGC 2571 的尺寸和亮度都属于中等。它位于 NGC 2527 的东南东方向 3.5° 处、亮星船尾座 ρ（15 号星，2.8 等）的南东南方向 6° 处，因此不难定位。

通过我们的 50mm 双筒镜观察，NGC 2571 呈现为一块亮度均匀，尺寸也不算小的云雾斑，云雾状光芒中可以看出两颗成员星。换用余光瞥视，还能多看到一两颗成员星。在加 90 倍放大率的 10 英寸反射镜中，该星团呈现出更大、更松散的样貌，可以看到不下 20 颗成员星分布在一个椭圆形轮廓中，该轮廓的长轴在西北—东南方向，长径约 12'。在星团中心附近有一对 9 等星，角距稍大；其他成员星多为 12 ～ 13 等，散布在从西北到东南的整个星团范围之中。

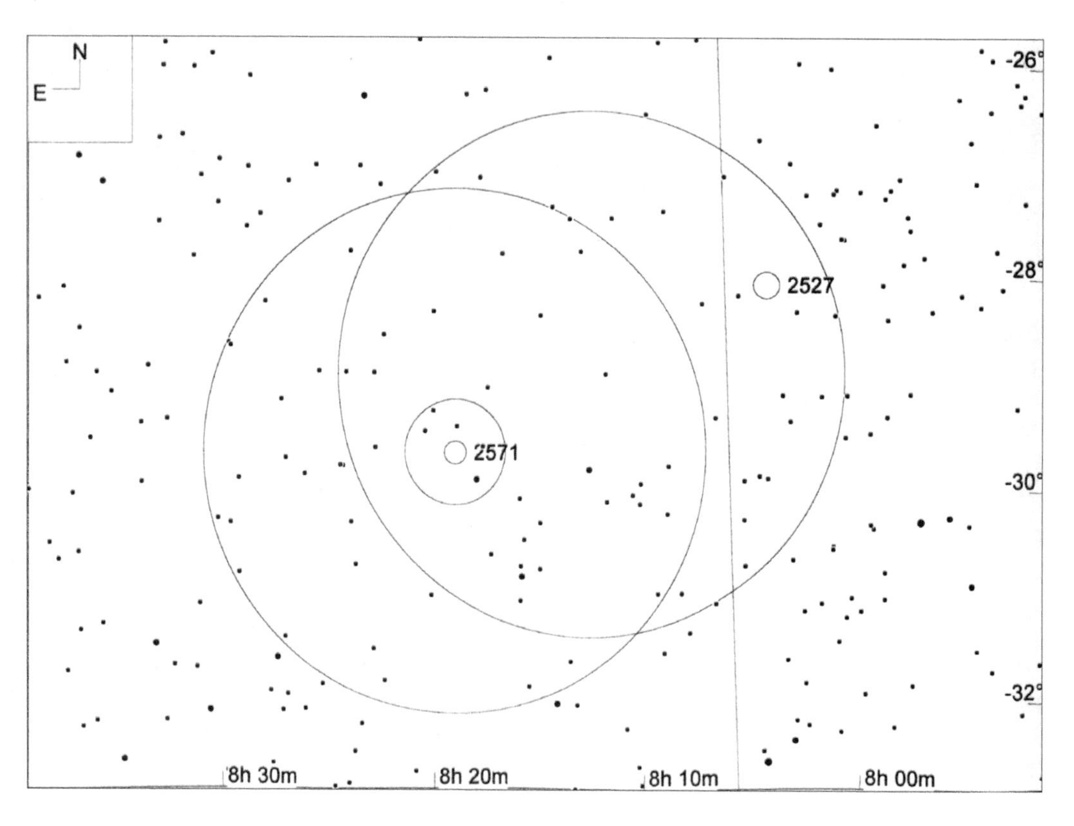

星图 38-7

NGC 2571（视场宽 10°，寻星镜视场圈直径 5°，目镜视场圈直径 1°，极限星等 9.0 等）

"Kappa Puppis" (ADS 6255)	★★	⚽⚽⚽	MS	uD
见星图 38-8		m4.4/4.6, 9.8", PA 318° (2002)	07h 38.8m	−26°48'

天文联盟的双星俱乐部的目标列表中写有这样一个目标："船尾座 κ"。不过，本章开头就已经提到过，目前的船尾座里根本没有巴耶命名为 κ 的星。而当年旧的南船座里的 κ 星要由此往南西南方向 32.9° 之遥，在今天的船帆座天区内才能找到。这里面到底出了什么问题呢？普遍的解释是：这个目标列表犯了一个在所难免的小错误，把希腊字母 κ 与小写的罗马字母 k 给弄混了。所以，观测者们实际要完成的目标更可能应该是船尾座 k 星。

船尾座 k 星的定位并不难。如星图 38-8 所示，我们既可以从 2.5 等的大犬座 η（31 号星）开始，也可以从 3.3 等的船尾座 ξ（7 号星）开始。其实，船尾座 k 星就在以上两颗星的连线上，在连线中点稍偏船尾座 ξ 一点的位置。所以，即使用肉眼也不难估出它的位置。

我们用 10 英寸口径道布森镜加 90 倍放大率观察，看到船尾座 k 星的两颗成员星亮度相仿，且均呈冷白色。

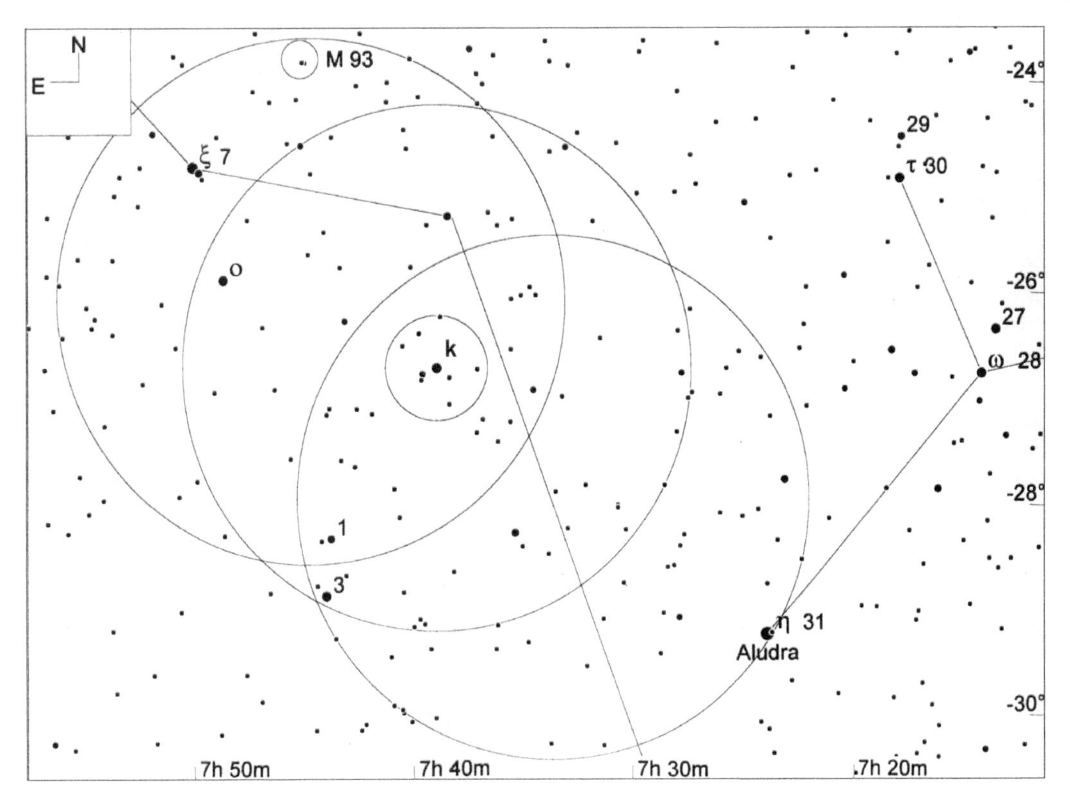

星图 38-8

船尾座 κ（ADS 6255）（视场宽 10°，寻星镜视场圈直径 5°，目镜视场圈直径 1°，极限星等 9.0 等）

39

天箭座，箭矢

星座名：天箭座（Sagitta）
适合观看的季节：夏
上中天：7 月中旬午夜
缩写：Sge
所有格形式：Sagittaei
相邻星座：天鹰、海豚、武仙、狐狸
所含的适合双筒镜观看的天体：NGC 6838 (M 71)
所含的适合在城市中观看的天体：（无）

天箭座是北半天球一个暗弱的微型星座，面积仅 80 平方度，约占天球的 0.2%，在全天 88 星座中是面积第三小的。由于全天最小的星座——南十字座在天球上太靠南了，所以天箭座实际是北半球中纬度地区的观测者们能看到的第二小的星座（面积介于南十字座和天箭座之间的则是小马座）。天箭座中的主要恒星也仅为 5 颗 4 等星。

虽然缺乏亮星，面积狭小，但天箭座的传说历史可一点不短，它也是托勒密划定的 48 个古星座之一。虽然天箭座的名字 Sagitta 和人马座的名字 Sagittarius 很相似，但并不是所有的神话都把这两个星座联系在一起。在一些可能属于古希腊文明早期的神话中，天箭座代表着赫拉克勒斯为了保护普罗米修斯而向天鹰（即天鹰座）射出的箭。普罗米修斯因为盗取天上的火种送给人间，受到了宙斯的惩罚，被锁在岩壁上忍受天鹰啄食的痛苦。赫拉克勒斯前来相救，挽开强弓，一箭射死了天鹰。在另一个可能是同时代的传说中，天箭座代表着赫拉克勒斯射死斯廷法利斯湖的怪鸟（Stymphalian Birds）的那支箭，这也是赫拉克勒斯的 12 件大功之一。当然，还有些神话确实将天箭座与人马座联系了起来，例如说天箭座代表人马座的那个“半兽人”射向天蝎座“蝎子”的那支箭（但从天箭座的位置和朝向来看，这种说法似乎不太妥当），又例如说这支箭是由半人马座（与人马座不是同一星座——译者注）射向天蝎座的。

天箭座天区内除了梅西耶球状星团 M 71 以外，没有其他什么让天箭座值得一看的深空天体或聚星系统。

天箭座每年 7 月 17 日午夜上中天，对于北半球中纬度的观测者来说，从春末到初秋的夜里都很适合观察这个星座。

表 39-1

天箭座中有代表性的星团、星云和星系

天体名称	类型	视亮度	视尺寸	赤经	赤纬	梅	双	城	深	加	备注
NGC 6838	GC	8.4	7.2	19 53.8	+18 47	◉	◉				M 71; Class ???

星图 39-1

天箭座星图（视场宽 35°）

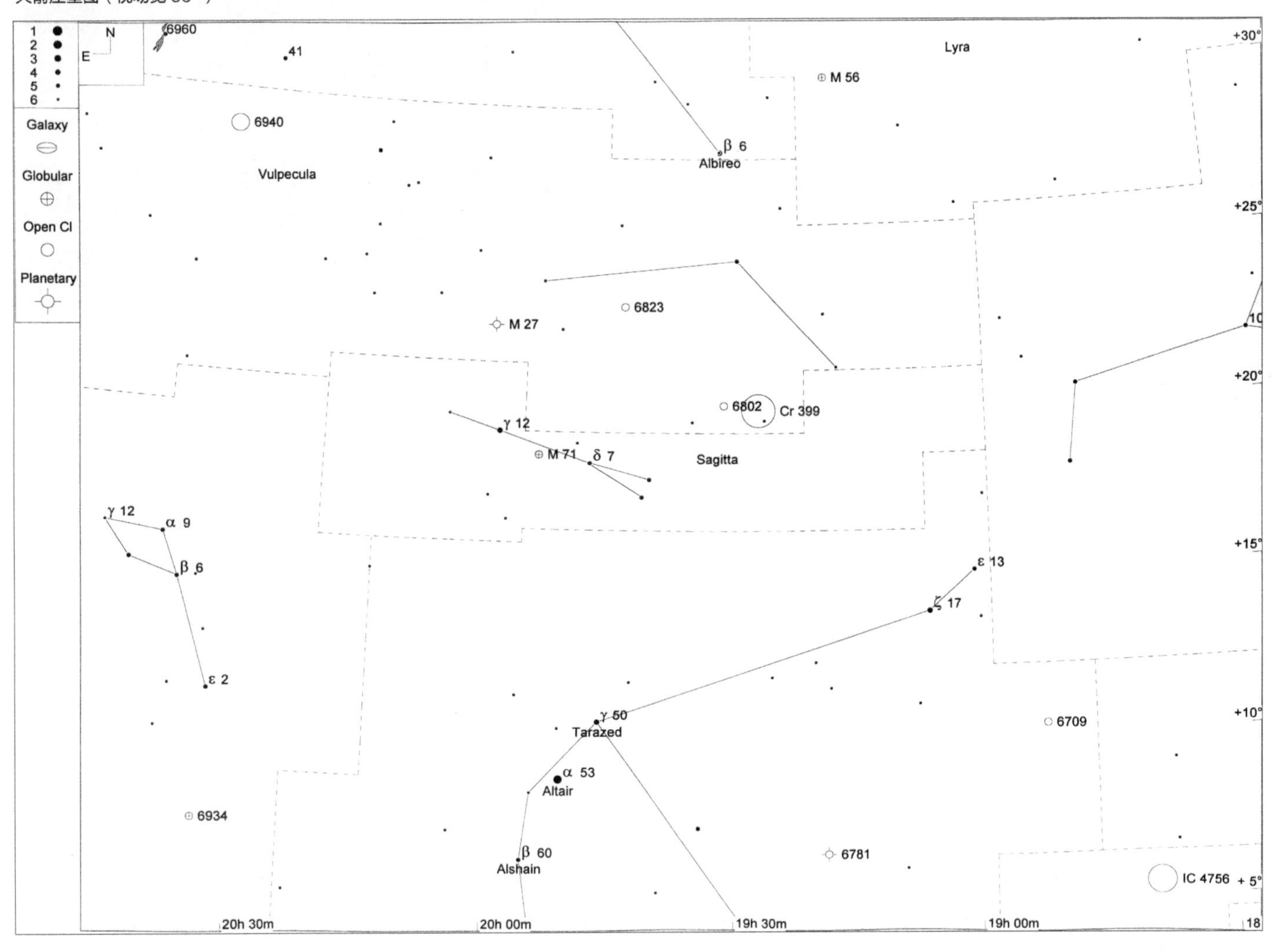

M 71 (NGC 6838)	★★★	⊕⊕	GC	MBUDR
见星图 39-2	见影像 39-1	m8.4, 7.2'	19h 53.8m	+18°47'

M 71（NGC 6838）是个美丽、醒目且非常稀松的球状星团。夏西亚科斯（Philippe Loys de Chéseaux）在 1745 年或 1746 年发现了它。梅西耶则于 1780 年 10 月 4 日晚上观察了这个天体并将其加入自己的目录。M 71 作为一个球状星团，地位还颇有些特殊，因为迟至大约 50 年前天文学家们还没有真正确定它到底算不算一个球状星团。很多人认为，M 71 其实是个比较紧致的疏散星团，就像盾牌座里的 M 11 一样。后来，通过精密的照相观测以及数据分析，M 71 才终于被认定属于球状星团。不过，就业余的观测爱好者而言，实在还是说不出它与一个非常紧致的疏散星团究竟有何区别。

M 71 的定位方法比较简单。假如我们把 3.8 等的天箭座 δ（7 号星）和 3.5 等的天箭座 γ（12 号星）之间连线，则此线呈东北东—西南西方向，长度 2.8°。这两颗星都是肉眼可见的，且都位于相对明亮的狐狸座的东南方，还是不难找到的。而 M 71 就在此线中点附近稍偏南一点的地方。在天文联盟双筒镜梅西耶俱乐部的目标列表中，把 M 71 列为 35mm 和 50mm 双筒镜的“特难”级（最高难度）目标，不过我们还是觉得他们太乐观了，因为我们用自己的 50mm 双筒镜从未成功看到过 M 71。不过，6.3 等的天箭座 9 号星在寻星镜中倒是很明显，而 M 71 就在其东北东方向仅 21' 处，因此用单筒镜不难观察到它。

我们用 10 英寸反射镜加 125 倍放大率观察 M 71，看到它呈现出一个直径 4' 的轮廓，边缘不够整齐。从星团边缘直到中心，可以分解出数十颗成员星。作为球状星团来说，它中心区的成员星汇聚程度明显不够高。

影像 39-1

NGC 6838（M 71）（视场宽 1°）

本照片承蒙帕洛马天文台和太空望远镜科学研究院惠允翻拍自数字巡天工程成果

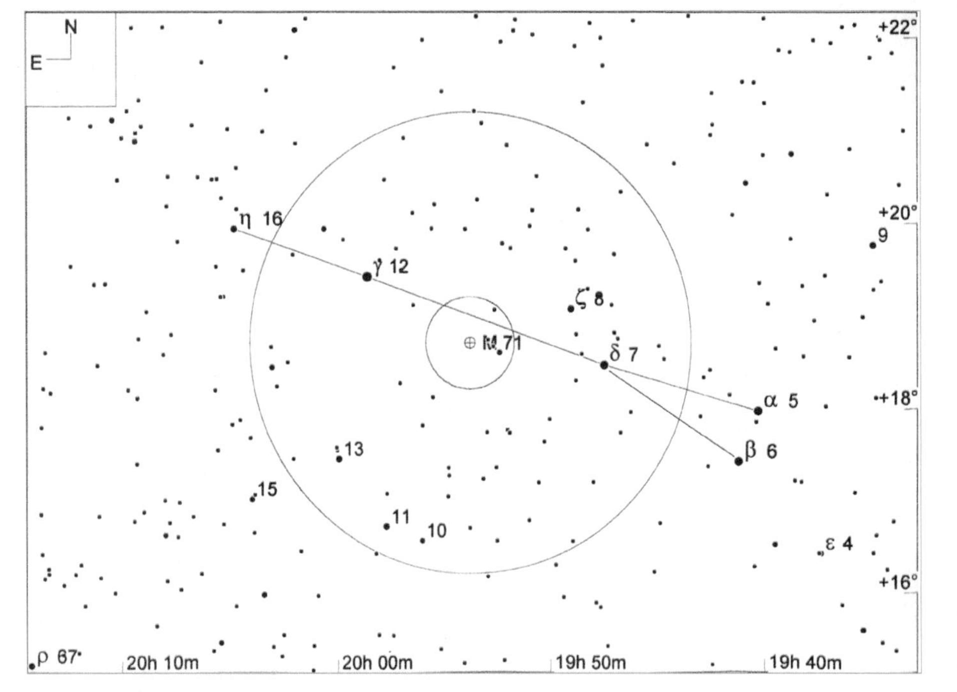

星图 39-2

NGC 6838（M 71）（视场宽 10°，寻星镜视场圈直径 5°，目镜视场圈直径 1°，极限星等 9.0 等）

聚星

关于天箭座，本书不推荐任何聚星。

40

人马座，射手

星座名：人马座（Sagittarius）

适合观看的季节：夏

上中天：7 月上旬午夜

缩写：Sgr

所有格形式：Sagittarii

相邻星座：天鹰、摩羯、南冕、显微镜、蛇夫、天蝎、盾牌、巨蛇、望远镜

所含的适合双筒镜观看的天体：NGC 6494 (M 23), NGC 6514 (M 20), NGC 6523 (M 8), NGC 6520, NGC 6603 (M 24), NGC 6613 (M 18), NGC 6618 (M 17), NGC 6626 (M 28), IC 4725 (M 25), NGC 6637 (M 69), NGC 6656 (M 22), NGC 6681 (M 70), NGC 6716, NGC 6715 (M 54), NGC 6809 (M 55), NGC 6864 (M 75)

所含的适合在城市中观看的天体：NGC 6523 (M 8), NGC 6520, NGC 6618 (M 17), NGC 6656 (M 22), NGC 6818

人马座大而醒目，位于天球南半部分。其面积为 867 平方度，约占天球的 2.1%，在全天 88 星座里排在第 15 位。虽然这个星座内最亮的只有两颗 2 等星，但 8 颗 3 等星几乎遍布该星座的每个角落，使整个星座仍然熠熠生辉。除了辉煌的猎户座，以及北斗七星（属于大熊座的一部分）之外，人马座几乎是最为人熟知的星座了，就连很多圈外人也都知道它。

人马座的"茶壶"状星群非常有名。当我们在夏夜里眺望南方地平线附近的天区时，很多人的目光都会被那仿佛从"壶嘴"里喷薄而出的"蒸汽"（其实是明亮的银河星场）牢牢吸引住。不过，大多数人在惊叹之余，却并不了解这个星群在天文观测上的特殊意义，甚至很多人根本不知道这个星座叫什么名字。

人马座的历史悠久。它不仅是托勒密的 48 个星座之一，而且被学界认为是在人类开始书写记事以后不久就被记载了的天区。由于远古的人可能不知道"茶壶"是什么玩意儿，所以他们把这个星座想象为一位骑在马背上的射手，或者是神话中的那种"半人半马的怪兽"（Centaur）。

当我们看着人马座的时候，我们的视线就指向了银河系的核心。因此，人马座内有趣且比较明亮的深空天体可以说是数不胜数，其中光是梅西耶天体就不下 15 个。（这一个星座内的梅西耶天体就占了整个梅西耶目录的 1/8 还多。）从本章所提供的数字巡天照片就可以看出人马座内的深空天体是多么密集，以至于有时很难辨认两个相邻的深空天体之间究竟有多大的间隔，以及它们各自的边界在哪里。这些天体之间实在靠得太近，甚至常有天体被别的天体包裹在自己的轮廓之内。

因此，即使是对于小口径单筒镜，甚至双筒镜来说，人马座也是探寻深空天体的一片"沃土"。人马座内的 15 个梅西耶天体中，有 14 个都被天文联盟双筒镜梅西耶俱乐部的目标列表所收录。其中有 8 个对于口径不小于 35mm 的任何双筒镜都是"容易"级的：M 8、17、18、22、23、24、25 和 55。其他 6 个梅西耶天体的难度分级情况如下（顿号前为 35 或 50mm 双筒镜，顿号后为 80mm 双筒镜——译者注）：M 28——稍难、容易；M 54 和 M 75——特难、稍难；M 20、M 69 和 M 70——看不到、特难。另外，M 21 因太暗，对任何双筒镜均不做要求。除此之外，人马座内还有两个非梅西耶的疏散星团被深空双筒镜俱乐部的目标列表收录，即 NGC 6520 和 NGC 6716，二者用 50mm 双筒镜均不难看到。

人马座每年 7 月 5 日午夜上中天，对于北半球中纬度的观测者来说，从春末到初秋的夜间都比较适合观察这个星座。

表 40-1

人马座中有代表性的星团、星云和星系

天体名称	类型	视亮度	视尺寸	赤经	赤纬	梅	双	城	深	加	备注
NGC 6637	GC	7.7	9.8	18 31.4	–32 21	◉	◉				M 69; Class V
NGC 6681	GC	7.8	8.0	18 43.2	–32 18	◉	◉				M 70; Class V
NGC 6715	GC	7.7	12.0	18 55.1	–30 29	◉	◉				M 54; Class III
NGC 6656	GC	5.2	32.0	18 36.4	–23 54	◉	◉	◉			M 22; Class VII
NGC 6626	GC	6.9	13.8	18 24.5	–24 52	◉	◉				M 28; Class IV
NGC 6523	EN	5.0	50.0 x 40.0	18 04.1	–24 18	◉	◉	◉			M 8; IC 1271
NGC 6514	EN/RN + OC	9.0 + 6.3	17.0 x 12.0 + 30.0	18 02.4	–22 59	◉	◉				M 20; Class n
NGC 6531	OC	5.9	13.0	18 04.2	–22 30	◉					M 21; Cr 363; Class I 3 r
NGC 6603 + IC 4715 (M 24)	OC + OC	11.5	4.0 + 120.0	18 17.0	–18 36	◉	◉				M 24; Class: Star cloud
NGC 6613	OC	6.9	9.0	18 20.0	–17 06	◉	◉				M 18; Class II 3 p n
NGC 6618	EN	6.9	11.0 x 6.0	18 20.8	–16 10	◉	◉	◉			M 17
IC 4725	OC	4.9	40.0	18 28.8	–19 17	◉	◉				M 25; Cr 382; Class I 3 m
NGC 6494	OC	5.5	27.0	17 56.9	–19 01	◉	◉				M 23; Class II 2 r
NGC 6445	PN	13.2	44.0" x 30.0"	17 49.2	–20 01					◉	Class 3b+3
NGC 6520	OC	7.6	6.0	18 03.4	–27 53			◉	◉	◉	Cr 361; Mel 187; Class I 2 r n
NGC 6716	OC	7.5	6.0	18 54.6	–19 52				◉		Cr 393; Class IV 1 p
NGC 6818	PN	9.9	48.0"	19 44.0	–14 09			◉		◉	Little Gem Nebula; Class 4
NGC 6809	GC	6.3	19.0	19 40.0	–30 58	◉	◉				M 55; Class XI
NGC 6864	GC	8.6	6.8	20 06.1	–21 55	◉	◉				M 75; Class I

星图 40-1

人马座星图（视场宽 40°）

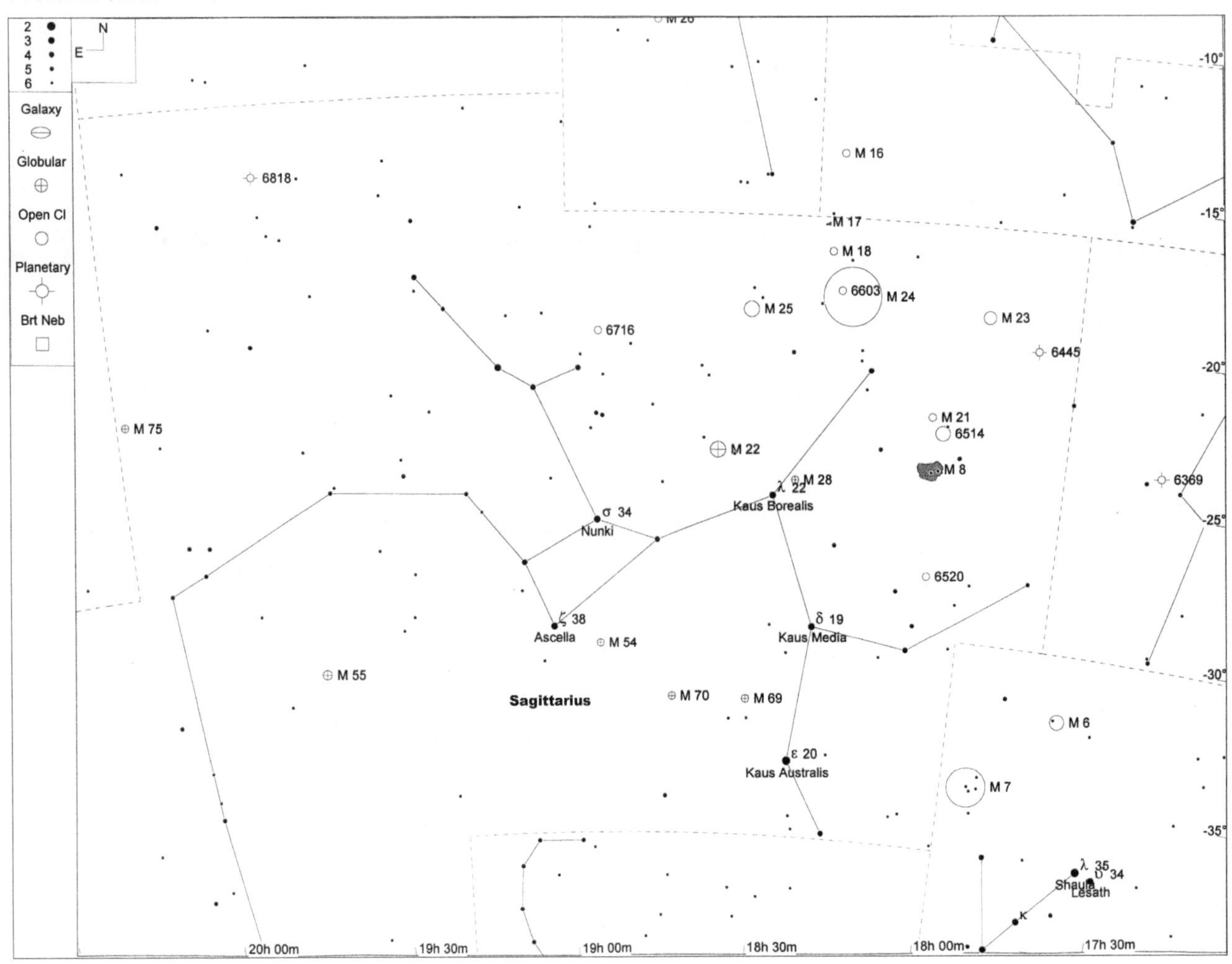

星团、星云和星系

NGC 6637 (M 69)	★★	◐◐◐◐	GC	MBUDR
见星图 40-2	见影像 40-1	m7.7, 9.8'	18h 31.4m	–32°21'

M 69（NGC 6637）是梅西耶目录中一个比较小也比较暗的球状星团。梅西耶在 1780 年 8 月 31 日发现它时，其实是正在寻找一个此前由德拉卡伊报告的天体。当看到 M 69 后，梅西耶起初以为这就是德拉卡伊所说的那个目标，但他很快注意到 M 69 的位置与德拉卡伊所描述的那个天体的位置差了有 1°还多。随后他确定这应该是两个彼此无关的天体，而 M 69 也就作为梅西耶自己的原始发现而被他记录了下来。

定位 M 69 极其容易，因为它就在 1.8 等的亮星人马座 ε（20 号星）的东北边 2.5°处。而人马座 ε 既是人马座内最亮的恒星，也是“茶壶”五边形星群的西南角。在 50mm 双筒镜或寻星镜中即可直接看到 M 69，只不过此时它只能呈现为一个模糊微弱的小亮点。通过加 90 倍放大率的 10 英寸反射镜，可以看到 M 69 呈现出一个直径 2.5' 的明亮轮廓，其中心区相当致密且明亮，至于最核心的部分就更亮更醒目了。所以，在这个星团中心附近是不可能分解出成员星的。

影像 40-1

NGC 6637（M 69）（视场宽 1°）

本照片承蒙帕洛马天文台和太空望远镜科学研究院惠允翻拍自数字巡天工程成果

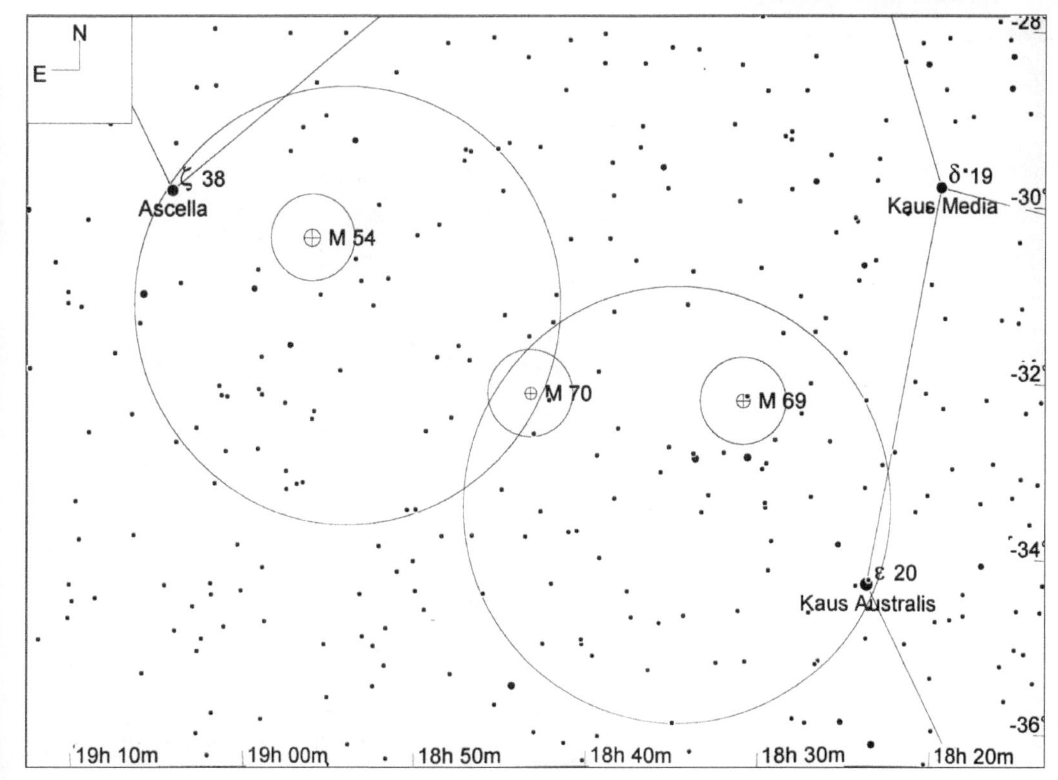

星图 40-2

NGC 6637（M 69）、NGC 6681（M 70）和 NGC 6715（M 54）（视场宽 12°，寻星镜视场圈直径 5°，目镜视场圈直径 1°，极限星等 9.0 等）

M 70 (NGC 6681)	★★	◐◐◐◐	GC	MBUDR
见星图 40-2	见影像 40-2	m7.8, 8.0'	18h 43.2m	-32°18'

M 70（NGC 6681）也是个球状星团，比 M 69 稍小也稍暗一点，不过其他方面还是与 M 69 很相似。梅西耶在 1780 年 8 月 31 日发现并记录了这个天体，同一夜他还发现了 M 69。有趣的是，在 20 世纪一次很重大的彗星发现的过程中，M 70 也扮演了举足轻重的角色。那是 1995 年，天文学家阿兰•海尔（Alan Hale）和托马斯•波普（Thomas Bopp）在观测 M 70 时，注意到在它旁边有个以前从未出现过的暗弱而模糊的小点。他俩就这样发现了一颗新彗星，也就是后来鼎鼎大名的“海尔—波普”彗星。

定位 M 70 也很简单。首先找到“茶壶”西南角，即 1.8 等的人马座 ε（20 号星），以及“茶壶”东南角，2.6 等的人马座 ζ（38 号星）。在这两颗星之间做一连线，则 M 70 几乎正好处在该线段的中点上。在 50mm 的双筒镜或寻星镜中观察，M 70 也像 M 69 一样只是一个模糊微弱的小亮点，而换用加 90 倍放大率的 10 英寸反射镜观察，则可以看到直径约 2' 的明亮轮廓，其成员星向心汇聚得非常紧密，星团中心更是明亮。不过，在中心区也不可能分解出它的成员星了。

影像 40-2

NGC 6681（M 70）（视场宽 1°）

本照片承蒙帕洛马天文台和太空望远镜科学研究院惠允翻拍自数字巡天工程成果

M 54 (NGC 6715)	★★	◐◐◐◐	GC	MBUDR
见星图 40-2	见影像 40-3	m7.7, 12.0'	18h 55.1m	-30°29'

M 54（NGC 6715）是“茶壶”星群底部 3 个球状星团中最亮的一个，它于 1778 年 7 月 24 日被梅西耶发现并记录下来。虽然 M 54 本身是个相当明亮显眼的球状星团，但梅西耶当年所作的记录中仅说它是个“很暗弱的”星云。毫无疑问，这是因为梅西耶在巴黎的观测地点位于北纬 48°，而 M 54 在天球上的赤纬又太靠南，所以 M 54 在当地的高度太低，受到了地平线附近的尘霾影响，亮度被严重地削弱了。

M 54 的定位很容易，因为它就在“茶壶”东南角 2.6 等的人马座 ζ（38 号星）的西南西方向 1.7° 处。在 50mm 口径双筒镜或寻星镜中，M 54 粗看上去与一颗普通恒星没有两样，但如果仔细看还是能感觉到一些绒毛状的特征，这正是球状星团在低倍放大率下的典型特征。在 10 英寸口径加 90 倍放大率的反射式望远镜中，能看到的 M 54 轮廓直径是 2'，且相当明亮，其中还有一个直径 1' 的更加紧致闪亮的核心区。用余光瞥视的话，可以在星团轮廓边缘附近感觉到少数成员星的微弱存在，但中心区是分解不出成员星的。

影像 40-3

NGC 6715（M 54）（视场宽 1°）

本照片承蒙帕洛马天文台和太空望远镜科学研究院惠允翻拍自数字巡天工程成果

M 22 (NGC 6656)	★★★★	⊕⊕⊕⊕	GC	MBUDR
见星图 40-3	见影像 40-4	m5.2, 32.0'	18h 36.4m	-23° 54'

M 22（NGC 6566）是个非常庞大且明亮的球状星团。要说北半球中纬度地区的观测者最为熟悉的球状星团，应该是 M 13，但其实 M 22 比它更大也更亮。而在全天所有的球状星团中，比 M 22 更壮观的只有“半人马 Ω”（NGC 5139）和“杜鹃座 47 号”（NGC 104），但这两个星团分别位于赤纬 -47° 29' 和 -72° 05'，所以，观测地点的地理纬度只要在北纬 42° 31' 以北，就无法看到 NGC 5139，而纬度只要在北纬 17° 55' 以北的地区，都无法看到 NGC 104，因此北半球中纬度地区的观测者绝大多数都无缘观察这两个星团。

很难确定是谁首先发现了 M 22。它的存在，古时即为人所知，但被认为只是一颗恒星而已。第一个将它视为非单颗恒星的天体的，有可能是德国的天文爱好者约翰•亚伯拉罕•伊勒（Johann Abraham Ihle），时间是 1655 年。此后这个天体又被很多天文观测者看到并记录过，包括哈雷、夏西亚科斯、勒让蒂尔（Le Gentil）、德拉卡伊、贝维斯等。至于梅西耶，在他 1764 年 6 月 5 日观测并记录 M 22 时，也承认 M 22 已经是个早就为人熟知的天体了。

M 22 的定位非常简单。它就在“茶壶”顶端 2.8 等的人马座 λ（22 号星）的东北边 2.4° 处。通过 50mm 口径寻星镜或双筒镜，可以看到 M 22 呈现为一个明亮的云雾状大斑块，但分解不出成员星。换用加 90 倍放大率的 10 英寸反射镜观察，M 22 则显得更加壮观——其可见部分的轮廓直径至少达到大约 25'，逼近了满月的直径。轮廓在东北东—西南西方向上稍微长些，整体呈极轻微的椭圆形。星团核心的成员星高度汇聚，并有数百颗 9 等或更暗的成员星从中心向边缘散布开来，彼此组成不少团块、星链、星环，往各个方向延伸着（星团东北侧和西侧两个缺少成员星的暗区域除外）。将放大率加到 125 倍，则星团中心区的一部分成员星也可以被分解出来，某些成员星能独立完整地识别，成员星密集处则呈现出一片颗粒状的质感。

影像 40-4

NGC 6656（M 22）（视场宽 1°）

本照片承蒙帕洛马天文台和太空望远镜科学研究院惠允翻拍自数字巡天工程成果

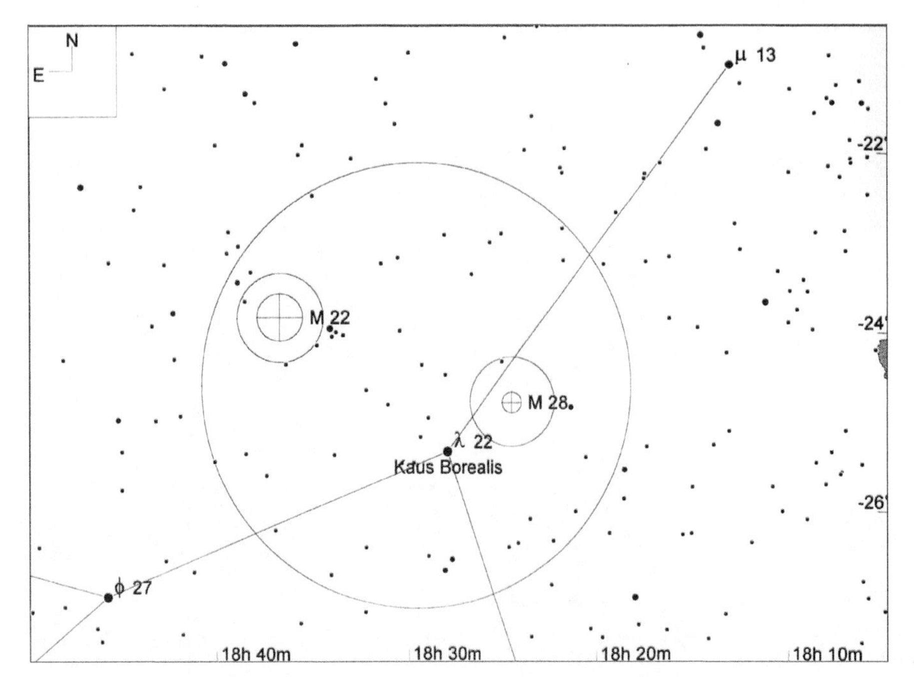

星图 40-3

NGC 6656（M 22）和NGC 6626（M 28）（视场宽10°，寻星镜视场圈直径5°，目镜视场圈直径1°，极限星等9.0等）

M 28 (NGC 6626)	★★★	◕◕◕◕	GC	MBUDR
见星图 40-3	见影像 40-5	m6.9, 13.8'	18h 24.5m	–24°52'

M 28（NGC 6626）是个明亮且不算小的球状星团，是由梅西耶在1764年7月27日晚上发现并编入目录的。虽然与M 22比起来似乎相形见绌，但M 28也能以其独到之处给人留下深刻的印象。

寻找M 28的方式很简单，因为它就在“茶壶”顶端2.8等星人马座 λ（22号星）的西北边57' 处。在50mm 的双筒镜或寻星镜中，M 28是个大小和亮度都属于中等的云雾状斑块，分解不出成员星。用10英寸反射镜加90倍放大率观察，M 28呈现出一个直径2' 的高度紧致和密集的中心区，以及一个直径4' 的轮廓，轮廓边缘上可以清晰分解出成员星。

影像 40-5

NGC 6626（M 28）（视场宽1°）

本照片承蒙帕洛马天文台和太空望远镜科学研究院惠允翻拍自数字巡天工程成果

M 8 (NGC 6523)	★★★★	⊕⊕⊕	EN	MBUDR
见星图 40-4	见影像 40-6	m5.0, 50.0' x 40.0'	18h 04.1m	−24°18'

M 8（NGC 6523）也叫"礁湖星云"（Lagoon Nebula），是个巨大、明亮、壮观的发射星云。它包裹着疏散星团 NGC 6530，并与之相映生辉。这个疏散星团早在 1680 年就被英国天文学家约翰•弗拉姆斯蒂德发现并将其信息公之于众了，但弗拉姆斯蒂德所使用的望远镜的能力却不足以揭示出包裹在疏散星团外面的这片发射星云。后来，夏西亚科斯在 1746 年再次观察并记录了疏散星团 NGC 6530，但直到 1747 年，勒让蒂尔才真正发现并宣布这个疏散星团外面还有发射星云包裹着。这个发射星云就是后来的 M 8。

梅西耶在 1764 年 5 月 23 日晚上观测了 M 8 并赋予其这个编号。但是，通过他当时所作的详细描述和位置记录，可以明显看出他是要把疏散星团 NGC 6530 编成 M 8，而不是要为这片发射星云赋予梅西耶编号。梅西耶也确实提到在人马座 8 号星这颗亮星周围有云气存在，但他对此仅是一笔带过。但无论历史真相如何，当今的天文学家们已经普遍认为 M 8 指的是这片发射星云，而不是被它包裹的那个疏散星团了。

M 8 的定位不难，因为它作为一个底角，与另外两颗肉眼可见的恒星构成了一个腰长 5.5° 的等腰三角形。这个等腰三角形的另一个底角（同时也是北角）就是 3.8 等的人马座 μ（13 号星），而顶角则位于东南方，是 2.8 等的人马座 λ（22 号星）。在 50mm 的双筒镜或寻星镜中，M 8 包裹着 7.9

影像 40-6

NGC 6523（M 8）（视场宽 1°）

本照片承蒙帕洛马天文台和太空望远镜科学研究院惠允翻拍自数字巡天工程成果

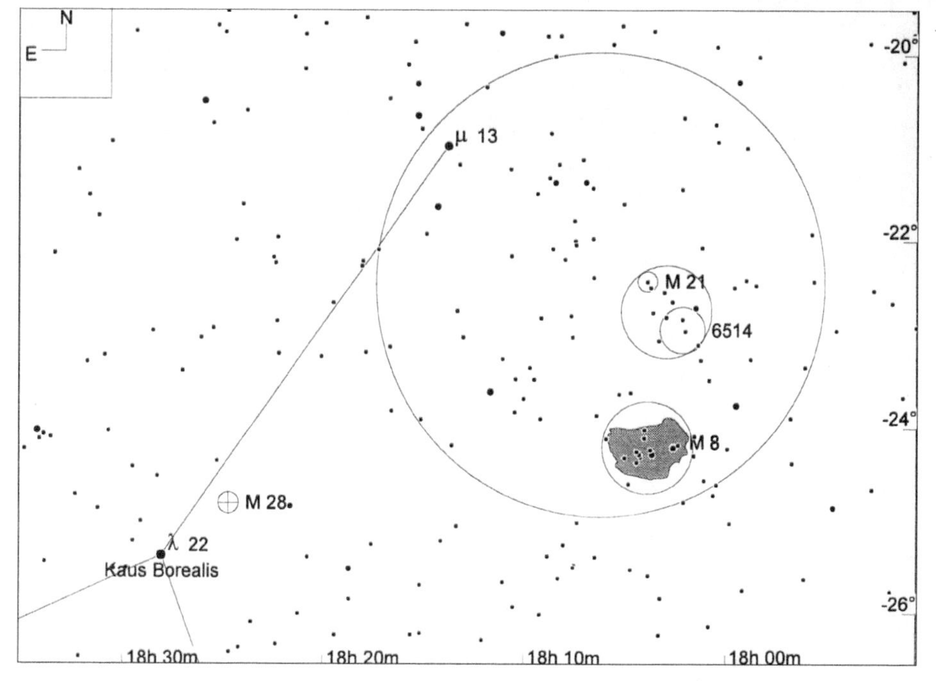

星图 40-4

NGC 6523（M 8）、NGC 6514（M 20）和 NGC 6531（M 21）（视场宽 10°，寻星镜视场圈直径 5°，目镜视场圈直径 1°，极限星等 9.0 等）

等的人马座 9 号星，是一块巨大的中等亮度的云气。在云气中，人马座 9 号星的东侧，还能看到 NGC 6530 的十余颗 7 ～ 9 等的成员星。

用加 90 倍放大率的 10 英寸反射镜来观察，看到的 M 8 是一块巨大明亮的气势磅礴的云雾，它弥漫在直径 45' 的天区之内。星云中的最亮部分与 M 42 的亮度相仿，且在目镜中直接就可以看出带有灰绿的色彩。M 8 最大的特征要数那条像楔子一样的暗带，它把整个星云划分成了两个明亮的区域。其中，暗带西边的那个区域更大更亮。人马座 9 号星在暗带的东北角上，它东边则是 NGC 6530。包裹着 NGC 6530 的星云是暗带东边那部分。

尽管不用任何滤镜也可以展示出 M 8 的恢宏壮观，但要想看清它尽可能多的细节，看到它尽可能大的延展表面，还是需要窄带滤镜或者 O- Ⅲ滤镜。当然，O- Ⅲ滤镜更佳。这两种滤镜中的任何一种都能有效地屏蔽掉人马座 9 号星和 NGC 6530 诸多成员星的光芒，而让发射星云的光更多地透射过来。星云中，在不加滤镜时只能通过余光瞥视看到的部分，如果加了滤镜就可以直接看到。如果加了滤镜后再用余光瞥视的技巧，那么你将在滤镜带来的纯黑色的背景上发现更多令人惊奇和兴奋的细节，例如云气中曼妙的卷须状、环状结构和涡旋结构等。

M 20 (NGC 6514)	★★★★	⊕⊕⊕	EN/RN + OC	MBUDR
见星图 40-4	见影像 40-7	m9.0 + 6.3, 17.0' x 12.0' + 30.0'	18h 02.4m	−22°59'

M 20（NGC 6514）也叫“三叶星云”或“三裂星云”（Trifid Nebula），是又一个与疏散星团成协（“成协”是天文术语，粗略地说，指同等级别的天体之间距离较近并因此有强烈的力学互动。但聚星系统一般不用此词——译者注）的壮观的星云。M 20 兼有发射星云和反射星云的成分，而与它成协的这个疏散星团则一部分被包裹在星云内，一部分围绕在星云周边。勒让蒂尔在不晚于 1750 年的时候已经记载了这个疏散星团，但没有发现与之成协的这块星云。梅西耶在 1764 年 6 月 5 日再次发现这个天体。虽然他对 M 20 的原始描述中没有提到云气的存在，但在他关于 M 21 的记录中，还是提到有云雾状的光芒围绕在 M 20 和 M 21 两个天体的周围。M 21 与 M 20 是梅西耶在同一夜中观测并记录下来的。

M 20 的定位方法不难，特别是如果刚观测完 M 8，那么就更简单了。M 20 就在 M 8 的北西北方向大约 1.3° 处，在 50mm 口径的双筒镜或寻星镜中即可看到。我们用 50mm 观察 M 20，看到它呈现为一个中等明亮的南—北向椭圆形云雾斑，其中还包裹着一颗 6 等星，在星云的北东北方向 8' 处还有一颗 8 等星。通过加 90 倍放大率的 10 英寸反射镜观察，M 20 显得更大且相当明亮。这个星云最大的特点就是那 3 条呈放射状排列的暗带，将整个发射星云分成了 3 个大小不等的部分。东边的暗带最长最明显，宽度则属中等；南边的暗带短且狭窄；西边的暗带也较短但很宽阔。3 条暗带汇聚于一个直径 2' 的中心区，该区的亮度自然明显高于暗带，但还是远不如星云四周的部分。用余光瞥视，可以看出中心区有颗粒状的质感和一些明显的斑驳状细节。

下面说说该星云被暗带分隔出来的三部分亮区。其中，北区最大也最亮，西南区最小也最暗。东南区在面积上和亮度上都仅次于北区，同时明显超过西南区。除了包裹着 6 等中心星的发射星云部分，M 20 还有一个反射星云部分，不过必须用余光瞥视方能感到其存在。这个非常暗弱的反射星云部分包裹着上文提到的那颗 8 等星。

尽管无需滤镜已经可以见证 M 20 的风采，但若想尽可能看清更多的细节，还是应该加上窄带滤镜或 O- Ⅲ滤镜。当我们将自己的那块猎户牌 Ultrablock 窄带滤镜加上后，发现围绕着那颗 8 等星的反射星云部分已经完全看不到了，但同时发射星云部分，也就是“三叶”形状的部分已经跃然而出。通过滤镜，这块发射星云的可见面积直径已从 12' 增加到了大约 15'。此时再用余光瞥视，可以看到很多不加滤镜时绝无可能看到的极为暗淡的云气。

影像 40-7

NGC 6514（M 20）（视场宽 1°）

本照片承蒙帕洛马天文台和太空望远镜科学研究院惠允翻拍自数字巡天工程成果

M 21 (NGC 6531)	★★	◕◕◕	OC	MBUDR
见星图 40-4	见影像 40-8	m5.9, 13.0'	18h 04.2m	-22°30'

M 21（NGC 6531）是个亮度和大小均属中等的疏散星团，外貌平平。可以说，在人马座的诸多梅西耶天体中，M 21 有望竞争“最无趣角色”的头衔。梅西耶在发现 M 20 的同一晚就发现了 M 21，并将二者编入目录，当时是 1764 年 6 月 5 日。

M 21 的定位方式简单，因为它就在 M 20 东北边大约 40' 处，二者可以被望远镜的低倍目镜囊括在同一视场内。尽管 M 21 的星等数值标得很高，但如果只用 50mm 双筒镜或寻星镜看向它的位置，却看不出星团的存在，只能看到一片“平常的”星空而已。换用 10 英寸反射镜加 90 倍放大率观察，可以看到 M 21 呈现为一个小而紧致的星团，成员星亮度彼此相仿。星团中心明显有颗 8 等星，而且它还有颗 9 等的伴星。10 多颗 8 ～ 10 等的成员星密集地存在于星团的中心区，另有三四十颗较暗的成员星散布在整个星团之中。从中心往东有一条 9 ～ 10 等星组成的星链延伸出来，中心北边大约 3' 处则有 3 颗 10 等星明显地扎成一小堆。星团的西南边缘处有颗很醒目的 8 等星作标志，而星团的西边缘还有一对角距较大的 10 等星。

影像 40-8

NGC 6531（M 21）（视场宽 1°）

本照片承蒙帕洛马天文台和太空望远镜科学研究院惠允翻拍自数字巡天工程成果

NGC 6603 + M 24 (IC 4715)	★★+★★★★	◕◕◕+◕◕◕	OC + OC (star cloud)	MBUDR
见星图 40-5	见影像 40-9	m11.5, 4.0' + 120.0'	18h 17.0m	–18°36'

M 24 的身份比较特殊，因为所有梅西耶天体中仅有三个没有 NGC 编号，它就是其中一个（另外两个是 M 25 和 M 40）。组成 M 24 的是一个小疏散星团 NGC 6603 及其外部包裹着的巨大的银河星场。这些银河群星非常繁密，看上去像一种“星雾”。这片“星雾”虽然没有 NGC 编号，但在 NGC 的续编 IC 中得到了编号，是为 IC 4715。梅西耶在 1764 年 6 月 20 日晚上观测并记录了 M 24。从梅西耶的原始记录文字可以明显看出，他记述的侧重点在于 IC 4715，而非仅仅是记录 NGC 6603：“人马座‘弓形’末端往北一点的纬度上有个星团，这里的银河之中有一大片囊括着许多不同亮度的星的云雾。弥漫在整个星团中的光分成了几个部分，这里可以确定是这个星团的中心（直径一度半）。”

M 24 的定位不难，它就位于“茶壶”顶端的 2.8 等星人马座 λ（22 号星）北西北 7.2° 处、3.8 等的人马座 μ（13 号星）北东北 2.5° 处。由于面积广大，所以 M 24 最适合用双筒镜（特别是大口径双筒镜）或加低倍放大率的宽视场单筒望远镜来观测。我们仅用 50mm 双筒镜就见证了 M 24 的宏伟，可以看到它 100 颗以上的 6 ～ 10 等成员星。不过包裹着这些成员星的云气实在太暗，不用余光瞥视是感觉不到的。如果换用加 42 倍放大率的 10 英寸道布森镜（真实视场 1.7°），则 M 24 展现出的风姿足

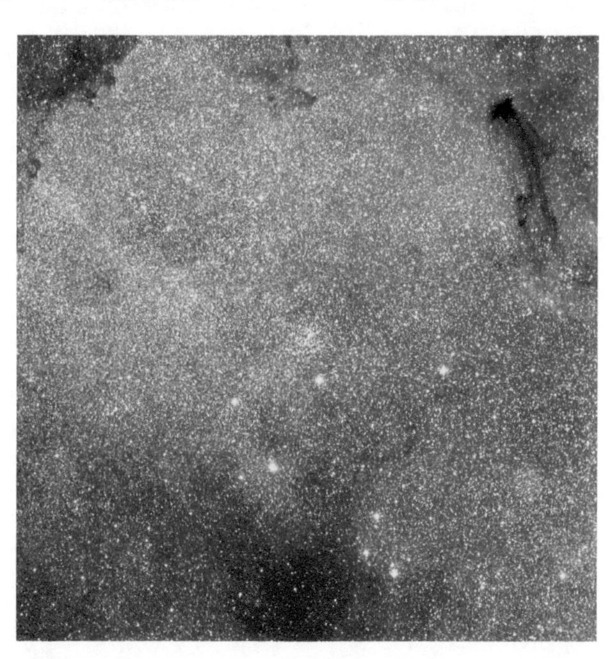

影像 40-9

NGC 6603 + IC 4715（M 24）（视场宽 1°）

本照片承蒙帕洛马天文台和太空望远镜科学研究院惠允翻拍自数字巡天工程成果

以令人屏息：不仅有浩如烟海难以计数的星点，而且还有由更多分辨不出的暗星用光芒组成的云雾状背景。影像 40-9 向我们展示了这片星云中那种令人难以置信的璀璨和繁密，不过没有哪幅照片能够完全展现 M 24 的全部的美。还是请大家去发现属于自己的 M 24 的魅力吧。

在影像 40-9 中也可以看到那个小而紧致的疏散星团 NGC 6603。请注意影像中间有 3 颗 7 等星组成的一条东—西向的线，而 NGC 6603 就在最中间的那颗 7 等星的北边一点点。通过加 90 倍放大率的 10 英寸反射镜观察，NGC 6603 还是很容易被从周围的背景星场中区别出来的。NGC 6603 轮廓呈圆形，直径 6'，至少可以看出其 50 颗暗弱的成员星。在该星团的南西南方向 5' 处还有一颗 8 等的背景星，此星的橘红色光芒也很引人注目。

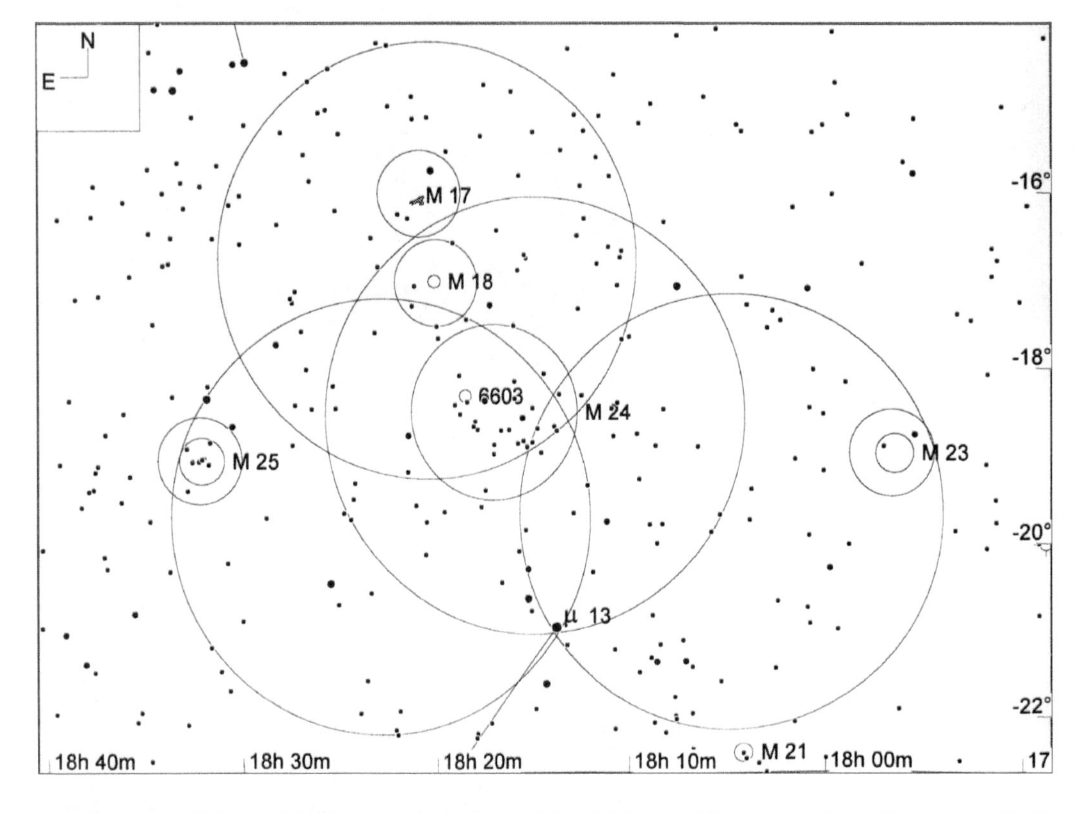

星图 40-5

NGC 6603、IC 4715（M 24）、NGC 6613（M 18）、NGC 6618（M 17）、NGC 6494（M 23） 和 IC 4725（M 25）（视场宽 12°，寻星镜视场圈直径 5°，目镜视场圈直径 1°，极限星等 9.0 等）

M 18 (NGC 6613)	★★	⊕⊕⊕	OC	MBUDR
见星图 40-5	见影像 40-10	m6.9, 9.0'	18h 20.0m	-17°06'

M 18（NGC 6613）是个比较大也比较亮的疏散星团。梅西耶在 1764 年 6 月 3 日晚上发现并记录了它，当时他刚刚发现并记录完 M 17。

M 18 的定位很简单，因为它几乎就在 M 24 和 M 17 连线的中点上（原文作 M 22，应属笔误——译者注）。通过 50mm 双筒镜，M 18 呈现为 M 24 与 M 17 之间的一个很小但很醒目的云雾状物体。此时用余光瞥视 M 18 可以分解出很少的几颗成员星，并能感到它们被包裹在一小块云雾微光之中。用加 90 倍放大率的 10 英寸反射镜观察 M 18，可以看到它非常松散稀疏，能够分辨出 20 多颗 9 ~ 13 等的成员星。10 多颗较亮的成员星还排列成了两道平行的星链，延展于北东北一南西南方向。

影像 40-10

NGC 6613（M 18）（视场宽 1°）

本照片承蒙帕洛马天文台和太空望远镜科学研究院惠允翻拍自数字巡天工程成果

M 17 (NGC 6618)	★★★★	◐◐◐	EN	MBUDR
见星图 40-5	见影像 40-11	m6.9, 11.0' x 6.0'	18h 20.8m	–16°10'

M 17（NGC 6618）可能是拥有各种别名数量最多的深空天体了，它的别称不仅有“天鹅星云”（Swan Nebula）、“欧米伽星云”（Omega Nebula）、“马蹄铁星云”（Horseshoe Nebula）、“龙虾星云”（Lobster Nebula）、“对钩星云”（Checkmark Nebula）等，而且肯定还有一些连我们都没听说过的。M 17 本身也确实是个壮观的发射星云，虽然它的尺寸要比 M 8 和 M 42 小得多，但它的亮度和细节丰富的程度都足以令人惊叹。在夜空环境极好的情况下，M 17 是可能用肉眼直接看到的，因此也许古人早就注意到这个天体了。不过，目前能找到的最早的关于它的观测记录，还是 1746 年由夏西亚科斯完成的。但是夏西亚科斯的观测成果没能广为传播，所以不知此事的梅西耶在 1764 年 6 月 3 日晚上独立地再次发现了这个天体，并将其编为梅西耶目录第 17 号。

下面说说定位 M 17 的一个简单方法。从肉眼可见的 2.8 等星人马座 λ（22 号星）开始，将双筒镜或寻星镜视场向北略偏西的方向移动 9.4°，在那附近应该能很快找到 M 17。在我们的 50mm 双筒镜中，M 17 是个比较小但非常亮的云雾状斑块，呈东—西向放置，长度约 5'。在加 90 倍放大率的 10 英寸反射镜中，M 17 显得更为明亮，其云雾状光芒在东南东—西北西方向上延展开来，呈现出的轮廓约 1.5' × 10'。在其东南角有颗很醒目的 7 等星，在其东南侧 15'

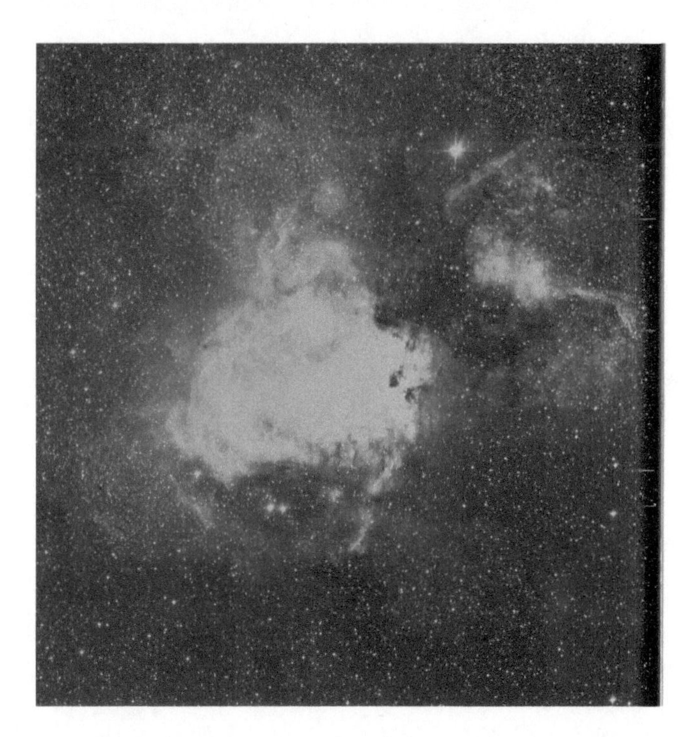

影像 40-11

NGC 6618（M 17）（视场宽 1°）

本照片承蒙帕洛马天文台和太空望远镜科学研究院惠允翻拍自数字巡天工程成果

还有一对角距很小的 8 等双星引人注目。用余光瞥视，还可以注意到在明亮星云的南边和北边都有比较暗弱的云气铺展开来，并包裹着少量的单颗恒星，这些恒星属于与 M 17 成协的一个疏散星团。特别值得一提的是，星云中较亮的那些部分含有令人瞠目的大量细节，例如环状、团块状、涡旋状、卷须状等结构都是随处可见。在靠近那颗 7 等星的西侧的部位，细节尤其丰富。

加上窄带滤镜或 O- Ⅲ滤镜再观察，可以继续大幅度提升 M 17 的魅力。我们在加了猎户牌 Ultrablock 窄带滤镜之后，看到 M 17 附近亮恒星的光芒都被遮蔽，同时，星云中的具体结构呈现得更加细致入微。

M 25 (IC 4725)	★★★	⚽⚽⚽	OC	MBUDR
见星图 40-5	见影像 40-12	m4.9, 40.0'	18h 28.8m	-19° 17'

M 25（IC 4725）是个很大很亮的疏散星团。如果观测条件极好的话，用肉眼也能看到 M 25 呈现为一个暗淡的云雾状物体。所以，恐怕早有古人发现过这个天体了。夏西亚科斯在 1746 年首次对这个天体做了正规的科学观测，写出了报告。不过不知此事的梅西耶在 1764 年 6 月 20 日晚上独立地再次发现了这个天体，并对其作了记录，赋予梅西耶编号 25 号。M 25 还与 M 24 和 M 40 共享着一个独特的“头衔”——没有 NGC 编号的梅西耶天体。

定位 M 25 很简单，只要从“茶壶”顶端的 2.8 等星人马座 λ（22 号星）开始，将双筒镜或寻星镜视场向北移动 6.4° 就可以了。在我们 50mm 的双筒镜中，M 25 呈现为一个巨大的、亮度中等的云雾状斑块，其中可以看出至少 15 颗 7 ~ 9 等的成员星。在加 90 倍放大率的 10 英寸反射镜中，M 25 是个令人难忘的含有 100 颗以上成员星的星团，其成员星亮度均在 7 等或以下。星团的中心有 5 颗明显的成员星组成了两条东—西向的小星链，两颗更加醒目的成员星则分别位于星团的东北边缘和北西北边缘，也即另一条弯向北边的星链的末端。整个星团内还散布着数十颗成员星，它们彼此组成不少环形、链形、弧形和团块。

影像 40-12

IC 4725（M 25）（视场宽 1°）

本照片承蒙帕洛马天文台和太空望远镜科学研究院惠允翻拍自数字巡天工程成果

M 23 (NGC 6494)	★★★	⚽⚽⚽	OC	MBUDR
见星图 40-5	见影像 40-13	m5.5, 27.0'	17h 56.9m	-19° 01'

M 23（NGC 6494）也是个巨大且很明亮的疏散星团。梅西耶在 1764 年 6 月 20 日晚上发现了它，并将其赋予编号，列入目录。

M 23 位于 3.8 等星人马座 μ（13 号星）的西北西方向 4.5° 处，因此很好定位。只要把人马座 μ 放在双筒镜或寻星镜视场的东缘，就能在同一视场的西北边缘明显看到 M 23 了。在 50mm 双筒镜中，M 23 是个与满月面积差不多大的明亮云雾状斑块。斑块中，1 颗 7 等星和 1 颗 8 等星此时直接可见，用余光瞥视更可以隐约看到四五颗暗得多的其他成员星。在加 90 倍放大率的 10 英寸反射镜中，可以分解出 M 23 的 100 颗以上不亮于 9 等的成员星，它们散布在直径 25' 的区域内。而刚才在双筒镜内可见的一颗 7 等星和一颗 8 等星其实并非成员星，而是前景上重叠的普通恒星，它们看上去分别重叠在星团中心西北约 19' 处和东北约 9' 处。那些 9 ~ 10 等的才是 M 23 的真正成员星，它们组成很多星链、星弧和团块，这些次级结构之间往往有暗带相隔。

影像 40-13

NGC 6494（M 23）（视场宽 1°）

本照片承蒙帕洛马天文台和太空望远镜科学研究院惠允翻拍自数字巡天工程成果

NGC 6445	★★	⊕⊕⊕	PN	MBUDR
见星图 40-6	见影像 40-14	m13.2, 44.0" x 30.0"	17h 49.2m	–20°01'

NGC 6445 是个小型的行星状星云，虽然其星等标称值仅为 13.2 等，但其表面亮度却要比这个数字亮不少。定位 NGC 6445 的方法出奇地简单，它就在 M 23 的西南西方向 2.1° 处。如果将 M 23 放在寻星镜视场中央，就会看见 5 颗 7 ~ 8 等星组成了一个显著的半圆弧，直径 1°，其中最北的那颗星在 M 23 的正西 1.1° 处。从半圆弧的底部向正西约 40' 处有另一颗在寻星镜中显而易见的 8 等星，而我们要找的 NGC 6445 就在该颗 8 等星的正西仅 5' 处。在低倍放大率的目镜下，这个行星状星云就像一颗有茸毛的亮星，其亮度仅次于其南边 23' 处的球状星团 NGC 6440。在 10 英寸反射镜上先后加 90 倍、180 倍放大率观察，NGC 6445 都呈现出明显的圆盘特征，但看不出更多细节。

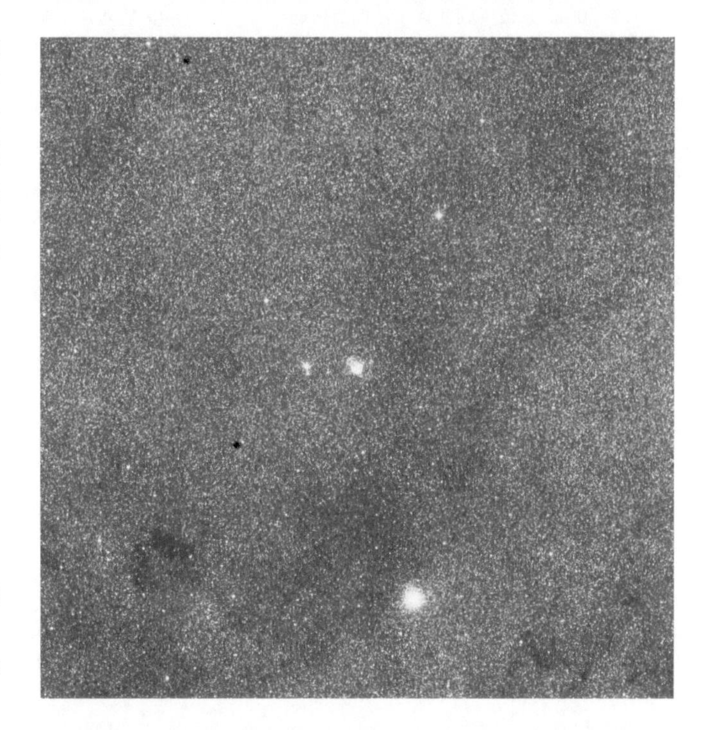

影像 40-14

NGC 6445（中）和 NGC 6440（下中）（视场宽 1°）

本照片承蒙帕洛马天文台和太空望远镜科学研究院惠允翻拍自数字巡天工程成果

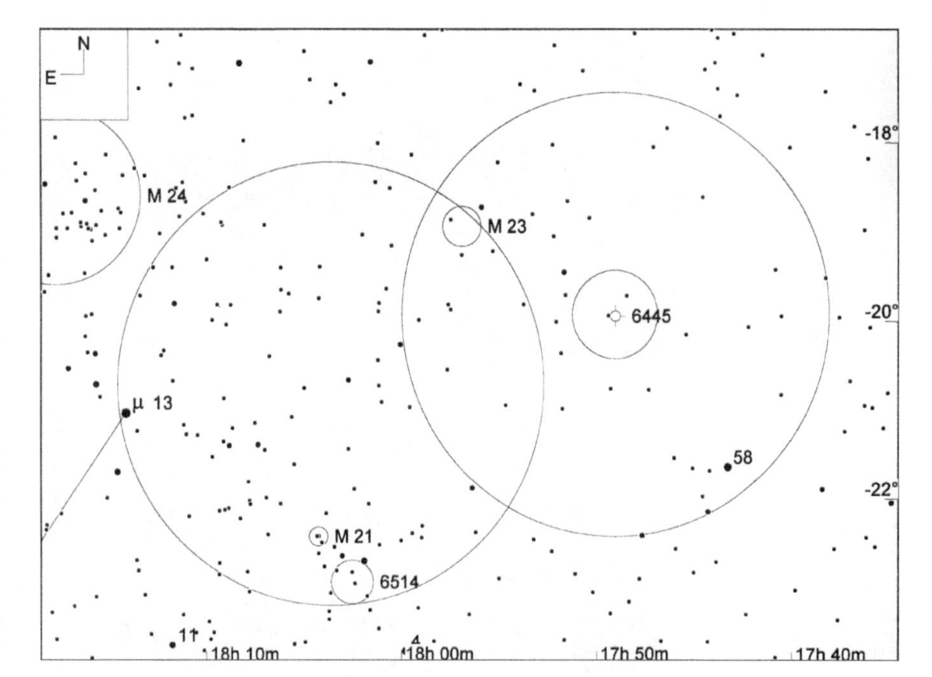

星图 40-6

NGC 6445（视场宽 10°，寻星镜视场圈直径 5°，目镜视场圈直径 1°，极限星等 9.0 等）

NGC 6520	★★		OC	MBUDR
见星图 40-7	见影像 40-15	m7.6, 6.0'	18h 03.4m	-27°53'

NGC 6520 是位于银河繁密星场当中的一个明亮的、中等大小的疏散星团。这个星团西侧有个紧挨着它的暗斑，是由能挡住所有背景星光的星际尘埃组成的，因此颇为引人注目。而这块暗斑也有个俗名叫“墨点”（Ink Spot），其学名则是 Barnard 86。

NGC 6520 易于定位，只要把 2.7 等的人马座 δ（19 号星）放在双筒镜或寻星镜视场东南边缘，同时让 3.6 等的人马座 γ（10 号星）处于视场西南边缘，就可以在视场的西北西边缘找到 NGC 6520。尽管此时的视场会被数千颗银河河道内的暗星发出的云雾状光芒填满，但是 NGC 6520 还是呈现为一个明亮的斑块，不难辨认。它还与 4.7 等的人马座 γ^1 和 4.6 等的 SAO 186328 组成了一个直角三角形，三者分别处于西北角、南角和东角，可以作为佐证。

通过加 90 倍放大率的 10 英寸道布森镜观察，NGC 6520 的成员星向核心集中的程度比较明显，轮廓直径 5'，中心处有一颗 8 等星和两颗 9 等星。此外，星团东南边缘处还有一颗醒目的 9 等星，但它不是成员星。星团西侧可以很清楚地看到“墨点”，这块黑斑状的区域内看不到任何恒星。

影像 40-15

NGC 6520（视场宽 1°）

本照片承蒙帕洛马天文台和太空望远镜科学研究院惠允翻拍自数字巡天工程成果

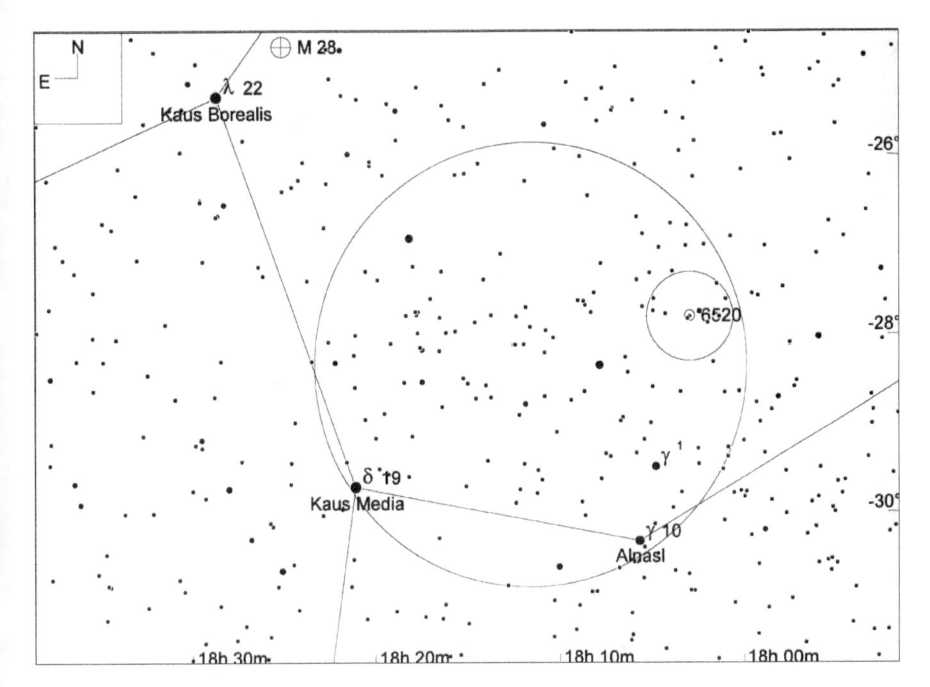

星图 40-7

NGC 6520（视场宽 10°，寻星镜视场圈直径 5°，目镜视场圈直径 1°，极限星等 9.0 等）

NGC 6716	★	⊕⊕⊕	OC	MBUDR
见星图 40-8	见影像 40-16	m7.5, 6.0'	18h 54.6m	–19° 52'

NGC 6716 位于人马座“茶壶”的“把手”北端，是个外貌极为平庸的疏散星团。要定位它，首先要找到 2.1 等的人马座 σ（34 号星），它是“茶壶把手”的北端。在它东北边 6.2° 处，可以看到 2.8 等的人马座 π（41 号星）。在人马座 π 的西南西方向 1.4° 处，是 3.8 等的人马座 ο（39 号星），由此再向西北西方向找 1.7°，是 3.5 等的人马座 ξ^2（37 号星），而 NGC 6716 就在人马座 ξ^2 的北西北方向 1.4° 处。在 50mm 双筒镜或寻星镜中，采用余光瞥视的技巧，可以看到这个星团呈现为一个比较暗弱的云雾状斑点，但分解不出任何成员星。用 10 英寸反射镜加 90 倍放大率观察，可以看到这个星团不少于 15 颗成员星，都是 10 等或更暗的星，它们聚集得比较松散。

影像 40-16

NGC 6716（视场宽 1°）

本照片承蒙帕洛马天文台和太空望远镜科学研究院惠允翻拍自数字巡天工程成果

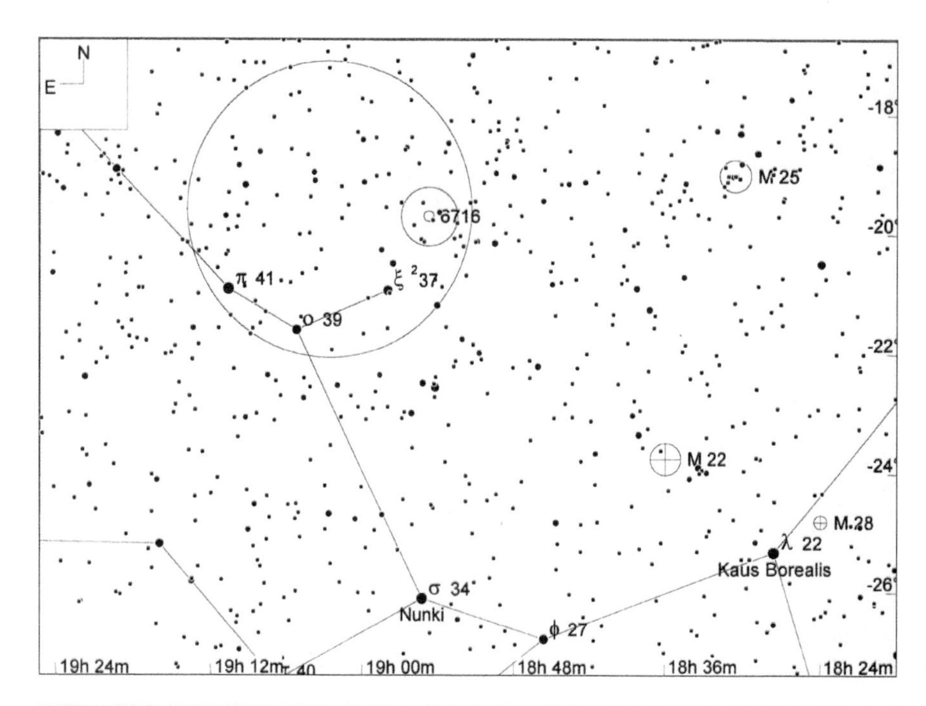

星图 40-8

NGC 6716（视场宽 15°，寻星镜视场圈直径 5°，目镜视场圈直径 1°，极限星等 9.0 等）

NGC 6818	★★	◐◐	PN	MBUDR
见星图 40-9	见影像 40-17	m9.9, 48.0"	19h 44.0m	–14°09'

NGC 6818 也被称为“小宝石星云”（Little Gem Nebula），是个虽然小但很明亮的行星状星云。要定位它，首先要把肉眼可见的一颗亮星——2.8 等的人马座 π（41 号星）放到寻星镜视场的西南边缘。此时由该星向东北方向找 4.2°，即可在同一视场的东北边缘找到 3.9 等的人马座 ρ^1（44 号星），此星在寻星镜中相当醒目。然后，将此星及其北边 1.9° 处的人马座 46 号星（4.6 等）改放到寻星镜视场的西边缘，就可以在同一视场的东边缘外边一点的地方发现一对 5 等星，即人马座 54 号星和 55 号星。我们要找的 NGC 6818 就在这对 5 等星的北东北方向 2.1° 处。它与两颗很醒目的 5.5 等星组成了一个直角三角形，它自己占据三角形的东北角。

尽管在寻星镜中是无法看到 NGC 6818 的，不过，根据以上提到的几何关系，估计出它的位置，将其基本放置到视场中心还是不难的。放好后，就可以用低倍放大率的目镜去观察它了。观察时，可以用窄带滤镜或 O-Ⅲ滤镜来做“闪视”法判定，以确定哪个亮点才是 NGC 6818。在 10 英寸反射镜中，如果放大率用 42 倍，那么 NGC 6818 看起来很像一颗普通恒星，只不过微微有一点毛绒感。放大率改到 250 倍后，就能看清它是一个蓝绿色的明亮小圆盘，圆盘中心部位比边缘稍微暗一点。加上窄带滤镜或 O-Ⅲ滤镜后，该天体成像的对比度可以得到提升，但仍然看不到更多的细节，能见到的发光面积也不会更多。

影像 40-17

NGC 6818（视场宽 1°）

本照片承蒙帕洛马天文台和太空望远镜科学研究院惠允翻拍自数字巡天工程成果

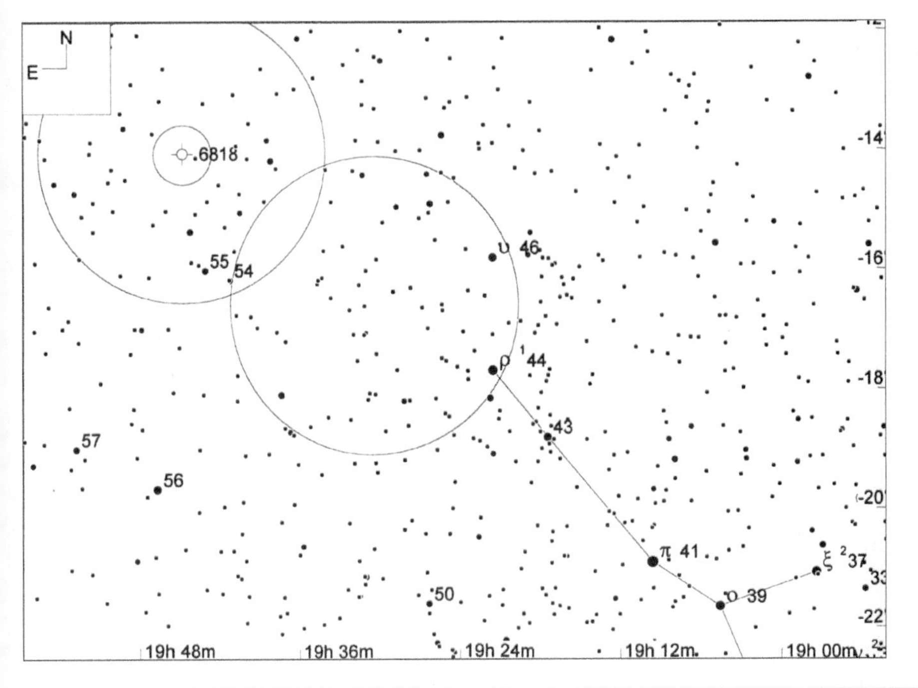

星图 40-9

NGC 6818（小宝石星云）（视场宽 15°，寻星镜视场圈直径 5°，目镜视场圈直径 1°，极限星等 9.0 等）

NGC 6809 (M 55)	★★★	⊕⊕⊕	GC	MBUDR
见星图 40-10	见影像 40-18	m6.3, 19.0'	19h 40.0m	–30°58'

M 55（NGC 6809）是个又大又亮，同时又极为松散的球状星团。1752 年 6 月 16 日，正在南非旅行的德拉卡伊发现并记录了这个星团。梅西耶从 1764 年起曾经多次试图观测验证这个发现，但都没有成功。这主要还是要归咎于 M 55 的赤纬太靠南了，大约是南纬 31°，也就是说，梅西耶在巴黎看到的 M 55 升起得最高时离地平线也只有大约 11°。不过，梅西耶最终还是在 1778 年 7 月 24 日成功地观测验证了 M 55 的存在，并将其编入目录。

M 55 的定位方法不难。首先在人马座“茶壶”的“把手”底端找到 2.6 等的人马座 ζ（38 号星）和 3.3 等的人马座 τ（40 号星），将这两颗星放在双筒镜或寻星镜视场的西边缘。然后将视场朝东南东方向移动大约 8°，这样 M 55 就会进入视场。我们用 50mm 双筒镜观察了 M 55，觉得它还是挺抢眼的。因为在这个口径下，其他的球状星团一般都会呈现为比较简单的圆形模糊斑块，分解不出什么成员星，而 M 55 看来却兼有球状星团和比较紧致的疏散星团的特点。虽然在 50mm 口径下其实还不足以真的分解出它的成员星，但它明亮而巨大的轮廓却显现出强烈的颗粒状质感，使观者感到在星团的边缘部分正有许多成员星的清晰影像呼之欲出。

在加 90 倍放大率的 10 英寸反射镜中，M 55 展现出的美丽会令人觉得它是最有观赏价值的球状星团之一。不但从星团边缘到很接近中心的地方都可以分解出很多成员星，而且这上百颗成员星还组成了许多星链和星弧，在中心区的南边和北边尤其多。

影像 40-18

NGC 6809（M 55）（视场宽 1°）

本照片承蒙帕洛马天文台和太空望远镜科学研究院惠允翻拍自数字巡天工程成果

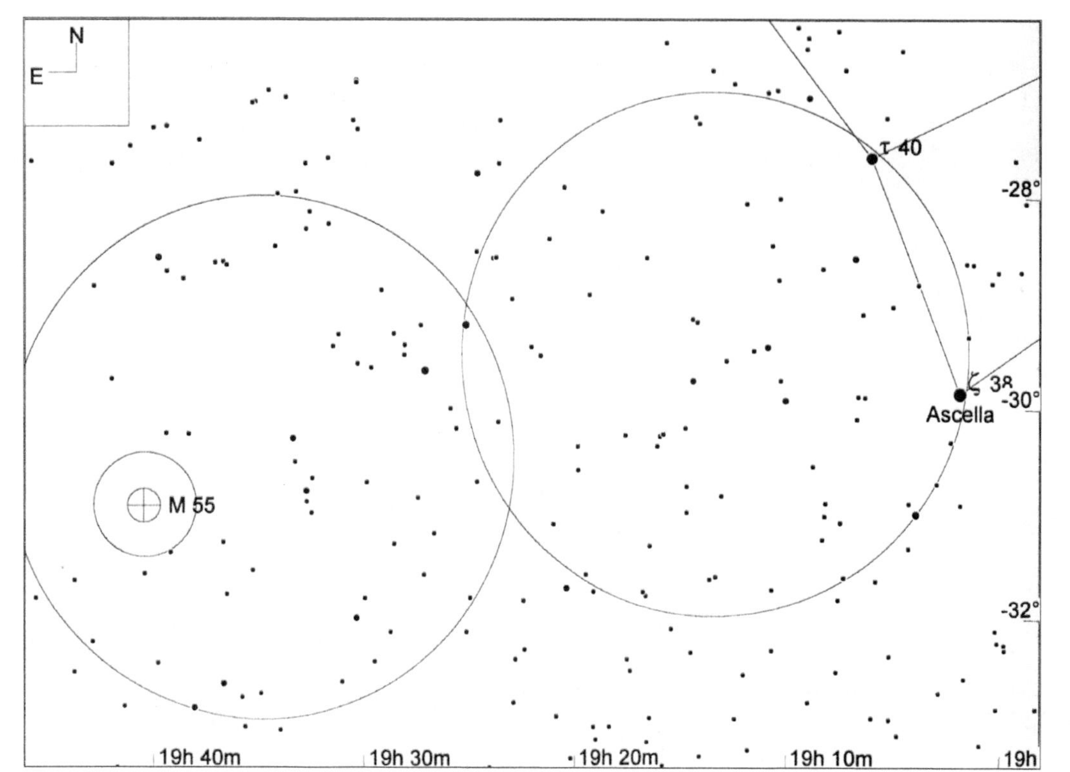

星图 40-10

NGC 6809（M 55）（视场宽 10°，寻星镜视场圈直径 5°，目镜视场圈直径 1°，极限星等 9.0 等）

M 75 (NGC 6864)	★★	⊕⊕	GC	MBUDR
见星图 40-11		m8.6, 6.8'	20h 06.1m	-21°55'

M 75（NGC 6864）是个较小较暗的球状星团。皮埃尔•梅襄在 1780 年 8 月 27 日发现了这个天体并报告给了梅西耶，后者在同年 10 月 18 日观测验证了这个发现，并将该天体列入梅西耶目录。

M 75 与我们的距离至今没有被很准确地测算出来。估计它离我们最远不会超过 100 000 光年，或者相当于我们与银河中心距离的两倍（约 50 000 光年）。不论确切数值如何，在位于银河系之内的那部分梅西耶天体中，M 75 几乎肯定是离我们最远的几个天体之一，甚至就是当中最远的一个。因为距离遥远，同时其自身的成员星又聚集得很紧密，所以我们很难分解出 M 75 这个球状星团的单颗成员星。

虽然 M 75 位于人马座天区，不过定位它的最佳方式是从摩羯座开始。见星图 40-11，从摩羯座的 α 和 β 星开始，用寻星镜不难一路找到 5.9 等的摩羯座 4 号星。M 75 虽然不能在寻星镜内直接被看到，但它就在摩羯座 4 号星正西 2.8° 处，另外它的西南侧不到 1° 之内还有一对 6 等星也能很清楚地在寻星镜中看到。依据这些参照物，我们不难利用几何关系将 M 75 的估计位置放到寻星镜视场的中心，从而就可以在目镜中看到它了。

在加 125 倍放大率的 10 英寸反射镜中，M 75 呈现出一个直径 2' 的、缺乏特征的、较为暗淡的轮廓，其中心区域倒是稍亮一点。用余光瞥视，可以勉强在其轮廓内看到极少的几颗暗成员星的踪迹。

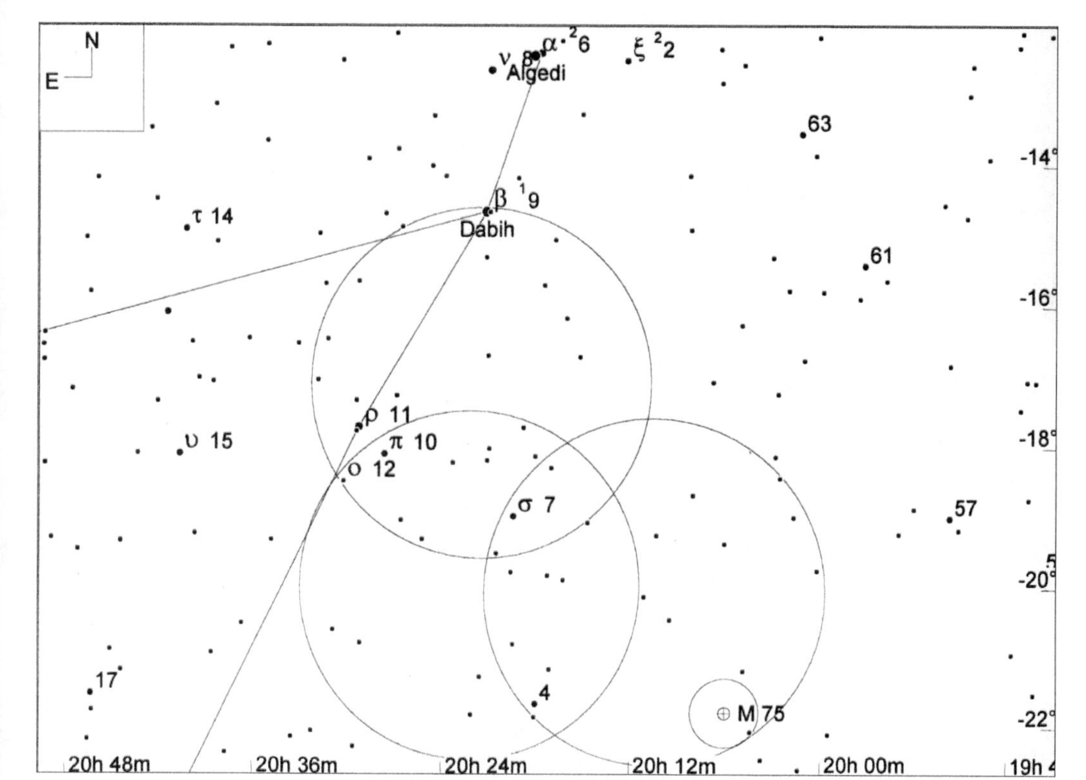

星图 40-11

NGC 6864（M 75）（视场宽 15°，寻星镜视场圈直径 5°，目镜视场圈直径 1°，极限星等 9.0 等）

聚星

关于人马座，本书不推荐任何聚星。

41

天蝎座，蝎子

星座名：天蝎座（Scorpius）
适合观看的季节：初夏
上中天：6 月上旬午夜
缩写：Sco
所有格形式：Scorpii
相邻星座：天坛、南冕、天秤、豺狼、矩尺、蛇夫、人马
所含的适合双筒镜观看的天体：NGC 6093 (M 80), NGC 6121 (M 4), NGC 6405 (M 6), NGC 6475 (M 7)
所含的适合在城市中观看的天体： NGC 6121 (M 4), NGC 6405 (M 6), NGC 6475 (M 7)

天蝎座位于南半天球，是个外观醒目的中等大小的星座。它的面积有 497 平方度，约占天球的 1.2%，在全天 88 星座里排名第 33 位。天蝎座的最亮星是 1 等的天蝎座 α，俗名 Antares（中文古名“心宿二”——译者注），此外这个星座还有 10 多颗 2 等星和 3 等星。天蝎座的名字“蝎子”可谓是惟妙惟肖地反映了它主要恒星连成的形状，整个星座从西到东，从天蝎座 α 及其附近的亮星到东侧的亮星天蝎座 λ，酷似一只有钳、有头、有尾刺的蝎子。这种“名副其实”的程度之高，在各个星座中都是少见的。

天蝎座是托勒密的 48 个古星座之一，其历史相当久远。当时，现今天秤座的一部分恒星也属于天蝎座，使得“蝎子”的“大钳”更加威武。在希腊神话中，这只蝎子是由天后赫拉派来袭击奥利翁（即猎户座的那位强悍的猎人）的，结果被奥利翁杀死，但蝎子在此前的搏斗中也致命地蜇伤了奥利翁。对这场争斗感到愤怒的大神宙斯将猎人和蝎子双双升为星座，但考虑到二者之间不共戴天的敌对关系，将其分别安置在天球上相对的两侧。希腊神话用此来解释为什么天蝎座和猎户座永远无法同时出现在我们眼前。

天蝎座内，有四个值得一看的深空天体，都是梅西耶目录内的星团。其中，M 4 和 M 80 是很漂亮的球状星团，而 M 6 和 M 7 则是明亮的疏散星团。这四个星团用双筒镜就都能看到（尽管最适合观察它们的还是单筒镜）。天文联盟的双筒镜梅西耶俱乐部针对 35mm 或 50mm 双筒镜，把 M 4、M 6、M 7 列为“容易”级目标，而 M 80 列为“稍难”（中间等级）的目标。我们认为天文联盟对 M 80 的这个估计太保守了，因为我们自己用 50mm 双筒镜可以轻易看到 M 80。当然，对于口径超过 50mm 的双筒镜，天文联盟的目标列表就将这四个天体全都列为“容易”级的了。

天蝎座每年 6 月 3 日午夜上中天，对于北半球中纬度的观测者来说，从春末到秋季中段的晚间都有不错的机会观察天蝎座。

表 41-1

天蝎座中有代表性的星团、星云和星系

天体名称	类型	视亮度	视尺寸	赤经	赤纬	梅	双	城	深	加	备注
NGC 6093	GC	7.3	10.0	16 17.0	–22 59	◉	◉				M 80; Class II
NGC 6121	GC	5.4	30.0	16 23.6	–26 32	◉	◉	◉			M 4; Class IX
NGC 6405	OC	4.2	30.0	17 40.3	–32 16	◉	◉	◉			M 6; Cr 341; Class II 3 r
NGC 6475	OC	3.3	80.0	17 53.9	–34 47	◉	◉	◉			M 7; Cr 354; Class I 3 r

表 41-2

天蝎座中有代表性的双星或聚星

天体名称	星对	星等1	星等2	角距	方位角	年份	赤经	赤纬	城观	双星	备注
8-beta	ADS 9913	2.6	4.5	13.6	20	2003	16 05.4	−19 48	◉	◉	Graffias; H 7AC
14-nu	ADS 9951	4.2	6.6	40.8	337	2003	16 12.0	−19 27		◉	H 6Aa-C
xi	STF 1998AC	4.9	7.3	7.5	48	2004	16 04.4	−11 22		◉	ADS 9909
SAO 159668	STF 1999AB	7.5	8.1	11.8	98	2003	16 04.4	−11 26		◉	

星图 41-1

天蝎座核心区域星图（视场宽 45°）

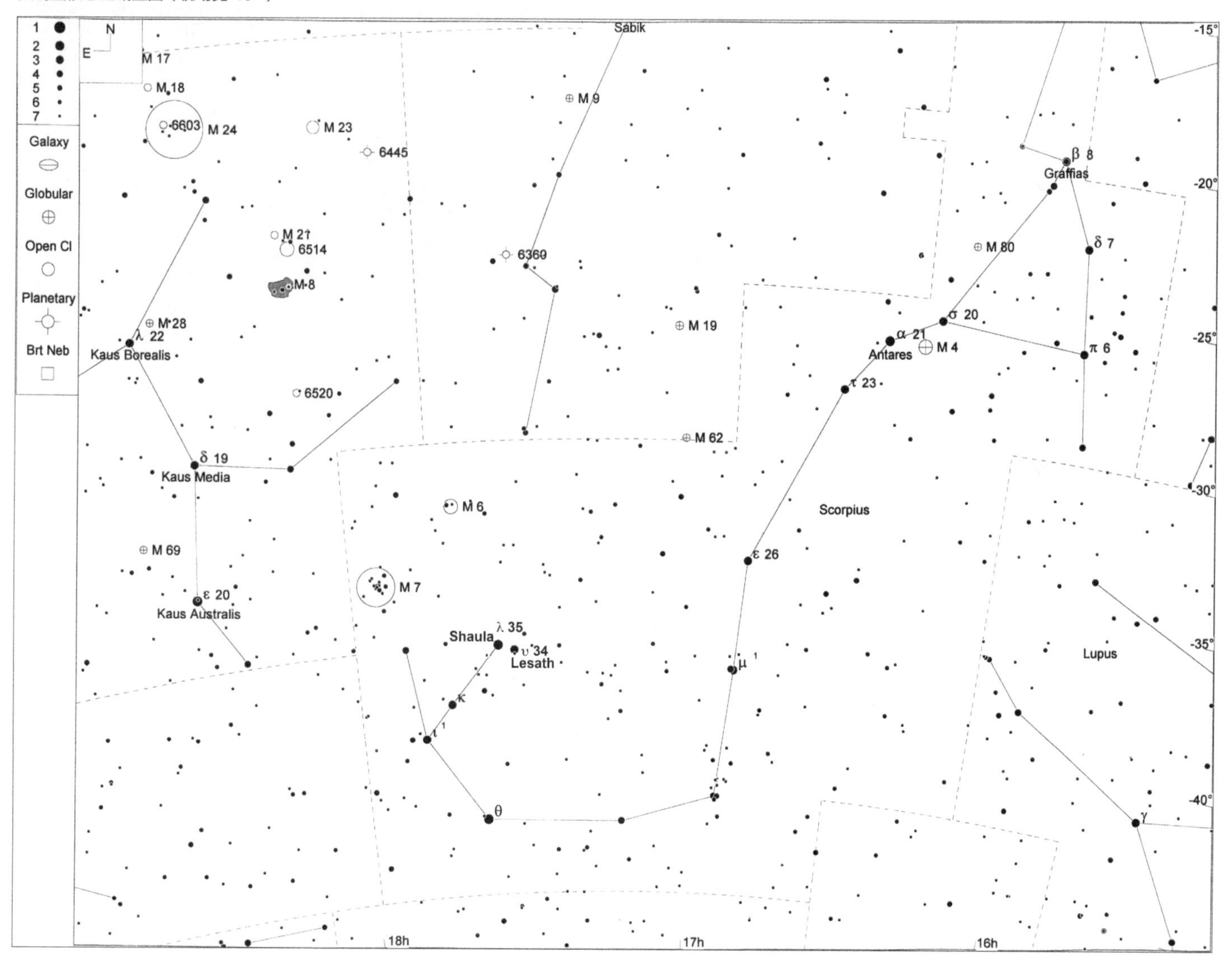

M 80 (NGC 6093)	★★★	⚆⚆⚆⚆	GC	MBUDR
见星图 41-2	见影像 41-1	m7.3, 10.0'	16h 17.0m	−22°59'

M 80（NGC 6093）是个美丽且明亮的球状星团。梅西耶在 1781 年 1 月 4 日晚上发现了它，并将其赋予编号 80。而它也是梅西耶自己发现的最后一个球状星团（在梅西耶目录中，M 80 之后还有两个球状星团 M 92 和 M 107，但这两个星团都是后补充进来的，而且也并非梅西耶本人所发现）。

定位 M 80 非常容易，因为它几乎就在 1.1 等的天蝎座 α（21 号星）和 2.6 等的天蝎座 β（8 号星）之间的连线正中点上。我们通过 50mm 双筒镜看到的 M 80 是个暗弱的云雾状小团，但换到加 125 倍放大率的 10 英寸反射镜里，M 80 就成了一个直径 5° 的亮球。星团中心区呈现出颗粒质感的斑驳特点，星团边缘可以分解出不少成员星。许多可见的外围成员星组成链状或团块状，在中心区的北边和西边，这种状况尤其多。

影像 41-1

NGC 6093（M 80）（视场宽 1°）

本照片承蒙帕洛马天文台和太空望远镜科学研究院惠允翻拍自数字巡天工程成果

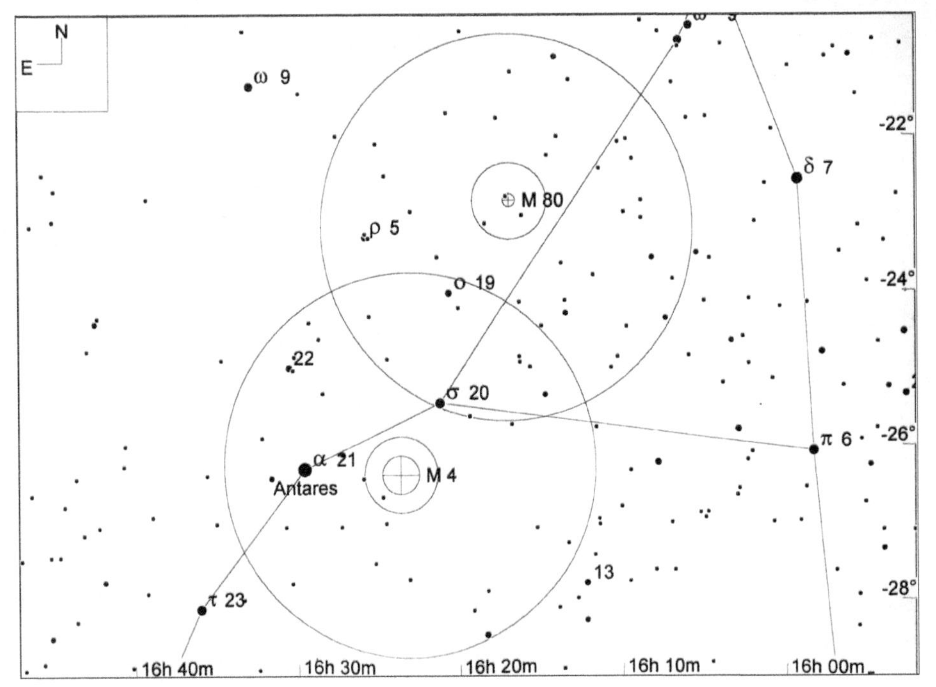

星图 41-2

NG 6093（M 80）和 NGC 6121（M 4）（视场宽 12°，寻星镜视场圈直径 5°，目镜视场圈直径 1°，极限星等 9.0 等）

M 4 (NGC 6121)	★★★	⊕⊕⊕⊕	GC	MBUDR
见星图 41-2	见影像 41-2	m5.4, 30.0'	16h 23.6m	–26°32'

M 4（NGC 6121）是个巨大且非常明亮的球状星团。夏西亚科斯在1745或1746年曾经发现并记录过这个天体，而梅西耶在1764年做观测时，已经读过夏西亚科斯当年所作的目录，知道了这个发现。该年的5月3日，梅西耶发现并记录了M 3（这也是他自己发现的第一个深空天体），此后的几个夜晚都是阴天，当5月8日夜晚终于再次放晴的时候，他将望远镜对准了M 4，准备拿这个天体来跟自己几天前刚发现的M 3比较一下。

梅西耶用他那台望远镜观察超新星遗迹M 1和球状星团M 2这两个由前人发现的云雾状天体时，是分解不出其中的单颗恒星的。所以，在他眼里，这两个天体与他自己发现的第一个天体M 3属于同一类型，都是看不出单颗星星的云雾状斑块。所以，我们可以想象当他把望远镜对准M 4以后会有一种怎样的惊奇，因为他看到的不再只是模糊的光雾，而是能够逐个分解出来的"一团很小的星星"（语出梅西耶的观测笔记）了。所以，M 4也是人类发现的第一个除云雾状特征之外还能辨认出其他细节的球状星团。

M 4的定位方法也很简单。如果夜空环境足够深暗的话，肉眼就能看到它。即使没有这么好的环境也无妨，因为它就在天蝎座α正西1.3°处。我们用10英寸道布森镜加低倍目镜可以将二者囊括在同一视场内。在50mm双筒镜中，M 4是个大而明亮的有绒毛毛的斑块。尽管旁边不远就是天蝎座α在大放光芒，但并不妨碍M 4在镜中可以直接被看到。若换到10英寸反射镜以125倍放大率观察，则M 4给人留下的印象必然是难忘的。它呈现出的中心区直径有10'，虽然成员星的密集程度不如大多数球状星团，但亮度是足够高的。整个星团就是亮度变化范围很大的一团恒星，从中心到边缘都可以分解不少成员星。一些亮成员星组成一条南—北向的星链，从边缘开始一直穿过星团中心。在星团边缘处，能看到的星链和星块非常多，这些由较亮的成员星组成的细节结构，被包裹在那些由许多更暗的成员星发出的云雾状光芒背景之中。凡此种种，也不足以完全表达M 4的美。

影像 41-2

NGC 6121（M 4）（视场宽1°）

本照片承蒙帕洛马天文台和太空望远镜科学研究院惠允翻拍自数字巡天工程成果

M 6 (NGC 6405)	★★★	⚽⚽⚽⚽	OC	MBUDR
见星图 41-3	见影像 41-3	m4.2, 30.0'	17h 40.3m	–32°16'

M 6（NGC 6405）是个大而明亮的疏散星团，也叫做“蝴蝶星团”（Butterfly Cluster）。作为肉眼勉强可见的天体，M 6 和它的近邻 M 7 在古代就被人们看见过了。例如公元 2 世纪，天文学家托勒密曾经描述这两个天体，说它们像“蝎尾”旁边的两片小云。当然，我们几乎能肯定，在托勒密之前，这两块云雾状的东西也早已有人熟知。而到了梅西耶的时代，可以说所有天文学家都知道这两个天体，因此梅西耶也并未声明自己是它们的发现者。他在 1764 年 5 月 23 日晚上观测了 M 6 并将其列入目录，这也是梅西耶目录中众多疏散星团里的第一个。

定位 M 6 一点也不难，因为它就在“蝎尾”尖上的 1.6 等星天蝎座 λ（35 号星）的北东北方向 5° 处。通过 50mm 双筒镜，可以看出 M 6 的三十余颗成员星，它们发出明亮的光，多数为 8 ～ 9 等星。使用加 42 倍放大率的 10 英寸反射镜，更可以看到多达 100 颗以上的成员星，其中最亮的是一颗 6 等的暖白色成员星，它位于靠近星团的东北东边缘的地方，构成了“蝴蝶”的一只翅膀的末端。很多成员星组成的一条 5' × 20' 的星带，由此向西南西方向铺展达 20'，构成了蝴蝶两翼的形象。一个由 8 ～ 9 等星组成的团块从星带的中央向东北方延伸出去，构成了蝴蝶的尾辫。另外，两条由 10 ～ 11 等星组成的星链从星团中心处向南东南方向延伸出去，这正是蝴蝶的两条触角。

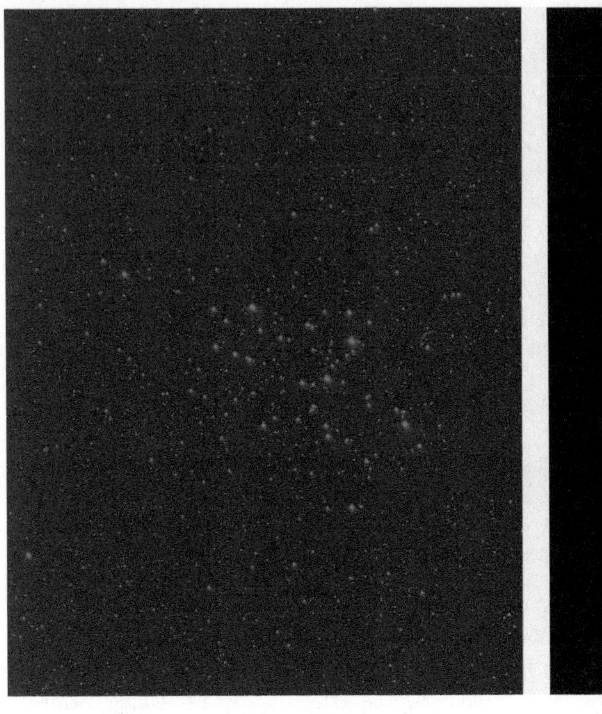

影像 41-3

NGC 6405（M 6）（视场宽 1°）

本照片承蒙帕洛马天文台和太空望远镜科学研究院惠允翻拍自数字巡天工程成果

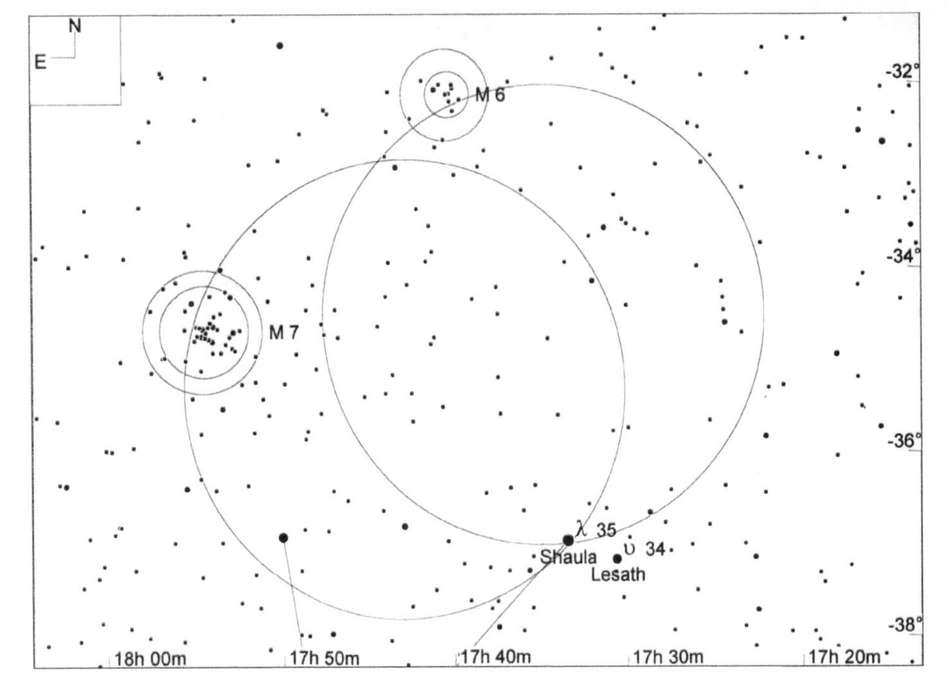

星图 41-3

NGC 6405（M 6）和 NGC 6475（M 7）（视场宽 10°，寻星镜视场圈直径 5°，目镜视场圈直径 1°，极限星等 9.0 等）

M 7 (NGC 6475)	★★★	⚽⚽⚽⚽	OC	MBUDR
见星图 41-3		m3.3, 80.0'	17h 53.9m	-34°47'

M 7（NGC 6475）是个大而亮，但成员星贫乏稀疏的疏散星团，也叫做“托勒密星团”（Ptolemy's Cluster），它的亮度和尺寸都超过了它西北边 4°处的 M 6。与 M 6 类似，M 7 也是自古就有人知道，到了梅西耶的时代更是被每个天文学家都认识了。梅西耶在 1764 年 5 月 23 日同一个晚上观测了 M 6 和 M 7，并将二者都编入了目录。这之中，M 7 以 -34° 47' 的赤纬数值，成为了最南边的梅西耶天体。其实，我们不得不赞扬梅西耶的观测完成得很漂亮，因为在他位于巴黎的观测点（北纬 48°），即使 M 7 升到最高时，其位置也仅在南方地平线上大约 7°处。空气的污染（别以为 1764 年的巴黎没有空气污染，其实当时的污染还真不轻），以及被大气过厚所加剧的消光作用，足以让像 M 7 这样明亮的天体在天幕上完全“隐身”。

定位 M 7 并不难，特别是在夜空极佳时可以直接用肉眼找到。它位于“茶壶”西北角的人马座 δ（19 号星）与 1.6 等的“蝎尾尖”天蝎座 λ（35 号星）的连线上，且基本处于中点，只是离天蝎座 λ 稍微近些。我们用 50mm 双筒镜观察 M 7，看到它在银河的繁密星场中呈现为一个明亮且紧致的云雾状斑块，可以看出 20 多颗 6 ～ 9 等的成员星，用余光瞥视的技巧，还可以看到更多的成员星。在加 42 倍放大率的 10 英寸反射镜中（真实视场 1.7°），可以清晰分辨出 100 颗以上成员星，最暗的有 11 等，还能看到数不胜数的更暗的背景成员星。星团中，绝大多数较亮的成员星都是蓝白色或冷白色的，很多成员星彼此之间呈双星或三合星的关系。从亮星麇集的星团中心区域向外，有好几条星链延展而出，其中有一条由 6 ～ 7 等成员星组成的弧形链条长约 30'，延展到了星团中心以北 25' 远的地方。即使是在这种 1.7° 直径的真实视场下，也无法完全认清 M 7 这个星团与银河背景星场的分界到底在哪里。

聚星

8-beta (ADS 9913)	★★	⚽⚽⚽⚽	MS	UD
见星图 41-1和星图 41-4		m2.6/4.5, 13.6", PA 20° (2003)	16h 05.4m	-19°48'

天蝎座 β（8 号星）其实是个三合星，但其中的 B 星离主星仅有 0.5"。这么小的角距，即使用很大的望远镜在大气非常宁静的夜晚里观测，也难以清晰地将其与主星分解开来。（也有些足够幸运的观测者完成了这一分解，不过，在他们的观测点，那种“角秒级”的绝佳大气宁静度，差不多每一年仅有一夜有望达到。）

在天文联盟双星俱乐部的目标列表中，这颗三合星中的 A-C 对被列为一个目标。二者的角距是 13.6"，很适合业余爱好者观察，即使口径 4 英寸的望远镜也可以轻易将其分解。在加 90 倍放大率的 10 英寸反射镜中，其主星是耀眼的纯白色，而暗得多的 C 伴星则是柔和的蓝白色。

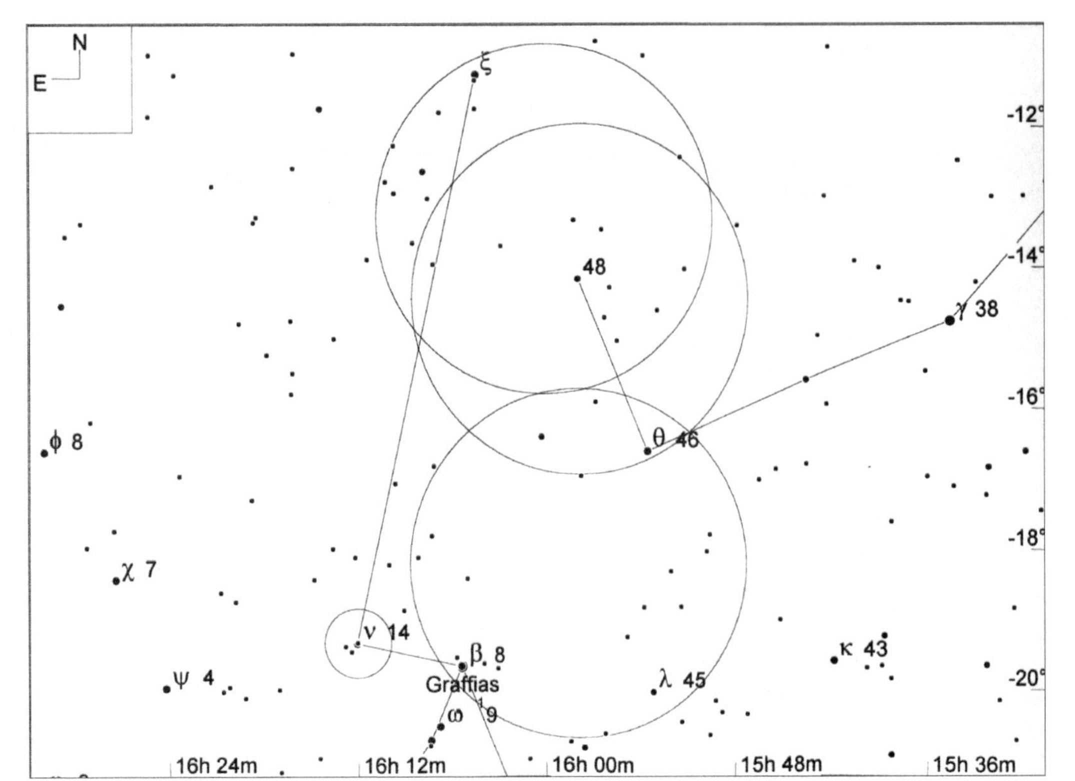

星图 41-4

天蝎座北部的双星（视场宽 15°，寻星镜视场圈直径 5°，目镜视场圈直径 1°，极限星等 8.0 等）

14-nu (ADS 9951)	★★	⊕⊕⊕⊕	MS	uD
见星图 41-1, 41-4		m4.2/6.6, 40.8", PA 337° (2003)	16h 12.0m	–19°27'

天蝎座 ν（14 号星）位于亮星天蝎座 β（8 号星）的东略偏北 1.6° 处，易于找到，在寻星镜中看起来也很明亮。值得一提的是，天蝎座 ν 其实是个四合星系统，这让我们想起了“双重双星”天琴座 ε。天蝎座 ν 的 A-B 成员星，角距不到 1"，除非是用很大的望远镜在大气视宁度极好的夜里观测，否则不可能分解成功。不过它的 C-D 对就容易一些了，其角距为 2.3"，这与“双重双星”里较紧的一对成员星的角距相似。不过，天文联盟双星俱乐部的目标列表连 C-D 对都不作要求，而是只要求观察 AB-CD 对，这一对的角距大于 40"，即使只用 60mm 口径的小折射镜都是可以清晰分解的。

通过加 90 倍放大率的 10 英寸反射镜，我们看到天蝎座 ν 的“主星对”即 A-B 对是纯白色的，而“伴星对”即 C-D 对则呈黄白色。

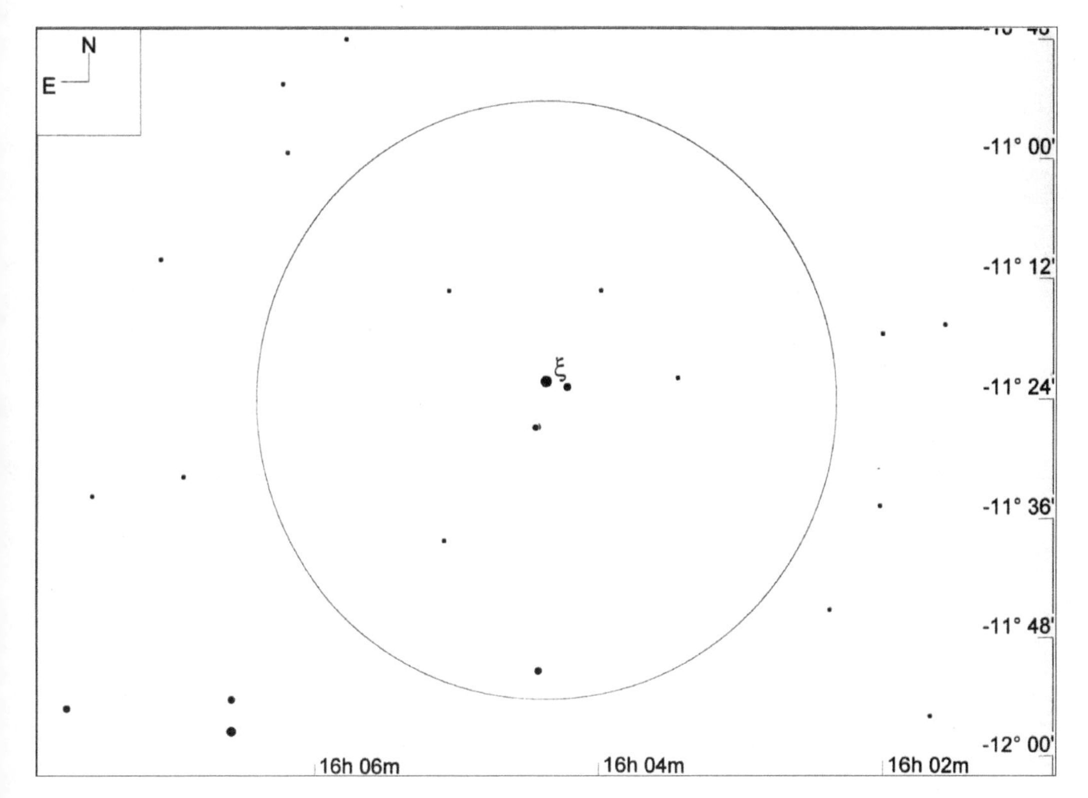

星图 41-5

天蝎座 ξ（STF 1998AC）和 SAO 159668（STF 1999AB）（视场宽 1.75°，目镜视场圈直径 1°，极限星等 11.0 等）

xi (STF 1998AC)	★★	◔◔◔	MS	UD
见星图 41-4和星图 41-5		m4.9/7.3, 7.5", PA 48° (2004)	16h 04.4m	–11°22'

SAO 159668 (STF 1999AB)	★★	◔◔◔	MS	UD
见星图 41-4和星图 41-5		m7.5/8.1, 11.8", PA 98° (2003)	16h 04.4m	–11°26'

天蝎座 ξ 在亮星天蝎座 β（8 号星）以北 8.4° 处。尽管肉眼也能勉强看到这颗暗星，不过最好还是依照星图 41–4 所示，利用参考星方式来定位它，几颗参考星依次为天蝎座 β（8 号星）、天秤座 θ（46 号星）和天秤座 48 号星。天蝎座 ξ 与天蝎座 β 类似，都是三合星，但它们的 A-B 对角距也都太小，只有 0.5" 左右，所以只要不是在极好的大气情况下且用大口径的望远镜观察的话，都不可能清晰分解。（我们试图分解该星 A–B 对的最佳成绩是在一个大气相当稳定的夜里取得的，当时用了 240 倍放大率，也仅是看出这两颗星"粘连"成一个发扁的星点而已。）天文联盟双星俱乐部的目标列表要求大家观测的是天蝎座 ξ 的 AB–C 对，其角距为 7.5"，哪怕用小望远镜也可能分解开来了。在加 90 倍放大率的 10 英寸反射镜中，该星的主星 A–B 对呈黄色，暗得多的伴星则是蓝白色。

就在天蝎座 ξ 的南边仅 4.7' 处，还有另一颗双星 SAO 159668（STF 1999AB），即使在中倍或高倍放大率下，它也能与天蝎座 ξ 被放在目镜的同一视场内。SAO 159668 的两颗成员星亮度相仿，且都呈黄色。

42
玉夫座，雕刻家

星座名：玉夫座（Sculptor）
适合观看的季节：初秋
上中天：9 月下旬午夜
缩写：Scl
所有格形式：Sculptoris
相邻星座：宝瓶、鲸鱼、天炉、天鹤、凤凰、南鱼
所含的适合双筒镜观看的天体：NGC 0253
所含的适合在城市中观看的天体：（无）

玉夫座是位于南半天球中部的一个中等大小但极为暗弱的星座，其面积为 475 平方度，约占天球的 1.2%，在全天 88 星座排在第 36 位。玉夫座里较亮的星只有 3 颗，都是 4 等星。玉夫座是由 18 世纪的法国天文学家德拉卡伊划定的，是个历史很短的星座，因此没有什么与之相关的神话传说。

说到玉夫座内的深空天体，唯有一个明亮的星系 NGC 253 值得一看。同时，玉夫座内也没有什么有观赏价值的聚星系统。这个星座每年 9 月 27 日午夜上中天。对于北半球中纬度地区的观测者来说，适合观察玉夫座的夜晚会从秋季中段持续到初冬时节。

表 42-1

玉夫座中有代表性的星团、星云和星系

天体名称	类型	视亮度	视尺寸	赤经	赤纬	梅	双	城	深	加	备注
NGC 253	Gx	8.0	27.7 x 6.7	00 47.5	–25 17				◉	◉	Class SAB(S)c; SB 12.8

星图 42-1

玉夫座星图（视场宽 40°）

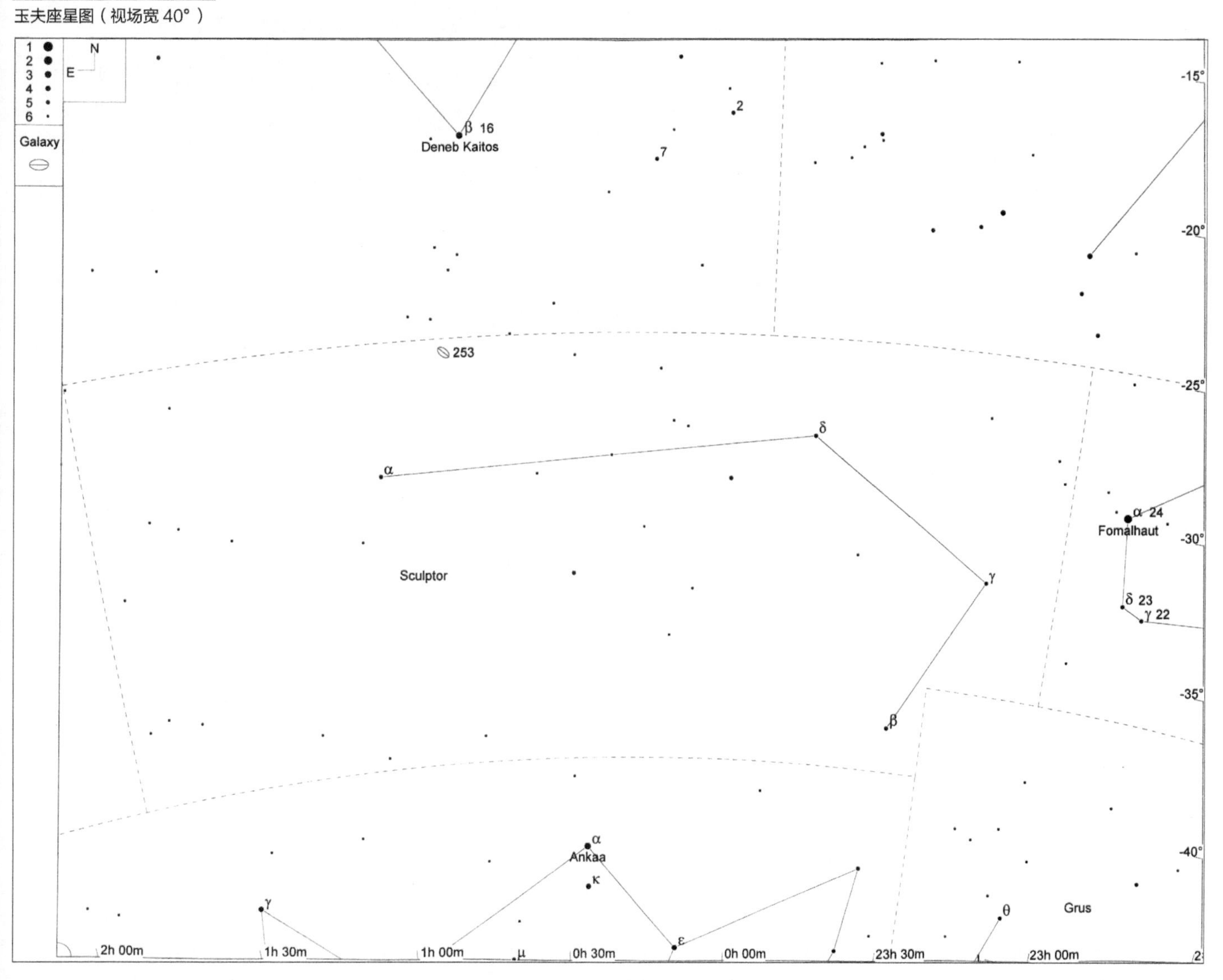

NGC 253	★★★	⊕⊕⊕	GX	MBUDR
见星图 42-2	见影像 42-1	m8.0, 27.7' x 6.7'	00h 47.5m	−25°17'

NGC 253 是个大而明亮的星系，也是“玉夫座星系团”中最亮的成员星系。玉夫座星系团是距离我们银河系所在的“本星系团”(Local Group)最近的一个星系团，因此 NGC 253 也算我们银河系的一个不算太远的邻居。用 50mm 双筒镜或寻星镜即可看到 NGC 253，而如果用 10 英寸或更大口径的望远镜来看的话，这个星系将是极其壮观的。

NGC 253 的定位方式不算复杂，因为它就在 2.0 等的亮星鲸鱼座 β（16 号星）的南边 7.3° 处。要定位 NGC 253，可以先把鲸鱼座 β 放在双筒镜或寻星镜视场的北边缘，此时可以看到同一视场的东南部有 3 颗 5 ～ 6 等星组成了一个醒目的直角三角形。将该三角形改放到寻星镜视场的北边缘，NGC 253 就出现在视场中心偏南的位置上了。透过 50mm 口径的双筒镜或寻星镜，用余光瞥视的技巧，可以看到 NGC 253 呈现为一条暗淡但清晰的斑纹。

在加 90 倍放大率的 10 英寸反射镜中，NGC 253 呈现出一个 4' × 20' 的东北—西南向的扁长形明亮轮廓。该星系从边缘到中心渐次增亮，中心区呈现为很紧致的扁长形，核球区域更亮些。利用余光瞥视，可以看到星系轮廓内一些更加微妙的斑驳状细节，特别是在西南方向上。

影像 42-1

NGC 253（视场宽 1°）

本照片承蒙帕洛马天文台和太空望远镜科学研究院惠允翻拍自数字巡天工程成果

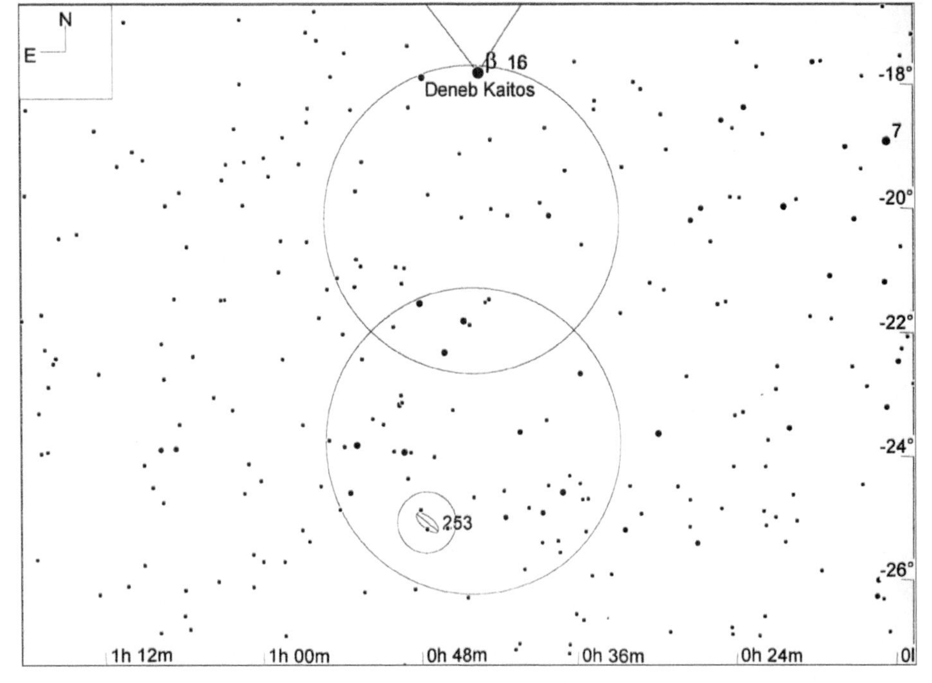

星图 42-2

NGC 253（视场宽 15°，寻星镜视场圈直径 5°，目镜视场圈直径 1°，极限星等 9.0 等）

聚星

关于玉夫座，本书不推荐任何聚星。

43

盾牌座，坚盾

星座名：盾牌座（Scutum）
适合观看的季节：夏
上中天：7 月初午夜
缩写：Sct
所有格形式：Scuti
相邻星座：天鹰、巨蛇、人马
所含的适合双筒镜观看的天体：NGC 6694（M 26），NGC 6705（M 11）
所含的适合在城市中观看的天体：**NGC 6705**（M 11）

盾牌座是天赤道南侧一个又小又暗的星座，面积仅 109 平方度，约占天球的 0.3%，在全天 88 星座里只能排在第 84 位。盾牌座的主要恒星只有 2 颗 4 等星和 9 颗 5 等星。在古人眼里，这块天区是暗淡而乏味的，所以没有将其划定在任何星座之内。

因此，盾牌座也是近代才划出的星座。1683 年，波兰天文学家赫维留斯为纪念简•苏比耶斯基（Jan Sobieski）带领波兰军队在维也纳的战斗中取得大胜而划定了这个星座。命名之初，这个星座的名字是“苏比耶斯基之盾”，因此当时它是除了后发座之外仅有的一个为了纪念历史名人而命名的星座。不过，在后来的岁月中，这个名字逐渐被简化成了“盾牌座”，也就是今天通用的这个名字。目前，一般把这个星座联想为古罗马士兵所使用的那种盾牌的样式。

盾牌座天区内没有什么亮星，适合业余爱好者观测的深空天体也只有 3 个，但是其中有两个都是很棒的梅西耶天体。另外的一个，即 NGC 6712 则是个小的暗弱球状星团。

盾牌座每年 7 月 1 日午夜上中天。对于北半球中纬度地区的观测者而言，从春末到初秋的夜间都有很好的机会看到这个星座。

表 43-1

盾牌座中有代表性的星团、星云和星系

天体名称	类型	视亮度	视尺寸	赤经	赤纬	梅	双	城	深	加	备注
NGC 6705	OC	5.8	13.0	18 51.1	–06 16	◉	◉	◉			M 11; Cr 391; Class I 2 r
NGC 6694	OC	8.0	14.0	18 45.2	–09 23	◉	◉				M 26; Cr 389; Class II 3 m
NGC 6712	GC	8.1	9.8	18 53.1	–08 42					◉	Class IX

星图 43-1

盾牌座星图（视场宽 30°）

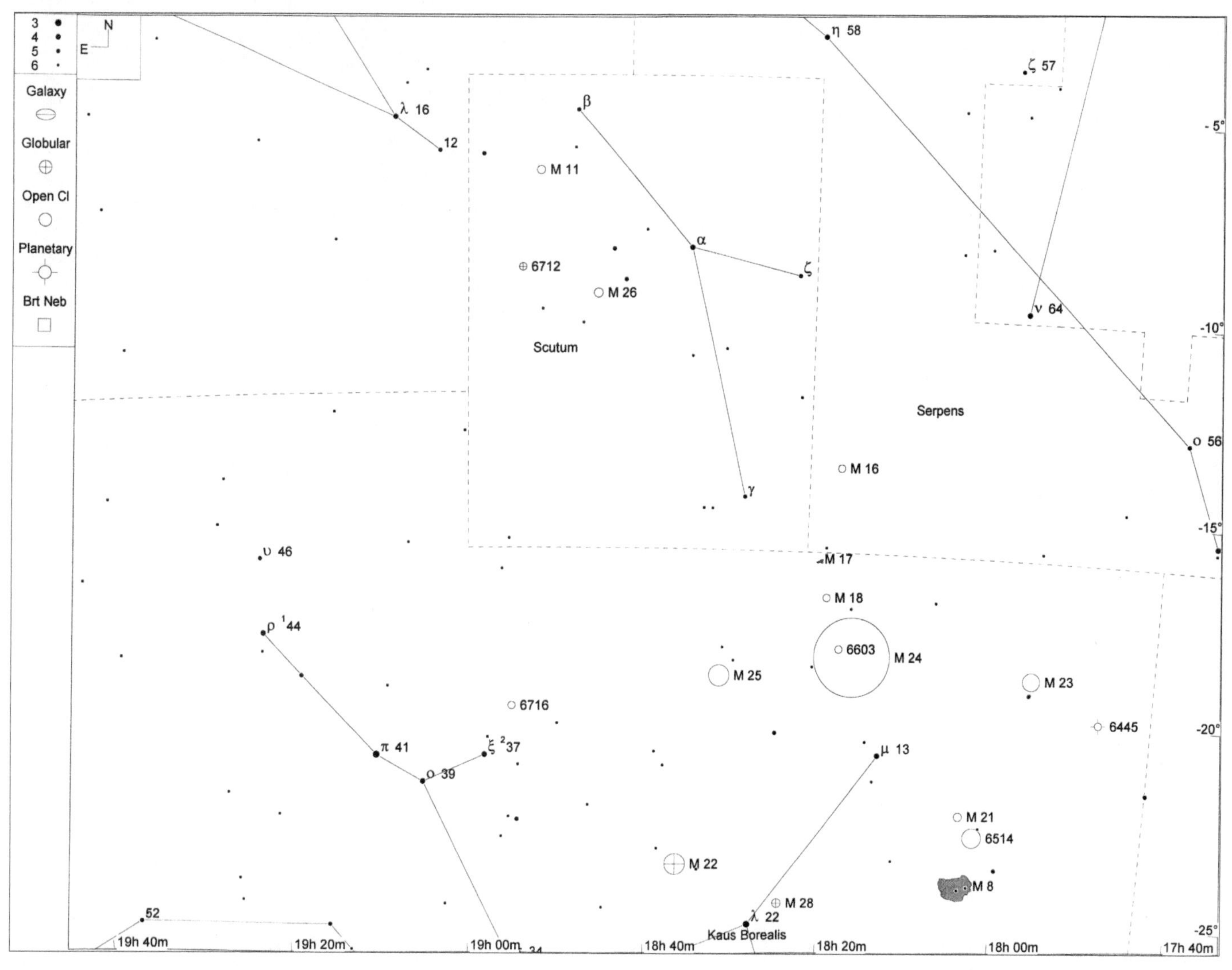

M 11 (NGC 6705)	★★★	⊕⊕⊕	OC	MBUDR
见星图 43-2	见影像 43-1	m5.8, 13.0'	18h 51.1m	−06° 16'

M 11（NGC 6705）是个大而明亮，并且成员星极多的疏散星团，俗称为“野鸭星团”（Wild Duck Cluster）。德国天文学家哥特弗里德•基尔希（Gottfried Kirch）在 1681 年发现了这个天体，梅西耶则在 1764 年 5 月 30 日观测验证了它，并将其编入梅西耶目录。

定位 M 11 最简单的方法是从旁边的天鹰座开始。把 3.4 等的天鹰座 λ（16 号星）放在双筒镜或寻星镜视场的东边缘，即可在同一视场的西南西边缘，距天鹰座 λ 约 4° 处很明显地见到 M 11。

天文联盟的双筒镜梅西耶俱乐部把 M 11 列为任何口径不小于 35mm 的双筒镜的“容易”级目标。我们用 50mm 双筒镜观察，直接就看到 M 11 呈现为一个由许多微小的暗星组成的明亮模糊斑块，接近星团中心处有颗 8 等星。在加 90 倍放大率的 10 英寸反射镜中，M 11 的样子与其说是个疏散星团，不如说更像个很松散的球状星团。我们估计此时可以看到 M 11 的 150 ～ 200 颗成员星，亮度在 11 ～ 14 等。其实，星团中心附近那颗 8 等星只是正好重叠在星团上的一颗前景恒星，刨去它不算，该星团最亮的 100 多颗成员星都是 11 ～ 12 等星，它们差不多均匀填满了直径 15' 的星团轮廓。

另外要说明的是，尽管我们多次观察 M 11，用过的口径从 50mm 双筒镜到 17.5 英寸道布森镜都有，用过的放大率也是从低到高俱全，但始终没看出这个星团哪里像所谓的“鸭子”，更别说是“野鸭”还是“家鸭”之类的区别了。

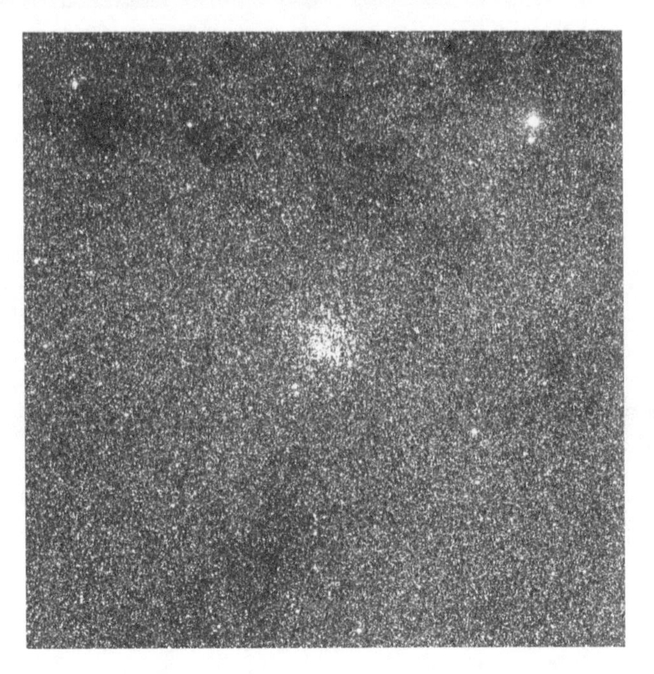

影像 43-1

NGC 6705（M 11）（视场宽 1°）

本照片承蒙帕洛马天文台和太空望远镜科学研究院惠允翻拍自数字巡天工程成果

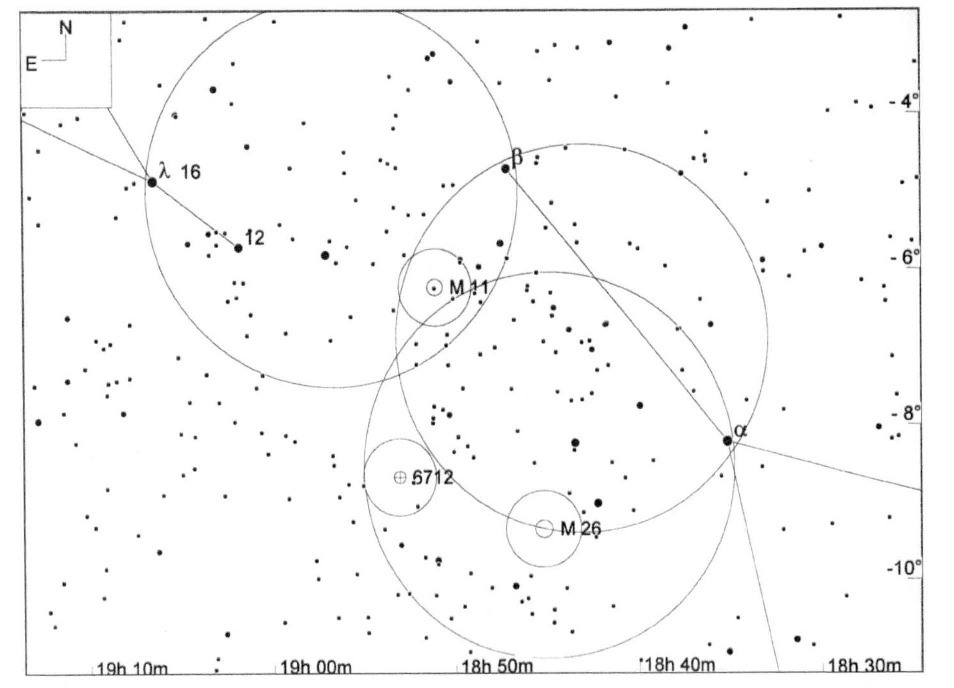

星图 43-2

NGC 6705（M 11）、NGC 6694（M 26） 和 NGC 6712（视场宽 12°，寻星镜视场圈直径 5°，目镜视场圈直径 1°，极限星等 9.0 等）

M 26 (NGC 6694)	★★★	⊕⊕⊕	OC	MBUDR
见星图 43-2	见影像 43-2	m8.0, 14.0'	18h 45.2m	–09°23'

M 26（NGC 6694）是个大而明亮的疏散星团。梅西耶在 1764 年 6 月 20 日发现了它并将其列入目录。尽管 M 26 与它的邻居 M 11 相比似乎暗淡了不少（就连梅西耶自己都写道需要“更好的器材”来观测 M 26），但它仍然是个很棒的星团。

如果直接定位 M 26，难度确实不小。但如果在观测完 M 11 之后顺便来看它，就容易多了。首先将 M 11 放在寻星镜视场的东北边缘附近，此时可以在 M 11 的北西北方向 1.8° 处看到 4.2 等的盾牌座 β，在 M 11 的西南西方向 4.4° 处则是 3.9 等的盾牌座 α。这两颗星在寻星镜里都是相当明亮醒目的。此时在同一视场的南部，还可以看到另外两颗很显眼的恒星，其中相对靠北的一个是 4.9 等的盾牌座 ε，而在它南西南方向大约 50' 的是 4.7 等的盾牌座 δ。我们要找的 M 26 就在盾牌座 δ 的东南东方向约 50' 处，并与盾牌座 δ 和 ε 构成了一个直角三角形，它自己是这个三角形的东南端顶点。

在天文联盟双筒镜梅西耶俱乐部的目标列表中，M 26 对于 35mm 或 50mm 双筒镜被定为“特难”级（即最高难度级别），但对于 80mm 的大双筒镜则一下变成了“容易”级。我们认为这个划分还是合理的，因为我们自己用 50mm 的寻星镜或双筒镜试图直接看到 M 26 的尝试也从未成功过。不过，在加 90 倍放大率的 10 英寸反射镜中，M 26 就呈现为一个明亮、美丽、繁密的疏散星团了。它在周围的背景星场中能很明确地凸显出来，可以分解出 30 多颗成员星，其中多数为 12～13 等星，分布在直径 10' 的区域内。星团的南半部聚集着一些较亮的成员星组成的团块，北半部的成员星也不少，分布亦较为均匀，但平均亮度较低。

影像 43-2

NGC 6694（M 26）（视场宽 1°）

本照片承蒙帕洛马天文台和太空望远镜科学研究院惠允翻拍自数字巡天工程成果

NGC 6712	★		GC	MBUDR
见星图 43-2	见影像 43-3	m8.1, 9.8'	18h 53.1m	−08° 42'

NGC 6712 是个小巧且十分暗淡的球状星团，其标称尺寸和标称亮度要远大于实际看到的尺寸和亮度。要定位它，首先需把 M 26 放在目镜视场中央（同时自然也是寻星镜视场的中央），然后在其南东南方向约 50' 处看到一颗 6 等星，从该星开始向东，共有 3 颗 6 等星组成了一条很明显的东北东 – 西南西方向的直链，长度 1.7°。在该链东端的那颗星的正北 52'，即是 NGC 6712 的所在。在寻星镜中看去，当 M 26 位于中央时，NGC 6712 应该是靠近视场的东北东边缘的。用低倍放大率目镜即可清楚地看到 NGC 6712。

用 10 英寸反射镜加 125 倍放大率观察 NGC 6712，它呈现出一个比较暗弱的圆形云雾状轮廓，直径 3'，在中心部位稍有增亮。整个星团内无法分解出成员星。

影像 43-3

NGC 6712（视场宽 1°）

本照片承蒙帕洛马天文台和太空望远镜科学研究院惠允翻拍自数字巡天工程成果

聚星

关于盾牌座，本书不推荐任何聚星。

44

巨蛇座，大毒蛇

星座名：巨蛇座（Serpens）
适合观看的季节：春末
上中天：6 月上旬午夜
缩写：Ser
所有格形式：Serpentis
相邻星座：天鹰、牧夫、北冕、武仙、天秤、蛇夫、盾牌、人马、室女
所含的适合双筒镜观看的天体：NGC 5904 (M 5), NGC 6611 (M 16), IC 4756
所含的适合在城市中观看的天体：NGC 5904 (M 5), IC 4756

巨蛇座位于天赤道上，是个巨大但比较暗淡的星座，其最亮星只是两颗 3 等星。其面积为 637 平方度，约占天球的 1.5%，在全天 88 星座里排在第 23 位。巨蛇座的独特之处在于，它是 88 个星座中唯一的“天区不连续”的星座：它占有的天区是两块，分别代表“毒蛇”的头部（Serpens Caput）和尾部（Serpens Cauda），它们分别位于蛇夫座的西北边和东南边。正是蛇夫座这位“持蛇者”把这条“巨蛇”拽成了两段。

巨蛇座的传说历史悠远，它不但是托勒密的 48 个古星座之一，而且早在有文字记录的历史早期就被人们认识了。在早期的希腊神话中，今天的蛇夫座和巨蛇座被合起来看作一个完整的大“蛇夫座”，关于阿斯克莱庇奥斯与早期医药学的神话都被与这个星座联系起来。

巨蛇座尽管面积不小，却鲜有值得观测的深空天体。本书推荐的只有两个明亮的梅西耶天体（球状星团 M 5 和疏散星团 M 16）以及一个大而明亮却被 NGC 目录漏掉的疏散星团——IC 4756。

巨蛇座每年 6 月 3 日午夜上中天，对于北半球中纬度地区的观察者而言，从春季中段直到晚秋的夜里，都会有观察巨蛇座的好机会。

表 44-1

巨蛇座中有代表性的星团、星云和星系

天体名称	类型	视亮度	视尺寸	赤经	赤纬	梅	双	城	深	加	备注
NGC 5904	GC	5.7	23.0	15 18.6	+02 05	◉	◉	◉			M 5; Class V
NGC 6611	OC	6.0	6.0	18 18.7	−13 48	◉	◉				M 16; Cr 375; Class II 3 m n
IC 4756	OC	4.6	52.0	18 38.9	+05 26			◉	◉		Cr 386; Mel 210; Class II 3 r

表 44-2

巨蛇座中有代表性的双星或聚星

天体名称	星对	星等1	星等2	角距	方位角	年份	赤经	赤纬	城观	双星	备注
13-delta*	STF 1954AB	4.2	5.2	4.0	173	2006	15 34.8	+10 32		◉	
63-theta1	STF 2417AB	4.6	4.9	22.3	104	2004	18 56.2	+04 12		◉	Alya

星图 44-1

巨蛇座“头部”星图（视场宽 45°）

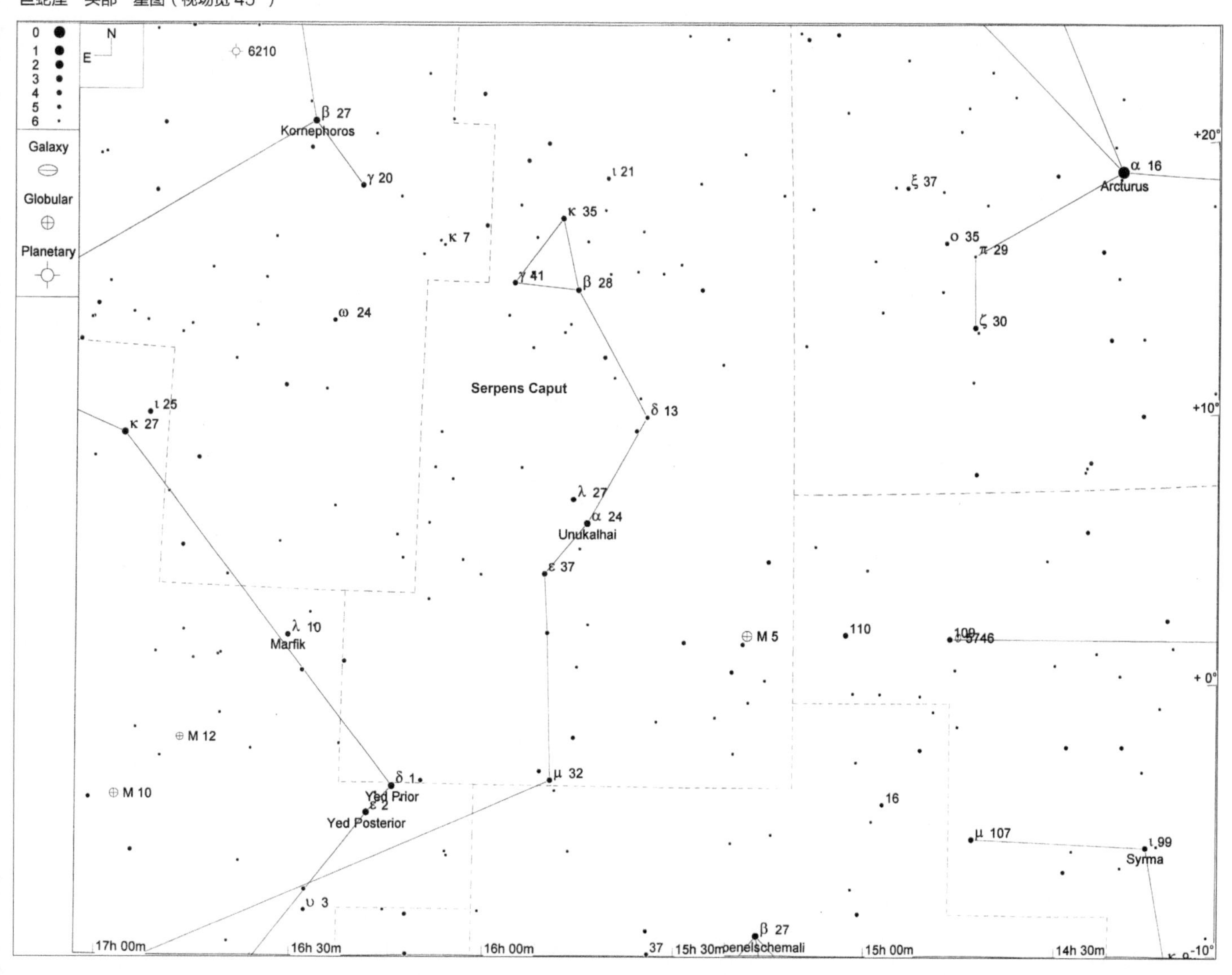

星图 44-2

巨蛇座"尾部"星图（视场宽 45°）

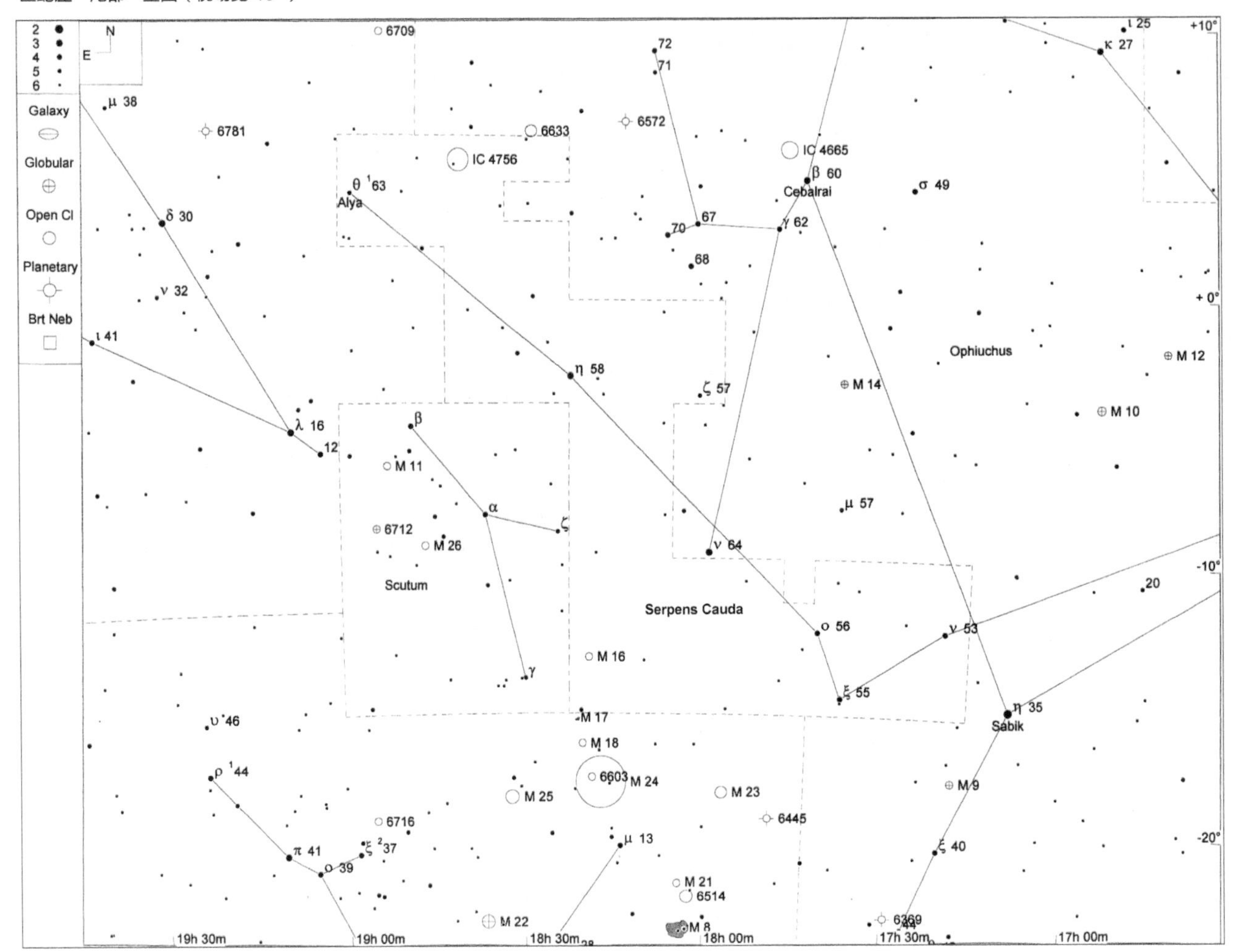

星团、星云和星系

M 5 (NGC 5904)	★★★	⊕⊕⊕	GC	MBUDR
见星图 44-3	见影像 44-1	m5.7, 23.0'	15h 18.6m	+02°05'

M 5（NGC 5904）是个大而明亮的球状星团。德国天文学家哥特弗里德•基尔希（Gottfried Kirch）和玛利亚•玛格雷特•基尔希（Maria Margarethe Kirch）在 1702 年 5 月 5 日寻找当年的一颗彗星时发现了这个天体，不过他俩显然对这个天体没有更多的兴趣，只是简单地将其记录为"云雾状的恒星"就完事了。1764 年 5 月 23 日，梅西耶独立地重新发现了它，并将其编为自己目录的第 5 号天体。

尽管 M 5 所在的位置周围缺乏亮星，但定位它仍然比较容易。首先用肉眼找出 2.6 等的巨蛇座 α（24 号星），它在巨蛇座头部部分的中间附近，在其周围邻近天区内，其亮度还是很出众的。M 5 就在巨蛇座 α 的西南边 7.7° 处，所以请尽管放心从巨蛇座 α 开始把双筒镜或寻星镜视场向西南移动就好。M 5 是个足够明亮的天体，很多爱好者报告说在极佳的夜空环境中仅用肉眼的余光瞥视就能看到它，因此它在寻星镜或双筒镜内一定会呈现得很醒目的。

我们用 50mm 双筒镜看到的 M 5 是个很明亮的云雾状斑点，在其东南仅约 20' 处即是 5.1 等的巨蛇座 5 号星，该星在双筒镜中看来也是熠熠生辉。不过此时还分解不出 M 5 的成员星，只不过在镜中用余光瞥视能感到 M 5 的北侧环绕着一条长约 45' 的暗淡星链，其中最亮星也仅有 10 等左右。换用 10 英寸反射镜加 125 倍放大率观察，M 5 呈现出一个很亮且颇有颗粒感和斑驳感的中心区，外围轮廓则呈轻微的椭圆形，直径 12'，长轴在东北一西南方向上。星团边缘的北西北、北东北、东南等几个方向上，均有以 12 ～ 13 等星为主组成的星链延伸而出。综上所述，M 5 不愧是个值得品味的球状星团。

影像 44-1

NGC 5904（M 5）（视场宽 1°）

本照片承蒙帕洛马天文台和太空望远镜科学研究院惠允翻拍自数字巡天工程成果

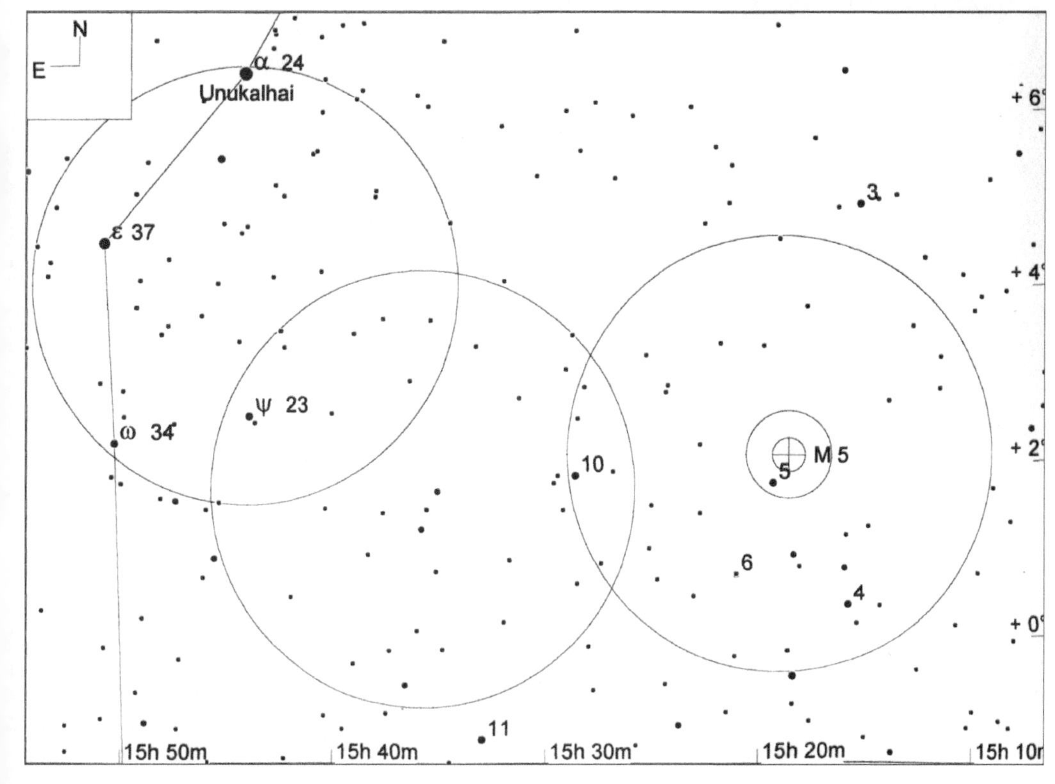

星图 44-3

NGC 5904（M 5）（视场宽 12°，寻星镜视场圈直径 5°，目镜视场圈直径 1°，极限星等 9.0 等）

M 16 (NGC 6611)	★★★	⚽⚽⚽	OC	MBUDR
见星图 44-4	见影像 44-2	m6.0, 6.0'	18h 18.7m	–13° 48'

M 16（NGC 6611）是个中等大小的明亮疏散星团，它还被一块发射星云（IC 4703）包裹和环绕着。这两个天体也被合称为“老鹰星云”（Eagle Nebula）。夏西亚科斯曾经在 1745 年或 1746 年发现过这个疏散星团，但显然并未发现与之相伴的那块发射星云。梅西耶则在 1764 年 6 月 3 日独立地重新发现了这个天体，并且首次发现了与星团重叠着的这块星云，并将其描述为一片“微茫的光”。不可思议的是，威廉姆•赫歇尔和他的妹妹卡洛琳•赫歇尔后来也观测了 M 16，但并未注意到星云的部分，可是以他们所用的 18 英寸口径的望远镜来说，没有理由看不到这块星云的明显存在。于是这块星云就无缘出现在赫歇尔的 GC 目录（General Catalog，即“总表”之意）中；接下去，德雷耶的 NGC 目录也无视了它。直到 1908 年，NGC 的续表，也就是 IC 目录编订时，这块星云才终于获得编号 IC 4703。

在双筒镜和寻星镜中，M 16 都是非常醒目的天体。尽管它位于巨蛇座，但定位它的最佳方法要从人马座找起，并经过一系列双筒镜中容易看到的天体：首先是 M 25；然后向北东北方向找 1.7°，看到 M 18；然后向北 1°，找到 M 17；将 M 17 定位在双筒镜或寻星镜视场的中心，然后向北移动 2.4°，就会很肯定地找到 M 16。

在 50mm 双筒镜中，M 16 是个边缘模糊的明亮小斑点，其中心附近有颗 7 等星。在加 90 倍放大率的 10 英寸反射镜中，M 16 呈现出一种松散寥落的样貌，在直径 12' 的天区内可以看到三四十颗 8 ～ 12 等的成员星。它们被包裹在 IC 4703 所发出的一大片飘渺得多的微光之中。这种云雾状光芒在星团南部更浓一些，而在星团北部则被一片暗得多的区域打开了一个三角形的缺口，缺口从星团的北边缘开始，几乎要直插星团中心。加上 Ultrablock 窄带滤镜之后，星云的可见部分尺寸和细节丰富程度还都能有很大的提升空间。

影像 44-2

NGC 6611（M 16）（视场宽 1°）

本照片承蒙帕洛马天文台和太空望远镜科学研究院惠允翻拍自数字巡天工程成果

N
E
-12°
-14°
-16°
-18°
M 16
γ
M 17
M 18
6
18h 30m
18h 20m
18h 10m
18h 0

星图 44-4

NGC 6611（M 16）（视场宽 10°，寻星镜视场圈直径 5°，目镜视场圈直径 1°，极限星等 9.0 等）

IC 4756	★★		OC	MBUDR
见星图 44-5	见影像 44-3	m4.6, 52.0'	18h 38.9m	+05°26'

IC 4756 是个又大又亮但极为稀松的疏散星团。定位它的最佳方法是首先找到 3.3 等的巨蛇座 η（58 号星），然后往东北方向找 11°，找到 4.6 等的巨蛇座 θ（63 号星，俗名 Alya），该星用肉眼也勉强可见。IC 4756 就在该星的西北西方向 4.5° 处。用 50mm 的双筒镜或寻星镜瞄向那个位置，可以看到一块非常暗弱的模糊光斑，其中隐约可见几颗极暗的星。（在找到邻近天区的巨蛇座 θ 时，也可以观察一下它，它是颗双星，本章稍后也会介绍。）

该星团的直径接近 1°，面积达到了满月面积的 4 倍。因此，我们在用 10 英寸道布森镜观察它时，即便换到最低的放大率（42 倍，对应的真实视场是 1.7°），看到的 IC 4756 也只是像一块亮星丰富的随机星场，而不太像一个疏散星团。可分辨出的大约 75 颗 8 ~ 11 等星大多数集中在一个直径 45' 的区域内，在西北和东南方向的各一颗 6 等星成为了这个区域的界标。我们猜测，如果用大口径的双筒镜或我们那台 4.5 英寸口径的猎户牌 Starblast 大视场单筒镜（真实视场 3.5°）来观察 IC 4756，可能效果会更好，不过这个计划还未付诸实践。

影像 44-3

IC 4756（视场宽 1°）

本照片承蒙帕洛马天文台和太空望远镜科学研究院惠允翻拍自数字巡天工程成果

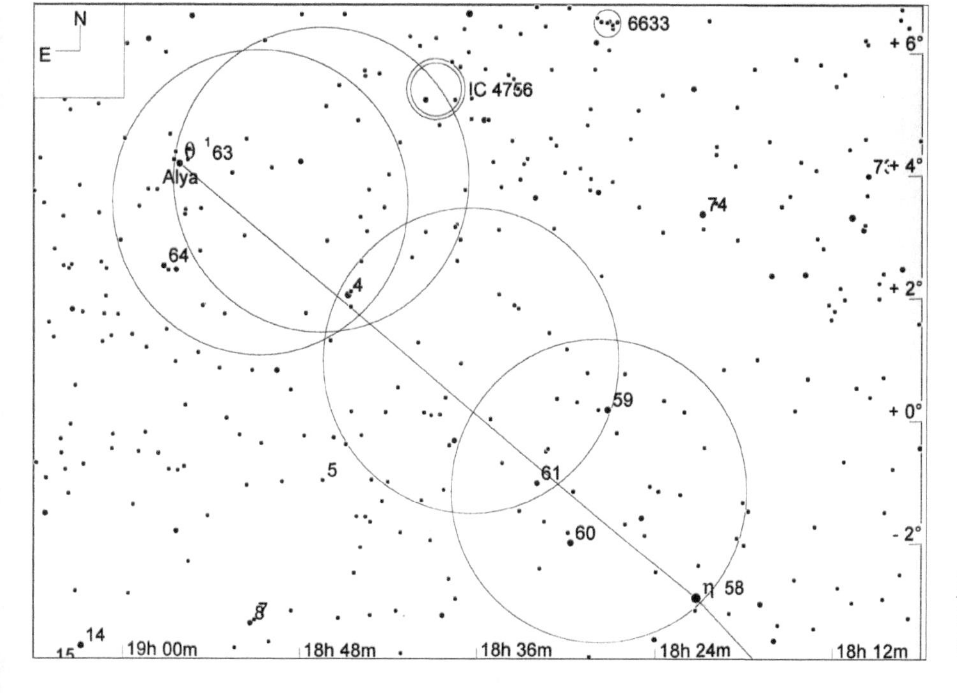

星图 44-5

IC 4756（视场宽 10°，寻星镜视场圈直径 5°，目镜视场圈直径 1°，极限星等 9.0 等）

13-delta (STF 1954AB)	★★	⊕⊕⊕	MS	uD
见星图 44-1和星图 44-6		m4.2/5.2, 4.0", PA 173° (2006)	15h 34.8m	+10°32'

定位巨蛇座 δ（13 号星）双星的方法并不太难。它就在肉眼看来较亮的 2.6 等星巨蛇座 α（24 号星）的北西北方向 4.7°。用 10 英寸道布森镜加 90 倍放大率观察，可以看到巨蛇座 δ 的两颗成员星亮度很接近，且都是暖白色。

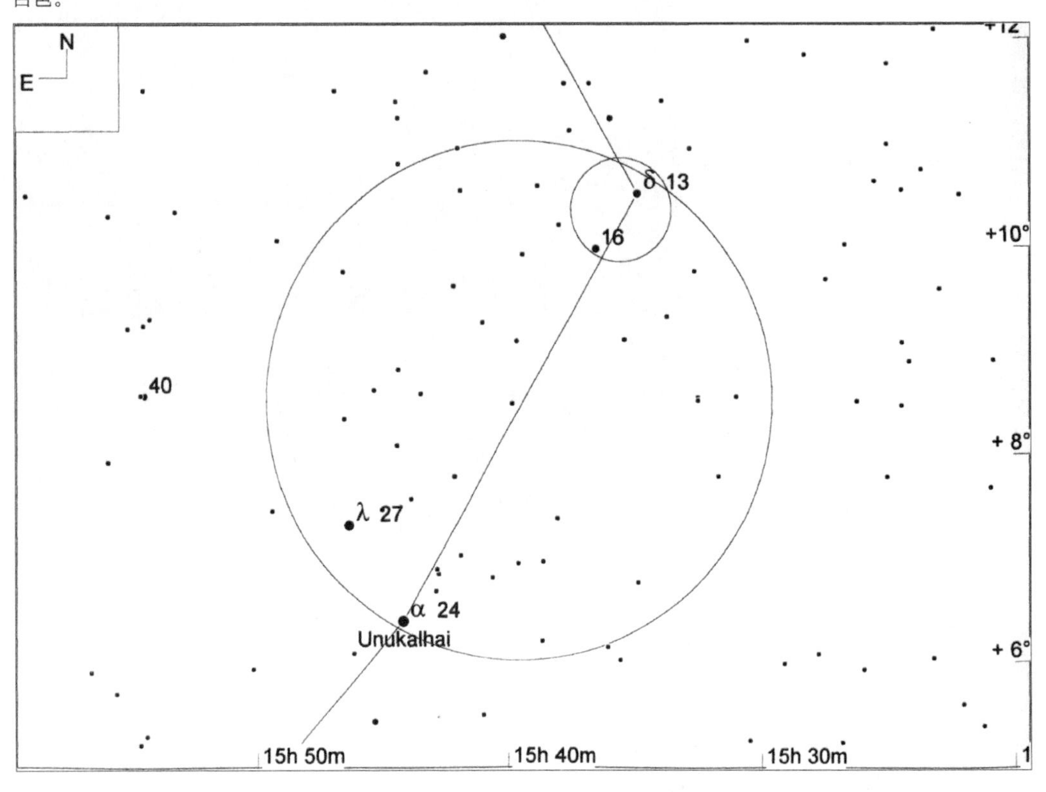

星图 44-6

巨蛇座 δ（13 号星，STF 1954AB）（视场宽 10°，寻星镜视场圈直径 5°，目镜视场圈直径 1°，极限星等 9.0 等）

63-theta1 (STF 2417AB)	★★	⊕⊕⊕	MS	uD
见星图 44-2和星图 44-5		m4.6/4.9, 22.3", PA 104° (2004)	18h 56.2m	+04° 12'

巨蛇座 θ^1（63 号星）是一对明亮的大角距双星，即使只有 50mm 双筒镜也可以分解。要定位该星，可以首先找到相对较亮的3.3 等星巨蛇座 η（58 号星），然后见星图 44-5，在其东北边 11° 处找到亮度为 4.6 等的目标。该目标用肉眼看来是很暗的一颗星。我们用 10 英寸道布森镜加 90 倍放大率，看到其两颗成员星仿佛孪生子一般，颜色都是蓝白色。

45

六分仪座，六分仪

星座名：六分仪座（Sextans）
适合观看的季节：冬
上中天：2 月中下旬午夜
缩写：Sex
所有格形式：Sextantis
相邻星座：巨爵、长蛇、狮子
所含的适合双筒镜观看的天体：（无）
所含的适合在城市中观看的天体：（无）

六分仪座是个中等大小但极为暗弱的星座，其面积是 314 平方度，约占天球的 0.8%，在全天 88 星座里排名第 47 位。其主要的恒星仅有 1 颗 4 等星和 4 颗 5 等星。六分仪座所在的天区，在古人眼中只是个暗区罢了，因此没有把它划归给任何星座。当今的很多爱好者虽然也曾经几十次甚至数百次看过六分仪座的天区（就在狮子座 α 这颗亮星的南侧），但都不属于有计划的观测。

六分仪座无疑是个历史很短的星座，赫维留斯在 17 世纪晚期才划定了它，然后用“六分仪”这种他最常使用的工具之一来给这个星座命名，以示纪念。不过这个命名确实也是够富有想象力的，因为绝大多数星座的形象总归或多或少地与自己的名字有些相似，但六分仪座则可以说根本什么都不像。而且，由于亮星的极度匮乏，六分仪座内也几乎没有值得向大部分普通爱好者推荐的聚星和深空天体。因此，本章介绍的只有一个十分平常的椭圆星系 NGC 3115。

六分仪座每年 2 月 21 日午夜上中天，对于北半球中纬度的观测者而言，从隆冬到春末的夜间都有不错的机会观察这个星座。

表 45-1

六分仪座中有代表性的星团、星云和星系

天体名称	类型	视亮度	视尺寸	赤经	赤纬	梅	双	城	深	加	备注
NGC 3115	Gx	9.9	7.2 x 2.4	10 05.2	–07 43					◉	Class S0- sp; SB 10.8

星图 45-1

六分仪座星图（视场宽 40°）

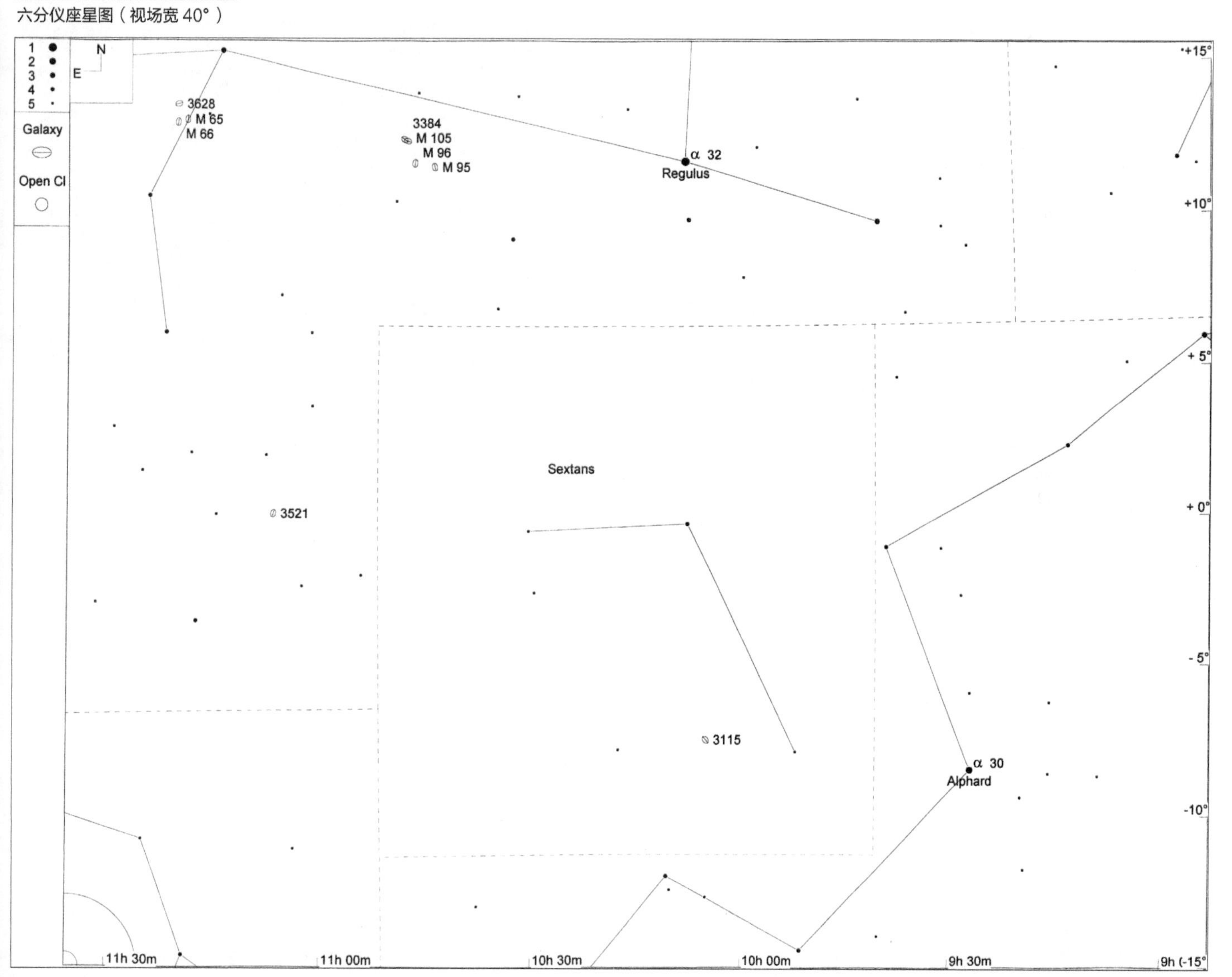

NGC 3115	★★	◐◐◐	GX	MBUDR
见星图 45-2	见影像 45-1	m9.9, 7.2' x 2.4'	10h 05.2m	–07°43'

NGC 3115 是个大而明亮的椭圆星系，其表面亮度比较高，因此值得推荐。虽然它的位置周围缺少亮星，但并不难以定位。从 2.0 等的亮星长蛇座 α（30 号星）开始，将寻星镜向东移动 6.2°，即可见到 5.1 等的六分仪座 γ（8 号星）进入视场。而从六分仪座 γ 往正东 6.2°，则是 5.2 等的六分仪座 ε（22 号星）。六分仪座的 ε 和 γ 这两颗星都是肉眼勉强可见的，而 NGC 3115 的位置就在这二者连线的中点上。在低倍放大率的目镜中即可看到这个星系的踪迹。

我们通过 10 英寸反射镜加 90 倍放大率观察，看到 NGC 3115 呈现出 1'×4' 的东北—西南向的长条形轮廓，其中还包裹着一个明亮的、透镜形的中心区，区内亮度均匀。

影像 45-1

NGC 3115（视场宽 1°）

本照片承蒙帕洛马天文台和太空望远镜科学研究院惠允翻拍自数字巡天工程成果

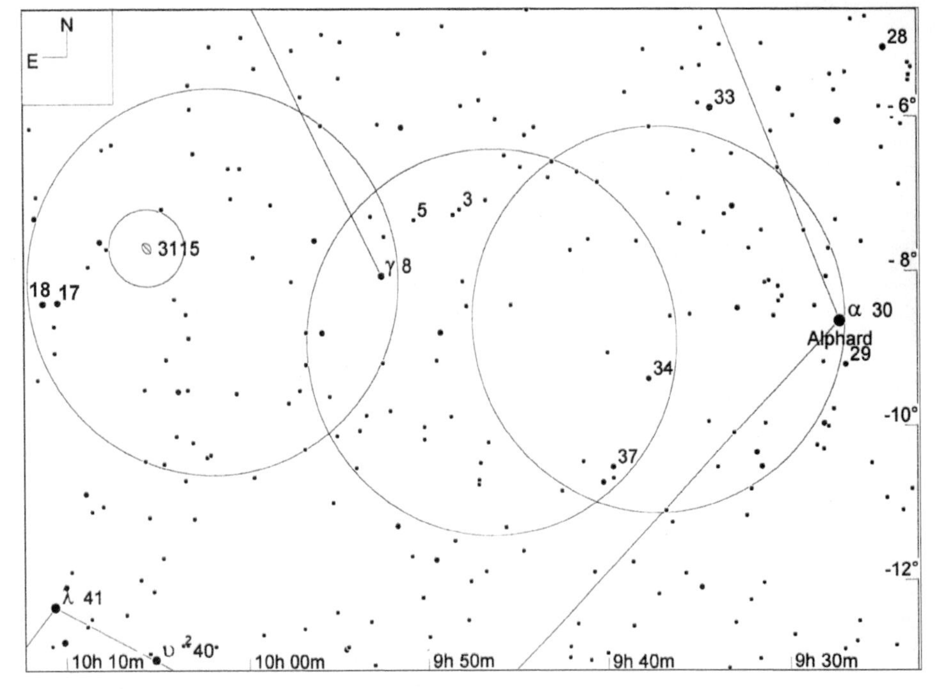

星图 45-2

NGC 3115（视场宽 12°，寻星镜视场圈直径 5°，目镜视场圈直径 1°，极限星等 9.0 等）

聚星

关于六分仪座，本书不推荐任何聚星。

46
金牛座，公牛

星座名：金牛座（Taurus）
适合观看的季节：秋
上中天：11 月底午夜
缩写：Tau
所有格形式：Tauri
相邻星座：白羊、御夫、鲸鱼、波江、双子、猎户、英仙
所含的适合双筒镜观看的天体：NGC 1432 (M 45), Mel 25, NGC 1647, NGC 1746, NGC 1807, NGC 1817, NGC 1952 (M 1)
所含的适合在城市中观看的天体：NGC 1432 (M 45), Hyades, NGC 1647, NGC 1807, NGC 1817

金牛座是天赤道以北一个巨大而醒目的星座，面积有 797 平方度，约占天球的 1.9%，在全天 88 星座里排名第 17 位。

金牛座的传说史非常久远，它不仅是托勒密的 48 个星座之一，也很可能早在托勒密之前的时代里就被视为星座了。有些科学家认为，在法国拉斯科（Lascaux）的岩洞原始壁画中，就出现了被描绘为星座的金牛座的形象，而这一遗迹被认为距今有 16 500 年了。在希腊神话中，金牛座的形象是大神宙斯化身而成的一头牛，宙斯此次变身则是为了去引诱和追求美丽的公主欧萝芭（Europa）。另一个版本的说法是，金牛座代表被大英雄赫拉克勒斯击败的克里特公牛（Cretan Bull），这也是赫拉克勒斯的 12 件大功之一。

金牛座内的深空天体丰富，其中包括两个壮丽的疏散星团——毕星团（Hyades）和昴星团（Pleiades），另外还有著名的“蟹状星云”，也就是 1054 年超新星的遗迹，根据中国古代天文学家的记载，该星当年爆发时亮得在整个白昼间都能看到。此外，蟹状星云的知名度如此之高，至少还有另外的两个原因：第一，它是梅西耶目录里的第一个天体，不认识它的话很容易把它误当成一颗彗星；第二，它在适合业余爱好者观察的深空天体中，是仅有的一个离我们足够近，可见的变化也足够快的。这个星云正在向外扩散，其尺寸在相对短的时间内就能有让人足以察觉的增大，在人的一生期间，这个变化是颇为明显的。

金牛座每年 11 月 30 日午夜上中天。对于身处北半球中纬度地区的我们而言，每年秋季中段到冬季中段的夜里最适合观察金牛座。

表 46-1

金牛座中有代表性的星团、星云和星系

天体名称	类型	视亮度	视尺寸	赤经	赤纬	梅	双	城	深	加	备注
NGC 1432	OC	1.6	110.0	03 47.0	+24 07	◉	◉	◉			M 45; Cr 42; Mel 22; Class II 3 r (Trumpler) or I 3 r n (modern)
NGC 1514	PN	10.0	1.9	04 09.3	+30 47					◉	Class 3+2
Hyades	OC	0.5	330.0	04 27.0	+16 00			◉	◉		Cr 50; Mel 25; Class II 3 m
NGC 1647	OC	6.4	45.0	04 45.9	+19 08			◉	◉		Cr 54; Mel 26; Class II 2 r
NGC 1746	OC	6.1	41.0	05 03.6	+23 49				◉		Cr 57; Mel 28; Class III 2 p
NGC 1807	OC	7.0	17.0	05 10.8	+16 31			◉	◉		Class II 2 p
NGC 1817	OC	7.7	15.0	05 12.5	+16 41			◉	◉		Cr 60; Class IV 2 r
NGC 1952	SR	8.4	6.0 x 4.0	05 34.5	+22 01	◉	◉				M 1

表 46-2

金牛座中有代表性的双星或聚星

天体名称	星对	星等1	星等2	角距	方位角	年份	赤经	赤纬	城观	双星	备注
59-chi	STF 528	5.4	8.5	19.1	25	2004	04 22.6	+25 37		◉	
118	STF 716AB	5.8	6.7	4.7	208	2002	05 29.3	+25 09		◉	

星图 46-1

金牛座星图（视场宽 50°）

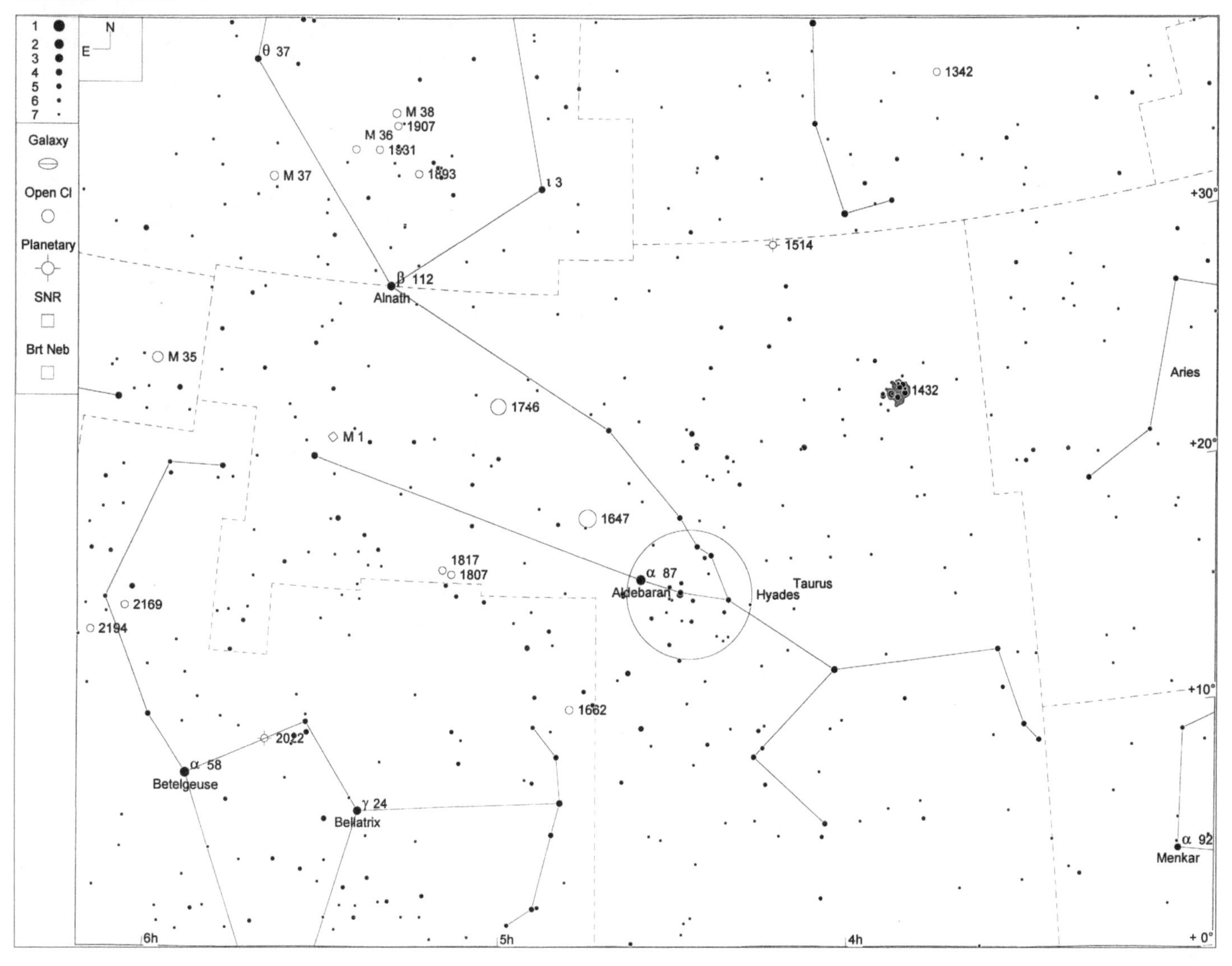

M 45 (NGC 1432)	★★★★	⊕⊕⊕⊕	OC	MBUDR
见星图 46-1	见影像 46-1	m1.6, 110.0'	03h 47.0m	+24°07'

要说整个夜空中最为醒目的疏散星团，当然非 M 45（NGC 1432）莫属了，它的别名有“昴星团”、“七姐妹星团”等，日本则称之为 Subaru。这个巨大且极其明亮的星团自古便被人们熟知，在人类有记录可考的文明早期，这个星团的形象就已出现于岩洞壁画和石板画之中了。

虽然名为“七姐妹星团”，但一般情况下肉眼只能看到它的六颗成员星——Alcyone（2.9 等）、Atlas（3.6 等）、Electra（3.7 等）、Maia（3.9 等）、Merope（4.2 等）、Taygeta（4.3 等）。当然，该星团中的第七亮星 Pleione（5.1 等）在夜空环境足够深暗时也有很多人能看到。而在观测环境极佳、夜空大气极为通透的环境下，用余光瞥视的技巧还能看到该星团的第八亮星 Celaeno（5.5 等）和第九亮星 Asterope（5.8 等），年轻人和某些夜间视力极好的人更容易做到这一点。有趣的是，日本的 Subaru 汽车公司虽然与七姐妹星团同名，但在其公司的标志上却只画了六颗星，而且排列的形状也与实际的星团不符。

梅西耶在 1769 年 3 月 4 日晚上观测了这个星团并将其列入梅西耶目录。虽然编写这个目录的本意是指出那些容易被误认为是彗星的云雾状天体，但梅西耶并不认为 M 45 也会被误认为是彗星，他编列这个天体的目的，仅仅是把自己即将出版的目录规模从 41 个天体扩大到自己觉得更为理想的 45 个。当时，由于出版社截稿日期的快速逼近，梅西耶已经没有足够的时间再发现 4 个新天体来完成这一扩充了，所以他就把四个自古以来便为人所知的肉眼可见的云雾状天体给写了进来，这就是 M 42 和 M 43（二者合为猎户座大星云）、M 44（巨蟹座的“鬼星团”）以及金牛座的 M 45。

M 45 不但肉眼可见，而且只需要一点点光学器材的辅助就能让它变得壮观起来。它的直径接近 2°，这使得它最适合用双筒镜或低倍放大率下的大视场单筒镜来观察，而其他任何更高放大率的目镜视场都无法完整地囊括它。不过，M 45 内最亮的九颗成员星之间聚集得还算紧密，只要真实视场超过 1°，达到 62'，就能将这九颗星囊括在同一视场之内。或许是出于巧合，用 1.25 英寸的 25mm 或 26mm 普罗索式目镜，加在常见的由中国大陆或中国台湾省生产的道布森式望远镜上，所获得的真实视场恰好能够放下 M 45 里最亮的这九颗成员星。

在 50mm 的双筒镜内，M 45 已经开始显示其魅力。十余颗闪耀的成员星散布在直径 2° 的天区内，如同洒落在黑色天鹅绒上的钻石一般。此外，视场中还填充着几十颗更暗的成员星作为陪衬。事实上，M 45 作为星团，本身也与一些云气“成协”（即彼此互动并存），但 50mm 双筒镜是不足以看到这些云气存在的迹象的。我们换用 10 英寸道布森镜加上 2 英寸的 30mm 目镜观察（获得的真实视场直径 1.7°，放大率 42 倍），看到的 M 45 更是令人叹为观止。较亮的成员星都显现出蓝白色，特别是 Merope——恍若虚无缥缈的淡蓝色云气则包围在这颗星身边。（包裹着 Merope 的这些云气另有其自己的编号：NGC 1435。）此时可见的其他更暗的成员星超过了 100 颗，许多成员星都组成了双星或三合星，排列为链状和弧状。M 45 的风采，着实一言难尽。

影像 46-1

NGC 1432（M 45）（视场宽 1°）

本照片承蒙帕洛马天文台和太空望远镜科学研究院惠允翻拍自数字巡天工程成果

NGC 1514	★★	⚈⚈⚈	PN	MBUDR
见星图 46-2	见影像 46-2	m10.0, 1.9'	04h 09.3m	+30° 47'

行星状星云 NGC 1514 比较明亮，但除此之外便很平庸。该天体通常以它那颗明亮的中心恒星而引起我们的注意。它位于金牛座天区的边缘，而定位它的最佳方式要从英仙座开始。首先在 M 45 北边大约 8° 处用肉眼找到 2.9 等的英仙座 ζ（44 号星，俗名 Atik），然后将其放在寻星镜视场的西北西边缘，在其东南东方向 3.4° 处可以找到一对呈南—北向排列的 8 等星，二者角距 17'。而 NGC 1514 就在这两颗 8 等星连线的中点上。

用 10 英寸牛顿式反射镜先后加 125 倍、180 倍放大率观测，可以看到 NGC 1514 明亮的圆盘状表面直径为 90"，其中心处的恒星亮度在诸多行星状星云里可算鹤立鸡群。圆盘中看不出其他更多的细节。加上猎户牌 Ultrablock 窄带滤镜后，圆盘的可见面积没有增加，但可以看出圆盘边缘在南西南和北东北方向上亮度略低于其他部分。

影像 46-2

NGC 1514（视场宽 1°）

本照片承蒙帕洛马天文台和太空望远镜科学研究院惠允翻拍自数字巡天工程成果

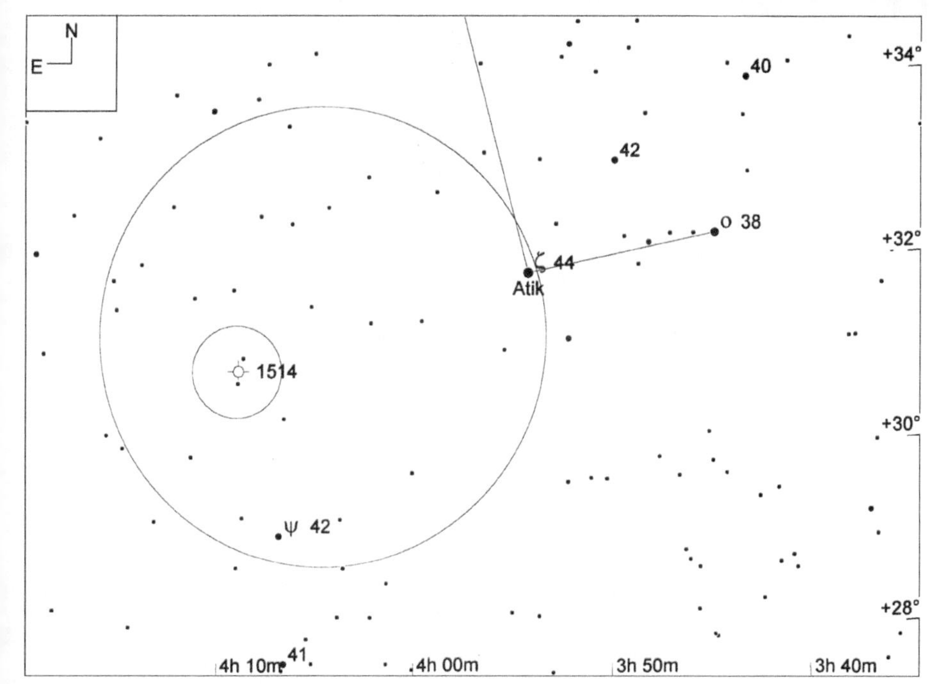

星图 46-2

NGC 1514（视场宽 10°，寻星镜视场圈直径 5°，目镜视场圈直径 1°，极限星等 9.0 等）

Hyades	★★★	⚈⚈⚈	OC	MBUDR
见星图 46-1		m0.5, 330.0'	04h 27.0m	+16°00'

毕星团（Hyades）也叫做 Collinder 50 或 Melotte 25，是个非常巨大且明亮的疏散星团。它与我们的距离仅有大约 150 光年，是距离我们最近的一个真正的疏散星团。由于其直径达到 5.5°，所以除了 7×50 或 10×50 双筒镜以外，其他望远镜配置都会因为视场不够大而无法完整地看到它。（也正是因为这个星团的直径看上去太大，所以我们无法在此配上一张足以反映其全貌的照片。）不论怎样配置望远镜，只要放大率倍数高于双筒镜，或视场直径小于双筒镜，都会让毕星团看起来成为一团明亮但散乱的随机星场，在整体上失去了作为一个星团的自然面貌。

毕星团极高的视星等数值（0.5 等）主要是来自于特别亮的金牛座 α（中文名毕宿五——译者注）星的贡献。但是这颗橘红色的 1 等星其实只是从地球上看重叠在毕星团上的一颗前景恒星，它并不是这个星团的成员星。不过，该星与其他几颗亮星所组成的 V 字形，既是金牛座“牛头”的象征，也是毕星团中心的所在位置。通过 50mm 双筒镜观察到的毕星团极尽壮美，其中大多数较亮的恒星和全部的暗星都呈纯白色，但有五颗最亮的星除外——即金牛座 α（俗名 Aldebaran）、γ、δ、ε 和 θ^1，它们都是橙色的。

NGC 1647	★★	⚈⚈⚈⚈	OC	MBUDR
见星图 46-3	见影像 46-3	m6.4, 45.0'	04h 45.9m	+19°08'

NGC 1647 是个巨大、明亮、稀松的疏散星团。要定位它，可以把金牛座 α 放在双筒镜或寻星镜视场的西南边缘（原作东南，笔误——译者注），然后在东北方向 3.5° 处找到目标。我们在 50mm 双筒镜中看到的 NGC 1647 像一大团比较暗弱的云气，在其南侧很近处有颗显眼的 6 等背景恒星（见影像 46-3 的底部）。通过双筒镜用余光瞥视，可以看出它的三四颗 9 等成员星，另外还有一些更暗的成员星若隐若现。即使是换用加 42 倍放大率的 10 英寸反射镜（真实视场直径 1.7°），这个星团也不太显得能与背景星场区分得开，因此很难断定它的边界。放大率换到 90 倍后，可以看出该星团成员星较多，但其分布仍然非常寥落稀疏。在直径 45' 的区域内，可以看出大约五十颗成员星，其中较亮的有 10 多颗 9 ～ 10 等星，其余的成员星多为 11 ～ 12 等。不少成员星彼此间构成了大角距的双星或三合星，还有很多成员星组成了短小的链状或弧状，或者团块状。

影像 46-3

NGC 1647（视场宽 1°）

本照片承蒙帕洛马天文台和太空望远镜科学研究院惠允翻拍自数字巡天工程成果

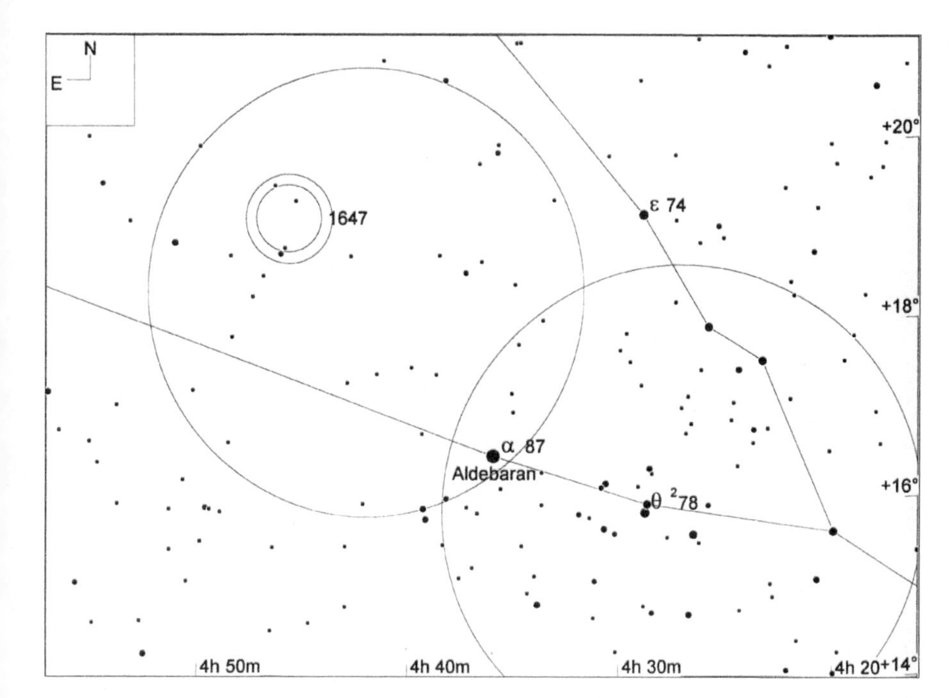

星图 46-3

NGC 1647（视场宽 10°，寻星镜视场圈直径 5°，目镜视场圈直径 1°，极限星等 9.0 等）

NGC 1746	★★	☻☻☻	OC	MBUDR
见星图 46-4	见影像 46-4	m6.1, 41.0'	05h 03.6m	+23°49'

NGC 1746 也是一个大而明亮的疏散星团，它极为散淡和稀疏。定位它的最佳方式是：从上文刚介绍的 NGC 1647 开始，将双筒镜或寻星镜的所指直接往东北方向移动 6°。我们在 50mm 双筒镜中看到的 NGC 1746 像个比较暗弱的大块云雾，在它东边是个由 7 ～ 8 等星组成的 30' 长的弧形（见影像 46-4 的左端）。这道星弧向北继续延展，继而向西，延展段落是由 3 颗 8 等星担任的，在影像 46-4 的顶端和右上部可以看到它们。

即使是换用加 42 倍放大率的 10 英寸反射镜（真实视场直径 1.7°），该星团的边界也很难比较好地被区分出来。在 90 倍放大率下，能看出该星团成员星比较多，但分布极为稀疏分散。在直径为 40' 的天区内可以认出其 70 颗以上的成员星，它们呈现出两个相对密集一点的中心。这两个中心有着各自的 NGC 编号，分别是西侧的 NGC 1750 和东侧的 NGC 1758。

影像 46-4

NGC 1746（视场宽 1°）

本照片承蒙帕洛马天文台和太空望远镜科学研究院惠允翻拍自数字巡天工程成果

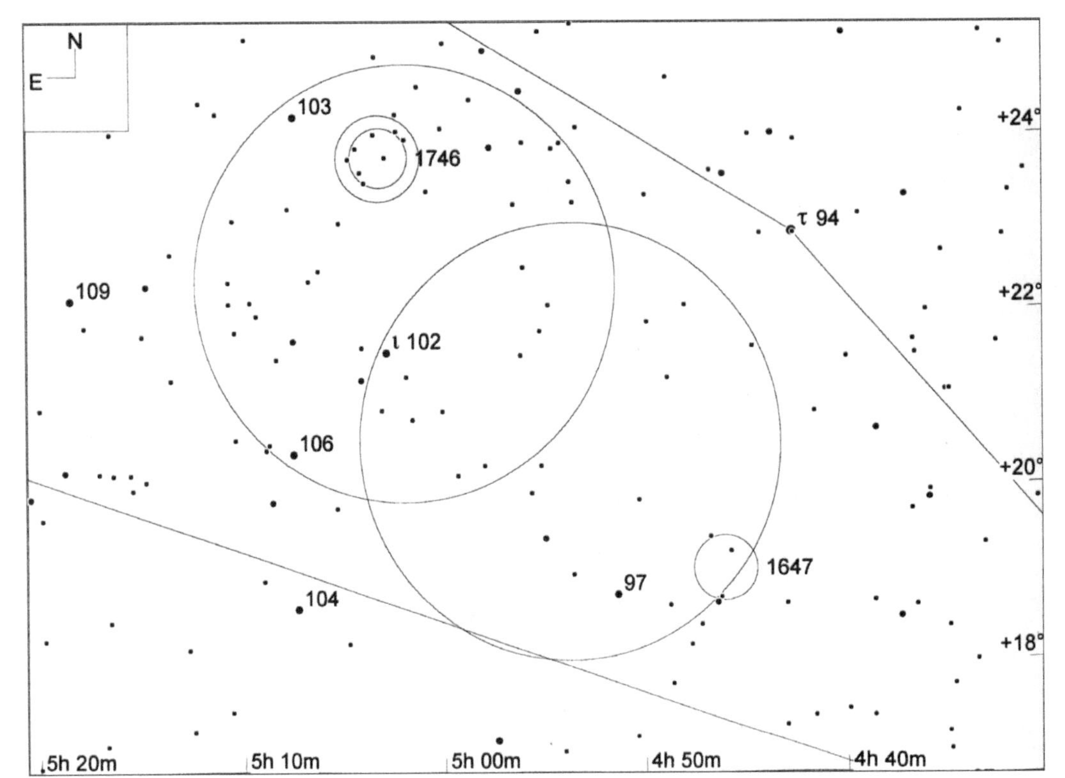

星图 46-4

NGC 1746（视场宽 12°，寻星镜视场圈直径 5°，目镜视场圈直径 1°，极限星等 9.0 等）

NGC 1807	★★	⊕⊕⊕	OC	MBUDR
见星图 46-5	见影像 46-5	m7.0, 17.0'	05h 10.8m	+16°31'

NGC 1817	★★	⊕⊕⊕	OC	MBUDR
见星图 46-5	见影像 46-5	m7.7, 15.0'	05h 12.5m	+16°41'

NGC 1807 和 NGC 1817 是一对距离很近的疏散星团，它们的视尺寸数值和亮度数值都差不多，不过看上去面目迥异。定位这两个星团的最佳方法是从亮星金牛座 α 开始，把双筒镜或寻星镜视场向正东移动约 8.5°，就会看到一条长度为 1.8° 的东—西向的星链进入视场，见星图 46-5，这个星链由三颗 5 等星（金牛座 11 号星、15 号星以及 SAO 94377）构成。我们要找的这两个星团就在 SAO 94377（星链最东端）的北方约 30' 处。两个星团的几何中心点相距也仅约 30'，所以很适合用望远镜加低倍放大率的目镜来同时观察它俩。

二者中，比起偏东的 NGC 1817，要数偏西的 NGC 1807 更亮更大，但它的成员星数量反而更贫乏。通过 50mm 双筒镜观察，两个星团都呈现为比较大比较亮的云雾状物体，位于一条由 5 等星组成的东—西向星链的北侧。此时在 NGC 1807 之内可以辨认出 3 颗 8 等成员星，其中两颗靠近云雾状光芒的中心，另一颗在南边缘；而 NGC 1817 内暂时分解不出成员星。

换用 10 英寸反射镜加 90 倍放大率观察，两个星团刚好也可以被放在同一个目镜视场之内。此时 NGC 1807 内可以看出不下 10 颗 9 ～ 10 等的成员星，它们中的多数组成了一条南—北向的线，将星团分为东、西两半。在星团中心处，两颗 9 等星和一颗 10 等星组成了一个醒目的三角形。另外该星团还有不少于 15 颗 11 ～ 12 等成员星散布在直径 15' 的区域内。而在 NGC 1817 这边，最引人注目的特征则是由 3 颗 9 等星组成的一条北西北—南东南方向的星链，此链长 10'，贴在星团的西边缘上。由该星链向东，铺散出三四十颗暗得多的成员星，占据了大约 15' 的天区。该星团的北侧、东侧、南侧界限都难以准确判定。

影像 46-5

NGC1807 和 NGC 1817（视场宽 1°）

本照片承蒙帕洛马天文台和太空望远镜科学研究院惠允翻拍自数字巡天工程成果

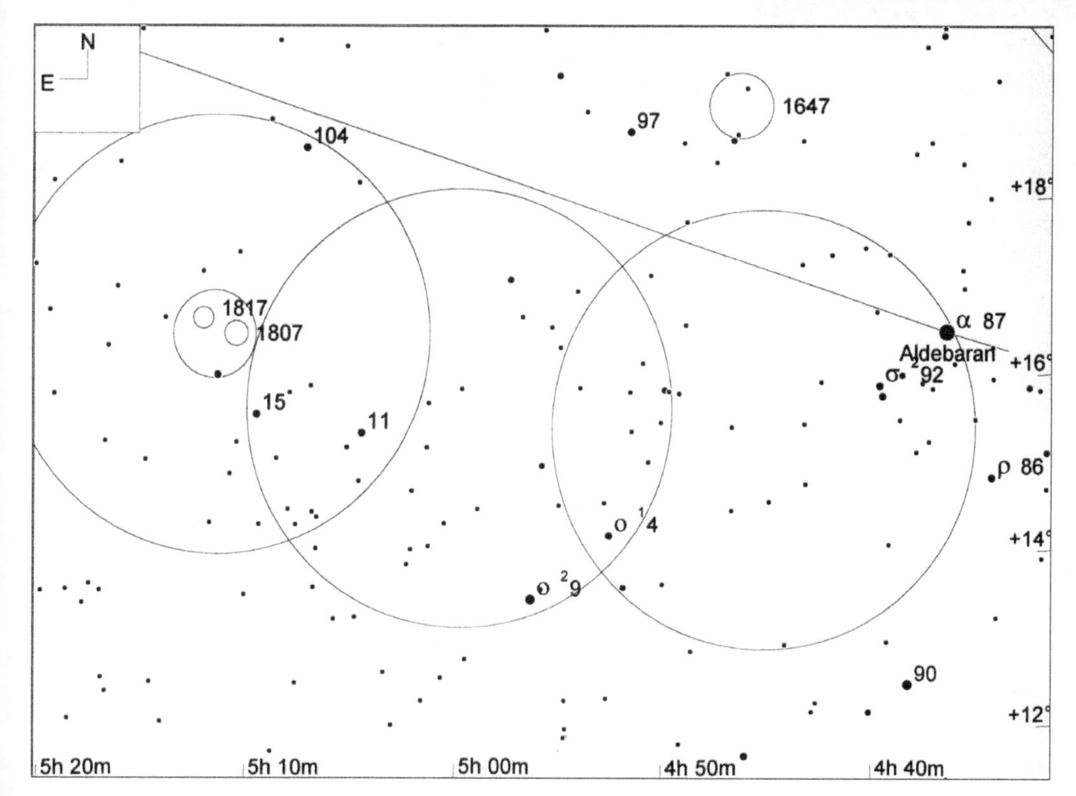

星图 46-5

NGC 1807 和 NGC 1817（视场宽 12°，寻星镜视场圈直径 5°，目镜视场圈直径 1°，极限星等 9.0 等）

M 1 (NGC 1952)	★★	⚙⚙⚙⚙	SR	MBUDR
见星图 46-6	见影像 46-6	m8.4, 6.0' x 4.0'	05h 34.5m	+22°01'

M 1（NGC 1952）也叫“蟹状星云”。是公元 1054 年那颗超级壮观的超新星的遗迹。这颗超新星当时非常亮，甚至在爆发后的几个月内都可以在白昼看到，此后虽然减暗，但在爆发后超过 1 年的时间里，仍然可以在夜间用肉眼看到。这个星云也是梅西耶的著名天体列表的起点，是它的存在让梅西耶决心把那些容易被误认为是彗星的云雾状天体编成一个目录。

英国天文学家约翰•贝维斯在 1731 年曾经观测了这个星云并将其编目，但不知此事的梅西耶在 1758 年 8 月 28 日晚上独立地重新发现了这个天体。那天晚上，梅西耶用望远镜巡视天空，本来是为了寻找哈雷彗星，因为此前有人根据计算指出哈雷彗星马上要回归了。突然，梅西耶的视场内出现了一个云雾状的物体，非常像一颗彗星，这使他很兴奋，以为发现了一颗新的彗星。此后的多个夜晚内，梅西耶坚持对它进行观测，希望测出它相对于背景恒星的移动速度，以计算出它的轨道。不过，他最终还是发现这个云雾状的东西完全不移动，所以根本不是彗星。到 9 月 12 日，梅西耶决定记下这个天体的准确位置，并将其编号为 M 1——由此他开启了一个新目录的建设工作：该目录专门收集那些容易让人误以为是“新彗星”的天体。

M 1 的定位也不难。首先找到“御夫座五边形”中的南端亮星，即 1.7 等的金牛座 β（112 号星）。该星的南东南 7.9° 处即是 3.0 等的金牛座 ζ（123 号星）。M 1 就在金牛座 123 号星的西北边 1.1° 处。

天文联盟的双筒镜梅西耶俱乐部把 M 1 列为 35mm 和 50mm 双筒镜的“特难”级（最高难度级别）目标，以及 80mm 双筒镜的“稍难”级（中间等级）目标。不过我们从来没有在任何双筒镜或寻星镜中直接看到过 M 1。

通过加 90 倍放大率的 10 英寸反射镜观察，M 1 呈现为一个中等亮度的接近矩形的云雾状斑块，尺寸约 4'×5'，长边在西北—东南方向上。用余光瞥视时，可以看到云雾中的较亮部分内有轻微的斑驳状特征，不过看不出其他细节，至少在 10 英寸口径的望远镜中就是如此了。

你可能会期望，M 1 作为超新星爆发遗留下的云气，能像大部分行星状星云（新星遗迹）那样，通过加窄带滤镜或特定波长滤镜能够提升成像的品质——可惜，事实并非如此。行星状星云往往在特定波长上发出较多的光，但超新星遗迹的可见光辐射频谱却非常宽泛。因此，如果给目镜加上窄带滤镜或 O-Ⅲ滤镜，再去观察 M 1，只会让它看起来更暗淡，而无法看出更多的延展面，也看不到更多细节。

影像 46-6

NGC 1952（M 1）（视场宽 1°）

本照片承蒙帕洛马天文台和太空望远镜科学研究院惠允翻拍自数字巡天工程成果

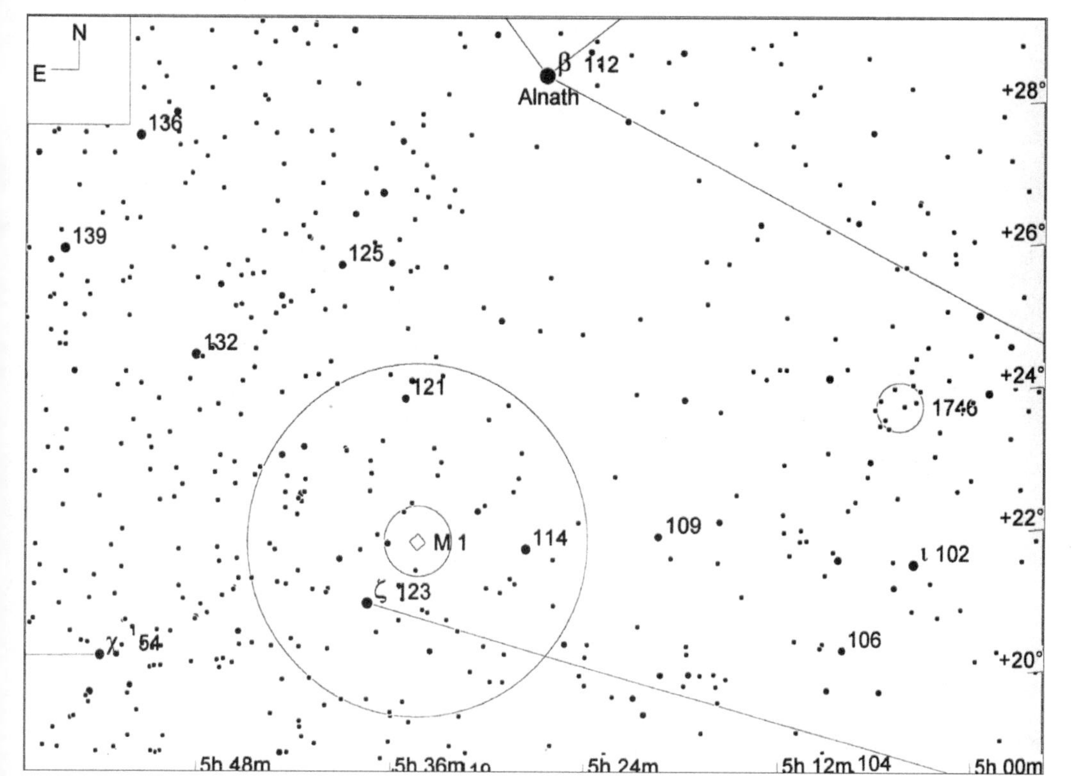

星图 46-6

NGC 1952（M 1）（视场宽 15°，寻星镜视场圈直径 5°，目镜视场圈直径 1°，极限星等 9.0 等）

聚星

59-chi (STF 528)	★★	◐◐◐	MS	UD
见星图 46-7		m5.4/8.5, 19.1", PA 25° (2004)	04h 22.6m	+25°37'

金牛座 χ（59 号星）是颗非常平淡无奇的双星。它的定位倒是相对容易，因为它就在 3.5 等亮星金牛座 ε（74 号星）的北边 6.6° 处。所以，要观察它时，可以先把金牛座 ε 放在寻星镜视场的东南边缘，然后按星图 46-7 所示，向北移动视场，直到那一组亮星到达视场的南边缘。此时在视场的北边缘就很容易辨认出金牛座 χ 了。用 10 英寸反射镜加 90 倍放大率观察，该星的主星是冷白色，伴星则是普通白色。

118 (STF 716AB)	★★	◐◐◐	MS	UD
见星图 46-8		m5.8/6.7, 4.7", PA 208° (2002)	05h 29.3m	+25°09'

金牛座 118 号星（STF 716AB）也是一颗平凡的双星。要定位它，可以从 1.7 等的亮星金牛座 β（112 号星）开始，也就是“御夫座五边形”的南端那颗星。由该星往南东南方向找 7.9°，即找到 3.0 等的金牛座 ζ（123 号星）。将金牛座 ζ 放在寻星镜视场的南东南边缘，即可在其北西北方向 4.5° 处找到 5.8 等的金牛座 118 号星，它在寻星镜中还是很显眼的。用 10 英寸反射镜加 90 倍放大率观察，可以看到其主星是暖白色，伴星则是普通的白色。

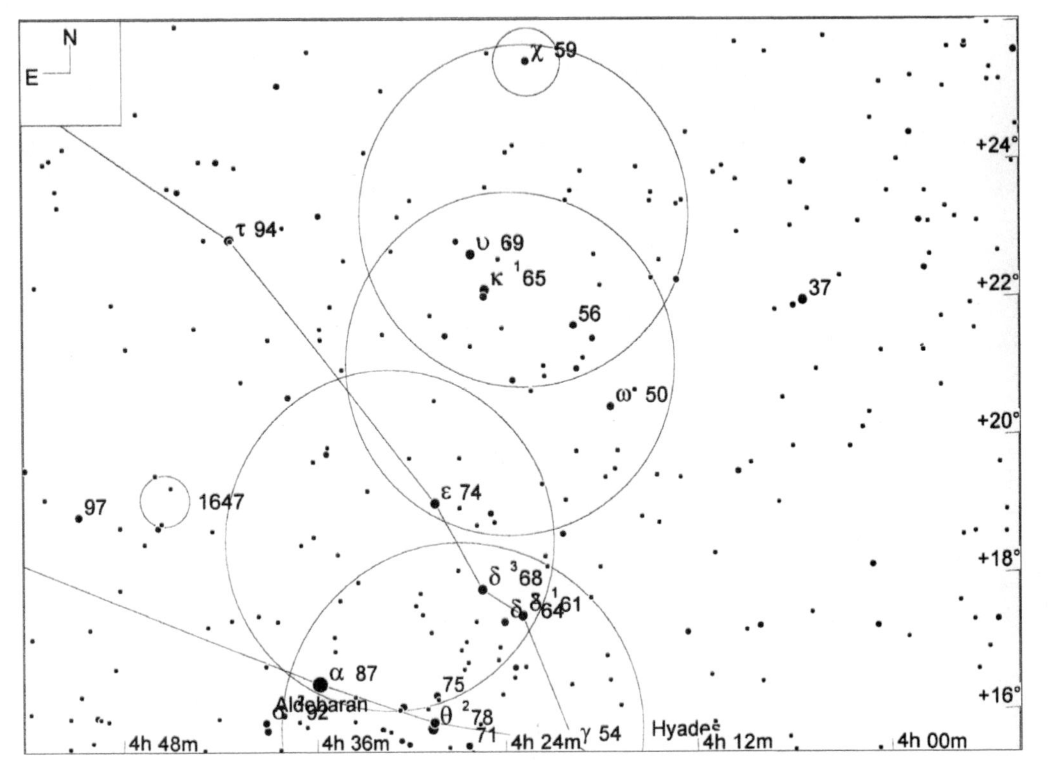

星图 46-7

金牛座 χ（59 号星，STF 528）（视场宽 15°，寻星镜视场圈直径 5°，目镜视场圈直径 1°，极限星等 9.0 等）

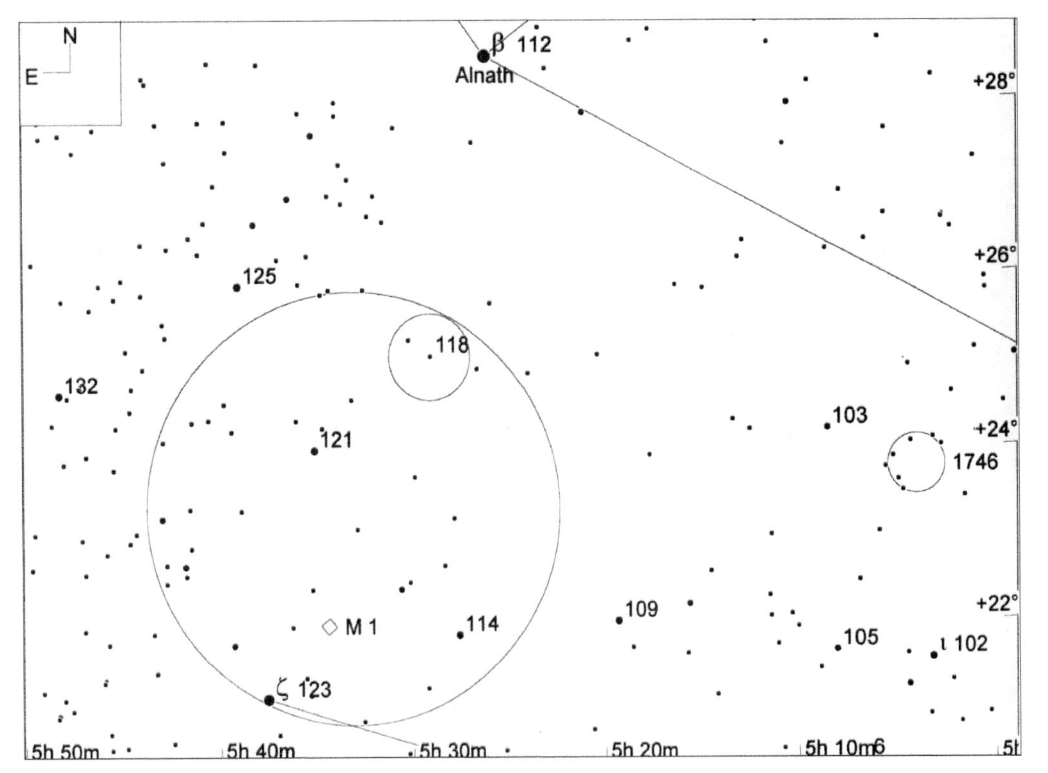

星图 46-8

金牛座 118 号星（STF 716AB）（视场宽 12°，寻星镜视场圈直径 5°，目镜视场圈直径 1°，极限星等 8.0 等）

47

三角座，三角形

星座名：三角座（Triangulum）
适合观看的季节：秋
上中天：10 月下旬午夜
缩写：Tri
所有格形式：Trianguli
相邻星座：仙女、白羊、英仙、双鱼
所含的适合双筒镜观看的天体：NGC 0598 (M 33)
所含的适合在城市中观看的天体：（无）

三角座是北半天球中部一个暗弱的小星座，其面积仅 132 平方度，约占天球的 0.3%，在全天 88 星座里只能排在第 78 位。三角座内缺乏亮星，主要恒星仅有 2 颗 3 等星、1 颗 4 等星和 7 颗 5 等星。尽管这些恒星都不够耀眼，但由于该星座的主体形状“三角形”离其他亮星也都比较远，因此这个星座还是很醒目的。它就在显耀的英仙座的西南侧，以及仙女座诸多亮星的东南侧，因此并不难找。

三角座早就是托勒密的 48 个星座之一，所以这个星座的历史绝不短于距今 1 900 年，甚至可能更加遥远。但是，这个古老的星座并没有什么相关的神话传说。尽管三角座天区内有很多非常暗弱的星系和其他深空天体，但是除了著名的 M 33（NGC 598，亦称“风车星系”）之外，其他的都太暗弱了，以至于不适合作为业余爱好者的望远镜的观察目标。

三角座每年 10 月 23 日午夜上中天，对于北半球中纬度地区的观测者而言，从夏末到隆冬的夜里都有很好的机会观察这个星座。

表 47-1

三角座中有代表性的星团、星云和星系

天体名称	类型	视亮度	视尺寸	赤经	赤纬	梅	双	城	深	加	备注
NGC 598	Gx	6.3	65.6 x 38.0	01 33.8	+30 40	◉	◉				M 33; Class SA(s)cd; SB 13.9

表 47-2

三角座中有代表性的双星或聚星

天体名称	星对	星等1	星等2	角距	方位角	年份	赤经	赤纬	城观	双星	备注
6-iota	STF 227	5.3	6.7	3.9	69	2002	02 12.4	+30 18		◉	

星图 47-1

三角座星图（视场宽 30°）

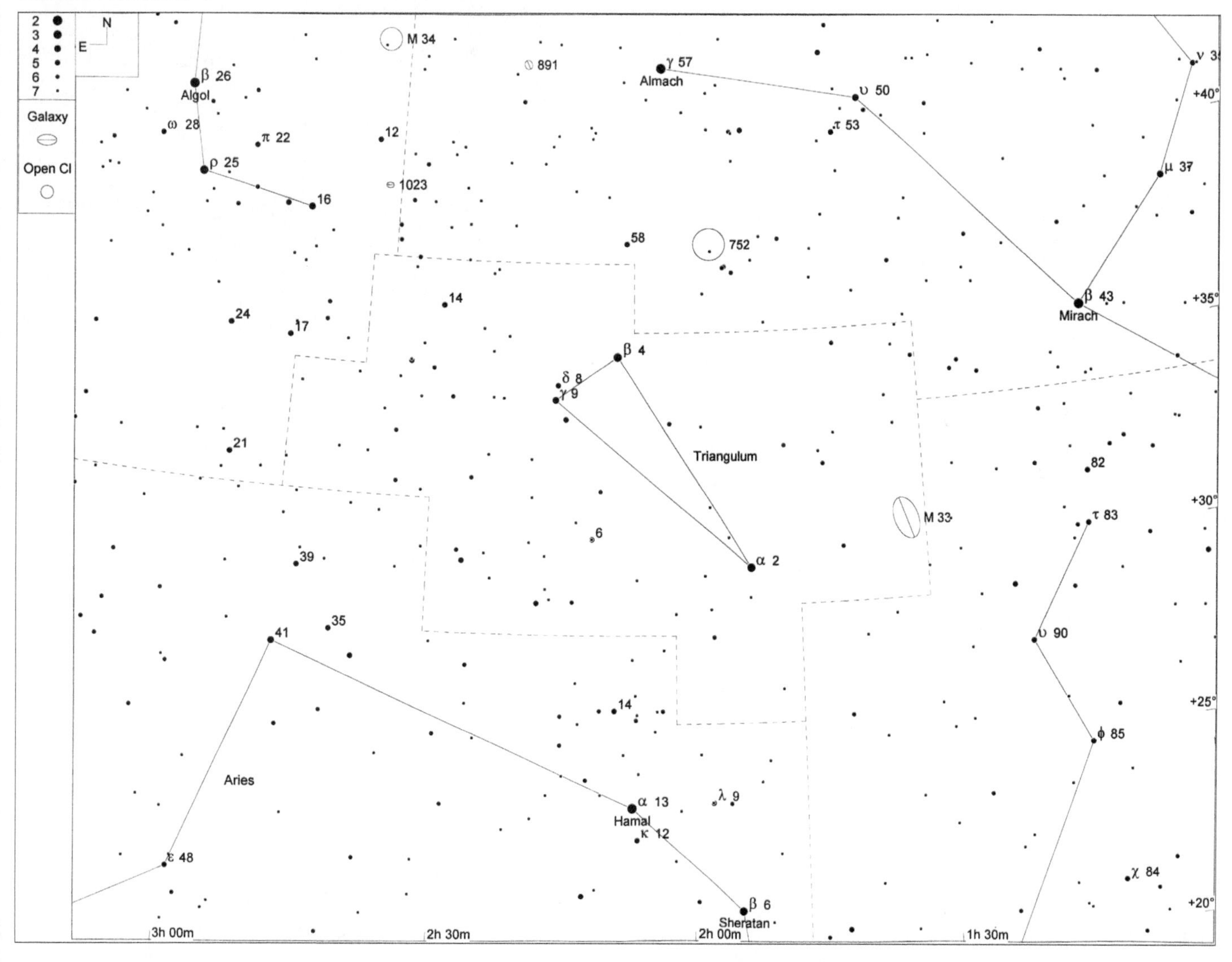

M 33 (NGC 598)	★★	⊕⊕⊕	GX	MBUDR
见星图 47-2	见影像 47-1	m6.3, 65.6' x 38.0'	01h 33.8m	+30°40'

M 33（NGC 598）也被叫做“风车星系”（Pinwheel Galaxy），是个很好看的螺旋星系。这个星系与仙女座星系以及我们所处的银河系，在力学上都有紧密的联系，都是“本星系团”（Local Group of Galaxies）的成员。在梅西耶列表中，M 33 也是几个擅于“躲猫猫”的天体之一：虽然它的目视星等数值达到了较亮的 6.3 等，但它很大的延展面积又让它的表面亮度严重降低，暗到了大约 13.9 等。所以，尽管我们可以在高海拔地区的足够通透晴朗的暗夜中用肉眼直接看到 M 33，但只要有一点点光污染或大气的不透明因素，M 33 就会变得几乎完全不可见。

由于环境极好时，肉眼都可以看到 M 33，所以它很可能自古就被人观察过了。但是，有正式记载的最早观察却要等到 17 世纪中叶，写下记录的观测者是意大利天文学家吉奥瓦尼•巴蒂斯塔•霍迪尔纳。而不知此事的梅西耶则在 1764 年 8 月 25 日晚上独立地再次发现了这个天体，并将其编号为 M 33。当时，梅西耶描述 M 33 是一团“几乎密度均匀的白色的光”，且分解不出任何单颗恒星。

M 33 的定位比较容易。如果我们在 3.4 等的三角座 α（2 号星）和 2.1 等的仙女座 β（43 号星）之间做一连线，则 M 33 就在该线的 1/3 处（偏向三角座 α）的西南侧。天文联盟双筒镜梅西耶俱乐部将 M 33 列为“稍难”级（中间等级）的目标，不论对 35mm、50mm 还是 80mm 的双筒镜都是如此——这可能是面对 M 33 那捉摸不定的观测难度所做出的一种合理的折中表述。根据我们的观测经验来说，M 33 的观测成败与具体观测环境的相关程度，可以说是惊人地高：在没有光污染和清洁通透的晴夜里，用 50mm 双筒镜能轻而易举 M 33 看到；而如果是一个条件一般的夜晚，即使你用大望远镜，可能还是看不到 M 33。

我们曾经有幸在高海拔观测点的一个极佳夜晚里将 M 33 收入囊中。当时，在

影像 47-1

NGC 598（M 33）（视场宽 1°）

本照片承蒙帕洛马天文台和太空望远镜科学研究院惠允翻拍自数字巡天工程成果

星图 47-2

NGC 598（M 33）和三角座 6 号星（STF 227）（视场宽 15°，寻星镜视场圈直径 5°，目镜视场圈直径 1°，极限星等 8.0 等）

50mm 双筒镜中，M 33 的中心部分看上去很像一颗有绒毛的暗星，周围还有极暗弱的云气形成的卷须状光芒。用 10 英寸反射镜加 42 倍放大率观察，M 33 会展现出一个宽阔而弥散的中心区域，其中可见斑驳状的细节和有延展面的核球区。包裹着它们的则是暗弱的外围轮廓，呈 30' × 50' 的不规则椭圆形，长轴在北东北—南西南方向。通过余光瞥视的技巧，还能进一步地隐约看出影像 47–1 中所示的旋涡状结构和旋臂间的暗带。

聚星

6-iota (STF 227)	★★★	⊕⊕⊕⊕	MS	uD
见星图 47-2		m5.3/6.7, 3.9", PA 69° (2002)	02h 12.4m	+30° 18'

定位巨蛇座 δ（13 号星）双星的方法并不太难。它就在肉眼看来较亮的 2.6 等星巨蛇座 α（24 号星）的北西北方向 4.7°。用 10 英寸道布森镜加 90 倍放大率观察，可以看到巨蛇座 δ 的两颗成员星亮度很接近，且都是暖白色。

48

大熊座，大狗熊

星座名：大熊座（Ursa Major）

适合观看的季节：春

上中天：3 月上中旬午夜

缩写：UMa

所有格形式：Ursae Majoris

相邻星座：牧夫、鹿豹、后发、猎犬、天龙、狮子、小狮、天猫

所含的适合双筒镜观看的天体：NGC 3031 (M 81), NGC 3034 (M 82), NGC 3556 (M 108), NGC 3587 (M 97), NGC 3992 (M 109), Win 4 (M 40), NGC 5457 (M 101)

所含的适合在城市中观看的天体：NGC 3031 (M 81), NGC 3034 (M 82)

大熊座是个极为庞大、明亮的北天星座，其面积广达 1 280 平方度，大约占到天球的 3.1%，在全天 88 星座中高居第 3 位。大熊座内最亮的几颗恒星构成了著名的“北斗七星”，美国称之为“大勺子”（The Big Dipper），英国则称之为“犁”（Plough）。此外，《圣经》中出现过的天体或星座名称并不多，但其中就有大熊座，另外还有昴星团和猎户座。

大熊座的历史很悠远，它不但是托勒密的 48 个星座之一，而且远在托勒密的那个时代就被认为是具有三千年历史的古老星座了。而且，很多古老文明都通过这样或那样的方式把这个星座联想成了一头大狗熊的形状，这些文明包括古中国、古埃及、古希腊、古罗马，以及早期英国文明和美洲印第安文明。这种“不约而同”事出有因：因为熊都有着短尾巴，而“大勺子”的“勺柄”那几颗星（我国古名玉衡、开阳、摇光——译者注）也经常（虽然不总是）被想象成跟着母熊的幼熊。

当我们观察大熊座的时候，我们的视线是高于银河系平面，望向星际空间的。因此，大熊座天区内有很多星系，其中包括一对明亮的梅西耶星系 M 81 和 M 82、螺旋星系 M 101，以及十多个亮度足够在业余望远镜中观察到的其他星系。另外，大熊座内还有明亮的行星状星云 M 97，这个天体因其在大口径的业余望远镜中呈现出的特殊外观而得到了“夜枭星云”（Owl Nebula）的雅号。另外，大熊座内还有夜空中最著名的双星“开阳双星”，其角距达到 11.8'，竟超过了满月直径的 1/3。

大熊座内的全部 7 个梅西耶天体都被天文联盟的双筒镜梅西耶俱乐部收录为目标，不过所标的难度级别往往都不低。对于 50mm 双筒镜而言，M 40、M 81 和 M 82 是“稍难”级（中间等级），M 97 和 M 101 是“特难”级（最高难度级别），M 108 和 M 109 干脆不作要求。而对于 80mm 口径的大双筒镜而言，M 40、M 81 和 M 82 是“容易”级，M 97 和 M 101 是“稍难”级，M 108 和 M 109 则是“特难”级。

大熊座每年 3 月 11 日的午夜上中天。不过，大熊座面积太大，其最北端的赤纬达到 73°，而最南端的赤纬仅在天赤道以北 28°，所以，对于“大熊座内天体的最佳观测季节”，不能一概而论，而是要取决于每个特定的天体在大熊座内的具体位置，以及观测者所在的地理纬度。大熊座内靠北的一些天体，对于地点比较靠北的一些观测者而言是“拱极”（永不落下）的。例如，假设你在北纬 50° 观星，那么赤纬为 69° 的 M 81 和 M 82 在一年中的任何时候，地平高度角都不会低于 29°。而如果观测者的地点在北半球中比较靠南，那么大熊座内某些偏南的天体即使仍然拱极，也会有一段时间因高度太低而无法观察，例如赤纬 37° 的 NGC 3941。对于北半球中纬度地区的观察者群体而言，从隆冬到夏末的一长段时间里，夜间都不乏观察大熊座的好机会。

表 48-1

大熊座中有代表性的星团、星云和星系

天体名称	类型	视亮度	视尺寸	赤经	赤纬	梅	双	城	深	加	备注
NGC 2841	Gx	10.1	8.1 x 3.5	09 22.0	+50 59					◉	Class SA(r)b:; SB 12.5
NGC 3079	Gx	11.5	8.0 x 1.4	10 01.9	+55 41					◉	Class SB(s)c sp; SB 13.1
NGC 3031	Gx	7.9	27.1 x 14.2	09 55.6	+69 04	◉	◉	◉			M 81; Class SA(s)ab; SB 12.4
NGC 3034	Gx	9.3	11.3 x 4.2	09 55.9	+69 41	◉	◉	◉			M 82; Class IO sp
NGC 3184	Gx	10.4	7.4 x 6.9	10 18.3	+41 25					◉	Class SAB(rs)cd; SB 13.7
NGC 3556	Gx	10.7	8.7 x 2.2	11 11.5	+55 40	◉	◉				M 108; Class SB(s)cd sp; SB 13.7
NGC 3587	PN	12.0	3.4	11 14.8	+55 01	◉	◉				M 97; Class 3a
NGC 3992	Gx	10.6	7.6 x 4.6	11 57.6	+53 22	◉	◉				M 109; Class SB(rs)bc; SB 11.2
NGC 4026	Gx	11.7	5.2 x 1.4	11 59.4	+50 58					◉	Class S0 sp; SB 10.9
NGC 4088	Gx	11.2	5.3 x 2.1	12 05.6	+50 32					◉	Class SAB(rs)bc
NGC 4157	Gx	12.2	7.7 x 1.3	12 11.1	+50 29					◉	Class SAB(s)b? sp; SB 13.1
NGC 3877	Gx	11.8	5.8 x 1.2	11 46.1	+47 30					◉	Class SA(s)c:
NGC 3941	Gx	11.3	3.7 x 2.3	11 52.9	+36 59					◉	Class SB(s)0^; SB 11.2
Winnecke 4	MS	9.5	---	12 22.2	+58 05	◉	◉				M 40; double star; “Messier Mistake”
NGC 4605	Gx	10.9	5.7 x 2.1	12 40.0	+61 37					◉	Class SB(s)c pec; SB 12.2
NGC 5457	Gx	8.3	28.9 x 26.9	14 03.2	+54 21	◉	◉				M 101; Class SAB(rs)cd; SB 14.0

表 48-2

大熊座中有代表性的双星或聚星

天体名称	星对	星等1	星等2	角距	方位角	年份	赤经	赤纬	城观	双星	备注
79-zeta	STF 1744AB	2.2	3.9	14.3	153	2003	13 23.9	+54 55	◉	◉	Mizar
79-zeta	STF 1744AC	2.2	4.0	708.5	71	1991	13 23.9	+54 55	◉	◉	Mizar and Alcor

星图 48-1

大熊座星图（视场宽 50°）

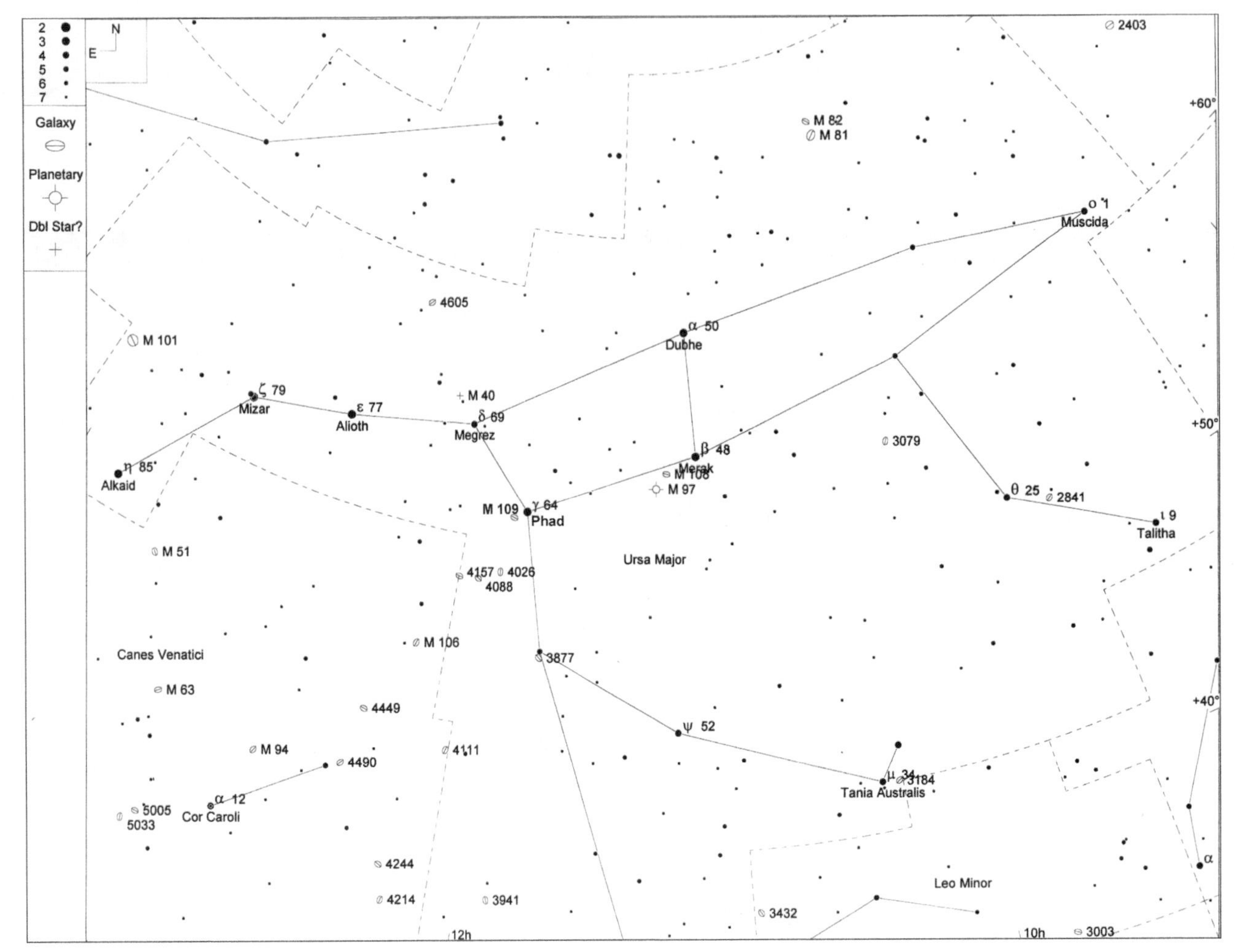

星团、星云和星系

NGC 2841	★★		GX	MBUDR
见星图 48-2	见影像 48-1	m10.1, 8.1' x 3.5'	09h 22.0m	+50°59'

NGC 2841 是个表面亮度较高的美丽的螺旋星系，其定位方式也比较容易。首先把 3.2 等的大熊座 θ（25 号星）放在寻星镜视场的东北边缘，如星图 48-2 所示，就能在接近视场中心的位置明显看到一颗 6.2 等星，在其东北边 4' 处还有一颗 8 等星与之相伴。在 6.2 等星的南东南方向 21' 处即是 NGC 2841 的所在位置，在该位置的东北东方向仅 4.5' 处还有另一颗 8 等背景恒星作为参照。

在加 90 倍放大率的 10 英寸反射镜中，NGC 2841 呈现出一个明亮的西北—东南向的轮廓，尺寸为 5' × 2'，其中心区呈延展状，亮度稍高，有明显非恒星状的核球。

影像 48-1

NGC 2841（视场宽 1°）

本照片承蒙帕洛马天文台和太空望远镜科学研究院惠允翻拍自数字巡天工程成果

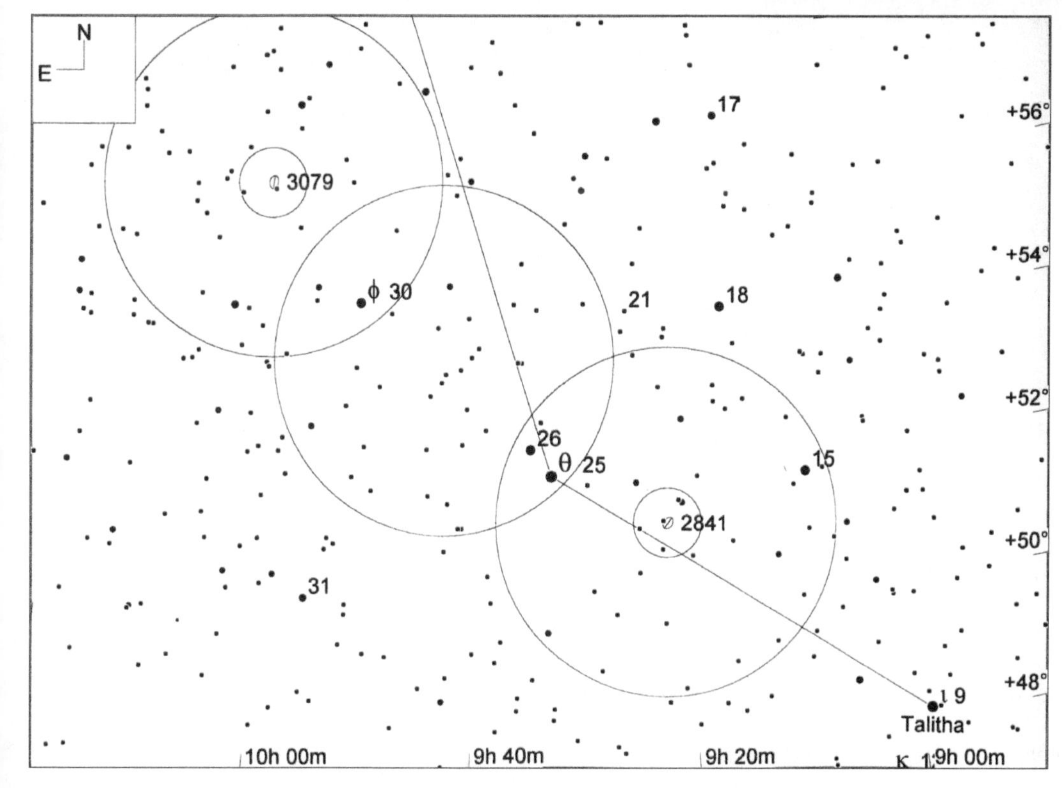

星图 48-2

NGC 2841 和 NGC 3079（视场宽 15°，寻星镜视场圈直径 5°，目镜视场圈直径 1°，极限星等 9.0 等）

NGC 3079	★★	⚆⚆⚆	GX	MBUDR
见星图 48-2	见影像 48-2	m11.5, 8.0' x 1.4'	10h 01.9m	+55°41'

NGC 3079 是个巨大但比较暗弱的星系，侧面对着我们。要定位它，可以先把 3.2 等的大熊座 θ（25 号星）放在寻星镜视场的西南边缘，见星图 48–2，就可以在其东北边 3.8° 处明显看到 4.6 等的大熊座 ϕ（30 号星）。将大熊座 ϕ 改放到寻星镜视场的西南边缘，则在其东北边 2.2°，也就是接近此时视场中心的地方就是 NGC 3079。不过，必须在低倍目镜中才能看到这个星系，它呈现为一条不太亮的光带。

用 10 英寸反射镜加 90 倍放大率观察，NGC 3079 呈现出一个明亮的 1.5'×6' 的轮廓，沿北西北—南东南方向展开，其中，中心区和核球明显更亮，且都有各自的延展面。

影像 48-2

NGC 3079（视场宽 1°）

本照片承蒙帕洛马天文台和太空望远镜科学研究院惠允翻拍自数字巡天工程成果

M 81 (NGC 3031)	★★★	⚆⚆⚆⚆	GX	MBUDR
见星图 48-3	见影像 48-3	m7.9, 27.1' x 14.2'	09h 55.6m	+69°04'

M 82 (NGC 3034)	★★★	⚆⚆⚆⚆	GX	MBUDR
见星图 48-3	见影像 48-3	m9.3, 11.3' x 4.2'	09h 55.9m	+69°41'

M 81（NGC 3031，也称“波德星系”即 Bode's Galaxy）和 M 82（NGC 3034）都是大而明亮的星系，仅用双筒镜也可能看见。德国天文学家约翰•埃勒特•波德在 1774 年 12 月 31 日晚上发现了这两个星系，其中后者是前者的“伴系”。梅西耶在 1781 年 2 月 9 日观测证实了它们的存在，并将其编入自己的目录，赋予编号 81 和 82。

要定位这两个星系并不难。它们就在“天枢”星（大熊座 α，北斗七星“勺头”）的西北边 10.3° 处。如果从“天玑”（大熊座 γ）向“天枢”引一条线，并继续延长一倍的距离，也可以近似找到 M 81 与 M 82 的所在位置。你不用担心会找很久，因为这两个星系即使在 50mm 的双筒镜或寻星镜中都可以看到。

在天文联盟双筒镜梅西耶俱乐部的目标列表中，这两个星系被列为 50mm 双筒镜的“稍难”级（中间等级）目标，以及 80mm 双筒镜的“容易”级目标。不过，我们每次用 50mm 双筒镜或寻星镜找到它们也都没费什么力气。在镜中使用余光瞥视，可以看到 M 81 呈现为一个相当暗弱的云雾状小斑点，M 82 虽然也不大，但要亮些，明显是条长形的光带。

用加 90 倍放大率的 10 英寸反射镜观察，这两个星系勉强可以放在直径为 45' 的同一视场之内。其中，M 81 可见一个 7'×14' 的明亮椭圆轮廓，长轴在西北—东南方向，中心区域特亮，大小 1.5'×2'，核球区很小，但仍然能看出有延展面。用余光瞥视的技巧，可以非常勉强地看出 M 81 的西北侧旋臂存在的迹象，其可见的发光轮廓之内还有微弱但明显的斑驳状细节。M 82 的轮廓也是明亮的，但形状不规则，约 2'×10'，沿东北东—西南西方向伸展，轮廓内有非常明显的暗斑和斑驳状细节。整个轮廓被一道北西北—南东南方向的暗带划为两个部分，其中靠东北东的部分稍大，靠西南西的部分略小。东北东部分的末端处的那种形状似乎是突然被“斩断”的，而西南西部分往外，光芒则是逐渐变暗并最终隐遁的。

影像 48-3

NGC 3031（M 81， 下 ） 和 NGC 3034（M 82，上）（视场宽 1°）

本照片承蒙帕洛马天文台和太空望远镜科学研究院惠允翻拍自数字巡天工程成果

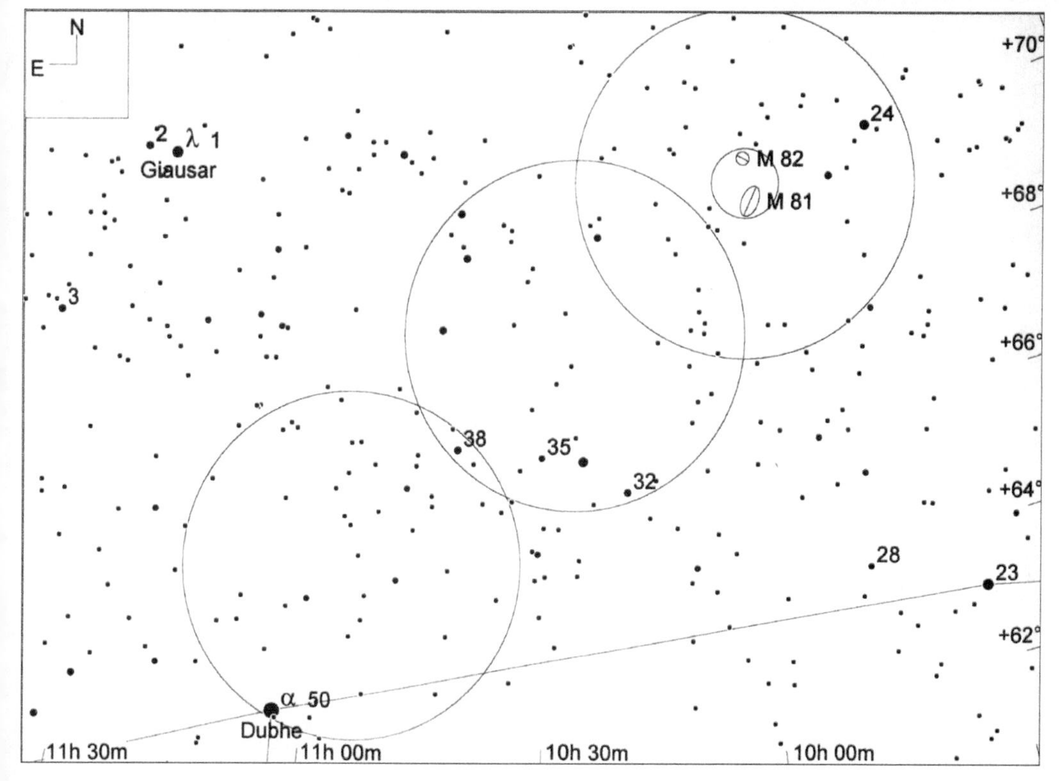

星图 48-3

NGC 3031（M 81）和NGC 3034（M 82）（视场宽 15°，寻星镜视场圈直径 5°，目镜视场圈直径 1°，极限星等 9.0 等）

NGC 3184	★	⊕⊕⊕⊕	GX	MBUDR
见星图 48-4	见影像 48-4	m10.4, 7.4' x 6.9'	10h 18.3m	+41°25'

NGC 3184 是个几乎完全以正面对着我们的旋涡星系。这个天体还是很好找的，它就在 3.1 等的亮星大熊座 μ（34 号星）正西 45' 处。大熊座 μ 也叫“南 Tania”星，是两颗 Tania 星中靠南的那颗（这两颗星被视为一对）。NGC 3184 的西侧 11' 处还有一颗在寻星镜中很醒目的 6.9 等星，便于辅助定位。不过，在寻星镜中是不足以看到 NGC 3184 的，而即使是在加了 90 倍放大率的 10 英寸反射镜中，这个星系看上去也只是一个直径 5' 的暗淡而平庸的模糊光斑，它的亮度也显得很均匀，因此更像个彗星，而不那么像星系。我们曾经借用观测伙伴的 17.5 英寸口径大望远镜观看了这个星系，但它仍然只是个暗弱乏味的泡泡状物体，只不过尺寸看上去大了一点而已。所以我们实在不明白为什么这个天体仍然被收进了加拿大皇家天文协会的“最佳 NGC 天体”列表。

影像 48-4

NGC 3184（视场宽 1°）

本照片承蒙帕洛马天文台和太空望远镜科学研究院惠允翻拍自数字巡天工程成果

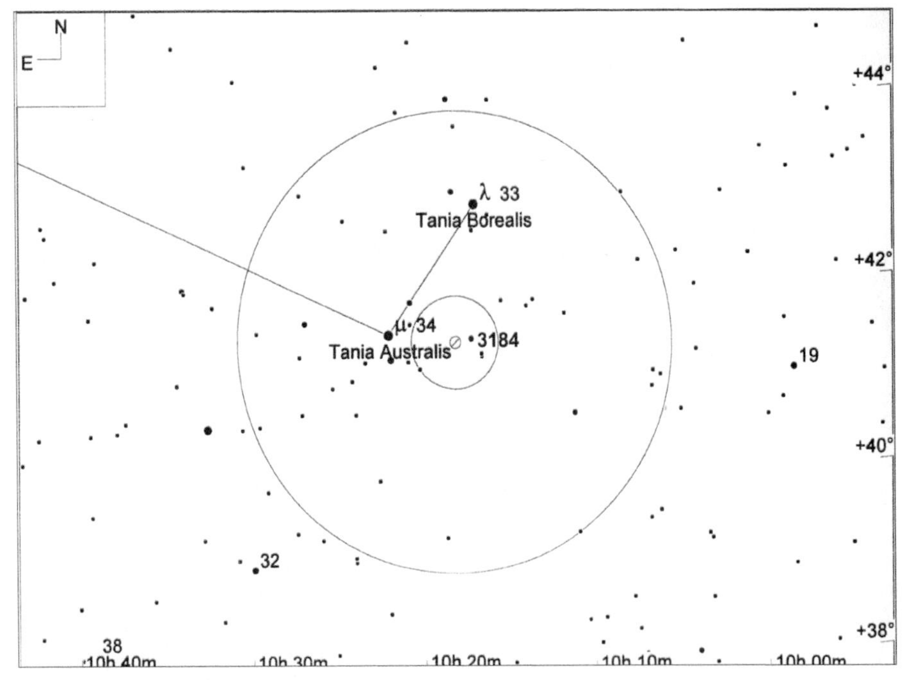

星图 48-4

NGC 3184（视场宽 10°，寻星镜视场圈直径 5°，目镜视场圈直径 1°，极限星等 9.0 等）

M 108 (NGC 3556)	★★★	⚽⚽⚽⚽	GX	MBUDR
见星图 48-5	见影像 48-5	m10.7, 8.7' x 2.2'	11h 11.5m	+55°40'

M 108（NGC 3556）是个侧面对着我们的美丽星系，也像是 M 82 的一个缩小并稍暗的版本。1781 年 2 月 18 日或 19 日的晚上，皮埃尔•梅襄在发现了 M 97 的两三天之后就发现了这个天体，并将此消息报告给了梅西耶。梅西耶在同年 3 月 24 日晚上先是证实了 M 97 的位置，然后又观察了这个新天体并将其作为 98 号写进了天体目录的草稿。不过，不知道为什么，梅西耶并没有精确测定这个临时的“M 98”的位置坐标，所以在目录正式出版时，这个天体干脆被删去了。当然，梅西耶事后又补测了这个天体的精确位置，并将之补记进了已经出版的列表之中。梅西耶自己编写的列表编号到 103 为止，后人又将 7 个被梅西耶观测过但没有写入原始目录的天体补充了进来，结果这个临时的 M 98 最终被改编号为 M 108。

M 108 比较好找，它就在 2.4 等的大熊座 β（48 号星，即“天璇”）的东南东方向 1.5° 处。大熊座 β 也就是“大勺子”的“勺头”中位居西南角的那颗星。我们用双筒镜试图观察 M 108，从未获得成功。不过在加 90 倍放大率的 10 英寸反射镜中，M 108 还是大有可观的。其光芒偏弱，轮廓形状不规则，尺寸约 2'×6'，沿东—西方向展开，其中可以看出明显的暗带和斑驳的细节。星系明亮的中心部分也是狭长的，明显偏在西侧，并破裂成两个部分，其中比较靠近星系轮廓中心的一部分比较大，接近西端的一部分比较小。

影像 48-5

NGC 3556（M 108，右上）和 NGC 3587（M 97，左下）（视场宽 1°）

本照片承蒙帕洛马天文台和太空望远镜科学研究院惠允翻拍自数字巡天工程成果

星图 48-5

NGC 3556（M 108）和 NGC 3587（M 97）（视场宽 10°，寻星镜视场圈直径 5°，目镜视场圈直径 1°，极限星等 9.0 等）

M 97 (NGC 3587)	★★	⚈⚈⚈⚈	PN	MBUDR
见星图 48-5	见影像 48-5	m12.0, 3.4'	11h 14.8m	+55°01'

M 97（NGC 3587）亦称“夜枭星云”（Owl Nebula），是个庞大且细节丰富的行星状星云。像很多行星状星云一样，其“视星等”要比其“照相星等”高，也就是“照出来的不如看见的亮”。M 97 的照相星等一般认为是 12 等，而视星等达到了 9.5 ～ 10 等。但是，M 97 那很大的视尺寸，又削弱了它的表面亮度，使它成为最难以看到的梅西耶天体之一。1781 年 2 月 16 日晚，皮埃尔•梅襄发现了这个天体。梅西耶得到梅襄的报信后，于同年 3 月 24 日晚上观测证实了这个发现，并将这个天体编列为 M 97。

M 97 的位置倒是不难找，它就在 M 108 的东南 48' 处，也就是 2.4 等的大熊座 β（48 号星）东南东方向 2.3° 处。在极为深暗的夜空环境下，通过 50mm 双筒镜或寻星镜加余光瞥视的技巧，可以看到 M 97 呈现为极暗的一个毛绒小光点。在加 90 倍放大率的 10 英寸道布森镜中，M 97 变成了一个大得多的云雾状圆形斑点，不过亮度仍然不高，而且缺乏表面细节。从照相图片上可以看出的两个暗区（即“夜枭的双眼”）此时在镜中是毫无踪迹的。给望远镜加上猎户牌 Ultrablock 窄带滤镜后，虽然星云与背景天空的成像对比度明显提高了，但是可见的延展面积仍未增加，细节也没有增多。将放大率换到 180 倍后，采用余光瞥视的技巧，才勉强看出那两个暗斑的一点痕迹。

M 109 (NGC 3992)	★★	⚈⚈⚈⚈	GX	MBUDR
见星图 48-7	见影像 48-6	m10.6, 7.6' x 4.6'	11h 57.6m	+53°22'

M 109（NGC 3992）是个侧面斜对着我们的比较暗的旋涡星系。皮埃尔•梅襄在 1781 年 3 月 12 日晚上发现了一个天体，并报告给了梅西耶。梅西耶在当月 24 日观测证实了这个天体的存在，并将其编入目录。但可惜的是，我们现在并不能确认当时他俩说的是哪个天体。

目前，一般认为 NGC 3992 应该就是 M 109，这个天体位于 2.4 等的大熊座 γ（64 号星，即北斗七星“勺头”的东南角星、“天玑”星）的东南东方向 38' 处。当年梅襄的记录并未给出所谓 M 109 的精确位置信息，只是写道“离大熊座 γ 很近”，并说“尚未能测定”其位置。所以，很难由此断定他当时指的就是 NGC 3992。而梅西耶是怎样描述所谓的 M 109 的呢？他记录说这个天体的赤经与大熊座 γ 基本一致，而赤纬则“偏南”了 1°。由此来看，甚至有理由怀疑梅西耶和梅襄所指的根本不是同一个天体。从他们的记录文本推断，梅襄或许没有看到过 NGC 3992，而从关于赤经位置的记述来看，梅西耶当时观察的似乎应该是大熊座 γ 正南边 1.4° 处的 NGC 3953。

从观测设备来说，梅襄的望远镜也很难看到 NGC 3992，梅西耶的望远镜还要更差一些。当时他们最常用的是 90mm 口径、焦比 f/11 的折射镜，这种规格仅相当于今天的便携式的小天文望远镜，而且当时还没有透镜镀膜技术以及现代化的目镜制造技术。我们用自己的 10 英寸反射镜加 42 倍放大率观测时，可以把 NGC 3992 和 NGC 3953 放在目镜的同一个视场之内，此时可以看到后者的表面亮度明显更高（估计能比前者高出 0.5 等），所以我们有理由推断，当年梅襄和梅西耶观测的更可能是 NGC 3953，而非 NGC 3992。

不过，目前 NGC 3992 已经普遍被接受为 M 109，所以我们也就这么叫它了。天文联盟的目标列表中，M 109 被列为 80mm 双筒镜的“特难”级（最高难度）目标。确实，我们用 50mm 的双筒镜或寻星镜从未成功看到过 M 109。在加 90 倍放大率的 10 英寸反射镜中，M 109 呈现出一个 4'×7' 的暗弱且弥散的轮廓，长轴呈东北东—西南西方向，核心区很小，类似于一个星点。用余光瞥视，还可以感觉到星系里靠近中心的某些区域内有极为微妙的斑驳状和颗粒状细节。

影像 48-6

NGC 3992（M 109）（视场宽 1°）

本照片承蒙帕洛马天文台和太空望远镜科学研究院惠允翻拍自数字巡天工程成果

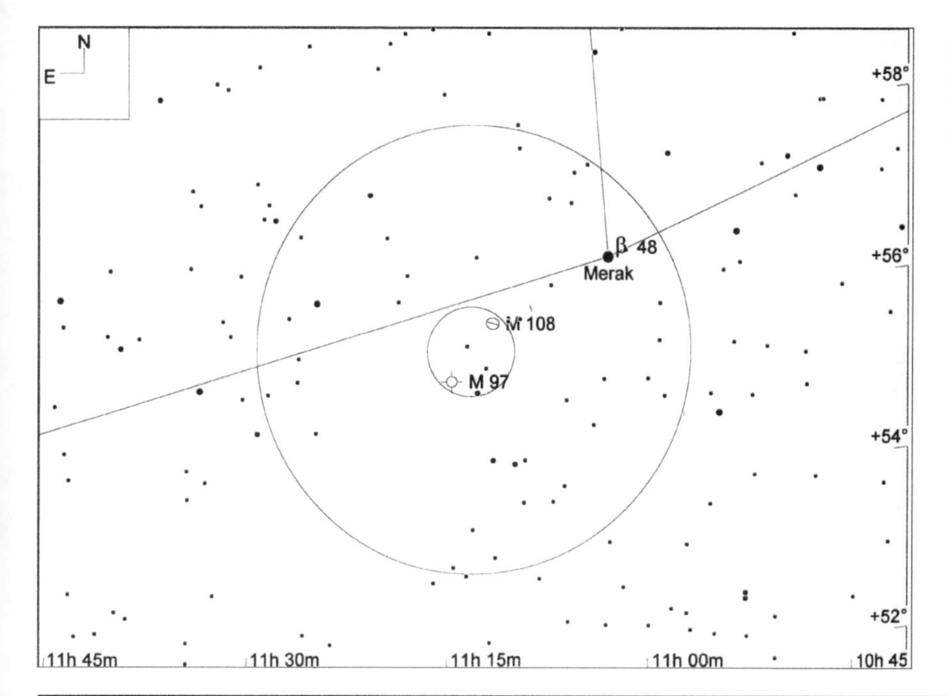

星图 48-6

NGC 3992（M 109）（视场宽 10°，寻星镜视场圈直径 5°，目镜视场圈直径 1°，极限星等 9.0 等）

NGC 4026	★★	◐◐◐	GX	MBUDR
见星图 48-7	见影像 48-7	m11.7, 5.2' x 1.4'	11h 59.4m	+50°58'

星系 NGC 4026 侧面对着我们，表面亮度极高。定位这个星系的方式也不难，首先找到北斗七星“勺头”东南角的 2.4 等星大熊座 γ（64 号星），在其南东南方向 2.9° 处即是 NGC 4026 的所在位置。不过，50mm 口径的寻星镜内是无法看到这个星系的。但是只要用低倍放大率的目镜，就可以很明显地看到它呈现为一条南—北向的明亮光带。用 10 英寸反射镜加 90 倍放大率观察，可以看到它呈现出 0.75'×3' 的明亮而相当狭长的轮廓，长轴在南－北向，中心区为卵形，虽然小但特别亮。

影像 48-7

NGC 4026（视场宽 1°）

本照片承蒙帕洛马天文台和太空望远镜科学研究院惠允翻拍自数字巡天工程成果

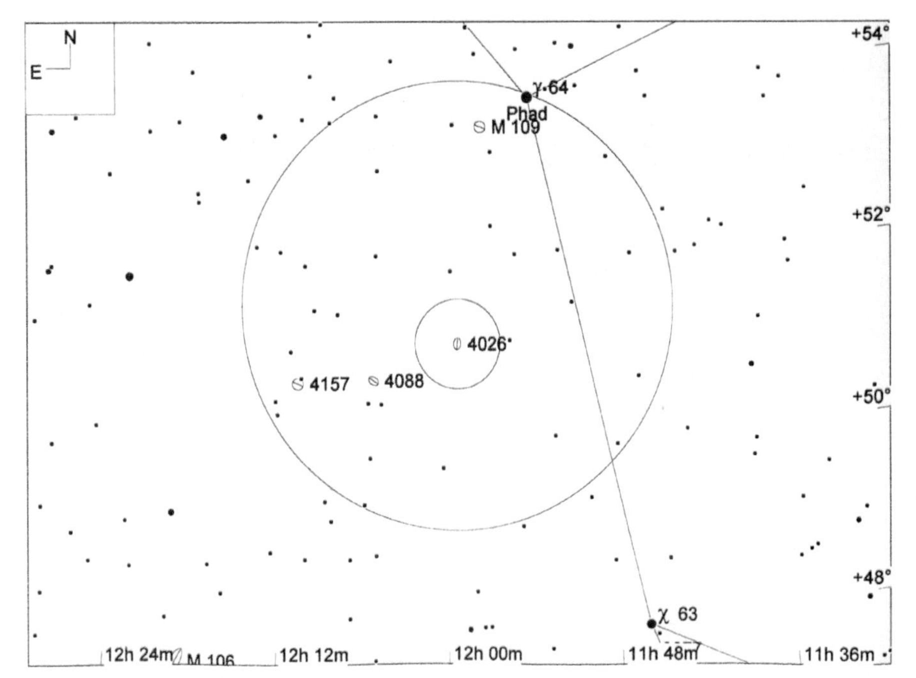

星图 48-7

NGC 4026（视场宽 10°，寻星镜视场圈直径 5°，目镜视场圈直径 1°，极限星等 9.0 等）

NGC 4088	★★	◐◐◐	GX	MBUDR
见星图 48-7和星图 48-8	见影像 48-8	m11.2, 5.3' x 2.1'	12h 05.6m	+50°32'

NGC 4088 是个表面亮度相当低的不规则星系。从 NGC 4026 的位置开始，NGC 4088 倒是不难定位，它就在前者的东南东方向 1.1° 处。（我们用 10 英寸反射镜加低倍放大率目镜获得 1.7° 直径的真实视场后，可以将 NGC 4026 和 4088 二者囊括在同一视场之内。）在加 90 倍放大率的 10 英寸道布森镜中，NGC 4088 呈现出一个中等亮度的东北—西南向轮廓，可见的尺寸为 2' × 5'，其中心区亦呈现出一定的延展面，亮度也稍高一点。整个星系没有呈现出诸如斑驳感等更多的细节。

影像 48-8

NGC 4088（右）和 NGC 4157（视场宽 1°）

本照片承蒙帕洛马天文台和太空望远镜科学研究院惠允翻拍自数字巡天工程成果

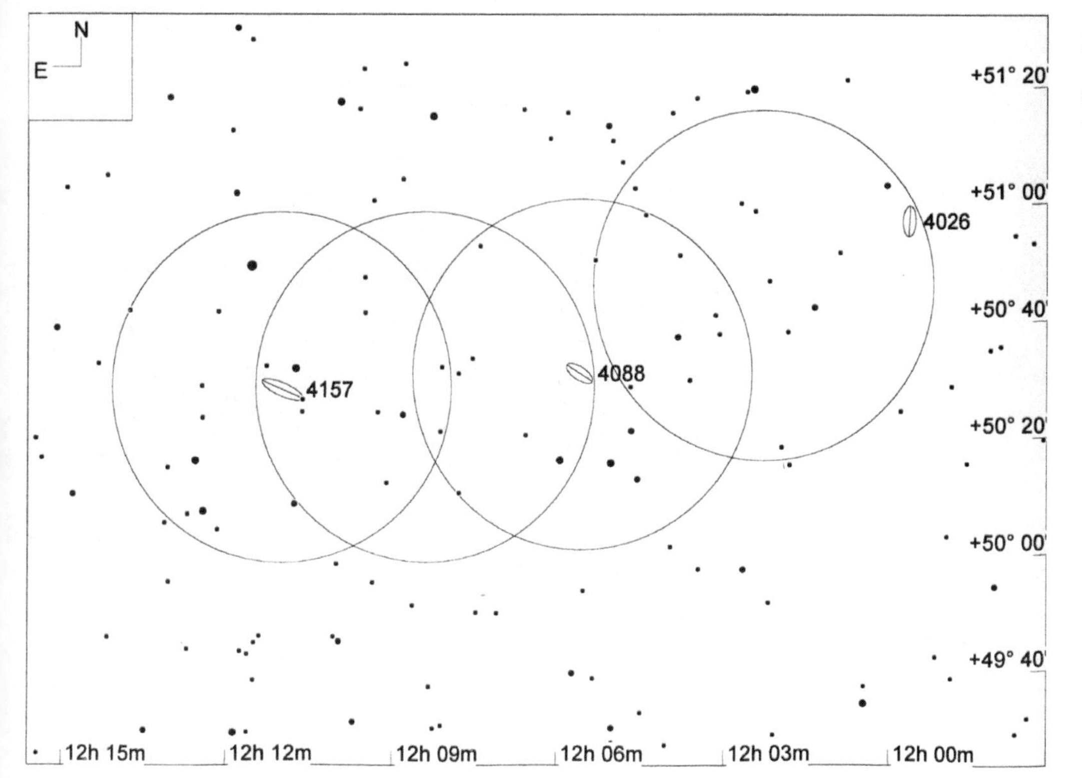

星图 48-8

NGC 4088 和 NGC 4157（视场宽 3°，目镜视场圈直径 1°，极限星等 12.0 等）

NGC 4157	★★	⚈⚈⚈	GX	MBUDR
见星图 48-8	见影像 48-8	m12.2, 7.7' x 1.3'	12h 11.1m	+50°29'

NGC 4157 是个侧面对着我们的星系，其表面亮度也很低。在观察完 NGC 4088 后，可以顺便在它的东南东方向 53' 处找到 NGC 4157。（像上一段一样，我们仍旧用 10 英寸反射镜加低倍放大率目镜获得 1.7° 的真实视场，可以轻松地将 NGC 4088 和 4157 二者囊括在同一视场之内。）用 10 英寸道布森镜加 90 倍放大率观察，可以看到 NGC 4157 呈现出的狭长轮廓尺寸为 0.75' × 4'，亮度尚可，沿东北东—西南西方向延展，其中还有明显更亮一些的中心区。但是，看不出更多的诸如斑驳状等的细节。

NGC 3877	★★	⚈⚈⚈⚈	GX	MBUDR
见星图 48-9	见影像 48-9	m11.8, 5.8' x 1.2'	11h 46.1m	+47°30'

NGC 3877 也是个侧面对着我们的星系，表面亮度相当低。不过这个星系很好定位，它就在肉眼可见的 3.7 等星大熊座 χ（63 号星）的南侧仅 17' 处。用 10 英寸道布森镜加 90 倍放大率观察，可以看到该星系狭长的轮廓在东北—西南方向上延展，尺寸为 1' × 5'。星系的中心区显得比较紧致，从轮廓处到中心区，亮度逐渐变高。不过，无法分辨出例如斑驳特征等更多的细节。

影像 48-9

NGC 3877（视场宽 1°）

本照片承蒙帕洛马天文台和太空望远镜科学研究院惠允翻拍自数字巡天工程成果

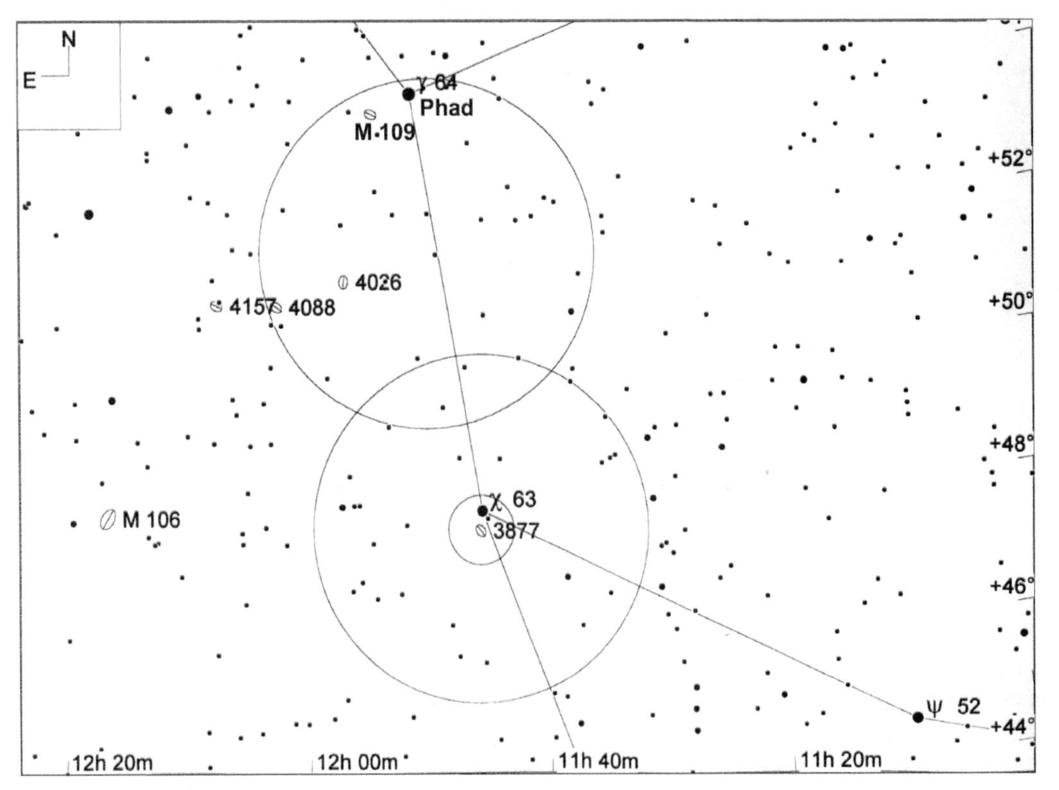

星图 48-9

NGC 3877（视场宽 15°，寻星镜视场圈直径 5°，目镜视场圈直径 1°，极限星等 9.0 等）

NGC 3941	★★	◐◐	GX	MBUDR
见星图 48-10	见影像 48-10	m11.3, 3.7' x 2.3'	11h 52.9m	+36°59'

NGC 3941 是个很亮的椭圆形小星系，如果想定位它，可能要花一番工夫。首先可以找到3.5等的大熊座 ν（54号星）和3.8等的大熊座 ξ（53号星），这两颗星看起来就像天生一对。在星图 48-1 中，这两颗星都出现在靠右下角的地方。将它俩放在寻星镜视场的西边缘，然后往东稍偏北的方向移动视场，很快就会找到另一对不算暗的星——5.3 等的大熊座 61 号星和 5.8 等的大熊座 62 号星，它们会从视场的东边缘进入。然后，将大熊座 61 号星改放在视场的西南边缘，就可以在靠近视场东北边缘处明显找到两颗 6.5 等星。NGC 3941 的位置与这两颗星构成了一个不等边的三角形，两星分别是三角形的东南角和北角，NGC 3941 则是西南角，位于“东南角星”的西北西方向 31' 处、“北角星”的正南 45' 处。用 10 英寸道布森镜加 90 倍放大率观察，可以看到 NGC 3941 的明亮轮廓的长轴呈南—北向放置，尺寸为 1' × 2'，中心区很小、很紧致，也比边缘区亮了不少，很有凸显的感觉。整个星系看不出斑驳状等其他细节。

影像 48-10

NGC 3941（视场宽 1°）

本照片承蒙帕洛马天文台和太空望远镜科学研究院惠允翻拍自数字巡天工程成果

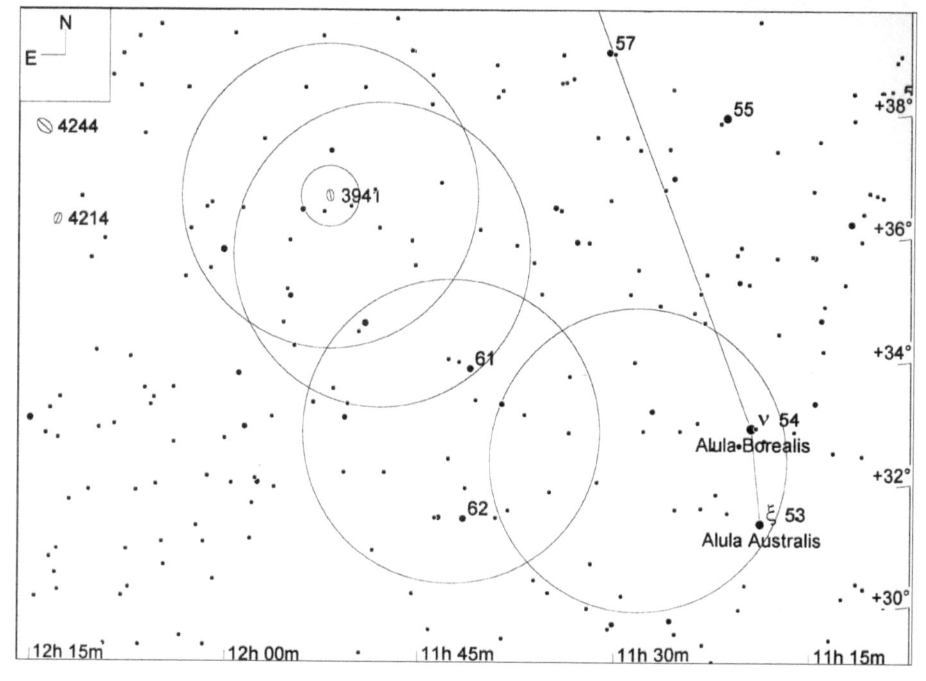

星图 48-10

NGC 3941（视场宽 15°，寻星镜视场圈直径 5°，目镜视场圈直径 1°，极限星等 9.0 等）

M 40 (Winnecke 4)	★	⚽⚽⚽⚽	(double star)	MBUDR
见星图 48-11	见影像 48-11	m9.5, ---'	12h 22.2m	+58°05'

M 40（亦是 Winnecke 4），是梅西耶的一个“错误”。梅西耶在1764 年 10 月 24 日晚观察了这个天体并将其记入目录。当时，梅西耶的本来目的是在这片天区附近寻找一个曾经由赫维留斯提到过的星云，不过，不论是在赫维留斯描述的位置上，还是这个位置附近，梅西耶都没有找到星云。（我们认为赫维留斯应该是把 M 40 西南侧仅 17' 处的一颗 5.5 等星，即大熊座 70 号星误当成了星云。因为当时的天文望远镜制造技术中还没有今天的防反射镀膜这么一说，所以比较亮的恒星的光芒经常显得弥漫开来，有点像星云。）找不到星云的梅西耶测定了一对 9 等双星的位置，并将其定为 M 40。

M 40 倒是很好找，它就在 3.3 等的大熊座 δ（69 号星）的东北边 1.4° 处。而大熊座 δ 就是北斗七星中的“天权”星，位于“大勺子”的“勺头”的东北角。另外，上文提到过，5.5 等的大熊座 70 号星就在 M 40 西南侧仅 17' 处，这颗星的亮度在寻星镜中还是很惹眼的，所以也可作为定位的参照。在加 90 倍放大率的 10 英寸反射镜中，可以看出 M 40 就是一对 9 等双星，两颗成员星亮度相仿，角距也不大。

影像 48-11

因梅西耶搞错而诞生的 M 40，其实只是一对双星（视场宽 1°）

本照片承蒙帕洛马天文台和太空望远镜科学研究院惠允翻拍自数字巡天工程成果

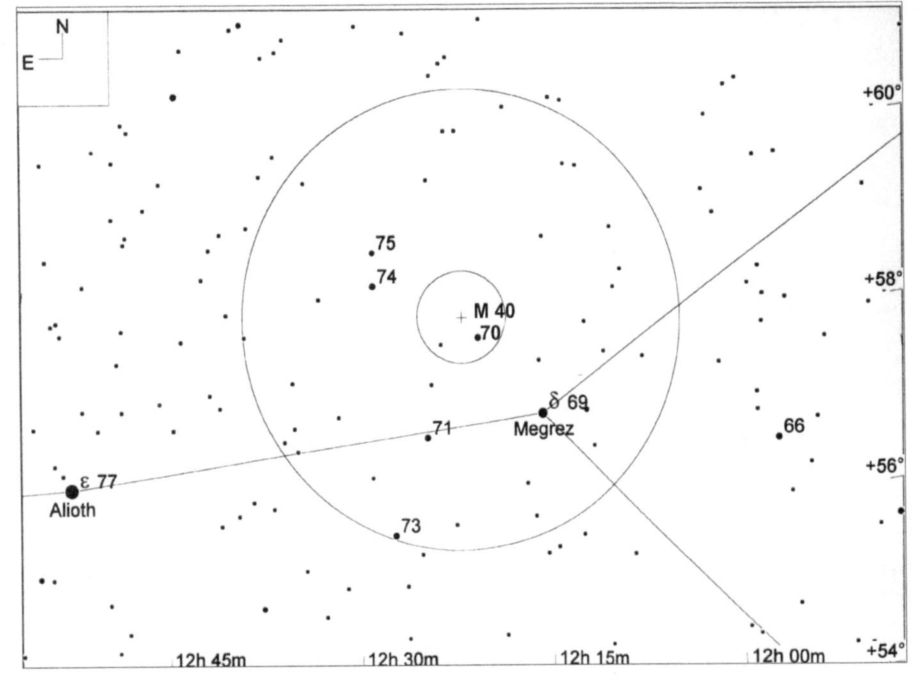

星图 48-11

因梅西耶搞错而诞生的 M 40（视场宽 10°，寻星镜视场圈直径 5°，目镜视场圈直径 1°，极限星等 9.0 等）

NGC 4605	★★	⚽⚽⚽	GX	MBUDR
见星图 48-12	见影像 48-12	m10.9, 5.7' x 2.1'	12h 40.0m	+61°37'

NGC 4605 是个侧面对着我们的星系，表面亮度也比较高。定位这个星系的方法也比较简单，它就在 3.3 等的大熊座 δ（69 号星）的东北东方向 5.5° 处。大熊座 δ 即是北斗七星中的第四颗，参看星图很好认准。我们可以首先将大熊座 δ 放在寻星镜视场的西南边缘，此时在靠近视场中心的地方会有两颗很显眼的星，它们是 5.4 等的大熊座 74 号星和 6.1 等的大熊座 75 号星。将这两颗星改放到视场的西南边缘，就可以看到视场内出现了四颗 6 等星，也都比较醒目。在这四颗 6 等星中，靠南的两颗呈东南—西北的相对位置关系，距离为 1.1°。将二者的这条连线继续向西北延伸 35'，就是 NGC 4605 的所在位置。将该位置放在寻星镜视场中心后，就可以在目镜中观察到 NGC 4605 了。在加 90 倍放大率的 10 英寸反射镜中，这个星系呈现出一个西北西—东南东方向的明亮轮廓，尺寸为 1.5' × 5'。星系的中心区紧致、狭长，亮度很高，不过看不出核球结构。整个星系轮廓内也看不出任何诸如斑驳等的细节。

影像 48-12

NGC 4605（视场宽 1°）

本照片承蒙帕洛马天文台和太空望远镜科学研究院惠允翻拍自数字巡天工程成果

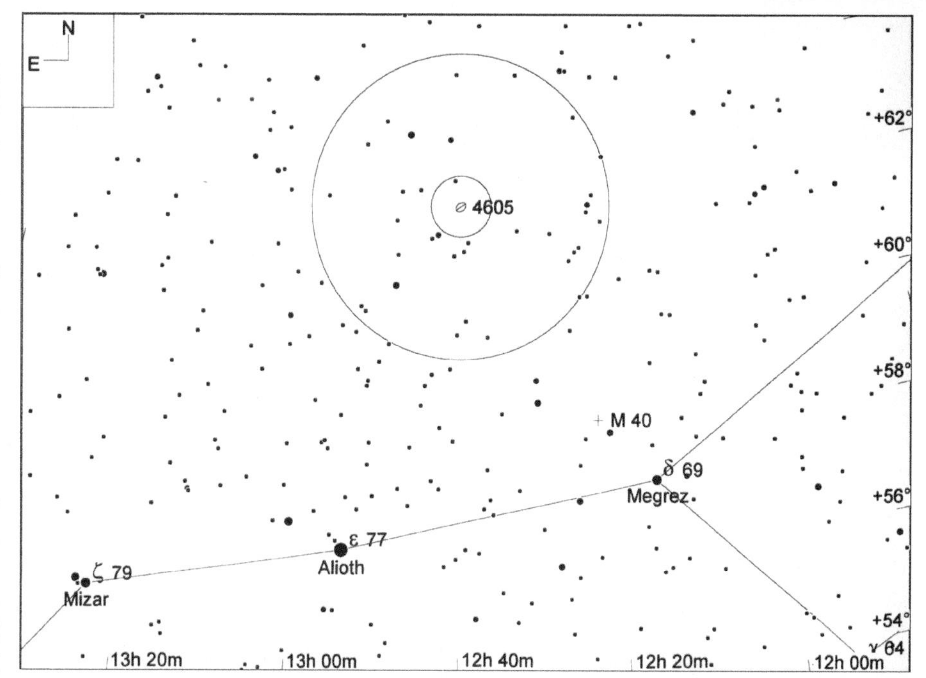

星图 48-12

NGC 4605（视场宽 15°，寻星镜视场圈直径 5°，目镜视场圈直径 1°，极限星等 9.0 等）

M 101 (NGC 5457)	★★★	◐◐◐	GX	MBUDR
见星图 48-13	见影像 48-13	m8.3, 28.9' x 26.9'	14h 03.2m	+54°21'

M 101（NGC 5457）被昵称为“风车星系”（Pinwheel Galaxy），是个巨大的且正面对着我们的螺旋星系。不过请注意不要把它与三角座的 M 33 混淆，因为 M 33 也有着同样的昵称。为了表示区别，M 33 可以被称为“三角座风车星系”。至于 M 101，是由皮埃尔•梅襄在 1781 年 3 月的某一天发现的，他将此发现报告给了梅西耶。梅西耶在同月的 27 日晚上观测验证了这个发现，并将该天体记入目录。

尽管 M 101 的星等数值 8.3 看起来不算低，但由于它的延展面积太大（约与满月的圆面相等），所以其表面亮度非常低，一般认为仅有 14 等，甚至更低。因此，M 101 也是最难观察到的梅西耶天体之一。哪怕夜空的通透程度有那么一点不够完美，或者哪怕是月牙的一点光亮在映照夜空，都会使观察 M 101 的希望化为泡影。不过，一旦有了极为深暗和通透的理想暗夜，即使仅用中等口径的望远镜都可以观察到 M 101 以及它那丰富的细节。

从“开阳”星（大熊座 ζ）开始，有一条由 5～6 等星组成的弧形链条先向东、再向东南东方向延伸出去。循着这条星链，逐渐移动寻星镜视场，可以找到 M 101。不过，一个更简单的定位 M 101 的方法就是利用它与大熊座 ζ 和大熊座 η 的几何关系来直接估计位置。M 101 与这两颗亮星之间构成了一个近乎正三角形的形状，该三角形边长约 6°。因此，直接以肉眼为

影像 48-13

NGC 5457（M 101）（视场宽 1°）

本照片承蒙帕洛马天文台和太空望远镜科学研究院惠允翻拍自数字巡天工程成果

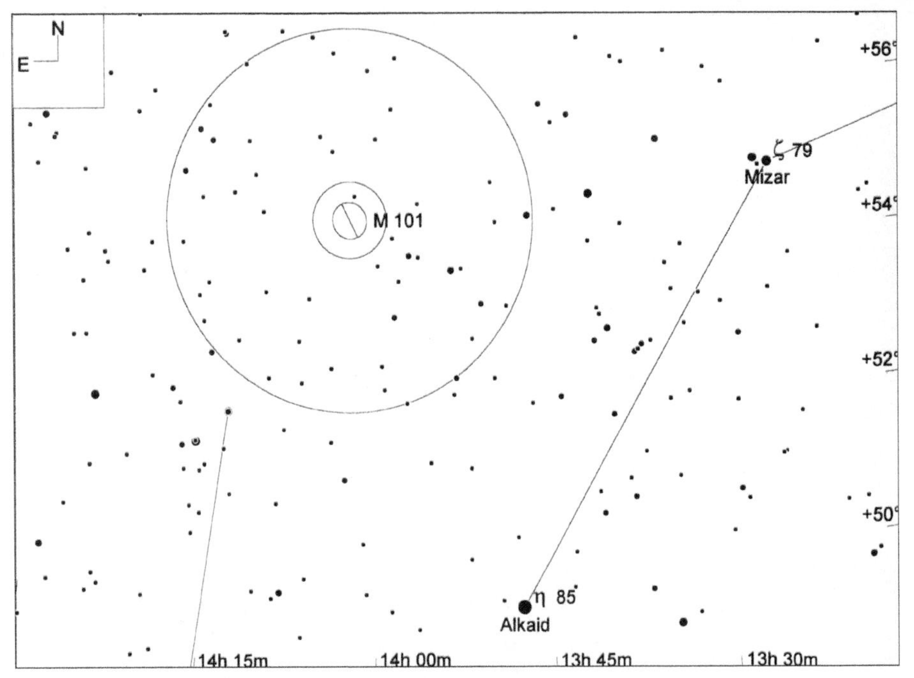

星图 48-13

NGC 5457（M 101）（视场宽 12°，寻星镜视场圈直径 5°，目镜视场圈直径 1°，极限星等 9.0 等）

指示，将寻星镜对准 M 101 的位置，也可以成功定位它。如果这样做了之后，在目镜中还是看不见 M 101，那么可能就是夜空的通透度还不够好。

在足够深暗和通透的夜空下，用加 90 倍放大率的 10 英寸反射镜观察，可以看出 M 101 是个富于细节的美丽星系。其明亮的中心区呈圆形，直径约 2'，外面有暗得多的云气围绕着。利用余光瞥视的技巧，可以隐约看出一些斑驳感，那是 M 101 的几条顺时针围绕中心区的旋臂之间的空隙。最亮的一条旋臂根植于中心区的东南侧，在延展中绕过东侧，直到北侧才逐渐减暗消失。第二亮的旋臂，其亮度明显逊于它，起于中心区的西侧，环绕南侧，结束于东侧。

聚星

79-zeta (STF 1744AC)	★★★	⚆⚆⚆⚆	MS	UD
见星图 48-1和星图 48-14		m2.2/4.0, 708.5", PA 71° (1991)	13h 23.9m	+54°55'

79-zeta (STF 1744AB)	★★★	⚆⚆⚆⚆	MS	UD
见星图 48-1和星图 48-14		m2.2/3.9, 14.3", PA 153° (2003)	13h 23.9m	+54°55'

大熊座 ζ（79 号星）和大熊座 80 号星就是“开阳双星”，英文名字分别写作 Mizar 和 Alcor。这对双星恐怕是天穹上最有名的双星了，甚至很多根本不是天文爱好者的人也认识它俩。主星大熊座 ζ 亮度 2.2 等，伴星大熊座 80 号星亮度 4.0 等，二者角距达 12'，用肉眼即可轻易分解之。不过，其实“开阳双星”应该叫“开阳三合星”，因为这个系统中还有一颗伴星，亮度 3.9 等，只是由于离大熊座 ζ 太近了（在其南东南仅 14.3" 处），所以肉眼看不出来，必须用望远镜才可以分解出来。

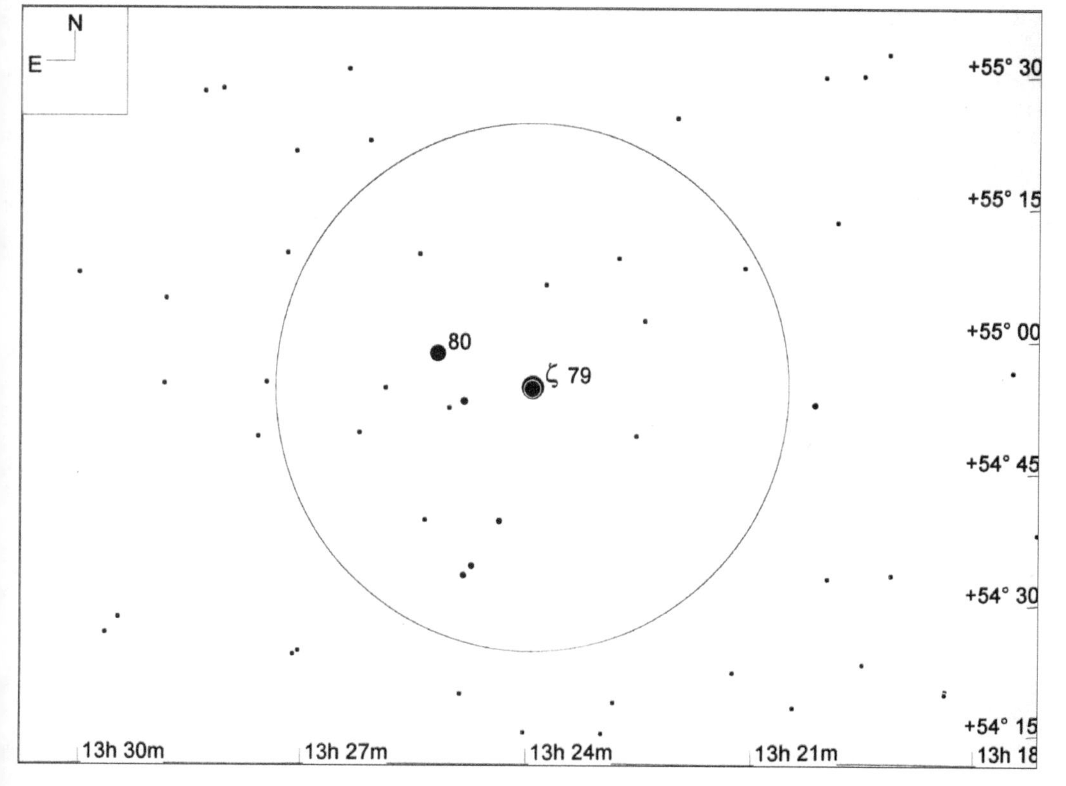

星图 48-14

开阳双星（大熊座 79 和 80 号星，STF 1744）（视场宽 2°，目镜视场圈直径 1°，极限星等 12.0 等）

49
室女座，处女

星座名：室女座（Virgo）

适合观看的季节：春

上中天：4 月中旬午夜

缩写：Vir

所有格形式：Virginis

相邻星座：牧夫、后发、巨爵、乌鸦、长蛇、狮子、天秤、巨蛇

所含的适合双筒镜观看的天体：NGC 4303 (M 61), NGC 4374 (M 84), NGC 4406 (M 86), NGC 4472 (M 49), NGC 4486 (M 87), NGC 4552 (M 89), NGC 4569 (M 90), NGC 4579 (M 58), NGC 4594 (M 104), NGC 4621 (M 59), NGC 4649 (M 60)

所含的适合在城市中观看的天体：NGC 4374 (M 84), NGC 4406 (M 86), NGC 4486 (M 87), NGC 4594 (M 104)

室女座位于天赤道上，是个大而明亮的星座。其面积达 1 294 平方度，约占天球的 3.1%，这个面积在全天 88 星座中高居第 2 位。

室女座历史悠久，它也是托勒密时代的 48 个早期星座之一。这个星座拥有的相关神话和传说之多，可能超越了其他任何一个星座。在各个时代和各个文明中，室女座经常被与诸如处女、少女、纯洁、生殖能力等概念联系起来。在希腊神话中，与室女座被联系得最频繁的形象是美少女珀尔赛芙涅（Persephone），她是大神宙斯与主管农事的女神德莫特尔（Demeter）所生的女儿。不过，冥王哈迪斯（Hades）将珀尔赛芙涅绑架到了阴间，德莫特尔闻知，悲愤交加，遂不再关心农作物，导致了整个世间的大灾荒。于是，宙斯在德莫特尔和哈迪斯之间作了斡旋，使双方达成了一个折中的协议：哈迪斯每年要将珀尔赛芙涅放回世间一小段时间，以陪伴和安抚德莫特尔，而德莫特尔在团聚时间之外仍须关心世间的农事，不要让灾荒再次上演。另一些希腊神话则把室女座视为正义女神爱斯翠娅（前文在天秤座提到过），她是宙斯和忒弥斯（Themis）所生的童贞女。在这些传说中，室女座和与它相邻的天秤座就会被联系起来，天秤座的天平形象就是正义女神用来衡量公正的工具。

室女座天区内有大量星系，而“室女座星系团”更是赫赫有名。在其他很多星座内，寻找并定位某个特定的深空天体，将其成功导入至目镜视场之内，都是颇花时间的事情；但在室女座内，要花时间的往往不是找到深空天体，而是从同时出现在视场里的多个星系之中正确辨认出自己要观察的目标究竟是哪一个。在“室女团”（这是很多有经验的爱好者对室女座星系团的简称）这个星系最为繁密的天区，在低倍目镜的视场里同时看到超过 10 个星系都不足为奇。在其他很多星座内，我们一般是利用某些恒星为参照物，一步步把视场移向要找的深空天体的；而在室女座，我们可以直接在目镜中利用星系作为参照物——只要先确凿地辨认一个星系，就可以从它出发依次认出邻近的很多星系。

因此，从随便哪个星系出发找到邻近的其他星系并不算难，但是，如果你没有先行定位并认准那几个最适合作为“参照物”的星系，就很难正确地辨认和定位其他某个特定的星系。所以，我们建议读者：请按照本章所介绍的顺序来依次观察室女座内的这些星系。如果漫无目的，那么很容易就会迷失在室女座的“星系丛林”之中，这时想分辨哪个星系是几号星系就很难了，甚至办不到了。如果遇到这种情况，请做一下深呼吸，然后回到你此前能准确认清的最后一个星系，再从那里重新开始吧。

室女座内的全部 11 个梅西耶天体都被收录在了天文联盟双筒镜梅西耶俱乐部的目标列表中，但其中没有一个是容易看到的。对于 50mm 双筒镜而言，这个目标列表只要求看到 M 49 和 M 104 两个目标，它们分别是“稍难”级（中等难度）和“特难”级（最高难度）。而对于 80mm 双筒镜来说，这 11 个室女座梅西耶天体都是要求观测到的，不过居然也没有任何一个属于“容易”级。具体地，M 49、M 60、M 61、M 87 和 M 104 这五个目标属于“稍难”级，而 M 58、M 59、M 84、M 86、M 89、M 90 则属于“特难”级。

室女座每年 4 月 12 日午夜上中天，对于北半球中纬度的观测者而言，从初春到仲夏的夜间都有不错的机会观察它。

表 49-1

室女座中有代表性的星团、星云和星系

天体名称	类型	视亮度	视尺寸	赤经	赤纬	梅	双	城	深	加	备注
NGC 4762	Gx	10.2	8.8 x 1.7	12 52.9	+11 14					◉	Class SB(r)0^? sp; SB 12.4
NGC 4621	Gx	10.6	5.3 x 3.2	12 42.0	+11 39	◉	◉				M 59; Class E5; SB 11.9
NGC 4649	Gx	9.8	7.4 x 6.0	12 43.7	+11 33	◉	◉				M 60; Class E2; SB 12.2
NGC 4579	Gx	9.6	5.9 x 4.7	12 37.7	+11 49	◉	◉				M 58; Class SAB(rs)b; SB 12.4
NGC 4567/8	Gx	12.1 / 11.7	3.3 x 2.0 / 4.8 x 2.0	12 36.5	+11 16					◉	Class SA(rs)bc (both)
NGC 4552	Gx	10.7	3.5 x 3.5	12 35.7	+12 33	◉	◉				M 89; Class E0-1
NGC 4569	Gx	10.3	9.6 x 4.3	12 36.8	+13 10	◉	◉				M 90; Class SAB(rs)ab
NGC 4486	Gx	9.6	7.4 x 6.0	12 30.8	+12 23	◉	◉	◉			M 87; Class E+0-1 pec; SB 12.6
NGC 4438	Gx	11.0	8.6 x 3.1	12 27.8	+13 01					◉	Class SA(s)0/a pec: SB 13.6
NGC 4374	Gx	10.1	6.4 x 5.5	12 25.0	+12 53	◉	◉	◉			M 84; class E1; SB 11.9
NGC 4406	Gx	9.9	8.9 x 5.7	12 26.2	+12 57	◉	◉	◉			M 86; Class E3; SB 13.1
NGC 4388	Gx	11.8	7.6 x 1.4	12 25.8	+12 40					◉	Class SA(s)b: sp; SB 13.3
NGC 4216	Gx	11.0	8.7 x 1.7	12 15.9	+13 09					◉	Class SAB(s)b:; SB 12.1
NGC 4472	Gx	9.4	9.3 x 7.0	12 29.8	+08 01	◉	◉				M 49; Class E2; SB 12.5
NGC 4526	Gx	10.7	7.2 x 2.3	12 34.0	+07 42					◉	Class SAB(s)0^
NGC 4535	Gx	9.9	7.1 x 5.0	12 34.3	+08 12					◉	Class SAB(s)c; SB 13.7
NGC 4303	Gx	10.2	6.5 x 5.7	12 21.9	+04 28	◉	◉				M 61; Class SAB(rs)bc; SB 12.8
NGC 4517	Gx	11.1	11.2 x 1.5	12 32.7	+00 07					◉	Class SA(s)cd: sp; SB 14.0
NGC 4699	Gx	10.4	4.0 x 2.8	12 49.0	−08 40					◉	Class SAB(rs)b; SB 10.9
NGC 4594	Gx	9.0	8.8 x 3.5	12 40.0	−11 38	◉	◉	◉			M 104; Class SA(s)a sp; SB 11.6
NGC 5746	Gx	11.3	7.5 x 1.3	14 44.9	+01 57					◉	Class SAB(rs)b? sp; SB 13.8

表 49-2

室女座中有代表性的双星或聚星

天体名称	星对	星等1	星等2	角距	方位角	年份	赤经	赤纬	城观	双星	备注
gamma*	STF 1670AB	3.5	3.5	0.4	86	2006	12 41.7	−01 27		◉	Porrima

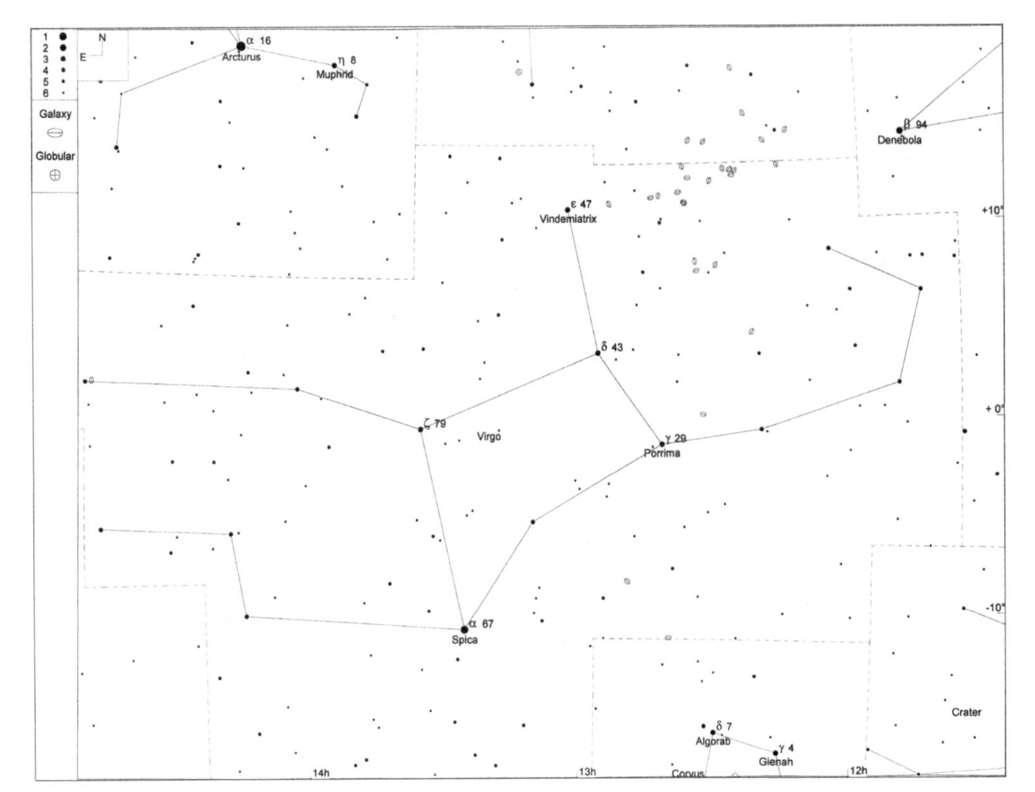

星图 49-1

室女座星图（视场宽 50°）

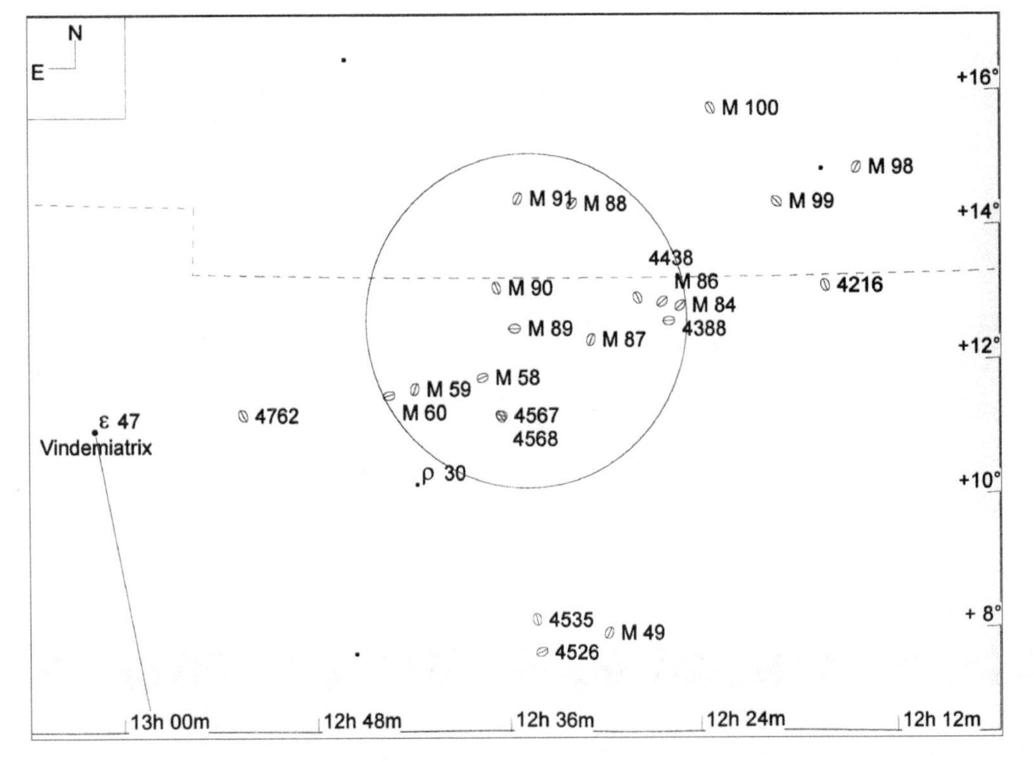

星图 49-2

室女座星系团星图（视场宽 15°，绘出直径 5° 的寻星镜视场圈作为参照，极限星等 6.0 等）

NGC 4762	★★	⊕⊕⊕	GX	MBUDR
见星图 49-3	见影像 49-1	m10.2, 8.8' x 1.7'	12h 52.9m	+11°14'

NGC 4762 是个侧面对着我们的纺锤状星系，其表面亮度较高，视尺寸属于中等。它就位于 2.8 等的亮星室女座 ε（47 号星）的西侧 2.3° 处，所以不难定位。将室女座 ε 放在寻星镜视场靠近东边缘的位置，就可以在视场的北半区明显找到两颗恒星：6.1 等的室女座 34 号星和 6.2 等的室女座 41 号星。NGC 4762 与这两颗 6 等星组成一个近似正三角形的形状，自己位于三角形的南角，此时应该就在视场中心附近。

通过 10 英寸反射镜加 90 倍放大率观察，可以看到 NGC 4762 呈现出极为狭长的 0.5' × 5' 的轮廓，轮廓颇具亮度，在北东北—南西南方向上延展。星系中心区呈圆形，亮度更高一点。

影像 49-1

NGC 4762、NGC4754，以及右下角的 NGC 4733（视场宽 1°）

本照片承蒙帕洛马天文台和太空望远镜科学研究院惠允翻拍自数字巡天工程成果

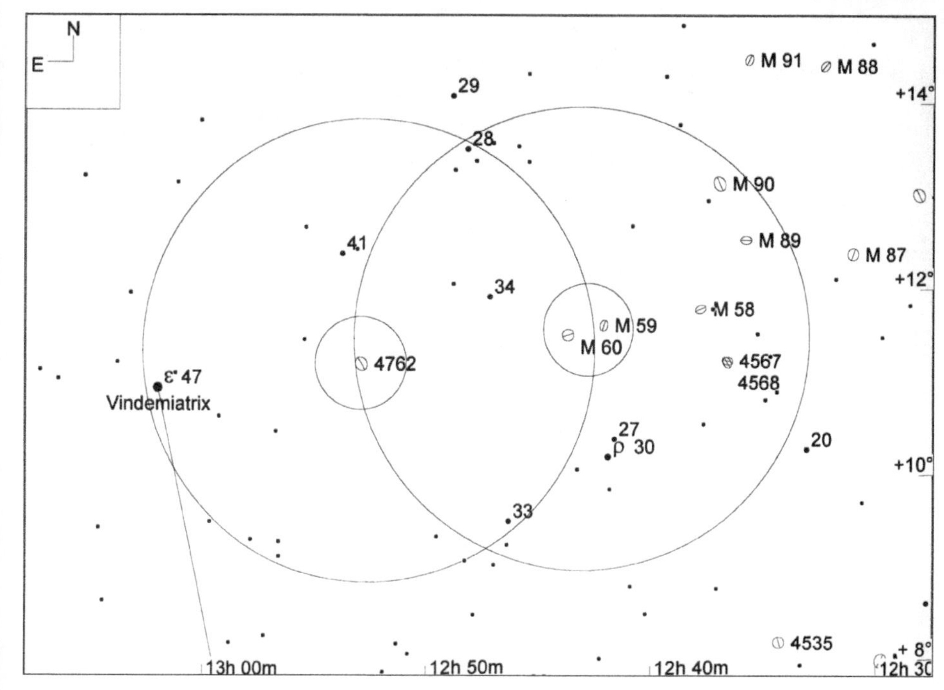

星图 49-3

NGC 4762、NGC 4621（M 59）和 NGC 4649（M 60）（视场宽 10°，寻星镜视场圈直径 5°，目镜视场圈直径 1°，极限星等 9.0 等）

M 59 (NGC 4621)	★★★	⊕⊕⊕	GX	MBUDR
见星图 49-3	见影像 49-2	m10.6, 5.3' x 3.2'	12h 42.0m	+11°39'

M 60 (NGC 4649)	★★★	⊕⊕⊕	GX	MBUDR
见星图 49-3	见影像 49-2	m9.8, 7.4' x 6.0'	12h 43.7m	+11°33'

M 59（NGC 4621）和 M 60（NGC 4649）都是明亮的椭圆星系。它们是 1779 年 4 月 11 日被德国天文学家约翰•哥特弗里德•科勒（Johann Gottfried Köhler）在观测一颗彗星时发现的。不知此事的梅西耶当时也在观测那颗彗星，他在 4 天后，也就是 1779 年 4 月 15 日独立地再次发现了这两个天体，此前他还刚刚在它们西侧 1° 处发现了 M 58。

按照本章介绍的顺序，找到 M 59 和 M 60 都是比较容易的。首先按照前文介绍的方法，将2.8等的室女座 ε（47 号星）放在寻星镜视场的东边缘处，这样就先让 NGC 4762 处于视场中心附近了。而 NGC 4762 就恰好位于从室女座 ε 到 M 60 的连线的中点上。因此，M 60 此时应该位于寻星镜视场的西边缘上，尽管我们必须到目镜中才能看见它。此时还可以注意寻星镜视场北半部的室女座 41 号星（6.2 等）和室女座 34 号星（6.1 等），这两颗星构成的长度 1.7° 的连线，恰好由东往西指着 M 59 和 M 60 的方向：两个星系的几何中点就在室女座 34 号星西侧 1.2° 处。另外，还可以用几何方式来定位 M 59 和 M 60 这对星系，因为 M 59 与 4.9 等的室女座 ρ（30 号星）和室女座 34 号星几乎组成了一个腰长 1.3° 的等腰三角形。M 59 自己是该三角形的西北角，也是顶角；室女座 ρ 则是三角形的南侧底角。M 59 和 M 60 都可以在低倍目镜中呈现为明亮的模糊斑点。

用 10 英寸反射镜加 90 倍放大率（真实视场 44'），可以将 M 59 和 M 60 囊括在同一视场之内。尽管资料中记载 M 60 因面积稍大而在表面亮度数值上逊于 M 59（前者 12.2 等，后者 11.9 等），但我们在目镜中看来还是 M 60 更亮一点，它在 M 59 东侧 25'。M 59 的轮廓为椭圆形，长轴在北西北—南东南方向上，尺寸为 1.5' × 2.5'，从边缘到中心区依次增亮。中心区呈圆形，其中还有明显非点状的核球。M 60 的轮廓是圆形，直径 3'，中心区也是圆形而且比较大，明显比边缘区亮不少，看不出核球区。影像 49-2 中紧贴在 M 60 右上方的是 NGC 4647，用余光斜视技巧可以看到它是个暗得多的圆形光斑，整体上比较弥散，直径 1.5'，中心区略有增亮。

影像 49-2

NGC 4649（M 60，左）和 NGC 4621（M 59，右）（视场宽 1°）

本照片承蒙帕洛马天文台和太空望远镜科学研究院惠允翻拍自数字巡天工程成果

M 58 (NGC 4579)	★★★	●●●	GX	MBUDR
见星图 49-4	见影像 49-3	m9.6, 5.9' x 4.7'	12h 37.7m	+11°49'

M 58（NGC 4579）是个明亮的旋涡星系。梅西耶在 1779 年 4 月 15 日观测当年的一颗彗星时发现了这个天体，并将其编入自己的目录。

一旦找到了前文所说的 M 59 和 M 60，再定位 M 58 就相对容易了，它就在 M 59 的西侧 1.1° 处，而且在它西侧仅 7' 处还有一颗孤零零的 8 等星。我们可以不用寻星镜，直接把目镜视场沿着从 M 60 到 M 59 的延长线向西移动 1.1° 来看到 M 58（其实，我们在自己的 10 英寸道布森镜上，加了物理直径 2 英寸的“GSO 宽视场 30mm 寻星目镜”后，就获得了直径 1.7° 的真实视场，这足以将 M 59、M 60 和 M 58 三者囊括在同一视场之内）。

用加 90 倍放大率的 10 英寸反射镜观察，可以看到 M 58 呈现出一个比较暗弱且弥散的 3' × 4' 椭圆形轮廓，长轴在东北东—西南西方向上。轮廓内还有一个亮度稍高也更加紧致一点的“内轮廓”，尺寸 2' × 3'。在星系的中心区，亮度陡然增高，该区呈现的尺寸为 0.5' × 2'，其中还能看出一个星点状的核球。用余光瞥视的技巧，还可以在星系的“内轮廓”里面非常勉强地看出暗弱的斑驳状细节。

影像 49-3

NGC 4579（M 58，左上），右下部的一对星系是 NGC 4567/NGC 4568（视场宽 1°）

本照片承蒙帕洛马天文台和太空望远镜科学研究院惠允翻拍自数字巡天工程成果

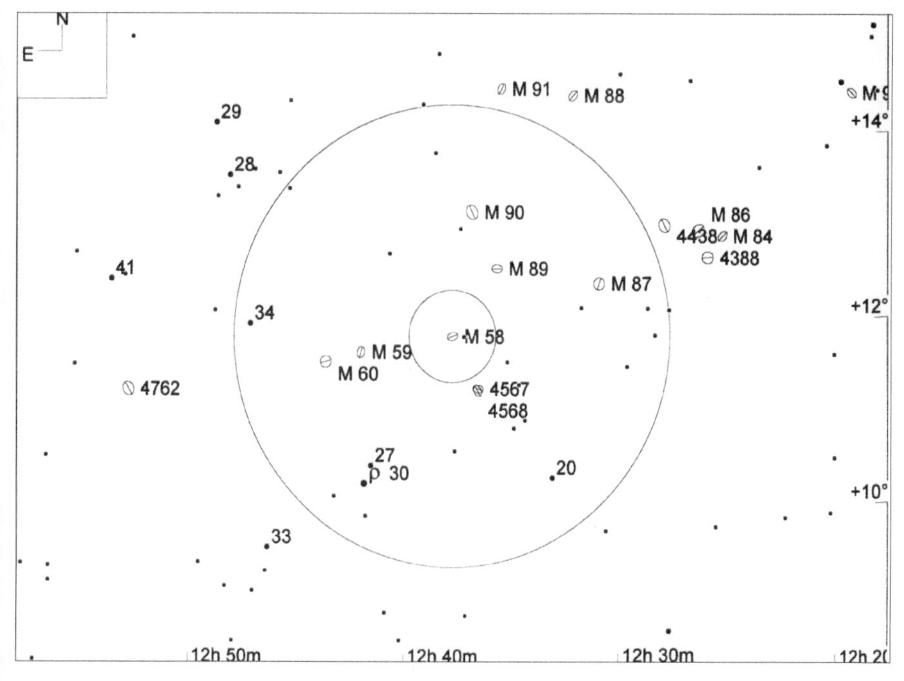

星图 49-4

NGC 4579（M 58）（视场宽 10°，寻星镜视场圈直径 5°，目镜视场圈直径 1°，极限星等 9.0 等）

NGC 4567/4568	★	⊕⊕⊕	GX	MBUDR
见星图 49-5	见影像 49-3	m12.1/11.7, 3.3' x 2.0'/4.8 x 2.0	12h 36.5m	+11°16'

NGC 4567 和 NGC 4568 有时也被合称为“暹罗双重星系”（Siamese Twin Galaxies）。这两个星系有个特点：它们二者各自的东端是重叠在一起的。从 M 58 出发，不难定位这对星系。我们可以把 M 58 放在低倍目镜视场的东北边缘，而这对要找的星系就在 M 58 的南西南方向 37' 处。在这对星系的西北方 13' 处还有一颗醒目的 8 等星可作为辅助参照。在较小的望远镜中直接看的话，可能无法看到这对星系；通过加 90 倍放大率的 10 英寸反射镜，使用余光瞥视技巧，就能够看到这对星系了，但效果谈不上多么好。二者中，偏北侧的是 NGC 4567，它能呈现出的轮廓相当暗淡，尺寸为 0.75' × 1.5'，椭圆形，长轴在东—西向。星系中心处可见略微增亮，但看不到更多细节。二者中偏南的是 NGC 4568，它会呈现为一个亮度完全均匀的椭圆形暗弱光斑，尺寸 1' × 2'，长轴在东北—西南方向。

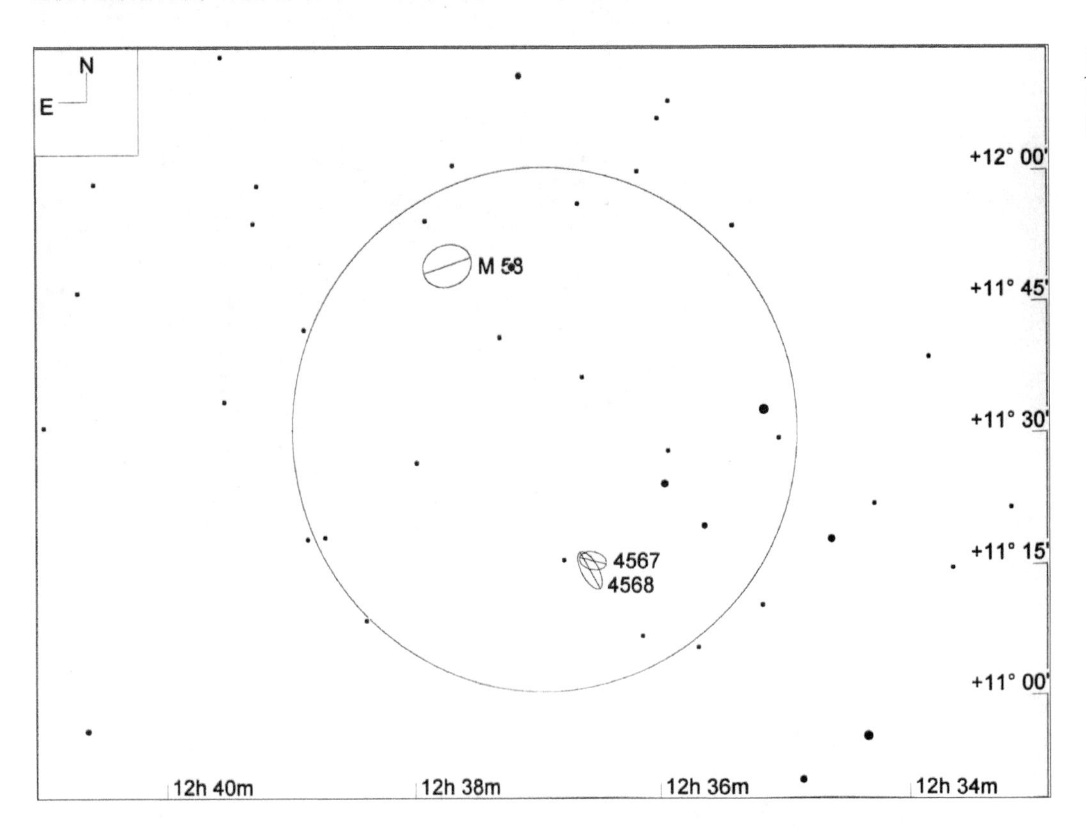

星图 49-5

NGC 4567/4568（视场宽 2°，目镜视场圈直径 1°，极限星等 12.0 等）

M 89 (NGC 4552)	★★	⊕⊕⊕	GX	MBUDR
见星图 49-6	见影像 49-4	m10.7, 3.5' x 3.5'	12h 35.7m	+12°33'

M 90 (NGC 4569)	★★★	⊕⊕⊕	GX	MBUDR
见星图 49-6	见影像 49-4	m10.3, 9.6' x 4.3'	12h 36.8m	+13°10'

M 89（NGC 4552）和 M 90（NGC 4569）是一对靠得很近的明亮星系。梅西耶在 1781 年 3 月 18 日的那个“超级夜晚”里发现了 7 个深空天体，其中就有这两个星系，另外五个则是 M 84 ～ M 88。不过他当时没有去注意后发座内的 M 91 和武仙座内的 M 92 这两个邻近的天体。

以前文说的 M 58 为出发点，不难找到 M 89，它就在 M 58 的西北方 53' 处，在它西南西大约 13' 处还有一颗 9 等星（这个亮度在目镜中显而易见）可作辅助参考。而 M 90 也同样可以轻松地在目镜中直接找到，它就在 M 89 的北东北方向 40' 处。

使用 10 英寸反射镜加 90 倍放大率（真实视场 44'），可以把 M 89 和 M 90 同时放在一个目镜视场内，不过此时二者都太靠近视场边缘了。身为椭圆星系的 M 89 会呈现出一个直径 1.5' 的比较明亮的圆形轮廓，不过其质感比较散淡。星系的中心区则相当紧致，亮度也有明显的提高，不过看不出核球的结构。M 90 则属于旋涡星系，呈现的轮廓为椭圆形，尺寸 2' × 6'，长轴在北东北—南西南方向，比较暗弱。其中心区相对明亮，而且巨大、紧致，尺寸 1' × 3'。用余光瞥视，可以感觉到中心区内有很不明显的斑驳细节，特别是靠西边的部分。

影像 49-4

NGC 4552（M 89）和 NGC 4569（M 90）（视场宽 1°）

本照片承蒙帕洛马天文台和太空望远镜科学研究院惠允翻拍自数字巡天工程成果

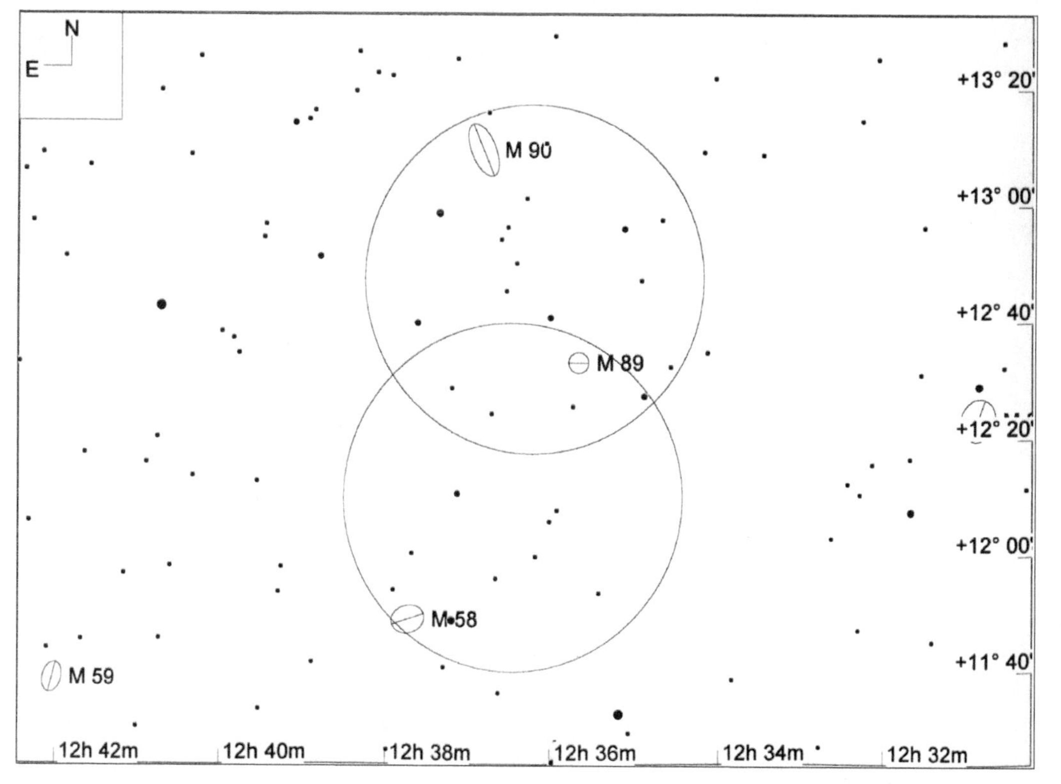

星图 49-6

NGC 4552（M 89）和 NGC 4569（M 90）（视场宽 3°，目镜视场圈直径 1°，极限星等 12.0 等）

M 87 (NGC 4486)	★★★	⊕⊕⊕	GX	MBUDR
见星图 49-7	见影像 49-5	m9.6, 7.4' x 6.0'	12h 30.8m	+12°23'

M 87（NGC 4486）是个明亮的椭圆星系。梅西耶在 1781 年 3 月 18 日的“超级夜晚”发现了它并将其编入目录。

从 M 89 出发，定位 M 87 相当容易，它就在 M 89 的西侧 1.2° 处，在它北边仅 5' 处还有一颗在目镜中很明显的 8 等星可以作为辅助参考。在加 90 倍放大率的 10 英寸反射镜中，M 87 呈现出一个直径 0.5' 的很明亮的中心区，不过看不出核球。中心区四周是一个比较亮的圆形光晕轮廓，直径 2'，不过这只能算是个“内轮廓”，由它向外还有逐渐减弱至消失的外部轮廓光芒。

影像 49-5

NGC 4486（M 87）（视场宽 1°）

本照片承蒙帕洛马天文台和太空望远镜科学研究院惠允翻拍自数字巡天工程成果

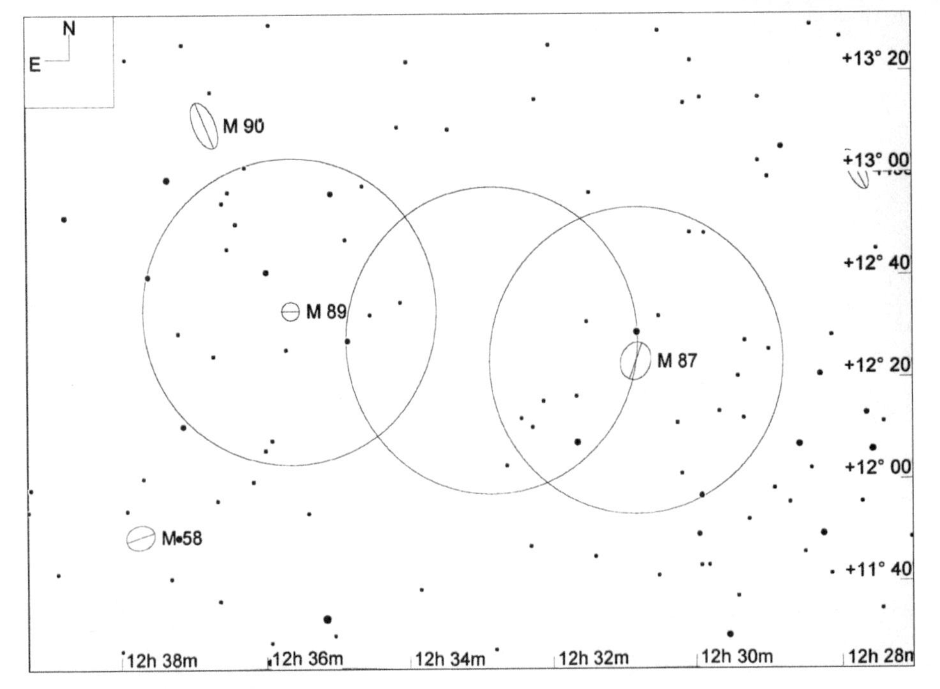

星图 49-7

NGC 4486（M 87）（视场宽 3°，目镜视场圈直径 1°，极限星等 12.0 等）

NGC 4438	★★	◐◐◐	GX	MBUDR
见星图 49-8	见影像 49-6	m11.0, 8.6' x 3.1'	12h 27.8m	+13°01'

NGC 4438 是个亮度比较适中的星系，从刚才介绍的 M 87 出发，很容易找到它。它就在 M 87 的西北边 1.3°处，而在它东侧 15' 处还有一颗在目镜中很容易识别的 9 等星作为辅助参照物。在加 90 倍放大率的 10 英寸反射镜中，NGC 4438 呈现出的轮廓是比较明亮但有些弥散的椭圆形，尺寸 1.5'×2.5'，长轴在北东北—南西南方向。星系的中心区显得很致密且非常明亮，尺寸为 0.5'×1.5'，中心区的中央还能看出一个呈星点状的核球。另外，在它的北西北方向大约 4' 处还有一个星系 NGC 4435，其光芒偏弱，但能看出一个相对明亮的点状核球，星系轮廓呈椭圆形，尺寸 0.5'×1.5'，长轴呈南—北向，亮度均匀。

影像 49-6

NGC 4438、NGC 4406（M 86）、NGC 4374（M 84）和 NGC 4388（视场宽 1°）

本照片承蒙帕洛马天文台和太空望远镜科学研究院惠允翻拍自数字巡天工程成果

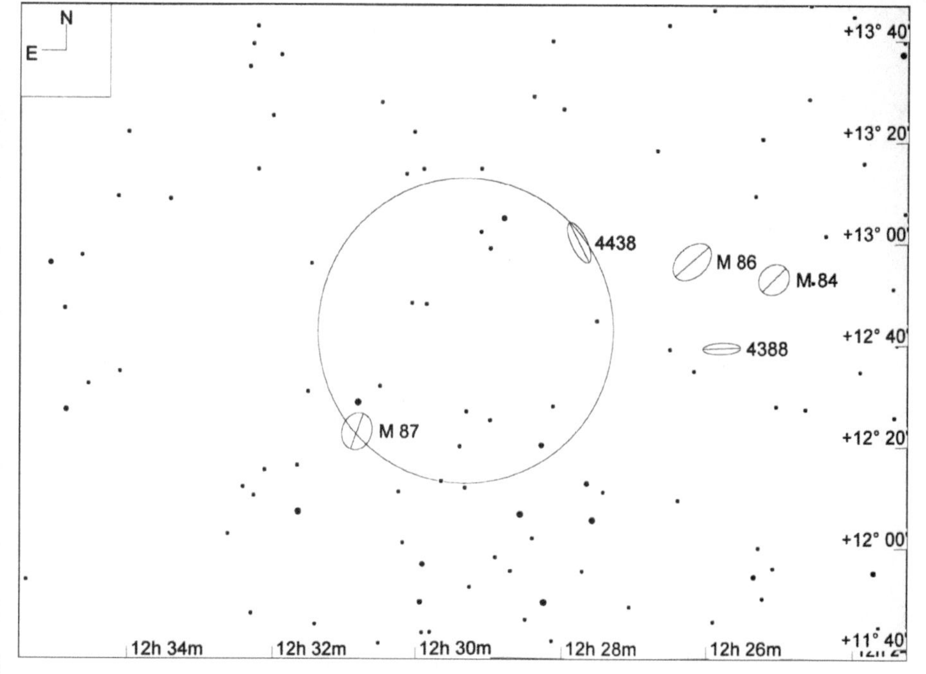

星图 49-8

NGC 4438（视场宽 3°，目镜视场圈直径 1°，极限星等 12.0 等）

M 84 (NGC 4374)	★★	⊕⊕⊕	GX	MBUDR
见星图 49-9	见影像 49-6	m10.1, 6.4' x 5.5'	12h 25.0m	+12°53'

M 86 (NGC 4406)	★★	⊕⊕⊕	GX	MBUDR
见星图 49-9	见影像 49-6	m9.9, 8.9' x 5.7'	12h 26.2m	+12°57'

M 84（NGC 4374）和M 86（NGC 4406）是一对距离很近的椭圆星系，亮度都不低。梅西耶在1781年3月18日的那个夜晚发现并记录了室女座内和后发座内的多个星系，其中也包括这两个。

定位M 84和M 86的方法也比较容易。这两个星系各自的中心点间呈东—西向关系，距离17'。而这条连线的中点就在明亮的星系M 87的西北西方向1.4°处，同时也是NGC 4438这个比较明显的星系的西侧仅半度处。但是，尽管M 84和M 86的亮度都不低，在目镜中都能达到醒目的程度，但它们呈现出的样子却很一般，少了一些品味的余地。我们用10英寸反射镜加90倍放大率（真实视场44'），可以将二者放在目镜的同一视场内。可以与它们同时被囊括的还有前文刚刚介绍的NGC 4438，以及后文马上要介绍的NGC 4388。此外，这个视场内还有其他一些本书并未介绍的星系。当然，在这个视场中，M 84和M 86的亮度远超其他星系，甚至可以将旁边一些较暗的星系的光芒淹没掉。与大多数椭圆星系类似，M 84和M 86呈现出的外貌也没有太多特点。M 84呈现的椭圆形轮廓有2'×2.5'，长轴在西北—东南向，从边缘到中心区渐次增亮，中心区为圆形，显得大且致密。M 86的外观很像M 84，只不过大约比M 84大出50%。

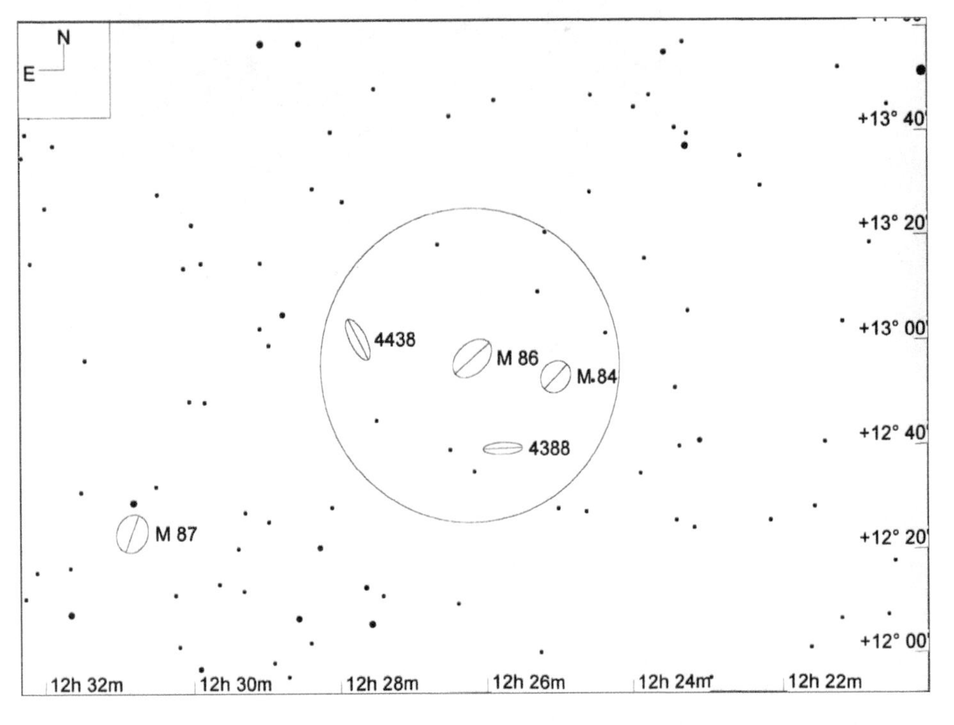

星图 49-9

NGC 4406（M 86）、NGC 4374（M 84） 和NGC 4388（视场宽3°，目镜视场圈直径1°，极限星等12.0等）

NGC 4388	★★★	⊕⊕⊕	GX	MBUDR
见星图 49-9	见影像 49-6	m11.8, 7.6' x 1.4'	12h 25.8m	+12°40'

NGC 4388是个漂亮的旋涡星系，侧面对着我们。虽然它的亮度明显不如M 84和M 86，但能呈现出更多的视觉细节。一旦你定位了M 84和M 86，那么找到NGC 4388也就易如反掌了——这3个星系不但在目镜的同一视场内，而且几乎构成一个等边三角形，边长17'，其中NGC 4388占据的是南角。通过加90倍放大率的10英寸反射镜，可以看到NGC 4388呈现出的轮廓尺寸为0.5'×3.5'，沿东—西向延展，中心区也是狭长的。星系亮度虽然比较低，但中心区仍明显亮于边缘区。星系中心区内还能看见核球，其呈现为亮点状。

NGC 4216	★★★	⊕⊕⊕	GX	MBUDR
见星图 49-10	见影像 49-7	m11.0, 8.7' x 1.7'	12h 15.9m	+13°09'

NGC 4216 是个漂亮的纺锤状星系，表面亮度尚可。从 M 86 那组目标开始，找到 NGC 4216 还是比较容易的。首先把 M 86 放在视场中心，然后把寻星镜向西移动约半个视场直径，就可以看到 5.1 等的后发座 6 号星和 5.9 等的室女座 12 号星进入视场，这两颗星之间的位置关系是南—北向的，相距 4.7°。NGC 4216 就在这两颗星连线的 1/3 再多一点的地方，离后发座 6 号星更近。在寻星镜中是看不到 NGC 4216 的，但在低倍目镜中即可看见。我们用 10 英寸反射镜加 90 倍放大率观察到的 NGC 4216 呈现出一个明亮狭长的轮廓，尺寸为 0.5' × 5.5'，沿北东北—南西南方向延伸。星系中心区亦称长条形，比较大，也比边缘区更亮一些，但看不出核球。

影像 49-7

NGC 4216（视场宽 1°）

本照片承蒙帕洛马天文台和太空望远镜科学研究院惠允翻拍自数字巡天工程成果

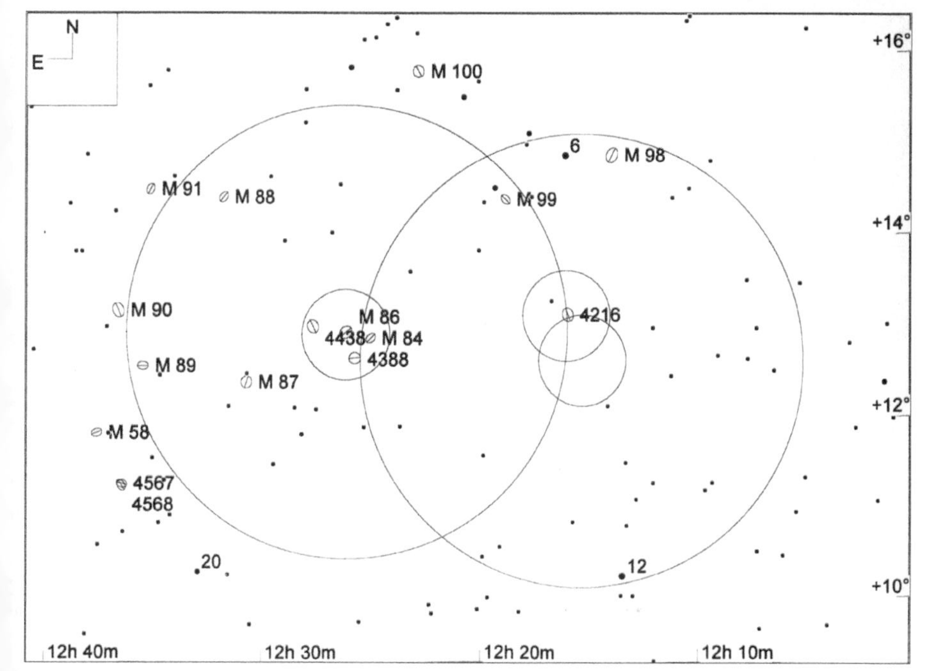

星图 49-10

NGC 4216（视场宽 10°，寻星镜视场圈直径 5°，目镜视场圈直径 1°，极限星等 9.0 等）

NGC 4472 (M 49)	★★	⊕⊕⊕	GX	MBUDR
见星图 49-11	见影像 49-8	m9.4, 9.3' x 7.0'	12h 29.8m	+08°01'

M 49（NGC 4472）也是一个明亮的椭圆星系。梅西耶在 1771 年 2 月 19 日发现了这个天体并将其编入目录，这也是室女座星系团中第一个被人发现的星系。

利用参考星的简单衔接，我们可以轻松地定位 M 49。首先把 2.8 等的亮星室女座 ε（47 号星）放在寻星镜视场的东北东边缘，见星图 49–11，然后在其西南西方向 4.1° 处找到 5.7 等的室女座 33 号星，此星在寻星镜中也会很显眼。顺着从室女座 ε 指向 33 号星的方向，移动寻星镜视场，直到 33 号星位于视场东北边缘时停下。此时在视场的西边缘和西南西侧各出现一颗很醒目的 6 等星，二者相距 1.3°，呈西北—东南的位置关系。M 49 正好在这两星之间连线的中点上，稍微离东南侧这颗星近一点。在夜空环境极为通透和深暗时，用 50mm 双筒镜也可以勉强看到 M 49 呈现为一个暗弱的光斑。

与 M 84 和 M 86 类似，M 49 也是那种虽然挺亮但外观乏味的星系。在加了 90 倍放大率的 10 英寸反射镜中，M 49 呈现的圆形轮廓直径为 4'，虽然醒目但也颇为弥散。星系的中心区比较大且明亮，有明显的延展面，但其中看不出核球的存在。

影像 49-8

NGC 4472（M 49）（视场宽 1°）

本照片承蒙帕洛马天文台和太空望远镜科学研究院惠允翻拍自数字巡天工程成果

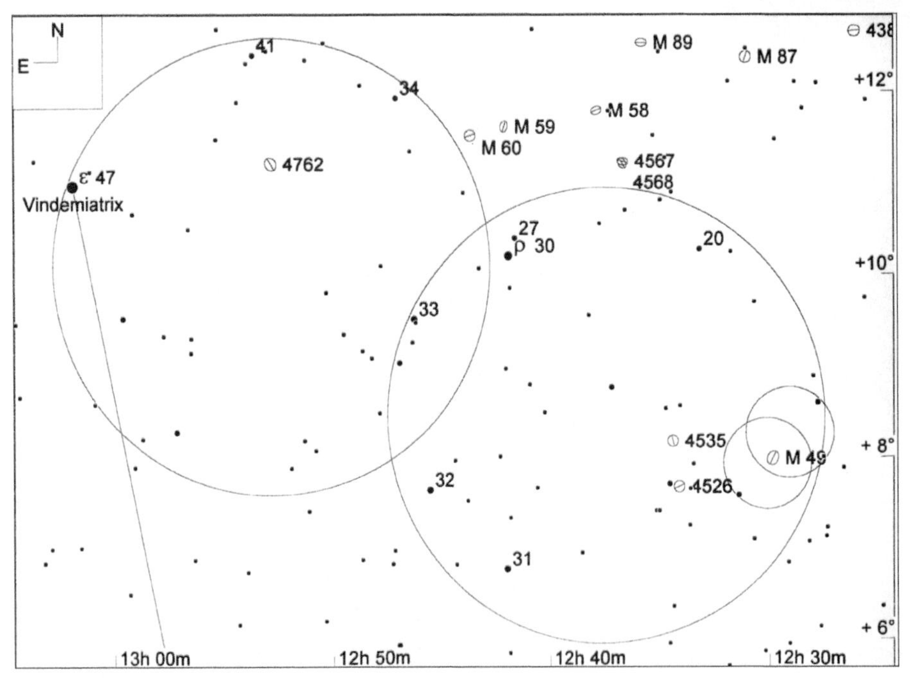

星图 49-11

NGC 4472（M 49）（视场宽 10°，寻星镜视场圈直径 5°，目镜视场圈直径 1°，极限星等 9.0 等）

NGC 4526	★★	◐◐◐	GX	MBUDR
见星图 49-12	见影像 49-9	m10.7, 7.2' x 2.3'	12h 34.0m	+07°42'

NGC 4535	★★	◐◐◐	GX	MBUDR
见星图 49-12	见影像 49-9	m9.9, 7.1' x 5.0'	12h 34.3m	+08°12'

NGC 4526 和 NGC 4535 是很有趣的一对星系，因为前者是一个比较醒目的侧面对着我们的星系，后者则是一个暗得多的正面对着我们的旋涡星系。以前文说到的 M 49 为出发点，很容易定位这两个星系。我们可以首先把 M 49 放在目镜视场的中央，然后把寻星镜视场向东南东方向移动 1.1°，就可以明显看到两颗在寻星镜中很显眼的 7 等星，它俩的距离是 15'，位置关系是东—西向。我们要找的 NGC 4526 就在这两颗星的连线的中点上，而 NGC 4535 就在 NGC 4526 北边 30' 处。即使是用中倍率或高倍率的目镜配置，也可以将这两个星系涵盖在同一个目镜视场之内。

通过加 90 倍放大率的 10 英寸反射镜观察，NGC 4526 呈现出一个比较暗弱的凸透镜形的轮廓，尺寸为 1'×3'，长轴在西北西—东南东方向。其轮廓内还有个明显亮得多的"内轮廓"，以及一个小到像单个星点一样的中心区。相比之下，NGC 4535 的尺寸要大不少，但暗淡得多。其轮廓是椭圆形，非常散淡暗弱，呈现出的尺寸是 3'×5'，长轴在北东北—南西南方向上，看不出更多的细节。

影像 49-9

NGC 4526（下中）和 NGC 4535（视场宽 1°）

本照片承蒙帕洛马天文台和太空望远镜科学研究院惠允翻拍自数字巡天工程成果

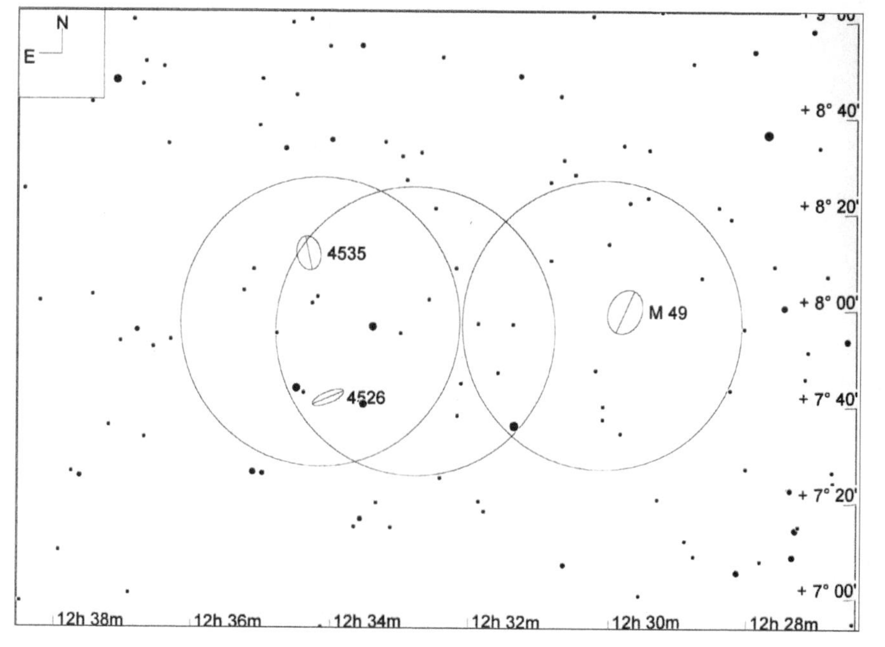

星图 49-12

NGC 4526 和 NGC 4535（视场宽 3°，目镜视场圈直径 1°，极限星等 12.0 等）

M 61 (NGC 4303)	★★★	◕◕◕	GX	MBUDR
见星图 49-13	见影像 49-10	m10.2, 6.5' x 5.7'	12h 21.9m	+04°28'

M 61（NGC 4303）是个明亮的旋涡星系，几乎正好以正面对着我们。1779 年 5 月 5 日晚上，意大利天文学家巴拿巴斯•奥利阿尼（Barnabus Oriani）在巡视夜空时率先发现了这个天体，当时他正在寻找当年出现的一颗彗星。就在同一晚，梅西耶也观察到了这个天体，但是把它误当成那颗彗星了。在接下来的几夜中，梅西耶持续地观察了这个天体，终于在 5 月 11 日确定这个天体相对于背景恒星而言是固定不动的，因此不是彗星。在梅西耶的观测记录中，关于 M 61 有着这样的描述："（这是个）非常暗弱且难以察知的星云。我曾以为它就是 1779 年彗星，在 5 日、6 日和 11 日对其进行了观察。5 月 11 日判定它不是彗星，而是一个正好处在彗星轨道上，与彗星位置重合过的星云。"

从肉眼可见的 3.9 等星室女座 η（15 号星）开始，定位 M 61 并非难事。而室女座 η 就位于更亮的 2.7 等星室女座 γ（29 号星）西侧 5.5° 处。找准室女座 η 后，将其放在寻星镜视场的南边缘，然后在其正北方 4° 处可以找到一颗 5 等星，该星在寻星镜中相当醒目。最终要找的 M 61 就在这颗 5 等星的北东北方向 1.2° 处。

用 10 英寸反射镜加 90 倍放大率观察，M 61 呈现出一个近乎圆形的明亮轮廓，直径 4'，有明显的斑驳感。星系的中心区直径 0.5'，亮度与边缘区相比有惊人的增高迹象。此时用余光瞥视，还能隐约看出该星系的旋臂，特别是在它的东南边缘处；而它中心区的东边缘处的一条明显的暗带也暗示着旋臂结构的存在。

影像 49-10

NGC 4303（M 61）（视场宽 1°）

本照片承蒙帕洛马天文台和太空望远镜科学研究院惠允翻拍自数字巡天工程成果

星图 49-13

NGC 4303（M 61）（视场宽 15°，寻星镜视场圈直径 5°，目镜视场圈直径 1°，极限星等 9.0 等）

NGC 4517	★	⚽⚽⚽	GX	MBUDR
见星图 49-14	见影像 49-11	m11.1, 11.2' x 1.5'	12h 32.7m	+00°07'

NGC 4517 是个侧面对着我们的星系，非常暗弱。不过，该星系就位于肉眼可见的 2.7 等星室女座 γ（29 号星）西北边 2.7° 处，所以定位起来比较容易。我们可以把室女座 γ 放在寻星镜视场的东南边缘，这样 NGC 4517 就位于靠近视场中央的位置了。此时用低倍放大率的目镜，加以余光瞥视的技巧来观察，就可以认出该星系并完成对它的定位。通过加 90 倍放大率的 10 英寸反射镜，利用余光瞥视此星系，可以看见它呈现的 1'×5' 的暗弱弥散的轮廓。该轮廓在东—西方向上延展，轮廓内看不出中心区的存在。

影像 49-11

NGC 4517（视场宽 1°）

本照片承蒙帕洛马天文台和太空望远镜科学研究院惠允翻拍自数字巡天工程成果

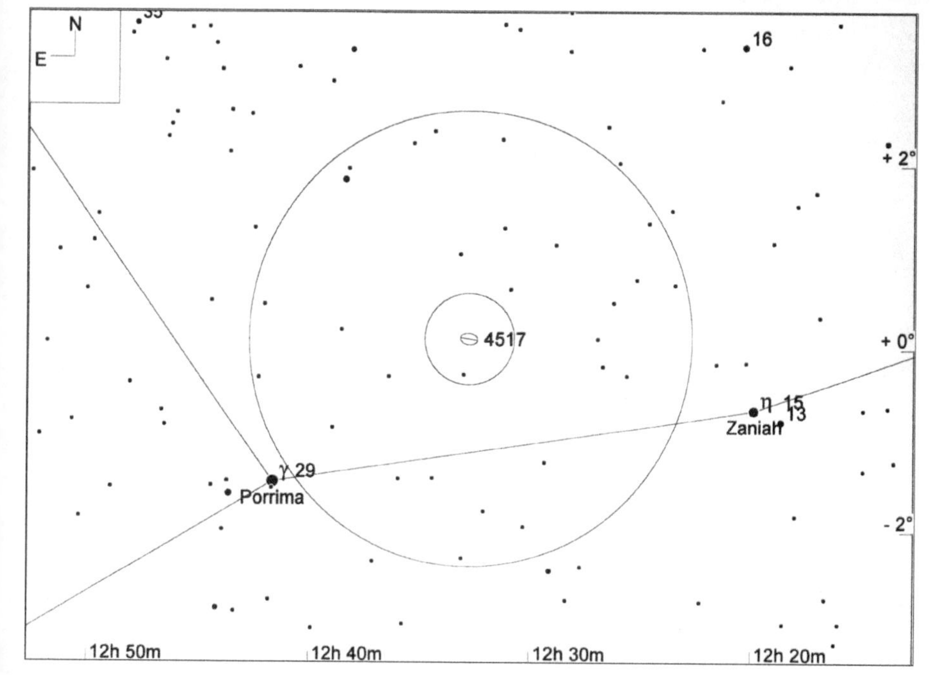

星图 49-14

NGC 4517（视场宽 10°，寻星镜视场圈直径 5°，目镜视场圈直径 1°，极限星等 9.0 等）

NGC 4699	★★	◒◒◒	GX	MBUDR
见星图 49-15	见影像 49-12	m10.4, 4.0' x 2.8'	12h 49.0m	−08°40'

NGC 4699 是个明亮的椭圆星系，它位于 1.1 等的亮星室女座 α（67 号星）的西北西方向 9.2° 处，所以，我们不难以室女座 α 为起点，通过几颗参考星的短程"接力"来定位它。首先，把室女座 α 放在寻星镜视场的东边缘，此时能在它西侧大约 4° 处看到一对亮星，即 5.2 等的室女座 49 号星和 6.0 等的室女座 50 号星，这一对星呈东北—西南的位置关系，相距 37'。将这对星改放到寻星镜视场的东边缘，即可在同一视场的西北部分找到 4.8 等的室女座 ψ（40 号星），该星在一大片暗弱的背景恒星中显得相当明亮。我们要找的 NGC 4699 就在室女座 ψ 西北侧仅 1.6° 处，在寻星镜中可能看不到，不过在低倍目镜中就能直接看到。我们用加 90 倍放大率的 10 英寸反射镜观察，看到 NGC 4699 呈现出明亮的椭圆形轮廓，尺寸 2' × 3'，长轴在东北—西南方向上。星系的中心区被包裹在外部的光晕之中，亦呈椭圆形，非常紧致明亮，亮度比边缘区陡增不少。星系的核球也能看到，但仅呈点状。用余光瞥视时，星系的中心区呈现出一些斑驳状，或者说颗粒状的纹理。

影像 49-12

NGC 4699（视场宽 1°）

本照片承蒙帕洛马天文台和太空望远镜科学研究院惠允翻拍自数字巡天工程成果

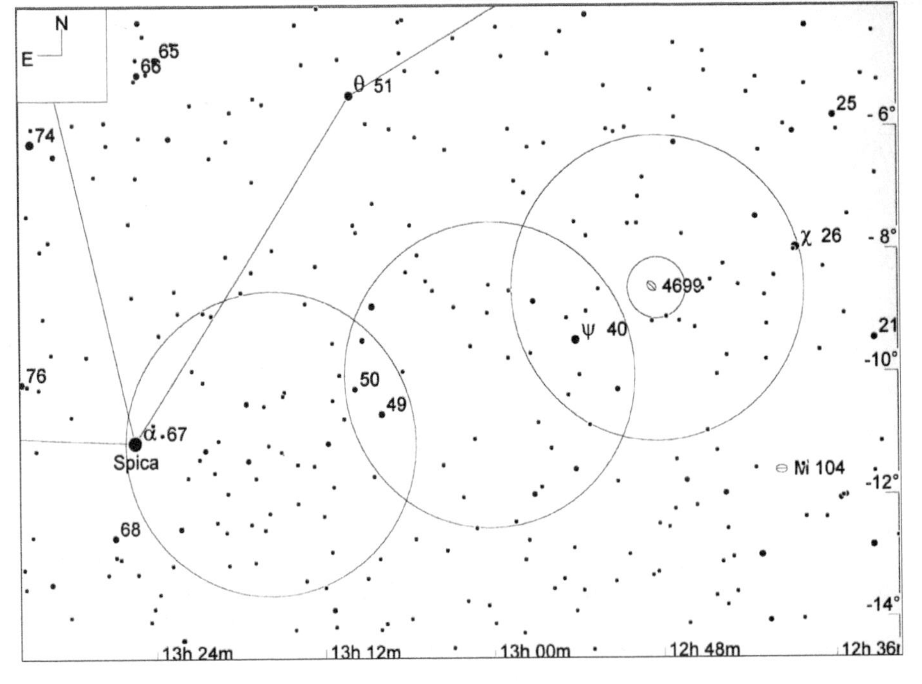

星图 49-15

NGC 4699（视场宽 15°，寻星镜视场圈直径 5°，目镜视场圈直径 1°，极限星等 9.0 等）

M 104 (NGC 4594)	★★★	⊕⊕⊕	GX	MBUDR
见星图 49-16	见影像 49-13	m9.0, 8.8' x 3.5'	12h 40.0m	–11°38'

M 104（NGC 4594）昵称为“草帽星系”（Sombrero Galaxy），这个侧面对着我们的星系不但十分明亮，而且还有一条非常明显的暗带横贯其长轴，将其在视觉上分为两半。M 104 也是第一个没有出现在当年的梅西耶目录最终版（103 个）里的深空天体。皮埃尔•梅襄在 1781 年 5 月 11 日发现了它，并将这个新发现告诉了梅西耶。梅西耶在已经印刷出来的目录后边，以手写的方式将其增列为第 104 号。

定位 M 104 的方法比较简单。它就在亮星室女座 α 的西侧 11.1° 处，同时也是肉眼可见的 3 等星乌鸦座 δ（7 号星，即乌鸦座小四边形的东北角）的北东北方向 5.5° 处。M 104 附近的天区里有不少 5 等星和 6 等星，它们为我们定位 M 104 提供了一系列很理想的“路标”。在我们观测完上文说的 NGC 4699 后，可以按照星图 49–16 所示的方式，在参考星的帮助下很快地找到 M 104。首先把 4.7 等的室女座 χ（26 号星）放在寻星镜视场北西北边缘，同时让 5.5 等的室女座 21 号星位于该视场的西边缘，然后将寻星镜稍向西南边移动，待室女座 21 号星已经移到视场西北边缘时为止。此时在视场的南半部分可以看到两颗明亮的 6 等星，它们彼此呈东—西向的位置关系，相距 1.9°。而 M 104 就位于其中东边那颗星的北西北方向 1.4° 处、西边那颗星的东北方向 2.0° 处。

用 50mm 双筒镜加余光瞥视的技巧，可以隐约看到 M 104 的光芒；而使用单筒望远镜的低倍目镜配置，就可以让 M 104 呈现出很明亮的影像了。在加 90 倍放大率的 10 英寸反射镜中，M 104 的轮廓是东—西向的透镜形状，相当明亮，尺寸有 2'×6'。那条显而易见的暗带把整个整个星系的光芒分成了一个稍大的北半部分和一个稍小的南半部分。暗带的形状就像墨西哥草帽的帽檐，而北半部分则酷似“帽冠”。

影像 49-13

NGC 4594（M 104）（视场宽 1°）

本照片承蒙帕洛马天文台和太空望远镜科学研究院惠允翻拍自数字巡天工程成果

星图 49-16

NGC 4594（M 104）（视场宽 12°，寻星镜视场圈直径 5°，目镜视场圈直径 1°，极限星等 9.0 等）

NGC 5746	★★★	●●●	GX	MBUDR
见星图 49-17和星图 49-18　见影像 49-14		m11.3, 7.5' x 1.3'	14h 44.9m	+01°57'

NGC 5746 是个侧面对着我们的明亮星系。只要能够认出 3.7 等的室女座 109 号星，那么可以说几乎已经成功定位了 NGC 5746，因为这个星系就在室女座 109 号星西侧仅 20' 处。但是，问题在于室女座 109 号星不太好认——尽管其亮度即使用肉眼也很容易看见，但它周围还有很多亮度与之相似的星充当“替身”，乍一看还真是不敢确定到底哪个亮点才是室女座 109 号星。这种情况下，不妨依次使用一些参考星来找出目标。首先找到 2.6 等的天秤座 β（27 号星），将其放在寻星镜视场的东边缘，然后在其西边 4° 处找到 5.0 等的天秤座 δ（19 号星）。将天秤座 δ 改放到视场南边缘，则在其北西北方向 4.3° 处看到 4.5 等的天秤座 16 号星。再把天秤座 16 号星改放到视场的南边缘，则在其西北边 2.6° 处可以找到 4.9 等的天秤座 11 号星。然后把天秤座 11 号星改放到视场的南边缘，就能在其北西北方向 4.3° 处看到室女座 109 号星了，它西侧 20' 就是 NGC 5746。通过加 90 倍放大率的 10 英寸道布森镜观察，NGC 5746 呈现出一个极为狭长的南—北向轮廓，尺寸有 0.5' × 6'，其中心尺寸约 2'，致密而明亮，在星系中部还形成了一个朝向西侧的凸起。

影像 49-14

NGC 5746（视场宽 1°）

本照片承蒙帕洛马天文台和太空望远镜科学研究院惠允翻拍自数字巡天工程成果

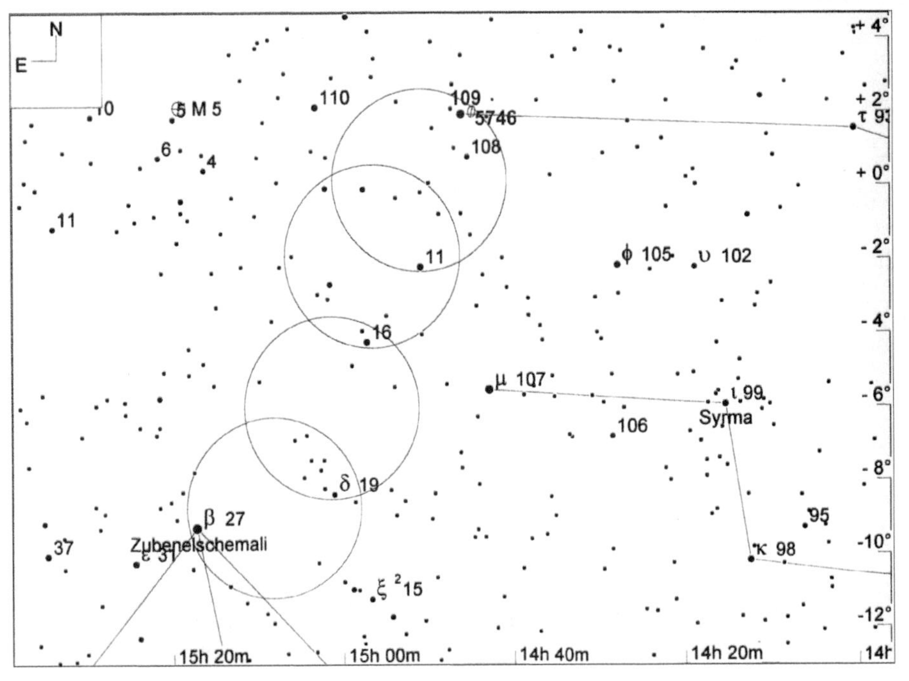

星图 49-17

NGC 5746 概略位置（视场宽 25°，寻星镜视场圈直径 5°，极限星等 7.0 等）

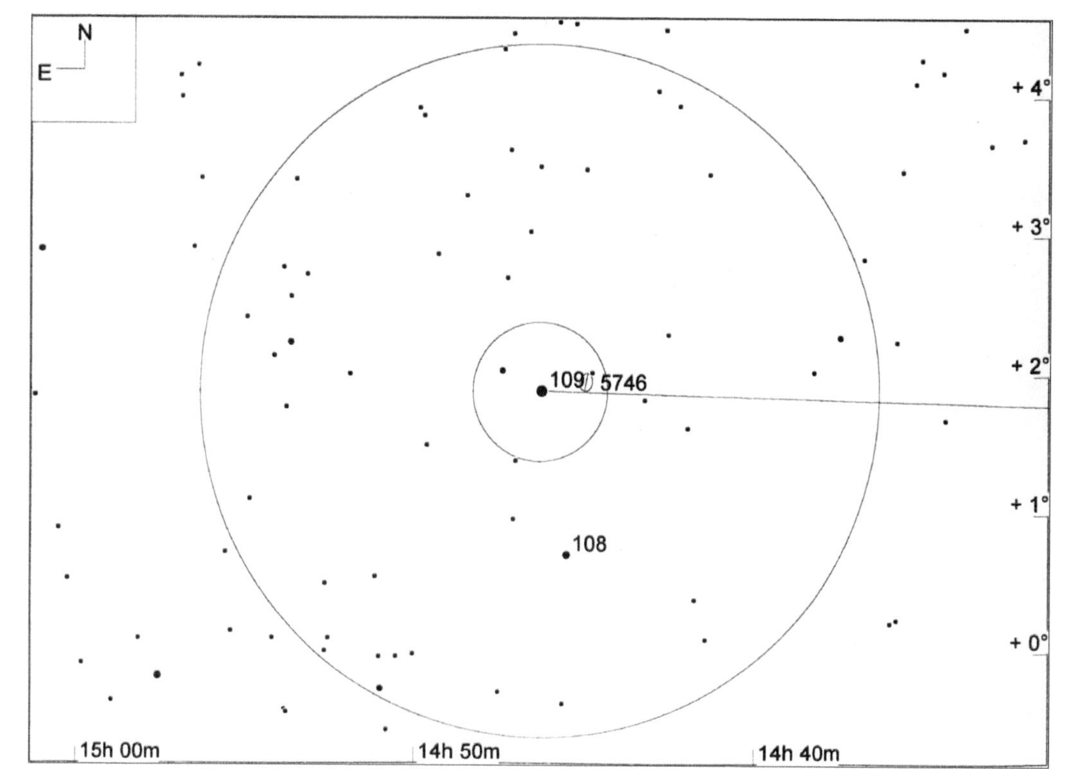

星图 49-18

NGC 5746 确切位置（视场宽 7.5°，寻星镜视场圈直径 5°，目镜视场圈直径 1°，极限星等 9.0 等）

聚星

gamma (STF 1670AB)	★	⊕⊕⊕⊕	MS	uD
见星图 49-1		m3.5/3.5, 0.4", PA 86° (2006)	12h 41.7m	-01°27'

室女座 γ（29 号星）是双星，但业余爱好者的望远镜已经不能成功分解它了。当初，天文联盟的双星俱乐部把室女座 γ 列入他们的目标列表时，该星的两颗成员星之间的角距尚且足够用中等口径的业余望远镜分解开，但到了 2007 年，角距数值就缩小到即使用大口径的业余望远镜也无法分解了。纵然是在每年中大气最稳定的那一两个难得的夜晚里，这两颗星的影像也会被大气层里永远无法避免的轻微扰动所混淆起来。我们在 2006 年曾经用 10 英寸反射镜观察该星，但无论是放大率 125 倍、250 倍甚至 500 倍，都丝毫看不出该星作为双星的哪怕一点点迹象。

天文联盟双星俱乐部鼓励观测者尽自己最大的努力去分解双星，不过，在当今的室女座 γ 面前，我们也只能写下这样的观测记录了：它只呈现为一颗单星，其影像甚至没有一点轻微拉长或凸起的特征。

50

狐狸座，小狐狸

星座名：狐狸座（Vulpecula）
适合观看的季节：夏
上中天：7 月下旬午夜
缩写：Vul
所有格形式：Vulpeculae
相邻星座：天鹅、海豚、武仙、天琴、飞马、天箭
所含的适合双筒镜观看的天体：Cr 399, NGC 6823, NGC 6853 (M 27), NGC 6940
所含的适合在城市中观看的天体：Cr 399, NGC 6853 (M 27), NGC 6940

狐狸座是个有着中等大小但极为暗弱的星座，位于北半天球的中部。它的面积是 268 平方度，约占天球的 0.6%，在全天 88 星座中排名第 55 位。狐狸座中的最亮恒星仅有 4 等，其他各颗恒星均为 5 等或 5 等以下。在古人眼里，狐狸座的这片天区只是一片黯淡的天幕而已，所以没有将其划分为任何星座。狐狸座的北侧是明亮的天鹅座和天琴座，这使狐狸座更加不起眼了。很多现代的天文爱好者虽然曾经几十次甚至上百次见过狐狸座的天区，但都没有什么针对它的具体观测计划。

狐狸座的历史比较晚近，它是在 17 世纪晚期由约翰•赫维留斯划定的，因此也没有什么相关的神话传说。尽管星光暗淡，但狐狸座天区里还是颇有几个值得观赏的深空天体，例如大而明亮的行星状星云 M 27（NGC 6853），以及著名的“衣架星团”（因为这个星团极像一个由恒星组成的衣架）。

狐狸座每年 7 月 26 日午夜上中天，对于北半球中纬度的观测者而言，从初夏到秋季中段的夜间都有观察狐狸座的好机会。

表 50-1

狐狸座中有代表性的星团、星云和星系

天体名称	类型	视亮度	视尺寸	赤经	赤纬	梅	双	城	深	加	备注
Cr 399	OC	3.6	60.0	19 26.2	+20 06			◉	◉		Coathanger Cluster; Bracchi’s Cluster; Class III 3 m
NGC 6802	OC	8.8	5.0	19 30.6	+20 16					◉	Cr 400; Class I 1 m
NGC 6823	OC	7.1	12.0	19 43.2	+23 18				◉		Cr 405; Class I 3 m n
NGC 6853	PN	7.6	6.7	19 59.6	+22 43	◉	◉	◉			M 27; Class 3+2
NGC 6940	OC	6.3	31.0	20 34.6	+28 19			◉	◉	◉	Cr 424; Mel 232; Class III 2 r

星图 50-1

狐狸座星图（视场宽 30°）

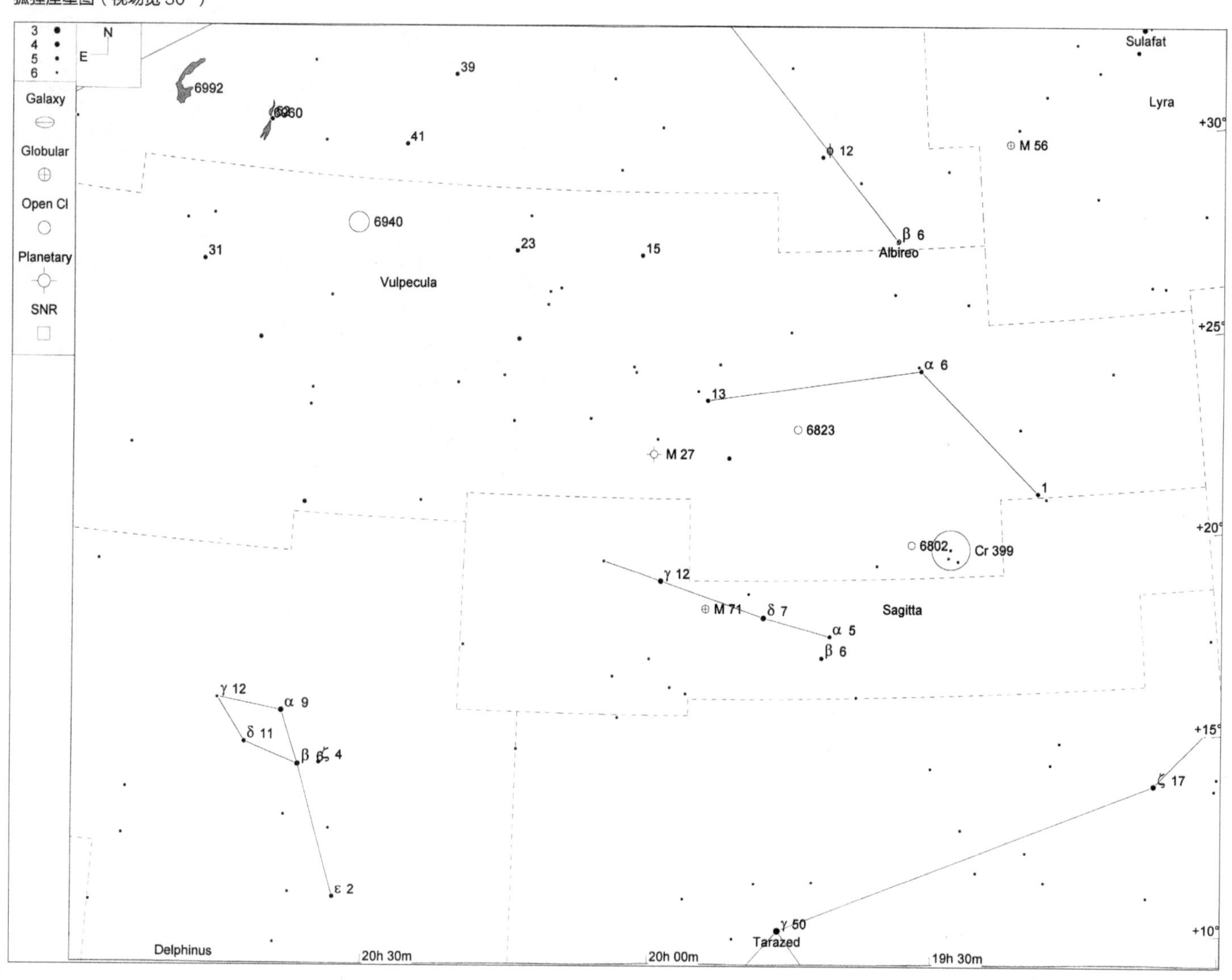

Collinder 399	★★★	⚈⚈⚈⚈	OC	MBUDR
见星图 50-2和星图 50-3	见影像 50-1	m3.6, 60.0'	19h 26.2m	+20°06'

Collinder 399（可简写为 Cr 399）也被叫做“布洛契星团”（Brocchi's Cluster）或“衣架星团”（Coathanger Cluster）。它曾经不被认为是真的星团，而只是一些从地球上看去排成一组形状的恒星，不过即使在那时，大家也认为它比其他真的疏散星团还好看。到了 20 世纪 70 年代，研究发现它的各颗恒星们拥有差不多的自行值，因此它们在重力作用上存在着确凿的联系，应该判定为一个真正的疏散星团。梅西耶、赫歇尔，以及许多为深空天体编目的早期观测者们，都没把 Cr 399 算作深空天体，这恐怕是因为它分布的面积太大，在那个时代的望远镜视场里很难被视为一个整体，而且它的外观确实太像一堆恒星的偶然组合了，以至于大家不去考虑它是不是一个真正的星团。

定位 Cr 399 相当容易，只要从牛郎星到织女星做一条辅助线，则 Cr 399 就在线上 1/3 的位置。因此，可以简单地直接把寻星镜或双筒镜指向相应的估计位置，那组酷似衣架的恒星构形会让你立刻注意到它。

在 50mm 的双筒镜中，可以看到 4 ～ 6 颗 6 等星和 7 等星组成一道长度 58' 的东—西向星链，这条如同几何作图般的精准笔直的线就是“衣架”中的那根“横杆”。（6.3 等的狐狸座 7 号星位于该线条的东端，距第二靠东的星 20'；线条的西端则是一颗 7.1 等星，距第二靠西的星 8.3'。这两颗星都不是星团成员，但通常也被视为“衣架横杆”的一部分。）至于“衣架”的“挂钩”，则是从“横杆”中部向南延伸出的 3 颗 5 ～ 6 等星组成的，“挂钩”的“开口”处朝西。影像 50-1 展示了“横杆”东半部的 3 颗星及其南侧的“挂钩”，而“横杆”的第 4 颗星已经处于图片右边缘外面一点的位置了。

用 10 英寸反射镜加 42 倍放大率观察，Cr 399 包含三四十颗 9 等或更暗的成员星，大都集中在“横杆”的南侧，而“横杆”北侧邻近的区域内几乎没有什么成员星。另外，“挂钩”中最南边的那颗星是狐狸座 4 号星，它是颗漂亮的三合星。

影像 50-1

Cr 399（衣架星团）（视场宽 1°）

本照片承蒙帕洛马天文台和太空望远镜科学研究院惠允翻拍自数字巡天工程成果

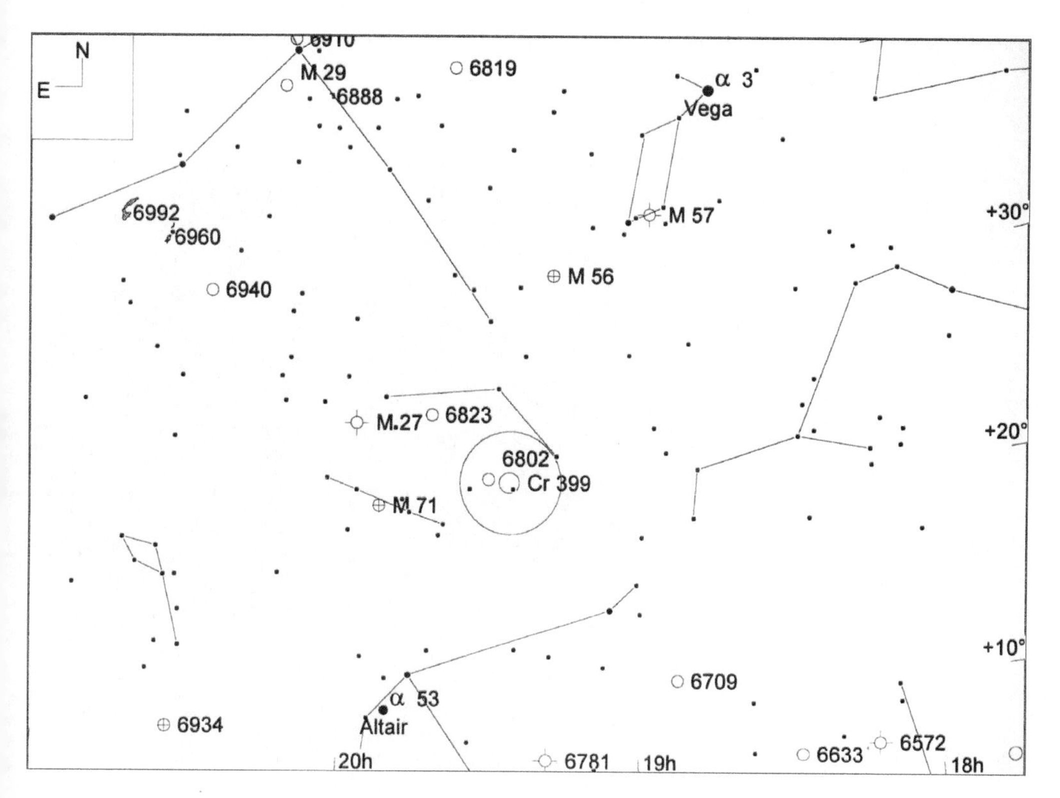

星图 50-2

Cr 399 概略位置（视场宽 50°，寻星镜视场圈直径 5°，极限星等 5.0 等）

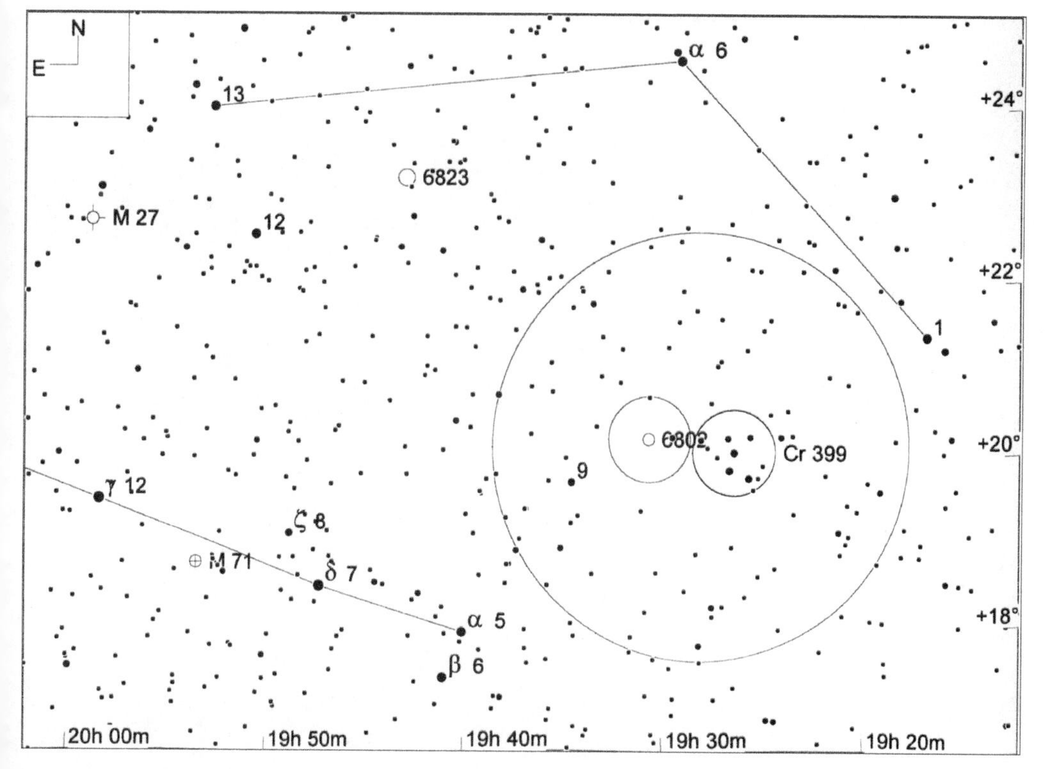

星图 50-3

Cr 399 确切位置以及 NGC 6802（视场宽 12°，寻星镜视场圈直径 5°，目镜视场圈直径 1°，极限星等 9.0 等）

NGC 6802	★★	◐◐◐◐	OC	MBUDR
见星图 50-3	见影像 50-2	m8.8, 5.0'	19h 30.6m	+20°16'

NGC 6802 是个小且暗的疏散星团，位于狐狸座 7 号星的正东 18' 处。狐狸座 7 号星也就是"衣架星团"中 6 颗星组成的东—西向"横杆"里的最东端的星。通过加 90 倍放大率的 10 英寸反射镜观察 NGC 6802，可以看到它呈现为一个暗弱的云雾状小斑块，其中还可以分辨出四五颗 11 ～ 13 等的成员星。

影像 50-2

NGC 6802（视场宽 1°）

本照片承蒙帕洛马天文台和太空望远镜科学研究院惠允翻拍自数字巡天工程成果

NGC 6823	★★	◐◐◐	OC	MBUDR
见星图 50-4	见影像 50-3	m7.1, 12.0'	19h 43.2m	+23°18'

NGC 6823 是个疏散星团。尽管从资料数据上看它的尺寸不算小，亮度也不算低，但实际看起来它仍然是个暗弱的小星团。定位这个星团的最简便的方法是：首先把"衣架星团 Cr 399"放在寻星镜或双筒镜视场的南边缘上，此时在靠近视场北边缘处可以看到 4.4 等的狐狸座 α（6 号星）。此时将视场向东移动，经过一个视场直径后，4.9 等的狐狸座 12 号星和 4.6 等的狐狸座 13 号星就会出现在视场里。见星图 50-4，NGC 6823 与狐狸座 12 号星和 13 号星构成了一个不等边的三角形，NGC 6823 是该三角形的东角。此时就不难在双筒镜或寻星镜中识别出这个星团了。

我们用 50mm 双筒镜观察，看到 NGC 6823 是个比较暗淡的云雾状小斑块，用余光瞥视的技巧，还能勉强看到其中的两颗 9 等成员星。在加 90 倍放大率的 10 英寸道布森镜中对该星团进行直视，可以看到星团中心附近有 6 颗 9 ～ 10 等星抱成了一个紧密的小团。用余光瞥视，更可见不下 10 颗极暗的成员星散布在上述那个较亮的"小团"周围。

影像 50-3

NGC 6823（视场宽 1°）

本照片承蒙帕洛马天文台和太空望远镜科学研究院惠允翻拍自数字巡天工程成果

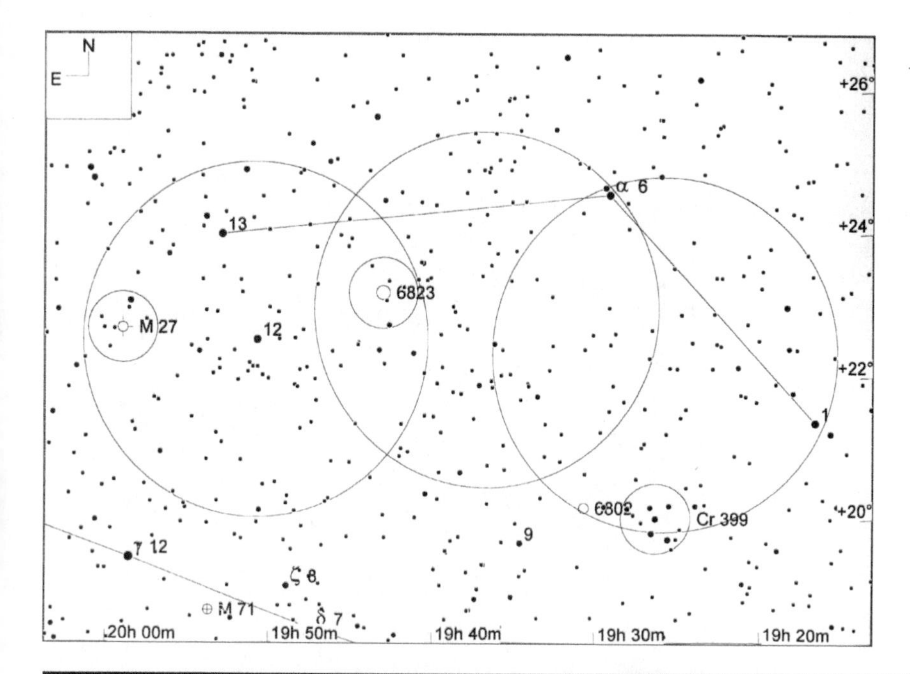

星图 50-4

NGC 6823和NGC 6853（M 27）（视场宽12°，寻星镜视场圈直径5°，目镜视场圈直径1°，极限星等9.0等）

M 27 (NGC 6853)	★★★★	◐◐◐	PN	MBUDR
见星图 50-4	见影像 50-4	m7.6, 6.7'	19h 59.6m	+22°43'

M 27（NGC 6853）也叫做“哑铃星云”（Dumbbell Nebula），是个巨大、明亮的行星状星云，也是我们能看到的最好看的行星状星云。梅西耶在1764年7月12日晚上发现了它并将它编入目录，从此也开启了“行星状星云”这一类深空天体的发现史。

尽管M 27远离各颗肉眼容易看到的亮星，但定位它的方法也不算难。我们的方法是：首先把“衣架星团”Cr 399放在寻星镜或双筒镜视场的南端，然后在其北边4.5°处找到4.4等的狐狸座α（6号星），该星出现在视场北端。此时把视场向东移动一个视场直径，就可以明显看到4.9等的狐狸座12号星和4.6等的狐狸座13号星进入视场。此时把视场继续向东移动半个直径，就可以看到M 27跃然呈现了。

几乎用任何一款双筒镜都可以看到M 27。我们用50mm双筒镜观察，看到的M 27是个巨大而明亮的云雾状斑块，在其北西北方向24'处有颗醒目的恒星，那是5.7等的狐狸座14号星。在加90倍放大率的10英寸道布森镜中，M 27显得更为壮观。我们觉得，与其说它像“哑铃”，不如说更像花生或领结。M 27明亮的中心区域由两个三角形的瓣组成，二者呈南—北向，视尺寸约6'。两个瓣的交接处有一个稍暗的小区域，用余光瞥视的技巧，在该区域里可以勉强看到这个行星状星云的中心恒星。在M 27的明亮中心区的东、西两侧，都有暗弱的光晕轮廓，即使不加滤镜，仅以余光瞥视的技巧透过道布森镜来观察，这两个暗弱的部分也可以被看到。于是，整个星云的轮廓就大略呈现为一个直径6'的圆形。加上窄带滤镜后，M 27的成像对比度还可以被极大地提升，特别是东、西两侧稍暗的区域。此时，虽然整个星云的可见延展面积没有什么增加，但可以看出星云中更多的丝缕状和旋涡状的细节。

影像 50-4

NGC 6853（M 27）（视场宽1°）

本照片承蒙帕洛马天文台和太空望远镜科学研究院惠允翻拍自数字巡天工程成果

NGC 6940	★★★	◒◒◒	OC	MBUDR
见星图 50-5	见影像 50-5	m6.3, 31.0'	20h 34.6m	+28° 19'

NGC 6940 是个明亮且巨大的疏散星团。虽然我们可以在寻星镜中利用参考星的指引来找到它，不过还是利用它与周边的亮恒星的几何位置关系来定位它更为方便。尽管这个星团位于狐狸座天区之内，但定位它的最快方式还是要从天鹅座开始。具体地，我们要先找到肉眼可见的 2.5 等星天鹅座 ε（53 号星）和 3.2 等星天鹅座 ζ（64 号星），这两颗星共同构成了"天鹅"之"南翼"的末端。NGC 6940 与这两颗星组成了一个直角三角形，直角端是天鹅座 ε，而 NGC 6940 占据了该三角形的西南角。所以，只要凭视觉的估计，将双筒镜或寻星镜直接指向相应的位置，就不难找到这个星团了。

我们用 50mm 双筒镜观察 NGC 6940，看到它呈现为一个比较明亮的云雾状大斑块，在其北西北方向 2.4° 处是天鹅座 41 号星，该星亮度 4 等，在镜中非常醒目。在星团的南边缘处，有两颗 8 等星；在星团东北边缘又有另一颗 8 等星。此时用余光瞥视，可以在云雾状光芒中看出两三颗极为暗弱的成员星。我们又用 10 英寸反射镜加 90 倍放大率观察该星团，看到它展现出了足够的美感。虽然星团与周围背景星场的边界不是很容易分清，但星团中心部分的成员星仍有着明显的汇聚形状。此时能看出的成员星不下一百颗，最暗的有 12 等，许多成员星之间组合成链状、弧状或小团状。在星团的南和西南边缘处，有 3 颗醒目的 9 等星组成了一个很扁的等腰三角形，其腰长为 6'。大多数的成员星都处于一个东—西向的很宽的星带内，这条星带通过星团的中心，且贯穿着整个星团。在星团的南半部分，成员星比较多，显得比较致密，而北半部分的成员星就要稀疏一些。

影像 50-5

NGC 6940（视场宽 1°）

本照片承蒙帕洛马天文台和太空望远镜科学研究院惠允翻拍自数字巡天工程成果

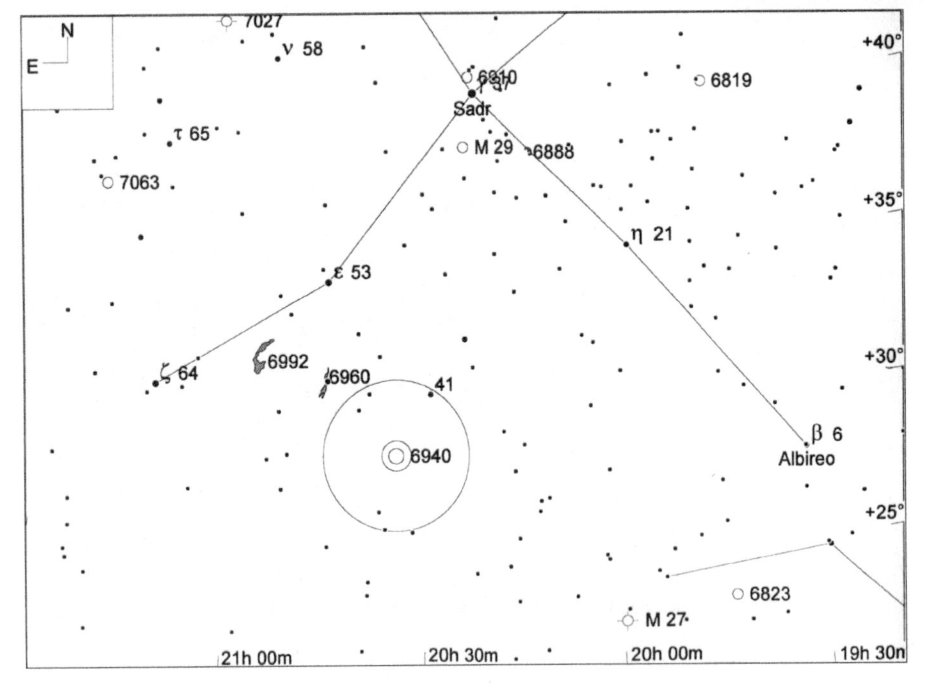

星图 50-5

NGC 6940（视场宽 30°，寻星镜视场圈直径 5°，极限星等 6.0 等）